Educational Producer For Your Success

알기쉽게 풀어쓴!

에듀피디
대기환경 필기
기사·산업기사

| 전나훈 편저 |

- 기출문제 및 관련 이론을 집중적으로 학습할 수 있도록 구성
- 과년도 기출문제를 통한 실력 향상
- 필수적으로 암기해야 하는 부분의 암기 방법을 두문자를 통해 제시
- 대기오염공정시험기준 개정내용 반영

에듀피디 동영상강의 www.edupd.com

Engineer
Air
Pollution
Environmental

알기 쉽게 풀어쓴
대기환경(산업)기사 필기

1판 1쇄 인쇄　　2018년 10월　5일
3판 1쇄 발행　　2024년　3월　8일

편저자　　전나훈
발행처　　에듀피디
등　록　　제300-2005-146
주　소　　서울 종로구 대학로 45 임호빌딩 2층 (연건동)

전　화　　1600-6690
팩　스　　02)747-3113

※ 이 책은 저작권법에 따라 보호받는 저작물이므로 무단전재와 무단복제를 금지하며 책 내용의 전부 또는 일부를 이용하려면 반드시 저작권자와 에듀피디의 서면 동의를 받아야 합니다.

CONTENTS 책의 목차

기초정리 | 환경공학기초
- CHAPTER 01. 세상 쉬운 환경공학기초 ········· 18
- CHAPTER 02. 환경공학관련법칙 ················· 28

1과목 | 대기오염개론
- CHAPTER 01. 대기오염 ····························· 36
- CHAPTER 02. 2차 오염 ···························· 61
- CHAPTER 03. 대기오염의 영향 및 대책 ········ 68
- CHAPTER 04. 기후변화 대응 ······················ 93
- CHAPTER 05. 대기의 확산 및 오염예측 ······· 101

2과목 | 연소공학
- CHAPTER 01. 연소이론 ··························· 134
- CHAPTER 02. 연료의 종류 및 특성 ············ 139
- CHAPTER 03. 연소열역학 및 열수지 ··········· 148
- CHAPTER 04. 연소계산 ··························· 154
- CHAPTER 05. 연소장치 및 연소방법 ··········· 169

3과목 | 대기오염방지기술
- CHAPTER 01. 환기 및 통풍 ······················ 182
- CHAPTER 02. 입자 및 집진의 기초 ············ 192
- CHAPTER 03. 집진기술 ··························· 199
- CHAPTER 04. 세정집진기 ························ 211
- CHAPTER 05. 여과집진기 ························ 213
- CHAPTER 06. 전기 집진기(EP) ················· 222
- CHAPTER 07. 유체역학 ··························· 230
- CHAPTER 08. 유해가스 및 처리 ················ 234

4과목 | 대기오염공정시험기준(방법)
- CHAPTER 01. 일반분석 ··························· 256
- CHAPTER 02. 시료채취 ··························· 291
- CHAPTER 03. 측정방법 ··························· 307

5과목 | 대기환경관계법규
- CHAPTER 01. 대기환경보전법 ··················· 364
- CHAPTER 02. 대기환경보전법 시행령 ········· 380
- CHAPTER 03. 대기환경보전법 시행규칙 ······ 401
- CHAPTER 04. 대기환경 관련법 ················· 455

과년도 기출문제
- CHAPTER 01. 문제편 ······························ 489

대기환경산업기사
- 01. 2019년도 대기환경산업기사 제1회 필기 ········ 490
- 02. 2019년도 대기환경산업기사 제2회 필기 ········ 502
- 03. 2019년도 대기환경산업기사 제4회 필기 ········ 513
- 04. 2020년도 대기환경산업기사 제1회, 2회 통합시행 필기 524
- 05. 2020년도 대기환경산업기사 제3회 필기 ········ 535

대기환경기사
- 01. 2019년도 대기환경기사 제1회 필기 ············· 547
- 02. 2019년도 대기환경기사 제2회 필기 ············· 561
- 03. 2019년도 대기환경기사 제4회 필기 ············· 576
- 04. 2020년도 대기환경기사 제1회, 2회 통합시행 필기 590
- 05. 2020년도 대기환경기사 제3회 필기 ············· 604
- 06. 2020년도 대기환경기사 제4회 필기 ············· 618
- 07. 2021년도 대기환경기사 제1회 필기 ············· 632
- 08. 2021년도 대기환경기사 제2회 필기 ············· 646
- 09. 2022년도 대기환경기사 제1회 필기 ············· 660
- 10. 2022년도 대기환경기사 제2회 필기 ············· 674

최신 CBT 문제
- 01. 최신 CBT 대기환경(산업)기사 1회 필기 ········ 688
- 02. 최신 CBT 대기환경(산업)기사 2회 필기 ········ 699

- CHAPTER 02. 정답 및 해설 ······················ 711

GUIDE 출제기준(필기)

직무분야	환경·에너지	중직무분야	환경	자격종목	대기환경기사	적용기간	2020.1.1. ~ 2024.12.31.

○ 직무내용 : 대기분야에서 측정망을 설치하고 그 지역의 대기오염 상태를 측정하여 다각적인 연구와 실험분석을 통해 대기오염에 대한 대책을 강구하고, 대기오염 물질을 제거 또는 감소시키기 위한 오염방지 시설을 설계, 시공, 운영하는 업무.

필기검정방법	객관식	문제수	100	시험시간	2시간 30분

필기과목명	문제수	주요항목	세부항목	세세항목
대기오염개론	20	❶ 대기오염	❶ 대기오염의 특성	1. 대기오염의 정의 2. 대기오염의 원인 3. 대기오염인자
			❷ 대기오염의 현황	1. 대기오염물질 배출원 2. 대기오염물질 분류
			❸ 실내공기오염	1. 배출원 2. 특성 및 영향
		❷ 2차오염	❶ 광화학반응	1. 이론 2. 영향인자 3. 반응
			❷ 2차오염	1. 2차 오염물질의 정의 2. 2차 오염물질의 종류
		❸ 대기오염의 영향 및 대책	❶ 대기오염의 피해 및 영향	1. 인체에 미치는 영향 2. 동·식물에 미치는 영향 3. 재료와 구조물에 미치는 영향
			❷ 대기오염사건	1. 대기오염사건별 특징 2. 대기오염사건의 피해와 그 영향
			❸ 대기오염대책	1. 연료 대책 2. 자동차 대책 3. 기타 산업시설의 대책 등
			❹ 광화학오염	1. 원인 물질의 종류 2. 특징 3. 영향 및 피해
			❺ 산성비	1. 원인 물질의 종류 2. 특징 3. 영향 및 피해 4. 기타 국제적 환경문제와 그 대책

필기과목명	문제수	주요항목	세부항목	세세항목
		❹ 기후변화 대응	❶ 지구온난화	1. 원인 물질의 종류 2. 특징 3. 영향 및 대책 4. 국제적 동향
			❷ 오존층파괴	1. 원인 물질의 종류 2. 특징 3. 영향 및 대책 4. 국제적 동향
		❺ 대기의 확산 및 오염예측	❶ 대기의 성질 및 확산개요	1. 대기의 성질 2. 대기확산이론
			❷ 대기확산방정식 및 확산모델	1. 대기확산방정식 2. 대류 및 난류확산에 의한 모델
			❸ 대기안정도 및 혼합고	1. 대기안정도의 정의 및 분류 2. 대기안정도의 판정 3. 혼합고의 개념 및 특성
			❹ 오염물질의 확산	1. 대기안정도에 따른 오염물질의 확산특성 2. 확산에 따른 오염도 예측 3. 굴뚝 설계
			❺ 기상인자 및 영향	1. 기상인자 2. 기상의 영향

GUIDE 출제기준(필기)

필기과목명	문제수	주요항목	세부항목	세세항목
연소공학	20	❶ 연소	❶ 연소이론	1. 연소의 정의 2. 연소의 형태와 분류
			❷ 연료의 종류 및 특성	1. 고체연료의 종류 및 특성 2. 액체연료의 종류 및 특성 3. 기체연료의 종류 및 특성
		❷ 연소계산	❶ 연소열역학 및 열수지	1. 화학적 반응속도론 기초 2. 연소열역학 3. 열수지
			❷ 이론공기량	1. 이론산소량 및 이론공기량 2. 공기비(과잉공기계수) 3. 연소에 소요되는 공기량
			❸ 연소가스 분석 및 농도산출	1. 연소가스량 및 성분분석 2. 오염물질의 농도계산
			❹ 발열량과 연소온도	1. 발열량의 정의와 종류 2. 발열량 계산 3. 연소실 열발생율 및 연소온도 계산 등
		❸ 연소설비	❶ 연소장치 및 연소방법	1. 고체연료의 연소장치 및 연소방법 2. 액체연료의 연소장치 및 연소방법 3. 기체연료의 연소장치 및 연소방법 4. 각종 연소장애와 그 대책 등
			❷ 연소기관 및 오염물	1. 연소기관의 분류 및 구조 2. 연소기관별 특징 및 배출오염물질 3. 연소설계
			❸ 연소배출 오염물질 제어	1. 연료대체 2. 연소장치 및 개선방법

필기과목명	문제수	주요항목	세부항목	세세항목
대기오염 방지기술	20	❶ 입자 및 집진의 기초	❶ 입자동력학	1. 입자에 작용하는 힘 2. 입자의 종말침강속도 산정 등
			❷ 입경과 입경분포	1. 입경의 정의 및 분류 2. 입경분포의 해석
			❸ 먼지의 발생 및 배출원	1. 먼지의 발생원 2. 먼지의 배출원
			❹ 집진원리	1. 집진의 기초이론 2. 통과율 및 집진효율 계산 등
		❷ 집진기술	❶ 집진방법	1. 직렬 및 병렬연결 2. 건식집진과 습식집진 등
			❷ 집진장치의 종류 및 특징	1. 중력집진장치의 원리 및 특징 2. 관성력집진장치의 원리 및 특징 3. 원심력집진장치의 원리 및 특징 4. 세정식집진장치의 원리 및 특징 5. 여과집진장치의 원리 및 특징 6. 전기집진장치의 원리 및 특징 7. 기타집진장치의 원리 및 특징
			❸ 집진장치의 설계	1. 각종 집진장치의 기본 및 실시 설계시 고려인자 2. 각종 집진장치의 처리성능과 특성 3. 각종 집진장치의 효율산정 등
			❹ 집진장치의 운전 및 유지관리	1. 중력집진장치의 운전 및 유지관리 2. 관성력집진장치의 운전 및 유지관리 3. 원심력집진장치의 운전 및 유지관리 4. 세정식집진장치의 운전 및 유지관리 5. 여과집진장치의 운전 및 유지관리 6. 전기집진장치의 운전 및 유지관리 7. 기타집진장치의 운전 및 유지관리
		❸ 유체역학	❶ 유체의 특성	1. 유체의 흐름 2. 유체역학 방정식
		❹ 유해가스 및 처리	❶ 유해가스의 특성 및 처리이론	1. 유해가스의 특성 2. 유해가스의 처리이론(흡수, 흡착 등)

GUIDE 출제기준(필기)

필기과목명	문제수	주요항목	세부항목	세세항목
			❷ 유해가스의 발생 및 처리	1. 황산화물 발생 및 처리 2. 질소산화물 발생 및 처리 3. 휘발성유기화합물 발생 및 처리 4. 악취 발생 및 처리 5. 기타 배출시설에서 발생하는 유해가스 처리
			❸ 유해가스 처리설비	1. 흡수 처리설비 2. 흡착 처리설비 3. 기타 처리설비 등
			❹ 연소기관 배출가스 처리	1. 배출 및 발생 억제기술 2. 배출가스 처리기술
		❺ 환기 및 통풍	❶ 환기	1. 자연환기 2. 국소환기
			❷ 통풍	1. 통풍의 종류 2. 통풍장치

필기과목명	문제수	주요항목	세부항목	세세항목
대기오염공정시험기준(방법)	20	❶ 일반분석	❶ 분석의 기초	1. 총칙 2. 적용범위
			❷ 일반분석	1. 단위 및 농도, 온도표시 2. 시험의 기재 및 용어 3. 시험기구 및 용기 4. 시험결과의 표시 및 검토 등
			❸ 기기분석	1. 기체크로마토그래피 2. 자외선가시선분광법 3. 원자흡수분광광도법 4. 비분산적외선분광분석법 5. 이온크로마토그래피 6. 흡광차분광법 등
			❹ 유속 및 유량 측정	1. 유속 측정 2. 유량 측정
			❺ 압력 및 온도 측정	1. 압력 측정 2. 온도 측정
		❷ 시료채취	❶ 시료채취방법	1. 적용범위 2. 채취지점수 및 위치선정 3. 일반사항 및 주의사항 등
			❷ 가스상 물질	1. 시료채취법 종류 및 원리 2. 시료채취장치 구성 및 조작
			❸ 입자상 물질	1. 시료채취법 종류 및 원리 2. 시료채취장치 구성 및 조작
		❸ 측정방법	❶ 배출오염물질 측정	1. 적용범위 2. 분석방법의 종류 3. 시료채취, 분석 및 농도산출
			❷ 대기중 오염물질 측정	1. 적용범위 2. 측정방법의 종류 3. 시료채취, 분석 및 농도산출
			❸ 연속자동 측정	1. 적용범위 2. 측정방법의 종류 3. 성능 및 성능시험방법 4. 장치구성 및 측정조작
			❹ 기타 오염인자의 측정	1. 적용범위 및 원리 2. 장치구성 3. 분석방법 및 농도계산

GUIDE 출제기준(필기)

필기과목명	문제수	주요항목	세부항목	세세항목
대기환경관계법규	20	❶ 대기환경 보전법	❶ 총칙	
			❷ 사업장 등의 대기 오염물질 배출규제	
			❸ 생활환경상의 대기 오염물질 배출규제	
			❹ 자동차·선박 등의 배출가스의 규제	
			❺ 보칙	
			❻ 벌칙 (부칙포함)	
		❷ 대기환경 보전법 시행령	❶ 시행령 전문(부칙 및 별표 포함)	
		❸ 대기환경 보전법 시행규칙	❶ 시행규칙 전문(부칙 및 별표, 서식 포함)	
		❹ 대기환경 관련법	❶ 대기환경보전 및 관리, 오염 방지와 관련된 기타법령 (환경정책기본법, 악취방지법, 실내공기질 관리법 등 포함)	

직무분야	환경·에너지	중직무분야	환경	자격종목	대기환경산업기사	적용기간	2020.1.1. ~ 2024.12.31.

○ **직무내용**: 대기분야에서 측정망을 설치하고 그 지역의 대기오염 상태를 측정하여 다각적인 연구와 실험분석을 통해 대기오염에 대한 대책을 강구하고, 대기오염 물질을 제거 또는 감소시키기 위한 오염방지 시설을 설계, 시공, 운영하는 업무

필기검정방법	객관식	문제수	80	시험시간	2시간

필기과목명	문제수	주요항목	세부항목	세세항목
대기오염개론	20	❶ 대기오염	❶ 대기오염의 특성	1. 대기오염의 정의 2. 대기오염의 원인 3. 대기오염인자
			❷ 대기오염의 현황	1. 대기오염물질 배출원 2. 대기오염물질 분류
			❸ 실내공기오염	1. 배출원 2. 특성 및 영향
		❷ 대기환경 기상	❶ 기상영향	1. 대기안정도의 분류 및 판정 2. 안정도에 따른 오염물질의 확산 및 예측 3. 대기확산이론
			❷ 기상인자	1. 바람 2. 체감율 3. 역전현상 4. 열섬효과 등
		❸ 광화학오염	❶ 광화학반응	1. 이론 2. 영향인자 3. 반응
		❹ 대기오염의 영향 및 대책	❶ 대기오염의 피해 및 영향	1. 인체에 미치는 영향 2. 동·식물에 미치는 영향 3. 재료와 구조물에 미치는 영향
			❷ 대기오염사건	1. 대기오염사건별 특징 2. 대기오염사건의 피해와 그 영향
			❸ 광화학오염	1. 원인 물질의 종류 2. 특징 3. 영향 및 피해

GUIDE 출제기준(필기)

필기과목명	문제수	주요항목	세부항목	세세항목
			❹ 산성비	1. 원인 물질의 종류 2. 특징 3. 영향 및 피해
			❺ 대기오염대책	1. 연료 대책 2. 자동차 대책 3. 기타 산업시설의 대책 등
		❺ 기후변화 대응	❶ 지구온난화	1. 원인 물질의 종류 2. 특징 3. 영향 및 대책 4. 국제적 동향
			❷ 오존층 파괴	1. 원인 물질의 종류 2. 특징 3. 영향 및 대책 4. 국제적 동향

필기과목명	문제수	주요항목	세부항목	세세항목
대기오염 방지기술	20	❶ 입자 및 집진의 기초	❶ 입자동력학	1. 입자에 작용하는 힘 2. 입자의 종말침강속도 산정 등
			❷ 입경과 입경분포	1. 입경의 정의 및 분류 2. 입경분포의 해석
			❸ 먼지의 발생 및 배출원	1. 먼지의 발생원 2. 먼지의 배출원
			❹ 집진원리	1. 집진의 기초이론 2. 통과율 및 집진효율 계산 등
		❷ 집진기술	❶ 집진방법	1. 직렬 및 병렬연결 2. 건식집진과 습식집진 등
			❷ 집진장치의 종류 및 특징	1. 중력집진장치의 원리 및 특징 2. 관성력집진장치의 원리 및 특징 3. 원심력집진장치의 원리 및 특징 4. 세정식집진장치의 원리 및 특징 5. 여과집진장치의 원리 및 특징 6. 전기집진장치의 원리 및 특징 7. 기타집진장치의 원리 및 특징
			❸ 집진장치 설계	1. 각종 집진장치의 기본설계시 고려 인자 2. 각종 집진장치의 처리성능과 특성 3. 각종 집진장치의 효율산정 등
			❹ 집진장치의 운전 및 유지관리	1. 중력집진장치의 운전 및 유지관리 2. 관성력집진장치의 운전 및 유지관리 3. 원심력집진장치의 운전 및 유지관리 4. 세정식집진장치의 운전 및 유지관리 5. 여과집진장치의 운전 및 유지관리 6. 전기집진장치의 운전 및 유지관리 7. 기타집진장치의 운전 및 유지관리
		❸ 유해가스 및 처리	❶ 유해가스의 특성 및 처리이론	1. 유해가스의 특성 2. 유해가스의 처리이론(흡수, 흡착 등)
			❷ 유해가스의 발생 및 처리	1. 황산화물 발생 및 처리 2. 질소산화물 발생 및 처리 3. 휘발성유기화합물 발생 및 처리 4. 악취 발생 및 처리 5. 기타 배출시설에서 발생하는 유해가스 처리

GUIDE 출제기준(필기)

필기과목명	문제수	주요항목	세부항목	세세항목
			❸ 유해가스 처리설비	1. 흡수 처리설비 2. 흡착 처리설비 3. 기타 처리설비 등
			❹ 연소기관 배출가스 처리	1. 배출 및 발생 억제기술 2. 배기가스 처리기술
		❹ 환기 및 통풍	❶ 환기	1. 자연환기 2. 국소환기
			❷ 통풍	1. 통풍의 종류 2. 통풍장치
			❸ 유체의 특성	1. 유체의 흐름 2. 유체역학 방정식
		❺ 연소이론	❶ 연료의 종류 및 특성	1. 고체연료의 종류 및 특성 2. 액체연료의 종류 및 특성 3. 기체연료의 종류 및 특성
			❷ 공기량	1. 이론산소량 및 이론공기량 2. 공기비(과잉공기계수) 3. 연소에 소요되는 공기량
			❸ 연소가스 분석 및 농도산출	1. 연소가스량 및 성분분석 2. 연소생성물의 농도계산 3. 연소설비
			❹ 발열량과 연소온도	1. 발열량의 정의와 종류 2. 발열량 계산 3. 연소실 열발생율 및 연소온도 계산 등
			❺ 연소기관 및 오염물	1. 연소기관의 분류 및 구조 2. 연소기관별 특징 및 배출오염물질

필기과목명	문제수	주요항목	세부항목	세세항목
대기오염공정시험기준(방법)	20	❶ 일반분석	❶ 분석의 기초	1. 총칙 2. 적용범위
			❷ 일반분석	1. 단위 및 농도, 온도표시 2. 시험의 기재 및 용어 3. 시험기구 및 용기 4. 시험결과의 표시 및 검토 등
			❸ 기기분석	1. 기체크로마토그래피 2. 자외선가시선분광법 3. 원자흡수분광광도법 4. 비분산적외선분광분석법 5. 이온크로마토그래피 6. 흡광차분광법 등
			❹ 유속 및 유량 측정	1. 유속 측정 2. 유량 측정
			❺ 압력 및 온도 측정	1. 압력 측정 2. 온도 측정
		❷ 시료채취	❶ 시료채취방법	1. 적용범위 2. 채취지점수 및 위치선정 3. 일반사항 및 주의사항 등
			❷ 가스상 물질	1. 시료채취법 종류 및 원리 2. 시료채취장치 구성 및 조작
			❸ 입자상 물질	1. 시료채취법 종류 및 원리 2. 시료채취장치 구성 및 조작
		❸ 측정방법	❶ 배출오염물질측정	1. 적용범위 2. 분석방법의 종류 3. 시료채취, 분석 및 농도산출
			❷ 대기중 오염물질 측정	1. 적용범위 2. 측정방법의 종류 3. 시료채취, 분석 및 농도산출
			❸ 연속자동 측정	1. 적용범위 2. 측정방법의 종류 3. 성능 및 성능시험방법 4. 장치구성 및 측정조작
			❹ 기타 오염인자의 측정	1. 적용범위 및 원리 2. 장치구성 3. 분석방법 및 농도계산

GUIDE 출제기준(필기)

필기과목명	문제수	주요항목	세부항목	세세항목
대기환경관계법규	20	❶ 대기환경 보전법	❶ 총칙	
			❷ 사업장 등의 대기 오염물질 배출규제	
			❸ 생활환경상의 대기 오염물질 배출규제	
			❹ 자동차·선박 등의 배출가스의 규제	
			❺ 보칙	
			❻ 벌칙(부칙포함)	
		❷ 대기환경 보전법 시행령	❶ 시행령 전문(부칙 및 별표 포함)	
		❸ 대기환경 보전법 시행규칙	❶ 시행규칙 전문(부칙 및 별표 포함)	
		❹ 대기환경 관련법	❶ 대기환경보전 및 관리, 오염 방지와 관련된 기타법령 (환경정책기본법, 악취방지법, 실내공기질 관리법 등 포함)	

기초정리
환경공학기초

들어가며

안녕하세요. 반갑습니다. 여러분과 환경공학을 끝까지 함께하는 전나훈입니다. 제가 하는 깊은 고민은 늘 한가지입니다. 수험생 여러분께서 어떻게 하면 쉽게 이해하실 수 있을까? 고민하던 끝에 구어체로, 마치 강의를 듣는 것처럼 읽을 수 있게 교재를 만들었습니다. 지금부터 마음을 열고 환경공학과 친해지는 시간이 되었으면 합니다. 환경공학을 미술작품으로 비유한다면, 환경공학이라는 작품은 이미 훌륭한 학자분들께서 만들어 놓으셨고, 저는 가이드로써 작품을 해설해드리도록 하겠습니다. 그럼 시작하겠습니다.

CHAPTER 01 세상 쉬운 환경공학기초

1 원자와 분자

(1) 원자

물질의 구성하는 기본 입자로, 전자와 양성자[1], 중성자[2]로 구성되어 있으며, 몇몇의 예외 원자를 제외하고 거의 모든 원자는 양성자와 중성자가 서로 같은 개수로 붙어 있습니다. 양성자의 수로 원자번호가 결정되고, 양성자+중성자수로 원자량이 결정됩니다. 그러니 대부분의 원자의 원자량은 원자번호의 2배가 되겠죠? **예** N(질소) 원자번호 7, 원자량 14) 그 외에 약간의 원자량이 차이가 있는 원자들도 있습니다. 그런 것들은 외워야겠죠? 아래 주기율표는 환경공학에서 필수적으로 암기가 요구되는 원자번호 20번까지의 원자들입니다.

[주기율표]

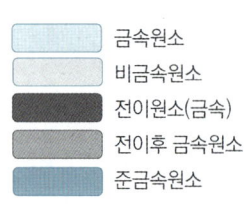
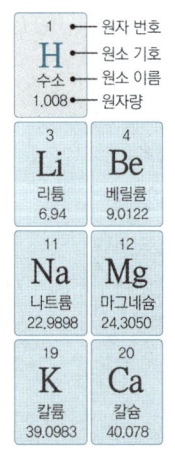

---

1) 전자와 등량의 양전기를 가지는 소립자
2) 전하가 없는 소립자

[환경공학에서 자주 쓰는 주기율표 20번까지의 원자량]

1	H(수소) : 1	8	O(산소) : 16	15	P(인) : 31
2	He(헬륨) : 4	9	F(플루오린, 불소) : 19	16	S(황) : 32
3	Li(리튬) : 7	10	Ne(네온) : 20	17	Cl(염소) : 35.5
4	Be(베릴륨) : 9	11	Na(나트륨) : 23	18	Ar(아르곤) : 40
5	B(붕소) : 10.8	12	Mg(마그네슘) : 24	19	K(칼륨) : 39
6	C(탄소) : 12	13	Al(알루미늄) : 27	20	Ca(칼슘) : 40
7	N(질소) : 14	14	Si(규소) : 28		

(2) 분자

원자가 2개 이상으로 이루어져 있는 물질을 말합니다. 분자량의 계산은 각 원자량을 모두 더하여 구합니다.

예 $NaCl = 23 + 35.5 = 58.5$, $H_2SO_4 = (1 \times 2) + 32 + (16 \times 4) = 98$

2 단위와 단위계

(1) 단위

환경공학에서 사용하는 단위에 대해 알아보겠습니다. 환경공학에서는 Si단위(국제단위)를 채용하고, 이 Si단위(국제단위)를 간단히 말하면, 단위들 간의 차이가 10^3(1000)배 차이가 나는 단위들의 모임입니다.

1) 길이

Si단위계에서 길이단위의 기준은 m(미터)이고, 환경공학에서 주로 사용되는 길이 단위는 아래와 같습니다.

$$(Å) - nm - \mu m - mm - m - km$$
옹스트롬 – 나노미터 – 마이크로미터 – 밀리미터 – 미터 – 킬로미터

※ $Å(옹스트롬) = 10^{-10}m = 10^{-8}cm$

2) 무게

Si단위계에서 무게단위의 기준은 kg(킬로그램)이고, 환경공학에서 주로 사용되는 무게단위는 아래와 같습니다. 여기서, 의문이 생길 수도 있는 것이 ton(톤) 단위를 괄호 안에 집어넣은 이유는 톤은 Si단위는 아니지만, 통상적으로 1000kg = 1ton으로 사용하여 Si단위처럼 사용되기에 수록하였습니다.

$$ng - \mu g - mg - g - kg - (ton)$$
나노그램 – 마이크로그램 – 밀리그램 – 그램 – 킬로그램 – 톤

3) 부피

Si단위계에서 부피단위의 기준은 L(리터)이고, 환경공학에서 주로 사용되는 부피단위는 아래와 같습니다.

> nL − μL − mL − L − KL
> - mL = cm^3 = cc
> - KL = m^3

길이와 무게 그리고 부피단위의 공통점은 m, g, L 앞에 붙는 접두사가 같은 규칙으로 붙어있다는 것을 확인할 수가 있습니다. 한번 머릿속으로 떠올려보겠습니다. 미터와 마이크로미터는 몇 배 차이가 나지? 10^6배 차이가 나는구나, 나노그램과 그램은 10^9배 차이가 나는구나 하고 반복해서 떠올려서 생각하는 것이 앞으로 맞이하게 될 계산문제를 빠르고 정확하게 풀 수 있게 해줄 것입니다.

4) 점도(μ)

유체의 흐름에서 어려움의 크기를 나타내는 양, 쉽게 말하면 끈끈함의 정도라 할 수 있겠습니다. 기호는 μ(뮤)라고 읽습니다.

① 점도의 단위

　　1Poise(g/cm · sec=dyne · sec/cm^2), Pa · s(N · sec/m^2), 1cP(Ceti Poise=0.01g/cm · sec)

② 점도의 특성

　　㉠ 액체 및 고체는 온도와 점도가 반비례한다. (온도가 커지면, 점도는 작아짐)
　　㉡ 기체는 온도와 점도가 비례한다. (온도가 커지면, 점도도 커짐)

5) 압력

단위 면적당 작용하는 힘 또는 중량, 압력의 기본단위들을 아래에 나열하였습니다. 이것들은 필수로 알아두셔야 합니다.

$$P = \frac{F}{A} = \frac{W}{A}$$

※ 1atm = 760mmHg = 760torr = 10,332mmH_2O = 1.0332kgf/cm^2 = 1013.25mbar = 14.7PSI = 101,325Pa

(2) MKS와 CGS

① MKS : m, kg, sec를 사용하는 단위를 말합니다. (예 m/sec, kg/m^3 등)
② CGS : cm, g, sec를 사용하는 단위를 말합니다. (예 g/cm · sec, g/cm^3 등)

(3) 차원

① **1차원** : L(길이)의 세계를 말합니다.
② **2차원** : L^2(면적)의 세계를 말합니다.
③ **3차원** : L^3(부피)의 세계를 말합니다.
④ **속도(V)** : L(길이)/T(시간) (예 m/sec, km/hr)
⑤ **유량(Q)** : L^3(부피)/T(시간) (예 m^3/sec, L/sec)

유량은 환경공학에서 매우 중요한 단위입니다. 단위를 살펴보면, 시간 당 흘러가는 부피로 이해할 수 있습니다. 유체가 액체 또는 기체라고 생각하고, $1m^3$/sec라는 단위를 떠올려보면, 1초에 $1m^3$ 박스만큼의 유체가 흘러가는 단위라는 것을 느낄 수가 있습니다.

※ 유량과 면적, 속도의 관계 : 아래의 식들을 매우 많이 사용할 것입니다. 환경공학에서 "유량을 구해라."라고 한다면 면적과 속도를 찾아서 곱하고, "면적을 구해라"라고 한다면, 유량을 속도로 나누어 구합니다. 또한 "속도를 구해라"라고 한다면 유량을 면적으로 나누어야 하겠지요?

식 **유량(Q)** $= A(면적) \times V(속도)$ 식 $A = \dfrac{Q}{V}$ 식 $V = \dfrac{Q}{A}$

3 비중과 농도

(1) 비중

비중이란 대상물질의 밀도를 표준물질의 밀도로 나눈 것으로 표준물질에 비해 대상물질의 무거움 또는 가벼움 정도를 나타냅니다. 액체 및 고체에서 표준물질은 물이고, 기체에서 표준물질은 공기입니다.

식 **비중(S)** $= \dfrac{대상물질의\ 밀도}{표준물질의\ 밀도}$

(예) 황산의 비중은 1.84이다. ($S_{황산} = \dfrac{1.84 g/cm^3}{1 g/cm^3}$)

(예) 아황산가스의 비중은 2.20이다. ($S_{SO_2} = \dfrac{64g/22.4SL}{29g/22.4SL}$)

1) 밀도

밀도는 질량 나누기 단위부피로, 여기서 단위라는 말은 하나(1)를 나타냅니다. 예를 들면, 1L당 Xkg, 1mL당 Xmg 이런 식으로 부피 하나가 가지고 있는 질량을 나타냅니다. 기체에서는 1mol당 모든 기체의 부피가 표준상태에서 22.4L로 일정하므로, 부피를 22.4L 기준으로 22.4L에 해당하는 질량인 분자량(g)으로 하여 밀도를 산출합니다.
(1mol 개념이 어려우셨다면, 다음 5)번 몰농도(M)을 먼저 공부하고 오시면 수월합니다.)

$$\text{밀도}(\rho) = \frac{\text{질량}}{\text{단위부피}}$$

※ 물의 밀도 $= 1g/cm^3 = 1kg/L = 1$톤$/m^3$
※ 공기의 밀도 $= 29g/22.4SL = 1.29g/SL = 1.29kg/Sm^3$
　공기의 분자량 $= 28 \times 0.79 + 32 \times 0.21 = 28.84 ≒ 29$
　(공기분자량은 공기 중 질소가 79%, 산소가 21%로 가정하여 산출합니다.)
※ 동점성계수 $= \dfrac{\text{점도}}{\text{밀도}}$ (단위는 주로 st사용, st $= cm^2/sec$)

2) %(백분율)

물질을 100개로 쪼개어서 비율을 나타내는 단위입니다. 3%는 100분의 3, 10%는 100분의 10입니다. 그러므로 %로 나타내려면 분자와 분모의 단위가 같은 상태에서 100을 곱하여 산출합니다. %는 중량 백분율과 부피 백분율로 구분됩니다. (예 $3\% = \dfrac{3}{100} \times 100$)

$$\text{밀도}(\rho) = \frac{\text{질량}}{\text{단위부피}}$$

※ 물의 밀도 $= 1g/cm^3 = 1kg/L = 1$톤$/m^3$
※ 공기의 밀도 $= 29g/22.4SL = 1.29g/SL = 1.29kg/Sm^3$
　공기의 분자량 $= 28 \times 0.79 + 32 \times 0.21 = 28.84 ≒ 29$
　(공기분자량은 공기 중 질소가 79%, 산소가 21%로 가정하여 산출합니다.)
※ 동점성계수 $= \dfrac{\text{점도}}{\text{밀도}}$ (단위는 주로 st사용, st $= cm^2/sec$)

- w/w %(중량 백분율) : 중량 대 중량
- v/v %(부피 백분율) : 부피 대 부피

※ w/v %(중량 대 부피 백분율) : 중량 대 부피 백분율은 예외사항으로 부피가 물일 때 적용가능합니다. 백분율은 분자와 분모의 단위가 같아야 하는데 물의 경우 밀도가 1kg/L이므로 부피와 중량이 같아서 적용이 가능합니다. (예 시약 황산 95% = 95g(황산)/100mL(물))

3) ppm(백만분율)

물질을 10^6(백만)개로 쪼개어서 비율을 나타내는 단위입니다. 구하는 원리는 %와 같습니다. 다른 방법으로 백만분율은 분자와 분모의 단위 차이가 백만 배 차이가 나게 하여 나타낼 수 있습니다. 중량 ppm과 부피 ppm으로 구분됩니다. (예 $3ppm = \dfrac{3}{10^6} \times 10^6$, $3ppm = \dfrac{3mL}{m^3}$, $3ppm = \dfrac{3mg}{kg}$)

① w/w ppm(중량 ppm) : 중량 대 중량, 주로 폐기물의 오염물질 단위로 mg/kg으로 사용합니다.
② v/v ppm(부피 ppm) : 부피 대 부피, 주로 대기에서의 오염물질 단위로 mL/m^3으로 사용합니다.
③ 1% = 10^4ppm

※ **w/v ppm(중량 대 부피 ppm)** : 중량 대 부피 ppm도 역시나 예외사항으로 부피가 물일 때 적용가능합니다. 특히, 수질에서 오염물질의 농도를 나타낼 때 사용합니다. 수질에서의 ppm은 mg/L 단위로 사용합니다. (예 w/v ppm = mg/L)

4) ppb(10억분율)

물질을 10^9(10억)개로 쪼개어서 비율을 나타내는 단위입니다. 구하는 원리는 %와 같습니다. ppm과 ppb의 차이는 10^3배입니다. (1ppm = 103ppb)

5) 몰농도(M)

몰농도는 1L 물에 들어있는 mol의 양을 기호로 나타낸 것입니다. 여기서 mol이란, 물질의 분자량을 1mol이라 합니다. 모든 물질은 1mol에 분자량, 그리고 기체일 때 표준상태기준으로 22.4L의 부피, 6.02×10^{23}개의 분자갯수를 가지고 있습니다.

[식] $M = \dfrac{mol}{L}$ [식] mol(몰) = 분자량(g) = $22.4L$(표준상태기준) = 6.02×10^{23}개

(예 H_2O 1mol=18g), (예 황산 $2M = \dfrac{2mol}{L} = \dfrac{2 \times 98g}{L}$)

6) 노르말농도(N)

노르말농도는 1L 물에 들어있는 eq(당량)의 양을 기호로 나타낸 것입니다. 여기서 eq란, 물질의 분자량을 가수로 나누어 준 것입니다. 가수라는 것은 산화수를 의미하고, 분자의 산화수를 구하는 방법은 아래의 방법으로 구합니다.

[식] $N = \dfrac{eq}{L}$ [식] $eq = \dfrac{분자량}{가수}$

(예 $Ca(OH)_2$ $2N = \dfrac{2eq}{L} = \dfrac{2 \times (74/2)g}{L}$)

> 💡 **산화수(가수)를 구하는 방법**
>
> 1. **H^+ 또는 OH^-를 찾기**
>   물질은 대부분 안정된 상태로 존재하고, 여기서 안정된 상태란 +와 −의 숫자가 같은 상태를 말합니다. 예를 들어 NaOH라고 한다면, OH^- 하나가 있으므로, Na^+가 되었을 때 1가로 안정됩니다. H_2SO_4의 경우에는 H^+가 2개 있으므로 SO_4^{-2}가 되어 2가로 안정되게 됩니다. 안정되는 개수로 산화수를 구합니다.
>
> 2. **그 외의 분자**
> $KMnO_4$(5가), $K_2Cr_2O_7$(6가) 시험에 나오는 특이한 두 녀석은 외우겠습니다.

4 단위환산

이제 환경공학기초의 마지막 단계입니다. 먼저 이 교재를 접하기 전에 단위환산방법을 터득하는 분들은 이 과정은 생략하셔도 좋습니다. 그럼 시작하겠습니다. 단위환산하는 방법은 다음과 같습니다. 첫 번째, 목표단위를 좌항에 위치시킵니다. 그런 다음 문제에서 주어진 단위를 우항 첫 번째에 위치시킵니다. 그 다음 환산을 시작합니다. 환산은 같은 단위끼리 대각선에 위치시키고, 환산인자는 분자와 분모의 개념이 같아야 합니다. 아래의 문제들은 설명드린 환산방법을 이용하여 풀어보았습니다.

ex1 기린 2마리는 다리가 몇 개인가?

해설 $X개 = 기린 2마리 \times \dfrac{4개}{1마리} = 8개$

⇒ 기린 X마리 = 다리 4X개

ex2 여친과 100일된 남자는, 현재 몇 초 째 연애중인가?

해설 $X초 = 100day \times \dfrac{24hr}{day} \times \dfrac{60min}{hr} \times \dfrac{60sec}{min} = 8,640,000초$

ex3 1g/cm·sec(CGS)를 MKS단위로 환산하여라.

해설 $X\,kg/m\cdot sec = \dfrac{1g}{cm\cdot sec} \times \dfrac{1kg}{10^3 g} \times \dfrac{100cm}{1m} = 0.1\,kg/m\cdot sec$

ex4 우사인볼트는 100m를 9초 만에 주파한다고 한다. 볼트는 시속 40km로 달리는 버스보다 더 빠를지 느릴지 판단하시오.

해설 볼트가 시속 몇 km인지 환산 후 비교!

$X\,km/hr = \dfrac{100m}{9sec} \times \dfrac{1km}{1000m} \times \dfrac{60sec}{1min} \times \dfrac{60min}{hr} = 40\,km/hr$

결론 비겼지만 볼트가 오래 못 달리므로 버스 승....!

ex5 미국인 친구는 유로를 많이 가지고 있는 한국인 친구 돈을 바꾸려고 한다. 미국인 친구가 와플 2개를 사려면 몇 달러가 필요한가? (단, 1달러 = 1,200원, 1유로 = 1,278원, 1와플 = 5유로)

해설 $X달러 = 2개 \times \dfrac{5유로}{1개} \times \dfrac{1,278원}{1유로} \times \dfrac{1달러}{1,200원} = 10.65달러$

풀어 보셨나요? 여기까지 환경공학기초를 배워보았습니다. 머리가 아주 뜨거워 지셨을 걸로 예상됩니다. 맛있는 간식 드시면서 당을 보충하시는 것이 좋을 거 같습니다. 고생하셨습니다. 그럼 곧 다음 챕터에서 뵙겠습니다.

A-B-A 복습정리 | 세상 쉬운 환경공학기초

1 원자와 분자

(1) 원자
물질의 구성하는 기본 입자, 대부분의 원자량은 원자번호×2

(2) 분자
원자가 2개 이상 이루어져 있는 물질, 분자량은 각 원자량을 더해서 구함

2 단위와 단위계

(1) SI단위(국제단위)
단위들 간의 차이가 10^3(1000)배 차이가 나는 단위들의 모임

1) 길이 : (Å) − nm − μm − mm − m − km (※ Å(옹스트롬)=$10^{-10}m = 10^{-8}cm$)
2) 무게 : ng − μg − mg − g − kg − (ton)
3) 부피 : nL − μL − mL − L − KL
   ① mL = cm^3 = cc
   ② KL = m^3

4) 점도(μ)
   ① 점도의 단위 : 1Poise(g/cm · sec=dyne · sec/cm^2), Pa · s(N · sec/m^2), 1cP(Ceti Poise=0.01g/cm · sec)
   ② 점도의 특성
      ㉠ 액체 및 고체는 온도와 점도가 반비례한다. (온도가 커지면, 점도는 작아짐)
      ㉡ 기체는 온도와 점도가 비례한다. (온도가 커지면, 점도도 커짐)

(2) MKS와 CGS
① MKS : m, kg, sec를 사용하는 단위
② CGS : cm, g, sec를 사용하는 단위

(3) 차원

① 1차원 : L^1 (선의 세계)

② 2차원 : L^2 (면의 세계)

③ 3차원 : L^3 (공간의 세계)

※ 시간(T), 속도(L/T), 유량(L^3/T)

[식] $Q = A \times V$

[식] $A = \dfrac{Q}{V}$

[식] $V = \dfrac{Q}{A}$

3 비중과 농도

(1) 비중(S)

[식] 비중(S) = $\dfrac{\text{대상물질의 밀도}}{\text{표준물질의 밀도}}$ [식] 밀도(ρ) = $\dfrac{\text{질량}}{\text{단위부피}}$

※ 물의 밀도 = $1g/cm^3 = 1kg/L = 1톤/m^3$
※ 공기의 밀도 = $29g/22.4SL = 1.29g/SL = 1.29kg/Sm^3$
※ 동점성계수 = $\dfrac{\text{점도}}{\text{밀도}}$ (단위는 주로 st 사용, st = cm^2/sec)

(2) %(백분율) = $\dfrac{X}{100} \times 100$

(3) ppm(백만분율) = $\dfrac{X}{10^6} \times 10^6$

1% = 10^4 ppm, ppm = mg/L = mL/m^3 = mg/kg

(4) ppb(10억분율) = $\dfrac{X}{10^9} \times 10^9$

1ppm = 10^3 ppb

(5) 몰농도(M)

$$\text{식}\quad M = \frac{mol}{L}$$

(6) 노르말농도(N)

$$\text{식}\quad N = \frac{eq}{L}, \quad \text{식}\quad eq = \frac{분자량}{가수}$$

4 단위환산

(1) 목표단위 좌항에, 주어진 단위 우항 첫번째에
(2) 같은 단위는 대각선으로 위치시켜 정리

CHAPTER 02 환경공학관련법칙

1 기체관련법칙

(1) 보일의 법칙 : 기체의 부피는 압력에 반비례

예) 풍선 1L에 가해지는 압력은 1atm, 압력이 2atm으로 바뀐다면?

정답) $X L = 1L \times \dfrac{1atm}{2atm} = 0.5L$

(2) 샤를의 법칙 : 기체의 부피는 온도에 비례

1) 온도는 절대온도(K) 사용, 절대온도에 비례해서 부피가 변하기 때문
2) 0K=−273℃, 273K=0℃

예) 현재온도는 10℃일 때, 풍선의 부피는 1L이다. 온도가 20℃로 상승한다면, 풍선의 부피는 얼마가 되겠는가?

정답) $X L = 1L \times \dfrac{273+20}{273+10} = 1.0353L$

(3) 아보가드로의 법칙 : 온도와 압력이 일정할 때 부피는 몰수에 비례

식) $PV = nRT$

- P : 압력
- V : 부피
- n : 몰수
- R : 이상기체상수
- T : 온도(K)

※ 1mol = 22.4L(표준상태) = 6.02×10^{23}개

(4) 돌턴의 법칙

전체 압력은 각각의 기체의 부분압력을 모두 더한 값과 같다는 법칙(부분압은 부분부피와 비례)

식 $\dfrac{P_i(부분압)}{P_t(전체압)} = \dfrac{V_i(부분부피)}{V_t(전체부피)} \rightarrow V_i = V_t \times \dfrac{P_i}{P_t}$

(예 공기 1L = 질소 0.79L + 산소 0.21L이라면, 공기 1atm = 질소 0.79atm + 산소 0.21atm)

(5) 헨리의 법칙

용매에 잘 녹지 않는 기체(난용성 기체)의 용해되는 양은 그 액체 위에 미치는 기체분압에 비례

식 $C_g = H \times P$

- C_g : 용해된 기체의 농도(mol/L)
- H : 헨리상수(mol/L·atm)
- P : 공기 중의 기체의 분압

※ 대표적 난용성 기체 : NO, NO_2, CO, O_2, N_2, HC
※ 헨리상수가 클수록 난용성 기체임
※ 헨리상수가 atm·m^3/kmol 인 경우 식은 $P = H \times C$가 된다.

(6) 그레이엄의 법칙

기체분출속도는 그 기체 분자량의 제곱근에 반비례한다는 법칙

(예 분자량이 작으면 분출속도는 커짐, 수소(H_2) 1mol = 2g = 22.4L, 이산화탄소(CO_2) 1mol = 44 g = 22.4L)

(7) 라울의 법칙

비휘발성 용질을 포함하는 용액의 증기압은, 순용매의 증기압과 용액 속 용매의 몰분율의 곱과 같아진다는 법칙

(예 증기압이 높은 에탄올, 증기압이 낮은 설탕 → 에탄올+물과 설탕+물의 증기압 비교시 에탄올+물의 증기압이 높아짐)

(8) 게이뤼삭 법칙

기체들이 반응해서 다른 기체를 형성할 때, 온도와 압력이 동일한 조건에서 부피를 측정하면, 반응물과 생성물의 부피간의 비율은 자연수(정수)라는 법칙

2 유체역학법칙

(1) **베르누이의 정리** : 유선에 따라 압력관 위치가 변할 때의 속도는 변한다는 정리

$$\boxed{식}\ P + \frac{1}{2}\rho V^2 + \rho gh = 일정$$

1) 베르누이 방정식의 제한조건(이상유체 조건)
① 정상유동(정상상태의 흐름)
② 비압축성 유동
③ 마찰이 없는 유동
④ 유선에 따라 움직이는 유동(직선관, 곡선관)
⑤ 비교적 느린 유체에 잘 적용

(2) **레이놀드 수**

유체의 흐름이 층류(잠잠한 흐름=혼합되지 않는 흐름)인지 난류(산만한 흐름=혼합되는 흐름)인지 판단해주는 지표
① **층류** : 유체의 흐름에서 유체 인접층이 서로 혼합되지 않고 흐르는 상태(잠잠한 흐름)
② **난류** : 유체 인접층이 파괴되어 유체분자가 격렬한 운동을 하면서 서로 혼합되어 흐르는 상태(산만한 흐름)
③ **흐름판별** : 레이놀드수(N_{Re})

$$\boxed{식}\ N_{Re} = \frac{관성력}{점성력} = \frac{DV\rho}{\mu}$$

- D : 관 직경
- ρ : 유체의 밀도
- V : 유속
- μ : 유체의 점도

- **층류** : $2100 > N_{Re}$
- **난류** : $4000 < N_{Re}$
- **천이구역** : $2100 < N_{Re} < 4000$

💡 **입자레이놀드수**

$$\boxed{식}\ N_{Rep} = \frac{관성력}{점성력} = \frac{D_p V \rho}{\mu}$$

- D_p : 입자 직경

$1 > N_{Re}$: 층류, $1000 < N_{Re}$: 난류(자유대기)

(3) 연속방정식 : 단면적과 유속의 관계

$$\boxed{식}\ A_1 V_1 = A_2 V_2$$

(4) 프루드 수 : 관성력과 중력의 비

$$\boxed{식}\ F_r = \frac{V}{\sqrt{gH}}$$

- V : 유속
- g : 중력가속도
- H : 수심

① 프루드 수가 1보다 작으면 잠잠한 흐름
② 프루드 수가 1보다 크면 산만한 흐름
③ 프루드 수가 1이면 임계류, 유체의 총에너지가 최소

(5) 크누센 수 : 진공하에서의 기체의 흐름

$$\boxed{식}\ K_n = \frac{\lambda}{d_p}$$

- λ : 평균자유행정(평균 자유이동거리)
- d_p : 입자직경

(6) 슈미트 수 : 유체의 운동 점성도와 그 유체 속에 있는 물질의 확산상수와의 비

$$\boxed{식}\ Sc = \frac{\mu}{\rho D}$$

- μ : 유체점도
- ρ : 유체밀도
- D : 물질의 확산상수

① 슈미트 수가 1에 가까운 경우 유체가 기체
② 슈미트 수가 수백~수천인 경우 유체가 액체
→ 슈미트 수가 작은 물질은 확산정도가 큽니다.

(7) 침강속도와 부상속도

① **침강속도** : 입자가 중력에 의해 아래로 침강하는 속도입니다. 침강속도식은 침강속도와 관계있는 인자들로 만들어집니다. 직경과 비례, 입자밀도와 유체밀도의 차에 비례, 중력가속도에 비례, 점도에 반비례하는 관계를 가지고 있습니다.

식 $$V_s = \frac{d_p^2(\rho_p - \rho)g}{18\mu}$$

- d_p : 입자의 직경(입경)
- ρ : 유체의 밀도
- μ : 유체의 점도
- ρ_p : 입자의 밀도
- g : 중력가속도(9.8m/sec²)

② **부상속도식** : 부상속도식은 침강속도식과 아주 유사합니다. 밀도차가 침강속도식과 반대가 되는 것을 유의하여 학습하셔야 합니다.

식 $$V_b = \frac{d_p^2(\rho - \rho_p)g}{18\mu}$$

- d_p : 입자의 직경(입경)
- ρ : 유체의 밀도
- μ : 유체의 점도
- ρ_p : 입자의 밀도
- g : 중력가속도(9.8m/sec²)

(8) darcy 법칙

다공질 매질에서의 유체흐름을 설명하는 식, 주로 토양에서의 물의 흐름을 설명할 때 사용됩니다.

식 $$V = \frac{KI}{n}$$

- V : 유속
- I : 동수경사(동수구배)
- K : 투수계수(수리전도도, m/sec)
- n : 공극률

기출문제로 다지기 — 실력 업그레이드!

- 총량(질량/시간) = 유량 x 농도 = m^3/sec x mg/L x 1,000L/m^3 = mg/sec
- 단면적 = 유량 / 유속, $A = \pi D^2 / 4$

$$D = \sqrt{\frac{A \times 4}{\pi}}$$

01 다음 중 분자량이 가장 큰 기체는?
① CO_2 ② H_2S
③ NH_3 ④ SO_2

해설 SO_2의 분자량은 S(32)+O(16)×2 = 64로 가장 크다.

02 0.5m^3/min의 송분 펌프로 2시간 가동했을 때 송분된 분뇨의 양은 얼마인가?
① 50m^3 ② 60m^3
③ 70m^3 ④ 80m^3

해설 $Xm^3 = \dfrac{0.5m^3}{\min} \times 120\min = 60m^3$

03 1시간에 7,200m^3이 발생되는 배기가스를 2m/sec의 속도로 원형 송풍관을 통과시켜 전기집진장치로 보내려 할 때, 이 원형 송풍관의 반지름(r)은 몇 cm로 해야 하는가? (단, 기타 조건은 무시한다.)
① 42.8 ② 48.6
③ 56.4 ④ 59.7

해설
식 $A = \dfrac{Q}{V} = \dfrac{7200m^3}{hr} \times \dfrac{\sec}{2m} \times \dfrac{1hr}{3600\sec} = 1m^2$

식 $A = \dfrac{\pi D^2}{4}$

$1 = \dfrac{\pi \times D^2}{4}$, $D = 1.1283m$

∴ $r = 0.5641m = 56.41cm$

04 어떤 물질을 분석한 결과 1,500ppm의 결과를 얻었다. 이것을 %로 환산하면 얼마나 되겠는가?
① 0.15% ② 1.5%
③ 15% ④ 150%

해설 1%=10,000ppm

05 2V/Vppm에 상당하는 W/W ppm 값이 가장 큰 대기오염물질은?
① 염화수소 ② 이산화황
③ 이산화질소 ④ 시안화수소

해설 $Xmg/kg(W/Wppm) = \dfrac{2mL}{m^3} \times \dfrac{Xmg}{22.4mL} \times \dfrac{22.4m^3}{29kg}$ 에서 w/w ppm값이 가장 크려면 X(분자량)값이 가장 큰 것이 가장 큰 값이 되므로 이산화황(분자량 64)이 정답이다.

정답 01. ④ 02. ② 03. ③ 04. ① 05. ②

06 쓰레기발생량이 24,000kg/day이고 발열량이 500kcal/kg이라면 로 내 열부하가 50,000kcal/m³·hr이다. 소각로의 용적은? (단, 1일 가동시간 12시간이다.)

① 20m³ ② 40m³
③ 60m³ ④ 80m³

해설 $Xm^3 = \frac{m^3 \cdot hr}{50000kcal} \times \frac{500kcal}{kg} \times \frac{1day}{12hr} \times \frac{24,000kg}{day} = 20m^3$

07 다음 중 오염물질의 농도표시가 아닌 것은?

① ppm ② mg/Sm³
③ W/V% ④ mmHg

해설 mmHg는 압력표시에 해당한다.

08 다음 중 표준대기압(1atm)이 아닌 것은?

① 760mmHg ② 14.7PSI
③ 10.33mH$_2$O ④ 1013N/m²

해설 101,325N/m²(Pa) = 1013.25mb = 1013.25hPa = 1atm

09 표준상태에서 물 5g을 수증기로 만들 때, 부피는 얼마인가?

① 5.22L ② 6.22L
③ 7.22L ④ 8.22L

해설 $XL = 5g \times \frac{22.4L}{18g} = 6.22L$

정답 06. ① 07. ④ 08. ④ 09. ②

PART 1

제1과목
대기오염개론

들어가며

안녕하세요.
이번시간부터 대기환경에 대해 본격적으로 공부해보겠습니다. 앞서 배운 환경공학기초를 토대로 대기(기체)에 적용되는 법칙들을 실제적인 사례로써 조금 더 심층적으로 공부해보겠습니다. 그럼 시작하겠습니다.

대기오염

UNIT 01 대기공학기초(법칙)

① **보일의 법칙** : 기체의 부피는 압력에 반비례

> 공장에서 배출되는 가스는 1atm기준으로 10m³/hr일 때, 배출된 대기에서의 압력이 700mmHg이라면, 대기에서의 가스의 양(m³/hr)은 얼마인가?
>
> 정답 $X L = \dfrac{10 m^3}{hr} \times \dfrac{1 atm}{700 mmHg} \times \dfrac{760 mmHg}{1 atm} = 10.86 m^3/hr$

② **샤를의 법칙** : 기체의 부피는 온도에 비례

> 공장에서 배출된 먼지의 농도는 1,000μg/Sm³이다. 배출된 가스의 온도가 100℃였다면 현재온도에서 보정된 먼지의 농도(μg/m³)는 얼마인가?
>
> 정답 $X \mu g/m^3 = \dfrac{1,000 \mu g}{Sm^3} \times \dfrac{273}{273+100} = 731.90 \mu g/m^3$

(샤를의 법칙은 기체에만 적용되는 법칙이다. 따라서 분자인 먼지의 μg 단위는 온도보정하지 않고 분모인 공기의 1m³만 0℃ → 100℃로 온도보정하여 답을 산출한다.)

- 온도는 절대온도(K) 사용, 절대온도에 비례해서 부피가 변하기 때문
- 0K=−273℃, 273K=0℃

③ **아보가드로의 법칙** : 온도와 압력이 일정할 때 모든 기체는 같은 부피 속에 같은 수의 분자를 포함한다는 법칙

식 $PV = nRT$

- P : 압력
- R : 이상기체상수
- V : 부피
- T : 온도(K)
- n : 몰수

※ 1mol = 22.4L(표준상태) = 6.02×10²³개

> 물 1kg의 분자는 몇 개인가?
>
> 정답 $X kg = 1 kg \times \dfrac{10^3 g}{1 kg} \times \dfrac{1 mol}{18 g} \times \dfrac{6.02 \times 10^{23} 개}{1 mol} = 3.3444 \times 10^{25} 개$

④ **돌턴의 법칙** : 전체 압력은 각각의 기체의 부분압력을 모두 더한 값과 같다는 법칙(부분압 ∝ 부분부피)

> 💡 증기압이 300mmHg인 물질의 농도(ppm)을 구하시오.(단, 1atm 기준)
>
> **정답** $XmL/m^3(ppm) = \dfrac{300mmHg}{1atm} \times \dfrac{1atm}{760mmHg} \times 10^6 = 394,736.84 ppm$

⑤ **헨리의 법칙** : 용매에 잘 녹지 않는 기체(난용성기체)의 용해되는 양은 그 액체 위에 미치는 기체 분압에 비례

식 $P = H \times C$

- C : 기체가 용해된 용액의 농도(kmol/m³)
- H : 헨리상수(atm · m³/kmol)
- P : 공기 중의 기체의 분압(atm)

※ 대표적 난용성기체 : NO, NO_2, CO, O_2, N_2, HC
※ 헨리상수가 클수록 난용성 기체임

> 💡 다음 중 헨리상수가 가장 큰 기체를 고르시오.
> ① HCl   ② SO_2
> ③ SO_3 ④ NO
>
> **정답** ④ → 헨리상수가 클수록 난용성 기체이다. HCl, SO_2, SO_3는 수용성이 큰 기체이다.

⑥ **그레이엄의 법칙** : 기체분출속도는 그 기체 분자량의 제곱근에 반비례한다는 법칙

> 💡 CO_2의 확산속도(기체분출속도)는 SO_2에 비해 몇 배인가?
>
> **정답** $\dfrac{V_{CO_2}}{V_{SO_2}} = \sqrt{\dfrac{SO_2 분자량}{CO_2 분자량}} = \sqrt{\dfrac{64}{44}} = 1.21배$
>
> (기체분출속도는 기체 분자량의 제곱근의 반비례하므로 각 기체의 분자량에 역수를 취해 제곱근을 씌워 계산한다.)

⑦ **라울의 법칙** : 비휘발성 용질을 포함하는 용액의 증기압은, 순용매의 증기압과 용액 속 용매의 몰분율의 곱과 같아진다는 법칙

기출문제로 다지기 — UNIT 01 대기오염기초(법칙)

01 0.2%(V/V)의 SO_2를 포함하고 발생량이 500 m^3/min인 매연의 1년간 발생된 총량의 30%가 같은 방향으로 흘러가 그 지역의 식물에 피해를 주었다. 10년 후에 그 지역에 살아남은 수목이 전체의 1/10이었을 때 10년간 그 지역에 피해를 준 SO_2의 양은 얼마인가? (단, 표준상태를 기준으로 한다.)

① 약 4,000톤 ② 약 4,500톤
③ 약 5,000톤 ④ 약 5,500톤

[해설] [식] 오염물질총량 = 농도 × 유량

$$\therefore X톤 = \frac{500m^3}{min} \times \frac{0.2}{100} \times \frac{1440min}{1day} \times \frac{365day}{1년} \times 10년 \times 0.3 \times \frac{64kg}{22.4m^3} \times \frac{1톤}{10^3 kg} = 4505.14톤$$

02 대기오염에 사용되는 ppm은 부피당 부피(V/V)와 무게당 무게(W/W)로 나눌 수 있다. 이산화황가스 100(V/V)ppm은 무게당 무게로 몇 ppm인가?

① 121ppm ② 151ppm
③ 221ppm ④ 251ppm

[해설] 100ppm(mL/m^3)에서 분모는 공기 1m^3이고, 분자는 SO_2 100mL이므로 환산하면, 아래와 같다.

$$\therefore X mg/kg = \frac{100mL}{m^3} \times \frac{64mg}{22.4mL} \times \frac{22.4m^3}{29kg} = 220.69 mg/kg$$

03 SO_2의 1일 평균농도가 25℃, 1.0atm에서 525μg/m^3라면 이 때의 SO_2 농도를 ppm으로 알맞게 나타낸 것은?

① 0.159 ② 0.201
③ 0.256 ④ 0.314

[해설]
$$X a mL/am^3 = \frac{525\mu g}{am^3} \times \frac{1mg}{10^3 \mu g} \times \frac{22.4 SmL}{64mg} \times \frac{273+25}{273} = 0.20 a mL/am^3$$

04 헨리의 법칙을 따르는 유해가스가 물속에 2.0kmol/m^3만큼 용해되어 있을 때, 분압이 258.4mmH$_2$O이었다면, 이 유해가스의 분압이 38mmHg로 될 때의 물속의 유해가스농도는? (단, 기타 조건은 변화 없다.)

① 10.0kmol/m^3 ② 8.0kmol/m^3
③ 6.0kmol/m^3 ④ 4.0kmol/m^3

[해설] 주어진 조건으로 헨리상수를 먼저 구한 후에, 농도를 산출한다.

[식] $P = C \times H \rightarrow C = \dfrac{P}{H}$

$\cdot\ H = \dfrac{P}{C} = 258.4 mmH_2O \times \dfrac{m^3}{2kmol} = 129.2 mmH_2O \cdot kmol/m^3$

$\therefore C = \dfrac{P}{H}$
$= 38mmHg \times \dfrac{m^3}{129.2 kmmH_2O \cdot mol} \times \dfrac{10332 mmH_2O}{760 mmHg}$
$= 4.00 kmol/m^3$

05 어떤 혼합기체의 부피조성이 질소가스 85%와 이산화탄소가스 15%로 이루어졌다. 이 혼합기체의 평균분자량은?

① 30.4 ② 38.9
③ 44.0 ④ 49.3

[해설] $Xg = 28 \times 0.85 + 44 \times 0.15 = 30.4 g$

정답 01. ② 02. ③ 03. ② 04. ④ 05. ①

06 굴뚝 배출가스 중의 플루오르 농도를 측정한 결과 50ppm이었다. 플루오르화합물의 배출허용 농도가 플루오르로 환산하여 10mg/m³라면 감소시켜야 할 플루오르의 양(mg/Sm³)은? (단, 플루오르의 원자량은 19이다.)

① 약 18mg/Sm³ ② 약 32mg/Sm³
③ 약 48mg/Sm³ ④ 약 52mg/Sm³

해설 기존농도와 배출허용농도의 단위를 통일시켜서 답을 산출한다.
식 감소시켜야 할 양 = 기존농도 − 배출허용농도
- 기존농도 = $\dfrac{50\,mL}{m^3} \times \dfrac{19\,mg}{22.4\,mL} = 42.41\,mg/m^3$
- 배출허용농도 = $10\,mg/m^3$
∴ 감소시켜야 할 양 = $42.41 - 10 = 32.41\,mg/m^3$

07 고속도로상의 교통밀도가 5000대/hr이고, 차량의 평균속도가 100km/hr이다. 차량 한 대의 탄화수소 방출량이 2×10^{-2}g/(sec·대)일 때 고속도로에서 방출되는 탄화수소의 양(g/sec·m)은?

① 0.1 ② 0.01
③ 0.001 ④ 0.0001

해설 $Xg/\sec m = \dfrac{2\times 10^{-2}g}{\sec \cdot 대} \times \dfrac{5000대}{hr} \times \dfrac{hr}{100km} \times \dfrac{1km}{10^3 m}$
$= 0.001\,g/\sec m$

08 다음 기체물질 중 비중이 가장 작은 것은?

① HCHO ② SO_2
③ NO_2 ④ CO

해설 분자량과 비중은 비례한다.

09 점도(viscosity)에 관한 설명으로 알맞지 않은 것은?

① 액체와 기체의 점도는 온도가 상승하면 낮아진다.
② 액체의 경우 분자간 응력이 점도에 가장 중요한 인자가 된다.
③ 유속에 따라 발생하는 유체저항 비례상수이다.
④ 유체이동에 따라 발생하는 일종의 저항이다.

해설 액체는 온도가 상승하면 점도는 낮아지고, 기체는 온도가 상승하면 점도는 증가한다.

10 수증기를 완전가스로 본다면 표준상태에서의 비체적(m³/kg)은?

① 0.5 ② 1.24
③ 1.75 ④ 2.0

해설 $Xm^3/kg = \dfrac{22.4\,m^3}{18\,kg} = 1.24\,m^3/kg$

11 200℃, 1atm에서 이산화황의 농도가 2g/m³이다. 표준상태에서는 몇 ppm인가?

① 986 ② 1,213
③ 1,759 ④ 2,314

해설 $X\,SmL/Sm^3 = \dfrac{2g}{am^3} \times \dfrac{22.4\,SL}{64g} \times \dfrac{10^3\,mL}{1L} \times \dfrac{273+200}{273}$
$= 1,212.82\,SmL/Sm^3$

12 표준상태에서 SO_2 농도가 0.5g/m³라면 80℃, 0.9atm에서는 몇 ppm인가?

① 175 ② 350
③ 275 ④ 450

정답 06. ② 07. ③ 08. ④ 09. ① 10. ② 11. ② 12. ①

해설 $X\,amL/am^3 = \dfrac{0.5g}{Sm^3} \times \dfrac{22.4SL}{64g} \times \dfrac{10^3 mL}{1L} \times \dfrac{273+80}{273} \times \dfrac{1}{0.9} \times \dfrac{273}{273+80} \times \dfrac{0.9}{1} = 175\,amL/am^3$

13 0.1μm(micrometer)의 직경을 가진 구형 물입자(water droplet) 하나에 포함되어 있는 물분자수는 몇 개인가?

① 약 1.75×10^7개 ② 약 2.55×10^7개
③ 약 3.65×10^7개 ④ 약 4.25×10^7개

해설 식 분자수 = 질량 × $\dfrac{6.02 \times 10^{23}개}{분자량(g)}$

• 질량 = 부피 × 밀도 = $\dfrac{\pi \times (0.1 \times 10^{-4} cm)^3}{6} \times \dfrac{1g}{cm^3}$
    $= 5.2359 \times 10^{-16} g$

∴ 분자수 = $5.2359 \times 10^{-16} g \times \dfrac{6.02 \times 10^{23}개}{18g}$
    $= 17511470.16 ≒ 1.75 \times 10^7$개

14 다음 내용의 현상을 어떤 법칙이라 하는가?

> 휘발성인 에탄올을 물에 녹인 용액의 증기압은 물의 증기압보다 높다. 그러나 비휘발성인 설탕을 물에 녹인 용액인 설탕물의 증기압은 물보다 낮아진다.

① 헨리(Henry)의 법칙
② 렌츠(Lenz)의 법칙
③ 샤를(Charle)의 법칙
④ 라울(Raoult)의 법칙

해설 **라울의 법칙** : 비휘발성, 비전해질인 용질이 녹아 있는 용액의 증기압내림은 용질의 몰분율에 비례한다는 법칙

15 헨리의 법칙을 따르는 유해가스가 물속에 $2.0 kmol/m^3$ 만큼 용해되어 있을 때, 분압이 $258.4 mmH_2O$이었다면, 이 유해가스의 분압이 57mmHg로 될 때의 물속의 유해가스 농도는? (단, 기타 조건은 변화 없다.)

① $10.0 kmol/m^3$ ② $8.0 kmol/m^3$
③ $6.0 kmol/m^3$ ④ $4.0 kmol/m^3$

해설 주어진 조건으로 헨리상수를 먼저 구한 후에, 농도를 산출한다.

식 $P = C \times H \rightarrow C = \dfrac{P}{H}$

• $H = \dfrac{P}{C} = 258.4 mmH_2O \times \dfrac{m^3}{2kmol} = 129.2 mmH_2O \cdot kmol/m^3$

∴ $C = \dfrac{P}{H} = 57 mmHg \times \dfrac{m^3}{129.2 mmH_2O \cdot mol} \times \dfrac{10332 mmH_2O}{760 mmHg}$
    $= 6.00 kmol/m^3$

16 대류권 내에서 CO_2의 평균농도가 370ppm이고, 대류권의 평균높이가 10km일 때, 대류권 내에 존재하는 CO_2의 무게는? (단, 지구의 반지름을 6,400km라 가정한다.)

① $1.87 \times 10^{12} ton$ ② $3.74 \times 10^{12} ton$
③ $1.87 \times 10^{13} ton$ ④ $3.74 \times 10^{13} ton$

해설 식 CO_2의 무게 = 대류권의 부피 × CO_2농도

• 대류권의 부피 = 대류권 포함 지구의 부피 − 지구의 부피
    $= \dfrac{\pi \times (12820km)^3}{6} - \dfrac{\pi \times (12800km)^3}{6} = 5,155,232,070 km^3$

• CO_2농도 = 370ppm

∴ CO_2의 무게 = $5,155,232,070 km^3 \times \dfrac{10^9 m^3}{1 km^3} \times \dfrac{370 mL}{m^3} \times \dfrac{44mg}{22.4mL} \times \dfrac{1톤}{10^9 mg} = 3.75 \times 10^{12}$톤

정답 13. ① 14. ④ 15. ③ 16. ②

17 180℃, 1atm에서 이산화황의 농도가 2g/m³이다. 표준상태에서 몇 ppm인가?

① 1,162 ② 1,754
③ 1,968 ④ 2,018

해설 $X\,SmL/Sm^3 = \dfrac{2g}{am^3} \times \dfrac{22.4SL}{64g} \times \dfrac{10^3 mL}{1L} \times \dfrac{273+180}{273}$

$= 1,161.54\,SmL/Sm^3$

18 25℃, 1기압에서 측정한 NO_2 농도가 4.76mg/m³이다. 이 농도를 표준상태의 ppm으로 옳게 환산한 것은?

① 2.24 ② 2.53
③ 2.72 ④ 2.98

해설 $X\,SmL/Sm^3 = \dfrac{4.76mg}{am^3} \times \dfrac{22.4SmL}{46mg} \times \dfrac{273+25}{273}$

$= 2.53\,SmL/Sm^3$

19 $1Sm^3$당의 무게가 0.714kg인 탄화수소는?

① CH_4 ② C_2H_6
③ C_3H_6 ④ C_3H_8

해설 식 $\rho = \dfrac{분자량(kg)}{22.4Sm^3}$

분자량(kg) = $\dfrac{0.714kg}{1Sm^3} \times 22.4Sm^3 = 16kg$

∴ 보기에서 분자량이 16인 물질은 메테인이다.

| UNIT | 02 | 대기오염의 특성 |

1 대기오염의 정의

자연적 또는 인위적 활동으로 인해 형성된 대기오염으로 인간이나, 동·식물, 재산상의 피해를 초래하는 것을 말합니다.

2 대기오염의 원인

(1) 자연적 원인

식물의 번식에 따른 오염(곡식의 씨, 균류의 포자, 꽃가루 등), 산림화재, 화산폭발 등 주로 호흡기질환을 초래합니다.

(2) 인위적 원인

자동차의 오염, 공장, 폐기물처리장, 발전소 등 주로 황산화물, 질소산화물, 매연 등으로 호흡기 질환 뿐아니라 산성비, 스모그 형성에 기여하여 동·식물, 인간, 재산상의 피해를 초래합니다.
→ 관리가능한 원인으로 대기환경관리는 인위적 원인의 해결에 초점이 맞춰져 있다.

(3) 대기오염인자

[가스상 오염물질]

① 탄소화합물

 ㉠ **메탄계** : 파라핀계, 단일결합, 광화학반응성 낮음
  ※ 메테인(메탄) : 대기 중 농도(2ppm), 축산업에서 대부분 발생(약 30%)
   [예 CH_4(메테인), C_2H_6(에테인), C_3H_8(프로페인), C_4H_{10}(뷰테인)]
 ㉡ **비메탄계** : 올레핀계, 이중결합, 광화학반응성 높음
   [예 테르펜, 이소프렌, 알켄(C_nH_{2n})]
 ㉢ **일산화탄소** : 불완전연소의 지표, 질식성, 헤모글로빈과 결합력이 산소보다 210배 강함(결합 시 카르복시 헤모글로빈(CO-Hb) 형성), 가솔린 자동차에서 많이 발생, 북위 50도 부근에서 최대치를 나타냄
 ㉣ **이산화탄소** : 대기 중 약 400ppm 존재(0.04%), 잠재적 오염물질, 지구온난화의 가장 큰 기여, 30% 정도 해양의 흡수, 계절에 따른 농도변화(봄·여름에 감소, 가을·겨울에 증가)

② 황화합물

황화합물의 배출비율 ⇨ 자연적 50 : 인위적 50

㉠ 자연적 배출 황화합물(환원형)

ⓐ **황화수소(H_2S)** : 악취를 가진 무색의 유독한 기체, 화산가스, 온천, 단백질류의 부패에 의해서 생성됩니다.

ⓑ **황화메틸(DMS, $(CH_3)_2S$)** : 악취를 가지고, 해조류와 플랑크톤의 분해작용 시 발생하며, 황화합물 중 가장 많은 양을 차지합니다.

ⓒ **카르보닐황(COS)** : 대류권에서 매우 안정적인 황화합물입니다.

㉡ 인위적 배출 황화합물(산화형)

ⓐ **아황산가스(SO_2)** : 황산화물의 대부분 차지, 산화제와 환원제로 이용, 표백성, 자극성, 수용성, 비가연성, 대류권에서 쉽게 광분해되지 않으나, 파장 280~290nm에서 강한 흡수를 보입니다.

ⓑ **삼산화황(SO_3)** : 독성이 아황산가스보다 강함, 폭발성, 표백성, 자극성, 수용성

※ 황산화물 배출비율 = SO_2 95% : SO_3 5%

③ 질소화합물

㉠ **암모니아(NH_3)** : 염기성 기체, 미생물의 분해과정에서 발생, 독성, 비료성분

㉡ **일산화질소(NO)** : 질소산화물의 대부분을 차지, 질식성, 헤모글로빈과 결합력이 CO의 수십~수백배(결합 시 메타헤모글로빈(NO-Hb) 형성), 난용성

㉢ **이산화질소(NO_2)** : 독성이 일산화질소보다 강함(약 6배 더 강함), 자극성, 난용성

㉣ **아산화질소(N_2O)** : 과잉비료로 인한 토양에서 발생, 대기 중 0.5ppm 존재, 스마일가스, 대류권에서 온실가스, 성층권에서 오존층 파괴

㉤ **오산화이질소(N_2O_5)** : 무색 투명하고 단단한 광택이 있으며, 야간에만 존재, 물에 녹으면 질산이 됩니다.

※ 질소산화물 배출비율 = NO 90% : NO_2 10%

> 💡 **질소산화물 생성 메커니즘**
> ① Thermal NOx(온도 NOx) : 연소온도가 높고, 체류시간이 길 때, 질소분자, 산소분자가 분해되고, 상호결합 되면서 NOx 생성 → 전체 NOx 발생량 중 약 70%
> ② Fuel NOx(연료 NOx) : 연료 중 N성분과 산소가 결합하여 NOx 생성 → 전체 NOx 발생량 중 약 30%
> ③ Prompt NOx(프롬프트 NOx) : 질소성분이 HC의 공격을 받아 NOx 생성 → 전체 NOx 발생량 중 약 1%

> 💡 **산화상태에 따른 물질의 특성**
> ① 산화상태가 커질수록 독성이 증가한다.
> ② 산화상태가 커질수록 증기압이 낮아진다.
> ③ 산화상태가 커질수록 수용성이 높아진다.

④ 플루오린 및 염소화합물

자극성, 수용성, 상기도에 악영향, 피부작열감, 반응성 좋음, 거의 단분자로 존재하지 않는다.

- ㉠ **플루오린화수소(HF)** : 수용성이 크고, 물에 녹으면 플루오린화수소산이 되며, 의약품의 제조에 많이 이용됩니다. 각막의 손상, 간장, 위장장해를 야기하고, 식물에 대한 피해도 큽니다.
- ㉡ **삼플루오린화질소(NF_3)** : 비인화성기체로, 안정성이 높고, 반도체 및 액정표시장치를 세정하는 특수 가스로 사용됩니다.
- ㉢ **과플루오린화탄소(PFCs)** : 냉매, 분무액, 발포제, 코팅제로 사용되며 안정성이 높습니다.
- ㉣ **염화수소(HCl)** : 무색이며, 수용성이 아주 높고, 물에 녹으면 염산이 됩니다. 염산도 무색이며, 산업에서 많이 활용되고, 반응성이 좋습니다.
- ㉤ **염소(Cl_2)** : 녹황색기체로 강한 자극성을 가집니다. 살균제의 원료로 활용되며, 호흡기 및 피부에 노출 시 피해를 줍니다.

⑤ 기타오염물질

- ㉠ **시안화수소(HCN)** : 독가스, 액화하면 청산, 강한 자극성
- ㉡ **이황화탄소(CS_2)** : 비스코스섬유공업에서 발생, 중추신경계의 영향, 자극성
- ㉢ **포스겐($COCl_2$)** : 독특한 풀냄새가 나는 무색(시판용품은 담황녹색)의 기체(액화가스)로 건조상태에서는 부식성이 없으나, 수분이 존재하면 가수분해되어 금속을 부식시킵니다.
- ㉣ **다이옥신** : 내분비계 장애물질(환경호르몬)로 증기압이 낮고 안정성이 높으며, 플라스틱의 연소 시 많이 배출됩니다. 염소계물질 및 PAH, 수분, 먼지가 전구물질로 작용하며, 제거되어도 300~400℃에서 재생성되는 특징을 가지고 있습니다.

> 💡 **입자상 오염물질**
>
> - **먼지** : 가스상물질 또는 입자상물질이 그 자체로 안정화되어 액체나 고체상태가 된 형태를 말하며, 크기에 따라 분류됩니다.
>   a. PM-10 : 먼지의 직경이 공기동력학적 직경으로 $10\mu m$ 이하인 먼지(미세먼지)
>   b. PM-2.5 : 먼지의 직경이 공기동력학적 직경으로 $2.5\mu m$ 이하인 먼지(초미세먼지)
>   c. 강하먼지 : 먼지의 직경이 공기동력학적 직경으로 $20\mu m$ 이하인 먼지
> - **미스트(박무, mist)** : 대기 중의 미립자가 액체로 된 것(시정거리 1km 이상, 습도 70% 이상)
> - **안개** : 대기 중의 미립자가 액체로 된 것(시정거리 1km 미만, 습도 90% 이상)
> - **연무(haze)** : 대기 중의 미립자가 액체로 된 것(시정거리 1km 이상, 습도 70% 이하)
> - **매연** : 연료 연소 시 배출되는 눈에 보이는 연기, 불완전연소 시 배출되는 유리탄소의 배출이 주된 원인이 됩니다.
> - **검댕** : 유리탄소가 응결하여 입자의 지름이 1미크론 이상이 되는 입자상 물질
> - **흄(Fume)** : 금속이 승화되어 날아간 증기가 응축된 것, 브라운운동으로 상호 응결하거나 충돌결합합니다.

기출문제로 다지기 | UNIT 02 대기오염의 특성

01 다음은 Dioxin의 특징에 관한 설명이다. ( ) 안에 알맞은 것은?

- (①)은 증기압
- (②)은 수용성
- 완전분해 후 연소가스 배출시 (③)에서 재생성이 가능하다.

① ① 높, ② 낮, ③ 700~800℃
② ① 낮, ② 낮, ③ 300~400℃
③ ① 높, ② 높, ③ 300~400℃
④ ① 낮, ② 높, ③ 700~800℃

02 다음은 어떤 대기오염물질에 대한 설명인가?

- 독특한 풀냄새가 나는 무색(시판용품은 담황녹색)의 기체(액화가스)로 끓는점은 약 8℃이다.
- 건조상태에서는 부식성이 없으나, 수분이 존재하면 가수분해되어 금속을 부식시킨다.

① 시안화수소
② 포스겐
③ 테트라에틸납
④ 폴리클로리네이티드비페닐

03 다음 중 주로 연소 시에 배출되는 무색의 기체로 물에 매우 난용성이며, 혈액 중의 헤모글로빈과 결합력이 강해 산소 운반능력을 감소시키는 물질은?

① PAN   ② 알데히드
③ NO   ④ HC

[해설] NO는 무색, 무취로 헤모글로빈과 결합력이 CO보다 수십~수백배 강하며, 헤모글로빈과 결합하여 메타헤모글로빈을 형성한다.

04 다음은 탄화수소류에 관한 설명이다. ( ) 안에 가장 적합한 물질은?

탄화수소류 중에서 이중결합을 가진 올레핀화합물은 포화 탄화수소나 방향족 탄화수소보다 대기 중에서 반응성이 크다. 방향족 탄화수소는 대기 중에서 고체로 존재한다. 특히 ( )은 대표적인 발암물질이며, 환경 호르몬으로 알려져 있고, 연소 과정에서 생성된다. 숯불에 구운 쇠고기 등 가열로 검게 탄 식품, 담배연기, 자동차 배기가스, 석탄타르 등에 포함되어 있다.

① 벤조피렌   ② 나프탈렌
③ 안트라센   ④ 톨루엔

05 가스상 오염물질인 CO에 관한 설명으로 틀린 것은?

① 대기 중에서 일산화탄소의 평균 체류시간은 발생량과 대기 중 평균농도로부터 1~3년으로 추정되고 있다.
② 지구의 위도별로 일산화탄소의 분포는 공업이 발달한 북위 50° 부근에서 최대치를 보인다.
③ 물이 난용성이기 때문에 수용성 가스와는 달리 비에 의한 영향을 거의 받지 않는다.
④ 대기 중에서 이산화탄소로 산화되기 어려우며 다른 물질에 흡착현상도 거의 나타내지 않는다.

[해설] 일산화탄소의 평균 체류시간은 약 5개월 정도이다.

 정답   01. ②   02. ②   03. ③   04. ①   05. ①

06 질소산화물에 관한 설명으로 알맞지 않은 것은?

① 대기 중의 체류시간은 NO_2가 N_2O에 비하여 짧다.
② 연소시 발생되는 질소산화물은 90% 이상이 NO로 발생한다.
③ N_2O는 대류권에서 태양에너지에 대하여 매우 불안정하며 온실가스로 주목되고 있다.
④ NO와 N_2O는 미생물 작용에 의하여 토양과 해양에서 배출된다.

해설 N_2O는 대류권에서 태양에너지에 대하여 매우 안정적이며, 대류권에서는 온실가스로, 성층권에서는 오존층파괴물질로 작용한다.

07 연소과정에서 방출되는 NOx 배출가스 중 NO : NO_2의 개략적인 비는 얼마 정도인가?

① 5 : 95 ② 20 : 80
③ 50 : 50 ④ 90 : 10

08 황화합물에 관한 설명으로 옳지 않은 것은?

① 황화합물은 산화상태가 클수록 증기압은 커지고, 용해성은 감소한다.
② 해양을 통해 자연적 발생원 중 아주 많은 양의 황화합물이 DMS[$(CH_3)S$] 형태로 배출된다.
③ 대기 중 유입된 SO_2는 입자상 물질의 표면이나 물방울에 흡착된 후 비균질반응에 의해 대부분 황산염(SO_4^{2-})으로 산화되어 제거된다.
④ 카르보닐황(OCS)은 대류권에서 매우 안정하기 때문에 거의 화학적인 반응을 하지 않는다.

해설 황화합물은 산화상태가 클수록 증기압은 작아지고, 용해성과 독성은 증가한다.

09 다음 대기오염물질로 가장 적합한 것은?

> 상온에서는 무색 투명하며, 일반적으로 자극성 냄새를 내는 액체이다. 햇빛에 파괴될 정도로 불안정하지만, 부식성은 비교적 약하다. 끓는점은 46℃(760mmHg), 인화점은 -30℃ 이다.

① CS_2 ② $COCl_2$
③ Br_2 ④ HCN

10 일산화탄소에 관한 설명으로 가장 거리가 먼 것은?

① 인위적 주요배출원은 각종 교통수단의 엔진 연료의 연소 등이다.
② 자연적 발생원에는 화산폭발, 테르펜류의 산화, 클로로필의 분해, 산불 및 해수 중의 미생물 작용 등이 있다.
③ 토양 박테리아에 의하여 대기 중에서 제거되거나 대류권 및 성층권에서 일어나는 광화학 반응에 의하여 제거되기도 한다.
④ 수용성이기 때문에 강우에 의한 영향이 크며 다른 물질에 흡착되어 제거되기도 한다.

해설 일산화탄소는 난용성이므로 강우에 의한 영향은 적지만, 강우량이나 습도가 높을수록 농도가 낮아지는 경향을 보인다. 또한 분자량이 작아 잘 흡착되지 않는다.

11 질소산화물(NOx)에 관한 설명으로 옳지 않은 것은?

① NOx의 인위적 배출량 중 거의 대부분이 연소과정에서 발생된다.
② NOx는 그 자체도 인체에 해롭지만 광화학스모그의 원인물질로도 중요한 역할을 한다.
③ 연소과정에서 처음 발생되는 NOx는 주로 NO이다.
④ 연소시 연료 중 질소의 NO 변환율은 대체로 약 2~5% 범위이다.

정답 06. ③ 07. ④ 08. ① 09. ① 10. ④ 11. ④

[해설] 연소 시 연료 중 질소의 NO 변환율(Fuel NOx)은 대체로 약 30~50% 범위이다.

12 광화학반응에 관한 설명으로 가장 거리가 먼 것은?

① SO_2는 대류권에서 쉽게 광분해되며, 파장 360nm 이하와 510nm~550nm에서 강한 흡수를 보인다.
② NO_2는 파장 420nm 이상의 가시광선에 의해 NO와 O로 광분해된다.
③ 알데히드는 파장 313nm 이하에서 광분해한다.
④ 케톤은 파장 300~700nm에서 약한 흡수를 하여 광분해한다.

[해설] SO_2는 대류권에서 쉽게 광분해되지 않지만, 파장 280nm~290nm에서 강한 흡수를 보인다.

13 다음에서 설명하는 대기오염물질로 가장 적합한 것은?

- 이 물질의 직업성 폭로는 철강제조에서 아주 많으며, 알루미늄, 마그네슘, 구리와의 합금제조 등에서도 흔한 편이다.
- 이 흄에 급성폭로되면 열, 오한, 호흡 곤란 등의 증상을 특징으로 하는 금속열을 일으키나 자연히 치유된다.
- 만성폭로가 계속 되면 파킨슨 증후군과 거의 비슷한 증후군으로 진전되어 말이 느리고 단조로워진다.

① 비소　　② 수은
③ 망간　　④ 납

[해설] [암기법]
- 양파 한망(망간은 파킨슨병 유발)
- 말 안듣는 망아지 때문에 열받는다.(발열물질 : 망간, 아연)

14 대기중에 존재하는 황산화물에 관한 설명으로 알맞지 않은 것은?

① 인위적 발생원에서 화석연료 중의 황화합물은 연소하면 대부분 아황산가스가 된다.
② 아황산가스의 연간 배출량은 에너지 소비량과 비례하여 미국이 가장 많다.
③ 전 세계의 황화합물 배출량 중 인위적 배출량이 80%를 차지하며 나머지 20%가 자연적 발생원에서 배출된다.
④ 대기중의 아황산가스는 광화학 반응에 의하여 SO_3로 산화되거나 건성 또는 습성 침착에 의하여 대기중에서 제거된다.

[해설] 전 세계의 황화합물 배출량 중 인위적 배출량이 50%를 차지하며 나머지 50%가 자연적 발생원에서 배출된다.

15 다음 대기오염물질 중 대기 내의 평균 체류시간이 1~4일 정도로 짧고, 지구규모보다는 산성비와 같은 국지적인 환경오염의 기여가 큰 것은?

① SO_2　　② O_3
③ CO_2　　④ N_2O

16. 질소산화물에 관한 설명으로 거리가 먼 것은?

① 아산화질소(N_2O)는 성층권의 오존을 분해하는 물질로 알려져 있다.
② 아산화질소(N_2O)는 대류권에서 태양에너지에 대하여 매우 안정하다.
③ 전세계의 질소화합물 배출량 중 인위적인 배출량은 자연적 배출량의 약 70% 정도 차지하고 있으며, 그 비율은 점차 증가하는 추세이다.
④ 연료 NO_x는 연료 중 질소화합물 연소에 의해 발생되고, 연료 중 질소화합물은 일반적으로 석탄에 많고 중유, 경유 순으로 적어진다.

정답　12. ①　13. ③　14. ③　15. ①　16. ③

해설 전세계의 질소화합물 배출량 중 인위적인 배출량은 자연적 배출량의 약 10% 정도 차지하고 있으며, 그 비율은 점차 증가하는 추세이다.

17 인체 내에 축적되어 영향을 주는 오염물질 중 하나로 혈액 속의 헤모글로빈과 결합하여 카르복시헤모글로빈을 형성하는 것은?

① NO ② O_3
③ CO ④ SO_3

해설 카르복시헤모글로빈 : CO, 메타헤모글로빈 : NO

18 도시 대기오염물질 중, 태양빛을 흡수하는 기체 중의 하나로서 파장 420nm 이상의 가시광선에 의해 광분해되는 물질로 대기 중 체류시간이 약 2~5일 정도인 것은?

① SO_2 ② NO_2
③ CO_2 ④ RCHO

19 서울을 비롯한 대도시 지역에서 1990년부터 2000년까지 10년 동안 다른 오염물질에 비해 오염농도가 크게 감소하지 않은 대기오염물질은?

① 일산화탄소(CO) ② 납(Pb)
③ 아황산가스(SO_2) ④ 이산화질소(NO_2)

해설 오염농도 감소 추세 물질 : CO, SOx
오염농도 증가 추세 물질 : CO_2, NOx

20 다음의 대기오염물질 중에 물에 가장 잘 녹는 것은?

① HCl ② HCHO
③ SO_2 ④ CO_2

해설 염화수소(HCl)은 가장 수용성이 높은 기체이다.

21 대기오염물질인 Mn, Zn 및 그 화합물이 인체에 미치는 영향으로 가장 알맞은 것은?

① 기형 ② 비중격천공
③ 발열 ④ 간암

정답 17. ③ 18. ② 19. ④ 20. ① 21. ③

UNIT 03 대기오염의 현황

1 대기오염물질 배출원

(1) 가스상물질

물질명	배출원	영향
황산화물(SOx)	연소보일러, 황산공장, 제련소, 발전소, 경유차 등	호흡기질환(주로 상기도에 피해)
질소산화물(NOx)	내연기관, 보일러, 비료공장 등	호흡기질환(주로 하기도에 피해)
염소(Cl_2)	소다공업, 플라스틱공업 등	기관지, 눈, 피부손상
염화수소(HCl)	소다공업, 비료공장, 도금시설, 염산, 제조시설 등	기관지, 눈, 피부손상
암모니아(NH_3)	비료공장, 냉동시설, 암모니아제조시설 등	점막의 피해, 탈수증세, 백내장, 녹내장, 피부염, 두통, 화상
황화수소(H_2S)	펄프, 석유정제, 매립장	두통, 질식, 구토
시안화수소(HCN)	합성수지공업, 섬유제조공업, 인쇄공업, 석유정제공업, 비료공업, 의약품 제조	호흡곤란, 마비, 눈자극
일산화탄소(CO)	연소시설, 코크스 제조시설, 자동차 등	체내 산소결핍(질식)
이산화탄소(CO_2)	연소시설, 자연적 배출	지구온난화
불화수소(HF)	요업공장, 유리공장, 알루미늄공장 등	반상치, 관절염
브롬(Br_2)	산화제, 살균제, 의약품, 염료 등	호흡기질환, 피부자극
휘발성 유기화합물(VOC)	주유소, 저유소, 석유정제공업, 유기용제, 세탁공업	호흡기질환, 발암

① 선진국형 오염물질 : CO_2, NOx
② 후진국형 오염물질 : CO, SOx

(2) 입자상물질

물질명	배출원	영향
납(Pb)	건전지 및 축전지 제조시설, 안료제조시설	신경염, 관절염, 두통, 혈중 프로토포르피린 증가, 헴(Heme)의 합성 작용방해, 뼈에 축적(90% 이상)
카드뮴(Cd)	전지공장, 도금공장	이따이이따이병, 골연화증
크롬(Cr)	도금공장, 염료 제조시설, 인쇄시설 등	폐암, 비중격천공
비소(As)	유리공장, 농약 제조시설 등	피부암, 각화증
알루미늄(Al)	캔, 주방용기 제조	알츠하이머
베릴륨(Be)	공구, 부품제조	육아종, 호흡기질환
망간(Mn)	합금, 건전지, 화학공업	파킨슨, 발열
니켈(Ni)	도금, 합금, 화폐제조	피부질환, 천식, 폐암
구리(Cu)	도금, 농약, 파이프제조	간경변, 구토, 윌슨병
수은(Hg)	제련, 살충제, 온도계	미나마타병, 헌터-루셀증후군
바나듐(V)	발전소, 석유제조공업, 촉매제, 합금제조, 잉크공업, 도자기 제조공정	호흡기질환, 눈 자극, 영양분의 합성저해

2 대기오염물질 분류

(1) 생성원에 의한 분류

① 1차오염물질 : 발생원에서 배출된 오염물질

⇨ 못된놈 → 태생적으로 못됐다. (예 $NaCl$, SO_2, HCl, HF, Rn, 석면, N_2O_3 등)

② 2차오염물질 : 대기에 존재하던 물질이 분해·결합과정을 통해 형성된 오염물질

⇨ [착한놈 → 몹쓸놈] – 착하게 태어났으나 친구잘못만나 몹쓸놈이 되었다.
(예 O_3, $NOCl$, 아크로레인, H_2O_2, $PAN(CH_3COOONO_2)$ 등)

③ 1·2차오염물질 : 발생원에서 배출되어 생성되거나, 발생원에서 배출된 오염물질이 분해·결합과정을 통해 형성된 오염물질

⇨ [못된놈 → 몹쓸놈] – 못되게 태어나 더 못되어졌다.
(예 케톤류, 유기산류, 알데하이드류, SO_2, SO_3, NO_2, NO_3 등)

(2) 배출형태에 따른 분류

① **점오염원** : 한 지점에서 배출되는 오염원 (예 가정, 상업, 공업용 굴뚝 등)
② **선오염원** : 배출지점이 선을 그리며 형성되는 오염원 (예 기차, 선박, 자동차, 항공기 등 이동배출원)
③ **면오염원** : 배출지점이 면으로 배출되는 오염원 (예 공업단지, 상업단지, 주택단지 등)

(3) 물질의 상태에 의한 분류

① **가스상 오염물질** : 기체상 오염물질
② **입자상 오염물질** : 액체·고체상 오염물질

UNIT 03 대기오염의 현황

01 다음 중 불화수소의 배출업종을 가장 알맞게 짝지은 것은?

① 가스공업, 펄프공업
② 도금공업, 플라스틱공업
③ 염료공업, 냉동공업
④ 화학비료공업, 알루미늄공업

해설 불화수소 배출업종 : 유리공업, 비료공업, 알루미늄공업

02 다음 중 1차 오염물질로만 짝지어진 항은?

① N_2O_3, SiO
② H_2S, H_2O_2
③ NOCl, N_2O_3
④ O_3, CO

해설 H_2O_2, NOCl, O_3은 2차오염물질이다.

03 다음 중 1차 오염물질에 속하지 않는 것은?

① SO_2, NO_2
② NH_3, CO
③ HC, Pb
④ NOCl, O_3

04 2차 오염물질의 생성이 아닌 것은?

① 이산화황이 대기중에서 산화하여 생성된 삼산화황
② 이산화질소의 광분해에 의하여 생성된 황화수소
③ 질소산화물의 광분해에 의한 원자상 산소와 대기의 산소가 결합하여 생성된 오존
④ 석유 정제시 수소첨가에 의하여 생성된 황화수소

해설 발생한 오염물질이 배출되었을 때 오염물질인 것은 1차 오염물질이고, 배출된 후에 다른 물질과 결합 또는 분해되어 생성된 물질은 2차오염물질이다. ④항은 석유 정제시 수소를 첨가하여 배출되었을 때 오염물질로 배출되므로 1차오염물질이다.

05 황화수소의 배출원으로 볼 수 없는 것은?

① 활성탄제조업
② 석유정제업
③ 가스공업
④ 펄프제조업

해설 활성탄제조는 염화수소 배출원이다.

06 배출오염물질과 배출원이 가장 바르게 짝지어진 것은?

① 벤젠-제철공업, 가스공업
② 시안화수소-소다공업, 활성탄제조
③ 카드뮴-도금공업, 구리정련공업
④ 포름알데히드-합성수지, 포르말린제조공업

해설 ④항만 올바르다.
오답해설
① 시안화수소-제철공업, 가스공업
② 염화수소-소다공업, 활성탄제조
③ 카드뮴-도금공업

07 다음 중 납화합물의 배출원이 아닌 것은?

① 휘발유자동차 배출가스
② 디젤자동차 배출가스
③ 축전지 제조공장
④ 인쇄공장

해설 납화합물은 휘발유(가솔린)자동차 배출가스에서만 배출된다.

정답 01. ④ 02. ① 03. ④ 04. ④ 05. ① 06. ④ 07. ②

08 다음 대기오염물질과 관련되는 주요 배출업종을 연결한 것으로 가장 적합한 것은?
① 벤젠 – 도장공업
② 염소 – 주유소
③ 시안화수소 – 유리공업
④ 이황화탄소 – 구리정련

해설 ①항만 올바르다.
오답해설
② 염소 – 소다공업, 플라스틱 공업
③ 시안화수소 – 합성수지 공업, 섬유제조 공업, 인쇄공업, 석유정제공업
④ 이황화탄소 – 비스코스섬유공업(레이온 공업)

정답 08. ①

UNIT 04 실내공기오염

1 배출원

물질명	배출원
이산화탄소(CO_2)	연료의 연소, 인간의 대사작용 등
석면	단열재, 흡음재, 방화재 등
라돈(Rn)	시멘트, 콘크리트, 대리석, 벽돌 등
폼알데하이드(HCHO)	단열재, 접착제, 섬유 옷감, 페인트 등
먼지(PM-10, PM-2.5)	실외의 유입, 바닥발생먼지, 담뱃재, 난로연소 등
오존(O_3)	복사기, 공기청정장치 등
일산화탄소(CO)	연소가스 등
휘발성 유기화합물(VOC), BTEX	난방연료, 살충제, 페인트, 건축자재, 생활용품, 탈취제 등
스티렌(C_8H_8)	폴리스티렌 수지(스티로폼), 합성고무 등
총 부유세균, 곰팡이(Mold)	에어컨, 가습기, 냉장고, 애완동물 등
이산화질소(NO_2)	연소가스, 복사기 등

2 특성 및 영향

(1) 이산화탄소

① **특성**

그 자체로 중독이나 신체장애를 유발하지는 않지만, 일정농도 이상이 되면 가벼운 대사장애를 일으킨다.

② **영향**

위생적 허용기준은 0.1%로 보고 있다.

[이산화탄소 농도별 인체영향]

농도	인체 영향
3% 이상	불쾌감을 느낌
5% 이상	호흡중추가 자극되어 호흡이 촉진
10% 이상	호흡곤란으로 사망

(2) 석면

① 특성

사문석계열(백석면)과 각섬석계열(갈석면, 청석면)로 분류되는 섬유성 물질이다. 불연성이고 전기절연성, 내열성, 단열성이 좋아 건축자재로 많이 활용된다. 그러나, 호흡기질환에 영향이 있고, 석면폐증, 악성중피종, 폐암, 흉막증을 유발한다. 석면의 주요 특성은 다음과 같다.

> **석면의 특성**
> - 내화성, 내열성, 절연성이 좋고, 화학적으로 안정적이다.
> - 약 20년의 잠복기가 있다.
> - 인체 축적성을 가진다.
> - 석면의 독성은 청석면 > 갈석면 > 백석면(온석면) 순이다.

② 영향

폐암, 악성중피종, 흉막증, 석면폐증 등 호흡기질환을 유발한다.
㉠ 악성중피종은 오직 석면에 의해서만 발병된다.
㉡ 석면폐증은 폐의 섬유화이며, 흉막의 비후화를 유발한다.

(3) 라돈

① 특성

자연 방사능물질 중 하나로 라듐의 핵분열시 생성되는 물질이다. 토양에 존재하며 무색, 무취이고 α선이 방출된다. α선은 폐조직을 파괴하여 폐암을 유발한다.

> **라돈의 특성**
> - 무색, 무취이다.
> - 시멘트, 콘크리트, 벽돌, 대리석에 존재하고, 틈새에서 방출된다.
> - 반감기는 3.8일이다. [암기TIP] 라면은 3분 끓여서 8리먹자!
> - 비중은 7.5~9로 무겁다.

② 영향 : 폐암 유발

(4) 폼알데하이드

① 특성

자극취가 있는 무색의 기체로 단열재 및 섬유 옷감, 접착제에서 주로 발생한다. 단기간 노출 시 눈·코·목의 자극 증상을 보이고 장기간 폭로시 기침, 설사, 구토, 피부질환을 유발한다.

> 💡 **폼알데하이드의 특성**
> - 무색이며 자극성이 있다.
> - 폼알데하이드를 물에 녹여 37%로 만든 용액을 포르말린이라 한다.
> - 새집증후군의 원인물질이다.

② 영향

기침, 설사, 피부질환, 암을 유발한다.

(5) 먼지

① 특성

액체 또는 고체상 물질로 크기에 따라 침전되는 위치와 기전이 다르다.

> 💡 **먼지의 특성**
> - **흡입성 분진** : 100μm 이하 분진으로 호흡기로 흡입될 수 있는 분진이다.
> - **흉곽성 분진** : 10μm 이하 분진으로 호흡기 중 코와 인후로 흡입될 수 있는 분진이다.
> - **호흡성 분진** : 4μm 이하 분진으로 호흡기 중 폐포로 흡입될 수 있는 분진이다.

② 영향

호흡기 질환, 진폐증, 암을 유발한다.

(6) 오존

① 특성

산소 원자 3개로 이루어진 산소의 동소체로서 불안정적이고, 반응성이 좋다. 특유의 냄새가 나고, 약간 푸른색을 띈다.

② 영향

호흡기 질환, 각막에 손상을 유발한다.

(7) 일산화탄소

① 특성

연소과정에서 불완전연소 시 배출되는 무색, 무취의 기체로, 빈혈증을 일으키고, 공기 중에 0.5%가 존재하면 사망위험이 있다.

② 영향

질식, 중추신경계 영향

(8) 휘발성유기화합물

① 특성

악취가 있으며, 증기압이 높아 쉽게 증발된다. 독성과 발암성이 있다. 대기오염물질에 해당하는 대표적 휘발성유기화합물로는 BTEX(B:벤젠, T:톨루엔, E:에틸벤젠, X:자일렌)가 있다.

② 영향

피로감, 정신착란, 두통, 현기증, 백혈병(벤젠), 발암, 중추신경계 장해
벤젠 흡입 시 소변 중 페놀로, 톨루엔 흡입 시 소변 중 마뇨산으로 배출

> 💡 독성의 크기 순서
> 톨루엔 > 자일렌 > 에틸벤젠

(9) 총 부유세균

① 특성

공기 중에 떠있는 일반세균과 병원성세균으로 먼지나 수증기에 붙어 생존하며, 다른 오염물질과 달리 스스로 번식하기 때문에 관리가 소홀하게 되면 고농도로 증식한다.

② 영향

알레르기성 질환, 호흡기 질환 등을 유발한다.

(10) 이산화질소

① 특성

연소과정에서 배출되거나 일산화질소가 산화되어 나타난다. 헤모글로빈과의 결합력이 좋고 자극성이며, 적갈색이다.

② 영향

만성폐질환, 중추신경 영향 등

UNIT 04 실내공기오염

01 실내공기오염물질인 라돈(Rn)에 관한 설명 중 옳지 않은 것은?

① 무색, 무취의 기체로 폐암을 유발한다.
② 자연계에 널리 존재하며, 농도 단위는 pCi/L를 사용한다.
③ 공기와 무게가 비슷하여 호흡기로 흡입이 현저하다.
④ 토양, 콘크리트, 대리석 등으로부터 공기 중으로 방출한다.

해설 라돈은 공기보다 7~9배 정도 무겁다.

02 다음의 실내 오염물질 중에서 건축자재에서 발생하는 오염물질끼리 짝지어진 것은?

① 석면-라돈-포름알데히드
② 석면-라돈-암모니아
③ 석면-암모니아-휘발성 유기화합물
④ 석면-포름알데히드-암모니아

03 실내 공기오염의 지표가 되는 물질은?

① 아황산가스(SO_2)　② 이산화질소(NO_2)
③ 일산화탄소(CO)　④ 이산화탄소(CO_2)

04 실내공기 오염물질에 관한 설명으로 옳은 것은?

① 이산화질소는 일산화질소보다 독성이 대략 10배 정도 강하고, 물에 잘 녹아서 인체 폐포까지 쉽게 침투할 수 있다.
② 일산화탄소는 무색, 무미의 기체로 인체 혈액 중 헤모글로빈과 쉽게 결합하고, 산소보다 약 10~15배 정도의 결합력을 가지고 있다.
③ 라돈은 화학적으로 반응이 활발하며, 흙 속에서 방사선 붕괴에 관여한다.
④ 석면이나 광물섬유들은 장력강도와 열 및 전기적인 절연성이 크고, 화학적으로 분해가 잘 되지 않는다.

해설 ④항만 올바르다.
오답해설
① 이산화질소는 일산화질소보다 독성이 대략 6배 정도 강하고, 물에 잘 안녹아서 인체 폐포까지 쉽게 침투할 수 있다.
② 일산화탄소는 무색, 무미의 기체로 인체 혈액 중 헤모글로빈과 쉽게 결합하고, 산소보다 약 200~300배 정도의 결합력을 가지고 있다.
③ 라돈은 안정적인 물질로 불활성이며, 흙 속에서 방사선 붕괴에 관여한다.

05 실내공기 오염물질 중 석면의 위험성은 점점 커지고 있다. 다음에서 설명하는 석면의 분류에 해당하는 것은?

> 백석면이라고 하고 석면의 형태 중 가장 먼저 마주치는 광물로서 일반적으로 미국에서 발견되는 석면 중 95% 정도가 이에 해당한다. 이 광물은 매우 유용하고 섬유상의 층상 규산염 광물이며, 이 광물의 이상적인 화학적 구조는 $Mg_3(Si_2O_5)(OH)_4$이다. 광택은 비단광택이고, 경도는 2.50이다.

① Chrysotile　② Antigorite
③ Lizardite　④ Orthoantigorite

정답　01. ③　02. ①　03. ④　04. ④　05. ①

06 실내공기 오염물질인 라돈에 관한 설명으로 가장 거리가 먼 것은?

① 주기율표에서 원자번호가 238번으로, 화학적으로 활성이 큰 물질이며, 흙속에서 방사선 붕괴를 일으킨다.
② 무색, 무취의 기체로 액화되어도 색을 띠지 않는 물질이다.
③ 반감기는 3.8일로 라듐이 핵분열할 때 생성되는 물질이다.
④ 자연계에 널리 존재하며, 건축자재 등을 통하여 인체에 영향을 미치고 있다.

해설 주기율표에서 원자번호가 86번으로, 화학적으로 불활성 물질이며, 흙속에서 방사선 붕괴를 일으킨다.

07 실내공기 오염물질에 관한 설명으로 옳지 않은 것은?

① 벤젠은 무색의 휘발성 액체이며, 끓는점은 약 80℃ 정도이고, 인화성이 강하다.
② 석면은 얇고 긴 섬유의 형태로서 규소, 수소, 마그네슘, 철, 산소 등의 원소를 함유하며, 그 기본구조는 산화규소의 형태를 취한다.
③ 석면의 공업적 생산 및 소비량은 각섬석 계열이 95% 정도이고, 나머지가 사문석 계열로서 강도는 높으나 굴절성은 약하다.
④ 톨루엔의 끓는점은 약 111℃ 정도이고, 휘발성이 강하고 그 증기는 폭발성이 있다.

해설 석면의 공업적 생산 및 소비량은 사문석 계열이 95% 정도이고, 나머지가 각섬석 계열로서 강도는 높으나 굴절성은 약하다.

08 '벤젠'에 관한 설명으로 틀린 것은?

① 체내에서 마뇨산으로 대사하여 소변으로 배설된다.
② 만성장해로서 조혈장해를 유발시킨다.
③ 체내 흡수는 대부분 호흡기를 통하여 이루어진다.
④ 체내에 흡수된 벤젠은 지방이 풍부한 피하조직과 골수에서 고농도로 축적되어 오래 잔존할 수 있다.

해설 체내에서 마뇨산으로 대사하는 물질은 톨루엔이다. 벤젠은 체내에서 페놀로 대사하여 소변으로 배출된다.

09 실내공기오염물질 중 "라돈"에 관한 설명으로 틀린 것은?

① 화학적으로 거의 반응을 일으키지 않는다.
② 일반적으로 인체에 폐암을 유발시키는 것으로 알려져 있다.
③ 무색, 무취의 기체이며 액화시 푸른색을 띤다.
④ 라듐의 핵분열시 생성되는 물질이며 반감기는 3.8일간이다.

해설 무색, 무취의 기체이며 액화시에도 무색을 띤다.

10 NOx 중 이산화질소에 관한 설명으로 틀린 것은?

① 적갈색의 자극성을 가진 기체이며 NO보다 6배의 독성이 강하다.
② 연소과정에서 직접 배출되기도 하나 그 양은 NOx 중 약 5% 이하이다.
③ 수용성이나 NO보다는 용해도가 낮으며 일명 '웃음기체'라고도 한다.
④ 약 1ppm 이상 존재할 경우 육안으로 감지할 수 있다.

해설 난용성이고 NO보다는 용해도가 크다. 웃음기체로 불리는 가스는 N_2O이다.

11 다음 중 인체의 폐포 침착율이 가장 큰 입경 범위는?

① 0.001 ~ 0.01 μm
② 0.01 ~ 0.1 μm
③ 0.1 ~ 1.0 μm
④ 10 ~ 50 μm

정답 11. ③

CHAPTER 02 | 2차 오염

UNIT 01 | 광화학반응

1 이론

자동차가 많은 도심지에서는 자동차에서 배출되는 NOx와 HC가 햇빛(hv)과 반응하면서 2차오염물질을 만들어 냅니다. 만들어진 2차오염물질은 호흡기 질환 및 시정장애 등 많은 피해를 야기합니다. 주요 반응으로 NO가 NO_2로 산화된 후 햇빛에 의해 분해되는 과정에서 NO와 O(라디칼)이 형성되는데 여기서 O(라디칼)은 공기 중의 산소(O_2)와 반응하면서 O_3(오존)이 만들어지고 기타 2차오염물질들이 차례로 생성되면서 광화학 스모그가 형성됩니다.

※ O(라디칼) : 단분자 산소로써 대부분의 산소는 O_2형태로 존재하지만 O(라디칼)은 분해반응에 의해 생성됩니다. 반응성이 매우 좋은 산소의 형태입니다. (O_3보다 반응성이 큼)

(1) NOx 반응

① $NO + 0.5O_2 \rightarrow NO_2 \xrightarrow{hv} NO + O\cdot \rightarrow O\cdot + O_2 \rightarrow O_3 \rightarrow Aerosol$ (오존 생성 반응)

② $O_3 + NO \rightarrow NO_2 + O_2$ (오존 분해 반응)

※ NO_2는 460nm의 파장을 잘 흡수

(2) HC(VOC) 반응

① $HCO_3\cdot + HC \rightarrow$ 알데히드, 케톤, 유기산알데히드

② $HCO_3\cdot + NO \rightarrow HCO_2 + NO_2$

③ $HCO_3\cdot + O_2 \rightarrow O_3$

④ $HCO_3\cdot + NO_2 \rightarrow CH_3COOONO_2(PAN)$

(3) NOx의 광화학적 순환

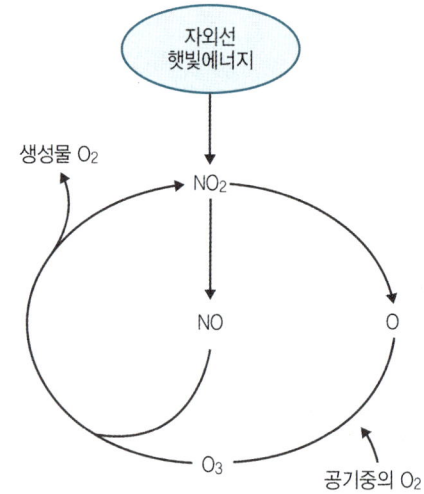

(4) 일중 스모그의 형성

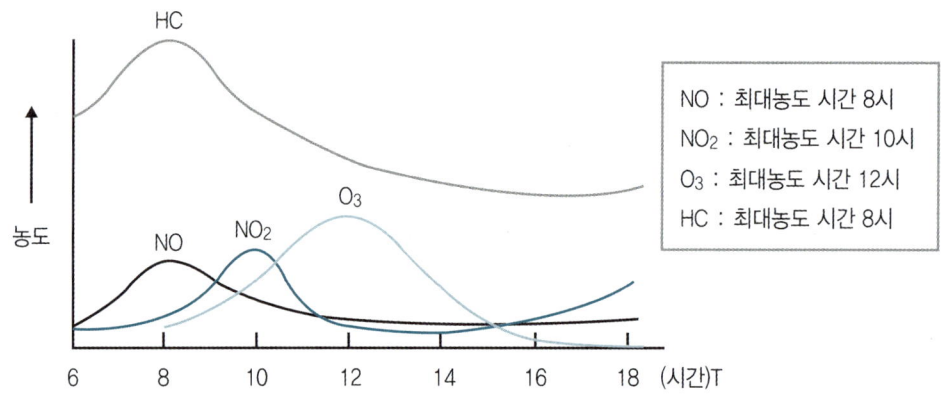

[출처 : 최신환경공학, 이광호 외 6인(동화기술)]

2 영향인자

① **오염물질** : NOx와 HC의 대기 중 농도가 높을 때
② **풍속** : 풍속이 4m/sec 이하로 약풍이 지속될 때
③ **안정도** : 대기가 안정할 때
④ **기온** : 25℃ 이상으로 높을 때
⑤ **기압경사** : 2.5mb/280km 이하로 완만할 때
⑥ **일사량** : 일출 후 정오까지의 총 일사량이 $6.4MJ/m^2$ 이상으로 높을 때

UNIT 02 2차 오염

1 2차 오염물질의 정의

대기오염물질 분류 파트 참고, 2차 오염물질의 대부분은 광화학반응에 의해 생성된 물질이므로 광화학부산물들은 2차오염물질입니다.

2 2차 오염물질의 종류

오존, 아크로레인, H_2O_2, NOCl, PAN 등

> **PAN의 종류**
> - R이 메틸기이면 PAN
> - R이 에틸기이면 PPN
> - R이 n-프로필기이면 PBN
> - R이 페닐기이면 PBzN

> **호흡기 피해의 크기 순서**
> O_3 < PAN < PBzN(PAN의 100배)

> **태양복사와 지구복사**
>
> **1 태양복사** : 태양으로부터 지구로 도달하는 빛에너지(자외선의 성질)
>
> [특징]
> ① 태양상수는 2cal/cm² · min → 지구에 도달하면 1/4 흡수 0.5cal/cm² · min
> ② 태양복사에너지 파장범위는 0.1~100㎛
> ③ 가시광선은 약 0.35(보라색)~0.75㎛(적색) 범위
> ④ 태양복사가 지표로 도달하는 파장을 태양의 창(광화학적 창)이라고 한다. 파장범위 0.3~1㎛
>
> **2 지구복사** : 지구가 태양복사를 외기로 반사하는 에너지(적외선의 성질)
>
> [특징]
> ① 지구복사에너지는 4~80㎛이다.
> ② 온실가스에 잘 흡수된다. (이산화탄소 13~17㎛, 프레온가스 8~13㎛)
> ③ 지구복사가 외기로 방출되는 파장을 지구의 창(대기의 창)이라고 한다. 파장범위 8~13㎛

3 알베도 : 지표면의 태양복사 반사율

> [특징]
> ① 알베도는 흡수율과 반비례
> ② 지표형태별 알베도의 순서
>   얼음(85% 이상) > 모래, 흙(20~40%) > 삼림(8~13%) > 수면(5% 이하)

4 복사관련 법칙

(1) 스테판-볼츠만의 법칙

흑체의 단위 표면적에서 방출되는 모든 파장의 빛에너지 총합(E)은 흑체의 절대온도(T)의 4제곱에 비례한다는 법칙. (암기TIP) 스볼이 네가지 없다!)

(2) 빈의 변위법칙

최대에너지 파장과 흑체표면의 절대온도는 반비례하다는 법칙. (암기TIP) 빈빈빈 반비례)

$$\lambda_m = \frac{2{,}897}{T} \quad \text{(여기서, 2,897 : 상수)}$$

(3) 플랑크의 법칙

모든 물체는 온도가 증가할수록 복사선의 파장이 짧아지는 쪽으로 그 중심이 이동한다는 법칙.
(암기TIP) 플랑크톤은 짧다.(짧아지는 쪽으로 그 중심은 이동))

(4) 키르히호프 법칙

일정한 온도에서 같은 파장의 복사(전자기파)에 대한 물체의 흡수능과 반사능의 비는 물체의 성질(종류)에 관계없이 일정하다는 것을 설명해준다.
(암기TIP) 호프집의 매출은 안주의 종류와 관계없이 술로 결정된다.)

기출문제로 다지기 — CHAPTER 02 2차 오염

01 다음 중 광화학스모그의 발생에 영향을 미치는 요소로만 묶인 것은?

① SO_2, NO_2, HC
② NO, NO_2, PAN
③ NO_2, O_3, HC
④ NO_2, HC, 햇빛

해설 광화학스모그 발생에 원인이 되는 인자는 NO_x, HC, 햇빛이다.

02 광화학스모그 발생시 산화물의 농도에 미치는 인자와 가장 거리가 먼 것은?

① 대기의 고도
② 반응물의 양
③ 빛의 강도
④ 대기안정도

해설 대기의 고도와 오염물질의 농도와는 관계가 없다. 농도와 연관이 있는 것은 대기에서 확산가능한 고도가 중요하므로, 대기안정도에 따라 안정도가 심할수록 대기오염 농도가 높아진다.

03 하루 중 대기중에서 최고 농도를 나타내는 시간이 가장 빠른 것은?

① NO_2
② NO
③ O_3
④ HNO_2

해설 아침출근시간에 내연기관(자동차)에서 배출되는 NO의 양이 가장 많다.

04 광화학산화물의 생성에 관한 기술이다. 옳지 않은 것은?

① 교통량이 많은 출근시간대에 NO와 탄화수소의 배출량이 많다.
② 배출된 일산화질소는 대기중의 산소와 반응하여 1~2시간 후에 NO_2와 알데히드의 농도가 증가한다.
③ 생성된 NO_2는 태양에 의해 분해되고 대기중의 산소와 반응하여 오존이 된다.
④ 태양이 중천에 있을 때 NO_2의 농도는 최고가 되며 오존의 농도는 최고 농도에 도달한다.

해설 태양이 중천에 있을 때 O_3의 농도가 최고가 되며, NO_2는 O_3의 생성에 소모되므로 농도가 감소한다.

05 오존에 대한 설명으로 알맞지 않은 것은?

① 대류권의 오존은 국지적인 광화학스모그로 생성된 옥시던트의 지표물질이다.
② 대류권에서 광화학반응으로 생성된 오존은 대기중에서 소멸되지 않고 축적되어 계속적인 오염을 유발시킨다.
③ 오염된 대기중의 오존은 로스엔젤레스 스모그사건에서 처음 확인된다.
④ 대류권의 오존 자신은 온실가스로도 작용한다.

해설 대류권에서 광화학반응으로 생성된 오존은 대기중에서 생성과 소멸을 반복한다. 해가 뜨는 낮시간에는 생성반응이 활발하고, 해가 진 저녁부터는 소멸반응이 활발하다.

정답 01. ④ 02. ① 03. ② 04. ④ 05. ②

06 대기 중 광화학반응에 관한 설명으로 틀린 것은?

① NO 광산화율이란 탄화수소에 의하여 NO가 NO_2로 산화되는 율을 뜻한다.
② 일반적으로 대기에서의 오존농도는 NO_2로 산화된 NO의 양에 비례하여 증가한다.
③ 과산화기가 산소와 반응하여 오존이 생성될 수도 있다.
④ 광화학반응에 영향을 미치는 빛은 파장이 짧은 적외선이다.

[해설] 광화학반응에 영향을 미치는 빛은 파장이 짧은 자외선이다.

07 광화학적 스모그(smog)의 3대 주요 원인요소와 거리가 먼 것은?

① 아황산가스 ② 자외선
③ 올레핀계 탄화수소 ④ 질소산화물

08 대기오염현상 중 광화학스모그에 대한 설명으로 옳지 않은 것은?

① 미국 로스앤젤레스에서 시작되어 최근에는 자동차 운행이 많은 대도시 지역에서 발생하고 있다.
② 일사량이 크고 대기가 안정되어 있을 때 잘 발생된다.
③ 주된 원인물질은 자동차 배기가스 내 포함된 PAN, 옥시던트 화합물의 대기확산이다.
④ 광화학산화물인 오존의 농도는 아침에 서서히 증가하기 시작하여 일사량이 최대인 오후에 최대가 되고 다시 감소한다.

[해설] 주된 원인물질은 자동차 배기가스 내 포함된 NOx, HC의 대기확산이다. PAN과 옥시던트는 오염물질이 햇빛과 반응하여 생성된 2차오염물질이다.

09 광화학 스모그를 설명하기 위한 반응식으로 NO_x의 광화학반응이 다음과 같다고 할 때, 식 ④의 ( )에 들어갈 생성물질만으로 옳게 나열한 것은?

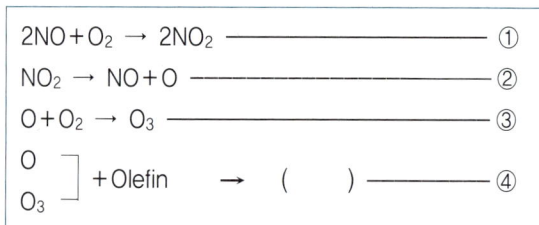

① PAN, NO_2, Aldehyde
② PBzN, HC, CO
③ Aldehyde, CO, Ketone
④ Oxidants, Paraffin, CO_2

[해설] O_3은 올레핀계 HC와 반응하여, 알데히드류와 케톤, 유기산을 만들어내고, 오라디칼은 HC와 반응하여 CO와 과산화기(RO_2)를 생성한다.

10 광화학 옥시던트 중 PAN에 관한 설명으로 옳은 것은?

① 푸른색, 해초 냄새를 갖는 기체로서 대기중에서 강산화제로 작용한다.
② 분자식은 $CH_3COOONO_2$이다.
③ 눈에는 자극이 없으나 호흡기 점막에는 강한 자극을 준다.
④ PBzN보다 100배 정도 강하게 눈을 자극한다.

[해설] ②항만 올바르다.
[오답해설]
① 무색, 자극성 냄새를 갖는 기체로서 대기중에서 강산화제로 작용한다.
③ 눈과 호흡기 점막에 강한 자극을 준다.
④ PBzN이 PAN보다 100배 정도 강하게 눈을 자극한다.

정답 06. ④ 07. ① 08. ③ 09. ③ 10. ②

11 다음 중 태양상수 값으로 가장 적합한 것은?

① 0.1cal/cm² · min
② 1cal/cm² · min
③ 2cal/cm² · min
④ 10cal/cm² · min

12 광화학반응에 관한 설명으로 옳지 않은 것은?

① NO_2는 도시 대기오염물질 중에서 가장 중요한 태양빛 흡수기체로서 파장 420nm 이상의 가시광선에 의해 NO와 O로 광분해된다.
② 알데하이드(RCHO)는 파장 313nm 이하에서 광분해한다.
③ 케톤은 파장 300~700nm에서 약한 흡수를 하여 광분해한다.
④ SO_2는 대류권에서 쉽게 광분해되며, 파장 450~500nm에서 강한 흡수를 나타낸다.

[해설] SO_2는 대류권에서 광분해되지 않으며, 파장 280~290nm에서 강한 흡수를 나타낸다.

13 다음 중 비인의 변위법칙과 관련된 식은?

① λ=2.897/T (λ : 복사에너지 중 파장에 대한 에너지 강도가 최대가 되는 파장, T : 흑체의 표면온도)
② E=σT₄ (E : 흑체의 단위표면적에서 복사되는 에너지, σ : 상수, T : 흑체의 표면온도)
③ I=Ioexp(-KρL) (Io, I : 각각 입사 전 후의 빛의 복사속 밀도, K : 감쇠상수, ρ : 매질의 밀도, L : 통과거리)
④ R=K(1-α)-L (R : 순복사, K : 지표면에 도달한 일사량, α : 지표의 반사율, L : 지표로부터 방출되는 장파복사)

14 스테판-볼츠만의 법칙에 의하면 표면온도가 1,500K에서 2,000K가 되었다면, 흑체에서 복사되는 에너지는 몇 배가 되는가?

① 1.33배
② 1.78배
③ 2.37배
④ 3.16배

[해설] [식] $E = \sigma \times T^4$

$$\therefore \frac{E_{(2000)}}{E_{(1500)}} = \frac{\sigma \times 2000^4}{\sigma \times 1500^4} = 3.16$$

정답 11. ③ 12. ④ 13. ① 14. ④

03 CHAPTER 대기오염의 영향 및 대책

UNIT 01 대기오염의 피해 및 영향

1 인체에 미치는 영향

(1) 입자상 오염물질의 영향

입자상 물질은 주로 호흡기에 피해를 주고 크기에 따라 그 영향이 달라집니다. 0.1㎛보다 작은 입자들은 브라운 운동 때문에 폐포에 침적할 수 있고, 4㎛ 이상의 입자들은 폐포에 도달하기 이전에 제거됩니다.

입자의 용해성 여부는 오염물질의 제거에 매우 중요합니다. 왜냐하면, 혈액에 오염물질이 용해되면, 제거가 거의 불가능하기 때문입니다. 용해성이 높은 물질일수록 호흡기에서 독성피해가 더 큽니다. 황사도 입자상 오염 중 하나로 황사 발생시기에는 노약자나 어린이들의 호흡기 질환 발생이 훨씬 많이 발생합니다. 주로 기관지염, 천식, 알레기성 질환, 눈병 등의 질환을 유발합니다.

(2) 가스상 오염물질의 영향

SOx는 물에 잘 녹기 때문에 우리의 몸속에서도 쉽게 녹고 1차적으로 상기도(상부 호흡기)에 영향을 주어 심화되면 폐기종을 유발합니다. SOx는 염이나 먼지와 결합되면 상승작용으로 독성이 가중되는 특징이 있습니다. NOx도 폐질환을 일으키는 물질로, 하기도에 영향을 주며 폐수종과 폐출혈을 야기시킵니다. NO와 CO는 헤모글로빈과 결합력이 매우 좋고 산소전달을 방해하여 질식을 유발합니다. 오존은 폐질환을 일으키고, 적은 농도에서도 피해를 줍니다. 유기성 기체 중에서는 폼알데하이드(HCHO)가 호흡기 질환을 유발합니다.

2 동물에 미치는 영향

동물에 의한 피해는 아래 각 경로로 피해를 받습니다.
① 식물의 오염으로 인한 먹이의 피해
② 오염된 동물의 섭취로 인한 피해
③ 수질의 오염으로 인한 피해

(1) 유해가스에 의한 피해
유해가스로 인한 식물의 오염 (예 불소증 등)

(2) 중금속에 의한 피해
살충제로 인한 식물의 오염
① **비소 중독** : 설사, 복통
② **납 중독** : 근육경련
③ **몰리브덴 중독** : 설사, 경련, 쇠약, 빈혈, 털의 변색

3 식물에 미치는 영향

인간이나 동물보다 식물에게 그 피해가 먼저 나타나는 경우가 많습니다. 식물은 기공이 열리는 낮에 피해가 크고, 수분이 많은 시간대에 피해가 더 크고 물질에 따라 피해정도가 각기 다릅니다.

(1) 불소화합물
① 식물에 대한 영향이 가장 큼(저농도에서도 피해)
② 어린식물에 피해가 큼
③ 잎의 가장자리에 피해가 큼
④ **엽록반점** : 엽록부를 상아색이나 갈색으로 고사시킴

[암기TIP] 불우이웃돕기 – 소년소녀가장 (**불소**화합물은 **어린**식물과 잎의 **가장**자리에 피해가 크다.)

(2) 황산화물
① **백화현상** : 잎이 회백색이나 황갈색으로 변하게 함
② 습도가 높을 경우 피해가 큼

(3) 질소산화물
① 식물에 대한 피해는 약한 편
② **맥간반점** : 잎의 엽맥사이에 반점이 생김
③ 소나무에 엽침 내부를 갈색 또는 흑갈색으로 변화시킴

(4) PAN : 잎을 은색이나 금속색의 광택현상 유발

(5) 오존 : 잎의 해면조직에 피해로 회백색 또는 갈색의 반점형성

(6) 분진 : 광합성, 증산, 호흡 방해

(7) 에틸렌
  ① 꽃받침의 마름, 잎의 기형
  ② 식물의 모든 부분의 피해를 줌
  ③ 성숙한 잎에 피해

(8) 염소
  ① 성숙한 잎에 가장 민감
  ② 표백현상
  ③ 잎의 끝 또는 가장자리가 타거나 기관 탈리

(9) 암모니아
  ① 갈색 또는 초록색으로 삶아진 형태로 나타나거나 흑색으로 변화
  ② 성숙한 잎에 가장 민감

(10) 황화수소
  ① 가장자리를 태움
  ② 어린 잎에 영향

💡 **물질별 지표식물 정리** ★★

- 불소화합물 : 불 금 모 임 옥 자
  (불소화합물 : 글라디올러스, 메밀(모밀), 옥수수, 자두)
- 황산화물 : 황제 육자회담 시보목고
  (황산화물 : 육송, 자주개나리(알팔파), 담배, 시금치, 보리, 목화, 고구마)
- 질소산화물 : 진 해 담!
  (질소산화물 : 진달래, 해바라기, 담배)
- PAN : 셀 상 강 시!
  (셀러리, 상추, 강낭콩, 시금치)
- 오존 : 토시오파 담!
  (오존 : 토마토, 시금치, 파, 담배)
- 에틸렌 : 앱 스 토 완!
  (에틸렌 : 스위트피, 토마토, 완두콩)
- 암모니아 : 토 해!
  (암모니아 : 토마토, 해바라기)
- 황화수소 : 달다! (강한 식물)
  (황화수소 : 사과, 딸기, 복숭아)

4 재료와 구조물에 미치는 영향

(1) 금속 피해
① 금속의 표면을 부식시키고, 전기적 특성을 변화시킴
② 주로 철금속에 큰 피해(철의 산화로 붉게 변함, 황산화물로 인한 철금속의 부식)

(2) 건축물 피해
① 매연으로 인한 돌, 벽돌, 페인트, 유리 등의 건축물 부착으로 미관을 해침
② 아황산가스로 인한 대리석, 석회암 재질의 건축자재 부식
③ 탄산으로 인한 건축물의 부식
④ 납 성분을 함유한 도료는 황화수소와 반응하여 검은색 피막 형성

(3) 섬유 피해
① 섬유의 오염 및 인장강도 저하
② 아황산가스로 인한 양모, 목화, 나일론 등의 탈색 및 퇴색
③ 아황산가스로 인한 가죽, 피혁, 셀룰로오스 섬유에 마모
④ 분진으로 인한 섬유의 파손 및 변색

(4) 고무 피해
① 오존으로 인한 타이어, 전기절연체 균열 및 노화
② 고압선에 먼지 축적으로 인한 전선피복 손상

5 시정장애

(1) 산란
① 레일라이 산란 : 입자의 크기(반경)가 복사 파장에 비해 매우 작을 경우 발생하는 산란형태입니다.
  ㉠ 산란광의 강도는 파장의 4승에 반비례
  ㉡ 파장이 짧은 광선일수록 강하게 산란
  ㉢ 탄성산란, 하늘이 푸르게 보이는 원인
② 미(mie) 산란 : 입자의 크기(반경)가 복사 파장과 거의 같은 크기일 때 발생하는 산란형태입니다.
  ㉠ 산란광의 강도는 파장에 반비례, 레일라이 산란에 비해 파장의 크기에 따라 강도가 크게 달라지지 않음
  ㉡ 비탄성산란, 공기가 많이 오염되는 날 하늘이 희뿌옇게 보이고 구름이 하얗게 보이는 원인

(2) 시정거리 구하기

① Coh : 오염물질의 농도에 따른 빛의 투과도와 빛의 여과지 이동거리 산출을 통해 시정거리를 산출하는 식

$$\text{Coh}_{1000} = \frac{\log(1/t) \div 0.01}{L} \times 1{,}000$$

- t : 투과도(빛전달율)
- L : 여과지 이동거리

② L_k(km) : 상대습도 70%일 때의 시정거리(km) 계산식

$$L_k = \frac{A \times 10^3}{G}$$

- A : 상수
- G : 입자상물질 농도($\mu g/m^3$)

③ L_m(m) : 상대습도 70%일 때의 시정거리(m) 계산식

$$L_m(m) = \frac{5.2 \rho\, r}{K\,C}$$

- ρ : 밀도(g/cm^3)
- r : 반경(μm)
- K : 분산면적비
- C : 농도(mg/m^3)

기출문제로 다지기 — UNIT 01 대기오염의 피해 및 영향

01 오존(O_3)에 관한 설명 중 옳지 않은 것은?

① 폐수종과 폐충혈 등을 유발시키며, 섬모운동의 기능장애를 일으킨다.
② 식물의 경우 주로 어린잎에 피해를 일으키며, 오존에 강한 식물로는 시금치, 파 등이 있다.
③ 오존에 약한 식물로는 담배, 자주개나리 등이 있다.
④ 인체의 DNA와 RNA에 작용하여 유전인자에 변화를 일으킬 수 있다.

[해설] 오존에 약한 식물로는 시금치, 파, 토마토, 담배가 있다.

02 대기오염물질별로 지표식물을 짝지은 것으로 가장 거리가 먼 것은?

① HF – 알팔파
② SO_2 – 담배
③ O_3 – 시금치
④ NH_3 – 해바라기

[해설] 알팔파(자주개나리)는 황산화물 지표식물이다.
HF의 지표식물 : 불 금 모임 옥 자 (글라디올러스, 메밀, 옥수수, 자두)

03 대기오염물질과 피해현상을 잘못 연결한 것은?

① 황산화물 – 금속을 부식시키며, 습도가 높을수록 부식율은 증가한다.
② 황화수소 – 금속의 표면에 검은 피막을 형성시켜 외관상의 피해를 주며, 도료를 변색시킨다.
③ 오존 – 섬유류를 퇴색시키고, 특히 고무를 쉽게 노화시킨다.
④ 질소산화물 – 대리석, 모르타르 등의 탄산염을 함유하는 물질을 부식시킨다.

[해설] 황산화물 – 대리석, 모르타르 등의 탄산염을 함유하는 물질을 부식시킨다.

04 황산화물이 각종 물질에 미치는 영향에 대한 설명 중 틀린 것은?

① 공기가 SO_2를 함유하면 부식성이 매우 강하게 된다.
② SO_2는 대기 중의 분진과 반응하여 황산염이 형성됨으로써 대부분의 금속을 부식시킨다.
③ 대기에서 형성되는 아황산 및 황산은 석회, 대리석, 시멘트 등 각종 건축재료를 약화시킨다.
④ 황산화물은 대기 중 또는 금속의 표면에서 황산으로 변함으로써 부식성을 더 약하게 한다.

[해설] 황산화물은 대기 중 또는 금속의 표면에서 황산으로 변함으로써 부식성을 더 강하게 한다.

05 다음 중 암모니아의 지표식물과 가장 거리가 먼 것은?

① 아카시아
② 메밀
③ 해바라기
④ 토마토

06 다음 중 가장 낮은 농도의 불화수소(HF)에 쉽게 피해를 받는 지표식물은?

① 장미
② 라일락
③ 글라디올러스
④ 양배추

정답 01. ② 02. ① 03. ④ 04. ④ 05. ① 06. ③

07 대기오염물질이 식물에 미치는 영향으로 가장 거리가 먼 것은?

① SO_2는 보통 백화현상에 의하여 맥간반점을 형성한다.
② CO는 이상낙엽과 새 나뭇가지의 성장저해 및 생장억제를 유발하며, 스위트피는 CO에 가장 민감한 식물로서 보통 0.1ppm에서 그 피해가 인정된다.
③ H_2S는 어린잎과 새싹에 피해가 많으며, 지표식물은 코스모스, 무, 크로바 등이다.
④ HF는 매우 적은 농도에서도 피해를 주며, 특히 어린잎에 현저하며 지표식물은 글라디올러스, 메밀 등이다.

해설 에틸렌의 지표식물은 스위트피, 토마토, 완두콩이고, 에틸렌은 식물의 성장저해와 생장억제를 유발한다.

08 다음 중 NOx의 피해에 관한 설명으로 가장 적합한 것은?

① 식물에는 별로 심각한 영향을 주지 않으나, 주 지표식물은 아스파라거스, 명아주 등이다.
② 잎 가장자리에 주로 흰색 또는 은백색 반점을 유발하고, 인체독성보다 식물의 고목에 민감한 편이다.
③ 저항성이 약한 식물로는 담배, 해바라기 등이 있다.
④ 스위트피가 주 지표식물이며, 인체독성보다 식물의 고엽, 성숙한 잎에 민감한 편이며 0.2ppb 정도에서 큰 영향을 미친다.

해설 NOx에 저항성이 약한 식물로는 해바라기, 담배가 있으며, 인체에 대한 영향이 식물에 대한 영향보다 크다.

09 식물의 잎에 회백색 반점, 잎맥 사이의 표백·백화현상을 일으키며, 쥐당나무, 까치밤나무 등은 강한 편이고, 지표식물로는 보리, 담배 등인 대기오염물질은?

① SO_2 ② O_3
③ NO_2 ④ HF

10 각 오염물질이 식물에 미치는 영향에 관한 설명으로 가장 거리가 먼 것은?

① 불화수소는 어린잎에 현저하며 지표식물로는 글라디올러스, 메밀 등이 있다.
② 일산화탄소의 중독증상으로 엽록체를 파괴시키고, 잎 전체를 갈변시키며, 토마토, 해바라기, 메밀 등은 25ppm 정도에서 1시간 접촉시 현저한 피해증상을 보인다.
③ 에틸렌은 이상낙엽, 새 나뭇가지의 성장저해 및 생장억제를 일으킨다.
④ 황화수소는 일반적으로 독성은 약하나 어린잎과 새싹에 피해가 많은 편이며, 지표식물로는 코스모스, 클로버 등이 있다.

해설 일산화탄소는 식물에 대한 피해가 거의 없다.

11 [보기]의 피해현상을 일으키는 대기오염물질은?

> [보기]
> • 잎맥 사이의 표백현상이 나타난다.
> • 성숙한 잎에서 가장 민감하다.
> • 식물의 피해한계는 $290\mu g/m^3$(2h 노출) 정도이다.

① 오존   ② 염소
③ 아황산가스   ④ 이산화질소

정답 07. ② 08. ③ 09. ① 10. ② 11. ②

12 슬레이트와 모르타르 등은 어느 물질에 의해 손상·침해되는가?

① HF
② CO
③ NO_2
④ SO_2

13 유해가스상 물질의 독성에 관한 설명으로 거리가 먼 것은?

① SO_2는 0.1~1ppm에서도 수시간 내에 고등식물에게 피해를 준다.
② CO_2 독성은 10ppm 정도에서 인체와 식물에 해롭다.
③ CO는 100ppm까지는 1~3주간 노출되어도 고등식물에 대한 피해는 약하다.
④ HCl은 SO_2보다 식물에 미치는 영향이 훨씬 적으며, 한계농도는 10ppm에서 수 시간 정도이다.

해설 CO_2는 5%(50,000ppm) 이상에서 인체와 식물에 해롭다.

14 상업지역에 분진의 농도를 측정하기 위하여 여과지를 통하여 0.2m/sec의 속도로 2.5시간 동안 여과시킨 결과 깨끗한 여과지에 비해 사용한 여과지의 빛전달률이 60% 이었다면 1,000m당 Coh는?

① 12.3
② 6.2
③ 3.6
④ 3.1

해설 식 $Coh_{1000} = \dfrac{\log(1/t) \div 0.01}{L} \times 1,000$

• t(빛전달율) = 0.6
• L(여과지 이동거리) = V(속도) × T(시간)
  = 0.2m/sec × 2.5hr × 3,600(sec/hr) = 1,800m

∴ $Coh_{1000} = \dfrac{\log(1/0.6) \div 0.01}{1,800} \times 1,000 = 12.32$

15 상대습도가 70%일 때 분진의 농도가 50μg/m³인 지역이 있다. 이 지역의 가시거리는? (단, 상수 A = 1.2 이다.)

① 24km
② 20km
③ 15km
④ 32km

해설 식 $L_k = \dfrac{A \times 10^3}{G} = \dfrac{1.2 \times 10^3}{50} = 24km$

16 파장이 5240Å인 빛 속에서 상대습도가 70% 이하인 경우 밀도가 1,700mg/cm³이고, 직경이 0.4μm인 기름방울의 분산면적비가 4.5일 때, 가시거리가 959m이라면 먼지농도(mg/m³)는?

① 0.21
② 0.31
③ 0.41
④ 0.51

해설 식 $L_m(m) = \dfrac{5.2 \rho r}{KC}$

• ρ (밀도) = 1,700mg/cm³ = 1.7g/cm³
• K (분산면적비) = 4.5
• r (입자의 반지름) = dp/2 = 0.4/2 = 0.2μm

$959m = \dfrac{5.2 \times 1.7 \times 0.2}{4.5 \times C}$

∴ $C = 4.1 \times 10^{-4} g/m^3 ≒ 0.41 mg/m^3$

정답 12. ④ 13. ② 14. ① 15. ① 16. ③

UNIT 02 대기오염사건

1 대기오염사건별 특징

(1) 뮤즈계곡 사건(Meuse Valley)

1930년 벨기에 뮤즈계곡에서 일어난 사건으로, 공장에서 배출된 **SOx, 분진, 매연**으로 인해 스모그가 형성되고, 호흡기질환으로 인해 60여명이 사망한 사건

(2) 횡빈(도쿄-요코하마사건)

1946년 일본 요코하마에서 발생한 사건으로 스모그가 발생하였을 때, 심한 천식이 발생한 사건. **정확한 원인은 밝혀지지 않았으나**, 대기오염도가 높아질 때 질환자수가 증가하여 대기오염사건으로 분류된다.

(3) 도노라 사건

1948년 미국 펜실베니아주의 공업도시 도노라에서 발생한 대기오염 사건으로, 공장에서의 **SOx** 배출로 호흡기 질환을 유발한 사건이다.

(4) 포자리카 사건

1950년 멕시코 포자리카에서 천연가스에서 **황화수소**를 채취하는 공장에서 **황화수소**가 대량으로 누출된 사건으로 300명이 중독되고, 22명이 사망하였다.

(5) 런던 스모그 사건

1952년 영국 런던 테임즈강 유역 주변에서 산업발달로 인해 석탄을 주연료로 사용하였고, 이로 인해 **SOx, 분진, 매연**으로 인해 호흡기 질환을 유발한 사건이다. 3주간 4,000명이 사망하였고, 2개월 동안 8,000명이 사망한 사건이다.

(6) LA 스모그 사건

1954년 미국 로스앤젤레스에서는 약 400만대의 자동차를 보유한 도시가 되었고, 자동차에서 배출된 **NOx와 HC**로 인해 광화학스모그가 형성되면서 호흡기질환, 눈 질환, 고무제품의 균열, 건축물의 손상을 유발한 사건이다. 쾌청한 날씨가 계속되어 고기압 하에서 침강역전의 발생으로 피해가 더 심화되었다.

(7) 세베소 사건

1976년 이탈리아 세베소의 공장에서 **염소가스, 다이옥신** 등이 포함된 유독가스가 유출되어 인근 5km까지 피해를 입은 사건

(8) 스리마일 섬 사건

1979년 미국 펜실베니아 스리마일 섬 원자력 발전소에서 노심용융으로 **냉각수**가 흘러나오면서 방사능물질이 유출되는 사고, 주민 10만여명이 대피하였고, 다행히 방사능노출로 인한 피해는 발생하지 않았다.

(9) 보팔 사건

1984년 인도 보팔시에 살충제 공장에서 **메틸이소시아네이트(MIC)**가 누출되는 사고로, 20만명이 노출되었고, 2만명 이상이 호흡기질환, 구토, 눈의 충혈 등 피해를 입고, 약 2,800여명이 사망하였다.

(10) 체르노빌 사건

1986년 우크라이나 체르노빌에서 원자력발전소가 폭발하여 **방사능이 누출**된 사고로 7,000여명이 사망했고, 70여만명이 치료를 받았다.

(11) 후쿠시마 원전사건

2011년 일본 후쿠시마에서 지진과 쓰나미로 인해 원자력발전소의 **방사능이 누출**되는 사고이다. 주변 주민들의 발암률과 기타 질환률이 늘어났다.

2 대기오염사건 주요내용정리

(1) 주요 내용 정리

사건명	연도	발생국가	주 오염물질
뮤즈계곡사건	1930년	벨기에	SO_x, 분진
횡빈(요코하마)사건	1946년	일본	원인불명
도노라사건	1948년	미국	SO_x, 분진
포자리카사건	1950년	멕시코	H_2S
런던 스모그 사건	1952년	영국	SO_x, 분진
LA 스모그 사건	1954년	미국	NO_x, HC
세베소 사건	1976년	이탈리아	염소가스, 다이옥신
스리마일 사건	1979년	미국	발전소 냉각제
보팔 사건	1984년	인도	MIC
체르노빌 사건	1986년	우크라이나	방사능
후쿠시마 사건	2011년	일본	방사능

(2) 대기오염사건발생 공통인자

무풍, 기온역전, 오염물질

(3) 대기오염사건 발생순서 암기법

[암기TIP] 무단횡단하마 노라포자 런에이 세스리 보체후!

(뮤즈 – 횡빈 – 요코하마 – 도노라 – 포자리카 – 런던 – LA – 세베소 – 스리마일 – 보팔 – 체르노빌 – 후쿠시마)

(4) 런던 스모그 VS LA 스모그

사건명	런던 스모그	LA 스모그
오염물질	SOx, 분진	NOx, HC
날씨	4℃ 이하, 습도 90% 이상	24℃ 이상, 습도 70% 이하
발생일시	새벽~아침	한낮
스모그 형태	환원형 스모그	산화형 스모그
역전종류	복사역전	침강역전

기출문제로 다지기 — UNIT 02 대기오염사건

01 Los Angeles Smog 사건에 관한 설명 중 옳지 않은 것은?

① 주로 낮에 발생하였다.
② 주 오염물질은 석유계 연료의 사용에 기인하였다.
③ 발생당시의 기온은 24~32℃이었다.
④ 습도는 85% 이상이었다.

해설 습도는 70% 이하였다.

02 역사적인 대기오염사건에 관한 설명으로 옳은 것은?

① 포자리카 사건은 MIC에 의한 피해이다.
② 런던스모그 사건은 복사역전 형태였다.
③ 뮤즈계곡 사건은 PAN이 주된 오염물질로 작용했다.
④ 도쿄 요꼬하마 사건은 PCB가 주된 오염물질로 작용했다.

해설 ②항만 올바르다.
오답해설
① 포자리카 사건은 황화수소에 의한 피해이다.
③ 뮤즈계곡 사건은 SOx, 매연이 주된 오염물질로 작용했다.
④ 도쿄 요꼬하마 사건의 정확한 원인은 밝혀지지 않았지만, 대기오염도가 증가하면 호흡기 질환자수가 증가한 사건이다.

03 다음의 대기오염사건 중 가장 먼저 일어난 것은?

① Tokyo-Yokohama
② Meuse계곡
③ London
④ Donora

04 다음 중 SO_2가 주 원인물질로 작용한 대기오염 피해사건이 아닌 것은?

① London Smog 사건
② Poza Rica 사건
③ Donora 사건
④ Meuse Valley 사건

05 로스엔젤레스 스모그에 관한 설명으로 알맞지 않은 것은?

① 2차 오염물질
② 침강성 역전
③ 광화학반응
④ 겨울

해설 로스엔젤레스 스모그는 여름에 발생하였다.

06 역사적으로 대기오염사건 중 런던형 스모그(smog) 사건의 설명과 가장 거리가 먼 것은?

① 발생기온 : 0~5℃
② 화학반응 : 환원
③ 풍속 : 3~5 m/s 범위 이내
④ 역전종류 : 방사성 역전(복사형)

해설 풍속 : 무풍상태(0.2m/sec 이하)

정답 01. ④ 02. ② 03. ② 04. ② 05. ④ 06. ③

07 다음 대기오염사건들이 발생한 순서가 오래된 것부터 순서대로 올바르게 나열된 것은?

> A : 인도의 보팔시에서 발생한 대기오염사건
> B : 미국에서 발생한 도노라사건
> C : 벨기에에서 발생한 뮤즈계곡사건
> D : 영국 런던 스모그사건

① A – B – C – D ② C – B – D – A
③ B – A – D – C ④ D – A – C – B

08 뮤즈계곡, 도노라, 런던 스모그사건과 같은 대기오염사건에서 공통적으로 발생한 환경조건을 나열한 것으로 옳은 것은?

① 무풍, 기온역전, 황산화물
② 광화학반응, 기온역전, 오존
③ 강한 바람, 과단열상태, 황산화물
④ 광화학반응, 과단열상태, 오존

09 지구 여러 곳에서는 돌발적 대기오염과 관련된 물질의 누출사고로 많은 사상자를 내었다. 다음 중 발생 도시와 그 누출 오염물질의 연결로 가장 거리가 먼 것은?

① 포자리카(Pozarica) : H_2S
② 세베소(Seveso) : Dioxins
③ 체르노빌(Chernobyl) : 방사능
④ 보팔(Bhopal) : PCB

[해설] 보팔 : MIC

10 다음 중 London형 스모그에 관한 설명으로 가장 거리가 먼 것은? (단, Los Angeles형 스모그와 비교)

① 복사성 역전이다.
② 습도가 85% 이상이었다.
③ 시정거리가 100m 이하이다.
④ 산화반응이다.

[해설] 환원반응이다.

11 유명한 대기오염사건들과 발생 국가의 연결로 옳지 않은 것은?

① LA 스모그 사건 - 미국
② 뮤즈계곡 사건 - 프랑스
③ 도노라 사건 - 미국
④ 포자리카 사건 - 멕시코

[해설] 뮤즈계곡 사건 - 벨기에

정답 07. ② 08. ① 09. ④ 10. ④ 11. ②

UNIT 03 대기오염대책

1 연료 대책

(1) 연료 사용 규제

대기오염의 주원인은 연료의 연소과정에서 발생한다. 따라서 연료 중의 오염물질의 전구물질을 미리 제거하거나 청정연료로의 전환으로 연료로 인한 오염을 줄여야 한다.

1) 저황연료유 공급확대

법적으로 연료 종류별로 황함유 기준이 정해져 있어 연료의 제조시부터 규제가 들어 간다. 이 기준들은 점차 더 강화되고 있다.

2) 청정연료 사용의무화

환경기준을 초과하거나 초과할 우려가 있는 지역의 연소시설에 대해서 LNG나 LPG 등 청정연료의 사용을 의무화하고 있다.

3) 고체연료 사용규제

석탄과 같은 고체연료는 액체/기체연료에 비해 연소과정 중 오염물질을 다량 배출하고 있다. 따라서 환경부장관은 대기환경기준을 초과하거나 초과할 우려가 있는 지역 중 일정한 지역에 대하여 이러한 고체연료의 사용을 규제할 수 있다. (예 석탄, 코크스, 땔나무, 폐합성수지, 숯 등)

4) 지역난방시스템의 확대

폐기물 소각장 또는 발전소의 폐열을 이용하여 지역난방에 활용하여 추가적인 연소활동을 줄이는 방법이다.

(2) 신재생에너지

1) 태양광과 태양열

① **태양광** : 빛에너지를 변화시켜 전기를 생산, 태양전지로 구성된 모듈과 축전지 및 전력변화장치로 구성
② **태양열** : 태양광선의 파동성질을 이용하여 광열학적 이용분야로 태양열의 흡수, 저장, 열변화 등을 통하여 건물의 냉난방 및 급탕에 활용하는 기술

2) 풍력 : 바람에너지를 변환시켜 전기를 생산

3) 바이오 : 바이오매스(유기성 생물체를 총칭)를 직접 또는 생물적, 화학적, 물리적 변환과정을 통해 연료로 전환하는 기술

[출처, 한국에너지공단 - 신재생에너지센터]

❷ 자동차 대책

(1) 자동차 연료

1) 휘발유

① 주성분은 옥탄(C_8H_{18})

② 품질기준 옥탄가 → 80(%) 이상을 좋은 연료로 판단

⇨ 옥탄가(%) = $\dfrac{C_8H_{18}(\diamond-octane)}{C_8H_{18}(\diamond-octane)+C_7H_{16}(n-heptane)} \times 100$

③ 주 배출오염물질은 CO, HC, NOx, 납

※ 휘발유는 옥탄가 향상을 위해 옥탄가 향상제를 연료에 주입하는 데, 옥탄가 향상제에는 납성분이 함유되어 있다.

2) 경유

① 주성분은 세탄($C_{16}H_{34}$)

② 품질기준 세탄가 → 40(%) 이상을 좋은 연료로 판단

⇨ 세탄가(%) = $\dfrac{C_{16}H_{34}(n-cetane)}{C_{16}H_{34}(n-cetane)+C_{11}H_{10}(\alpha-methyl-naphthalene)} \times 100$

③ 주 배출오염물질은 NOx, CO, HC, 매연, 소음

3) LPG

① 주성분은 C_4H_{10}, C_3H_8(뷰테인 70%, 프로페인 30%)

② 주 배출오염물질은 NOx, CO, HC

③ 밀폐식을 사용하여 블로바이가스 발생없음

> 💡 연료별 대기오염도의 크기
> 경유 > 휘발유 > LPG

(2) 자동차 배출오염물질

1) NOx
① 고온으로 연소될 때 발생
② 완전연소 시 발생
③ 공기가 충분할 때 발생

2) CO
① 불완전연소 시 발생
② 공기가 부족할 때 발생
③ 공기가 충분해도 공기유입에 따른 냉각으로 완전한 연소는 이루어지지 않기 때문에 약간의 CO는 계속 배출된다.

3) HC
① 실린더의 연소실 내벽 부근에서 가스온도가 낮아 완전연소가 되지 않을 때 발생
② 불완전연소 시 발생
③ 공기가 부족할 때 발생

4) Blow-by Gas
피스톤 사이에서 새어나오는 연료증발가스로 미연소가스가 80%, 연소가스가 20%로 구성되어 있고, 크랭크케이스에서 많이 배출된다. 근래에는 크랭크케이스를 밀폐하여 배기구로 배출하는 시스템도 많이 활용된다.

(3) 엔진별 특성

1) 가솔린
① 휘발유, LPG를 주로 취급
② 불꽃점화방식(스파크점화)
③ 실린더의 크기가 제한되어 있다.
④ 디젤에 비해 CO, HC의 배출량이 많다.
⑤ 디젤에 비해 압축압력이 낮다.
⑥ 디젤에 비해 압축온도가 낮다.
⑦ 디젤에 비해 열효율이 낮다.
⑧ 디젤에 비해 연비가 낮다.

2) 디젤

① 경유를 주로 취급
② 자동압축점화방식
③ 실린더의 크기에 제한이 없다. (선박, 기차 등 대형엔진에 활용)
④ 가솔린에 비해 NOx, 분진, 소음의 배출량이 많다.
⑤ 가솔린에 비해 압축압력이 높다.
⑥ 가솔린에 비해 압축온도가 높다.
⑦ 가솔린에 비해 열효율이 높다.
⑧ 가솔린에 비해 연비가 좋다.

(4) 주행모드에 따른 배출가스 변화

주행모드	오염물질	
가속	NOx ↑	HC, CO ↓
감속	NOx ↓	HC, CO ↑
공전(아이들링)	NOx ↓	HC, CO ↑

※ 주행모드에 따른 특징적 오염물질
→ 가속 : NOx,   감속 : HC,   공전 : CO

※ 최적의 에코드라이빙 = 정속 주행(오염물질 배출 최저)

(5) 노킹(Knocking)

1) 가솔린 노킹

① 원리 : 자동점화가 일어나서 발생

② 원인
  • 피스톤 내 압축온도가 높아서
  • 피스톤 내 압축압력이 높아서
  • 옥탄가가 낮은 연료를 사용해서

③ 대책
  • 피스톤 내 압축온도와 압력을 낮춘다.
  • 옥탄가가 높은 연료를 사용한다.
  • 가스배출속도 및 배출량을 증가시킨다.
  • 불꽃의 체류시간을 줄인다.

2) 디젤 노킹

① **원리** : 자동점화가 되지 않아서 발생

② **원인**
- 피스톤 내 압축온도가 낮아서
- 피스톤 내 압축압력이 낮아서
- 세탄가가 낮은 연료를 사용해서
- 연료 주입량이 많아서

③ **대책**
- 피스톤 내 압축온도 및 압력을 높인다.
- 세탄가가 높은 연료를 사용한다.
- 연료 주입량을 줄인다.
- 회전속도를 낮춘다.

(6) 엔진별 대기오염대책

1) 가솔린 – 삼원촉매장치

① **원리** : NOx, CO, HC를 촉매를 이용하여 청정가스로 전환하여 처리하는 방법이다.

② **제거반응**

> **NOx 제거 – 환원반응**
>
> $$NO_x + HC \xrightarrow{Rh} N_2 + H_2O + CO_2$$
>
> $$NO_x + CO \xrightarrow{Rh} N_2 + CO_2$$
>
> ⇨ 환원제는 HC, CO로 촉매는 로듐(Rh, 환원촉매)를 사용한다.

> **CO, HC 제거 – 산화반응**
>
> $$CO + NO_x \xrightarrow{Pt, Pd} CO_2 + N_2$$
>
> $$CO + 0.5O_2 \xrightarrow{Pt, Pd} CO_2$$
>
> $$HC + NO_x \xrightarrow{Pt, Pd} H_2O + CO_2 + N_2$$
>
> $$HC + O_2 \xrightarrow{Pt, Pd} H_2O + CO_2$$
>
> ⇨ 산화제는 NOx, O₂로 촉매는 백금, 팔라듐(Pt, Pd)을 사용한다.

③ 디젤 - DPF

배기구에 필터(DPF)를 부착하여 배기가스 중 PM(입자상물질)을 포집하고 연소시켜 제거하는 후처리 장치이다. (매연, PAH, 먼지 제거가능)

④ 디젤 - CNG 연료전환

디젤의 대표연료인 경유 대신에 압축천연가스를 연료로 활용하여 오염물질을 저감하는 방법이다.

3 기타 산업시설의 대책 등

(1) 배출시설의 설치허가 및 신고

대기오염물질을 대기에 배출하는 시설물, 기계, 기구 등을 설치하려고 하는 자는 환경부장관의 허가를 받아야 한다. 허가를 받지 아니하면 사용중지명령 또는 폐쇄명령을 받게 된다.

(2) 방지시설의 설치

배출시설을 설치하거나 변경할 때는 오염물질의 배출허용기준 이하로 배출되도록 하기 위하여 대기오염 방지시설을 설치하여야 한다.

기출문제로 다지기 — UNIT 03 대기오염대책

01 휘발유를 사용하는 가솔린 기관에서 배출되는 오염물질에 관한 설명으로 가장 거리가 먼 것은? (단, 휘발유의 대표적인 화학식은 Octane으로 가정하고, AFR은 중량비 기준)

① AFR을 10에서 14로 증가시키면 CO 농도는 감소한다.
② AFR이 16까지는 HC 농도가 증가하나, 16이 지나면 HC 농도는 감소한다.
③ CO와 HC는 불완전연소시에 배출비율이 높고, NOx는 이론 AFR 부근에서 농도가 높다.
④ AFR이 18 이상 정도의 높은 영역은 일반 연소기관에 적용하기는 곤란하다.

해설 AFR이 16까지는 HC 농도가 감소하나, 16이 지나면 HC 농도는 증가한다.

02 DME(Dimethyl Ether) 연료에 관한 설명으로 옳지 않은 것은?

① 산소함유율이 34.8% 정도로 높아 연소시 매연이 적은 편이다.
② 점도가 경유에 비해 높으며, 금속의 부식성이 문제가 된다.
③ 고무류와 반응하므로 재질에 주의해야 하며, 세탄가가 55 이상으로 높아 경유를 대체할 수 있다.
④ 물성이 LPG와 유사한 특성이 있으며, 발열량은 경유에 비해 낮은 편이다.

해설 점도가 경유에 비해 낮고, 금속의 부식성이 문제가 되지 않으며, SOx와 분진발생이 없다.

03 자동차에서 배출되는 배기가스에 관한 설명으로 가장 거리가 먼 것은?

① 일반적으로 자동차의 주요 배출 유해가스는 CO, NOx, HC 등이다.
② 휘발유 자동차의 경우 CO는 가속시, HC는 정속시, NOx는 감속시에 상대적으로 많이 발생한다.
③ CO는 연료량에 비하여 공기량이 부족할 경우에 발생하고, NOx는 높은 연소온도에서 많이 발생하며, 매연은 연료가 미연소하여 발생한다.
④ 디젤 자동차의 경우 CO 및 HC가 휘발유 자동차에 비해서 상대적으로 적게 배출된다.

해설 휘발유 자동차의 경우 CO는 공전시, HC는 감속시, NOx는 가속시에 상대적으로 많이 발생한다.

04 전형적인 자동차 배기가스를 구성하는 다음 물질 중 가장 많은 양(부피 %)을 차지하고 있는 것은? (단, 공전상태 기준)

① HC ② CO
③ NOx ④ SOx

해설 배기가스 구성 물질 중 가장 많은 양을 차지하고 있는 것은 CO_2이고, 그 다음으로 많은 것이 CO이다. 운전상태에 따라서 특징적으로 증가하는 물질은 공전시 CO, 가속시 NOx, 감속시 HC이다. 따라서, 문제의 조건에 공전상태기준이 붙지 않아도, CO가 보기 중 가장 많은 양을 차지하고 있다.

정답 01. ② 02. ② 03. ② 04. ②

05 휘발유를 사용하는 차량의 배출오염물질 중 탄화수소를 가장 많이 발생하는 경우는?

① 공전(idling) ② 가속
③ 감속 ④ 정속

06 휘발유자동차의 배출가스를 저감하기 위한 삼원촉매장치에서 환원촉매로 사용하는 것은?

① Pt ② Pd
③ Rh ④ Pb

해설 환원촉매는 로듐(Rh), 산화촉매는 백금(Pt), 팔라듐(Pd)이다.

07 경유를 사용하는 디젤엔진의 연소에서 배출가스에 영향을 줄 수 있는 엔진의 운전변수 및 설계변수와 관계없는 것은?

① 스파크 점화시기 ② 공연비
③ 연료조성 ④ 공기 소용돌이

해설 디젤엔진의 압축자동연소방식으로 스파크점화장치가 없다.

08 전형적인 가솔린기관과 디젤기관을 비교한 내용으로 틀린 것은?

① 가솔린기관은 공기-연료비(화학양론비)가 거의 일정하다.
② 디젤기관은 공기만을 압축하므로 압축비를 높게 하여 연비가 좋다.
③ 디젤기관은 1회전당 엔진에 유입되는 공기량이 거의 일정하다.
④ 디젤기관은 가솔린기관에 비하여 검댕, CO, HC의 배출농도 및 배출량이 많다.

해설 디젤기관은 가솔린기관에 비하여 CO, HC의 배출농도 및 배출량이 적고, NOx, 매연의 배출량이 많다.

09 다음 중 디젤노킹(diesel knocking)의 방지법으로 가장 거리가 먼 것은?

① 세탄가가 높은 연료를 사용한다.
② 분사개시 때 분사량을 감소시킨다.
③ 기관의 압축비를 낮추어 압축압력을 낮게 한다.
④ 급기온도를 높인다.

해설 기관의 압축비를 높여 압축압력을 높게 한다.

10 불꽃점화기관에서 발생되는 노킹현상을 방지하기 위한 방법으로 옳지 않은 것은?

① 불꽃진행거리를 길게 하여 말단 가스가 고온고압에 노출되는 시간을 길게 한다.
② 혼합기의 자기 착화온도를 높게 하여 용이하게 자발화 하지 않도록 한다.
③ 화염속도를 크게 한다.
④ 말단 가스의 온도, 압력을 내린다.

해설 불꽃진행거리를 짧게 하여 말단 가스가 고온고압에 노출되는 시간을 짧게 한다.

정답 05. ③ 06. ③ 07. ① 08. ④ 09. ③ 10. ①

UNIT 04 산성비의 정의 : 빗물의 pH가 5.6 이하일 때

① pH 5.6으로 기준하는 이유

대기 중의 CO_2의 농도는 400ppm 정도 존재하고, 이 CO_2가 빗물속에 완전히 용존되었을 때, pH는 약 5.7 정도가 되고, 이 수치 이하가 되면, 다른 오염물질로 인한 pH 저하로 판단하여 산성비로 판정한다.

② 산성비 생성 메커니즘

대기 중으로 배출된 SOx, NOx, 염소화합물 등이 빗물에 용해되면서 황산, 질산, 염산 등으로 변하여 빗물의 pH를 저하시킨다.

1 원인 물질의 종류

① **SOx(황산화물)** : 대부분이 아황산가스(SO_2)로 배출되고, 산화되고 수증기와 결합하면서 황산으로 변한다. 산성비의 약 50~60% 기여한다.

② **NOx(질소산화물)** : 여러 질소산화물 중 산성비에 기여하는 질소산화물은 NO와 NO_2이다.

NO의 대부분은 NO_2로 산화되고 NO_2는 수증기와 결합하여 질산으로 변한다. 산성비의 약 30% 기여한다.

③ **염화물 및 불소화합물** : 수용성이 강한 두 가스는 염산과 불산이 되어 산성비의 10~20% 정도 기여하고 있다.

④ **아세트산 및 개미산** : 주로 대기오염이 없는 교외지역에서 산성비에 영향을 미친다. 물질자체로 산성을 띠고 있어 pH를 저하시키는데 기여한다.

> 💡 물질별 산성비 기여도
> SOx > NOx > 기타

2 영향 및 피해

(1) 토양의 산성화

산성강수가 가해지면 토양은 산적 성격이 강한 교환기부터 순서적으로 흡수하므로 H^+를 흡수하고, K^+, Na^+, Mg^{2+}, Ca^{2+} 등의 교환성 염기(미네랄)를 방출하여 토양의 질을 악화시키고, 토양에 자라는 식물에도 조직의 손상, 생리대사의 변화를 준다.

① 결정도가 큰 점토광물 → 강산적, 결정도가 작은 점토광물 → 약산적

② 교환성 염기 : Al^{3+}와 H^+를 제외한 양이온

(2) 수계의 산성화

수계가 산성화 되면 산성에 취약한 어패류, 플랑크톤이 사멸하면서 먹이사슬이 무너지고, 세균의 사멸로 인한 퇴적물로 호소가 점차 부패된다.

(3) 건물의 부식

각종 구조물을 부식시킴으로 피해를 일으키고, 특히나 대리석 및 석회석에 심한 부식을 유발한다.

(4) 인체의 영향

눈의 자극, 피부질환을 유발한다.

UNIT 04 산성비의 정의

01 산성비와 관련된 토양 성질에 관한 설명 중 가장 거리가 먼 것은?

① 토양의 성질 중 결정성의 점토광물은 강산적이고, 결정도가 낮은 점토광물은 약산적이다.
② 토양과 흡착되어 있는 양이온을 교환성 양이온이라 하고, 이 중 양적으로 많은 것은 Ca^{2+}, Mg^{2+}, Na^+, K^+, Al^{3+}, H^+ 등 6종이다.
③ Ca^{2+}와 Mg^{2+} 이외의 양이온을 교환성 염기라 하며, 토양의 pH는 흡착되어 있는 교환성 음이온에 의해 결정된다.
④ 토양입자는 일반적으로 −하전으로 대전되어 각종 양이온을 정전기적으로 흡착하고 있다.

해설 Al^{3+}와 H^+ 이외의 양이온을 교환성 염기라 하며, 토양의 pH는 흡착되어 있는 교환성 양이온에 의해 결정된다.

02 산성비가 토양에 미치는 영향에 관한 설명으로 옳지 않은 것은?

① 산성 강수가 가해지면 토양은 산적 성격이 약한 교환기부터 순서적으로 Ca^{2+}, Mg^{2+}, Na^+, K^+ 등의 교환성 염기를 방출하고, 대신 그 교환자리에 H^+가 흡착되어 치환된다.
② 교환성 Al은 산성의 토양에만 존재하는 물질이고, 교환성 H와 함께 토양 산성화의 주요한 요인이 된다.
③ Al^{3+}은 뿌리의 세포분열이나 Ca 또는 P의 흡수나 흐름을 저해한다.
④ 토양의 양이온교환기는 강산적 성격을 갖는 부분과 약산적 성격을 갖는 부분으로 나뉘는데, 결정도가 낮은 점토광물은 강산적이다.

해설 결정도가 낮은 점토광물은 약산적이다.

03 산성비의 영향에 대한 설명이 적절치 못한 것은?

① 토양이 산성화되면서 마그네슘 과잉, 질소결핍으로 산림이 황폐화된다.
② 호수의 산성화는 유입된 산성수량과 이에 대한 호수 완충작용의 정도에 따라 결정된다.
③ 산성비에 의한 영양염류의 용출 그리고 토양 미생물의 활성 저하에 따른 농작물의 피해가 발생한다.
④ 대리석과 석회석으로 건축된 구조물은 알칼리성이므로 산성비에 의하여 부식과 변색이 가속화된다.

해설 토양이 산성화되면서 칼슘, 마그네슘 결핍으로 인해 산림이 황폐화된다.

04 서울시에 산성비가 내리고 있다. 이때 산성비의 기준이 되는 pH는?

① 7.0 이하 ② 6.5 이하
③ 5.6 이하 ④ 4.5 이하

05 산성비에 의한 토양의 영향에 대한 설명으로 틀린 것은?

① 산성강수가 가해지면 토양은 산적 성격이 강한 교환기부터 순서적으로 K^+, Na^+, Mg^{2+}, Ca^{2+} 등의 교환성 염기를 흡수하고, 대신 H^+를 방출한다.
② 교환성 Al은 산성의 토양에만 존재하는 물질이고, 교환성 H와 함께 토양 산성화의 주요한 요인이 된다.
③ Al^{3+}은 뿌리의 세포분열이나 Ca 또는 P의 흡수나 흐름을 저해한다.
④ 토양의 양이온 교환기는 강산적 성격을 갖는 부분과 약산적 성격을 갖는 부분으로 나누는데, 결정성의 점토광물은 강산적이다.

정답 01. ③ 02. ④ 03. ① 04. ③ 05. ①

해설 산성 강수가 가해지면 토양은 산적 성격이 약한 교환기부터 순서적으로 Ca^{2+}, Mg^{2+}, Na^+, K^+ 등의 교환성 염기를 방출하고, 대신 그 교환자리에 H^+가 흡착되어 치환된다.

06 산성비와 관련된 다음 설명 중 가장 거리가 먼 것은?

① 산성비란 보통 빗물의 pH가 5.6보다 낮게 되는 경우를 말하는데, 이는 자연상태에 존재하는 CO_2가 빗방울에 흡수되었을 때의 pH를 기준으로 한 것이다.
② 산성비는 인위적으로 배출된 SOx 및 NOx 화합물질이 대기중에서 황산 및 질산으로 변환되어 발생한다.
③ 산성비가 토양에 내리면 토양은 산적 성격이 약한 교환기부터 순서적으로 Ca^{2+}, Mg^{2+}, Na^+, K^+ 등의 교환성 염기를 방출하고, 그 교환자리에 H^+가 흡착되어 치환된다.
④ 산성비 방지를 위한 국제적인 노력으로 국가간 장거리 이동 대기오염조약인 몬트리올 의정서가 채택되었다.

해설 오존층파괴 방지를 위한 국제적인 노력으로 국가 간 장거리 이동 대기오염조약인 몬트리올 의정서가 채택되었다. 산성비 방지 조약으로는 제네바 협약, 헬싱키의정서, 소피아의정서가 있다.

정답 06. ④

04 CHAPTER 기후변화 대응

UNIT 01 지구온난화

지구온난화란 태양복사가 반사되어 방출되는 에너지인 지구복사의 일부를 흡수 또는 재복사하여 지구의 열균형을 맞춰주던 온실가스의 양이 점차 증가함에 따라 지구의 온도가 올라가는 현상을 말합니다.

1 원인물질의 종류

지구온난화의 원인물질은 온실가스들로 교토의정서에서 주요 관리항목 6종을 정해 관리하고 있습니다. (삼불화질소를 추가하여 7종으로 변경될 예정) 온실가스 6종의 온난화 기여도와 GWP는 아래와 같습니다.

(1) 지구온난화 기여도

$H_2O > CO_2 > CH_4 > CFC(HFCs+PFCs) > N_2O > $ 기타 등등

(2) GWP(Global warming potential, 지구온난화지수)

CO_2를 기준으로 하여 단위부피당 지구온난화정도를 수치로 나타낸 것이다.

물질	SF_6 (육불화황)	PFCs (과불화탄소)	HFCs (수소불화탄소)	N_2O (아산화질소)	CH_4 (메탄)	CO_2 (이산화탄소)
GWP	22,800	9,700	1,300	300	25	1

※ NF_3(삼불화질소) = 17,200 추가 예정

2 특징

지구환경문제의 지구온난화가 가지는 특징은 전 지구적 오염이라는 점입니다. 오염발생국가에서 오염에 대한 피해를 입는 것이 아니고 기후변화에 취약한 지역에 우선적으로 피해를 입는 특징을 가지고 있어, 온실가스를 Global Pollutant(지구적 오염물질)이라고 정의합니다.

3 영향 및 대책

① **생태계의 교란** : 지구온난화로 계절의 차이가 줄어들고 동식물의 서식범위가 극지방과 고지대로 이동함에 따라 멸종위기동물이 생겨나고, 물고기와 산호초의 양이 감소하는 등 생태계의 피해를 줍니다.
② **농업에 피해** : 지구온난화로 인한 기후변화로 강수패턴이 변화하여, 한쪽에서는 홍수, 한쪽에서는 가뭄으로 인한 농업에 피해, 또한 온도 상승으로 인한 토양의 수분감소로 식량 생산량을 저하시킵니다.
③ **건강영향** : 농업생산량 감소로 인한 영양실조 증가, 갑작스러운 폭염으로 인한 질병보균체의 곤충의 분포 범위 확산으로 인한 전염병증가, 온도상승으로 인한 심장질환, 고혈압, 호흡기질환의 사망자수 증가 등 건강에 큰 악영향을 끼칩니다.
④ **엘니뇨와 라니냐**
- **엘니뇨** : 동태평양의 해수면의 수온이 6개월 이상 0.5℃ 이상 높을 때를 말합니다.
  - 동태평양의 수온이 올라감에 따라 서태평양의 수온이 내려갑니다.
  - 스페인어로 "남자아이"라는 뜻을 나타냅니다.
- **라니냐** : 동태평양의 해수면의 수온이 6개월 이상 0.5℃ 이상 낮을 때를 말합니다.
  - 동태평양의 수온이 내려감에 따라 서태평양의 수온이 올라갑니다.
  - 스페인어로 "여자아이"라는 뜻을 나타냅니다.

> 💡 **국제적 동향 [참고자료]**
> 1992년 리우회의에서 기후변화협약을 시작으로 지구온난화는 더 이상 사실이냐 아니냐의 문제는 종결되고 다가오는 기후변화대응을 놓고 지속가능한 성장을 모티브로 각국의 움직임이 활발해져가고 있다. 기후변화협약은 구체적인 실행과 목표에 대한 내용을 담고 있지 않다는 한계점이 있다고 판단되어 1997년 교토의정서를 통해 온실가스를 지정하고 감축의무를 수행하기로 하였다. 하지만, 교토의정서의 최대단점인 선진국 중심의 감축시스템은 여러 허점이 있었다. 지구온난화에 상당한 기여를 하고 있는 중국과 인도 등이 개발도상국으로 분류되어 감축의무가 없는데다가 미국이 2001년 탈퇴하면서, 교토의정서는 점점 더 그 힘을 잃어갔다. 계속되는 나머지 국가들의 노력으로 교토의정서를 이어오다, 긴 회의 끝에, 2015년 파리협정이 체결되었다. 파리협정은 기존의 협약과는 달리 모든 국가가 각국의 실정에 맞게 스스로 목표를 정하여 감축 및 적응하는 협정(NDC)으로 기후에 대응한다. 2021년부터는 ESG경영이 다국적기업들을 중심으로 확산되고 있고 그에 따라 탈탄소 경영, RE100(재생에너지 100%로 경영)등 세계경제도 환경을 우선하는 형태로 변모되고 있다.
> 그럼에도 기후위기를 해결하기에는 재생에너지 비율 증가 등 아직도 많은 노력이 필요하다.
> 최소한의 생존을 위한 2030년 목표(온실가스배출량을 절반으로)와 2050년 탄소중립(온실 기체 순배출량 0)을 달성하기 위해 더욱 더 급진적인 변화들이 필요하다고 전문가들은 외치고 있다.

UNIT 02 오존층파괴

오존층파괴물질 생성으로 인한 오존층의 오존량이 감소되고, 이에 따른 자외선흡수량 감소로 인한 피해를 말합니다.

1 원인물질의 종류

프레온가스(CFCs), 할론류, 사염화탄소 등

2 특징

오존층 파괴도 지구온난화와 마찬가지로 오염물질에 대한 피해가 전 지구적인 문제이기 때문에 국가전체가 노력을 기울여야 합니다. 오존층파괴현상의 특이점은 오존층파괴물질이 안정적인 물질이므로 오존파괴의 잠복기가 5~300년까지 존재하므로 과거의 배출이 미래에도 영향을 주는 특징을 가지고 있습니다. 또한 한번 배출되면 오존파괴는 오랜 기간 지속적으로 파괴되므로 배출량에 비해 그 피해가 더 큽니다.

(1) 오존파괴물질의 잔류기간과 오존파괴지수

구분 명칭	화학식	오존파괴지수(ODP)	대기권 잔류기간(년)
CFC-011	$CFCl_3$	1.0	45
CFC-012	CF_2Cl_2	0.9~1.0	100~140
CFC-013	CF_3Cl	1.0	640
CFC-113	CCl_3CF_3	0.8	100~134
CFC-114	$CClF_2CClF_2$	1.0	300
CFC-115	$CClF_2CF_3$	0.6	1020
할론-1301	CF_3Br	10.0~15.9	110
할론-1211	CF_2ClBr	7.9	15
할론-2402	$C_2F_4Br_2$	13.0	20
HCFC-22	$CHClF_2$	0.05	16~20
메틸브로마이드	CH_3Br	0.66	0.8
메틸클로로포름	CH_3CCl_3	0.15	5
사염화탄소	CCl_4	1.2	26

💡 오존파괴물질 중 평균수명의 크기 순서(큰 물질만)
CFC-115 > CFC-13 > CFC-114 > CFC-12 > CFC-113

> 💡 오존파괴지수의 순서 : 할론류 > 사염화탄소 > CFC > HCFC
> → 브롬이 포함된 할론류는 일반적으로 ODP가 가장 크고, 그 다음 사염화탄소, 그 다음 CFC, 그 다음 수소가 포함된 HCFC순이다.

(2) 오존파괴물질 분자식 구하기

① **프레온가스류** : CFC-(X)(Y)(Z) → (탄소수=X+1)(수소수=Y-1)(불소수=Z)(염소수: 나머지 가짓수)

⇨ **산출요령** : 탄소수, 수소수, 불소수를 먼저 구한 후, 구조식을 그리고 나머지 가짓수를 세어 염소수를 산출하면 완성! (탄소 하나 당 가짓수는 4개)

예 CFC-011(두 자리는 앞에 0을 붙인다.) → (0+1)(1-1)(1)(3) = $CFCl_3$

$$\begin{array}{c} F \\ | \\ Cl-C-Cl \\ | \\ Cl \end{array}$$

※ HCFC(수소염화불화탄소)도 같은 방법으로 산출!

② **할론류** : Halon - (탄소)(불소)(염소)(브롬)

예 Halon-1301 = CF_3Br

③ **오존의 두께**

오존층의 두께는 Dobson(DU)이라는 단위로 표현되고 1Dobson(DU) = 0.01mm(표준상태기준)이다.
㉠ 극지방의 오존층 두께 400DU(4mm)
㉡ 적도지방의 오존층 두께 200DU(2mm)
※ 오존홀 : 남극에서의 오존의 두께가 100DU 이하로 저하될 때

3 영향 및 대책

① **인체에 미치는 영향** : 피부와 눈의 악영향으로 피부암과 백내장 증가 및 피부노화 촉진, 비타민 D의 합성에 악영향, DNA의 기능저하
② **식물과 동물에 미치는 영향** : 식물의 엽록소 감소, 광합성 억제 등으로 생육 저하, 새우와 게의 유충, 플랑크톤에 피해
③ **기후에 미치는 영향** : 성층권의 온도는 저하하고 지구표면의 온도는 상승시켜 지구온난화를 가속시킴

UNIT 03 기타 국제적 환경문제와 그 대책

국제적 환경문제는 개인과 단체의 노력으로는 극복하기 어려움이 있으므로, 국가간의 협약을 통해 문제를 해결하고 있습니다. 아래의 협약들은 대기관련협약들을 정리하였습니다.

1 산성비 관련 협약

① **제네바 협약(1979)** : 대기오염물질의 장거리이동(국가 간 이동) 규제에 관한 협약
② **헬싱키 의정서(1987)** : SO_x 감축 결의(최저 30% 삭감)
③ **소피아 의정서(1988)** : NO_x 감축 결의(최저 30% 삭감)

2 지구온난화 관련협약

① **기후변화협약(1992)** : 리우회의에서 지속가능한 발전을 모토로 기후변화로 인한 피해를 막기 위해 각 국이 노력하자는 협약
② **교토의정서(1997)** : 기후변화협약 수정안으로 선진국 37개국을 중심으로 온실가스 감축을 목표로 설립된 협약

> 💡 **교토의정서 세부 제도**
> ① **배출권거래제** : 의무 감축량을 초과달성한 나라가 그 초과분을 의무 감축량을 채우지 못한 나라에 팔 수 있도록 한 제도
> ② **공동이행제도** : 선진국가들 사이에서 온실가스 감축사업을 공동으로 수행하는 것을 인정하는 것으로 한 국가가 다른 국가에 투자하여 감축한 온실가스 감축량의 일부분을 투자국의 감축실적으로 인정하는 제도
> ③ **청정개발체제** : 온실가스 감축목표를 부여받은 선진국들이 감축목표가 없는 개발도상국가에 자본과 기술을 투자하여 온실가스 감축사업을 실시한 결과로 달성한 온실가스 감축량을 선진국의 감축목표에 포함시키는 제도

③ **파리협정(2015)** : 교토의정서를 대체하는 협약으로 195개 당사국 모두가 당사국의 사정에 맞게 스스로 온실가스 감축 목표를 설정하고 감축의무를 부여한 협약

3 오존층 파괴관련 협약

① **비엔나협약(1985)** : 오존층 보호를 주요 내용
② **몬트리올의정서(1987)** : 오존층 파괴물질인 염화불화탄소(CFCs, 일명 프레온가스)의 생산과 사용을 규제하려는 목적에서 제정
③ **런던회의(1990)** : 몬트리올의정서 2차회의(할론류에 대한 추가 규제)
④ **코펜하겐회의(1994)** : 몬트리올의정서 4차회의(규제 강화)

[암기TIP] 비엔나 소시지 먹으면서 부루마불!(런던, 코펜하겐, 몬트리올)

기출문제로 다지기 — CHAPTER 04 기후변화대응

01 다음 중 최근까지 알려진 것으로 온실효과에 영향을 미치는 기여도(%)가 가장 큰 물질은?

① CH_4 ② CFCs
③ O_3 ④ CO_2

02 Dobson unit에 관한 설명에서 (   )에 알맞은 것은?

> 1 Dobson은 지구 대기 중 오존의 총량을 0℃, 1기압의 표준상태에서 두께로 환산했을 때 (   )에 상당하는 양을 의미한다.

① 0.01mm ② 0.1mm
③ 0.1cm ④ 1cm

03 다음 (   )안에 알맞은 것은?

> (   )이란 적도무역풍이 평년보다 강해지며, 서태평양의 해수면과 수온이 평년보다 상승하게 되고, 찬 해수의 용승현상 때문에 적도 동태평양에 저수온이 강화되어 나타나는 현상으로, 해수면의 온도가 6개월 이상 0.5℃ 이상 낮은 현상이 지속되는 것을 말한다.

① 엘리뇨 현상 ② 사헬 현상
③ 라니냐 현상 ④ 헤들리셀 현상

04 다음 국제협약 중 질소산화물 배출량 또는 국가간 이동량의 최저 30% 삭감에 관한 국가간 장거리 이동 대기오염조약의 의정서(협약)에 해당하는 것은?

① 몬트리올의정서 ② 런던협약
③ 오슬로협약 ④ 소피아의정서

05 오존층 보호를 위한 파괴물질의 생산 및 소비감축에 관한 내용의 국제협약으로 가장 적절한 것은?

① 바젤협약 ② 리우선언
③ 기후변화협약 ④ 몬트리올의정서

06 다음 중 오존층 보호를 위한 국제협약은?

① 바젤 협약 ② 비엔나 협약
③ 람사 협약 ④ 오슬로 협약

07 다음 중 오존파괴지수(ODP)가 가장 큰 것은?

① CCl_4 ② Halon-1301
③ Halon-1211 ④ Halon-2402

08 오존 파괴와 관련된 특정물질 중 CFC-111의 화학식으로 옳은 것은?

① $CFCl_3$ ② CF_2Cl_2
③ C_2FCl_5 ④ C_2F_5Cl

해설 CFC-(X)(Y)(Z) → (탄소수=X+1)(수소수=Y-1)(불소수=Z)
(염소수: 나머지 가짓수)
CFC-(1)(1)(1) → (탄소수=1+1)(수소수=1-1)(불소수=1)
(염소수: 5) → C_2FCl_5

정답 01. ④ 02. ① 03. ③ 04. ④ 05. ④ 06. ② 07. ② 08. ③

09 온실효과 및 지구온난화에 관한 설명으로 가장 적합한 것은?

① 지구온난화지수(GWP)는 SF_6가 HFCs에 비해 크다.
② 대기의 온실효과는 실제온실에서의 보온작용과 같은 원리이다.
③ 온실효과에 대한 기여도는 N_2O > CFC 11 & 12이다.
④ 북반구에서의 계절별 CO_2 농도 경향은 봄·여름이 가을·겨울철보다 높은 편이다.

[해설] ①항만 올바르다.
[오답해설]
② 대기의 온실효과는 실제온실에서의 보온작용과 다르다.
③ 온실효과에 대한 기여도는 CFC 11&12 > N_2O이다.
④ 북반구에서의 계절별 CO_2 농도 경향은 봄·여름이 가을·겨울철보다 높은 편이다.

10 CO_2 해당 배출량을 계산하는데 이용되는 온실가스별 지구온난화지수(Global Warming Potential)가 맞게 짝지어진 것은?

① N_2O = 1,300
② PFCs = 15,250
③ SF_6 = 2,390
④ CH_4 = 21

11 엘니뇨(El Nino) 현상에 관한 설명으로 거리가 먼 것은?

① 스페인어로 여자아이(the girl)라는 뜻으로, 엘니뇨가 발생하면 동남아시아, 호주 북부 등에서는 홍수가 주로 발생한다.
② 열대 태평양 남미해안으로부터 중태평양에 이르는 넓은 범위에서 해수면의 온도가 평년보다 보통 0.5℃ 이상 높은 상태가 6개월 이상 지속되는 현상을 의미한다.
③ 엘니뇨가 발생하는 이유는 태평양 적도 부근에서 동태평양의 따뜻한 바닷물을 서쪽으로 밀어내는 무역풍이 불지 않거나 불어도 약하게 불기 때문이다.
④ 엘니뇨로 인한 피해가 주요 농산물 생산지역인 태평양 연안국에 집중되어 있어 농산물 생산이 크게 감축되고 있다.

[해설] 스페인어로 남자아이라는 뜻으로, 엘니뇨가 발생하면 중남미 지역에 홍수를, 호주 북부 등에서는 가뭄이 주로 발생한다.

12 대기중으로 배출된 이산화탄소는 온실효과에 의하여 지구온난화를 초래하고 있다. 다음 보기 중 대기중의 이산화탄소의 가장 큰 흡수원은?

① 토양
② 미생물
③ 식물
④ 해수

13 다음 보기의 내용이 설명하는 것은 어느 것인가?

> 1992년 6월 '지구를 건강하게, 미래를 풍요롭게'라는 슬로건 아래 개최된 지구정상회담에서 환경과 개발에 관한 기본원칙을 표방하며, 인간은 지속가능한 개발을 위한 관심의 중심으로 자연과 조화를 이룬 건강하고 생산적인 삶을 향유하여야 한다는 주요 원칙을 담고 있다.

① 바젤협약
② 몬트리올의정서
③ 교토의정서
④ 리우선언

정답 09. ① 10. ④ 11. ① 12. ④ 13. ④

14 다음 중 온실효과(green house effect)에 관한 설명으로 옳은 것은?

① 온실효과에 대한 기여도는 H_2O > CFC 11&12 > CH_4 > CO_2 순이다.
② CO_2 농도는 일정주기로 증감이 되풀이 되는데 1년 주기로 봄부터 여름까지는 증가하고, 가을부터 겨울까지는 감소한다.
③ 온실가스들은 각각 적외선 흡수대가 있으며, CO_2의 주요 흡수대는 파장 13~17μm 정도이다.
④ 오슬로협약은 기후변화협약에 따른 온실가스 감축목표와 관련한 국제협약이다.

해설 ③항만 올바르다.
오답해설
① 온실효과에 대한 기여도는 H_2O > CO_2 > CH_4 > CFC 11&12 순이다.
② CO_2 농도는 일정주기로 증감이 되풀이 되는데 1년 주기로 봄부터 여름까지는 감소하고, 가을부터 겨울까지는 증가한다.
④ 오슬로협약은 폐기물의 해양투기관련 국제협약이다.

14. ③

05 CHAPTER | 대기의 확산 및 오염예측

UNIT 01 대기의 성질 및 확산개요

1 대기의 성질

(1) 대기의 성분

우리가 살고 있는 지표면에 위치한 대기의 성분은 아래와 같습니다.

> 질소(N_2) 78.08% > 산소(O_2) 20.95% > 아르곤(Ar) 0.93% > 탄산가스(CO_2) 0.04% >
> 네온(Ne) 18.18ppm > 헬륨(He) 5.24ppm > 메탄(CH_4) 2.0ppm > 크립톤(Kr) 1.14ppm 기타 등등
>
> ⇨  질 산 아 탄 네! : 성분함량순서
> ⇨ 아 네 헬 크 : 불활성기체 성분함량순서

(2) 대기 내 물질별 체류시간

> 질소(N_2) 4×10^8년 > 산소(O_2) 6,000년 > 탄산가스(CO_2) 50~200년 > 아산화질소(N_2O) 20~100년 >
> 메탄(CH_4) 3~8년 > 수소(H_2) 4~7년 > 일산화탄소(CO) 5개월 > SO_2 및 NO(1주일 미만)
>
> ⇨ 질 산 탄 아 메 수 일 소 노

(3) 대기의 구성

대기는 지구의 중력으로 지구주위를 둘러싸고 있는 공기를 말하며, 4권역으로 분류되고, 또 조성에 따라 균질층, 이질층으로 분류됩니다.

1) 대류권(troposphere)
   ① 고도 0~12km (극지방 8km, 적도지방 16km)
   ② 불안정한 대기 (고도 100m 증가 시 0.65℃ 감소)
   ③ 기상현상 존재
   ④ 대류권 계면의 온도 약 -60℃

2) 성층권(stratosphere)
   ① 고도 12~50km (오존층 25~30km)
   ② 안정한 대기 (비행기 이동항로)
   ③ O_3은 300nm 이하의 유해자외선을 흡수하여 지상의 생물권 보호

3) 중간권(mesosphere)
   ① 고도 50~80km
   ② 불안정한 대기 (중간권계면온도 -90~-130℃)
   ③ 수증기가 없으므로 기상현상도 없다.

4) 열권(thermosphere)
   ① 고도 80km 이상
   ② 안정한 대기
   ③ 분자들이 원자로 존재하는 원자층, 해리층이라 불림
   ④ 분자의 분해·생성반응은 느리게 일어나며, 공기이동속도는 매우 빠르고, 공기평균자유행로도 길다.

5) 균질층과 이질층
   ① **균질층** : 고도 88km 까지의 대기 - 대기성분조성이 균일(질소 78%, 산소 20.8%, …)
   ② **이질층** : 고도 88km 이상의 대기 - 대기성분조성이 층마다 차이가 있음(질소층, 산소층, 헬륨층, 수소층)
   암기TIP ⇨ 기침!(노흐히!) ⇨ N O He H

2 대기확산이론

대기의 운동은 두 가지로 분류됩니다. 수평의 흐름인 **바람**과 수직의 흐름인 **대류**로 분류됩니다. 먼저 바람의 원인에 대해서부터 정리해보도록 하겠습니다.

(1) 바람의 원인

1) 기압경도력

기압차 때문에 발생하는 힘으로, 항상 경도력은 **고기압 → 저기압** 방향으로 작용한다. 경도력을 알아볼 수

있도록 등압선으로 표시하고 등압선의 간격이 좁을수록 거리 당 압력차이가 크므로, 경도력이 크다고 할 수 있다.

2) 전향력

지구의 자전으로 인해 발생하는 힘으로 바람을 휘게 만드는 힘이다. 이 힘의 특징은 바람의 세기에는 관여하지 않고, 오직 방향만 변화시킨다는 것이다.

① **북반구** : 시계방향으로 작용
② **남반구** : 시계반대방향으로 작용
③ 적도에서 최소, 극지방에서 최대이다.(**원심력은 반대로 작용** : 적도에서 최대, 극지방에서 최소)
④ 전향력(코리올리 힘, $f) = 2\Omega\sin\theta$

3) 마찰력

지면과의 마찰로 인해 발생하는 힘으로 지표에서 풍속에 비례하며 진행방향에 반대로 작용한다. 따라서 마찰력이 강할수록 바람은 약해진다.

> 💡 **행성경계층**
> 바람에 마찰력이 영향을 미치고 있는 고도를 말하며, 고도가 증가할수록 마찰력은 약화되므로 행성경계층에서 고도가 증가하면 풍속은 증가한다. (고도 0~700m)

> 💡 **Deacon의 풍속법칙**
>
> $$U_2 = U_1 \times \left(\frac{Z_2}{Z_1}\right)^p$$
>
> - U_1 : 기존고도에서의 풍속
> - U_2 : 고도 변경 후 풍속
> - Z_1 : 기존 고도
> - p : 지수

4) p(대기안정도)$= \dfrac{n}{2-n}$ (n값이 클수록 대기는 안정)

(2) 바람의 종류

　1) 지상풍 : 마찰력이 존재하는 층(행성경계층)에서의 바람

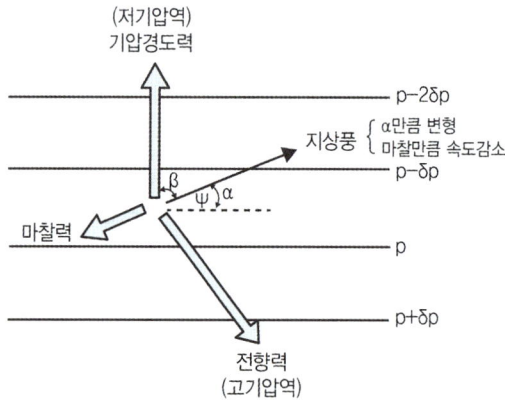

　2) 지균풍 : 마찰력이 존재하지 않는 층(자유대기층)에서 경도력과 전향력이 두 힘이 평형을 이룰 때, 등압선과 평행하게 부는 직선의 바람

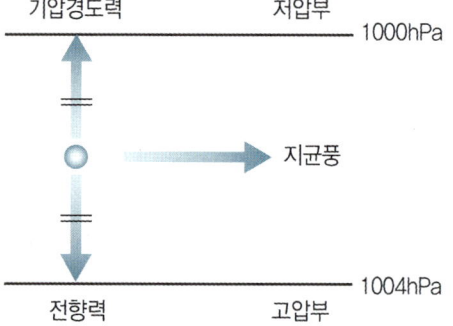

　3) 경도풍 : 마찰력이 존재하지 않는 층(자유대기층)에서 경도력이 전향력과 원심력의 합과 평형을 이룰 때, 등압선을 따라(가로질러) 부는 곡선의 바람

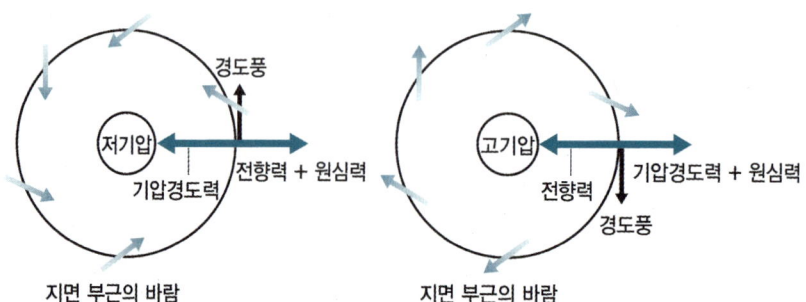

(3) 국지풍

1) 해륙풍 : 육지와 바다의 비열차로 인해 발생
① 낮에는 해풍, 밤에는 육풍이 발생
② 비열차가 큰 해풍의 세기가 육풍보다 강함(영향범위 : 해풍 8~15km, 육풍 5~6km)

2) 산곡풍 : 산과 계곡의 가열정도(일사량차)로 인해 발생
① 낮에는 곡풍, 밤에는 산풍이 발생
② 중력의 영향으로 인해 산풍이 더 강함

3) 전원풍 : 도시의 교외지역의 열용량 차이로 인해 발생
① 열섬현상의 원인이 됨

> 💡 **열섬현상(heat island effect, dust dome effect)**
> 교외지역보다 구조상의 이유로 도시의 열축적이 더 크므로 전원풍이 발생하고 오염물질이 축적되는 현상
> 1) 열섬현상이 잘 일어나는 조건
>   ① 직경이 10km 이상인 도시(인구가 많은 대도시일수록 잘 일어남)
>   ② 일교차가 심한 봄, 가을이나 추운 겨울
>   ③ 구름이 적고, 일사량이 많으며, 바람이 적은 야간에 주로 발생
>
> 2) 열섬현상의 피해
>   ① 기상현상이 잦아짐
>   ② 열사병 및 냉방비의 증가
>   ③ 호흡기 질환의 증가
>
> (참고영상 : ▶ "초록별엔진"에서 해륙풍과 열섬현상 관련 영상을 참고하세요!)
>
>
> [해륙풍]　　　[열섬현상]

(4) 바람장미(wind rose)

풍향과 풍속 그리고 바람의 빈도를 한눈에 알아보기 위해 장미모양으로 나타낸 그림

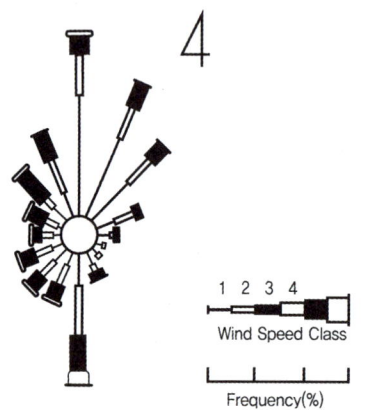

① 8방위 또는 16방위로 구성
② 막대가 가리키는 방향은 바람이 불어오는 방향(오염물질의 이동방향과 반대)
③ 막대의 굵기는 풍속을, 길이는 빈도를 나타낸다.
④ 막대길이가 가장 긴 쪽의 바람방향이 주풍이다.
⑤ 0.2m/sec 이하인 바람은 무풍(정온)으로 간주한다.

UNIT 01 대기의 성질 및 확산개요

01 대기권의 구조에 관한 설명 중 가장 거리가 먼 것은?

① 대기의 수직온도 분포에 따라 대류권, 성층권, 중간권, 열권으로 구분할 수 있다.
② 대류권 기상요소의 수평분포는 위도, 해륙분포 등에 의해 다르지만 연직방향에 따른 변화는 더욱 크다.
③ 대류권의 높이는 통상적으로 여름철에 낮고 겨울철에 높으며, 고위도 지방이 저위도 지방에 비해 높다.
④ 대류권의 하부 1~2km까지를 대기경계층이라고 하며, 지표면의 영향을 직접 받아서 기상요소의 일변화가 일어나는 층이다.

해설 대류권의 높이는 통상적으로 여름철에 높고 겨울철에 낮으며, 고위도 지방이 저위도 지방에 비해 낮다.

02 대기의 특성에 관한 설명 중 틀린 것은?

① 성층권에서는 오존이 자외선을 흡수하여 성층권의 온도를 상승시킨다.
② 지표부근의 표준상태에서의 건조공기의 구성성분은 부피농도로 질소 > 산소 > 아르곤 > 이산화탄소의 순이다.
③ 대기의 온도는 위쪽으로 올라갈수록, 대류권에서는 하강, 성층권에서는 상승, 열권에서는 하강한다.
④ 대류권의 고도는 겨울철에 낮고, 여름철에 높으며, 보통 저위도 지방이 고위도 지방에 비해 높다.

해설 대기의 온도는 위쪽으로 올라갈수록, 대류권에서는 하강, 성층권에서는 상승, 열권에서는 상승한다.

03 국지풍에 관한 설명 중 옳지 않은 것은?

① 육지와 바다는 서로 다른 열적 성질 때문에 주간에는 바다로부터, 야간에는 육지로부터 바람이 부는 해륙풍이 생겨난다.
② 해륙풍이 장기간 지속될 경우 폐쇄된 국지순환의 결과로 해안가에 산업도시가 있는 지역에서는 대기오염물질의 축적이 일어날 수 있다.
③ 산악지형인 경우, 야간에는 사면 상부에서부터 장파복사 냉각이 시작되어 중력에 의한 하강기류가 생기며 이를 곡풍이라 한다.
④ 바람장미를 이용하여 특정지역 오염물질의 대체적인 확산패턴을 예측할 수 있다.

해설 산악지형인 경우, 야간에는 사면 상부에서부터 장파복사 냉각이 시작되어 중력에 의한 하강기류가 생기며 이를 산풍이라 한다.

04 지상 10m에서의 풍속이 4m/sec일 때, 44m 높이에서의 풍속은 얼마인가? (단, Deacon의 지수법칙 이용, 풍속지수(p)는 0.2)

① 4.8m/sec   ② 5.4m/sec
③ 6.6m/sec   ④ 8.4m/sec

해설 **식** $U_2 = U_1 \times \left(\dfrac{Z_2}{Z_1}\right)^P$

$\therefore U_2 = 4 \times \left(\dfrac{44}{10}\right)^{0.2} = 5.4 m/\sec$

정답 01. ③   02. ③   03. ③   04. ②

05 대기의 '오존층'에 관한 설명으로 틀린 것은?

① 오존층의 두께를 표시하는 단위는 돕슨(Dobson) 이다.
② 오존층의 두께는 극지방보다 적도지방이 두껍다.
③ 태양으로부터 오는 자외선은 성층권의 오존층에 의해서 대부분이 흡수된다.
④ 오존층이란 성층권에서도 오존이 더욱 밀집해 분포하고 있는 지상 50~60km 구간을 말한다.

[해설] 오존층(오존라인)이란 성층권에서도 오존이 더욱 밀집해 분포하고 있는 지상 25~30km 구간을 말한다.

06 다음 중 바람쏠림(wind shear)이 가장 현저한 고도(m)는?

① 0~40m
② 40~80m
③ 80~160m
④ 160~320m

[해설] 지표면에서 가까울수록 마찰력이 강하여 바람쏠림이 현저하다.

07 마찰층(friction layer)과 관련된 바람에 관한 설명으로 거리가 먼 것은?

① 마찰층 내의 바람은 높이에 따라 항상 반시계방향으로 각천이(angular shift)가 생긴다.
② 마찰층 내의 바람은 위로 올라갈수록 실제 풍향은 서서히 지균풍에 가까워진다.
③ 마찰층 내의 바람은 위로 올라갈수록 그 변화량이 감소한다.
④ 마찰층 이상 고도에서 바람의 고도변화는 근본적으로 기온분포에 의존한다.

[해설] 마찰층 내의 바람은 높이에 따라 항상 시계방향으로 각천이(angular shift)가 생긴다.

08 등압면이 직선이 아닌 곡선일 때에 부는 바람인 경도풍은 3가지 힘이 평형을 이루고 있을 때 나타난다. 이 3가지 힘으로 가장 적합한 것은?

① 마찰력, 전향력, 원심력
② 기압경도력, 전향력, 원심력
③ 기압경도력, 마찰력, 원심력
④ 기압경도력, 전향력, 마찰력

09 Richardson number에 관한 설명 중 틀린 것은?

① 리차드슨 수가 0에 접근하면 분산은 줄어들며 결국 대류난류만 존재한다.
② 무차원수로서 근본적으로 대류난류를 기계적인 난류로 전환시키는 율을 측정한 것이다.
③ 큰 음의 값을 가지면 굴뚝의 연기는 수직 및 수평 방향으로 빨리 분산한다.
④ 0.25보다 크게 되면 수직혼합은 없어지고 수평상의 소용돌이만 남게 된다.

10 바람을 일으키는 힘 중 전향력에 관한 설명으로 가장 거리가 먼 것은?

① 전향력은 운동의 속력과 방향에 영향을 미친다.
② 북반구에서는 항상 움직이는 물체의 운동방향의 오른쪽 직각방향으로 작용한다.
③ 전향력은 극지방에서 최대가 되고 적도지방에서 최소가 된다.
④ 전향력의 크기는 위도, 지구자전 각속도, 풍속의 함수로 나타낸다.

[해설] 전향력은 운동의 방향에만 영향을 미친다.

정답 05. ④ 06. ① 07. ① 08. ② 09. ① 10. ①

11 대기의 연직구조에 대한 설명으로 거리가 먼 것은?

① 대류권은 보통 저위도 지방이 고위도 지방에 비하여 높다.
② 대류권은 지표에서부터 약 11km까지의 높이로서 구름이 끼고 비가 오는 등의 기상현상은 대류권에 국한되어 나타난다.
③ 기상요소의 수평분포는 위도, 해륙분포 등에 의하여 지역에 따라 다르게 나타나지만 연직방향에 따른 변화가 더욱 크다.
④ 성층권의 고도는 약 11km에서 50km까지이고, 이 권역에서는 고도에 따라 온도가 증가하고, 하층부의 밀도가 작아서 불안정한 상태를 나타낸다.

[해설] 성층권의 고도는 약 11km에서 50km까지이고, 이 권역에서는 고도에 따라 온도가 증가하고, 하층부의 밀도가 커서 안정한 상태를 나타낸다.

12 바람에 관한 다음 설명 중 옳지 않은 것은?

① 북반구의 경도풍은 저기압에서는 시계바늘 반대방향으로 회전하면서 위쪽으로 상승하면서 분다.
② 마찰층 내 바람은 높이에 따라 시계방향으로 각천이가 생겨나며, 위로 올라갈수록 실제 풍향은 점점 지균풍과 가까워진다.
③ 곡풍은 경사면 → 계곡 → 주계곡으로 수렴하면서 풍속이 가속되기 때문에 낮에 산 위쪽으로 부는 산풍보다 더 강하다.
④ 해륙풍이 부는 원인은 낮에는 바다보다 육지가 빨리 데워져서 육지의 공기가 상승하기 때문이며, 바다에서 육지로 8~15km 정도까지 바람(해풍)이 분다.

[해설] 산풍은 경사면 → 계곡 → 주계곡으로 수렴하면서 풍속이 가속되기 때문에 낮에 산 위쪽으로 부는 곡풍보다 더 강하다.

13 다음 그림에서 "가"쪽으로 부는 바람은?

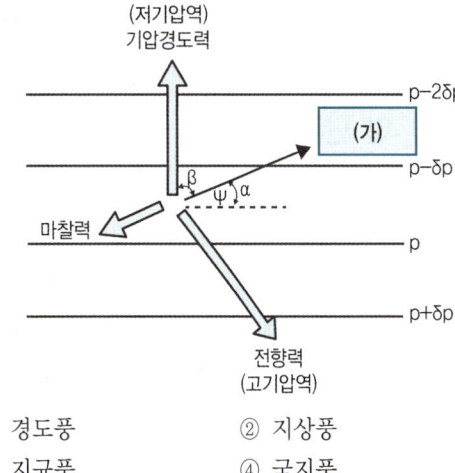

① 경도풍　　② 지상풍
③ 지균풍　　④ 국지풍

14 대기오염물질 중에서 대기 내의 체류시간 순서배열로 옳은 것은? (단, 긴 시간 > 짧은 시간)

① NO_2 > SO_2 > CO > CH_4
② O_2 > N_2 > CO > CH_4
③ CO > N_2 > SO_2 > CH_4
④ N_2 > CH_4 > CO > SO_2

15 다음은 바람장미에 관한 설명이다. ( ) 안에 가장 알맞은 것은?

> 바람장미에서 풍향 중 주풍은 막대의 (①) 표시하며, 풍속은 (②)(으)로 표시한다. 풍속이 (③)일 때를 정온(calm) 상태로 본다.

① ① 길이를 가장 길게, ② 막대의 굵기, ③ 0.2m/s
② ① 길이를 가장 굵게, ② 막대의 길이, ③ 0.2m/s
③ ① 길이를 가장 길게, ② 막대의 굵기, ③ 0.5m/s
④ ① 길이를 가장 굵게, ② 막대의 길이, ③ 0.5m/s

정답　11. ④　12. ③　13. ②　14. ④　15. ①

UNIT 02 대기확산방정식 및 확산모델

1 대류 및 난류확산

(1) 난류 : 순간속도가 불규칙하고 무작위 변동을 나타내는 유체 흐름의 상태

(2) 확산 : 공간 내에서의 지점 간 유체입자의 교환

> 💡 Fick's law(픽의 법칙)
> 확산은 물질의 농도가 높은 쪽에서 낮은 쪽으로 이동한다. 따라서 농도차가 클수록 물질의 확산정도가 커진다. (분산모델의 기초)

1) 가정조건
① 풍향, 풍속, 온도, 시간에 따른 농도변화가 없는 정상상태 분포를 가정한다.
② 바람에 의한 오염물의 주 이동방향은 x 축이며 풍속 U 는 일정하다.
③ 바람이 부는 방향(x 축)의 확산은 이류에 의한 이동량에 비하여 무시할 수 있을 정도로 적다.
④ 풍하측의 대기안정도와 확산계수는 변하지 않는다.
⑤ 오염물질은 점배출원으로부터 연속적으로 방출된다.
⑥ 오염물질은 플룸(plume) 내에서 소멸되거나 생성되지 않는다.
⑦ 배출오염물질은 기체(입경이 미세한 에어로졸은 포함)이다.

2 대기오염모델의 종류

(1) 상자모델

오염물질의 질량보존을 기본으로 오염대상공간을 상자로 가정하고 시간에 따른 농도의 변화를 물질수지로 나타낸 모델입니다.(0차 모델)

1) 가정조건
① 상자 내의 풍향, 풍속 분포도는 균일하다.
② 바람은 상자의 측면에서 수직단면에 직각방향으로 불며 그 속도는 일정하다.

③ 상자 내의 농도는 균일하며, 배출원은 지면 전역에 균일하게 분포되어 있다.
④ 배출된 오염물질은 즉시 공간 내에 균일하게 혼합된다.
⑤ 오염물질의 분해가 있는 경우는 1차 반응으로 취급한다.

2) 특징
① 비교적 간단하게 모델링 가능
② 농도의 시간변화 계산 가능

3) 한계
① 기상조건의 변동이 심한 곳은 부적합
② 외부의 오염배출원이 있는 곳은 부적합

(2) 가우시안 플룸모델

가우시안형태로 확산을 가정하고 연기의 지표반사를 고려한 모델입니다.

1) 가정조건
① 정상상태 분포를 가정한다. → $\partial C/\partial t = 0$
② 바람에 의한 오염물의 주 이동방향은 x축이며, 풍속 U는 일정하다.
③ 풍하측의 대기안정도와 확산계수는 변하지 않는다. → K_x, K_y, $K_z = \mathrm{const}$
④ x축의 확산은 이류이동이 지배적이다. → $K_x = 0$
⑤ 오염물질은 점배출원(點排出原)으로부터 연속적으로 방출된다.
⑥ 오염물질은 플룸(plume) 내에서 소멸되거나 생성되지 않는다.
⑦ 배출오염물질은 기체(입경이 미세한 에어로졸은 포함)이다.

2) 특징
① 정확도를 좌우하는 중요요소는 플룸의 수평확산폭(σ_y) 및 연직확산폭(σ_z)이다.
② σ_y, σ_z결정하는 데 중요한 요소는 대기안정도이고, 가우시안 플룸모델에서는 파스킬(Pasquill)의 안정도계급을 사용한다.

💡 파스킬의 안정도 분류

지표면에서의 풍속(m/sec)	낮 : 일사량으로 분류			밤 : 운량으로 분류	
	강	중	약	하늘의 4/8 이상이 구름에 덮인 경우	하늘의 3/8 이하가 구름에 덮인 경우
< 2	A	A~B	B	–	–
2~3	A~B	B	C	E	F
3~5	B	B~C	C	D	E
5~6	C	C~D	D	D	D
> 6	C	D	D	D	D

💡 안정도의 크기

F > E > D > C > B > A (6단계로 구분!, F로 갈수록 더 안정!)

3) 한계

① 지표면이 거칠고 열섬효과가 있는 곳은 부적합
② 산지, 계곡 등 굴곡이 있는 지형 부적합
③ 바람의 변화가 클 경우 부적합

(3) 가우시안 퍼프모델

굴뚝에서 연속적으로 배출되는 연기를 작게 잘라서 각각의 연기덩어리를 이동·확산시켜서 농도를 계산한 후 모든 연기덩어리의 농도를 종합하여 대상지역의 농도분포와 시간변화를 계산하는 모델입니다.

1) 특징

① 시간에 따른 풍향·풍속의 변화와 풍향·풍속의 지역 차이를 고려할 수 있어 시간에 따른 배출량 변화를 고려할 수 있음
② 비정상상태 지역 평가 가능
③ 국지풍의 영향에도 평가 가능

2) 한계

① 대기 중에서의 화학반응을 고려할 수 없어 반응성 물질에 부적합
② 수평확산폭(σ_y) 및 연직확산폭(σ_z)을 항상 기상특성에 맞게 산출방법을 정해야 함
③ 장기간의 영향평가 어려움

(4) 3차원 수치모델

1) 오일러리안 모델(Eulerian model)
① 대기를 수평, 수직방향으로 여러 개의 작은 상자로 나눈 후, 상자 간 오염물질의 확산에 의한 유출입을 바람의 이동과 시간변화에 따라 계산하는 방법
② 흔히 이 방법과 라그랑지안 모델은 수학적 연산과정이 주를 이루므로 수치모델이라 함.
③ 적용 대상범위가 넓고 매우 정교하지만 확산 및 화학변화와 관련된 많은 물리·화학과정을 정확히 고려하여야 하므로 고도의 지식이 필요함.

2) 라그랑지안 모델(Lagrangian model)
① 대기오염물질의 농도를 바람과 확산에 의해 변화되는 위치를 따라가면서 계산
② 단기간의 예측에 효과적
③ 지형특징에 의한 풍향의 변화, 오염물질의 화학 변화 등을 시간에 따라 계산할 수 있는 정교한 모델 종류중 하나임.
④ 고도의 지식과 많은 계산 시간이 요구되는 단점이 있음

(5) 수용모델(receptor model)과 분산모델의 비교

구분	분산모델	수용모델
장점	㉠ 미래의 대기질을 예측할 수 있다. ㉡ 대기오염 정책입안에 도움을 준다. ㉢ 2차 오염원의 확인이 가능하다. ㉣ 오염원의 운영 및 설계요인의 효과를 예측할 수 있다. ㉤ 점·선·면 오염원의 영향을 평가할 수 있다.	㉠ 지형·기상정보가 없어도 사용이 가능하다. ㉡ 오염원의 조업 및 운영상태에 대한 정보가 없어도 사용이 가능하다. ㉢ 새로운 오염원과 불확실한 오염원, 불법 배출오염원에 대한 정량적인 확인 평가가 가능하다. ㉣ 수용체 입장에서 영향평가가 현실적으로 이루어 질 수 있다. ㉤ 입자상, 가스상 물질, 가시도 문제 등 환경전반에 응용할 수 있다.
단점	㉠ 기상의 불확실성과 오염원이 미확인될 때 많은 문제점을 갖는다. ㉡ 오염물의 단기간 분석시 문제가 된다. ㉢ 지형, 오염원의 조업조건에 따라 영향을 받는다. ㉣ 새로운 오염원이 있을 때마다 재평가할 필요가 있다.	㉠ 현재나 과거에 일어났던 일을 추정, 미래를 위한 전략은 세울 수 있으나 미래예측은 어렵다. ㉡ 특정자료를 입력자료로 사용하므로 시나리오 작성이 곤란하다.

> 💡 **수용모델(receptor model)의 종류**
>
> ① **현미경분석법** : 분진을 입자단위로 분석하는 방법으로 분진의 크기, 모양, 형상, 입경분포, 화학적 조성까지도 분석이 가능하므로 오염원의 확인 및 검증에 주로 이용된다. 수많은 오염원을 쉽게 확인할 수 있으나 정량적인 분석에는 어려움이 있다.(광학현미경법, 전자현미경법, 자동전자현미경법 등이 있다.)
> ② **화학분석법** : 분진시료를 채취하여 각종 실험장비를 이용, 물리화학적 정보를 얻고 이를 토대로 각종 응용통계학(應用統計學)을 이용하여 오염원의 정량적 기여도를 얻는 데 이용된다. 화학적 분석법은 정량적 분석이 가능하지만 극히 한정된 오염원의 수에 의존하는 결점이 있다.(농축계수법, 시계열분석법, 공간계열분석법, 화학질량수지법, 다변량분석법 등이 있다.)

(6) 실제사용모델

적용대상		모델명	특징
일반 (평지)	장기	• SCM-3.2(CDM-2) • ISCLT-3 • TCM • ADMS	• 다양한 선택사항, 많은 배출원 고려가능 • 도시지역 적용에 우수 • 대기관리정책, 환경영향평가 시 사용 • 영국의 가우시안 모델
	단기	• ISCST-3 • PEM • RAM	• ISCLT-3의 단기모델 • 간편한 사용, 물리 화학변화 고려 • 비반응성 1차원 오염물질의 분석
	장·단기	BLP	시간별 농도 및 발생빈도 예측가능
복잡지형		• CTDMPLUS • AERMOD • CALPUFF	• 복잡한 지형에서의 연기흐름 고려 • CTDMPLUS의 복잡성을 보완하기 위해서 미국기상학회와 미국환경부가 공동으로 개발한 대기확산모델 • 가우시안 퍼프모델을 활용하여 산악 및 해안지형에서 국지풍의 영향을 고려할 수 있도록 개발된 모델
이동오염원		• HIWAY-2 • CALINE-3 • ROADWAY-2	우수한 적용성, 시간별 농도 예측가능
광화학오염		UAM	점, 면 오염원의 광화학반응을 고려하여 모델링이 가능
바람장모델		MM5, RAMS	

3 대기확산방정식

(1) 가우시안 확산방정식

가우시안 확산방정식에서는 오염물질의 확산이 x, y, z방향으로 정규분포형태로 확산된다고 가정하고, 일반적으로 모델링에서 지면에서의 반사를 기준으로 하므로, 식으로 나타내면 다음과 같습니다.

$$\boxed{식}\ C = \frac{Q}{2\pi\sigma_y\sigma_z u} exp\left[-\left(\frac{y^2}{2\sigma_y^2}\right)\right]\left[exp\left\{-\left(\frac{(z-H)^2}{2\sigma_z^2}\right)\right\} + exp\left\{-\left(\frac{(z+H)^2}{2\sigma_z^2}\right)\right\}\right]$$

- x : 배출원과 도착한 오염원의 거리
- y : 도착한 오염원의 수평상의 거리
- z : 도착한 오염원의 높이
- H : 배출원의 유효굴뚝높이

기출문제로 다지기 — UNIT 02 대기확산방정식 및 확산모델

01 수용모델(Receptor Model)의 특징이 아닌 항목은?

① 불법배출 오염원을 정량적으로 확인평가할 수 있다.
② 2차 오염원의 확인이 가능하다.
③ 지형, 기상학적 정보 없이도 사용 가능하다.
④ 현재나 과거에 일어났던 일을 추정하여 미래를 위한 전략을 세울 수 있으나, 미래 예측은 어렵다.

해설 수용모델은 2차오염원의 확인이 불가능하다.

02 가우시안(Gaussian) 모델에서의 표준편차(σ_y, σ_z)에 관한 설명으로 가장 거리가 먼 것은?

① σ_y, σ_z값의 성립조건으로 시료채취기간은 약 10분이다.
② σ_y, σ_z값은 대기의 안정상태와 풍하거리 x의 함수이다.
③ σ_y, σ_z는 평탄한 지형에 기준을 두고 있다.
④ σ_y, σ_z는 고도와 관계없이 일정한 값을 가지며, 일반적으로 수평대기 중에서 수 m에서 수백 m 이내로 국한된다.

해설 표준편차값은 고도에 따라 변하고, 고도는 대기 중에서 수백 m 내에서만 적용된다.

03 지상에서 NOx를 3g/s로 배출하고 있는 굴뚝 없는 쓰레기 소각장에서 풍하방향으로 3km 떨어진 곳에서의 중심축상 NOx의 지표면에서의 오염농도는 얼마인가? (단, 가우시안 모델식을 사용하고, 풍속은 7m/s, σ_y=190m, σ_z=65m이며, NOx는 배출되는 동안에 화학적으로 반응하지 않는 것으로 가정한다.)

① $2.2 \times 10^{-5} g/m^3$
② $1.1 \times 10^{-5} g/m^3$
③ $5.5 \times 10^{-6} g/m^3$
④ $2.75 \times 10^{-6} g/m^3$

해설 식 $C = \dfrac{Q}{2\pi\sigma_y\sigma_z u} exp\left[-\left(\dfrac{y^2}{2\sigma_y^2}\right)\right] \left[exp\left\{-\left(\dfrac{(z-H)^2}{2\sigma_z^2}\right)\right\} + exp\left\{-\left(\dfrac{(z+H)^2}{2\sigma_z^2}\right)\right\}\right]$

조건에서 보면, 중심축상 → y = 0
굴뚝없는 → H = 0
지표면에서 측정 → z = 0
위의 조건을 적용하여 식을 정리하면,

→ $C(g/m^3) = \dfrac{Q}{\pi\sigma_y\sigma_z u}$

∴ $C(g/m^3) = \dfrac{3g}{sec} \times \dfrac{sec}{\pi \times 190m \times 65m \times 7m}$
$= 1.1 \times 10^{-5} g/m^3$

04 유효높이(H)가 60m인 굴뚝으로부터 SO₂가 125g/s의 속도로 배출되고 있다. 굴뚝높이에서의 풍속은 6m/s이고 풍하거리 500m에서 대기안정 조건에 따라 편차 σ_y는 36m, σ_z는 18.5m이었다. 이 굴뚝으로부터 풍하거리 500m의 중심선상의 지표면 농도는? (단, 가우시안 모델식을 사용하고, SO₂는 배출되는 동안에 화학적으로 반응하지 않는다고 가정한다.)

① 약 $52\mu g/m^3$
② 약 $66\mu g/m^3$
③ 약 $2,483\mu g/m^3$
④ 약 $9,957\mu g/m^3$

해설 식 $C = \dfrac{Q}{2\pi\sigma_y\sigma_z u} exp\left[-\left(\dfrac{y^2}{2\sigma_y^2}\right)\right] \left[exp\left\{-\left(\dfrac{(z-H)^2}{2\sigma_z^2}\right)\right\} + exp\left\{-\left(\dfrac{(z+H)^2}{2\sigma_z^2}\right)\right\}\right]$

조건에서 보면, 중심축상 → y = 0
지표면에서 측정 → z = 0

정답 01. ② 02. ④ 03. ② 04. ①

위의 조건을 적용하여 식을 정리하면,

$$\rightarrow C = \frac{Q}{\pi \sigma_y \sigma_z u} \left[\exp\left(-\frac{H^2}{2\sigma_z^2}\right) \right]$$

$$\therefore C = \frac{125g}{\sec} \times \frac{\sec}{\pi \times 36m \times 18.5m \times 6m} \times \left[\exp\left(-\frac{(60m)^2}{2 \times (18.5m)^2}\right) \right] \times \frac{10^6 \mu g}{1g} = 51.77 \mu g/m^3$$

05 Fick의 확산방정식을 실제 대기에 적용시키기 위해 추가하는 가정으로 거리가 먼 것은?

① 바람에 의한 오염물의 주(主) 이동방향은 x축이다.
② 하류로의 확산은 오염물이 바람에 의하여 x축을 따라 이동하는 것보다 강하다.
③ 과정은 안정상태이고, 풍속은 x,y,z 좌표 시스템 내의 어느 점에서든 일정하다.
④ 오염물은 점오염원으로부터 계속적으로 방출된다.

[해설] 확산은 오염물이 바람에 의하여 x축을 따라 이동하는 것이 주 흐름으로 가정한다.

06 다음 중 대기분산모델에 관한 설명으로 가장 거리가 먼 것은?

① ISCST(Industrial Source Complex Model for Short Term)는 ISCLT와 같은 구조로서 주로 단기농도 예측에 사용된다.
② ISCLT(Industrial Source Complex Model for Long Term)는 미국에서 널리 이용되는 범용적인 모델로 장기농도 계산용의 모델이다.
③ TCM(Texas Climatological Model)은 장기모델로 한국에서 많이 사용되었다.
④ ADM(Air Distribution Model)은 기상관측에 사용되는 바람장모델로 일본에서 많이 사용되었다.

[해설] ADM(Air Distribution Model)은 영국에서 개발된 모델이다.

07 다음은 대기분산모델의 종류에 관한 설명이다. 가장 적합한 것은?

- 적용 모델식 : 광화학모델
- 적용 배출원 형태 : 점, 면
- 개발국 : 미국
- 특징 : 도시지역에서 광화학반응을 고려하여 오염물질의 이동을 계산

① ADMS(Atmospheric Dispersion Model System)
② UAM(Urban Airshed Model)
③ TCM(Texas Climatological Model)
④ HIWAY-2

08 다음 대기분산모델 중 미국에서 개발되었으며, 바람장 모델로 바람장을 계산, 기상예측에 주로 사용된 것은?

① ADMS
② AUSPLUME
③ MM5
④ SMOGSTOP

09 대기오염원의 영향을 평가하는 방법으로 분산 모델에 관한 설명으로 가장 거리가 먼 것은?

① 2차 오염원의 확인이 가능하다.
② 오염물의 단기간 분석시 문제가 된다.
③ 분진의 영향평가는 기상의 불확실성과 오염원이 미확인인 경우에 많은 문제점을 가진다.
④ 입자상 및 가스상 물질, 가시도 문제 등 환경과학 전반에 응용할 수 있다.

[해설] ④항은 수용모델에 대한 설명이다.

정답 05. ② 06. ④ 07. ② 08. ③ 09. ④

10 '수용모델'에 관한 설명으로 알맞지 않은 것은?

① 지형, 지상학적 정보없이도 사용 가능하다.
② 수용체 입장에서 영향평가가 현실적으로 이루어 질 수 있다.
③ 현재나 과거에 일어났던 일을 추정, 미래를 위한 전략을 세울 수 있다.
④ 입력 자료로 적용하며 미래의 대기질을 예측하기가 용이하다.

[해설] 수용모델은 미래의 대기질을 예측할 수 없다.

11 풍속이 2m/s인 어느 날 저유소의 탱크가 폭발하여 벤젠 100kg이 순식간에 배출되었다. 사고 후 저유소에서 풍하방향으로 600m 떨어진 지점의 지면에 연기의 중심부가 도달하는데 소요되는 시간은 몇 분인가? (단, instantaneous puff equation $C = \dfrac{2Q_P}{(2\pi)^{3/2}\sigma_x\sigma_y\sigma_z} \cdot \exp\left[-\dfrac{1}{2}\left(\dfrac{x-ut}{\sigma_x}\right)^2\right]$ 이용)

① 3min ② 5min
③ 10min ④ 20min

[해설] [식] $T = \dfrac{L}{V} = 600m \times \dfrac{\sec}{2m} \times \dfrac{1\min}{60\sec} = 5\min$

12 상자모델을 전개하기 위하여 설정된 가정으로 가장 거리가 먼 것은?

① 오염물은 지면의 한 지점에서 일정하게 배출된다.
② 고려된 공간에서 오염물의 농도는 균일하다.
③ 고려되는 공간의 수직단면에 직각방향으로 부는 바람의 속도가 일정하여 환기량이 일정하다.
④ 오염물의 분해는 일차반응에 의한다.

[해설] 오염물은 지면전역에서 배출된다.

13 가우시안형의 대기오염확산방정식을 적용할 때 지면에 있는 오염원으로부터 바람부는 방향으로 250m 떨어진 연기의 중심축상 지상 오염농도(mg/m³)를 구하면? (단, 오염물질의 배출량 6g/sec, 풍속 4.5m/sec, σ_y = 22.5m, σ_z = 12m 이다.)

① 1.26 ② 1.36
③ 1.57 ④ 1.83

[해설] [식] $C = \dfrac{Q}{2\pi\sigma_y\sigma_z u} exp\left[-\left(\dfrac{y^2}{2\sigma_y^2}\right)\right]$
$\left[\exp\left\{-\left(\dfrac{(z-H)^2}{2\sigma_z^2}\right)\right\} + \exp\left\{-\left(\dfrac{(z+H)^2}{2\sigma_z^2}\right)\right\}\right]$

조건에서 보면, 중심축상 → y = 0
굴뚝없는 → H = 0
지표면에서 측정 → z = 0
위의 조건을 적용하여 식을 정리하면,
→ $C(g/m^3) = \dfrac{Q}{\pi\sigma_y\sigma_z u}$
∴ $C(g/m^3) =$
$\dfrac{6g}{\sec} \times \dfrac{\sec}{\pi \times 22.5m \times 12m \times 4.5m} \times \dfrac{10^3 mg}{1g}$
$= 1.57 mg/m^3$

정답 10. ④ 11. ② 12. ① 13. ③

UNIT 03 대기안정도 및 혼합고

❶ 대기안정도의 정의 및 분류

(1) 대기안정도
① **정적안정도** : 대기의 수직흐름정도
② **동적안정도** : 대기의 수평흐름정도

(2) 분류
① **불안정** : 대기의 대류정도가 강하여 대기의 수직흐름이 활발한 상태
② **중립** : 대기의 확산은 수평의 흐름에 의해서만 진행되는 상태
③ **안정** : 대기의 수직흐름이 없는 상태

❷ 대기안정도의 판정

(1) 기온감률 : 고도가 올라감에 따라 기온감소하는 정도를 나타낸다.
① **건조단열감률**(γ_d) : 비교습도 0% 가정하의 대기의 기온감률 = 0.98℃/100m(약 1℃/100m)
② **습윤단열감률**(γ_w) : 비교습도 100% 가정하의 대기의 기온감률 = 0.5℃/100m
③ **표준감률**(γ_s) : 세계표준습도 대기의 기온감률 = 0.65℃/100m
④ **환경감률**(γ) : 라디오존데가 측정한 실시간 기온감률

(2) 대기안정도의 구분
① **매우 불안정(과단열)** : 지표가 매우 가열된 상태에서 발생, 대기의 수직이동흐름이 활발, 한낮에 잘 발생, 대기오염도 낮음 ($\gamma_d < \gamma$)
② **중립** : 햇빛이 없고 바람이 많은 흐린날 잘 발생, 바람(기계적 난류)에 의한 대기확산만 존재 ($\gamma = \gamma_d$)
③ **등온** : 고도에 따른 기온변화가 없는 상태 (γ=0℃/100m)
④ **역전** : 대기의 수직이동이 없는 상태, 지표가 냉각된 밤~새벽 사이에 잘 발생, 대기오염도 높음 ($\gamma_d \gg \gamma$)
⑤ **약한 불안정(준단열)** : 대기의 수직흐름이 약하게 존재하는 상태, 지표면이 약하게 가열된 상태에서 발생 ($\gamma_d > \gamma > 0$)

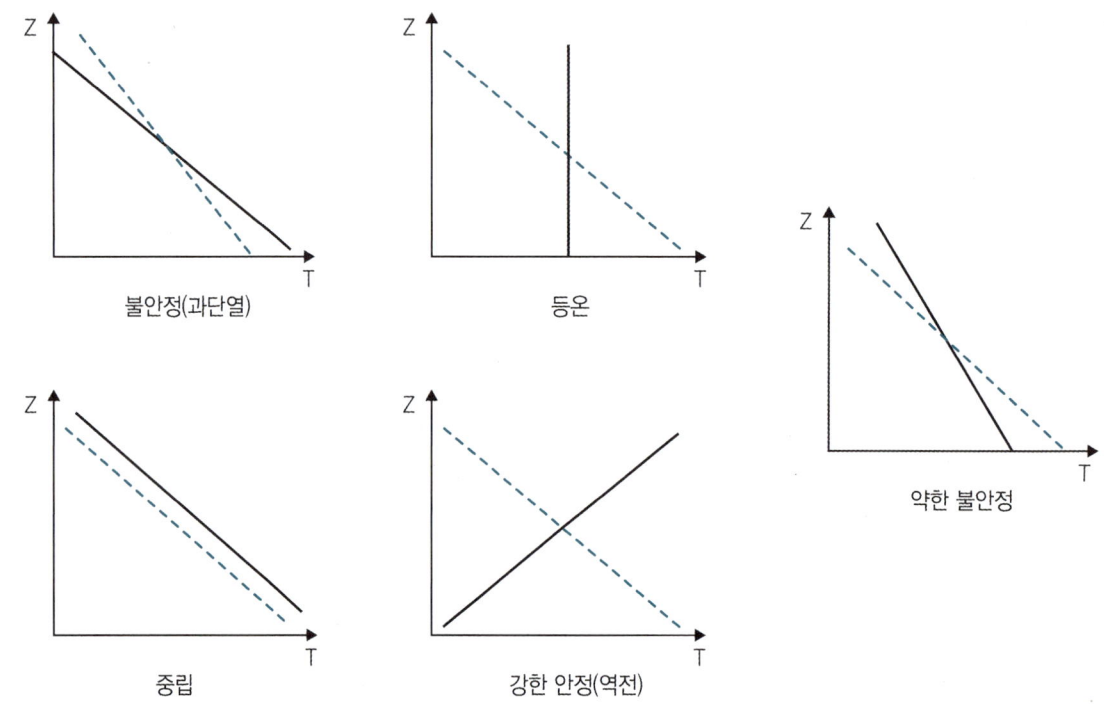

> **온위**
> - 온위가 양(+)의 값을 가지면 대기는 안정
> - 온위가 음(-)의 값을 가지면 대기는 불안정
> - 온위가 고도증가에도 일정하면 대기는 중립
>
> 식 $\theta = T \left(\dfrac{1000}{P}\right)^{0.288}$
> - P : 압력(mb)
> - T : 절대온도(K)

(3) 역전의 종류

1) **지표역전 : 땅이 차가워서 발생**

   ① **복사역전** : 지구복사로 인한 지표가 냉각되는 밤부터 ~ 새벽 사이에 발생, 여름을 제외한 계절에서 잘 발생, 일교차가 클 때 잘 발생(맑고, 일사량이 많고, 습도가 적고, 바람이 적을 때)

   ② **이류역전** : 찬 지표면 위에 따뜻한 공기가 불어오면서 형성 (예 높새바람)

2) **공중역전 : 윗 공기가 뜨거울 때 발생**

   ① **침강역전** : 고기압의 정체로 상층의 기단이 압축되면서, 단열승온현상으로 인해 발생, 장기간 지속 (예 LA 스모그)

   ② **전선역전** : 온난전선이 한랭전선 위로 위치하면서 발생, 기상현상 동반, 대기오염도 낮음.

   ③ **난류역전** : 난류로 인해 하단 공기가 일시적으로 냉각되면서 발생, 지속시간 짧음, 역전으로 인한 대기오염도 낮음 (예 해풍역전)

(4) 리차드슨수(R_i)

대류난류를 기계적인 난류로 전환시키는 율

> 식 $R_i = \dfrac{g}{T_m}\left[\dfrac{(\Delta T/\Delta Z)}{(\Delta U/\Delta Z)^2}\right]$
>
> - ΔT : 온도차
> - ΔU : 풍속차
> - ΔZ : 고도차
> - T_m : 평균온도(K)
>
> 암기TIP 우는 아이 달래기! → 제티타조? 유자 두 번 타조?

1) 판정

리차드슨수 값이 클수록 안정한 대기를 나타낸다.

① $-0.04 > R_i$: 대류난류가 지배적(대기가 매우 불안정)

② $-0.03 < R_i < 0$: 대류난류와 기계적 난류가 공존하나 기계적 난류가 우세

③ $R_i = 0$: 기계적 난류에 의해서만 혼합이 이루어짐(중립)

④ $0 < R_i < 0.25$: 성층에 의해 기계적 난류가 약화됨

⑤ $0.25 < R_i$: 수평상의 소용돌이만이 존재(역전)

※ 기계적 난류 : 대기의 수평상의 흐름, 대류난류 : 대기의 수직흐름

(5) 혼합고의 개념 및 특성

① 혼합고 : 지표에서부터 역전층 하부까지의 고도

→ 현재 대류 가능 정도

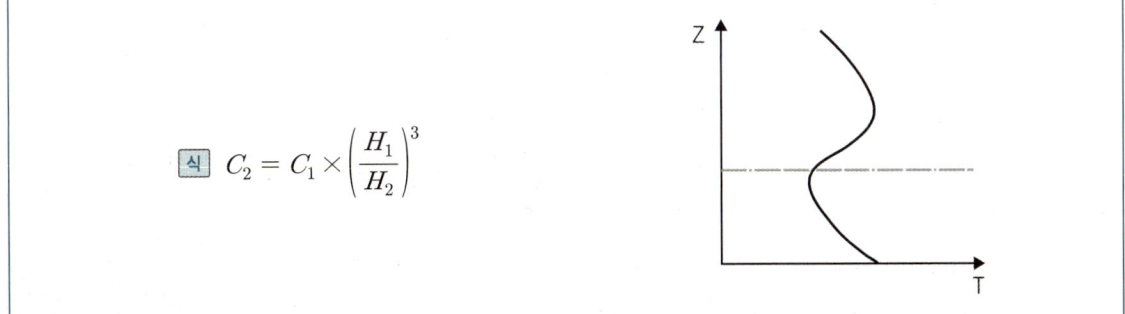

식 $C_2 = C_1 \times \left(\dfrac{H_1}{H_2}\right)^3$

② **최대혼합고** : 건조단열감률선과 환경감률선이 만나는 점까지의 고도
→ 최대 대류 가능 정도

식 $C_2 = C_1 \times \left(\dfrac{MMD_1}{MMD_2}\right)^3$

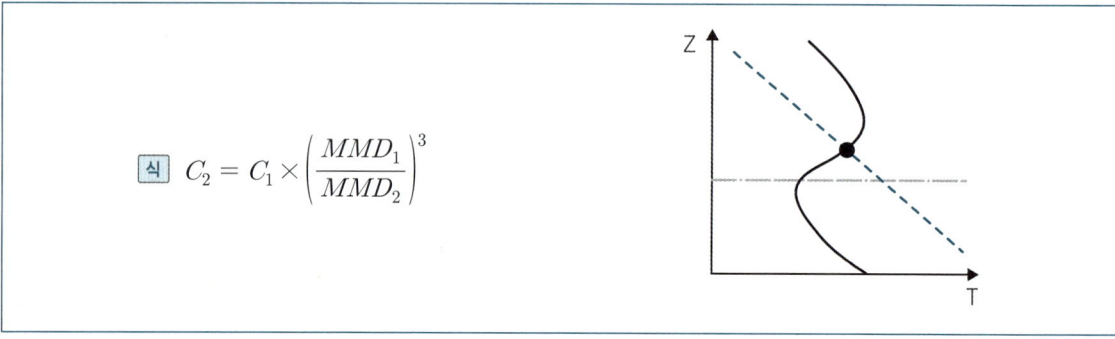

💡 혼합고의 특징

- 혼합고는 여름에 최대, 겨울에 최소(위도에 따른 차이 있음)
- 한낮에 최대 2~3km, 야간에는 0m일 때도 있음

UNIT 03 대기안정도 및 혼합고

01 대기 중 환경감률이 -2.5℃/km인 경우의 대기상태는?

① 미단열 ② 등온
③ 과단열 ④ 역전

해설 -2.5℃/km = -0.25℃/100m이고, 이때 안정도는 $\gamma_d > \gamma > 0$ 이므로, 약한불안정(미단열)상태이다.

02 고도 증가에 따라 온위(potential temperature)가 변하지 않고 일정한 대기가 있다. 이 대기의 안정도는?

① 불안정 ② 중립
③ 안정   ④ 역전

03 다음 대기의 성질을 설명한 것 중 틀린 것은?

① 하층의 공기밀도가 작고, 상층의 공기밀도가 큰 경우 대류현상으로 수직혼합이 일어난다.
② 대기의 밀도는 기온이 낮을수록 높아지므로 고도에 따른 기온분포로부터 밀도분포가 결정된다.
③ 상승하는 공기의 온도가 주위의 공기 온도보다 높으면 가벼우므로 계속 상승하게 되고, 따라서 대기는 안정한 상태가 된다.
④ 대기의 안정도를 나타내기 위해서는 상하층간의 밀도차이와 풍속차이를 고려하여야 한다.

해설 상승하는 공기의 온도가 주위의 공기 온도보다 높으면 가벼우므로 계속 상승하게 되고, 따라서 대기는 불안정한 상태가 된다.

04 다음 용어 중 대기의 동적인 안정도를 나타내는 것은?

① 커닝험계수 ② 크누센수
③ 리차드슨 수 ④ 항력계수

05 지표의 온도가 25℃이고, 1,000m 높이에서의 대기온도가 5℃일 때 안정도는?

① 불안정(unstable)
② 중립(neutral)
③ 약한 안정(slightly stable)
④ 안정(stable)

해설 문제의 조건에 따라 환경감률을 산출하면, -20℃/1000m이고, -2℃/100m이므로 $\gamma_d < \gamma$ 매우불안정(과단열)상태이다.

06 리차드슨 수(Richardson number)에 관한 설명으로 알맞은 것은?

① 리차드슨 수가 커질수록 기층은 안정함을 나타낸다.
② 리차드슨 수가 작아질수록 기층은 안정함을 나타낸다.
③ 리차드슨 수가 커질수록 기층은 중립임을 나타낸다.
④ 리차드슨 수가 작아질수록 기층은 중립임을 나타낸다.

해설 리차드슨 수가 양수쪽으로 커질수록 안정, 0일 때 중립, 음수쪽으로 커질수록 불안정이다.

정답 01. ① 02. ② 03. ③ 04. ③ 05. ① 06. ①

07 리차드슨(Richardson)수에 관한 설명으로 틀린 것은?

① 지구경계층에서의 기류에 안정도를 나타내는 척도로 이용한다.
② 무차원수로서 근본적으로 열적난류를 기계적인 난류로 전환시키는 율을 측정한 것이다.
③ 큰 음의 값을 가지면 대류가 지배적이어서 바람이 약하게 된다.
④ 0에 접근하면 분산이 무한대가 되어 결국 열적난류만 존재한다.

해설 0에 접근하면 분산이 0이 되어 결국 기계적 난류만 존재한다.

08 대류권 내에서는 일반적으로 고도가 높아짐에 따라 기온이 감소하나 반대로 증가하기도 한다. 이를 역전(inversion)이라 하며 대기오염물의 혼합과 밀접한 관계를 갖는다. 이중 따뜻한 공기가 찬 지면 위를 지나갈 때 대기 하부가 접촉냉각에 의해 역전층이 발생되는데 이를 어떤 역전이라 하는가?

① 복사역전   ② 이류역전
③ 침강역전   ④ 공중역전

09 다음 기온역전 중 공중역전은?

① 복사역전   ② 접지역전
③ 이류성역전 ④ 침강역전

해설 침강역전, 난류역전, 전선역전은 공중역전에 해당한다.

10 최대혼합고(maximum mixing depth)에 관한 설명과 거리가 먼 것은?

① 열부상효과에 의한 대류에 의해 혼합층의 깊이가 결정되는데 이를 최대혼합고라 한다.
② 실제로 지표상 수 km까지의 실제공기의 온도 종단도를 작성함으로써 결정된다.
③ 계절적으로 보아 여름(6월경)이 최대가 된다.
④ 역전이 심할수록 큰 값을 가지며 대기오염의 심화를 나타낸다.

해설 역전이 심할수록 작은 값을 가지며 대기오염의 심화를 나타낸다.

11 최대 혼합고도를 400m로 예상하여 오염농도를 3ppm으로 추정하였는데, 실제 관측된 최대 혼합고도는 200m였다. 이때 실제 나타날 오염농도는? (기타 조건은 같음)

① 21ppm   ② 24ppm
③ 27ppm   ④ 29ppm

해설 **식** $C_2 = C_1 \times \left(\dfrac{MMD_1}{MMD_2}\right)^3$

$\therefore C_2 = 3 \times \left(\dfrac{400}{200}\right)^3 = 24\text{ppm}$

12 최대혼합고(MMD)에 관한 설명으로 옳지 않은 것은?

① 통상적으로 밤에 가장 낮으며, 낮시간 동안 증가한다.
② 심한 기온역전 하에서는 0이 될 수도 있다.
③ 낮시간 동안에는 통상 20~30m의 값을 나타낸다.
④ 실제 MMD는 지표위 수 km까지 실제 공기의 온도종단도를 작성함으로써 결정된다.

해설 낮시간 동안에는 통상 2~3km의 값을 나타낸다.

정답 07. ④ 08. ② 09. ④ 10. ④ 11. ② 12. ③

13 Pasquill에 의한 대기안정도 분류에서 사용되는 항목으로 가장 거리가 먼 것은?

① 상대습도
② 지상 10m 고도에서의 풍속
③ 태양복사량
④ 운량분포

14 대기의 안정도와 관련된 리차드슨수(R_i)를 나타낸 식으로 옳은 것은? (단, g : 그 지역의 중력가속도, θ : 잠재온도, u : 풍속, z : 고도)

① $R_i = \dfrac{(g/\theta)(du/dz)^2}{(d\theta/dz)}$

② $R_i = \dfrac{(\theta/g)(du/dz)^2}{(d\theta/dz)}$

③ $R_i = \dfrac{(g/\theta)(d\theta/dz)}{(du/dz)^2}$

④ $R_i = \dfrac{(\theta/g)(d\theta/dz)}{(d\theta/dz)^2}$

정답 13. ① 14. ③

UNIT 04 오염물질의 확산

1 대기안정도에 따른 오염물질의 확산 특성

(1) 대기안정도에 따른 굴뚝의 연기모형

1) 환상형(Looping)
대기가 매우 불안정 할 때 발생
① 햇빛이 많고, 바람이 다소 존재하거나 강할 때 잘 발생
② 최대지표농도가 가장 큼
③ 대기오염도는 낮음

2) 추형(Coning)
대기가 중립상태일 때 발생
① 구름이 많고, 흐리고, 바람이 많은 날 잘 발생
② 모델링에 가장 많이 이용
③ 가우시안형 또는 K-이론모델이라고 불리기도 함

3) 부채형(Fanning)
대기가 매우 안정상태일 때 발생
① 복사역전 시 잘 발생
② 대기오염도는 높음
③ 최대착지거리가 가장 김

4) 훈증형(Fumigation)
대기가 상층은 안정, 하층은 불안정일 때 발생
① 일출 후 잘 발생
② 대기오염도는 낮지만, 연원(연기)에 의한 오염도는 높음
③ 오래 지속되지는 않음

5) 지붕형(Lofting)
대기가 상층은 불안정, 하층은 안정일 때 발생
① 일몰 후 잘 발생
② 대기오염도는 높고, 연원(연기)에 의한 오염도는 낮음
③ 오래 지속되지는 않음

6) 구속형(Trapping)

공중역전과 지표역전이 공존할 때 발생
① 대기오염도는 최대
② 아주 드물게 발생

> 💡 **시간별 굴뚝의 연기모형의 변화** ★★
>
> 부채형 - 훈증형 - 추형 - 환상형 - 추형 - 지붕형 - 부채형
>
> (참고영상 : ▶ "초록별엔진" - 대기안정도에 따른 연기확산모형 검색)
>
>
>
> [대기안정도에 따른 연기확산모형]

2 굴뚝 설계

(1) 유효굴뚝높이(H_e)

① $H_e = H + \Delta H$
② H : 굴뚝높이
③ ΔH : 유효상승고(ΔH=운동력에 의한 상승높이 + 열부력 상승높이)
④ 유효굴뚝높이 상승요건
  ㉠ 배출가스온도를 높인다.
  ㉡ 굴뚝의 단면적을 줄인다.
  ㉢ 송풍기를 설치한다.
  ㉣ 외기의 온도차를 크게 한다.
  ㉤ 굴뚝 내 마찰력을 감소시킨다.

(2) 최대지표농도와 최대착지농도

1) 최대지표농도(C_{max})

지표에 착지한 연기 중 가장 높은 농도

$$C_{\max} = \frac{2Q}{H_e^2 \cdot \pi \cdot e \cdot U} \times \frac{C_z}{C_y}$$

- Q : 배출량
- H_e : 유효굴뚝높이
- U : 풍속
- C_z : 수직확산계수
- C_y : 수평확산계수

암기TIP 2층집에 ~ 헤헤 파이에유!

2) 최대착지거리(X_{max})

발생원부터 $C_{\max}$까지의 거리

$$X_{\max} = \left(\frac{H_e}{K_z}\right)^{\frac{2}{2-n}}$$

- H_e : 유효굴뚝높이
- n : 대기안정도
- C_z : 수직확산계수

암기TIP Xmas(크리스마스)에 "나홀로집에"의 케빈(Kz)은 산타헬베(He)를 기다렸지만, 집에 들이닥친 것은 2명의 도둑, 이 도둑들은 덜 떨어진(2-n) 도둑

(3) 다운워시와 다운드래프트

1) 다운워시(Down wash) : 연기가 굴뚝의 아래로 휘말려 떨어지는 현상

① 원인
  ㉠ 연기의 배출속도가 작아서
  ㉡ 풍속이 너무 커서

② 대책
  연기의 배출속도를 풍속의 **2배** 이상으로 유지한다.

2) 다운드래프트(Down draft) : 연기가 건물이나 지형 뒤쪽으로 휘말려 떨어지는 현상

① 원인
  ㉠ 유효굴뚝높이가 낮아서
  ㉡ 지형이나 건물의 높이가 높아서

② 대책
  유효굴뚝높이를 높인다. (굴뚝의 높이를 지형이나 건물의 높이보다 **2.5배** 이상으로 유지한다.)

(4) 통풍력계산

$$Z(\mathrm{mmH_2O}) = 273\,H \left(\frac{\gamma_a}{273+t_a} - \frac{\gamma_g}{273+t_g} \right)$$

- H : 굴뚝의 높이
- γ_a : 외기(공기)의 비중량(kg/m³)
- γ_g : 가스의 비중량(kg/m³)
- t_a : 외기(공기)의 온도(℃)
- t_g : 가스의 온도(℃)

※ 외기와 가스의 비중량이 제시 되지 않을 때는 1.3kg/m³으로 적용한다.

UNIT 04 오염물질의 확산

01 건물 가까이 위치한 굴뚝에서 연기가 건물의 영향을 받지 않고 분산하려면 굴뚝높이는 건물높이의 얼마로 하여야 하는가?

① 1.0배 이상 ② 1.5배 이상
③ 2.0배 이상 ④ 2.5배 이상

02 다음 대기상태에 해당되는 연기의 형태는?

> 굴뚝의 높이보다 더 낮게 지표 가까이에 역전층이 이루어져 있고, 그 상공에는 대기가 불안정한 상태일 때 주로 발생하며, 고기압 지역에서 하늘이 맑고 바람이 약한 늦은 오후나 이른 밤에 주로 발생하기 쉽다.

① Looping   ② Conning
③ Fanning   ④ Lofting

03 Sutton의 확산방정식에서 현재 굴뚝의 유효고도가 40m일 때, 최대지표농도를 1/4로 낮추려면 굴뚝의 유효고도를 얼마만큼 더 증가시켜야 하는가? (단, 기타 조건은 같다고 가정한다.)

① 40m   ② 65m
③ 80m   ④ 110m

해설 식 $C_{max} = \dfrac{2Q}{He^2 \pi e U} \times \left(\dfrac{K_z}{K_y}\right)$

유효고도 외의 기타조건은 같으므로,

→ $C_{max} = K \times \dfrac{1}{He^2}$

$\dfrac{C_{max(2)}}{C_{max(1)}} = \dfrac{K \times \dfrac{1}{He^2}}{K \times \dfrac{1}{(40m)^2}} = \dfrac{1}{4}$, $He = 80m$

∴ 증가시켜야 할 높이 = 80 − 40 = 40m

04 유효 굴뚝높이가 100m이고, SO_2의 배출량이 115g/s인 화력발전소가 있다. 굴뚝배출구에서 대기풍속이 5m/s일 때 최대착지농도는? (단, $C_{max} = \dfrac{0.1171\,Q}{U \sigma_y \sigma_z}$ 이용, σ_y : 250m, σ_z : 140m)

① 62μg/m³   ② 77μg/m³
③ 83μg/m³   ④ 91μg/m³

해설 식 $C_{max} = \dfrac{0.1171\,Q}{U \sigma_y \sigma_z}$

∴ $C_{max} = \dfrac{0.1171 \times 115g}{\sec} \times \dfrac{\sec}{5m} \times \dfrac{1}{250m \times 140m} \times \dfrac{10^6 \mu g}{1g}$

$= 76.95 \mu g/m^3$

05 Down Wash 현상에 관한 설명은?

① 원심력집진장치에서 처리가스량의 5~10% 정도를 흡인하여 줌으로써 유효원심력을 증대시키는 방법이다.
② 굴뚝의 높이가 건물보다 높은 경우 건물 뒤편에 공동현상이 생기고 이 공동에 대기오염물질의 농도가 낮아지는 현상을 말한다.
③ 굴뚝 아래로 오염물질이 휘날리어 굴뚝 밑 부분에 오염물질의 농도가 높아지는 현상을 말한다.
④ 해가 뜬 후 지표면이 가열되어 대기가 지면으로부터 열을 받아 지표면 부근부터 역전층이 해소되는 현상을 말한다.

정답 01. ④ 02. ④ 03. ① 04. ② 05. ③

06 굴뚝 유효고도가 75m에서 100m로 높아졌다면 굴뚝의 풍하측 중심축상 지상최대 오염농도는 75m일 때의 것과 비교하면 몇 %가 되겠는가? (단, sutton의 확산 관련식을 이용)

① 약 25% ② 약 56%
③ 약 75% ④ 약 88%

07 굴뚝에서 배출되는 연기 형태 중 환상형(looping)에 관한 설명으로 틀린 것은?

① 과단열감률 상태에서 발생한다.
② 상·하층 공기의 혼합이 활발하여 오염물질이 잘 확산된다.
③ 굴뚝 가까운 곳에 지표농도가 높게 나타날 수 있다.
④ 바람이 다소 강하고, 구름이 많이 낀 날에 주로 관찰된다.

08 Sutton의 확산 방정식에서 최대 지표농도는 $C_{max} = \dfrac{2Q}{\pi e U He^2}$ 이다. 현재 He 가 40m일 때, 최대 지표농도를 1/4로 낮추려면 He(m)는? (단, 다른 모든 조건은 같음)

① 80   ② 100
③ 120 ④ 160

해설 식 $C_{max} = \dfrac{2Q}{He^2 \pi e U} \times \left(\dfrac{K_z}{K_y}\right)$

유효고도외의 기타조건은 같으므로,

→ $C_{max} = K \times \dfrac{1}{He^2}$

$\dfrac{C_{max(2)}}{C_{max(1)}} = \dfrac{K \times \dfrac{1}{He^2}}{K \times \dfrac{1}{(40m)^2}} = \dfrac{1}{4}$, ∴ $He = 80m$

09 굴뚝에서 배출되는 연기의 모양이 Fanning형인 경우, 대기에 관한 설명으로 옳지 않은 것은?

① 연기의 수직방향 분산은 최소가 된다.
② 기온역전상태의 대기오염이 심할 때 나타날 수 있는 연기모형이다.
③ 대기가 매우 안정한 침강역전상태일 때 주로 발생한다.
④ 일반적으로 최대착지거리가 크고, 최대착지농도는 낮다.

해설 대기가 매우 안정한 복사역전상태일 때 주로 발생한다.

10 연기의 형태에 관한 다음 설명 중 옳지 않은 것은?

① 지붕형 : 하층에 비하여 상층이 안정한 대기상태를 유지할 때 발생한다.
② 환상형 : 과단열감률 조건일 때, 즉 대기가 불안정할 때 발생한다.
③ 원추형 : 오염의 단면분포가 전형적인 가우시안분포를 이루며, 대기가 중립 조건일 때 잘 발생한다.
④ 부채형 : 연기가 배출되는 상당한 고도까지도 강안정한 대기가 유지될 경우, 즉 기온역전현상을 보이는 경우 연직운동이 억제되어 발생한다.

해설 지붕형 : 하층이 안정, 상층이 불안정한 대기상태를 유지할 때 발생한다.

11 Sutton의 확산식에서 지표고도에서 최대오염이 나타나는 풍하측 거리(m)는? (단, K_z=0.07, H_e=129m, $\dfrac{2}{2-n}$=1.14이다.)

① 약 3,950 ② 약 4,250
③ 약 5,280 ④ 약 6,510

정답 06. ② 07. ④ 08. ① 09. ③ 10. ① 11. ③

해설 식 $X_{max} = \left(\dfrac{H_e}{K_z}\right)^{\frac{2}{2-n}}$

∴ $X_{max} = \left(\dfrac{129m}{0.07}\right)^{1.14} = 5280.32m$

12 굴뚝 유효높이에 관련된 인자 및 그 영향에 관한 설명으로 옳지 않은 것은?

① 연도 배출가스의 열배출률이 클수록 증가한다.
② 배출가스의 유속이 작을수록 증가한다.
③ 외기와의 온도차가 클수록 증가한다.
④ 굴뚝의 통풍력이 클수록 증가한다.

해설 배출가스의 유속이 클수록 증가한다.

13 연돌 내의 배출가스 평균온도는 320℃, 배출가스 속도는 7m/sec, 대기온도는 25℃이다. 굴뚝의 지름이 600cm, 풍속이 5m/sec일 때, 통풍력을 80mmH₂O로 하기 위한 연돌의 높이는? (단, 공기와 배출가스의 비중량은 1.3kg/Sm³, 연돌 내의 압력손실은 무시한다.)

① 약 85m ② 약 95m
③ 약 110m ④ 약 135m

해설 식 $Z(mmH_2O) = 273\,H\left(\dfrac{\gamma_a}{273+t_a} - \dfrac{\gamma_g}{273+t_g}\right)$

$80 = 273 \times H\left(\dfrac{1.3}{273+25} - \dfrac{1.3}{273+320}\right)$

∴ $H = 135.03m$

14 굴뚝에서 배출된 연기의 모양에 관한 설명으로 옳지 않은 것은?

① trapping형은 보통 고기압지역에서 상공에 공중역전층이 있고, 지표 부근에 복사역전층이 있을 때 생기는 현상이다.
② looping형은 굴뚝이 낮으면 풍하쪽 지상에 강한 오염원이 생기며, 저·고기압에 상관없이 발생한다.
③ fumigation형은 전형적인 가우시안 분포의 모양을 나타내며, 지면 가까이에는 거의 오염 영향이 미치지 않는다.
④ fanning형은 대기가 매우 안정한 상태일 때에 아침과 새벽에 잘 발생하며, 강한 역전조건에서 잘 생긴다.

해설 가우시안 분포의 모양을 나타내는 것은 추형(Coning)이며, 훈증형(fumigation)은 지면 가까이에 오염도가 높다.

정답 12. ② 13. ④ 14. ③

PART 2

제 2 과목
연소공학

01 CHAPTER 연소이론

1 연소의 정의

(1) 연소
물질이 산소와 결합하여 빛과 열을 내는 반응(발열반응, 산화반응)

(2) 연소공학 학습의 이유
물질을 연소시에는 입자상물질과 가스상물질이 배출되고 배출되는 물질 중 상당부분이 오염물질로 배출되기 때문에 대기오염물질의 배출량 산정, 또는 배출저감을 하려면 연소공학의 이해가 필수적입니다.

(3) 연소공학 관련용어
① **열량(cal)** : 기체를 함유하지 않는 순수 1g을 1기압하에서 14.5~15.5℃까지 온도를 올리는데 필요한 열량(1cal = 4.18J)
② **비열** : 어떤 물질 1g을 1℃ 올리는데 필요한 열량
③ **착화온도(점)** : 점화원이 없이 연료를 가열하였을 때 불이 붙는 최저온도
④ **인화온도(점)** : 점화원이 있고 연료를 가열하였을 때 불이 붙는 최저온도
⑤ **연소온도(점)** : 인화 후 연소가 10초 이상 지속될 수 있는 온도

> 💡 인화점 < 연소점 < 착화점
> 💡 착화온도 또는 인화온도가 높을수록 연소가 어렵다.
> 💡 인화온도가 낮을수록 연소성이 높아 연료의 위험성은 증가한다.

[연료별 착화온도]

물질	목재	갈탄	목탄	역청탄	무연탄	중유	수소	일산화탄소(CO)	메탄(CH$_4$)	발생로가스	탄소
착화온도(℃)	350~300	250~450	320~370	320~400	440~500	530~580	580~600	580~650	650~750	700~800	800

> 💡 **연소 시 착화온도가 낮아지는 조건**
> 1. 공기의 산소농도 및 압력이 높을수록 낮아진다.
> 2. 활성화에너지는 작을수록 낮아진다.
> 3. 비표면적이 클수록 낮아진다.
> 4. 발열량이 클수록 착화온도는 낮아진다.
> 5. 반응활성도가 클수록 낮아진다.
> 6. 분자구조가 복잡할수록 낮아진다.
> 7. 화학결합의 활성도가 클수록 착화온도는 낮아진다.

⑥ **가연분** : 고정탄소 + 휘발분
⑦ **회분(ash)** : 산화된 무기물로서 연소될 수 없는 물질, 연소하고 남은 재 또는 연소될 수 없는 물질로서 분진생성에 기여한다.
⑧ **폭발** : 급격한 산화반응, 연소속도가 음속 이상이 되는 반응
⑨ **폭굉** : 폭발보다 수십~수천배 연소속도가 빠른 반응

> 💡 **폭굉유도거리가 짧아지는 요건(더러운 상황)**
> ① 연소속도가 큰 혼합가스인 경우
> ② 관속에 방해물이 있거나 관내경이 작을수록
> ③ 압력이 높을수록
> ④ 점화원의 에너지가 강할수록

2 연료에 따른 연소특성

(1) 매연 발생에 관한 설명

① 분해가 쉽거나 산화하기 쉬운 탄화수소는 매연 발생이 적다.
② -C-C- 의 탄소결합을 절단하기보다 탈수소가 쉬운 쪽이 매연이 생기기 쉽다.
③ 연료의 C/H의 비율이 클수록 매연이 생기기 쉽다.
④ 탈수소, 중합 및 고리화합물 등과 같은 반응이 일어나기 쉬운 탄화수소일수록 매연이 잘 생긴다.

(2) 그을음 발생에 관한 설명

① 분해나 산화하기 쉬운 탄화수소는 그을음 발생이 적다.
② C/H 비가 큰 연료일수록 그을음이 잘 발생된다.
③ 발생빈도의 순서는 천연가스 < LPG < 제조가스 < 석탄가스 < 석유 < 코크스 < 석탄 이다.

3 연소의 형태와 분류

(1) 표면연소

코우크스나 목탄 등이 고온으로 되면 그 표면이 빨간 짧은 불꽃을 내면서 연소되는데 휘발성분이 없는 고체 연료의 연소형태이다. (예 숯, 목탄, 코크스 등)

(2) 분해연소

목재, 석탄, 타르 등은 연소초기에 열분해에 의하여 가연성가스가 생성되고 이것이 긴 화염을 발생시키면서 연소하는데 이러한 연소를 분해연소라 한다.

(3) 증발연소

증발하기 쉬운 액체연료인 휘발유, 등유, 알코올, 벤젠 등은 화염으로부터 열을 받으면 가연성 증기가 발생하여 연소가 되는데 이것을 증발연소라 한다.

(4) 확산연소

연료가 공기 중에 확산되며 연소되는 형태

(5) 예혼합연소

연소실로 투입되기 전 연료와 공기가 혼합된 후에 연소되는 형태

(6) 자기연소

공기 중의 산소 공급 없이 그 물질의 분자 자체에 함유하고 있는 산소를 이용하여 연소하는 형태
(예 니트로셀룰로오스, 니트로글리세린, 트리니트로톨루엔 등)

기출문제로 다지기 — CHAPTER 01 연소이론

01 공기중에서 물질이 연소할 때 착화온도에 대한 설명 중 틀린 것은?

① 점화원 없이 자신의 연소열에 의해 스스로 연소하는 최저온도
② 화학결합의 활성도가 작을수록 착화온도는 낮다.
③ 화학적 발열량이 클수록 착화온도는 낮다.
④ 화학반응성이 클수록 착화온도는 낮다.

[해설] 화학결합의 활성도가 클수록 착화온도는 낮다.

02 '그을음' 발생에 관한 설명으로 틀린 것은?

① 분해나 산화하기 쉬운 탄화수소일수록 잘 발생된다.
② C/H 비가 큰 연료일수록 잘 발생된다.
③ −C−C−의 탄소결합을 절단하는 것보다 탈수소가 용이한 연료일수록 잘 발생된다.
④ 발생빈도의 순서는 천연가스 < LPG < 제조가스 < 석탄가스 < 코크스이다.

[해설] 분해나 산화하기 쉬운 탄화수소일수록 적게 발생된다.

03 연소의 종류 중 장작, 석탄, 중유 등이 열분해하여 발생한 증기와 함께 연소 초기에 불꽃을 내면서 반응하는 것은?

① 기화연소 ② 표면연소
③ 증발연소 ④ 분해연소

[해설] 증발온도보다도 열분해 온도가 낮은 목재나 연탄, 종이 등이 가열에 의해 분해된 휘발분이 연소하는 형태를 분해연소라 한다.

04 연료 중 탄수소비(C/H비)에 관한 설명으로 옳지 않은 것은?

① 액체연료의 경우 중유 > 경유 > 등유 > 휘발유 순이다.
② C/H비가 작을수록 비점이 높은 연료는 매연이 발생되기 쉽다.
③ C/H비는 공기량, 발열량 등에 큰 영향을 미친다.
④ C/H비가 클수록 휘도는 높다.

[해설] C/H비가 클수록, 비점이 높아지고, 비점이 높은 연료는 매연이 발생되기 쉽다.

05 니트로글리세린과 같은 물질의 연소형태로써 공기 중의 산소공급 없이 연소하는 것은?

① 자기연소 ② 분해연소
③ 증발연소 ④ 표면연소

06 착화온도가 낮아지는 조건으로 옳지 않은 것은?

① 공기 중의 산소농도 및 압력이 높을수록
② 화학반응성이 클수록
③ 활성화에너지가 낮을수록
④ 비표면적은 작고, 발열량은 낮을수록

[해설] 비표면적은 크고, 발열량은 높을수록

정답 01. ② 02. ① 03. ④ 04. ② 05. ① 06. ④

07 다음 중 착화온도가 낮아지는 경우와 거리가 먼 것은?

① 발열량이 클수록
② 화학반응성이 작을수록
③ 공기 중의 산소농도가 클수록
④ 활성화에너지가 작을수록

해설 화학반응성이 클수록 착화온도는 낮아진다.

08 연소열을 정성적 및 정량적으로 표현하기 위한 용어에 관한 설명으로 알맞지 않는 것은?

① 비열은 물 1g을 1℃ 상승시키는 데 필요한 열량으로 정의된다.
② 엔탈피는 어떤 계가 가지고 있는 열함량을 말한다.
③ 잠열이란 물질에 의하여 흡수 또는 방출된 열이 상 또는 상태변화에만 사용되고 온도상승의 효과를 나타내지 않는 열이다.
④ 엔탈피 변화란 정압에서의 반응열의 변화를 말한다.

해설 ①항 → 1g인 물체의 열용량, 즉 1g인 물체의 온도를 1℃ 높이는 데 필요한 열량을 말한다. 물 1g을 1℃ 상승시키는 데 필요한 열량은 칼로리(cal)로 정의된다.

09 연소에 관한 설명 중 알맞지 않은 것은?

① 발열반응이다.
② 열에 의해서 연소물과 연소생성물은 온도가 상승한다.
③ 발생하는 열복사선의 파장과 강도가 적외 범위에 달하면 빛을 발생한다.
④ 급격한 산화반응이다.

해설 급격한 산화반응은 폭발이라 한다.

10 다음 중 연소속도(cm/sec)가 가장 빠른 연료는?

① 수소   ② C_3H_8
③ C_2H_6 ④ CH_4

11 착화온도가 가장 높은 연료는?

① 장작   ② 탄소
③ 수소   ④ 무연탄

12 고체연료의 연소형태를 설명한 것으로서 옳지 않은 것은?

① 분해연소 : 착화온도에 도달하기 전에 휘발분이 생성되고 그것이 연소되면서 착화연소가 시작된다.
② 표면연소 : 휘발분의 함유율이 적은 물질이 연소될 때 표면의 탄소로부터 직접 연소된다.
③ 증발연소 : 물질이 직접 기화되면서 연소된다.
④ 다단연소 : 1단계로 표면물질이 연소되고, 중심부로 들어가면서 단계적으로 연소된다.

해설 물질이 먼저 액화되고, 액면에서 기화된 증기가 연소하는 형태를 증발연소라 한다.

13 연소의 종류 중 장작, 석탄, 중유 등이 열분해하여 발생한 증기와 함께 연소 초기에 불꽃을 내면서 반응하는 것은?

① 기화연소   ② 표면연소
③ 증발연소   ④ 분해연소

14 코크스 또는 분해연소로 열분해가 일어나기 어려운 탄소가 주성분인 석탄 그 자체가 연소하는 과정으로 연소시 적열할 따름이지 화염은 없는 연소과정은?

① 표면연소   ② 내부연소
③ 증발연소   ④ 자기연소

정답 07. ② 08. ① 09. ④ 10. ① 11. ② 12. ③ 13. ④ 14. ①

CHAPTER 02 연료의 종류 및 특성

1 고체연료의 종류 및 특성

(1) 고체연료의 종류

1) 석탄(Coal)

지열, 지압 등에 의하여 변질된 식물이나 동물로 생성되는 천연 연료이다. 탄화도에 따라 무연탄, 역청탄, 갈탄, 이탄 등으로 분류됩니다.

① 탄화도

석탄의 오래된 정도, 탄화가 진행될수록 지열과 지압에 의해 석탄 내 휘발분과 수분, 산소가 휘산되면서 고정탄소의 함량이 높아져 좋은 연료가 됩니다.

> 💡 탄화도가 증가함에 따른 변화
> ① 고정탄소의 양이 증가
> ② 산소의 양이 감소
> ③ 휘발분과 수분 감소
> ④ 착화온도가 높아짐
> ⑤ 발열량이 증가
> ⑥ 비열이 감소

② 연료비 = 고정탄소/휘발분

> 💡 연료비에 따른 석탄의 분류
>
> | 구분 | 무연탄 | 역청탄 | 갈탄 |
> |---|---|---|---|
> | 연료비 | 7 이상 | 1~7 | 1 이하 |

2) 목탄(charcoal)

목재를 불완전연소시킨 2차 연료로서 기공률이 약 80%로 높고 착화가 쉬우며, 연소시 연기가 나지 않고 황분이 없다.

3) 코우크스(cokes)

석탄을 노속에 넣고 공기를 차단한 상태에서 가열(건류)하면 일정한 온도에서 열분해를 일으켜 석탄가스, 타르(tar), 수증기를 발생하게 하여 생성한 연료, 매연이 발생하지 않는다.

(2) 고체연료의 장단점

장점	단점
① 연소성이 늦어 특수용도에 사용한다.	① 연소시 매연 발생이 심하고 회분이 많다.
② 저장, 운반이 용이하다.	② 부하 변동에 응답하기 어렵다.
③ 인화, 폭발의 위험성이 적다.	③ 운반 및 취급이 불편하다.
④ 연소 장치가 간단하다.	④ 점화 및 소화가 힘들고 연소 관리가 어렵다.
⑤ 가격이 저렴하다.	⑤ 연소시 재가 많고 대기오염이 심하다.
	⑥ 사용 전에 건조 및 분쇄 등의 전처리가 필요하다.
	⑦ 다량의 공기가 필요하므로 연소장치의 대형화가 필요한 경우가 많다.

2 액체연료의 종류 및 특성

(1) 액체연료의 종류

액체연료의 대부분은 석유류이고 여기에는 휘발유, 등유, 경유, 중유 등이 있다.

1) 중유(heavy oil)

① 비등점 300~350℃, 인화점 60~150℃
② 발열량 10,000~10,800kcal
③ 비중 0.85~1
④ 점도에 따라 A, B, C 세종류로 분류 (C > B > A 점도 순서)

2) 경유(light oil)

① 비등점 200~350℃, 인화점 50~70℃
② 발열량 10,500~10,800kcal
③ 비중 0.82~0.84
④ 세탄가로 석유의 안티노킹성 판단 (세탄가 40 이상 고급경유)

3) 등유(kerosene oil)

① 비등점 160~250℃, 인화점 30~70℃
② 발열량 10,500~11,000kcal
③ 비중 0.82~0.84

4) 휘발유(가솔린, Naphtha)
   ① 비등점 30~200℃, 인화점 -20~-40℃
   ② 발열량 11,000~11,500kcal
   ③ 비중 0.7~0.8
   ④ 옥탄가로 석유의 안티노킹성 판단 (옥탄가 80 이상 고급휘발유)

5) 타르(tar)
   ① 석탄의 고온건류과정에서 얻어짐
   ② 비중은 1.1~1.2
   ③ 석탄타르와 저온타르로 구분됨

6) LPG
   ① 액화석유가스의 약자로 프로페인 및 뷰테인을 주성분으로 함
   ② 가정용에는 프로페인 함량이 많고, 자동차용에는 뷰테인의 함량이 높음
   ③ 대부분은 석유정제과정에서 회수된다.
   ④ 비중이 공기보다 무겁고, 누출될 경우 쉽게 인화 및 폭발될 수 있다.

(2) 액체연료의 장단점

장점	단점
① 품질이 균일하고 발열량이 높다.	① 연소 온도가 높아 국부적인 과열을 일으키기 쉽다.
② 연소효율과 열효율이 높다.	② 인화 및 역화의 위험이 크다.
③ 계량이 용이하다.	③ 사용 버너의 종류에 따라 소음이 심하다.
④ 회분, 분진의 생성량이 적다.	④ 국내 생산이 안 되므로 가격이 비싸다.
⑤ 점화, 소화 및 연소조절이 용이하다.	⑤ 유황 함유량이 많아 황산화물 발생이 많다.
⑥ 운반, 저장이 용이하다.	

(3) 석유류의 특징

액체연료의 대부분은 석유류이고 다른 연료와 다르게 원유를 정제과정을 통하여 여러 가지의 연료가 만들어진다. 이 정제과정에서 무거운 석유일수록 회분과 황분을 많이 함유하게 되면서 발열량과 오염물질배출량의 차이가 생긴다.

> 💡 석유계 액체연료의 탄수소비(C/H)에 대한 설명
> ① C/H비가 클수록 방사율이 크다.
> ② 중질연료일수록 C/H비가 크다.
> ③ C/H비가 크면 비교적 비점이 높은 연료는 매연이 발생되기 쉽다.
> ④ C/H비가 클수록 이론공연비가 감소한다.
> ⑤ C/H비의 크기 순서는 올레핀계 > 나프텐계 > 아세틸렌 > 프로필렌 > 프로판이다.

> 💡 **석유의 물리적 성질에 관한 설명**
> ① 석유의 비중이 커지면 C/H비가 커진다.
> ② 석유의 비중이 커지면 점도가 증가한다.
> ③ 석유의 비중이 커지면 착화점이 높아진다.
> ④ 석유의 비중이 커지면 발열량과 연소특성은 나빠진다.
> ⑤ 석유의 비중이 커지면 동점도는 감소한다. (동점도 = 점도 / 밀도)
>   ※ 석유의 비중 증가 시 점도증가율보다 밀도증가율이 커서 동점도는 감소한다.
> ⑥ 석유의 비중이 커지면 유동성은 감소하고, 유동점은 증가한다.
> ⑦ 석유의 증기압은 40℃에서의 압력(kg/cm^2)으로 나타내며, 증기압이 큰 것은 인화점 및 착화점이 낮아서 위험하다.
> ⑧ 인화점은 화기에 대한 위험도를 나타내며, 인화점이 낮을수록 연소는 잘 되나 위험하다.

3 기체연료의 종류 및 특성

(1) 기체연료의 종류

① 천연가스(CH_4) : 천연적으로 지하로부터 발생하는 가스로 주성분은 메테인이다. 천연가스를 개량하여, LNG(도시가스), CNG(압축천연가스)로 사용한다. 이는 매연이 발생하지 않는다. 화염전파속도가 늦고, 폭발범위가 작으므로 안전하며 옥탄가가 높아 자동차 연료로도 사용이 가능하다.

② 아세틸렌(C_2H_2) : 카바이트에 물을 접촉시켜 발생된다. 연소 시 고온을 낼 수 있어 산업용으로 많이 활용된다. 삼중결합구조이다.

③ 발생로가스 : 코크스, 석탄에 한정된 공기를 공급하여 불완전 연소시켜 얻어지는 가스

④ 코크스로가스 : 석탄을 건류할 때 발생하는 가스

⑤ 고로가스 : 제철시 용광로에서 뿜어내는 가스

⑥ 수성가스 : 고온으로 가열한 무연탄이나 코크스에 수증기를 작용시켜 생기는 가스

⑦ 오일가스 : 석유류를 열분해, 접촉분해 및 부분 연소시켜 만드는 기체연료, 현재는 주로 납사(naphtha)를 사용하고 있다.

※ 수소가스 : 연소속도가 가장 빠른 가스, 아세틸렌가스 : 연소범위가 가장 넓은 가스

(2) 기체연료의 장단점

장점	단점
① 적은 과잉공기로 완전연소가 가능하다. ② 연소효율이 높고 안정된 연소가 가능하다. ③ 점화, 소화가 용이하고 연소조절이 용이하다. ④ 연료의 예열이 쉽고, 저질 연료도 고온을 얻을 수 있다. ⑤ 회분이나 매연 발생이 없어 청결하다. ⑥ 발열량이 크다. ⑦ 대기오염도가 낮다.	① 취급시 위험성이 크다.(폭발위험) ② 설비비가 많이 들고 가격이 비싸다. ③ 수송이나 저장이 불편하다.

(3) 기체연료의 연소방식

1) 기체연료의 연소방식 중 확산연소에 관한 설명
① 붉고 긴 화염을 만든다.
② 연료의 분출속도가 클 경우에는 그을음이 발생하기 쉽다.
③ 기체연료와 연소용 공기를 버너 내에서 혼합시키지 않는다.
④ 확산연소에 사용되는 버너로는 포트형과 버너형이 있다.
⑤ 그을음의 발생이 쉽다.
⑥ 역화의 위험이 없으며, 공기를 예열할 수 있다.

2) 기체연료의 연소방식 중 예혼합연소에 관한 설명
① 연소기 내부에서 연료와 공기의 혼합비가 변하지 않고 균일하게 연소된다.
② 화염온도가 높아 연소부하가 큰 경우에 사용이 가능하다.
③ 연소조절이 쉽고 화염길이가 짧다.
④ 예혼합연소는 혼합기의 분출속도가 느릴 경우 역화의 위험이 있다.
⑤ 예혼합연소의 버너로는 고압버너, 저압버너, 송풍버너가 있다.

(4) 폭발위험도 및 상한계와 하한계

$$\text{폭발위험도}(H) = \frac{(U-L)}{L}$$

→ 하한계가 낮을수록, 상한계가 높을수록 폭발범위가 넓어지므로 위험도는 높아진다.

1) U : 상한계, L : 하한계

① 상한계(U) : $\dfrac{100}{UEL} = \dfrac{V_1}{U_1} + \dfrac{V_2}{U_2} + \cdots + \dfrac{V_n}{U_n}$

② 하한계(L) : $\dfrac{100}{LEL} = \dfrac{V_1}{L_1} + \dfrac{V_2}{L_2} + \cdots + \dfrac{V_n}{L_n}$

> 💡 대기오염도 : 고체연료 > 액체연료 > 기체연료
> ⇨ 석탄 > 중유 > 경유 > 등유 > 휘발유 > LPG > 천연가스

CHAPTER 02 연료의 종류 및 특성

01 가연성 가스의 폭발범위 및 그 위험도에 관한 설명으로 틀린 것은?

① 가스의 온도가 높아지면 폭발범위는 일반적으로 넓어진다.
② 가스압이 높아지면 폭발하한 농도는 크게 변화되지 않으나 상한값이 높아진다.
③ 폭발한계 농도 이하에서는 폭발성 혼합가스를 생성하기 어렵다.
④ 폭발하한 농도가 높을수록 위험도는 증가한다.

[해설] 폭발하한 농도가 낮을수록, 폭발상한 농도는 높을수록 위험도는 증가한다.

02 액체연료 중 중유의 성상에 관한 다음의 기술 중 잘못된 것은?

① 중유는 비중이 클수록 유동점, 점도가 증가한다.
② 중유는 인화점이 150℃ 이상으로 이 온도 이하에서는 인화의 위험이 적다.
③ 중유의 잔류 탄소분은 일반적으로 7~16% 정도이다.
④ 점도가 낮은 것은 일반적으로 낮은 비점의 탄화수소를 함유한다.

[해설] 중유의 인화점은 60~150℃이다.

03 화염이 길고, 그을음이 발생하기 쉬운 반면, 역화(back fire)의 위험이 없으며, 공기와 가스를 예열할 수 있는 연소방식은?

① 예혼합연소   ② 확산연소
③ 플라즈마연소   ④ 컴팩트연소

04 석탄의 탄화도 증가에 따라 증가하지 않는 것은?

① 고정탄소   ② 비열
③ 발열량   ④ 착화온도

05 기체연료의 특징에 관한 설명으로 가장 거리가 먼 것은?

① 연료 중에 황 함유량이 적어 연소 배기가스 중에 SO_2 발생량이 매우 적다.
② 부하의 변동범위가 넓고 연소의 조절이 용이하며 점화 및 소화가 간단하다.
③ 저장 및 수송이 불편하다.
④ 완전연소를 위해 많은 과잉공기가 소모된다.

[해설] 기체연료는 적은 공기로도 완전연소가 가능하다.

06 원유를 증류할 때 일정온도의 끓는점 범위에서 유출되는 탄화수소의 혼합체로 나프타(naphtha)가 있는데, 이 나프타와 끓는점의 범위나 성상이 가장 유사한 물질은?

① 가솔린   ② 등유
③ 경유   ④ 중유

07 석탄의 성상에 관한 설명으로 틀린 것은?

① 석탄 연소시 잔류물인 회분 중 가장 많이 함유된 것은 SiO_2이다.
② 점결성은 석탄에서 코크스를 생산할 때 중요한 성질이다.
③ 건조한 석탄의 착화온도는 탄화도가 높을수록 착화온도는 낮아진다.
④ 석탄의 휘발분은 매연발생의 요인이 된다.

정답 01. ④ 02. ② 03. ② 04. ② 05. ④ 06. ① 07. ③

08 액화석유가스(LPG, Liquified Petroleum Gas)에 대한 다음 설명 중 틀린 것은?

① 상온에서 10~20기압을 가하거나 또는 -49℃로 냉각시킬 때 용이하게 액화되는 석유계의 탄화수소가스를 말한다.
② 탄소수가 3~4개까지 포함되는 탄화수소류가 주성분으로 되어 있다.
③ 석유정제시 부산물로 얻어지기도 하지만 대부분은 천연가스에서 회수되고 있다.
④ 비중이 공기보다 무거워 인화, 폭발위험성이 높다.

[해설] 대부분은 석유정제과정에서 회수된다.

09 기체연료에 관한 설명으로 틀린 것은?

① 액화석유가스는 대부분 석유정제시 얻어지며 보통 프로판과 부탄의 두 가지로 구분된다.
② 압력을 가하여 기체상태의 연료를 LPG로 제조하는 이유는 부피가 1/24~1/28로 줄어 저장, 수송이 용이하기 때문이다.
③ 액화천연가스는 메탄을 주성분으로 하는 천연가스를 1기압하에서 -160℃ 근처에서 냉각, 액화시켜 대량 수송 및 저장을 가능하게 한 것이다.
④ 천연가스는 지질학적으로 수용성 가스, 석탄계 가스, 석유계 가스로 구분되며 석탄계 가스가 대부분을 차지한다.

[해설] 1/580의 액체로 축소시킬 수 있어 운송비를 절감할 수 있게 된다.

10 가연성 가스의 폭발범위 및 그 위험도에 관한 설명으로 틀린 것은?

① 가스의 온도가 높아지면 폭발범위는 일반적으로 넓어진다.
② 가스압이 높아지면 폭발하한 농도는 크게 변화되지 않으나 상한 값이 높아진다.
③ 폭발한계 농도 이하에서는 폭발성 혼합가스를 생성하기 어렵다.
④ 폭발하한 농도가 높을수록 위험도는 증가한다.

11 제조가스 중 액화석유가스(LPG)에 관한 설명으로 가장 거리가 먼 것은?

① 메탄, 프로판을 주성분으로 하는 혼합물로 10atm 이상으로 가압하면 액체상태로 된다.
② 발열량은 26,000kcal/m³, 비중은 공기의 1.5배 정도이다.
③ 공급원료는 원유, 천연가스를 채취할 때의 부산물, 상압증류, 접촉분해에 의한 석유의 정제공정에서 생성된 것 등이다.
④ 액화석유가스의 생성률은 원료의 처리량에서 보면 상압증류의 제품이 대부분이다.

[해설] 프로페인, 뷰테인을 주성분으로 하는 혼합물로 10~20atm 이상으로 가압하면 액체상태로 된다.

12 액화천연가스(LNG)와 액화석유가스(LPG)에 대한 서술로서 틀린 것은?

① LNG의 주성분은 메탄이다.
② LPG의 주성분은 프로판과 부탄이다.
③ 발열량은 LPG보다 LNG가 높다.
④ LPG의 밀도는 공기보다 높다.

13 1,200K 이상으로 백열된 석탄 또는 코크스에 수증기를 반응시켜 얻는 기체연료로서 수소가 45~50%, 일산화탄소가 40~45% 포함되어 단열 화염온도가 매우 높은 연료는?

① 고로가스(blast furnace gas)
② 발생로가스(producer gas)
③ 석탄건류가스(coal gas)
④ 수성가스(water gas)

14 기체연료의 연소에 관한 설명으로 가장 적절한 것은?

① 과잉공기량을 투입하여 연소할 경우, 공기량의 부족으로 불완전연소를 일으킨다.
② 연소의 조절을 밸브 등으로 신속, 정확하게 할 수 없어 자동제어연소에 부적합하다.
③ 연료를 예열하지 않을 경우, 동일 부하라도 방사율이 높아 액체연료연소보다 연소실 온도가 높아진다.
④ 예혼합연소를 행할 수 있으므로 고부하연소가 가능하다.

[해설] ④항만 올바르다.
[오답해설]
① 기체연료는 적은 공기량으로도 연소가 가능하므로, 공기량의 부족으로 불완전연소가 잘 일어나지 않는다.
② 연소의 조절을 밸브 등으로 신속, 정확하게 할 수 있어 자동제어연소에 적합하다.
③ 연료를 예열할 필요가 없고, 동일 부하라도 방사율이 작아 액체연료연소보다 연소실 온도가 높아진다.

15 고체연료의 연소성에 관한 장점이라 볼 수 없는 것은?

① 타 연료에 비하여 연소실의 규모를 작게 설계할 수 있다.
② 연소시 분무 등으로 인한 소음이 없다.
③ 연료의 누설로 인한 역화 또는 폭발 등의 사고가 발생하지 않는다.
④ 연소시 발생된 슬래그를 용융시켜 방사열을 이용할 수 있다.

[해설] 고체연료는 액체, 기체연료에 비하여 부대설비가 많이 수반되고, 연소시 많은 공기를 소모하기 때문에 연소실의 규모가 크다.

16 액체연료에 대한 설명으로 알맞지 않은 것은?

① 가솔린은 석유제품 연료 중 가장 경질이며, 비등점은 30~200℃이고, 비중은 0.72~0.76이다.
② 경유의 비등점은 0.8~0.85이며, 착화성이 좋고 인화성이 높으며, 점도가 적절하고 회분, 수분, 유황분을 포함하지 않아야 한다.
③ 등유의 인화점은 가솔린 보다 높으며 그 성분은 완전연소하기 쉬운 파라핀계 탄화수소분을 많이 함유하고 있다.
④ 비중이 큰 중유는 일반적으로 발열량이 높으나 연소성이 나빠진다.

[해설] 비중이 큰 중유는 일반적으로 발열량이 낮고 연소성도 나빠진다.

정답 13. ④ 14. ④ 15. ① 16. ④

17 다음은 연료에 대한 설명이다. 잘못된 것은?

① 액체연료는 대체로 저장과 운반이 용이하다.
② 액체연료는 회분이 거의 없으며 재 속의 금속산화물에 의한 장해를 미연에 방지할 수 있다.
③ 기체연료는 연소효율이 높고 검댕발생이 적다.
④ 고체연료는 천연적으로 생산되는 것과 가공에 의한 것이 있다.

[해설] 액체연료는 회분을 함유하고 있고, 재 속에 금속산화물에 의한 장해가 발생한다.

18 석탄을 공업분석하여 다음 수치를 얻었다. 이 석탄의 연료비(고정탄소/휘발분)는 얼마인가?

분석치	수분	1.5%
	회분	16.4%
	휘발분	39.0%

① 0.9 ② 1.1
③ 2.4 ④ 10.9

[해설] 연료비 = $\dfrac{고정탄소}{휘발분} = \dfrac{100-(1.5+16.4+39)}{39} = 1.11$

19 CH_4 : 30%, C_2H_6 : 30%, C_3H_8 : 40%인 혼합가스의 폭발범위로 가장 적합한 것은? (단, CH_4 폭발범위 : 5~15%, C_2H_6 폭발범위 : 3~12.5%, C_3H_8 폭발범위 : 2.1~9.5%, 르 샤틀리에의 식 적용)

① 약 2.9~11.6%
② 약 3.4~12.8%
③ 약 4.2~13.6%
④ 약 5.8~15.4%

[해설] 폭발범위 = LEL(하한계) ~ UEL(상한계)

- $\dfrac{100}{LEL} = \dfrac{V_1}{L_1} + \dfrac{V_2}{L_2} + \cdots + \dfrac{V_n}{L_n} = \dfrac{30}{5} + \dfrac{30}{3} + \dfrac{40}{2.1}$,
  LEL=2.85%
- $\dfrac{100}{UEL} = \dfrac{V_1}{U_1} + \dfrac{V_2}{U_2} + \cdots + \dfrac{V_n}{U_n} = \dfrac{30}{15} + \dfrac{30}{12.5} + \dfrac{40}{9.5}$,
  UEL=11.61%
- ∴ 폭발범위 = 2.85 ~ 11.61%

20 다음 연료 중 황(S)성분의 함량 순서로 가장 적합한 것은?

① 중유 > 경유 > 등유 > 휘발유 > LPG
② 중유 > 등유 > 경유 > 휘발유 > LPG
③ 중유 > 석탄 > 등유 > 경유 > 휘발유
④ 석탄 > 중유 > 등유 > 경유 > 휘발유

정답 17. ② 18. ② 19. ① 20. ①

03 CHAPTER 연소열역학 및 열수지

1 반응속도

반응물이 화학반응을 통하여 생성물을 생성할 때, 단위시간당 반응물이나 생성물의 농도변화를 의미한다. 연소반응도 반응물을 산소와 결합하여 생성물을 생성하는 과정이므로 여러 인자에 따라 반응속도에 영향을 받는다.

(1) 반응식

식 $aA + bB \rightarrow cC + dD$

(2) 반응속도식

식 $\gamma = -\dfrac{dC}{dt} = kC^n$

- k : 반응속도상수
- C : 반응물농도
- n : 반응차수

(3) 반응의 방향

화학반응의 방향은 에너지가 감소하는 방향으로 진행하고, 무질서도가 증가하는 방향으로 반응이 진행된다.

(4) 활성화에너지(E)

반응을 일으키는 데 필요한 최소의 에너지, 어떤 물질이 반응을 일으켜 생성물을 만들기 위해서는 활성화에너지라는 산을 넘어야 한다. 각 물질마다 활성화에너지는 다르고, 따라서 활성화에너지가 클수록 반응속도는 느려진다.

(5) 반응인자

① **온도** : 온도가 증가하면 반응속도는 빨라진다.
② **농도** : 농도가 증가하면 반응속도는 빨라진다.
③ **촉매** : 자신은 화학반응을 하지 않으면서 활성화에너지를 작게 하는 물질로, 촉매가 많을수록 반응속도는 빨라진다.

(6) 반응속도상수

아레니우스는 반응속도상수 k와 온도 및 활성화에너지의 관계를 식으로 나타내었다.

$$\boxed{식}\ k = A\exp\left(-\frac{E_a}{RT}\right) \rightarrow \boxed{변형식}\ \ln\left(\frac{k_2}{k_1}\right) = \frac{E_a}{R}\left(\frac{1}{T_1} - \frac{1}{T_2}\right)$$

- R : 이상기체상수 = 8.314J/mol·k
- A : 빈도인자
- E_a : 활성화에너지

※ 1cal = 4.18J

(7) 0차, 1차, 2차반응

① **0차반응** : 반응속도가 반응물의 농도에 영향을 받지 않는 반응

$$\boxed{식}\ C_o - C_t = k \cdot t$$

② **1차반응** : 반응속도가 반응물의 농도에 비례하는 반응

$$\boxed{식}\ \ln\frac{C_t}{C_o} = -k \cdot t$$

③ **2차반응** : 반응속도가 반응물의 농도의 제곱에 비례하는 반응

$$\boxed{식}\ \frac{1}{C_o} - \frac{1}{C_t} = -k \cdot t$$

- C_o : 초기농도
- k : 반응속도상수
- C_t : t시간 후의 농도
- t : 반응시간

(8) 평형상수

정반응속도와 역반응속도가 같을 때 그 반응은 화학평형에 도달했다고 한다.

$$\boxed{반응식}\ aA + bB \rightarrow cC + dD$$

$$K = \frac{[C]^c[D]^d}{[A]^a[B]^b}$$

(9) 르 샤틀리에의 원리

열역학적으로 평형 상태에 있는 계에 온도 또는 압력을 바꾸었을 때 그 평형 상태가 어떻게 이동하는가를 보여주는 원리이다.

① **농도** : 반응물질의 농도가 높아지면 정반응으로 평형이동, 생성물질의 농도가 높아지면 역반응 쪽으로 평형이동
② **압력** : 압력을 높이면 기체의 몰수가 큰 쪽에서 작은 쪽으로 반응이 진행, 압력을 낮추면 기체의 몰수가 작은 쪽에서 큰 쪽으로 반응이 진행
③ **온도** : 온도를 높이면 역반응(흡열 반응), 온도를 낮추면 정반응(발열반응)

2 열역학과 열수지

① **잠열** : 온도상승의 효과를 나타내지 않고 다만 물질의 상태만을 변화시키기 위하여 소비되는 열
② **현열** : 가해진 열이 물질의 상태변화에는 사용되지 않고 온도상승에만 소비되는 열
③ **정적비열** : 기체 부피를 일정하게 해놓고 정의한 기체의 비열
④ **정압비열** : 기체 압력을 일정하게 해놓고 정의한 기체의 비열
  (온도에 따라 부피는 기체에만 큰 영향을 주므로, 고체, 액체의 경우 정압비열과 정적비열값은 동일하다.)
⑤ **열용량** : 어떤 물질의 온도를 1℃ 상승시키는데 필요한 열량
  (1g 기준일 때 : 비열, 1mole 기준일 때 : 몰열용량)
⑥ **엔탈피** : 어떤 계가 가지고 있는 열함량, 대기오염은 주로 대기압에서 화학변화가 일어나므로 계의 열량변화는 엔탈피의 변화와 같다.

> 💡 **기브스(Gibbs)의 자유에너지**
>
> 어떤 계의 엔탈피, 엔트로피 및 온도를 이용하여 정의하는 열역학적 함수
>
> $$\text{식} \quad G = H - TS \rightarrow \Delta G = \Delta H - T\Delta S$$
>
> G : 기브스의 자유에너지 H : 엔탈피
> T : 열역학적 온도 S : 엔트로피
>
> ① 기브스의 자유에너지 변화량은 계와 주위의 전체 엔트로피 변화에 비례한다.
> ② 자발적 변화는 전체 엔트로피의 증가를 수반한다.
> ③ $\Delta G < 0$ 이면 정반응이 자발적
> ④ $\Delta G = 0$ 이면 평형상태
> ⑤ $\Delta G > 0$ 이면 정반응은 비자발적, 역반응이 자발적

기출문제로 다지기 — CHAPTER 03 연소열역학 및 열수지

01 연소반응에서의 반응속도에 관한 설명으로 틀린 것은?

① 화학반응식의 비례상수(K)는 반응물 농도에 따라 결정된다.
② 화학반응률을 통한 반응물이 사라지는 율이나 생성되는 율의 항으로 표현된다.
③ 비가역 단분자형 1차 반응의 반응속도는 반응물의 농도에 정비례한다.
④ 비가역 단분자형 0차 반응의 반응속도는 반응물의 농도에 관계가 없다.

해설 화학반응식의 비례상수(K)는 반응물과 생성물의 농도에 따라 결정된다.

02 화학반응속도는 일반적으로 Arrhenius식으로 표현된다. 어떤 반응에서 화학반응상수가 27℃일 때에 비하여 77℃일 때 3배가 되었다면 이 화학반응의 활성화에너지(kcal/mole)는?

① 2.3　　② 4.6
③ 6.9　　④ 13.2

해설 $\ln\left(\dfrac{k_2}{k_1}\right) = \dfrac{E_a}{R}\left(\dfrac{1}{T_1} - \dfrac{1}{T_2}\right)$

$\ln(3) = \dfrac{E_a}{8.314(J/mole \cdot k)}\left(\dfrac{1}{(273+27)} - \dfrac{1}{(273+77)}\right)$

$\therefore E_a = \dfrac{19181.11J}{mole} \times \dfrac{1cal}{4.18J} \times \dfrac{1kcal}{10^3 cal} = 4.59 kcal/mole$

03 열역학적인 평형이동에 관한 원리로, 평형상태에 있는 물질계의 온도, 압력을 변화시키면 그 변화를 감소시키는 방향으로 반응이 진행되어 새로운 평형에 도달한다는 것은?

① 헤스의 원리　　② 라울의 원리
③ 반트호프의 원리　　④ 르 샤틀리에의 원리

04 비열(heat capacity)에 관한 설명으로 옳지 않은 것은?

① 물질 1g을 1℃ 상승시키는데 필요한 열량을 말하며, 순수한 물의 비열은 1cal/g·℃로서 다른 물질에 비해 큰 편이다.
② 상태함수가 아니고 경로에 따라 달라지는 양이다.
③ 반응조건에 상관없이 동일한 값을 가지므로 연소반응에서 항상 상수로 취급하고, 이상기체의 경우 정압비열과 정적비열값은 동일하다.
④ 단열 화염온도를 이론적으로 산출하기 위해 알아야 하는 열역학적 성질 중의 하나이다.

해설 이상기체의 경우 정압비열과 정적비열의 관계는 정압비열(C_p)=정적비열(C_v)+R로 나타내고, 고체 및 액체의 경우 정압비열과 정적비열값은 동일하다.

05 깁스(Gibbs)의 자유에너지에 관한 설명으로 옳지 않은 것은?

① 평형상태에서는 $\Delta G = 0$이다.
② $\Delta G < 0$이면 반응은 비자발적이다.
③ 엔트로피가 증가할수록 깁스에너지는 감소한다.
④ 혼합물의 경우 ΔG는 반응물과 생성물의 농도에 관계한다.

해설 $\Delta G < 0$이면 반응은 자발적이다.

 정답　01. ①　02. ②　03. ④　04. ③　05. ②

06 현열(sensible heat)에 관한 용어정의로 가장 알맞은 것은?

① 물질에 의하여 흡수 또는 방출된 열이 물질의 상태변화에는 사용되지 않고 온도변화로 나타나는 열
② 물질에 의하여 흡수 또는 방출된 열이 상태변화에만 사용되고 온도변화로는 나타나지 않는 열
③ 물질에 의하여 흡수 또는 방출된 열이 물질의 변화 또는 온도변화로 나타나는 열
④ 물질에 의하여 흡수 또는 방출된 열이 물질의 변화 또는 온도변화에 사용되지 않고 계의 열용량에만 관계하는 열

해설
- 현열 : 물질에 의하여 흡수 또는 방출된 열이 물질의 상태변화에는 사용되지 않고 온도변화로 나타나는 열
- 잠열 : 물질에 의하여 흡수 또는 방출된 열이 상태변화에만 사용되고 온도변화로는 나타나지 않는 열

07 어떤 연소반응은 다음 식으로 표현된다. $A \to B+C$, 이 반응의 속도정수(k)는 $5 \times 10^{-1}(\text{min}^{-1})$이고, A의 초기농도는 10mol/L이라면 반응 개시 후 2분이 경과하였을 때의 A의 농도는 몇 mol/L인가? (단, 위 반응이 1차 반응 (반응속도가 A 농도에 1차로 비례함))

① 3.7 ② 6.3
③ 7.2 ④ 9.3

해설 1차반응식을 이용하여 답을 산출한다.

식 $\ln\left(\dfrac{C_t}{C_o}\right) = -k \cdot t$

$\ln\left(\dfrac{C_t}{10}\right) = -(5 \times 10^{-1}) \times 2$, ∴ $C_t = 3.68 mol/L$

08 NH_3를 제조하는 작업장(10m×100m×10m)에서 NH_3 10kg이 누출되어 전체 작업장 내로 확산되었다면 송풍능력 100m³/min인 송풍기를 사용하여 허용농도 이하로 환기시키는데 소요되는 시간(hr)은? (단, $-dC/dt = KC$, NH_3의 허용농도는 25ppm이다.)

① 약 4시간 ② 약 7시간
③ 약 10시간 ④ 약 12시간

해설 $-dC/dt = KC$이므로 1차반응으로 산출한다.

식 $\ln\left(\dfrac{C_t}{C_o}\right) = -k \cdot t$

- $C_o = \dfrac{10\text{kg}}{(10\text{m} \times 100\text{m} \times 10\text{m})} \times \dfrac{22.4\text{m}^3}{17\text{kg}} \times \dfrac{10^6\text{mL}}{1\text{m}^3}$
  $= 1,317.65 mL/m^3$
- $C_t = 25 mL/m^3$
- $k = \dfrac{Q}{\forall} = \dfrac{100m^3}{\text{min}} \times \dfrac{1}{(10m \times 100m \times 10m)} = 0.01/\text{min}$

$\ln\left(\dfrac{25}{1317.65}\right) = -0.01 \times t$

∴ $t = 394.47 \text{min} = 6.6 hr$

09 어떤 1차 반응에서 100초 동안 반응물의 1/2이 분해되었다면 반응물의 1/10이 남을 때까지 걸리는 시간은?

① 약 4분 14초 ② 약 5분 32초
③ 약 8분 18초 ④ 약 10분 15초

10 어떤 1차 반응에서 반응물의 반감기가 100초이다. 반응물이 1/10 남을 때까지 걸리는 시간은?

① 약 612초 ② 약 515초
③ 약 420초 ④ 약 340초

정답 06. ① 07. ① 08. ② 09. ② 10. ④

11 A(g) → 생성물 반응에서 그 반감기가 0.693/K인 반응은? (단, K는 속도상수)
   ① 0차 반응   ② 1차 반응
   ③ 2차 반응   ④ n차 반응

12 A + B ⇌ C + D 반응에서 A와 B의 반응물질이 각각 1mol/L이고, C와 D의 생성물질이 각각 0.5mol/L일 때, 평형상수 값을 구하면?
   ① 0.25   ② 0.5
   ③ 0.75   ④ 1.0

13 어떤 2차 반응에서 반응물질의 농도를 같게 했을 경우 그 10%가 반응하는 데 300초가 걸렸다면 88%가 반응하는 데는 얼마가 걸리겠는가?
   ① 17,000초   ② 18,500초
   ③ 19,800초   ④ 24,500초

14 창고에 화재가 발생하여 적재된 A화합물이 5분 동안에 1/2이 소실되었다. 이 A화합물의 90%가 소실되는 데 걸리는 시간은? (단, 연소반응은 2차 반응으로 진행된다.)
   ① 25분   ② 35분
   ③ 45분   ④ 75분

15 어떤 0차 반응에서 반응을 시작하고 반응물의 1/2이 반응하는데 40분이 걸렸다. 반응물의 90%가 반응하는데 걸리는 시간은?
   ① 66분   ② 72분
   ③ 133분   ④ 185분

  11. ② 12. ④ 13. ③ 14. ③ 15. ②

CHAPTER 04 연소계산

1 이론산소량 및 이론공기량

(1) 가연분과 불연분

① **가연분** : 탄소, 수소, 황, 산소(조연분)으로 구성된 연소가능한 물질(예 C, H, S, O, CH_4, C_3H_8, H_2S, CO 등)
② **불연분** : 질소, 수분, 회분 및 연소반응이 완료된 물질(예 N, N_2, CO_2, SO_2, H_2O, 재)

(2) 이론산소량

1) 반응식 완성연습

> 💡 [완성요령] : 먼저, 좌항과 우항의 계수를 맞추고, 마지막에 산소계수를 맞춘다.
> - C + O_2 → CO_2
> - H_2 + $0.5O_2$ → H_2O
> - S + O_2 → SO_2
> - CH_4 + $2O_2$ → CO_2 + $2H_2O$
> - C_3H_8 + $5O_2$ → $3CO_2$ + $4H_2O$
> - H_2S + $1.5O_2$ → H_2O + SO_2
> - C_xH_y + $\left(x+\dfrac{y}{4}\right)O_2$ → xCO_2 + $\dfrac{y}{2}H_2O$

2) 반응식으로 모든 성상의 연료의 연소계산은 산출된다.

> **반응식** CH_4 + $2O_2$ → CO_2 + $2H_2O$
> 1mol : 2mol : 1mol : 2mol
> 16kg : 2×32kg : 44kg : 2×18kg
> $22.4m^3$: $2×22.4m^3$: $22.4m^3$: $2×22.4m^3$
> → 1mol의 메테인은 연소시 2mol의 산소를 필요로 하고, 1mol의 이산화탄소와 2mol의 물을 배출한다.

3) 고체, 액체연료의 이론산소량

① $O_o = 1.8667C + 5.6H + 0.7S - 0.7O \,(m^3/kg)$

② $O_o = 2.6667C + 8H + S - O \,(kg/kg)$

4) 기체연료의 이론산소량

$O_o = \sum$ 각 기체연료 산소요구량 : 기체연료의 이론산소량은 항상 반응식으로 산출된다.

(3) 이론공기량

1) 이론공기량(부피)

$$\boxed{식}\ A_o = O_o \times \frac{1}{0.21}$$

2) 이론공기량(무게)

$$\boxed{식}\ A_o = O_o \times \frac{1}{0.232}$$

[각종 연료의 이론공기량의 개략치]

연료	이론공기량(Sm^3/kg)
LPG	29.7 Sm^3/kg
연료유	10~13 Sm^3/kg
가솔린	11.3~11.5 Sm^3/kg
중유	10.8~11.0 Sm^3/kg
천연가스	9.5 Sm^3/kg
무연탄	9.0~10.0 Sm^3/kg
탄소	8.9 Sm^3/kg
오일가스	4.5~11.0 Sm^3/kg
코우크스	8.5 Sm^3/kg
역청탄	7.5~8.5 Sm^3/kg
석탄가스	4.5~5.5 Sm^3/kg
목탄	4.0~5.0 Sm^3/kg
발생로가스	0.9~1.2
고로가스	0.7~0.9

2 공기비(m)

(1) 공기비의 의의

공기비란 실제공기량을 이론공기량으로 나눈 것으로 실제공기량의 투입비율을 알아봄으로써, 연소상태와 배출가스량을 예측할 수 있다.

$$\boxed{식}\ m = \frac{A}{A_o},\ A = mA_o$$

> 💡 **등가비(ϕ)**
> (실제의 연료량/산화제)÷(완전연소를 위한 이상적 연료량/산화제)
>
> $$\boxed{식}\ \phi = \frac{1}{m}$$

구분	연소상태	현상
$m > 1$	과잉공기연소	• SOx, NOx 배출량 증가 • 연소실 냉각 우려 → 저온부식 • 연소실 혼합 활발
$m = 1$	이론연소	• 연소실 온도 최대 → NOx 농도 최대
$m < 1$	불완전연소	• CO, HC, 매연, 검댕 발생량 증가 • 연소상태 불안정 • 연료 폭발 우려

(2) 공기비계산

공기비의 계산은 두가지 방법으로 산출된다.

1) 실제공기량/이론공기량

$$\boxed{식}\ m = \frac{A}{A_o}$$

2) 배기가스 조성

$$\boxed{식}\ m = \frac{N_2}{N_2 - 3.76 O_2}\ (완전연소\ 시)$$

$$m = \frac{N_2}{N_2 - 3.76(O_2 - 0.5CO)}\ (불완전연소\ 시)$$

• N_2 : 배기가스 중 질소   • O_2 : 배기가스 중 산소   • CO : 배기가스 중 일산화탄소

③ 연소가스 분석 및 농도산출

(1) 연소가스량 계산

연소가스 = 연소 후 배출가스, 반응식으로 연소가스량의 개념을 알아보자.

반응식 $CH_4 + 2O_2 \rightarrow CO_2 + 2H_2O$ (산소로 연소 시)

여기서, 배출되는 연소가스는 $CO_2 + 2H_2O$이다.

반응식 $CH_4 + 2(O_2 + 3.76N_2) \rightarrow CO_2 + 2H_2O + 2 \times 3.76N_2$ (공기로 연소시)

여기서, 배출되는 연소가스는 $CO_2 + 2H_2O + 2 \times 3.76N_2$이다.

일반적인 연소는 공기를 이용하여 진행되므로, 연소계산에서 연소가스는 특별한 제시가 없을 경우 공기를 이용하여 연소하는 것으로 가정한다. 위의 연소가스계산을 식으로 나타내면 다음과 같다.

식 $G = (1 - 0.21)A_o + CO_2 + H_2O$

식 연소가스의 종류

- God(이론 건조 연소가스=이론건조가스)

  식 $God = (1 - 0.21)A_o + CO_2 + SO_2 + N_2 (m^3/kg)$

  $God = (1 - 0.232)A_o + CO_2 + SO_2 + N_2 (kg/kg)$

- Gow(이론 습윤 연소가스=이론습가스)

  식 $Gow = (1 - 0.21)A_o + CO_2 + H_2O + SO_2 + N_2 (m^3/kg)$

  $Gow = (1 - 0.232)A_o + CO_2 + H_2O + SO_2 + N_2 (kg/kg)$

- Gd(실제 건조 연소가스=건조가스)

  식 $Gd = (m - 0.21)A_o + CO_2 + SO_2 + N_2 (m^3/kg)$

  $Gd = (m - 0.232)A_o + CO_2 + SO_2 + N_2 (kg/kg)$

- Gw(실제 습윤 연소가스=연소가스)

  식 $G_w = (m - 0.21)A_o + CO_2 + H_2O + SO_2 + N_2 (m^3/kg)$

  $G_w = (m - 0.232)A_o + CO_2 + H_2O + SO_2 + N_2 (kg/kg)$

(2) 농도산출

대기오염농도 : 배출가스 중 X물질의 함량(mg/m³, mL/m³)

① 먼지농도 : $X_{dust} = \dfrac{\text{먼지중량}(mg)}{\text{가스량}(m^3)}$

② 수분량 : $X_{H_2O} = \dfrac{\text{수분량}}{\text{가스량}}$

※ 수증기 = 1.244W (W : 수분)

③ 아황산가스, 염소가스, 불소가스 등 : $X_c = \dfrac{\text{오염가스량}}{\text{가스량}}$

④ 최대탄산가스율 계산

연료분석치로 산출 : 식 $CO_{2max} = \dfrac{CO_2}{God} \times 100$

배기가스분석치로 산출 : 식 $CO_{2max} = m \times (CO_2)$

(3) 공연비

공기와 연료의 비, 기준은 AFR무게기준으로 한다.

① AFR(무게) = $\dfrac{\text{공기무게}}{\text{연료무게}} = \dfrac{\text{공기몰수} \times \text{공기분자량}}{\text{연료몰수} \times \text{연료분자량}}$

② AFR(부피) = $\dfrac{\text{공기부피}}{\text{연료부피}} = \dfrac{\text{공기몰수} \times 22.4}{\text{연료몰수} \times 22.4}$

4 발열량과 연소온도

(1) 고위발열량과 저위발열량

① **고위발열량** : 열량계로 측정한 열량

식 $Hh = 8,100C + 34,000\left(H - \dfrac{O}{8}\right) + 2,500S$

② **저위발열량(진발열량)** : 고위발열량 − 물의 증발잠열

식 $Hl = Hh - 600(9H + W)$

③ 생성과 반응을 이용한 발열량 산출

식 발열량 = 생성열량 − 반응열량

(2) 연소실 열발생율 및 연소온도

① 연소효율 = $\dfrac{\text{실제연소열량}}{\text{이론연소열량}} = \dfrac{\text{이론연소열량} - \text{손실열량}}{\text{이론연소열량}}$

② 연소실 열부하 = $\dfrac{\text{발열량} \times \text{연료투입량}}{\text{연소실용적}}$

③ 화격자 연소율 = $\dfrac{\text{연료투입량}}{\text{화격자면적}}$

④ 연소온도 = $\dfrac{\text{발열량}}{\text{가스량} \times \text{가스비열}}$ + 초기온도(예열온도)

기출문제로 다지기 — CHAPTER 04 연소계산

01 다음 가연성분 중 완전연소시 단위체적당 이론공기량(체적)이 가장 큰 것은? (단, 표준상태이며, 황성분은 전량 SO_2로 배출된다.)

① CO   ② H_2
③ H_2S ④ CH_4

[해설] 반응식으로 비교한다.
[반응식]
$CO + 0.5O_2 \rightarrow CO_2$
$H_2 + 0.5O_2 \rightarrow H_2O$
$H_2S + 1.5O_2 \rightarrow H_2O + SO_2$
$CH_4 + 2O_2 \rightarrow CO_2 + 2H_2$

02 메탄가스의 고발열량이 9,000kcal/Sm^3라면 저발열량(kcal/Sm^3)은?

① 8,040   ② 7,800
③ 7,540   ④ 7,200

[해설] [식] $Hl = Hh - 480\sum iH_2O$
[반응식] $CH_4 + 2O_2 \rightarrow CO_2 + 2H_2O$
- $iH_2O = 2mol$
∴ $Hl = 9,000 - 480 \times 2 = 8040 \, kcal/m^3$

03 연소에 대한 다음 설명 중 가장 거리가 먼 것은?

① 연소장치에서 완전연소 여부는 배출가스의 분석결과로 판정할 수 있다.
② 최대탄산가스량(%)이란 연료를 실제공기량으로 연소시 실제연소가스 중의 최고 CO_2양을 뜻한다.
③ 연소용 공기 중의 수분은 연료 중의 수분이나 연소시 생성되는 수분량에 비해 매우 적으므로 보통 무시할 수 있다.
④ 이론공기량은 연료의 화학적 조성에 따라 다르다.

[해설] 최대탄산가스량(%)이란 연료를 실제공기량으로 연소시 이론건조연소가스 중의 최고 CO_2양을 뜻한다.

04 자동차 내연기관에서 휘발유(C_8H_{18} : 옥탄)를 연소시킬 때 공기연료비(air/fuel ratio)는? (단, 완전연소, 무게기준)

① 60   ② 40
③ 30   ④ 15

[해설] [식] $AFR = \dfrac{공기몰수 \times 공기분자량}{연료몰수 \times 연료분자량}$
[반응식] $C_8H_{18} + 12.5O_2 \rightarrow 8CO_2 + 9H_2O$

∴ $AFR = \dfrac{12.5 \times \dfrac{1}{0.21} \times 29}{1 \times 114} = 15.14$

05 탄소 85%, 수소 15%로 되는 경유(1kg)를 공기비 1.2로 연소하는 경우 탄소의 2%가 검댕이 된다고 하면 실제 건연소가스 1Sm^3 중 검댕의 농도(g/Sm^3)는?

① 약 1.3   ② 약 1.1
③ 약 0.8   ④ 약 0.6

[해설] [식] $X_{검댕}(g/Sm^3) = \dfrac{검댕}{G_d}$

- 검댕 $= 1kg \times 0.85 \times 0.02 \times \dfrac{10^3 g}{1 kg} = 17 g/kg$
- $G_d = (m - 0.21)A_o + CO_2$
- $A_o = \dfrac{1}{0.21}(1.867 \times 0.85 \times 0.98 + 5.6 \times 0.15)$
  $= 11.4057 \, m^3/kg$
- $G_d = (1.2 - 0.21) \times 11.4057 + 1.867 \times 0.85 \times 0.98$
  $= 12.8468 \, m^3/kg$

∴ $X_{검댕}(g/Sm^3) = \dfrac{검댕}{G_d} = \dfrac{17 g/kg}{12.8468 m^3/kg} = 1.32 \, g/m^3$

[정답] 01. ④   02. ①   03. ②   04. ④   05. ①

06 가로, 세로, 높이가 각각 3m, 1m, 1.5m인 연소실에서 연소실 열발생률을 $2.5 \times 10^5 kcal/m^3 \cdot hr$가 되도록 하려면 1시간에 중유를 몇 kg 연소시켜야 하는가? (단, 중유의 저위발열량은 11,000kcal/kg이다.)

① 약 50
② 약 100
③ 약 150
④ 약 200

해설 식 $Q_v = \dfrac{Hl \times G_f}{\forall}$

$2.5 \times 10^5 = \dfrac{11,000 \times G_f}{(3 \times 1 \times 1.5)}$, ∴ $G_f = 102.27 kg/hr$

07 액화 천연가스(LNG)가 부피비로 99%의 메탄(CH_4)과 미량성분으로 구성되어 있다면 LNG 3L를 완전연소할 때 필요한 이론적 공기량은?

① 약 28.3L
② 약 19.8L
③ 약 13.5L
④ 약 9.4L

해설 식 $A_o = O_o \times \dfrac{1}{0.21}$
반응식 $CH_4 + 2O_2 \rightarrow CO_2 + 2H_2O$
 • $O_o = 2CH_4 = (2 \times 0.99) L/L \times 3L = 5.94L$
∴ $A_o = 5.94 \times \dfrac{1}{0.21} = 28.29L$

08 연소가스 분석결과 CO_2 30%, O_2 7%일 때 $(CO_2)_{max}$는? (단, 완전연소 기준)

① 35%
② 40%
③ 45%
④ 50%

해설 식 $CO_{2max} = m \times CO_2 = \left(\dfrac{21}{21-O_2}\right) \times CO_2$

∴ $CO_{2max} = \left(\dfrac{21}{21-7}\right) \times 30 = 45\%$

09 어느 보일러의 배출 가스 조성은 CO_2 : 10%, O_2 : 10%, N_2 : 80%이었다면 공기비는?

① 1.9
② 2.7
③ 3.2
④ 4.4

해설 식 $m = \dfrac{N_2}{N_2 - 3.76 O_2} = \dfrac{80}{80 - 3.76 \times 10} = 1.89$

10 프로필렌(C_3H_6) 20kg을 완전연소하기 위해 필요한 공기량은?

① $114 Nm^3$
② $229 Nm^3$
③ $343 Nm^3$
④ $456 Nm^3$

해설 식 $A_o = O_o \times \dfrac{1}{0.21}$
반응식 $C_3H_6 + 4.5 O_2 \rightarrow 3 CO_2 + 3 H_2O$
42kg : $4.5 \times 22.4 m^3$
20kg : X, $X = 48 m^3$
∴ $A_o = 48 \times \dfrac{1}{0.21} = 228.57 m^3$

11 어떤 가스가 부피로 H_2 9%, CO 24%, CH_4 2%, CO_2 6%, O_2 3%, N_2 56%의 구성비를 갖는다. 이 기체를 50%의 과잉공기로 연소시킬 경우 연료 $1 Nm^3$당 요구되는 공기량은?

① 약 $1.00 Nm^3$
② 약 $1.25 Nm^3$
③ 약 $1.50 Nm^3$
④ 약 $1.75 Nm^3$

해설 식 $A = m A_o$
• $m = 1.5$
• $A_o = \dfrac{1}{0.21}(0.5 H_2 + 0.5 CO + 2 CH_4 - O_2)$
$= \dfrac{1}{0.21}(0.5 \times 0.09 + 0.5 \times 0.24 + 2 \times 0.02 - 0.03)$
$= 0.8333 m^3/m^3$
∴ $A = 1.5 \times 0.8333 = 1.25 m^3/m^3$

정답 06. ② 07. ① 08. ③ 09. ① 10. ② 11. ②

12 프로판(C_3H_8) 50%와 부탄(C_4H_{10}) 50% 혼합가스 1Sm³의 연소에 필요한 공기량(Sm³)은?

① 21.1   ② 24.5
③ 27.4   ④ 29.5

해설 $A_o = O_o \times \dfrac{1}{0.21}$

- $O_o = 5C_3H_8 + 6.5C_4H_{10} = 5 \times 0.5 + 6.5 \times 0.5 = 5.75m^3$

∴ $A_o = 5.75 \times \dfrac{1}{0.21} = 27.38m^3$

13 메탄올(CH_3OH) 10kg을 완전연소할 때 필요한 이론공기량(Sm³)은?

① 20   ② 30
③ 40   ④ 50

14 다음 중 공기비($m>1$)에 관한 식으로 옳지 않은 것은? (단, 실제공기량 : A, 이론공기량 : A_o, 배출가스 중 질소량 : N_2(%), 배출가스 중 산소량 : O_2(%)이다.)

① $m = A/A_o$
② $m = 21/(21-O_2)$
③ $m = 1 + (\text{과잉공기량}/A_o)$
④ $m = N_2/(N_2 - 4.76O_2)$

15 CH_4 95%, CO_2 2%, O_2 1%, N_2 2%인 연료가스 1Sm³에 대하여 10.8Sm³의 공기를 사용하여 연소하였다. 이때의 공기비는?

① 1.6   ② 1.4
③ 1.2   ④ 1.0

해설 식 $m = \dfrac{A}{A_o}$

- $A = 10.8 Sm^3$
- $A_o = (2CH_4 - O_2) \times \dfrac{1}{0.21} = (2 \times 0.95 - 0.01) \times \dfrac{1}{0.21}$
  $= 9 m^3/m^3$

∴ $m = \dfrac{10.8}{9} = 1.2$

16 에탄과 부탄의 혼합가스 1Sm³를 완전연소시킨 결과 배기가스 중 탄산가스의 생성량이 3.3Sm³이었다면 혼합가스 중 에탄과 부탄의 mol비(에탄/부탄)는?

① 2.19   ② 1.86
③ 0.54   ④ 0.46

해설 식 $R = \dfrac{C_2H_6}{C_4H_{10}}$

- $CO_2 = 2C_2H_6 + 4C_4H_{10} = 2X + 4Y$
- $X(C_2H_6) + Y(C_4H_{10}) = 1Sm^3,\ Y = 1 - X$
  $3.3 = 2X + 4(1-X),$
  $X = 0.35,\ Y = 0.65$

∴ $R = \dfrac{0.35}{0.65} = 0.54$

17 저발열량이 10,000kcal/kg, 이론 공기량이 11Nm³/kg, 이론 연소가스량이 11.5Nm³/kg의 중유를 공기비 1.4로 완전연소할 때 이론가스의 온도는? (단, 공기 및 중유의 온도는 20℃, 연소가스의 비열은 0.4kcal/Nm³·℃, 건조가스 기준)

① 1,592℃   ② 1,617℃
③ 1,787℃   ④ 1,845℃

해설 식 $t_o = \dfrac{Hl}{G \times C_p} + t$

- $G = G_o + (m-1)A_o = 11.5 + (1.4-1) \times 11$
  $= 15.9 m^3/kg$

∴ $t_o = \dfrac{10,000}{15.9 \times 0.4} + 20 = 1592.32℃$

정답 12. ③ 13. ④ 14. ④ 15. ③ 16. ③ 17. ①

18 다음 아세틸렌의 연소반응식에서 반응열이 갖는 의미로 옳은 것은?

> **반응식**
> $2C_2H_2(g) + 5O_2(g) \rightarrow 4CO_2(g) + 2H_2O(l) + 14,080kcal$

① 비열　　　　　② 흡수열
③ 저발열량　　　④ 고발열량

해설 생성된 수분이 액체상태(l)이므로 아직 증발잠열을 소모하지 않았으므로, 고위발열량이 된다.

19 중량조성이 탄소 85%, 수소 15%인 액체연료를 매시 100kg 연소한 후 배출가스를 분석하였더니 분석치가 CO_2 12.5%, CO 3%, O_2 3.5%, N_2 81% 이었다. 이 때 매시간당 필요한 공기량(Sm^3/hr)은?

① 약 13　　　　② 약 157
③ 약 657　　　④ 약 1,271

해설 **식** $A = mA_o$

- $m = \dfrac{N_2}{N_2 - 3.76(O_2 - 0.5CO)}$
  $= \dfrac{81}{81 - 3.76 \times (3.5 - 0.5 \times 3)} = 1.1023$
- $A_o = \dfrac{1}{0.21}(1.867 \times 0.85 + 5.6 \times 0.15) = 11.5569 m^3/kg$

$\therefore A = (1.1023 \times 11.5569) m^3/kg \times 100 kg/hr$
$\quad = 1,273.92 m^3/hr$

20 프로판 $2Sm^3$를 공기비 1.1로 완전연소시켰을 때, 건조 연소가스량은?

① 약 $42Sm^3$　　② 약 $48Sm^3$
③ 약 $54Sm^3$　　④ 약 $60Sm^3$

해설 $G_d = (m - 0.21)A_o + CO_2$

- $A_o = O_o \times \dfrac{1}{0.21} = (2 \times 5) \times \dfrac{1}{0.21} = 47.6190 m^3$

$\therefore G_d = (1.1 - 0.21) \times 47.6190 + (2 \times 3) = 48.38 m^3$

21 원소구성비(무게)가 C = 75%, O = 9%, H = 13%, S = 3%인 석탄 1kg을 완전연소시킬 때 필요한 이론산소량은?

① 1.94kg　　　　② 2.09kg
③ 2.66kg　　　　④ 2.98kg

해설 **식** $O_o = 2.667C + 8H + S - O$

$\therefore O_o = 2.667 \times 0.75 + 8 \times 0.13 + 0.03 - 0.09 = 2.98 kg/kg$

22 과잉공기가 클 때 나타나는 현상으로 틀린 것은?

① 연소실 내 온도 저하
② 배출가스 중 NOx 량 증가
③ 배출가스에 의한 열손실의 증가
④ 배출가스의 온도가 높아지고 매연이 증가

해설 배출가스의 온도가 낮아지고 매연이 감소한다.

23 메탄올 5kg을 완전연소하려고 할 때 필요한 실제공기량은? (단, 과잉공기계수 m=1.3)

① $22.5Sm^3$　　② $25.0Sm^3$
③ $32.5Sm^3$　　④ $37.5Sm^3$

24 중유 조성이 탄소 87%, 수소 11%, 황 2% 이었다면 이 중유연소에 필요한 이론 습연소 가스량(Sm^3/kg)은?

① 9.63　　　　② 11.35
③ 12.96　　　　④ 13.62

정답 18. ④　19. ④　20. ②　21. ④　22. ④　23. ③　24. ②

25 프로판(C_3H_8) 1Sm³을 완전연소시켰을 때 건조연소가스 중의 CO_2농도는 11%이었다. 공기비는 약 얼마인가?

① 1.05 ② 1.15
③ 1.23 ④ 1.39

해설 식 $X_{CO_2}(\%) = \dfrac{CO_2}{G_d} \times 100$

식 $G_d = (m - 0.21)A_o + CO_2$

$11(\%) = \dfrac{3}{G_d} \times 100, \quad G_d = 27.2727 m^3$

$27.2727 = (m - 0.21) \times \left(\dfrac{5}{0.21}\right) + 3, \quad \therefore m = 1.23$

26 C 85%, H 15%의 액체연료를 100kg/h로 연소하는 경우, 연소 배출가스의 분석결과가 CO_2 12%, O_2 4%, N_2 84%이었다면 실제 연소용 공기량은? (단, 표준상태 기준)

① 약 1,150Sm³/h ② 약 1,410Sm³/h
③ 약 1,620Sm³/h ④ 약 1,730Sm³/h

27 A기체연료 2Sm³을 분석한 결과 C_3H_8 1.7Sm³, CO 0.15Sm³, H_2 0.14Sm³, O_2 0.01Sm³였다면 이 연료를 완전연소시켰을 때 생성되는 이론 습연소가스량(Sm³)은?

① 약 41Sm³ ② 약 45Sm³
③ 약 52Sm³ ④ 약 57Sm³

해설 식 $G_{ow} = (1 - 0.21)A_o + CO_2 + H_2O$

- $A_o = \dfrac{1}{0.21}(5C_3H_8 + 0.5CO + 0.5H_2 - O_2)$

$= \dfrac{1}{0.21} \times (5 \times 1.7 + 0.5 \times 0.15 + 0.5 \times 0.14 - 0.01)$

$= 41.1190 m^3$

- $CO_2 = 3CO_2 + CO = 3 \times 1.7 + 0.15 = 5.25 m^3$

- $H_2O = 4C_3H_8 + H_2 = 4 \times 1.7 + 0.14 = 6.94 m^3$

$\therefore G_{ow} = (1 - 0.21) \times 41.1190 + 5.25 + 6.94 = 44.67 m^3$

28 1.5%(무게기준) 황분을 함유한 석탄 1,143kg을 이론적으로 완전연소시킬 때 SO_2 발생량은? (단, 표준상태 기준이며, 황분은 전량 SO_2로 전환된다.)

① 12Sm³ ② 18Sm³
③ 21Sm³ ④ 24Sm³

29 탄소와 수소만으로 되어 있는 탄화수소를 이론산소량으로 연소시킬 때의 연소반응식으로서 옳은 것은? (단, λ = 과잉공기율)

① $C_nH_m + \left(n + \dfrac{m}{4}\right)O_2 = nCO_2 + \dfrac{m}{2}H_2O$

② $C_nH_m + \lambda\left(n + \dfrac{m}{4}\right) = \lambda nCO_2 + \lambda\dfrac{m}{4}H_2O$

③ $C_nH_m + \lambda O_2 = \lambda CO_2 + nCO + \lambda mH_2O$

④ $C_nH_m + \left(n + \dfrac{m}{2}\right)O_2 = mCO_2 + \dfrac{n}{4}H_2O$

30 질량 퍼센트로 88.3%의 탄소를 함유하는 액체연료를 하루에 500kg 연소시키는 공장이 있다. 완전연소를 가정할 때 이 공장에서 하루 방출하는 일산화탄소 부피(m³)는? (단, 0℃, 1atm, 연료 탄소성분 중 5%가 일산화탄소로 된다고 가정)

① 21.2 ② 31.2
③ 41.2 ④ 51.2

해설 반응식 $C + 0.5O_2 \rightarrow CO$

12kg : 22.4m³
$500kg \times 0.883 \times 0.05$: X, $\therefore X = 41.21 m^3$

정답 25. ③ 26. ② 27. ② 28. ① 29. ① 30. ③

31 연료 중 황함량이 무게비로 1.6%인 중유를 2kL/hr로 연소할 때 굴뚝으로 배출되는 SO_2의 양은? (단, S성분은 전부 SO_2로 되며 중유의 비중은 0.98이다.)

① 48.4kg/hr ② 57.2kg/hr
③ 62.7kg/hr ④ 71.3kg/hr

해설 **반응식** S + O_2 → SO_2
　　　　　　　32kg　:　64kg

$\frac{2kL}{hr} \times \frac{10^3 L}{1kL} \times \frac{0.98kg}{1L} \times \frac{1.6}{100}$: X　∴ $X = 62.72$ kg/hr

32 용적비로 C_3H_8과 C_4H_{10}이 1 : 3으로 혼합된 가스 $1Sm^3$를 완전연소할 경우 발생되는 CO_2량(Sm^3)는?

① 3.75 ② 4.75
③ 5.75 ④ 6.75

해설 **식** $CO_2 = 3C_3H_8 + 4C_4H_{10}$
∴ $CO_2 = 3 \times \frac{1}{4} + 4 \times \frac{3}{4} = 3.75 m^3$

33 표준상태에서 메탄(CH_4) $4m^3$를 완전연소시키는데 요구되는 산소의 무게는?

① 5.60kg ② 11.43kg
③ 29.60kg ④ 38.55kg

34 천연가스 이론공기량(공기 Sm^3/가스 Sm^3)의 근사치로 가장 알맞는 범위는?

① 8.0~9.5 ② 4.5~5.5
③ 2.1~4.5 ④ 0.9~1.2

해설 $A_o = O_o \times \frac{1}{0.21}$

∴ $A_o = (2CH_4) \times \frac{1}{0.21} = (2 \times 1) \times \frac{1}{0.21} = 9.52 m^3/m^3$

35 프로판(C_3H_8)의 이론건조 연소가스량(Sm^3)은 얼마인가?

① 14.8 ② 16.8
③ 18.8 ④ 21.8

36 프로판(C_3H_8)과 에탄(C_2H_6)의 혼합가스 $1Nm^3$를 완전연소시킨 결과 배기가스 중 탄산가스의 생성량이 $2.3Nm^3$이었다면 혼합가스 중의 프로판과 에탄의 mol 비(프로판/에탄)는?

① 1.52 ② 1.12
③ 0.43 ④ 0.24

37 프로판과 부탄의 부피비가 1 : 1인 LPG를 완전연소한 결과 건조연소가스 중 CO_2의 농도가 13%였다. 이 LPG $1Sm^3$를 연소할 때 생성되는 건조연소가스량은?

① $20.1 Sm^3$ ② $24.5 Sm^3$
③ $26.9 Sm^3$ ④ $32.3 Sm^3$

해설 $X_{CO_2}(\%) = \frac{CO_2}{G_d} \times 100$

• $CO_2 = 3C_3H_8 + 4C_4H_{10} = 3 \times 0.5 + 4 \times 0.5$
　　　$= 3.5 m^3/m^3$

$13(\%) = \frac{3.5}{G_d} \times 100$,　∴ $G_d = 26.92 m^3/m^3$

 정답 31. ③　32. ①　33. ②　34. ①　35. ④　36. ③　37. ③

38 중유의 중량비가 탄소 87%, 수소 11%, 황 2%를 공기비 1.2로 완전연소시 습배가스 중 아황산가스의 배출농도(ppm)는?

① 936
② 1037
③ 1136
④ 1237

해설 식 $X_{SO_2}(ppm) = \dfrac{SO_2}{G_w} \times 10^6$

- $A_o = \dfrac{1}{0.21}(1.867 \times 0.87 + 5.6 \times 0.11 + 0.7 \times 0.02)$
  $= 10.7347 m^3$
- $G_w = (m - 0.21)A_o + CO_2 + H_2O + SO_2$
  $G_w = (1.2 - 0.21) \times 10.7347 + 1.867 \times 0.87 + 11.2$
  $\times 0.11 + 0.7 \times 0.02 = 13.4976 m^3$

$\therefore X_{SO_2}(ppm) = \dfrac{SO_2}{G_w} \times 10^6 = \dfrac{0.7 \times 0.02}{13.4976} \times 10^6$
$= 1037.22 ppm$

39 탄소 86%, 수소 13%, 황 1%의 조성인 중유를 연소하고 배기가스를 분석했더니 $CO_2 + SO_2$가 13%, O_2가 3%, CO가 0.5%이었다. 건연소가스 중 SO_2 농도는?

① 약 590ppm
② 약 670ppm
③ 약 720ppm
④ 약 780ppm

해설 식 $X_{SO_2}(ppm) = \dfrac{SO_2}{G_d} \times 10^6$

- $m = \dfrac{N_2}{N_2 - 3.76(O_2 - 0.5CO)} = \dfrac{83.5}{83.5 - 3.76(3 - 0.5 \times 0.5)}$
  $= 1.14$
- $A_o = \dfrac{1}{0.21}(1.867 \times 0.86 + 5.6 \times 0.13 + 0.7 \times 0.01)$
  $= 11.1458 m^3$
- $G_d = (m - 0.21)A_o + CO_2 + SO_2$
  $G_d = (1.14 - 0.21) \times 11.1458 + 1.867 \times 0.86 + 0.7 \times 0.01$
  $= 11.9782 m^3$

$\therefore X_{SO_2}(ppm) = \dfrac{SO_2}{G_d} \times 10^6 = \dfrac{0.7 \times 0.01}{11.9782} \times 10^6 = 584.39 ppm$

40 C = 82%, H = 14%, S = 3%, N = 1%로 조성된 중유를 12Sm³ 공기/kg 중유로 완전연소했을 때 습윤 배출가스 중의 SO_2는 몇 ppm(용량)인가? (단, 중유 중의 황분은 모두 SO_2로 되고 $G = A + 5.6H + 0.8N$으로 한다.)

① 1,532ppm
② 1,642ppm
③ 1,752ppm
④ 1,832ppm

해설 두 가지 풀이

(1) sol 1)

식 $X_{SO_2}(ppm) = \dfrac{SO_2}{G_w} \times 10^6$

- $A_o = \dfrac{1}{0.21}(1.867 \times 0.82 + 5.6 \times 0.14 + 0.7 \times 0.03)$
  $= 11.1235 m^3$
- $m = \dfrac{A}{A_o} = \dfrac{12}{11.1235} = 1.07$
- $G_w = (m - 0.21)A_o + CO_2 + H_2O + SO_2 + N_2$
  $= (1.07 - 0.21) \times 11.1235 + 1.867 \times 0.82 + 11.2 \times 0.14 +$
  $0.7 \times 0.03 + 0.8 \times 0.01 = 12.7909 m^3$

$\therefore X_{SO_2}(ppm) = \dfrac{SO_2}{G_w} \times 10^6 = \dfrac{0.7 \times 0.03}{12.7909} \times 10^6$
$= 1641.79 ppm$

(2) sol 2)

식 $X_{SO_2}(ppm) = \dfrac{SO_2}{G_w} \times 10^6$

- $G_w = A + 5.6H + 0.8N = 12 + 5.6 \times 0.14 + 0.8 \times 0.01$
  $= 12.792 m^3$

$\therefore X_{SO_2}(ppm) = \dfrac{SO_2}{G_w} \times 10^6 = \dfrac{0.7 \times 0.03}{12.792} \times 10^6$
$= 1641.65 ppm$

정답 38. ② 39. ① 40. ②

41 연소배기가스 중 질소산화물의 농도가 최대가 될 가능성이 가장 높은 공기비 조건은?

① 3.4 ② 1.3
③ 1.0 ④ 0.8

해설 이론공기에서 연소실의 온도는 최대가 되므로 이때 질소산화물의 농도는 최대가 된다.

42 공기를 이용해서 CO를 연소시킬 때 연소가스중의 CO_2의 최대치는?

① 34.7% ② 29.6%
③ 23.5% ④ 19.5%

해설 식 $CO_{2max}(\%) = \dfrac{CO_2}{G_{od}} \times 100$

- $A_o = O_o \times \dfrac{1}{0.21} = 0.5\,CO \times \dfrac{1}{0.21} = 0.5 \times 1 \times \dfrac{1}{0.21}$
  $= 2.3809\,m^3/m^3$
- $G_{od} = (1-0.21) \times 2.3809 + 1 = 2.8809\,m^3/m^3$

∴ $CO_{2max}(\%) = \dfrac{1}{2.8809} \times 100 = 34.71\%$

43 중량비로 탄소 90%, 수소 10%로 이루어진 액체연료를 완전연소시킬 경우 배출되는 배기가스 중의 최대 CO_2 농도(%)는? (단, 연료 1kg당 연료이론건조 배기가스량은 12.5Sm³로 가정한다.)

① 5.0% ② 10.3%
③ 13.5% ④ 18.3%

해설 식 $CO_{2max}(\%) = \dfrac{CO_2}{G_{od}} \times 100$

- $G_{od} = 12.5\,m^3/kg$

∴ $CO_{2max}(\%) = \dfrac{1.867 \times 0.9}{12.5} \times 100 = 13.44\%$

44 연소가스 중의 수분을 측정하였더니 건조가스 1Sm³당 100g이었다. 건조가스에 대한 수증기의 용적비는? (단, m³수증기/Sm³ 건조가스)

① 12.4% ② 18.5%
③ 20.4% ④ 22.4%

해설 식 $X_w(\%) = \dfrac{H_2O}{G_d} \times 100$

- $H_2O = 100g \times \dfrac{22.4L}{18g} \times \dfrac{1m^3}{10^3 L} = 0.1244\,m^3$

∴ $X_w(\%) = \dfrac{0.1244}{1} \times 100 = 12.44\%$

45 공기중에 CO_2 가스의 부피가 5%를 넘으면 인체에 해롭다고 한다면 지금 300m³ 되는 방에서 문을 닫고 80%의 탄소를 가진 숯을 몇 kg 태우면 해로운 상태로 되겠는가? (단, 기존의 공기중 CO_2 가스의 부피는 고려하지 않음, 표준상태 기준)

① 6kg ② 8kg
③ 10kg ④ 12kg

해설 식 $X_{CO_2}(\%) = \dfrac{CO_2}{실내용적} \times 100$

$5(\%) = \dfrac{CO_2}{300\,m^3} \times 100$, $CO_2 = 15\,m^3$

반응식 $C + O_2 \rightarrow CO_2$
　　　　12kg : 22.4m³
　　　　X : 15m³, $X(C) = 8.0357\,kg$

∴ 숯$(kg) = 8.0357\,kg(C) \times \dfrac{1숯}{0.8\,C} = 10.04\,kg$

정답 41. ③　42. ①　43. ③　44. ①　45. ③

46 H : 12%, W : 0.7%인 중유의 고위발열량이 7,000 kcal/kg일 때 저위발열량은?

① 6,125
② 6,348
③ 6,431
④ 6,447

해설 식 $Hl = Hh - 600(9H + W)$
∴ $Hl = 7000 - 600 \times (9 \times 0.12 + 0.007) = 6347.8 kcal/kg$

47 발열량 계산과정에서 사용되는 (H − O/8)의 의미로 가장 알맞은 것은?

① 결합수소
② 이론수소
③ 과잉수소
④ 유효수소

48 이론적으로 탄소 1kg을 연소시키면 30,000kcal의 열이 나고 수소 1kg을 연소시키면 34,100kcal의 열이 난다면 에탄(C_2H_6) 2kg을 연소시킬 때 발생하는 열량은?

① 40,820kcal
② 55,600kcal
③ 61,640kcal
④ 74,100kcal

해설 $H = H_C + H_H$

• H_C(탄소열량) = $\dfrac{12 \times 2(C)}{30(C_2H_6)} \times \dfrac{30,000 kcal}{kg} = 24,000 kcal/kg$

• H_H(수소열량) = $\dfrac{1 \times 6(H)}{30(C_2H_6)} \times \dfrac{34,100 kcal}{kg} = 6,820 kcal/kg$

∴ $H = H_C + H_H = \dfrac{(24,000 + 6,820) kcal}{kg} \times 2kg = 61,640 kcal$

49 메탄의 이론연소온도는? (단, 메탄 공기가 18℃에서 공급되는 것으로 하며 메탄 저위발열량은 8,600kcal/Sm³, CO_2, $H_2O(g)$, N_2의 평균정압 몰비열은 각각 13.1, 10.5, 8.0(kcal/kmol · ℃)로 한다.)

① 1,370℃
② 1,930℃
③ 2,060℃
④ 2,230℃

해설 식 $t_o = \dfrac{Hl}{G \times C_p} + t$

반응식 $CH_4 + 2(O_2 + 3.76N_2) \rightarrow CO_2 + 2H_2O + 2 \times 3.76 N_2$

• $C_p =$
$\left(\dfrac{13.1 kcal}{kmol \cdot ℃} \times 1 kmol + \dfrac{10.5 kcal}{kmol \cdot ℃} \times 2 kmol + \dfrac{8.0 kcal}{kmol \cdot ℃} \times 7.52 kmol \right)$
$/ kmol \times \dfrac{1 kmol}{22.4 m^3} = 4.2080 kcal/m^3 \cdot ℃$

∴ $t_o = \dfrac{8,600}{1 \times 4.2080} + 18 = 2061.73 ℃$

50 어떤 연소장치의 연소실에서 저위발열량이 9,800 kcal/kg인 중유를 90kg/hr로 연소할 때 연소실의 열발생량이 5×10^5 kcal/m³ · hr이었다면, 같은 연소장치에서 저위발열량이 18,000kcal/Sm³인 가스연료로 연소실의 열발생량을 3.5×10^5 kcal/m³ · hr로 유지하기 위해서 매 시간당 소비해야 할 가스연료량(Sm^3/hr)은?

① 30.3
② 34.3
③ 38.3
④ 42.3

해설 식 $Q_v = \dfrac{Hl \times G_f}{\forall}$

① $5 \times 10^5 = \dfrac{9800 \times 90}{\forall}$, $\forall = 1.764 m^3$

$3.5 \times 10^5 = \dfrac{18,000 \times G_f}{1.764}$, ∴ $G_f = 34.3 Sm^3/hr$

정답 46. ② 47. ④ 48. ③ 49. ③ 50. ②

05 CHAPTER 연소장치 및 연소방법

1 고체연료의 연소장치 및 연소방법

(1) 화격자 연소장치(고정식/stoker식)

격자모양의 화판에 폐기물을 이송하여 연소하는 방식으로 기능에 따라 건조, 연소(주연소), 후연소 화격자로 구성된다. → Like 석쇠!

[장·단점]

장점	단점
① 대량 소각 가능 ② 수분이 많거나 발열량이 낮은 것도 처리 가능 ③ 운전경험에 따른 풍부한 데이터가 있음	① 수분이 너무 많으면 흘러내림 ② 플라스틱류 등은 Grate를 막거나 손상, 고장의 원인 ③ 로 내 온도가 높을 경우 클링커 발생 ④ 교반력이 약함 ⑤ 과잉공기투입량이 많음

1) 계단식 화격자

가동 화격자와 고정 화격자가 서로 계단식으로 배열되어 있고 가동 화격자가 전후 방향으로 왕복 운동함으로써 폐기물을 다음 계단으로 이송, 교반, 반전시킨다.

2) 병렬계단식 화격자

① 한 줄의 화격자가 계단상으로 되어 있고 고정 화격자와 가동 화격자가 종렬로 교대로 조합되어 설치되어 있다.
② 가동 화격자가 경사의 위쪽과 아래쪽으로 왕복운동하면서 쓰레기의 이송, 교반, 반전을 수행한다.
③ 화격자만으로 교반이 충분치 않을 경우 고정 화격자에 고정되어 상하 운동하면서 폐기물 덩어리를 파쇄하는 부채형의 Cutter를 설치한 것도 있다.
④ **비교적 강한 교반력과 이송력을 갖고 있으며, 냉각작용이 부족**하다.

3) 역동식 화격자

고정 화격자와 가동 화격자의 방향이 계단식과 반대로 위쪽을 향하도록 하여 폐기물을 밑에서 위로 밀어 올리면서 이송, 교반, 반전시키는 장치이다. **체류시간을 보다 길게 유지**할 수 있다. 소각효율이 좋지만, 교반이 많아 **화격자 마모**가 심하다.

4) 회전 로울러식 화격자

1.5m의 원통으로 된 회전 화격자가 약 30°의 각도로 6~7기가 병렬로 배치되어 회전 화격자의 회전으로 위에서 아래쪽으로 이송, 교반, 반전을 수행한다. **양질쓰레기의 소각**에 적합하다.

5) 이상식 화격자(무한궤도형)

무한궤도형의 이송 화격자만으로 구성되어 각 화격자 사이에 **높이 차이**를 두어 연소한다. 교반, 반전시키는 별도의 기능이 없지만, 원활한 교반이 필요할 경우 교반장치를 부착하여 교반기능을 부여할 수 있고, **내구성이 우수**하다.

6) 부채형 반전식 화격자

① 여러개의 부채형 화격자를 로 폭 방향으로 병렬로 조합, 한 조의 화격자를 형성하며 편심캠에 의한 역주행 Grate로 구성되어 있다.
② 부채형 화격자가 수평에서 수직 방향으로 교대로 왕복하여 다음 계단으로 폐기물을 이송, 교반, 반전시킨다.
③ 교반력이 커서 **저질쓰레기의 소각**에 적당하다.

> 💡 **열기류의 흐름에 따른 연소장치의 구분**
> - **상향연소방식(향류식)** : 저질쓰레기의 연소시 채택(발열량 낮고, 수분함량 높은 폐기물)
> - **하향연소방식(병류식)** : 고질쓰레기의 연소시 채택(발열량 높고, 휘발분 많고, 수분함량 낮은 폐기물)
> - **중간류식** : 투입쓰레기의 성상의 변동이 심한 경우 채택

(2) 미분탄 연소장치

석탄을 분쇄하여 체로 걸러서 만든 미분탄을 분사방식으로 연소하는 방식

[장·단점]

장점	단점
① 석탄연소보다 연소효율이 좋음	① 대형시설에서만 사용가능
② 적은 과잉공기로 연소가능	(소형, 중형 사용불가)
③ 균일한 연료로 전환	② 분진발생이 많아 집진설비 필요
④ 클링커 발생이 없음	

(3) 유동층 연소장치

① 강철판의 내면에 내화재를 내장한 로체 내에서 유동매체인 모래를 충진하고 바닥에 산기관 또는 산기판이 설치되어 있다.
② 산기관 등에서 공급되는 연소용 공기에 의하여 모래가 유동상태를 유지하도록 구성되어 있다.
③ 미리 유동화 상태에 있는 로체 상부로 파쇄 쓰레기를 투입, 쓰레기와 열 매체인 모래가 혼합되면서 건조로부터 후 연소에 이르기까지 유동상태에서 진행된다.
④ 연소 잔사는 연소로 바닥으로부터 모래매체와 같이 배출되며 screen에 의하여 분리되어 다시 로 내에 주입된다.
→ Like 로또추첨박스!

[장·단점]

장점	단점
① 구동부분이 적어 고장이 적음	① 유동매체를 공급해야 하고 폐기물을 파쇄해야 함
② 수분이 많은 슬러지류 등 다양한 성상의 폐기물 소각이 가능	② 분진 발생률이 높고 운전기술이 요구되며 정비시 냉각시간이 필요
③ 로 내에서 산성가스의 제거가 가능 (SOx, NOx 등)	③ 압력손실이 높음
④ 유동 매체의 축열량이 많아 정지 후 가동이 빠름	④ 부하변동에 따른 대응성이 낮음
⑤ 과잉공기율이 적어 보조연료 사용량과 배출 가스량이 적음	
⑥ 연소시간이 짧고 미연분이 적어 연소효율이 좋음	
⑦ 교반력이 좋아 클링커가 발생하지 않음	

(4) 로터리 킬른

내면에 내화물을 부착한 원통형 로체를 3~5°의 구배로 설치하고 하부에 roller를 설치하여 천천히 회전시키면서 윗부분에 투입된 쓰레기를 반전, 교반하여 건조, 착화, 연소시키면서 하단부로 이송하여 재를 배출시킨다.
→ Like 출발드림팀 원통장애물!

[장·단점]

장점	단점
① 건조효과가 좋아 착화, 연소가 쉽고 구조가 간단하고 취급이 용이	① 점착성 물질이나 얽히기 쉬운 섬유상 물질은 연소가 어려움
② 수분이 많은 폐기물, 다양한 종류의 슬러지 소각에 적합	② 부지가 넓게 소요됨
③ 파쇄처리가 불필요함	③ 압력손실이 높음
	④ 연소효율이 낮아 2차연소실이 필요함

(5) 다단식(상) 연소장치

6~8단으로 나뉘어져 있는 수평 고정상으로서 상부에서 공급된 폐기물은 회전축과 Arm에 의하여 긁어 하단부로 떨어뜨림으로써 건조, 연소, 후연소, 냉각과정이 진행된다.

① 점착성이 높은 폐기물은 점착 방지제(톱밥, 모래) 등을 혼합하여 교반 가능하도록 하여 소각한다.
② 함수율이 높고 저열량인 소각물에 적합하고 유기성 오니 처리에 많이 사용되고 있다.

[장 · 단점]

장점	단점
① 균등하게 건조시킬 수 있고 국부연소를 피할 수 있어 클링커 생성 방지에 유효 ② 열 전달이 유효하게 이루어져 열효율이 좋음 ③ 파쇄처리가 불필요함 ④ 동력이 적게 소요되고 분진발생이 적음	① 섬유상 고형 폐기물은 Arm의 틈에 끼어 고장을 발생시킬 수 있음 ② 가동부분이 많아 고장이 많고, 다른 설비에 비해 유지보수가 어려움

2 액체연료의 연소장치 및 연소방법

(1) 기화 연소방식

연료를 고온의 물체에 접촉 또는 충돌시켜 액체를 가연성 증기로 변환시킨 후 연소시키는 방식으로 경질유의 연소는 주로 이 방식에 속한다.

① **심지식** : 심지의 모세관 현상에 의하여 증발연소시키는 방식으로 그을음과 악취가 발생한다.
② **포트식** : 기름을 접시 모양의 용기에 넣어 점화하면 연소열로 인하여 액면이 가열되어 발생되는 증기가 외부에서 공급되는 공기와 혼합연소하는 방식
③ **증발식** : 등유, 경유, 디젤유 등과 같은 경질유 연소에 적합한 방식으로 연소실 내의 방사열에 의하여 기화한 가연성 증기로 공급된 연소열 공기와 혼합하여 연소된다.

(2) 분무화 연소방식

1) 유압 분무화식

연료 자체에 압력을 가하여 노즐에서 고속 분사시켜 분무화하는 방식이다. 연료유의 점도가 크면 분무화가 곤란하다. ※ 연료유의 점도를 낮추기 위하여 연료유는 85±5℃에서 예열 후 사용한다.

> **특징**
> - 구조가 간단하여 유지 및 보수가 용이
> - 대용량 버너 제작이 용이
> - 분무각도가 40~90°로 크다.
> - 유량 조절 범위가 좁아 부하변동에 적응하기 어렵다. (환류식 1:3, 비환류식 1:2)
> - 연료의 점도가 크거나 유압이 5kg/cm² 이하가 되면 분무화가 불량하다. (유압은 보통 5~20kg/cm²)
> - 연료분사 범위는 15~2,000L/hr 정도이다.

2) 이류체 분무화식

증기 또는 공기의 분무화 매체를 사용하여 분무화시키는 방식이다.

① 고압기류식

$2 \sim 8 kg/cm^2$의 고압공기를 사용하여 연료유를 무화시키는 방식이다.

> **특징**
> - 분무각도는 30°로 작다.
> - 유량조절범위는 1:10 정도로 크다. 부하변동에 적응이 용이하다.
> - 연료분사범위는 외부혼합식이 3~500L/hr, 내부혼합식이 10~1,200L/hr 정도로 대형시설에 적합하다.
> - 분무에 필요한 공기량은 이론연소공기량의 7~12% 정도이다.

② 저압기류식

> **특징**
> - 분무각도는 30~60°로 작다.
> - 유량조절범위는 1:5로 비교적 큰 편
> - 연료분사범위는 200L/hr로 소형시설에 적합하다.
> - 분무에 필요한 공기량은 이론연소공기량의 30~50% 정도이다.

3) 회전 이류체 분무화식

회전하는 컵 모양의 분무컵에 송입되는 연료유가 원심력으로 비산됨과 동시에 송풍기에서 나오는 1차 공기에 의하여 분무되는 형식으로 유압식 버너에 비하여 연료유의 분무화 입경이 비교적 크지만 연료유의 점도가 작을수록, 분무컵의 회전수와 1차 공기의 속도가 클수록 분무화 입경은 작아진다.

> **특징**
> - 분무각도 40~80°
> - 유량조절범위는 1:5로 비교적 큰 편
> - 연료유 분사유량은 직결식이 1,000L/hr 이하, 벨트식이 2,700L/hr 이하이다.

4) 충돌 분무화식

적열된 금속판에 연료를 고속으로 충돌시켜 분무화하는 방식으로, 액체연료를 분무화시킬 때 분무화된 액체연료의 입경이 균등하지 못하면 부분적 기화현상이 생겨서 역화 또는 폭발의 위험이 있으므로 균일한 분무화 입경이 필요하다.

5) Gun type

유압식과 공기분무식을 합한 연소방식이다.

> 💡 **특징**
> - 유압은 보통 7kg/cm² 이상
> - 연소가 양호하며, 소형이다.
> - 전자동 연소가 가능하다.

❸ 기체연료의 연소장치 및 연소방법

(1) 확산연소

기체연료와 연소용 공기를 로내에 따로 따로 분출시킨 후 로내에서 혼합하여 연소시키는 방식이다.

> 💡 **특징**
> - 역화의 위험이 없다.
> - 가스와 공기를 예열할 수 있다.
> - 화염이 길고 그을음이 발생하기 쉽다.

1) 포트형

내화재로 만든 단면적이 큰 화구에서 공기와 기체연료를 별도로 보내서 연소시키는 방식, 기체연료와 공기를 고온으로 예열할 수 있다.

2) 버너형

① **선회** : 기체연료와 공기를 선회날개를 통하여 혼합시키는 방식으로 **저**발열량연료의 연소에 적합하다.
② **방사형** : 천연가스와 같은 **고**발열량의 가스를 연소시키는데 사용되는 버너이다.

[암기TIP] 기회는 확실하게 포획하고 버선발로 뛰어가자 / 선생님 저 방고 꾸었어요.)
→ 기체연료 확산연소에는 포트형과 버너형이 있고 버너형에는 선회식과 방사형이 있다.
→ 선회식 − 저발열량 / 방사형 − 고발열량

(2) 예혼합연소

기체연료와 연소용 공기를 미리 혼합하여 버너로 로내에 분출시켜 연소시키는 방식이다.

> 💡 **특징**
> - 화염온도가 높아 연소부하가 큰 경우에도 사용가능
> - 화염길이가 짧고, 연소조절이 쉽다.
> - 그을음 생성이 없다.
> - 혼합기의 분출속도가 느릴 경우 역화의 위험이 있다.

1) 고압버너

기체연료의 압력을 2kg/cm²(1400mmHg) 이상으로 공급하므로 연소실 내의 압력은 정압이며 소형의 가열로에 사용된다.

2) 저압버너

기체연료의 분출 압력은 70~160mmHg 정도이며 버너에서 연료가 분출될 때 주위의 공기를 흡인하므로 공기흡인식 버너이다. 저압 버너는 역화를 방지하기 위하여 1차 공기량을 이론 공기량의 60% 정도로 운전하고, 로내의 압력을 부압으로 하여 공기를 흡인한다. 가정용 및 소형 공업용으로 많이 사용된다.

3) 송풍버너

연소용 공기를 가압하여 송입하는 형식의 버너로 가압공기를 노즐로부터 분출시킴과 동시에 기체연료를 흡인·혼합하여 연소시키는 버너이다.

[암기TIP] 예혼합연소는 역화의 위험이 있어 꼬 저 쏭!)

(3) 부분예혼합연소

확산연소와 예혼합연소를 절충한 방법, 일부는 미리 연료와 공기를 혼합하고, 나머지는 연소실내에서 혼합하여 확산하는 연소방식이다. 주로 소형 또는 중형버너에 사용된다.

4 통풍장치

통풍장치는 연소용 공기가 연소후에 굴뚝으로 잘 배출되도록 해주는 장치로, 통풍형식은 자연통풍과 강제통풍으로 구분된다.

(1) 강제통풍

1) 가압통풍(압입통풍)

송풍기로 연소실에 압력을 가하여 통풍하는 방식이다.

> **특징**
> - 공기를 예열할 수 있다.
> - 유지보수가 용이하다.
> - 연소실내가 양압(+)으로 유지된다.
> - 연소실의 기밀이 요구된다.
> - 역화의 위험이 있다.

2) 흡인통풍

연소실내를 음압(-)으로 유지하여 통풍하는 방식이다.

> 💡 **특징**
> - 역화의 위험이 없다.
> - 유지보수가 어렵다.
> - 가압통풍에 비해 유지비가 많이 든다.
> - 이젝터를 함께 사용할 수 있다.

3) 평형통풍

가압통풍 + 흡인통풍

> 💡 **특징**
> - 역화의 위험이 없고, 공기예열이 가능하다.
> - 유지비가 많이 들고, 소음이 심하다.

> 📖 **보충자료** 보염기
>
> 버너에서 착화를 확실히 하고 또 화염이 꺼지지 않도록 화염의 안정을 꾀하는 장치. 화염 안정화를 위해서는 보염기로 증기 흐름을 차단하여 보염기의 하류부에 착화가 가능한 저속의 고온 순환역(域)을 형성시킬 필요가 있다. 보염기는 선회기 형식(선회기)과 보염판 형식(보염판)으로 대별된다.

> 💡 **화염을 유지하기 위한 보염기에 대한 설명** ★
> 1. 원추형 보염기는 원추의 가장자리에서 말려들게 한 소용돌이에 의하여 주로 보염작용을 행한다.
> 2. 공기유동에 대해 소용돌이를 발생시켜 화염의 순환영역을 만들어 화염의 안정화를 꾀한다.
> 3. 공기유동에 대해 연료를 역방향으로 분사하여 국부공기유속을 화염 전파속도보다 작게 한다.
> 4. 축류형 보염기는 날개의 후방에 생기는 소용돌이에 의하여 주로 보염작용을 행한다.

기출문제로 다지기 — CHAPTER 05 연소장치 및 연소방법

01 유류연소 버너 중 저압공기 분무식 버너에 관한 설명으로 알맞지 않은 것은?

① 비교적 좁은 각도의 짧은 화염을 나타낸다.
② 버너 입구의 공기압력은 보통 400~1500mmH₂O이다.
③ 주로 대용량에 사용하며 가격이 저렴하고 분무되는 상태가 양호하다.
④ 분무에 사용하는 공기량은 전 연소용 공기량의 50%에 이른다.

[해설] 저압 공기식 버너의 특징은 소형 가열로에 적합하고 연소제어가 용이하다.

02 공기압은 2~10kg/cm², 분무화용 공기량은 이론공기량의 7~12%, 분무각도는 30° 정도이며 유량조절범위는 1 : 10 정도인 액체연료의 연소장치는?

① 유압식 버너 ② 고압공기식 버너
③ 충돌분사식 버너 ④ 회전식 버너

03 확산형 가스버너 중 포트형에 관한 설명으로 옳지 않은 것은?

① 포트형은 버너가 노벽에 의해 분리되어 내화벽돌로 조립된 것으로 가스 분출속도가 높다.
② 구조상 가스와 공기압을 높이지 못한 경우에 사용한다.
③ 가스와 공기를 함께 가열할 수 있다.
④ 가스 및 공기의 온도와 밀도를 고려하여 밀도가 큰 공기 출구는 상부에, 밀도가 작은 가스 출구는 하부에 배치되도록 설계한다.

[해설] 포트형(port type) 확산버너는 버너 자체가 노벽과 함께 내화벽돌로 조립되어 있다.

04 화염을 유지하기 위한 보염기에 관한 설명으로 가장 거리가 먼 것은?

① 원추형 보염기는 원추의 가장자리에서 말려들게 한 소용돌이에 의하여 주로 보염작용을 행한다.
② 축류형 보염기는 축의 전방에 생기는 소용돌이에 의하여 주로 보염작용을 행한다.
③ 공기유동에 대해 소용돌이를 발생시켜 화염의 순환영역을 만들어 화염의 안정화를 꾀한다.
④ 공기유동에 대해 연료를 역방향으로 분사하고 국부 공기유속을 화염전파속도보다 작게 한다.

[해설] 축류형 보염기는 날개의 후방에 생기는 소용돌이를 이용하여 보염작용을 한다.

05 유압분무식 버너에 관한 설명으로 옳지 않은 것은?

① 유량조절범위가 환류식의 경우 1 : 3, 비환류식의 경우 1 : 2 정도여서 부하변동에 적응하기 어렵다.
② 연료의 분사유량은 15~2,000kL/hr 정도이다.
③ 분무각도가 40~90° 정도로 크다.
④ 연료의 점도가 크거나 유압이 5kg/cm² 이하가 되면 분무화가 불량하다.

[해설] 유압분무식 버너는 대용량 버너 제작이 용이하나 유량조절범위가 좁아 부하변동에 적응하기 어려운 단점이 있다. 연료분사범위는 15~2,000L/hr 정도이다.

정답 01. ③ 02. ② 03. ① 04. ② 05. ②

06 다음 유압식 Burner의 특징으로 옳은 것은?

① 분무각도는 40~90° 정도이다.
② 유량조절범위는 1 : 10 정도이다.
③ 소형 가열로의 열처리용으로 주로 쓰이며, 유압은 $1~2kg/cm^2$ 정도이다.
④ 연소용량은 2~5L/hr 정도이다.

해설 ①항만 올바르다.
오답해설
② 유량조절범위는 1 : 2~3 정도이다.
③ 대형가열로의 열처리용으로 주로 쓰이며, 유압은 5~20 kg/cm^2 정도이다.
④ 연소용량은 15~2,000L/hr 정도이다.

07 기체연료의 연소방법에 대한 설명으로 가장 거리가 먼 것은?

① 확산연소는 화염이 길고 그을음이 발생하기 쉽다.
② 예혼합연소에는 포트형과 버너형이 있다.
③ 예혼합연소는 화염온도가 높아 연소부하가 큰 경우에 사용이 가능하다.
④ 예혼합연소는 혼합기의 분출속도가 느릴 경우 역화의 위험이 있다.

해설 확산연소에는 포트형과 버너형이 있다.

08 연소장치에서 생성되는 질소산화물에 관한 사항들 중 가장 정확하게 표기된 항은?

① 연소장치 내의 연소부에서 생성되는 질소산화물의 형태는 주로 NO_2이다.
② 질소산화물의 발생량을 조절하기 위해서는 로 내의 온도를 높게 유지하는 것이 유리하다.
③ 생성되는 질소산화물의 형태는 주로 NO와 NO_2이고 굴뚝에서는 NO가 많이 검출된다.
④ 공기를 이론량보다 20% 가량 과량으로 공급함으로써 질소산화물의 생성을 억제할 수 있다.

해설 ③항만 올바르다.
오답해설
① 연소장치 내의 연소부에서 생성되는 질소산화물의 형태는 주로 NO이다.
② 질소산화물의 발생량을 조절하기 위해서는 로 내의 온도를 낮게 유지하는 것이 유리하다.
④ 공기를 이론량보다 10~20% 가량 과량으로 공급할 때 질소산화물의 생성은 최대로 된다.

09 다음 중 고압기류 분무식 버너에 관한 설명으로 거리가 먼 것은?

① 연료분사범위는 외부혼합식이 500~1,000L/hr, 내부혼합식이 1,200~2,400L/hr 정도이다.
② 연료유의 점도가 큰 경우도 분무화가 용이하나 연소시 소음이 크다.
③ 분무각도는 30° 정도이나 유량조절비는 1:10 정도로 커서 부하변동에 적응이 용이하다.
④ 분무에 필요한 1차 공기량은 이론연소공기량의 7~12% 정도이다.

해설 연료분사범위는 외부혼합식이 3~500L/hr, 내부혼합식이 10~2,000L/hr 정도이다.

10 노즐을 통하여 5~20kg/cm² 정도의 압력으로 가압된 연료를 연소실 내부로 분무시키는 액체연료의 연소장치 버너로, 대용량 버너로 제작이 용이하고 분무각도가 크며 유량 조절범위가 좁은 것이 특징인 것은?

① 고압기류 분무식 버너
② 공기 유압식 버너
③ 유압 분무식 버너
④ 고압 노즐식 버너

11 기체연료의 연소방법 중 역화 위험이 가장 큰 방법은?
① 확산연소 ② 부분예혼합연소
③ 난류연소 ④ 예혼합연소

12 다음 중 건타입(Gun type) 버너에 관한 설명으로 틀린 것은?
① 형식은 유압식과 공기분무식을 합한 것이다.
② 유압은 보통 7kg/cm² 이상이다.
③ 연소가 양호하고, 전자동 연소가 가능하다.
④ 유량조절 범위가 넓어 대용량에 적합하다.

해설 건타입 버너는 소용량에 적합하다.

13 석탄의 유동층 연소방식에 관한 설명과 가장 거리가 먼 것은?
① 화염층을 크게 할 수 있다.
② 단위면적당 열용량이 크다.
③ 부하변동에 쉽게 응할 수 없다.
④ 재와 미연탄소의 방출이 많다.

14 로터리킬른의 특징으로 가장 거리가 먼 것은?
① 소각전처리가 크게 요구되지 않는다.
② 소각재 배출시 열손실이 적고, 별도의 후연소기가 불필요하다.
③ 소각시 공기와의 접촉이 좋고 효율적으로 난류가 생성된다.
④ 여러 가지 형태의 폐기물(고체, 액체, 슬러지 등)을 동시에 소각할 수 있다.

해설 소각재 배출시 열손실이 크고, 열효율이 낮으며, 별도의 후연소기가 필요하다.

15 유류 버너의 종류에 관한 설명으로 알맞지 않은 것은?
① 유압식 : 넓은 각도의 화염으로 조절범위가 좁다.
② 회전식 : 중, 소형 보일러용으로 비교적 넓은 각도의 화염이 특징이다.
③ 고압공기식 : 유량조절 범위가 넓고 제강용 평로, 유리용해로 등 고온가열용이다.
④ 저압공기식 : 비교적 넓은 각도의 긴 화염이 특징이며 대형 가열로용이다.

해설 저압공기식 : 비교적 좁은 각도의 짧은 화염이 특징이며 소형 가열로용이다.

16 유류 버너 중 회전식 버너에 관한 설명으로 틀린 것은?
① 유량은 2~300L/hr이며 비교적 좁은 각도의 짧은 화염을 나타낸다.
② 분무매체는 기계적 원심력과 공기이다.
③ 부하변동이 있는 중소형 보일러용으로 사용된다.
④ 분무각도는 45~90°이며 회전수는 5000~6000rpm 범위이다.

해설 유량은 1,000L/hr이며 비교적 넓은 각도(40~80°)의 긴 화염을 나타낸다.

17 다음 중 ( ) 안에 알맞은 내용은?

기체연료를 버너에서 연소시키는 방법은 크게 (①)과 (②)로 나눌 수 있다.

① 확산연소법 – 예혼합연소법
② 공기주입연소법 – 공기흡입연소법
③ 예혼합연소법 – 회전주입연소법
④ 압력주입연소법 – 직접연소법

정답 11. ④ 12. ④ 13. ① 14. ② 15. ④ 16. ① 17. ①

18 다음은 여러 가지 통풍방식에 대한 설명이다. 옳지 않은 것은?

① 흡인통풍은 노 내를 항상 부압으로 유지할 수 있고 굴뚝높이에 관계없이 연소가 가능하다.
② 압입통풍을 위한 공기량은 송풍기의 흡인측 또는 분출측에 있는 밸브로 조정하기 때문에 정확한 제거가 가능하다.
③ 평형통풍은 일반적으로 통풍력이 약하여 소형 보일러에 적당하다.
④ 자연통풍은 동력소모가 없고 연소용 공기의 조절이 곤란하다.

해설 평형통풍은 통풍력이 강하고, 대형 보일러에 적합하다.

19 통풍방식 중 압입통풍에 관한 설명으로 틀린 것은?

① 역화의 위험성이 없다.
② 연소용 공기를 예열할 수 있다.
③ 송풍기의 고장이 적고 점검 및 보수가 용이하다.
④ 내압이 정압(+)으로 연소효율이 좋다.

해설 역화의 위험성이 있다.

20 통풍에 관한 다음 설명 중 옳지 않은 것은?

① 압입통풍은 역화의 위험성이 있다.
② 압입통풍은 노 앞에 설치된 가압송풍기에 의해 연소용 공기를 연소로 안으로 압입하며, 내압은 정압(+)이다.
③ 흡인통풍은 연소용 공기를 예열할 수 있다.
④ 평형통풍은 대용량의 연소설비에 적합하다.

해설 흡인통풍은 연소용 공기를 예열할 수 없다.

정답 18. ③ 19. ① 20. ③

PART 3

제 3 과목
대기오염 방지기술

들어가며

안녕하세요. 잘 지내셨나요? 토양환경의 꽃, 3과목을 시작합니다. 이 과목은 모든 정화기술의 공정을 이해하고 있으셔야만, 필기시험의 고득점뿐만 아니라 이후에 있을 실기시험에도 아주 유리하므로 입체적인 이해를 권장드립니다. 여기서 입체적인 이해란 각각의 정화기술을 학습하면서 정화되는 과정을 동영상을 보듯 머릿속에서 재생시키며 이해해보는 것을 말합니다. 그럼 지금부터 동영상의 재생버튼을 누르겠습니다.

CHAPTER 01 환기 및 통풍

UNIT 01 환기

1 전체환기와 국소환기

① **전체환기** : 공간 전체를 환기
② **국소환기** : 오염원 공간 주위를 환기

	전체환기	국소환기
적용	• 오염물질의 농도가 낮을 때 • 오염원이 이동성일 때 • 오염원이 분산되어 있을 때 • 작업 특성상 국소배기장치의 설치가 경제적, 기술적으로 매우 곤란하다고 인정될 경우	• 오염물질의 농도가 높을 때 • 오염원이 고정되어 있을 때 • 독성물질이나 감염성물질이 존재할 때 • 법적으로 규제하는 공간일 때

2 환기관련용어

① **후드** : 오염물질의 발생원을 가능한 에워싸서 설치하여 흡입기류를 형성하여 오염물질을 그 안으로 유도하여 유입시키는 장치
② **덕트(송풍관)** : 후드를 통해 유입된 오염물질이 배출구까지 이동하는 통로
③ **제어속도(포착속도)(V_c)** : 유해물질이 후드에 포집될 수 있는 최저 흡입풍속을 말한다.
④ **무효점(null point)** : 운동량이 소실되어 속도가 0에 이르는 점
⑤ **제어거리(X)** : 후드의 흡인이 미치는 오염원과 후드까지의 거리

3 후드의 종류

(1) 포위형 : 장갑부착상자형, 드래프트챔버형

> **특징**
> 오염공기의 밀폐가 가능하여, 고농도, 독성물질의 환기에 적용된다. 환기량을 줄일 수 있으나, 작업영역을 방해하는 단점이 있다.

※ 부스형(부분포위) : 한 면을 제외하고 나머지면을 전부 에워싼 형태

(2) 외부형 : 루버형, 슬로트형, 그리드형 등

> **특징**
> 외부공기흐름에 방해를 받으며, 원활한 포집을 위해서는 오염원과의 거리를 60cm 이하로 유지하여야 한다. 환기량이 많이 소요되나, 작업영역을 방해하지 않는다.

(3) 수형(리시버형) : 그라인더커버형, 캐노피형

> **특징**
> 오염기류를 예측하여 포집하는 형태로, 열기류 또는 관성기류를 예측하여 포집한다.

4 후드의 흡인요령(개 발 국 충)

① **개**구면적을 작게 할 것
② **발**생원에 접근시킬 것
③ **국**소적 흡인방식을 취할 것
④ **충**분한 흡인속도를 유지할 것

5 환기 관련공식

(1) 후드의 흡인유량 $(Q_c) = (10X^2 + A) \times V_c$

① 테이블(바닥) 위에 설치되어 있을 때 : $Q_c = 0.5(10X^2 + 2A) \times V_c$
② 플랜지를 부착한 경우 : $Q_c = 0.75(10X^2 + A) \times V_c$

(2) 후드의 압력손실(ΔP_h) = $F_i \times P_v = \left(\dfrac{1-C_e^2}{C_e^2}\right) \times P_v$

- F_i : 유입손실계수
- C_e : 유입계수
- P_v : 동압(속도압) = $\dfrac{\gamma V^2}{2g}$

(3) 덕트의 압력손실(ΔP)

① 장방형(ΔP) = $f \times \dfrac{L}{D_o} \times \dfrac{\gamma V^2}{2g}$

② 원형(ΔP) = $4f \times \dfrac{L}{D} \times \dfrac{\gamma V^2}{2g} = \lambda \times \dfrac{L}{D} \times \dfrac{\gamma V^2}{2g}$

※ $4f = \lambda$

※ $D_o = \dfrac{2ab}{a+b}$

UNIT 02 통풍

1 송풍기의 종류

(1) 원심력 송풍기

다수의 임펠러로 원심력을 일으켜 송풍하는 형식이다.
① **터보형** : 효율이 좋고 적은 동력으로 운전가능, 고온, 고압 대용량에 적합
② **평판형(레디알형)** : 강도가 크고 마모부식에 강하며, 대형으로 설비가 비쌈
③ **다익형(비행기날개형)** : 전향날개형으로 소형이며 경량이고, 고온, 고압, 고속에 부적당
④ **익형(비행기날개형)** : 후향날개형을 정밀하게 변형시킨 것으로 효율이 가장 좋음, 공기조화장치, 공기청정장치에 이용되며 에너지 절감효과가 뛰어남

> 💡 **효율순서**
> 다익형 < 평판형 < 터보형 < 익형

(2) 축류형 송풍기

선풍기처럼 원통형의 케이싱 안에 날개를 회전시켜서 기류를 축 방향으로 흡입, 배풍하는 형식이다. 비교적 큰 풍량을 취급한다.
① **프로펠러형** : 효율은 낮으나, 설치비용이 저렴함, 송풍관을 사용하지 않고 배기하거나, 전체환기에 적합함
② **튜브형** : 효율은 낮으나, 송풍관 내에 넣을 수 있어 설치장소에 구애를 받지 않음, 저렴함
③ **베인형(고정날개형)** : 비교적 고효율이고, 날개의 마모나 오염된 경우 청소나 교환이 가능

2 송풍기 관련공식

(1) 소요동력 : $P(kW) = \dfrac{\Delta P \cdot Q}{102 \cdot \eta} \times \alpha$

- ΔP : 압력손실(mmH$_2$O)   • Q : 유량(m^3/sec)   • η : 효율   • α : 여유율

⇨ 모든 단위를 MKS로 통일하자!
⇨ 축동력을 구할 때는 여유율을 무시하자!
⇨ 이론동력을 구할 때는 효율을 100%로 대입하자!

(2) 상사법칙 : 송풍기 회전수 변화에 따른 인자의 변화

1) 송풍기 회전수 변화에 따른 인자의 변화(송풍기의 크기와 유체밀도는 일정할 때)

(암기TIP) 회전초밥 요압동 123동)

① 회전수변화에 유량은 1승에 비례

$$Q_2 = Q_1 \times \left(\dfrac{N_2}{N_1}\right)$$

② 회전수변화에 압력은 2승에 비례

$$P_{s2} = P_{s_1} \times \left(\dfrac{N_2}{N_1}\right)^2$$

③ 회전수변화에 동력은 3승에 비례

$$P_2 = P_1 \times \left(\dfrac{N_2}{N_1}\right)^3$$

- Q : 유량   • P_s : 압력
- P : 동력   • N : 회전수

2) 송풍기 크기 변화에 따른 인자의 변화(회전수, 유체밀도(공기의 밀도)가 일정할 때)

> **암기TIP** 큰거는 요압동 325동)

① 송풍기의 크기(회전차 직경)에 유량은 3승에 비례

$$\text{식} \quad Q_2 = Q_1 \times \left(\frac{D_2}{D_1}\right)^3$$

② 송풍기의 크기(회전차 직경)에 압력은 2승에 비례

$$\text{식} \quad P_{s2} = P_{s_1} \times \left(\frac{D_2}{D_1}\right)^2$$

③ 송풍기의 크기(회전차 직경)에 동력은 5승에 비례

$$\text{식} \quad P_2 = P_1 \times \left(\frac{D_2}{D_1}\right)^5$$

- D : 송풍기의 크기(회전차 직경)

3) 유체밀도 변화에 따른 인자의 변화(회전수와 송풍기 크기는 일정할 때)

> **암기TIP** 밀어도 요압동 무한(1))

① 유체밀도의 변화에 유량은 무관하다.

$$\text{식} \quad Q_2 = Q_1$$

② 유체밀도의 변화에 압력은 1승에 비례한다.

$$\text{식} \quad P_{s2} = P_{s_1} \times \left(\frac{\rho_2}{\rho_1}\right)$$

③ 유체밀도의 변화에 동력은 1승에 비례한다.

$$\text{식} \quad P_2 = P_1 \times \left(\frac{\rho_2}{\rho_1}\right)$$

(3) 송풍관 내 반송속도

유해물질 발생형태	유해물질 종류	반송속도(m/sec)
증기, 가스, 연기	모든 증기, 가스 및 연기	5.0~10.0
흄	아연흄, 산화알미늄흄, 용접흄 등	10.0~12.5
미세하고 가벼운 분진	미세한 면분진, 미세한 목분진, 종이분진 등	12.5~15.0
건조한 분진이나 분말	고무분진, 면분진, 가죽분진, 동물털분진 등	15.0~20.0
일반 산업분진	그라인더분진, 일반적인 금속분말분진, 모직물분진, 실리카분진, 주물분진, 석면분진 등	17.5~20.0
무거운 분진	젖은 톱밥분진, 입자가 혼입된 금속분진, 샌드블라스트 분진, 주철보링분진, 납분진 등	20.0~22.5
무겁고 습한 분진	습한 시멘트분진, 작은 칩이 혼입된 납분진, 석면덩어리 등	22.5 이상

(4) 송풍관의 접속

① 접속부의 내면은 돌기물이 없도록 할 것
② 곡관은 5개 이상의 새우등 곡관을 연결하거나, 곡관의 중심선 곡률반경이 송풍관 지름의 2.5배 내외가 되도록 할 것
③ 주송풍관과 가지송풍관의 접속은 30° 이내가 되도록 할 것
④ 확대 또는 축소되는 송풍관의 관은 경사각을 15° 이하로 하거나, 확대 또는 축소 전후의 송풍관 지름 차이가 5배 이상 되도록 할 것
⑤ 미스트나 수증기 등의 응축이 일어날 수 있는 유해물질이 통과하는 송풍관에는 배수밸브를 설치하여야 한다.

(5) 송풍기의 유량조절

① 회전수 조절법
② 안내익 조절법
③ 저항조절 평형법(Damper 부착법)
④ 정압조절 평형법

기출문제로 다지기 — CHAPTER 01 환기 및 통풍

01 발생원의 상방에 덮개와 같이 덮은 자립형 후드로 열부력에 의한 상승기류를 동반한 발생원에 쓰이는 국소 배기후드의 형식은?

① 슬로트형(slot type)
② 캐노피형(canopy type)
③ 커버형(cover type)
④ 부스형(booth type)

02 후드의 설계시 최적 통제속도(control velocity)를 결정하는 요소와 관계가 먼 것은?

① 후드의 형상과 크기
② 오염물의 배출지점과 후드의 상대적 위치
③ 처리될 가스의 양과 조성
④ 오염물질의 양과 특성

03 후드의 유입계수가 0.7, 속도압이 17mmH₂O일 때 후드의 압력손실(ΔP)은?

① 35mmH₂O
② 27mmH₂O
③ 18mmH₂O
④ 12mmH₂O

해설 $\Delta P_h = \left(\dfrac{1-C_e^2}{C_e^2}\right) \times P_v = \left(\dfrac{1-0.7^2}{0.7^2}\right) \times 17 = 17.69 mmH_2O$

04 직경 0.5m의 직선 덕트를 사용하여 가스를 10m/sec로 수송하는 경우 길이 100m당의 압력손실은 얼마인가? (단, 마찰계수는 0.004이다.)

① 10mmH₂O
② 18mmH₂O
③ 21mmH₂O
④ 34mmH₂O

해설 $\Delta P = 4f \times \dfrac{L}{D} \times \dfrac{\gamma V^2}{2g} = 4 \times 0.004 \times \dfrac{100}{0.5} \times \dfrac{1.3 \times 10^2}{2 \times 9.8}$
$= 21.22 mmH_2O$

05 단경 0.2m, 장경 0.4m, 길이 10m, 속도압 15mmH₂O, 철판 마찰계수 0.004인 장방형 송풍관의 압력손실(mmH₂O)은?

① 2.25
② 4.74
③ 8.33
④ 9.15

해설 $\Delta P = f \times \dfrac{L}{D_o} \times P_v$

- $D_o = \dfrac{2ab}{a+b} = \dfrac{2 \times 0.2 \times 0.4}{0.2 + 0.4} = 0.2666 m$

∴ $\Delta P = 0.004 \times \dfrac{10}{0.2666} \times 15 = 2.25$

06 어떤 원형 송풍관(duct) 내에 유체가 난류로 흐르고 있다. 이 송풍관의 직경을 1/2로 하면 직관부분의 압력손실은 몇 배가 되는가? (단, 유량과 마찰계수는 일정한 것으로 본다.)

① 4배
② 8배
③ 16배
④ 32배

해설 $\Delta P = 4f \times \dfrac{L}{D} \times \dfrac{\gamma V^2}{2g} = 4f \times \dfrac{L}{D} \times \left(\dfrac{Q}{A}\right)^2$
$= 4f \times \dfrac{L}{D} \times \left(\dfrac{Q \times 4}{\pi D^2}\right)^2$
$= K \times \dfrac{1}{D} \times \dfrac{1}{D^4} = K \times \dfrac{1}{D^5}$

∴ $\dfrac{\Delta P_2}{\Delta P_2} = \dfrac{K \times \dfrac{1}{(0.5D)^5}}{K \times \dfrac{1}{D^5}} = \dfrac{D^5}{(0.5)^5 \times D^5} = 32$

정답 01. ② 02. ③ 03. ③ 04. ③ 05. ① 06. ④

07 발생원으로부터 집진장치를 포함한 송풍기까지의 전압력손실이 150mmH₂O일 때 처리가스량이 80,000m³/hr인 경우 필요한 송풍기의 소요동력은? (단, 송풍기 효율 η=85%, 여유율은 1.3이다.)

① 38kW　　② 40kW
③ 45kW　　④ 50kW

해설 $P = \dfrac{\Delta P \times Q}{102 \times \eta} = \dfrac{(80,000/3600) \times 150}{102 \times 0.85} \times 1.3 = 49.98 KW$

08 처리가스량이 10,000m³/hr인 집진장치에 사용하는 송풍기의 전압이 400mmH₂O, 전동기 효율이 65%일 때 월 전력요금은? (단, 1일 10시간 가동, 10원/kWh, 1달은 30일로 가정함)

① 41,800원　　② 46,700원
③ 48,600원　　④ 50,300원

해설 $P = \dfrac{\Delta P \times Q}{102 \times \eta} = \dfrac{(10,000/3600) \times 400}{102 \times 0.65} = 16.76 KW$

∴ X원/월 $= 16.76kW \times \dfrac{10원}{kWh} \times \dfrac{10hr}{일} \times \dfrac{30일}{월} = 50,280원$

09 후드에 의한 흡인요령에 대한 설명이다. 잘못 설명된 것은?

① 후드를 발생원에 가깝게 한다.
② 국부적인 흡인방식을 취한다.
③ 후드 개구면적을 크게 한다.
④ 에어커튼을 이용한다.

해설 후드 개구면적을 작게 하여야 한다.

10 한 송풍기가 표준공기(밀도 : 1.2kg/m³)를 10m³/sec로 이동시키고 1,000rpm으로 회전할 때 정압이 900N/m²이었다면 공기밀도가 1.0kg/m³로 변할 때 송풍기의 정압은?

① 520N/m²　　② 625N/m²
③ 750N/m²　　④ 820N/m²

해설 $P_{s2} = P_{s1} \times \left(\dfrac{\rho_2}{\rho_1}\right) = 900 \times \left(\dfrac{1}{1.2}\right) = 750 N/m^2$

11 송풍기의 회전수를 바꾸면 송풍기의 용량, 풍압, 동력이 변화하게 된다. 다음 중 회전수에 따른 특성변화를 바르게 나타낸 것은?

① 송풍기의 소요마력은 송풍기 회전수와 비례한다.
② 송풍기의 소요마력은 송풍기 회전수의 제곱에 비례한다.
③ 송풍기의 풍량은 송풍기 회전수의 제곱에 비례한다.
④ 송풍기의 풍압은 송풍기 회전수의 제곱에 비례한다.

해설 ④항만 올바르다.
오답해설
• 송풍기의 소요마력은 송풍기 회전수의 세제곱에 비례한다.
• 송풍기의 풍량은 송풍기 회전수에 비례한다.

12 높이 100m, 직경이 1m인 굴뚝에서 260℃의 배출가스가 12,000m³/hr로 토출될 때 굴뚝에 의한 마찰손실은 약 얼마인가? (단, 굴뚝의 마찰계수는 λ = 0.06, 표준상태의 공기밀도는 1.3kg/m³)

① 1.84mmH₂O　　② 2.94mmH₂O
③ 3.68mmH₂O　　④ 4.82mmH₂O

 정답　07. ④　08. ④　09. ③　10. ③　11. ④　12. ③

해설 $\Delta P = \lambda \times \dfrac{L}{D} \times \dfrac{\gamma V^2}{2g}$

- $V = \dfrac{Q}{A} = \dfrac{12,000 m^3}{hr} \times \left(\dfrac{4}{\pi \times (1m)^2}\right) \times \dfrac{1hr}{3600sec}$
  $= 4.24 m/sec$

- $\gamma = \dfrac{1.3kg}{m^3} \times \dfrac{273}{273+260} = 0.6658 kg/m^3$

∴ $\Delta P = \lambda \times \dfrac{L}{D} \times \dfrac{\gamma V^2}{2g} = 0.06 \times \dfrac{100}{1} \times \dfrac{0.6658 \times 4.24^2}{2 \times 9.8}$
$= 3.66 mmH_2O$

13 자연 통풍력을 증대시키기 위한 방법과 가장 거리가 먼 것은?

① 굴뚝을 높인다.
② 굴뚝 통로를 단순하게 한다.
③ 굴뚝안의 가스를 냉각시킨다.
④ 굴뚝가스의 체류시간을 증가시킨다.

해설 배출가스의 온도는 높을수록 통풍력이 증대된다.

14 그림과 같은 가스 유송관에서 A점에서의 가스의 유속이 1,000m/min이였고 B점에서 가스의 유속이 700m/min이였다. 이 두 지점의 압력손실의 차는 몇 mmH₂O인가?

① 2.52mmH₂O
② 4.86mmH₂O
③ 6.32mmH₂O
④ 8.64mmH₂O

해설 $P_{v2} - P_{v1} = \dfrac{1.2 \times (1000/60)^2}{2 \times 9.8} - \dfrac{1.2 \times (700/60)^2}{2 \times 9.8}$
$= 8.67 mmH_2O$

15 실내에서 발생하는 CO_2의 양이 시간당 0.3m³일 때 필요한 환기량은? (단, CO_2의 허용농도와 외기의 CO_2 농도는 각각 0.1%와 0.03%이다.)

① 약 430m³/h
② 약 320m³/h
③ 약 210m³/h
④ 약 145m³/h

해설 $Q = \dfrac{S}{C - C_o} \times 100 = \dfrac{0.3}{0.1 - 0.03} \times 100 = 428.57 m^3/hr$

16 송풍기를 운전할 때 필요유량에 과부족을 일으켰을 때, 송풍기의 유량조절 방법에 해당하지 않는 것은?

① 회전수 조절법
② 안내익 조절법
③ Damper 부착법
④ 체걸름 조절법

17 아래 후드 형식으로 가장 적합한 것은?

> 작업을 위한 하나의 개구면을 제외하고 발생원 주위를 전부 에워싼 것으로 그 안에서 오염물질이 발산된다.
> 이 방식은 오염물질의 송풍시 낭비되는 부분이 적은데, 이는 개구면 주변의 벽이 라운지 역할을 하고, 측벽은 외부로부터의 분기류에 의한 방해에 대하여 방해판 역할을 하기 때문이다.

① 수(receiving)형 후드
② 슬롯(slot)형 후드
③ 부스(booth)형 후드
④ 캐노피(canopy)형 후드

정답 13. ③ 14. ④ 15. ① 16. ④ 17. ③

18. 다음은 원심송풍기에 관한 설명이다. ( ) 안에 알맞은 것은?

> ( )은 익현길이가 짧고 깃폭이 넓은 36~64매나 되는 다수의 전경깃이 강철판의 회전차에 붙여지고, 용접해서 만들어진 케이싱 속에 삽입된 형태의 팬으로서 시로코팬이라고도 널리 알려져 있다.

① 레이디얼팬 ② 터어보팬
③ 다익팬 ④ 익형팬

해설 다수의 깃이 있는 다익형송풍기는 시로코팬 또는 다람쥐 축차라고 불린다.

19. 송풍기를 원심력형과 축류형으로 분류할 때 다음 중 축류형에 해당하는 것은?

① 프로펠러형
② 방사경사형
③ 비행기날개형
④ 전향날개형

20. 다음은 축류 송풍기에 관한 설명이다. ( ) 안에 가장 적합한 것은?

> ( )는 축류형 중 가장 효율이 높으며, 일반적으로 직선류 및 아담한 공간이 요구되는 HVAC 설비에 응용된다. 공기의 분포가 양호하여 많은 산업장에서 응용되고 있다.

① 고정날개 축류형 송풍기
② 원통 축류형 송풍기
③ 방사 경사형 송풍기
④ 공기회전자 축류형 송풍기

해설 축류형 송풍기 중 가장 효율이 좋은 것은 고정날개형(베인형)송풍기이다.

21. 덕트 설치시 주요원칙과 거리가 먼 것은?

① 밴드는 가급적 90°가 되도록 한다.
② 공기가 아래로 흐르도록 하향구배를 만든다.
③ 구부러짐 전후에는 청소구를 만든다.
④ 밴드수는 가능한 한 적게 하도록 한다.

해설 밴드는 가급적 90°를 피하고, 부득이 하게 90°로 설치할 경우에는 주름관 형태(새우등 곡관)로 하는 것이 좋다.

22. 후드의 형식 및 설치 위치의 결정에 관한 설명 중 옳지 않은 것은?

① 후드 개구의 바깥주변에 플랜지를 부착하면 후드 뒤쪽의 공기흡입을 유도할 수 있고, 그 결과 포착속도를 높일 수 있다.
② 가능한 한 발생원을 모두 포위할 수 있는 포위식 또는 부스식을 선택한다.
③ 작업 또는 공정상 발생원을 포위할 수 없는 경우 외부식을 선택한다.
④ 오염물질의 발생상태를 조사한 결과 오염기류가 공정 또는 작업자체에 의해 일정방향으로 발생하고 있을 경우 레시버식을 선택한다.

해설 플랜지를 부착하면 후드 뒤쪽의 공기흡입을 배제함으로써, 포착속도를 높이고, 흡인유량을 감소할 수 있다.

정답 18. ③ 19. ① 20. ① 21. ① 22. ①

CHAPTER 02 입자 및 집진의 기초

UNIT 01 입자동력학

1 입자동력학

(1) 입자에 작용하는 힘

① **중력** : 지구상 모든 물체에는 중력이 작용
② **부력** : 유체 속에 놓여 있는 물체는 유체 속에서 그 물체의 부피에 해당하는 유체의 무게만큼 부력을 받음
③ **항력** : 유체 속을 운동하는 물체는 유체에 의한 마찰저항력을 받게 되고 이것을 항력이라 함

(2) 입자의 종말침강속도 산정

$$V_g = \frac{d_p^2(\rho_p - \rho_g)g}{18\mu}$$

① **커닝험보정계수(C_c)**

미세입자의 경우 기체분자가 입자에 충돌할 때 입자표면에서 미끄러지는 현상이 일어나기 때문에 입자에 작용하는 항력이 작아져 입자의 종말침강속도는 계산값보다 커지게 된다. **이 현상은 입경이 3㎛보다 작을 때부터 발생하고, 1㎛ 이하부터 현저하다.**

(3) 입자의 비표면적(S_v, S_m)

① $S_v = \dfrac{표면적}{체적} = \dfrac{6}{d_p}(\text{m}^2/\text{m}^3,\ 부피기준)$

② $S_m = \dfrac{표면적}{질량} = \dfrac{6}{d_p \times \rho_p}(\text{m}^2/\text{kg},\ 질량기준)$

② 입경과 입경분포

(1) 입경의 정의 및 분류

1) 입경의 정의
입자의 직경으로 입자가 구형인 경우 그 크기는 구의 직경으로 나타낼 수 있고, 부정형으로 존재하는 비구형 입자의 경우 그 크기를 결정하기는 쉽지 않다.

2) 입경의 분류

① **기하학적 특성에 의한 입경**

현미경을 이용하여 기하학적인 특성으로부터 그 크기를 직접 측정한 것으로 광학직경이라고도 한다.
㉠ 마틴경
㉡ 헤이후드경(등면적 직경)
㉢ 페레트경
※ 크기순서 : 마틴경 < 헤이후드경 < 페레트경

② **운동특성에 의한 입경**

㉠ Stoke경 : 대상입자와 침강속도 및 밀도가 같은 구형입자의 직경
㉡ 공기동력학경 : 대상입자와 침강속도가 같고 단위밀도를 갖는 구형입자의 직경
※ 단위밀도 $= 1g/cm^3 = 10^3 kg/m^3 =$ 물의 밀도

(2) 입경분포의 해석

입경분포는 효과적인 운전을 위해 가장 중요한 인자이다. 이에 따라 적합한 장치의 선정과 설계가 가능하기 때문이다.

1) 입경 측정방법

① **직접측정법**

㉠ 표준체측정법, ㉡ 현미경법

② **간접측정법**

㉠ 공기투과법, ㉡ 액상침강법, ㉢ 광산란법, ㉣ 관성충돌법(Cascade impactor), ㉤ Bahco 원심기체침강법

2) 입경분포

① **산술평균** : 모든 입자의 입경의 합을 총분진의 개수로 나눈 값

② **최빈값** : 입경별로 분류했을 때 발생빈도가 가장 높은 입경

③ **중앙값** : 입경을 크기순으로 나열했을 때 그 중앙에 위치한 입자의 입경

④ **대수정규누적분포**
   ㉠ **기하평균입경** : 누적치가 50%에 해당하는 입경
   ㉡ **기하표준편차**
   • 체상기준 : (84.13% 입경)/(50% 입경) = (50% 입경)/(15.87% 입경)
   • 체하기준 : (50% 입경)/(84.13% 입경) = (15.87% 입경)/(50% 입경)

⑤ **체하누적분포**
   ㉠ Rosin-Rammler 분포(R-R분포)

   $$R(\%) = 100\exp(-\beta d_p^n), \ Y(\%) = 100 - R$$

   • R : 체상누적분포   • Y : 체하누적분포   • β : 입경계수   • n : 입경지수

   ㉡ β가 커지면 미세한 분진이 많아짐
   ㉢ n이 커지면 일정한 입경분포 내에 많은 입자가 존재함

3 먼지의 발생 및 배출원

(1) 먼지의 발생원
보일러, 시멘트킬른, 산소제강로, 카본블랙, 골재건조기, 황동용전기로(일반적으로 카본블랙의 진비중/겉보기비중이 매우 높다. → 입자가 미세하여 재비산률이 높음)

(2) 먼지의 배출원
건설업, 공업, 농업, 연소활동, 자연현상 등에서 발생하고 주로 연소활동에서 배출된 먼지의 입경이 작아 미세먼지의 대부분을 차지한다.

> 참고

입자	주물사	비료용 석회	부선미광	미분탄	시멘트	훈연	황산 미스트	카본 Smoke	담배연기	유연
입자경	2000~200	800~30	400~20	400~10	150~1	0.1~10	0.5~10	0.2~0.01	0.15~0.01	1~0.03

4 집진원리

(1) 집진의 기초이론

① 큰 분진은 중력, 관성력, 원심력을 이용하여 제거되지만, 미세분진은 세정, 여과, 전기력을 이용하여 제거한다.
② 유속이 빠를수록 관성력, 원심력은 증가
③ 유속이 느릴수록 여과, 중력은 증가
④ 친수성이 높을수록 세정력은 증가
⑤ 전기저항이 낮을수록 전기력은 증가
⑥ 압력손실이 낮을수록 유지비는 낮음

(2) 통과율 및 집진효율 계산 등

1) 집진성능

① 집진효율(η)

$$\eta = \frac{S_c}{S_i} = \frac{S_i - S_o}{S_i} = \frac{C_i - C_o}{C_i} = \left(1 - \frac{C_o}{C_i}\right)$$

② 통과율(P)

$$P = \frac{S_o}{S_i} = 1 - \eta$$

③ 부분집진율(η_f)

$$\eta_f = \left(1 - \frac{C_o \times f_o}{C_i \times f_i}\right)$$

④ 총집진율(η_T)

$$\eta_T = 1 - [(1-\eta_1)(1-\eta_2)\cdots(1-\eta_n)]$$

- S_c : 포집 총량
- C_i : 유입 농도
- f_o : 유출 분율
- S_i : 유입 총량
- C_o : 유출 농도
- S_o : 유출 총량
- f_i : 유입 분율

기출문제로 다지기 — CHAPTER 02 입자 및 집진의 기초

01 다음 중 Stokes의 법칙을 이용한 집진장치는 어느 것인가?
① 중력집진장치 ② 관성력집진장치
③ 여과집진장치 ④ 전기집진장치

02 스톡스의 법칙을 만족하는 입자의 침강속도에 대한 설명 중 틀린 것은?
① 입자와 유체의 밀도차에 비례한다.
② 입자직경의 제곱에 비례한다.
③ 가스의 점도에 비례한다.
④ 중력가속도에 비례한다.

[해설] 가스의 점도에 반비례한다.

03 Stokes 법칙이 성립(Stokes 영역)할 때 저항계수(drag coefficient)는?
① $0.44/Re$ ② $18.5/Re$
③ $16/Re$ ④ $24/Re$

04 지름이 $5\mu m$의 구형입자의 침강속도가 0.5cm/sec 이다. 같은 조건에서 지름이 $20\mu m$인 같은 밀도의 구형입자의 침강속도는?
① 7.0cm/sec ② 3.07cm/sec
③ 8.0cm/sec ④ 9.07cm/sec

[해설] $V_g = \dfrac{d_p^{\,2}(\rho_p - \rho_g)g}{18\mu} = K \times d_p^{\,2}$
$K \times 5^2 : 0.5 = K \times 20^2 : X$
∴ $X = 8\text{cm/sec}$

05 Rosin-Rammler 곡선을 이용하는 것은?
① 처리가스의 산노점 분석
② 입자지름 분포에 따른 먼지의 제거방법 선택
③ 전기집진시 최적조건 선택
④ 먼지의 비중에 따른 후드 압력손실 계산

[해설] 로진-레믈러분포를 이용하면 입경의 분포도를 알아볼 수 있다. 입경분포를 산출하면, 집진기의 종류 및 크기를 설계할 수 있다.

06 비구형인 입자의 크기를 표현할 때 등가직경을 사용한다. 동역학 직경(aerodynamic diameter)의 경우 비구형입자의 어떠한 특성이 같은 구형입자의 직경을 의미하는가?
① 투영면적 ② 표면적
③ 침강속도 ④ 부력

07 입경이 $50\mu m$인 어떤 입자의 비표면적(표면적/부피)은? (단, 구형입자 기준)
① 1200cm^{-1} ② 900cm^{-1}
③ 600cm^{-1} ④ 300cm^{-1}

[해설] $S_v = \dfrac{6}{d_p} = \dfrac{6}{50\mu m} \times \dfrac{10^4 \mu m}{1cm} = 1200/cm$

정답 01. ① 02. ③ 03. ④ 04. ③ 05. ② 06. ③ 07. ①

08 배기가스 내 분진의 입도분포를 대수확률지에 Plot한 결과 직선이 되었다. 50% 입경과 84.13% 입경이 각각 $10.5\mu m$와 $5.5\mu m$이었다. 이 때 기하 평균 입경은?

① $3.5\mu m$ ② $5.5\mu m$
③ $10.5\mu m$ ④ $20.5\mu m$

해설 기하평균입경 = 대수확률지 50% 입경

09 350mL의 공간 내에 있는 구형입자들의 총 질량이 20mg이다. 입자들의 직경이 0.4μm(micrometer)이고 밀도가 $1g/cm^3$일 때 이 공간에 포함되어 있는 입자의 개수는?

① 6×10^9 ② 6×10^{10}
③ 6×10^{11} ④ 6×10^{12}

해설 입자개수 = $\dfrac{총질량}{단위 입자질량}$

단위입자질량 = $\forall \times \rho = \dfrac{\pi \times (0.4\mu m)^3}{6} \times \dfrac{1g}{cm^3} \times \dfrac{1cm^3}{(10^4\mu m)^3}$
$= 3.3510\times 10^{-14}g$

∴ 입자개수 = $\dfrac{20mg}{3.3510\times 10^{-14}g} \times \dfrac{1g}{10^3 mg} = 5.97\times 10^{11}$

10 어떤 집진기의 입구농도 $C_i = 6g/m^3$, 입구 유입가스량은 $10m^3$이며, 출구농도 $C_o = 0.5g/m^3$, 출구가스량은 $12m^3$일 때 이 집진기의 효율은?

① 93.7% ② 92.4%
③ 91.7% ④ 90.0%

해설 $\eta(\%) = \left(1 - \dfrac{C_o Q_o}{C_i Q_i}\right) \times 100 = \left(1 - \dfrac{0.5 \times 12}{6 \times 10}\right) \times 100 = 90\%$

11 사이클론과 전기집진기를 직렬로 연결한 어느 집진장치에서 단위시간당 포집되는 분진량이 각각 300kg/hr, 197.5kg/hr이고 최종 배출구에서의 배출되는 분진량이 2.5kg/hr라 하면 이 집진기의 총합 집진율은?

① 98.5% ② 99.0%
③ 99.5% ④ 99.9%

해설 $\eta(\%) = \left(\dfrac{S_c}{S_i}\right) \times 100 = \left(\dfrac{300+197.5}{300+197.5+2.5}\right) \times 100 = 99.5\%$

12 89%의 총 집진효율을 얻기 위해 30% 효율을 가진 1차 전처리설비를 이미 설치하였다. 2차 처리장치의 효율을 몇 %로 하여야 하는가?

① 80.9% ② 84.3%
③ 92.9% ④ 96.9%

해설 $\eta_t = 1-(1-\eta_1)(1-\eta_2)$
$0.89 = 1-(1-0.3)(1-\eta_2)$
∴ $\eta_2 = 0.8428 ≒ 84.3\%$

13 어떤 집진장치의 입구와 출구에서 함진가스 농도가 각각 $10g/Sm^3$, $0.1g/Sm^3$이였고 그 중 입경범위 0~5μm인 먼지의 질량분율이 각각 8%와 60%였다면 이 집진장치에서 입경범위 0~5μm인 먼지의 부분집진율(%)은?

① 88.7 ② 89.5
③ 90.3 ④ 92.5

해설 $\eta_f(\%) = \left(1 - \dfrac{C_o f_o}{C_i f_i}\right) \times 100 = \left(1 - \dfrac{0.1 \times 0.6}{10 \times 0.08}\right) \times 100$
$= 92.5\%$

 정답 08. ③ 09. ③ 10. ④ 11. ③ 12. ② 13. ④

14 전기로에 설치된 백필터의 입구 및 출구 가스량과 먼지 농도가 다음과 같을 때 먼지의 통과율은?

- 입구가스량 : 11,400 Sm^3/hr
- 출구가스량 : 270 Sm^3/min
- 입구 먼지농도 : 12630mg/Sm^3
- 출구 먼지농도 : 1.11g/Sm^3

① 10.5% ② 11.1%
③ 12.5% ④ 13.1%

[해설] $P(\%) = \dfrac{C_o \times Q_o}{C_i \times Q_i} = \dfrac{1.11 \times 270}{12.63 \times (11400/60)} \times 100 = 12.45\%$

15 먼지농도 50g/Sm^3의 함진가스를 정상운전 조건에서 96%로 처리하는 싸이클론이 있다. 처리가스의 15%에 해당하는 외부공기가 유입될 때의 먼지통과율이 외부공기 유입이 없는 정상운전 시의 2배에 달한다면, 출구가스 중의 먼지 농도는?

① 3.0g/Sm^3 ② 3.5g/Sm^3
③ 4.0g/Sm^3 ④ 4.5g/Sm^3

[해설] $C_o = (1-\eta) \times C_i = (1-0.96) \times 50 \times 2 \times \dfrac{1}{1+0.15}$
$= 3.48 g/Sm^3$

16 커닝험 수정계수에 대한 설명으로 알맞은 것은?

① 미세입자일수록 항력이 감소하여 커닝험 수정계수가 작아진다.
② 미세입자일수록 항력이 증가하여 커닝험 수정계수가 작아진다.
③ 미세입자일수록 항력이 감소하여 커닝험 수정계수가 커진다.
④ 미세입자일수록 항력이 증가하여 커닝험 수정계수가 커진다.

정답 14. ③ 15. ② 16. ③

집진기술

1 집진방법

(1) 직렬 및 병렬연결
① **직렬연결** : 집진기 후단에 집진기를 연결하는 방식, 입경분포폭이 넓고, 조대한 입자를 응집효과를 증대시킴으로 효율적으로 제거할 수 있다. 후단에 고효율집진장치를 두는 식으로 설치하고, 앞단의 집진기가 전처리역할을 하여 후단의 집진기의 효율향상과 고장 및 운전장해를 방지하여 준다.
(응집성이 강한 먼지, 중·소유량에 적용)
② **병렬연결** : 집진기를 병렬로 설치하여 유입가스를 분할하여 처리하는 방식, 입경분포폭이 좁고, 유량이 많으며, 미세한 분진을 압력손실을 일정하게 유지하며 고효율로 집진할 수 있는 방식
(고농도, 대유량에 적용)

(2) 건식집진과 습식집진 등
① **건식집진** : 대량가스처리시 사용된다. 유지관리가 간편하고, 유지비가 적게 들지만, 습식에 비해 대체로 효율이 떨어진다.
② **습식집진** : 중·소량가스처리시 사용된다. 유지관리가 까다롭고, 유지비가 많이 든다. 효율이 좋고, 집진 및 유해가스처리가 동시에 가능하다.

2 집진장치의 종류 및 특징

(1) 중력집진장치의 원리 및 특징

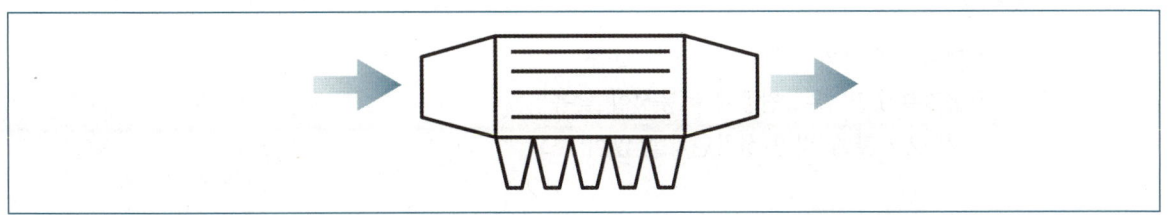

1) 메커니즘

중력에 의한 침강을 극대화시켜 먼지를 제거한다. 장치의 유입구의 단면적을 크게 설계하여 유속을 줄이고, 높이를 최대한 낮추며, 길이를 길게 하여 최대한 먼지를 침강시킬 수 있는 구조로 설계한다.

2) 효율향상조건

① 장치 길이 길게   ② 수평유속 느리게
③ 높이 짧게   ④ 교란 방지

3) 관련공식을 이용하여 답 산출

① **부분집진율**(η_f) : 유입되는 입자 중 대상입자의 집진율

$$\eta_f = \frac{V_g}{V} \times \frac{L}{H} \text{(층류)}, \quad \eta_f = 1 - \exp\left[\frac{V_g}{V} \times \frac{L}{H}\right] \text{(난류)}$$

② **부분집진율 공식의 변형**

$$\eta_f = \frac{V_g}{V} \times \frac{L}{H} = \frac{d_p^2(\rho_p - \rho_g)gL}{18\mu VH} = \frac{d_p^2(\rho_p - \rho_g)gBL}{18\mu Q}$$

※ $A(\text{단면적}) = B(\text{폭}) \times H(\text{높이})$

③ **최소제거입경**

$$d_{pmin}(\mu m) = \sqrt{\left[\frac{18\mu VH}{(\rho_p - \rho_g)gL}\right]}$$

4) 장단점

① **장점**
  ㉠ 다른 집진장치에 비하여 압력손실이 적음
  ㉡ 전처리장치로 이용하기 용이
  ㉢ 구조 간단, 운전비·설치비 적음
  ㉣ 고온가스 처리용이
  ㉤ 조대한 입자 선별포집 가능

② **단점**
  ㉠ 미세한 입자의 포집곤란, 효율 낮음
  ㉡ 먼지부하 및 유량변동에 적응성이 낮음
  ㉢ 처리가스량에 비해 설치면적을 많이 소요

(2) 관성력집진장치의 원리 및 특징

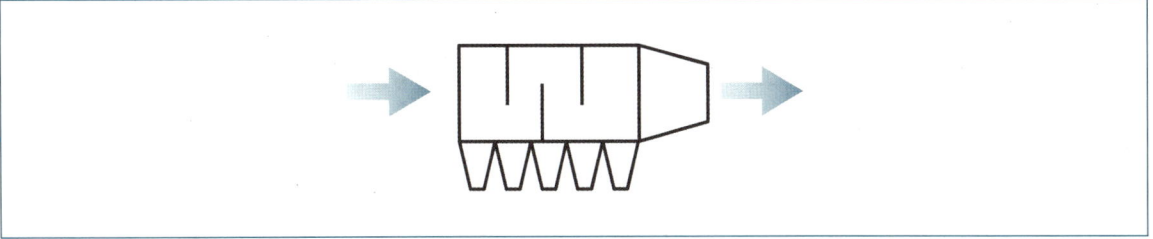

1) 메커니즘

관성력 + 중력을 이용하여 먼지를 제거, 충돌식은 방해판(Baffle)에 충돌하는 속도를 크게 하고, 반전식은 기류의 방향전환을 크게 하여 관성력을 이용하여 제거한 후, 잔여 먼지들은 중력에 의하여 제거한다.

2) 효율향상조건

① 충돌식은 일반적으로 충돌직전의 처리가스 속도가 크고, 처리 후 출구 가스속도는 느릴수록 미립자의 제거가 쉽다.
② 반전식은 기류의 방향 전환시 곡률반경이 작을수록, 방향전환 횟수는 많을수록, 압력손실은 커지나 집진효율은 좋다.
③ 호퍼(DUST BOX)는 적당한 모양과 크기가 필요하다.
④ 출구의 가스속도가 작을수록 집진효율이 좋다.
⑤ 충돌식의 경우 충돌직전의 각속도가 클수록 집진율이 높아진다.

3) 특징

① 충돌식과 반전식이 있으며, 방해판(Baffle)이 있으면 충돌식, 없으면 반전식이다.
② 일반적으로 고온가스의 처리가 가능하므로 굴뚝 또는 배관내에 적용될 때가 있다.
③ 액체입자의 포집에 사용되는 multibaffle형을 $1\mu m$ 전후의 미립자 제거가 가능하나, 완전하게 처리하기 위해 가스출구에 충전층을 설치하는 것이 좋다.
④ 집진가능한 입자는 주로 $10\mu m$ 이상의 조대입자이며 일반적으로 집진율은 50~70% 정도이다.

(3) 원심력집진장치의 원리 및 특징

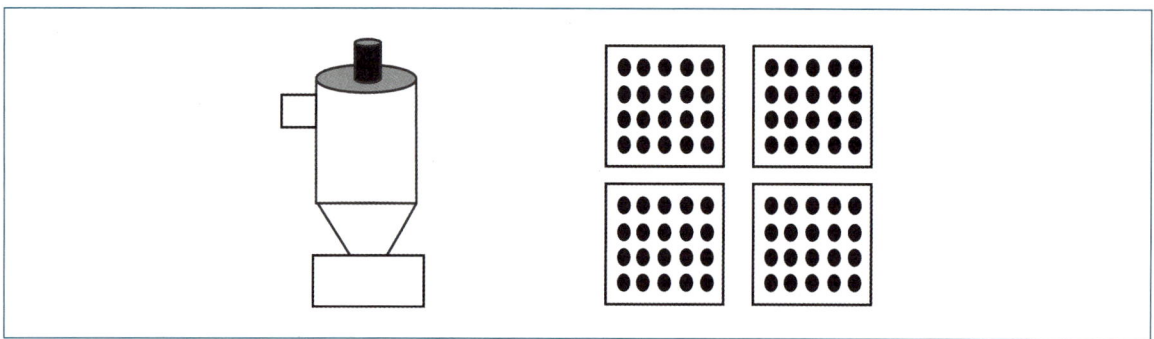

1) 메커니즘

원심력 + 관성력 + 중력을 이용하여 먼지를 제거한다. 유입되는 함진가스의 원심력을 조성하여 장치 내벽에 충돌할 때 생기는 관성력과 중력으로 먼지를 제거한다.

2) 효율향상조건

① 장치 높이 높게
② 유속 빠르게(적정 범위 내에서)
  → 적정범위 : 접선유입식 7~15m/sec, 축류식 10m/sec 전후
③ 장치 내경 짧게
④ 교란 방지
⑤ Dust Box와 분리하여 설계
⑥ 멀티 싸이클론 채용
⑦ 먼지폐색(dust plaque)효과를 방지하기 위해 축류집진장치를 사용
⑧ 고농도 분진 및 대량가스는 병렬로 처리
⑨ 응집성이 강하고 입경분포폭이 넓은 분진은 직렬로 처리

3) 관련공식을 이용하여 답 산출

① 100% 제거입경

$$d_{p\min} = \sqrt{\frac{9\mu B}{\pi V(\rho_s - \rho)N}} \times 10^6 (\mu m)$$

② 50% 제거입경

$$d_{pcut} = \sqrt{\frac{9\mu B}{2\pi V(\rho_s - \rho)N}} \times 10^6 (\mu m)$$

③ 부분집진율

$$\eta_f = \frac{d_p^2 \pi V(\rho_s - \rho)N}{9\mu B} \times 100(\%)$$

④ 분리계수(S)

$$S = \frac{\text{원심력의 분리속도}}{\text{중력의 침강속도}} = \frac{V^2}{R \times g}$$

⑤ 사이클론에서 외부선회류의 회전수

$$N = \frac{1}{H_A} \times (H_B + \frac{H_c}{2})$$

N: 회전수, H_A: 유입구 높이(m), H_B: 원통부 높이(m), H_C: 원추부 높이(m)

4) 장단점

장점	단점
• 구조가 간단하고 가동부가 없음	• 미세한 입자의 포집곤란
• 전처리장치로 이용하기 용이	• 압력손실이 비교적 높음(약 100mmH$_2$O)
• 고온가스 처리 가능	• 먼지부하, 유량변동에 민감
• 먼지입경에 대하여 사용범위 넓음(3~100㎛)	• 점착성, 조해성, 부식성 가스에 부적합

💡 **Blow Down(블로우다운) 방식**

(1) Blow Down 효과의 정의

사이클론의 집진효율을 높이는 방법으로 하부의 더스트박스(Dust Box)에서 처리가스량의 5~10%를 처리하여 사이클론내의 난류현상을 억제시킴으로 먼지의 재비산을 막아주며, 장치내벽 부착으로 일어나는 먼지의 축적도 방지하는 효과이다.

(2) Blow Down의 장점
① 원추하부에 가교현상을 억제시켜 재비산을 방지한다.
② 분진내통의 더스트 플러그 및 폐색을 방지한다.
③ 유효원심력을 증가시킨다.
④ 원추하부 또는 출구에 분진이 퇴적되는 것을 방지한다.

💡 Lapple의 효율곡선

Lapple의 효율곡선은 입경이 어느 이상의 입경범위에서는 그 크기에 따른 부분집진율의 차이가 거의 없기 때문에 임계입경보다는 절단입경을 사용하여 집진성능을 평가한다.

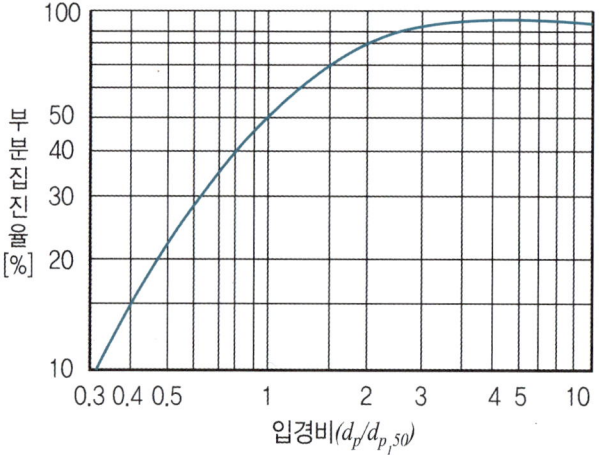

[Lapple의 효율예측곡선]

[Lapple의 효율곡선에 따른 입경별 효율]

d_p/d_{pcut}	부분집진효율
1	50
2	80
3	90

CHAPTER 03 집진기술

01 중력집진장치의 효율향상 조건이라 볼 수 없는 것은?

① 침강실 처리가스 속도를 작게 한다.
② 침강실 내의 배기 기류를 균일하게 한다.
③ 침강실의 높이는 작고, 길이는 길게 한다.
④ 침강실의 blow down 효과를 이용하여 난류현상을 억제한다.

해설 blow down 효과를 이용하여 난류현상을 억제하는 것은 원심력집진장치의 효율향상 조건이다.

02 길이 5m, 높이 3m인 중력침강실을 사용하여 밀도 2g/cm³이고 점성도 2.0×10^{-4} g/cm·sec인 매연을 처리할 경우 완전 제거할 수 있는 먼지의 최소입경(μm)은? (단, 가스유속은 0.75m/sec)

① 67   ② 74
③ 83   ④ 91

해설 $d_{pmin} = \sqrt{\dfrac{18\mu VH}{(\rho_p - \rho_g)gL}}$

$= \sqrt{\dfrac{18 \times 2 \times 10^{-5} \times 0.75 \times 3}{(2000-1.3) \times 9.8 \times 5}} \times 10^6 = 90.94\mu m$

• $\mu = 2 \times 10^{-4} g/cm \cdot sec = 2 \times 10^{-5} kg/m \cdot sec$
• $\rho_p = 2g/cm^3 = 2000 kg/m^3$
• $\rho_g = 1.3 kg/m^3$

∴ $d_{pmin} = \sqrt{\dfrac{18 \times 2 \times 10^{-5} \times 0.75 \times 3}{(2000-1.3) \times 9.8 \times 5}} \times 10^6 = 90.94\mu m$

03 지름 50μm인 입자의 최종 침전속도가 16cm/sec라고 할 때 중력침전실의 높이가 1.5m이면 입자를 완전히 제거하기 위해 소요되는 이론적인 중력침전실의 길이는? (단, 가스유속은 2m/sec이다.)

① 18.8m   ② 17.5m
③ 16.7m   ④ 15.6m

해설 $L = \dfrac{H \times V}{V_g} = \dfrac{1.5 \times 2}{0.16} = 18.75m$

04 배출가스 0.4m³/sec를 폭 5m, 높이 0.2m, 길이 10m의 침강집진으로 집진 제거한다면 처리가스 내의 입경 10μm 분진의 침강효율은? (단, 분진밀도 : 1.10g/cm³, 배출가스 밀도 : 1.2kg/m³, 처리가스 점도 : 1.84×10^{-4} g/cm·sec, 수평 침강실의 수 : 1, 보정계수 : 1.0, 층류 영역이라 가정함)

① 약 10%   ② 약 20%
③ 약 30%   ④ 약 40%

해설 $\eta_f = \dfrac{V_g}{V} \times \dfrac{L}{H}$

• $V_g = \dfrac{d_p^2(\rho_p - \rho_g)g}{18\mu} = \dfrac{(10 \times 10^{-6})^2 \times (1100-1.2) \times 9.8}{18 \times 1.84 \times 10^{-5}}$
$= 3.2512 \times 10^{-3} m/sec$

• $V = \dfrac{Q}{A} = \dfrac{0.4m^3}{sec} \times \dfrac{1}{5m \times 0.2m} = 0.4 m/sec$

∴ $\eta_f = \dfrac{3.2512 \times 10^{-3}}{0.4} \times \dfrac{10}{0.2} = 0.4064 = 40.64\%$

정답 01. ④   02. ④   03. ①   04. ④

05 침강실의 길이가 5m인 중력집진장치를 사용하여 침강 집진할 수 있는 먼지의 최소입경이 140μm였다. 이 길이를 2배로 변경할 경우 침강실에서 집진가능한 최소입경(μm)은? (단, 배출가스의 흐름은 층류이고, 길이 이외의 모든 설계조건은 동일하다.)

① 70
② 89
③ 99
④ 129

해설 식 $d_{pmin} = \sqrt{\dfrac{18\mu VH}{(\rho_p - \rho)gL}}$

길이 이외의 나머지 조건은 동일하므로

→ $d_{pmin} = K \times \sqrt{\dfrac{1}{L}}$

$140 = K \times \sqrt{\dfrac{1}{5}}$, $K = 313.05$

∴ $d_{pmin} = K \times \sqrt{\dfrac{1}{2L}} = 313.05 \times \sqrt{\dfrac{1}{2 \times 5}} = 99\mu m$

06 관성력집진장치의 집진율 향상조건이라 볼 수 없는 것은?

① 적당한 dust box의 형상과 크기가 필요하다.
② 기류의 방향전환 횟수가 많을수록 압력손실은 커지나 집진율은 높아진다.
③ 충돌직전의 처리가스 속도가 크고, 출구가스 속도가 작을수록 집진율은 높아진다.
④ 함진가스의 충돌 또는 기류방향 전환직전의 가스속도가 적당히 빠르고, 방향 전환시 곡률반경이 클수록 미세입자 포집이 용이하다.

해설 함진가스의 충돌 또는 기류방향 전환직전의 가스속도가 적당히 빠르고, 방향 전환 시 곡률반경이 작을수록 미세입자포집이 용이하다.

07 관성력집진장치에서 집진율을 높게 하기 위한 설명 중 틀린 것은?

① 출구의 가스속도가 작을수록 좋다.
② 기류의 방향전환 횟수는 많을수록 좋다.
③ 기류의 방향전환 각도가 클수록 좋다.
④ 적당한 dust box의 형상과 크기가 필요하다.

해설 기류의 방향전환 각도가 작을수록 좋다.

08 중력침강실 내의 함진가스의 유속이 2m/sec인 경우, 바닥면으로부터 1m 높이(H)로 유입된 먼지는 수평으로 몇 m 떨어진 지점에 착지하겠는가? (단, 층류기준, 먼지의 침강속도는 0.4m/sec)

① 2.5
② 3.5
③ 4.5
④ 5.0

해설 식 $\eta_f = \dfrac{V_g}{V} \times \dfrac{L}{H}$

먼지착지를 가정하므로 효율은 100%로 적용한다.

$1 = \dfrac{V_g}{V} \times \dfrac{L}{H}$ → $L = \dfrac{V \times H}{V_g}$

∴ $L = \dfrac{2m/s \times 1m}{0.4m/s} = 5m$

09 관성력 집진장치에서 집진율을 높이는 방법으로 틀린 것은?

① 충돌식의 경우 장치 출구의 가스속도가 클수록 집진율이 높아진다.
② 충돌식의 경우 충돌 직전의 각속도가 클수록 집진율이 높아진다.
③ 반전식의 경우 방향전환을 하는 곡률반경이 작을수록 집진율이 높아진다.
④ 함진가스의 방향 전환횟수는 많을수록 압력손실은 커지고, 집진율은 높아진다.

정답 05. ③ 06. ④ 07. ③ 08. ④ 09. ①

[해설] 관성력 집진장치에서 집진율은 출구가스 속도가 느릴수록 미세한 입자가 제거되며 집진율이 높아진다.

10 원심력집진기에 관한 내용으로 알맞지 않은 것은?

① 사이클론을 병렬 사용하는 경우 먼지에 응집성이 있으면 집진율이 높아진다.
② 일반적으로 축류식 직진형, 접선유입식, 소구경 multi cyclone에서는 blow down 효과가 일어날 수 있다.
③ blow down 효과는 cyclone의 집진효율을 높이는 한 방법이다.
④ 배기 관경(내경)이 작을수록 입경이 작은 더스트를 제거할 수 있다.

[해설] 사이클론을 직렬로 사용하는 경우 먼지에 응집성이 있으면 집진율이 높아진다. 병렬로 사용하는 경우는 고농도, 대유량 먼지의 집진에 용이하다.

11 사이클론의 효율에 관한 설명으로 틀린 것은?

① 고농도인 경우에는 직렬로 연결하여 사용한다.
② blow down 효과를 적용하여 효율을 증대시킨다.
③ dust box의 모양과 크기도 효율에 영향을 미친다.
④ 입구유속이 빠를수록 효율이 높은 반면에 압력손실은 높아진다.

[해설] 고농도인 경우에는 병렬로 연결하여 사용한다.

12 원심력집진장치의 사이클론 형식 중 multi cyclone에 대한 설명으로 틀린 것은?

① 기본 유속은 2m/sec 정도이고 1.0μm까지의 입자를 포집하는데 사용된다.
② 집진율은 70~95% 정도로 점착성 있는 먼지 등으로 인하여 막히기 쉽다.
③ 대부분 축류식 반전형이다.
④ 단위 사이클론의 내경이 작을수록 작은 입자가 포집되고, blow down 방식은 쓰지 않는다.

[해설] 기본유속은 10m/sec 정도이다.

13 원심력집진기에서 한계(임계분리)입경이란 무엇을 말하는가?

① 50% 처리효율로 제거되는 입자입경
② 100% 분리포집되는 입자의 최소입경
③ 블로다운 효과에 적용되는 최소입경
④ 분리계수가 적용되는 입자입경

14 원심력집진장치는 입경에 따라 집진효율이 많이 변하므로 이 장치에 의해 제거되는 분진과 제거되지 않는 분진의 크기 구별이 정확하지 않다. 따라서 분리경(cut size)을 고안하여 사용하는데 이것에 대한 설명으로 타당한 것은?

① 90% 집진효율로 제거되는 최소입자의 크기
② 60% 집진효율로 제거되는 입자의 크기
③ 50% 집진효율로 제거되는 입자의 크기
④ 25% 집진효율로 제거되는 최소입자의 크기

15 원심력집진장치인 사이클론에서 가스 유입속도를 2배로 증가시키고 입구폭을 2배로 늘리면 50% 효율로 집진되는 입자의 직경, 즉 Lapple의 절단입경(cut diameter)인 d_{p50}은 처음의 몇 배가 되는가?

① 4　　② 2
③ 1　　④ 0.5

정답 10. ① 11. ① 12. ① 13. ② 14. ③ 15. ③

해설 식 $d_{p50} = \sqrt{\dfrac{9\mu B_c}{2(\rho_p - \rho)\pi N_e V}}$

유입속도와 폭을 제외한 나머지 인자는 일정하므로,

$\rightarrow d_{p50} = K \times \sqrt{\dfrac{B_c}{V}}$

$\therefore \dfrac{d_{p50}(2)}{d_{p50}(1)} = \dfrac{K \times \sqrt{\dfrac{2B_c}{2V}}}{K \times \sqrt{\dfrac{B_c}{V}}} = 1$

16 지름이 40cm인 cyclone에서 가스 접선속도가 5m/sec이면 분리계수는?

① 10.5　　② 11.5
③ 12.8　　④ 13.7

해설 식 $S = \dfrac{V^2}{R \times g}$

• $R(반경) = 40cm/2 = 20cm = 0.2m$

$\therefore S = \dfrac{5^2}{0.2 \times 9.8} = 12.76$

17 Lapple이 언급한 표준사이클론 내로 함진기체가 13.03m/sec로 유입되고 실린더 직경이 2.2m라면 이 때 밀도가 1.6g/cm³이고, 직경이 19μm인 입자의 이론적 제거효율(%)은? (단, 여기서 D_p= 제거효율이 50%인 입자의 직경, μ= 기체의 점도(2.1×10^{-5}kg/m·sec), B= 입구폭(1/4×실린더 직경), N= 유효회전수 5, V= 도입기체의 유속, ρ_p= 입자의 밀도, ρ= Lapple 공식:

$D_p = \left(\dfrac{9\mu B}{2NV(\rho_p - \rho)\pi}\right)^{1/2}$)

[Lapple 도표 : 입경비에 대한 제거효율]

D/D_p	1.0	1.5	2.0	2.5
제거효율(%)	51	70	81	88

① 51　　② 70
③ 81　　④ 88

해설 lapple식으로 효율산출 시 dp_{50}을 구하여 dp/dp_{50}의 비 값에 해당하는 효율을 찾아 산출한다.

식 $d_{p50} = \sqrt{\dfrac{9\mu B_c}{2(\rho_p - \rho)\pi N_e V}}$

$d_{p50} = \sqrt{\dfrac{9 \times 2.1 \times 10^{-5} \times 2.2 \times \dfrac{1}{4}}{2 \times (1,600 - 1.3) \times \pi \times 5 \times 13.03}}$

$= 1.26 \times 10^{-5} m = 12.60 \mu m$

$\therefore \dfrac{D_p}{D_{p50}} = \dfrac{19}{12.60} = 1.51$

∴ 표에 해당하는 집진효율은 70%이다.

18 다음 사이클론의 집진효율을 높이는 방법으로 하부의 더스트 박스(dust box)에서 처리가스량의 5~10%를 처리하여 사이클론 내의 난류현상을 억제시킴으로 먼지의 재비산을 막아주며, 장치 내벽 부착으로 일어나는 먼지의 축적도 방지하는 효과는?

① 브라인딩(blinding)
② 블로다운(blow down)
③ 분진폐색(dust plugging)
④ 에디(eddy)

19 집진장치인 사이클론에 관한 설명으로 가장 거리가 먼 것은?

① 접선유입식 사이클론의 유입가스속도는 3~7m/sec 범위로 이 범위의 속도가 집진효율에 미치는 영향이 크다.
② 축류식 사이클론은 처리가스를 축방향으로 유입하는 것으로 반전형과 직진형이 있으며 입구가스속도는 12m/sec 전후이다.
③ 멀티사이클론은 처리가스량이 많고 높은 집진효율을 필요로 하는 경우에 사용한다.
④ 멀티사이클론은 작은 몸통경의 사이클론 여러 개를 병렬로 연결하여 사용한다.

20 집진유입식 cyclone에서 입구속도가 $V=9m/sec$, 압력손실계수 $F=10$일 때 압력손실은 얼마인가? (단, 덕트의 마찰계수는 0.005, 가스밀도는 $1.3kg/m^3$)

① 74.72mmH₂O ② 53.72mmH₂O
③ 44.72mmH₂O ④ 34.72mmH₂O

해설 식 $\Delta P = F \times P_v$

- $P_v = \dfrac{\gamma V^2}{2g} = \dfrac{1.3 \times 9^2}{2 \times 9.8} = 5.37 mmH_2O$

∴ $\Delta P = 10 \times 5.37 = 53.7 mmH_2O$

21 분진농도 50g/Sm³의 함진가스를 정상 운전상태에서 집진율 93%로 처리하는 cyclone이 있다. 이 cyclone의 원추하부 부근에서 처리가스의 10%에 해당하는 외부 공기가 유입된다면 분진 통과율은 외부 공기유입이 없는 정상운전시의 2배에 달한다고 한다. 이때 출구가스의 분진농도는?

① 6.36g/Sm³ ② 6.72g/Sm³
③ 6.84g/Sm³ ④ 6.97g/Sm³

해설 식 $C_o = C_i \times (1-\eta)$

∴ $C_o = 50 \times (1-0.93) \times 2 \times \dfrac{1}{1+0.1} = 6.36 g/Sm^3$

22 입구 직경 400mm인 접선유입식 싸이클론으로 함진가스 100m³/min을 처리할 때, 배출가스의 밀도는 1.28kg/m³이고, 압력손실계수가 8이면 싸이클론 내의 압력손실은?

① 83mmH₂O ② 92mmH₂O
③ 114mmH₂O ④ 126mmH₂O

해설 식 $\Delta P = F \times P_v$

- $P_v = \dfrac{\gamma V^2}{2g} = \dfrac{1.28 \times 13.26^2}{2 \times 9.8} = 11.48 mmH_2O$
- $V = \dfrac{Q}{A} = \dfrac{100m^3}{min} \times \dfrac{4}{\pi \times (0.4m)^2} \times \dfrac{1min}{60sec}$
  $= 13.26 m/sec$

∴ $\Delta P = 8 \times 11.48 = 91.84 mmH_2O$

23 원심력 집진장치에서 압력손실의 감소원인으로 가장 거리가 먼 것은?

① 장치 내 처리가스가 선회되는 경우
② 호퍼 하단 부위에 외기가 누입될 경우
③ 외통의 접합부 불량으로 함진가스가 누출될 경우
④ 내통이 마모되어 구멍이 뚫려 함진가스가 by-pass될 경우

해설 장치 내 처리가스가 선회되는 것은 정상흐름이다.

정답 19. ① 20. ② 21. ① 22. ② 23. ①

24 원심력 집진장치에 사용되는 용어에 관한 설명으로 틀린 것은?

① 임계입경(critical diameter)은 100% 분리한계입경이라고도 한다.
② 분리계수가 클수록 집진율은 증가한다.
③ 분리계수는 입자에 작용하는 원심력을 관성력으로 나눈 값이다.
④ 사이클론에서 입자의 분리속도는 함진가스의 선회속도에는 비례하는 반면, 원통부 반경에는 반비례한다.

[해설] 분리계수는 입자에 작용하는 원심력을 중력으로 나눈 값이다.

25 싸이클론의 특징으로 가장 거리가 먼 것은?

① 먼지량이 많아도 처리가 가능하다.
② 미세입자에 대한 집진효율이 낮다.
③ 설치비와 유지비가 많이 요구되지 않는 편이다.
④ 압력손실(10~30mmH$_2$O)이 낮아 동력소비량이 적은 편이다.

[해설] 원심력집진장치는 압력손실(50~150mmH$_2$O)이 비교적 높아 동력소비량이 큰 편이다.

26 사이클론 유입구 높이가 18.75cm, 원통부의 높이가 1.0m, 원추부의 높이가 1.0m일 때 외부선회류의 회전수는?

① 2   ② 4
③ 6   ④ 8

[해설] $N_e = \dfrac{L_b + L_c/2}{H_c} = \dfrac{1 + 1/2}{0.1875} = 8$

정답 24. ③   25. ④   26. ④

CHAPTER 04 세정집진기

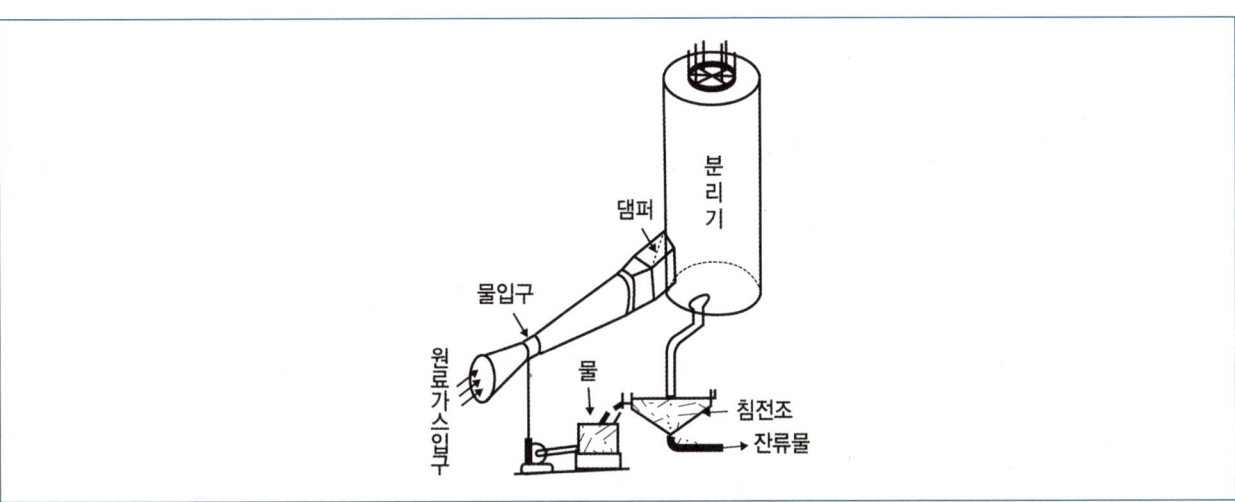

1 메커니즘

① 관성충돌(1㎛ 이상)
② 접촉차단(0.1~1㎛)
③ 확산(0.1㎛ 이하)
④ 중력(5㎛ 이상)
⑤ 증습에 의한 응집효과(세정 특화 메커니즘)

2 효율향상 및 감소조건

(1) 관성충돌계수를 크게 하기 위한 특성 및 운전조건 – 효율 향상 조건

① 분진입자 크기가 클수록
② 입자의 밀도가 클수록
③ 유속이 빠를수록
④ 가스의 점도가 작을수록
⑤ 액적의 직경이 작을수록

(2) 액가스비를 크게 하는 요인 – 효율 감소 조건

① 처리입자가 난용성일 경우 ② 처리입자가 미세입자일 경우
③ 액적의 직경이 클 경우   ④ 가스와 세정액과의 접촉이 좋지 못할 경우

(3) 장단점

1) 장점

① 가연성, 폭발성 먼지 처리 가능   ② 가스 및 분진 동시 처리 가능
③ 소형으로 집진효율 우수   ④ 고온가스 냉각기능
⑤ 소요설치면적이 대체로 적게 듦   ⑥ 설치비용 저렴
⑦ 구조가 간단하고 가동부가 적음

2) 단점

① 폐수처리필요   ② 압력손실이 크고, 동력소비량이 많음
③ 운전비가 많이 듦   ④ 부식 잠재성이 있음
⑤ 포집분진회수가 어려움   ⑥ 소수성 입자 처리효율 낮음
⑦ 한랭기간에 동결방지 필요

집진장치의 형식	방식	처리입경	압력손실	세정수량(L/m³)	운전비
전류형 스크러버	유수식	1~100μm	30~100	0.1~1	소
벤투리 스크러버	가압수식	0.1~50μm	300~800	0.3~1.5	대
사이클론 스크러버	가압수식	0.5~50μm	100~150	0.5~1.5	중
제트 스크러버	가압수식	0.1~50μm	0~-150	10~50	대
충전탑	가압수식	1~100μm	100~250	2~3	소
분무탑	가압수식	10μm 이상	50~100	0.5~1.5	소

(4) 관련 공식으로 답 산출

① 노즐과 수압관계 : $n\left(\dfrac{d_n}{D_t}\right)^2 = \dfrac{V_t L}{100 \sqrt{P}}$ (MKS)

② 수적경 계산 : $D_w = \dfrac{4980}{V_t} + 29 L^{1.5}$, $D_w = \dfrac{200}{N\sqrt{R}} \times 10^4$ (반경(cm), 회전수(rpm))

[최적비] 분진 : 물방울 = 1 : 150

05 여과집진기

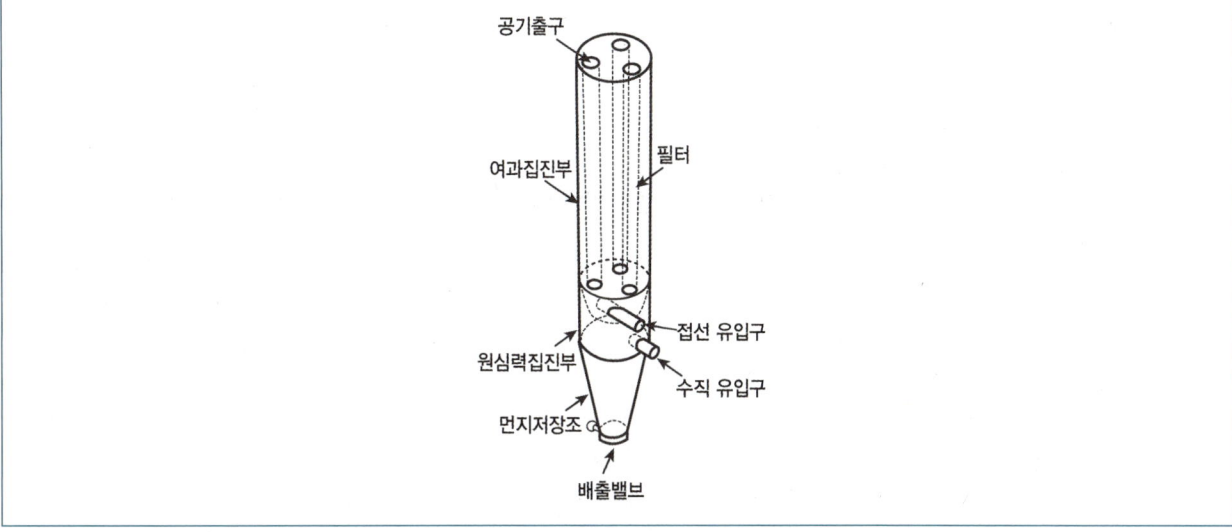

1 메커니즘(세정집진과 같음)

① 관성충돌
② 접촉차단
③ 확산
④ 중력
⑤ 체거름(가교현상) ← 여과집진만 하는 메커니즘

2 효율향상조건

① 분진입자크기와 밀도가 클수록
② 유속이 느릴수록
③ 적당한 여과포를 설치

3 탈진방식

(1) 간헐식

여과를 중지한 상태에서 탈진이 진행되는 방식(예 진동식, 역기류식, 역기류 진동식)
① 재비산이 거의 없음
② 여포 수명이 김
③ 여과 효율이 좋음
④ 대용량처리에 부적합

(2) 연속식

여과와 탈진을 동시에 진행하는 방식(예 펄스제트, 리버스제트)
① 재비산이 많음
② 여포 수명이 짧음
③ 여과 효율이 낮음
④ 대용량처리에 적합

> **펄스제트(Pulse jet)**
> 외면(표면)여과방식에서 적용되는 방식으로, 여포 아래에서 제트기류를 분사하여 여과기류보다 강력한 기류를 반대방향으로 분사하여 탈진하는 방식, 대용량여과에 적용된다.

> **리버스제트(Reverse jet)**
> 내면여과방식에서 적용되는 방식으로, 여포에 부착된 탈진장치가 여포 위아래로 이동하여 탈진이 진행되는 방식, 소·중용량여과에 적용된다.

4 여과포의 종류별 특징

여과포	최고 사용온도	내산성	내알칼리성	흡습성
목면	80℃	×	△	8
양모	80℃	△	×	1.6
사란	80℃	△	×	0
데비론	95℃	○	○	0.04
비닐론	100℃	○	○	5
카네카론	100℃	○	○	0.5
나일론(폴리아미드계)	110℃	△	○	4
오론	150℃	○	×	0.4
나일론(폴리에스테르계)	150℃	○	×	0.4
테프론(폴리에스테르계)	150℃	○	×	0.4
유리섬유(글라스화이버)	250℃	○	×	0
흑연화(黑鉛化)섬유	250℃	△	○	10

× : 불량

△ : 양호

○ : 좋음

5 관련 공식으로 답 산출

(1) 여과포 개수 계산

$$n = \frac{총\ 여과면적}{단위\ 여과포면적} = \frac{A_f}{A_i} = \frac{Q_f/V_f}{\pi DL}$$

- V_f : 여과속도
- Q_f : 여과유량
- D : 여과포 직경
- L : 여과포 길이(높이)

(2) 분진부하 계산

$$L_d = C_i \times V_f \times \eta \times t$$

(3) 탈진주기 계산

$$t = \frac{L_d}{C_i \times V_f \times \eta}$$

※ 포집분진 $= C_i \times \eta = (C_i - C_o)$

(4) 압력손실 계산

$$\Delta P = K_1 V_f + K_2 L_d V_f$$

- K_1 : 여과포 압력손실 계수
- K_2 : 먼지 압력손실 계수

(5) 여과시간

$$t_f = N(t_r + t_c) - t_c$$

- N : 단위집진실의 총 숫자
- t_r : 운전시간(min) (집진시간 + 탈진시간)
- t_c : 탈진시간(min)

예) 운전시간이 15분, 탈진시간이 5분인 여과집진기 3개로 구성된 집진실의 총 운전시간(여과시간)은?

$$t_f = N(t_r + t_c) - t_c$$

식 총 운전시간(여과시간) = [(집진시간 + 탈진시간) + 탈진시간] × 3 − 탈진시간
총 운전시간(여과시간) = 집진시간 × 3 + 탈진시간 × 6 − 탈진시간
총 운전시간(여과시간) = 집진시간 × 3 + 탈진시간 × 5

문제를 풀어서 설명하면,
집진실이 3개, 탈진은 간헐식으로 한개씩 진행
(집진시간 = 운전시간 − 탈진시간 = 15 − 5 = 10)

> 💡 **Time table**
>
> 1) 집진시간 10분
> 2) 탈진시간 5분 (첫번째 집진기 탈진), (현재 소요시간 = 15분)
> 3) 집진시간 10분 (현재 소요시간 = 25분)
> 4) 탈진시간 5분 (두번째 집진기 탈진, 나머지 집진 진행중), (현재 소요시간 = 30분)
> 5) 집진시간 10분 (현재 소요시간 = 40분)
> 6) 탈진시간 5분 (세번째 집진기 탈진, 나머지 집진 진행중), (현재 소요시간 = 45분)
> 7) 탈진시간 5분 (첫번째 집진기 마무리 탈진), (현재 소요시간 = 50분)
> 8) 탈진시간 5분 (두번째 집진기 마무리 탈진), (현재 소요시간 = 55분)

6 장단점

장점	단점
① 미세입자에 대한 집진효율이 높음	① 소요면적이 많이 듦
② 여러가지 형태의 분진을 포집할 수 있음	② 폭발성, 점착성 분진제거가 곤란함
③ 다양한 용량의 가스를 처리할 수 있음	③ 유지비용 많이 듦
④ 부하변동에 대한 대응성이 좋음	④ 가스의 온도에 제한을 받음
⑤ 유용한 입자 회수가능	⑤ 수분, 여과속도에 적응성이 낮음

> 💡 **블라인딩 현상(눈막힘 현상)**
> 점착성 또는 부착성이 강한 분진을 처리할 때 함진배기가스 중에 함유된 수분의 응결로 인하여 여과포에 부착된 분진이 탈리되지 않고 그대로 부착되어 압력손실을 증가시키게 되는 현상을 말한다.

기출문제로 다지기 — CHAPTER 04 세정집진기, CHAPTER 05 여과집진기

01 제진장치 중 압력손실이 가장 큰 것은?
① 중력집진기   ② 원심력집진기
③ 전기집진기   ④ 벤투리 스크러버

> 해설 벤투리 스크러버는 압력손실이 300~800mmH$_2$O로 집진(제진)장치 중 압력손실이 가장 크다.

02 세정 스크러버의 주된 집진원리는?
① 관성충돌   ② 직접차단
③ 브라운운동   ④ 중력

> 해설 세정 스크러버는 분진입자와 액적과의 충돌이 가장 큰 제거원리이다.

03 세정집진기의 장점이라 볼 수 없는 것은?
① 처리가스량에 대한 고정된 면적이 작다.
② 가동부분이 작고 조작이 간단하다.
③ 소수성 먼지의 집진효과가 높다.
④ 처리가스의 흡수, 증습 등의 조작이 가능하다.

> 해설 친수성 먼지의 집진효과가 높다.

04 다음 중 물을 가압공급하여 함진가스의 세정을 하는 방식의 가압수식 스크러버가 아닌 것은?
① venturi scrubber
② impulse scrubber
③ spray tower
④ jet scrubber

> 해설 Impulse scrubber(임펄스 스크러버)와 Theisen washer(타이젠 와셔)는 회전식 세정집진장치이다.

05 다음은 벤투리 스크러버에 의한 제진방법에 대하여 기술하였다. 틀린 것은?
① 세정집진장치의 한 방법으로 집진율이 높아 광범위하게 사용되고 있다.
② throat 부분의 처리 배기속도는 10~30m/sec 정도이다.
③ 압력손실은 300~800mmAq이다.
④ 사용수량은 일반적으로 약 10μm 이상의 큰 입자인 경우 0.3L/m^3, 10μm 이하인 경우 미립자는 1.5L/m^{3}이다.

> 해설 throat 부분의 처리 배기속도는 60~90m/sec 정도이다.

06 이젝터를 사용하여 물을 고압·분무함으로써 먼지, 가스를 제거하는 방식으로 송풍기를 사용하지 않는 것이 특징이며, 대용량의 경우에는 잘 쓰지 않는 세정집진기는?
① 사이클론 스크러버   ② 제트 스크러버
③ 벤투리 스크러버   ④ 임펄스 스크러버

정답 01. ④　02. ①　03. ③　04. ②　05. ②　06. ②

07 throat 부분의 지름이 30cm인 venturi scrubber를 사용하여 360m³/min의 가스를 처리할 때 180L/min의 세정수를 공급할 경우 이 부분의 압력손실(mmH₂O)은? (단, 가스밀도는 1.2kg/m³이고, 압력손실계수는 (0.5+액가스비)이다.)

① 약 440
② 약 579
③ 약 615
④ 약 694

해설 $\Delta P = F \times P_v = (0.5 + L) \times P_v$

- $L = \dfrac{\text{액주입량}}{\text{유량}} = \dfrac{180L}{min} \times \dfrac{min}{360m^3} = 0.5 L/m^3$
- $P_v = \dfrac{\gamma V^2}{2g} = \dfrac{1.2 \times 84.88^2}{2 \times 9.8} = 441.1 mmH_2O$
- $V = \dfrac{Q}{A} = \dfrac{360m^3}{min} \times \dfrac{4}{\pi \times (0.3m)^2} \times \dfrac{1min}{60sec}$
  $= 84.88 m/sec$

∴ $\Delta P = (0.5 + 0.5) \times 441.1 = 441.1 mmH_2O$

08 벤투리 스크러버에서 220m³/min의 함진가스를 처리하려고 한다. 목부(throat)의 지름이 30cm, 수압이 1.8atm, 직경이 4mm인 노즐 8개를 사용할 때 필요한 물의 유량(L/sec)은? (단, $n(d_n/D_t)^2 = V_t L/100 \sqrt{P}$, d_n=노즐직경(m), L=액가스비(L/m³), P=속도압(mmH₂O)이고 1atm=10,332mmH₂O이다.)

① 약 2.8
② 약 2.1
③ 약 1.4
④ 약 1.1

해설 물의 양 = 액가스비×유량
식 $n(d_n/D_t)^2 = V_t L/100 \sqrt{P}$

- $n = 8$
- $d_n = 4mm = 4 \times 10^{-3} m$
- $D_t = 30cm = 0.3m$
- $V_t = \dfrac{Q}{A} = \dfrac{220m^3}{min} \times \dfrac{4}{\pi \times (0.3m)^2} \times \dfrac{1min}{60sec} = 51.87 m/sec$

- $P = 1.8 atm = 1.8 atm \times \dfrac{10332 mmH_2O}{1 atm} = 18597.6 mmH_2O$

$8 \times (4 \times 10^{-3}/0.3)^2 = 51.87 \times L/100 \sqrt{18597.6}$

∴ $L = 0.37 L/m^3$

∴ 물의 양 $= \dfrac{0.37L}{m^3} \times \dfrac{220m^3}{min} \times \dfrac{1min}{60sec} = 1.36 L/sec$

09 세정집진장치에서 입자와 액적 간의 충돌 횟수가 많을수록 집진효율은 증가되는데 관성충돌계수(효과)를 크게 하기 위한 조건으로 옳지 않은 것은?

① 분진의 입경이 커야 한다.
② 분진의 밀도가 커야 한다.
③ 액적의 직경이 커야 한다.
④ 처리가스의 점도가 낮아야 한다.

해설 액적의 직경이 작아야 한다.

10 분진입자와 유해가스를 동시에 제거할 수 있는 집진장치는?

① 여과집진장치
② 중력집진장치
③ 전기집진장치
④ 세정집진장치

해설 세정집진장치는 친수성 분진의 제거가 용이하고, 분진 및 가스를 동시에 제거할 수 있다.

11 집진설비의 장·단점 중 틀린 것은?

① 전기집진기는 낮은 압력손실로 대량의 가스처리에 적합하다.
② 세정집진기는 가스와 분진을 동시에 처리한다.
③ 여과집진기는 수분량과 온도에 관계없이 다양하고, 폭넓게 이용되고 있다.
④ 중력집진기는 설치면적이 크고 효율이 낮아 전처리 설비로 주로 이용되고 있다.

 07. ① 08. ③ 09. ③ 10. ④ 11. ③

해설 여과집진기는 수분량이 많고, 온도가 높은 가스의 처리에 부적합하다.

12 여과집진장치에서 먼지부하가 444g/m²에 도달하면 먼지를 털어준다고 한다. 만일 입구 먼지농도가 20g/m³, 여과속도를 0.6m/s로 가동할 경우 털어주는 주기는 몇 초 간격으로 하여야 하는가? (단, 집진효율은 95%)

① 35초   ② 37초
③ 39초   ④ 44초

해설 $L_d = C_i \times V_f \times \eta \times t$

$$t = \frac{L_d}{C_i V_f \eta} = \frac{444g}{m^2} \times \frac{m^3}{20g} \times \frac{\sec}{0.6m} \times \frac{1}{0.95} = 38.95 \sec$$

13 다음 특성을 가지는 산업용 여과재로 가장 적당한 것은?

- 최대허용온도가 약 80℃
- 내산성은 나쁨, 내알칼리성은 (약간)양호

① Cotton   ② Teflon
③ Orlon   ④ Glass fiber

14 직물여과기의 여과 메커니즘 중에 직경이 0.1μm 이하인 미세입자의 여과 메커니즘은?

① 관성충돌   ② 직접차단
③ 중력침강   ④ 확산

15 다음 여과(포) 중에서 고온에 제일 강한 것은?

① 무명   ② glass fiber
③ PVC계 섬유   ④ polyester계 섬유

16 직경 300mm, 유효높이 15m의 원통형 백필터를 사용하여 함진농도 5g/m³인 가스를 1200m³/min으로 처리한다면 백필터의 소요수는? (단, 여과속도 1.2cm/sec)

① 107개   ② 118개
③ 133개   ④ 151개

해설 $n = \dfrac{Q_f}{Q_i} = \dfrac{Q_f}{\pi D L V_f} = \dfrac{1200m^3/\min \times (1\min/60\sec)}{\pi \times 0.3m \times 15m \times 0.012m/\sec}$

$= 117.89 ≒ 118개$

17 면적이 1m²인 여과집진기로 분진농도가 1g/m³인 배기가스가 100m³/min으로 통과하고 있다. 분진이 모두 여과포에서 제거되었으며 집진된 분진층의 밀도가 1g/cm³라면 1시간 후의 여과된 분진층의 두께(mm)는?

① 3mm   ② 6mm
③ 12mm   ④ 24mm

해설 두께 = $\dfrac{분진부피}{면적}$

- 분진부피 = 분진량 × $\dfrac{1}{밀도}$ = $\dfrac{1g}{m^3} \times \dfrac{100m^3}{\min} \times 60\min \times \dfrac{1cm^3}{1g}$
  $= 6000 cm^3$
- 면적 = 1m²

∴ 두께 = $\dfrac{분진부피}{면적} = \dfrac{6000cm^3}{1m^2} \times \dfrac{1m^3}{10^6 cm^3} \times \dfrac{10^3 mm}{1m} = 6mm$

정답 12. ③ 13. ① 14. ④ 15. ② 16. ② 17. ②

18 10개의 bag을 사용한 여과집진장치에서 입구의 먼지농도가 25g/Sm³, 집진율이 98%였다. 가동 중 1개의 bag에 구멍이 열려 전체처리가스량의 1/5이 그대로 통과하였다면 출구의 먼지농도는? (단, 나머지 bag의 집진율 변화는 없음)

① 3.24g/Sm^3
② 4.08g/Sm^3
③ 4.82g/Sm^3
④ 5.40g/Sm^3

[해설] C_o = 정상제거출구농도 + 비정상제거출구농도

∴ $C_o = 25 \times \frac{4}{5} \times (1-0.98) + 25 \times \frac{1}{5} = 5.4\text{g/Sm}^3$

19 입구먼지농도가 12g/m³, 배출가스 유량이 300m³/min인 함진가스를 여재비 3m³/m²·min인 여과집진장치로 집진한 결과 집진효율은 98%이었다. 압력손실이 200mmH₂O에서 집진한다면 탈진주기(min)는? (단, $\Delta P = K_1 V_f + K_2 C_i V_f^2 \eta t$를 이용하고, K_1 = 59.8mmH₂O/(m/min), K_2 = 127mmH₂O/(kg/m·min)이다.)

① 1.53
② 2.86
③ 5.33
④ 7.33

[해설] [식] $\Delta P = K_1 V_f + K_2 C_i V_f^2 \eta t$
$200 = 59.8 \times 3 + 127 \times 0.012 \times 3^2 \times 0.98 \times t$
∴ $t = 1.53\text{min}$

20 여과집진장치의 탈진방식 중 연속식에 관한 설명으로 옳지 않은 것은?

① 역제트기류 분사형과 충격제트기류 분사형이 있다.
② 탈진시 먼지의 재비산 발생이 적어 간헐식에 비해 집진율이 높다.
③ 고농도, 대용량의 가스를 처리할 수 있다.
④ 포집과 탈진이 동시에 이루어지므로 압력손실이 거의 일정하다.

[해설] 연속식은 집진과 탈진이 동시에 이루어지므로 재비산이 많아 집진율이 간헐식보다 낮다.

21 여과집진장치에서 여과포 탈진방법의 유형이라고 볼 수 없는 것은?

① 진동형
② 역기류형
③ 충격제트기류 분사형
④ 승온형

06 CHAPTER 전기 집진기(EP)

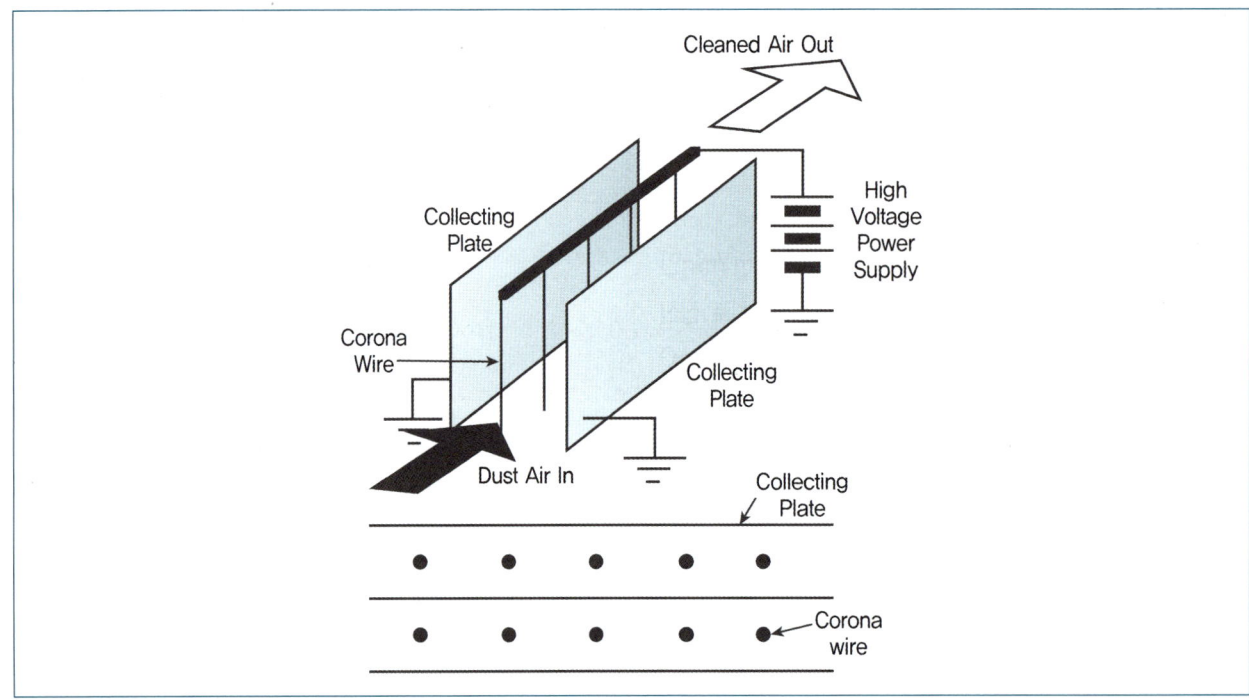

1 메커니즘

방전극에는 음(-)극으로 집진판을 양(+)극으로 하여 강전계를 형성하여 먼지를 음(-)으로 대전시켜 집진판에 부착 후 탈진하여 제거하는 방식이다.
① 정전기적인 인력(쿨롱력)
② 전계경도에 의한 힘(유전력)
③ 입자간의 흡입력
④ 전기풍에 의한 힘

2 효율향상조건

① 유속을 적정하게 유지
② 전기저항이 큰 먼지입자는 배제하거나, 저항을 낮춤
③ 균일한 전계형성
④ 수분과 온도를 알맞게 조절

> 💡 겉보기 전기저항에 따른 집진성능
>
> • 전기저항이 높을 때($10^{11} \Omega \cdot cm$ 이상) → 역전리 발생
>   **[대책]** SO_3 주입, 황함량이 높은 연료 혼소, 온도 및 습도 조절, 습식 집진, 2단식 채용
> • 전기저항이 낮을 때($10^4 \Omega \cdot cm$ 이하) → 재비산현상(점핑현상)
>   **[대책]** 암모니아 주입, 온도 및 습도 조절, 습식 집진, 1단식 채용

3 장치 종류

(1) 집진판 탈진방식에 따라

1) 습식

집진판에 계속적으로 물이 흐르는 형태, 먼지가 부착되는 즉시 탈진된다.
① 재비산 및 역전리가 발생하지 않음
② 강전계 형성가능, 효율이 높음
③ 처리가스속도를 두 배 정도 높게 할 수 있음
④ 폐수처리 문제
⑤ 대용량의 가스처리 부적합

2) 건식

집진판에 진동을 주어 탈진하는 형태
① 재비산 및 역전리가 발생
② 대용량의 가스처리 적합
③ 구조가 간단하여 유지관리 용이

(2) 하전형식에 따라

1) 1단식

집진판 사이에 방전극이 위치하는 형태, 음코로나 사용

① 재비산 발생이 적음
② 역전리문제
③ 다량의 오존 발생

2) 2단식

방전극이 집진판 앞단에 위치하는 형태, 양코로나 사용
① 역전리발생이 적음
② 재비산문제
③ 오존 발생이 적음
④ 함진 농도가 낮은 가스처리에 유용함

(3) 집진판(극)의 모양에 따라

① **평판형** : 대용량, 건식집진에 주로 채용
② **원통형(관형)** : 습식집진에 많이 채용

4 유지관리

(1) 시동시

① 고전압 회로의 절연저항이 $100M\Omega$ 이상되어야 한다.
② 배출가스 도입 최소 6시간 전에 애관용 히터를 가열하여 애자관 표면에 수분이나 분진의 부착을 방지한다.
③ 집진극과 방전극의 타봉장치는 통기와 동시에 자동운전이 되도록 한다.
④ 집진실 내부가 충분히 건조된 후에 하전한다.

(2) 운전시

① 전극간 거리를 균일하게 유지한다.
② 2차 전류가 적을 때 조습용 스프레이의 수량을 늘리거나, 겉보기 저항을 낮추어야 한다.
③ 조습용 스프레이 노즐이 막히지 않도록 잘 관리한다.

(3) 정지시

① 접지저항을 연 1회 이상 점검하고, 10Ω 이하로 유지한다.
② 고압 절연부를 깨끗하게 청소한다.
③ 장치 각부의 부식 정도를 점검한다.

5 각종 장애현상과 그 대책

(1) 1차 전압이 낮고 과도한 전류가 흐를 때
- 원인 : 고압부의 절연상태가 좋지 않을 때
  대책 : 고압부의 절연회로를 점검한다.

(2) 2차 전류가 주기적으로 변하거나 불규칙적으로 흐를 때
- 원인 : 부착된 분진으로 스파크가 빈발할 때
  대책 : 분진을 충분하게 탈진시킨다, 1차 전압을 낮춘다.
- 원인 : 방전극과 집진극의 간격이 이완됐을 때
  대책 : 방전극과 집진극을 점검한다.

(3) 2차 전류가 현저하게 떨어질 때
- 원인 : 분진의 농도가 너무 높을 때
  대책 : 입구 분진농도를 적절히 조절한다.
- 원인 : 분진의 비저항이 비정상적으로 높을 때
  대책 : 조습용스프레이 수량을 늘린다, 스파크 횟수를 늘린다.

(4) 2차 전류가 많이 흐를 때
- 원인 : 분진의 농도가 너무 낮을 때
  대책 : 입구 분진농도를 적절히 조절한다.

6 관련 공식으로 답 산출

① 효율 계산 : $\eta = 1 - e^{\left(-\frac{A \times We}{Q}\right)}$

② 길이 계산 : $\frac{A}{Q} = \frac{1}{We}$, $\frac{L}{R \times V} = \frac{1}{We}$, $L = \frac{R \times V}{We}$

③ 평판형 집진기 개수 산출 : $A_E = 2(n-1)A_i$

7 장단점

(1) 장점
  ① 미세입자 제거 및 집진효율이 높음
  ② 낮은 압력손실로 대량가스 처리가능
  ③ 광범위한 온도범위에서 설계가능
  ④ 비교적 운영비가 적게 듦

(2) 단점
  ① 소요면적이 많이 듦
  ② 설치비가 많이 듦
  ③ 운전조건의 변화에 따른 대응성이 낮음
  ④ 비저항이 큰 분진 제거 어려움

8 음파집진장치

음파를 이용하여 입자를 진동시켜 응집하여 포집하는 장치, 미세입자까지 포집이 가능하다.
음파발생장치, 음파작용탑, 집진기로 구성되어 있다. 전기적 성질에 무관하게 사용가능하나, 운전비가 높고, 소음을 수반한다.

기출문제로 다지기 — CHAPTER 06 전기 집진기(EP)

01 반경 4.5cm, 길이 1.2m인 원통형 전기집진장치에서 가스 유속이 2.2m/sec이고, 먼지입자의 분리속도가 22cm/sec일 때 집진율은?

① 98.6%   ② 99.1%
③ 99.5%   ④ 99.9%

해설 $\eta = 1 - \exp\left(-\dfrac{A W_e}{Q}\right)$

- $A = \pi D L = \pi \times 0.09 m \times 1.2 m = 0.3392 m^2$
- $W_e = 22 cm/\sec = 0.22 m/\sec$
- $Q = A \times V = \dfrac{\pi \times (0.09m)^2}{4} \times 2.2 m/\sec$
  $= 0.01399 m^3/\sec$

$\therefore \eta = 1 - \exp\left(-\dfrac{0.3392 \times 0.22}{0.01399}\right) = 0.9952 ≒ 99.52\%$

02 전기집진장치에서 먼지의 비저항이 비정상적으로 높은 경우 투입하는 물질과 거리가 먼 것은?

① NaCl   ② NH_3
③ H_2SO_4 ④ Soda lime

해설 암모니아(NH_3)는 먼지의 비저항이 비정상적으로 낮을 때 투입하는 물질이다.

03 전기집진장치의 각종 장해현상에 따른 대책으로 가장 거리가 먼 것은?

① 먼지의 비저항이 낮아 재비산 현상이 발생한 경우 baffle을 설치한다.
② 배출가스의 점성이 커서 역전리 현상이 발생한 경우 집진극의 타격을 강하게 하거나 빈도수를 늘린다.
③ 먼지의 비저항이 비정상적으로 높아 2차 전류가 현저하게 떨어질 경우 스파크 횟수를 줄인다.
④ 먼지의 비저항이 비정상적으로 높아 2차 전류가 현저하게 떨어질 경우 조습용 스프레이의 수량을 늘린다.

해설 먼지의 비저항이 비정상적으로 높아 2차 전류가 현저하게 떨어질 경우 스파크 횟수를 늘린다.

04 전기집진장치 유지관리에 관한 사항으로 가장 거리가 먼 것은?

① 시동 시 고전압 회로의 절연저항이 100kg 이상되어야 한다.
② 운전 시 1차 전압이 낮은데도 과도한 2차 전류가 흐를 때는 고압회로의 절연불량인 경우가 많다.
③ 운전 시 2차 전류가 주기적으로 변동하는 것은 방전극에 의한 영향이 크다.
④ 정지 시 접지저항은 적어도 년 1회 이상 점검하고 10Ω 이하로 유지한다.

해설 고전압 회로의 절연저항을 측정하여 100MΩ 이상 유지되어야 한다.

05 전기집진장치에서 입구 먼지농도가 $16g/Sm^3$, 출구 먼지농도가 $0.1g/Sm^3$ 이었다. 출구 먼지농도를 $0.03g/Sm^3$으로 하기 위해서는 집진극의 면적을 약 몇 % 넓게 하면 되는가? (단, 다른 조건은 무시한다.)

① 32%   ② 24%
③ 16%   ④ 8%

정답 01. ③ 02. ② 03. ③ 04. ① 05. ②

해설 출구 먼지농도에 따른 각각의 효율을 구한 뒤, 도이치식으로 집진극의 면적을 산출한다.

- $\eta_1 = \left(1 - \dfrac{0.1}{16}\right) \times 100 = 99.38\%$
- $\eta_2 = \left(1 - \dfrac{0.03}{16}\right) \times 100 = 99.81\%$

$\eta = 1 - \exp\left(-\dfrac{A W_e}{Q}\right) = 1 - \exp(-A \times K)$

$0.9938 = 1 - \exp(-A_1 \times K),\ A_1 = \dfrac{5.0832}{K}$

$0.9981 = 1 - \exp(-A_2 \times K),\ A_2 = \dfrac{6.2659}{K}$

$\therefore \dfrac{A_2}{A_1} = \dfrac{6.2659/K}{5.0832/K} = 1.23$, 23% 넓게 하여야 한다.

06 다음 전기집진장치 내의 입자집진에 작용하는 전기력과 가장 거리가 먼 것은?

① 대전입자의 하전에 의한 쿨롱력
② 전계강도의 힘
③ 입자간의 저항력
④ 전기풍에 의한 힘

해설 전기력의 종류는 다음과 같다.
- 정전기적인 인력(쿨롱력)
- 전계경도에 의한 힘(유전력)
- 입자간의 흡입력
- 전기풍에 의한 힘

07 전기집진장치의 특징에 관한 설명 중 틀린 것은?

① 고집진율(99%)을 얻을 수 있다.
② 운전조건 변화에 따른 유연성이 크다.
③ 고온가스 처리가 가능하다.
④ 대량의 공기를 다룰 수 있다.

해설 운전조건 변화에 따른 유연성이 작다.

08 습식 전기집진장치에 관한 내용 중 알맞지 않은 것은?

① 집진극면이 항상 청결하게 유지되며 강한 전계(電界)를 얻을 수 있다.
② 처리 가스속도는 건식에 비해 2배 정도 크게 할 수 있다.
③ 수질오염의 결과를 초래하므로 부가적인 처리장치를 필요로 한다.
④ 압력손실은 건식에 비해 낮은 편이다.

해설 압력손실은 건식에 비해 높은 편이다. (건식 10mmH$_2$O, 습식 20mmH$_2$O)

09 전기집진장치 유입부에 다공판을 설치하는 목적은?

① 충분한 체류시간을 얻기 위해
② 층류영역으로 유량을 분배하기 위해
③ 먼지의 재비산을 방지하기 위해
④ 압력강하를 막기 위해

10 전기집진기의 장점이 아닌 것은?

① 압력손실이 건식은 10mmH$_2$O, 습식은 20mmH$_2$O로 낮아 송풍기의 동력이 적게 된다.
② 성능이 우수하며 $0.1\mu m$ 이하의 미세한 입자까지 포집할 수 있다.
③ 대용량 및 고온 가스처리가 가능하다.
④ 부하변동의 적응이 용이하고 전처리시설이 필요없다.

해설 부하변동의 적응이 어렵고, 온도와 유속을 조절해줄 수 있는 전처리시설이 필요하다.

정답 06. ③ 07. ② 08. ④ 09. ② 10. ④

11 다음 중 전기집진장치에서 집진이 가장 잘 이루어질 수 있는 전기저항의 영역은?

① $10^4 \Omega \cdot cm$ 이하
② $10^7 \sim 10^{10} \Omega \cdot cm$
③ $10^{12} \sim 10^{15} \Omega \cdot cm$
④ $10^{15} \Omega \cdot cm$ 이상

해설 전기집진장치의 집진가능 영역은 $10^4 \sim 10^{11} \Omega \cdot cm$이다.

12 직경 10cm이고 길이가 1m인 원통형 집진극을 가진 전기집진장치에서 처리되는 가스의 유속이 1.5m/sec이고 분진입자가 집진극을 향하여 이동한 속도가 15cm/sec일 때 분진제거 효율(%)은? (단, $\eta = 1 - e^{-2VL/RU}$이다.)

① 99.5 ② 98
③ 96.5 ④ 95

해설 $\eta = 1 - \exp\left(-\dfrac{AW_e}{Q}\right)$
- $A = \pi DL = \pi \times 0.1m \times 1m = 0.3141 m^2$
- $W_e = 15cm/\sec = 0.15m/\sec$
- $Q = A \times V = \dfrac{\pi \times (0.1m)^2}{4} \times 1.5m/\sec = 0.0117 m^3/\sec$

∴ $\eta = 1 - \exp\left(-\dfrac{0.3141 \times 0.15}{0.0117}\right) = 0.9821 ≒ 98.21\%$

13 가로 4m, 세로 5m인 두 집진판이 평행하게 설치되어 있고 두 판 사이의 중간에 원형철심 방전극이 위치하고 있는 전기집진장치에 굴뚝가스가 $1.5m^3/sec$로 통과하고, 입자 이동속도가 0.085m/sec일 때 집진효율은?

① 67.2% ② 74.3%
③ 89.6% ④ 94.9%

해설 $\eta = 1 - \exp\left(-\dfrac{AW_e}{Q}\right)$
- $A = 2WH = 2 \times 4m \times 5m = 40 m^2$
- $W_e = 0.085 m/\sec$
- $Q = 1.5 m^3/\sec$

∴ $\eta = 1 - \exp\left(-\dfrac{40 \times 0.085}{1.5}\right) = 0.8963 ≒ 89.63\%$

14 전기집진기 사용시 적용되는 용어 중 '비저항'(겉보기 전기저항률)에 관련된 설명으로 옳지 않은 것은?

① 일반적으로 100~200℃ 범위에서 전기저항률은 최대로 된다.
② 수분량이 증가하면 최대 전기저항률은 고온측으로 이동한다.
③ 배기가스 중의 SO_3 함량이 높을수록 전기저항은 낮아진다.
④ 전기저항이 $10^{11} \Omega \cdot cm$ 이상일 때는 점핑현상이 발생된다.

해설 전기저항이 $10^{11} \Omega \cdot cm$ 이상일 때는 연면방전이 개시되고, 역전리현상이 발생된다. $10^4 \Omega \cdot cm$ 이하일 때 점핑현상이 발생된다.

 정답 11. ② 12. ② 13. ③ 14. ④

07 CHAPTER 유체역학

1 유체의 특성

(1) 유체의 흐름

① **층류** : 유체의 흐름에서 유체 인접층이 서로 혼합되지 않고 흐르는 상태(잠잠한 흐름)
② **난류** : 유체 인접층이 파괴되어 유체분자가 격렬한 운동을 하면서 서로 혼합되어 흐르는 상태(산만한 흐름)
③ **흐름판별** : 레이놀드수(N_{Re})

$$N_{Re} = \frac{관성력}{점성력} = \frac{DV\rho}{\mu}$$

- D : 관 직경
- ρ : 유체의 밀도
- V : 유속
- μ : 유체의 점도

$2100 > N_{Re}$: 층류, $4000 < N_{Re}$: 난류(폐쇄된 상태)

> **입자레이놀드수**
>
> $$N_{Re} = \frac{관성력}{점성력} = \frac{D_p V \rho}{\mu}$$
>
> - D_p : 입자 직경

$1 > N_{Re}$: 층류, $1000 < N_{Re}$: 난류(자유대기)

(2) 유체역학 방정식

1) 베르누이 방정식

유선에 따라 압력관 위치가 변할 때의 속도는 변한다.

① **베르누이 방정식의 제한조건**
　㉠ 정상유동　　　　　　　　㉡ 비압축성 유동
　㉢ 마찰이 없는 유동　　　　㉣ 유선에 따라 움직이는 유동(직선관, 곡선관)

2) 동압, 정압, 전압

① 정압(P_s) : 정지하고 있는 유체 중의 임의의 면에 작용하는 압력
- ㉠ 흐름에 따라 양(+)압 또는 음(-)압으로 작용한다.
- ㉡ 유체흐름에 직각방향으로 작용한다.
- ㉢ 물체에 초기속도를 부여하는 힘이다.

② 동압(속도압, P_v) : 유속에 의하여 생기는 압력
- ㉠ 항상 양(+)압으로 작용
- ㉡ $P_v = \dfrac{\gamma V^2}{2g}, \quad V = \sqrt{\dfrac{2gP_v}{\gamma}}$

③ 전압(P_t) : 정압과 동압의 합

3) 연속방정식

$$A_1 V_1 = A_2 V_2$$

기출문제로 다지기 — CHAPTER 07 유체역학

01 유체의 흐름에서 레이놀드(Reynolds) 수와 관련이 가장 적은 항은?

① 관의 직경 ② 유체의 속도
③ 관의 길이 ④ 유체의 밀도

02 내경이 50mm의 원통 내를 20℃, 1기압의 공기가 24m³/hr로 흐른다. 표준상태의 공기의 비중량은 1.3kg/m³, 20℃의 공기의 점도가 0.018cP이라면 레이놀드 수는?

① 8,264 ② 9,527
③ 10,476 ④ 11,428

해설 $N_{Re} = \dfrac{DV\rho}{\mu}$

- $D = 50mm = 50 \times 10^{-3} m$
- $V = \dfrac{Q}{A} = \dfrac{24m^3}{hr} \times \dfrac{4}{\pi \times (50 \times 10^{-3} m)^2} \times \dfrac{1hr}{3600sec}$
  $= 3.3953 m/sec$
- $\rho = \dfrac{1.3kg}{Sm^3} \times \dfrac{273}{273 + 20} = 1.21 kg/m^3$
- $\mu = 0.018 cP = 0.018 \times 0.01 g/cm \cdot sec$
  $= 1.8 \times 10^{-5} kg/m \cdot sec$

$\therefore N_{Re} = \dfrac{(50 \times 10^{-3}) \times 3.3953 \times 1.21}{1.8 \times 10^{-5}} = 11411.98$

03 duct 중의 배기 gas의 유속을 pitot관(pitot계수 : 1)으로 측정하였다. 동압의 측정을 위하여 내부에 비중 0.85의 toluene을 담고 있는 확대율 5배의 경사관 압력계(manometer)를 사용하였는데 동압은 경사관의 액주로 80mm이었다. 이 경우 배기가스의 유속은? (단, 가스 밀도는 상온, 상압에서 1.2kg/m³이었다.)

① 약 10m/sec ② 약 12m/sec
③ 약 15m/sec ④ 약 19m/sec

해설 $V = \sqrt{\dfrac{2gP_v}{\gamma}}$

- $P_v = 80mm톨루엔 \times \dfrac{0.85H_2O}{1톨루엔} \times \dfrac{1}{5} = 13.6 mmH_2O$

$\therefore V = \sqrt{\dfrac{2 \times 9.8 \times 13.6}{1.2}} = 14.90 m/sec$

04 0.1mm 크기의 입자가 상공에서 1.5×10^{-2}m/s로 침강한다면 레이놀드수는? (단, 공기의 밀도는 1.2kg/m³, 점도는 1.81×10^{-5}kg/m·s)

① 0.1 ② 0.2
③ 0.3 ④ 0.4

해설 $N_{Rep} = \dfrac{D_p V \rho}{\mu}$

- $D_p = 0.1mm = 0.1 \times 10^{-3} m$
- $V = 1.5 \times 10^{-2} m/sec$
- $\rho = 1.2 kg/m^3$
- $\mu = 1.81 \times 10^{-5} kg/m \cdot sec$

$\therefore N_{Rep} = \dfrac{(0.1 \times 10^{-3}) \times 1.5 \times 10^{-2} \times 1.2}{1.81 \times 10^{-5}} = 0.1$

정답 01. ③ 02. ④ 03. ③ 04. ①

05 다음과 같은 일반적인 베르누이의 정리에 적용되는 조건이 아닌 것은?

$$\frac{P}{\rho g}+\frac{V^2}{2g}+Z=\text{constant}$$

① 정상상태의 흐름이다.
② 직선관에서만의 흐름이다.
③ 같은 유선상에 있는 흐름이다.
④ 마찰이 없는 흐름이다.

[해설] 유선상에서의 흐름이다. (직선, 곡선관 모두 적용)

06 베르누이(Bernoulli) 방정식에 대한 설명으로 옳지 않은 것은?

① 비압축성 유체로 유선을 따라 흐르는 흐름에 적용된다.
② 이상유체의 정상상태의 흐름이다.
③ 액체 및 속도가 높은 기체의 경우에만 비교적 잘 맞는다.
④ 압력수두, 속도수두, 위치수두의 합이 일정하다.

[해설] 유체가 비압축성이어야 하고, 비압축성이려면 속도가 낮아야 한다. (마하수 0.3 이하는 비압축성으로 간주한다.)

정답 05. ② 06. ③

CHAPTER 08 유해가스 및 처리

1 유해가스의 특성 및 처리이론

(1) 유해가스의 특성

대기 중의 오염물질의 대부분은 연료의 연소과정에서 배출된다. 따라서, 불완전연소 또는 완전연소로 인한 생성물들이 많은 유해가스를 차지한다. 불완전연소시 배출되는 유해가스로는 일산화탄소, 탄화수소 등이 있고, 완전연소시 배출되는 유해가스로는 황산화물, 질소산화물, 휘발성유기화합물 등이 있다.

(2) 유해가스의 처리이론(흡수, 흡착 등)

1) 흡수이론

흡수제를 이용하여 가스를 용해시켜 처리하는 방식, 주로 수용성이 높은 가스에 적용
① **이중경막설** : 두 상이 접할 때 두 상이 접한 경계면의 양측에 경막이 존재한다는 가정
② **헨리의 법칙** : 대기오염개론파트에서 설명하였음

2) 흡착이론

흡착제에 가스나 증기분자가 부착되어 제거되는 방식
① **흡착의 적용**
  ㉠ 비연소성 가스
  ㉡ 회수가치가 큰 가스
  ㉢ 분자량이 큰 가스
  ㉣ 저농도 가스
  ㉤ 고효율의 처리가 필요한 가스

② 물리적 흡착과 화학적 흡착

흡착형태	물리적 흡착	화학적 흡착
계	개방계	폐쇄계
흡착제의 재생여부	재생가능	재생불가
흡착형태	다분자층	단분자층
선택성	비선택적	선택적
흡착온도	낮을수록	높을수록

③ 흡착식

  ㉠ Langmuir(랭뮤어)식 : 화학적 흡착 가정

  식 $Q = aP(1+bP)^{-1}$

  ㉡ Freundlich(프로인들리히)식 : 물리적 흡착 가정

  식 $Q = \dfrac{X}{M} = kC^{\frac{1}{n}}$

④ 흡착능

  ㉠ **포화** : 흡착제가 흡착질을 최대로 흡착할 수 있는 능력
  ㉡ **보전력** : 탈착되지 않고 남아있는 흡착질의 양
  ㉢ **파과점** : 유출농도가 증가하기 시작하는 점
  ㉣ **종말점** : 유입농도와 유출농도가 같아지는 점

2 유해가스의 발생 및 처리

(1) 황산화물 발생 및 처리

1) 건식법

① 석회석 주입법 : 석회석 분말을 보일러의 연소실에 직접 주입하는 방법

  ㉠ 초기 투자비가 적게 듦
  ㉡ 소규모의 보일러나 노후된 보일러에 추가로 설치할 때 사용
  ㉢ 고온에서도 온도저감없이 사용가능
  ㉣ pH의 영향을 받지 않음
  ㉤ 분말이 부착되어 열전달률 저하 우려

ⓑ 분진 생성 문제

$$\text{반응식}\quad CaCO_3 + SO_2 + 0.5O_2 \rightarrow CaSO_4 + CO_2$$

② 활성산화망간법 : 분말상의 산화망간을 배출가스 내에 주입시키면, 이것이 SO_2와 반응하여 황산망간($MnSO_4$)을 생성하며 여기에 다시 NH_3을 가하면 $(NH_4)_2SO_4$가 생성된다.

③ 활성탄 흡착법 : SO_2를 활성탄에 흡착시키면 활성탄이 촉매작용을 하여 SO_2가 SO_3로 산화되고 SO_3가 배출가스 중의 수증기와 반응하여 H_2SO_4가 생성된다. 부착된 H_2SO_4를 회수하면 공정이 마무리된다.

> 💡 **황산화물 활성탄 제거법 중 탈착방법**
> 가열법, 세척법, 수증기 탈착법, 환원법, 불활성가스 탈착법

④ 산화법 : V_2O_5, K_2SO_4의 촉매를 사용하여 SO_2를 SO_3로 산화한 후 흡수탑에서 세정하여 황산으로 회수하거나 NH_3를 주입하여 $(NH_4)_2SO_4$로 회수하는 방법

$$\text{반응식}\quad SO_2 + 0.5O_2 \xrightarrow{V_2O_5,\, K_2SO_4} SO_3$$

$$SO_3 + H_2O \rightarrow H_2SO_4$$

$$SO_3 + 2NH_4OH \rightarrow (NH_4)SO_4 + H_2O$$

※ NH_4OH : 암모니아수

⑤ 전자빔에 의한 제거 : 전자빔을 배출가스에 조사하면, 산소, 수분 등이 전자와 충돌하면서, 라디칼을 형성하고 이 라디칼이 SO_2와 반응하여 황산이 생성되며, 여기에 NH_3를 투입하여 $(NH_4)_2SO_4$의 고체입자로 만들어 제거하는 방법이다.

⑥ 산화구리법 : 산화구리를 사용하여 SO_2를 $CuSO_4$로 고정한 다음 H_2와 CH_4 등의 환원제를 써서 $CuSO_4$를 Cu와 SO_2로 재생하는 방법이다.

$$\text{반응식}\quad CuO + SO_2 + 0.5O_2 \rightarrow CuSO_4$$
$$CuSO_4 + 2H_2 \rightarrow Cu + SO_2 + 2H_2O$$
$$CuSO_4 + 0.5CH_4 \rightarrow Cu + SO_2 + 0.5CO_2 + H_2O$$

2) 습식법

① 석회세정법

신뢰성과 경제성이 우수한 공법으로 효율이 95% 이상으로 좋다. 생석회(CaO)나 석회석을 Slurry 상태로 만들어 배연탈황에 이용하는 방법이다.

㉠ 효율이 우수
㉡ 변동이 적고 안정적인 처리가능
㉢ pH의 영향을 받음
㉣ 석고에 의한 스케일생성 문제

② NH_4OH에 의한 흡수법

암모니아 수용액을 이용하여 SO_2를 흡수한다.

$$\boxed{식}\ SO_2 + 2NH_4OH \rightarrow (NH_4)_2SO_3 + H_2O$$
$$(NH_4)_2SO_3 + H_2O + SO_2 \rightarrow 2NH_4HSO_3$$

③ Na법 : SO_2를 Na_2CO_3, NaOH, $NaHSO_3$, $NaAlO_2$, $Na_2OAl_2O_3$ 등과 반응시켜 제거하는 방법

④ Wellmann-Lord법(재생식 공정) : SO_2를 Na_2SO_3를 이용하여 $NaHSO_3$으로 제거한 후, $NaHSO_3$를 가열하여 Na_2SO_3로 재생하는 방법. 석고에 의한 스케일 문제를 극복하고, 높은 효율로 운전이 가능하지만, 비용이 매우 비싸다.

⑤ 마그네슘법 : SO_2를 MgO나 $Mg(OH)_2$의 Slurry와 반응시켜 $MgSO_3 \cdot 2H_2O$를 얻고 이것을 가열하여 SO_2와 MgO을 회수하는 방법

3) 반건식법

SO_2를 액체주입이 아닌 건조분말에 미세하게 분무된 액적과 접촉하여 처리하는 방법으로, 건조생성물은 반응기의 바닥으로 떨어지고, 집진장치에서 포집된 고형물은 흡수제로 재순환시켜 사용하는 공정이다. 비교적 장치가 간단하고, 흡수제의 소비를 줄이며, 수처리 비용이 절감되는 장점을 가지고 있어 공정개발이 활발하게 이루어지고 있다.

4) 중유탈황(접 금 미 방)

암기TIP 신체접촉 시 19금되어 미방송 된다.

① 접촉수소화 탈황(가장 많이 사용) : 온도 350~400℃, 압력 약 100atm
   ㉠ 직접탈황법
   ㉡ 간접탈황법
   ㉢ 중간탈황법

② 금속산화물에 의한 탈황

③ 미생물에 의한 탈황

④ 방사선에 의한 탈황

(2) 질소산화물 발생 및 처리

1) 연소조절에 의한 NOx 발생의 억제

연소온도를 줄여 Thermal NOx 발생을 최소화하고 과잉공기량을 줄여 Fuel NOx를 억제하는 것이 목적

① **저과잉공기연소** : 공기공급량을 최소화하여 연소실의 온도를 저하시키고 산소농도를 낮추어 Thermal NOx와 Fuel NOx를 동시에 제어
② **연소용 공기 예열온도 조절** : 예열온도를 낮추어 연소온도를 저하시킴으로써 Thermal NOx 제어
③ **연소부분 냉각** : 고온부에 수증기를 주입하여 온도를 저하, Thermal NOx 제어
④ **배출가스 재순환(FGR)** : 배기가스 재순환을 통하여 저산소로 연소시킴으로 연소온도를 저하, 주로 Thermal NOx 제어 효과
⑤ **버너 및 연소실의 구조개량** : 연소실의 구조/재질을 변경하여 열의 확산을 촉진시킴으로 연소실내의 온도저하, Thermal NOx 제어
⑥ **2단 연소** : 연소실의 구획을 나누어 1단에서는 공기공급을 줄여 불완전연소, 2단에서는 과잉공기로 공급하여 1단에서의 불완전연소물질을 완전연소함으로써 전체적인 연소온도를 감소하는 방법, Thermal NOx와 Fuel NOx를 동시에 제어한다. 특히 탁월한 Fuel NOx 제어효과를 가진다.
⑦ **농담연소** : 버너의 공기공급량에 차이를 두어 1차 버너에서는 불완전연소, 2차 버너에서는 과잉연소하여 연소온도를 줄이는 방법, Thermal NOx와 Fuel NOx를 동시에 제어한다.

※ Thermal NOx : 연소실의 온도가 높아지면 질소와 산소의 반응으로 질소산화물이 형성
※ Fuel NOx : 연료 중의 존재하는 질소성분이 산소와 결합하여 질소산화물이 형성

2) 배출가스 중의 NOx 제거

① **건식법**

㉠ 환원법

- **SCR(선택적촉매환원법)** : TiO_2과 V_2O_5를 혼합하여 제조한 촉매에 NH_3, H_2, H_2S 등 선택적 환원가스를 작용시켜 처리하는 방법이다.

  반응식 $4NO + 4NH_3 + O_2 \rightarrow 4N_2 + 6H_2O$
  $6NO_2 + 8NH_3 \rightarrow 7N_2 + 12H_2O$
  $6NO + 4NH_3 \rightarrow 5N_2 + 6H_2O$
  $NO + H_2S \rightarrow 0.5N_2 + H_2O + S$

- **SNCR(선택적비촉매환원법)** : 900~1000℃에서 촉매없이 선택적 환원가스와 질소산화물을 반응시켜 환원시키는 방법이다.

  반응식 $4NO + 2(NH_2)_2CO + O_2 \rightarrow 4N_2 + 4H_2O + 2CO_2$

- **NCR(비선택적촉매환원법)** : 산소가 희박한 상태에서 촉매에 비선택적 환원가스를 작용시켜 처리하는 방법이다.

  반응식
  $$2NO_2 + 4CO \rightarrow N_2 + 4CO_2$$
  $$2NO_2 + CH_4 \rightarrow N_2 + CO_2 + 2H_2O$$
  $$4NO + CH_4 \rightarrow 2N_2 + CO_2 + 2H_2O$$

- **SCR과 SNCR의 비교**

구분	SCR	SNCR
온도	300~400℃	900~1000℃
규모	대형	소형, 중형
촉매	사용	사용하지 않음
압력손실	큼	작음
제거효율	90% 이상	70% 이상
암모니아슬립	거의 없음	있음

ⓛ **흡착법** : 활성탄, 활성알루미나, 실리카겔 등의 흡착제를 이용하여 흡착처리하는 공정이다. 분자량 45 미만의 가스는 흡착되지 않으므로 NO를 NO_2로 산화하여 제거한다. 현실성은 희박한 편이다.

ⓒ **전자빔에 의한 제거** : 전자빔을 배출가스에 조사하면, 산소, 수분 등이 전자와 충돌하면서, 라디칼을 형성하고 이 라디칼이 NOx와 반응하여 HNO_3를 만들고, 여기에 NH_3를 투입하여 NH_4NO_3의 고체입자로 만들어 NOx를 제거한다.

② 습식법

ⓐ **물 또는 알칼리용액 흡수법** : NOx을 물이나 알칼리용액에 흡수시키는 방법으로 NO는 물에 거의 흡수되지 않으므로, NO를 촉매를 이용하여 NO_2로 산화한 후 흡수시킨다.

ⓑ **황산흡수법** : H_2SO_4로 NOx를 흡수하여 나이트로실황산($NOHSO_4$)으로 만들어 제거한다.

ⓒ **수산화물 흡수법** : NOx를 $Ca(OH)_2$ 또는 $Mg(OH)_2$에 흡수시켜 처리한다.

> 💡 **SOx, NOx 동시 제거공정**
>
> - **활성탄 공법** : 수분 존재하에 활성탄을 이용하여 SOx를 황산으로써 흡착제거 한 후 나머지 NOx를 암모니아를 이용하여 N_2와 H_2O로 전환하여 제거한다.
> - **NOxSO 공법** : SCR반응기에 Na_2CO_3(탄산나트륨)를 첨가하여 만들어진 촉매/흡수제를 이용하여 SOx를 Na_2SO_4으로, NOx를 $NaNO_3$로 전환하여 제거한다. 부산물로는 유황과 황산을 얻을 수 있다.
> - **플라즈마 공법** : 고온의 플라즈마를 조사하여 SOx와 NOx를 황산염, 질산염으로 전환시키고 암모니아를 주입하여 황산암모늄, 질산암모늄의 염으로 전환한 후 집진기로 제거하는 방법이다.
> - **전자빔 공법** : 전자선을 조사하여 SOx와 NOx를 황산염, 질산염으로 전환시키고 암모니아를 주입하여 황산암모늄, 질산암모늄의 염으로 전환한 후 집진기로 제거하는 방법이다.
> - **산화구리(CuO) 공법** : SCR반응기에 CuO를 탑재하여 SOx는 $CuSO_4$로 전환시키고, NOx는 CuO가 촉매로써 작용하면서 환원제와 반응하여 N_2와 H_2O로 전환하여 제거한다.

- 석회석+SCR공법 : 석회석으로 SOx을 제거한 뒤, 남은 NOx를 SCR로 환원처리하는 방법이다.
- SNOX : V_2O_5의 촉매로 SO_2를 산화시켜 황산으로 전환하여 처리하고, 남은 NOx는 SCR로 환원처리하는 방법이다. (덴마크에서 사용되는 방법)
- DeSONOX : SNOX와 유사하지만 SCR의 촉매로써 제올라이트를 사용한다. 제올라이트의 조업온도가 높아 SO_2산화를 위한 예열을 하지 않아도 되는 장점이 있다. (독일에서 사용되는 방법)

🔖 암기법 : 성탄절에 남녀NOSO 커플아니면, 방(빔)Cu석

(3) 휘발성유기화합물(VOC) 발생 및 처리

1) 원료의 대체/공정의 변경

① 유성페인트 → 수성페인트
② 독성이 강한 용제 → 독성이 덜한 용제
③ 가솔린 → 천연가스 or 프로페인 or 전기

2) 누출방지

3) 흡착 : 물리적 흡착 또는 화학적 흡착으로 VOC분자를 제거한다.

4) 연소

① 직접연소
  ㉠ 650~850℃, 고농도·대유량 처리 적합
  ㉡ 보조연료 사용
  ㉢ NOx 발생 및 기타 유해가스 2차발생 우려
  ㉣ 화재 및 폭발 우려
  ㉤ 체류시간 0.2~0.7초

② 가열연소
  ㉠ 500~700℃
  ㉡ 저농도·소유량 처리 적합
  ㉢ 보조연료 사용, 부산물 회수(고체, 액체, 기체연료 회수)

③ 촉매연소
  ㉠ 300~400℃, 저농도·소유량 처리 적합
  ㉡ 효율이 좋고, 압력손실이 적음
  ㉢ 촉매독 문제(분진, Zn, Pb, S, Hg 존재 시 문제)
  ㉣ 상대적으로 비용이 적게 듦

5) 응축

VOC를 냉각처리하여 액체상태로 응축하여 분리하는 방법, 고농도 처리에 적합, 에너지 소모 큼

(4) 악취 발생 및 처리

악취란 후각을 자극하여 혐오감을 주는 냄새를 말한다. 감각적인 공해로 피해정도의 개인차가 존재한다.

- **최소감지농도** : 냄새의 존재유무를 판단할 수 있는 최소농도
- **최소인지농도** : 어떤 냄새인지 판단할 수 있는 최소농도

〈악취가스별 최소감지농도〉

악취가스	최소감지농도(ppm)
황화수소	0.0005
메틸멜캅탄	0.0001
폼알데하이드	0.5
아세톤	42
아세트산	0.006
아세트알데히드	0.002
암모니아	0.1
페놀	0.00028
이황화탄소	0.21
트리메틸아민	0.0001
염소	0.049
톨루엔	0.9
스티렌(스타이렌)	0.03
스카톨(분뇨냄새가스)	0.0000056

1) **환기 및 희석** : 후드와 덕트를 통하여 수집하고 굴뚝에서 배출하는 방법, 악취의 농도가 강할 때는 부적합, 운전비용이 가장 저렴

2) **흡착** : 물리적 흡착으로 주로 채택

3) **흡수** : 흡수액을 이용하여 흡수처리, 수온변화에 따라 효율이 달라진다. 조작이 간단하나 처리효율이 낮아 주로 다른 장치와 병행하여 사용된다.
   ① **수세법** : 친수성의 악취성분을 물에 용해시키는 방법
   ② **약액세정법** : 염기성 악취는 산성약품의 세정액으로, 산성 악취는 염기성약품의 세정액으로 중화 및 산화반응으로 제거하는 방법

4) **BALL 차단법** : 탁구공 같은 Ball을 저장조나 탱크 표면에 덮어 줌으로서 공기 중으로 발산하는 악취가스를 저감시키는 방법

5) **응축**

   ① **표면응축법** : 열교환기를 사용하여 표면응축
   ② **직접응축법** : 충전탑 등을 이용하여 직접응축

6) **연소** : VOC처리와 동일

7) **위장법**

   향기를 가진 물질을 이용하여 악취물질을 위장시키는 방법, 제거공법아님

8) **생물학적 처리**

   ① **바이오필터** : 필터안에 미생물이 부착하여 필터를 통과시키면서 악취를 제거하는 공정
      ⊙ 초기에 안정화하는데 시간이 오래 걸림
      ⓒ 2차오염이 없음
      ⓒ 온도, 수분, 독성에 영향을 많이 받음
      ⓔ 고농도 오염물질의 처리에 부적합
      ⓜ 설치가 간단함

   ② **토양탈취법** : 토양 내에 미생물을 이용하여 토양층에 악취를 통과시켜 제거하는 공정
      ⊙ 2차오염이 없음
      ⓒ 온도, 수분, 독성에 영향을 많이 받음
      ⓒ 넓은 부지면적 소요

(5) 기타 배출시설에서 발생하는 유해가스 처리

1) **CO 처리**

   ① **생성방지** : 완전연소 촉진(3TO)
   ② **촉매산화** : 백금계 촉매를 이용하여 CO를 CO_2로 산화시킨다. 이 때 배출가스 중에 중금속이나 할로겐족이 포함되어 있으면 촉매독으로 작용하므로 미리 제거한다.

2) **Cl, F 처리**

   ① 흡수법으로 처리한다. (단, 불소는 충전탑사용 권장하지 않음)
   ② 흡수 후 산성폐수의 중화필요

3) Br 처리

염기성 수용액에 의한 선정법으로 제거한다.

4) CS₂ 처리

암모니아를 주입하여 제거한다.

5) 아크로레인 처리

NaClO 등의 산화제를 혼입한 가성소다 용액으로 흡수·제거한다.

③ 유해가스 처리설비

(1) 흡수 처리설비

> 💡 **액분산형**
> 액을 분산시켜 가스와 접촉하여 흡수처리하는 방법(충전탑, 분무탑, 벤투리스크러버, 제트스크러버, 사이클론스크러버)
> ① 용해도가 큰 가스에 적용
> ② 헨리상수가 작은 가스에 적용
>
> 💡 **가스분산형**
> 가스를 분산시켜 액과 접촉하여 처리하는 방법(다공판탑, 포종탑, 기포탑)
> ① 용해도가 작은 가스에 적용
> ② 헨리상수가 큰 가스에 적용

1) 충전탑

탑내에 충전제를 투입하여 흡수액을 충전제에 흘려보내고 가스를 향류접촉시켜 오염가스를 정화하는 공정

※ 충전제 : 탑 내에 충진되어 흡수액을 많은 양 머금음으로서 접촉을 용이하게 하는 물질, 금속 또는 플라스틱 재를 이용하여 제조된다.(Berl Sabble, Intalox Saddle, Rasching ring, Pall ring(가장 많이 사용))

① 충전제의 구비조건
  ㉠ 충분한 강도를 가질 것
  ㉡ 화학적으로 불활성일 것
  ㉢ 표면적이 클 것
  ㉣ 압력손실이 작을 것
  ㉤ 비싸지 않을 것

② 흡수제의 구비조건
   ㉠ 용해도가 클 것
   ㉡ 휘발성이 적을 것
   ㉢ 부식성이 적을 것
   ㉣ 가격이 저렴하고 사용이 용이할 것
   ㉤ 점도가 낮을 것
   ㉥ 무독성이며, 화학적으로 안정일 것
   ㉦ 빙점은 낮고, 비점은 높을 것

③ 액의 분배
   ㉠ 액의 분배가 잘 되지 않으면 편류현상이 생겨 효율이 저하된다.
   ㉡ 탑 단면적당 5개/ft^2로 분배기가 설치되어야 한다.
   ㉢ 탑의 직경 D와 충전제 직경 d의 비가 8~10일 때 편류현상이 최소가 된다.
   ※ 편류현상(channeling) : 충전탑 내에서 액이 균일하게 흐르지 않고 한쪽으로 쏠려 흐르는 현상

④ 충전탑의 용량
   ㉠ 홀드업(Hold-up) : 탑 내의 액보유량
   ㉡ 부하점(Loading Point) : 홀드업이 급격히 증가하기 시작하는 점
   ㉢ 범람점(Flooding Point) : 흡수액이 탑 밖으로 흘러 넘치는 지점
   → 운전유속은 범람점 유속에 40~70%로 유지하여야 한다.

⑤ 충전탑의 높이

$$\boxed{식}\ h = H_{OG} \times N_{OG} = H_{OG} \times \ln\left(\frac{1}{1-E}\right)$$

- N_{OG} : 기상총괄이동단위수
- H_{OG} : 기상총괄이동단위높이
- E : 효율

2) 분무탑

탑 내에 분무노즐을 이용하여 액을 분무하고, 분무액속을 유해가스가 통과하면서 오염물질이 제거되는 공정이다.

① 압력손실이 적음(50~100mmH$_2$O)
② 용해도가 큰 가스에 적합
③ 효율이 낮음
④ 비말동반의 우려가 있음
※ 비말동반 : 흡수액이 물방울이 되어 가스와 함께 날아가는 현상

3) 벤투리스크러버, 사이클론스크러버, 제트스크러버

집진 + 유해가스처리 동시 가능 설비, 가압수를 이용하여 정화하는 공정

① 벤투리스크러버
  ㉠ 압력손실이 매우 큼(300~800mmH$_2$O)
  ㉡ 처리유속이 매우 빠름
  ㉢ 처리효율 우수(99% 이상)

② 사이클론스크러버
  ㉠ 스크러버와 사이클론이 결합된 공정
  ㉡ 처리효율 우수(99% 이상)
  ㉢ 가동부가 많아 유지보수 어려움

③ 제트스크러버
  ㉠ 승압효과 있음(0~-50mmH$_2$O)
  ㉡ 대용량 처리 부적합
  ㉢ 많은 양의 세정수 사용(10~50L/m^3)

4) 단탑(다공판탑, 포종탑)

유해가스와 흡수제가 충전상 전체를 통하여 접촉하는 형태의 처리공정

① 액분산형에 비해 압력손실이 크다.
② 고형물형성에 대한 대응성이 좋다.
③ 직경이 2ft 이상인 경우 충전탑보다 비용이 더 든다.
④ 홀드업이 크다.
⑤ 편류현상이 적다.
⑥ 온도변화에 대한 대응성이 좋다.

5) 기포탑

① 압력손실이 크다.
② 대량가스처리에 부적합하다.
③ 고압, 고체의 석출 반응 조작에 대응성이 좋다.

(2) 흡착 처리설비

1) 흡착제의 종류

① **활성탄** : 용제회수, 악취 제거, 가스정화
② **알루미나** : 가스, 공기 및 액체의 건조
③ **보크사이트** : 석유 중의 유분 제거, 가스 및 용액의 건조
④ **마그네시아** : 휘발유 및 용제정제
⑤ **실리카겔** : NaOH 용액 중 불순물 제거, 수분 제거

2) 흡착제의 구비조건

① 표면적이 클 것
② 압력손실이 작을 것
③ 강도가 있을 것
④ 내식성, 내열성이 좋을 것

> 💡 **활성탄의 흡착불가조건**
> - 분자량이 45 미만인 가스
> - 케톤류
> - 극성

> 💡 **활성탄의 재생**
> - 과열수증기 주입
> - 수세 탈착
> - 감압공기 탈착
> - 고온 불활성가스 주입

3) 흡착장치의 종류

① **고정상 흡착장치**

지지물안에 흡착제를 넣고 오염물을 제거하는 방식
㉠ 조건변동에 따른 대응이 용이하다.
㉡ 흡착제의 마모손실이 적다.
㉢ 대용량은 수평형, 소용량은 수직형으로 한다.

② **이동상 흡착장치**

흡착제를 상부에서 하부로 이동하고, 처리가스는 하부에서 상부로 이동시켜 향류접촉하여 흡착하는 방식
㉠ 탈착효율이 좋음
㉡ 흡착제의 마모손실이 있음
㉢ 조건변동에 대응성이 좋지 못함

③ **유동상 흡착장치**

흡착제를 아래로 연속적으로 유동시키고, 가스를 향류접촉하여 흡착
㉠ 접촉효율이 가장 우수
㉡ 흡착제의 마모손실이 가장 큼

4 유해가스 사고 예방 및 대책

(1) 액체물질 방제방법

1) 소량 누출 시 대응방법
① 건조된 모래, 유처리제 등을 활용하여 회수
② 대량의 물로 희석(세정) 시킴

2) 대량 누출 시 대응방법
① 토사 등 비가연성물질을 활용하여 누출확대 방지를 함
② 증기가 발생할 경우 분무 주수를 하여 증기발생을 억제시킴
③ 누출물질의 특성에 맞는 중화제를 사용하여 중화

(2) 고체물질 방제방법
① 도랑이나 둑을 만들어 가두어 둠
② 대량의 물로 희석(세정) 시킴
③ 토사 등 비가연성물질을 활용하여 누출확대 방지를 함
④ 강산화제의 누출 시 충격, 마찰에 주의하여 용기에 회수
⑤ 누출물질의 특성에 맞는 중화제를 사용하여 중화
※ 활성탄 사용시 흡착열에 의해 자연 발화의 위험성이 있음

(3) 황화수소
공기보다 무거워 낮은 곳으로 모이는 황화수소는 환기를 잘 시키고, 산소마스크를 착용하고 누출부위를 찾는다.

CHAPTER 08 유해가스 및 처리

01 유해가스 흡수장치 중 다공판탑에 관한 설명으로 옳지 않은 것은?

① 비교적 대량의 흡수액이 소요되고, 가스겉보기 속도는 10~20m/s 정도이다.
② 액가스비는 0.3~5L/m^3, 압력손실은 100~200 mmH_2O/단 정도이다.
③ 고체부유물 생성 시 적합하다.
④ 가스량의 변동이 격심할 때는 조업할 수 없다.

해설 다공판탑은 액분산형에 비해 비교적 소량의 액량으로 처리가 가능하며, 가스 공탑속도는 약 4.5m/sec이다.

02 흡수탑을 이용하여 배기가스 중의 염화수소를 수산화나트륨수용액으로 제거하려고 한다. 기상 총괄이동단위높이(H_{OG})가 1m인 흡수탑을 이용하여 99%의 흡수효율을 얻기 위한 이론적 흡수탑의 충전높이는?

① 4.6m   ② 5.2m
③ 5.6m   ④ 6.2m

해설 $h = H_{OG} \times N_{OG} = H_{OG} \times \ln\left(\dfrac{1}{1-\eta}\right) = 1m \times \ln\left(\dfrac{1}{1-0.99}\right)$
$= 4.6m$

03 가스 중에 불화수소를 수산화나트륨용액과 향류로 접촉시켜 90% 흡수시키는 충전탑의 흡수율을 99.9%로 향상시키려면 충전탑의 높이는? (단, 흡수액상의 불화수소의 평형분압은 0으로 가정함.)

① 100배 높아져야 한다.   ② 27배 높아져야 한다.
③ 9배 높아져야 한다.   ④ 3배 높아져야 한다.

해설 $\dfrac{h_{(\eta\,99.9)}}{h_{(\eta\,90)}} = \dfrac{H_{OG} \times \ln(1/1-0.999)}{H_{OG} \times \ln(1/1-0.9)} = \dfrac{6.9077}{2.3025} = 3$

04 화학적 흡착에 대한 설명으로 가장 거리가 먼 것은?

① 대부분의 흡착제가 고체이다.
② 여러 층의 흡착층이 가능하다.
③ 흡착제의 재생성이 낮다.
④ 흡착열이 물리적 흡착에 비하여 높다.

해설 화학적 흡착은 단일층의 흡착으로 이루어진다. 여러 층의 흡착층이 가능한 것은 물리적 흡착이다.

05 흡착탑을 가장 유용하게 적용할 수 있는 경우는?

① 오염성분 가스의 연소성이 양호한 경우
② 오염성분을 회수할 경우 경제성이 양호한 경우
③ 오염성분의 농도가 매우 높은 경우
④ 오염성분의 용해도가 매우 큰 경우

06 흡착제의 종류에 따른 일반적인 용도가 잘못 연결된 것은? (단, 흡착제-용도)

① 활성탄-용제회수, 가스정제
② 활성 알루미나-휘발유 및 용제 정제
③ 실리카겔-가스건조, 항분제거
④ 보크사이트-석유분류물 처리, 가스건조

해설 알루미나는 가스의 건조시 사용된다. 휘발유 및 용제정제에 사용되는 흡착제는 마그네시아이다.

정답 01. ③   02. ①   03. ④   04. ②   05. ②   06. ②

07 흡착제의 종류 중 각종 방향족 유기용제, 할로겐화된 지방족 유기용제, 에스테르류, 알코올류 등의 비극성류의 유기용제를 흡착하는데 적합한 것은?
① 활성백토 ② 실리카겔
③ 활성탄 ④ 활성 알루미나

08 다공성 흡착제인 활성탄으로 제거하기에 가장 효과가 낮은 유해가스는?
① 알코올류 ② 암모니아
③ 담배연기 ④ 벤젠

  해설 활성탄은 물리적 흡착으로 흡착이 진행되므로, 분자량 45 미만의 가스는 처리가 어렵다.

09 다음은 흡착제에 관한 설명이다. ( ) 안에 가장 적합한 것은?

> 현재 분자체로 알려진 (   )이/가 흡착제로 많이 쓰이는데, 이것은 제조과정에서 그 결정구조를 조절하여 특정한 물질을 선택적으로 흡착시키거나 흡착속도를 다르게 할 수 있는 장점이 있으며, 극성이 다른 물질이나 포화 정도가 다른 탄화수소의 분리가 가능하다.

① Activated carbon
② Synthetic Zeolite
③ Silica gel
④ Activated Alumina

  해설 합성지올라이트(Synthetic Zeolite)는 결정구조를 조절하여 선택적으로 흡착이 가능하고, 재생도 가능한 흡착제이다.

10 중유의 탈황법에는 여러 방법이 있다. 현재 가장 많이 사용되고 있는 방법은 어느 것인가?
① 금속산화물에 의한 흡착탈황
② 미생물에 의한 생화학적 탈황
③ 방사선 화학에 의한 탈황
④ 접촉수소화탈황

11 배출가스 중의 황산화물을 흡수탑을 거쳐 80% 정도의 진한 황산으로 회수할 수 있는 방법은 어느 것인가?
① 활성 산화망간법 ② 접촉산화법
③ 흡착법 ④ 알칼리 석회석법

12 촉매를 이용한 접촉산화법으로 배기가스 중 SO_2를 제거할 때 이용되는 촉매는?
① K_2SO_4 ② $KMnO_4$
③ $K_2Cr_2O_7$ ④ MgO

  해설 접촉산화법에서 사용되는 촉매는 V_2O_5, K_2SO_4이다.

13 배기가스 탈황법의 습식방법이라 볼 수 없는 것은?
① 석회법 ② 아황산소다법
③ 암모니아법 ④ 산화망간법

  해설 산화망간법은 건식방법에 해당한다.

정답 07. ③ 08. ② 09. ② 10. ④ 11. ② 12. ① 13. ④

14 황함유량이 2%인 중유를 20ton/hr로 연소하는 보일러에서 배기가스를 NaOH 수용액으로 처리한 후 황성분을 Na₂SO₃로 회수할 경우 필요한 NaOH의 이론량은?

① 400kg/hr ② 500kg/hr
③ 800kg/hr ④ 1000kg/hr

해설 반응식 S + O₂ → SO₂
  32kg : 22.4m³

$$\frac{20톤}{hr} \times \frac{2}{100} \times \frac{10^3 kg}{1톤} \;:\; X_1 = 280 m^3/hr$$

반응식 SO₂ + 2NaOH → Na₂SO₃ + H₂O
  22.4m³ : 2×40kg
  280m³/hr : $X_2 = 1000$kg/hr
  ∴ $X_2 = 1,000$kg/hr

15 황성분이 2%(중량 기준)인 중유를 20ton/hr로 연소하는 시설에서 배기가스 중 SO₂를 CaCO₃로서 완전 탈황할 경우 필요한 이론 CaCO₃의 양은? (단, 중유 중 S는 모두 SO₂로 전환되며 Ca의 원자량 : 40)

① 0.25ton/hr ② 0.75ton/hr
③ 1.25ton/hr ④ 1.75ton/hr

해설 반응식 S + O₂ → SO₂
  32kg : 22.4m³

$$\frac{20톤}{hr} \times \frac{2}{100} \times \frac{10^3 kg}{1톤} \;:\; X_1 = 280 m^3/hr$$

반응식 SO₂ + CaCO₃ + 0.5O₂ → CaSO₄ + CO₂
  22.4m³ : 100kg
  280m³/hr : $X_2 = 1250$kg/hr
  ∴ $X_2 = 1,250 = 1.25 ton/hr$

16 배출가스 중의 질소산화물 처리방법인 촉매환원법에는 선택적인 환원과 비선택적인 환원이 고려될 수 있다. 다음 환원제 중 선택적(選擇的)인 환원제는?

① CO ② NH₃
③ H₂S ④ CH₄

해설 선택적 환원제 중에는 NH₃과 H₂S가 있고, 선택성이 커 많이 활용되는 것은 NH₃이다. 비선택적 환원제에는 CH₄, CO이 있다.

17 배출가스 중의 NOx 제거방법으로 환원제를 사용하는 접촉환원법이 많이 이용된다. 다음 설명 중 틀린 것은?

① 선택적 환원제로는 NH₃, 황화수소가 사용된다.
② 비선택적인 환원제로는 수소, 메탄 등이 사용된다.
③ 선택적인 환원반응은 과잉의 산소를 먼저 소모시킨 후 첨가된 반응물이 질소산화물을 선택적으로 환원시킨다.
④ NO를 NH₃로 환원시키는 경우에는 205~316℃의 범위에서 행해져야 한다.

해설 선택적인 환원반응은 산소 공존 유무에 관계없이 먼저 질소산화물의 산소를 소모하여 환원한다.

18 배출가스 중의 질소산화물 처리방법인 촉매환원법에는 선택적인 환원과 비선택적인 환원이 고려될 수 있다. 다음 환원제 중 비선택적인 환원제로 주로 사용되는 것은?

① CO ② NH₃
③ H₂S ④ CH₄

정답 14. ④ 15. ③ 16. ② 17. ③ 18. ④

19 NO 230ppm, NO_2 23.0ppm을 함유한 배기가스 100,000Nm³/hr를 NH_3에 의해 선택적 접촉환원법에서 처리할 경우 NOx를 제거하기 위한 NH_3의 이론량(kg/hr)은? (단, 반응에 산소는 고려하지 않음)

① 약 14kg/hr ② 약 24kg/hr
③ 약 35kg/hr ④ 약 43kg/hr

[해설] 반응식 $6NO + 4NH_3 \rightarrow 5N_2 + 6H_2O$
$6 \times 22.4m^3 : 4 \times 17kg$
$\frac{230mL}{m^3} \times \frac{100,000m^3}{hr} \times \frac{1m^3}{10^6mL} : X_1 = 11.64kg/hr$

반응식 $6NO_2 + 8NH_3 \rightarrow 7N_2 + 12H_2O$
$6 \times 22.4m^3 : 8 \times 17kg$
$\frac{23mL}{m^3} \times \frac{100,000m^3}{hr} \times \frac{1m^3}{10^6mL} : X_2 = 2.33kg/hr$

$\therefore NH_3 = X_1 + X_2 = 11.64 + 2.33 = 13.97kg/hr$

20 120ppm의 NO를 함유하는 배출가스가 시간당 50,000Sm³ 발생하고 있다. 이를 암모니아 접촉환원법으로 탈질하는데 필요한 암모니아는 시간당 몇 kg인가? (산소 공존 상태)

① 3.04 ② 4.55
③ 5.31 ④ 6.98

[해설] 반응식 $4NO + 4NH_3 + O_2 \rightarrow 4N_2 + 6H_2O$
$4 \times 22.4m^3 : 4 \times 17kg$
$\frac{120mL}{m^3} \times \frac{50,000m^3}{hr} \times \frac{1m^3}{10^6mL} : X, \quad X = 4.55kg/hr$

21 HCl의 농도가 부피비로 0.5%인 배출가스 2,500m³/hr를 수산화칼슘($Ca(OH)_2$)으로 처리하고자 한다. 염화수소를 완전히 제거하기 위해 필요한 수산화칼슘량은? (단, Ca 원자량 40, 표준상태 기준)

① 10.3kg/hr ② 20.7kg/hr
③ 34.5kg/hr ④ 41.3kg/hr

[해설] 반응식 $2HCl + Ca(OH)_2 \rightarrow 2H_2O + CaCl_2$
$2 \times 22.4m^3 : 74kg$
$\frac{0.5m^3}{100m^3} \times \frac{2500m^3}{hr} : X = 20.65kg/hr$

22 어느 굴뚝의 배기가스 중의 염소가스의 농도가 150mL/Sm³이다. 염소가스의 농도를 25mg/Sm³로 저하시키기 위하여 제거해야 할 농도는 약 몇 mL/Sm³인가?

① 140 ② 120
③ 100 ④ 80

[해설] 제거해야 할 농도 $= C_i - C_o$
- $C_i = 150 mL/m^3$
- $C_o = \frac{25mg}{Sm^3} \times \frac{22.4mL}{71mg} = 7.89mL/m^3$

$\therefore$ 제거해야 할 농도 $= 150 - 7.89 = 142.11mL/Sm^3$

23 염소농도가 2,000ppm인 배출가스 5,000Sm³/hr를 수산화칼슘 현탁액으로 처리하고자 할 때, 이론적으로 소요되는 수산화칼슘의 양은 약 얼마인가? (단, 수산화칼슘의 분자량은 74이다.)

① 19kg ② 25kg
③ 33kg ④ 45kg

정답 19. ① 20. ② 21. ② 22. ① 23. ③

해설
$$Cl_2 + Ca(OH)_2 \rightarrow CaOCl + CaCl + H_2O$$
22.4m³ : 74kg

$\frac{2,000mL}{m^3} \times \frac{5,000m^3}{hr} \times \frac{1m^3}{10^6 mL}$: X = 33.04kg

24 불화수소 0.5%(V/V)를 포함하는 배출가스 4000Sm³/hr를 Ca(OH)₂의 현탁액으로 처리할 때 이론적으로 필요한 시간당 Ca(OH)₂의 양은? (단, 원자량은 Ca=40, F=19)

① 16kg/hr   ② 23kg/hr
③ 33kg/hr   ④ 66kg/hr

해설 불화수소와 Ca(OH)₂의 화학반응식을 이용한다.
$$2HF + Ca(OH)_2 \rightarrow CaF_2 + 2H_2O$$
2×22.4(Sm³) : 74(kg)
4000×0.005(Sm³/hr) : X(kg/hr),
∴ X [=(CaOH)₂] = 33.04(kg/hr)

25 다음과 같은 유해가스에 의한 사고시 그 조치로 적당치 못한 것은?

① 액체염소가 누출되었을 때 용기에 다량의 물을 주입하여 확산을 방지한다.
② H_2S가 누출되면 공기보다 무겁기 때문에 낮은 곳으로 모이게 되므로 환기를 잘 시키고 산소마스크를 착용하고 누출부위를 찾는다.
③ 황산이 누출했을 때는 다량의 물을 사용하여 씻어낸다.
④ HF같은 물질은 소석회나 소다회로 중화시킨다.

해설 액체염소가 누출되었을 때 물을 주입하면 용해열이 매우 크므로 매우 위험하다. 따라서 건조된 모래나, 유처리제 등을 사용하여야 한다. 또한 사전에 누출을 감지할 수 있는 경보 및 감지시설, 외부로 누출되지 않도록 하는 보호벽시설이 필요하다.

26 유해가스로 오염된 가연성 물질을 처리하는데 연소방법을 선택하고자 한다. 반응속도가 빠르고, 온도를 낮출 수 있어 NOx의 발생 염려가 없는 방법은?

① 직접연소법   ② 예열연소법
③ 촉매산화법   ④ 가열연소법

27 유해가스의 연소처리에 관한 설명으로 가장 거리가 먼 것은?

① 직접연소법은 경우에 따라 보조연료나 보조공기가 필요하며, 대체로 오염물질의 발열량이 연소에 필요한 전체열량의 50% 이상일 때 경제적으로 타당하다.
② 직접연소법은 after burner법이라고도 하며, HC, H_2, NH_3, HCN 및 유독가스 제거법으로 사용된다.
③ 가열연소법은 배기가스 중 가연성 오염물질의 농도가 매우 높아 직접연소법으로 불가능할 경우에 주로 사용되고 조업의 유동성이 적어 NOx 발생이 많다.
④ 가열연소법에서 연소로 내의 체류시간은 0.2~0.8초 정도이다.

해설 가열연소법은 비교적 온도가 낮고, 무산소상태의 환원상태로 반응이 진행되므로 NO_x의 생성량이 거의 없다.

28 악취물질의 처리방법에 대한 설명이다. 잘못된 것은?

① 통풍 및 희석은 높은 굴뚝을 통해 방출시켜 대기중에 분산 희석시키는 방법이다.
② 흡착에 의한 악취물질의 처리에는 주로 물리적 흡착이 이용된다.
③ 응축법에 의한 처리는 냄새를 가진 가스를 냉각 응축시키는 처리법으로 유기용제로 비교적 고농도 함유 배기가스에 적용된다.
④ 연소산화법은 가연성 악취물질을 연소시키는 방법으로 연소온도는 150~500℃이다.

정답 24. ③ 25. ① 26. ③ 27. ③ 28. ④

해설 ④항 → 연소산화법은 가연성 악취물질을 연소시키는 방법으로 연소온도는 600~800℃이다.

29 탈취방법 중 '수세법'에 관한 설명과 가장 거리가 먼 것은?

① 알데히드류, 저급 유기산류, 페놀 등 친수성의 극성기를 가지는 성분을 제거할 수 있다.
② 수온변화에 따라 탈취효과가 변동되고 압력손실이 큰 것이 단점이다.
③ 조작이 간단하며 탈취효율이 우수하여 전처리과정 없이 단독으로 사용되며, 별도의 수처리시설이 필요하다.
④ 분뇨처리장, 계란건조장, 주물공장 등의 악취제거에 적용될 수 있다.

해설 수세법은 탈취효율이 우수하지 않고, 전처리과정이 필요하며, 별도의 수처리 시설이 필요하다.

30 유해가스를 처리하기 위해 흡착법에 사용되는 흡착제에 관한 설명으로 옳지 않은 것은?

① 활성탄이 가장 많이 사용되며, 주로 극성물질에 유효한 반면, 유기용제의 증기 제거능은 낮다.
② 실리카겔은 250℃ 이하에서 물과 유기물을 잘 흡착한다.
③ 활성알루미나는 물과 유기물을 잘 흡착하며 175~325℃로 가열하여 재생시킬 수 있다.
④ 합성제올라이트는 극성이 다른 물질이나 포화정도가 다른 탄화수소의 분리가 가능하다.

해설 활성탄이 가장 많이 사용되지만, 극성물질 제거가 어렵고, 유기용제의 증기 제거능은 높다.

31 다음 흡착장치 중 가스의 유속을 크게 할 수 있고, 고체와 기체의 접촉을 크게 할 수 있으며, 가스와 흡착제를 향류로 접촉할 수 있는 장점은 있으나, 주어진 조업조건에 따른 조건 변동이 어려운 것은?

① 유동층 흡착장치   ② 이동층 흡착장치
③ 고정층 흡착장치   ④ 원통형 흡착장치

32 다음 중 유해물질 처리방법으로 가장 거리가 먼 것은?

① CO는 백금계의 촉매를 사용하여 연소시켜 제거한다.
② Br_2는 산성수용액에 의한 선정법으로 제거한다.
③ 이황화탄소는 암모니아를 불어넣는 방법으로 제거한다.
④ 아크로레인은 NaClO 등의 산화제를 혼입한 가성소다 용액으로 흡수 제거한다.

해설 Br_2는 염기성수용액에 의한 선정법으로 제거한다.

정답 29. ③ 30. ① 31. ① 32. ②

들어가며

안녕하세요. 잘 지내셨나요? 이번시간부터 대기환경공부의 내리막으로 접어들었습니다. 여태 1,2,3과목 또는 산업기사분들은 2과목 방지기술까지 공부해오셨던게 대기환경공부의 정상까지 올라간 것이구요. 이제 여태 해온 것보다 어려운 난이도의 이해와 계산문제는 없습니다. 쭉쭉 외워나가기만 하면 되는 4과목(대기오염공정시험기준)과 5과목(대기환경관계법규)만이 남아있습니다.

이제부터는 말 그대로 시간문제입니다. 얼마나 많은 양을 외우고, 그리고 외운 것을 망각하지 않고 시험장까지 가지고 갈 수 있는지에 대한 싸움입니다. 그래서 우리는 4과목 공부를 위한 몇 가지 전략을 세워야 합니다. 효율적 암기를 위한 전략이죠. 제가 자격증공부를 해오면서, 강의를 해오면서, 알게 된 전략들을 소개합니다.

첫째, 공정시험공부는 최대 1달 전에 공부하자. 공정시험공부는 너무 미리 하면 안됩니다. 만약 시험이 상대평가였다면, 무조건 많이 할수록 좋은 공부가 되겠지만, 자격증공부는 절대평가이기에 필요한 정도의 학습량을 빠르게 습득하고 기억하고 있는 것이 중요합니다. 그렇기 때문에 많은 양의 학습을 시험직전에 공부하여 머릿속에 남겨두는 것이 효율적입니다.

둘째, 유연하게 암기하자. 암기는 유연하게 해야합니다. 너무 틀에 갇힌 암기방법은 암기효율을 떨어뜨립니다. 눈과 손과 입과 마음을 총동원해서 자신이 가장 좋은 방법으로 외워야 합니다. 여태까지 살아오시면서 알고계시는 방법들을 동원하셔도 좋구요. 아니시면 제가 제시해 드리는 방법을 사용하시면 됩니다. 그것은 바로 연상암기법입니다. 연상암기법을 통해 여러 가지 정보를 하나로 묶어서 외울수 있습니다. 이 방법은 아래 챕터를 살펴보면서 하나하나 보여드리겠습니다.

셋째, 문제를 많이 풀자. 자격증시험의 형태는 현재까지도 그리고 꽤나 먼 미래까지도 문제은행식일 것입니다. 이것을 이용해야 합니다. 문제은행식의 출제는 기존의 문제들을 한 대 모은 빅데이터 속에서 무작위로 문제를 추출하여 출제하는 형식입니다. 여기에 새로운 문제 몇 개를 수록하고, 기존의 문제에 단어나 수치를 변경하여 출제합니다. 우리는 기존의 문제에 단어나 수치를 변경하는 문제에 주목해야 합니다. 기존의 문제가 변경되거나 그대로 나오는 문제는 전체문제의 약 90%를 차지하므로 기존 문제의 지문에 익숙해지는 것은 정답율을 높이는데 아주 좋은 방법이 될 것입니다. 특히나 변경될 수 있는 단어나 수치에 주목하며 공부하는 것이 참 중요합니다. 그것들 역시 다음 챕터들을 살펴보면서 같이 짚어나가도록 하겠습니다.

자, 이제 그럼 본격적으로 대기환경에 내리막길을 신나게 내려가보겠습니다. 도착지는 합격입니다.

PART 4

제 4 과목
대기오염공정시험기준(방법)

01 일반분석

UNIT 01 분석의 기초

1 총칙

(1) 농도표시

① 액체 100mL 중의 성분질량(g) 또는 기체 100mL 중의 성분질량(g)을 표시할 때는 W/V%의 기호를 사용한다.

② 기체 중의 농도를 mg/m^3로 표시했을 때는 m^3은 표준상태(0℃, 1기압)의 기체용적을 뜻하고 Sm^3로 표시한 것과 같다. 그리고 am^3로 표시한 것은 실측상태(온도·압력)의 기체용적을 뜻한다.

(2) 온도의 표시

① 표준온도 0℃
② 상온 15~25℃
③ 실온 1~35℃
④ 찬 곳 0~15℃
⑤ 냉수는 15℃ 이하, 온수는 60~70℃, 열수는 약 100℃
⑥ "수욕상 또는 수욕 중에서 가열한다."라 함은 따로 규정이 없는 한 수온 100℃에서 가열함을 뜻하고 약 100℃ 부근의 증기욕을 대응할 수 있다.
⑦ "냉후"(식힌 후)라 표시되어 있을 때는 보온 또는 가열 후 실온까지 냉각된 상태를 뜻한다.
⑧ 각 조의 시험은 따로 규정이 없는 한 상온에서 조작하고 조작 직후 그 결과를 관찰한다.

(3) 물

시험에 사용하는 물은 따로 규정이 없는 한 정제증류수 또는 이온교환수지로 정제한 탈염수를 사용한다.

(4) 액의 농도

① 혼액 (1+2), (1+5), (1+5+10) 등으로 표시한 것은 액체상의 성분을 각각 1용량 대 2용량, 1용량 대 5용량 또는 1용량 대 5용량 대 10용량의 비율로 혼합한 것을 뜻하며, (1:2), (1:5), (1:5:10) 등으로 표시할 수도 있다.
② 액의 농도를 (1→2), (1→5) 등으로 표시한 것은 그 용질의 성분이 고체일 때는 1g을, 액체일 때는 1mL를 용매에 녹여 전량을 각각 2mL 또는 5mL로 하는 비율을 뜻한다.

(5) 시약, 시액, 표준물질

① 시험에 사용하는 시약은 따로 규정이 없는 한 특급 또는 1급 이상 또는 이와 동등한 규격의 것을 사용하여야 한다. 단, 단순히 염산, 질산, 황산 등으로 표시하였을 때는 따로 규정이 없는 한 다음 표에 규정한 농도 이상의 것을 뜻한다.

[시약농도표]

명칭	농도(%)	비중(약)
아세트산(초산)	99 이상	1.05
황산	95 이상	1.84
인산	85 이상	1.69
질산	60.0~62.0	1.38
과염소산	60.0~62.0	1.54
아이오드화수소산	55.0~58.0	1.70
브롬화수소산	47.0~49.0	1.48
플루오르화수소산	46.0~48.0	1.14
염산	35.0~37.0	1.18
과산화수소	30.0~35.0	1.11
암모니아수	28.0~30.0	0.90

② 시험에 사용하는 표준품은 원칙적으로 특급 시약을 사용하며 표준액을 조제하기 위한 표준용시약은 따로 규정이 없는 한 데시케이터에 보존된 것을 사용한다.
③ 표준품을 채취할 때 표준액이 정수로 기재되어 있어도 실험자가 환산하여 기재수치에 "약"자를 붙여 사용할 수 있다.
④ "약"이란 그 무게 또는 부피에 대하여 ±10% 이상의 차가 있어서는 안 된다.

(6) 방울수

"방울수"라 함은 20℃에서 정제수 20 방울을 떨어뜨릴 때 그 부피가 약 1mL 되는 것을 뜻한다.

(7) 기구

① 공정시험기준에서 사용하는 모든 유리기구는 KS L 2302 (이화학용 유리기구의 형상 및 치수)에 적합한 것 또는 이와 동등 이상의 규격에 적합한 것으로 국가 또는 국가에서 지정하는 기관에서 검정을 필한 것을 사용해야 한다.

② 부피플라스크, 피펫, 뷰렛, 눈금실린더, 비커 등 화학분석용 유리기구는 국가검정을 필한 것을 사용한다.
③ 여과용 기구 및 기기를 기재하지 아니하고 "여과한다"라고 하는 것은 KS M 7602 거름종이 5종 또는 이와 동등한 여과지를 사용하여 여과함을 말한다.

(8) 용기

① "용기"라 함은 시험용액 또는 시험에 관계된 물질을 보존, 운반 또는 조작하기 위하여 넣어두는 것으로 시험에 지장을 주지 않도록 하는 깨끗한 것을 뜻한다.
② "밀폐용기"라 함은 물질을 취급 또는 보관하는 동안에 이물이 들어가거나 내용물이 손실되지 않도록 보호하는 용기를 뜻한다.
③ "기밀용기"라 함은 물질을 취급 또는 보관하는 동안에 외부로부터의 공기 또는 다른 가스가 침입하지 않도록 내용물을 보호하는 용기를 뜻한다.
④ "밀봉용기"라 함은 물질을 취급 또는 보관하는 동안에 기체 또는 미생물이 침입하지 않도록 내용물을 보호하는 용기를 뜻한다.
⑤ "차광용기"라 함은 광선을 투과하지 않은 용기 또는 투과하지 않게 포장을 한 용기로서 취급 또는 보관하는 동안에 내용물의 광화학적 변화를 방지할 수 있는 용기를 뜻한다.

(9) 관련 용어

① "정확히 단다"라 함은 규정한 양의 검체를 취하여 분석용 저울로 0.1mg까지 다는 것을 뜻한다.
② 액체성분의 양을 "정확히 취한다" 함은 홀피펫, 부피플라스크 또는 이와 동등 이상의 정도를 갖는 용량계를 사용하여 조작하는 것을 뜻한다.
③ "항량이 될 때까지 건조한다 또는 강열한다"라 함은 따로 규정이 없는 한 보통의 건조방법으로 1시간 더 건조 또는 강열할 때 전후 무게의 차가 매 g당 0.3mg 이하일 때를 뜻한다.
④ "즉시"란 30초 이내에 표시된 조작을 하는 것을 뜻한다.
⑤ "감압 또는 진공"이라 함은 따로 규정이 없는 한 15mmHg 이하를 뜻한다.
⑥ "이상", "초과", "이하", "미만"이라고 기재하였을 때 이자가 쓰인 쪽은 어느 것이나 기산점 또는 기준점인 숫자를 포함하며, "미만" 또는 "초과"는 기산점 또는 기준점의 숫자는 포함하지 않는다. 또 "a ~ b"라 표시한 것은 a 이상 b 이하임을 뜻한다.
⑦ "바탕시험을 하여 보정한다"라 함은 시료에 대한 처리 및 측정을 할 때 시료를 사용하지 않고 같은 방법으로 조작한 측정치를 빼는 것을 뜻한다.
⑧ 시료의 시험, 바탕시험 및 표준액에 대한 시험을 일련의 동일시험으로 행할 때 사용하는 시약 또는 시액은 동일 로트(lot)로 조제된 것을 사용한다.
⑨ "정량적으로 씻는다"라 함은 어떤 조작으로부터 다음 조작으로 넘어갈 때 사용한 비커, 플라스크 등의 용기 및 여과막 등에 부착한 정량대상 성분을 사용한 용매로 씻어 그 세액을 합하고 먼저 사용한 같은 용매를 채워 일정용량으로 하는 것을 뜻한다.
⑩ 용액의 액성 표시는 따로 규정이 없는 한 유리전극법에 의한 pH 측정기로 측정한 것을 뜻한다.

(10) 시험결과의 표시 및 검토

① 시험결과의 표시단위는 따로 규정이 없는 한 가스상 성분은 ppm(μmol/mol) 또는 ppb(nmol/mol)로 입자상 성분은 mg/m³ 또는 μg/m³으로 표시한다.
② 시험성적수치는 마지막 유효숫자의 다음 단위까지 계산하여 한국공업규격 KS Q 5002(데이터의 통계적 해석 방법 – 제1부: 데이터의 통계적 기술) 4사5입법의 수치 맺음법에 따라 기록한다.
③ 방법검출한계 미만의 시험결과 값은 검출되지 않은 것으로 간주하고 불검출로 표시한다.

2 적용범위

환경정책기본법 제12조 환경기준 중 대기환경기준의 적합여부, 대기환경보전법 제16조 배출허용기준의 적합여부는 대기오염공정시험기준(이하 "공정시험기준"이라 한다)의 규정에 의하여 시험 판정한다. 대기환경보전법에 의한 오염실태조사는 따로 규정이 없는 한 공정시험기준의 규정에 의하여 시험한다.

(1) 공정시험기준에서 필요한 어원, 분자식, 화학명 등은 (　) 내에 기재한다.

(2) 공정시험기준의 내용은 총칙, 정도보증/정도관리, 일반 시험기준, 항목별 시험기준, 동시분석 시험기준으로 구분한다. 단, 이 시험법에 규정한 방법이 분석화학적으로 반드시 최고의 정밀도와 정확도를 갖는다고는 할 수 없으며 공정시험기준 이외의 방법이라도 측정결과가 같거나 그 이상의 정확도가 있다고 국내외에서 공인된 방법은 이를 사용할 수 있다.

(3) 오염물질 농도 보정

$$\boxed{식}\ C = C_a \times \frac{21 - O_s}{21 - O_a}$$

(4) 배출가스 유량 보정

$$\boxed{식}\ Q = Q_a \div \frac{21 - O_s}{21 - O_a}$$

- C : 오염물질 농도 (mg/Sm³ 또는 ppm)
- O_a : 실측산소농도 (%)
- Q : 배출가스유량 (Sm³/일)
- O_s : 표준산소농도 (%)
- C_a : 실측오염물질농도 (mg/Sm³ 또는 ppm)
- Q_a : 실측배출가스유량 (Sm³/일)

UNIT 01 분석의 기초

01 백만분율(parts per million)을 표시할 때 ppm의 기호를 사용하는 바 따로 표시가 없어도 기체일 때에 사용되는 농도표시는?

① W/W ② W/V
③ V/V ④ V/W

02 농도표시에 관한 내용 중 틀린 것은?

① 기체중에 있는 농도를 mg/m^3로 표시했을 때 m^3는 표준상태의 기체용적을 뜻한다.
② am^3는 실측상태의 기체용적을 뜻한다.
③ 중량백분율로 표시할 때는 %의 기호를 사용한다.
④ 1억분율은 ppb로 표시한다.

해설 ppb는 10억분율을 의미한다. 1억분율은 pphm으로 표시한다.

03. 화학분석의 일반사항 내용 중 틀린 것은?

① 액의 농도가 (1 → 2)로 표시된 것은 용질 1g 또는 1mL를 용매에 녹여 전량을 2mL로 하는 것이다.
② 황산(1+2), 황산(1 : 2)라 표시한 것은 황산 1용량에 물 2용량을 혼합한 것이다.
③ 보통 용액이라 기재하며 그 용액의 이름을 밝히지 않는 것은 수용액을 뜻한다.
④ "방울수"라 함은 20℃에서 정제수 10방울을 떨어뜨릴 때 부피 약 1mL(0.1mL/방울)가 된다.

해설 "방울수"라 함은 20℃에서 정제수 20방울을 떨어뜨릴 때 부피 약 1mL가 된다.

04 용액의 농도에 관한 설명 중 틀린 것은?

① 보통 용액이라 기재하며, 그 용액의 이름을 밝히지 않은 것은 수용액을 뜻한다.
② 혼합용액 (1+2)로 표시한 것은 액체상 성분을 각각 1용량 대 2용량으로 혼합한 것을 뜻한다.
③ 혼합용액 (1 : 2)로 표시한 것은 용질성분 1용량을 용매에 녹여 최종적으로 2용량으로 된다는 뜻이다.
④ 액의 농도 (1 → 2)로 표시한 것은 그 용질의 성분이 고체일 때는 1g을 액체일 때는 1mL를 용매에 녹여 전량을 2mL가 되도록 하는 비율을 뜻한다.

해설 혼합용액 (1:2)로 표시한 것은 용질성분 1용량을 용매 2용량에 녹여 최종적으로 3용량으로 된다는 뜻이다.

05 온도의 표시에 관한 설명 중 틀린 것은?

① 냉후(식힌 후)라 표시되어 있을 때는 보온 또는 가열 후 실온까지 냉각된 상태를 뜻한다.
② 표준온도는 0℃, 상온 15~25℃, 실온 1~35℃이다.
③ 찬곳은 따로 규정이 없는 한 0~4℃를 뜻한다.
④ 냉수는 15℃ 이하를 뜻한다.

06 다음 중 분석시험에 있어 기재 및 용어설명이 맞는 것은?

① "정확히 단다" 함은 규정한 양의 전체를 취하여 분석용 저울로 1mg까지 다는 것을 뜻한다.
② "감압·진공"이라 함은 따로 규정이 없는 한 150mmHg 이하를 뜻한다.
③ 용액의 액성표시는 따로 규정이 없는 한 유리전극법에 의한 pH미터로 측정한 것을 뜻한다.
④ 시험조작 중 "즉시"란 10초 이내에 표시된 조작을 하는 것을 뜻한다.

해설 ③항만 올바르다.

정답 01. ③ 02. ④ 03. ④ 04. ③ 05. ③ 06. ③

오답해설
① "정확히 단다"라 함은 규정한 양의 전체를 취하여 분석용 저울로 0.1mg까지 다는 것을 뜻한다.
② "감압·진공"이라 함은 따로 규정이 없는 한 15mmHg 이하를 뜻한다.
④ 시험조작 중 "즉시"란 30초 이내에 표시된 조작을 하는 것을 뜻한다.

07 시험의 기계 및 용어설명에 관한 내용 중 틀린 것은?

① 정확히 단다. : 분석용 저울로 0.1mg까지 다는 것을 뜻한다.
② 용액의 액성표시 : 따로 규정이 없는 한 유리전극법에 의한 pH미터로 측정한 것을 뜻한다.
③ 바탕시험을 하여 보정한다. : 시료에 대한 처리 및 측정할 때 시료를 사용하지 않고 같은 방법으로 조작한 측정치를 빼는 것을 뜻한다.
④ 정량적으로 씻는다. : 어떤 조작에서 다음 조작으로 넘어갈 때 사용한 비커, 플라스크 등에 정량대상 물질이 남지 않도록 세척, 제거함을 말한다.

해설 "정량적으로 씻는다"라 함은 어떤 조작으로부터 다음 조작으로 넘어갈 때 사용한 비커, 플라스크 등의 용기 및 여과막 등에 부착한 정량대상 성분을 사용한 용매로 씻어 그 세액을 합하고 먼저 사용한 같은 용매를 채워 일정용량으로 하는 것을 뜻한다.

08 다음 중 공정시험법에서 규정하는 시약의 농도와 비중이 틀린 것은?

① 염산농도 35.0~37.0%, 비중 1.18
② 황산농도 95% 이상, 비중 1.84
③ 질산농도 60.0~62.0%, 비중 1.38
④ 암모니아수농도 38.0~48.0%, 비중 0.84

해설 암모니아수농도 28 ~ 30%, 비중 0.9

09 다음 내용 중 틀린 것은?

① 시험에 사용하는 시약은 규정이 없는 한 특급 또는 1급 이상의 것을 사용하여야 한다.
② '약'이란 그 무게 또는 부피에 대하여 ±5% 이상의 차가 있어서는 안 된다.
③ 방울수라 함은 20℃에서 정제수 20방울을 적하(滴下)할 때 그 부피가 약 1mL 되는 것을 뜻한다.
④ 시험에 사용하는 물은 따로 규정이 없는 한 정제증류수 또는 이온교환수지로 정제한 탈염수를 사용한다.

해설 '약'이란 그 무게 또는 부피에 대하여 ±10% 이상의 차가 있어서는 안 된다.

10 대기오염공정시험기준의 화학분석 일반사항에서 시험의 기재 및 용어에 관한 설명으로 거리가 먼 것은?

① 액체성분의 양을 "정확히 취한다"라 함은 메스피펫, 메스실린더 정도의 정확도를 갖는 용량계 사용을 말한다.
② 시험조작 중 "즉시"란 30초 이내에 표시된 조작을 하는 것을 말한다.
③ "항량이 될 때까지 건조한다"라 함은 따로 규정이 없는 한 보통의 건조방법으로 1시간 더 건조 시, 전후 무게의 차가 매 g당 0.3mg 이하일 때를 말한다.
④ "정확히 단다"라 함은 규정한 양의 검체를 취하여 분석용 저울로 0.1mg까지 다는 것을 뜻한다.

11 배출허용기준 중 표준산소농도를 적용받는 항목에 대하여 배출가스 유량을 보정하기 위한 식으로 적절한 것은?

① 배출가스유량 = 이론배출가스유량 ÷ [(21−표준산소농도)/이론산소농도]
② 배출가스유량 = 이론배출가스유량 ÷ [이론산소농도/(21−표준산소농도)]
③ 배출가스유량 = 실측배출가스유량 ÷ [(21−표준산소농도)/(21−실측산소농도)]
④ 배출가스유량 = 실측배출가스유량 ÷ [(21−실측산소농도)/(21−표준산소농도)]

정답 07. ④ 08. ④ 09. ② 10. ① 11. ③

UNIT 02 정도보증/정도관리

※ **정도보증(QA)** : 측정/분석 결과가 정도목표를 만족하고 있음을 보증하기 위한 제반적인 활동(정확도를 평가하는 정도평가를 포함한다.)
※ **정도관리(QC)** : 측정/분석 결과의 정밀·정확도 목표를 달성하기 위한 제반 활동

1 관련용어정리

(1) 스팬기체(span gas)

교정에 사용되는 기준 기체로서 직선성이 양호한 측정·분석방법 또는 기기에 대하여 검정식의 기울기 또는 감응계수를 교정하기 위한 기체.

(2) 검출한계(detection limit)

측정 항목이 포함된 시료에 대하여 통계적으로 정의된 신뢰수준(통상적으로 99%의 신뢰수준)으로 검출할 수 있는 최소 농도로 정의한다. 검출한계 계산은 분석장비, 분석자, 시험분석방법에 따라 달라질 수 있고, 적용 방법에 따라 방법검출한계(method detection limit, MDL)와 기기검출한계(instrument detection limit, IDL) 및 정량한계(minimum quantification limit)로 나눌 수 있다.

1) 기기검출한계

기기가 분석 대상을 검출할 수 있는 최소한의 농도로서, 방법바탕시료 수준의 시료를 분석 대상 시료의 분석 조건에서 15회 반복 측정하여 결과를 얻고, 표준편차(바탕세기의 잡음, s)를 구하여 2.624를 곱한 값으로서, 계산된 기기검출한계의 신뢰수준은 99%이다.

식 기기검출한계 $= 2.624 \times s$

2) 방법검출한계

방법검출한계는 시료의 전처리를 포함한 모든 시험절차를 독립적으로 거친 여러 개의 시험바탕시료를 측정하여 구하기 때문에 전체 시험절차에 대한 정도관리 상태를 나타낸다. 또한 방법검출한계는 방법바탕시료를 이용하여 예측된 방법검출한계 농도의 3배 ~ 5배 농도를 포함하도록 제조된 7개의 매질첨가시료를 준비하여 반복 측정하여 얻은 결과의 표준편차(s)에 3.14를 곱한 값이다.

식 방법검출한계 $= 3.14 \times s$

3) 정량한계

정량한계는 시험항목을 측정 분석하는데 있어 측정 가능한 검정 농도(calibration point)와 측정 신호를 완전히 확인 가능한 분석 시스템의 최소 수준이다.

방법검출한계와 동일한 수행 절차에 의해 산출되며 정량할 수 있는 최소 수준으로 정한다. 또한 정량한계는 예측된 방법검출한계 농도의 3배 ~ 5배 농도를 포함하도록 제조된 7개의 매질첨가시료를 준비하여 반복 측정하여 얻은 결과의 표준편차(s)를 10배한 값이다.

$$식\ 정량한계 = 10 \times s$$

(3) 정밀도(precision)

연속적으로 반복하여 시험분석한 결과들 상호간에 근접한 정도.

(4) 정확도(accuracy)

시험분석 결과가 참값에 근접하는 정도.

(5) 제로기체(zero gas)

측정하고자 하는 분석성분이 포함되어 있지 않은 기준 기체로서 측정·분석방법 또는 기기에 대하여 측정 범위의 바탕 시험값을 보정하기 위한 기체.

(6) 바탕시료(blank)

측정하고자 하는 분석성분이 포함되어 있지 않은 시료. 측정오차를 구할 수 있게 함으로써 측정값을 보정하기 위한 시료.

1) **방법바탕시료** : 시료와 같은 매질의 물질을 시험방법과 동일한 절차에 따라 시료와 동시에 전처리된 바탕시료로 시험분석 항목이 전혀 포함되어 있지 않지만 시료와 매질이 같은 것이 확인된 시료
2) **현장바탕시료** : 현장에서의 채취 과정, 시료의 운송, 보관 및 분석 과정에서 생기는 문제점을 찾는데 사용되는 시료
3) **장비바탕시료** : 깨끗한 시료로서 시료채취장치의 청결함을 확인하는데 사용, 특히나 동일한 시료채취 기구의 재이용으로 인하여 먼저 시료에 있던 오염물질이 남아있는지를 평가하는데 이용
4) **세척바탕시료** : 시료채취 장비의 청결과 손실, 오염 유무를 확인하는데 사용되는 바탕시료
5) **운반바탕시료** : 운반바탕시료는 시료의 수집과 운반 동안에 부적절하게 세척된 시료 용기 및 오염된 시약의 사용 그리고 운반 시 공기 중 오염 등을 확인하기 위한 것이다.

(7) (시험분석기기 또는 시스템의) 드리프트(drift)

시험 분석기기나 시스템의 감도 또는 바탕 시험값 등이 변화하는 것으로서, 변화되는 정도가 단시간의 정밀도 또는 잡음 수준보다 많이 변하는 현상

2 검정곡선의 작성 및 검증

※ **감응인자**

교정 과정에서 바탕선을 보정한 직선 교정식의 기울기, 즉 표준물질의 값(C)에 대한 반응값(R)을 감응인자(response factor, RF)라고 하고, 표준물질을 하나 사용하여 교정하는 경우 다음과 같이 구한다.

식 $RF = \dfrac{R}{C}$

표준물질을 하나 이상 사용하여 교정하는 경우, 감응인자는 기울기에 해당한다.

(1) 절대검정곡선법(external standard calibration) : (구. 검량선법)

분석기기 및 시스템을 교정하기 위하여 검정곡선을 작성하여야 한다. 이때, 검정곡선 작성용 시료는 시료의 분석 대상 원소의 농도와 매질이 비슷한 수준에서 제작하여야 한다. 특히, 검정곡선 작성시료는 시료와 같은 수준으로 매질을 조정하여 제조하여야 하며 시험 절차는 다음과 같다.

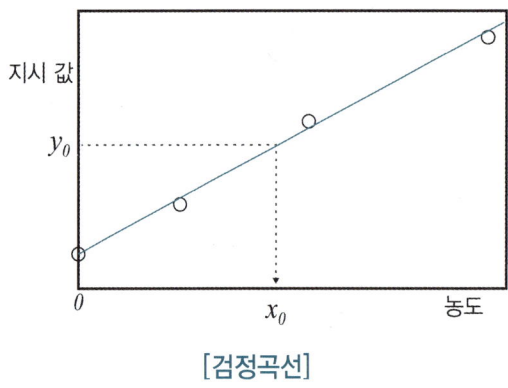

[검정곡선]

1) 검정곡선의 직선이 유지되는 경우 검정곡선 작성용 시료는 (3 ~ 5)개, 그렇지 못한 경우에는 분석 범위 내에서 (5 ~ 6)개를 사용한다.
2) 이와 같이 제조한 n개의 검정곡선 작성용 시료를 분석기기 또는 시스템으로 측정하여 지시값과 제조 농도의 자료를 각각 얻는다.
3) n개의 시료에 대하여 제조 농도와 지시값 쌍을 각각 $(x_1, y_1), \cdots, (x_n, y_n)$라 하고, 위 그림과 같이 농도에 대한 지시값의 검정곡선을 도시한다.

(2) 표준물첨가법(standard addition method)

시료를 분할하고 분석 대상 성분(표준물)을 일정량 첨가하여 분석하는 방법. 매질효과가 큰 시험분석방법에 대하여 분석 대상 시료와 동일한 매질의 표준시료를 확보하지 못하여 정확성을 확인하기 어려운 경우에 매질효과를 보정하며 분석할 수 있는 방법이다. 이 방법은 특별한 경우를 제외하고는 검정곡선의 직선성이 유지되고, 바탕값을 보정할 수 있는 방법에 적용이 가능하다.

[표준물첨가법에 의한 검정곡선]

(3) 상대검정곡선법(internal standard calibration) : (구. 내부표준법)

시험분석기기 또는 시스템의 변동이 있는 경우 이를 보정하기 위한 방법의 하나이다. 시험분석하려는 성분과 다른 순수 물질 성분 일정량을 내부표준물질로서 분석 대상 시료와 검정곡선 작성용 시료에 각각 첨가한 다음, 각 시료의 성분과 내부표준물질로 첨가한 성분의 지시값을 측정하여 분석한다. 내부표준물질로는 시험분석방법이나 시스템에서의 변동성이 분석 성분과 비슷한 것을 선정한다. 또한 내부표준물질로 시료 중에 이미 일정량 존재하는 성분을 이용할 수도 있다.

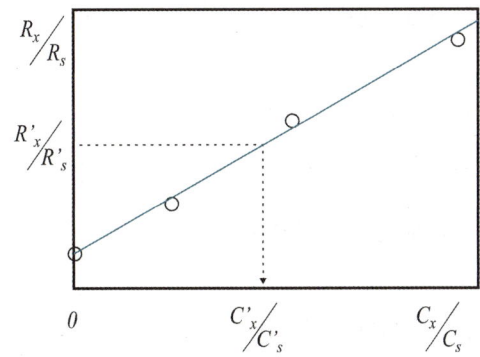

[상대검정곡선법에 의한 검정곡선]

UNIT 02 정도보증/정도관리

01 원자흡광광도법으로 대기오염물질의 농도를 정량할 경우 3종류 이상의 농도의 표준시료용액에 대하여 흡광도를 측정한 후 가로대에 표준물질의 농도를, 세로대에 흡광도를 취하여 그래프를 그린 후 시료 용액의 흡광도 결과를 대입하여 시료의 농도를 구하는 방법은?

① 검정곡선법
② 표준물첨가법
③ 상대검정곡선법
④ 외부표준법

02 목적원소에 의한 흡광도 A_S와 표준원소에 의한 흡광도 A_R과의 비를 구하고 A_S/A_R값과 표준물질농도와의 관계를 그래프에 작성하여 검정곡선을 만들어 시료중의 목적원소 농도를 구하는 것은?

① 표준첨가법
② 상대검정곡선법
③ 절대검량선법
④ 검량선법

03 원자흡광광도법의 검량선 작성법에 관한 설명이다. 틀린 것은?

① 검정곡선은 일반적으로 저농도의 영역에서는 양호한 직선을 나타내므로 저농도 영역에서 작성하는 것이 좋다.
② 검정곡선은 적어도 3종류 이상의 농도의 표준시료용액에 대하여 흡광도를 측정하여 작성하는 것이 좋다.
③ 표준첨가법은 여러 개의 같은 양의 분석시료에 각각 다른 농도의 표준물질을 가하여 흡광도를 구하여 작성하는 것이다.
④ 상대검정곡선법에 가하는 표준원소는 목적원소와 화학적으로는 아주 유사하나 물리적으로는 다른 성질의 원소를 이용하여 이를 비교, 검량선을 작성한다.

[해설] 상대검정곡선법에 가하는 표준원소는 목적원소와 물리적·화학적 성질이 아주 유사한 것이어야 한다.

정답 01. ① 02. ② 03. ④

UNIT 03 기기분석

1 기체크로마토그래피

(1) 원리 및 적용범위
이 법은 기체시료 또는 기화한 액체나 고체시료를 운반가스(carrier gas)에 의하여 분리, 관내에 전개시켜 기체상태에서 분리되는 각 성분을 크로마토그래프로 분석하는 방법으로 일반적으로 무기물 또는 유기물의 대기오염 물질에 대한 정성, 정량 분석에 이용한다.

(2) 구분
① **기체-고체 크로마토그래피** : 충전물로서 흡착성 고체분말을 사용
② **기체-액체 크로마토그래피** : 적당한 담체(solid support)에 고정상 액체를 함침시킨 것을 사용

(3) 장치의 구성(시 분 검 기)
운반가스입구 – 유량조절기 – 압력계/유량계 – **시료도입부** – **분리관** – **검출기** – **기록부**

(4) 검출기

1) **열전도도 검출기(thermal conductivity detector, TCD)**

금속 필라멘트(filament), 전기저항체(thermistor)를 검출소자로 하여 금속판(block) 안에 들어있는 본체와 안정된 직류전기를 공급하는 직류전기를 공급하는 전원회로, 전류조절부, 신호검출 전기회로, 신호 감쇄부 등으로 구성된다. 네 개로 구성된 필라멘트에 전류를 흘려주면 필라멘트가 가열되는데, 이 중 2개의 필라멘트는 운반 기체인 헬륨에 노출되고 나머지 두 개의 필라멘트는 운반 기체에 의해 이동하는 시료에 노출된다. 이 둘 사이의 열전도도 차이를 측정함으로써 시료를 검출하여 분석한다. 열전도도 검출기는 모든 화합물을 검출할 수 있어 분석 대상에 제한이 없고 값이 싸며 시료를 파괴하지 않는 장점이 있는데 반하여 다른 검출기에 비해 감도(sensitivity)가 낮다. → 거의 모든 물질의 분석이 가능하고, 특히나 CO 검출에 효과적

2) **불꽃이온화 검출기(flame ionization detector, FID)**

수소 연소 노즐(nozzle), 이온 수집기(ion collector)와 전극 및 배기구로 구성되는 본체와 이 전극 사이에 직류전압을 주어 흐르는 이온전류를 측정하기 위한 직류전압 변환회로, 감도조절부, 신호감쇄부 등으로 구성된다. 대부분의 유기화합물은 수소와 공기의 연소 불꽃에서 전하를 띤 이온을 생성하는데 생성된 이온에 의한 전류의 변화를 측정한다. 불꽃이온화 검출기는 대부분의 화합물에 대하여 열전도도 검출기보

다 약 1000배 높은 감도를 나타내고 대부분의 유기화합물의 검출이 가능하므로 가장 흔히 사용된다. 특히 탄소 수가 많은 유기물은 10pg까지 검출할 수 있어 대기 오염 분석에서 미량의 유기물을 분석할 경우에 유용하다. 불꽃이온화 검출기에 응답하지 않는 물질로는 비활성 기체, O_2, N_2, H_2O, CO, CO_2, CS_2, H_2S, NH_3, N_2O, NO, NO_2, SO_2, SiF_4 및 SiC_{14} 등이 있다. 또한 감도가 다소 떨어지는 시료로는 할로겐, 아민, 히드록시기 등의 치환기를 갖는 시료로서 치환기가 증가함에 따라 감도는 더욱 감소한다.
→ 대부분의 유기화합물(탄화수소류 등)의 검출이 가능하고, 가장 많이 사용된다.

3) 전자 포획 검출기(electron capture detector, ECD)

방사성 물질인 Ni-63 혹은 삼중수소로부터 방출되는 β선이 운반 기체를 전리하여 이로 인해 전자 포획 검출기 셀(cell)에 전자구름이 생성되어 일정 전류가 흐르게 된다. 이러한 전자 포획 검출기 셀에 전자친화력이 큰 화합물이 들어오면 셀에 있던 전자가 포획되어 이로 인해 전류가 감소하는 것을 이용하는 방법으로 유기 할로겐 화합물, 나이트로 화합물 및 유기 금속 화합물 등 전자 친화력이 큰 원소가 포함된 화합물을 수 ppt의 매우 낮은 농도까지 선택적으로 검출할 수 있다. 따라서 유기 염소계의 농약분석이나 PCB(polychlorinated biphenyls) 등의 환경오염 시료의 분석에 많이 사용되고 있다. 그러나 탄화수소, 알코올, 케톤 등에는 감도가 낮다. 전자 포획 검출기 사용 시 주의 사항으로는 운반 기체에 수분이나 산소 등의 오염물이 함유되어 있는 경우에는 감도의 저하나 검정곡선의 직선성을 잃을 수도 있으므로 고순도(99.9995%)의 운반 기체를 사용하여야 하고 반드시 수분 트랩(trap)과 산소 트랩을 연결하여 수분과 산소를 제거할 필요가 있다. → 할로겐, 벤젠, 유기염소계(벤조피렌, PCB 등)의 분석에 많이 사용된다.

4) 질소인 검출기(nitrogen phosphorous detector, NPD)

불꽃이온화 검출기와 유사한 구성에 알칼리금속염의 튜브를 부착한 것으로 운반 기체와 수소기체의 혼합부, 조연기체 공급구, 연소노즐, 알칼리원, 알칼리원 가열기구, 전극 등으로 구성된다. 가열된 알칼리금속염은 촉매 작용으로 질소나 인을 함유하는 화합물의 이온화를 증진시켜 유기 질소 및 유기 인 화합물을 선택적으로 검출할 수 있다. 질소-인 검출기에서 질소나 인을 함유하는 화합물에 대한 감도는 일반 탄화수소 화합물에 대한 감도의 약 100,000배로 질소 또는 인 화합물에 대한 선택성이 커서, 살충제나 제초제의 분석에 일반적으로 사용된다. → 질소, 인 화합물의 검출에 많이 사용된다.

5) 불꽃 열이온 검출기(flame thermoionic detector, FTD)

불꽃 열이온화 검출기(flame thermoionic detector, FTD)는 위의 질소인 검출기와 같은 검출기이다.

6) 불꽃 광도 검출기(flame photometric detector, FPD)

구성은 불꽃이온화 검출기와 유사하고 운반기체와 조연기체의 혼합부, 수소 기체 공급구, 연소 노즐, 광학 필터, 광전증배관(photomultiplier tube) 및 전원 등으로 구성되어 있다. 기본 원리는 황이나 인을 포함한 탄화수소 화합물이 불꽃이온화 검출기 형태의 불꽃에서 연소될 때 화학적인 발광을 일으키는 성분을 생성하는데 시료의 특성에 따라 황 화합물은 393nm, 인 화합물은 525nm의 특정 파장의 빛을 발산한다. 이들 빛은 광학 필터(황 화합물은 393nm, 인 화합물은 525nm)를 통해 광전증배관에 도달하고, 이에 연결된 전자 회로에 신호가 전달되어 황이나 인을 포함한 화합물을 선택적으로 분석할 수 있다. 불꽃 광도

검출기에 의한 황 또는 인 화합물의 감도(sensitivity)는 일반 탄화수소 화합물에 비하여 100,000배 커서, H_2S나 SO_2와 같은 황 화합물은 약 200ppb까지, 인 화합물은 약 10ppb까지 검출이 가능하다.
→ 황 또는 인 화합물의 검출에 많이 사용된다. 특히 CS_2의 검출에 유효하다.

7) 광이온화 검출기(photo ionization detector, PID)

10.6eV의 자외선(UV) 램프에서 발산하는 120nm의 빛이 벤젠이나 톨루엔과 같은 대부분의 방향족 화합물을 충분히 이온화시킬 수 있고, 또한 H_2S, 헥세인, 에탄올과 같이 이온화 에너지가 10.6eV 이하인 화합물을 이온화시킴으로써 이들을 선택적으로 검출할 수 있다. 그러나 메탄올이나 물 등과 같이 이온화 에너지가 10.6eV보다 큰 화합물은 광이온화 검출기로 검출되지 않는다. 광이온화 검출기의 장점은 매우 민감하고, 잡음(noise)이 적고, 직선성이 탁월하고 시료를 파괴하지 않는다는 것이다.

8) 펄스 방전 검출기(pulsed discharge detector, PDD)

시료를 헬륨 펄스 방전(helium pulsed discharge)에 의해 이온화시키고 이로 인해 생성된 전자는 전극으로 모여서 전류의 변화를 가져온다. 펄스 방전 검출기는 전자 포획(electron capture) 모드와 헬륨 광이온화(helium photoionization) 모드로 이용할 수 있다. 전자 포획 모드에서는 기존의 전자 포획 검출기와 같이 전자 친화성이 큰 원소를 함유한 화합물인 프레온, 염소성 살충제 등의 할로겐 함유 화합물을 수 펨토그램($1fg = 10^{-15}g$)까지 선택적으로 검출할 수 있는데 기존의 전자 포획 검출기와는 달리 방사성 물질을 사용하지 않아 안전하고 검출기의 온도를 400℃까지 올려 사용할 수 있다. 헬륨 광이온화 모드에서는 대부분의 무기물 및 유기물을 검출할 수 있어 기존의 불꽃이온화 검출기 사용에 따른 불꽃이나 수소 기체의 사용이 문제가 되는 곳에서 불꽃이온화 검출기를 대체할 수 있다.

9) 원자 방출 검출기(atomic emission detector, AED)

시료를 구성하는 원소들의 원자 방출(atomic emission)을 검출하기 때문에 이용 범위가 광범위하다. 원자 방출 검출기의 구성은 캐필러리 컬럼의 마이크로파 유도 플라즈마 챔버로의 도입부, 마이크로파 챔버, 챔버의 냉각부, 회절격자와 원자선을 모아서 분산시키는 광학 거울, 컴퓨터에 연결된 광다이오드 배열기(photodiode array)로 구성되어 있다. 컬럼에서 흘러나온 시료는 마이크로파로 가열된 플라즈마 구멍(plasma cavity)으로 유입되고 화합물은 원자화되어 원자들은 플라즈마에 의해 들뜨게 된다. 들뜬 원자에 의해 방출된 빛은 광다이오드 배열기에 의해 파장에 따라 분리되어 각 원소에 대한 크로마토그램을 얻을 수 있다.

10) 전해질 전도도 검출기(electrolytic conductivity detector, ELCD)

기준전극, 분석전극과 기체-액체 접촉기(contactor) 및 기체-액체 분리기(separator)를 가지고 있다. 전도도 용매를 셀에 주입하고 기준전극에 의해 전류가 흐르게 된다. 기체-액체 접촉기에서 기체 반응 생성물과 결합하게 되고 이 화합물은 분석 전극을 지나면서 액체상을 가진 기체-액체 분리기에서 기체상과 액체상으로 분리된다. 이 때 전위계(electrometer)가 기준 전극과 분석 전극 사이의 전도도 차이를 측정함으로써 성분의 농도를 측정한다. 할로겐, 질소, 황 또는 나이트로아민(nitroamine)을 포함한 유기화합물을 이 방법으로 검출할 수 있다.

11) 질량 분석 검출기(mass spectrometric detector, MSD)

GC에 질량 분석기(MS)를 부착하여 검출기로 사용한다. GC 컬럼에서 분리된 화합물이 질량분석기에서 이온화되어 이온의 질량 대 전하 비(m/z)로 분리하여 기록된다. 대부분의 화합물을 수 ng까지 고감도로 분석할 수 있다. 질량 분석기는 다양한 화합물을 검출할 수 있고, 토막내기 패턴(fragmentation pattern)으로 화합물 구조를 유추할 수도 있다.

(5) 운반가스

운반가스(carrier gas)는 충전물이나 시료에 대하여 불활성이고 사용하는 검출기의 작동에 적합한 것을 사용한다.
① **열전도도형 검출기(TCD)**에서는 순도 99.8% 이상의 **수소**나 **헬륨**을 사용 (암기TIP 열 수 헬)
② **불꽃이온화 검출기(FID)**에서는 순도 99.8% 이상의 **질소** 또는 **헬륨**을 사용 (암기TIP 불 질 헬)

(6) 분리관

충전물질을 채운 내경 2mm ~ 7mm (모세관식 분리관을 사용할 수도 있다)의 시료에 대하여 불활성금속, 유리 또는 합성수지관으로 각 분석방법에서 규정하는 것을 사용한다.

(7) 충전물질

1) 흡착형충전물

기체-고체 크로마토그래피법에서는 분리관의 내경에 따라 다음 표와 같이 입도가 고른 흡착성고체분말을 사용한다.

[분리관의 내경에 따른 흡착제 및 담체의 입경 범위]

분리관 내경 (mm)	흡착제 및 담체의 입경 범위(μm)
3	149 ~ 177 (100 ~ 80mesh)
4	177 ~ 250 (80 ~ 60mesh)
5 ~ 6	250 ~ 590 (60 ~ 28mesh)

> 💡 **산화상태에 따른 물질의 특성**
> ① 산화상태가 커질수록 독성이 증가한다.
> ② 산화상태가 커질수록 증기압이 낮아진다.
> ③ 산화상태가 커질수록 수용성이 높아진다.

- **흡착형 고체분말의 종류** : 실리카젤, 활성탄, 알루미나, 합성제올라이트
  - 암기TIP 창고에 미제실탄(흡착형 고체분말 : 알루미나, 제올라이트, 실리카젤, 활성탄)
- **담체(Support)** : 규조토, 내화벽돌, 유리, 석영, 합성수지
  - 암기TIP 담체 합성석유내조
  - ※ 내화벽돌이라 함은 일반적인 내화점토를 사용한 것이 아니고 규조토를 주성분으로 한 내화온도 1,100℃ 정도의 단열벽돌을 뜻한다.
- **고정상액체** : 고정상액체는 다음의 조건을 만족시키는 것을 선택한다.
  ① 분석대상 성분을 완전히 분리할 수 있는 것이어야 한다.
  ② 사용온도에서 증기압이 낮고, 점성이 작은 것이어야 한다.
  ③ 화학적으로 안정된 것이어야 한다.
  ④ 화학적 성분이 일정한 것이어야 한다.

[일반적으로 사용하는 고정상액체의 종류]

종류	물질명
탄화수소계	헥사데칸
	스쿠아란(Squalane)
	고진공 그리이스
실리콘계	메틸실리콘
	페닐실리콘
	사이아노실리콘
	플루오린화규소
폴리글리콜계	폴리에틸렌글리콜
	메톡시폴리에틸렌글리콜
에스테르계	이염기산다이에스테르
폴리에스테르계	이염기산폴리글리콜다이에스테르
폴리아미드계	폴리아미드수지
에테르계	폴리페닐에테르
기타	인산트라이크레실 다이에틸폼아미드 다이메틸설포란

암기TIP 탄 고 스 헥 (탄화수소계 : 고진공 그리이스, 스쿠아란, 헥사데칸)

2) 다공성 고분자형 충전물

이 물질은 다이바이닐벤젠(divinyl benzene)을 가교제(bridge intermediate)로 스타이렌계 단량체를 중합시킨 것과 같이 고분자 물질을 단독 또는 고정상 액체로 표면처리하여 사용한다.

(8) 조작법

1) 가스크로마토그래피의 설치장소
설치장소는 진동이 없고 분석에 사용하는 유해물질을 안전하게 처리할 수 있으며 부식가스나 먼지가 적고 실험실 온도 5℃ ~ 35℃, 상대습도 85% 이하로서 직사광선이 쪼이지 않는 곳으로 한다.

2) 전원
공급전원은 지정된 전력 및 주파수이어야 하고, 전원변동은 지정전압의 10% 이내로서 주파수의 변동이 없는 것이어야 한다.

3) 전자기유도
대형변압기, 고주파가열로와 같은 것으로부터 전자기의 유도를 받지 않는 것이어야 한다.

(9) 분리의 평가

1) 분리관효율

$$\text{이론단수}(n) = 16 \times \left(\frac{t_R}{W}\right)^2$$

- t_R : 시료도입점으로부터 봉우리 최고점까지의 길이 (보유시간)
- W : 봉우리의 좌우 변곡점에서의 접선이 자르는 바탕선의 길이
- $HETP = \dfrac{L}{n}$
- L : 분리관의 길이 (mm)

2) 분리능

$$\text{분리계수}(d) = \frac{t_{R2}}{t_{R1}}$$

$$\text{분리도}(R) = \frac{2(t_{R2} - t_{R1})}{W_1 + W_2}$$

- t_{R1} : 시료도입점으로부터 봉우리 1의 최고점까지의 길이
- t_{R2} : 시료도입점으로부터 봉우리 2의 최고점까지의 길이
- W_1 : 봉우리 1의 좌우 변곡점에서의 접선이 자르는 바탕선의 길이
- W_2 : 봉우리 2의 좌우 변곡점에서의 접선이 자르는 바탕선의 길이

(10) 정성분석

정성분석은 동일 조건하에서 특정한 미지성분의 머무름 값과 예측되는 물질의 봉우리의 머무름 값을 비교하여야 한다. 그러나 어떤 조건에서 얻어지는 하나의 봉우리가 한 가지 물질에 반드시 대응한다고 단정할 수는 없으므로 고정상 또는 분리관 온도를 변경하여 측정하거나 또는 다른 방법으로 정성이 가능한 경우에는 이 방법을 병용하는 것이 좋다.

> **💡 머무름 값**
>
> 머무름 값의 종류로는 머무름 시간(retention time), 머무름 부피(retention volume), 머무름 비(retention ratio), 머무름 지표(retention indicator) 등이 있다. 머무름 시간을 측정할 때는 3회 측정하여 그 평균치를 구한다. 일반적으로 5분 ~ 30분 정도에서 측정하는 봉우리의 머무름 시간은 반복시험을 할 때 ± 3% 오차범위 이내이어야 한다. 머무름 값의 표시는 무효부피(dead volume)의 보정유무를 기록하여야 한다.

(11) 정량분석

암기TIP 정양에게 절대 상표 보이지 마라!

① 절대검정곡선법
② 상대검정곡선법(내부표준법)
③ 표준물첨가법

$$\text{식} \quad X(\%) = \frac{\Delta W_A}{\left(\dfrac{a_2}{b_2} \cdot \dfrac{b_1}{a_1} - 1\right) W} \times 100$$

④ 보정넓이 백분율법
⑤ 넓이 백분율법

$$\text{식} \quad X_i(\%) = \frac{A_i}{\sum\limits_{i=1}^{n} A_i} \times 100$$

❷ 자외선/가시선분광법

(1) 원리 및 적용범위

이 시험방법은 시료물질이나 시료물질의 용액 또는 여기에 적당한 시약을 넣어 발색시킨 용액의 흡광도를 측정하여 시료중의 목적성분을 정량하는 방법으로 파장 200nm ~ 1,200nm에서의 액체의 흡광도를 측정함으로써 대기 중이나 굴뚝배출 가스 중의 오염물질 분석에 적용한다. 파장은 근적외부, 가시부, 자외부로 구분된다.

(2) 개요

램버어트 비어(Lambert-Beer)의 법칙에 의하여 시료의 액층을 통과한 후 흡광도를 측정하여 목적성분의 농도를 정량하는 방법이다.

$$I_t = I_O \cdot 10^{-\epsilon c \ell}$$

I_o : 입사광의 강도
I_t : 투사광의 강도
C : 농도
ℓ : 빛의 투사거리
ϵ : 비례상수로서 흡광계수라 하고,
C = 1mol, ℓ = 10mm일 때의 ε의 값을 몰흡광계수라 하며 K로 표시한다.

1) 투과도(t)

$$\frac{I_t}{I_o} = t$$

2) 흡광도(A) : 투과도의 역수의 상용대수

$$\log \frac{1}{t} = A = \epsilon C \ell$$

(3) 장치

1) 장치의 구성 : 암기TIP 광 파 시 고!

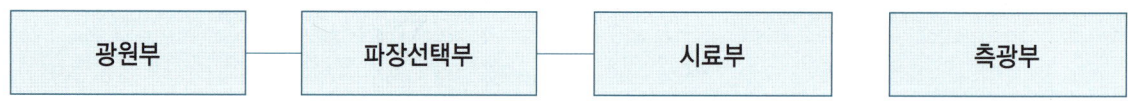

[자외선/가시선분광법 분석장치]

2) 광원부

① **텅스텐램프** : 가시부와 근적외부
② **중수소방전관** : 자외부

암기TIP 가시오가피 연근 탕수육 중자!

3) 파장선택부

① **단색화장치** : 프리즘, 회절격자 또는 두가지를 조합시킨 것을 사용하며 단색광을 내기 위하여 슬릿을 부속시킨다. 암기TIP 프 레 즐(프리즘, 회절격자, 슬릿)

② **필터** : 색유리 필터, 젤라틴 필터, 간접 필터 등을 사용한다.

4) 시료부

시료부는 흡수셀과 대조셀, 셀홀더를 사용한다.

※ 셀의 두께와 흡광도는 비례 (셀의 두께 : 흡광도 = 셀의 두께 × A : 흡광도 × A)

① **흡수셀** : 유리, 석영, 플라스틱제를 사용
  ㉠ **플라스틱셀** : 근적외부
  ㉡ **유리셀** : 가시부 및 근적외부
  ㉢ **석영셀** : 자외부

② **대조셀**

③ **셀홀더**

5) 측광부

광전관, 광전자증배관, 광전도셀, 광전지 등을 사용한다.

① **광전관, 광전자증배관** : 자외부 및 가시부

② **광전지** : 가시부

③ **광전도셀** : 근적외부

암기TIP 석자 / 광전관 자가 / 광전지 가 / 유리 가근 / 셀프 근

6) 장치의 보정

① **파장 눈금의 교정** : 홀뮴유리(파울)

② **흡광도 눈금의 보정** : 다이크롬산칼륨(보크)

(4) 측정

1) 장치의 설치

① 전원의 전압 및 주파수의 변동이 적을 것
② 직사광선을 받지 않을 것
③ 습도가 높지 않고 온도변화가 적을 것
④ 부식성 가스나 먼지가 없을 것
⑤ 진동이 없을 것

2) 흡수셀의 준비

① 시료액의 흡수파장이 약 370nm 이상일 때는 석영 또는 경질유리 흡수셀을 사용하고 약 370nm 이하일 때는 석영흡수셀을 사용한다. 시료셀에 용액은 셀의 약 80%까지 넣는다.
② 흡수셀은 탄산소듐용액에 소량의 음이온 계면활성제를 가한 용액에 흡수셀을 담가 놓는다.
③ 급히 사용하고자 할 때는 물기를 제거한 후 에틸알코올로 씻고 다시 에틸에테르로 씻은 후 드라이어로 건조해도 무방하다.
④ 빈번하게 사용할 때는 물로 잘 씻은 다음 증류수를 넣은 용기에 담가 두어도 무방하다.
⑤ 크로뮴산과 황산용액에 약 1시간 담근 다음 흡수셀을 꺼내어 정제수로 충분히 씻어내도 무방하다. (이 방법은 크로뮴의 정량이나 자외선 영역 측정을 목적으로 할 때 또는 접착하여 만든 셀에는 사용하지 않는 것이 좋다.)
⑥ 세척 후에 지문이 묻지 않도록 주의하고 빛이 통과하는 면에는 손이 직접 닿지 않도록 한다.

[암기TIP] 항상 탄산음료 먹고, 급할 때 알콜먹어야 한다면, 1시간 뒤 크황!하고, 빈번하게 물 먹자!

3 원자흡수분광광도법

(1) 원리 및 적용범위

이 시험방법은 시료를 적당한 방법으로 해리시켜 중성원자로 증기화하여 생긴 **기저상태**(Ground State or Normal State)의 원자가 이 원자 증기층을 투과하는 특유파장의 빛을 흡수하는 현상을 이용하여 광전측광과 같은 개개의 특유 파장에 대한 흡광도를 측정하여 시료중의 원소농도를 정량하는 방법으로 대기 또는 배출 가스중의 유해 중금속, 기타 원소의 분석에 적용한다.

(2) 용어

① **역화** : 불꽃의 연소속도가 크고 혼합기체의 분출속도가 작을 때 연소현상이 내부로 옮겨지는 것
② **원자흡광도** : 어떤 진동수 i의 빛이 목적원자가 들어 있지 않는 불꽃을 투과했을 때의 강도를 Iov, 목적원자가 들어 있는 불꽃을 투과했을 때의 강도를 Iv라 하고 불꽃중의 목적원자농도를 c, 불꽃중의 광도의 길이(Path Length)를 ℓ 라 했을 때

$$E_{AA} = \frac{\log_{10} \cdot I_0\nu / I\nu}{c \cdot \ell}$$

로 표시되는 양을 말한다.

③ **원자흡광(분광)분석** : 원자흡광 측정에 의하여 하는 화학분석
④ **원자흡광(분광)측광** : 원자흡광 스펙트럼을 이용하여 시료중의 특정원소의 농도와 그 휘선의 흡광정도(보통은 보정되지 않은 흡광도로 나타냄)와의 상관관계를 측정하는 것

⑤ **원자흡광스펙트럼** : 물질의 원자증기층을 빛이 통과할 때 각각 특유한 파장의 빛을 흡수한다. 이 빛을 분산하여 얻어지는 스펙트럼을 말한다.
⑥ **공명선** : 원자가 외부로부터 빛을 흡수했다가 다시 먼저 상태로 돌아갈 때 방사하는 스펙트럼선
⑦ **근접선** : 목적하는 스펙트럼선에 가까운 파장을 갖는 다른 스펙트럼선
⑧ **중공음극램프(속빈음극램프)** : 원자흡광분석의 광원이 되는 것으로 목적원소를 함유하는 중공음극 한 개 또는 그 이상을 저압의 네온과 함께 채운 방전관
⑨ **다음극 중공음극램프** : 두 개 이상의 중공음극을 갖는 중공음극램프
⑩ **다원소 중공음극램프** : 한 개의 중공음극에 두 종류 이상의 목적원소를 함유하는 중공음극램프
⑪ **충전가스** : 중공음극램프에 채우는 가스
⑫ **소연료 불꽃** : 가연성 가스와 조연성 가스의 비를 적게 한 불꽃 즉, 가연성 가스/조연성 가스의 값을 적게 한 불꽃
⑬ **다연료 불꽃** : 가연성 가스/조연성 가스의 값을 크게 한 불꽃
⑭ **분무기** : 시료를 미세한 입자로 만들어 주기 위하여 분무하는 장치
⑮ **분무실** : 분무기와 함께 분무된 시료용액의 미립자를 더욱 미세하게 해주는 한편 큰 입자와 분리시키는 작용을 갖는 장치
⑯ **슬롯버너** : 가스의 분출구가 세극상으로 된 버너
⑰ **전체분무버너** : 시료용액을 빨아올려 미립자로 되게 하여 직접 불꽃중으로 분무하여 원자증기화하는 방식의 버너
⑱ **예복합 버너** : 가연성 가스, 조연성 가스 및 시료를 분무실에서 혼합시켜 불꽃 중에 넣어주는 방식의 버너
⑲ **선폭** : 스펙트럼선의 폭
⑳ **선프로파일** : 파장에 대한 스펙트럼선의 강도를 나타내는 곡선
㉑ **멀티 패스** : 불꽃 중에서의 광로를 길게 하고 흡수를 증대시키기 위하여 반사를 이용하여 불꽃 중에 빛을 여러번 투과시키는 것

(3) 개요

원자증기화하여 생긴 기저상태의 원자가 그 원자증기층을 투과하는 특유 파장의 빛을 흡수하는 성질을 이용한 것으로 원자에 의한 빛의 흡수정도와 원자증기 밀도와의 사이에는 다음과 같은 관계가 있다.

$$\boxed{식}\ I_v = I_{ov} \times \exp^{-KVl}$$

1) 흡광도(A)

$$\boxed{식}\ A = \log(I_{ov}/I_v)$$

(4) 장치

1) **장치의 개요** (암기TIP 광 시 단 측)

   광원부, 시료원자화부, 파장선택부(분광부, 단색화부), 측광부로 구성되어 있고 단광속형과 복광속형이 있다.

   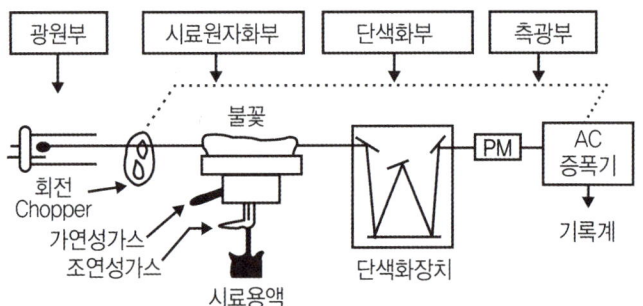

2) **광원부**

   ① **중공음극램프(속빈음극램프)** : 원자흡광 스펙트럼선의 선폭보다 좁은 선폭을 갖고 휘도가 높은 스펙트럼을 방사하는 중공음극램프가 많이 사용된다.

   ② **기타램프** : 소듐, 포타슘, 칼슘, 루비듐, 세슘, 카드뮴, 수은, 탈륨과 같이 비점이 낮은 원소에서는 열음극이나 방전램프를 사용할 수도 있다. 또 금속의 할로겐화물을 봉입하여 고주파 방전에 의하여 점등하는 방식의 방전램프를 사용할 수도 있다.

3) **시료원자화부**

   시료원자화부는 시료를 원자증기화하기 위한 시료원자화 정치와 원자증기 중에 빛을 투과시키기 위한 광학계로 되어 있다.

4) **불꽃**

   ① **대부분의 원소분석** : 수소-공기, 아세틸렌-공기
   ② **원자외 영역** : 수소-공기
   ③ **불꽃온도가 낮고 일부 원소에 대하여 높은 감도를 나타냄** : 프로페인-공기
   ④ **불꽃의 온도가 높아 내화성산화물을 만들기 쉬운 원소분석** : 아세틸렌-아산화질소
   ⑤ **기타** : 수소-아르곤-공기, 석탄가스-공기

   암기TIP 대부분은 수공아공 외수공 감프공 높아질!

(5) 검정곡선의 작성과 정량법

1) **검정곡선의 직선영역 (검 저 양)**

   검정곡선은 일반적으로 **저농도** 영역에서는 **양호**한 직선성을 나타내지만 고농도 영역에서는 여러가지 원인에 의하여 휘어진다.

2) 정량방법
   ① 검정곡선법
   ② 표준물첨가법
   ③ 상대검정곡선법(내부표준물질법)
   → 자세한 설명은 위의 정도관리/정도보증 파트 참고

(6) 간섭(화분에 물주자)

1) 화학적 간섭

   ① 불꽃 중에서 원자가 이온화하는 경우

   > 💡 **대책**
   > 이온화 전압이 더 낮은 원소 등을 첨가하여 목적원소의 이온화를 방지하여 간섭을 피할 수 있다.

   ② 공존물질과 작용하여 해리하기 어려운 화합물이 생성되어 흡광에 관계하는 기저상태의 원자수가 감소하는 경우

   > 💡 **대책**
   > - 이온교환이나 용매추출 등에 의한 방해물질의 제거
   > - 과량의 간섭원소의 첨가
   > - 간섭을 피하는 양이온(보기 : 란타늄, 스트론튬, 알칼리 원소 등), 음이온 또는 은폐제, 킬레이트제 등의 첨가
   > - 목적원소의 용매추출
   > - 표준첨가법의 이용

2) 분광학적 간섭
   이 종류의 간섭은 장치나 불꽃의 성질에 기인하는 것으로서 다음과 같은 경우에 일어난다.
   ① 분석에 사용하는 스펙트럼선이 다른 인접선과 완전히 분리되지 않는 경우
   ② 분석에 사용하는 스펙트럼의 불꽃 중에서 생성되는 목적원소의 원자증기 이외의 물질에 의하여 흡수되는 경우

3) 물리적 간섭
   시료용액의 점성이나 표면장력 등 물리적 조건의 영향에 의하여 일어나는 것으로 보기를 들면 시료용액의 점도가 높아지면 분무 능률이 저하되며 흡광의 강도가 저하된다. 이러한 종류의 간섭은 표준시료와 분석시료와의 조성을 거의 같게 하여 피할 수 있다.

(7) 용매

원자흡광분석은 사용하는 용매에 따라 감도가 변하는 경우가 있다.
① 강한 산성 또는 강한 알칼리성 용액의 경우 : 용액의 점성이 증가하거나 기타에 의하여 흡광도가 떨어진다.
② 시료용액에 유기용매를 가하는 경우 : 흡광도가 높아지는 경우가 있다. (특히, 유기용매로써 목적 원소를 킬레이트로 추출하면 미량원소의 정량 및 간섭물질의 제거에 유효하다. → 이 경우에 불꽃이 불안정하게 되거나 불꽃 자체에 의한 흡광이 증대되지 않는 용매를 선택할 필요가 있다.)

4 비분산적외선분광분석법

(1) 개요

1) 목적

이 시험법은 적외선 영역에서 고유 파장 대역의 흡수 특성을 갖는 성분가스의 농도 분석을 비분산적외선 분석법으로 측정하는 방법에 대해 규정하며, 비분산적외선 분석법의 표준분석절차를 기술함으로서 비분산적외선분석법에 의한 측정의 정확성과 통일성을 갖추도록 함을 목적으로 한다.

2) 적용범위

비분산적외선분석기의 검출한계는 분석 광학계의 적외선 복사선이 시료 중을 통과하는 거리에 따라 다르며 복사선 통과 거리가 10m ~ 16m일 때 분석기의 검출한계를 0.5ppm까지 낮출 수 있다.

(2) 용어정의

① **비분산** : 빛을 프리즘(prism)이나 회절격자와 같은 분산소자에 의해 분산하지 않는 것
② **정필터형** : 측정성분이 흡수되는 적외선을 그 흡수파장에서 측정하는 방식
③ **반복성** : 동일한 분석계를 이용하여 동일한 측정대상을 동일한 방법과 조건으로 비교적 단시간에 반복적으로 측정하는 경우로서 각각의 측정치가 일치하는 정도
④ **비교가스** : 시료 셀에서 적외선 흡수를 측정하는 경우 대조가스로 사용하는 것으로 적외선을 흡수하지 않는 가스
⑤ **시료 셀** : 시료가스를 넣는 용기
⑥ **비교 셀** : 비교(Reference)가스를 넣는 용기
⑦ **시료 광속** : 시료 셀을 통과하는 빛
⑧ **비교 광속** : 비교 셀을 통과하는 빛
⑨ **제로가스** : 분석계의 최저 눈금값을 교정하기 위하여 사용하는 가스
⑩ **스팬가스** : 분석계의 최고 눈금값을 교정하기 위하여 사용하는 가스 (암기TIP 스 고 이!)

⑪ **제로 드리프트** : 측정기의 최저눈금에 대한 지시치의 일정기간 내의 변동
⑫ **교정범위** : 측정기 최대측정범위의 80% ~ 90% 범위에 해당하는 교정 값을 말한다.
⑬ **스팬 드리프트** : 측정기의 교정범위 눈금에 대한 지시값의 일정기간 내의 변동

(3) 분석기기 및 기구

1) **장치의 순서**(암기TIP 광 회전 필 요 검 증)

   광원 - 회전섹타 - 광학필터 - 시료셀/비교셀 - 검출기 - 증폭기

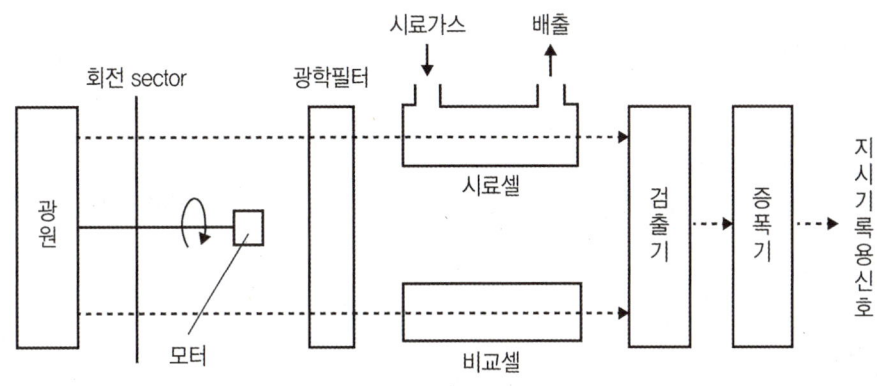

[복광속 분석계의 구성]

① **광원** : 흑체발광으로 **탄**화규소 또는 **니**크로뮴선의 저항체에 전류를 흘려 가열한 것을 사용
   (암기TIP 광 탄 니) (광원의 온도 1,000 ~ 1,300K)
② **회전섹타** : 시료광속과 비교광속을 일정주기로 단속시켜 광학적으로 변조시키는 것으로 측정 광신호의 증폭에 유효하고 잡신호 영향을 줄일 수 있다.
③ **광학필터** : 시료가스 중에 간섭 물질가스의 흡수파장역의 적외선을 흡수제거하기 위하여 사용하며, 가스필터와 고체필터가 있는데 이것은 단독 또는 적절히 조합하여 사용한다.
④ **시료셀** : 시료가스가 흐르는 상태에서 양단의 창을 통해 시료광속이 통과하는 구조를 갖는다.
⑤ **비교셀** : 시료셀과 동일한 모양을 가지며 아르곤 또는 질소 같은 불활성 기체를 봉입하여 사용한다.

(4) 측정기기 성능(암기TIP 수 능 본 현 성 이)

① **재현성** : 동일 측정조건에서 제로가스와 스팬가스를 번갈아 3회 도입하여 각각의 측정값의 평균으로부터 편차를 구한다. 이 편차는 전체 눈금의 ±2% 이내이어야 한다.
② **감도** : 최대눈금범위의 ±1% 이하에 해당하는 농도변화를 검출할 수 있는 것이어야 한다.
③ **제로 드리프트** : 동일 조건에서 제로가스를 연속적으로 도입하여 고정형은 24시간, 이동형은 4시간 연속 측정하는 동안에 전체 눈금의 ±2% 이상의 지시 변화가 없어야 한다.
④ **스팬 드리프트** : 동일 조건에서 제로가스를 흘려 보내면서 때때로 스팬가스를 도입할 때 제로 드리프트 (zero drift)를 뺀 드리프트가 고정형은 24시간, 이동형은 4시간 동안에 전체 눈금값의 ±2% 이상이 되어

서는 안된다. (측정시간 간격은 고정형은 4시간 이상, 이동형은 40분 이상이 되도록 한다.)

⑤ **응답시간** : 제로 조정용 가스를 도입하여 안정된 후 유로를 스팬가스로 바꾸어 기준 유량으로 분석계에 도입하여 그 농도를 눈금 범위 내의 어느 일정한 값으로부터 다른 일정한 값으로 갑자기 변화시켰을 때 스텝(step) 응답에 대한 소비시간이 1초 이내이어야 한다. 또 이때 최종 지시값에 대한 90%의 응답을 나타내는 시간은 40초 이내이어야 한다.

⑥ **온도변화에 대한 안정성** : 측정가스의 온도가 표시온도 범위 내에서 변동해도 성능에 지장이 있어서는 안된다.

⑦ **유량변화에 대한 안정성** : 측정가스의 유량이 표시한 기준유량에 대하여 ±2% 이내에서 변동하여도 성능에 지장이 있어서는 안된다.

⑧ **전압변동에 대한 안정성** : 전원전압이 설정 전압의 ±10% 이내로 변화하였을때 지시값 변화는 전체눈금의 ±1% 이내여야 하고, 주파수가 설정 주파수의 ±2%에서 변동해도 성능에 지장이 있어서는 안 된다.

> **암기TIP** (현성's Story)
> 작년에 수능 친 재수생 현성이는 삼수해서 2등급, 감은 1등급이었지만, 2등급이다. 책상에 몸을 고정해서 24시간해도 모자라지만, 이동시간이 4시간이나 걸렸고, 이동중에 응답하라 1994를 봤다.

(5) 교정가스

1) 저농도 교정가스

스팬값의 25% ~ 35%의 농도범위의 가스를 사용한다.

2) 중간농도 교정가스

스팬값의 45% ~ 55%의 농도범위의 가스를 사용한다.

3) 고농도 교정가스

스팬값의 80% ~ 90%의 농도범위의 가스를 사용한다.

5 이온크로마토그래피

(1) 원리 및 적용범위

이 방법은 이동상으로는 액체, 그리고 고정상으로는 이온교환수지를 사용하여 이동상에 녹는 혼합물을 고분리능 고정상이 충전된 분리관내로 통과시켜 시료성분의 용출상태를 전도도 검출기 또는 광학 검출기로 검출하여 그 농도를 정량하는 방법으로 일반적으로 강수(비, 눈, 우박 등), 대기먼지, 하천수 중의 이온성분을 정성, 정량 분석하는데 이용한다.

(2) 장치

1) 장치의 개요 (암기TIP 용 액 시료 분리관 써)

일반적으로 사용하는 이온크로마토그래프는 다음 그림과 같이 용리액조, 송액펌프, 시료주입장치, 분리관, 써프렛서, 검출기 및 기록계로 구성되며 분리관에서 검출기까지는 측정목적에 따라 다소 차이가 있다.

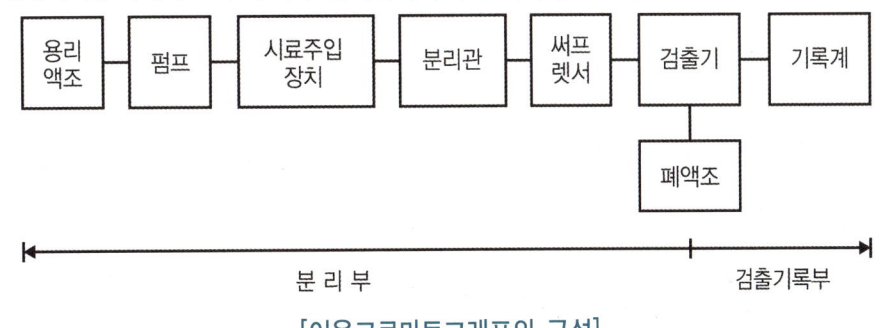

[이온크로마토그래프의 구성]

2) 용리액조

이온성분이 용출되지 않는 재질로써 용리액을 직접공기와 접촉시키지 않는 밀폐된 것을 선택한다. 일반적으로 폴리에틸렌이나 경질 유리제를 사용한다.

3) 시료주입장치 (암기TIP 시 루 떡)

일정량의 시료를 밸브조작에 의해 분리관으로 주입하는 **루프주입방식**이 일반적이며 셉텀(Septum)방법, 셉텀레스(Septumless)방식 등이 사용되기도 한다.

4) 써프렛서

써프렛서란 용리액에 사용되는 전해질 성분을 제거하기 위하여 **분리관 뒤에 직렬**로 접속시킨 것으로써 전해질을 물 또는 저전도도의 용매로 바꿔줌으로써 전기 전도도 셀에서 목적이온 성분과 전기 전도도만을 고감도로 검출할 수 있게 해주는 것이다.

써프렛서는 관형과 이온교환막형이 있으며, 관형은 **음이온에는 스티롤계 강산형(H^+)** 수지가, **양이온에는 스티롤계 강염기형(OH^-)**의 수지가 충진된 것을 사용한다. (암기TIP 음산해~~ 양념(염)해~~)

(3) 설치조건

① 실험실 온도 10℃ ~ 25℃, 상대습도 30% ~ 85% 범위로 급격한 온도변화가 없어야 한다.
② 진동이 없고 직사광선을 피해야 한다.
③ 부식성 가스 및 먼지발생이 적고 환기가 잘 되어야 한다.
④ 대형변압기, 고주파가열등으로부터의 전자유도를 받지 않아야 한다.
⑤ 공급전원은 기기의 사양에 지정된 전압 전기용량 및 주파수로 전압변동은 10% 이하이고 주파수 변동이 없어야 한다.

(4) 검출한계

검출한계는 각 분석방법에서 규정하는 조건에서 출력신호를 기록할 때 잡음신호(Noise)의 2배에 해당하는 목적성분의 농도를 검출한계로 한다.

(5) 머무름 값

머무름 값의 종류로는 머무름시간(retention time), 머무름 부피(retention volume), 머무름 비(retention ratio), 머무름 지표(retention indicator) 등이 있다. 머무름시간을 측정할 때는 3회 측정하여 그 평균치를 구한다. 일반적으로 5분 ~ 30분 정도에서 측정하는 봉우리의 머무름시간을 반복시험을 할 때 ± 3% 오차범위 이내이어야 한다.

6 흡광차분광법

(1) 원리 및 적용범위

이 방법은 일반적으로 빛을 조사하는 **발광부와 50m ~ 1,000m** 정도 떨어진 곳에 설치되는 수광부(또는 발·수광부와 반사경) 사이에 형성되는 빛의 이동경로(Path)를 통과하는 가스를 실시간으로 분석하며, 측정에 필요한 **광원은 180nm ~ 2,850nm** 파장을 갖는 **제논(Xenon) 램프**를 사용하여 이산화황, 질소산화물, 오존 등의 대기오염물질 분석에 적용한다. (암기TIP 발로천, 일팔광땡)

(2) 장치 (암기TIP 발 수 분 샘 검 분 통)

흡광차 분광법의 분석장치는 분석기와 광원부로 나누어지며, 분석기 내부는 분광기, 샘플 채취부, 검지부, 분석부, 통신부 등으로 구성된다.

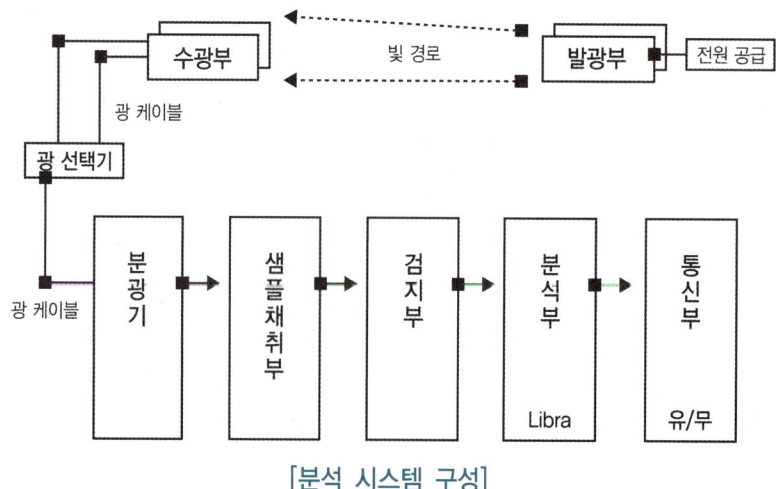

[분석 시스템 구성]

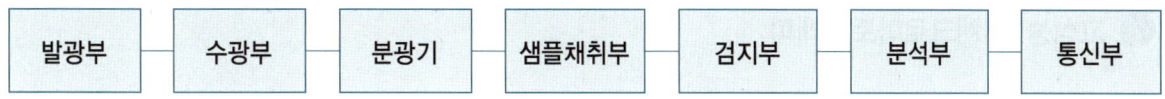

(3) 장치의 검·교정

① **재현성** : 조작을 3회 반복하여 각 값의 편차를 구한다.
② **제로 드리프트** : 제로조정용 가스를 설정유량으로 도입하여 24시간 연속 측정한다. 필요한 경우 제로 값을 최대 눈금 값의 5% 정도로 설정하여도 좋다.
③ **스팬 드리프트** : 제로 드리프트 시험에서 시험개시 때에 스팬 조정을 하고 시험 종료 때 및 중간에 2회 이상 제로가스를 스팬 가스로 바꾸어 도입하여 최종 값을 기록한다. (각 스팬 측정간격은 4시간 이상 떨어져 있어야 함)
④ **직선성** : 제로 및 스팬 조정을 한 후 중간눈금 부근의 교정용 가스를 도입하여 지시치를 기록한다. 이 지시 값과 교정용 가스농도 표시 값과의 차를 구한다.
⑤ **전압변동에 대한 안정성**
  • A값 : 가스도입후 지시가 안정되어 있을 때의 값
  • B값 : 전원 전압을 정격전압의 +10% 전압으로 서서히 변화시켜 나온 10분 후의 값
  • C값 : 전원 전압을 정격전압의 -10% 전압으로 서서히 변화시켜 나온 10분 후의 값
  • B-A, C-A의 측정단계의 최대 눈금 값에 대한 비를 구한다.
⑥ **내전압** : AC 1,000V를 1분간 가해도 이상이 없어야 한다.
⑦ **응답시간** : 스팬 조정용 가스의 도입시점으로부터 최종 지시 값의 90% 값에 도달하기까지의 시간
⑧ **주위 온도변화에 대한 안정성** : 임의의 온도에 있어서 5℃의 온도변화에 대한 제로 드리프트 및 스팬 드리프트를 구한다.

(4) 간섭물질의 영향

① SO_2에 대한 O_3의 영향
② O_3에 대한 수분의 영향
③ O_3에 대한 톨루엔의 영향

(5) 유지보수

① 측정 경로(path)상에 장애물이 설치되지 않도록 한다.
② 측정기의 검·교정 주기는 매 6개월에 1회로 한다.
③ 램프 교환 후에는 반드시 검·교정을 수행하고 사용한다.

7 고성능 액체크로마토그래피

(1) **개요** : 고성능 액체크로마토그래피(HPLC)는 비휘발성 화학종 또는 열적으로 불안정한 물질을 분리할 수 있으며 유기물과 무기물의 대기오염물질에 대한 정성분석, 정량분석에 사용된다.

(2) **기기장치구성** (암기TIP 용 펌 시 분 검 기)

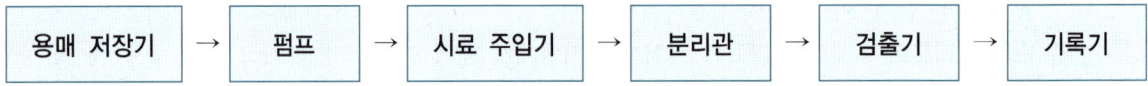

① **펌프의 종류** : 왕복식 펌프, 치환 펌프(주사기형 펌프), 기압식 펌프
② **검출기의 종류** : 자외선흡수검출기, 형광검출기, 굴절률 검출기, 증발 광산란 검출기, 전기화학 검출기, 질량분석 검출기

(3) **정량분석** : 절대검정곡선법, 상대검정곡선법, 표준물첨가법

8 X-선 형광분광법

(1) **개요**

X-선 형광분광법(XRF)은 산소의 원자번호보다 큰 원자번호를 가지는 원소를 정성적으로 확인하기 위해 가장 널리 사용되는 분석법 중의 하나이며 원소의 반정량 또는 정량분석에 이용된다. XRF의 특별한 장점은 시료를 파괴하지 않는다는 데 있으며, 필터에 채취한 먼지 시료의 원소 분석(정성, 정량분석)에 유용하게 사용되기도 한다.

(2) **기기장치**

① 파장분산형, ② 에너지분산형, ③ 비분산형

(3) **정성 및 정량분석**

① **정성분석** : 각 원소들은 특징적인 X-선을 방출하기 때문에 시료의 스펙트럼에 나타난 봉우리의 위치로부터 시료를 구성하는 원소가 무엇인지 알 수 있다.
② **정량분석** : 스펙트럼에 나타난 각 원소에 의한 봉우리의 세기(peak intensity)는 원소의 농도에 비례하므로 이를 정량화하여 시료의 조성을 알 수 있다.
(시료에서 방출되는 X-선은 검출기에 도달하기 전에 시료 매질(matrix)에 의해 흡수되는데 이러한 흡수효과는 원소마다 다르고 원자번호가 작은 원소일수록 더욱 크다.)

UNIT 03 기기분석

01 가스크로마토그래피 분석에 사용하는 검출기 중 이황화탄소를 분석하는데 가장 적합한 검출기는?

① 열전도도검출기(TCD)
② 수소염이온화검출기(FID)
③ 전자포획형검출기(ECD)
④ 불꽃광도검출기(FPD)

02 가스크로마토그래피의 분리관에 사용하는 분해형 충전물질 중 고정상 액체의 조건이라 볼 수 없는 것은?

① 화학적 성분이 일정한 것이어야 한다.
② 화학적으로 안정된 것이어야 한다.
③ 분석하는 성분물질은 완전히 분리할 수 있는 것이어야 한다.
④ 사용온도에서 증기압이 높고 점성이 작은 것이어야 한다.

해설 증기압이 낮고, 점성이 작은 것이어야 한다.

03 금속 필라멘트 또는 전기저항체를 검출소자로 하여 금속판(block) 안에 들어 있는 본체와 여기에 안정된 직류전기를 공급하는 전원회로, 전류조절부 등으로 구성되어 있는 가스크로마토그래피 분석에 사용되는 검출기는?

① FID   ② FPD
③ TCD   ④ ECD

04 가스크로마토그래피 사용시, 이론단수가 1600인 분리관이 있다. 보유시간이 20분이면 피크의 좌우 변곡점에서 접선이 자르는 바탕선의 길이는? (단, 기록지 이동속도는 5mm/min이고 이론단수는 모든 성분에 대하여 같다.)

① 5mm   ② 8mm
③ 10mm   ④ 12mm

해설 $n = 16 \times \left(\dfrac{t_R}{W}\right)^2$

05 가스크로마토그래피의 설치조건(장소, 전기관계)으로 적합하지 않은 것은?

① 분석에 사용하는 유해물질을 안전하게 처리할 수 있는 곳이어야 한다.
② 접지점의 접지저항은 15~20Ω 범위 이내여야 한다.
③ 전원변동은 지정전압의 10% 이내로서 주파수의 변동이 없어야 한다.
④ 실온 5~35℃, 상대습도 85% 이하로 직사광선이 쪼이지 않는 곳이어야 한다.

해설 접지점의 접지저항은 10Ω 이하이어야 한다.

06 가스크로마토그래피법의 정량법 중 정량하려는 성분으로 된 순물질을 단계적으로 취하여 크로마토그램을 기록하고 피크의 넓이 및 높이를 구하는 방법은?

① 넓이백분율법   ② 표준물첨가법
③ 절대검정곡선법 ④ 상대검정곡선법

정답 01. ④ 02. ④ 03. ③ 04. ③ 05. ② 06. ③

07 흡광광도법의 설명으로 틀린 것은?

① 파장 200~1200nm에서 액체의 흡광도를 측정함으로써 대기오염물질 분석에 적용한다.
② 광원에서 나오는 빛을 단색화장치 또는 파장선택장치에 의하여 좁은 파장범위의 빛만을 선택하여 기층을 통과시킨 다음 흡광도를 측정한다.
③ 흡광도는 투과도 역수의 상용대수이다.
④ 램버트-비어 법칙이 활용된다.

08 흡광광도분석법에는 일반적으로 램버트-비어(Lambert-Beer)의 법칙을 이용한다. 이 법칙을 적용할 경우 다음 중 올바른 관계식은? (단, I_o : 입사광의 강도, C : 농도, ϵ : 흡광계수, I_t : 투과광의 강도, L : 빛의 투과거리)

① $I_t = I_o \times 10^{-\epsilon CL}$
② $I_t = I_o \times 10^{\epsilon CL}$
③ $C = \dfrac{I_t}{I_o} \times 10^{\epsilon CL}$
④ $C = \dfrac{I_o}{I_t} \times 10^{\epsilon CL}$

09 흡광광도계에서 빛의 강도가 I_o의 단색광이 어떤 시료용액을 통과할 때 그 빛의 90%가 흡수될 경우 흡광도는?

① 0.6
② 0.8
③ 1.0
④ 1.2

[해설] $A = \log\left(\dfrac{1}{0.1}\right) = 1.0$

10 흡광광도분석장치 중 광원부에서 가시부와 근적외부의 광원으로 주로 쓰이는 램프는?

① 열음극램프
② 텅스텐램프
③ 중수소방전램프
④ 중공음극램프

11 흡광광도법에 대한 설명 중 알맞지 않은 것은?

① 가시부와 근적외선부의 광원으로는 주로 텅스텐램프를 사용한다.
② 자외선부의 광원으로는 주로 중수소방전관을 사용한다.
③ 단색화장치는 프리즘, 회절격자 또는 이 두 가지를 조합시킨 것을 사용한다.
④ 측광부의 광전측광에는 자외 내지 가시파장 범위에서 광전도셀이 사용된다.

[해설] 광전도셀은 근적외파장범위에서 사용된다.

12 원자흡광광도법 적용시 사용되는 용어의 정의로 잘못된 것은?

① 역화 : 불꽃의 연소속도가 크고 혼합기체의 분출속도가 작을 때 연소현상이 내부로 옮겨지는 것
② 공명선 : 원자가 외부로부터 빛을 흡수했다가 다시 먼저 상태로 돌아갈 때 방사하는 스펙트럼 선
③ 충전가스 : 중공음극램프에 채우는 가스
④ 선 프로파일 : 파장에 대한 스펙트럼의 폭을 나타내는 곡선

[해설] 선 프로파일 : 파장에 대한 스펙트럼의 강도를 나타내는 곡선

13 원자흡광분석에 사용되는 불꽃을 만들기 위한 조연성 가스와 가연성 가스 조합 중 해리하기 어려운 내화성 산화물을 만들기 쉬운 원소분석에 적당한 것은?

① 프로판-순산소
② 아세틸렌-아산화질소
③ 수소-아세틸렌
④ 수소-순산소

[해설] 불꽃의 온도가 가장 높아 불꽃 중에서 해리하기 어려운 내화성 산화물을 만들기 쉬운 원소 분석에 적합한 가스 조합 - 높아질(아세틸렌-아산화질소)

정답 07. ② 08. ① 09. ③ 10. ② 11. ④ 12. ④ 13. ②

14 원자흡광광도계의 광원으로서 가장 적당한 것은?

① 텅스텐램프 ② 가이스라이판
③ 중공음극램프 ④ 수소방전관

15 다음 물질 중 공정시험방법상 원자흡광광도법과 흡광광도법을 동시에 적용할 수 없는 것은?

① 카드뮴화합물 ② 크롬화합물
③ 구리화합물 ④ 페놀화합물

해설 자외선/가시선분광법은 기체와 중금속 모두 적용할 수 있는데 비해, 원자흡수분광광도법은 중금속의 분석만 가능하므로 기체물질은 페놀은 자외선/가시선분광법과 기체크로마토그래피법으로 분석된다.

16 이온크로마토그래피법에 관한 설명으로 틀린 것은?

① 일반적으로 용리액조, 송액펌프, 시료주입장치, 분리관, 써프레서, 검출기 및 기록계로 구성되어 있다.
② 검출기는 분리관 용리액 중의 시료성분의 유무와 양을 검출하는 부분으로 일반적으로 전도도검출기를 많이 사용한다.
③ 실온 10~25℃, 상대습도 30~85% 범위로 급격한 온도변화가 없어야 한다.
④ 공급전원은 전압변동 5% 이하, 주파수변동 10% 이하로 변동이 적어야 한다.

해설 공급전원은 기기의 사양에 지정된 전압 전기용량 및 주파수로 전압변동은 10% 이하이고 주파수 변동이 없어야 한다.

17 "이온크로마토그래피법"의 장치 구성순서로 가장 알맞은 것은?

① 용리액조-펌프-써프레서-시료주입장치-분리관-검출기
② 펌프-시료주입장치-용리액조-써프레서-분리관-검출기
③ 용리액조-펌프-시료주입장치-분리관-써프레서-검출기
④ 펌프-시료주입장치-써프레서-분리관-용리액조-검출기

해설 용 액(액송펌프) 시료 분리관 써!

18 비분산적외선분석법에서, 측정성분이 흡수되는 적외선을 그 흡수파장에서 측정하는 방식은?

① 정필터형 ② 비분산형
③ 회절격자형 ④ 적외선흡광형

19 원자흡수분광광도법에 따라 분석할 때, 분석오차를 유발하는 원인으로 가장 적합하지 않은 것은?

① 검정곡선 작성의 잘못
② 공존물질에 의한 간섭영향 제거
③ 광원부 및 파장선택부의 광학계 조정 불량
④ 가연성가스 및 조연성가스의 유량 또는 압력의 변동

해설 ②항은 오차에 대한 대책에 해당한다.

정답 14. ③ 15. ④ 16. ④ 17. ③ 18. ① 19. ②

20 비분산적외선분석계의 장치구성에 관한 설명으로 옳지 않은 것은?

① 비교셀은 시료셀과 동일한 모양을 가지며 산소를 봉입하여 사용한다.
② 광원은 원칙적으로 흑체발광으로 니크롬선 또는 탄화규소의 저항체에 전류를 흘려 가열한 것을 사용한다.
③ 광학필터는 시료가스 중에 포함되어 있는 간섭 물질가스의 흡수파장역 적외선을 흡수제거하기 위해 사용한다.
④ 회전섹타는 시료광속과 비교광속을 일정주기로 단속시켜 광학적으로 변조시키는 것으로 측정 광신호의 증폭에 유효하고 잡신호의 영향을 줄일 수 있다.

해설 비교셀 : 시료셀과 동일한 모양을 가지며 아르곤 또는 질소 같은 불활성 기체를 봉입하여 사용한다.

21 기체크로마토그래피의 장치 구성에 관한 설명으로 옳지 않은 것은?

① 분리관오븐의 온도조절 정밀도는 전원 전압 변동 10%에 대하여 온도변화가 ±0.5℃ 범위 이내(오븐의 온도가 150℃ 부근일 때)이어야 한다.
② 방사성 동위원소를 사용하는 검출기를 수용하는 검출기 오븐의 경우 온도조절 기구와 별도로 독립 작용할 수 있는 과열방지기구를 설치하여야 한다.
③ 보유시간을 측정할 때는 10회 측정하여 그 평균치를 구하며 일반적으로 5~30분 정도에서 측정하는 봉우리의 보유시간은 반복시험 할 때 ±5% 오차범위 이내이어야 한다.
④ 불꽃이온화 검출기는 대부분의 화합물에 대하여 열전도도 검출기보다 약 1,000배 높은 감도를 나다내고 대부분의 유기 화합물을 검출할 수 있기 때문에 흔히 사용된다.

해설 보유시간(머무름 값)을 측정할 때는 3회 측정하여 그 평균치를 구하며 일반적으로 5~30분 정도에서 측정하는 봉우리의 보유시간은 반복시험 할 때 ±3% 오차범위 이내이어야 한다.

정답 20. ① 21. ③

CHAPTER 02 시료채취

UNIT 01 시료채취방법

1 측정 위치

① 수직굴뚝 하부 끝단으로부터 위를 향하여 그곳의 굴뚝 내경의 **8배** 이상이 되는 지점
② 상부 끝단으로부터 아래를 향하여 그곳의 굴뚝내경의 **2배** 이상이 되는 지점
③ 수평굴뚝에서 배출가스 시료채취를 하는 경우 굴뚝의 방향이 바뀌는 지점으로부터 굴뚝내경의 **2배** 이상 떨어진 곳을 측정 위치로 선정할 수 있다.

암기TIP 8 2 측정하자!(아래서 위로 8배, 위에서 아래로 2배 이상부터 측정)

2 측정공의 규격

굴뚝 벽면에 내경 100mm ~ 150mm 정도로 설치하고 측정 시 이외에는 마개를 막아 밀폐하고 측정 시에도 흡입관 삽입 이외의 공간은 공기가 새지 않도록 밀폐되어야 한다.

3 측정작업대

2인 ~ 3인의 측정 작업자가 충분히 작업할 수 있는 공간과 지지력이 마련되어야 한다.

4 굴뚝의 측정점 선정시 공통사항

① 굴뚝 단면적이 $0.25m^2$ 이하로 소규모일 경우에는 그 굴뚝 단면의 중심을 대표점으로 하여 1점만 측정한다.
② 측정공이 수직굴뚝에 위치할 경우에는 굴뚝 단면의 1/4의 단면을 취하고 측정점의 수를 1/4로 줄일 수 있다.
③ 측정공이 수평굴뚝에 위치할 때에는 대칭 축에 대하여 1/2의 단면을 취하고 측정점의 수를 1/2로 줄일 수 있다.

5 원형굴뚝의 측정점 선정

[원형단면의 측정점]

굴뚝직경(m)	반경구분수	측정점수
1 이하	1	4
1 초과 2 이하	2	8
2 초과 4 이하	3	12
4 초과 4.5 이하	4	16
4.5 초과	5	20

6 사각형굴뚝의 측정점 선정

[사각형단면의 측정점]

굴뚝단면적(m^2)	측정점수
4 이하	4
4 초과 9 이하	9
9 초과 16 이하	16
16 초과	20

굴뚝단면적(m^2)	구분된 1변의 길이 L(m)
1 이하	L ≤ 0.5
1 초과 4 이하	L ≤ 0.667
4 초과 20 이하	L ≤ 1

7 시료채취절차(입자상물질)

① 측정점 수를 선정한다.
② 배출가스의 온도를 측정한다.
③ S자형 피토관과 경사마노미터로 배출가스의 정압과 평균동압을 각각 측정한다.
④ 피토관을 측정공에서 굴뚝내의 측정점까지 삽입하여 전압공을 배출가스 흐름방향에 바로 직면시켜 압력계에 의하여 동압을 측정한다.
⑤ 동압은 원칙적으로 0.1mmH_2O의 단위까지 읽는다.
⑥ 피토관의 배출가스 흐름방향에 대한 편차를 10° 이하가 되어야 한다.
⑦ 배출가스의 수분량을 측정한다.
⑧ 흡입노즐이 배출가스가 흐르는 역방향을 향하도록 흡입노즐을 측정점까지 끼워 넣고 흡입을 시작할 때 배출가스가 흐르는 방향에 직면하도록 돌려 편차를 10° 이하로 한다.

⑨ 매 채취점마다 동압을 측정하여 계산자 (노모그래프) 또는 계산기를 이용하여 등속흡입을 위한 적정한 흡입노즐 및 오리피스압차를 구한 후 유량조절밸브를 그 오리피스차압이 유지되도록 유량을 조절하여 시료를 채취한다.
⑩ 한 채취점에서의 채취시간을 최소 2분 이상으로 하고 모든 채취점에서 채취시간을 동일하게 한다.
⑪ 시료채취 중에 굴뚝 내 배출가스 온도, 건식 가스미터의 입구 및 출구온도, 여과지홀더 온도, 최종 임핀저 통과 후의 가스온도, 진공게이지압 등을 측정·기록한다.
⑫ 채취가 끝날 때마다 측정점에서의 가스시료 채취량을 기록해 둔다. 이러한 수치들을 기록하기 위한 기록지 양식의 한 예가 아래 표에 나타나 있다.

〈먼지시료 채취 기록지〉

공장명 _____ 피토관계수 _____
측정대상명 _____ 기온, ℃ _____
작성자명 _____ 기압, mmHg _____
측정일 _____ 수분량, % _____
측정번호 _____ 흡입관 길이, m _____
오리피스미터 △H _____ 흡입노즐 직경, cm _____
        배출가스정압, mmHg _____
산소량(%) _____
등속흡입계수(%) _____ 굴뚝단면 및 측정점 배열   여과지 번호 _____

채취점 번호	시료채취 시간 (분)	진공 게이지압 (mmHg)	배출가스 온도 (℃)	배출가스 동압 (mmH$_2$O)	오리피스 압차 (mmH$_2$O)	시료 채취량 (m^3)	건식가스미터 에서의 온도(℃)		여과지 홀더온도 (℃)	최종임핀 저출구 온도(℃)
							입구	출구		
합계									평균	평균
평균									평균	

⑬ 등속흡입 정도를 보기 위해 다음 식 또는 계산기에 의해서 등속흡입계수를 구하고 그 값이 90% ~ 110% 범위 내에 들지 않는 경우에는 다시 시료채취를 행한다.

UNIT 02 가스상 물질

1 개요

이 시험기준은 굴뚝을 통하여 대기 중으로 배출되는 가스상물질을 분석하기 위한 시료의 채취방법에 대하여 규정한다. 단, 이 시험기준에서 표시하는 가스상물질의 시료채취량은 **표준상태로 환산한 건조시료 가스량을 말한다.**

2 시료채취장치

(1) 장치의 구성

채취관 → 연결관 → 채취부

[분석물질의 종류별 채취관 및 연결관 등의 재질]

분석물질, 공존가스	채취관, 연결관의 재질	여과재	비고
암모니아	①②③④⑤⑥	ⓐ ⓑ ⓒ	① 경질유리
일산화탄소	①②③④⑤⑥⑦	ⓐ ⓑ ⓒ	② 석영
염화수소	①②　　⑤⑥⑦	ⓐ ⓑ ⓒ	③ 보통강철
염소	①②　　⑤⑥⑦	ⓐ ⓑ ⓒ	④ 스테인리스강 재질
황산화물	①②　④⑤⑥⑦	ⓐ ⓑ ⓒ	⑤ 세라믹
질소산화물	①②　④⑤⑥	ⓐ ⓑ ⓒ	⑥ 플루오르수지
이황화탄소	①②　　　⑥	ⓐ ⓑ	⑦ 염화바이닐수지
폼알데하이드	①②　　　⑥	ⓐ ⓑ	⑧ 실리콘수지
황화수소	①②　④⑤⑥⑦	ⓐ ⓑ ⓒ	⑨ 네오프렌
플루오린화합물	④　⑥	ⓒ	
사이안화수소	①②　④⑤⑥⑦	ⓐ ⓑ ⓒ	
브로민(브롬)	①②　　　⑥	ⓐ ⓑ	
벤젠	①②　　　⑥	ⓐ ⓑ	ⓐ 알칼리 성분이 없는 유리솜 또는 실리카솜
페놀	①②　④　⑥	ⓐ ⓑ	ⓑ 소결유리
비소	①②　④⑤⑥⑦	ⓐ ⓑ ⓒ	ⓒ 카보런덤

(2) 규격

① 채취관의 지름은 6~25mm 정도의 것을 쓴다.
② 연결관(도관)의 규격은 4~25mm 정도의 것을 쓴다.
③ 연결관의 길이는 되도록 짧게 하고, 부득이 길게 해서 쓰는 경우에는 이음매가 없는 배관을 써서 접속 부분을 적게 하고 받침 기구로 고정해서 사용해야 한다.
④ 연결관은 가능한 한 수직으로 연결해야 하고 부득이 구부러진 관을 쓸 경우에는 응축수가 흘러나오기 쉽도록 경사지게(5° 이상) 하고 시료가스는 아래로 향하게 한다.
⑤ 연결관은 새지 않는 구조이어야 하며, 분석계에서의 배출가스 및 바이패스(by-pass) 배출가스의 연결관은 배후 압력의 변동이 적은 장소에 설치한다.
⑥ 하나의 연결관으로 여러 개의 측정기를 사용할 경우 각 측정기 앞에서 연결관을 병렬로 연결하여 사용한다.

(3) 채취부

① **수은 마노미터** : 대기와 압력차가 100mmHg 이상인 것을 쓴다.
② **가스 건조탑** : 유리로 만든 가스건조탑을 쓴다. 이것은 펌프를 보호하기 위해서 쓰는 것이며 건조제로서는 입자상태의 실리카겔, 염화칼슘 등을 쓴다.
③ **펌프** : 배기능력 0.5L/min ~ 5L/min인 밀폐형인 것을 쓴다.
④ **가스미터** : 일회전 1L의 습식 또는 건식 가스미터로 온도계와 압력계가 붙어 있는 것을 쓴다.
⑤ **바이패스용액** : 시료가 산성일 때에는 수산화소듐 용액(NaOH 20%)을, 알칼리성일 때에는 황산(H_2SO_4, 특급) (질량분율 25%)을 각각 50mL 넣은 세척병을 흡입 펌프 앞에 넣는다.

(4) 흡수병 취급법

시료의 흡입유량은 최고 2L/min 정도(염화수소 등과 같이 완전히 흡수되는 것이 확실한 경우에는 4L/min)로 한다. 채취하는 시료량은 시료 중의 분석대상 성분의 농도에 따라서 증감한다.

(5) 흡인유량 계산

1) 습식가스 미터를 사용할 시

$$V_s = V \times \frac{273}{273+t} \times \frac{P_a + P_m - P_v}{760}$$

2) 건식가스 미터를 사용할 시(흡인시 수분 배제)

$$V_s = V \times \frac{273}{273+t} \times \frac{P_a + P_m}{760}$$

- V : 가스미터로 측정한 흡입가스량(L)
- V_s : 건조시료가스 채취량(L)
- t : 가스미터의 온도(℃)
- P_a : 대기압(mmHg)
- P_m : 가스미터의 게이지압(mmHg)
- P_v : t ℃에서의 포화수증기압(mmHg)

(6) 채취시 주의사항

1) 일반사항
① 채취에 종사하는 사람은 보통 2인 이상을 1조로 한다.
② 굴뚝 배출가스의 조성, 온도 및 압력과 작업환경 등을 잘 알아둔다.
③ 옥외에서 작업하는 경우에는 바람의 방향을 확인하여 바람이 부는 쪽에서 작업하는 것이 좋다.
④ 위험방지를 위하여 다음의 사항들에 충분히 주의한다.
⑤ 피부를 노출하지 않는 복장을 하고, 안전화를 신는다.
⑥ 작업환경이 고온인 경우에는 드라이아이스 자켓 등을 입는다.
⑦ 높은 곳에서 작업을 하는 경우에는 반드시 안전밧줄을 쓴다.
⑧ 교정용 가스가 들어있는 고압가스 용기를 취급하는 경우에는 안전하고 쉽게 운반, 설치를 할 수 있는 방법을 쓴다.
⑨ 측정 작업대까지 오르기 전에 승강시설의 안전여부를 반드시 점검한다.

2) 채취 위치의 주의사항
① 위험한 장소는 피한다.
② 채취 위치의 주변에는 적당한 높이와 측정작업에 충분한 넓이의 안전한 작업대를 만들고, 안전하고 쉽게 오를 수 있는 설비를 갖춘다.
③ 채취 위치의 주변에는 배전 및 급수 설비를 갖추는 것이 좋다.

3) 채취구에서의 주의사항
① 수직굴뚝의 경우에는 채취구를 같은 높이에 3개 이상 설치하는 것이 좋다.
② 배출가스 중의 먼지 측정용 채취구(바깥지름 115mm 정도)를 이용하는 경우에는 지름이 다른 관 또는 플랜지 등을 사용하여 가스가 새는 일이 없도록 접속해서 배출가스용 채취구로 한다.

③ 굴뚝내의 압력이 매우 큰 부압(-300mmH₂O 정도 이하)인 경우에는, 시료채취용 굴뚝을 부설하여 부피가 큰 펌프를 써서 시료가스를 흡입하고 그 부설한 굴뚝에 채취구를 만든다.
④ 굴뚝내의 압력이 정압 (+)인 경우에는 채취구를 열었을 때 유해가스가 분출될 염려가 있으므로 충분한 주의가 필요하다.

(7) 시료채취요령

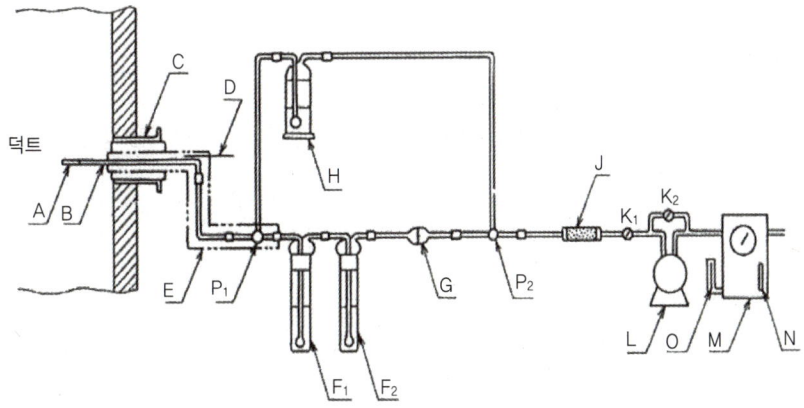

A : 여과재 F₁, F₂ : 흡수병 (용량: 100~200mL) L : 흡입펌프
B : 채취관 G : 유리필터 M : 가스미터
C : 측정공 H : 세척병 (용량: 100 ~ 250mL) N : 온도계
D : 온도계 J : 건조관 O : 압력계
E : 히터 K₁, K₂ : 유량 조절 콕 P₁, P₂ : 3방향 콕

① 여과관 또는 여과구가 붙은 흡수병에 흡수액을 각각 넣는다.
② 3방향 콕을 세척병 방향으로 하고 흡입펌프를 작동시켜 채취관에서 3방향 콕까지의 연결관을 배출가스 시료로 충분히 세척한다. (채취가스로 장치 내부를 치환하는 과정)
③ 흡입펌프를 정지시키고 3방향 콕을 흡수병 방향으로 한다. 가스미터의 지시값을 0.01L까지 확인한다.
④ 흡입펌프를 작동시켜 배출가스 시료를 흡수병에 통과시킨다. 각 물질에 맞는 적당량을 채취한 후 흡입펌프를 정지시키고 3방향 콕을 닫는다.
⑤ 가스미터의 지시 값을 0.01L까지 확인한다.
⑥ 배출가스 시료를 채취하는 동안 가스미터의 온도 및 게이지압을 확인하고 대기압을 측정한다.

UNIT 03 입자상 물질

1 시료채취법 종류 및 원리

(1) 등속흡입

등속흡입(isokinetic sampling)은 먼지시료를 채취하기 위해 흡입 노즐을 이용하여 배출가스를 흡입할 때, 흡입노즐을 배출가스의 흐름방향으로 배출가스와 같은 유속으로 가스를 흡입하는 것을 말한다.

1) 등속흡입 정도를 알기 위하여 다음 식에 의해 구한 값이 (90~110)% 범위여야 한다.

$$\text{식}\quad I(\%) = \frac{V'_m}{q_m \times t} \times 100$$

- I = 등속흡입계수 (%)
- V'_m = 흡입가스량(습식가스미터에서 읽은 값) (L)
- q_m = 가스미터에 있어서의 등속 흡입유량 (L/min)
- t = 가스 흡입시간 (min)

2 시료채취장치 구성 및 조작

(1) 반자동식 시료 채취기

1) 흡입노즐

① 흡입노즐은 스테인리스강 재질, 경질유리, 또는 석영 유리제로 만들어진 것으로 다음과 같은 조건을 만족시키는 것이어야 한다.
  ㉠ 흡입노즐의 안과 밖의 가스흐름이 흐트러지지 않도록 흡입노즐 내경(d)는 3mm 이상으로 한다. 흡입노즐의 내경 d는 정확히 측정하여 0.1mm 단위까지 구하여 둔다.
  ㉡ 흡입노즐의 꼭지점은 30° 이하의 예각이 되도록 하고 매끄러운 반구모양으로 한다.
    - 흡입노즐 내외면은 매끄럽게 되어야 하며 흡입노즐에서 먼지 채취부까지의 흡입관은 내부면이 매끄럽고 급격한 단면의 변화와 굴곡이 없어야 한다.

2) 흡입관

수분응축 방지를 위해 시료가스 온도를 (120 ± 14)℃로 유지할 수 있는 가열기를 갖춘 보로실리케이트(borosilicate), 스테인리스강 재질 또는 석영 유리관을 사용한다.

3) 피토관
   ① 피토관 계수가 정해진 L형 피토관 (C : 1.0 전후) 또는 S형 웨스턴형 (C : 0.84 전후) 피토관으로서 배출가스 유속의 계속적인 측정을 위해 흡입관에 부착하여 사용한다.
   ② 차압게이지 : 2개의 경사마노미터 또는 이와 동등의 것을 사용한다. 하나는 배출가스 동압측정을 다른 하나는 오리피스압차 측정을 위한 것이다.
   ③ 동압은 원칙적으로 0.1mmH$_2$O의 단위까지 읽는다.

4) 여과지홀더
   ① 여과지홀더는 원통형 또는 원형의 먼지채취 여과지를 지지해주는 장치를 말한다.
   ② 유리제 또는 스테인리스강 재질 등으로 만들어진 것으로 내식성이 강하고 여과지 탈착이 쉬워야 한다.
   ③ 여과지를 끼운 곳에서 공기가 새지 않아야 한다.

5) 여과부 가열장치
   시료채취 시 여과지홀더 주위를 (120 ± 14)℃의 온도를 유지할 수 있고 주위온도를 3℃ 이내까지 측정할 수 있는 온도계를 모니터 할 수 있도록 설치하여야 한다.

6) 채취장치에 사용되는 기구 및 기기
   ① 흡입노즐용 솔
   나일론실로 만든 솔로서 흡입노즐보다 더 긴 것을 사용한다.

   ② 시료보관병
   원통형 여과지에 채취된 먼지시료를 보관하기 위한 것으로 유리 또는 흡습관을 사용한다.

   ③ 흡습병
   U자형 또는 흡습관을 사용한다.

   ④ 원통여과지
   실리카 섬유제 여과지로서 99% 이상의 먼지채취율(0.3μm)을 나타내는 것이어야 하며 사용상태에서 화학변화를 일으키지 않아야 하며, 화학변화로 인하여 측정치의 오차가 나타날 경우에는 적절한 처리를 하여 사용토록 하고, 유효직경이 25mm 이상의 것을 사용한다.

7) 시료채취방법
   직접채취법, 이동채취법, 대표점채취법

(2) 수동식 시료 채취기

1) **흡입노즐**
   ① 흡입노즐은 안과 밖의 가스 흐름이 흐트러지지 않도록 흡입노즐 내경(d)은 3mm 이상으로 한다.
   ② 꼭지점은 30° 이하의 예각이 되도록 하고 매끈한 반구 모양으로 한다.

2) **여과지 홀더**
   유리제 또는 스테인리스강 재질 등으로 만들어진 것으로 내식성이 강하고 여과지 탈착이 쉬워야 한다.

3) **고정쇠**
   여과지 홀더를 끼우기 위하여 사용하는 것으로 스테인리스강 재질이 좋다.

4) **원통여과지**
   실리카 섬유제 여과지로서 99% 이상의 먼지채취율(0.3μm)을 나타내는 것이어야 하며 사용 상태에서 화학변화를 일으키지 않아야 하며, 화학변화로 인하여 측정치의 오차가 나타날 경우에는 적절한 처리를 하여 사용토록 하고, 유효직경이 25mm 이상의 것을 사용한다.

5) **시료채취방법** : 직접채취법, 이동채취법, 대표점채취법

(3) 자동식 시료 채취기

1) **흡입노즐**
   ① 스테인리스강 재질, 경질유리, 또는 석영 유리제로 만들어진 것으로 다음과 같은 조건을 만족시키는 것이어야 한다.
   ㉠ 흡입노즐의 안과 밖의 가스흐름이 흐트러지지 않도록 흡입노즐 내경(d)는 3mm 이상으로 한다. 흡입노즐의 내경(d)는 정확히 측정하여 0.1mm 단위까지 구하여 둔다.
   ㉡ 흡입노즐의 꼭지점은 30° 이하의 예각이 되도록 하고 매끈한 반구모양으로 한다.

2) 흡입관

분응축 방지를 위해 시료가스 온도를 (120 ± 14)℃로 유지할 수 있는 가열기를 갖춘 보로실리케이트(borosilicate), 스테인리스강 재질 또는 석영 유리관을 사용한다.

3) 피토관

피토관 계수가 정해진 L형 피토관 (C : 1.0 전후) 또는 S형 웨스턴형 (C : 0.84 전후) 피토관으로서 배출가스 유속의 계속적인 측정을 위해 흡입관에 부착하여 사용한다.

4) 차압게이지

차압게이지는 최소 단위 $0.1mmH_2O \sim 0.5mmH_2O$ 까지 측정하여 출력 신호를 발생할 수 있는 정밀 전자 마노미터를 사용한다.

5) **시료채취방법** : 직접채취법, 이동채취법, 대표점채취법

③ 굴뚝 배출가스 온도와 여과지의 관계

[굴뚝 배출가스 온도와 여과지의 관계]

굴뚝 배출가스의 온도	여과지
120℃ 이하	셀룰로스 섬유제 여과지
500℃ 이하	유리섬유제 여과지
1000℃ 이하	석영섬유제 여과지

UNIT 04 휘발성유기화합물 시료채취방법

1 시료채취장치

(1) 흡착관법

1) 채취관

채취관 재질은 유리, 석영, 플루오로수지 등으로, 120℃ 이상까지 가열이 가능한 것이어야 한다.

2) 밸브

플루오로수지, 유리 및 석영재질로 밀봉 윤활유(sealing grease)를 사용하지 않고 기체의 누출이 없는 구조이어야 한다.

3) 응축기 및 응축수 트랩

응축기 및 응축수 트랩은 유리재질이어야 하며, 응축기는 기체가 앞쪽 흡착관을 통과하기 전 기체를 20℃ 이하로 낮출 수 있는 부피가 되어야 하고 상단 연결부는 밀봉윤활유를 사용하지 않고도 누출이 없도록 연결해야 한다.

4) 흡착관

① 흡착관은 스테인리스강 재질 또는 파이렉스(pyrex)유리로 된 관에 측정대상 성분에 따라 흡착제를 선택하여 각 흡착제의 파과부피(breakthrough volume)를 고려하여 일정량 이상으로 충전한 후에 사용한다.
② 보통 350℃에서 99.99% 이상의 헬륨기체 또는 질소기체 50mL/min ~ 100mL/min으로 적어도 2시간 동안 안정화시키고, 흡착관은 양쪽 끝단을 테플론 재질의 마개를 이용하여 밀봉하거나, 불활성 재질의 필름을 사용하여 밀봉한 후 마개가 달린 용기 등에 넣어 이중 밀봉하여 보관한다.

5) 유량 측정부

기기의 온도 및 압력 측정이 가능해야 하며, 최소 100mL/min의 유량으로 시료채취가 가능해야 한다.

6) 시료채취 연결관

시료채취관에서 응축기 및 기타부분의 연결관은 가능한 짧게 하고, 밀봉윤활유 등을 사용하지 않고 누출이 없어야 하며, 플루오로수지 재질의 것을 사용한다.

7) 시료채취방법

① 시료흡입속도는 100mL/min ~ 250mL/min 정도로 한다.
② 시료채취량은 1L ~ 5L 정도가 되도록 한다.

③ 시료를 채취한 흡착관은 양쪽 끝단을 테플론 재질의 마개를 이용하여 단단히 막고 불활성 재질의 필름 등으로 밀봉하거나 마개가 달린 용기 등에 넣어 이중으로 외부공기와의 접촉을 차단하여 분석하기 전까지 4℃ 이하에서 냉장 보관하여 가능한 빠른 시일 내에 분석한다.
④ 흡착관은 물과의 친화력에 따라 응축기 뒤쪽 또는 응축수 트랩 뒤쪽에 각각 연결할 수 있다.

(2) 테들러 백(시료채취주머니) 방법

1) 시료채취관, 응축기, 응축수 트랩, 진공흡입 상자, 진공펌프로 구성되며, 각 장치의 모든 연결부위는 플루오로수지 재질의 관을 사용하여 연결한다.

2) 테들러 백(시료채취주머니)의 보관

테들러 백(tedlar bag)은 시료채취 동안이나 채취 후 보관 시 반드시 직사광선을 받지 않도록 하여 시료성분이 시료채취 주머니 안에서 흡착, 투과 또는 서로간의 반응에 의하여 손실 또는 변질되지 않아야 한다.

3) 응축기 및 응축수 트랩

테들러 백의 배출가스의 온도가 100℃ 미만으로 테들러 백 내에 수분응축의 우려가 없는 경우 응축기 및 응축수 트랩을 사용하지 않아도 무방하다.

4) 진공용기

진공용기는 1L ~ 10L 테들러 백을 담을 수 있어야 하며, 용기가 완전진공이 되도록 밀폐된 구조의 것을 사용하여야 한다.

5) 진공펌프

시료채취펌프는 흡입유량이 1L/min ~ 10L/min의 용량과 격막펌프로 휘발성유기화합물의 흡착성이 낮은 재질(테플론 재질)로 된 것을 사용한다.

6) 재사용시 주의사항

테들러 백은 새 것을 사용하는 것을 원칙으로 하되 만일 재사용 시에는 제로기체와 동등 이상의 순도를 가진 질소나 헬륨기체를 채운 후 **24시간** 혹은 그 이상동안 시료채취주머니를 놓아둔 후 퍼지(purge)시키는 조작을 반복하고, 시료채취주머니 내부의 기체를 채취하여 기체크로마토그래프를 이용하여 사용 전에 오염여부를 확인하고 오염되지 않은 것을 사용한다.

7) 시료채취방법

① 누출시험을 실시한 후 시료를 채취하기 전에 가열한 시료채취관 및 도관을 통해 시료로 충분히 치환한다.
② 1~10L 규격의 시료채취주머니를 사용하여 1L/min ~ 2L/min 정도로 시료를 흡입한다.
③ 테들러 백은 빛이 들어가지 않도록 차단하고 시료채취 이후 24시간 이내에 분석이 이루어지도록 한다. 시료채취 전에는 테들러 백의 바탕시료 확인 후 시료채취에 임하도록 한다.

기출문제로 다지기 — UNIT 02~04 가스상물질, 입자상물질, 휘발성유기화합물 시료채취방법

01 굴뚝 등에서 배출되는 배출가스를 분석하기 위해 시료를 채취하려고 한다. 시료채취 위치로 적당하지 않은 것은?

① 대표적인 가스가 채취되는 곳
② 가스유속이 심하게 변하지 않는 곳
③ 수분이 적당히 존재하는 곳
④ 먼지가 쌓이지 않는 곳

[해설] 수분이 적은 곳이어야 한다.

02 다음은 굴뚝 배출가스 시료채취장치 중의 가스채취부에 관한 설명이다. 틀린 것은?

① 수은마노미터는 대기와 압력차가 15mmHg 이하의 것을 사용한다.
② 가스건조탑은 유리로 만든 것을 쓰며 건조제로는 입자상태의 실리카겔, 염화칼슘 등을 쓴다.
③ 펌프는 배기능력이 0.5~5L/min인 밀폐형펌프를 사용한다.
④ 가스미터는 1회전 1L 되는 습식 또는 건식 가스미터로 온도계와 압력계가 붙어 있는 것을 쓴다.

[해설] 수은마노미터는 대기와 압력차가 100mmHg 이하의 것을 사용한다.

03 다음은 가스상 오염물질 시료채취장치 중 흡수병을 사용하는 경우에 대한 설명이다. 틀린 것은?

① 도관은 되도록 긴 것을 사용한다.
② 채취관은 배출가스의 흐름에 대하여 직각이 되도록 연결한다.
③ 분석용 흡수병은 1개 이상을 준비한다.
④ 흡수병은 되도록 채취 위치 가까이에 놓는다.

[해설] 연결관(도관)은 되도록 짧은 것을 사용한다.

04 바이패스용 세척병에는 분석대상가스의 액성에 따라서 어떤 용액을 넣는가?

① 증류수
② 흡수액
③ 같은 액성의 액
④ 반대되는 액성의 액

05 채취관은 배출가스의 흐르는 방향에 대하여 어떻게 설치하여야 하는가?

① 45°로 장치한다.
② 90°로 장치한다.
③ 60°로 장치한다.
④ 30°로 장치한다.

06 보통강철을 채취관이나 연결관으로 사용하여도 무관한 분석대상가스를 가장 알맞게 짝지은 것은?

① 염화수소-질소산화물
② 불소화합물-벤젠
③ 비소-시안화수소
④ 암모니아-일산화탄소

[해설] 보통강철을 채취관이나 연결관으로 사용할 수 있는 분석대상가스는 암모니아와 일산화탄소이다.

정답 01. ③ 02. ① 03. ① 04. ④ 05. ② 06. ④

07 분석대상가스가 불소화합물인 경우, 시료채취를 위한 여과재 재질로 가장 알맞은 것은?
① 알칼리 성분이 없는 유리솜
② 실리카솜
③ 카보런덤
④ 소결유리

08 단면이 원형인 굴뚝(직경 0.5m)에서 배출되는 먼지 측정점 수는?
① 1 ② 2
③ 3 ④ 4

09 사각형 굴뚝단면적이 $28m^2$라면 가장 알맞은 먼지 측정점의 수는?
① 16 ② 18
③ 20 ④ 24

10 다음은 배출가스 중 먼지시료 채취방법에 대한 설명으로 틀린 것은?
① 피토관의 배출가스 흐름방향에 대한 편차는 30° 이하이어야 한다.
② 흡인노즐의 내경은 4mm 이상으로 하고 꼭지점은 30° 이하의 예각으로 하여야 한다.
③ 시료채취에 사용되는 여과지의 먼지포집률은 99% 이상이어야 한다.
④ 등속 흡인계수는 95~110% 이내이어야 한다.

해설 피토관의 배출가스 흐름방향에 대한 편차는 10° 이하이어야 한다.

11 배출가스 중의 휘발성 유기화합물질 시료채취장치 중 흡착관법에 관한 설명으로 틀린 것은?
① 각 장치의 연결부위는 진공용 그리스를 사용한다.
② 채취관 재질은 유리, 석영, 불소수지 등으로 120℃ 이상까지 가열이 가능한 것이어야 한다.
③ 밸브는 불소수지, 유리, 석영재질로 가스의 누출이 없는 구조이어야 한다.
④ 응축기 및 응축수 트랩은 유리재질이어야 한다.

해설 각 장치의 모든 연결부위는 진공용 그리스를 사용하지 않고도 누출이 없어야 한다.

12 굴뚝배출가스 중 먼지 측정 시 등속흡인정도를 보기 위하여 등속흡인계수(%)를 산정한다. 이 때 그 값이 몇 % 범위 내에 들지 않는 경우 다시 시료를 채취하여야 하는가?
① 90~105% ② 95~110%
③ 95~105% ④ 90~110%

13 굴뚝 배출가스 중 먼지를 반자동식 측정법으로 채취하고자 할 경우, 먼지시료채취 기록지 서식에 기재되어야 할 항목과 거리가 먼 것은?
① 배출가스 온도(℃)
② 오리피스압차(mmH₂O)
③ 여과지 표면적(cm^2)
④ 수분량(%)

해설 먼지시료 채취 기록지에 포함되어야 할 사항은 다음과 같다.
오리피스미터, 피토관계수, 기온, 기압, 수분량, 흡입관 길이, 흡입노즐 직경, 배출가스정압, 산소량, 등속흡입계수, 여과지번호

 정답 07. ③ 08. ④ 09. ③ 10. ① 11. ① 12. ④ 13. ③

14 물질의 파쇄, 선별, 퇴적, 이적, 기타 기계적 처리 또는 연소, 합성분해 시 굴뚝에서 배출되는 먼지를 측정하는 방법에 관한 설명으로 옳지 않은 것은?

① 반자동식 채취기에 의한 방법으로써 먼지가 포집된 여과지를 110±5℃에서 충분히 (1~3시간) 건조시켜 부착수분을 제거한 후 먼지의 질량농도를 계산한다.

② 반자동식 채취기에 의한 방법으로써 배연탈황시설과 황산미스트에 의해서 먼지농도가 영향을 받은 경우에는 여과지를 135℃ 이상에서 3시간 이상 건조시킨 후 먼지농도를 계산한다.

③ 측정공은 측정위치로 선정된 굴뚝 벽면에 내경 100 ~ 150mm 정도로 설치하고 측정시 이외에서는 마개를 막아 밀폐하고 측정시에도 흡입관 삽입 이외의 공간을 공기가 새지 않도록 밀폐되어야 한다.

④ 굴뚝 단면적이 $0.25m^2$ 이하로 소규모 원형 굴뚝인 경우에는 그 굴뚝 단면의 중심을 대표점으로 하여 1점만 측정한다.

> **해설** 배연탈황시설과 황산미스트에 의해서 먼지농도가 영향을 받은 경우에는 여과지를 160℃ 이상에서 4시간 이상 건조시킨 후 먼지농도를 계산한다.

정답 14. ②

03 CHAPTER 측정방법

UNIT 01 배출오염물질 측정

1 적용범위

굴뚝을 통하여 대기 중으로 배출되는 가스상물질

2 분석방법의 종류

분석대상가스	분석방법	암기법
암모니아	인도페놀법	암 인
일산화탄소	정전위전해법, 비분산적외선분광분석법, GC법	일 정 비 가스
염화수소	싸이오시안산제이수은법, 이온크로마토그래피	염 싸 이
염소	오르토톨리딘법, 4-피리딘카복실산-피라졸론법	염 오 4
황산화물	자동측정법, 침전적정법,	황 자 침
질소산화물	아연환원나프틸에틸렌디아민법, 자동측정법	질 나 자
이황화탄소	흡광광도법(UV/VIS법), 가스(기체)크로마토그래피	이황 흡 가스
폼알데하이드	아세틸아세톤, 크로모트로핀산법, 액체크로마토그래피법	폼 아크 액체
황화수소	메틸렌블루법, 가스크로마토그래피	황수 메 가스
플루오린화합물	란타넘-알리자린컴플렉션법(UV/VIS법), 이온선택전극법, 이온크로마토그래피, 연속흐름법	플 란 이 연
사이안화수소	4-피리딘카복실산-피라졸론법, 연속흐름법	사 피 연
브로민화합물	싸이오시안산제2수은법(UV/VIS법), 이온크로마토그래피, 차아염소산염법(적정법)	브 싸 이 차
벤젠	가스(기체)크로마토그래피	벤 가스
페놀	4-아미노안티피린법(UV/VIS법), 가스(기체)크로마토그래피	페 4 가스
먼지	수동식, 반자동식, 자동식	먼 수자반
총탄화수소	비분산형적외선분석법, 불꽃이온화검출기법(FID)	탄 비 F

하이드라진	HCl 흡수액 - **자외선/가시선 분광법** 황산함침여지채취 - 고성능액체크로마토그래피 HCl 흡수액 - 고성능액체크로마토그래피 HCl 흡수액 - 기체크로마토그래피	하 자 고 기

❸ 가스상 물질 측정방법

(1) 배출가스 중 암모니아

1) 인도페놀법(자외선/가시선 분광법) - 주 시험법!
   ① **목적** : 분석용 시료 용액에 페놀-나이트로프루시드소듐 용액과 하이포아염소산소듐 용액을 가하고 암모늄 이온과 반응하여 생성하는 인도페놀류의 흡광도를 측정하여 암모니아를 정량한다.
   ② **적용범위** : 시료채취량 20L인 경우 시료 중의 암모니아의 농도가 (1.2 ~ 12.5)ppm인 것의 분석에 적합하고, 이산화질소가 100배 이상, 아민류가 몇십 배 이상, 이산화황이 10배 이상 또는 황화수소가 같은 양 이상 각각 공존하지 않는 경우에 적용할 수 있다. 방법검출한계는 0.4ppm이다.
   ③ **정량범위** : 1.2ppm (방법검출한계 0.4ppm)
   ④ **흡수액** : 0.5% 붕산용액(5g/L)
   ⑤ **측정파장** : 640nm
   ⑥ **분석방법** : 분석용 시료 용액에 페놀-나이트로프루시드소듐 용액과 하이포아염소산소듐 용액을 가하고 암모늄 이온과 반응하여 생성하는 인도페놀류의 흡광도를 측정하여 암모니아를 정량한다.
   ⑦ **적용범위** : 시료채취량 20L인 경우 시료 중의 암모니아의 농도가 약 (1 ~ 10)ppm인 것의 분석에 적합하고, 이산화질소가 100배 이상, 아민류가 몇십 배 이상, 이산화황이 10배 이상 또는 황화수소가 같은 양 이상 각각 공존하지 않는 경우에 적용할 수 있다.
   ⑧ **농도계산**

   $$\boxed{식}\ C = \frac{(a-b) \times 25}{V_s} \times 1{,}000$$

   - C : 암모니아의 농도(ppm)
   - a : 시료가스에서 구한 기체상 암모니아
   - b : 현장바탕시료에서 구한 기체상 암모니아
   - V_s : 표준상태 건조시료가스 채취량(L)
   - 25 : 전체 분석용 시료용액의 양(250mL) / 분석용 시료용액의 양(10mL)

(2) 배출가스 중 일산화탄소

1) 정전위전해법(전기화학식)
정량범위 : 0~1,000ppm

2) 비분산형적외선분석법 – 주 시험법!
정량범위 : 0~1,000ppm

3) 기체크로마토그래피
① 검출기 : 열전도도검출기(TCD) 또는 불꽃이온화검출기(FID)를 사용한다.
② 정량범위 : FID(1~2000ppm), TCD(0.1%(=1,000ppm) 이상)
③ 열전도도검출기 : 일산화탄소 농도가 1,000ppm 이상인 시료에 적용한다.
④ 불꽃이온화검출기 : 일산화탄소 농도가 1~2,000ppm인 시료에 적용한다.
⑤ 방법검출한계 : FID 0.3ppm, TCD 314ppm

(3) 배출가스 중 염화수소

1) 싸이오사이안산제이수은(자외선/가시선 분광법)
① 정량범위 : 1.6ppm(시료채취량 40L, 분석용 시료용액 250mL)
② 방법검출한계 : 0.5ppm
③ 흡수액 : 0.1M 수산화소듐
④ 측정파장 : 460nm
⑤ 간섭물질
  ㉠ 염화소듐(NaCl), 염화암모늄(NH4Cl) 등 채취시약에 녹아 염화 이온을 발생시킬수 있는 입자상물질
    → 대책 : 흡수병 전단에 PTFE(폴리테트라플루오로에틸렌)재질의 여과지(0.45㎛ 이하)를 설치하여 채취한다.
  ㉡ 배출가스 중 염소가 공존할 경우에는 삼산화비소용액을 첨가한 수산화소듐 용액을 흡수액으로 하여 배출가스 시료를 채취한 후 염화 이온 농도를 측정한다.
⑥ 농도계산

$$\text{식} \quad C = \frac{(a-b) \times 50}{Vs} \times \frac{22.4}{35.453}$$

- C : 염화수소 농도(ppm)
- a : 분석용 시료용액의 염화 이온 질량(μg)
- b : 현장바탕 시료용액의 염화 이온 질량(μg)
- Vs : 표준상태 건조가스 시료채취량(L)
- 50 : 분석용 시료용액의 전체 부피(250mL)/분석용 시료용액 중 정량에 사용한 부피(5mL)

2) 이온크로마토그래피 - 주 시험방법!

① **정량범위**
- 0.4ppm ~ 7.9ppm(시료채취량: 20L, 분석용 시료용액: 100mL)
- 6.3ppm ~ 160ppm(시료채취량: 20L, 분석용 시료용액: 250mL)

② **방법검출한계**
- 0.1ppm(시료채취량: 20L, 분석용 시료용액: 100mL)
- 2.0ppm(시료채취량: 20L, 분석용 시료용액: 250mL)

③ **간섭물질** : 염화소듐(NaCl), 염화암모늄(NH_4Cl) 등 채취시약에 녹아 염화 이온을 발생시킬 수 있는 입자상물질
  → 대책 : 흡수병 전단에 PTFE(폴리테트라플루오로에틸렌)재질의 여과지(0.45㎛ 이하)를 설치하여 채취한다.

(4) 배출가스 중 염소

1) 오르토톨리딘법(자외선/가시선 분광법)

① **정량범위** : 0.2~5.0ppm(시료채취량 2.5L, 분석용시료용액 50mL 기준)

② **방법검출한계** : 0.1ppm

③ **간섭물질** : 배출가스 중 브로민, 아이오딘, 오존, 이산화질소, 이산화염소 등의 산화성가스나 황화수소, 이산화황 등의 환원성가스가 공존하면 영향을 받으므로 그 영향을 무시하거나 제거할 수 있는 경우에 적용하며, 배출가스 시료 채취 종료 후 10분 이내 측정할 수 있는 경우에 적용한다.

④ **측정파장** : 435nm

⑤ **농도계산**

$$\text{식}\quad C = \frac{(a-b) \times 50}{Vs} \times \frac{22.4}{70.906}$$

- C : 염소 농도(ppm)
- a : 분석용 시료용액의 염소 농도(㎍/mL)
- b : 현장바탕 시료용액의 염소 농도(㎍/mL)
- Vs : 표준상태 건조가스 시료채취량(L)
- 50 : 분석용 시료용액의 전체 부피(mL)

2) 4-피리딘카복실산-피라졸론법(주 시험방법!)

① **목적** : 배출가스 중 염소를 p-톨루엔설폰아마이드 용액으로 흡수하여 클로라민-T로 전환시키고 사이안화포타슘 용액을 첨가하여 염화사이안으로 전환시킨 후, 완충 용액 및 4-피리딘카복실산-피라졸론 용액을 첨가하여 발색시키고 흡광도를 측정하여 염소를 정량한다.

② **정량범위** : 0.1ppm 이상(시료채취량 20L, 분석용시료용액 50mL 기준)

③ **방법검출한계** : 0.04ppm
④ **간섭물질** : 배출가스 중 브로민, 아이오딘, 오존, 이산화질소, 이산화염소 등의 산화성가스나 황화수소, 이산화황 등의 환원성가스와 공존하면 영향을 받으므로 그 영향을 무시하거나 제거할 수 있는 경우에 적용한다. 이산화질소의 영향은 받지 않는다.
⑤ **측정파장** : 638nm
⑥ **농도계산**

$$C = \frac{(a-b) \times 5}{V_s} \times \frac{22.4}{70.906}$$

- C : 염소 농도(ppm)
- a : 분석용 시료용액의 염소 농도(μg)
- b : 현장바탕 시료용액의 염소 농도(μg)
- V_s : 표준상태 건조가스 시료채취량(L)
- 50 : 분석용 시료용액의 전체 부피(50mL)/분석용 시료용액 중 정량에 사용한 부피(10mL)

(5) 배출가스 중 황산화물

1) 자동측정법

① **측정방법**(암기TIP) 용 적 자 불 정)

㉠ **용액전도율법** : 시료를 과산화수소에 흡수시켜 용액의 전기전도율(electro conductivity)의 변화를 용액전도율 분석계로 측정하는 방법이다.

㉡ **적외선흡수법** : 시료가스를 셀에 취하여 7,300nm 부근에서 적외선가스분석계를 사용하여 이산화황의 광흡수를 측정하는 방법이다.

㉢ **자외선흡수법** : 자외선흡수분석계를 사용하여 (280 ~ 320)nm에서 시료 중 이산화황의 광흡수를 측정하는 방법이다.

㉣ **불꽃광도법** : 불꽃광도검출분석계를 사용하여 시료를 공기 또는 질소로 묽힌 다음 수소불꽃 중에 도입할 때에 394nm 부근에서 관측되는 발광광도를 측정하는 방법이다.

㉤ **정전위전해법** : 정전위전해분석계를 사용하여 시료를 가스투과성격막을 통하여 전해조에 도입시켜 전해액 중에 확산 흡수되는 이산화황을 규정된 산화전위로 정전위전해하여 전해전류를 측정하는 방법이다.

② **적용범위** : 0 ~ 1,000ppm

③ 측정범위

  ㉠ 반복성 : 교정가스 농도의 ±2% 이하이어야 한다.
  ㉡ 드리프트 : 제로드리프트 및 스팬드리프트는 교정가스 농도의 ±2% 이하이어야 한다.
  ㉢ 응답시간 : 응답시간은 5분 이하이어야 한다.

④ 간섭물질

〈측정방법에 따른 간섭물질〉

측정방법	간섭물질
전기화학식 (정전위전해법)	황화수소, 이산화질소, 염화수소, 탄화수소, 염소
용액 전도율법	염화수소, 암모니아, 이산화질소, 이산화탄소
적외선 흡수법	수분, 이산화탄소, 탄화수소
자외선 흡수법	이산화질소
불꽃 광도법	황화수소, 이황화탄소, 탄화수소, 이산화탄소

(암기TIP) 용 적 자 불 정)

2) 침전적정법(아르세나조 Ⅲ법)

① 정량범위 : 140~700ppm(광도 적정법일 때 50~700ppm)
  • 방법검출한계 : 44ppm(광도 적정법일 때 15.7ppm)
② 파장 : 600nm(광도 적정법)
③ 흡수액 : 과산화수소수(1+9)
④ 적정액 : 0.005M(0.01N) 아세트산바륨 용액(1분간 청색 지속)
⑤ 농도계산

$$식\ C = \frac{0.112 \times (a-b) \times f \times \frac{250}{10}}{Vs} \times 1,000$$

(6) 배출가스 중 질소산화물

1) 자동측정법 – 주 시험방법

① 분석방법(암기TIP) 화 정 적 자)
  ㉠ 화학 발광법 : 일산화질소와 오존이 반응하여 이산화질소가 될 때 발생하는 발광강도를 590 ~ 875nm 부근의 근적외선 영역에서 측정하여 시료중의 일산화질소의 농도를 측정하는 방법이다. 이산화질소는 일산화질소로 환원시킨 후 측정한다.
  ㉡ 정전위 전해법(전기화학식) : 가스투과성 격막을 통하여 전해질 용액에 시료가스중의 질소산화물을

확산·흡수시키고 일정한 전위의 전기에너지를 부가하면 질산이온으로 산화시켜서 생성되는 전해 전류로 시료가스 중 질소산화물의 농도를 측정한다.

ⓒ **적외선 흡수법** : 일산화질소의 5,300nm 적외선 영역에서 광흡수를 이용하여 시료중의 일산화질소의 농도를 비분산형 적외선분석계로 측정하는 방법이다. 이산화질소는 일산화질소로 환원시킨 후 측정한다.

ⓓ **자외선 흡수법** : 일산화질소는 (195 ~ 230)nm, 이산화질소는 (350 ~ 450)nm 부근에서 자외선의 흡수량 변화를 측정하여 시료중의 일산화질소 또는 이산화질소의 농도를 측정하는 방법이다.

② **정량범위** : 0 ~ 1,000ppm

③ **측정범위**

ⓐ **반복성** : 교정가스 농도의 ±2% 이하이어야 한다.
ⓑ **드리프트** : 제로드리프트 및 스팬드리프트는 교정가스 농도의 ±2% 이하이어야 한다.
ⓒ **응답시간** : 응답시간은 5분 이하이어야 한다.

④ **간섭물질**

〈측정방법에 따른 간섭물질〉

측정방법	간섭물질
화학 발광법	이산화탄소
정전위 전해법(전기화학식)	염화수소, 황화수소, 염소
적외선 흡수법	수분, 이산화탄소, 이산화황, 탄화수소
자외선 흡수법	이산화황, 탄화수소

2) **아연환원 나프틸에틸렌다이아민법(자외선/가시선 분광법)**

① **목적** : 시료 중의 질소산화물을 오존 존재 하에서 흡수액에 흡수시켜 질산 이온으로 만들고 분말금속 아연을 사용하여 아질산 이온으로 환원한 후 설파닐아마이드(sulfanilamide) 및 나프틸에틸렌다이아민(naphthyl ethylene diamine)을 반응시켜 얻어진 착색의 흡광도로부터 질소산화물을 정량하는 방법으로서 배출가스 중의 질소산화물을 이산화질소로 하여 계산한다.

② **정량범위** : 6.7 ~ 230ppm(시료채취량 : 150mL, 분석용 시료용액 20mL 기준)

③ **방법검출한계** : 2.1ppm
(2,000ppm 이하의 이산화황은 방해하지 않고 염화 이온 및 암모늄 이온(ammonium)의 공존도 방해하지 않는다.)

④ **흡수액** : 과산화수소 + 물

⑤ **측정파장** : 545nm

⑥ **농도계산**

식 $C = \dfrac{nV}{Vs} \times 1,000$

(7) 배출가스 중 이황화탄소

1) 흡광광도법(자외선/가시선 분광법)

① **정량범위** : 4~60ppm(시료채취량 10L, 시료액량 200mL 기준)
② **방법검출한계** : 1.3ppm
③ **흡수액** : 다이에틸아민구리 용액
④ **측정파장** : 435nm
⑤ **간섭물질** : 시료에 황화수소가 포함되어 있으면 시료의 흡광도 측정 시 영향을 미쳐 정확한 농도를 알 수 없다. 황화수소는 아세트산카드뮴 용액을 사용하여 제거할 수 있다.
⑥ 농도계산

$$C = \frac{A \times 200}{Vs} \times 1,000$$

2) 기체크로마토그래피 - 주 시험방법

① **정량범위** : 0.5 ~ 10ppm(FPD)
② **방법검출한계** : 0.1ppm
③ **간섭물질**
　㉠ 수분에 의한 간섭
　㉡ 일산화탄소, 이산화탄소에 의한 간섭
　㉢ 이산화황에 의한 간섭
　㉣ 황 원소에 의한 간섭
　㉤ 알칼리미스트에 의한 간섭

(8) 배출가스 중 폼알데하이드 및 알데하이드류

1) 아세틸아세톤

① **정량범위** : 0.02~0.4ppm
② **방법검출한계** : 0.007ppm
③ **개요** : 배출가스 중의 폼알데하이드를 아세틸아세톤을 함유하는 흡수 발색액에 채취하고 가온하여 발색시켜 얻은 **황색** 발색액의 흡광도를 측정하여 정량한다.
④ **흡수 발색액** : 아세틸아세톤
⑤ **측정파장** : 420nm
⑥ **간섭물질** : 아황산기체가 공존하면 영향을 받으므로 흡수 발색액에 염화제이수은과 염화소듐을 넣는다.

⑦ 농도계산

$$\boxed{식}\ C = \frac{A \times V}{V_s} \times 1000$$

- C : 폼알데하이드의 농도(ppm)
- A : 검정곡선에서 구한 폼알데하이드의 농도(mL(gas)/mL(liquid))
- V : 분석용 시료용액의 양(mL)
- V_s : 표준상태의 건조 시료가스 채취량(L)

2) 크로모트로핀산

① **정량범위** : 0.01~0.2ppm (60L 기준)
② **방법검출한계** : 0.003ppm
③ **개요** : 폼알데하이드를 포함하고 있는 배출가스를 크로모트로핀산을 함유하는 흡수 발색액에 채취하고 가온하여 발색시켜 얻은 **자색** 발색액의 흡광도를 측정하여 폼알데하이드 농도를 구한다.
- **간섭물질** : 다른 폼알데하이드의 영향은 0.01% 정도, 불포화알데하이드의 영향은 수% 정도
④ **흡수 발색액** : 크로모트로핀산
⑤ **측정파장** : 570nm
⑥ **농도계산** : 아세틸아세톤법과 동일

3) 고성능액체크로마토그래피법 – 주 시험방법

① **정량범위** : 0.001~100ppm
② **방법검출한계** : 0.005ppm
③ **흡수액** : 2,4-다이나이트로페닐하이드라진(DNPH, dinitrophenylhydrazine)
④ **측정파장** : 350~380nm

(9) 배출가스 중 황화수소

1) 메틸렌블루(자외선/가시선 분광법) – 주 시험방법!

① **정량범위** : 1.7 ppm 이상(시료채취량 20L, 분석용 시료용액 200mL)
② **방법검출한계** : 0.5ppm
③ 황화수소의 농도가 140ppm 이상인 것에 대하여는 분석용 시료용액을 흡수액으로 적당히 묽게 하여 분석에 사용할 수가 있다.
④ **측정파장** : 670nm

⑤ 농도계산

$$C = \frac{(a-b) \times 10}{V_s} \times \frac{22.4}{32.06}$$

- C : 황화수소 농도(ppm)
- a : 분석용 시료용액의 황화 이온 질량(μg)
- b : 현장바탕 시료용액의 황화 이온 질량(μg)
- V_s : 표준상태 건조가스 시료채취량(L)
- 10 : 분석용 시료용액의 전체 부피(200mL)/분석용 시료용액 중 정량에 사용한 부피(20mL)

2) 기체크로마토그래피

① **목적** : 배출가스 중 황화수소를 시료채취 주머니에 채취하여 충분한 분리능을 가질 수 있는 분리관(column)으로 분리하고 불꽃광도검출기(flame photometric detector, FPD) 또는 동등 이상의 성능을 갖는 검출기를 구비한 기체크로마토그래프로 황화수소를 정량한다.
② **정량범위** : 0.5 ppm 이상(방법검출한계 0.2 ppm)
③ 배출가스 중 일산화탄소, 이산화탄소 또는 수분 등이 공존하면 영향을 받으므로 그 영향을 무시하거나 제거할 수 있는 경우에 적용한다.
④ **운반가스** : 고순도 질소(99.999% 이상)

(10) 배출가스 중 플루오린화합물

1) 란탄(란타넘)-알리자린 콤플렉션(자외선/가시선 분광법) - 주 시험방법

① **개요** : 굴뚝에서 적절한 시료채취장치를 이용하여 얻은 시료 흡수액을 일정량으로 묽게 한 다음 완충액을 가하여 pH를 조절하고 란타넘과 알리자린콤플렉손을 가하여 생성되는 생성물의 흡광도를 분광광도계로 측정하는 방법이다. 흡수 파장은 620nm를 사용한다.
② **정량범위** : 0.05ppm 이상(시료채취량 : 80L, 분석용 시료용액 : 250mL)
③ **방법검출한계** : 0.02ppm
④ **간섭물질** : 시료가스 중에 알루미늄(III), 철(II), 구리(II), 아연(II) 등의 중금속 이온이나 인산 이온이 존재하면 방해 효과를 나타낸다. 따라서 적절한 증류 방법을 통해 플루오린화합물을 분리한 후 정량하여야 한다.
⑤ **흡수액** : 수산화소듐 용액(4g/L)
⑥ **측정파장** : 620nm

$$\boxed{\text{식}}\ C = \frac{(a-b)\times 10}{Vs} \times \frac{22.4}{18.998}$$

- C : 플루오린화화합물 농도(ppm)
- a : 분석용 시료용액의 플루오린화 이온 질량(μg)
- b : 현장바탕 시료용액의 플루오린화 이온 질량(μg)
- Vs : 표준상태 건조가스 시료채취량(L)
- 10 : 분석용 시료용액의 전체부피(250mL) / 분석용 시료용액 중 정량에 사용한 부피(25mL)

2) 이온선택전극법

① **정량범위** : 7.37 ~ 737ppm(시료채취량 : 40L, 분석용 시료용액 : 250mL)

② **방법검출한계** : 2.31ppm

③ **간섭물질** : 시료가스 중에 알루미늄(III), 철(II) 등의 중금속 이온이 공존하면 영향을 받는다. 따라서 2종류의 이온세기조절용 완충용액을 가했을 때 전위차가 3mV를 초과하면 증류법에 의해 플루오린화합물을 분리한 후 정량한다.

3) 이온크로마토그래피

① **개요** : 배출가스 중 무기 플루오린화합물을 수산화소듐 용액으로 흡수하고 중화시킨 후 탄산 이온을 제거하여 충분한 분리능을 가질 수 있는 음이온 교환 분리관으로 분리하고 전도도검출기 또는 동등 이상의 성능을 갖는 검출기를 구비한 이온크로마토그래프로 플루오린화 이온을 측정하여 플루오린화합물을 정량한다.

② **정량범위** : 0.3ppm 이상(시료채취량 : 40L, 분석용 시료용액 : 100mL)

③ **방법검출한계** : 0.1ppm

④ **간섭물질** : 시료가스 중에 알루미늄(III), 철(II) 등의 중금속 이온이 공존하면 영향을 받으므로 그 영향을 무시하거나 제거할 수 있는 경우에 적용한다. → 적절한 증류 방법을 통해 플루오린화합물을 분리한 후 정량하여야 한다.

⑤ **흡수액** : 수산화소듐 용액(4g/L)

⑥ **농도계산**

$$\boxed{\text{식}}\ C = \frac{(a-b)\times 10}{Vs} \times \frac{22.4}{18.998}$$

- C : 플루오린화화합물 농도(ppm)
- a : 분석용 시료용액의 플루오린화 이온 질량(μg)
- b : 현장바탕 시료용액의 플루오린화 이온 질량(μg)
- Vs : 표준상태 건조가스 시료채취량(L)
- 10 : 분석용 시료용액의 전체부피(250mL) / 분석용 시료용액 중 정량에 사용한 부피(25mL)

4) 연속흐름법

① **개요** : 배출가스 중 무기 플루오린화합물을 수산화소듐 용액으로 흡수하고 가열 증류하여 플루오린화합물을 플루오린화 이온으로 유출시킨 후 란타넘-알리자린콤플렉손 용액을 첨가하고 플루오린화 이온과 반응하여 생성하는 복합 착화합물의 흡광도를 측정하여 플루오린화합물을 정량한다.

② **정량범위** : 0.3ppm 이상(시료채취량 : 40L, 분석용 시료용액 : 100mL)

③ **방법검출한계** : 0.1ppm

④ **간섭물질**
  ㉠ 시료가스 중에 알루미늄(III), 철(II) 등의 중금속 이온이 공존하면 영향을 받으므로 그 영향을 무시하거나 제거 할 수 있는 경우에 적용한다.
  → 적절한 증류 방법을 통해 플루오린화합물을 분리한 후 정량하여야 한다.
  ㉡ 배출가스 중 염화수소 등의 염화이온이 고농도로 존재하면 가열 증류 시 회수율이 낮아지므로 회수율 검증 후 적용한다.

⑤ **흡수액** : 수산화소듐 용액(4g/L)

⑥ **농도계산**

$$\boxed{식}\ C = \frac{(a-b) \times 100}{Vs} \times \frac{22.4}{18.998}$$

- C : 플루오린화화합물 농도(ppm)
- a : 분석용 시료용액의 플루오린화 이온 질량(μg/mL)
- b : 현장바탕 시료용액의 플루오린화 이온 질량(μg/mL)
- Vs : 표준상태 건조가스 시료채취량(L)
- 100 : 분석용 시료용액의 전체부피(mL)

(11) 배출가스 중 사이안화수소

1) 4-피리딘카복실산-피라졸론법(자외선/가시선 분광법) - 주 시험방법

① **개요** : 배출가스 중 사이안화수소를 수산화소듐 용액으로 흡수하고 완충 용액 및 클로라민-T 용액을 첨가하여 염화사이안으로 전환시킨 후 발색 용액을 첨가하여 발색시키고 흡광도를 측정하여 사이안화수소를 정량한다.

② **정량범위** : 0.05ppm 이상(시료채취량 : 10L, 분석용 시료용액 : 250mL)
  - **방법검출한계** : 0.02ppm

③ 배출가스 중 염소 등의 산화성가스 또는 알데하이드류, 황화수소, 이산화황 등의 환원성가스가 공존하면 영향을 받으므로 그 영향을 무시하거나 제거할 수 있는 경우에 적용한다.

④ **간섭물질**
  ㉠ 배출가스 중 알데하이드류가 공존할 경우 흡수액 100mL에 에틸렌다이아민 용액 (35g/L) 2mL를 첨가하여 채취한다.

  ⓒ 배출가스 중 염소 등의 산화성가스가 공존할 경우 흡수액 100mL에 삼산화비소 용액 0.1mL를 첨가하여 채취한다.
 ⑤ **흡수액** : 수산화소듐
 ⑥ **측정파장** : 638nm
 ⑦ **농도계산**

$$\boxed{식}\ C = \frac{(a-b) \times 10}{Vs} \times \frac{22.4}{26.017}$$

- C : 사이안화수소 농도(ppm)
- a : 분석용 시료용액의 플루오린화 이온 질량(μg)
- b : 현장바탕 시료용액의 플루오린화 이온 질량(μg)
- Vs : 표준상태 건조가스 시료채취량(L)
- 10 : 분석용 시료용액의 전체부피(250mL) / 분석용 시료용액 중 정량에 사용한 부피(25mL)

2) 연속흐름법

① **개요** : 배출가스 중 사이안화수소를 수산화소듐 용액으로 흡수하여 완충 용액을 첨가한 후 자외선 분해 및 가열 증류 방식 또는 자외선 분해 및 소수성 막에 의한 가스 확산 방식으로 다시 사이안화수소로 유출시키고 완충 용액 및 클로라민-T 용액을 첨가하여 염화사이안으로 전환시킨 후 발색 용액을 첨가하여 발색시키고 흡광도를 측정하여 사이안화수소를 정량한다.

② **정량범위** : 0.11ppm 이상(시료채취량 : 20L, 분석용 시료용액 : 250mL)
 • 방법검출한계 : 0.03ppm

③ 배출가스 중 염소 등의 산화성가스 또는 알데하이드류, 황화수소, 이산화황 등의 환원성가스가 공존하면 영향을 받으므로 그 영향을 무시하거나 제거할 수 있는 경우에 적용한다.

④ **간섭물질**
  ㉠ 배출가스 중 알데하이드류가 공존할 경우 흡수액 100mL에 에틸렌다이아민 용액 (35g/L) 2mL를 첨가하여 채취한다.
  ⓒ 배출가스 중 염소 등의 산화성가스가 공존할 경우 흡수액 100mL에 삼산화비소 용액 0.1 mL를 첨가하여 채취한다.

⑤ **흡수액** : 수산화소듐
⑥ **농도계산**

$$C = \frac{(a-b) \times 250}{Vs} \times \frac{22.4}{26.017}$$

- C : 사이안화수소 농도 (ppm)
- a : 분석용 시료용액의 플루오린화 이온 질량(μg/mL)
- b : 현장바탕 시료용액의 플루오린화 이온 질량(μg/mL)
- Vs : 표준상태 건조가스 시료채취량 (L)
- 250 : 분석용 시료용액의 전체부피(mL)

(12) 배출가스 중 브로민화합물

1) **자외선/가시선 분광법(싸이오시안산제2수은법) - 주 시험방법**

① **정량범위** : 1.8~17.0ppm(시료채취량: 40L, 분석용 시료용액: 250mL)
② **방법검출한계** : 0.6ppm
③ **흡수액** : 수산화소듐
④ **측정파장** : 460nm
⑤ **분석방법** : 배출가스 중 브롬화합물을 수산화소듐 용액에 흡수시킨 후 일부를 분취해서 산성으로 하여 과망간산포타슘 용액을 사용하여 브롬으로 산화시켜 클로로포름으로 추출한다. 클로로포름층에 물과 황산철(Ⅱ)암모늄 용액 및 싸이오시안산제이수은 용액을 가하여 발색한 물층의 흡광도를 측정해서 브롬을 정량하는 방법이다. 흡수 파장은 460nm이다.
- **간섭물질** : 이 방법은 배출가스 중의 염화수소 100 ppm, 염소 10 ppm, 이산화황 50 ppm까지는 포함되어 있어도 영향이 없다.

2) **적정법**

① **정량범위** : 1.2~59ppm
② **방법검출한계** : 0.4ppm
③ **간섭물질** : 이 방법은 시료 용액 중에 아이오딘이 공존하면 방해되나 보정에 의해 그 영향을 제거할 수 있다.
④ **흡수액** : 수산화소듐
⑤ **적정액** : 0.01N 싸이오황산소듐 용액(담황색 → 청색 → 청색이 소실되는 점)
⑥ **분석방법** : 배출 가스 중 브롬화합물을 수산화소듐 용액에 흡수시킨 다음 브롬을 하이포아염소산소듐 용액을 사용하여 브롬산 이온으로 산화시키고 과잉의 하이포아염소산염은 폼산소듐으로 환원시켜 이 브롬산 이온을 아이오딘 적정법으로 정량하는 방법이다.

3) 이온크로마토그래피

① **정량범위** : 0.1ppm 이상(시료채취량: 40L, 분석용 시료용액: 100mL)
② **방법검출한계** : 0.04ppm
③ **흡수액** : 수산화소듐
④ **분석방법** : 배출가스 중 무기 브로민화합물을 수산화소듐 용액으로 흡수하고 중화시킨 후 탄산 이온을 제거하여 충분한 분리능을 가질 수 있는 음이온 교환 분리관으로 분리하고 전도도검출기(conductivity detector) 또는 동등 이상의 성능을 갖는 검출기를 구비한 이온크로마토그래프로 브로민화 이온을 측정하여 브로민화합물을 정량한다.
　㉠ **검출기** : 전기화학검출기를 주로 사용
　㉡ **간섭물질** : 배출가스 중 황화합물 등이 고농도로 공존하면 영향을 받으므로 그 영향을 무시하거나 제거할 수 있는 경우에 적용한다.

(13) 배출가스 중 벤젠

1) 기체크로마토그래피

① **정량범위** : 0.1~2,500ppm
② **방법검출한계** : 0.03ppm
③ **간섭물질** : 배출가스는 대부분 수분을 포함하고 있으므로 상대 습도가 높은 경우에는 시료의 수분을 제거하여 수분으로 인한 영향을 최소화하여야 한다.
④ **용어정의(기체크로마토그래피 분석시 동일하게 적용)**
　㉠ **컬럼** : 본 시험방법에서는 모세관 컬럼을 사용하고, 열탈착장치의 구성에 따라서 내경 및 필름두께를 선택하여 규정물질의 항목별 검출 분리능이 1 이상 (R≥1) 되는 컬럼을 사용한다. 시판되고 있는 컬럼은 가능한 목적성분의 시험성적서가 첨부된 것을 사용하는 것이 좋다.
　㉡ **열탈착** : 열과 불활성의 운반기체를 이용하여 흡착관으로부터 휘발성유기화합물을 탈착한 후, 탈착물질을 GC와 같은 분석 시스템으로 운송하는 과정이다.
　㉢ **2단 열탈착** : 흡착관으로부터 분석물질을 열탈착하여 저온농축관에 농축한 다음, 저온농축관을 가열하여 농축된 화합물을 기체크로마토그래프로 전달하는 과정을 말한다.
　㉣ **열탈착장치** : 흡착관에 흡착된 대상물질을 다시 가스 상태로 열탈착하여 이를 GC로 주입하여 분석하는데 사용한다.
　㉤ **파과부피** : 시료채취 시 분석대상물질이 흡착관에 채취되지 않고 흡착관을 통과하는 부피. 즉, 흡착관에 충전된 흡착제의 최대흡착부피를 말한다. 또는 두 개의 흡착관을 직렬로 연결할 경우 후단의 흡착관에 채취된 양이 전체의 5% 이상을 차지할 경우의 부피를 말한다.

(14) 배출가스 중 페놀화합물

1) 4-아미노 안티피린법(자외선/가시선 분광법)

① **정량범위** : 1.00 ppm 이상 (시료채취량 20L 기준)
② **방법검출한계** : 0.32ppm
③ **개요** : 배출가스 중의 페놀류를 측정하는 방법으로서 배출가스를 수산화소듐 용액에 흡수시켜 이 용액의 pH를 10 ± 0.2로 조절한 후 여기에 4-아미노안티피린 용액과 헥사사이아노철(Ⅲ)산포타슘 용액을 순서대로 가하여 얻어진 적색 액을 510nm의 파장에서 흡광도를 측정하여 페놀류의 농도를 계산한다.
④ **측정파장** : 510nm
⑤ **간섭물질과 대책**
  ㉠ 염소, 브로민 등의 산화성기체 및 황화수소, 아황산기체 등의 환원성기체가 공존하면 음의 오차를 나타낸다.
  ㉡ 분석용 시료용액 중에 불순물을 함유하여 착색했을 경우에는 분석조작에 의해 생성한 페놀화합물의 안티피린 색소를 클로로폼으로 추출하여 간섭을 제거할 수 있다.
⑥ **흡수액** : 수산화소듐
⑦ **농도계산**

$$C = \frac{(a-b) \times 20}{V_S}$$

- C : 페놀화합물 농도(ppm)
- a : 분석용 시료용액의 페놀화합물 부피($\mu\ell$)
- b : 현장바탕 시료용액의 페놀화합물 부피($\mu\ell$)
- V_S : 표준상태 건조가스 시료채취량(L)
- 20 : 분석용 시료용액의 전체부피(200mL) / 분석 시료용액 중 정량에 사용한 부피(10mL)

2) 기체크로마토그래피 - 주 시험방법

① **정량범위** : 0.2~300ppm (시료채취량 10L 기준)
② **방법검출한계** : 0.07ppm
③ **흡수액** : 수산화소듐(4g/L)
④ **추출용액** : 아세트산에틸(산성 하에서 추출)
⑤ **간섭물질**
  ㉠ 채취방법은 기체시료 중의 페놀 성분이 수증기에 용해되어 채취 후 바로 채취용기의 기벽에 물방울이 응축하므로 적합하지 않다.
  ㉡ 고순도(99.8%)의 시약이나 용매를 사용하면 방해물질을 최소화할 수 있다.
  ㉢ 배출가스에 다량의 유기물이나 염기성 유기물이 오염되어 있을 경우에 알칼리성에서 추출하여 제거할 수 있으나 이때 페놀이나 2,4-다이메틸페놀의 회수율이 줄어들 수 있다.

(15) 배출가스 중 먼지

① 수동식측정법
② 자동식측정법
③ 반자동식측정법

(16) 배출가스 중 총 탄화수소

1) 비분산적외선분석법

   ① **정량범위** : 0.1ppm 이상

2) 불꽃이온화검출기 - 주 시험방법(정량범위는 비분산적외선 분석법과 동일)

   ① **측정범위** : 0~10ppmC, 0~25ppmC 또는 0~50ppmC로 하여 1~3단계(Range)의 변환이 가능한 것
   ② **재현성** : 동일조건에서 제로 가스와 스팬 가스를 번갈아 3회 도입해서 각각의 측정치의 평균치로부터의 편차를 구한다. 이 편차는 각 측정단계(Range)마다 최대 눈금치의 ±1%의 범위내에 있어야 한다.
   ③ **지시의 변동** : 제로 가스 및 스팬 가스를 흘려보냈을 때 정상적인 측정치의 변동은 각 측정단계(Range)마다 최대 눈금치의 ±1%의 범위내에 있어야 한다.
   ④ **제로 드리프트(Zero Drift)** : 동일조건에서 제로가스를 연속적으로 도입했을 때의 변동이 24시간 동안 최대눈금치의 ±2% 이내여야 한다.
   ⑤ **스팬 드리프트(Span Drift)** : 동일조건에서 스팬가스를 연속적으로 도입했을 때의 변동이 24시간 동안 최대눈금치의 ±2% 이내여야 한다.
   ⑥ **응답시간** : 스팬가스를 도입시켜 측정치가 일정한 값으로 급격히 변화되어 스팬가스 농도의 90% 변화할 때까지의 시간은 2분 이하여야 한다.
   ⑦ **지시오차(직선성)** : 제로조정 및 스팬조정을 끝낸 후 그 중간 농도의 교정용 가스를 주입시켰을 경우에 상당하는 메탄 농도에 대한 지시오차는 각 측정단계(Range)마다 최대 눈금치의 ±5%의 범위내에 있어야 한다.
   ⑧ **예열시간** : 전원을 넣고 나서 정상으로 작동할 때까지의 시간은 4시간 이하여야 한다.
   ⑨ **주위온도변화에 대한 안정성** : 주위온도 변화에 대한 안정성은 주위온도가 표시허용온도 범위 내에서 ±5℃ 변동해도 성능을 만족시켜야 한다.
   ⑩ **시료대기의 유량변화에 대한 안정성** : 펌프 유량 설정치에 대하여 ±10% 변화되어도 지시치 변화는 최대 눈금치의 ±1%의 범위에 있어야 한다.
   ⑪ **전원전압 변동에 대한 안정성** : 전원전압이 정격전압의 ±10% 이내로 변동해도 지시변화는 최대눈금치의 ±1% 이내여야 한다.

(17) 배출가스 중 하이드라진

1) **황산함침여지채취 – 고성능액체크로마토그래피**
   ① **목적** : 이 방법은 굴뚝배출가스 중 하이드라진의 농도를 측정하기 위한 시험방법으로 굴뚝배출가스 중 하이드라진의 시료를 **황산**으로 처리한 유리섬유필터에 채취하여 각 성분을 액체크로마토그래프에 의해 분리한 후 **자외선 검출기**에 의해 측정한다.
   ② **정량범위** : 0.03~1.00ppm(시료채취량 240L 기준)
   ③ **방법검출한계** : 0.01ppm
   ④ **간섭물질**
      ㉠ **시료채취 상의 간섭물질** : 채취된 배출가스 시료 내에 황산과 반응하는 간섭물질이 있는 경우 황산의 감소로 인한 하이드라진의 농축량이 적어져서 유리섬유필터 채취과정에서 하이드라진의 파과가 일어날 수 있다. 또한 하이드라진이나 황산염 하이드라진과 반응하는 간섭물질이 시료에 공존하는 경우에는 측정 결과에 영향을 줄 수 있다. 그러므로 이러한 간섭물질은 기록하여 결과와 함께 보고하여야 한다.
      ㉡ **분석 상의 간섭물질** : 300nm UV 검출기에서 감응을 나타내고 benzalazine의 일반적인 머무름 시간(RT, retention time)과 같은 RT를 갖는 화합물이 간섭물질로 존재할 수 있다. 가능성이 있는 간섭물질들을 제출한 시료와 함께 실험실에 보고해야 하며, 시료를 추출하기 전에 간섭물질의 영향을 배제할 수 있는 방법을 고려하여야 한다.

2) **HCl 흡수액 – 고성능액체크로마토그래피**
   ① **목적** : 이 방법은 굴뚝배출가스 하이드라진의 농도를 측정하기 위한 시험방법으로 굴뚝배출가스 중 하이드라진을 **염산을 흡수액**으로 하여 채취하고 목표성분을 액체크로마토그래프 시스템에 의해 분리한 후 **자외선 검출기**에 의해 측정한다.
   ② **정량한계**
      ㉠ 0.07~3.00ppm(시료채취량 100L 기준)
      ㉡ 0.45~21.00ppm(시료채취량 15L 기준)
   ③ **방법검출한계** : 0.02ppm(시료채취량 100L 기준)
   ④ **간섭물질** : 위의 황산함침여지채취 – 분석 상의 간섭물질과 같음

3) **HCl 흡수액 – 기체크로마토그래피**
   ① **목적** : 이 방법은 굴뚝배출가스 하이드라진의 농도를 측정하기 위한 시험방법으로 굴뚝배출가스 중 하이드라진의 시료를 염산을 흡수액으로 하여 채취하고 목표성분을 기체크로마토그래프에 의해 분리한 후 불꽃이온화 검출기(FID), 질소인 검출기(NPD), 혹은 질량분석기(MS)에 의해 측정한다.
   ② **정량한계(액체크로마토그래피와 같음)**
      ㉠ 0.07~3.00ppm(시료채취량 100L 기준)
      ㉡ 0.45~21.00ppm(시료채취량 15L 기준)
   ③ **방법검출한계** : 0.02ppm(시료채취량 100L 기준)

4) HCl 흡수액 - 자외선/가시선분광법

① 목적 : 이 방법은 굴뚝배출가스 중 하이드라진의 농도를 측정하기 위한 시험방법으로 굴뚝배출가스 중 하이드라진 시료가스를 0.1mol/L HCl에 흡수시킨 후 p-dimethylaminobenzalazine(p-디메틸아미노벤젤라진)의 quinoid유도체를 가시선흡수분광광도법으로 분석하는 과정을 포함하고 있다.

② 간섭물질 : 메틸하이드라진이 간섭물질이며, 이 외에도 다른 하이드라진 물질들이 간섭물질이 될 수 있다.

💡 자외선/가시선 분광법 측정파장 정리

["건강관리 Story"]

폼알데하이드는 몸에 침투하면 염증 이왕 브롬 / 미리 염습페 질나폰 상태로 황사불면 사소한 기침에도 / 암 걸려 노력해도 말짱 황!

["건강관리 Story 해설"]

폼(몸)(폼알데하이드) - 아세틸아세톤법(420)에 침투하면 염소(435)증 이왕(이황화탄소(435)) 브롬(460) 미리 염습(염화수소 460) 페(페놀 510) 질나(질소산화물 나프틸에틸렌디아민법(545)) 폰(폼알데하이드 - 크로모트로프산법(570))상태로 황사(황산화물 - 광도적정법(600) 불(플)(플루오르 620)면 사(사이안화수소 - 4-피리딘카복실산-피라졸론법)소(염소 - 4-피리딘카복실산-피라졸론법)한 기침에도 암(암모니아 640)걸려 노력해도 말짱 황(황화수소 670)

물질, 분석방법	파장(nm)
폼알데하이드(아세틸아세톤법)	420
염소(오르토톨리딘법)	435
이황화탄소(흡광광도법)	435
브로민(싸이오시안산 제2수은법)	460
염화수소(싸이오시안산 제2수은법)	460
페놀(4-아미노안티피린법)	510
질소산화물(아연환원 나프틸에틸렌디아민법)	545
폼알데하이드(크로모트로프산법)	570
황산화물(광도적정법)	600
플루오린(란타넘-알리자린 컴플렉션법)	620
사이안화수소(4-피리딘카복실산-피라졸론법)	638
염소(4-피리딘카복실산-피라졸론법)	638
암모니아(인도페놀법)	640
황화수소(메틸렌블루우법)	670

💡 가스상 물질 흡수액 정리

암 붕 : 암모니아(붕산)

황 과 : 황산화물(과산화수소 1 + 9 용액)

황수 아 : 황화수소(아연아민착염 용액)

질 과 물 : 질소산화물-나프틸에틸렌디아민법(과산화수소 + 물)

폼 아 : 포름알데히드-아세틸아세톤법(아세틸아세톤 함유액)

폼 크 황 : 포름알데히드-크로모트로프산법(크로모트로프산 + 황산)

폼 액체 24 : 포름알데히드-액체크로마토그래프법(2,4-DNPH)

이 따구 : 이황화탄소(다이에틸아민구리 용액)

염 오 : 염소 – 오르토톨리딘법(오르토톨리딘 염산용액)

염 피토 : 염소 – 4-피리딘카복실산-피리졸론법(p-톨루엔설폰아마이드 용액)

염싸나, 플나, 페나, 브싸나, 사이나 : 염화수소(싸이오사이안산제2수은), 플루오린, 페놀, 브로민, 사이안 – (NaOH, 수산화소듐)

💡 적정액과 종말점 색깔 정리

암기TIP 황아바 – 보라청 / 브싸 – 담청소

물질명과 측정방법	적정액	종말점 색깔
황산화물(침전적정법)	N/100 초산(아세트산) 바륨용액	보라색 → 청색 (청색 1분간 지속)
브로민(차아염소산염법)	N/100 싸이(티)오황산나트륨용액	담황색 → 청색 → 소실

UNIT 01 (1) 배출오염물질-가스상물질

01 연료의 연소, 금속제련 등에서 배출하는 굴뚝 배출가스중의 일산화탄소를 분석하는 방법과 가장 거리가 먼 것은?
① 이온전극법
② 비분산적외선법
③ 정전위전해법
④ 가스크로마토그래피법

해설 일정비가스
일산화탄소 분석방법 : 정전위전해법, 비분산적외선분석법, 가스크로마토그래피법

02 다음의 분석방법 중 화학반응 등에 따라 굴뚝 등에서 배출되는 염소를 분석하는 방법은?
① 비분산적외선분석법
② 아르세나조Ⅲ법
③ 페놀디술폰산법
④ 오르토톨리딘법

03 배출가스 중의 황화수소를 분석할 때 시료중에 황화수소가 1.7~140ppm 함유되어 있는 경우에 적절한 분석방법은?
① 요오드적정법(용량법)
② 메틸렌블루법(흡광광도법)
③ 아르세나조Ⅲ법(침전적정법)
④ 중화적정법

04 배출가스중의 시안화수소(사이안화수소)측정법 중 자외선/가시선 분광법은 다음 중 어느 시약을 사용하는 방법인가?
① 아르세나조Ⅲ
② 나프틸에틸렌다이아민
③ 아세틸아세톤
④ 피리딘피라졸론

해설 사이안화수소-4-피리딘카복실산-피라졸론법(자외선/가시선 분광법)

05 흡광광도법에 의한 브롬(Br) 정량시 사용되는 흡수액은 어느 것인가?
① NaOH
② H_2O_2
③ NH_3수
④ HCl

06 배출가스중 CS_2의 측정에 사용되는 흡수액은?
① 붕산용액
② 가성소다용액
③ 황산구리용액
④ 다이에틸아민구리용액

07 굴뚝 등에서 배출되는 배출가스중 질소산화물(NO+NO_2)을 분석하는 방법인 아연환원 나프틸에틸렌다이아민법에서 시료중의 질소산화물을 흡수하는 흡수제로서 알맞은 것은?
① 물+과산화수소수
② 오존 존재하에서 물에 흡수시킴
③ 페놀디술폰산용액
④ 나프틸에틸렌디아민

08 다음 ( ) 안에 들어갈 내용으로 알맞은 것은?

굴뚝 등에서 배출되는 배출가스중에 포함된 폼알데하이드를 아세틸아세톤을 함유하는 흡수 발색액에 포집하고 가온하여 발색시켜 얻어진 ( ) 발색액의 흡광도를 측정하여 포름알데히드 농도를 구한다.

① 청색
② 황색
③ 적자색
④ 청록색

정답   01. ①   02. ④   03. ②   04. ④   05. ①   06. ④   07. ①   08. ②

09 배출가스 중의 염소성분을 오르토톨리딘법으로 분석한 결과 다음과 같은 결과를 얻었다. 배출가스중의 염소농도는 얼마인가?

> 시료용액 50mL, 시료용액의 염소농도 0.7μg/mL, 현장바탕 시료용액의 염소농도 0.5μg/mL, 건조 시료가스량 300mL(표준상태이며, 게이지압 등 기타 조건은 생략한다.)

① 9.5ppm ② 10.5ppm
③ 21ppm   ④ 4.25ppm

해설 $C = \dfrac{(a-b) \times 50}{Vs} \times \dfrac{22.4}{70.906}$

- C : 염소 농도(ppm)
- a : 분석용 시료용액의 염소 농도(μg/mL)
- b : 현장바탕 시료용액의 염소 농도(μg/mL)
- Vs : 표준상태 건조가스 시료채취량(L)
- 50 : 분석용 시료용액의 전체 부피(mL)

∴ $C = \dfrac{(0.7-0.5) \times 50}{0.3} \times \dfrac{22.4}{70.906} = 10.53 ppm$

10 어느 굴뚝 배출가스중의 수분량을 측정하려고 흡습제 15g을 넣은 흡습관에 시료가스 20L를 통과시켰더니 흡습제의 중량은 16.32g이 되었다. 이때의 가스 흡인량은 건식 가스미터로 측정한 것이며, 가스미터 내의 압력은 1기압, 온도는 25℃이었다. 이 굴뚝 배출가스 중의 수증기 용량비는 얼마인가?

① 약 14.2%   ② 약 12.3%
③ 약 9.4%   ④ 약 8.2%

해설 **식** $X_w(\%) = \dfrac{수증기}{배출가스} \times 100 = \dfrac{수증기}{건조가스 + 수증기} \times 100$

- 수증기 $= (16.32 - 15)g \times \dfrac{22.4L}{18g} = 1.64L$
- 건조가스 $= 20L \times \dfrac{273}{273+25} = 18.32L$

∴ $X_w(\%) = \dfrac{1.64}{18.32+1.64} \times 100 = 8.22\%$

11 다음은 굴뚝 배출가스 중의 질소산화물을 아연환원 나프틸에틸렌디아민법으로 분석시 시약과 장치의 구비조건이다. (   ) 안에 알맞은 것은?

> 질소산화물분석용 아연분말은 시약 1급의 아연분말로서 질산이온의 아질산이온으로의 환원율이 (①) 이상인 것을 사용하고, 오존발생장치는 오존이 (②) 이상 얻어지는 것을 사용한다.

① ① 65%, ② 0.1V/V%
② ① 90%, ② 0.1V/V%
③ ① 65%, ② 1V/V%
④ ① 90%, ② 1V/V%

12 굴뚝에서 배출되는 질소산화물 분석방법인 아연환원 나프틸에틸렌디아민법 분석에 관한 설명으로 틀린 것은?

① 시료 중 질소산화물을 오존 존재 하에서 물에 흡수시켜 질산이온으로 만든다.
② 질산이온을 분말 금속아연을 사용하여 아질산이온으로 환원시킨다.
③ 시료 중 질소산화물 농도가 10~1,000V/Vppm의 것을 분석하는데 적당하다.
④ 1,000V/Vppm 이하의 아황산가스, 염소이온, 암모늄이온의 공존에 방해를 받는다.

해설 2,000V/Vppm 이하의 아황산가스는 방해하지 않으며, 염화 이온, 암모늄 이온의 공존도 방해하지 않는다.

정답 09. ②   10. ④   11. ④   12. ④

13 다음 중 오염물질과 측정법의 연결이 잘못된 것은?

① 염화수소 – 싸이오사이안산 제이수은법, 오르토톨리딘법
② 황산화물 – 침전적정법, 자동측정법
③ 사이안화수소 – 4-피리딘카복실산-피라졸론법
④ 폼알데하이드 – 크로모트로핀산법, 아세틸아세톤법

해설 오르토톨리딘법은 염소 분석법이다. 염화수소는 싸이오사이안산 제이수은법과 이온크로마토그래피법으로 정량된다.

14 배출 가스 중 황산화물을 아르세나조 III 법에 의해 분석하고자 할 때 적정시약과 종말점의 색깔은?

① N/100 수산화소듐 용액 – 청색
② N/10 수산화소듐 용액 – 녹색
③ N/100 아세트산바륨 용액 – 청색
④ N/10 아세트산바륨 용액 – 녹색

15 굴뚝 배출가스 중의 폼알데하이드를 크로모트로핀산 자외선/가시선분광법에 따라 분석할 때, 흡수 발색액 제조에 필요한 시약은?

① H_2SO_4
② $NaOH$
③ NH_4OH
④ CH_3COOH

해설 폼알데하이드 – 크로모트로핀산 흡수발색액 시약 : 크로모트로핀산, 황산

정답 13. ① 14. ③ 15. ①

4 금속화합물 측정방법

(1) 시료의 전처리

① 유기물을 함유하지 않는 것 : 마이크로파 산분해법, 질산법
② 타르 기타 소량의 유기물을 함유하는 것 : 질산 – 과산화수소수법, 마이크로파 산분해법, 질산–염산법
③ 다량의 유기물 및 유리탄소를 함유하는 것 : 저온회화법(200℃)
④ 셀룰로오스 섬유제 여과지를 사용하는 것 : 저온회화법(200℃)

(2) 배출가스 중 비소화합물

1) 수소화물생성원자흡수분광도법 – 주 시험방법

   ① 정량범위 : 0.003~0.13ppm
   ② 시료분석을 위한 장치 및 기구
      수소화비소발생장치, 원자흡수분광계, 비소 속빈음극램프 또는 무전극방전램프

2) 흑연로 원자흡수분광도법

   ① 정량범위 : 0.003~0.013ppm(mg/m^3)

3) 유도결합플라즈마 원자발광분광법

   ① 정량범위 : 0.003~0.13ppm
      • 방법검출한계 : 0.001ppm
   ② 측정파장 : 193.696nm

4) 자외선/가시선 분광법

   ① 정량범위 : 0.007~0.01ppm
   ② 개요 : 시료 용액 중의 비소를 수소화비소로 하여 발생시키고 이를 다이에틸다이싸이오카밤산은(DDTC)의 클로로폼 용액에 흡수시킨 다음 생성되는 적자색 용액의 흡광도를 510nm에서 측정하여 비소를 정량한다.
   ③ 간섭물질과 대책
      ㉠ 일부 금속(크롬, 코발트, 구리, 수은, 몰리브데넘, 니켈, 백금, 은, 셀렌 등)이 수소화비소(AsH_3) 생성에 영향을 줄 수 있지만 시료 용액 중의 이들 농도는 간섭을 일으킬 정도로 높지는 않다.
      ㉡ 황화수소가 영향을 줄 수 있으며 이는 아세트산납으로 제거할 수 있다.
      ㉢ 안티몬(안티모니)은 스티빈(stibine)으로 환원되어 510nm에서 최대 흡수를 나타내는 착화합물을 형성케 함으로써 비소 측정에 간섭을 줄 수 있다.
      ㉣ 메틸 비소화합물은 pH 1에서 메틸수소화비소(methylarsine)를 생성하여 흡수용액과 착화합물을 형성하고 총 비소 측정에 영향을 줄 수 있다.

④ **흡수액** : 수산화소듐 용액(4W/V%)
⑤ **측정파장** : 510nm

(3) 배출가스 중 카드뮴화합물

1) 원자흡수분광광도법 - 주 시험방법

① **정량범위** : 0.01mg/Sm³ 이상 (방법검출한계 0.003mg/Sm³)

② **개요** : 카드뮴을 원자흡수분광광도법으로 정량하는 방법으로, 카드뮴의 속빈음극램프를 점등하여 안정화시킨 후, 228.8nm의 파장에서 원자흡수분광광도법 통칙에 따라 조작을 하여 시료용액의 흡수도 또는 흡수 백분율을 측정하는 방법이다.

③ **간섭물질과 대책**
㉠ 시료용액 중 다량의 아연, 구리 등이 함유되어 있을 때는 트라이옥틸아민(trioctylamine)의 4-메틸-2-펜타논(4-methyl-2-pentanone) 용액으로 추출하여 원자 흡수분석을 실시한다.
㉡ 알칼리금속의 할로겐화물이 다량 존재하면, 분자흡수, 광산란 등에 의해 양의 오차가 발생한다. 이 경우에는, 미리 카드뮴을 분리하거나 백그라운드 보정장치를 사용한다.

2) 유도결합플라즈마 원자발광분광법

① **정량범위** : 0.005mg/m³ 이상 (방법검출한계 0.002mg/Sm³)

② **개요** : 카드뮴을 유도결합플라즈마 분광법으로 정량하는 방법으로, 시료용액을 플라즈마에 분무하여, 파장 226.50nm(또는 214.439nm)에서 발광세기를 측정하여 카드뮴의 농도를 구한다.

③ **간섭물질과 대책**
㉠ 시료용액 중에 소듐, 포타슘, 마그네슘, 칼슘 등의 농도가 높고, 카드뮴의 농도가 낮은 경우에는 용매추출법을 이용하여 정량할 수 있다.
㉡ 염의 농도가 높은 시료용액에서 검정곡선법이 적용되지 않을 때는 표준물첨가법을 사용하는 것이 좋다. 이 때 시료용액의 종류에 따라 바탕보정을 할 필요가 있다.

(4) 배출가스 중 납화합물

1) 원자흡수분광광도법 - 주 시험방법

① **정량범위** : 0.05 mg/m³ 이상 (방법검출한계 0.003mg/m³)

② **측정파장** : 217.0 또는 283.3nm

③ **간섭물질**
㉠ 시료 내 납의 양이 미량으로 존재하거나 방해물질이 존재할 경우, 용매추출법을 적용하여 정량할 수 있다.
㉡ 시료용액 중의 납 농도가 낮거나, 방해물질(Ca^{2+}, 고농도 SO_4^{2-} 등)이 존재할 경우에는 용매추출법을 적용하여 정량할 수 있다.

2) 유도결합플라스마 원자발광분광법

① 정량범위 : 0.005mg/m³ 이상
② 측정파장 : 220.351nm

(5) 배출가스 중 크롬(크로뮴)화합물

1) 원자흡수분광광도법 – 주 시험방법

① 정량범위 : 0.1~5mg/m³
② 측정파장 : 357.9nm

2) 유도결합플라스마 원자발광분광법

① 정량범위 : 0.002~1mg/m³
② 측정파장 : 357.87nm(206.149nm 또는 267.72nm)

3) 자외선/가시선분광법

① 정량범위 : 0.002~0.05mg/m³
② 개요 : 시료용액 중의 크롬을 **과망간산포타슘**에 의하여 **6가**로 산화하고, 요소를 가한 다음, 아질산소듐으로 과량의 과망간산염을 분해한 후 **다이페닐카바자이드**를 가하여 발색시키고, 파장 **540nm** 부근에서 흡수도를 측정하여 정량하는 방법이다.
③ 측정파장 : 540nm

(6) 배출가스 중 구리화합물

1) 원자흡수분광광도법 – 주 시험방법

① 정량범위 : 0.1mg/m³ 이상 (방법검출한계 0.031mg/m³)
② 측정파장 : 324.7nm

2) 유도결합플라스마 원자발광분광법

① 정량범위 : 0.05mg/m³ 이상
② 측정파장 : 324.75nm

(7) 배출가스 중 니켈화합물

1) 원자흡수분광광도법 – 주 시험방법
① **정량범위** : 0.01mg/m^3 이상 (방법검출한계 0.003mg/m^3)
② **측정파장** : 232nm

2) 유도결합플라스마 원자발광분광법
① **정량범위** : 0.005mg/m^3 이상
② **측정파장** : 231.6nm(또는 221.65nm)

(8) 배출가스 중 아연화합물

1) 원자흡수분광광도법 – 주 시험방법
① **정량범위** : 0.1mg/m^3 이상 (방법검출한계 0.031mg/m^3)
② **측정파장** : 213.9nm

2) 유도결합플라스마 원자발광분광법
① **정량범위** : 0.05mg/m^3 이상
② **측정파장** : 213.86nm(또는 206.20nm)

(9) 배출가스 중 수은화합물

1) 냉증기 – 원자흡수분광광도법 – 주 시험방법
① **정량범위** : $0.0005 \sim 0.0075\text{mg/m}^3$
② **방법검출한계** : 0.0002mg/m^3
③ **개요** : 배출원에서 등속으로 흡입된 입자상과 가스상 수은은 흡수액인 산성 과망간산포타슘 용액에 채취된다. Hg^{2+} 형태로 채취한 수은을 Hg^0 형태로 환원시켜서, 광학셀에 있는 용액에서 기화시킨 다음 원자흡수분광광도계로 측정한다. (흡수액 : 4% 과망간산포타슘, 10% 황산)
④ **측정파장** : 253.7nm
⑤ **간섭물질** : 시료채취시 배출가스 중에 존재하는 산화 유기물질은 수은의 채취를 방해할 수 있다. 또한 분석시에는 광학셀에 있는 수증기의 응축이 방해요인으로 작용할 수 있다.

(10) 배출가스 중 베릴륨화합물

1) 원자흡수분광광도법 – 주 시험방법
   ① **정량범위** : 0.04 mg/m³ 이상 (방법검출한계 : 0.013mg/m³)
   ② **개요** : 베릴륨을 원자흡수분광광도법에 의해 정량하는 방법으로, 여과지에 포집한 입자상 베릴륨화합물에 질산을 가하여 가열분해한 후 이 액을 증발 건조하고 이를 염산에 용해하여 원자흡수분광광도법에 따라 아산화질소-아세틸렌 불꽃을 사용하여 파장 234.9nm에서 베릴륨을 정량한다.
   ③ **측정파장** : 234.9nm

2) 유도결합플라스마 원자발광분광법
   ① 정량범위 : 0.025mg/m³ 이상
   ② 측정파장 : 313.04nm(또는 234.86nm)

💡 **자외선/가시선 분광법 주요 암기내용 정리**

① 비소 수산시장 DDTC 510만원 적자
   → 비소 DDTC의 클로로폼용액에 흡수, 적자색 용액의 흡광도를 510nm에서 측정(수산화철 공침가능)

💡 **원자흡수분광광도법 주요 암기내용 정리**

측정 금속	측정파장 (nm)	정량범위 (mg/m³)	방법검출한계 (mg/m³)
Cu(구리)	324.7	0.1 이상	0.031
Pb(납)	217.0/283.3	0.05 이상	0.016
Ni(니켈)	232.0	0.01 이상	0.003
Zn(아연)	213.8	0.1 이상	0.031
Cd(카드뮴)	228.8	0.01 이상	0.003
Cr(크로뮴)	357.9	0.1 이상	0.031
Be(베릴륨)	234.9	0.04 이상	0.013

💡 유도결합플라즈마 분광법 주요 암기내용 정리

원소	측정파장 (nm)	정량범위 (mg/m³)	방법검출한계 (mg/m³)
Cu	324.75	0.05 이상	0.016
Pb	220.35	0.025 이상	0.008
Ni	231.60 / 221.65	0.005 이상	0.002
Zn	213.86 / 206.20	0.050 이상	0.016
Cd	226.50	0.005 이상	0.002
Cr	357.87 / 206.15 / 267.72	0.05 이상	0.016
Be	313.04	0.025 이상	0.008

3) 유도결합 플라즈마 간섭

① **광학적 간섭**

분석하고자 하는 금속과 근접한 파장에서 발광하는 물질이 존재하거나, 측정파장의 스펙트럼이 넓어질 때, 이온과 원자의 재결합으로 연속 발광할 때 또는 분자띠 발광 시에 발생할 수 있다. 광학적 간섭은 측정에 사용하는 스펙트럼이 다른 인접선과 완전히 분리되지 않아 파장 선택부의 분해능이 충분하지 않기 때문에 검정곡선의 직선영역이 좁고 구부러져 측정감도 및 정밀도가 저하된다. 이 경우 다른 파장을 사용하여 다시 측정하거나 표준물질첨가법을 사용하여 간섭효과를 줄일 수 있다.

② **물리적 간섭**

시료의 분무 시 시료의 점도와 표면장력의 변화 등의 매질효과에 의해 발생한다. 시료를 희석하거나, 표준물질첨가법을 사용하여 간섭효과를 줄일 수 있다.

③ **화학적 간섭**

화학적 간섭은 플라스마 중에서 이온화하거나, 공존물질과 작용하여 해리하기 어려운 화합물이 생성되는 경우 발생할 수 있다. 이온화로 인한 간섭은 분석대상 원소보다 이온화 전압이 더 낮은 원소를 첨가하여 측정원소의 이온화를 방지할 수 있고, 해리하기 어려운 화합물을 생성하는 경우에는 용매추출법을 사용하여 측정원소를 추출하여 분석하거나 표준물질첨가법을 사용하여 간섭효과를 줄일 수 있다.

UNIT 01 (2) 배출오염물질-금속화합물

01 카드뮴화합물 분석방법 중에서 채취시료 처리방법이 아닌 것은?
① 질산-염산법　② 질산-과산화수소법
③ 질산-황산법　④ 저온회화법

해설 질산-황산법은 사용하지 않는다.

02 다량의 유기물 또는 유리탄소를 포함하고 있는 배출가스 중의 카드뮴이나 납을 분석하기 위한 시료용액을 제조하기 위해 채취시료의 처리방법으로 적당한 것은?
① 질산-염산법　② 질산-과산화수소법
③ 질산법　　　　④ 저온회화법

03 다음 화합물 중 다이에틸다이티오카르바민산은의 클로로포름용액에 흡수시켜 생성되는 적자색 용액의 흡광도를 측정하여 정량하는 것은?
① 불소화합물　② 비소화합물
③ 카드뮴화합물　④ 질소화합물

04 굴뚝의 배출가스 중 구리화합물을 원자흡수분광광도법으로 분석할 때의 적정파장(nm)은?
① 213.8　② 228.8
③ 324.8　④ 357.9

05 냉증기 원자흡수분광광도법으로 굴뚝배출가스 중 수은을 측정하기 위해 사용하는 흡수액으로 옳은 것은? (단, 흡수액의 농도는 질량분율이다.)
① 4% 과망간산포타슘, 10% 질산
② 4% 과망간산포타슘, 10% 황산
③ 10% 과망간산포타슘, 4% 질산
④ 10% 과망간산포타슘, 4% 황산

06 환경대기 중에 납(Pb)을 분석하기 위한 시험방법 중 공정시험방법상 주시험방법은?
① 유도결합 플라즈마 분광법
② 원자흡광광도법
③ X선 형광법
④ 이온 크로마토그래프법

07 배출가스 중 금속화합물을 원자흡수분광광도법으로 분석할 때 간섭물질에 관한 설명으로 옳지 않은 것은?
① 시료 내 납, 카드뮴, 크롬의 양이 미량으로 존재하거나 방해물질이 존재할 경우, 용매추출법을 적용하여 정량할 수 있다.
② 니켈 분석시 다량의 탄소가 포함된 시료의 경우, 시료를 채취한 여과지를 적당한 크기로 잘라서 자기도가니에 넣어 전기로를 사용하여 800℃에서 30분 이상 가열한 후 전처리 조작을 행한다.
③ 아연 분석시 213.8nm 측정파장을 이용할 경우 불꽃에 의한 흡수 때문에 바탕선(base line)이 높아지는 경우가 있다.
④ 철 분석시 규소(Si)를 다량 포함하고 있을 때는 0.5% 인산용액을 첨가하여 분석하고, 유기산(특히 시트르산)이 다량 포함되어 있을 때는 0.2% 염화칼슘($CaCl_2$, calciumchloride)용액을 첨가하여 간섭을 줄일 수 있다.

해설 철 분석시 규소(Si)를 다량 포함하고 있을 때는 0.2% 염화칼슘($CaCl_2$, calcium chloride)용액을 첨가하여 분석하고, 유기산(특히 시트르산)이 다량 포함되어 있을 때는 0.5% 인산을 가하여 간섭을 줄일 수 있다.

정답　01. ③　02. ④　03. ②　04. ③　05. ②　06. ②　07. ④

UNIT 02 환경대기 중 오염물질 측정

1 적용범위

이 시험방법은 환경정책기본법에서 규정하는 환경기준 설정항목 및 기타 대기 중의 오염물질 분석을 위한 입자상 및 가스상 물질의 채취 방법에 대하여 규정한다.

2 측정방법의 종류

(1) 아황산가스

[수동] 암기TIP 황수파산

① **파라로자닐린법**
  ㉠ 정량범위 : $0.01 \sim 0.4 \mu mol/mol$
  ㉡ 간섭물질 및 대책
    알려진 주요 방해물질은 질소산화물(NOx), 오존(O_3), 망간(Mn), 철(Fe) 및 크롬(Cr)이다.

  > 💡 **대책**
  > - NOx의 방해는 설퍼민산(NH_3SO_3)을 사용함으로써 제거할 수 있다.
  > - 오존의 방해는 측정기간을 늦춤으로써 제거된다.
  > - 에틸렌 디아민테트라 아세트산(EDTA) 및 인산은(silver phosphate) 위의 금속성분들의 방해를 방지한다.
  > - 암모니아, 황화물(sulfides) 및 알데하이드는 방해되지 않는다.

② **산정량반자동법**
  정량범위 ≥ $0.38 \mu mol/mol$

③ **산정량수동법**
  정량범위 ≥ $0.38 \mu mol/mol$

[자동] 암기TIP 황자불용차

① **자**외선형광법 – 주 시험방법
② **불**꽃광도법
③ **용**액전도율법
④ 흡광**차**분광법

(2) 일산화탄소

① 비분산적외선분석법
  ㉠ **정량범위** : 0.5~100 μmol/mol
  ㉡ **간섭물질** : 수증기, 이산화탄소, 탄화수소

② 가스크로마토그래피-불꽃이온화검출기법
  ㉠ **정량범위** : 0~22 μmol/mol
  ㉡ **적용범위** : 측정범위는 전자가 0.1% 이상으로 배출 가스 중의 일산화탄소의 측정에 적당하고, 후자는 1.0ppm 이상으로 환경 대기 중의 일산화탄소 측정에 적당하며 불꽃 이온화 검출기를 이용한 일산화탄소의 측정원리는 다음과 같다. 운반가스로는 수소를 사용하며 시료공기를 분자 체(molecular sieve)가 채워진 분리관을 통과시키면 분리된 일산화탄소는 니켈 촉매에 의해서 메탄으로 환원되는데 불꽃 이온화 검출기로 정량된다.

(3) 질소산화물

[수동] 암기TIP **질수야 없지**

① 수동살츠만법
  ㉠ **정량범위** : 0.005~5 μmol/mol
  ㉡ **간섭물질**
    • 일반적으로 대기 중에 존재하는 일산화질소, 이산화황, 황화수소, 염화수소 및 플루오로화합물의 질량농도는 이산화질소의 질량농도 측정에 어떤 영향도 미치지 않는다.
    • 오존의 질량농도가 0.2mg/m^3보다 큰 경우 오존은 기기의 지시값을 증가시켜 측정을 약간 간섭한다. 이러한 간섭 효과는 면 여과기를 사용하면 피할 수 있다.
    • 과산화아크릴질산염(PAN, peroxyacryl nitrate)은 이산화질소와 같은 몰 농도의 약 15%~35%의 반응을 나타낼 수 있다. 그러나 대기 중의 과산화아크릴질산염의 질량농도는 일반적으로 너무 낮아서 어떤 유의 오차도 일으킬 수 없다. 또한 공기 시료 중에 아질산염과 질산은이 존재하는 경우 이산화질소처럼 흡수 용액으로 분홍색을 나타내어 지시값을 증가시킨다.

② 야곱스호흐하이저법
  ㉠ **정량범위** : 0.04~15 μg NO_2/mL(24시간 시료가스 채취시 0.01~0.4 μmol/mol)
  ㉡ **간섭물질** : 아황산가스의 방해는 분석 전에 과산화수소로 아황산가스를 황산(H_2SO_4)으로 변화시키는 데 따라 제거된다.

[자동] 암기TIP **진짜 화살차공**

① 화학발광법 - 주 시험방법
  ㉠ **적용범위** : 시료대기 중의 일산화질소와 오존을 반응시켰을 때 이산화질소가 생성되며, 이 이산화질소는 광화학적으로 들뜬 상태에 있다. 이 이산화질소 분자는 바닥상태로 돌아가면서 근적외선 영역(1,200nm) 부근의 중심파장을 갖는 빛을 발생시킨다. 이 빛의 세기는 일산화질소 함량에 비례하게 되고 이를 이용해서 시료대기 중에 포함되는 일산화질소 농도를 측정한다.
  ㉡ **간섭물질** : 이산화탄소, 암모니아

② 살츠만법
- ㉠ **정량범위** : 0~0.1μmol/mol 또는 0~2.0μmol/mol
- ㉡ **간섭물질** : 시료기체 중에 다량의 일산화질소가 공존하면 영향을 받을 수 있다. 이 방법은 이 영향을 무시할 수 있는 경우 또는 영향을 제거할 수 있는 경우에 적용한다.

③ 흡광차분광법
암기 할만한 내용 없음

④ 공동감쇠분광법
- ㉠ **적용범위** : 모든 형태의 기체분자는 분자 고유의 흡수스펙트럼을 가지고 있다. 공동감쇠분광법은 광학 흡수분광법으로 질소산화물기체가 가시광선영역인 450nm(혹은 405nm)의 중심파장에서 비어-램버트(Beer-Lambert) 법칙에 따라 농도에 비례한 빛의 흡수량을 가지는 원리를 이용한 것이다. 이때 빛의 세기는 질소산화물 함량에 비례하게 되고 이를 이용하여 시료대기 중에 포함되는 질소산화물 농도를 연속적으로 측정하는 방법이다.
- ㉡ **정량범위** : 측정범위는 질소산화물 0.001μmol/mol~1.0μmol/mol 이다. 검출한계는 측정범위 최대눈금의 1% 이하이어야 한다.
- ㉢ **간섭물질** : 시료 기체 중 공존하는 질소산화물과 흡수 스펙트럼이 겹치는 기체(수증기)의 간섭 영향을 받을 수 있으나 시료 기체를 건조튜브를 통과시켜 수분을 제거함으로써 간섭 영향을 제거할 수 있다.

(4) 먼지

① **고용량 공기시료채취기법 - 주 시험법(수동)**
자세한 내용은 다음 시료채취방법에서 설명!

② **저용량 공기시료채취기법**
자세한 내용은 다음 시료채취방법에서 설명!

③ **베타선법 - 주 시험법(자동)**
암기 할만한 내용 없음

(5) 미세먼지(PM10, PM2.5)

① **베타선법(PM10 기준)**
- ㉠ **목적** : 이 측정방법은 환경대기 중에 존재하는 입경이 10μm 이하인 입자상 물질(PM-10)의 질량농도를 베타선법에 의해 측정하는 방법에 대해 규정하며, 베타선법에 의한 측정의 정확성과 통일성을 갖추도록 함을 목적으로 한다.
- ㉡ **구성** : 공기흡입부 - 분립장치 - 유량조절부 - 테이프 여과지 - 교정부 - 시료채취 시간 조정부 - 베타선 광원 - 베타선 감지부 - 연산장치
- ㉢ **적용범위** : 측정 질량농도의 최소검출한계는 10μg/m³ 이하이며, 측정범위는 (0~1000)μg/m³, (0~2000)μg/m³, (0~5000)μg/m³, (0~10000)μg/m³ 등이 측정 가능한 것으로 한다.

ⓔ 간섭물질
- **유속 변화에 의한 영향** : 측정기 동작 중의 유속의 변화는 시료 채취 유량의 변화에 의한 측정 편차를 일으킬 수 있으며, 입경분립장치의 입자 크기 분리 특성을 변경시킬 수 있다. 정확한 유량 조절장치의 사용과 설계유량의 정확한 유지는 이러한 오차를 최소화하기 위해 필요하다.
- **시료 중 수분에 의한 영향** : 시료채취 도입부의 입경분립장치에는 일정온도로 조절되는 가열장치가 설치되어 대기 시료 중의 수분에 의한 응축 현상을 제거할 수 있어야 한다.

② 베타선법(PM 2.5 기준)
  ㉠ **목적** : 이 측정방법은 환경대기 중에 존재하는 입경이 2.5㎛ 이하인 입자상 물질(PM-2.5)의 질량농도를 베타선법에 의해 측정하는 방법에 대해 규정하며, 베타선법에 의한 측정의 정확성과 통일성을 갖추도록 함을 목적으로 한다.
  ㉡ **구성** : 공기흡입부 - 분립장치 - 유량조절부 - 테이프 여과지 - 교정부 - 시료채취 시간 조정부 - 베타선 광원 - 베타선 감지부 - 연산장치(PM 10과 동일)
  ㉢ **적용범위** : 측정 질량농도의 최소검출한계는 $5\mu g/m^3$ 이하이며, 측정범위는 $0\mu g/m^3 \sim 1000\mu g/m^3$ 이다.

③ 중량농도법
  ㉠ **구성** : 시료흡입부 - 1차 분립장치 - 2차 분립장치 - 여과지홀더 - 유량측정부 - 흡입펌프

(6) 옥시던트

[오존]

① **자외선광도법 - 주 시험방법**
  - **측정파장** : 253.7nm - 저압 수은 방전 램프 사용

② **화학발광법**
  - **측정원리** : 시료 대기 중에 오존과 에틸렌(Ethylene)가스가 반응할 때 400nm의 가시광선 영역에서 빛을 발생시킨다. 이 빛의 세기가 오존 농도와 비례하기 때문에 발광도를 측정하여 오존농도를 산정한다.

③ **흡광차분광법(자동)**
  암기 할 만한 내용없음

[옥시던트]

① **용어정의**
  ㉠ **옥시던트** : 전옥시던트, 광화학옥시던트, 오존 등의 산화성 물질의 총칭
  ㉡ **전옥시던트** : 중성요오드화 칼륨용액에 의해 요오드를 유리시키는 물질의 총칭
  ㉢ **광화학옥시던트** : 전옥시던트에서 이산화질소를 제외한 물질

② **중성요오드화칼륨법(자동)**
  ㉠ **측정범위** : 0.5ppm(O_3)
  ㉡ **측정원리** : 중성 요오드화칼륨 흡수액을 사용하는 흡광광도법으로서 시료대기 중에 함유하는 전옥시던트농도를 연속적으로 측정한다.

③ 중성요오드화칼륨법
　㉠ **적용범위** : 이 방법은 시료를 채취한 후 1시간 이내에 분석할 수 있을 때 사용할 수 있으며 한 시간 내에 측정할 수 없을 때는 알칼리성 아이오딘화칼륨법을 사용하여야 한다.
　㉡ **측정파장** : 352nm
　㉢ **간섭물질**
　　• 산화성 가스로는 아황산가스(SO_2) 및 황화수소(H_2S)가 있으며 이들은 부(minus)의 영향을 미친다.
　　• 아황산가스에 대한 방해는 심하나 옥시던트 농도의 100배까지의 농도를 갖는 아황산가스는 임핀저의 위쪽 시료 채취 관에 크롬산 종이 흡수제(chromic acid paper absorber)를 설치함으로써 제거할 수 있다.
　　• 환원성 먼지 등도 이 방법에서 영향을 미친다.
④ 알칼리성요오드화칼륨법
　㉠ **측정원리** : 이 방법은 대기 중에 존재하는 저농도의 옥시던트(오존)를 측정하는데 사용된다. 이 방법은 다른 산화성 물질이나 환원성 물질이 방해하며 아황산가스나 이산화질소의 방해는 시료를 채취하는 동안에 제거시킬 수 있다.
　㉡ **측정파장** : 352nm

(7) 석면

　※ 석면은 섬유물질(섬유물질의 정의 – 길이와 폭의 비가 3 : 1 이상인 물질)

① 위상차현미경
　㉠ **정량범위** : 0.2~5μm
　　굴절율 또는 두께가 부분적으로 다른 무색투명한 물체의 각 부분의 투과광 사이에 생기는 위상차를 화상면에서 명암의 차로 바꾸어, 구조를 보기 쉽도록 한 현미경이다.
　㉡ 위상차현미경을 사용하여 섬유상으로 보이는 입자를 계수하고 같은 입자를 보통의 생물현미경으로 바꾸어 계수하여, 그 계수치들의 차를 구하면 굴절율이 거의 1.5인 섬유상의 입자 즉 석면이라고 추정할 수 있는 입자를 계수할 수가 있게 된다.
　㉢ 석면먼지의 농도표시는 20℃, 1기압 상태의 기체 1mL 중에 함유된 석면섬유의 개수(개/mL)로 표시한다.
② 주사전자현미경
　㉠ **정량범위** : 1μm 이하
　㉡ **적용범위** : 주사전자현미경(SEM, scanning electron microscopy)은 1.5nm 이하의 고분해능으로 고화질의 화상을 얻을 수 있기 때문에 형상관찰에 폭넓게 이용되고 있다.
③ 투과전자현미경
　㉠ **정량범위** : 1μm 이상
　㉡ **목적** : 대기환경 중 석면의 농도 측정 방법을 규정함으로써 석면배출을 감시 및 억제하고자 하는데 그 목적이 있다. 대기 중 부유먼지 중의 석면섬유를 위상차현미경으로 석면 판독이 불가능한 경우에는 투과전자현미경법으로 결정한다.

ⓒ 투과전자현미경은 분해능이 300kV 투과전자현미경에서도 0.18nm 이하로 상당히 높기 때문에 물질의 분자, 원자수준의 미세구조를 관찰할 수 있고, 전자회절형상을 이용하여 물질의 결정구조를 분석할 수가 있다.

(8) 벤조(a)피렌

① 가스크로마토그래피법
② 형광분광광도법

(9) 탄화수소

① **측정방법**(암기TIP 활 메 총)

㉠ **활**성 탄화수소 측정법
㉡ 비**메**탄 탄화수소 측정법(주 시험법)
㉢ **총**탄화수소 측정법

② **용어정리**

㉠ **비메탄 탄화수소** : 총탄화수소로부터 메탄을 제외한 것

㉡ **운반 가스**

분리관을 지나는 시료 성분을 전개 용출시키는 가스(시료 성분을 운반하는 가스)

㉢ **분석용 분리관**

가스크로마토 그래프 조작에 있어 목적성분을 전개 용출시키는 분리관

㉣ **전치분리관**

가스크로마토 그래프 조작에 있어 분석용 분리관의 앞에 사용하는 분리관

㉤ **활성탄화수소**

총탄화수소 가운데 세정기를 이용해서 제거되어지는 올레핀계 탄화수소, 방향족 탄화수소 등의 총칭

㉥ **제로 드리프트(Zero Drift)**

계측기의 최소눈금에 대한 지시값의 일정 기간 내의 변동

㉦ **스팬 드리프트(Span Drift)**

계측기의 눈금 스팬에 대응하는 지시값의 일정 기간 내의 변동

㉧ **제로 가스(Zero Gas)**

계측기의 최소눈금을 교정하기 위해 사용하는 가스

㉨ **스팬 가스(Span Gas)**

계측기의 최대눈금을 교정하기 위해 사용하는 가스

(10) PAHs(다환방향족탄화수소류)

① 기체크로마토그래피/질량분석법

  ㉠ **개요** : 시료 채취방법으로는 입자상/가스상을 석영필터와 PUF(polyurethane foam)나 흡착수지(resin)를 사용하며 분석 방법으로는 높은 감도를 가지고 있는 기체크로마토그래피/질량분석법을 사용한다.

  ㉡ **간섭물질** : PAHs는 넓은 범위의 증기압을 가지며 대략 10^{-8} kPa 이상의 증기압을 갖는 PAH는 환경대기 중에서 기체와 입자상으로 존재한다. 따라서 총 PAHs의 대기 중 농도를 정확한 측정을 위해서는 여과지와 흡착제의 동시 채취가 필요하다.

  시료채취과정과 측정 과정 중에 실제 대기 중의 불순물, 용매, 시약, 초자류, 시료채취 기기의 오염에 따라 오차가 발생하며 측정 및 분석과정 중의 동일한 분석 절차의 바탕시료 점검을 통하여 불순물에 대한 확인이 필요하다.

  ㉢ **용어정의**
  - **머무름시간(RT, retention time)** : 크로마토그래피용 컬럼에서 특정화합물질이 빠져나오는 시간. 측정 운반기체의 유속에 의해 화학물질이 기체 흐름에 주입되어서 검출기에 나타날 때까지 시간
  - **다환방향족탄화수소(PAHs)** : 두 개 또는 그 이상의 방향족 고리가 결합된 탄화수소류
  - **대체표준물질(surrogate)** : 추출과 분석 전에 각 시료, 바탕시료, 매체시료에 더해지는 화학적으로 반응성이 없는 환경 시료 중에 없는 물질
  - **내부표준물질(IS, internal standard)** : 알고 있는 양을 시료 추출액에 첨가하여 농도측정 보정에 사용되는 물질로 내부표준물질은 반드시 분석목적 물질이 아니어야 한다.

(11) VOCs(휘발성 유기화합물)

① 고체흡착 열탈착법
② 고체흡착 용매추출법

3 시료채취, 분석 및 농도산출

(1) 시료 채취 지점 수의 결정

1) 인구비례에 의한 방법

대상지역의 인구 분포 및 인구밀도를 고려하여 인구밀도가 5,000명/km² 이하일 때는 그 지역의 가주지면적(그 지역 총면적에서 전답, 임야, 호수, 하천 등의 면적을 뺀 면적)으로부터 다음 식에 의하여 측정점의 수를 결정한다.

$$\text{측정점수} = \frac{\text{그 지역 가주지면적}}{25\,km^2} \times \frac{\text{그 지역 인구밀도}}{\text{전국 평균인구밀도}}$$

2) 대상지역의 오염정도에 따라 공식을 이용하는 방법

$$\text{식}\quad N = N_x + N_y + N_z$$

- $N_x = (0.095) \cdot \left(\dfrac{C_n - C_s}{C_s}\right) \cdot (x)$
- $N_y = (0.0096) \cdot \left(\dfrac{C_s - C_b}{C_s}\right) \cdot (y)$
- $N_z = (0.0004) \cdot (z)$
- N = 채취지점수
- C_n = 최대농도
- C_s = 환경기준(행정기준)
- C_b = 최저농도(자연상태)
- x = 환경기준보다 농도가 높은 지역(km^2)
- y = 환경기준보다 농도가 낮으나 자연농도보다 높은 지역(km^2)
- z = 자연상태의 농도와 같은 지역(km^2)

(2) 시료채취장소의 결정

1) 중심점에 의한 동심원을 이용하는 방법

측정하려고 하는 대상지역을 대표할 수 있다고 생각되는 한 지점을 선정하고 지도위에 그 지점을 중심점으로 0.3km~2km의 간격으로 동심원을 그린다. 또 중심점에서 각 방향(8 방향이상)으로 직선을 그어 각각 동심원과 만나는 점을 측정점으로 한다.

2) TM좌표에 의한 방법

TM좌표에 따라 해당지역의 1 : 25,000 이상의 지도위에 2km~3km 간격으로 바둑판 모양의 구획을 만들고 그 구획마다 측정점을 선정한다.

3) 기타방법

과거의 경험이나 전례에 의한 선정 또는 이전부터 측정을 계속하고 있는 측정점에 대하여는 이미 선정되어 있는 지점을 측정점으로 할 수 있다.

(3) 시료 채취 위치 선정

① 시료채취 위치는 원칙적으로 주위에 건물이나 수목 등의 장애물이 없고 그 지역의 오염도를 대표할 수 있다고 생각되는 곳을 선정한다.
② 주위에 건물이나 수목 등의 장애물이 있을 경우에는 채취 위치로부터 장애물까지의 거리가 그 장애물 높이의 2배 이상 또는 채취점과 장애물 상단을 연결하는 직선이 수평선과 이루는 각도가 30° 이하 되는 곳을 선정한다.

③ 주위에 건물 등이 밀집되거나 접근되어 있을 경우에는 건물 바깥벽으로부터 적어도 1.5m 이상 떨어진 곳에 채취점을 선정한다.

(4) 가스상 물질의 시료 채취방법 (암기TIP) 직 용 용 고 저 채)

1) **직접 채취법**
   구성 : 채취관 – 분석장치 – 흡입펌프

2) **용기 채취법**

   ① 주머니
   ㉠ 재질 : 테플론(teflon), 테들러(tedlar), 폴리에스테르(polyester) 등 부피가 3L~20L 정도의 것으로 한다.
   ㉡ 세척 : 고순도 질소기체를 사용하여 3회 이상 세척 후 고순도 질소기체를 채워 오븐온도 80℃에서 3시간 이상 가열 후 실온에서 5분간 안정화시킨 후 다시 고순도 질소로 3회 이상 세척하여 사용한다.

3) **용매 채취법**
   ① 구성 : 채취관 – 여과재 – 채취부 – 흡입펌프 – 유량계
   ② 유량계 : 시료를 흡입할 때의 유량을 측정하기 위한 것으로 적산 유량계 또는 순간 유량계를 사용한다.

4) **고체흡착법**
   ① 구성 : 흡착관 – 유량계 – 흡입펌프

5) **저온농축법**
   ① 구성 : 탄산기체 및 수분제거관 – 냉각농축관 – 흡입펌프 – 유량계

6) **채취용 여과지에 의한 방법**
   ① 구성 : 여과지홀더 – 흡입펌프 – 유량계

(5) 입자상 물질의 시료 채취방법

1) **고용량 공기시료채취법**
   ① 적용범위 : 대기 중에 부유하고 있는 입자상물질을 고용량 공기시료채취기(high volume air sampler)를 이용하여 여과지상에 채취하는 방법으로 입자상물질 전체의 질량농도를 측정하거나 금속성분의 분석에 이용한다. 이 방법에 의한 채취입자의 입경은 일반적으로 0.1㎛~100㎛ 범위이지만, 입경별 분리 장치를 장착할 경우에는 PM10이나 PM2.5 시료의 채취에 사용할 수 있다.

② **장치의 구성** : 공기흡입부 - 여과지홀더 - 유량측정부 및 보호상자
③ **공기흡입부** : 흡입유량이 약 $2m^3/min$이고 24시간 이상 연속 측정할 수 있는 것이어야 한다.
④ **채취용 여과지** : 여과지는 $0.3\mu m$ 되는 입자를 99% 이상 채취할 수 있어야 한다.
⑤ **채취시간** : 원칙적으로 24시간으로 한다.
⑥ **채취유량** : 채취를 시작하고부터 5분 후에 유량계의 눈금을 읽어 유량을 기록하고 유량계는 떼어 놓는다. 이때의 유량은 보통 $1.2m^3/min \sim 1.7m^3/min$ 정도 되도록 한다. 또 유량계의 눈금은 유량계 부자(Floater)의 중앙부를 읽는다.

2) **저용량 공기시료채취법**

① **적용범위** : 일반적으로 이 방법은 대기 중에 부유하고 있는 $10\mu m$ 이하의 입자상 물질을 저용량 공기시료채취기를 사용하여 여과지 위에 채취하고 질량농도를 구하거나 금속 등의 성분분석에 이용한다.
② **장치의 구성** : 흡입펌프 - 분립장치 - 여과지홀더 및 유량측정부
③ **흡입펌프** : 흡입펌프는 연속해서 30일 이상 사용할 수 있고 되도록 다음의 조건을 갖춘 것을 사용한다.
 ㉠ 진공도가 높을 것. ㉡ 유량이 큰 것.
 ㉢ 맥동이 없이 고르게 작동될 것. ㉣ 운반이 용이할 것.
④ **부자식 면적유량계**
 유량계는 채취용 여과지홀더와 흡입펌프와의 사이에 설치한다. 이 유량계에 새겨진 눈금은 20℃, 1기압에서 $10L/min \sim 30L/min$ 범위를 $0.5L/min$까지 측정할 수 있도록 되어 있는 것을 사용한다.
⑤ **채취시간** : 원칙적으로 24시간 또는 2일~7일 간 연속 채취한다.
⑥ **유량보정** : 압력이 달라질 경우 유량을 아래식으로 보정한다.

$$\boxed{식}\ Q_o = C_p \cdot Q_r$$

- Q_r : 유량계 측정유량
- C_p(압력보정계수) $= \sqrt{\dfrac{P}{P_o}} = \sqrt{\dfrac{760mmHg}{760mmHg - \Delta P}}$

⑦ **측정위치의 선정** : 시료채취 위치는 그 지역의 주위환경 및 기상조건을 고려하여 다음과 같이 선정한다.
 ㉠ 시료채취 위치는 원칙적으로 주위에 건물이나 수목 등의 장애물이 없고 그 지역의 오염도를 대표할 수 있다고 생각되는 곳을 선정한다.
 ㉡ 주위에 건물이나 수목 등의 장애물이 있을 경우에는 채취위치로부터 장애물까지의 거리가 그 장애물 높이의 2배 이상 또는 채취점과 장애물 상단을 연결하는 직선이 수평선과 이루는 각도가 30° 이하 되는 곳을 선정한다.
 ㉢ 주위에 건물 등이 밀집되거나 접근되어 있을 경우에는 건물 바깥벽으로부터 적어도 1.5m 이상 떨어진 곳에 채취점을 선정한다.
 ㉣ 시료채취의 높이는 그 부근의 평균오염도를 나타낼 수 있는 곳으로서 가능한 한 1.5~30m 범위로 한다.

UNIT 02 환경대기 중 오염물질 측정

01 다음 중 환경대기 중의 먼지농도를 측정하는 주시험 방법은?

① 하이볼륨에어샘플러법(자동) 및 광산란법(수동)
② 로우볼륨에어샘플러법(수동) 및 광산란법(자동)
③ 하이볼륨에어샘플러법(수동) 및 베타선법(자동)
④ 로우볼륨에어샘플러법(자동) 및 베타선법(수동)

해설 환경대기 중 먼지측정법은 환경대기 중의 먼지농도를 측정하기 위한 시험방법이다. 하이볼륨에어샘플러법(수동) 및 베타선법(자동)을 주시험방법으로 한다.

02 환경대기 중 가스상 물질의 시료채취방법에 해당하지 않는 것은?

① 용매포집법
② 용기포집법
③ 고체흡착법
④ 고온흡수법

03 환경기준시험법의 가스상물질의 시료채취에서 채취관 – 여과재 – 포집부 – 흡인펌프 – 유량계(가스미터)의 순으로 시료를 채취하는 방법은?

① 용기포집법
② 용매포집법
③ 직접포집법
④ 채취용 여지에 의한 방법

해설 가스상물질의 시료채취방법의 구성은 다음과 같다.
① **직접채취법**: 채취관–분석장치–흡인펌프
② **용기포집법**: 채취관–용기 or 채취관–유량조절기–흡인펌프–용기
③ **용매포집법**: 채취관–여과재–포집부–흡인펌프–유량계
④ **고체흡착법**: 흡수관(활성탄)–흡인펌프–유량계
⑤ **저온응축법**: 탄산가스 및 수분제거관–냉각 농축관–흡인펌프–유량계
⑥ **채취용 여지에 의한 방법**: 여과지 홀더–흡인펌프–유량계

04 환경대기 중의 오염물질에 관한 시험 및 분석에 있어서 시료채취 지점수를 결정하기 위해 다음 공식을 이용하고자 한다. 이에 대해 잘못 해석한 것은?

$$\langle N = N_x + N_y + N_z, \quad N : \text{채취지점수} \rangle$$

① 대상지역의 오염도를 고려한 공식이다.
② $N_x = 0.065 \times \left(\dfrac{\text{최대농도} - \text{최저농도}}{\text{환경기준}}\right) \times (\text{환경기준보다 농도가 높은 지역면적})$
③ $N_y = (0.0096) \times \left(\dfrac{\text{환경기준농도} - \text{최저농도}}{\text{환경기준}}\right) \times$ (환경기준보다 농도가 낮으나 자연농도보다 높은 지역면적)
④ $N_z = (0.0004) \times (\text{자연상태의 농도와 같은 지역면적})$

해설 N_x는 다음 식과 같다.

식 $N_x = 0.095 \times \left(\dfrac{C_n - C_s}{C_s}\right) \times x$

여기서, C_n : 최대농도(ppm)
C_s : 환경기준농도(행정기준)(ppm)
x : 환경기준보다 농도가 높은 지역면적(km²)

05 환경대기 중 질소산화물농도 측정방법 중 주 시험방법은?

① 화학발광법(자동)
② 파라로잘린법(수동)
③ 살츠만법(자동)
④ 야콥스 호흐하이저법(수동)

해설 환경대기 중 질소산화물 측정법의 종류에는 화학발광법, 살츠만법, 야콥스 호흐하이저법이 있으며, 이 중에서 화학발광법이 주 시험법으로 사용된다.

정답 01. ③ 02. ④ 03. ② 04. ② 05. ①

06 환경대기 중의 옥시던트 측정법에 사용되는 용어의 설명으로 가장 거리가 먼 것은?

① 옥시던트는 전옥시던트, 광화학 옥시던트, 오존 등의 산화성 물질의 총칭을 말한다.
② 전옥시던트는 중성 요오드화칼륨용액에 의해 요오드를 유리시키는 물질을 총칭한다.
③ 광화학 옥시던트는 전옥시던트에서 오존을 제외한 물질이다.
④ 제로가스는 측정기의 영점을 교정하는데 사용하는 가스이다.

[해설] 광화학 옥시던트는 전옥시던트에서 이산화질소를 제외한 물질이다.

07 다음은 환경기준 시험을 위한 채취지점수(측정점수)의 결정시 TM좌표에 의한 방법을 설명한 것이다. ( ) 안에 알맞은 것은?

> 전국지도의 TM좌표에 따라 해당 지역의 (①)의 지도 위에 (②) 간격으로 바둑판 모양의 구획을 만들고 그 구획마다 측정점을 선정한다.

① ① 1 : 5,000 이상, ② 200~300m
② ① 1 : 5,000 이상, ② 2~3km
③ ① 1 : 25,000 이상, ② 200~300m
④ ① 1 : 25,000 이상, ② 2~3km

08 환경대기 중 일산화탄소를 비분산 적외선 분석법(자동연속)으로 분석할 경우 측정기의 성능기준으로 옳지 않은 것은?

① 측정기의 측정눈금범위는 원칙적으로 0~50ppm 또는 0~100ppm으로 한다.
② 재현성 측정시 동일조건에서 제로가스와 스팬가스를 번갈아 3회 도입해서 각각의 측정치의 평균치로부터의 편차를 구한다. 이 편차가 최대눈금치의 ±2% 이내여야 한다.
③ 스팬가스를 흘려보냈을 때 정상적인 지시변동의 범위는 최대눈금치의 ±2% 이내여야 한다.
④ 시료대기채취구를 통하여 설정유량의 교정용 가스를 도입시켜 측정기의 지시치가 스팬가스의 90% 응답을 나타내는 시간은 5분 이하여야 한다.

[해설] 일산화탄소를 비분산 적외선 분석법으로 측정할 경우 응답시간은 시료대기채취구를 통하여 설정유량의 교정용 가스를 도입시켜 측정기의 지시치가 스팬가스의 90% 응답을 나타내는 시간은 2분 30초 이하여야 한다.

09 환경대기 중의 석면농도를 측정하기 위해 멤브레인 필터에 포집한 대기 부유먼지 중의 석면섬유를 위상차현미경을 사용하여 계수하는 방법에 관한 설명으로 옳지 않은 것은?

① 석면먼지 농도표시는 표준상태(0℃, 760mmHg)의 기체 1mL 중에 함유된 석면섬유의 개수(개/mL)로 표시한다.
② 멤브레인필터는 셀룰로오스 에스테르를 원료로 한 얇은 다공성의 막으로, 구멍의 지름은 평균 0.01~10μm의 것이 있다.
③ 필터를 광굴절률 1.5 전후의 불휘발성 용액에 담그면, 투명해지며 입자를 계수하기 쉽다.
④ 석면섬유의 광굴절률은 보통 2.0 이상이어서 위상차현미경으로 식별하기 용이하다.

[해설] 석면섬유의 광굴절률은 보통 1.5 이어서 보통현미경으로는 위상차현미경으로 식별하기 용이하다.

정답 06. ③   07. ④   08. ④   09. ④

10 환경대기 중의 일산화탄소 측정방법 중 수소염이온화 검출기법은 시료공기를 몰레큘러 시브(Molecular sieves)가 채워진 분리관을 통과시켜 분리된 일산화탄소를 메탄으로 환원하여 수소염이온화 검출기로 정량하는 방법이다. 이때 사용되는 운반가스와 촉매로 가장 적합한 것은?

① 질소와 백금(Pt)
② 수소와 니켈(Ni)
③ 헬륨과 팔라듐(Pd)
④ 수소와 오스뮴(Os)

해설 수소염이온화 검출기법은 운반가스로는 수소를 사용하며, 시료공기를 몰레큘러 시브(Molecular sieves)가 채워진 분리관을 통과시키면 분리된 일산화탄소는 니켈촉매에 의해서 메탄으로 환원된다. 이때 수소염이온화 검출기(FID)로 정량된다.

정답 10. ②

UNIT 03 연속자동측정

1 측정방법의 종류

(1) 먼지

① 용어의 뜻
  ㉠ **교정용입자** : 실내에서 감도 및 교정오차를 구할 때 사용하는 균일계 단분산 입자로서 기하평균 입경이 0.3~3㎛인 인공입자로 한다.
  ㉡ **검출한계** : 제로드리프트의 2배에 해당하는 지시치가 갖는 교정용입자의 먼지농도를 말한다.
  ㉢ **응답시간** : 표준교정판(필름)을 끼우고 측정을 시작했을 때 그 보정치의 95%에 해당하는 지시치를 나타낼 때까지 걸린 시간을 말한다.
  ㉣ **균일계 단분산 입자** : 입자의 크기가 모두 같은 것으로 간주할 수 있는 시험용입자로서 실험실에서 만들어 진다.
  ㉤ **교정오차** : 실내에서 교정용입자를 용기안으로 분사하면서 연속자동측정기로 측정한 먼지농도가 용기안에서 시료채취법으로 구한 먼지농도와 얼마나 잘 일치하는가 하는 정도로서 그 수치가 작을수록 잘 일치하는 것이다.
  ㉥ **상대정확도** : 굴뚝에서 연속자동측정기로 구한 먼지농도가 배출가스 중 먼지측정법으로 구한 먼지농도와 얼마나 잘 일치하는가 하는 정도로서, 그 수치가 작을수록 잘 일치하는 것이다.

② 분석방법
  ㉠ 광산란적분법
  ㉡ 베타선 흡수법
  ㉢ 광투과법

(2) 이산화황(아황산가스)

① 분석방법 (암기TIP) 용 적 자 불 정)
  ㉠ 용액전도율법
  ㉡ 적외선흡수법
  ㉢ 자외선흡수법
  ㉣ 불꽃광도법
  ㉤ 정전위전해법

② 분석계
　㉠ **용액전도율분석계** : 시료가스를 황산산성과산화수소수 흡수액에 도입하면 아황산가스는 과산화수소수에 의해 황산으로 산화되어 흡수된다. 이때 황산의 생성으로 인하여 흡수액의 전도율이 증가하게 되는데, 이 전도율의 증가는 시료가스 중의 아황산가스의 농도에 비례한다.
　㉡ **적외선흡수분석계** : 비분산적외선 가스분석법에 따른다.
　㉢ **자외선흡수분석계**
　　• **광원** : 중수소방전관 또는 중압수은등이 사용된다.
　　• **분광기** : 프리즘 또는 회절격자분광기를 이용하여 자외선영역 또는 가시광선영역의 단색광을 얻는데 사용된다.
　　• **광학필터** : 특정파장 영역의 흡수나 다층박막의 광학적 간섭을 이용하여 자외선에서 가시광선 영역에 이르는 일정한 폭의 빛을 얻는데 사용된다.
　　• **시료셀** : 시료셀은 200~500mm의 길이로 시료가스가 연속적으로 통과할 수 있는 구조로 되어 있다. 셀의 창은 석영판과 같이 자외선 및 가시광선이 투과할 수 있는 재질로 되어 있어야 한다.
　　• **검출기** : 자외선 및 가시광선에 감도가 좋은 광전자증배관 또는 광전관이 이용된다.
　㉣ **불꽃광도 분석계** : 환원선 수소불꽃에 도입된 아황산가스가 불꽃중에서 환원될 때 발생하는 빛 가운데 394nm 부근의 빛에 대한 발광강도를 측정하여 연도배출가스 중 아황산가스 농도를 구한다. 이 방법을 이용하기 위하여는 불꽃에 도입되는 아황산가스 농도가 5~6μg/min 이하가 되도록 시료가스를 깨끗한 공기로 희석해야 한다.
　㉤ **정전위전해분석계** : 아황산가스를 전해질에 흡수시킨 후 전기화학적 반응을 이용하여 그 농도를 구한다. 전해질에 흡수된 아황산가스는 작용전극에 일정한 전위의 전기에너지를 가하면 황산이온으로 산화되는데 이때 발생되는 전해전류는 온도가 일정할 때 흡수된 아황산가스 농도에 비례한다.

(3) 질소산화물 (암기TIP 화 정 적 자)

① **화학발광법 – 주 시험법**
　㉠ **원리** : 일산화질소와 오존이 반응하면 이산화질소가 생성되는데 이때 590~875nm에 이르는 폭을 가진 빛(화학발광)이 발생한다.
　　이 발광강도를 측정하여 시료가스중 일산화질소 농도를 연속적으로 측정한다. 질소산화물 농도는 시료가스를 환원장치를 통과시켜 이산화질소를 일산화질소로 환원한 다음 위와 같이 측정하여 구한다.
　㉡ **분석계의 구성** : 유량제어부, 반응조, 검출기, 오존발생기 등으로 구성되어 있다.

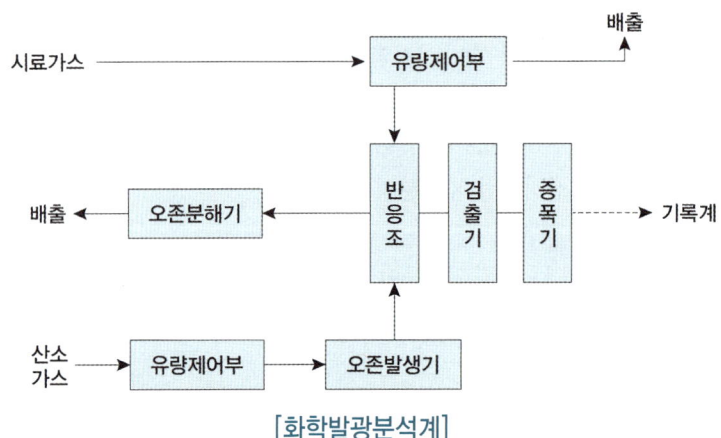

[화학발광분석계]

ⓒ **유량제어부** : 시료가스 유량제어부와 오존가스 유량제어부가 있으며 이들은 각각 저항관, 압력조절기, 니들밸브, 면적유량계, 압력계 등으로 구성되어 있다.

ⓓ **반응조** : 시료가스와 오존가스를 도입하여 반응시키기 위한 용기로서 이 반응에 의해 화학발광이 일어나게 된다. 내부압력조건에 따라 감압형과 상압형이 있다.

ⓔ **검출기** : 화학발광을 선택적으로 투과시킬 수 있는 광학필터가 부착되어 있으며 발광도를 전기신호로 변환시키는 역할을 한다.

ⓕ **오존발생기** : 산소가스를 오존으로 변환시키는 역할을 하며, 에너지원으로써 무성방전관 또는 자외선 발생기를 사용한다.

② **정전위전해법**

③ **적외선흡수법**

④ **자외선흡수법** : 세부 내용은 "이산화황"의 자외선흡수분석계와 동일

(4) 염화수소

① 이온전극법
② 비분산 적외선 분석법

(5) 플루오린화수소

① **이온전극법** : 시료가스 중 불화수소는 배관을 통하여 가스흡수관에 도입된 후 그 안에 들어있던 흡수액과 접촉하여 불소이온으로 변한다. 이어서 이 시료용액은 측정부로 옮겨지고 이용액과 기준부에 새로 도입된 흡수액 중의 불소이온 농도차를 불소이온 전극으로 측정한다. 두 값의 차가 시료가스 중의 불화수소 농도에 비례한다.

(6) 암모니아

① 용액전도율법

② 적외선가스분석법

(7) 배출가스 유량

① 피토우관

㉠ 원리 : 관내 유체의 전압과 정압과의 차인 동압을 측정하여 유속을 구하고 유량을 산출한다.

㉡ 피토우관 유속

$$\boxed{식}\ V = C \times \sqrt{\frac{2gP_v}{\gamma}}$$

- V : 배출가스 유속
- P_v : 배출가스 속도압(mmH$_2$O)
- C : 피토우관 계수
- γ : 배출가스 밀도(kg/m^3)

② 열선 유속계

㉠ 원리 : 흐르고 있는 유체내에 가열된 물체를 놓으면 유체와 열선(가열된 물체) 사이에 열교환이 이루어짐에 따라 가열된 물체가 냉각된다. 이때 열선의 열 손실은 유속의 함수가 되기 때문에 이 열량을 측정하여 유속을 구하고 유량을 산정한다.

③ 와류 유속계

㉠ 원리 : 유동하고 있는 유체내에 고형물체(소용돌이 발생체)를 설치하면 이 물체의 하류에는 유속에 비례하는 주파수의 소용돌이가 발생하므로 이것을 측정하여 유속을 구하고 유량을 산출한다.

※ 건조배출가스 유량계산

$$\boxed{식}\ Q_s = V \times A \times \frac{P_a + P_s}{760} \times \frac{273}{273 + t_s} \times \left(1 - \frac{X_w}{100}\right)$$

- V : 배출가스 유속
- P_a : 대기압
- t_s : 배출가스 온도
- A : 굴뚝 단면적
- P_s : 배출가스 정압
- X_w : 배출가스 중의 수분량(%)

(8) 통신방식

1) 아날로그 통신방식

① 측정범위의 설정

㉠ 측정범위는 형식승인을 취득한 측정범위 중 최대범위 내에서 사용 환경에 따라 배출시설 별 오염물질 배출허용기준의 2 내지 10배 (다만, 배출가스 농도가 배출허용기준의 2배를 초과하는 경우에는 5 내지 10배) 이내에서 설정하여야 하며, 유속의 경우 최대 유속의 1.2배 ~ 1.5배 범위에서 설정하여야 한다. 단, 유속의 최소범위는 5m/s로 한다.
㉡ 굴뚝연속자동측정기기에 설정되어 있는 측정범위는 자료수집기에 입력된 측정범위 값과 일치되어야 한다.

2) 디지털 통신방식

① 측정범위의 설정 : 아날로그 통신방식과 동일
② 원격검색 : 관제센터에서 원격으로 측정기기의 운영 상태를 확인할 수 있는 원격 검색 기능을 갖추어야 하며, 원격 검색의 수시 확인이 가능하도록 표준가스 밸브가 상시 개방되어 있어야 한다.

UNIT 03 연속자동측정

01 굴뚝 배출가스 중 아황산가스를 연속적으로 자동측정하는 방법의 용어에 관한 내용으로 틀린 것은?

① 교정가스 : 공인기관의 보정치가 제시되어 있는 표준 가스로 연속자동측정기 최대 눈금치의 약 10%와 90%에 해당하는 농도를 갖는다.
② 제로가스 : 공인기관에 의해 아황산가스 농도가 1ppm 미만으로 보증된 표준가스를 말한다.
③ 검출한계 : 제로드리프트의 2배에 해당하는 지시치가 갖는 아황산가스의 농도를 말한다.
④ 점(point)측정시스템 : 굴뚝 또는 덕트 단면 직경의 10% 이하의 경로 또는 단일점에서 오염물질 농도를 측정하는 배출가스 연속자동측정시스템이다.

[해설] 교정가스는 공인기관의 보정치가 제시되어 있는 표준가스로 연속자동측정기 최대 눈금치의 약 50%와 90%에 해당하는 농도를 갖는다.

02 굴뚝의 배출가스 중 플루오린화수소를 연속적으로 자동 측정하는 방법은?

① 자외선형광법　② 이온전극법
③ 적외선흡수법　④ 자외선흡수법

[해설] 굴뚝의 배출가스 중 불화수소의 측정방법에는 이온전극법이 있다.

03 환경대기 내 질소산화물 농도 측정방법 중 자동연속측정방법이 아닌 것은?

① 화학발광법　② 야곱스호흐하이저법
③ 살츠만법　④ 흡광차분광법(DOAS)

[해설] 환경대기 중 질소화합물 농도 측정방법에서 자동연속측정방법은 화학발광법(주시험법), 살츠만(Saltzman)법, 흡광차분광법, 공동감쇠분광법이 있고, 수동측정방법에는 야곱스호흐하이저법, 수동 살츠만법이 있다.

04 환경대기 중에 있는 아황산가스 농도를 자동연속측정법으로 분석하고자 한다. 이에 해당하지 않는 것은?

① 적외선형광법　② 용액 전도율법
③ 흡광차분광법　④ 불꽃광도법

[해설] 환경대기 중에 있는 아황산가스 농도의 자동연속측정법은 용액 전도율법, 불꽃광도법, 자외선형광법, 흡광차분광법이 있다. (황자불용차)

05 굴뚝 배출가스 유속을 피토우관으로 측정한 결과가 다음과 같을 때 배출가스 유속(m/s)는?

- 동압 : 100mmH$_2$O
- 배출가스 온도 : 295℃
- 표준상태 배출가스 밀도 : 1.2kg/m^3(0℃, 1기압)
- 피토우관 계수 : 0.87

① 43.7　② 48.2
③ 50.7　④ 54.3

[해설] 식　$V = C \times \sqrt{\dfrac{2gP_v}{\gamma}}$

- $\gamma = \dfrac{1.2kg}{Sm^3} \times \dfrac{273}{273+295} = 0.58 kg/m^3$

∴ $V = 0.87 \times \sqrt{\dfrac{2 \times 9.8 \times 100}{0.58}} = 50.57 m/\sec$

06 다음 중 굴뚝에서 배출되는 가스의 유량을 측정하는 기기가 아닌 것은?

① 피토우관　② 열선 유속계
③ 와류 유속계　④ 위상차 유속계

정답 01. ①　02. ②　03. ②　04. ①　05. ③　06. ④

UNIT 04 기타 오염인자의 측정

1 매연

(1) 목적
이 시험기준은 굴뚝 등에서 배출되는 매연을 링겔만 매연 농도표(Ringelmenn smoke chart)에 의해 비교 측정하기 위한 시험방법이다.

(2) 측정위치의 선정
될 수 있는 한 바람이 불지 않을 때 굴뚝 배경의 검은 장해물을 피해 연기의 흐름에 직각인 위치에 태양광선을 측면으로 받는 방향으로부터 농도표를 측정치의 앞 16m에 놓고 200m 이내(가능하면 연도에서 16m)의 적당한 위치에 서서 굴뚝배출구에서 (30~45)cm 떨어진 곳의 농도를 측정자의 눈높이의 수직이 되게 관측·비교한다.

(3) 측정방법

1) **링겔만 매연 농도법**

   보통 가로 14cm, 세로 20cm의 백상지에 각각 0mm, 1.0mm, 2.3mm, 3.7mm, 5.5mm 전폭의 격자형 흑선을 그려 백상지의 흑선부분이 전체의 0%, 20%, 40%, 60%, 80%, 100%를 차지하도록 하여 이 흑선과 굴뚝에서 배출하는 매연의 검은 정도를 비교하여 각각 (0 ~ 5)도까지 6종으로 분류한다.

   식 $\text{매연농도}(\%) = \dfrac{\sum \text{도수} \times \text{횟수}}{\sum \text{횟수}} \times 20$

2) **불투명도법**

   태양은 측정자의 좌측 또는 우측에 있어야 하고 측정자는 시설로부터 배출가스를 분명하게 관측할 수 있는 거리에 위치해야 한다.(그 거리는 아무리 멀어도 1km를 넘지 않아야 한다.)
   불투명도 측정은 링겔만 매연농도표 또는 매연 측정기(smoke Scope)를 이용하여 30초 간격으로 비탁도를 측정한 다음 불투명도 측정용지(별지서식)에 기록한다. 비탁도는 최소 0.5° 단위로 측정값을 기록하며 비탁도에 20%를 곱한 값을 불투명도 값으로 한다.

3) **광학기법** : 굴뚝, 플레어스택 등에서 배출되는 매연을 측정하는 광학기법에 대하여 적용한다.
   - 불투명도 : 대기 중 배출되는 가스 흐름을 투과해서 물체를 식별하고자 할 때 불명확하게 하는 정도를 말하며, 매연이 배출되는 지점과 배경지점을 카메라로 촬영한 후, 비교하여 산정하며, 결과는 (0~100)% 사이에서 5% 단위로 나타낸다.

2 산소

(1) 자동측정법

1) 자기식(자기풍) – 주 시험방법
   ① **정량범위** : 0~5%
   ② **분석기기 및 기구**
      ㉠ **측정셀** : 측정셀은 자극과 열선소자에 의하여 산소분자의 자기화와 자기화의 소멸을 행하여 자기풍을 발생하는 부분이다.
      ㉡ **비교셀** : 비교셀은 열선소자에 의하여 시료가스의 열대류가 일어나게 하는 부분이다.
      ㉢ **열선소자** : 열선소자는 전기저항이 크고 가는 금속선으로 일정전류에 의하여 시료를 가열함과 동시에 시료기류의 빠른 속도로 검출하는 소자의 기능도 갖는다.
      ㉣ **자극** : 자극은 자계를 발생시키기 위한 것으로 원칙적으로는 영구자석을 사용한다.

2) 자기식(자기력)
   ① **정량범위** : 0~10%
   ② **방식** (암기TIP 자기 담배 압수!)
      ㉠ **덤벨형**(측정셀, 자극편, 피드백코일, 거울, 덤벨, 증폭기로 구성)
         • **측정셀** : 시료 유통실로서 자극사이에 배치하여 덤벨 및 불균형 자계발생 자극편을 내장한 것을 말한다.
         • **덤벨** : 자기화율이 적은 석영 등으로 만들어진 중공의 구체를 막대 양 끝에 부착한 것으로 질소 또는 공기를 봉입한 것을 말한다.
         • **자극편** : 외부로부터 영구자석에 의하여 자기화 되어 불균등 자장을 발생하는 것을 말한다.
         • **편위검출부** : 덤벨의 편위를 검출하기 위한 것으로 광원부와 덤벨봉에 달린 거울에서 반사하는 빛을 받는 수광기로 된다.
         • **피드백코일** : 편위량을 없애기 위하여 전류에 의하여 자기를 발생시키는 것으로 일반적으로 백금선이 이용된다.
      ㉡ **압력검출형**(측정셀, 자극, 검출소자, 자극보조가스용 조리개, 증폭기로 구성)
         • **측정셀** : 자기화율이 적은 재질로 만들어진 시료가스 유통실로 그 일부를 자극사이에 배치한다.
         • **자극** : 전자 코일에 주기적으로 단속하여 흐르는 전류에 의하여 자기화가 촉진되어 측정셀의 일부에 단속적인 불균형자계를 발생시키는 것이다.
         • **검출소자** : 시료가스에 작용하는 단속적인 흡입력을 보조가스용 조리개의 배압의 차로서 검출하는 것으로 소자에는 원칙적으로 압력검출형 또는 열식유량계형이 사용된다. 또 보조가스에는 질소, 공기 등을 사용한다.

3) 전기화학식

① **정량범위** : 0~25%

② **방식**
- **질코니아 방식** : 고온에서 산소와 반응하는 가연성가스(일산화탄소, 메탄 등) 또는 질코니아소자를 부식시키는 가스(SO_2 등)의 영향을 무시할 수 있는 경우 또는 그 영향을 제거할 수 있는 경우에 적용한다.
    → 구성 : 고온가열부, 검출기, 증폭기
- **전극 방식** : 산화환원반응을 일으키는 가스(SO_2, CO_2 등)의 영향을 무시할 수 있는 경우 또는 영향을 제거할 수 있는 경우에 적용할 수 있다.
    → 구성 : 전해조(가스투과성 격막, 작용전극, 대전극), 정전위 전원, 증폭기
    → 형식 : 정전위 전해형, 폴라로그래프형, 갈바니전지형

③ 철강공장의 아크로와 연결된 개방형 여과집진시설의 먼지

(1) 개요

배출가스 중에 함유되어 있는 액체 또는 고체인 입자상 물질을 등속흡입하여 측정한 먼지로서, 먼지 농도 표시는 표준상태의 건조 배출가스 $1m^3$ 중에 함유된 먼지의 질량농도를 측정하는데 사용된다.

1) 간섭물질

① **습도** : 습도가 높으면 먼지간의 정전력이 감소된다.
② **부산물에 의한 측정오차** : 여과지 위에서 가스상 물질들의 반응 등에 의해 먼지의 질량농도 측정량이 증가 또는 감소될 수 있다.
③ **질량농도** : 정확한 유속과 유량 측정, 정교한 저울을 사용하여 오차를 줄여야 한다.

(2) 시료채취

① 등속흡입할 필요가 없다.
② 출강에서 다음 출강개시 전까지의 평균먼지 농도로 간주한다.
③ 시료채취 시 측정공을 헝겊 등으로 밀폐할 필요는 없다.
④ 건옥백하우스의 장입 및 출강시는 20±5L/min, 용해정련기는 10±3L/min의 유속으로 흡인
⑤ 직인백하우스의 장입 및 출강시는 10±3L/min, 용해정련기는 20±5L/min의 유속으로 흡인
⑥ 한 개의 원통형 여과지에 포집된 1회 먼지포집량은 2mg 이상 20mg 이하로 함을 원칙으로 한다.

4 유류 중의 황함유량 분석방법

(1) 연소관식 공기법(중화적정법)

1) 개요 : 이 시험기준은 원유, 경유, 중유의 황함유량을 측정하는 방법으로 규정하며 유류 중 황함유량이 질량분율 0.01% 이상의 경우에 적용한다. 950~1100℃로 가열한 석영 재질 연소관 중에 공기를 불어넣어 시료를 연소시킨다. 생성된 황산화물을 과산화수소(3%)에 흡수시켜 황산으로 만든 다음, 수산화소듐 표준액으로 중화적정하여 황함유량을 구한다.

2) 간섭물질

이 시험기준은 원유, 경유, 중유에 질량분율 0.010% 이상 포함한 황분을 분석하는 방법이지만, 다음을 포함한 첨가제가 든 시료에는 적용할 수 없다.

방해요소	첨가제
불용상 황산염을 만드는 금속	Ba, Ca 등
연소되어 산을 발생시키는 원소	P, N, Cl 등

(2) 방사선 여기법(기기분석법)

1) 개요 : 이 시험기준은 원유, 경유, 중유의 황함유량을 측정하는 방법으로 규정하며 유류 중 황함유량이 질량분율 0.03 ~ 5.00% 이상의 경우에 적용한다. 시료에 방사선으로 조사하고, 여기된 황의 원자에서 발생하는 형광 X선의 강도를 측정한다. 시료 중의 황함유량은 미리 표준시료를 이용하여 작성된 검정곡선으로 구한다.

2) 간섭물질

방사선 여기법은 중금속 첨가물(알킬납, 윤활유 첨가제 등)을 포함한 시료에는 적용할 수 없는 경우가 있다.

5 악취분석

(1) 직접관능법

악취의 정도를 후각에 이상이 없는 피실험자 5명을 선별하여 후각을 이용하여 악취를 분석하는 방법(블라인드 테스트로 진행)

악취도	0	1	2	3	4	5
악취감도 구분	무취 (none)	감지 취기 (threshold)	보통 취기 (moderate)	강한 취기 (strong)	극심한 취기 (very strong)	참기 어려운 취기 (over strong)

6 배출가스 중 응축성 미세먼지(CPM-2.5)

(1) 개요
굴뚝 내에서는 증기 상태였다가 굴뚝에서 배출될 때 주변 공기 영향으로 냉각과 희석을 거쳐 응축되어 형성된 응축성 미세먼지(CPM)를 측정할 때 적용한다. 먼지 농도는 표준상태(0℃, 760mmHg) 건조배출가스 1Sm^{3}에 함유된 중량으로 표시한다.

(2) 적용제한
① 배출가스 온도가 260℃를 초과하면 적합하지 않을 수 있다.
② 시료채취장치(사이클론과 여과지 홀더)의 길이 450mm와 장치에 따른 가스 흐름의 영향을 최소화하려면 굴뚝(덕트) 안지름이 610mm 이상이어야 한다.
③ 시료채취장치(노즐과 사이클론)가 원활하게 오가도록 측정공의 지름은 160mm 이상이어야 한다.
④ 습식 방지시설을 사용하면 배출가스가 포화수증기 상태에서는 수분의 영향으로 측정오차가 클 수 있으므로, 굴뚝 배출가스 온도와 동일한 온도 조건에서 배출가스를 채취해야 하며 희석공기의 수분을 최소화하여 응축과 수분 접촉을 방지해야 한다.

(3) 용어정의
① **배출가스 중 여과성 미세먼지(FPM-2.5)** : 배출가스의 입자상 물질 중 필터와 사이클론/필터 조합을 통과하지 못하는 먼지를 여과성 먼지라고 하며, 공기역학적 지름이 2.5μm 이하인 미세먼지(FPM-2.5)를 말한다.
② **배출가스 중 응축성 미세먼지(CPM-2.5)** : 굴뚝 내에서 증기 상태였다가 굴뚝에서 배출될 때 주변 공기 영향으로 냉각과 희석을 거쳐 응축되어 즉시 형성된 응축성 먼지 중 공기역학적 지름이 2.5μm 이하인 미세먼지(CPM-2.5)를 말한다.
③ **배출가스 중 미세먼지(PM-2.5)** : 배출가스 중 여과성 미세먼지와 응축성 미세먼지를 포함한 미세먼지를 말한다. 1차 미세먼지(primary particulate matter-2.5)로 표현할 수 있다.

기출문제로 다지기 — UNIT 04 기타오염인자의 측정

01 다이옥신류의 농도계산은 환산농도에 환산계수를 곱하여 배출 가스중의 "독성등가환산농도"의 계산방법을 사용한다. 다음 중 "독성등가환산계수"가 가장 큰 것은?

① 2, 3, 7, 8 - T_4CDD
② 1, 2, 3, 7, 8 - P_5CDD
③ 2, 3, 7, 8 - T_4CDF
④ 1, 2, 3, 7, 8 - P_5CDF

02 직접관능법 악취도와 악취감도를 알맞게 짝지은 것은?

① 악취도 2 - 감지 취기(threshold)
② 악취도 3 - 강한 취기(strong)
③ 악취도 4 - 참기 어려운 취기(over strong)
④ 악취도 5 - 극심한 취기(very strong)

[해설] 악취감도의 구분은 다음 [표]에 따른다.

악취도	악취감도 구분
0	무취(none)
1	감지 취기(threshold)
2	보통 취기(moderate)
3	강한 취기(strong)
4	극심한 취기(very strong)
5	참기 어려운 취기(over strong)

03 굴뚝배출가스 내 산소측정분석계 중 측정셀, 자극보조가스용 조리개, 검출소자, 증폭기 등으로 구성되는 것은?

① 자기풍분석계
② 압력검출형 자기력분석계
③ 전기화학식 지르코니아분석계
④ 덤벨형 자기력분석계

04 연료용 유류(원유, 경유, 중유) 중의 황함유량을 측정하기 위한 분석방법으로 옳은 것은? (단, 황함유량은 질량분율 0.01% 이상이다.)

① 광산란법
② 광투과율법
③ 연소관식 공기법
④ 전기화학식 분석법

[해설] 연료용 유류의 황함유량 측정방법(질량분율 0.01% 이상에서 적용) : 방사선식 여기법, 연소관식 공기법

05 다음은 굴뚝 등에서 배출되는 매연을 링겔만 매연농도표(Ringelmenn Smoke Chart)에 의해 비교 측정하는 시험방법에 관한 설명이다. ( ) 안에 알맞은 것은?

> 될 수 있는 한 무풍(無風)일 때 연돌구 배경의 검은 장해물을 피해 연기의 흐름에 직각인 위치에 태양광선을 측면에서 받는 방향으로부터 농도표를 측정치의 앞 (①)m에 놓고 (②)m 이내(가능하면 연돌구에서 16m)의 적당한 위치에 서서 연도 배출구에서 (③)cm 떨어진 곳의 농도를 측정자의 눈높이에 수직이 되게 관측 비교한다.

① ① 5 ② 200 ③ 15~20
② ① 16 ② 200 ③ 30~45
③ ① 16 ② 100 ③ 15~20
④ ① 5 ② 100 ③ 30~45

 정답 01. ① 02. ② 03. ② 04. ③ 05. ②

06 굴뚝 배출가스 내의 산소측정방법 중 덤벨형(dumb-bell) 자기력 분석계에 관한 설명으로 옳지 않은 것은?

① 측정셀은 시료 유통실로서 자극사이에 배치하여 덤벨 및 불균형 자계발생 자극편을 내장한 것이어야 한다.
② 편위검출부는 덤벨의 편위를 검출하기 위한 것으로 광원부와 덤벨봉에 달린 거울에서 반사하는 빛을 받는 수광기로 된다.
③ 피드백코일은 편위량을 없애기 위하여 전류에 의하여 자기를 발생시키는 것으로 일반적으로 백금선이 이용된다.
④ 덤벨은 자기화율이 큰 유리 등으로 만들어진 중공의 구체를 막대 양 끝에 부착한 것으로 수소 또는 헬륨을 봉입한 것을 말한다.

해설 덤벨은 자기화율이 적은 석영 등으로 만들어진 중공의 구체를 막대 양 끝에 부착한 것으로 질소 또는 공기를 봉입한 것을 말한다.

07 연료용 유류 중의 황 함유량을 측정하기 위한 분석방법은?

① 방사선식 여기법
② 자동 연속 열탈착 분석법
③ 테들라 백-열 탈착법
④ 몰린 형광 광도법

해설 유류 중의 황함유량 분석방법에는 방사선식 여기법과 연소관식 공기법이 있다.

정답 06. ④ 07. ①

5 PART

제 5 과목
대기환경
관계법규

> **들어가며**
>
> 안녕하세요. 이제 마지막 과목으로 접어들었습니다. 법규, 대부분의 수험생분들은 이름만 들어도 머리가 지끈지끈한 과목으로 여기실거라고 생각이 듭니다. 바로 많은 암기량 때문에 그렇겠죠? 그렇기에 법규 역시 공부하는 방법이 필요합니다.
>
> 간단하게 법규에 대한 전반적인 설명과 공부방법에 대해 설명드리겠습니다. 우선 법규는 법, 시행령, 시행규칙으로 이루어져 있습니다. 법이 가장 큰 테두리, 그 안에 시행령, 시행령보다 세부적인 내용이 담겨있는 법이 시행규칙이 되겠습니다.
>
> (ex. 음식(법) > 양식, 한식, 중식(시행령) > 파스타, 스테이크, 돈가스(시행규칙))
>
> 또한 시행령과 시행규칙에는 분류하기에 항목이 많거나 구체적인 부분은 "별표"항을 만들어 세부적인 내용을 정리해놓았습니다. 가장 큰 법은 대통령령이나 환경부령으로 정해지고, 시행령부터는 환경부령이나 환경부장관이 정합니다. 문제에서 시행령이나 시행규칙인데 대통령령으로 정한다고 하면 이미 오답이 되겠죠?
>
> 법규시험의 출제범위는 법 전체이지만, 문제에 나올 수 있는 부분은 정해져 있습니다. 4지선다형 특성상 문제로 출제하기 어려운 법규 조항들이 있죠. 그런것들을 제외하고 나면, 학습할만한 조항들이 남습니다. 조항안에 들어있는 각 호의 내용들, 수치, 단어 이것들만 잘 숙지해두어도 문제의 90%는 해결이 됩니다. 교재의 법규내용 이렇게 많은 글자를 언제다 읽지? 라고 생각하지 마시고, 그안에 각호의 내용, 수치, 단어들을 잘 체크하면서 읽어보시면 충분히 시험장까지 이 내용들을 가지고 갈 수 있을거라 확신합니다.
>
> 그럼 같이 시작해볼까요?

01 CHAPTER 대기환경보전법

1 총칙

(1) 제1조(목적)

이 법은 대기오염으로 인한 국민건강이나 환경에 관한 위해(危害)를 예방하고 대기환경을 적정하고 지속가능하게 관리·보전하여 모든 국민이 건강하고 쾌적한 환경에서 생활할 수 있게 하는 것을 목적으로 한다.

(2) 제2조(정의) : 이 법에서 사용하는 용어의 뜻은 다음과 같다.

1. "대기오염물질"이란 대기 중에 존재하는 물질 중 제7조에 따른 심사·평가 결과 대기오염의 원인으로 인정된 가스·입자상물질로서 환경부령으로 정하는 것을 말한다.

1의2. "유해성대기감시물질"이란 대기오염물질 중 제7조에 따른 심사·평가 결과 사람의 건강이나 동식물의 생육(生育)에 위해를 끼칠 수 있어 지속적인 측정이나 감시·관찰 등이 필요하다고 인정된 물질로서 환경부령으로 정하는 것을 말한다.

2. "기후·생태계 변화유발물질"이란 지구 온난화 등으로 생태계의 변화를 가져올 수 있는 기체상물질(氣體狀物質)로서 온실가스와 환경부령으로 정하는 것을 말한다.
3. "온실가스"란 적외선 복사열을 흡수하거나 다시 방출하여 온실효과를 유발하는 대기 중의 가스상태 물질로서 이산화탄소, 메탄, 아산화질소, 수소불화탄소, 과불화탄소, 육불화황을 말한다.
4. "가스"란 물질이 연소·합성·분해될 때에 발생하거나 물리적 성질로 인하여 발생하는 기체상물질을 말한다.
5. "입자상물질(粒子狀物質)"이란 물질이 파쇄·선별·퇴적·이적(移積)될 때, 그 밖에 기계적으로 처리되거나 연소·합성·분해될 때에 발생하는 고체상(固體狀) 또는 액체상(液體狀)의 미세한 물질을 말한다.
6. "먼지"란 대기 중에 떠다니거나 흩날려 내려오는 입자상물질을 말한다.
7. "매연"이란 연소할 때에 생기는 유리(遊離) 탄소가 주가 되는 미세한 입자상물질을 말한다.
8. "검댕"이란 연소할 때에 생기는 유리(遊離) 탄소가 응결하여 입자의 지름이 1미크론 이상이 되는 입자상물질을 말한다.
9. "특정대기유해물질"이란 유해성대기감시물질 중 제7조에 따른 심사·평가 결과 저농도에서도 장기적인 섭취나 노출에 의하여 사람의 건강이나 동식물의 생육에 직접 또는 간접으로 위해를 끼칠 수 있어 대기 배출에 대한 관리가 필요하다고 인정된 물질로서 환경부령으로 정하는 것을 말한다.

10. "휘발성유기화합물"이란 탄화수소류 중 석유화학제품, 유기용제, 그 밖의 물질로서 환경부장관이 관계 중앙행정기관의 장과 협의하여 고시하는 것을 말한다.
11. "대기오염물질배출시설"이란 대기오염물질을 대기에 배출하는 시설물, 기계, 기구, 그 밖의 물체로서 환경부령으로 정하는 것을 말한다.
12. "대기오염방지시설"이란 대기오염물질배출시설로부터 나오는 대기오염물질을 연소조절에 의한 방법 등으로 없애거나 줄이는 시설로서 환경부령으로 정하는 것을 말한다.
13. "자동차"란 다음 각 목의 어느 하나에 해당하는 것을 말한다.
    가. 「자동차관리법」 제2조제1호에 규정된 자동차 중 환경부령으로 정하는 것
    나. 「건설기계관리법」 제2조제1항제1호에 따른 건설기계 중 주행특성이 가목에 따른 것과 유사한 것으로서 환경부령으로 정하는 것
13의2. "원동기"란 다음 각 목의 어느 하나에 해당하는 것을 말한다.
    가. 「건설기계관리법」 제2조제1항제1호에 따른 건설기계 중 제13호나목 외의 건설기계로서 환경부령으로 정하는 건설기계(이하 "건설기계"라 한다)에 사용되는 동력을 발생시키는 장치
    나. 농림용 또는 해상용으로 사용되는 기계로서 환경부령으로 정하는 기계에 사용되는 동력을 발생시키는 장치
14. "선박"이란 「해양환경관리법」 제2조제16호에 따른 선박을 말한다.
15. "첨가제"란 자동차의 성능을 향상시키거나 배출가스를 줄이기 위하여 자동차의 연료에 첨가하는 탄소와 수소만으로 구성된 물질을 제외한 화학물질로서 다음 각 목의 요건을 모두 충족하는 것을 말한다.
    가. 자동차의 연료에 부피 기준(액체첨가제의 경우만 해당한다) 또는 무게 기준(고체첨가제의 경우만 해당한다)으로 1퍼센트 미만의 비율로 첨가하는 물질. 다만, 「석유 및 석유대체연료 사업법」 제2조제7호 및 제8호에 따른 석유정제업자 및 석유수출입업자가 자동차연료인 석유제품을 제조하거나 품질을 보정(補正)하는 과정에 첨가하는 물질의 경우에는 그 첨가비율의 제한을 받지 아니한다.
    나. 「석유 및 석유대체연료 사업법」 제2조제10호에 따른 가짜석유제품 또는 같은 조 제11호에 따른 석유대체연료에 해당하지 아니하는 물질
15의2. "촉매제"란 배출가스를 줄이는 효과를 높이기 위하여 배출가스저감장치에 사용되는 화학물질로서 환경부령으로 정하는 것을 말한다.
16. "저공해자동차"란 「수도권 대기환경개선에 관한 특별법」 제2조제6호에 따른 저공해자동차를 말한다.
16의2. "저공해건설기계"란 다음 각 목의 건설기계로서 대통령령으로 정하는 것을 말한다.
    가. 대기오염물질의 배출이 없는 건설기계
    나. 제46조제1항에 따른 제작차의 배출허용기준보다 오염물질을 적게 배출하는 건설기계
17. "배출가스저감장치"란 자동차 또는 건설기계에서 배출되는 대기오염물질을 줄이기 위하여 자동차에 부착 또는 교체하는 장치로서 환경부령으로 정하는 저감효율에 적합한 장치를 말한다.
18. "저공해엔진"이란 자동차 또는 건설기계에서 배출되는 대기오염물질을 줄이기 위한 엔진(엔진 개조에 사용하는 부품을 포함한다)으로서 환경부령으로 정하는 배출허용기준에 맞는 엔진을 말한다.
19. "공회전제한장치"란 자동차에서 배출되는 대기오염물질을 줄이고 연료를 절약하기 위하여 자동차에 부착하는 장치로서 환경부령으로 정하는 기준에 적합한 장치를 말한다.

20. "온실가스 배출량"이란 자동차에서 단위 주행거리당 배출되는 이산화탄소(CO_2) 배출량(g/km)을 말한다.
21. "온실가스 평균배출량"이란 자동차제작자가 판매한 자동차 중 환경부령으로 정하는 자동차의 온실가스 배출량의 합계를 해당 자동차 총 대수로 나누어 산출한 평균값(g/km)을 말한다.
22. "장거리이동대기오염물질"이란 황사, 먼지 등 발생 후 장거리 이동을 통하여 국가 간에 영향을 미치는 대기오염물질로서 환경부령으로 정하는 것을 말한다.
23. "냉매(冷媒)"란 기후·생태계 변화유발물질 중 열전달을 통한 냉난방, 냉동·냉장 등의 효과를 목적으로 사용되는 물질로서 환경부령으로 정하는 것을 말한다.

(3) 제7조(대기오염물질에 대한 심사·평가)

① 환경부장관은 대기 중에 존재하는 물질의 위해성을 다음 각 호의 기준에 따라 심사·평가할 수 있다.
  ㉠ 독성
  ㉡ 생태계에 미치는 영향
  ㉢ 배출량
  ㉣ 「환경정책기본법」 제12조에 따른 환경기준에 대비한 오염도
② 제1항에 따른 심사·평가의 구체적인 방법과 절차는 환경부령으로 정한다.

(4) 제7조의 3(국가 대기질통합관리센터의 지정·위임 등)

① 환경부장관은 제7조의2에 따라 대기오염도를 과학적으로 예측·발표하고 대기질 통합관리 및 대기환경개선 정책을 체계적으로 추진하기 위하여 국가 대기질통합관리센터(이하 이 조에서 "통합관리센터"라 한다)를 운영할 수 있으며, 국공립 연구기관 등 대통령령으로 정하는 전문기관을 통합관리센터로 지정·위임할 수 있다.
② 통합관리센터는 다음 각 호의 업무를 수행한다.
  1. 대기오염예보 및 대기 중 유해물질 정보의 제공
  2. 대기오염 관련 자료의 수집 및 분석·평가
  3. 대기환경개선을 위한 정책 수립의 지원
  4. 그 밖에 대기질 통합관리를 위하여 대통령령으로 정하는 업무
③ 환경부장관은 제1항에 따라 지정된 통합관리센터에 대하여 예산의 범위에서 사업을 수행하는 데에 필요한 비용을 지원하여야 한다.
④ 환경부장관은 통합관리센터가 다음 각 호의 어느 하나에 해당하는 경우에는 지정을 취소하거나 6개월 이내의 범위에서 기간을 정하여 업무의 전부 또는 일부를 정지할 수 있다. 다만, 제1호에 해당하는 경우에는 지정을 취소하여야 한다.
  1. 거짓이나 그 밖의 부정한 방법으로 지정을 받은 경우
  2. 지정받은 사항을 위반하여 업무를 행한 경우
  3. 제5항에 따른 지정기준에 적합하지 아니하게 된 경우
  4. 그 밖에 제1항부터 제3항까지에 준하는 경우로서 환경부령으로 정하는 경우
⑤ 통합관리센터의 지정 및 지정 취소의 기준, 기간, 절차 등에 필요한 사항은 대통령령으로 정한다.

(5) 제9조(기후·생태계 변화유발물질 배출 억제)

① 정부는 기후·생태계 변화유발물질의 배출을 줄이기 위하여 국가 간에 환경정보와 기술을 교류하는 등 국제적인 노력에 적극 참여하여야 한다.
② 환경부장관은 기후·생태계 변화유발물질의 배출을 줄이기 위하여 다음 각 호의 사업을 추진하여야 한다.
   1. 기후·생태계 변화유발물질 배출저감을 위한 연구 및 변화유발물질의 회수·재사용·대체물질 개발에 관한 사업
   2. 기후·생태계 변화유발물질 배출에 관한 조사 및 관련 통계의 구축에 관한 사업
   3. 기후·생태계 변화유발물질 배출저감 및 탄소시장 활용에 관한 사업
   4. 기후변화 관련 대국민 인식확산 및 실천지원에 관한 사업
   5. 기후변화 관련 전문인력 육성 및 지원에 관한 사업
   6. 그 밖에 대통령령으로 정하는 사업
③ 환경부장관은 기후·생태계 변화유발물질의 배출을 줄이기 위하여 환경부령으로 정하는 바에 따라 제2항 각 호의 사업의 일부를 전문기관에 위탁하여 추진할 수 있으며, 필요한 재정적·기술적 지원을 할 수 있다.

(6) 제11조(대기환경개선 종합계획의 수립 등)

① 환경부장관은 대기오염물질과 온실가스를 줄여 대기환경을 개선하기 위하여 대기환경개선 종합계획(이하 "종합계획"이라 한다)을 10년마다 수립하여 시행하여야 한다.
② 종합계획에는 다음 각 호의 사항이 포함되어야 한다.
   1. 대기오염물질의 배출현황 및 전망
   2. 대기 중 온실가스의 농도 변화 현황 및 전망
   3. 대기오염물질을 줄이기 위한 목표 설정과 이의 달성을 위한 분야별·단계별 대책
   3의2. 대기오염이 국민 건강에 미치는 위해정도와 이를 개선하기 위한 위해수준의 설정에 관한 사항
   3의3. 유해성대기감시물질의 측정 및 감시·관찰에 관한 사항
   3의4. 특정대기유해물질을 줄이기 위한 목표 설정 및 달성을 위한 분야별·단계별 대책
   3의5. 장거리이동대기오염물질의 발생 현황 및 전망
   3의6. 장거리이동대기오염물질의 피해방지를 위한 국내대책과 발생 감소를 위한 국제협력
   3의7. 장거리이동대기오염물질 발생저감을 위한 민관 협력방안
   4. 환경분야 온실가스 배출을 줄이기 위한 목표 설정과 이의 달성을 위한 분야별·단계별 대책
   5. 기후변화로 인한 영향평가와 적응대책에 관한 사항
   6. 대기오염물질과 온실가스를 연계한 통합대기환경 관리체계의 구축
   7. 기후변화 관련 국제적 조화와 협력에 관한 사항
   8. 그 밖에 대기환경을 개선하기 위하여 필요한 사항
③ 환경부장관은 종합계획을 수립하는 경우에는 미리 관계 중앙행정기관의 장과 협의하고 공청회 등을 통하여 의견을 수렴하여야 한다.
④ 환경부장관은 종합계획이 수립된 날부터 5년이 지나거나 종합계획의 변경이 필요하다고 인정되면 그 타당성을 검토하여 변경할 수 있다. 이 경우 미리 관계 중앙행정기관의 장과 협의하여야 한다.

(7) 제15조(장거리이동대기오염물질피해 방지 등을 위한 국제협력) 정부는 장거리이동대기오염물질로 인한 피해 방지를 위하여 다음 각 호의 사항을 관련 국가와 협력하여 추진하도록 노력하여야 한다.

1. 국제회의·학술회의 등 각종 행사의 개최·지원 및 참가
2. 관련 국가 간 또는 국제기구와의 기술·인력 교류 및 협력
3. 장거리이동대기오염물질 연구의 지원 및 연구결과의 보급
4. 국제사회에서의 장거리이동대기오염물질에 대한 교육·홍보활동
5. 장거리이동대기오염물질로 인한 피해 방지를 위한 재원의 조성
6. 동북아 대기오염감시체계 구축 및 환경협력보전사업
7. 그 밖에 국제협력을 위하여 필요한 사항

❷ 사업장 등의 대기 오염물질 배출규제

(1) 제35조(배출부과금의 부과·징수)

① 시·도지사는 대기오염물질로 인한 대기환경상의 피해를 방지하거나 줄이기 위하여 다음 각 호의 어느 하나에 해당하는 자에 대하여 배출부과금을 부과·징수한다.
  1. 대기오염물질을 배출하는 사업자(제29조에 따른 공동 방지시설을 설치·운영하는 자를 포함한다)
  2. 규정에 따른 허가·변경허가를 받지 아니하거나 신고·변경신고를 하지 아니하고 배출시설을 설치 또는 변경한 자

② 제1항에 따른 배출부과금은 다음 각 호와 같이 구분하여 부과한다.
  1. 기본부과금 : 대기오염물질을 배출하는 사업자가 배출허용기준 이하로 배출하는 대기오염물질의 배출량 및 배출농도 등에 따라 부과하는 금액
  2. 초과부과금 : 배출허용기준을 초과하여 배출하는 경우 대기오염물질의 배출량과 배출농도 등에 따라 부과하는 금액

③ 시·도지사는 제1항에 따라 배출부과금을 부과할 때에는 다음 각 호의 사항을 고려하여야 한다.
  1. 배출허용기준 초과 여부
  2. 배출되는 대기오염물질의 종류
  3. 대기오염물질의 배출 기간
  4. 대기오염물질의 배출량
  5. 제39조에 따른 자가측정(自家測定)을 하였는지 여부
  6. 그 밖에 대기환경의 오염 또는 개선과 관련되는 사항으로서 환경부령으로 정하는 사항

(2) 제45조(기존 휘발성유기화합물 배출시설에 대한 규제)

① 특별대책지역, 대기관리권역 또는 휘발성유기화합물 배출규제 추가지역으로 지정·고시될 당시 그 지역에서 휘발성유기화합물을 배출하는 시설을 운영하고 있는 자는 특별대책지역, 대기관리권역 또는 휘발성유기화합

물 배출규제 추가지역으로 지정·고시된 날부터 **3개월 이내**에 신고를 하여야 하며, 특별대책지역, 대기관리권역 또는 휘발성유기화합물 배출규제 추가지역으로 지정·고시된 날부터 **2년 이내**에 조치를 하여야 한다.

② 휘발성유기화합물이 추가로 고시된 경우 특별대책지역, 대기관리권역 또는 휘발성유기화합물 배출규제 추가지역에서 그 추가된 휘발성유기화합물을 배출하는 시설을 운영하고 있는 자는 그 물질이 추가로 고시된 날부터 **3개월 이내**에 신고를 하여야 하며, 그 물질이 추가로 고시된 날부터 **2년 이내**에 제44조제5항에 따른 조치를 하여야 한다.

③ 신고를 한 자가 신고한 사항을 변경하려면 변경신고를 하여야 한다.

④ 조치에 특수한 기술이 필요한 경우 등 대통령령으로 정하는 사유에 해당하는 경우에는 시·도지사 또는 대도시 시장의 승인을 받아 **1년의 범위**에서 그 조치기간을 연장할 수 있다.

⑤ 각 항에 규정된 조치를 하지 아니한 경우에는 제44조제9항을 준용한다.

(3) 제32조의3(측정기기 관리대행업의 등록취소 등)

① 환경부장관은 측정기기 관리대행업자가 다음 각 호의 어느 하나에 해당하는 경우에는 등록을 취소하거나 6개월 이내의 기간을 정하여 영업의 전부 또는 일부의 정지를 명할 수 있다. 다만, 제1호, 제4호, 제5호 또는 제7호에 해당하는 경우에는 그 등록을 취소하여야 한다.

1. 거짓이나 그 밖의 부정한 방법으로 등록을 한 경우
2. 등록 후 2년 이내에 영업을 개시하지 아니하거나 계속하여 2년 이상 영업실적이 없는 경우
3. 등록 기준에 미달하게 된 경우
4. 결격사유에 해당하는 경우(피성년후견인 또는 피한정후견인, 파산자로서 복권되지 아니한 자, 해당법을 위반하여 징역 이상의 실형을 선고받고 그 집행이 끝나거나 집행을 받지 아니하기로 확정된 날부터 2년이 지나지 아니한 사람, 등록이 취소된 날부터 2년이 지나지 아니한 자, 임원 중 결격사유가 해당하는 사람이 있는 법인)
5. 다른 자에게 자기의 명의를 사용하여 측정기기 관리 업무를 하게 하거나 등록증을 다른 자에게 대여한 경우
6. 관리기준을 위반한 경우
7. 영업정지 기간 중 측정기기 관리 업무를 대행한 경우

❸ 생활환경상의 대기 오염물질 배출규제

(1) 제41조(연료용 유류 및 그 밖의 연료의 황함유기준)

① 환경부장관은 연료용 유류 및 그 밖의 연료에 대하여 관계 중앙행정기관의 장과 협의하여 그 종류별로 황의 함유 허용기준(이하 "황함유기준"이라 한다)을 정할 수 있다.

② 환경부장관은 황함유기준이 정하여진 연료는 대통령령으로 정하는 바에 따라 그 공급지역과 사용시설의 범위를 정하고 관계 중앙행정기관의 장에게 지역별 또는 사용시설별로 필요한 연료의 공급을 요청할 수 있다.

③ 공급지역 또는 사용시설에 연료를 공급·판매하거나 같은 지역 또는 시설에서 연료를 사용하려는 자는 황함유기준을 초과하는 연료를 공급·판매하거나 사용하여서는 아니 된다. 다만, 황함유기준을 초과하는 연료를 사용하는 배출시설로서 환경부령으로 정하는 바에 따라 배출시설 설치의 허가 또는 변경허가를 받거나 신고 또는 변경신고를 한 경우에는 황함유기준을 초과하는 연료를 공급·판매하거나 사용할 수 있다.
④ 시·도지사는 공급지역이나 사용시설에 황함유기준을 초과하는 연료를 공급·판매하거나 사용하는 자(제3항 단서에 해당하는 경우는 제외한다)에 대하여 대통령령으로 정하는 바에 따라 그 연료의 공급·판매 또는 사용을 금지 또는 제한하거나 필요한 조치를 명할 수 있다.

(2) 제42조(연료의 제조와 사용 등의 규제)

환경부장관 또는 시·도지사는 연료의 사용으로 인한 대기오염을 방지하기 위하여 특히 필요하다고 인정하면 관계 중앙행정기관의 장과 협의하여 대통령령으로 정하는 바에 따라 그 연료를 제조·판매하거나 사용하는 것을 금지 또는 제한하거나 필요한 조치를 명할 수 있다. 다만, 대통령령으로 정하는 바에 따라 환경부장관 또는 시·도지사의 승인을 받아 그 연료를 사용하는 자에 대하여는 그러하지 아니하다.

4 자동차 및 건설기계·선박 등의 배출가스의 규제

(1) 제47조(기술개발 등에 대한 지원)

① 국가는 자동차 및 건설기계로 인한 대기오염을 줄이기 위하여 다음 각 호의 어느 하나에 해당하는 시설 등의 기술개발 또는 제작에 필요한 재정적·기술적 지원을 할 수 있다.
 1. 저공해자동차 및 그 자동차에 연료를 공급하기 위한 시설 중 환경부장관이 정하는 시설
 1의2. 저공해건설기계 및 그 건설기계에 연료를 공급하기 위한 시설 중 환경부장관이 정하는 시설
 2. 배출가스저감장치
 3. 저공해엔진

(2) 제48조의2(인증시험업무의 대행)

① 환경부장관은 제48조에 따른 인증에 필요한 시험(이하 "인증시험"이라 한다)업무를 효율적으로 수행하기 위하여 필요한 경우에는 전문기관을 지정하여 인증시험업무를 대행하게 할 수 있다.
② 제1항에 따라 지정된 전문기관(이하 "인증시험대행기관"이라 한다) 및 인증시험업무에 종사하는 자는 다음 각 호의 행위를 하여서는 아니 된다.
 1. 다른 사람에게 자신의 명의로 인증시험업무를 하게 하는 행위
 2. 거짓이나 그 밖의 부정한 방법으로 인증시험을 하는 행위
 3. 인증시험과 관련하여 환경부령으로 정하는 준수사항을 위반하는 행위
 4. 제48조제3항에 따른 인증시험의 방법과 절차를 위반하여 인증시험을 하는 행위

(3) 제48조의4(과징금 처분)

① 환경부장관은 제48조의3(인증시험대행기관의 지정 취소 등)에 따라 업무의 정지를 명하려는 경우로서 그 업무의 정지로 인하여 이용자 등에게 심한 불편을 주거나 그 밖에 공익에 현저한 지장을 줄 우려가 있다고 인정하는 경우에는 그 업무의 정지를 갈음하여 **5천만원** 이하의 과징금을 부과할 수 있다.
② 제1항에 따른 과징금을 부과하는 위반행위의 종류·정도 등에 따른 과징금의 금액과 그 밖에 필요한 사항은 대통령령으로 정한다.

(4) 제51조(결함확인검사 및 결함의 시정)

① 자동차제작자는 배출가스보증기간 내에 운행 중인 자동차에서 나오는 배출가스가 배출허용기준에 맞는지에 대하여 환경부장관의 검사(이하 "결함확인검사"라 한다)를 받아야 한다.
② 결함확인검사 대상 자동차의 선정기준, 검사방법, 검사절차, 검사기준, 판정방법, 검사수수료 등에 필요한 사항은 환경부령으로 정한다.
③ 환경부장관이 제2항의 환경부령을 정하는 경우에는 관계 중앙행정기관의 장과 협의하여야 하며, 매년 같은 항의 선정기준에 따라 결함확인검사를 받아야 할 대상 차종을 결정·고시하여야 한다.
④ 환경부장관은 결함확인검사에서 검사 대상차가 제작차배출허용기준에 맞지 아니하다고 판정되고, 그 사유가 자동차제작자에게 있다고 인정되면 그 차종에 대하여 결함을 시정하도록 명하여야 한다. 다만, 자동차제작자가 검사 판정 전에 결함사실을 인정하고 스스로 그 결함을 시정하려는 경우에는 결함시정명령을 생략할 수 있다.
⑤ 제4항에 따른 결함시정명령을 받거나 스스로 자동차의 결함을 시정하려는 자동차제작자는 환경부령으로 정하는 바에 따라 그 자동차의 결함시정에 관한 계획을 수립하여 환경부장관의 승인을 받아 시행하고, 그 결과를 환경부장관에게 보고하여야 한다.
⑥ 환경부장관은 제5항에 따른 결함시정결과를 보고받아 검토한 결과 결함시정계획이 이행되지 아니한 경우, 그 사유가 결함시정명령을 받은 자 또는 스스로 결함을 시정하고자 한 자에게 있다고 인정하는 경우에는 기간을 정하여 다시 결함을 시정하도록 명하여야 한다.
⑦ 제5항에 따른 결함시정계획을 수립·제출하지 아니하거나 환경부장관의 승인을 받지 못한 경우에는 결함을 시정할 수 없는 것으로 본다.
⑧ 환경부장관은 자동차제작자가 제4항 본문 또는 제6항에 따른 결함시정명령을 이행하지 아니하거나 제7항에 따라 결함을 시정할 수 없는 것으로 보는 경우에는 자동차제작자에게 대통령령으로 정하는 바에 따라 자동차의 교체, 환불 또는 재매입을 명할 수 있다.

(5) 제55조(인증의 취소)

환경부장관은 다음 각 호의 어느 하나에 해당하는 경우에는 인증을 취소할 수 있다. 다만, 제1호나 제2호에 해당하는 경우에는 그 인증을 취소하여야 한다.
1. 거짓이나 그 밖의 부정한 방법으로 인증을 받은 경우
2. 제작차에 중대한 결함이 발생되어 개선을 하여도 제작차배출허용기준을 유지할 수 없는 경우

3. 검사 결과 불합격된 자동차에 따른 자동차의 판매 또는 출고 정지명령을 위반한 경우
4. 제작차배출허용기준에 맞지 아니하다고 판정되고, 그 사유가 자동차제작자에게 있다고 인정되었을 때, 결함시정명령을 이행하지 아니한 경우

(6) 제56조(과징금 처분)

① 환경부장관은 자동차제작자가 다음 각 호의 어느 하나에 해당하는 경우에는 그 자동차제작자에 대하여 매출액에 100분의 5를 곱한 금액을 초과하지 아니하는 범위에서 과징금을 부과할 수 있다. 이 경우 과징금의 금액은 500억원을 초과할 수 없다.

(7) 제58조(저공해자동차의 운행 등)

① 시·도지사 또는 시장·군수는 관할 지역의 대기질 개선 또는 기후·생태계 변화유발물질 배출감소를 위하여 필요하다고 인정하면 그 지역에서 운행하는 자동차 및 건설기계 중 차령과 대기오염물질 또는 기후·생태계 변화유발물질 배출정도 등에 관하여 환경부령으로 정하는 요건을 충족하는 자동차 및 건설기계의 소유자에게 그 시·도 또는 시·군의 조례에 따라 그 자동차 및 건설기계에 대하여 다음 각 호의 어느 하나에 해당하는 조치를 하도록 명령하거나 조기에 폐차할 것을 권고할 수 있다.
1. 저공해자동차 또는 저공해건설기계로의 전환 또는 개조
2. 배출가스저감장치의 부착 또는 교체 및 배출가스 관련 부품의 교체
3. 저공해엔진(혼소엔진을 포함한다)으로의 개조 또는 교체

③ 국가나 지방자치단체는 저공해자동차 및 저공해건설기계의 보급, 배출가스저감장치의 부착 또는 교체와 저공해엔진으로의 개조 또는 교체를 촉진하기 위하여 다음 각 호의 어느 하나에 해당하는 자에 대하여 예산의 범위에서 필요한 자금을 보조하거나 융자할 수 있다.
1. 저공해자동차 또는 저공해건설기계를 구입하는 자
1의2. 저공해자동차 또는 저공해건설기계로 개조하는 자
2. 저공해자동차 또는 저공해건설기계에 연료를 공급하기 위한 시설 중 다음 각 목의 시설을 설치하는 자
   가. 천연가스를 연료로 사용하는 자동차 또는 건설기계에 천연가스를 공급하기 위한 시설로서 환경부장관이 정하는 시설
   나. 전기를 연료로 사용하는 자동차 또는 건설기계(이하 "전기자동차등"이라 한다)에 전기를 충전하기 위한 시설로서 환경부장관이 정하는 시설
   다. 수소가스를 연료로 사용하는 자동차(이하 "수소전기자동차"라 한다) 또는 건설기계에 수소가스를 충전하기 위한 시설로서 환경부장관이 정하는 시설(이하 "수소연료공급시설"이라 한다)
   라. 그 밖에 태양광, 수소연료 등 환경부장관이 정하는 저공해자동차 및 저공해건설기계 연료공급시설
3. 제1항 또는 제2항에 따라 자동차에 배출가스저감장치를 부착 또는 교체하거나 자동차의 엔진을 저공해엔진으로 개조 또는 교체하는 자
4. 제1항에 따라 자동차의 배출가스 관련 부품을 교체하는 자
5. 제1항에 따른 권고에 따라 자동차 또는 건설기계를 조기에 폐차하는 자

6. 그 밖에 배출가스가 매우 적게 배출되는 것으로서 환경부장관이 정하여 고시하는 자동차 또는 건설기계를 구입하는 자

(8) 제69조의2(결격 사유)

다음 각 호의 어느 하나에 해당하는 자는 전문정비사업의 등록을 할 수 없다.
1. 피성년후견인 또는 피한정후견인
2. 파산선고를 받고 복권되지 아니한 자
3. 이 법을 위반하여 징역 이상의 실형을 선고받고 그 집행이 끝나거나(집행이 끝난 것으로 보는 경우를 포함한다) 집행을 받지 아니하기로 확정된 날부터 2년이 지나지 아니한 자
4. 등록이 취소된 후 2년이 지나지 아니한 자
5. 임원 중 제1호부터 제4호까지의 어느 하나에 해당하는 사람이 있는 법인

(9) 제70조의2(자동차의 운행정지)

① 환경부장관, 특별시장·광역시장·특별자치시장·특별자치도지사·시장·군수·구청장은 개선명령을 받은 자동차 소유자가 같은 조 제2항에 따른 확인검사를 환경부령으로 정하는 기간 이내에 받지 아니하는 경우에는 10일 이내의 기간을 정하여 해당 자동차의 운행정지를 명할 수 있다.
② 운행정지처분의 세부기준은 환경부령으로 정한다.

(10) 제74조의2(검사업무의 대행)

① 환경부장관은 제74조에 따른 검사업무를 효율적으로 수행하기 위하여 필요한 경우에는 전문기관을 지정하여 검사업무를 대행하게 할 수 있다.
② 제1항에 따라 지정된 기관(이하 "검사대행기관"이라 한다) 및 검사업무에 종사하는 자는 다음 각 호의 행위를 하여서는 아니 된다.
  1. 다른 사람에게 자신의 명의로 검사업무를 하게 하는 행위
  2. 거짓이나 그 밖의 부정한 방법으로 검사업무를 하는 행위
  3. 검사업무와 관련하여 환경부령으로 정하는 준수사항을 위반하는 행위
  4. 제74조제8항에 따른 검사의 방법 및 절차를 위반하여 검사업무를 하는 행위

(11) 제80조(업무) 한국자동차환경협회는 정관으로 정하는 바에 따라 다음 각 호의 업무를 행한다.

1. 자동차와 건설기계 저공해화 기술개발 및 배출가스저감장치와 저공해엔진의 보급
2. 자동차와 건설기계의 배출가스 저감사업의 지원과 사후관리에 관한 사항
3. 자동차와 건설기계의 배출가스 검사와 정비기술의 연구·개발사업
4. 환경부장관 또는 시·도지사로부터 위탁받은 업무
5. 그 밖에 자동차와 건설기계의 배출가스를 줄이기 위하여 필요한 사항

5 벌칙

(1) 제89조(벌칙) 다음 각 호의 어느 하나에 해당하는 자는 7년 이하의 징역이나 1억원 이하의 벌금에 처한다.

1. 제23조제1항이나 제2항에 따른 허가나 변경허가를 받지 아니하거나 거짓으로 허가나 변경허가를 받아 배출시설을 설치 또는 변경하거나 그 배출시설을 이용하여 조업한 자
2. 제26조제1항 본문이나 제2항에 따른 방지시설을 설치하지 아니하고 배출시설을 설치·운영한 자
3. 제31조제1항제1호나 제5호에 해당하는 행위를 한 자
4. 제34조제1항에 따른 조업정지명령을 위반하거나 같은 조 제2항에 따른 조치명령을 이행하지 아니한 자
5. 제36조에 따른 배출시설의 폐쇄나 조업정지에 관한 명령을 위반한 자
5의2. 제38조에 따른 사용중지명령 또는 폐쇄명령을 이행하지 아니한 자
6. 제46조를 위반하여 제작차배출허용기준에 맞지 아니하게 자동차를 제작한 자
6의2. 제46조제4항을 위반하여 자동차를 제작한 자
7. 제48조제1항을 위반하여 인증을 받지 아니하고 자동차를 제작한 자
7의2. 제50조의3에 따른 상환명령을 이행하지 아니하고 자동차를 제작한 자
7의3. 제55조제1호에 해당하는 행위를 한 자
8. 제60조를 위반하여 인증이나 변경인증을 받지 아니하고 배출가스저감장치, 저공해엔진 또는 공회전제한장치를 제조하거나 공급·판매한 자
9. 제74조제1항을 위반하여 자동차연료·첨가제 또는 촉매제를 제조기준에 맞지 아니하게 제조한 자
10. 제74조제2항을 위반하여 자동차연료·첨가제 또는 촉매제의 검사를 받지 아니한 자
11. 제74조제3항에 따른 자동차연료·첨가제 또는 촉매제의 검사를 거부·방해 또는 기피한 자
12. 제74조제4항 본문을 위반하여 자동차연료를 공급하거나 판매한 자
13. 제75조에 따른 제조의 중지, 제품의 회수 또는 공급·판매의 중지명령을 위반한 자

(2) 제90조(벌칙) 다음 각 호의 어느 하나에 해당하는 자는 5년 이하의 징역이나 5천만원 이하의 벌금에 처한다.

1. 제23조제1항에 따른 신고를 하지 아니하거나 거짓으로 신고를 하고 배출시설을 설치 또는 변경하거나 그 배출시설을 이용하여 조업한 자
2. 제31조제1항제2호에 해당하는 행위를 한 자
3. 제32조제1항 본문에 따른 측정기기의 부착 등의 조치를 하지 아니한 자
4. 제32조제3항제1호·제3호 또는 제4호에 해당하는 행위를 한 자
4의2. 제38조의2제6항에 따른 시설개선 등의 조치명령을 이행하지 아니한 자
4의3. 제39조제1항을 위반하여 오염물질을 측정하지 아니한 자 또는 측정결과를 거짓으로 기록하거나 기록·보존하지 아니한 자

4의4. 제39조제2항 각 호의 어느 하나에 해당하는 행위를 한 자
5. 제41조제4항에 따른 연료사용 제한조치 등의 명령을 위반한 자
6. 제44조제9항(제45조제5항에 따라 준용되는 경우를 포함한다)에 따른 시설개선 등의 조치명령을 이행하지 아니한 자
6의2. 제50조제7항 및 제8항에 따른 부품 교체 또는 자동차의 교체·환불·재매입 명령을 이행하지 아니한 자
7. 제51조제4항 본문·제6항 또는 제53조제4항에 따른 결함시정명령을 위반한 자
8. 제68조제1항을 위반하여 전문정비사업자로 등록하지 아니하고 정비·점검 또는 확인검사 업무를 한 자
9. 제74조제4항 본문을 위반하여 첨가제 또는 촉매제를 공급하거나 판매한 자

(3) 제90조의2(벌칙) 황함유기준을 초과하는 연료를 공급·판매한 자는 3년 이하의 징역이나 3천만원 이하의 벌금에 처한다.

(4) 제91조(벌칙) 다음 각 호의 어느 하나에 해당하는 자는 1년 이하의 징역이나 1천만원 이하의 벌금에 처한다.

1. 신고를 하지 아니하고 조업한 자
2. 조업정지명령을 위반한 자
2의2. 측정기기 관리대행업의 등록 또는 변경등록을 하지 아니하고 측정기기 관리 업무를 대행한 자
2의3. 거짓이나 그 밖의 부정한 방법으로 측정기기 관리대행업의 등록을 한 자
2의4. 다른 자에게 자기의 명의를 사용하여 측정기기 관리 업무를 하게 하거나 등록증을 다른 자에게 대여한 자
2의5. 시설관리기준을 지키지 아니한 자
3. 사용제한 등의 명령을 위반한 자
3의2. 제44조의2제2항제1호에 해당하는 자로서 같은 항을 위반하여 도료를 공급하거나 판매한 자
3의3. 제44조의2제2항제2호에 해당하는 자로서 같은 항을 위반하여 도료를 공급하거나 판매한 자
3의4. 휘발성유기화합물함유기준을 초과하는 도료에 대한 공급·판매 중지 또는 회수 등의 조치명령을 위반한 자
3의5. 휘발성유기화합물함유기준을 초과하는 도료에 대한 공급·판매 중지명령을 위반한 자
4. 변경인증을 받지 아니하고 자동차를 제작한 자
4의2. 제48조의2제2항제1호 또는 제2호에 따른 금지행위를 한 자
5. 배출가스 관련 부품을 탈거·훼손·해체·변경·임의설정하거나 촉매제를 사용하지 아니하거나 적게 사용하여 그 기능이나 성능이 저하되는 행위를 한 자 및 그 행위를 요구한 자
6. 변경등록을 하지 아니하고 등록사항을 변경한 자
7. 제68조제4항제1호 또는 제2호에 따른 금지행위를 한 자
8. 제69조에 따른 업무정지명령을 위반한 자

9. 제74조제4항 본문을 위반하여 자동차연료를 사용한 자
10. 제74조제5항에 따른 규제를 위반하여 자동차연료·첨가제 또는 촉매제를 제조하거나 판매한 자
11. 제74조제6항을 위반하여 검사를 받은 제품임을 표시하지 아니하거나 거짓으로 표시한 자
12. 제74조의2제2항제1호 또는 제2호에 따른 금지행위를 한 자
12의2. 제76조의3제1항을 위반하여 자동차 온실가스 배출량을 보고하지 아니하거나 거짓으로 보고한 자
12의3. 냉매회수업의 등록을 하지 아니하고 냉매회수업을 한 자
12의4. 거짓이나 그 밖의 부정한 방법으로 냉매회수업의 등록을 한 자
12의5. 다른 자에게 자기의 명의를 사용하여 냉매회수업을 하게 하거나 등록증을 다른 자에게 대여한 자
13. 제82조에 따른 관계 공무원의 출입·검사를 거부·방해 또는 기피한 자

(5) 제91조의2(벌칙) 다음 각 호의 어느 하나에 해당하는 자는 500만원 이하의 벌금에 처한다.

1. 제58조제12항에 따른 표지를 거짓으로 제작하거나 붙인 자
2. 제58조의2제4항을 위반하여 저공해자동차 보급계획서의 승인을 받지 아니한 자

(6) 제92조(벌칙) 다음 각 호의 어느 하나에 해당하는 자는 300만원 이하의 벌금에 처한다.

1. 명령을 정당한 사유 없이 위반한 자
2. 조치명령을 이행하지 아니한 자
3. 신고를 하지 아니하고 시설을 설치·운영한 자
3의2. 정기점검을 받지 아니한 자
4. 연료사용 제한조치 등의 명령을 위반한 자
4의2. 신고를 하지 아니한 자
5. 비산먼지의 발생을 억제하기 위한 시설을 설치하지 아니하거나 필요한 조치를 하지 아니한 자. 다만, 시멘트·석탄·토사·사료·곡물 및 고철의 분체상(粉體狀) 물질을 운송한 자는 제외한다.
6. 비산먼지의 발생을 억제하기 위한 시설의 설치나 조치의 이행 또는 개선명령을 이행하지 아니한 자
7. 신고를 하지 아니하고 시설을 설치하거나 운영한 자
8. 제44조제5항에 따른 조치를 하지 아니한 자
9. 평균 배출량 달성실적 및 상환계획서를 거짓으로 작성한 자
10. 인증받은 내용과 다르게 결함이 있는 배출가스저감장치 또는 저공해엔진을 제조 또는 수입하는 자
11. 이륜자동차정기검사 명령을 이행하지 아니한 자
12. 운행정지명령을 받고 이에 불응한 자
13. 「자동차관리법」 제66조에 따라 자동차관리사업의 등록이 취소되었음에도 정비·점검 및 확인검사 업무를 한 전문정비사업자
14. 자료를 제출하지 아니하거나 거짓으로 자료를 제출한 자

(7) 제93조(벌칙)

환경기술인의 업무를 방해하거나 환경기술인의 요청을 정당한 사유 없이 거부한 자는 200만원 이하의 벌금에 처한다.

6 과태료

(1) 제94조(과태료)

① 다음 각 호의 어느 하나에 해당하는 자에게는 500만원 이하의 과태료를 부과한다.
  1의2. 인증·변경인증의 표시를 하지 아니한 자
  1의3. 보급실적을 제출하지 아니한 자
  1의4. 성능점검결과를 제출하지 아니한 자
  2. 자동차에 온실가스 배출량을 표시하지 아니하거나 거짓으로 표시한 자
  3. 제60조제8항을 위반하여 인증을 받지 아니한 배출가스저감장치, 저공해엔진 또는 공회전제한장치의 판매를 중개하거나 구매를 대행한 자

② 다음 각 호의 어느 하나에 해당하는 자에게는 300만원 이하의 과태료를 부과한다.
  1. 배출시설 등의 운영상황을 기록·보존하지 아니하거나 거짓으로 기록한 자
  1의2. 측정한 결과를 제출하지 아니한 자
  2. 환경기술인을 임명하지 아니한 자
  3. 결함시정명령을 위반한 자
  4. 저공해자동차 또는 저공해건설기계로의 전환 또는 개조 명령, 배출가스저감장치의 부착·교체 명령 또는 배출가스 관련 부품의 교체 명령, 저공해엔진(혼소엔진을 포함한다)으로의 개조 또는 교체 명령을 이행하지 아니한 자
  5. 저공해자동차의 구매·임차 비율을 준수하지 아니한 자

③ 다음 각 호의 어느 하나에 해당하는 자에게는 200만원 이하의 과태료를 부과한다.
  1. 제31조제1항제3호 또는 제4호에 따른 행위를 한 자
  2. 제32조제3항제2호에 따른 행위를 한 자
  3. 제32조제4항을 위반하여 운영·관리기준을 지키지 아니한 자
  3의2. 제32조의2제5항을 위반하여 관리기준을 지키지 아니한 자
  4. 제38조의2제2항에 따른 변경신고를 하지 아니한 자
  5. 제43조제1항에 따른 비산먼지의 발생 억제 시설의 설치 및 필요한 조치를 하지 아니하고 시멘트·석탄·토사 등 분체상 물질을 운송한 자
  6. 제44조제2항 또는 제45조제3항에 따른 휘발성유기화합물 배출시설의 변경신고를 하지 아니한 자
  7. 제44조제8항을 위반하여 검사·측정을 하지 아니한 자 또는 검사·측정 결과를 기록·보존하지 아니하거나 거짓으로 기록·보존한 자

8. 제51조제5항(제53조제5항에 따라 준용되는 경우를 포함한다)에 따른 결함시정 결과보고를 하지 아니한 자
9. 결함시정 현황과 부품결함 현황 또는 제53조제2항에 따른 결함시정 현황을 보고하지 아니한 자
10. 점검에 응하지 아니하거나 기피 또는 방해한 자
10의2. 제60조제9항을 위반하여 인증을 받지 아니한 배출가스저감장치, 저공해엔진 또는 공회전제한장치임을 알면서 사용한 자
11. 등록된 기술인력 외의 사람에게 정비·점검 및 확인검사를 하게 하는 행위 또는 그 밖에 정비·점검 및 확인검사 업무에 관하여 환경부령으로 정하는 준수사항을 위반하는 행위를 한 자
12. 제조기준에 맞지 아니하는 첨가제 또는 촉매제임을 알면서 사용한 자
13. 검사를 받지 아니하거나 검사받은 내용과 다르게 제조된 첨가제 또는 촉매제임을 알면서 사용한 자
14. 냉매회수업의 변경등록을 하지 아니하고 등록사항을 변경한 자
15. 냉매관리기준을 준수하지 아니하거나 냉매의 회수 내용을 기록·보존 또는 제출하지 아니한 자

④ 다음 각 호의 어느 하나에 해당하는 자에게는 100만원 이하의 과태료를 부과한다.
1의2. 변경신고를 하지 아니한 자
2. 환경기술인의 준수사항을 지키지 아니한 자
3. 후단에 따른 변경신고를 하지 아니한 자
3의2. 평균 배출량 달성 실적을 제출하지 아니한 자
3의3. 상환계획서를 제출하지 아니한 자
4. 자동차의 원동기 가동제한을 위반한 자동차의 운전자
5. 정비·점검 및 확인검사를 받지 아니한 자
5의2. 등록된 기술인력이 교육을 받게 하지 아니한 전문정비사업자
6. 정비·점검 및 확인검사 결과표를 발급하지 아니하거나 정비·점검 및 확인검사 결과를 보고하지 아니한 자
6의2. 냉매관리기준을 준수하지 아니하거나 같은 조 제2항을 위반하여 냉매사용기기의 유지·보수 및 냉매의 회수·처리 내용을 기록·보존 또는 제출하지 아니한 자
6의3. 제76조의12제3항을 위반하여 등록된 기술인력에게 교육을 받게 하지 아니한 자
7. 환경기술인 등의 교육을 받게 하지 아니한 자
8. 보고를 하지 아니하거나 거짓으로 보고한 자 또는 자료를 제출하지 아니하거나 거짓으로 제출한 자

⑤ 이륜자동차정기검사를 받지 아니한 자에게는 50만원 이하의 과태료를 부과한다.

7 보칙

(1) 제77조의2(친환경운전문화 확산 등)

① 환경부장관은 오염물질(온실가스를 포함한다)의 배출을 줄이고 에너지를 절약할 수 있는 운전방법(이하 "친환경운전"이라 한다)이 널리 확산·정착될 수 있도록 다음 각 호의 시책을 추진하여야 한다.

1. 친환경운전 관련 교육·홍보 프로그램 개발 및 보급
2. 친환경운전 관련 교육 과정 개설 및 운영
3. 친환경운전 관련 전문인력의 육성 및 지원
4. 친환경운전을 체험할 수 있는 체험시설 설치·운영
5. 그 밖에 친환경운전문화 확산을 위하여 환경부령으로 정하는 시책

② 환경부장관은 제1항의 시책 추진을 위하여 민간 환경단체 등이 교육·홍보 등 각종 활동을 할 경우 이를 지원할 수 있다.

(2) 제79조(회원) 다음 각 호의 어느 하나에 해당하는 자는 한국자동차환경협회의 회원이 될 수 있다.

1. 배출가스저감장치 제작자
2. 저공해엔진 제조·교체 등 배출가스저감사업 관련 사업자
3. 전문정비사업자
4. 배출가스저감장치 및 저공해엔진 등과 관련된 분야의 전문가
5. 「자동차관리법」 제44조의2에 따른 종합검사대행자
6. 「자동차관리법」 제45조의2에 따른 종합검사 지정정비사업자
7. 자동차 조기폐차 관련 사업자

02 CHAPTER 대기환경보전법 시행령

1 시행령 전문

(1) 제1조의2(저공해자동차의 종류) 「대기환경보전법」제2조제16호 각 목 외의 부분에서 "대통령령으로 정하는 것"이란 다음 각 호의 구분에 따른 자동차를 말한다.

제1종 저공해자동차	자동차에서 배출되는 대기오염물질이 환경부령으로 정하는 배출허용기준에 맞는 자동차로서 전기자동차, 태양광자동차 및 수소전기자동차
제2종 저공해자동차	자동차에서 배출되는 대기오염물질이 환경부령으로 정하는 배출허용기준에 맞는 자동차로서 하이브리드자동차
제3종 저공해자동차	자동차에서 배출되는 대기오염물질이 환경부령으로 정하는 배출허용기준에 맞는 자동차로서 제조기준에 맞는 자동차연료를 사용하는 자동차

(2) 제1조의3(환경위성 관측망의 구축·운영 등)

① 환경부장관은 「대기환경보전법」(이하 "법"이라 한다) 제3조의2에 따른 환경위성 관측망(이하 "환경위성 관측망"이라 한다)의 효율적인 구축·운영 및 정보의 수집·활용을 위하여 다음 각 호의 업무를 수행할 수 있다.
  1. 대기환경 및 기후·생태계 변화유발물질의 감시와 기후변화에 따른 환경영향을 파악하기 위한 환경위성의 개발
  2. 환경위성 지상국의 구축·운영
  3. 환경위성 관측 자료의 수집·생산, 분석 및 배포
  4. 환경위성 관측 자료의 정확도 향상을 위한 자료 검증 및 개선사업
  5. 환경위성 관측망의 구축·운영 및 정보의 수집·활용을 위한 연구개발
  6. 환경위성 관측망의 구축·운영 및 정보의 수집·활용을 위한 관련 기관 또는 단체와의 협력
  7. 그 밖에 환경위성 관측망의 효율적인 구축·운영 및 정보의 수집·활용을 위하여 필요한 사항
② 환경부장관은 제1항에 따른 업무를 수행하기 위하여 필요한 경우에는 관계 기관의 장에게 관련 자료의 제공을 요청할 수 있다.

(3) 제1조의4(대기오염도 예측·발표 대상 등)

① 대기오염도 예측·발표의 대상 지역은 다음 각 호의 사항을 고려하여 환경부장관이 정하여 고시한다.
  1. 대기오염의 정도
  2. 인구
  3. 지형 및 기상 특성
② 대기오염도 예측·발표의 대상 오염물질은 「환경정책기본법」 제12조에 따라 환경기준이 설정된 오염물질 중 다음 각 호의 오염물질로 한다.
  1. 미세먼지(PM-10)
  2. 미세먼지(PM-2.5)
  3. 오존(O_3)
③ 대기오염도 예측·발표의 기준과 내용은 오염의 정도 및 오염물질의 인체 위해정도 등을 고려하여 환경부장관이 정하여 고시한다.
④ 환경부장관은 대기오염도 예측·발표를 위하여 관계 기관의 장에게 필요한 자료의 제출을 요청할 수 있다. 이 경우 관계 기관의 장은 특별한 사유가 없으면 이에 따라야 한다.

(4) 통합관리센터

1) [별표 1] 통합관리센터의 지정기준(제1조의5 관련)

1. 다음 각 목의 시설·장비 기준을 모두 갖출 것
   가. 예보용 고성능컴퓨터(계산노드 160코어, 저장용량 500TB 이상)
   나. 대기질 수집·분석 서버(계산노드 16코어, 저장용량 500TB 이상)
   다. 대기오염 정보 제공 서버(계산노드 16코어, 저장용량 50TB 이상)
   라. 대기질 예보 지원 시스템(측정 및 모델 결과표출 모듈 탑재)
   마. 그 밖에 화상회의 장비, 멀티스크린 등 대기질 분석·예보를 위한 시설
2. 다음 각 목의 기술인력 기준을 모두 갖출 것
   가. 다음의 어느 하나에 해당하는 사람 1명 이상
      1) 「국가기술자격법」에 따른 화공, 대기관리 또는 기상예보 분야 기술사
      2) 환경공학, 대기환경, 화학공학, 공업화학, 화학, 대기과학 관련 분야 박사학위를 취득한 사람
      3) 대기질 예보 분야(기상, 대기측정, 배출량 또는 대기모델 관련 분야)의 석사학위 취득 후 해당 전문기술 분야에서 5년 이상 종사한 사람
   나. 다음의 어느 하나에 해당하는 사람 2명 이상
      1) 「국가기술자격법」에 따른 화공, 화학분석, 대기환경 또는 기상 분야 기사
      2) 「국가기술자격법」에 따른 화공, 대기환경 또는 기상 분야의 산업기사 자격 취득 후 대기 관련 분야(대기환경, 화학 또는 기상 관련 분야) 또는 해당 전문기술 분야에서 4년 이상 종사한 사람

3) 「고등교육법」 제2조에 따른 학교의 화공, 화학분석, 대기환경 또는 기상 분야의 학사학위를 취득한 후 또는 법령에 따라 이와 같은 수준의 학력을 갖춘 후 대기 관련 분야(대기환경, 화학 또는 기상 관련 분야) 또는 해당 전문기술 분야에서 7년 이상 종사한 사람

다. 「고등교육법」 제2조에 따른 학교의 환경공학, 대기환경, 화학공학, 공업화학, 화학 또는 대기과학 관련 학사학위를 취득한 사람 또는 이와 같은 수준 이상의 자격이 있는 사람 2명 이상

2) 제1조의6(통합관리센터의 지정 절차)

① 환경부장관은 통합관리센터를 지정하려는 경우에는 미리 지정계획, 일정 및 지정기준 등을 10일 이상 관보 또는 환경부의 인터넷 홈페이지에 공고하여야 한다.

② 통합관리센터로 지정받으려는 전문기관은 환경부령으로 정하는 지정신청서(전자문서로 된 신청서를 포함한다)에 다음 각 호의 서류(전자문서로 된 서류를 포함한다)를 첨부하여 환경부장관에게 제출하여야 한다.

1. 대기오염예보 절차 등이 포함된 예보업무 추진계획서
2. 대기오염 관련 자료를 활용한 조사연구 실적을 증명하는 서류
3. 시설 · 장비 및 기술인력을 증명하는 서류

③ 환경부장관은 법 제7조의3제1항에 따라 통합관리센터를 지정한 경우에는 해당 기관에 환경부령으로 정하는 지정서를 발급하고, 그 사실을 환경부의 인터넷 홈페이지에 게시하여야 한다.

3) [별표 1의2] 통합관리센터의 지정 취소 및 업무정지의 세부기준

1. 일반기준

   가. 위반행위의 횟수에 따른 처분기준은 최근 2년간 같은 위반행위를 한 경우에 적용한다. 이 경우 위반횟수별 처분기준의 적용일은 위반행위에 대하여 처분을 한 날과 다시 같은 위반행위(처분 후의 위반행위만 해당한다)를 적발한 날로 한다.

   나. 위반행위가 둘 이상인 경우로서 그에 해당하는 각각의 처분기준이 다른 경우에는 그 중 무거운 처분기준에 따르고, 각각의 처분기준이 업무정지인 경우에는 각각의 처분기준을 합산한 기간을 넘지 않는 범위에서 무거운 처분기준의 2분의 1까지 가중하여 처분할 수 있다.

   다. 처분권자는 위반행위의 동기, 내용, 횟수 및 위반의 정도 등 다음의 사유를 고려하여 처분기준의 2분의 1 범위에서 제2호에 따른 처분을 감경할 수 있다. 이 경우 그 처분이 업무정지인 경우에는 그 처분기준의 2분의 1의 범위에서 감경할 수 있고, 지정취소인 경우(법 제7조의3제4항제1호에 해당하는 경우는 제외한다)에는 6개월의 업무정지 처분으로 감경할 수 있다.

   1) 고의적이거나 악의적이 아닌 사소한 부주의나 오류로 인한 것으로 인정되는 경우
   2) 위반의 내용 · 정도가 경미하여 국민건강 및 환경에 미치는 피해가 적다고 인정되는 경우
   3) 위반행위자가 처음 해당 위반행위를 한 경우로서 통합관리센터의 업무를 모범적으로 해 온 사실이 인정되는 경우
   4) 위반행위자가 해당 위반행위로 인하여 업무정지 이상의 처분을 받을 경우 공익에 지장을 가져오는 등의 사유가 인정되는 경우

2. 개별기준

위반사항	근거법령	행정처분기준		
		1차 위반	2차 위반	3차 위반
가. 거짓이나 그 밖의 부정한 방법으로 지정을 받은 경우	법 제7조의3 제4항제1호	지정 취소		
나. 지정받은 사항을 위반하여 업무를 행한 경우	법 제7조의3 제4항제2호	시정명령	업무정지 3개월	지정 취소
다. 법 제7조의3제5항에 따른 지정기준에 적합하지 않게 된 경우	법 제7조의3 제4항제3호	시정명령	업무정지 3개월	지정 취소

(5) 제11조(배출시설의 설치허가 및 신고 등)

① 설치허가를 받아야 하는 대기오염물질배출시설(이하 "배출시설"이라 한다)은 다음 각 호와 같다.
  1. 특정대기유해물질이 환경부령으로 정하는 기준 이상으로 발생되는 배출시설
  2. 「환경정책기본법」 제38조에 따라 지정·고시된 특별대책지역(이하 "특별대책지역"이라 한다)에 설치하는 배출시설. 다만, 특정대기유해물질이 제1호에 따른 기준 이상으로 배출되지 아니하는 배출시설로서 별표 1의3에 따른 5종사업장에 설치하는 배출시설은 제외한다.

② 법 제23조제1항에 따라 제1항 각 호 외의 배출시설을 설치하려는 자는 배출시설 설치신고를 하여야 한다.

③ 법 제23조제1항에 따라 배출시설 설치허가를 받거나 설치신고를 하려는 자는 배출시설 설치허가신청서 또는 배출시설 설치신고서에 다음 각 호의 서류를 첨부하여 시·도지사에게 제출하여야 한다.
  1. 원료(연료를 포함한다)의 사용량 및 제품 생산량과 오염물질 등의 배출량을 예측한 명세서
  2. 배출시설 및 방지시설의 설치명세서
  3. 방지시설의 일반도(一般圖)
  4. 방지시설의 연간 유지관리 계획서
  5. 사용 연료의 성분 분석과 황산화물 배출농도 및 배출량 등을 예측한 명세서(법 제41조제3항 단서에 해당하는 배출시설의 경우에만 해당한다)
  6. 배출시설설치허가증(변경허가를 신청하는 경우에만 해당한다)

④ 법 제23조제2항에서 "대통령령으로 정하는 중요한 사항"이란 다음 각 호와 같다.
  1. 법 제23조제1항 또는 제2항에 따라 설치허가 또는 변경허가를 받거나 변경신고를 한 배출시설 규모의 합계나 누계의 100분의 50 이상(제1항제1호에 따른 특정대기유해물질 배출시설의 경우에는 100분의 30 이상으로 한다) 증설. 이 경우 배출시설 규모의 합계나 누계는 배출구별로 산정한다.
  2. 법 제23조제1항 또는 제2항에 따른 설치허가 또는 변경허가를 받은 배출시설의 용도 추가

⑤ 법 제23조제2항에 따른 변경신고를 하여야 하는 경우와 변경신고의 절차 등에 관한 사항은 환경부령으로 정한다.

⑥ 시·도지사는 법 제23조제1항에 따라 배출시설 설치허가를 하거나 배출시설 설치신고를 수리한 경우에는 배출시설 설치허가증 또는 배출시설 설치신고증명서를 신청인에게 내주어야 한다. 다만, 법 제23조제2항에 따라 배출시설의 설치변경을 허가한 경우에는 이미 발급된 허가증의 변경사항란에 변경허가사항을 적는다.

⑦ 환경부장관 또는 시·도지사는 법 제23조제9항에 따라 다음 각 호의 사항을 같은 조 제1항 및 제2항에 따른 허가 또는 변경허가의 조건으로 붙일 수 있다.
   1. 배출구 없이 대기 중에 직접 배출되는 대기오염물질이나 악취, 소음 등을 줄이기 위하여 필요한 조치 사항
   2. 배출시설의 법 제16조나 제29조제3항에 따른 배출허용기준 준수 여부 및 방지시설의 적정한 가동 여부를 확인하기 위하여 필요한 조치 사항
   ※ 제23조 1항 : 배출시설을 설치하려는 자는 대통령령으로 정하는 바에 따라 시·도지사의 허가를 받거나 시·도지사에게 신고하여야 한다.
   ※ 제23조 2항 : 제1항에 따라 허가를 받은 자가 허가받은 사항 중 대통령령으로 정하는 중요한 사항을 변경하려면 변경허가를 받아야 하고, 그 밖의 사항을 변경하려면 변경신고를 하여야 한다.

(6) 제12조(배출시설 설치의 제한)

시·도지사가 배출시설의 설치를 제한할 수 있는 경우는 다음 각 호와 같다.
   1. 배출시설 설치 지점으로부터 반경 1킬로미터 안의 상주 인구가 2만명 이상인 지역으로서 특정대기유해물질 중 한 가지 종류의 물질을 연간 10톤 이상 배출하거나 두 가지 이상의 물질을 연간 25톤 이상 배출하는 시설을 설치하는 경우
   2. 대기오염물질(먼지·황산화물 및 질소산화물만 해당한다)의 발생량 합계가 연간 10톤 이상인 배출시설을 특별대책지역(법 제22조에 따라 총량규제구역으로 지정된 특별대책지역은 제외한다)에 설치하는 경우

(7) 제13조(사업장의 분류기준)

[별표 1의3]

사업장 분류기준(제13조 관련)

종별	오염물질발생량 구분
1종사업장	대기오염물질발생량의 합계가 연간 80톤 이상인 사업장
2종사업장	대기오염물질발생량의 합계가 연간 20톤 이상 80톤 미만인 사업장
3종사업장	대기오염물질발생량의 합계가 연간 10톤 이상 20톤 미만인 사업장
4종사업장	대기오염물질발생량의 합계가 연간 2톤 이상 10톤 미만인 사업장
5종사업장	대기오염물질발생량의 합계가 연간 2톤 미만인 사업장

[비고] "대기오염물질발생량"이란 방지시설을 통과하기 전의 먼지, 황산화물 및 질소산화물의 발생량을 환경부령으로 정하는 방법에 따라 산정한 양을 말한다.

(8) 제15조(변경신고에 따른 가동개시신고의 대상규모 등)

"대통령령으로 정하는 규모 이상의 변경"이란 규정에 따라 설치허가 또는 변경허가를 받거나 설치신고 또는 변경신고를 한 배출구별 배출시설 규모의 합계보다 100분의 20 이상 증설(대기배출시설 증설에 따른 변경신고의 경우에는 증설의 누계를 말한다)하는 배출시설의 변경을 말한다.

(9) 제16조(시운전을 할 수 있는 시설)

법 제30조제2항에서 "대통령령으로 정하는 시설"이란 다음 각 호의 배출시설을 말한다.
1. 배연탈황시설(排煙脫黃施設)을 설치한 배출시설
2. 배연탈질시설(排煙脫窒施設)을 설치한 배출시설
3. 그 밖에 방지시설을 설치하거나 보수한 후 상당한 기간 시운전이 필요하다고 환경부장관이 인정하여 고시하는 배출시설

(10) 제18조(측정기기의 개선기간)

① 시·도지사는 조치명령을 하는 경우에는 6개월 이내의 개선기간을 정하여야 한다.
② 시·도지사는 제1항에 따라 조치명령을 받은 자가 천재지변이나 그 밖의 부득이한 사유로 제1항에 따른 기간 이내에 조치를 마칠 수 없는 경우 그가 신청하면 6개월의 범위에서 개선기간을 연장할 수 있다.

(11) 제20조(배출시설 및 방지시설의 개선기간)

① 시·도지사는 법 제33조에 따라 개선명령을 하는 경우에는 개선에 필요한 조치 및 시설 설치기간 등을 고려하여 1년 이내의 개선기간을 정하여야 한다.
② 법 제33조에 따라 개선명령을 받은 자는 천재지변이나 그 밖의 부득이한 사유로 제1항에 따른 기간에 명령받은 조치를 마칠 수 없는 경우에는 그 기간이 끝나기 전에 시·도지사에게 1년의 범위에서 개선기간의 연장을 신청할 수 있다.

(12) 제23조(배출부과금 부과대상 오염물질)

① 기본부과금의 부과대상이 되는 오염물질은 다음 각 호와 같다.
  1. 황산화물
  2. 먼지
  3. 질소산화물
② 초과부과금(이하 "초과부과금"이라 한다)의 부과대상이 되는 오염물질은 다음 각 호와 같다.
  1. 황산화물
  2. 암모니아
  3. 황화수소
  4. 이황화탄소
  5. 먼지
  6. 불소화물
  7. 염화수소
  8. 질소산화물
  9. 시안화수소

(13) 제28조(기본부과금 산정의 방법과 기준)

① 법 제35조제2항제1호에 따른 기본부과금은 배출허용기준 이하로 배출하는 오염물질배출량(이하 "기준이내배출량"이라 한다)에 오염물질 1킬로그램당 부과금액, 연도별 부과금산정지수, 지역별 부과계수 및 농도별 부과계수를 곱한 금액으로 한다.
② 제1항에 따른 기본부과금의 산정에 필요한 오염물질 1킬로그램당 부과금액에 관하여는 제24조제2항을 준용하며, 기본부과금의 지역별 부과계수는 별표 7과 같고, 기본부과금의 농도별 부과계수는 별표 8과 같다.
③ 제1항에 따른 연도별 부과금산정지수는 최초의 부과연도를 1로 하고, 그 다음 해부터는 매년 전년도 지수에 전년도 물가상승률 등을 고려하여 환경부장관이 정하여 고시하는 가격변동계수를 곱한 것으로 한다.

[별표 7]

기본부과금의 지역별 부과계수(제28조제2항 관련)

구분	지역별 부과계수
Ⅰ지역	1.5
Ⅱ지역	0.5
Ⅲ지역	1.0

[비고] Ⅰ, Ⅱ, Ⅲ지역에 관하여는 별표 4 비고란 제2호부터 제4호까지의 규정을 준용한다.

[별표 8]

기본부과금의 농도별 부과계수(제28조제2항 관련)

1. 연료를 연소하여 황산화물을 배출하는 시설(황산화물의 배출량을 줄이기 위하여 방지시설을 설치한 경우와 생산공정상 황산화물의 배출량이 줄어든다고 인정하는 경우는 제외한다)

구분	연료의 황함유량(%)		
	0.5% 이하	1.0% 이하	1.0% 초과
농도별 부과계수	0.2	0.4	1.0

2. 제1호 외의 시설

구분	배출허용기준의 백분율			
	30% 미만	30% 이상 40% 미만	40% 이상 50% 미만	50% 이상 60% 미만
농도별 부과계수	0	0.15	0.25	0.35

구분	배출허용기준의 백분율			
	60% 이상 70% 미만	70% 이상 80% 미만	80% 이상 90% 미만	90% 이상 100% 미만
농도별 부과계수	0.5	0.65	0.8	0.95

[비고] 1. 배출허용기준의 백분율(%) = $\dfrac{배출농도}{배출허용기준농도} \times 100$

2. 배출농도는 제29조에 따른 일일평균배출량의 산정근거가 되는 배출농도를 말한다.

(14) 제29조(기본부과금의 오염물질배출량 산정 등)

① 환경부장관 또는 시·도지사는 기본부과금의 산정에 필요한 기준이내배출량을 파악하기 위하여 필요한 경우에는 해당 사업자에게 기본부과금의 부과기간 동안 실제 배출한 기준이내배출량(이하 "확정배출량"이라 한다)에 관한 자료를 제출하게 할 수 있다. 이 경우 해당 사업자는 확정배출량에 관한 자료를 부과기간 완료일부터 30일 이내에 제출해야 한다.

② 확정배출량은 별표 9에서 정하는 방법에 따라 산정한다. 다만, 굴뚝 자동측정기기의 측정 결과에 따라 산정하는 경우에는 그러하지 아니하다.

③ 개선계획서를 제출한 사업자가 제2항 단서에 따라 확정배출량을 산정하는 경우 개선기간 중의 확정배출량은 개선기간 전에 굴뚝 자동측정기기가 정상 가동된 3개월 동안의 30분 평균치를 산술평균한 값을 적용하여 산정한다.

④ 제1항에 따라 제출된 자료를 증명할 수 있는 자료에 관한 사항은 환경부령으로 정한다.

(15) 제30조(기준이내배출량의 조정 등)
환경부장관 또는 시·도지사는 해당 사업자가 자료를 제출하지 않거나 제출한 내용이 실제와 다른 경우 또는 거짓으로 작성되었다고 인정하는 경우에는 다음 각 호의 구분에 따른 방법으로 기준이내배출량을 조정할 수 있다.

1. 사업자가 확정배출량에 관한 자료를 제출하지 않은 경우 : 해당 사업자가 다음 각 목의 조건에 모두 해당하는 상태에서 오염물질을 배출한 것으로 추정한 기준이내배출량
   가. 부과기간에 배출시설별 오염물질의 배출허용기준농도로 배출했을 것
   나. 배출시설 또는 방지시설의 최대시설용량으로 가동했을 것
   다. 1일 24시간 조업했을 것
2. 자료심사 및 현지조사 결과, 사업자가 제출한 확정배출량의 내용(사용연료 등에 관한 내용을 포함한다)이 실제와 다른 경우 : 자료심사와 현지조사 결과를 근거로 산정한 기준이내배출량
3. 사업자가 제29조제1항에 따라 제출한 확정배출량에 관한 자료가 명백히 거짓으로 판명된 경우 : 제1호에 따라 추정한 배출량의 100분의 120에 해당하는 기준이내배출량

(16) 제31조의2(징수비용의 교부)

① 환경부장관은 법 제35조제8항에 따라 다음 각 호의 구분에 따른 금액을 해당 시·도지사에게 징수비용으로 내주어야 한다.
   1. 시·도지사가 법 제35조에 따라 부과하였거나 법 제35조의3에 따라 조정하여 부과한 부과금 및 가산금 중 실제로 징수한 금액의 비율(이하 "징수비율"이라 한다)이 60퍼센트 미만인 경우 : 징수한 부과금 및 가산금의 100분의 7
   2. 징수비율이 60퍼센트 이상 80퍼센트 미만인 경우 : 징수한 부과금 및 가산금의 100분의 10
   3. 징수비율이 80퍼센트 이상인 경우 : 징수한 부과금 및 가산금의 100분의 13

② 환경부장관은 「환경정책기본법」에 따른 환경개선특별회계에 납입된 부과금 및 가산금 중 제1항에 따른 징수비용을 매월 정산하여 그 다음 달까지 해당 시·도지사에게 지급하여야 한다.

(17) 제36조(부과금의 징수유예 · 분할납부 및 징수절차)

① 법 제35조의4제1항 또는 제2항에 따라 부과금의 징수유예를 받거나 분할납부를 하려는 자는 부과금 징수 유예신청서와 부과금 분할납부신청서를 시 · 도지사에게 제출하여야 한다.

② 법 제35조의4제1항에 따른 징수유예는 다음 각 호의 구분에 따른 징수유예기간과 그 기간 중의 분할납부의 횟수에 따른다.

　　1. 기본부과금 : 유예한 날의 다음 날부터 다음 부과기간의 개시일 전일까지, 4회 이내
　　2. 초과부과금 : 유예한 날의 다음 날부터 2년 이내, 12회 이내

③ 법 제35조의4제2항에 따른 징수유예기간의 연장은 유예한 날의 다음 날부터 3년 이내로 하며, 분할납부의 횟수는 18회 이내로 한다.

④ 부과금의 분할납부 기한 및 금액과 그 밖에 부과금의 부과 · 징수에 필요한 사항은 시 · 도지사가 정한다.

[별표 4]

초과부과금 산정기준(제24조제2항 관련) (염소 삭제)

(금액: 원)

구분 오염물질		오염물질 1킬로 그램당 부과금액	배출허용 기준초과율별 부과계수							지역별 부과계수		
			20% 미만	20% 이상 40% 미만	40% 이상 80% 미만	80% 이상 100% 미만	100% 이상 200% 미만	200% 이상 300% 미만	300% 이상 400% 미만	400% 이상	Ⅰ 지역	Ⅱ 지역	Ⅲ 지역
황산화물		500	1.2	1.56	1.92	2.28	3.0	4.2	4.8	5.4	2	1	1.5
먼지		770	1.2	1.56	1.92	2.28	3.0	4.2	4.8	5.4	2	1	1.5
질소산화물		2,130	1.2	1.56	1.92	2.28	3.0	4.2	4.8	5.4	2	1	1.5
암모니아		1,400	1.2	1.56	1.92	2.28	3.0	4.2	4.8	5.4	2	1	1.5
황화수소		6,000	1.2	1.56	1.92	2.28	3.0	4.2	4.8	5.4	2	1	1.5
이황화탄소		1,600	1.2	1.56	1.92	2.28	3.0	4.2	4.8	5.4	2	1	1.5
특정유해물질	불소화합물	2,300	1.2	1.56	1.92	2.28	3.0	4.2	4.8	5.4	2	1	1.5
	염화수소	7,400	1.2	1.56	1.92	2.28	3.0	4.2	4.8	5.4	2	1	1.5
	시안화수소	7,300	1.2	1.56	1.92	2.28	3.0	4.2	4.8	5.4	2	1	1.5

[비고] 1. 배출허용기준 초과율(%) = (배출농도 － 배출허용기준농도) ÷ 배출허용기준농도 × 100
　　　 2. Ⅰ지역 : 「국토의 계획 및 이용에 관한 법률」 제36조에 따른 주거지역 · 상업지역, 같은 법 제37조에 따른 취락지구, 같은 법 제42조에 따른 택지개발예정지구
　　　 3. Ⅱ지역 : 「국토의 계획 및 이용에 관한 법률」 제36조에 따른 공업지역, 같은 법 제37조에 따른 개발진흥지구(관광 · 휴양개발진흥지구는 제외한다), 같은 법 제40조에 따른 수산자원보호구역, 같은 법 제42조에 따른 국가산업단지 및 지방산업단지, 전원개발사업구역 및 예정구역
　　　 4. Ⅲ지역 : 「국토의 계획 및 이용에 관한 법률」 제36조에 따른 녹지지역 · 관리지역 · 농림지역 및 자연환경보전지역, 같은 법 제37조 및 같은 법 시행령 제31조에 따른 관광 · 휴양개발진흥지구

(18) 제38조(과징금 처분)

① 법 제37조제1항 각 호 외의 부분 본문에서 "대통령령으로 정하는 경우"란 다음 각 호의 어느 하나에 해당하는 경우를 말한다.
  1. 외국에 수출할 목적으로 신용장을 개설하고 제품을 생산하는 경우
  2. 조업의 중지에 따라 배출시설에 투입된 원료·부원료 또는 제품 등이 화학반응을 일으키는 등의 사유로 폭발이나 화재사고가 발생될 우려가 있는 경우
  3. 원료를 용융(鎔融)하거나 용해하여 제품을 생산하는 경우

② 법 제37조제1항 각 호 외의 부분 단서에서 "대통령령으로 정하는 경우"란 다음 각 호의 어느 하나에 해당하는 경우를 말한다.
  1. 조업을 시작하지 않거나 조업을 중단하는 등의 사유로 매출액이 없는 경우
  2. 재해 등으로 매출액 산정자료가 소멸되거나 훼손되어 객관적인 매출액의 산정이 곤란한 경우

③ 법 제37조제1항에 따른 과징금은 법 제84조에 따른 위반행위별 행정처분기준에 따른 조업 정지일수에 1일당 300만원과 별표 1의3에 따른 사업장별로 다음 각 호의 구분에 따라 정한 부과계수를 곱하여 산정한다.
  1. 1종사업장: 2.0
  2. 2종사업장: 1.5
  3. 3종사업장: 1.0
  4. 4종사업장: 0.7
  5. 5종사업장: 0.4

④ 제3항에 따라 산정한 과징금의 금액은 법 제37조제3항에 따라 그 금액의 2분의 1 범위에서 늘리거나 줄일 수 있다. 이 경우 그 금액을 늘리는 경우에도 과징금의 총액은 법 제37조제1항 본문에 따른 매출액에 100분의 5를 곱한 금액(제2항에 해당하는 경우에는 2억원을 말한다)을 초과할 수 없다.

(19) [별표 9의2] 비산배출의 저감대상 업종

분 류	업 종
1. 코크스, 연탄 및 석유정제품 제조업	원유 정제처리업
2. 화학물질 및 화학제품 제조업: 의약품 제외	가. 석유화학계 기초화학물질 제조업 나. 합성고무 제조업 다. 합성수지 및 기타 플라스틱물질 제조업 라. 접착제 및 젤라틴 제조업
3. 1차 금속 제조업	가. 제철업 나. 제강업 다. 냉간 압연 및 압출 제품 제조업 라. 알루미늄 압연, 압출 및 연신제품 제조업 마. 강관 제조업
4. 고무제품 및 플라스틱제품 제조업	가. 그 외 기타 고무제품 제조업 나. 플라스틱 필름, 시트 및 판 제조업 다. 벽 및 바닥 피복용 플라스틱 제품 제조업 라. 플라스틱 포대, 봉투 및 유사제품 제조업 마. 플라스틱 적층, 도포 및 기타 표면처리제품 제조업 바. 그 외 기타 플라스틱 제품 제조업
5. 전기장비 제조업	가. 축전지 제조업 나. 기타 절연선 및 케이블 제조업
6. 기타 운송장비 제조업	가. 강선 건조업 나. 선박 구성부분품 제조업 다. 기타 선박 건조업
7. 육상운송 및 파이프라인 운송업	파이프라인 운송업
8. 창고 및 운송관련 서비스업	위험물품 보관업
9. 금속가공제품 제조업: 기계 및 기구 제외	가. 도장 및 기타 피막처리업 나. 그 외 기타 분류안된 금속가공제품 제조업
10. 섬유제품 제조업: 의복 제외	직물 및 편조원단 염색 가공업
11. 펄프, 종이 및 종이제품 제조업	가. 적층, 합성 및 특수표면처리 종이 제조업 나. 벽지 및 장판지 제조업
12. 전자부품, 컴퓨터, 영상, 음향 및 통신장비 제조업	그 외 기타 전자부품 제조업
13. 자동차 및 트레일러 제조업	가. 자동차용 동력전달장치 제조업 나. 그 외 기타 자동차 부품 제조업

[비고] 1. 위 표의 업종은 「통계법」 제22조에 따라 통계청장이 고시하는 한국표준산업분류에 따른 업종을 말한다.
     2. 제7호 및 제8호는 휘발유를 보관·출하하는 저유소에 한정하여 적용한다.

(20) [별표 10] 사업장별 환경기술인의 자격기준(제39조제2항 관련)

구분	환경기술인의 자격기준
1종사업장(대기오염물질발생량의 합계가 연간 80톤 이상인 사업장)	대기환경기사 이상의 기술자격 소지자 1명 이상
2종사업장(대기오염물질발생량의 합계가 연간 20톤 이상 80톤 미만인 사업장)	대기환경산업기사 이상의 기술자격 소지자 1명 이상
3종사업장(대기오염물질발생량의 합계가 연간 10톤 이상 20톤 미만인 사업장)	대기환경산업기사 이상의 기술자격 소지자, 환경기능사 또는 3년 이상 대기분야 환경관련 업무에 종사한 자 1명 이상
4종사업장(대기오염물질발생량의 합계가 연간 2톤 이상 10톤 미만인 사업장)	배출시설 설치허가를 받거나 배출시설 설치신고가 수리된 자 또는 배출시설 설치허가를 받거나 수리된 자가 해당 사업장의 배출시설 및 방지시설 업무에 종사하는 피고용인 중에서 임명하는 자 1명 이상
5종사업장(1종사업장부터 4종사업장까지에 속하지 아니하는 사업장)	

[비고] 1. 4종사업장과 5종사업장 중 제11조제1항제1호에 따른 기준 이상의 특정대기유해물질이 포함된 오염물질을 배출하는 경우에는 3종사업장에 해당하는 기술인을 두어야 한다.
2. 1종사업장과 2종사업장 중 1개월 동안 실제 작업한 날만을 계산하여 1일 평균 17시간 이상 작업하는 경우에는 해당 사업장의 기술인을 각각 2명 이상 두어야 한다. 이 경우, 1명을 제외한 나머지 인원은 3종사업장에 해당하는 기술인 또는 환경기능사로 대체할 수 있다.
3. 공동방지시설에서 각 사업장의 대기오염물질 발생량의 합계가 4종사업장과 5종사업장의 규모에 해당하는 경우에는 3종사업장에 해당하는 기술인을 두어야 한다.
4. 전체 배출시설에 대하여 방지시설 설치 면제를 받은 사업장과 배출시설에서 배출되는 오염물질 등을 공동방지시설에서 처리하는 사업장은 5종사업장에 해당하는 기술인을 둘 수 있다.
5. 대기환경기술인이 「물환경보전법」에 따른 수질환경기술인의 자격을 갖춘 경우에는 수질환경기술인을 겸임할 수 있으며, 대기환경기술인이 「소음·진동관리법」에 따른 소음·진동환경기술인 자격을 갖춘 경우에는 소음·진동환경기술인을 겸임할 수 있다.
6. 법 제2조제11호에 따른 배출시설 중 일반보일러만 설치한 사업장과 대기 오염물질 중 먼지만 발생하는 사업장은 5종사업장에 해당하는 기술인을 둘 수 있다.
7. "대기오염물질발생량"이란 방지시설을 통과하기 전의 먼지, 황산화물 및 질소산화물의 발생량을 환경부령으로 정하는 방법에 따라 산정한 양을 말한다.

(21) 제40조(저황유의 사용)

① 황함유기준(이하 "황함유기준"이라 한다)이 정하여진 연료용 유류(이하 "저황유"라 한다)의 공급지역과 사용시설의 범위 등에 관한 기준은 별표 10의2와 같다.

> [별표 10의2]
>
> **저황유의 공급지역 및 사용시설의 범위**
>
> 1. 저황유의 공급·사용 지역
>   가. 경유(황함유량 0.1% 이하): 전국
>   [비고] 경유 외에 「석유 및 석유대체연료 사업법」 등 관계 법령에 따른 등유, 부생연료유 1호(등유형)나 「폐기물관리법」 등 관계 법령에 따라 고온열분해방법 또는 감압증류방법으로 재생처리한 정제연료유를 사용할 수 있다.
>   나. 중유
>   1) 황함유량 0.5% 이하 중유[저유황 고유동점 연료유(LSWR) 포함] 공급·사용지역
>   [비고]
>   1. 황함유량 0.3% 이하 중유[저유황 고유동점 연료유(LSWR) 포함] 외에 「석유 및 석유대체연료 사업법」 등 관계 법령에 따른 부생연료유(副生燃料油) 2호(중유형)를 사용할 수 있다.
>   2. 서귀포시 남제주 화력발전소는 황함유량 0.3% 이하 중유를 사용하여야 한다.

② 법 제41조제4항에 따라 시·도지사는 별표 10의2에 따른 기준에 부적합한 유류를 공급하거나 판매하는 자에게는 유류의 공급금지 또는 판매금지와 그 유류의 회수처리를 명하여야 하며, 유류를 사용하는 자에게는 사용금지를 명하여야 한다.

③ 제2항에 따라 해당 유류의 회수처리명령 또는 사용금지명령을 받은 자는 명령을 받은 날부터 5일 이내에 다음 각 호의 사항을 구체적으로 밝힌 이행완료보고서를 시·도지사에게 제출하여야 한다.
1. 해당 유류의 공급기간 또는 사용기간과 공급량 또는 사용량
2. 해당 유류의 회수처리량, 회수처리방법 및 회수처리기간
3. 저황유의 공급 또는 사용을 증명할 수 있는 자료 등에 관한 사항

(22) 제42조(고체연료의 사용금지 등)

① 환경부장관 또는 시·도지사는 법 제42조에 따라 연료의 사용으로 인한 대기오염을 방지하기 위하여 별표 11의2에 해당하는 지역에 대하여 다음 각 호의 고체연료의 사용을 제한할 수 있다. 다만, 제3호의 경우에는 해당 지역 중 그 사용을 특히 금지할 필요가 있는 경우에만 제한할 수 있다.
1. 석탄류
2. 코크스
3. 땔나무와 숯
4. 그 밖에 환경부장관이 정하는 폐합성수지 등 가연성 폐기물 또는 이를 가공처리한 연료

[별표 11의2]

고체연료 사용 제한지역(제42조제1항 관련)

1. 서울특별시, 부산광역시, 인천광역시, 대구광역시, 광주광역시, 대전광역시 및 울산광역시
2. 경기도 중 수원시, 부천시, 과천시, 성남시, 광명시, 안양시, 의정부시, 안산시, 의왕시, 군포시, 시흥시, 구리시, 남양주시

[비고] 위 지역 중 별표 11의3에 따라 청정연료 외의 연료사용이 허용된 화력발전소에서는 고체연료를 사용할 수 있다.

(23) 제44조(비산먼지 발생사업)

법 제43조제1항 전단에서 "대통령령으로 정하는 사업"이란 다음 각 호의 사업 중 환경부령으로 정하는 사업을 말한다.

1. 시멘트·석회·플라스터 및 시멘트 관련 제품의 제조업 및 가공업
2. 비금속물질의 채취업, 제조업 및 가공업
3. 제1차 금속 제조업
4. 비료 및 사료제품의 제조업
5. 건설업(지반 조성공사, 건축물 축조 및 토목공사, 조경공사로 한정한다)
6. 시멘트, 석탄, 토사, 사료, 곡물 및 고철의 운송업
7. 운송장비 제조업
8. 저탄시설(貯炭施設)의 설치가 필요한 사업
9. 고철, 곡물, 사료, 목재 및 광석의 하역업 또는 보관업
10. 금속제품의 제조업 및 가공업
11. 폐기물 매립시설 설치·운영 사업

(24) 제45조(휘발성유기화합물의 규제 등)

① 법 제44조제1항 각 호 외의 부분에서 "대통령령으로 정하는 시설"이란 다음 각 호의 시설을 말한다.
  1. 석유정제를 위한 제조시설, 저장시설 및 출하시설(出荷施設)과 석유화학제품 제조업의 제조시설, 저장시설 및 출하시설
  2. 저유소의 저장시설 및 출하시설
  3. 주유소의 저장시설 및 주유시설
  4. 세탁시설
  5. 그 밖에 휘발성유기화합물을 배출하는 시설로서 환경부장관이 관계 중앙행정기관의 장과 협의하여 고시하는 시설
② 제1항 각 호에 따른 시설의 규모는 환경부장관이 관계 중앙행정기관의 장과 협의하여 고시한다.
③ 법 제45조제4항에서 "대통령령으로 정하는 사유"란 다음 각 호의 어느 하나에 해당하는 사유를 말한다.
  1. 국내에서 확보할 수 없는 특수한 기술이 필요한 경우

2. 천재지변이나 그 밖에 특별시장·광역시장·특별자치시장·도지사(그 관할구역 중 인구 50만 이상의 시는 제외한다)·특별자치도지사 또는 특별시·광역시 및 특별자치시를 제외한 인구 50만 이상의 시장이 부득이하다고 인정하는 경우

(25) 제46조(배출가스의 종류)

법 제46조제1항에서 "대통령령으로 정하는 오염물질"이란 다음 각 호의 구분에 따른 물질을 말한다.
1. 휘발유, 알코올 또는 가스를 사용하는 자동차
  가. 일산화탄소
  나. 탄화수소
  다. 질소산화물
  라. 알데히드
  마. 입자상물질
  바. 암모니아
2. 경유를 사용하는 자동차
  가. 일산화탄소
  나. 탄화수소
  다. 질소산화물
  라. 매연
  마. 입자상물질(粒子狀物質)
  바. 암모니아

(26) 제47조(인증의 면제·생략 자동차)

① 인증을 면제할 수 있는 자동차는 다음 각 호와 같다.
  1. 군용 및 경호업무용 등 국가의 특수한 공용 목적으로 사용하기 위한 자동차와 소방용 자동차
  2. 주한 외국공관 또는 외교관이나 그 밖에 이에 준하는 대우를 받는 자가 공용 목적으로 사용하기 위한 자동차로서 외교부장관의 확인을 받은 자동차
  3. 주한 외국군대의 구성원이 공용 목적으로 사용하기 위한 자동차
  4. 수출용 자동차와, 박람회나 그 밖에 이에 준하는 행사에 참가하는 자가 전시의 목적으로 일시 반입하는 자동차
  5. 여행자 등이 다시 반출할 것을 조건으로 일시 반입하는 자동차
  6. 자동차제작자 및 자동차 관련 연구기관 등이 자동차의 개발 또는 전시 등 주행 외의 목적으로 사용하기 위하여 수입하는 자동차
  7. 외국인 또는 외국에서 1년 이상 거주한 내국인이 주거(住居)를 옮기기 위하여 이주물품으로 반입하는 1대의 자동차
② 인증을 생략할 수 있는 자동차는 다음 각 호와 같다.

1. 국가대표 선수용 자동차 또는 훈련용 자동차로서 문화체육관광부장관의 확인을 받은 자동차
2. 외국에서 국내의 공공기관 또는 비영리단체에 무상으로 기증한 자동차
3. 외교관 또는 주한 외국군인의 가족이 사용하기 위하여 반입하는 자동차
4. 항공기 지상 조업용 자동차
5. 인증을 받지 아니한 자가 그 인증을 받은 자동차의 원동기를 구입하여 제작하는 자동차
6. 국제협약 등에 따라 인증을 생략할 수 있는 자동차
7. 그 밖에 환경부장관이 인증을 생략할 필요가 있다고 인정하는 자동차

(27) 제47조의2(과징금 부과기준)

① 법 제48조의4제3항에 따른 과징금의 부과기준은 다음 각 호와 같다.
  1. 과징금은 법 제84조의 행정처분기준에 따라 업무정지일수에 1일당 부과금액을 곱하여 산정할 것
  2. 제1호에 따른 1일당 부과금액은 20만원으로 한다.
② 법 제48조의2제2항 각 호의 위반행위 중 6개월 이상의 업무정지처분을 받아야 하는 위반행위는 과징금 부과처분 대상에서 제외한다.

(28) 제48조(제작차배출허용기준 검사의 종류 등)

① 환경부장관은 제작차에 대하여 다음 각 호의 구분에 따른 검사를 실시하여야 한다.
  1. 수시검사 : 제작 중인 자동차가 제작차배출허용기준에 맞는지를 수시로 확인하기 위하여 필요한 경우에 실시하는 검사
  2. 정기검사 : 제작 중인 자동차가 제작차배출허용기준에 맞는지를 확인하기 위하여 자동차 종류별로 제작 대수(臺數)를 고려하여 일정 기간마다 실시하는 검사
② 제1항에 따른 검사 결과에 불복하는 자는 환경부령으로 정하는 바에 따라 재검사를 신청할 수 있다.

(29) 제49조의2(자동차의 교체·환불·재매입 명령)

① 법 제50조제8항, 제51조제8항 또는 제53조제7항에 따른 자동차의 교체, 환불 또는 재매입(이하 이 조에서 "교체등"이라 한다) 명령은 다음 각 호의 기준에 따른다.
  1. 교체: 자동차제작자가 교체등 대상 자동차와 「자동차관리법」 제3조제3항에 따른 규모별 세부분류 및 유형별 세부분류가 동일하게 분류되는 자동차를 제작하고 있는 경우
  2. 환불: 자동차제작자가 제1호에 해당하지 아니하거나 자동차 소유자가 교체를 원하지 아니하는 경우. 다만, 「자동차관리법」 제5조에 따른 자동차등록부(이하 이 조에서 "자동차등록원부"라 한다)에 기재된 교체등 대상 자동차의 최초등록일부터 1년이 지나지 아니한 경우에만 할 수 있다.
  3. 재매입: 제1호 및 제2호에 해당하지 아니하는 경우
② 제1항제2호에 따라 환불을 명하는 경우 그 환불금액은 교체등 대상 자동차의 공급가액에 부가가치세 및 취득세를 합하여 산정한 금액(이하 이 조에서 "기준금액"이라 한다)으로 한다.

③ 제1항제3호에 따라 재매입을 명하는 경우 그 재매입금액은 다음의 계산식에 따른다. 이 경우 운행 개월수는 자동차등록원부에 기재된 교체등 대상 자동차의 최초등록일부터 산정한다.

식 재매입금액 = 기준금액 − [(교체등 대상 자동차의 운행 개월수/12)×(기준금액×0.1)]

④ 제3항에 따라 산정된 금액이 기준금액의 100분의 30에 미달하는 경우에는 기준금액의 100분의 30에 해당하는 금액을 재매입금액으로 한다.

⑤ 환경부장관은 제1항에 따라 자동차의 교체등을 명할 때 자동차제작자가 기준금액의 100분의 10 이하의 범위에서 교체등에 드는 비용을 자동차의 소유자에게 추가로 지급하도록 명할 수 있다.

⑥ 제1항에 따른 교체등 명령을 받은 자동차제작자는 명령을 받은 날부터 60일 이내에 교체등 대상 자동차의 범위, 비용 예측, 자동차 소유자에 대한 통지계획 등이 포함된 이행계획을 수립하여 환경부장관의 승인을 받아 시행하고, 그 결과를 환경부장관에게 보고하여야 한다.

(30) 제52조(과징금 산정 등)

법 제56조제2항에 따른 위반행위의 종류, 배출가스의 증감 정도 등에 따른 과징금의 부과기준은 별표 12와 같다.

[별표 12]

과징금의 부과기준(제52조 관련)

1. 매출액 산정방법

법 제56조에서 "매출액"이란 그 자동차의 최초 제작시점부터 적발시점까지의 총 매출액으로 한다. 다만, 과거에 위반경력이 있는 자동차 제작자는 위반행위가 있었던 시점 이후에 제작된 자동차의 매출액으로 한다.

2. 가중부과계수

위반행위의 종류 및 배출가스의 증감 정도에 따른 가중부과계수는 다음과 같다.

위반행위의 종류	가중부과계수	
	배출가스의 양이 증가하는 경우	배출가스의 양이 증가하지 않는 경우
가. 법 제48조제1항을 위반하여 인증을 받지 않고 자동차를 제작하여 판매한 경우	1.0	1.0
나. 거짓이나 그 밖의 부정한 방법으로 법 제48조에 따른 인증 또는 변경인증을 받은 경우	1.0	1.0
다. 법 제48조제1항에 따라 인증받은 내용과 다르게 자동차를 제작하여 판매한 경우	1.0	0.3

3. 과징금 산정방법 : 매출액 × 5/100 × 가중부과계수

(31) 제52조의2(저공해자동차를 보급해야 하는 자동차판매자의 범위)

"대통령령으로 정하는 수량"이란 별표 12의2에 따른 수량을 말한다.

> [별표 12의2]
>
> ### 저공해자동차를 보급해야 하는 자동차판매자의 범위
>
> "대통령령으로 정하는 수량"이란 15인승 이하 승용자동차 및 승합자동차의 연간 판매수량의 최근 3년간 평균 기준 4,500대를 말한다.
>
> [비고]
> 1. 판매수량은 법 제58조의2제4항에 따른 저공해자동차 보급계획서 제출 대상 회계연도의 4개년 전 1월 1일부터 전전년도 12월 31일까지 판매한 수량을 말한다.
> 2. 2009년 1월 1일부터 2009년 12월 31일까지 15인승 이하 승용자동차 및 승합자동차 판매수량이 4,500대 미만인 자는 저공해자동차를 보급해야 하는 자동차판매자에서 제외한다.

(32) 제52조의3(무공해자동차)

"대통령령으로 정하는 자동차"란 자동차에서 배출되는 대기오염물질이 환경부령으로 정하는 배출허용기준에 맞는 자동차로서 전기자동차, 태양광자동차 및 수소전기자동차를 말한다.

(33) 제60조(선박 대기오염물질의 종류)

법 제76조제1항에서 "대통령령으로 정하는 대기오염물질"이란 질소산화물을 말한다.

(34) 제60조의3(과징금 산정방법 등)

① 법 제76조의6제1항에 따른 과징금의 산정방법 등은 별표 14와 같다.

> [별표 14]
>
> ### 과징금의 산정방법 등(제60조의3제1항 관련)
>
> 1. 자동차제작자별 과징금 금액은 온실가스 배출허용기준을 달성하지 못한 연도(이하 "해당 연도"라 한다)의 온실가스 배출허용기준 미달성량(未達成量)(g/km)에 법 제76조의5제2항에 따라 이월·거래 또는 상환한 양을 감(減)하여 산정한 값을 과징금 요율[원/(g/km)]에 곱한 금액으로 한다.
> 2. 제1호의 온실가스 배출허용기준 미달성량은 다음 계산식에 따라 계산한다.
>
>   온실가스 배출허용기준 미달성량 = (온실가스 평균배출량 − 온실가스 배출허용기준) × 판매 대수(대)
>
>   가. "온실가스 평균배출량"이란 법 제2조제21호에 따른 온실가스 평균배출량을 말한다.
>   나. "온실가스 배출허용기준"이란 「저탄소 녹색성장 기본법 시행령」 제37조제2항에 따라 환경부장관이 고시한 기준을 말한다.

다. "판매 대수"란 법 제2조제21호에 따른 자동차의 제작자별 해당 연도 판매 대수를 말한다.

3. 해당 연도별 과징금 요율은 아래 표와 같다.

해당 연도	과징금 요율[원/(g/km)]
가. 2014년부터 2016년까지	10,000원
나. 2017년부터 2019년까지	30,000원
다. 2020년 이후	50,000원

(39) 제67조(과태료) 법 제94조제1항부터 제6항까지의 규정에 따른 과태료의 부과기준은 별표 15와 같다.

[별표 15]

과태료의 부과기준(제67조 관련)

1. 일반기준

   가. 위반행위의 횟수에 따른 과태료의 부과기준은 최근 1년간 같은 위반행위로 과태료 부과처분을 받은 경우에 적용한다. 이 경우 기간의 계산은 위반행위에 대하여 과태료 부과처분을 받은 날과 그 처분 후 다시 같은 위반행위를 하여 적발된 날을 기준으로 한다.

   나. 가목에 따라 가중된 부과처분을 하는 경우 가중처분의 적용 차수는 그 위반행위 전 부과처분 차수(가목에 따른 기간 내에 과태료 부과처분이 둘 이상 있었던 경우에는 높은 차수를 말한다)의 다음 차수로 한다.

   다. 부과권자는 다음의 어느 하나에 해당하는 경우에는 제2호에 따른 과태료 금액의 2분의 1 범위에서 그 금액을 줄일 수 있다. 다만, 과태료를 체납하고 있는 위반행위자에 대해서는 그러하지 아니하다.
   1) 위반행위자가 「질서위반행위규제법」에 해당하는 경우
   2) 위반행위가 위반행위자의 사소한 부주의나 오류 등 과실로 인한 것으로 인정되는 경우
   3) 위반행위자가 위반행위를 바로 정정하거나 시정하여 해소한 경우
   4) 고의 또는 중과실이 없는 위반행위자가 「소상공인기본법」에 따른 소상공인인 경우로서 위반행위자의 현실적인 부담능력, 경제위기 등으로 위반행위자가 속한 시장·산업 여건이 현저하게 변동되거나 지속적으로 악화된 상태인지 여부 등을 종합적으로 고려할 때 과태료를 감경할 필요가 있다고 인정되는 경우
   5) 그 밖에 위반행위의 정도, 동기와 그 결과 등을 고려하여 과태료 금액을 줄일 필요가 있다고 인정되는 경우

2. 개별기준

(단위: 만원)

위 반 사 항	과태료 금액		
	1차 위반	2차 위반	3차 이상 위반
가. 법 제23조제2항이나 제3항에 따른 변경신고를 하지 않은 경우	60	80	100
나. 법 제31조제1항제3호나 제4호에 따른 행위를 한 경우	200	200	200
다. 배출시설 등의 운영상황을 기록·보존하지 않거나 거짓으로 기록한 경우	100	200	300
라. 법 제32조제3항제2호에 따른 행위를 한 경우	200	200	200
마. 법 제32조제4항을 위반하여 운영·관리기준을 지키지 않은 경우	200	200	200
바. 법 제32조의2제5항을 위반하여 관리기준을 지키지 않은 경우	200	200	200
사. 변경신고를 하지 않은 경우	100	150	200
아. 법 제39조제3항을 위반하여 측정한 결과를 제출하지 않은 경우	100	150	200
자. 환경기술인을 임명하지 않은 경우	300	300	300
차. 환경기술인의 준수사항을 지키지 않은 경우	60	80	100
카. 비산먼지의 발생 억제 시설의 설치 및 필요한 조치를 하지 않고 시멘트·석탄·토사 등 가루 상태 물질을 운송한 경우	120	160	200
타. 법 제43조제1항 후단에 따른 변경신고를 하지 않은 경우	60	80	100
파. 휘발성유기화합물 배출시설의 변경신고를 하지 않은 경우	60	80	100
하. 검사·측정을 않은 경우 또는 검사·측정결과를 기록·보존하지 않거나 거짓으로 기록·보존한 경우	200	200	200
거. 제48조제3항을 위반하여 인증 또는 변경인증의 표시를 하지 않은 경우	500	500	500
너. 법 제48조의2제2항에 따른 신고를 하지 않거나 거짓으로 신고를 하고 인증시험업무를 대행한 경우	100	150	200
더. 평균 배출량 달성 실적을 제출하지 않은 경우	100	100	100
러. 상환계획서를 제출하지 않은 경우	100	100	100
머. 결함시정 결과보고를 하지 않은 경우	100	150	200
버. 결함시정계획을 수립·제출하지 않거나 결함시정계획을 부실하게 수립·제출하여 환경부장관의 승인을 받지 못한 경우	500	500	500
서. 결함시정명령을 위반한 경우	300	300	300
어. 결함시정 현황과 부품결함 현황 또는 법 제53조제2항에 따른 결함시정 현황을 보고하지 않은 경우	100	150	200
저. 저공해자동차로의 전환 또는 개조 명령, 배출가스저감장치의 부착·교체 명령 또는 배출가스 관련 부품의 교체 명령, 저공해엔진(혼소엔진을 포함한다)으로의 개조 또는 교체 명령을 이행하지 않는 경우	50	100	300
처. 보급실적을 제출하지 않은 경우	200	300	500
커. 저공해자동차의 구매·임차 비율을 준수하지 않은 경우(같은 항 제2호·제3호의 자만 해당한다)	100	200	300

터. 자동차의 원동기 가동제한을 위반한 자동차의 운전자	5	5	5
퍼. 성능점검결과를 제출하지 않은 경우	300	400	500
허. 점검에 응하지 않거나 기피 또는 방해한 경우	100	150	200
고. 이륜자동차정기검사를 받지 않은 경우			
1) 이륜자동차 정기검사를 받아야 하는 기간 만료일부터 30일 이내인 경우	2		
2) 이륜자동차 정기검사를 받아야 하는 기간 만료일부터 30일을 초과하는 경우에는 매 3일 초과 시 마다	1		
노. 정비·점검 및 확인검사를 받지 않은 경우	60	80	100
도. 등록된 기술인력이 교육을 받게 하지 않은 전문정비사업자	60	80	100
로. 법 제68조제4항제3호 또는 제4호에 따른 행위를 한 경우	100	150	200
모. 정비·점검 및 확인검사 결과표를 발급하지 않거나 정비·점검 및 확인검사 결과를 보고하지 않은 경우	60	80	100
보. 제조기준에 맞지 않는 첨가제 또는 촉매제임을 알면서 사용한 경우	100	150	200
소. 검사를 받지 않거나 검사받은 내용과 다르게 제조된 첨가제 또는 촉매제임을 알면서 사용한 경우	100	150	200
오. 법 제74조제11항에 따른 변경신고를 하지 않은 경우	100	150	200
조. 법 제74조의2제2항에 따른 신고를 하지 않거나 거짓으로 신고를 하고 자동차연료·첨가제 또는 촉매제의 검사업무를 대행한 경우	100	150	200
초. 자동차에 온실가스 배출량을 표시하지 않거나 거짓으로 표시하는 경우	200	300	(3차) 400 (4차 이상) 500
코. 환경기술인 등의 교육을 받게 하지 않은 경우	60	80	100
토. 보고를 하지 않거나 거짓으로 보고한 경우 또는 자료를 제출하지 않거나 거짓으로 제출한 경우	60	80	100
포. 냉매사용기기의 소유자등이 냉매관리기준을 준수하지 않은 경우	100	100	100
호. 냉매사용기기의 소유자등이 냉매사용기기의 유지·보수 및 냉매의 회수·처리 내용을 기록·보존 또는 제출하지 않은 경우	60	80	100
구. 냉매회수업의 변경등록을 하지 않고 등록사항을 변경한 경우	100	150	200
누. 냉매회수업자가 냉매관리기준을 준수하지 않거나 냉매의 회수 내용을 기록·보존 또는 제출하지 않은 경우	100	150	200
두. 등록된 기술인력에게 교육을 받게 하지 않은 경우	60	80	100

[비고] 위 표 제2호터목에 따라 부과할 수 있는 과태료의 최고한도액은 20만원으로 한다.

CHAPTER 03 대기환경보전법 시행규칙

1 시행규칙 전문

(1) 제2조(대기오염물질)

「대기환경보전법」(이하 "법"이라 한다) 제2조제1호에 따른 대기오염물질은 별표 1과 같다.

[별표 1]

대기오염물질(제2조 관련)

1. 입자상물질	23. 이황화탄소	45. 베릴륨 및 그 화합물
2. 브롬 및 그 화합물	24. 탄화수소	46. 프로필렌옥사이드
3. 알루미늄 및 그 화합물	25. 인 및 그 화합물	47. 폴리염화비페닐
4. 바나듐 및 그 화합물	26. 붕소화합물	48. 클로로포름
5. 망간화합물	27. 아닐린	49. 포름알데히드
6. 철 및 그 화합물	28. 벤젠	50. 아세트알데히드
7. 아연 및 그 화합물	29. 스틸렌	51. 벤지딘
8. 셀렌 및 그 화합물	30. 아크롤레인	52. 1,3-부타디엔
9. 안티몬 및 그 화합물	31. 카드뮴 및 그 화합물	53. 다환 방향족 탄화수소류
10. 주석 및 그 화합물	32. 시안화물	54. 에틸렌옥사이드
11. 텔루륨 및 그 화합물	33. 납 및 그 화합물	55. 디클로로메탄
12. 바륨 및 그 화합물	34. 크롬 및 그 화합물	56. 테트라클로로에틸렌
13. 일산화탄소	35. 비소 및 그 화합물	57. 1,2-디클로로에탄
14. 암모니아	36. 수은 및 그 화합물	58. 에틸벤젠
15. 질소산화물	37. 구리 및 그 화합물	59. 트리클로로에틸렌
16. 황산화물	38. 염소 및 그 화합물	60. 아크릴로니트릴
17. 황화수소	39. 불소화물	61. 히드라진
18. 황화메틸	40. 석면	62. 아세트산비닐
19. 이황화메틸	41. 니켈 및 그 화합물	63. 비스(2-에틸헥실)프탈레이트
20. 메르캅탄류	42. 염화비닐	64. 디메틸포름아미드
21. 아민류	43. 다이옥신	
22. 사염화탄소	44. 페놀 및 그 화합물	

(2) 제2조의2(유해성대기감시물질)

법 제2조제1호의2에 따른 유해성대기감시물질은 별표 1의2와 같다.

[별표 1의2]

유해성대기감시물질(제2조의2 관련)

1. 카드뮴 및 그 화합물	16. 베릴륨 및 그 화합물	31. 1,2-디클로로에탄
2. 시안화수소	17. 벤젠	32. 에틸벤젠
3. 납 및 그 화합물	18. 사염화탄소	33. 트리클로로에틸렌
4. 폴리염화비페닐	19. 이황화메틸	34. 아크릴로니트릴
5. 크롬 및 그 화합물	20. 아닐린	35. 히드라진
6. 비소 및 그 화합물	21. 클로로포름	36. 암모니아
7. 수은 및 그 화합물	22. 포름알데히드	37. 아세트산비닐
8. 프로필렌옥사이드	23. 아세트알데히드	38. 비스(2-에틸헥실)프탈레이트
9. 염소 및 염화수소	24. 벤지딘	39. 디메틸포름아미드
10. 불소화물	25. 1,3-부타디엔	40. 일산화탄소
11. 석면	26. 다환 방향족 탄화수소류	41. 알루미늄 및 그 화합물
12. 니켈 및 그 화합물	27. 에틸렌옥사이드	42. 망간화합물
13. 염화비닐	28. 디클로로메탄	43. 구리 및 그 화합물
14. 다이옥신	29. 스틸렌	
15. 페놀 및 그 화합물	30. 테트라클로로에틸렌	

(3) 제3조(기후·생태계 변화유발물질)

법 제2조제2호에서 "환경부령으로 정하는 것"이란 염화불화탄소와 수소염화불화탄소를 말한다.

(4) 제4조(특정대기유해물질)

법 제2조제9호에 따른 특정대기유해물질은 별표 2와 같다.

[별표 2]

특정대기유해물질(제4조 관련)

1. 카드뮴 및 그 화합물	13. 염화비닐	25. 1,3-부타디엔
2. 시안화수소	14. 다이옥신	26. 다환 방향족 탄화수소류
3. 납 및 그 화합물	15. 페놀 및 그 화합물	27. 에틸렌옥사이드
4. 폴리염화비페닐	16. 베릴륨 및 그 화합물	28. 디클로로메탄
5. 크롬 및 그 화합물	17. 벤젠	29. 스틸렌
6. 비소 및 그 화합물	18. 사염화탄소	30. 테트라클로로에틸렌
7. 수은 및 그 화합물	19. 이황화메틸	31. 1,2-디클로로에탄
8. 프로필렌 옥사이드	20. 아닐린	32. 에틸벤젠
9. 염소 및 염화수소	21. 클로로포름	33. 트리클로로에틸렌
10. 불소화물	22. 포름알데히드	34. 아크릴로니트릴
11. 석면	23. 아세트알데히드	35. 히드라진
12. 니켈 및 그 화합물	24. 벤지딘	

(5) 제5조(대기오염물질배출시설)

법 제2조제11호에 따른 대기오염물질배출시설(이하 "배출시설"이라 한다)은 별표 3과 같다.

[별표 3]

대기오염물질 배출시설(제5조 관련)

1. 2020년 1월 1일부터 적용되는 대기오염배출시설

   가. 배출시설 적용기준

   1) 배출시설의 규모는 그 시설의 중량·면적·용적·열량·동력(킬로와트) 등으로 하되 최대시설규모를 말하고, 동일 사업장에 그 규모 미만의 동종시설이 2개 이상 설치된 경우로서 그 시설의 총 규모가 나목의 대상 배출시설란에서 규정하고 있는 규모 이상인 경우에는 그 시설들을 배출시설에 포함한다. 다만, 나목의 대상 배출시설란에서 규정하고 있는 규모 미만의 다음의 시설은 시·도지사가 주변 환경여건을 고려하여 인정하는 경우에는 동종시설 총 규모 산정에서 제외할 수 있다.

      가) 지름이 1밀리미터 이상인 고체입자상물질 저장시설

      나) 영업을 목적으로 하지 않는 연구시설

      다) 설비용량이 1.5메가와트 미만인 도서지방용 발전시설

      라) 시간당 증발량이 0.1톤 미만이거나 열량이 61,900킬로칼로리 미만인 보일러로서 환경표지 인증을 받은 보일러

   2) 하나의 동력원에 2개 이상의 배출시설이 연결되어 동시에 가동되는 경우에는 각 배출시설의 동력 소요량에 비례하여 배출시설의 규모를 산출한다.

   3) 나목에도 불구하고 다음의 시설은 대기오염물질배출시설에서 제외한다.

      가) 전기만을 사용하는 간접가열시설

      나) 건조시설 중 옥내에서 태양열 등을 이용하여 자연 건조시키는 시설

      다) 용적규모가 5만세제곱미터 이상인 도장시설

      라) 선박건조공정의 야외구조물 및 선체외판 도장시설

      마) 수상구조물 제작공정의 도장시설

      바) 액체여과기 제조업 중 해수담수화설비제조 도장시설

      사) 금속조립구조제 제조업 중 교량제조 등 대형 야외구조물 완성품을 부분적으로 도장하는 야외 도장시설

      아) 제품의 길이가 100미터 이상인 야외도장시설 등

      자) 붓 또는 롤러만을 사용하는 도장시설

      차) 습식시설로서 대기오염물질이 배출되지 않는 시설

      카) 밀폐, 차단시설 설치 등으로 대기오염물질이 전혀 배출되지 않는 시설로서 시·도지사가 인정하는 시설

      타) 이동식 시설(해당 시설이 해당 사업장의 부지경계선을 벗어나는 시설을 말한다)

      파) 환경부장관이 정하여 고시하는 밀폐된 진공기반의 용해시설로서 대기오염물질이 배출되지 않는 시설

나. 배출시설의 분류

배출시설	대상 배출시설
1) 섬유제품 제조시설	가) 동력이 2.25kW 이상인 선별(혼타)시설 나) 연료사용량이 시간당 60킬로그램 이상이거나 용적이 5세제곱미터 이상인 다음의 시설 　① 다림질(텐터)시설 　② 코팅시설(실리콘·불소수지 외의 유연제 또는 방수용 수지를 사용하는 시설만 해당한다) 다) 연료사용량이 일일 20킬로그램 이상이거나 용적이 1세제곱미터 이상인 모소시설(모직물만 해당한다) 라) 동력이 7.5kW 이상인 기모(식모, 전모)시설
2) 가죽·모피가공 시설 및 모피제품·신발 제조시설	용적이 3세제곱미터 이상인 다음의 시설 가) 염색시설 나) 접착시설 다) 건조시설(유기용제를 사용하는 시설만 해당한다)
3) 펄프, 종이 및 판지 제조시설	가) 용적이 3세제곱미터 이상인 다음의 시설 　① 증해(蒸解)시설 　② 표백(漂白)시설 나) 연료사용량이 시간당 30킬로그램 이상인 다음의 시설 　① 석회로시설 　② 가열시설
4) 기타, 종이 및 판지 제품 제조시설	가) 용적이 3세제곱미터 이상인 다음의 시설 　① 증해(蒸解)시설 　② 표백(漂白)시설 나) 연료사용량이 시간당 30킬로그램 이상인 다음의 시설 　① 석회로시설 　② 가열시설
5) 인쇄 및 각종 기록 매체 제조(복제) 시설	연료사용량이 시간당 30킬로그램 이상이거나 합계용적이 1세제곱미터 이상인 인쇄·건조시설(유기용제류를 사용하는 인쇄시설과 이 시설과 연계되어 유기용제류를 사용하는 코팅시설, 건조시설만 해당한다)
6) 코크스 제조시설 및 관련제품 저장시설	연료사용량이 시간당 30킬로그램 이상인 석탄 코크스 제조시설(코크스로·인출시설·냉각시설을 포함한다. 다만, 석탄 장입시설 및 코크스 오븐가스 방산시설은 제외한다), 석유 코크스 제조시설 및 저장시설
7) 석유 정제품 제조시설 및 관련제품 저장시설	가) 용적이 1세제곱미터 이상인 다음의 시설 　① 반응(反應)시설 　② 흡수(吸收)시설 　③ 응축시설 　④ 정제(精製)시설[분리(分離)시설, 증류(蒸溜)시설, 추출(抽出)시설 및 여과(濾過)시설을 포함한다]

⑤ 농축(濃縮)시설
⑥ 표백시설

나) 용적이 1세제곱미터 이상이거나 연료사용량이 시간당 30킬로그램 이상인 다음의 시설
① 용융ㆍ용해시설
② 소성(燒成)시설
③ 가열시설
④ 건조시설
⑤ 회수(回收)시설
⑥ 연소(燃燒)시설(석유제품의 연소시설, 중질유 분해시설의 일산화탄소 소각시설 및 황 회수장치의 부산물 연소시설만 해당한다)
⑦ 촉매재생시설
⑧ 탈황(脫黃)시설

다) 용적이 50세제곱미터 이상인 유기화합물(원유ㆍ휘발유ㆍ나프타) 저장시설(주유소 저장시설은 제외한다)

8) 기초유기화합물 제조시설

가) 용적이 1세제곱미터 이상인 다음의 시설
① 반응시설
② 흡수시설
③ 응축시설
④ 정제시설(분리ㆍ증류ㆍ추출ㆍ여과시설을 포함한다)
⑤ 농축시설
⑥ 표백시설

나) 용적이 1세제곱미터 이상이거나 연료사용량이 시간당 30킬로그램 이상인 다음의 시설
① 용융ㆍ용해시설
② 소성시설
③ 가열시설
④ 건조시설
⑤ 회수시설
⑥ 연소(燃燒)시설(중질유 분해시설의 일산화탄소 소각시설 및 황 회수장치의 부산물 연소시설을 포함한 기초유기화합물 제조시설의 연소시설만 해당한다)
⑦ 촉매재생시설
⑧ 탈황시설(成形)

다) 37.5kW 이상인 성형(射出)시설[압출(壓出)방법, 압연(壓延)방법 또는 사출방법에 의한 시설을 포함한다]

9) 가스 제조시설

가) 용적이 1세제곱미터 이상인 다음의 시설
① 반응시설
② 흡수시설
③ 응축시설
④ 정제시설(분리ㆍ증류ㆍ추출ㆍ여과시설을 포함한다)

		⑤ 농축시설
		⑥ 표백시설
		나) 용적이 1세제곱미터 이상이거나 연료사용량이 시간당 30킬로그램 이상인 다음의 시설 　① 용융·용해시설 　② 소성시설 　③ 가열시설(연소시설을 포함한다) 　④ 건조시설 　⑤ 회수시설 　⑥ 촉매재생시설 　⑦ 황산화물제거시설
		다) 37.5킬로와트 이상인 성형시설(압출방법, 압연방법 또는 사출방법에 의한 시설을 포함한다)
		라) 용적이 1세제곱미터 이상이거나 연료사용량이 시간당 30킬로그램 이상인 석탄가스화 연료 제조시설 중 다음의 시설 　① 건조시설 　② 분쇄시설 　③ 가스화시설 　④ 제진시설 　⑤ 황 회수시설(황산제조시설, 탈황시설을 포함한다) 　⑥ 연소시설(석탄가스화 연료 제조시설의 각종 부산물 연소시설만 해당한다) 　⑦ 용적이 50세제곱미터 이상인 고체입자상물질 및 유·무기산 저장시설
10) 기초무기화합물 제조시설	가) 용적이 1세제곱미터 이상인 다음의 시설 　① 반응시설 　② 흡수시설 　③ 응축시설 　④ 정제시설(분리·증류·추출·여과시설을 포함한다) 　⑤ 농축시설 　⑥ 표백시설	
	나) 용적이 1세제곱미터 이상이거나 연료사용량이 시간당 30킬로그램 이상인 다음의 시설 　① 용융·용해시설 　② 소성시설 　③ 가열시설 　④ 건조시설 　⑤ 회수시설 　⑥ 연소시설(기초무기화합물의 연소시설만 해당한다) 　⑦ 촉매재생시설 　⑧ 탈황시설	
	다) 염산제조시설 및 폐염산정제시설(염화수소 회수시설을 포함한다)	

		라) 황산제조시설 마) 형석의 용융·용해시설 및 소성시설, 불소화합물 제조시설 바) 과인산암모늄 제조시설 사) 인광석의 용융·용해시설 및 소성시설, 인산제조시설 아) 용적이 1세제곱미터 이상이거나 원료사용량이 시간당 30킬로그램 이상인 다음의 카본블랙 제조시설 　① 반응시설 　② 분리정제시설 　③ 분쇄시설 　④ 성형시설 　⑤ 가열시설 　⑥ 건조시설 　⑦ 저장시설 　⑧ 포장시설
11) 무기안료 기타 금속산화물 제조시설		가) 용적이 1세제곱미터 이상인 다음의 시설 　① 반응시설 　② 흡수시설 　③ 응축시설 　④ 정제시설(분리·증류·추출·여과시설을 포함한다) 　⑤ 농축시설 　⑥ 표백시설 나) 연료사용량이 시간당 30킬로그램 이상이거나 용적이 1세제곱미터 이상인 다음의 시설 　① 용융·용해시설 　② 소성시설 　③ 가열시설 　④ 건조시설 　⑤ 회수시설
12) 합성염료· 유연제 및 기타 착색제 제조시설		가) 용적이 1세제곱미터 이상인 다음의 시설 　① 반응시설 　② 흡수시설 　③ 응축시설 　④ 정제시설(분리·증류·추출·여과시설을 포함한다) 　⑤ 농축시설 　⑥ 표백시설 나) 연료사용량이 시간당 30킬로그램 이상이거나 용적이 1세제곱미터 이상인 다음의 시설 　① 용융·용해시설 　② 소성시설 　③ 가열시설(연소시설을 포함한다)

		④ 건조시설
		⑤ 회수시설
13) 비료 및 질소화합물 제조시설	가) 용적이 1세제곱미터 이상인 다음의 시설	
		① 반응시설
		② 흡수시설
		③ 응축시설
		④ 정제시설(분리·증류·추출·여과시설을 포함한다)
		⑤ 농축시설
		⑥ 표백시설
	나) 연료사용량이 시간당 30킬로그램 이상이거나 용적이 1세제곱미터 이상인 다음의 시설	
		① 용융·용해시설
		② 소성시설
		③ 가열시설(연소시설을 포함한다.)
		④ 건조시설
		⑤ 회수시설
	다) 용적이 3세제곱미터 이상이거나 동력이 7.5kW 이상인 다음의 시설	
		① 혼합시설
		② 입자상물질 계량시설
	라) 질소화합물 및 질산 제조시설	
14) 의료용 물질 및 의약품 제조시설	가) 용적이 1세제곱미터 이상인 다음의 시설	
		① 반응시설
		② 흡수시설
		③ 응축시설
		④ 정제시설(분리·증류·추출·여과시설을 포함한다)
		⑤ 농축시설
		⑥ 표백시설
	나) 연료사용량이 시간당 30킬로그램 이상이거나 용적이 1세제곱미터 이상인 다음의 시설	
		① 연소시설(의약품의 연소시설만 해당한다)
		② 용융·용해시설
		③ 소성시설
		④ 가열시설
		⑤ 건조시설
		⑥ 회수시설
15) 그 밖의 화학 제품 제조시설	가) 용적이 1세제곱미터 이상인 다음의 시설	
		① 반응시설
		② 흡수시설
		③ 응축시설
		④ 정제시설(분리·증류·추출·여과시설을 포함한다)

		⑤ 농축시설 ⑥ 표백시설 나) 연료사용량이 시간당 30킬로그램 이상이거나 용적이 1세제곱미터 이상인 다음의 시설 　① 연소시설(화학제품의 연소시설만 해당한다) 　② 용융·용해시설 　③ 소성시설 　④ 가열시설 　⑤ 건조시설 　⑥ 회수시설
16) 탄화시설		가) 용적이 30세제곱미터 이상인 탄화(炭火)시설 나) 목재를 연료로 사용하는 용적이 30세제곱미터 이상인 욕장업의 숯가마·찜질방 및 그 부대시설 다) 용적이 100세제곱미터 이상인 숯 및 목초액을 제조하는 전통식 숯가마
17) 화학섬유 　 제조시설		가) 용적이 1세제곱미터 이상인 다음의 시설 　① 반응시설 　② 흡수시설 　③ 응축시설 　④ 정제시설(분리·증류·추출·여과시설을 포함한다) 　⑤ 농축시설 　⑥ 표백시설 나) 연료사용량이 시간당 30킬로그램 이상이거나 용적이 1세제곱미터 이상인 다음의 시설 　① 연소시설(화학섬유의 연소시설만 해당한다) 　② 용융·용해시설 　③ 소성시설 　④ 건조시설 　⑤ 회수시설 　⑥ 가열시설
18) 고무 및 고무 　 제품 제조시설		가) 용적이 1세제곱미터 이상인 다음의 시설 　① 반응시설 　② 흡수시설 　③ 응축시설 　④ 정제시설(분리·증류·추출·여과시설을 포함한다) 　⑤ 농축시설 　⑥ 표백시설 나) 연료사용량이 시간당 30킬로그램 이상이거나 용적이 1세제곱미터 이상인 다음의 시설 　① 용융·용해시설 　② 소성시설

		③ 가열시설 ④ 건조시설 ⑤ 회수시설 다) 용적이 3세제곱미터 이상이거나 동력이 7.5kW 이상인 다음의 시설 　① 소련시설 　② 분리시설 　③ 정련시설 　④ 접착시설 라) 용적이 3세제곱미터 이상이거나 동력이 15kW 이상인 가황시설(열과 압력을 가하여 제품을 성형하는 시설을 포함한다)
19) 합성고무, 플라스틱물질 제조시설		가) 용적이 1세제곱미터 이상인 다음의 시설 　① 반응시설 　② 흡수시설 　③ 응축시설 　④ 정제시설(분리·증류·추출·여과시설을 포함한다) 　⑤ 농축시설 　⑥ 표백시설 나) 연료사용량이 시간당 30킬로그램 이상이거나 용적이 1세제곱미터 이상인 다음의 시설 　① 연소시설(플라스틱제품의 연소시설만 해당한다) 　② 용융·용해시설 　③ 소성시설 　④ 가열시설 　⑤ 건조시설 　⑥ 회수시설 다) 용적이 3세제곱미터 이상이거나 동력이 7.5kW 이상인 다음의 시설 　① 소련(蘇鍊)시설 　② 분리시설 　③ 정련시설
20) 플라스틱제품 제조시설		가) 용적이 1세제곱미터 이상인 다음의 시설 　① 반응시설 　② 흡수시설 　③ 응축시설 　④ 정제시설(분리·증류·추출·여과시설을 포함한다) 　⑤ 농축시설 　⑥ 표백시설 나) 연료사용량이 시간당 30킬로그램 이상이거나 용적이 1세제곱미터 이상인 다음의 시설 　① 연소시설(플라스틱제품의 연소시설만 해당한다) 　② 용융·용해시설

③ 소성시설
④ 가열시설
⑤ 건조시설
⑥ 회수시설
다) 용적이 3세제곱미터 이상이거나 동력이 7.5kW 이상인 다음의 시설
① 소련(蘇鍊)시설
② 분리시설
③ 정련시설
라) 폴리프로필렌 또는 폴리에틸렌 외의 물질을 원료로 사용하는 동력이 187.5kW 이상인 성형시설(압출방법, 압연방법 또는 사출방법에 의한 시설을 포함한다)

21) 비금속광물제품 제조시설

가) 유리 및 유리제품 제조시설[재생(再生)용 원료가공시설을 포함한다] 중의 연료사용량이 시간당 30킬로그램 이상이거나 용적이 3세제곱미터 이상인 다음의 시설
① 혼합시설
② 용융·용해시설
③ 소성시설
④ 유리제품 산처리시설(부식시설을 포함한다)
⑤ 입자상물질 계량시설

나) 도자기·요업(窯業)제품 제조시설(재생용 원료가공시설을 포함한다) 중의 연료사용량이 시간당 30킬로그램 이상이거나 용적이 3세제곱미터 이상인 다음의 시설
① 혼합시설
② 용융·용해시설
③ 소성시설(예열시설을 포함하되, 나무를 연료로 사용하는 시설은 제외한다)
④ 건조시설
⑤ 입자상물질 계량시설

다) 시멘트·석회·플라스터 및 그 제품 제조시설 중 연료사용량이 시간당 30킬로그램 이상이거나 용적이 3세제곱미터 이상인 다음의 시설
① 혼합시설(습식은 제외한다)
② 소성(燒成)시설(예열시설을 포함한다)
③ 건조시설(시멘트 양생시설은 제외한다)
④ 용융·용해시설
⑤ 냉각시설
⑥ 입자상물질 계량시설

라) 기타 비금속광물제품 제조시설
① 연료사용량이 시간당 30킬로그램 이상이거나 용적이 3세제곱미터 이상인 다음의 시설
㉮ 혼합시설(습식은 제외한다)
㉯ 용융·용해시설
㉰ 소성시설(예열시설을 포함한다)
㉱ 건조시설
㉲ 입자상물질 계량시설

		② 석면 및 암면제품 제조시설의 권취(卷取)시설, 압착시설, 탈판시설, 방사(紡絲)시설, 집면(集綿)시설, 절단(切斷)시설 ③ 아스콘(아스팔트 포함) 제조시설 중 연료사용량이 시간당 30킬로그램 이상이거나 용적이 3세제곱미터 이상인 다음의 시설 ㉮ 가열·건조시설 ㉯ 선별(選別)시설 ㉰ 혼합시설 ㉱ 용융·용해시설
22) 1차 철강 제조 시설	가) 금속의 용융·용해 또는 열처리시설 ① 시간당 300킬로와트 이상인 전기아크로[유도로(誘導爐)를 포함한다] ② 노상면적이 4.5제곱미터 이상인 반사로(反射爐) ③ 1회 주입 연료 및 원료량의 합계가 0.5톤 이상이거나 풍구(노복)면의 횡단면적이 0.2제곱미터 이상인 다음의 시설 ㉮ 용선로(鎔銑爐) 또는 제선로 ㉯ 용융·용광로 및 관련시설[원료처리시설, 성형탄 제조시설, 열풍로 및 용선출탕시설을 포함하되, 고로(高爐)슬래그 냉각시설은 제외한다] ④ 1회 주입 원료량이 0.5톤 이상이거나 연료사용량이 시간당 30킬로그램 이상인 도가니로 ⑤ 연료사용량이 시간당 30킬로그램 이상이거나 용적이 1세제곱미터 이상인 다음의 시설 ㉮ 전로 ㉯ 정련로 ㉰ 배소로(焙燒爐) ㉱ 소결로(燒結爐) 및 관련시설(원료 장입, 소결광 후처리시설을 포함한다) ㉲ 환형로(環形爐) ㉳ 가열로 ㉴ 용융·용해로 ㉵ 열처리로[소둔로(燒鈍爐), 소려로(燒戾爐)를 포함한다] ㉶ 전해로(電解爐) ㉷ 건조로 나) 금속 표면처리시설 ① 용적이 1세제곱미터 이상인 다음의 시설 ㉮ 도금시설 ㉯ 탈지시설 ㉰ 산·알칼리 처리시설 ㉱ 화성처리시설 ② 연료사용량이 시간당 30킬로그램 이상이거나 용적이 3세제곱미터 이상인 금속의 표면처리용 건조시설[수세(水洗) 후 건조시설은 제외한다]	
23) 1차 비철금속 제조시설	가) 금속의 용융·용해 또는 열처리시설 ① 시간당 300킬로와트 이상인 전기아크로[유도로(誘導爐)를 포함한다]

| | | ② 노상면적이 4.5제곱미터 이상인 반사로(反射爐)
③ 1회 주입 연료 및 원료량의 합계가 0.5톤 이상이거나 풍구(노복)면의 횡단면적이 0.2제곱미터 이상인 다음의 시설
㉮ 용선로(鎔銑爐) 또는 제선로
㉯ 용융 · 용광로 및 관련시설[원료처리시설, 성형탄 제조시설, 열풍로 및 용선출탕시설을 포함하되, 고로(高爐)슬래그 냉각시설은 제외한다]
④ 1회 주입 원료량이 0.5톤 이상이거나 연료사용량이 시간당 30킬로그램 이상인 도가니로
⑤ 연료사용량이 시간당 30킬로그램 이상이거나 용적이 1세제곱미터 이상인 다음의 시설
㉮ 전로
㉯ 정련로
㉰ 배소로(焙燒爐)
㉱ 소결로(燒結爐) 및 관련시설(원료 장입, 소결광 후처리시설을 포함한다)
㉲ 환형로(環形爐)
㉳ 가열로
㉴ 용융 · 용해로
㉵ 열처리로[소둔로(燒鈍爐), 소려로(燒戾爐)를 포함한다]
㉶ 전해로(電解爐)
㉷ 건조로
나) 금속 표면처리시설
① 용적이 1세제곱미터 이상인 다음의 시설
㉮ 도금시설
㉯ 탈지시설
㉰ 산 · 알칼리 처리시설
㉱ 화성처리시설
② 연료사용량이 시간당 30킬로그램 이상이거나 용적이 3세제곱미터 이상인 금속의 표면처리용 건조시설[수세(水洗) 후 건조시설은 제외한다]
다) 주물사(鑄物砂) 사용 및 처리시설 중 시간당 처리능력이 0.1톤 이상이거나 용적이 1세제곱미터 이상인 다음의 시설
① 저장시설
② 혼합시설
③ 코어(Core) 제조시설 및 건조(乾燥)시설
④ 주형 장입 및 해체시설
⑤ 주물사 재생시설 |
| 24) | 금속가공제품 · 기계 · 기기 · 장비 · 운송장비 · 가구 제조시설 | 가) 금속의 용융 · 용해 또는 열처리시설
① 시간당 300킬로와트 이상인 전기아크로(유도로를 포함한다)
② 노상면적이 4.5제곱미터 이상인 반사로
③ 1회 주입 원료량이 0.5톤 이상이거나 연료사용량이 시간당 30킬로그램 이상인 도가니로 |

④ 연료사용량이 시간당 30킬로그램 이상이거나 용적이 1세제곱미터 이상인 다음의 시설
  ㉮ 전로
  ㉯ 정련로
  ㉰ 용융·용해로
  ㉱ 가열로
  ㉲ 열처리로(소둔로·소려로를 포함한다)
  ㉳ 전해로
  ㉴ 건조로

나) 표면 처리시설
① 용적이 1세제곱미터 이상인 다음의 시설
  ㉮ 도금시설
  ㉯ 탈지시설
  ㉰ 산·알칼리 처리시설
  ㉱ 화성처리시설
② 연료사용량이 시간당 30킬로그램 이상이거나 용적이 3세제곱미터 이상인 금속 또는 가구의 표면처리용 건조시설[수세(水洗) 후 건조시설은 제외한다]

다) 주물사(鑄物砂) 사용 및 처리시설 중 시간당 처리능력이 0.1톤 이상이거나 용적이 1세제곱미터 이상인 다음의 시설
① 저장시설
② 혼합시설
③ 코어(Core) 제조시설 및 건조(乾燥)시설
④ 주형 장입 및 해체시설
⑤ 주물사 재생시설

25) 자동차 부품 제조시설

가) 금속의 용융·용해 또는 열처리시설
① 시간당 300킬로와트 이상인 전기아크로(유도로를 포함한다)
② 노상면적이 4.5제곱미터 이상인 반사로
③ 1회 주입 원료량이 0.5톤 이상이거나 연료사용량이 시간당 30킬로그램 이상인 도가니로
④ 연료사용량이 시간당 30킬로그램 이상이거나 용적이 1세제곱미터 이상인 다음의 시설
  ㉮ 전로
  ㉯ 정련로
  ㉰ 용융·용해로
  ㉱ 가열로
  ㉲ 열처리로(소둔로·소려로를 포함한다)
  ㉳ 전해로
  ㉴ 건조로

나) 표면 처리시설
① 용적이 1세제곱미터 이상인 다음의 시설

		㉮ 도금시설 ㉯ 탈지시설 ㉰ 산·알칼리 처리시설 ㉱ 화성처리시설 ② 연료사용량이 시간당 30킬로그램 이상이거나 용적이 3세제곱미터 이상인 금속 또는 가구의 표면처리용 건조시설[수세(水洗) 후 건조시설은 제외한다]
26)	컴퓨터·영상· 음향·통신장비 및 전기장비 제조시설	가) 용적이 3세제곱미터 이상인 다음의 시설 ① 증착(蒸着)시설 ② 식각(蝕刻)시설 나) 금속의 용융·용해 또는 열처리시설 ① 시간당 300킬로와트 이상인 전기아크로(유도로를 포함한다) ② 노상면적이 4.5제곱미터 이상인 반사로 ③ 1회 주입 원료량이 0.5톤 이상이거나 연료사용량이 시간당 30킬로그램 이상인 도가니로 ④ 연료사용량이 시간당 30킬로그램 이상이거나 용적이 1세제곱미터 이상인 다음의 시설 ㉮ 전로 ㉯ 정련로 ㉰ 용융·용해로 ㉱ 가열로 ㉲ 열처리로(소둔로·소려로를 포함한다) ㉳ 전해로 ㉴ 건조로 다) 표면 처리시설 ① 용적이 1세제곱미터 이상인 다음의 시설 ㉮ 도금시설 ㉯ 탈지시설 ㉰ 산·알칼리 처리시설 ㉱ 화성처리시설 ② 연료사용량이 시간당 30킬로그램 이상이거나 용적이 3세제곱미터 이상인 금속의 표면처리용 건조시설[수세(水洗) 후 건조시설은 제외한다]
27)	전자부품 제조시 설(반도체 제조 시설은 제외한다)	가) 용적이 3세제곱미터 이상인 다음의 시설 ① 증착(蒸着)시설 ② 식각(蝕刻)시설 나) 금속의 용융·용해 또는 열처리시설 ① 시간당 300킬로와트 이상인 전기아크로(유도로를 포함한다) ② 노상면적이 4.5제곱미터 이상인 반사로 ③ 1회 주입 원료량이 0.5톤 이상이거나 연료사용량이 시간당 30킬로그램 이상인 도가니로 ④ 연료사용량이 시간당 30킬로그램 이상이거나 용적이 1세제곱미터 이상인 다음의 시설

		㉮ 전로
		㉯ 정련로
		㉰ 용융·용해로
		㉱ 가열로
		㉲ 열처리로(소둔로·소려로를 포함한다)
		㉳ 전해로
		㉴ 건조로
	다) 표면 처리시설	
	① 용적이 1세제곱미터 이상인 다음의 시설	
		㉮ 도금시설
		㉯ 탈지시설
		㉰ 산·알칼리 처리시설
		㉱ 화성처리시설
	② 연료사용량이 시간당 30킬로그램 이상이거나 용적이 3세제곱미터 이상인 금속의 표면처리용 건조시설[수세(水洗) 후 건조시설은 제외한다]	
28) 반도체 제조시설	가) 용적이 3세제곱미터 이상인 다음의 시설	
	① 증착(蒸着)시설	
	② 식각(蝕刻)시설	
	나) 금속의 용융·용해 또는 열처리시설	
	① 시간당 300킬로와트 이상인 전기아크로(유도로를 포함한다)	
	② 노상면적이 4.5제곱미터 이상인 반사로	
	③ 1회 주입 원료량이 0.5톤 이상이거나 연료사용량이 시간당 30킬로그램 이상인 도가니로	
	④ 연료사용량이 시간당 30킬로그램 이상이거나 용적이 1세제곱미터 이상인 다음의 시설	
		㉮ 전로
		㉯ 정련로
		㉰ 용융·용해로
		㉱ 가열로
		㉲ 열처리로(소둔로·소려로를 포함한다)
		㉳ 전해로
		㉴ 건조로
	다) 표면 처리시설	
	① 용적이 1세제곱미터 이상인 다음의 시설	
		㉮ 도금시설
		㉯ 탈지시설
		㉰ 산·알칼리 처리시설
		㉱ 화성처리시설
	② 연료사용량이 시간당 30킬로그램 이상이거나 용적이 3세제곱미터 이상인 금속의 표면처리용 건조시설[수세(水洗) 후 건조시설은 제외한다]	

29) 발전시설(수력, 원자력 발전시설은 제외한다)	가)	화력발전시설
	나)	열병합발전시설(120㎾ 이상)
	다)	120㎾ 이상인 발전용 내연기관(비상용, 수송용 또는 설비용량이 1.5메가와트 미만인 도서지방용은 제외한다)
	라)	120㎾ 이상인 발전용 매립·바이오가스 사용시설
	마)	120㎾ 이상인 발전용 석탄가스화 연료 사용시설
	바)	120㎾ 이상인 카본블랙 제조시설의 폐가스재이용시설
	사)	120㎾ 이상인 린번엔진 발전시설
30) 폐수·폐기물·폐가스소각시설·동물장묘시설 (소각보일러를 포함한다)	가)	시간당 소각능력이 25킬로그램 이상인 폐수·폐기물소각시설
	나)	「동물보호법」 제32조에 따른 동물화장시설
	다)	연료사용량이 시간당 30킬로그램 이상이거나 용적이 1세제곱미터 이상인 폐가스소각시설·폐가스소각보일러 또는 소각능력이 시간당 100킬로그램 이상인 폐가스소각시설. 다만, 별표 10의2 제3호가목1)나)(2)(다), 같은 호 다목 1)나)(2)(나) 및 같은 호 라목1)라)에 따른 직접연소에 의한 시설 및 별표 16에 따른 기준에 맞는 휘발성유기화합물 배출억제·방지시설 및 악취소각시설은 제외한다.
	라)	가)와 나)의 공정에 일체되거나 부대되는 시설로서 동력 15㎾ 이상인 다음의 시설 ① 분쇄시설 ② 파쇄시설 ③ 용융시설
31) 폐수·폐기물 처리시설	가)	시간당 처리능력이 0.5세제곱미터 이상인 폐수·폐기물 증발시설 및 농축시설, 용적이 0.15세제곱미터 이상인 폐수·폐기물 건조시설 및 정제시설
	나)	연료사용량이 시간당 30킬로그램 이상이거나 동력이 15㎾ 이상인 다음의 시설 ① 분쇄시설(멸균시설포함) ② 파쇄시설 ③ 용융시설
	다)	1일 처리능력이 100킬로그램 이상인 음식물류 폐기물 처리시설 중 연료사용량이 시간당 30킬로그램 이상이거나 동력이 15㎾ 이상인 다음의 시설(습식 및 「악취방지법」 제8조에 따른 악취배출시설로 설치 신고된 시설은 제외한다) ① 분쇄 및 파쇄시설 ② 건조시설
32) 보일러·흡수식 냉·온수기	가)	다른 배출시설에서 규정한 보일러 및 흡수식 냉·온수기는 제외한다.
	나)	시간당 증발량이 0.5톤 이상이거나 시간당 열량이 309,500킬로칼로리 이상인 보일러. 다만, 환경부장관이 고체연료 사용금지 지역으로 고시한 지역에서는 시간당 증발량이 0.2톤 이상이거나 시간당 열량이 123,800킬로칼로리 이상인 보일러를 말한다.
	다)	나)에도 불구하고 가스(바이오가스를 포함한다) 또는 경질유[경유·등유·부생(副生)연료유1호(등유형)·휘발유·나프타·정제연료유(「폐기물관리법 시행규칙」 별표 5의3 열분해방법 또는 감압증류(減壓蒸溜)방법으로 재생처리한 정제연료유만 해당한다)]만을 연료로 사용하는 시설의 경우에는 시간당 증발량이 2톤 이상이거나 시간당 열량이 1,238,000킬로칼로리 이상인 보일러만 해당한다.

		라) 가스열펌프(Gas Heat Pump: 액화천연가스나 액화석유가스를 연료로 사용하는 가스엔진을 이용하여 압축기를 구동하는 열펌프식 냉·난방기를 말한다. 이하 같다). 다만, 가스열펌프에서 배출되는 대기오염물질이 배출허용기준의 30퍼센트 미만인 경우나 가스열펌프에 환경부장관이 정하여 고시하는 기준에 따라 인증 받은 대기오염물질 저감장치를 부착한 경우는 제외한다.
33) 고형연료·기타 연료 제품 제조·사용시설 및 관련시설		가) 고형(固形)연료제품 제조시설 「자원의 절약과 재활용촉진에 관한 법률」제25조의2에 따른 일반 고형연료제품[SRF(Solid Refuse Fuel)] 제조시설 및 바이오 고형연료제품[BIO-SRF(Biomass-Solid Refuse Fuel)] 제조시설 중 연료사용량이 시간당 30킬로그램 이상이거나 용적이 3세제곱미터 이상이거나 동력이 2.25kW 이상인 다음의 시설 ① 선별시설 ② 건조·가열시설 ③ 파쇄·분쇄시설 ④ 압축·성형시설
		나) 바이오매스 연료제품{「바이오 고형연료제품[BIO-SRF(Biomass-Solid Refuse Fuel)]을 제외한다} 및 「목재펠릿(wood pellet) 제조시설 중 연료사용량이 시간당 30킬로그램 이상이거나 용적이 3세제곱미터 이상이거나 동력이 2.25kW(파쇄·분쇄시설은 15kW) 이상인 다음의 시설 ① 선별시설 ② 건조·가열시설 ③ 파쇄·분쇄시설 ④ 압축·성형시설
		다) 제품 생산량이 시간당 1Nm³ 이상인 바이오가스 제조시설
		라) 고형(固形)연료제품 사용시설 중 연료제품 사용량이 시간당 200킬로그램 이상이고 사용비율이 30퍼센트 이상인 다음의 시설(「자원의 절약과 재활용촉진에 관한 법률」제25조의2에 따른 시설만 해당한다) ① 일반 고형연료제품[SRF(Solid Refuse Fuel)] 사용시설 ② 바이오 고형연료제품[BIO-SRF(Biomass-Solid Refuse Fuel)] 사용시설
		마) 바이오매스 연료제품{「자원의 절약과 재활용촉진에 관한 법률」제25조의2에 따른 바이오 고형연료제품[BIO-SRF(Biomass-Solid Refuse Fuel)]을 제외한다} 및 「목재의 지속가능한 이용에 관한 법률 시행령」제14조에 따른 목재펠릿(wood pellet) 사용시설 중 연료제품 사용량이 시간당 200킬로그램 이상인 시설. 다만, 다른 연료와 목재펠릿을 함께 연소하는 시설 및 발전시설은 제외한다
		바) 연료 사용량이 시간당 1Nm³ 이상인 바이오가스 사용시설
34) 화장로 시설		「장사 등에 관한 법률」에 따른 화장시설
35) 도장시설		용적이 5세제곱미터 이상이거나 동력이 2.25kW 이상인 도장시설(분무·분체·침지도장시설, 건조시설을 포함한다)
36) 입자상물질 및 가스상물질 발생시설		가) 동력이 15kW 이상인 다음의 시설. 다만, 습식은 제외한다. ① 연마시설 ② 제재시설

		③ 제분시설
		④ 선별시설
		⑤ 분쇄시설
		⑥ 탈사(脫砂)시설
		⑦ 탈청(脫靑)시설
		나) 용적이 3세제곱미터 이상이거나 동력이 7.5kW 이상인 다음의 시설 ① 고체입자상물질 계량시설 ② 혼합시설(농산물 가공시설은 제외한다)
		다) 처리능력이 시간당 100kg 이상인 고체입자상물질 포장시설
		라) 동력이 52.5kW 이상인 도정(搗精)시설
		마) 용적이 50세제곱미터 이상인 다음의 시설 ① 고체입자상물질 저장시설 ② 유·무기산 저장시설 ③ 유기화합물(알켄족·알킨족·방향족·알데히드류·케톤류가 50퍼센트 이상 함유된 것만 해당한다) 저장시설
		바) 가)부터 마)까지의 배출시설 외에 연료사용량이 시간당 60킬로그램 이상이거나 용적이 5세제곱미터 이상이거나 동력이 2.25kW 이상인 다음의 시설 ① 건조시설(도포시설 및 분리시설을 포함한다) ② 기타로(其他爐) ③ 훈증시설 ④ 산·알칼리 처리시설 ⑤ 소성시설
		사) 용적이 1세제곱미터 이상인 다음의 시설 ① 반응시설 ② 흡수시설 ③ 응축시설 ④ 정제시설(분리, 증류, 추출, 여과시설을 포함한다) ⑤ 농축시설 ⑥ 표백시설 ⑦ 화학물질 저장탱크 세척시설
37) 그 밖의 시설		별표 8에 따라 배출허용기준이 설정된 대기오염물질을 제조하거나 해당 대기오염물질을 발생시켜 배출하는 모든 시설. 다만, 대기오염물질이 해당 물질 배출허용기준의 30퍼센트 미만으로 배출되는 시설은 제외한다.

[비고]
1. 위 표의 각 목에 따른 배출시설에서 발생된 대기오염물질이 일련의 공정작업이나 연속된 공정작업을 통하여 밀폐된 상태로 배출시설을 거쳐 대기 중으로 배출되는 경우로서 해당 배출구가 설치된 최종시설에 대하여 허가(변경허가를 포함한다)를 받거나 신고(변경신고를 포함한다)를 한 경우에는 그 최종시설과 일련의 공정 또는 연속된 공정에 설치된 모든 배출시설은 허가를 받거나 신고를 한 배출시설로 본다.
2. "연료사용량"이란 연료별 사용량에 무연탄을 기준으로 한 고체연료환산계수를 곱하여 산정한 양을 말하며, 고체연료환산계수는 다음 표와 같다(다음 표에 없는 연료의 고체연료환산계수는 사업자가 국가 및 그 밖의 국가공인기관

에서 발급받아 제출한 증명서류에 적힌 해당 연료의 발열량을 무연탄발열량으로 나누어 산정한다. 이 경우 무연탄 1킬로그램당 발열량은 4,600킬로칼로리로 한다).

3. "습식"이란 해당 시설을 이용하여 수중에서 작업을 하거나 물을 분사시켜 작업을 하는 경우[인장·압축·절단·비틀림·충격·마찰력 등을 이용하는 조분쇄기(크러셔·카드 등)를 사용하는 석재분쇄시설의 경우에는 물을 분무시켜 작업을 하는 경우만 해당한다] 또는 원료 속에 수분이 항상 15퍼센트 이상 함유되어 있는 경우를 말한다.

4. 위 표에 따른 배출시설의 분류에 해당하지 않는 배출시설은 26) 또는 27)의 배출시설로 본다. 다만, 배출시설의 분류 중 26) 또는 27)은 「통계법」 제22조에 따라 통계청장이 고시하는 한국표준산업분류에 따른 다음 각 목의 항목에만 적용한다.
   가. 대분류에 따른 광업
   나. 대분류에 따른 제조업
   다. 대분류에 따른 수도, 하수 및 폐기물 처리, 원료 재생업
   라. 대분류에 따른 운수 및 창고업
   마. 소분류에 따른 자동차 및 모터사이클 수리업
   바. 소분류에 따른 연료용 가스 제조 및 배관공급업
   사. 소분류에 따른 증기, 냉·온수 및 공기조절 공급업
   아. 세분류에 따른 발전업
   사. 세세분류에 따른 산업설비, 운송장비 및 공공장소 청소업

[고체연료 환산계수]

연료 또는 원료명	단위	환산 계수	연료 또는 원료명	단위	환산 계수
무연탄	kg	1.00	유연탄	kg	1.34
코크스	kg	1.32	갈탄	kg	0.90
이탄	kg	0.80	목탄	kg	1.42
목재	kg	0.70	유황	kg	0.46
중유(C)	L	2.00	중유(A, B)	L	1.86
원유	L	1.90	경유	L	1.92
등유	L	1.80	휘발유	L	1.68
나프타	L	1.80	엘피지	kg	2.40
액화 천연가스	Sm^3	1.56	석탄타르	kg	1.88
메탄올	kg	1.08	에탄올	kg	1.44
벤젠	kg	2.02	톨루엔	kg	2.06
수소	Sm^3	0.62	메탄	Sm^3	1.86
에탄	Sm^3	3.36	아세틸렌	Sm^3	2.80
일산화탄소	Sm^3	0.62	석탄가스	Sm^3	0.80
발생로가스	Sm^3	0.2	수성가스	Sm^3	0.54
혼성가스	Sm^3	0.60	도시가스	Sm^3	1.42
전기	kW	0.17			

다. 2020년 1월 1일 당시 배출시설을 설치·운영하고 있는 자로서 법 제23조에 따른 허가·변경허가 또는 신고·변경신고의 대상이 된 경우에는 2020년 12월 31일까지 법 제23조에 따라 허가·변경허가를 받거나 신고·변경신고를 해야 한다. 다만, 흡수식 냉·온수기로서 2005년 1월 1일부터 2010년 12월 31일까지 설치된 시설은 2021년 12월 31일까지, 2011년 1월 1일 이후 설치된 시설은 2022년 12월 31일까지 법 제23조에 따라 허가·변경허가를 받거나 신고·변경신고를 해야 한다.

(6) 제6조(대기오염방지시설)

법 제2조제12호에 따른 대기오염방지시설(이하 "방지시설"이라 한다)은 별표 4와 같다.

> [별표 4]
> ### 대기오염방지시설(제6조 관련)
>
> 1. 중력집진시설
> 2. 관성력집진시설
> 3. 원심력집진시설
> 4. 세정집진시설
> 5. 여과집진시설
> 6. 전기집진시설
> 7. 음파집진시설
> 8. 흡수에 의한 시설
> 9. 흡착에 의한 시설
> 10. 직접연소에 의한 시설
> 11. 촉매반응을 이용하는 시설
> 12. 응축에 의한 시설
> 13. 산화·환원에 의한 시설
> 14. 미생물을 이용한 처리시설
> 15. 연소조절에 의한 시설
> 16. 위 제1호부터 제15호까지의 시설과 같은 방지효율 또는 그 이상의 방지효율을 가진 시설로서 환경부장관이 인정하는 시설
>
> [비고] 방지시설에는 대기오염물질을 포집하기 위한 장치(후드), 오염물질이 통과하는 관로(덕트), 오염물질을 이송하기 위한 송풍기 및 각종 펌프 등 방지시설에 딸린 기계·기구류 (예비용을 포함한다) 등을 포함한다.

(7) 제7조(자동차 등의 종류)

법 제2조제13호에 따른 자동차, 같은 조 제13호의2가목에 따라 환경부령으로 정하는 건설기계 및 같은 호 나목에 따라 환경부령으로 정하는 농림용으로 사용되는 기계(이하 "농업기계"라 한다)는 별표 5와 같다.

[별표 5]
자동차 등의 종류(제7조 관련)

2015년 12월 10일 이후

종류	정의		규모
경자동차	사람이나 화물을 운송하기 적합하게 제작된 것		엔진배기량이 1,000cc 미만
승용자동차	사람을 운송하기 적합하게 제작된 것	소형	엔진배기량이 1,000cc 이상이고, 차량총중량이 3.5톤 미만이며, 승차인원이 8명 이하
		중형	엔진배기량이 1,000cc 이상이고, 차량총중량이 3.5톤 미만이며, 승차인원이 9명 이상
		대형	차량총중량이 3.5톤 이상 15톤 미만
		초대형	차량총중량이 15톤 이상
화물자동차	화물을 운송하기 적합하게 제작된 것	소형	엔진배기량이 1,000cc 이상이고, 차량총중량이 2톤 미만
		중형	엔진배기량이 1,000cc 이상이고, 차량총중량이 2톤 이상 3.5톤 미만
		대형	차량총중량이 3.5톤 이상 15톤 미만
		초대형	차량총중량이 15톤 이상
이륜자동차	자전거로부터 진화한 구조로서 사람 또는 소량의 화물을 운송하기 위한 것		차량총중량이 1천킬로그램을 초과하지 않는 것

[비고]
1. 가목의 승용자동차 및 나목의 다목적자동차는 다목적형 승용자동차와 승차인원이 8명 이하인 승합차(차량의 너비가 2,000mm 미만이고 차량의 높이가 1,800mm 미만인 승합차만 해당한다)를 포함한다.
2. 가목의 소형화물자동차는 엔진배기량이 800cc 이상인 밴(VAN)과 승용자동차에 해당되지 아니하는 승차인원이 9명 이상인 승합차를 포함한다.
3. 가목의 중량자동차 및 나목의 대형자동차는 덤프트럭, 콘크리트믹서트럭 및 콘크리트펌프트럭 그 밖에 환경부장관이 고시하는 건설기계를 포함한다.
4. 나목의 중형자동차는 승용자동차 또는 다목적자동차에 해당되지 아니하는 승차인원이 15명 이하인 승합차와 엔진배기량이 800cc 이상인 밴(VAN)을 포함한다.
5. 다목의 화물2는 엔진배기량이 800cc 이상인 밴(VAN)을 포함하고, 화물3은 덤프트럭, 콘크리트믹서트럭 및 콘크리트펌프트럭을 포함한다.
6. 이륜자동차는 측차를 붙인 이륜자동차와 이륜자동차에서 파생된 삼륜 이상의 자동차를 포함한다.
6의2. 가목부터 마목까지의 이륜자동차의 경우 차량 자체의 중량이 0.5톤 이상인 이륜자동차는 경자동차로 분류한다.
7. 엔진배기량이 50cc 미만인 이륜자동차(바목은 제외한다)는 모페드형(스쿠터형을 포함한다)만 이륜자동차에 포함한다.
8. 다목적형 승용자동차·승합차 및 밴(VAN)의 구분에 대한 세부 기준은 환경부장관이 정하여 고시한다.
9. 다목 및 라목에서 건설기계의 종류는 환경부장관이 정하여 고시한다.
10. 라목의 화물자동차는 엔진배기량이 800cc 이상인 밴(VAN)과 덤프트럭, 콘크리트믹서트럭 및 콘크리트펌프트럭을 포함한다.
11. 별표 17 제1호마목 비고의 제6호 및 같은 표 제2호마목 비고의 제6호에 따라 인증 당시의 배출허용기준을 적용받는 자동차는 다목의 자동차의 종류를 적용한다.
12. 별표 17 제1호바목 비고의 제18호 및 같은 표 제2호바목 비고의 제5호부터 제7호까지에 따라 인증 당시의 배출허용기준을 적용받는 자동차는 라목의 자동차의 종류를 적용한다.
13. 마목 및 바목의 화물자동차는 엔진배기량이 1,000cc 이상인 밴(VAN)과 덤프트럭·콘크리트믹스트럭 및 콘크리트펌프트럭을 포함한다.
14. 전기만을 동력으로 사용하는 자동차는 1회 충전 주행거리에 따라 다음과 같이 구분한다.

구분	1회 충전 주행거리
제1종	80km 미만
제2종	80km 이상 160km 미만
제3종	160km 이상

15. 수소를 연료로 사용하는 자동차는 수소연료전지차로 구분한다.

[건설기계 및 농업기계의 종류]

가. 건설기계의 종류

제작일자	종류	규모
2015년 1월 1일 이후	굴삭기, 로우더, 지게차(전동식은 제외한다), 기중기, 불도저, 로울러, 스크레이퍼, 모터그레이더 등 건설기계	원동기 정격출력이 560kW 미만

나. 농업기계의 종류

제작일자	종류	규모
2015년 1월 1일 이후	콤바인, 트랙터	원동기 정격출력이 560kW 미만

[별표 6]

자동차연료형 첨가제의 종류(제8조 관련)

1. 세척제
2. 청정분산제
3. 매연억제제
4. 다목적첨가제
5. 옥탄가향상제
6. 세탄가향상제
7. 유동성향상제
8. 윤활성 향상제
9. 그 밖에 환경부장관이 배출가스를 줄이기 위하여 필요하다고 정하여 고시하는 것

(8) 제8조의2(촉매제)

법 제2조제15호의2에 따른 촉매제는 경유를 연료로 사용하는 자동차에서 배출되는 질소산화물을 저감하기 위하여 사용되는 화학물질을 말한다.

(9) 제10조의3(자동차의 적용범위)

법 제2조제21호에서 "환경부령으로 정하는 자동차"란 제124조의2에 따른 자동차 중 법 제76조의2에 따른 자동차 온실가스 배출허용기준이 적용되는 자동차로서 환경부장관이 정하여 고시한 자동차를 말한다.

(10) 제10조의4(장거리이동대기오염물질) 장거리이동대기오염물질은 별표 6의5와 같다.

[별표 6의5]

장거리이동대기오염물질

1. 미세먼지(PM-10)	9. 벤젠	17. 디클로로메탄
2. 초미세먼지(PM-2.5)	10. 포름알데히드	18. 스틸렌
3. 납 및 그 화합물	11. 염화수소	19. 테트라클로로에틸렌
4. 칼슘 및 그 화합물	12. 불소화물	20. 1,2-디클로로에탄
5. 수은 및 그 화합물	13. 시안화물	21. 에틸벤젠
6. 비소 및 그 화합물	14. 사염화탄소	22. 트리클로로에틸렌
7. 망간화합물	15. 클로로포름	23. 염화비닐
8. 니켈 및 그 화합물	16. 1,3-부타디엔	

[비고] 방지시설에는 대기오염물질을 포집하기 위한 장치(후드), 오염물질이 통과하는 관로(덕트), 오염물질을 이송하기 위한 송풍기 및 각종 펌프 등 방지시설에 딸린 기계·기구류 (예비용을 포함한다) 등을 포함한다.

(11) 제10조의5(냉매) "환경부령으로 정하는 것"이란 다음 각 호의 물질을 말한다.

1. 염화불화탄소

2. 수소염화불화탄소
3. 수소불화탄소
4. 제2호 및 제3호의 물질을 혼합하여 만든 물질

(12) 제11조(측정망의 종류 및 측정결과보고 등)

① 수도권대기환경청장, 국립환경과학원장 또는 「한국환경공단법」에 따른 한국환경공단(이하 "한국환경공단"이라 한다)이 설치하는 대기오염 측정망의 종류는 다음 각 호와 같다.
  1. 대기오염물질의 지역배경농도를 측정하기 위한 교외대기측정망
  2. 대기오염물질의 국가배경농도와 장거리이동 현황을 파악하기 위한 국가배경농도측정망
  3. 도시지역 또는 산업단지 인근지역의 특정대기유해물질(중금속을 제외한다)의 오염도를 측정하기 위한 유해대기물질측정망
  4. 도시지역의 휘발성유기화합물 등의 농도를 측정하기 위한 광화학대기오염물질측정망
  5. 산성 대기오염물질의 건성 및 습성 침착량을 측정하기 위한 산성강하물측정망
  6. 기후·생태계 변화유발물질의 농도를 측정하기 위한 지구대기측정망
  7. 장거리이동대기오염물질의 성분을 집중 측정하기 위한 대기오염집중측정망
  8. 초미세먼지(PM-2.5)의 성분 및 농도를 측정하기 위한 미세먼지성분측정망

② 법 제3조제2항에 따라 특별시장·광역시장·특별자치시장·도지사 또는 특별자치도지사(이하 "시·도지사"라 한다)가 설치하는 대기오염 측정망의 종류는 다음 각 호와 같다.
  1. 도시지역의 대기오염물질 농도를 측정하기 위한 도시대기측정망
  2. 도로변의 대기오염물질 농도를 측정하기 위한 도로변대기측정망
  3. 대기 중의 중금속 농도를 측정하기 위한 대기중금속측정망

(13) 제12조(측정망설치계획의 고시)

① 유역환경청장, 지방환경청장, 수도권대기환경청장 및 시·도지사는 법 제4조에 따라 다음 각 호의 사항이 포함된 측정망설치계획을 결정하고 최초로 측정소를 설치하는 날부터 3개월 이전에 고시하여야 한다.
  1. 측정망 설치시기
  2. 측정망 배치도
  3. 측정소를 설치할 토지 또는 건축물의 위치 및 면적

② 시·도지사가 제1항에 따른 측정망설치계획을 결정·고시하려는 경우에는 그 설치위치 등에 관하여 미리 유역환경청장, 지방환경청장 또는 수도권대기환경청장과 협의하여야 한다.

(14) 제12조의3(심사·평가위원회의 구성·운영)

① 제12조의2에 따른 심사·평가에 관한 사항을 심의하기 위하여 국립환경과학원에 대기오염물질 심사·평가위원회를 둔다.
② 심사·평가위원회는 위원장 1명을 포함하여 15명 이내의 위원으로 구성한다.

③ 위원장은 국립환경과학원 기후대기연구부장이 되며 위원은 환경부의 대기관리과장, 국립환경과학원의 대기공학연구과장과 다음 각 호의 사람 중에서 위원장의 추천을 받아 국립환경과학원장이 위촉하는 사람이 된다.
  1. 대기오염, 배출량, 위해성평가 등의 분야에 학식과 경험이 풍부한 전문가
  2. 대기오염, 배출량, 위해성평가 등의 분야와 관련된 업무를 수행하는 공무원
④ 그 밖에 심사·평가위원회의 운영에 필요한 사항은 국립환경과학원장이 정하여 고시한다.

(15) 제14조(대기오염경보 단계별 대기오염물질의 농도기준)

영 제2조제3항에 따른 대기오염경보 단계별 대기오염물질의 농도기준은 별표 7과 같다.

[별표 7]

대기오염경보 단계별 대기오염물질의 농도기준(제14조 관련)

대상 물질	경보 단계	발령기준	해제기준
미세먼지 (PM-10)	주의보	기상조건 등을 고려하여 해당지역의 대기자동측정소 PM-10 시간당 평균농도가 150㎍/㎥ 이상 2시간 이상 지속인 때	주의보가 발령된 지역의 기상조건 등을 검토하여 대기자동측정소의 PM-10 시간당 평균농도가 100㎍/㎥ 미만인 때
	경보	기상조건 등을 고려하여 해당지역의 대기자동측정소 PM-10 시간당 평균농도가 300㎍/㎥ 이상 2시간 이상 지속인 때	경보가 발령된 지역의 기상조건 등을 검토하여 대기자동측정소의 PM-10 시간당 평균농도가 150㎍/㎥ 미만인 때는 주의보로 전환
미세먼지 (PM-2.5)	주의보	기상조건 등을 고려하여 해당지역의 대기자동측정소 PM-2.5 시간당 평균농도가 90㎍/㎥ 이상 2시간 이상 지속인 때	주의보가 발령된 지역의 기상조건 등을 검토하여 대기자동측정소의 PM-2.5 시간당 평균농도가 50㎍/㎥ 미만인 때
	경보	기상조건 등을 고려하여 해당지역의 대기자동측정소 PM-2.5 시간당 평균농도가 180㎍/㎥ 이상 2시간 이상 지속인 때	경보가 발령된 지역의 기상조건 등을 검토하여 대기자동측정소의 PM-2.5 시간당 평균농도가 90㎍/㎥ 미만인 때는 주의보로 전환
오존	주의보	기상조건 등을 고려하여 해당지역의 대기자동측정소 오존농도가 0.12ppm 이상인 때	주의보가 발령된 지역의 기상조건 등을 검토하여 대기자동측정소의 오존농도가 0.12ppm 미만인 때
	경보	기상조건 등을 고려하여 해당지역의 대기자동측정소 오존농도가 0.3ppm 이상인 때	경보가 발령된 지역의 기상조건 등을 고려하여 대기자동측정소의 오존농도가 0.12ppm 이상 0.3ppm 미만인 때는 주의보로 전환
	중대경보	기상조건 등을 고려하여 해당지역의 대기자동측정소 오존농도가 0.5ppm 이상인 때	중대경보가 발령된 지역의 기상조건 등을 고려하여 대기자동측정소의 오존농도가 0.3ppm 이상 0.5ppm 미만인 때는 경보로 전환

[비고]
1. 해당 지역의 대기자동측정소 PM-10 또는 PM-2.5의 권역별 평균 농도가 경보 단계별 발령기준을 초과하면 해당 경보를 발령할 수 있다.
2. 오존 농도는 1시간당 평균농도를 기준으로 하며, 해당 지역의 대기자동측정소 오존 농도가 1개소라도 경보단계별 발령기준을 초과하면 해당 경보를 발령할 수 있다.

(16) 제24조(총량규제구역의 지정 등)

환경부장관은 법 제22조에 따라 그 구역의 사업장에서 배출되는 대기오염물질을 총량으로 규제하려는 경우에는 다음 각 호의 사항을 고시하여야 한다.
1. 총량규제구역
2. 총량규제 대기오염물질
3. 대기오염물질의 저감계획
4. 그 밖에 총량규제구역의 대기관리를 위하여 필요한 사항

(17) 제27조(배출시설의 변경신고 등)

① 법 제23조제2항에 따라 변경신고를 하여야 하는 경우는 다음 각 호와 같다.
1. 같은 배출구에 연결된 배출시설을 증설 또는 교체하거나 폐쇄하는 경우. 다만, 배출시설의 규모[허가 또는 변경허가를 받은 배출시설과 같은 종류의 배출시설로서 같은 배출구에 연결되어 있는 배출시설(방지시설의 설치를 면제받은 배출시설의 경우에는 면제받은 배출시설)의 총 규모를 말한다]를 10퍼센트 미만으로 증설 또는 교체하거나 폐쇄하는 경우로서 다음 각 목의 모두에 해당하는 경우에는 그러하지 아니하다.
   가. 배출시설의 증설·교체·폐쇄에 따라 변경되는 대기오염물질의 양이 방지시설의 처리용량 범위 내일 것
   나. 배출시설의 증설·교체로 인하여 다른 법령에 따른 설치 제한을 받는 경우가 아닐 것
2. 배출시설에서 허가받은 오염물질 외의 새로운 대기오염물질이 배출되는 경우
3. 방지시설을 증설·교체하거나 폐쇄하는 경우
4. 사업장의 명칭이나 대표자를 변경하는 경우
5. 사용하는 원료나 연료를 변경하는 경우. 다만, 새로운 대기오염물질을 배출하지 아니하고 배출량이 증가되지 아니하는 원료로 변경하는 경우 또는 종전의 연료보다 황함유량이 낮은 연료로 변경하는 경우는 제외한다.
6. 배출시설 또는 방지시설을 임대하는 경우
7. 그 밖의 경우로서 배출시설 설치허가증에 적힌 허가사항 및 일일조업시간을 변경하는 경우

② 제1항에 따라 변경신고를 하려는 자는 제1항제1호·제3호·제5호 또는 제7호에 해당되는 경우에는 변경 전에, 제1항제4호의 경우에는 그 사유가 발생한 날부터 2개월 이내에, 제1항제2호 또는 제6호의 경우에는 그 사유가 발생한 날(제1항제2호의 경우 배출시설에 사용하는 원료나 연료를 변경하지 아니한 경우로서 법 제39조에 따른 자가측정 시 새로운 대기오염물질이 배출되지 않았으나 법 제82조에 따른 검사 결과 새로운 대기오염물질이 배출된 경우에는 그 배출이 확인된 날)부터 30일 이내에 별지 제4호서식의 배출시설 변경신고서에 다음 각 호의 서류 중 변경내용을 증명하는 서류와 배출시설 설치허가증을 첨부하여 유역환경청장, 지방환경청장, 수도권대기환경청장 또는 시·도지사에게 제출해야 한다. 다만, 영 제21조에 따라 제출한 개선계획서의 개선내용이 제1항제1호 또는 제3호에 해당하는 경우에는 개선계획서를 제출할 때 제출한 서류는 제출하지 않을 수 있다.

1. 공정도
2. 방지시설의 설치명세서와 그 도면
3. 그 밖에 변경내용을 증명하는 서류

(18) 제29조(방지시설을 설치하여야 하는 경우)

"환경부령으로 정하는 경우"란 다음 각 호의 어느 하나에 해당하는 사유로 배출허용기준을 초과할 우려가 있는 경우를 말한다.
1. 배출허용기준의 강화
2. 부대설비의 교체·개선
3. 배출시설의 설치허가·변경허가 또는 설치신고나 변경신고 이후 배출시설에서 새로운 대기오염물질의 배출

(19) 제30조(방지시설업의 등록을 한 자 외의 자가 설계·시공할 수 있는 방지시설)

법 제28조 단서에서 "환경부령으로 정하는 방지시설을 설치하는 경우"란 방지시설의 공정을 변경하지 아니하는 경우로서 다음 각 호의 어느 하나에 해당하는 경우를 말한다.
1. 방지시설에 딸린 기계류나 기구류를 신설하거나 대체 또는 개선하는 경우
2. 허가를 받거나 신고한 시설의 용량이나 용적의 100분의 30을 넘지 아니하는 범위에서 증설하거나 대체 또는 개선하는 경우. 다만, 2회 이상 증설하거나 대체하여 증설하거나 대체 또는 개선한 부분이 최초로 허가를 받거나 신고한 시설의 용량이나 용적보다 100분의 30을 넘는 경우에는 방지시설업자가 설계·시공을 하여야 한다.
3. 연소조절에 의한 시설을 설치하는 경우

(20) 제31조(자가방지시설의 설계·시공)

① 사업자가 스스로 방지시설을 설계·시공하려는 경우에는 다음 각 호의 서류를 유역환경청장, 지방환경청장, 수도권대기환경청장 또는 시·도지사에게 제출하여야 한다. 다만, 배출시설의 설치허가·변경허가·설치신고 또는 변경신고 시 제출한 서류는 제출하지 않을 수 있다.
1. 배출시설의 설치명세서
2. 공정도
3. 원료(연료를 포함한다) 사용량, 제품생산량 및 대기오염물질 등의 배출량을 예측한 명세서
4. 방지시설의 설치명세서와 그 도면(법 제26조제1항 단서에 해당되는 경우에는 이를 증명할 수 있는 서류를 말한다)
5. 기술능력 현황을 적은 서류

(21) 제33조(공동 방지시설의 배출허용기준 등)

법 제29조제3항에 따른 공동 방지시설의 배출허용기준은 별표 8과 같고, 자가측정의 대상·항목 및 방법은 별표 11과 같다.

[별표 11]

자가측정의 대상·항목 및 방법(제52조제3항 관련)

1. 관제센터로 측정결과를 자동전송하지 않는 사업장의 배출구

구분	배출구별 규모	측정횟수	측정항목
제1종 배출구	먼지·황산화물 및 질소산화물의 연간 발생량 합계가 80톤 이상인 배출구	매주 1회 이상	별표 8에 따른 배출허용기준이 적용되는 대기오염물질. 다만, 비산먼지는 제외한다.
제2종 배출구	먼지·황산화물 및 질소산화물의 연간 발생량 합계가 20톤 이상 80톤 미만인 배출구	매월 2회 이상	
제3종 배출구	먼지·황산화물 및 질소산화물의 연간 발생량 합계가 10톤 이상 20톤 미만인 배출구	2개월마다 1회 이상	
제4종 배출구	먼지·황산화물 및 질소산화물의 연간 발생량 합계가 2톤 이상 10톤 미만인 배출구	반기마다 1회 이상	
제5종 배출구	먼지·황산화물 및 질소산화물의 연간 발생량 합계가 2톤 미만인 배출구	반기마다 1회 이상	

2. 관제센터로 측정결과를 자동전송하는 사업장 중 굴뚝 자동측정기기가 미설치된 배출구

　가. 방지시설 후단만 측정하는 경우

구분	배출구별 규모	측정횟수	측정항목
제1종 배출구	먼지·황산화물 및 질소산화물의 연간 발생량 합계가 80톤 이상인 배출구	2주마다 1회 이상	별표 8에 따른 배출허용기준이 적용되는 대기오염물질. 다만, 비산먼지는 제외한다.
제2종 배출구	먼지·황산화물 및 질소산화물의 연간 발생량 합계가 20톤 이상 80톤 미만인 배출구	매월 1회 이상	
제3종 배출구	먼지·황산화물 및 질소산화물의 연간 발생량 합계가 10톤 이상 20톤 미만인 배출구	2개월마다 1회 이상	
제4종 배출구	먼지·황산화물 및 질소산화물의 연간 발생량 합계가 2톤 이상 10톤 미만인 배출구	반기마다 1회 이상	
제5종 배출구	먼지·황산화물 및 질소산화물의 연간 발생량 합계가 2톤 미만인 배출구	반기마다 1회 이상	

나. 방지시설 전·후단을 같이 측정하는 경우

구분	배출구별 규모	측정횟수	측정항목
제1종 배출구	먼지·황산화물 및 질소산화물의 연간 발생량 합계가 80톤 이상인 배출구	매월 1회 이상	별표 8에 따른 배출 허용기준이 적용되는 대기오염물질. 다만, 비산먼지는 제외한다.
제2종 배출구	먼지·황산화물 및 질소산화물의 연간 발생량 합계가 20톤 이상 80톤 미만인 배출구	2개월마다 1회 이상	
제3종 배출구	먼지·황산화물 및 질소산화물의 연간 발생량 합계가 10톤 이상 20톤 미만인 배출구	분기마다 1회 이상	
제4종 배출구	먼지·황산화물 및 질소산화물의 연간 발생량 합계가 2톤 이상 10톤 미만인 배출구	반기마다 1회 이상	
제5종 배출구	먼지·황산화물 및 질소산화물의 연간 발생량 합계가 2톤 미만인 배출구	반기마다 1회 이상	

(22) 제35조(시운전 기간)

법 제30조제2항에서 "환경부령으로 정하는 기간"이란 제34조에 따라 신고한 배출시설 및 방지시설의 가동개시일부터 30일까지의 기간을 말한다.

(23) 제36조(배출시설 및 방지시설의 운영기록 보존)

1. 시설의 가동시간
2. 대기오염물질 배출량
3. 자가측정에 관한 사항
4. 시설관리 및 운영자
5. 그 밖에 시설운영에 관한 중요사항

(24) 제38조(개선계획서)

① 개선계획서에는 다음 각 호의 구분에 따른 사항이 포함되거나 첨부되어야 한다.
　1. 법 제32조제5항에 따른 조치명령을 받은 경우
　　가. 개선기간·개선내용 및 개선방법
　　나. 굴뚝 자동측정기기의 운영·관리 진단계획
　2. 개선명령을 받은 경우로서 개선하여야 할 사항이 배출시설 또는 방지시설인 경우
　　가. 배출시설 또는 방지시설의 개선명세서 및 설계도
　　나. 대기오염물질의 처리방식 및 처리 효율
　　다. 공사기간 및 공사비
　　라. 다음의 경우에는 이를 증명할 수 있는 서류

1) 개선기간 중 배출시설의 가동을 중단하거나 제한하여 대기오염물질의 농도나 배출량이 변경되는 경우
2) 개선기간 중 공법 등의 개선으로 대기오염물질의 농도나 배출량이 변경되는 경우
3. 개선명령을 받은 경우로서 개선하여야 할 사항이 배출시설 또는 방지시설의 운전미숙 등으로 인한 경우
    가. 대기오염물질 발생량 및 방지시설의 처리능력
    나. 배출허용기준의 초과사유 및 대책
② 개선계획서를 제출받은 유역환경청장, 지방환경청장, 수도권대기환경청장 또는 시·도지사는 제1항제2호 라목에 해당하는 경우에는 그 사실 여부를 실지 조사·확인해야 한다.

(25) 제40조(개선명령의 이행 보고 등)

대기오염도 검사기관은 다음 각 호와 같다.
1. 국립환경과학원
2. 특별시·광역시·특별자치시·도·특별자치도(이하 "시·도"라 한다)의 보건환경연구원
3. 유역환경청, 지방환경청 또는 수도권대기환경청
4. 한국환경공단
5. 인정을 받은 시험·검사기관 중 환경부장관이 정하여 고시하는 기관

(26) 제54조(환경기술인의 준수사항 및 관리사항)

① 법 제40조제2항에 따른 환경기술인의 준수사항은 다음 각 호와 같다.
1. 배출시설 및 방지시설을 정상가동하여 대기오염물질 등의 배출이 배출허용기준에 맞도록 할 것
2. 제36조에 따른 배출시설 및 방지시설의 운영기록을 사실에 기초하여 작성할 것
3. 자가측정은 정확히 할 것(법 제39조에 따라 자가측정을 대행하는 경우에도 또한 같다)
4. 자가측정한 결과를 사실대로 기록할 것(법 제39조에 따라 자가측정을 대행하는 경우에도 또한 같다)
5. 자가측정 시에 사용한 여과지는 「환경분야 시험·검사 등에 관한 법률」 제6조제1항제1호에 따른 환경오염공정시험기준에 따라 기록한 시료채취기록지와 함께 날짜별로 보관·관리할 것(법 제39조에 따라 자가측정을 대행한 경우에도 또한 같다)
6. 환경기술인은 사업장에 상근할 것. 다만, 「기업활동 규제완화에 관한 특별조치법」 제37조에 따라 환경기술인을 공동으로 임명한 경우 그 환경기술인은 해당 사업장에 번갈아 근무하여야 한다.
② 법 제40조제3항에 따른 환경기술인의 관리사항은 다음 각 호와 같다.
1. 배출시설 및 방지시설의 관리 및 개선에 관한 사항
2. 배출시설 및 방지시설의 운영에 관한 기록부의 기록·보존에 관한 사항
3. 자가측정 및 자가측정한 결과의 기록·보존에 관한 사항
4. 그 밖에 환경오염 방지를 위하여 유역환경청장, 지방환경청장, 수도권대기환경청장 또는 시·도지사가 지시하는 사항

(27) 제55조(저황유 외 연료사용 시 제출서류)

시·도지사에게 제출하여야 하는 서류는 다음 각 호와 같다. 다만, 배출시설의 설치허가, 변경허가, 설치신고 또는 변경신고 시 제출하여야 하는 서류와 동일한 서류는 제외한다.

1. 사용연료량 및 성분분석서
2. 연료사용시설 및 방지시설의 설치명세서
3. 저황유 외의 연료를 사용할 때의 황산화물 배출농도 및 배출량 등을 예측한 명세서

[별표 12]

고체연료 사용시설 설치기준

1. **석탄사용시설**
   가. 배출시설의 굴뚝높이는 100m 이상으로 하되, 굴뚝상부 안지름, 배출가스 온도 및 속도 등을 고려한 유효굴뚝높이(굴뚝의 실제 높이에 배출가스의 상승고도를 합산한 높이를 말한다. 이하 같다)가 440m 이상인 경우에는 굴뚝높이를 60m 이상 100m 미만으로 할 수 있다. 이 경우 유효굴뚝높이 및 굴뚝높이 산정방법 등에 관하여는 국립환경과학원장이 정하여 고시한다.
   나. 석탄의 수송은 밀폐 이송시설 또는 밀폐통을 이용하여야 한다.
   다. 석탄저장은 옥내저장시설(밀폐형 저장시설 포함) 또는 지하저장시설에 저장하여야 한다.
   라. 석탄연소재는 밀폐통을 이용하여 운반하여야 한다.
   마. 굴뚝에서 배출되는 아황산가스(SO_2), 질소산화물(NO_X), 먼지 등의 농도를 확인할 수 있는 기기를 설치하여야 한다.

2. **기타 고체연료 사용시설**
   가. 배출시설의 굴뚝높이는 20m 이상이어야 한다.
   나. 연료와 그 연소재의 수송은 덮개가 있는 차량을 이용하여야 한다.
   다. 연료는 옥내에 저장하여야 한다.
   라. 굴뚝에서 배출되는 매연을 측정할 수 있어야 한다.

---

(28) 제59조(휘발성유기화합물 배출규제 추가지역의 지정기준)

① 법 제44조제1항제3호에 따른 휘발성유기화합물 배출규제 추가지역의 지정에 필요한 세부적인 기준은 다음 각 호와 같다.

1. 인구 50만 이상 도시 중 법 제3조에 따른 상시 측정 결과 오존 오염도(이하 "오존 오염도"라 한다)가 환경기준을 초과하는 지역
2. 그 밖에 오존 오염도가 환경기준을 초과하고 휘발성유기화합물 배출량 관리가 필요하다고 환경부장관이 인정하는 지역

② 제1항에서 규정한 사항 외에 지정 기준 및 절차에 관한 사항은 환경부장관이 정하여 고시한다.

(29) 제59조의2(휘발성유기화합물 배출시설의 신고 등)

① 법 제44조제1항에 따라 휘발성유기화합물을 배출하는 시설을 설치하려는 자는 별지 제27호서식의 휘발성유기화합물 배출시설 설치신고서에 휘발성유기화합물 배출시설 설치명세서와 배출 억제·방지시설 설치명세서를 첨부하여 시설 설치일 **10일 전**까지 시·도지사 또는 대도시 시장에게 제출하여야 한다. 다만, 휘발성유기화합물을 배출하는 시설이 영 제11조에 따른 설치허가 또는 설치신고의 대상이 되는 배출시설에 해당되는 경우에는 제25조에 따른 배출시설 설치허가신청서 또는 배출시설 설치신고서의 제출로 갈음할 수 있다.

(30) 제60조(휘발성유기화합물 배출시설의 변경신고)

① 법 제44조제2항에 따라 변경신고를 하여야 하는 경우는 다음 각 호와 같다.
  1. 사업장의 명칭 또는 대표자를 변경하는 경우
  2. 설치신고를 한 배출시설 규모의 합계 또는 누계보다 100분의 50 이상 증설하는 경우
  3. 휘발성유기화합물의 배출 억제·방지시설을 변경하는 경우
  4. 휘발성유기화합물 배출시설을 폐쇄하는 경우
  5. 휘발성유기화합물 배출시설 또는 배출 억제·방지시설을 임대하는 경우

(31) 제63조(배출가스 보증기간)

법 제46조제3항에 따른 배출가스 보증기간(이하 "보증기간"이라 한다)은 별표 18과 같다.

[별표 18]

배출가스 보증기간(제63조 관련)

〈2016년 1월 1일 이후 제작자동차〉

사용연료	자동차의 종류	적용기간	
휘발유	경자동차, 소형 승용·화물자동차, 중형 승용·화물자동차	15년 또는 240,000km	
	대형 승용·화물자동차, 초대형 승용·화물자동차	2년 또는 160,000km	
	이륜자동차	최고속도 130km/h 미만	2년 또는 20,000km
		최고속도 130km/h 이상	2년 또는 35,000km
가스	경자동차	10년 또는 192,000km	
	소형 승용·화물자동차, 중형 승용·화물자동차	15년 또는 240,000km	
	대형 승용·화물자동차, 초대형 승용·화물자동차	2년 또는 160,000km	
경유	경자동차, 소형 승용·화물자동차, 중형 승용·화물자동차 (택시를 제외한다)	10년 또는 160,000km	
	경자동차, 소형 승용·화물자동차, 중형 승용·화물자동차 (택시에 한정한다)	10년 또는 192,000km	
	대형 승용·화물자동차	6년 또는 300,000km	
	초대형 승용·화물자동차	7년 또는 700,000km	
	건설기계 원동기, 농업기계 원동기	37kW 이상	10년 또는 8,000시간
		37kW 미만	7년 또는 5,000시간
		19kW 미만	5년 또는 3,000시간
전기 및 수소연료전지 자동차	모든 자동차	별지 제30호서식의 자동차배출가스 인증신청서에 적힌 보증기간	

배출가스 관련부품	정비주기
배출가스재순환장치(EGR system including all related Filter & control valves), PCV 밸브(Positive crankcase ventilation valves),	80,000km
연료분사기(Fuel injector), 터보차저(Turbocharger), 전자제어장치 및 관련센서(ECU & associated sensors & actuators), 선택적환원촉매장치[(SCR system including Dosing module(요소분사기), Supply module(요소분사펌프 & 제어장치)], 매연포집필터(Particulate Trap), 질소산화물저감촉매(De-NOx Catalyst, NOx Trap), 정화용 촉매(Catalytic Converter)	160,000km

사용연료	자동차의 종류		배출가스 관련부품	적용기간
휘발유	경자동차, 소형 승용·화물자동차, 중형 승용·화물자동차		정화용촉매, 선택적환원촉매, 질소산화물저감촉매, ECU	7년 또는 120,000km
			그 외 부품	5년 또는 80,000km
	대형 승용·화물자동차, 초대형 승용·화물자동차		모든 부품	2년 또는 160,000km
	이륜자동차	최고속도 130km/h 미만	모든 부품	2년 또는 20,000km
		최고속도 130km/h 이상	모든 부품	2년 또는 35,000km
가스	경자동차		정화용촉매, 선택적환원촉매, 질소산화물저감촉매, ECU	6년 또는 100,000km
			그 외 부품	5년 또는 80,000km
	소형 승용·화물자동차, 중형 승용·화물자동차		정화용촉매, 선택적환원촉매, 질소산화물저감촉매, ECU	7년 또는 120,000km
			그 외 부품	5년 또는 80,000km
	대형 승용·화물자동차, 초대형 승용·화물자동차		모든 부품	2년 또는 160,000km
경유	경자동차, 소형 승용·화물자동차, 중형 승용·화물자동차 (택시를 제외한다)		매연포집필터, 선택적환원촉매, 질소산화물저감촉매, ECU	7년 또는 120,000km
			그 외 부품	5년 또는 80,000km
	경자동차, 소형 승용차·화물차, 중형 승용차·화물차 (택시에 한정한다)		모든 부품	10년 또는 192,000km
	대형 승용차·화물차		모든 부품	2년 또는 160,000km
	초대형 승용차·화물차		모든 부품	2년 또는 160,000km
	건설기계 원동기, 농업기계 원동기	37kW 이상	모든 부품	5년 또는 3,000시간
		37kW 미만	모든 부품	5년 또는 3,000시간
		19kW 미만	모든 부품	2년 또는 1,500시간

(32) 제76조(배출가스 관련부품)

① 법 제52조제1항에서 "환경부령으로 정하는 배출가스관련부품"이란 별표 20에 따른 배출가스 관련부품을 말한다.

② 법 제57조의2 각 호 외의 부분 본문에서 "환경부령으로 정하는 자동차의 배출가스 관련 부품"이란 별표 20에 따른 배출가스 관련부품을 말한다.

[별표 20]

배출가스 관련부품(제76조 관련)

장치별 구분	배출가스 관련부품
1. 배출가스 전환장치 (Exhaust Gas Conversion System)	산소감지기(Oxygen Sensor), 정화용촉매(Catalytic Converter), 매연포집필터(Particulate Trap), 선택적환원촉매장치[SCR system including dosing module(요소분사기), Supply module(요소분사펌프 및 제어장치)], 질소산화물저감촉매(De-NOx Catalyste, NOx Trap), 재생용가열기(Regenerative Heater)
2. 배출가스 재순환장치 (Exhaust Gas Recirculation : EGR)	EGR밸브, EGR제어용 서모밸브(EGR Control Thermo Valve), EGR 쿨러(Cooler)
3. 연료증발가스방지장치 (Evaporative Emission Control System)	정화조절밸브(Purge Control Valve), 증기 저장 캐니스터와 필터(Vapor Storage Canister and Filter)
4. 블로바이가스 환원장치 (Positive Crankcase Ventilation : PCV)	PCV밸브
5. 2차공기분사장치 (Air Injection System)	공기펌프(Air Pump), 리드밸브(Reed Valve)
6. 연료공급장치 (Fuel Metering System)	전자제어장치(Electronic Control Unit : ECU), 스로틀포지션센서(Throttle Position Sensor), 대기압센서(Manifold Absolute Pressure Sensor), 기화기(Carburetor, Vaprizer), 혼합기(Mixture), 연료분사기(Fuel Injector), 연료압력조절기(Fuel Pressure Regulator), 냉각수온센서(Water Temperature Sensor), 연료펌프(Fuel Pump), 공회전속도제어장치(Idle speed control system)
7. 점화장치 (Ignition System)	점화장치의 디스트리뷰터(Distributor). 다만, 로더 및 캡 제외한다.
8. 배출가스 자기진단장치 (On Board Diagnostics)	촉매 감시장치(Catalyst Monitor), 가열식 촉매 감시장치(Heated Catalyste Monitor), 실화 감시장치(Misfire Monitor), 증발가스계통 감시장치(Evaporative System Monitor), 2차공기 공급계통 감시장치(Secondary Air System Monitor), 에어컨계통 감시장치(Air Conditioning System Refrigerant Monitor), 연료계통 감시장치(Fuel System Monitor), 산소센서 감시장치(Oxygen Sensor Monitor), 배기관 센서 감시장치(Exhaust Gas Sensor

		Monitor), 배기가스 재순환계통 감시장치(Exhaust Gas Recirculation System Monitor), 블로바이가스 환원계통 감시장치(Positive Crankcase Ventilation System Monitor), 서모스태트 감시장치(Thermostat Monitor), 엔진냉각계통 감시장치(Engine Cooling System Monitor), 저온시동 배출가스 저감기술 감시장치(Cold Start Emission Reduction Strategy Monitor), 가변밸브타이밍 계통 감시장치(Variable Valve Timing Monitor), 직접오존저감장치(Direct Ozone Reduction System Monitor), 기타 감시장치(Comprehensive Component Monitor)
9. 흡기장치 (Air Induction System)		터보차저(Turbocharger, wastegate, pop-off 포함) 바이패스 밸브(by-pass valves), 덕팅(ducting), 인터쿨러(Intercooler), 흡기매니폴드(Intake manifold)

[비고] 1. 위 표 부품과 명칭은 다르지만, 기능이 동일하거나 기술진보로 변경된 기능이 유사한 부품도 포함한다.
2. 위 표 부품의 작동 및 제어에 관련되는 호스, 센서, 스위치, 솔레노이드, 가스켓(실), 와이어(하네서, 커넥터)와 위 표 부품에 포함된 브라켓, 호스, 파이프, 하우징도 배출가스 관련부품에 포함한다. 다만, 법 제48조에 따른 인증 및 변경인증 대상에서는 제외한다.

(33) 제78조(운행차배출허용기준)

법 제57조에 따른 배출가스 종류별 운행차배출허용기준은 별표 21과 같다.

[별표 21]

운행차배출허용기준(제78조 관련)

1. 일반기준
   가. 자동차의 차종 구분은 「자동차관리법」 제3조제1항 및 같은 법 시행규칙 제2조에 따른다.
   나. "차량중량"이란 「자동차관리법 시행규칙」 제39조제2항 및 제80조제4항에 따라 전산정보처리조직에 기록된 해당 자동차의 차량중량을 말한다.
   다. 휘발유와 가스를 같이 사용하는 자동차의 배출가스 측정 및 배출허용기준은 가스의 기준을 적용한다.
   라. 알코올만 사용하는 자동차는 탄화수소 기준을 적용하지 아니한다.
   마. 휘발유사용 자동차는 휘발유·알코올 및 가스(천연가스를 포함한다)를 섞어서 사용하는 자동차를 포함하며, 경유사용 자동차는 경유와 가스를 섞어서 사용하거나 같이 사용하는 자동차를 포함한다.
   바. 건설기계 중 덤프트럭, 콘크리트믹서트럭, 콘크리트펌프트럭에 대한 배출허용기준은 화물자동차기준을 적용한다.
   사. 시내버스는 「여객자동차 운수사업법 시행령」 제3조제1호가목·나목 및 다목에 따른 시내버스운송사업·농어촌버스운송사업 및 마을버스운송사업에 사용되는 자동차를 말한다.
   아. 제3호에 따른 운행차 정밀검사의 배출허용기준 중 배출가스 정밀검사를 무부하정지가동 검사방법(휘발유·알코올 또는 가스사용 자동차) 및 무부하급가속검사방법(경유사용 자동차)로 측정하는 경우의 배출허용기준은 제2호의 운행차 수시점검 및 정기검사의 배출허용기준을 적용한다.
   자. 희박연소(Lean Burn)방식을 적용하는 자동차는 공기과잉률 기준을 적용하지 아니한다.
   차. 삭제 〈2022.11.14〉
   카. 수입자동차는 최초등록일자를 제작일자로 본다.
   타. 원격측정기에 의한 수시점검 결과 배출허용기준을 초과한 차량(휘발유·가스사용 자동차)에 대한 정비·점검 및 확인검사 시 배출허용기준은 제3호의 정밀검사 기준(휘발유·가스사용 자동차)을 적용한다.

(34) 제96조(정밀검사대상자동차 등)

법 제63조제5항에 따른 정밀검사 대상자동차 및 정밀검사 유효기간은 별표 25와 같다.

[별표 25]

정밀검사대상 자동차 및 정밀검사 유효기간(제96조 관련)

차종		정밀검사대상 자동차	검사유효기간
비사업용	승용자동차	차령 4년 경과된 자동차	2년
	기타자동차	차령 3년 경과된 자동차	1년
사업용	승용자동차	차령 2년 경과된 자동차	
	기타자동차	차령 2년 경과된 자동차	

(35) 제134조(행정처분기준)

① 법 제84조에 따른 행정처분기준은 별표 36과 같다.
② 환경부장관, 시·도지사 또는 국립환경과학원장은 위반사항의 내용으로 볼 때 그 위반 정도가 경미하거나 그 밖에 특별한 사유가 있다고 인정되는 경우에는 별표 36에 따른 조업정지·업무정지 또는 사용정지 기간의 2분의 1의 범위에서 행정처분을 경감할 수 있다.

[별표 36]

행정처분기준(제134조 관련)

1. 일반기준

가. 위반행위가 두 가지 이상인 경우에는 각 위반사항에 따라 각각 처분하여야 한다. 다만, 제2호 가목 또는 나목의 처분기준이 모두 조업정지인 경우에는 무거운 처분기준에 따르되, 각 처분기준을 합산한 기간을 넘지 아니하는 범위에서 무거운 처분기준의 2분의 1의 범위에서 가중할 수 있으며, 마목의 운행차의 배출허용기준 위반행위가 두 가지 이상인 경우에는 각 행정처분기준을 합산한다

나. 위반행위의 횟수에 따른 가중된 행정처분은 최근 1년간[제2호가목 및 아목(제2호가목6) 및 10) 중 매연의 경우는 제외한다)의 경우에는 최근 2년간] 같은 위반행위로 행정처분을 받은 경우에 적용한다. 이 경우 기간의 계산은 위반행위에 대하여 행정처분을 받은 날과 그 처분 후 다시 같은 위반행위를 하여 적발된 날을 기준으로 하며, 배출시설 및 방지시설에 대한 위반횟수는 배출구별로 산정한다.

다. 나목에 따라 가중된 행정처분을 하는 경우 가중처분의 적용 차수는 그 위반행위 전 행정처분 차수(나목에 따른 기간 내에 행정처분이 둘 이상 있었던 경우에는 높은 차수를 말한다)의 다음 차수로 한다.

라. 이 기준에 명시되지 아니한 사항으로 처분의 대상이 되는 사항이 있을 때에는 이 기준 중 가장 유사한 사항에 따라 처분한다.

2. 개별기준

가. 배출시설 및 방지시설등과 관련된 행정처분기준

위반사항	근거법령	행정처분기준			
		1차	2차	3차	4차
1) 법 제23조에 따라 배출시설설치허가(변경허가를 포함한다)를 받지 아니하거나 신고를 하지 아니하고 배출시설을 설치한 경우 　가) 해당 지역이 배출시설의 설치가 가능한 지역인 경우 　나) 해당 지역이 배출시설의 설치가 불가능한 지역일 경우	법 제38조	 사용중지 명령 폐쇄명령			
2) 법 제23조제2항 또는 법 제23조제3항을 위반하여 변경신고를 하지 아니한 경우	법 제36조	경고	경고	조업정지 5일	조업정지 10일
3) 법 제23조제9항에 따른 허가조건을 위반한 경우 　가) 영 제12조에 따른 배출시설 설치제한 지역 밖에 있는 배출시설의 경우 　나) 영 제12조에 따른 배출시설 설치제한 지역 안에 있는 사업장의 경우	법 제36조제1항 제3호의2	 경고 경고	 조업정지 10일 조업정지 1개월	 조업정지 1개월 조업정지 3개월	 조업정지 3개월 허가취소
4) 법 제26조제1항에 따른 방지시설을 설치하지 아니하고 배출시설을 가동하거나 방지시설을 임의로 철거한 경우	법 제36조	조업정지	허가취소 또는 폐쇄		
5) 법 제26조제2항에 따른 방지시설을 설치하지 아니하고 배출시설을 운영하는 경우	법 제36조	조업정지	허가취소 또는 폐쇄		
6) 법 제30조에 따른 가동개시신고를 하지 아니하고 조업하는 경우	법 제36조	경고	허가취소 또는 폐쇄		
7) 법 제30조에 따른 가동개시신고를 하고 가동 중인 배출시설에서 배출되는 대기오염물질의 정도가 배출시설 또는 방지시설의 결함·고장 또는 운전미숙 등으로 인하여 법 제16조에 따른 배출허용기준을 초과한 경우 　가)「환경정책기본법」제22조에 따른 특별대책지역 외에 있는 사업장인 경우 　나)「환경정책기본법」제22조에 따른 특별대책지역 안에 있는 사업장인 경우	법 제33조 법 제34조 법 제36조	 개선명령 개선명령	 개선명령 개선명령	 개선명령 조업정지	 조업정지 허가취소 또는 폐쇄

위반행위	근거 법령	1차	2차	3차	4차
8) 법 제31조제1항을 위반하여 다음과 같은 행위를 하는 경우	법 제36조				
가) 배출시설 가동 시에 방지시설을 가동하지 아니하거나 오염도를 낮추기 위하여 배출시설에서 배출되는 대기오염물질에 공기를 섞어 배출하는 행위		조업정지 10일	조업정지 30일	허가취소 또는 폐쇄	
나) 방지시설을 거치지 아니하고 대기오염물질을 배출할 수 있는 공기조절장치·가지배출관 등을 설치하는 행위		조업정지 10일	조업정지 30일	허가취소 또는 폐쇄	
다) 부식·마모로 인하여 대기오염물질이 누출되는 배출시설이나 방지시설을 정당한 사유 없이 방치하는 행위		경고	조업정지 10일	조업정지 30일	허가취소 또는 폐쇄
라) 방지시설에 딸린 기계·기구류(예비용을 포함한다)의 고장 또는 훼손을 정당한 사유 없이 방치하는 행위		경고	조업정지 10일	조업전지 20일	조업정지 30일
마) 기타 배출시설 및 방지시설을 정당한 사유 없이 정상적으로 가동하지 아니하여 배출허용기준을 초과한 대기오염물질을 배출하는 행위		조업정지 10일	조업정지 30일	허가취소 또는 폐쇄	
9) 배출시설 또는 방지시설을 정상가동하지 아니함으로써 7)에 해당하여 사람 또는 가축에 피해발생 등 중대한 대기오염을 일으킨 경우	법 제36조	조업정지 3개월, 허가취소 또는 폐쇄	허가취소 또는 폐쇄		
10) 법 제31조제2항에 따른 배출시설 및 방지시설의 운영에 관한 관리기록을 거짓으로 기재하였거나 보존·비치하지 아니한 경우	법 제36조	경고	경고	경고	조업정지 20일
11) 법 제33조에 따른 개선명령을 받은 자가 개선명령기간(연장기간 포함) 내에 개선하였으나 검사결과 배출허용기준을 초과한 경우	법 제34조 법 제36조	개선명령	조업정지 10일	조업정지 20일	허가취소 또는 폐쇄
12) 다음의 명령을 이행하지 아니한 경우	법 제36조				
가) 법 제33조에 따른 개선명령을 받은 자가 개선명령을 이행하지 아니한 경우		조업정지	허가취소 또는 폐쇄		
나) 법 제34조 및 법 제36조에 따른 조업정지명령을 받은 자가 조업정지일 이후에 조업을 계속한 경우		경고	허가취소 또는 폐쇄		

	근거 법령	1차	2차	3차	4차
13) 법 제39조제1항에 따른 자가측정을 위반한 다음과 같은 경우	법 제36조				
가) 자가측정을 하지 않거나(자가측정 횟수가 적정하지 않은 경우를 포함한다) 측정방법을 위반한 경우		경고	경고	조업정지 10일	조업정지 30일
나) 조작 등으로 자가측정 결과를 거짓으로 기록한 경우		조업정지 90일	허가취소 또는 폐쇄		
다) 단순 오기(誤記) 등으로 자가측정 결과를 사실과 다르게 기록한 경우		경고	경고	경고	조업정지 10일
라) 자가측정에 관한 기록을 보존하지 않은 경우		경고	경고	조업정지 10일	조업정지 30일
14) 법 제39조제2항을 위반하여 사업자가 측정대행업자에게 다음과 같은 행위를 하는 경우	법 제36조				
가) 측정결과를 누락하게 하는 행위		경고	조업정지 5일	조업정지 10일	조업정지 30일
나) 거짓으로 측정결과를 작성하게 하는 행위		조업정지 90일	허가취소 또는 폐쇄		
다) 정상적인 측정을 방해하는 행위		경고	경고	조업정지 5일	조업정지 10일
15) 법 제40조에 따른 환경기술인 임명 등을 위반한 다음과 같은 경우	법 제36조 법 제40조				
가) 환경관리인을 임명하지 아니한 경우		선임명령	경고	조업정지 5일	조업정지 10일
나) 환경관리인의 자격기준에 미달한 경우		변경명령	경고	경고	조업정지 5일
다) 환경관리인의 준수사항 및 관리사항을 이행하지 아니한 경우		경고	경고	경고	조업정지 5일
16) 법 제41조제4항 또는 법 제42조에 따른 연료의 제조·공급·판매 또는 사용금지·제한 등 필요한 조치명령을 이행하지 아니한 경우	법 제36조 법 제41조제4항 법 제42조	조업정지 10일	조업정지 20일	조업정지 30일	허가취소 또는 폐쇄
17) 거짓이나 그 밖의 부정한 방법으로 법 제23조제1항부터 제3항에 따른 대기배출시설 설치허가·변경허가를 받았거나, 신고·변경신고를 한 경우	법 제36조 제1호·제2호	허가취소 또는 폐쇄명령			

[비고]
1. 개선명령 및 조업정지기간은 그 처분의 이행에 따른 시설의 규모, 기술능력, 기계·기술의 종류 등을 고려하여 정하되, 영 제20조에 따른 기간을 초과하여서는 아니 된다.
2. 11)나)의 경우 1차 경고를 하였을 때에는 경고한 날부터 5일 이내에 조업정지명령의 이행상태를 확인하고 그 결과에 따라 다음 단계의 조치를 하여야 한다.
3. 조업정지(사용중지를 포함한다. 이하 이 호에서 같다) 기간은 조업정지처분에 명시된 조업정지일부터 1)가)의 경우에는 배출시설의 가동개시신고일까지, 3), 4)의 경우에는 방지시설의 설치완료일까지, 6), 10) 및 11)가)의 경우에는 해당 시설의 개선완료일까지로 한다.
4. 6)가)의 위반행위를 5차 이상 한 자에 대하여는 이전 위반 시의 처분에 더하여 추가위반행위를 하였을 때마다 조업정지 10일을 가산한다.

나. 측정기기의 부착·운영 등과 관련된 행정처분기준

위반사항	근거법령	행정처분기준			
		1차	2차	3차	4차
1) 법 제32조제1항에 따른 측정기기의 부착 등의 조치를 하지 아니하는 경우	법 제36조				
가) 적산전력계 미부착		경고	경고	경고	조업정지 5일
나) 사업장 안의 일부 굴뚝자동측정기기 미부착		경고	경고	조업정지 10일	조업정지 30일
다) 사업장 안의 모든 굴뚝자동측정기기 미부착		경고	조업정지 10일	조업정지 30일	허가취소 또는 폐쇄
라) 영 별표 3 제2호라목에 따라 굴뚝 자동측정기기의 부착이 면제된 보일러로서 사용연료를 6월 이내에 청정연료로 변경하지 아니한 경우		경고	경고	조업정지 10일	조업정지 30일
마) 영 별표 3 제2호사목에 따라 굴뚝 자동측정기기의 부착이 면제된 배출시설로서 6개월 이내에 배출시설을 폐쇄하지 아니한 경우		경고	경고	폐쇄	
2) 법 제32조제3항제1호에 따른 배출시설 가동 시에 굴뚝 자동측정기기를 고의로 작동하지 아니하거나 정상적인 측정이 이루어지지 아니하도록 하여 측정항목별 상태표시(보수중, 동작불량 등) 또는 전송장비별 상태표시(전원단절, 비정상)가 1일 2회 이상 나타나는 경우가 1주 동안 연속하여 4일 이상 계속되는 경우	법 제36조	경고	조업정지 5일	조업정지 10일	조업정지 30일
3) 법 제32조제3항제2호에 따른 부식·마모·고장 또는 훼손되어 정상적인 작동을 하지 아니하는 측정기기를 정당한 사유 없이 7일 이상 방치하는 경우	법 제36조	경고	경고	조업정지 10일	조업정지 30일

위반행위	근거 법조문	1차	2차	3차	4차
4) 법 제32조제3항제3호에 따른 측정기기를 고의로 훼손하는 경우	법 제36조 제9호	조업정지 30일	조업정지 90일	허가취소 또는 폐쇄	
5) 법 제32조제3항제4호에 따른 측정기기를 조작하여 측정결과를 빠뜨리거나 거짓으로 측정결과를 작성하는 경우	법 제36조 제9호				
가) 측정 관련 프로그램이나 전류의 세기 등 측정기기를 조작하여 측정결과를 빠뜨리거나 거짓으로 측정결과를 작성하는 경우		조업정지 90일	허가취소 또는 폐쇄		
나) 교정가스 또는 교정액의 표준값을 거짓으로 입력하거나 부적절한 교정가스 또는 교정액을 사용하는 경우		경고	경고	조업정지 5일	조업정지 10일
6) 법 제32조제4항에 따른 운영·관리기준을 준수하지 아니하는 경우	법 제32조 제5항·제6항				
가) 굴뚝 자동측정기기가 「환경분야 시험·검사 등에 관한 법률」 제6조제1항에 따른 환경오염공정시험기준에 부합하지 아니하도록 한 경우		경고	조치명령	조업정지 10일	조업정지 30일
나) 영 제19조에 따른 관제센터에 측정자료를 전송하지 아니한 경우		경고	조치명령	조업정지 10일	조업정지 30일
7) 법 제32조제6항에 따른 조업정지명령을 위반한 경우	법 제36조	허가취소 또는 폐쇄			
8) 법 제32조의2제1항을 위반하여 거짓이나 그 밖의 부정한 방법으로 등록을 한 경우	법 제32조의3 제1항 제1호	등록취소			
9) 법 제32조의2제1항에 따른 등록 후 2년 이내에 영업을 개시하지 않거나 계속하여 2년 이상 영업실적이 없는 경우	법 제32조의3 제1항 제2호	경고	등록취소		
10) 법 제32조의2제1항에 따른 등록 기준에 미달하게 된 경우	법 제32조의3 제1항 제3호				
가) 기술인력이 없는 경우		영업정지 3개월	등록취소		
나) 기술인력이 부족한 경우		영업정지 1개월	영업정지 3개월	등록취소	

위반사항	근거법령			
다) 시설·장비가 없는 경우		영업정지 3개월	등록취소	
라) 시설·장비가 부족한 경우		영업정지 1개월	영업정지 3개월	등록취소
11) 법 제32조의2제2항에 따른 결격사유에 해당하는 경우(법 제32조의2제2항제5호에 따른 결격사유에 해당하는 경우로서 그 사유가 발생한 날로부터 2개월 이내에 그 사유를 해소한 경우에는 제외한다)	법 제32조의3 제1항 제4호	등록취소		
12) 법 제32조의2제4항을 위반하여 다른 자에게 자기의 명의를 사용하여 측정기기 관리 업무를 하게 하거나 등록증을 다른 자에게 대여한 경우	법 제32조의3 제1항 제5호	등록취소		
13) 법 제32조의2제5항에 따른 관리기준을 지키지 않은 경우	법 제32조의3 제1항 제6호			
가) 제37조의5제1호부터 제4호까지의 규정에 따른 관리기준을 위반한 경우		경고	영업정지 3개월	영업정지 6개월	등록취소
나) 제37조의5제5호에 따른 관리기준을 위반한 경우		영업정지 1개월	등록취소		
14) 영업정지 기간 중 측정기기 관리업무를 대행한 경우	법 제32조의3 제1항 제7호	등록취소		

다. 비산배출시설, 비산먼지 발생사업 및 휘발성유기화합물의 규제와 관련된 행정처분기준

위반사항	근거법령	행정처분기준			
		1차	2차	3차	4차
1) 법 제38조의2에 따른 비산배출시설과 관련된 다음의 경우					
가) 법 제38조의2제1항에 따른 비산배출시설의 설치신고 또는 같은 조 제2항에 따른 변경신고를 하지 않은 경우	법 제38조의2 제1항·제2항	경고	경고	조업정지 10일	조업정지 20일
나) 법 제38조의2제3항에 따른 비산배출시설의 시설관리기준을 지키지 않은 경우	법 제38조의2 제3항·제6항	경고	조업정지 10일	조업정지 20일	조업정지 20일

위반사항	근거법령	1차	2차	3차	4차
다) 법 제38조의2제4항에 따른 비산배출시설의 정기점검을 받지 않은 경우	법 제38조의2 제4항	경고	경고	조업정지 10일	조업정지 20일
라) 법 제38조의2제8항에 따른 조치명령을 이행하지 않은 경우	법 제38조의2 제9항 제4호	조업정지 10일	조업정지 20일	조업정지 30일	조업정지 30일
2) 법 제43조에 따른 비산먼지 발생사업과 관련된 다음의 경우	법 제43조 제1항·제2항				
가) 비산먼지 발생사업의 신고 또는 변경신고를 하지 아니한 경우		경고	사용중지		
나) 법 제43조제1항에 따른 필요한 조치를 이행하지 아니한 경우		조치이행 명령	사용중지		
3) 법 제43조제1항에 따른 시설이나 조치가 기준에 맞지 아니한 경우	법 제43조 제2항·제3항	개선명령	사용중지		
4) 법 제43조제2항에 따른 조치의 이행 또는 개선명령을 이행하지 아니한 경우	법 제43조 제3항	사용중지			
5) 법 제44조 또는 제45조에 따른 휘발성유기화합물 규제와 관련된 다음의 경우	법 제44조 제10항 제1호				
가) 휘발성유기화합물 배출시설의 설치신고 또는 변경신고를 이행하지 아니한 경우		경고	경고	조업정지 10일	조업정지 20일
나) 휘발성유기화합물 배출억제·방지시설의 설치 등의 조치를 이행하지 아니한 경우	법 제44조 제10항 제2호	개선명령	조업정지 10일	조업정지 20일	조업정지 20일
다) 휘발성유기화합물 배출억제·방지시설의 설치 등의 조치를 하였으나 같은 조 제6항 또는 제7항에 따른 기준에 미치지 못하는 경우	법 제44조 제10항 제2호	개선명령	개선명령	조업정지 10일	조업정지 10일
라) 휘발성유기화합물 배출억제·방지시설 설치 등의 조치명령을 이행하지 않은 경우		조업정지 10일	조업정지 20일	조업정지 30일	조업정지 30일

라. 삭제 〈2013.2.1〉

마. 자동차배출가스의 규정에 대한 행정처분기준

위반사항	근거법령	행정처분기준		
		1차	2차	3차
1) 법 제55조제1호에 따른 거짓이나 그 밖의 부정한 방법으로 인증을 받은 경우	법 제55조 제1호	인증취소		

위반사항	근거법령	1차	2차	3차
2) 법 제55조제2호에 따른 제작차에 중대한 결함이 발생되어 개선을 하여도 제작차배출허용기준을 유지할 수 없는 경우	법 제55조 제2호	인증취소		
3) 법 제50조제6항에 따른 자동차의 판매 또는 출고정지명령을 위반한 경우	법 제55조 제3호	경고	경고	인증취소
4) 법 제51조제4항 또는 제6항에 따른 결함시정명령을 이행하지 아니한 경우	법 제55조 제4호	경고	경고	인증취소
5) 거짓이나 그 밖의 부정한 방법으로 인증을 받은 경우	법 제60조 제4항제1호	인증취소		
6) 배출가스저감장치, 저공해엔진 또는 공회전제한장치에 결함이 생겨 이를 개선하여도 저감효율기준을 유지할 수 없는 경우	법 제60조 제4항제2호	인증취소		
7) 법 제60조의4에 따른 검사 결과 인증의 기준을 유지하지 못하는 경우	법 제60조 제4항제3호	개선명령	개선명령	인증취소
8) 법 제61조제1항에 따른 운행차에 대한 점검결과 운행차배출허용기준을 초과한 경우	법 제70조 제1항	개선명령		
9) 법 제62조의3에 따른 지정정비사업자가 거짓이나 그 밖의 부정한 방법으로 지정을 받은 경우	법 제62조의4 제1항제1호	지정취소		
10) 법 제62조의2에 따른 이륜자동차검사대행자 또는 법 제62조의3에 따른 지정정비사업자가 이륜자동차정기검사 업무와 관련하여 부정한 금품을 수수하거나 그 밖의 부정한 행위를 한 경우	법 제62조의4 제1항제2호	업무정지 1개월	업무정지 3개월	지정취소
11) 법 제62조의2에 따른 이륜자동차검사대행자 또는 법 제62조의3에 따른 지정정비사업자가 자산상태의 불량 등의 사유로 그 업무를 계속하는 것이 적합하지 아니하다고 인정될 경우	법 62조의4 제1항제3호	업무정지 1개월	업무정지 3개월	지정취소
12) 법 제62조의2에 따른 이륜자동차검사대행자 또는 법 제62조의3에 따른 지정정비사업자가 검사를 실시하지 아니하고 거짓으로 자동차검사표를 작성하거나 검사 결과와 다르게 자동차검사표를 작성한 경우	법 제62조의4 제1항제4호	업무정지 1개월	지정취소	
13) 법 제70조제1항에 따른 개선명령을 받은 자가 환경부령이 정한 기간 이내에 전문정비사업자에게 확인검사를 받지 않은 경우	법 제70조의2 제1항	운행정지 5일	운행정지 10일	

[비고] 7)부터 9)까지의 지정취소는 법 제62조의2에 따른 이륜자동차정기검사대행자의 경우 대행해제를 말한다.

바. 삭제 〈2013.2.1〉

사. 배출가스 전문정비사업자에 대한 행정처분기준

위반사항	근거 법령	행정처분기준		
		1차	2차	3차
1) 거짓이나 그 밖의 부정한 방법으로 등록을 한 경우	법 제69조 제1호	등록취소	–	–
2) 법 제69조의2의 어느 하나에 해당하는 경우	법 제69조 제2호	등록취소	–	–

위반사항	근거법령	1차	2차	3차
3) 고의 또는 중대한 과실로 정비·점검 및 확인검사 업무를 부실하게 한 경우	법 제69조 제3호	업무정지 1개월	업무정지 3개월	업무정지 6개월
4) 「자동차관리법」제66조에 따라 자동차관리사업의 등록이 취소된 경우	법 제69조 제4호	등록취소	–	–
5) 업무정지기간에 정비·점검 및 확인검사업무를 한 경우	법 제69조 제5호	등록취소	–	–
6) 법 제68조제1항에 따른 등록기준을 충족하지 못하게 된 경우	법 제69조 제6호	업무정지 1개월	업무정지 3개월	업무정지 6개월
7) 법 제68조제1항 후단에 따른 변경등록을 위반한 경우	법 제69조 제7호	경고	업무정지 1개월	업무정지 3개월
8) 법 제68조제4항에 따른 금지행위를 위반한 경우	법 제69조 제8호	업무정지 1개월	업무정지 3개월	업무정지 6개월

아. 인증시험대행기관에 대한 행정처분의 기준

위반사항	근거법령	행정처분기준			
		1차 위반	2차 위반	3차 위반	4차 이상 위반
1) 거짓이나 그 밖의 부정한 방법으로 지정을 받은 경우	법 제48조의3 제1호	지정취소			
2) 법 제48조의2제2항제1호를 위반하여 다른 사람에게 자신의 명의로 인증시험업무를 하게 한 경우	법 제48조의3 제2호	업무정지 6개월	지정취소		
3) 법 제48조의2제2항제2호를 위반하여 거짓이나 그 밖의 부정한 방법으로 인증시험을 한 경우	법 제48조의3 제2호	업무정지 6개월	지정취소		
4) 법 제48조의2제2항제3호를 위반하여 시험결과의 원본자료와 일치하도록 인증시험대장을 작성하지 아니한 경우	법 제48조의3 제2호	업무정지 3개월	업무정지 6개월	지정취소	
5) 법 제48조의2제2항제3호를 위반하여 시험결과의 원본자료와 시험대장을 3년 동안 보관하지 아니한 경우	법 제48조의3 제2호	업무정지 3개월	업무정지 6개월	지정취소	
6) 법 제48조의2제2항제3호를 위반하여 검사업무에 관한 내부 규정을 준수하지 아니한 경우	법 제48조의3 제2호	경고	업무정지 1개월	업무정지 3개월	업무정지 6개월
7) 법 제48조의2제2항제4호를 위반하여 인증시험의 방법과 절차를 위반하여 인증시험을 한 경우	법 제48조의3 제2호	업무정지 6개월	지정취소		
8) 법 제48조의2제3항에 따른 지정기준을 충족하지 못하게 된 경우	법 제48조의3 제3호	업무정지 3개월	업무정지 6개월	지정취소	

자. 냉매회수업에 대한 행정처분의 기준

위반사항	근거법령	행정처분기준		
		1차 위반	2차 위반	3차 위반
1) 거짓이나 그 밖의 부정한 방법으로 등록을 한 경우	법 제76조의13 제1호	등록취소	-	-
2) 등록을 한 날부터 2년 이내에 영업을 개시하지 않거나 정당한 사유 없이 계속하여 2년 이상 휴업을 한 경우	법 제76조의13 제2호	경고	등록취소	-
3) 영업정지 기간 중에 냉매회수업을 한 경우	법 제76조의13 제3호	등록취소	-	-
4) 제76조의11제1항에 따른 등록기준을 충족하지 못하게 된 경우	법 제76조의13 제4호	업무정지 1개월	업무정지 3개월	업무정지 6개월
5) 제76조의11제5항에 따른 결격사유에 해당하는 경우(다만, 법인의 경우 2개월 이내에 결격사유가 있는 임원을 교체 임명한 경우는 제외한다)	법 제76조의13 제5호	등록취소	-	-
6) 제76조의12제1항을 위반하여 다른 자에게 자기의 명의를 사용하여 냉매회수업을 하게 하거나 등록증을 다른 자에게 대여한 경우	법 제76조의13 제6호	등록취소	-	-
7) 고의 또는 중대한 과실로 회수한 냉매를 대기로 방출한 경우	법 제76조의13 제7호	업무정지 1개월	업무정지 3개월	업무정지 6개월

차. 그 밖의 사항과 관련된 행정처분기준

위반사항	근거법령	행정처분기준		
		1차	2차	3차
법 제82조제1항에 따른 보고명령을 이행하지 아니하거나 또는 자료제출 요구에 응하지 아니한 경우	법 제36조	경고		

(36) 제115조(자동차연료·첨가제 또는 촉매제의 제조기준 등)

법 제74조제1항에 따른 자동차연료·첨가제 또는 촉매제의 제조기준은 별표 33과 같다.

[별표 33]

자동차연료·첨가제 또는 촉매제의 제조기준(제115조 관련)

1. 자동차연료 제조기준

   가. 휘발유

항목	제조기준
방향족화합물 함량(부피%)	24(21) 이하
벤젠 함량(부피%)	0.7 이하
납 함량(g/ℓ)	0.013 이하
인 함량(g/ℓ)	0.0013 이하
산소 함량(무게%)	2.3 이하
올레핀 함량(부피%)	16(19) 이하
황 함량(ppm)	10 이하
증기압(kPa, 37.8℃)	60 이하
90% 유출온도(℃)	170 이하

[비고] 1. 올레핀(Olefine) 함량에 대하여 ( ) 안의 기준을 적용할 수 있다. 이 경우 방향족화합물 함량에 대하여도 ( ) 안의 기준을 적용한다.
2. 위 표에도 불구하고 방향족화합물 함량 기준은 2015년 1월 1일부터 22(19) 이하(부피%)를 적용한다. 다만, 유통시설(일반대리점·주유소·일반판매소)에 대하여는 2015년 2월 1일부터 적용한다.
3. 증기압 기준은 매년 6월 1일부터 8월 31일까지 제조시설에서 출고되는 제품에 대하여 적용한다.

   나. 경유

항목	제조기준
10% 잔류탄소량(%)	0.15 이하
밀도 @15℃(kg/㎥)	815 이상 835 이하
황함량(ppm)	10 이하
다환방향족(무게%)	5 이하
윤활성(㎛)	400 이하
방향족 화합물(무게%)	30 이하
세탄지수(또는 세탄가)	52 이상

[비고] 1. 한국석유공사의 구리지사 정부 비축유에 대하여는 위 표에도 불구하고 다음 표의 기준을 적용한다. 다만, 그 비축유는 전시 또는 이에 준하는 비상사태가 발생한 경우로서 환경부장관과 협의한 경우에만 방출할 수 있다.

항목	제조기준
10% 잔류탄소량(%)	0.15 이하
밀도 @15℃(kg/㎥)	815 이상 845 이하
황함량(ppm)	30 이하
다환방향족(무게%)	11 이하
윤활성(㎛)	460 이하
방향족 화합물(무게%)	–
세탄지수(또는 세탄가)	–

2. 혹한기(매년 11월 15일부터 다음 해 2월 말일까지를 말한다)에는 위 표에도 불구하고 세탄지수(또는 세탄가)를 48 이상으로 적용한다. 다만, 유통시설(일반대리점, 주유소 및 일반판매소를 말한다)에 대하여는 혹한기 적용시기를 3월 31일까지로 한다.

다. LPG

항목		제조기준
황 함량(ppm)		40 이하
증기압(40℃, MPa)		1.27 이하
밀도(15℃, kg/㎥)		500 이상 620 이하
동판부식(40℃, 1시간)		1 이하
100㎖ 증발잔류물(㎖)		0.05 이하
프로판 함량 (mol%)	11월 1일부터 3월 31일까지	25 이상 35 이하
	4월 1일부터 10월 31일까지	10 이하

[비고]
1. 위 표에도 불구하고 황 함량 기준은 2015년 1월 1일부터 30ppm 이하를 적용한다. 다만, 유통시설(일반대리점·충전소·일반판매소)에 대하여는 2015년 2월 1일부터 적용한다.
2. 제품이 교체되는 시기인 11월과 4월에는 유통사업자(충전사업자, 집단공급사업자 및 판매사업자)에 대해서만 프로판 함량을 35mol% 이하로 적용한다.
3. 위 표에도 불구하고 프로판 함량기준은 유통시설(일반대리점·충전소·일반판매소)에 대해서 2014년 3월 6일까지 15 이상 35 이하를 적용한다.

라. 바이오디젤(BD100)

항목		제조기준
지방산메틸에스테르함량(무게 %)		96.5 이상
잔류탄소분(무게 %)		0.1 이하
동점도(40℃, ㎟/s)		1.9 이상 5.0 이하
황분(mg/kg)		10 이하
회분(무게 %)		0.01 이하
밀도@ 15℃(kg/㎥)		860 이상 900 이하
전산가(mg KOH/g)		0.50 이하
모노글리세리드(무게 %)		0.80 이하
디글리세리드(무게 %)		0.20 이하
트리글리세리드(무게 %)		0.20 이하
유리 글리세린(무게 %)		0.02 이하
총 글리세린(무게 %)		0.24 이하
산화안정도(110℃, h)		6 이상
메탄올(무게 %)		0.2 이하
알카리금속(mg/kg)	(Na + K)	5 이하
	(Ca + Mg)	5 이하
인(mg/kg)		10 이하

[비고] "바이오디젤(BD100)"이란 자동차용 경유 또는 바이오디젤연료유(BD20)를 제조하는데 사용하는 원료를 말한다.

마. 천연가스

항목	제조기준
메탄(부피 %)	88.0 이상
에탄(부피 %)	7.0 이하
C_3 이상의 탄화수소(부피 %)	5.0 이하
C_6 이상의 탄화수소(부피 %)	0.2 이하
황분(ppm)	40 이하
불활성가스(CO_2, N_2 등)(부피 %)	4.5 이하

[비고] 위 표에도 불구하고 황분 기준은 2015년 1월 1일부터 30ppm 이하를 적용한다. 다만, 유통시설(충전소)에 대하여는 2015년 2월 1일부터 적용한다.

바. 바이오가스

항목	제조기준
메탄(부피 %)	95.0 이상
수분(mg/N㎥)	32 이하
황분(ppm)	10 이하
불활성가스(CO_2, N_2 등)(부피 %)	5.0 이하

2. 첨가제 제조기준

　가. 첨가제 제조자가 제시한 최대의 비율로 첨가제를 자동차연료에 혼합한 경우의 성분(첨가제+연료)이 제1호의 자동차연료 제조기준에 맞아야 하며, 혼합된 성분 중 카드뮴(Cd)·구리(Cu)·망간(Mn)·니켈(Ni)·크롬(Cr)·철(Fe)·아연(Zn) 및 알루미늄(Al)의 농도는 각각 1.0㎎/ℓ 이하이어야 한다.

　나. 첨가제 제조자가 제시한 최대의 비율로 첨가제를 자동차의 연료에 주입한 후 시험한 배출가스 측정치가 첨가제를 주입하기 전보다 배출가스 항목별로 10% 이상 초과하지 아니하여야 하고, 배출가스 총량은 첨가제를 주입하기 전보다 5% 이상 증가하여서는 아니 된다.

　다. 법 제60조제1항에 따라 환경부장관이 정하는 배출가스 저감장치의 성능 향상을 위하여 사용하는 첨가제 제조기준은 환경부장관이 정하여 고시한다.

　라. 제조된 휘발유용 첨가제는 0.55L 이하의 용기에, 경유용 첨가제는 2L 이하의 용기에 담아서 공급하여야 한다. 다만, 「석유 및 석유대체연료 사업법」제2조제7호 또는 제8호에 따른 석유정제업자 또는 석유수출입업자가 자동차연료인 석유제품을 제조하거나 품질을 보정하는 과정에서 첨가하는 첨가제의 경우에는 그러하지 아니하다.

　마. 고체연료첨가제를 제조한 자가 제시한 비율에 따라 고체연료첨가제를 자동차 연료에 주입하였을 때 해당 자동차 연료의 용해도가 감소되거나 자동차 연료의 회분 측정치가 첨가제를 주입하기 전의 회분 측정치보다 증가되어서는 아니 된다.

3. 촉매제 제조기준

항목	단위	기준	
		최소 기준	최대 기준
요소함량	%(m/m)	31.8	33.2
밀도@ 20℃	kg/㎥	1087	1093

항목	단위	기준	
		최소 기준	최대 기준
굴절지수@ 20℃	-	1.3814	1.3843
알칼리도(NH_3)	%(m/m)	-	0.2
뷰렛	%(m/m)	-	0.3
알데히드	mg/kg	-	5
불용해성물질	mg/kg	-	20
인(PO_4)	mg/kg	-	0.5
칼슘(Ca)	mg/kg	-	0.5
철(Fe)	mg/kg	-	0.5
구리(Cu)	mg/kg	-	0.2
아연(Zn)	mg/kg	-	0.2
크롬(Cr)	mg/kg	-	0.2
니켈(Ni)	mg/kg	-	0.2
알루미늄(Al)	mg/kg	-	0.5
마그네슘(Mg)	mg/kg	-	0.5
나트륨(Na)	mg/kg	-	0.5
칼륨(K)	mg/kg	-	0.5

[비고] 요소함량, 밀도@ 20℃, 굴절지수@ 20℃의 목표값은 다음 각 호의 구분에 따른다.
1. 요소함량: 32.5%
2. 밀도 @20℃: 1089.5kg/㎤
3. 굴절지수 @20℃: 1.3829

(37) 제119조(첨가제 및 촉매제의 제조기준 적합 제품 표시방법)

법 제74조제6항에 따라 첨가제 또는 촉매제 제조기준에 맞는 제품임을 표시하는 방법은 별표 34와 같다.

[별표 34]

첨가제·촉매제 제조기준에 맞는 제품의 표시방법 등(제119조 관련)

1. 표시방법
   첨가제 또는 촉매제 용기 앞면 제품명 밑에 한글로 "「대기환경보전법 시행규칙」 별표 33의 첨가제 또는 촉매제 제조기준에 맞게 제조된 제품임. 국립환경과학원장(또는 검사를 한 검사기관장의 명칭) 제○○호"로 적어 표시하여야 한다.

2. 표시크기
   첨가제 또는 촉매제 용기 앞면의 제품명 밑에 제품명 글자크기의 100분의 30 이상에 해당하는 크기로 표시하여야 한다.

3. 표시색상
   첨가제 또는 촉매제 용기 등의 도안 색상과 보색관계에 있는 색상으로 하여 선명하게 표시하여야 한다.

(38) 제125조(환경기술인의 교육)

① 법 제77조에 따라 환경기술인은 다음 각 호의 구분에 따라 「환경정책기본법」 제59조에 따른 한국환경보전원, 환경부장관, 시·도지사 또는 대도시 시장이 교육을 실시할 능력이 있다고 인정하여 위탁하는 기관(이하 "교육기관"이라 한다)에서 실시하는 교육을 받아야 한다. 다만, 교육 대상이 된 사람이 그 교육을 받아야 하는 기한의 마지막 날 이전 **3년** 이내에 동일한 교육을 받았을 경우에는 해당 교육을 받은 것으로 본다.

  1. 신규교육 : 환경기술인으로 임명된 날부터 1년 이내에 1회
  2. 보수교육 : 신규교육을 받은 날을 기준으로 3년마다 1회

② 제1항에 따른 교육기간은 4일 이내로 한다. 다만, 정보통신매체를 이용하여 원격교육을 하는 경우에는 환경부장관이 인정하는 기간으로 한다.

③ 법 제77조제2항에 따라 교육대상자를 고용한 자로부터 징수하는 교육경비는 교육내용 및 교육기간 등을 고려하여 교육기관의 장이 정한다.

(39) 제133조(현장에서 배출허용기준 초과 여부를 판정할 수 있는 대기오염물질)

법 제82조제2항 단서에 따라 검사기관에 오염도검사를 의뢰하지 아니하고 현장에서 배출허용기준 초과 여부를 판정할 수 있는 대기오염물질의 종류는 다음 각 호와 같다.

  1. 매연
  2. 일산화탄소
  3. 굴뚝 자동측정기기로 측정하고 있는 대기오염물질
  4. 황산화물
  5. 질소산화물
  6. 탄화수소

(40) 제136조(보고)

① 시·도지사, 유역환경청장, 지방환경청장, 수도권대기환경청장 또는 국립환경과학원장은 영 제65조에 따라 별표 37에서 정한 위임업무 보고사항을 환경부장관에게 보고하여야 한다.

[별표 37]

위임업무 보고사항(제136조 관련)

업무내용	보고 횟수	보고기일	보고자
1. 환경오염사고 발생 및 조치 사항	수시	사고발생 시	시·도지사, 유역환경청장 또는 지방환경청장
2. 수입자동차 배출가스 인증 및 검사현황	연 4회	매분기 종료 후 15일 이내	국립환경과학원장
3. 자동차 연료 및 첨가제의 제조·판매 또는 사용에 대한 규제현황	연 2회	매반기 종료 후 15일 이내	유역환경청장 또는 지방환경청장
4. 자동차 연료 또는 첨가제의 제조기준 적합 여부 검사현황	연료: 연 4회 첨가제: 연 2회	연료: 매분기 종료 후 15일 이내 첨가제: 매반기 종료 후 15일 이내	국립환경과학원장
5. 측정기기 관리대행업의 등록, 변경등록 및 행정처분 현황	연 1회	다음 해 1월 15일까지	유역환경청장, 지방환경청장 또는 수도권대기환경청장

[비고] 1. 제1호에 관한 사항은 유역환경청장 또는 지방환경청장을 거쳐 환경부장관에게 보고하여야 한다.
2. 위임업무 보고에 관한 서식은 환경부장관이 정하여 고시한다.

② 한국환경공단은 영 제66조제3항에 따라 별표 38에서 정한 위탁업무 보고사항을 환경부장관에게 보고하여야 한다.

[별표 38]

위탁업무 보고사항(제136조제2항 관련)

업무내용	보고횟수	보고기일
1. 수시검사, 결함확인 검사, 부품결함 보고서류의 접수	수시	위반사항 적발 시
2. 결함확인검사 결과	수시	위반사항 적발 시
3. 자동차배출가스 인증생략 현황	연 2회	매 반기 종료 후 15일 이내
4. 자동차 시험검사 현황	연 1회	다음 해 1월 15일까지

(41) 제120조의3(자동차연료·첨가제 또는 촉매제의 검사절차)

① 자동차연료·첨가제 또는 촉매제의 검사를 받으려는 자는 별지 제53호서식의 자동차연료·첨가제 또는 촉매제 검사신청서에 다음 각 호의 시료 및 서류를 첨부하여 국립환경과학원장 또는 법 제74조의2제1항에 따라 지정된 검사기관에 제출하여야 한다.

1. 검사용 시료
2. 검사 시료의 화학물질 조성 비율을 확인할 수 있는 성분분석서
3. 최대 첨가비율을 확인할 수 있는 자료(첨가제만 해당한다)
4. 제품의 공정도(촉매제만 해당한다)

CHAPTER 04 대기환경 관련법

1 환경정책기본법

(1) 대기

항목	기준	측정방법
아황산가스 (SO_2)	연간 평균치 : 0.02ppm 이하 24시간 평균치 : 0.05ppm 이하 1시간 평균치 : 0.15ppm 이하	자외선 형광법 (Pulse U.V. Fluorescence Method)
일산화탄소 (CO)	8시간 평균치 : 9ppm 이하 1시간 평균치 : 25ppm 이하	비분산적외선 분석법 (Non-Dispersive Infrared Method)
이산화질소 (NO_2)	연간 평균치 : 0.03ppm 이하 24시간 평균치 : 0.06ppm 이하 1시간 평균치 : 0.10ppm 이하	화학 발광법 (Chemiluminescence Method)
미세먼지 (PM-10)	연간 평균치 : 50㎍/㎥ 이하 24시간 평균치 : 100㎍/㎥ 이하	베타선 흡수법 (β-Ray Absorption Method)
초미세먼지 (PM-2.5)	연간 평균치 : 15㎍/㎥ 이하 24시간 평균치 : 35㎍/㎥ 이하	중량농도법 또는 이에 준하는 자동 측정법
오존 (O_3)	8시간 평균치 : 0.06ppm 이하 1시간 평균치 : 0.1ppm 이하	자외선 광도법 (U.V Photometric Method)
납 (Pb)	연간 평균치 : 0.5㎍/㎥ 이하	원자흡광 광도법 (Atomic Absorption Spectrophotometry)
벤젠	연간 평균치 : 5㎍/㎥ 이하	가스크로마토그래피 (Gas Chromatography)

[비고]
1. 1시간 평균치는 999천분위수(千分位數)의 값이 그 기준을 초과해서는 안 되고, 8시간 및 24시간 평균치는 99백분위수의 값이 그 기준을 초과해서는 안 된다.
2. 미세먼지(PM-10)는 입자의 크기가 10㎛ 이하인 먼지를 말한다.
3. 초미세먼지(PM-2.5)는 입자의 크기가 2.5㎛ 이하인 먼지를 말한다.

❷ 악취방지법

> [용어정리]
>
> **제2조(정의)** 이 법에서 사용하는 용어의 뜻은 다음과 같다.
> 1. "악취"란 황화수소, 메르캅탄류, 아민류, 그 밖에 자극성이 있는 물질이 사람의 후각을 자극하여 불쾌감과 혐오감을 주는 냄새를 말한다.
> 2. "지정악취물질"이란 악취의 원인이 되는 물질로서 환경부령으로 정하는 것을 말한다.
> 3. "악취배출시설"이란 악취를 유발하는 시설, 기계, 기구, 그 밖의 것으로서 환경부장관이 관계 중앙행정기관의 장과 협의하여 환경부령으로 정하는 것을 말한다.
> 4. "복합악취"란 두 가지 이상의 악취물질이 함께 작용하여 사람의 후각을 자극하여 불쾌감과 혐오감을 주는 냄새를 말한다.
> 5. "신고대상시설"이란 다음 각 목의 어느 하나에 해당하는 시설을 말한다.

(1) [별표 1] 지정악취물질(제2조 관련)

종류	적용시기
1. 암모니아 2. 메틸메르캅탄 3. 황화수소 4. 다이메틸설파이드 5. 다이메틸다이설파이드 6. 트라이메틸아민 7. 아세트알데하이드 8. 스타이렌 9. 프로피온알데하이드 10. 뷰틸알데하이드 11. n-발레르알데하이드 12. i-발레르알데하이드	2005년 2월 10일부터
13. 톨루엔 14. 자일렌 15. 메틸에틸케톤 16. 메틸아이소뷰틸케톤 17. 뷰틸아세테이트	2008년 1월 1일부터
18. 프로피온산 19. n-뷰틸산 20. n-발레르산 21. i-발레르산 22. i-뷰틸알코올	2010년 1월 1일부터

(2) [별표 2] 악취배출시설(제3조 관련)

시설 종류	시설 규모의 기준
가. 축산시설	사육시설 면적이 돼지 50㎡, 소·말 100㎡, 닭·오리·양 150㎡, 사슴 500㎡, 개 60㎡, 그 밖의 가축은 500㎡ 이상인 시설
나. 도축시설, 고기 가공·저장처리 시설	도축시설이나 고기 가공·저장처리 시설의 면적이 200㎡ 이상인 시설
다. 수산물 가공 및 저장 처리시설	작업장(원료처리실, 제조가공실, 포장실 또는 그 밖에 식품의 제조·가공에 필요한 작업실) 면적이 100㎡ 이상인 가공 또는 저장 처리시설. 다만, 어선에 설치된 시설은 제외한다.
라. 동·식물성 유지 제조시설	폐수발생량이 1일 5㎥ 이상인 동·식물성 유지(油脂) 제조시설
마. 사료 제조시설	1) 연료사용량이 시간당 60kg 이상이거나 용적이 5㎥ 이상인 증자(훈증공정을 포함한다), 자숙, 발효, 증류, 산·알칼리처리 또는 건조 공정(진공 냉동건조 공정은 제외한다)을 포함하는 사료 제조시설 2) 1일 생산능력 3톤 이상(8시간 기준)인 단미사료 제조시설
바. 빵류 및 곡분과자 제조시설	「산업집적활성화 및 공장설립에 관한 법률」 제13조에 따른 공장설립 승인 대상 사업장의 시설
사. 설탕 제조시설	연료사용량이 시간당 60kg 이상이거나 용적이 5㎥ 이상인 증자(훈증공정을 포함한다), 자숙, 발효, 증류, 산·알칼리처리 또는 건조 공정(진공 냉동건조 공정은 제외한다)을 포함하는 시설
아. 조미료 및 식품 첨가물 제조시설	연료사용량이 시간당 60kg 이상이거나 용적이 5㎥ 이상인 증자(훈증공정을 포함한다), 자숙, 발효, 증류, 산·알칼리처리 또는 건조 공정(진공 냉동건조 공정은 제외한다)을 포함하는 시설. 다만, 장류의 경우 양조간장 시설로 한정한다.
자. 그 밖의 식료품 제조시설	용적이 5㎥ 이상인 증자(훈증공정을 포함한다), 자숙, 발효, 증류, 산·알칼리처리 또는 건조 공정(진공 냉동건조 공정은 제외한다)을 포함하는 제조시설
차. 증류주·합성주 및 발효주 제조시설	용적이 5㎥ 이상인 증자(훈증공정을 포함한다), 자숙, 발효, 증류, 산·알칼리처리 또는 건조 공정(진공 냉동건조 공정은 제외한다)을 포함하는 제조시설
카. 맥아 및 맥주 제조시설	연료사용량이 시간당 60kg 이상이거나 용적이 5㎥ 이상인 증자(훈증공정을 포함한다), 자숙, 발효, 증류, 산·알칼리처리 또는 건조 공정(진공 냉동건조 공정은 제외한다)을 포함하는 시설
타. 담배 제조시설	용적이 3㎥ 이상인 습점·건조 공정 또는 호제(糊劑)공정(희석·배분 공정은 제외한다)을 포함하는 시설
파. 제사 및 방적 시설	용적 합계가 2㎥ 이상인 세모·부잠 공정을 포함하는 시설
하. 직물 직조시설	용적 합계가 1㎥ 이상인 호제·호배합 공정을 포함하는 시설
거. 섬유 염색 및 가공시설	용적 합계가 5㎥ 이상인 세모·표백·정련·자숙·염색·다림질[텐터(tenter)]·탈수·건조 또는 염료조제 공정을 포함하는 시설
너. 모피가공 및 모피제품 제조시설	1) 용적이 10㎥ 이상인 원피저장시설 2) 연료사용량이 시간당 30kg 이상이거나 용적이 3㎥ 이상인 석회적, 무두질, 염색 또는 도장·도장마무리용 건조 공정을 포함하는 시설
더. 가죽 제조시설	1) 용적이 10㎥ 이상인 원피저장시설 2) 연료사용량이 시간당 30kg 이상이거나 용적이 3㎥ 이상인 석회적, 탈모, 탈회, 무두질, 염색 또는 도장·도장마무리용 건조 공정을 포함하는 시설(인조가죽 제조시설을 포함한다)
러. 신발 제조시설	롤·프레스 등 제조 작업장 합계 면적이 330㎡ 이상인 제조시설

머. 제재·목재가공 및 합판·강화목재 제조시설	1) 동력이 15kW 이상인 목재 제재·가공연마 공정(방부처리 또는 화학처리를 하지 않은 원료를 사용하는 공정과 일반제재는 제외한다)을 포함하는 시설 2) 연료사용량이 시간당 30kg 이상이거나 용적이 3㎥ 이상인 도포·도장·도장마무리용 건조공정을 포함하는 시설 3) 용적이 3㎥ 이상이거나 동력이 15kW 이상인 접합·성형 또는 접착합판 건조 공정을 포함하는 시설 4) 용적이 10㎥ 이상인 목재 방부·방충처리 또는 양생 공정을 포함하는 시설	
버. 펄프·종이 및 종이제품 제조시설	1) 용적이 3㎥ 이상인 함침·증해·표백·탈수 또는 탈묵 공정을 포함하는 시설 2) 연료사용량이 시간당 30kg 이상인 석회로 또는 가열(건조)공정을 포함하는 제조시설	
서. 출판 및 인쇄관련 시설	작업장 면적이 150㎡ 이상인 시설로서 제판·인쇄·건조·코팅·압출·접착(접합) 또는 제책 공정을 포함하는 시설. 다만, 인쇄시설이 없는 경우는 제외한다.	
어. 석유제품 제조시설	「대기환경보전법 시행규칙」 별표 3에 따른 대기오염물질 배출시설 중 석유제품 제조시설을 포함하는 시설	
저. 기초유기화합물 제조시설	「대기환경보전법 시행규칙」 별표 3에 따른 대기오염물질 배출시설 중 기초유기화합물 제조시설을 포함하는 시설	
처. 기초무기화합물 제조시설	「대기환경보전법 시행규칙」 별표 3에 따른 대기오염물질 배출시설 중 기초무기화합물 제조시설을 포함하는 시설	
커. 무기안료·염료·유연제 제조시설 및 그 밖의 착색제 제조시설	「대기환경보전법 시행규칙」 별표 3에 따른 대기오염물질 배출시설 중 무기안료·염료·유연제 제조시설 및 기타 착색제 제조시설을 포함하는 시설	
터. 비료 및 질소화합물 제조시설	1) 「대기환경보전법 시행규칙」 별표 3에 따른 대기오염물질 배출시설 중 화학비료 및 질소화합물 제조시설을 포함하는 시설 2) 「비료관리법 시행령」 별표 2에 따른 비료생산업의 공동시설 및 생산시설	
퍼. 합성고무, 플라스틱물질 및 플라스틱제품 제조시설	「대기환경보전법 시행규칙」 별표 3에 따른 대기오염물질 배출시설 중 합성고무, 플라스틱물질 및 플라스틱제품 제조시설	
허. 기초 의약물질 및 생물학적 제제 제조시설	1) 용적이 1㎥ 이상인 반응, 흡수, 응축, 정제(분리·증류·추출·여과), 농축, 표백 또는 혼합공정을 포함하는 시설 2) 연료사용량이 시간당 30kg 이상이거나 용적이 1㎥ 이상인 연소(화학제품의 연소만 해당한다), 용융·용해, 소성, 가열, 건조 또는 회수 공정을 포함하는 시설 3) 연료사용량이 시간당 60kg 이상이거나 용적이 5㎥ 이상인 증자(훈증공정을 포함한다), 자숙, 발효, 증류, 산·알칼리처리 또는 건조 공정(진공 냉동건조 공정은 제외한다)을 포함하는 시설	
고. 의약 제제품 제조시설	1) 용적이 1㎥ 이상인 반응, 흡수, 응축, 정제(분리·증류·추출·여과), 농축, 표백 또는 혼합공정을 포함하는 시설 2) 연료사용량이 시간당 30kg 이상이거나 용적이 1㎥ 이상인 연소(화학제품의 연소만 해당한다), 용융·용해, 소성, 가열, 건조 또는 회수 공정을 포함하는 시설 3) 연료사용량이 시간당 60kg 이상이거나 용적이 5㎥ 이상인 증자(훈증 공정을 포함한다), 자숙, 발효, 증류, 산·알칼리처리 또는 건조 공정(진공 냉동건조 공정은 제외한다)을 포함하는 시설	
노. 살충제 및 그 밖의 농약 제조시설	1) 용적이 1㎥ 이상인 반응, 흡수, 응축, 정제(분리·증류·추출·여과), 농축, 표백 또는 혼합공정을 포함하는 시설	

	2) 연료사용량이 시간당 30kg 이상이거나 용적이 1㎥ 이상인 연소(화학제품의 연소만 해당한다), 용융·용해, 소성, 가열, 건조 또는 회수 공정을 포함하는 시설
도. 도료·인쇄잉크 및 유사제품 제조시설	1) 용적이 1㎥ 이상인 반응, 흡수, 응축, 정제(분리·증류·추출·여과), 농축, 표백 또는 혼합공정을 포함하는 시설 2) 연료사용량이 시간당 30kg 이상이거나 용적이 1㎥ 이상인 연소(화학제품의 연소만 해당한다), 용융·용해, 소성, 가열, 건조 또는 회수 공정을 포함하는 시설
로. 비누·세정광택제·화장품 및 그 밖의 화학제품 제조시설	1) 용적이 1㎥ 이상인 반응, 흡수, 응축, 정제(분리·증류·추출·여과), 농축, 표백 또는 혼합공정을 포함하는 시설 2) 연료사용량이 시간당 30kg 이상이거나 용적이 1㎥ 이상인 연소(화학제품의 연소만 해당한다), 용융·용해, 소성, 가열, 건조 또는 회수 공정을 포함하는 시설
모. 화학섬유 제조시설	「대기환경보전법 시행규칙」 별표 3에 따른 대기오염물질 배출시설 중 화학섬유 제조시설을 포함하는 시설
보. 고무 및 고무제품 제조시설	「대기환경보전법 시행규칙」 별표 3에 따른 대기오염물질 배출시설 중 고무 및 고무제품 제조시설을 포함하는 시설
소. 아스팔트제품 제조시설	시간당 50톤 이상의 아스팔트제품(아스팔트, 아스팔트 혼합물, 아스팔트 콘크리트, 역청물질 혼합제품 등)을 제조하거나 재생하는 시설
오. 금속의 용융·제련시설	「대기환경보전법 시행규칙」 별표 3에 따른 대기오염물질 배출시설 중 코크스 제조시설 및 관련제품 제조시설과 1차 금속 제조시설을 포함하는 시설
조. 조립금속제품·기계·기기·장비·운송장비·가구 및 그 밖의 제품 등의 표면처리시설(절연선 및 케이블 제조시설은 제외한다)	1) 용적이 5㎥ 이상이거나 동력이 2.25kW 이상인 도장 및 피막 처리 공정을 포함하는 시설 2) 용적이 1㎥ 이상인 도금, 열처리, 탈지, 산·알칼리처리 및 화성처리 공정을 포함하는 시설 3) 연료사용량이 시간당 30kg 이상이거나 용적이 3㎥ 이상인 금속 표면처리용 건조공정을 포함하는 시설[수세(水洗) 후 건조시설은 제외한다] 4) 시간당 처리능력이 0.1톤 이상이거나 용적이 1㎥ 이상인 주물사처리공정(코어 제조공정을 포함한다)을 포함하는 시설
초. 절연선 및 케이블 제조시설	「대기환경보전법 시행규칙」 별표 3에 따른 대기오염물질 배출시설 중 합성고무 및 플라스틱제품 제조시설에 해당하는 규모 이상의 시설을 포함하는 제조시설(혼합·정련·절연·접합·피복·성형 공정을 포함한다)
코. 재생용 가공원료 생산시설	1) 연료사용량이 시간당 30kg 이상이거나 용적이 1㎥ 이상인 용융·용해 또는 열분해 공정을 포함하는 시설 2) 폐플라스틱을 혼련·압축 또는 가압하여 펠릿이나 판 모양으로 가공하기 위한 동력 75kW 이상의 성형시설을 포함하는 생산시설
토. 산업용 세탁시설	작업장 면적이 330㎡ 이상인 산업용 세탁작업장
포. 농수산물 전문판매장	「농수산물유통 및 가격안정에 관한 법률」에 따른 농수산물도매시장, 농수산물공판장
호. 폐수 처리시설	「수질 및 수생태계 보전에 관한 법률」에 따른 수질오염방지시설, 폐수종말처리시설 및 폐수처리업의 처리시설(저장시설을 포함한다)
구. 하수·축산폐수 처리시설	1) 「하수도법」에 따른 공공하수처리시설, 개인하수처리시설 중 오수처리시설, 분뇨처리시설 2) 「가축분뇨의 관리 및 이용에 관한 법률」에 따른 처리시설 및 공공처리시설

누. 폐기물 보관·처리시설	「폐기물관리법」에 따른 폐기물처리시설 및 폐기물보관시설. 다만, 폐지·고철·폐석고·폐석회·폐내화물·폐유리 등 무기성폐기물(수분을 제외한 무기물 함량이 60% 이상이어야 한다) 재활용자의 폐기물처리시설 및 폐기물보관시설과 폐기물 배출자의 폐기물보관시설은 제외한다.
두. 그 밖의 시설	위 가목부터 누목까지의 시설 규모에 미치지 못하는 시설 중 월 3회 이상 복합악취 또는 지정악취를 측정한 결과 모두 별표 3 제1호 배출허용기준(희석배수)란의 기타 지역 또는 같은 표 제2호 기타 지역의 배출허용기준을 초과하여 특별한 관리가 필요하다고 인정되는 시설로 시·도지사 또는 대도시의 장이 정하여 고시하는 시설

[비고]
1. 위 표에 규정된 시설에서 밀폐 등으로 악취가 대기 중으로 전혀 배출되지 않는 시설은 제외한다.
2. 사무실·창고·보일러실 등 부대시설이 작업장과 분리·구획된 경우에는 그 부대시설은 면적에 합산하지 않는다.
3. 위 표에 규정된 시설 규모의 기준에 미치지 못하는 공정 또는 시설로서 같은 사업장에 둘 이상의 같은 종류의 공정 또는 시설이 설치되어 공정 또는 시설의 총 규모가 해당 각 항목에 규정된 규모 이상인 경우에는 그 공정 또는 시설은 악취배출시설의 기준에 해당되는 것으로 본다. 다만, 저장공정이나 저장시설의 경우에는 그러하지 아니하다.

(3) [별표 3] 배출허용기준 및 엄격한 배출허용기준의 설정 범위(제8조제1항 관련)

1. 복합악취

구분	배출허용기준 (희석배수)		엄격한 배출허용기준의 범위 (희석배수)	
	공업지역	기타 지역	공업지역	기타 지역
배출구	1000 이하	500 이하	500 ~ 1000	300 ~ 500
부지경계선	20 이하	15 이하	15 ~ 20	10 ~ 15

2. 지정악취물질

구분	배출허용기준(ppm)		엄격한 배출허용기준의 범위(ppm)	적용시기
	공업지역	기타 지역	공업지역	
암모니아	2 이하	1 이하	1 ~ 2	2005년 2월 10일부터
메틸메르캅탄	0.004 이하	0.002 이하	0.002 ~ 0.004	
황화수소	0.06 이하	0.02 이하	0.02 ~ 0.06	
다이메틸설파이드	0.05 이하	0.01 이하	0.01 ~ 0.05	
다이메틸다이설파이드	0.03 이하	0.009 이하	0.009 ~ 0.03	
트라이메틸아민	0.02 이하	0.005 이하	0.005 ~ 0.02	
아세트알데하이드	0.1 이하	0.05 이하	0.05 ~ 0.1	
스타이렌	0.8 이하	0.4 이하	0.4 ~ 0.8	
프로피온알데하이드	0.1 이하	0.05 이하	0.05 ~ 0.1	

뷰틸알데하이드	0.1 이하	0.029 이하	0.029 ~ 0.1	
n-발레르알데하이드	0.02 이하	0.009 이하	0.009 ~ 0.02	
i-발레르알데하이드	0.006 이하	0.003 이하	0.003 ~ 0.006	
톨루엔	30 이하	10 이하	10 ~ 30	2008년 1월 1일부터
자일렌	2 이하	1 이하	1 ~ 2	
메틸에틸케톤	35 이하	13 이하	13 ~ 35	
메틸아이소뷰틸케톤	3 이하	1 이하	1 ~ 3	
뷰틸아세테이트	4 이하	1 이하	1 ~ 4	
프로피온산	0.07 이하	0.03 이하	0.03 ~ 0.07	2010년 1월 1일부터
n-뷰틸산	0.002 이하	0.001 이하	0.001 ~ 0.002	
n-발레르산	0.002 이하	0.0009 이하	0.0009 ~ 0.002	
i-발레르산	0.004 이하	0.001 이하	0.001 ~ 0.004	
i-뷰틸알코올	4.0 이하	0.9 이하	0.9 ~ 4.0	

[비고]
1. 배출허용기준의 측정은 복합악취를 측정하는 것을 원칙으로 한다. 다만, 사업자의 악취물질 배출 여부를 확인할 필요가 있는 경우에는 지정악취물질을 측정할 수 있다. 이 경우 어느 하나의 측정방법에 따라 측정한 결과 기준을 초과하였을 때에는 배출허용기준을 초과한 것으로 본다.
2. 복합악취는 「환경분야 시험·검사 등에 관한 법률」 제6조제1항제4호에 따른 환경오염공정시험기준의 공기희석관능법(空氣稀釋官能法)을 적용하여 측정하고, 지정악취물질은 기기분석법(機器分析法)을 적용하여 측정한다.
3. 복합악취의 시료는 다음과 같이 구분하여 채취한다.
    가. 사업장 안에 지면으로부터 높이 5m 이상의 일정한 악취배출구와 다른 악취발생원이 섞여 있는 경우에는 부지경계선 및 배출구에서 각각 채취한다.
    나. 사업장 안에 지면으로부터 높이 5m 이상의 일정한 악취배출구 외에 다른 악취발생원이 없는 경우에는 일정한 배출구에서 채취한다.
    다. 가목 및 나목 외의 경우에는 부지경계선에서 채취한다.
4. 지정악취물질의 시료는 부지경계선에서 채취한다.
5. "희석배수"란 채취한 시료를 냄새가 없는 공기로 단계적으로 희석시켜 냄새를 느낄 수 없을 때까지 최대로 희석한 배수를 말한다.
6. "배출구"란 악취를 송풍기 등 기계장치 등을 통하여 강제로 배출하는 통로(자연 환기가 되는 창문·통기관 등은 제외한다)를 말한다.
7. "공업지역"이란 다음 각 호의 어느 하나에 해당하는 지역을 말한다.
    가. 「산업입지 및 개발에 관한 법률」 제6조·제7조·제7조의2 및 제8조에 따른 국가산업단지·일반산업단지·도시첨단산업단지 및 농공단지
    나. 「국토의 계획 및 이용에 관한 법률 시행령」 제30조제3호가목에 따른 전용공업지역
    다. 「국토의 계획 및 이용에 관한 법률 시행령」 제30조제3호나목에 따른 일반공업지역(「자유무역지역의 지정 및 운영에 관한 법률」 제4조에 따른 자유무역지역만 해당한다)

3 실내공기질 관리법

(1) [별표 1] 실내공간오염물질(제2조 관련)

1. 미세먼지(PM-10)
2. 이산화탄소(CO_2;Carbon Dioxide)
3. 폼알데하이드(Formaldehyde)
4. 총부유세균(TAB;Total Airborne Bacteria)
5. 일산화탄소(CO;Carbon Monoxide)
6. 이산화질소(NO_2;Nitrogen dioxide)
7. 라돈(Rn;Radon)
8. 휘발성유기화합물(VOCs;Volatile Organic Compounds)
9. 석면(Asbestos)
10. 오존(O_3;Ozone)
11. 초미세먼지(PM-2.5)
12. 곰팡이(Mold)
13. 벤젠(Benzene)
14. 톨루엔(Toluene)
15. 에틸벤젠(Ethylbenzene)
16. 자일렌(Xylene)
17. 스티렌(Styrene)

(2) 제3조(적용대상)

① 「다중이용시설 등의 실내공기질관리법」(이하 "법"이라 한다) 제3조제1항 각 호 외의 부분에서 "대통령령이 정하는 규모의 것"이란 다음 각 호의 어느 하나에 해당하는 시설을 말한다.
1. 모든 지하역사(출입통로·대합실·승강장 및 환승통로와 이에 딸린 시설을 포함한다)
2. 연면적 2천제곱미터 이상인 지하도상가(지상건물에 딸린 지하층의 시설을 포함한다. 이하 같다). 이 경우 연속되어 있는 둘 이상의 지하도상가의 연면적 합계가 2천제곱미터 이상인 경우를 포함한다.
3. 철도역사의 연면적 2천제곱미터 이상인 대합실
4. 여객자동차터미널의 연면적 2천제곱미터 이상인 대합실
5. 항만시설 중 연면적 5천제곱미터 이상인 대합실
6. 공항시설 중 연면적 1천5백제곱미터 이상인 여객터미널
7. 연면적 3천제곱미터 이상인 도서관
8. 연면적 3천제곱미터 이상인 박물관 및 미술관
9. 연면적 2천제곱미터 이상이거나 병상 수 100개 이상인 의료기관
10. 연면적 500제곱미터 이상인 산후조리원
11. 연면적 1천제곱미터 이상인 노인요양시설
12. 연면적 430제곱미터 이상인 어린이집
12의2. 연면적 430제곱미터 이상인 실내 어린이놀이시설
13. 모든 대규모점포
14. 연면적 1천제곱미터 이상인 장례식장(지하에 위치한 시설로 한정한다)
15. 모든 영화상영관(실내 영화상영관으로 한정한다)
16. 연면적 1천제곱미터 이상인 학원
17. 연면적 2천제곱미터 이상인 전시시설(옥내시설로 한정한다)

18. 연면적 300제곱미터 이상인 인터넷컴퓨터게임시설제공업의 영업시설
19. 연면적 2천제곱미터 이상인 실내주차장(기계식 주차장은 제외한다)
20. 연면적 3천제곱미터 이상인 업무시설
21. 연면적 2천제곱미터 이상인 둘 이상의 용도에 사용되는 건축물
22. 객석 수 1천석 이상인 실내 공연장
23. 관람석 수 1천석 이상인 실내 체육시설
24. 연면적 1천제곱미터 이상인 목욕장업의 영업시설

(3) [별표 2] 실내공기질 유지기준(제3조 관련)

다중이용시설 \ 오염물질 항목	미세먼지 (PM-10) (µg/㎥)	미세먼지 (PM-2.5) (µg/㎥)	이산화탄소 (ppm)	폼알데하이드 (µg/㎥)	총부유세균 (CFU/㎥)	일산화탄소 (ppm)
지하역사, 지하도상가, 여객자동차터미널의 대합실, 철도역사의 대합실, 공항시설 중 여객터미널, 항만시설 중 대합실, 도서관·박물관 및 미술관, 장례식장, 목욕장, 대규모점포, 영화상영관, 학원, 전시시설, 인터넷컴퓨터게임시설제공업 영업시설	100 이하	50 이하	1,000 이하	100 이하	-	10 이하
의료기관, 어린이집, 노인요양시설, 산후조리원, 실내 어린이놀이시설	75 이하	35 이하		80 이하	800 이하	
실내주차장	200 이하	-		100 이하	-	25 이하
실내 체육시설, 실내 공연장, 업무시설, 둘 이상의 용도에 사용되는 건축물	200 이하	-	-	-	-	-

[비고]
1. 도서관, 영화상영관, 학원, 인터넷컴퓨터게임시설제공업 영업시설 중 자연환기가 불가능하여 자연환기설비 또는 기계환기설비를 이용하는 경우에는 이산화탄소의 기준을 1,500ppm 이하로 한다.
2. 실내 체육시설, 실내 공연장, 업무시설 또는 둘 이상의 용도에 사용되는 건축물로서 실내 미세먼지(PM-10)의 농도가 200µg/㎥에 근접하여 기준을 초과할 우려가 있는 경우에는 실내공기질의 유지를 위하여 다음 각 목의 실내공기정화시설(덕트) 및 설비를 교체 또는 청소하여야 한다.
   가. 공기정화기와 이에 연결된 급·배기관(급·배기구를 포함한다)
   나. 중앙집중식 냉·난방시설의 급·배기구
   다. 실내공기의 단순배기관
   라. 화장실용 배기관
   마. 조리용 배기관

(4) [별표 3] 실내공기질 권고기준(제4조 관련)

다중이용시설 \ 오염물질 항목	이산화질소 (ppm)	라돈 (Bq/m³)	총휘발성유기화합물 (μg/m³)	곰팡이 (CFU/m³)
지하역사, 지하도상가, 철도역사의 대합실, 여객자동차터미널의 대합실, 항만시설 중 대합실, 공항시설 중 여객터미널, 도서관·박물관 및 미술관, 대규모점포, 장례식장, 영화상영관, 학원, 전시시설, 인터넷컴퓨터게임시설제공업의 영업시설, 목욕장업의 영업시설	0.1 이하	148 이하	500 이하	-
의료기관, 산후조리원, 노인요양시설, 어린이집, 실내 어린이놀이시설	0.05 이하		400 이하	500 이하
실내주차장	0.30 이하		1,000 이하	-

[비고] 총휘발성유기화합물의 정의는 「환경분야 시험·검사 등에 관한 법률」 제6조제1항제3호에 따른 환경오염공정시험기준에서 정한다.

(5) [별표 4의2] 신축 공동주택의 실내공기질 권고기준(제7조의2 관련)

1. 폼알데하이드 210μg/m³ 이하
2. 벤젠 30μg/m³ 이하
3. 톨루엔 1,000μg/m³ 이하
4. 에틸벤젠 360μg/m³ 이하
5. 자일렌 700μg/m³ 이하
6. 스티렌 300μg/m³ 이하
7. 라돈 148Bq/m³ 이하

(6) [별표 5] 건축자재에서 방출되는 오염물질(제10조제1항 관련)

구분	오염물질 종류	폼알데하이드	톨루엔	총휘발성유기화합물
	접착제	0.02 이하	0.08 이하	2.0 이하
	페인트			2.5 이하
	실란트			1.5 이하
	퍼티			20.0 이하
	벽지			4.0 이하
	바닥재			4.0 이하
목질판상제품	2021년 12월 31일까지 적용되는 기준	0.12 이하		0.8 이하
	2021년 1월 1일부터 적용되는 기준	0.05 이하		0.4 이하

[비고] 위 표에서 오염물질의 종류별 단위는 mg/m²·h를 적용한다. 다만, 실란트에 대한 오염물질별 단위는 mg/m·h를 적용한다.

기출문제로 다지기 — PART 05 대기환경관계법규

01 다음은 대기환경보건법규상 대기오염경보단계별 오존의 해제(농도)기준이다. ( )안에 알맞은 것은?

중대경보가 발령된 지역의 기상조건 등을 검토하여 대기자동측정소의 오존농도가 (㉠)ppm 이상 (㉡)ppm 미만일 때는 경보로 전환한다.

① ㉠ 0.3, ㉡ 0.5
② ㉠ 0.5, ㉡ 1.0
③ ㉠ 1.0, ㉡ 1.2
④ ㉠ 1.2, ㉡ 1.5

해설 [별표 4의2]
신축 공동주택의 실내공기질 권고기준(제7조의2 관련)
1. 폼알데하이드 210μg/m³ 이하
2. 벤젠 30μg/m³ 이하
3. 톨루엔 1,000μg/m³ 이하
4. 에틸벤젠 360μg/m³ 이하
5. 자일렌 700μg/m³ 이하
6. 스티렌 300μg/m³ 이하
7. 라돈 148Bq/m³ 이하

02 대기환경보전법상 배출가스 전문정비사업자 지정을 받은 자와 고의로 정비업무를 부실하게 하여 받은 자가 고의로 정비업무를 부실하게 하여 받은 업무정지명령을 위반한 자에 대한 벌칙기준으로 옳은 것은?

① 7년 이하의 징역이나 1억원 이하의 벌금
② 5년 이하의 징역이나 3천만원 이하의 벌금
③ 1년 이하의 징역이나 1천만원 이하의 벌금
④ 300만원 이하의 벌금

03 실내공기질 관리법규상 자일렌 항목의 신축공동주택의 실내공기질 권고기준은?

① 30μg/m³ 이하
② 210μg/m³ 이하
③ 300μg/m³ 이하
④ 700μg/m³ 이하

04 대기환경보전법규상 위임업무의 보고횟수 기준이 '수시'에 해당되는 업무 내용은?

① 환경오염사고 발생 및 조치사항
② 자동차 연료 및 첨가제의 제조·판매 또는 사용에 대한 규제현황
③ 첨가제의 제조기준 적합여부 검사현황
④ 수입자동차 배출가스 인증 및 검사현황

05 대기환경보전법규상 비산먼지 발생을 억제하기 위한 시설의 설치 및 필요한 조치에 관한 기준 중 야적(분체상 물질을 야적하는 경우에만 해당)에 관한 기준으로 옳지 않은 것은? (단, 예외사항은 제외)

① 야적물질을 1일 이상 보관하는 경우, 방진덮개로 덮을 것
② 야적물질로 인한 비산먼지 발생억제를 위하여 물을 뿌리는 시설을 설치할 것(고철야적장과 수용적)
③ 야적물질의 최고저장높이의 1/3 이상의 방진벽을 설치할 것
④ 야적물질의 최고저장높이의 1/3 이상의 방진망(막)을 설치할 것

해설 야적물질의 최고저장높이의 1.25배 이상의 방진망(막)을 설치할 것

 정답 01. ① 02. ③ 03. ④ 04. ① 05. ④

06 다음은 대기환경보전법규상 대기환경규제지역의 지정대상지역기준이다. (   )안에 알맞은 것은?

> 1. 대기환경보전법에 따른 상시측정 결과 대기오염도가 환경정책기본법에 따라 설정된 환경기준을 초과한 지역
> 2. 대기환경보전법에 따른 상시측정을 하지 아니하는 지역 중 이 법에 따라 조사된 대기오염물질 배출량을 기초로 산정한 대기오염도가 환경기준의 (   )인 지역

① 50퍼센트 이상   ② 60퍼센트 이상
③ 70퍼센트 이상   ④ 80퍼센트 이상

07 대기환경보전법규상 운행자배출허용기준 중 일반기준으로 옳지 않은 것은?

① 알코올만 사용하는 자동차는 탄화수소 기준을 적용하지 아니한다.
② 휘발유와 가스를 같이 사용하는 자동차의 배출가스 측정 및 배출허용기준을 휘발유의 기준을 적용한다.
③ 1993년 이후에 제작된 자동차 중 과급기(Turbo charger)나 중간냉각기(Intercooler)를 부착한 경유사용 자동차의 배출허용기준은 무부하급가속 검사방법의 매연 항목에 대한 배출허용기준에 5%를 더한 농도를 적용한다.
④ 수입자동차는 최초등록일자를 제작일자로 본다.

[해설] 휘발유와 가스를 같이 사용하는 자동차의 배출가스 측정 및 배출허용기준은 가스의 기준을 적용한다.

08 대기환경보전법상 저공해자동차로의 전환 또는 개조 명령, 배출가스저감장치의 부착·교체 명령 또는 배출가스 관련 부품의 교체 명령, 저공해엔진(혼소엔진을 포함한다)으로의 개조 또는 교체 명령을 이행하지 아니한 자에 대한 과태료 부과기준은?

① 300만원 이하의 과태료
② 500만원 이하의 과태료
③ 1천만원 이하의 과태료
④ 2천만원 이하의 과태료

09 대기환경보전법규상 특정대기유해물질이 아닌 것은?

① 니켈 및 그 화합물   ② 이황화메틸
③ 다이옥신   ④ 알루미늄 및 그 화합물

10 실내공기질 관리법규상 실내주차장의 ㉠ PM10($\mu g/m^3$), ㉡ CO(ppm) 실내공기질 유지기준으로 옳은 것은?

① ㉠ 100 이하, ㉡ 10 이하
② ㉠ 150 이하, ㉡ 10 이하
③ ㉠ 200 이하, ㉡ 25 이하
④ ㉠ 300 이하, ㉡ 40 이하

11 대기환경보전법상 한국자동차환경협회의 장관에 따른 업무와 거리가 먼 것은?

① 운행차 저공해화 기술개발
② 자동차 배출가스 저감사업의 지원
③ 자동차관련 환경기술인의 교육훈련 및 취업지원
④ 운행차 배출가스 검사와 정비기술의 연구·개발 사업

정답 06. ④ 07. ② 08. ① 09. ④ 10. ③ 11. ③

해설 **법 제80조(업무)** 한국자동차환경협회는 정관으로 정하는 바에 따라 다음 각 호의 업무를 행한다.
1. 운행차 저공해화 기술개발 및 배출가스저감장치의 보급
2. 자동차 배출가스 저감사업의 지원과 사후관리에 관한 사항
3. 운행차 배출가스 검사와 정비기술의 연구·개발사업
4. 환경부장관 또는 시·도지사로부터 위탁받은 업무
5. 그 밖에 자동차 배출가스를 줄이기 위하여 필요한 사항

12 환경정책기본법령상 납(Pb)의 대기환경기준으로 옳은 것은?

① 연간평균치 $0.5\mu g/m^3$ 이하
② 3개월 평균치 $1.5\mu g/m^3$ 이하
③ 24시간 평균치 $1.5\mu g/m^3$ 이하
④ 8시간 평균치 $1.5\mu g/m^3$ 이하

13 다음은 대기환경보전법령상 부과금의 징수유예·분할납부 및 징수절차에 관한 사항이다. ( )안에 알맞은 것은?

> 시·도지사는 배출부과금이 납부의무자의 자본금 또는 출자총액을 2배 이상 초과하는 경우로서 사업상 손실로 인해 경영상 심각한 위기에 처하여 징수유예기간 내에도 징수할 수 없다고 인정되면 징수유예기간을 연장하거나 분할납부의 횟수를 늘릴 수 있다. 이에 따른 징수유예기간의 연장은 유예한 날의 다음 날부터 (㉠)로 하며, 분할납부의 횟수는 (㉡)로 한다.

① ㉠ 2년 이내, ㉡ 12회 이내
② ㉠ 2년 이내, ㉡ 18회 이내
③ ㉠ 3년 이내, ㉡ 12회 이내
④ ㉠ 3년 이내, ㉡ 18회 이내

14 대기환경보전법규상 대기오염도 검사기관과 거리가 먼 것은?

① 수도권대기환경청 ② 환경보전협회
③ 한국환경공단 ④ 낙동강유역환경청

해설 **시행규칙 제40조(개선명령의 이행 보고 등)**
② 영 제22조제2항에 따른 대기오염도 검사기관은 다음 각 호와 같다.
1. 국립환경과학원
2. 특별시·광역시·특별자치시·도·특별자치도(이하 "시·도"라 한다)의 보건환경연구원
3. 유역환경청, 지방환경청 또는 수도권대기환경청
4. 한국환경공단

15 악취방지법규상 위임업무 보고사항 중 "악취검사기관의 지도·점검 및 행정처분 실적" 보고횟수기준은?

① 연 1회 ② 연 2회
③ 연 4회 ④ 수시

16 대기환경보전법상 배출시설 설치허가를 받은 자가 대통령령으로 정하는 중요한 사항의 특정대기유해물질 배출시설을 증설하고자 하는 경우 배출시설 변경허가를 받아야 하는 시설의 규모기준은? (단, 배출시설의 규모의 합계나 누계는 배출구별로 산정)

① 배출시설 규모의 합계나 누계의 100분의 5 이상 증설
② 배출시설 규모의 합계나 누계의 100분의 10 이상 증설
③ 배출시설 규모의 합계나 누계의 100분의 20 이상 증설
④ 배출시설 규모의 합계나 누계의 100분의 30 이상 증설

정답 12. ① 13. ④ 14. ② 15. ① 16. ④

17 악취방지법규상 다음 지정악취물질의 배출허용기준으로 옳지 않은 것은?

지정악취물질		배출허용기준 (ppm)		엄격한 배출 허용기준범위 (ppm)
		공업지역	기타지역	공업지역
㉠	톨루엔	30 이하	10 이하	10~30
㉡	프로피온산	0.07 이하	0.03 이하	0.03~0.07
㉢	스타이렌	0.8 이하	0.4 이하	0.4~0.8
㉣	뷰틸아세테이트	5 이하	1 이하	1~5

① ㉠ ② ㉡
③ ㉢ ④ ㉣

해설

지정악취물질	배출허용기준(ppm)		엄격한 배출 허용기준범위(ppm)
	공업지역	기타지역	공업지역
뷰틸 아세테이트	4 이하	1 이하	1~4

18 대기환경보전법령상 과태료 부과기준 중 위반행위의 횟수에 따른 일반기준은 해당 위반행위가 있은 날 이전 최근 얼마간 같은 위반행위로 부과처분을 받은 경우에 적용하는가?

① 3월간 ② 6월간
③ 1년간 ④ 3년간

19 악취방지법규에 의거 악취배출시설의 변경신고를 하여야 하는 경우로 가장 거리가 먼 것은?

① 악취배출시설을 폐쇄하는 경우
② 사업장 명칭을 변경하는 경우
③ 환경담당자의 교육사항을 변경하는 경우
④ 악취배출시설 또는 악취방지시설을 임대하는 경우

해설 제10조(악취배출시설의 변경신고) ① 법 제8조제1항 후단이나 제8조의2제2항 후단에 따라 악취배출시설의 변경신고를 하여야 하는 경우는 다음 각 호와 같다.
1. 악취배출시설의 악취방지계획서 또는 악취방지시설을 변경(사용하는 원료의 변경으로 인한 경우를 포함한다)하는 경우
2. 악취배출시설을 폐쇄하거나, 별표 2 제2호에 따른 시설 규모의 기준에서 정하는 공정을 추가하거나 폐쇄하는 경우
3. 사업장의 명칭 또는 대표자를 변경하는 경우
4. 악취배출시설 또는 악취방지시설을 임대하는 경우

20 대기환경보전법규 중 측정기기의 운영·관리 기준에서 굴뚝배출가스 온도측정기를 새로 설치하거나 교체하는 경우에는 국가표준기본법에 따른 교정을 받아야 한다. 이 때 그 기록을 최소 몇 년 이상 보관하여야 하는가?

① 2년 이상 ② 3년 이상
③ 5년 이상 ④ 10년 이상

21 환경정책기본법령상 SO_2의 대기환경기준으로 옳은 것은? (단, ㉠ 연간평균치, ㉡ 24시간평균치, ㉢ 1시간 평균치)

① ㉠ 0.02ppm 이하 ㉡ 0.05ppm 이하
  ㉢ 0.15ppm 이하
② ㉠ 0.03ppm 이하 ㉡ 0.05ppm 이하
  ㉢ 0.10ppm 이하
③ ㉠ 0.05ppm 이하 ㉡ 0.10ppm 이하
  ㉢ 0.12ppm 이하
④ ㉠ 0.05ppm 이하 ㉡ 0.10ppm 이하
  ㉢ 0.15ppm 이하

정답 17. ④ 18. ③ 19. ③ 20. ② 21. ①

22 대기환경보전법규상 자동차의 종류에 대한 설명으로 틀린 것은? (단, 2015년 12월 10일 이후 허용)

① 이륜자동차의 규모는 차량총중량이 1천킬로그램을 초과하지 않는 것이다.
② 이륜자동차는 측차를 붙인 이륜자동차와 이륜자동차에서 파생된 삼륜 이상의 자동차는 제외한다.
③ 소형화물자동차에는 승용자동차에 해당되지 않는 승차인원이 9인 이상인 승합차를 포함한다.
④ 초대형 승용자동차의 규모는 차량총중량이 15톤 이상이다.

해설 이륜자동차는 측차를 붙인 이륜자동차와 이륜자동차에서 파생된 삼륜 이상의 자동차를 포함한다.

23 대기환경보전법령상 천재지변 등으로 인해 기본부과금을 납부할 수 없다고 인정되어 징수유예를 하고자 하는 경우 ㉠ 징수 유예기간과 ㉡ 그 기간 중의 분할납부의 횟수는?

① ㉠ 유예한 날의 다음날부터 다음 부과기간의 개시일 전일까지, ㉡ 4회 이내
② ㉠ 유예한 날의 다음날부터 2년 이내, ㉡ 12회 이내
③ ㉠ 유예한 날의 다음날부터 3년 이내, ㉡ 12회 이내
④ ㉠ 유예한 날의 다음날부터 다음 부과기간의 개시일 전일까지, ㉡ 6회 이내

24 악취방지법규상 지정악취물질에 해당하지 않는 것은?

① 염화수소   ② 메틸에틸케톤
③ 프로피온산   ④ 뷰틸아세테이트

25 대기환경보전법령상 '대기오염물질'의 정의로서 가장 적합한 것은?

① 연소시에 발생하는 유리탄소를 주로 하는 미세한 입자상물질로서 환경부령이 정하는 것
② 연소시에 발생하는 유리탄소가 응결하여 입자의 지름이 1미크론 이상이 되는 물질로서 환경부령이 정하는 것
③ 대기 중에 존재하는 물질 중 대기오염물질에 대한 심사 – 평가결과 대기오염의 원인으로 안정된 가스 · 입자상물질로서 환경부령으로 정하는 것
④ 물질의 연소 · 합성 · 분해 시에 발생하는 고체상 또는 액체상의 물질로서 환경부령이 정하는 것

26 대기환경보전법규상 특정대기유해물질에 해당하지 않는 것은?

① 수은 및 그 화합물   ② 아세트알데히드
③ 황산화물   ④ 아닐린

27 대기환경보전법상 대기환경규제지역을 관할하는 시 · 도지사 등은 그 지역이 대기환경규제지역으로 지정 · 고시된 후 몇 년 이내에 그 지역의 환경기준을 달성 · 유지하기 위한 계획을 수립 · 시행하여야 하는가?

① 5년 이내에   ② 3년 이내에
③ 2년 이내에   ④ 1년 이내에

28 대기환경보전법규상 한국환경공단이 환경부장관에게 보고해야 할 위탁업무 보고사항 중 '자동차 배출가스 인증생략 현황'의 보고 횟수 기준은?

① 수시   ② 연 1회
③ 연 2회   ④ 연 4회

 정답 22. ② 23. ① 24. ① 25. ③ 26. ③ 27. ③ 28. ③

29 대기환경보전법령상 Ⅲ지역(녹지지역 및 자연환경보전지역)의 기본부과금의 지역별 부과계수는?
① 0.5
② 1.0
③ 1.5
④ 2.0

30 다음은 대기환경보전법규상 첨가제 제조기준이다. ( )안에 알맞은 것은?

> 첨가제 제조자가 제시한 최대의 배율로 첨가제를 자동차의 연료에 주입한 후 시험한 배출가스 측정치가 첨가제를 주입하기 전보다 배출가스 항목별로 (㉠) 초과하지 아니하여야 하고, 배출가스 총량은 첨가제를 주입하기 전보다 (㉡) 증가하여서는 아니 된다.

① ㉠ 10% 이상, ㉡ 5% 이상
② ㉠ 5% 이상, ㉡ 5% 이상
③ ㉠ 5% 이상, ㉡ 3% 이상
④ ㉠ 5% 이상, ㉡ 1% 이상

31 다중이용시설 등의 실내공기질 관리법령상 대통령령이 정하는 규모의 다중이용시설에 해당되지 않는 것은?
① 여객자동차터미널의 연면적 2천2백제곱미터인 대합실
② 공항시설 중 연면적 1천1백제곱미터인 여객터미널
③ 철도역사의 연면적 2천2백제곱미터인 대합실
④ 모든 지하역사

해설 공항시설중 연면적 1천5백제곱미터 이상인 여객터미널

32 대기환경보전법령상 초과부과금 산정의 기초가 되는 오염물질 또는 배출물질의 배출기간이 달라지게 된 경우 초과부과금의 조정부나 환급은 해당 배출시설 또는 방지시설의 개선완료 등의 이행여부를 확인한 날부터 최대 며칠 이내에 하여야 하는가?
① 7일 이내
② 15일 이내
③ 30일 이내
④ 60일 이내

33 대기환경보전법규상 자동차 연료 제조기준 중 매년 6월 1일부터 8월 31일까지 출고되는 휘발유의 증기압(kPa, 37.8℃) 기준으로 옳은 것은?
① 100 이하
② 80 이하
③ 65 이하
④ 60 이하

34 환경정책기본법령상 환경기준으로 옳은 것은? (단, ㉠, ㉡은 대기환경기준, ㉢, ㉣은 수질 및 수생태계 '하천'에서의 사람의 건강보호기준)

	항목	기준치
㉠	O_3(1시간 평균치)	0.06ppm 이하
㉡	NO_2(1시간 평균치)	0.15ppm 이하
㉢	Cd	0.5mg/L 이하
㉣	Pb	0.05mg/L 이하

① ㉠
② ㉡
③ ㉢
④ ㉣

해설 ④항만 올바르다.
오답해설

	항 목	기준치
㉠	O_3(1시간 평균치)	0.1ppm 이하
㉡	NO_2(1시간 평균치)	0.1ppm 이하
㉢	Cd	0.005mg/L 이하
㉣	Pb	0.05mg/L 이하

정답 29. ② 30. ① 31. ② 32. ③ 33. ④ 34. ④

35. 다중이용시설 등의 실내공기질 관리법상 다중이용시설을 설치하는 자는 환경부장관이 고시한 오염물질방출건축자재를 사용하여서는 안 되는데, 이 규정을 위반하여 사용한 자에 대한 과태료 부과기준으로 옳은 것은?

① 1천만원 이하의 과태료에 처한다.
② 500만원 이하의 과태료에 처한다.
③ 300만원 이하의 과태료에 처한다.
④ 100만원 이하의 과태료에 처한다.

36. 다중이용시설 등의 실내공기질 관리법규상 신축공동주택의 오염물질 항목별 실내공기질 권고기준으로 옳지 않은 것은?

① 폼알데하이드 : $300\mu g/m^3$ 이하
② 에틸벤젠 : $360\mu g/m^3$ 이하
③ 자일렌 : $700\mu g/m^3$ 이하
④ 벤젠 : $30\mu g/m^3$ 이하

해설

[별표 4의2]
신축 공동주택의 실내공기질 권고기준(제7조의2 관련)
1. 폼알데하이드 210㎍/㎥ 이하
2. 벤젠 30㎍/㎥ 이하
3. 톨루엔 1,000㎍/㎥ 이하
4. 에틸벤젠 360㎍/㎥ 이하
5. 자일렌 700㎍/㎥ 이하
6. 스티렌 300㎍/㎥ 이하
7. 라돈 148Bq/㎥ 이하

37. 대기환경보전법령상 연료를 연소하여 황산화물을 배출하는 시설의 기본부과금의 농도별 부과계수로 옳은 것은? (단, 연료의 황함유량(%)은 1.0% 이하, 황산화물의 배출량을 줄이기 위하여 방지시설을 설치한 경우와 생산공정상 황산화물의 배출량이 줄어든다고 인정하는 경우 제외)

① 0.1   ② 0.2
③ 0.4   ④ 1.0

38. 대기환경보전법규상 수도권대기환경청장, 국립환경과학원장 또는 한국환경공단이 설치하는 대기오염 측정망에 해당하지 않는 것은?

① 대기오염물질의 지역배경농도를 측정하기 위한 교외대기측정망
② 산성 대기오염물질의 건성 및 습성 침착량을 측정하기 위한 산성강하물측정망
③ 도시지역의 휘발성유기화합물 등의 농도를 측정하기 위한 광화학대기오염물질측정망
④ 도시지역의 대기오염물질 농도를 측정하기 위한 도시대기 측정망

해설 ④항은 특별시장·광역시장·특별자치시장·도지사 또는 특별자치도지사가 설치하는 대기오염 측정망에 해당한다. 특별시장·광역시장·특별자치시장·도지사 또는 특별자치도지사(이하 "시·도지사"라 한다)가 설치하는 대기오염 측정망의 종류는 다음 각 호와 같다.
1. 도시지역의 대기오염물질 농도를 측정하기 위한 도시대기측정망
2. 도로변의 대기오염물질 농도를 측정하기 위한 도로변대기측정망
3. 대기 중의 중금속 농도를 측정하기 위한 대기중금속측정망

정답 35. ① 36. ① 37. ③ 38. ④

39 대기환경보전법규상 환경기술인의 신규교육 시기와 횟수 기준은? (단, 규정된 교육기관이며, 정보통신매체를 이용하여 원격교육을 하는 경우 제외)

① 환경기술인으로 임명된 날부터 6개월 이내에 1회
② 환경기술인으로 임명된 날부터 1년 이내에 1회
③ 환경기술인으로 임명된 날부터 2년 이내에 1회
④ 환경기술인으로 임명된 날부터 3년 이내에 1회

40 대기환경보전법상 방지시설을 거치지 아니하고 오염물질을 배출할 수 있는 공기조절장치, 가지배출관 등을 설치한 행위를 한 자에 대한 벌칙기준으로 적합한 것은?

① 2년 이하의 징역이나 1천만원 이하의 벌금에 처한다.
② 3년 이하의 징역이나 2천만원 이하의 벌금에 처한다.
③ 5년 이하의 징역이나 3천만원 이하의 벌금에 처한다.
④ 7년 이하의 징역이나 5천만원 이하의 벌금에 처한다.

41 대기환경보전법에서 사용하는 용어의 뜻으로 옳지 않은 것은?

① "저공해엔진"이란 자동차에서 배출되는 대기오염물질을 줄이기 위한 엔진(엔진개조에 사용하는 부품을 포함한다)으로서 환경부령으로 정하는 배출허용기준에 맞는 엔진을 말한다.
② "검댕"이란 연소할 때에 생기는 유리탄소가 응결하여 입자의 지름이 1미크론 이상이 되는 입자상물질을 말한다.
③ "온실가스"란 적외선 복사열을 흡수하거나 다시 방출하여 온실효과를 유발하는 대기 중의 가스상태 물질로서 이산화탄소, 메탄, 아산화질소, 수소불화탄소, 과불화탄소, 육불화황을 말한다.
④ "촉매제"란 연료절감을 위해 엔진구동부에 사용되는 화학물질로서 부피비율로 1퍼센트 미만의 비율로 첨가하는 물질을 말한다.

해설 ④항은 "첨가제"에 대한 설명이다. "촉매제"란 배출가스를 줄이는 효과를 높이기 위하여 배출가스저감장치에 사용되는 화학물질로서 환경부령으로 정하는 것을 말한다.

42 다음 중 대기환경보전법령상 "3종 사업장"에 해당되는 것은?

① 대기오염물질발생량의 합계가 연간 9톤인 사업장
② 대기오염물질발생량의 합계가 연간 11톤인 사업장
③ 대기오염물질발생량의 합계가 연간 22톤인 사업장
④ 대기오염물질발생량의 합계가 연간 52톤인 사업장

해설 3종사업장 : 대기오염물질발생량의 합계가 연간 10톤 이상 20톤 미만인 사업장

43 배연탈황시설을 설치한 배출시설을 시운전할 경우 환경부령이 정하는 시운전 기간의 기준은?

① 배출시설 및 방지시설의 가동개시일부터 10일까지
② 배출시설 및 방지시설의 가동개시일부터 15일까지
③ 배출시설 및 방지시설의 가동개시일부터 30일까지
④ 배출시설 및 방지시설의 가동개시일부터 60일까지

44 다음은 대기환경보전법규상 자동차 운행정지표지에 관한 사항이다. ( )안에 알맞은 것은?

> 바탕색은 (㉠)으로, 문자는 검정색으로 하며, 이 자동차를 운행정지기간 내에 운행하는 경우에는 대기환경보전법에 따라 (㉡)을 물게 됩니다.

① ㉠ 흰색, ㉡ 100만원 이하의 벌금
② ㉠ 흰색, ㉡ 300만원 이하의 벌금
③ ㉠ 노란색, ㉡ 100만원 이하의 벌금
④ ㉠ 노란색, ㉡ 300만원 이하의 벌금

정답 39. ② 40. ③ 41. ④ 42. ② 43. ③ 44. ④

45. 수도권대기환경청장, 국립환경과학원장 또는 한국환경공단이 설치하는 대기오염 측정망의 종류가 아닌 것은?
① 대기오염물질의 지역 배경농도를 측정하기 위한 교외대기 측정망
② 도시지역의 휘발성 유기화합물 등의 농도를 측정하기 위한 광화학대기오염물질 측정망
③ 산성 대기오염물질의 건성 및 습성 침착량을 측정하기 위한 산성강하물 측정망
④ 대기 중의 중금속 농도를 측정하기 위한 대기 중금속 측정망

46. 최초로 배출시설을 설치한 경우에 환경기술인의 임명신고 시기로 적절한 것은?
① 배출시설 가동개시신고와 동시에 신고
② 배출시설 설치완료신고와 동시에 신고
③ 배출시설 설치허가신청과 동시에 신고
④ 환경기술인 임명과 동시에 신고

47. 대기환경보전법상 위반행위 중 "200만원 이하의 과태료 부과"에 해당하는 것은?
① 제조기준에 맞지 아니한 것으로 판정된 자동차연료를 사용한 자
② 제조기준에 맞지 아니한 것으로 판정된 촉매제를 공급한 자
③ 배출허용기준에 맞는지의 여부 확인을 위해 배출시설에 측정기기의 부착 등의 조치를 하지 아니한 자
④ 제조기준에 맞지 아니하는 촉매제임을 알면서 사용한 자

48. 인증을 면제할 수 있는 자동차로 가장 적절한 것은?
① 항공기 지상조업용 자동차
② 여행자 등이 다시 반출할 것을 조건으로 일시 반입하는 자동차
③ 외교관 또는 주한 외국군인의 가족이 사용하기 위하여 반입하는 자동차
④ 외국에서 국내의 공공기관 또는 비영리단체에 무상으로 기증한 자동차

49. 대기환경보전법 시행령에 규정된 사업장별 환경기술인의 자격기준으로 옳지 않은 것은?
① 대기오염물질발생량의 합계가 연간 80톤 이상인 사업장은 1종 사업장에 해당하는 기술인을 둘 수 있다.
② 대기오염물질발생량의 합계가 연간 20톤 이상 80톤 미만인 사업장은 2종 사업장에 해당하는 기술인을 둘 수 있다.
③ 전체 배출시설에 대하여 방지시설 설치면제를 받은 사업장과 배출시설에서 배출되는 오염물질 등을 공동방지시설에서 처리하게 하는 사업장은 5종 사업장에 해당하는 기술인을 둘 수 있다.
④ 5종 사업장 중 특정대기유해물질이 포함된 오염물질을 배출하는 경우에는 4종 사업장에 해당하는 기술인을 두어야 한다.

해설 5종 사업장 중 특정대기유해물질이 포함된 오염물질을 배출하는 경우에는 3종 사업장에 해당하는 기술인을 두어야 한다.

정답 45. ④ 46. ① 47. ④ 48. ② 49. ④

50 대기환경보전법규상 자동차연료 제조기준 중 휘발유 90% 유출온도(℃) 기준은? (단, 2009년 1월 1일부터 적용기준)

① 150℃ 이하 ② 160℃ 이하
③ 170℃ 이하 ④ 180℃ 이하

51 대기환경보전법규에 명시된 환경기술인의 교육사항에 관한 규정 중 ( )안에 들어갈 말로 옳은 것은?

> 신규교육은 환경기술인으로 임명된 날로부터 (㉠) 이내에 1회이며, 보수교육은 신규교육을 받은 날을 기준으로 (㉡)마다 1회 받아야 한다.

① ㉠ 3월, ㉡ 1년   ② ㉠ 6월, ㉡ 1년
③ ㉠ 1년, ㉡ 3년   ④ ㉠ 1년, ㉡ 5년

52 대기환경보전법령상 부과금의 부과면제 등에 관한 기준이다. ( )안에 알맞은 것은?

> 발전시설의 경우에는 황함유량 (㉠)퍼센트 이하인 액체 및 고체연료, 발전시설 외의 배출시설(설비용량 100메가와트 미만인 열병합발전시설을 포함한다)의 경우에는 황함유량이 (㉡)퍼센트 이하인 액체연료 또는 황함유량이 (㉢)퍼센트 미만인 고체연료를 사용하는 배출시설로서 배출허용기준을 준수할 수 있는 시설, 이 경우 고체연료의 황함유량은 연소기기에 투입되는 여러 고체연료의 황함유량을 평균한 것으로 한다.

① ㉠ 0.3, ㉡ 0.5, ㉢ 0.6
② ㉠ 0.3, ㉡ 0.5, ㉢ 0.45
③ ㉠ 0.1, ㉡ 0.3, ㉢ 0.5
④ ㉠ 0.1, ㉡ 0.5, ㉢ 0.45

53 환경정책기본법상 대기환경기준에서 정하고 있는 일산화탄소의 8시간 평균치(ppm)은?

① 5ppm 이하 ② 7ppm 이하
③ 9ppm 이하 ④ 12ppm 이하

54 대기환경보전법규상 자동차연료형 첨가제의 종류로 가장 거리가 먼 것은?

① 세척제   ② 다목적첨가제
③ 기관윤활제 ④ 유동성향상제

> **해설** 자동차연료형 첨가제의 종류는 다음과 같다.
> 1. 세척제   2. 청정분산제
> 3. 매연억제제   4. 다목적첨가제
> 5. 옥탄가향상제   6. 세탄가향상제
> 7. 유동성향상제   8. 윤활성 향상제
> 9. 그 밖에 환경부장관이 배출가스를 줄이기 위하여 필요하다고 정하여 고시하는 것

55 대기 배출부과금 징수유예 기간 중의 분할납부의 횟수 기준은?(단, 초과부과금의 경우)

① 2회 이내   ② 4회 이내
③ 6회 이내   ④ 12회 이내

56 다음은 대기환경보전법령상 환경부장관이 배출시설 설치를 제한할 수 있는 경우이다. ( )안에 알맞은 것은?

> 배출시설 설치 지점으로부터 반경 1킬로미터 안의 상주인구가 (㉠)명 이상인 지역으로서 특정대기유해물질 중 한 가지 종류의 물질을 연간 (㉡) 이상 배출하는 시설을 설치하는 경우

① ㉠ 1만, ㉡ 5톤   ② ㉠ 1만, ㉡ 10톤
③ ㉠ 2만, ㉡ 5톤   ④ ㉠ 2만, ㉡ 10톤

정답 50. ③ 51. ③ 52. ② 53. ③ 54. ③ 55. ④ 56. ④

57. 다중이용시설 등의 실내공기질 관리법규상 신축 공동주택의 실내공기질 권고기준 중 "에틸벤젠" 기준으로 옳은 것은?
① 210μg/m³ 이하
② 300μg/m³ 이하
③ 360μg/m³ 이하
④ 700μg/m³ 이하

58. 대기환경보전법령상 초과부과금 산정기준에서 다음 중 오염물질 1킬로그램 당 부과금액이 가장 적은 것은?
① 이황화탄소
② 암모니아
③ 황화수소
④ 불소화합물

59. 실내공기질 유지기준의 오염물질 항목으로만 짝지어진 것은?
① 미세먼지, 라돈
② 일산화탄소, 석면
③ 오존, 총부유세균
④ 이산화탄소, 폼알데하이드

60. 자가방지시설을 설계·시공하고자 하는 경우, 시·도지사에게 제출해야 되는 서류로 가장 거리가 먼 것은?
① 공정도
② 기술능력 현황을 적은 서류
③ 배출시설 설치도면 및 종업원 수
④ 원료(연료 포함)사용량, 제품생산량 및 대기오염물질 등의 배출량을 예측한 명세서

[해설] 시행규칙 제31조(자가방지시설의 설계·시공) ① 사업자가 법 제28조 단서에 따라 스스로 방지시설을 설계·시공하려는 경우에는 법 제23조제4항에 따라 다음 각 호의 서류를 시·도지사에게 제출하여야 한다. 다만, 배출시설의 설치허가·변경허가·설치신고 또는 변경신고 시 제출한 서류는 제출하지 아니할 수 있다.
1. 배출시설의 설치명세서
2. 공정도
3. 원료(연료를 포함한다) 사용량, 제품생산량 및 대기오염물질 등의 배출량을 예측한 명세서
4. 방지시설의 설치명세서와 그 도면(법 제26조제1항 단서에 해당되는 경우에는 이를 증명할 수 있는 서류를 말한다)
5. 기술능력 현황을 적은 서류

61. 대기환경보전법상 (   )에 알맞은 기간은?

> 환경부장관은 대기오염물질과 온실가스를 줄여 대기환경을 개선하기 위하여 대기환경개선 종합계획을 (   )마다 수립하여 시행하여야 한다.

① 3년
② 5년
③ 10년
④ 20년

62. 대기환경보전법규상 대기오염방지시설에 해당하지 않는 것은?(단, 기타사항 제외)
① 음파집진시설
② 화학적 침강시설
③ 미생물을 이용한 처리시설
④ 촉매반응을 이용하는 시설

63. 대기환경보전법령상 대기오염경보단계 중 '경보발령'의 경우 조치하여야 하는 사항과 가장 거리가 먼 것은?
① 주민의 실외활동 제한 요청
② 자동차 사용의 제한
③ 사업장의 연료사용량 감축 권고
④ 사업장의 조업시간 단축 명령

정답 57. ③ 58. ② 59. ④ 60. ③ 61. ③ 62. ② 63. ④

해설 ④항은 중대경보 발령시 조치하여야 하는 사항이다.
제2조(대기오염경보의 대상 지역 등)
1. 주의보 발령 : 주민의 실외활동 및 자동차 사용의 자제 요청 등
2. 경보 발령 : 주민의 실외활동 제한 요청, 자동차 사용의 제한 및 사업장의 연료사용량 감축 권고 등
3. 중대경보 발령 : 주민의 실외활동 금지 요청, 자동차의 통행금지 및 사업장의 조업시간 단축명령 등

64 대기환경보전법령상 대기오염물질발생량의 합계가 연간 25톤인 사업장에 해당하는 것은?

① 1종 사업장   ② 2종 사업장
③ 3종 사업장   ④ 4종 사업장

65 악취방지법규상 지정악취물질이 아닌 것은?

① 황화수소   ② 이산화황
③ 아세트알데하이드   ④ 다이메틸다이설파이드

66 대기환경보전법규상 기관출력이 130kW 초과인 선박의 질소산화물 배출기준(g/kWh)은?(단, 정격 기관속도 n(크랭크샤프트의 분당 속도)이 130rpm 미만이며 2010년 12월 31일 이전에 건조한 선박의 경우)

① $9.0 \times n^{(-2.0)}$ 이하   ② $45.0 \times n^{(-2.0)}$ 이하
③ 9.8 이하   ④ 17 이하

67 대기환경보전법령상 초과부과금 부과대상 오염물질이 아닌 것은?

① 먼지   ② 불소화합물
③ 시안화수소   ④ 염소화합물

해설 초과부과금 부과대상 오염물질은 다음과 같다.
1. 황산화물   2. 암모니아
3. 황화수소   4. 이황화탄소
5. 먼지   6. 불소화물
7. 염화수소   8. 질소산화물
9. 시안화수소

68 대기환경보전법령상 과태료 부과기준으로 옳지 않은 것은?

① 위반행위의 횟수에 따른 과태료의 부과기준은 최근 1년간 같은 위반행위로 과태료부과처분을 받은 경우에 적용한다.
② 부과권자는 과태료 금액의 2분의 1의 범위에서 그 금액을 줄일 수 있으나, 과태료를 체납하고 있는 위반행위자에 대해서는 그러하지 아니하다.
③ 개별기준으로 환경기술인 등의 교육을 받게 하지 않은 경우 1차 위반 시 과태료 금액은 60만원이다.
④ 개별기준으로 비산먼지 발생사업장으로 신고하지 아니한 경우 1차 위반 시 과태료 금액은 200만원이다.

해설 개별기준으로 비산먼지 발생사업자로 신고하지 아니한 경우 1차 위반 시 과태료 금액은 300만원이고, 비산먼지의 발생 억제 시설의 설치 및 필요한 조치를 하지 아니하고 시멘트·석탄·토사 등 분체상 물질을 운송한 자는 200만원이다.

69 환경기술인 등의 교육에 관한 설명으로 옳지 않은 것은?

① 교육과정의 교육기간은 4일 이내로 한다.
② 환경보전협회는 환경기술인의 교육기관이다.
③ 신규교육은 환경기술인으로 임명된 날부터 30일 이내에 교육을 이수하여야 한다.
④ 환경부장관은 교육계획을 매년 1월 31일까지 시·도지사에게 통보하여야 한다.

정답 64. ② 65. ② 66. ④ 67. ④ 68. ④ 69. ③

해설 1. 신규교육 : 환경기술인으로 임명된 날부터 1년 이내에 1회
2. 보수교육 : 신규교육을 받은 날을 기준으로 3년마다 1회

70 대기환경보전법령상 오염물질의 초과부과금 산정 시 위반횟수별 부과계수 산출방법이다. ( )에 알맞은 것은?

> 2차 이상 위반한 경우는 위반 직전의 부과계수에 ( )을(를) 곱한 것으로 한다.

① 100분의 100   ② 100분의 105
③ 100분의 110   ④ 100분의 120

71 대기환경보전법령상 배출부과금 산정 시 자동측정사업자의 경우 배출허용기준을 초과하는 위반횟수의 기준은?

① 1시간 평균치가 배출허용기준을 초과하는 횟수
② 30분 평균치가 배출허용기준을 초과하는 횟수
③ 15분 평균치가 배출허용기준을 초과하는 횟수
④ 5분 평균치가 배출허용기준을 초과하는 횟수

72 대기환경보전법규상 고체연료 사용시설 설치기준 중 석탄사용시설기준이다. ( )에 알맞은 값은?

> 배출시설의 굴뚝높이는 (㉠) 이상으로 하되, 굴뚝 상부 안지름, 배출가스 온도 및 속도 등을 고려한 유효굴뚝높이(굴뚝의 실제높이에 배출가스의 상승고도를 합산한 높이를 말한다.)가 440m 이상인 경우에는 굴뚝높이를 (㉡)으로 할 수 있다. 이 경우 유효굴뚝높이 및 굴뚝높이 산정방법 등에 관하여는 국립환경과학원장이 정하여 고시한다.

① ㉠ 50m, ㉡ 25m 미만
② ㉠ 50m, ㉡ 25m 이상 50m 미만
③ ㉠ 100m, ㉡ 25m 이상 100m 미만
④ ㉠ 100m, ㉡ 60m 이상 100m 미만

73 배출부과금 부과 시 고려사항으로 가장 거리가 먼 것은?

① 대기오염물질의 농도
② 배출허용기준 초과여부
③ 대기오염물질의 배출기간
④ 배출되는 대기오염물질의 종류

74 대기환경보전법규상 대기오염 경보단계 중 "경보" 해제기준에서 ( )에 알맞은 것은?

> 경보가 발령된 지역의 기상조건 등을 고려하여 대기자동측정소의 오존농도가 ( )인 때는 주의보로 전환한다.

① 0.1ppm 이상 0.3ppm 미만
② 0.1ppm 이상 0.5ppm 미만
③ 0.12ppm 이상 0.3ppm 미만
④ 0.12ppm 이상 0.5ppm 미만

75 대기환경보전법령상 인증을 면제할 수 있는 자동차에 해당되는 것은?

① 항공기 지상 조업용 자동차
② 국가대표 선수용 자동차로서 문화체육관광부장관의 확인을 받은 자동차
③ 여행자 등이 다시 반출할 것을 조건으로 일시 반입하는 자동차
④ 주한 외국군인의 가족이 사용하기 위하여 반입하는 자동차

정답 70. ② 71. ② 72. ④ 73. ① 74. ③ 75. ③

76 대기환경보전법에서 사용하는 용어의 정의로 틀린 것은?

① 매연 : 연소할 때 발생하는 유리탄소가 주가 되는 미세한 입자상 물질을 말한다.
② 가스 : 물질이 연소, 합성, 분해될 때 발생하거나 물리적 성질로 인하여 발생하는 기체상 물질을 말한다.
③ 기후, 생태계변화 유발물질 : 지구온난화 등으로 생태계의 변화를 가져올 수 있는 기체상 또는 입자상 물질로서 대통령이 정하는 것을 말한다.
④ 온실가스 : 적외선 복사열을 흡수하거나 다시 방출하여 온실효과를 유발하는 대기 중의 가스상 물질로서 이산화탄소, 메탄, 아산화질소, 수소불화탄소, 과불화탄소, 육불화황을 말한다.

77 다중이용시설 등의 실내공기질관리법규상 신축공동주택의 실내공기질 권고기준으로 옳지 않은 것은?

① 자일렌 : $600\mu g/m^3$ 이하
② 톨루엔 : $10,000\mu g/m^3$ 이하
③ 스티렌 : $300\mu g/m^3$ 이하
④ 에틸벤젠 : $360\mu g/m^3$ 이하

78 대기환경보전법상 대기오염 경보가 발령된 지역에서 자동차 운행제한이나 사업장 조업단축의 명령을 정당한 사유 없이 위반한 자에 대한 벌칙기준으로 옳은 것은?

① 1년 이하의 징역이나 1천만원 이하의 벌금에 처한다.
② 1년 이하의 징역이나 500만원 이하의 벌금에 처한다.
③ 500만원 이하의 벌금에 처한다.
④ 300만원 이하의 벌금에 처한다.

79 대기환경보전법상 배출시설의 설치허가 및 신고 등에 대한 설명으로 틀린 것은?

① 신고한 사항을 변경하고자 하는 경우에는 변경신고를 하여야 한다.
② 허가받은 사항을 변경하고자 하는 경우에는 사안에 따라 변경허가를 받거나, 변경신고를 하여야 한다.
③ 대기오염물질 배출시설을 설치완료한 자는 배출시설의 가동을 시작하기 전에 배출시설 허가를 받거나 신고를 하여야 한다.
④ 특정대기유해물질로 인하여 주민의 건강과 재산에 심각한 위해를 끼칠 우려가 있다고 인정되면 대통령령으로 정하는 바에 따라 배출시설 설치를 제한할 수 있다.

80 환경부령이 정하는 자동차 연료의 제조기준에 적합하지 아니하게 제조된 유류제품 등을 자동차연료로 사용한 자에 대한 벌칙기준으로 적절한 것은?

① 200만원 이하의 과태료
② 300만원 이하의 벌금
③ 1년 이하의 징역 또는 1천만원 이하의 벌금
④ 2년 이하의 징역 또는 3천만원 이하의 벌금

81 대기환경보전법규상 자동차운행정지를 받은 자동차를 운행정지기간 중에 운행하는 경우 물게 되는 벌금기준은?

① 100만원 이하의 벌금
② 200만원 이하의 벌금
③ 300만원 이하의 벌금
④ 500만원 이하의 벌금

정답 76. ③ 77. ① 78. ④ 79. ③ 80. ③ 81. ③

82 대기환경법규상 대기오염물질의 배출허용기준과 관련하여 굴뚝 원격감시체계 관제센터로 측정결과를 자동 전송하는 배출시설에 대한 특례기준이다. ( ) 안에 알맞은 것은?

> 굴뚝 자동측정기기를 부착하여 규정에 따른 굴뚝 원격감시체계 관제센터로 측정결과를 자동 전송하는 사업장의 배출시설에 대한 배출허용기준 초과 여부의 판단은 ( )를 기준으로 한다.

① 매 5분 평균치 ② 매 10분 평균치
③ 매 30분 평균치 ④ 매 1시간 평균치

83 대기환경보전법령상 대통령령으로 정하는 제작차 배출허용기준이 설정된 오염물질의 종류에 해당되지 않는 것은? (단, 휘발유자동차)

① 일산화탄소 ② 탄화수소
③ 질소산화물 ④ 입자상물질

해설 입자상물질은 경유사용 자동차의 오염물질에 해당한다.
① 경유사용자동차 : 일산화탄소, 질소산화물, 탄화수소, 입자상물질, 매연
② 휘발유사용자동차 : 일산화탄소, 질소산화물, 탄화수소 (배기관가스, 블로바이가스, 증발가스), 포름알데히드

84 대기환경보전법규상 배출시설과 방지시설의 정상적인 운영·관리를 위해 환경기술인 업무사항을 준수사항 및 관리사항으로 구분할 때, 다음 중 준수사항과 거리가 먼 것은?

① 자가측정은 정확히 할 것
② 배출시설 및 방지시설의 운영기록을 사실에 기초하여 작성할 것
③ 배출시설 및 방지시설의 관리 및 개선에 관한 계획을 수립할 것
④ 자가측정 시에 사용한 여과지는 환경분야 시험·검사 등에 관한 법률에 따른 환경오염공정시험기준에 따라 기록한 시료채취기록지와 함께 날짜별로 보관·관리할 것

85 다음은 악취방지법상 용어의 뜻이다. ( )안에 가장 적합한 것은?

> (㉠)이란 악취의 원인이 되는 물질로서 환경부령으로 정하는 것을 말한다.
> (㉡)란 두 가지 이상의 악취물질이 함께 작용하여 사람의 후각을 자극하여 불쾌감과 혐오감을 주는 냄새를 말한다.

① ㉠ 유해악취물질, ㉡ 다중악취
② ㉠ 유해악취물질, ㉡ 복합악취
③ ㉠ 지정악취물질, ㉡ 다중악취
④ ㉠ 지정악취물질, ㉡ 복합악취

86 대기환경보전법규상 운행차 배출허용기준 적용으로 옳지 않은 것은?

① 건설기계 중 덤프트럭, 콘크리트믹서트럭, 콘크리트펌프트럭에 대한 배출허용기준은 화물자동차기준을 적용한다.
② 희박연소(Lean Burn)방식을 적용하는 자동차는 공기과잉률 기준을 적용하지 아니한다.
③ 휘발유와 가스를 같이 사용하는 자동차의 배출가스 측정 및 배출허용기준은 휘발유의 기준을 적용한다.
④ 알코올만 사용하는 자동차는 탄화수소 기준을 적용하지 아니한다.

해설 휘발유와 가스를 같이 사용하는 자동차의 배출가스 측정 및 배출허용기준은 가스의 기준을 적용한다.

정답 82. ③ 83. ④ 84. ③ 85. ④ 86. ③

87 대기환경보전법상 시·도지사는 자동차의 원동기를 가동한 상태로 주차하거나 정차하는 행위 등을 제한할 수 있는데, 이 자동차의 원동기 가동제한을 위반한 자동차 운전자에 대한 과태료 부과금액 기준으로 옳은 것은?

① 50만원 이하의 과태료
② 100만원 이하의 과태료
③ 200만원 이하의 과태료
④ 500만원 이하의 과태료

88 대기환경보전법령상 연료의 황 함유량이 1.0% 이하인 경우 기본부과금의 농도별 부과계수로 옳은 것은? (단, 연료를 연소하여 황산화물을 배출하는 시설(황산화물의 배출량을 줄이기 위해 방지시설을 설치한 경우와 생산공정상 황산화물의 배출량이 줄어든다고 인정하는 경우는 제외))

① 0.2
② 0.3
③ 0.4
④ 1.0

89 대기환경보전법규상 한국환경공단이 환경부장관에게 보고해야 할 위탁업무 보고사항 중 자동차배출가스 인증생략 현황의 보고횟수 기준은?

① 수시
② 연 1회
③ 연 2회
④ 연 4회

90 대기환경보전법규상 공동방지시설 운영기구 대표자가 공동방지시설을 설치하고자 할 때 제출하여야 하는 공동 방지시설의 위치도로 옳은 것은?

① 축척 5천분의 1의 지형도
② 축척 1만분의 1의 지형도
③ 축척 1만 5천분의 1의 지형도
④ 축척 2만 5천분의 1의 지형도

91 환경정책기본법령상 각 오염물질의 대기환경기준 및 측정방법의 연결로 옳지 않은 것은?

① SO_2의 1시간평균치 0.15ppm 이하 자외선형광법 (Pulse U.V Fluroescence Method)
② NO_2의 연간평균치 0.03ppm 이하 화학발광법 (Chemiluminescent Method)
③ O_3의 8시간평균치 0.1ppm 이하 자외선광도법 (U.V Photometric Method)
④ PM-10의 24시간평균치 $100\mu g/m^3$ 이하 (β-Ray-Absorption Method)

92 다음은 대기환경보전법규상 고체연료 사용시설 설치기준이다. ( )안에 가장 적합한 것은?

> 석탄사용시설의 경우 배출시설의 굴뚝높이는 (㉠)으로 하되, 굴뚝상부 안지름, 배출가스 온도 및 속도 등을 고려한 유효굴뚝높이(굴뚝의 실제 높이에 배출가스의 상승고도를 합산한 높이)가 440m 이상인 경우에는 굴뚝높이를 60m 이상 100m 미만으로 할 수 있다. 기타 고체연료 사용시설의 경우에는 배출시설의 굴뚝높이는 (㉡)이어야 한다.

① ㉠ 50m 이상, ㉡ 20m 이상
② ㉠ 50m 이상, ㉡ 10m 이상
③ ㉠ 100m 이상, ㉡ 20m 이상
④ ㉠ 100m 이상, ㉡ 10m 이상

정답 87. ② 88. ③ 89. ③ 90. ④ 91. ③ 92. ③

93. 대기환경보전법령상 과태료의 부과기준으로 옳지 않은 것은?
① 일반기준으로서 위반행위의 횟수에 따른 부과기준은 최근 1년간 같은 위반행위로 과태료 부과처분을 받은 경우에 적용한다.
② 일반기준으로서 부과권자는 위반행위의 동기와 그 결과 등을 고려하여 과태료 부과금액의 80퍼센트 범위에서 이를 감경한다.
③ 개별기준으로서 제작차배출허용기준에 맞지 않아 결함시정명령을 받은 자동차제작자가 결함시정 결과보고를 아니한 경우 1차위반시 과태료 부과금액은 100만원이다.
④ 개별기준으로서 제작차배출허용기준에 맞지 않아 결함시정명령을 받은 자동차제작자가 결함시정 결과보고를 아니한 경우 3차위반시 과태료 부과금액은 200만원이다.

해설 부과권자는 다음의 어느 하나에 해당하는 경우에는 제2호에 따른 과태료 금액의 2분의 1 범위에서 그 금액을 줄일 수 있다. 다만, 과태료를 체납하고 있는 위반행위자에 대해서는 그러하지 아니하다.
1) 위반행위자가 「질서위반행위규제법 시행령」 제2조의2제1항 각 호의 어느 하나에 해당하는 경우
2) 위반행위가 위반행위자의 사소한 부주의나 오류 등 과실로 인한 것으로 인정되는 경우
3) 위반행위자가 위반행위를 바로 정정하거나 시정하여 해소한 경우
4) 그 밖에 위반행위의 정도, 동기와 그 결과 등을 고려하여 과태료 금액을 줄일 필요가 있다고 인정되는 경우

94. 대기환경보전법령상 일일초과배출량 및 일일유량의 산정방법기준으로 옳지 않은 것은?
① 일반오염물질의 배출허용기준초과 일일오염 물질 배출량은 소수점 이하 첫째자리까지 계산한다.
② 먼지의 배출농도의 단위는 세제곱미터당 밀리그램으로 한다.
③ 일일유량 산정시 적용되는 측정유량의 단위는 일일당 세제곱미터로 한다.
④ 일일유량 측정하기 전 최근 조업한 30일 동안의 배출시설 조업시간 평균치를 시간으로 표시한다.

95. 실내공기질관리법상 이 법의 적용대상이 되는 다중이용시설(대통령령으로 정하는 규모의 것)에 해당하지 않는 것은?
① 지하역사(출입통로·대합실·승강장 및 환승통로와 이에 딸린 시설을 포함한다.)
② 실외공공주차장
③ [도서관법]에 따른 도서관
④ [게임산업진흥에 관한 법률]에 따른 인터넷컴퓨터게임시설제공업의 영업시설

96. 대기환경보전법규상 대기오염방지시설과 가장 거리가 먼 것은? (단, 환경부장관이 인정하는 시설 등은 제외)
① 촉매반응을 이용하는 시설
② 음파집진시설
③ 미생물을 이용한 처리시설
④ 환기반응을 이용하는 시설

정답 93. ② 94. ③ 95. ② 96. ④

97 다음은 악취방지법규상 2006년 1월 1일부터 적용되는 폐기물 보관·처리시설의 악취배출시설규모 기준이다. ( )안에 가장 적합한 것은?

> [폐기물관리법]에 따른 폐기물처리시설 및 폐기물보관시설, 다만, 폐지·고철·폐석고·폐석회·폐내화물·폐유리 등 ( ) 재활용장의 폐기물처리시설 및 폐기물보관시설과 폐기물 배출자의 폐기물보관시설은 제외한다.

① 무기성폐기물(수분을 제외한 무기물 함량이 15% 이상이어야 한다.)
② 무기성폐기물(수분을 제외한 무기물 함량이 30% 이상이어야 한다.)
③ 무기성폐기물(수분을 제외한 무기물 함량이 45% 이상이어야 한다.)
④ 무기성폐기물(수분을 제외한 무기물 함량이 60% 이상이어야 한다.)

98 대기환경보전법령상 청정연료를 사용하여야 하는 대상시설의 범위로 옳지 않은 것은?

① 산업용 열병합 발전시설
② 건축법 시행령에 따른 공동주택으로서 동일한 보일러를 이용하여 하나의 단지 또는 여러개의 단지가 공동으로 열을 이용하는 중앙집중난방방식으로 열을 공급받고, 단지 내의 모든 세대의 평균 전용면적이 40.0m^2를 초과하는 공동주택
③ 전체 보일러의 시간당 총 증발량이 0.2톤 이상인 업무용보일러(영업용 및 공공용보일러를 포함하되, 산업용보일러는 제외한다.)
④ 집단에너지사업법 시행령에 따른 지역냉난방사업을 위한 시설(단, 지역냉난방사업을 위한 시설 중 발전폐열을 지역냉난방용으로 공급하는 산업용 열병합 발전시설로서 환경부장관이 승인한 시설은 제외)

99 대기환경보전법상 용어의 뜻으로 옳지 않은 것은?

① "특정대기유해물질"이란 유해성대기감시물질 중 규정에 따른 심사·평가 결과 저농도에서도 장기적인 섭취나 노출에 의하여 사람의 건강이나 동식물의 생육에 직접 또는 간접으로 위해를 끼칠 수 있어 대기 배출에 대한 관리가 필요하다고 인정된 물질로서 환경부령으로 정하는 것을 말한다.
② "공회전제한장치"란 자동차에서 배출되는 대기오염물질을 줄이고 연료를 절약하기 위하여 자동차에 부착하는 장치로서 환경부령으로 정하는 기준에 적합한 장치를 말한다.
③ "저공해엔진"이란 자동차에서 배출되는 대기오염물질을 줄이기 위한 엔진(엔진 개조에 사용하는 부품은 제외한다)을 말한다.
④ "검댕"이란 연소할 때에 생기는 유리(流離)탄소가 응결하여 입자의 지름이 1미크론 이상이 되는 입자상물질을 말한다.

해설 "저공해엔진"이란 자동차에서 배출되는 대기오염물질을 줄이기 위한 엔진(엔진 개조에 사용하는 부품을 포함한다)으로서 환경부령으로 정하는 배출허용기준에 맞는 엔진을 말한다.

100 대기환경보전법령상 오염물질발생량에 따른 사업장 분류기준 중 4종 사업장 분류기준은?

① 대기오염물질발생량의 합계가 연간 10톤 이상 20톤 미만인 사업장
② 대기오염물질발생량의 합계가 연간 5톤 이상 20톤 미만인 사업장
③ 대기오염물질발생량의 합계가 연간 5톤 이상 10톤 미만인 사업장
④ 대기오염물질발생량의 합계가 연간 2톤 이상 10톤 미만인 사업장

정답 97. ④ 98. ① 99. ③ 100. ④

101. 대기환경보전법규상 환경부장관의 인정없이 방지시설을 거치지 아니하고 대기오염물질을 배출할 수 있는 공기조절장치를 설치할 경우의 1차 행정처분기준으로 옳은 것은?
   ① 경고
   ② 조업정지 5일
   ③ 조업정지 10일
   ④ 허가취소 또는 폐쇄

102. 대기환경보전법규상 특정대기유해물질이 아닌 것은?
   ① 프로필렌 옥사이드
   ② 염화비닐
   ③ 석면
   ④ 오존

103. 대기환경보전법규상 2016년 1월 1일 이후 제작자동차 중 휘발유를 사용하는 최고속도 130km/h 미만 이륜자동차의 배출가스 보증기간 적용기준으로 옳은 것은?
   ① 2년 또는 20,000km
   ② 5년 또는 50,000km
   ③ 6년 또는 100,000km
   ④ 10년 또는 192,000km

104. 대기환경보전법상 기후·생태계 변화 유발물질에 해당하지 않는 것은?
   ① 수소염화불화탄소
   ② 육불화황
   ③ 일산화탄소
   ④ 염화불화탄소

105. 대기환경보전법규상 자동차 연료·첨가제 또는 촉매제의 검사를 받으려는 자는 자동차의 연료·첨가제 또는 촉매제 검사신청서에 시료 및 서류를 첨부하여 국립환경과학원장 등에게 제출해야 하는데, 다음 중 제출해야 할 시료 또는 서류로 가장 거리가 먼 것은?
   ① 검사용 시료
   ② 검사시료의 화학물질 조성비율을 확인할 수 있는 성분 분석서
   ③ 제품의 공정도(촉매제만 해당한다.)
   ④ 최소첨가비율을 확인할 수 있는 자료(촉매제만 해당한다.)

   해설 시행규칙 제120조의3 (자동차연료·첨가제 또는 촉매제의 검사절차)
   다음 각 호의 시료 및 서류를 첨부하여 국립환경과학원장 또는 법 제74조의2제1항에 따라 지정된 검사기관에 제출하여야 한다.
   1. 검사용 시료
   2. 검사 시료의 화학물질 조성 비율을 확인할 수 있는 성분분석서
   3. 최대 첨가비율을 확인할 수 있는 자료(첨가제만 해당한다)
   4. 제품의 공정도(촉매제만 해당한다)

106. 대기환경보전법규상 오존물질의 대기오염 경보단계별 발령기준 중 주의보의 발령기준으로 옳은 것은?
   ① 기상조건 등을 고려하여 해당지역의 대기자동측정소 오존농도가 0.12ppm 이상인 때
   ② 기상조건 등을 고려하여 해당지역의 대기자동측정소 오존농도가 0.5ppm 이상인 때
   ③ 기상조건 등을 고려하여 해당지역의 대기자동측정소 오존농도가 1.2ppm 이상인 때
   ④ 기상조건 등을 고려하여 해당지역의 대기자동측정소 오존농도가 1.5ppm 이상인 때

 정답 101. ③ 102. ④ 103. ① 104. ③ 105. ④ 106. ①

107 대기환경보전법규상 시·도지사가 설치하는 대기오염 측정망의 종류에 해당하지 않는 것은?

① 도시지역의 대기오염물질 농도를 측정하기 위한 도시대기측정망
② 도시지역의 휘발성유기화합물 등의 농도를 측정하기 위한 광화학대기오염물질측정망
③ 대기 중의 중금속 농도를 측정하기 위한 대기중금속측정망
④ 도로변의 대기오염물질 농도를 측정하기 위한 도로변대기측정망

108 대기환경보전법규상 위임업무의 보고사항 중 '수입자동차 배출가스 인증 및 검사현황'의 보고 횟수 기준으로 적합한 것은?

① 연 1회 ② 연 2회
③ 연 4회 ④ 연 12회

109 대기환경보전법규상 석유정제 및 석유화학제품 제조업 제조시설의 휘발성유기화합물 배출 억제·방지시설 설치 등에 관한 기준으로 옳지 않은 것은?

① 중간집수조에서 폐수처리장으로 이어지는 하수구(Sewer line)는 검사를 위해 대기 중으로 개방되어야 하며, 금·틈새 등이 발견되는 경우에는 30일 이내에 이를 보수하여야 한다.
② 휘발성유기화합물을 배출하는 폐수처리장의 집수조는 대기오염공정시험방법(기준)에서 규정하는 검출불가능 누출농도 이상으로 휘발성유기화합물이 발생하는 경우에는 휘발성유기화합물을 80퍼센트 이상의 효율로 억제·제거할 수 있는 부유지붕이나 상부덮개를 설치·운영하여야 한다.
③ 압축기는 휘발성유기화합물의 누출을 방지하기 위한 개스킷 등 봉인장치를 설치하여야 한다.
④ 개방식 밸브나 배관에는 뚜껑, 브라인드프렌지, 마개 또는 이중밸브를 설치하여야 한다.

110 대기환경보전법규상 자동차연료 제조기준 중 휘발유에서 규정하고 있는 제조기준항목으로 옳지 않은 것은?

① 방향족화합물 함량(부피%)
② 황함량(ppm)
③ 윤활성(μm)
④ 증기압(kPa, 37.8℃)

111 다중이용시설 등의 실내공기질 관리법규상 '도서관·박물관 및 미술관'의 총휘발성유기화합물($\mu g/m^3$)의 실내공기질 권고기준으로 옳은 것은? (단, 총휘발성유기화합물의 정의는 [환경분야 시험·검사 등에 관한 법률]에 따른 환경오염공정시험기준에서 정한다.)

① 100 이하 ② 400 이하
③ 500 이하 ④ 1,000 이하

112 대기환경보전법규상 전기만을 동력으로 사용하는 자동차의 1회 충전주행거리가 160km 이상인 자동차는 제 몇 종 자동차에 해당하는가?

① 제1종 ② 제2종
③ 제3종 ④ 제4종

정답 107. ② 108. ③ 109. ① 110. ③ 111. ③ 112. ③

113 악취방지법규상 2006년 1월 1일부터 적용되고 있는 악취배출시설의 규모기준에 해당하지 않는 것은?

① 시간당 10톤 이상의 아스팔트제품을 제조 또는 재생하는 시설
② 도축시설이나 고기 가공·저장처리 시설의 면적이 $200m^2$ 이상인 시설
③ 폐수발생량 $5m^3$/일 이상인 동·식물성 유지 제조시설
④ 용적 합계 $2m^3$ 이상의 세모·부잠 공정을 포함하는 제사 및 방적시설

해설 아스팔트제품 제조시설 : 시간당 50톤 이상의 아스팔트제품을 제조 또는 재생하는 시설

114 대기환경보전법규상 자동차연료 제조기준 중 경유의 황함량 기준은? (단, 기타의 경우는 고려하지 않음)

① 10ppm 이하 ② 20ppm 이하
③ 30ppm 이하 ④ 50ppm 이하

115 다중이용시설 등의 실내공기질 관리법규상 실내공간 오염물질에 해당하지 않는 것은?

① 아황산가스(SO_2)
② 일산화탄소(CO)
③ 폼알데하이드(HCHO)
④ 이산화탄소(CO_2)

116 대기환경보전법규상 경유를 연료로 하는 자동차연료 제조기준으로 옳지 않은 것은?

① 10% 잔류 탄소량(%) : 0.15 이하
② 밀도 15℃(kg/m^3) : 815 이상 835 이하
③ 다환 방향족(무게%) : 5 이하
④ 윤활성(μm) : 560 이하

해설 윤활성(μm) : 400 이하

117 대기환경보전법령상 배출허용기준초과와 관련하여 개선명령을 받은 사업자는 시·도지사에게 그 명령을 받은 날부터 며칠 이내에 개선계획서를 제출하여야 하는가?

① 7일 이내 ② 10일 이내
③ 15일 이내 ④ 30일 이내

118 대기환경보전법령상 초과부과금 산정 시 적용되는 오염물질 1킬로그램당 부과금액이 다음 중 가장 적은 것은?

① 먼지 ② 황산화물
③ 암모니아 ④ 이황화탄소

119 대기환경보전법규상 한국환경공단이 환경부장관에게 보고해야 할 위탁업무 보고사항 중 '자동차배출가스 인증생략 현황'의 ㉠ 보고횟수 및 ㉡ 보고기일 기준은?

① ㉠ 보고횟수 : 수시
  ㉡ 보고기일 : 위반사항 적발 시
② ㉠ 보고횟수 : 연 2회
  ㉡ 보고기일 : 매 반기 종료 후 15일 이내
③ ㉠ 보고횟수 : 수시
  ㉡ 보고기일 : 매 반기 종료 후 15일 이내
④ ㉠ 보고횟수 : 연 1회
  ㉡ 보고기일 : 다음 해 1월 15일까지

정답 113. ① 114. ① 115. ① 116. ④ 117. ③ 118. ② 119. ②

120 대기환경보전법령상 대기오염물질발생량의 합계가 연간 13톤인 사업장은 사업장 분류기준 중 몇 종 사업장에 해당하는가?

① 2종사업장　　② 3종사업장
③ 4종사업장　　④ 5종사업장

121 대기환경보전법령상 배출가스 관련부품을 장치별로 구분할 때 다음 중 배출가스자기진단장치(On Board Diagnostics)에 해당하는 것은?

① EGR제어용 서모밸브(EGR Control Thermo Valve)
② 연료계통 감시장치(Fuel System Monitor)
③ 정화조절밸브(Purge Control Valve)
④ 냉각수온센서(Water Temperature Sensor)

[해설]
- 배출가스 자기진단장치 : 촉매 감시장치, 가열식 촉매 감시장치, 실화 감시장치, 증발가스계통 감시장치, 2차공기 공급계통 감시장치, 에어컨계통 감시장치, 연료계통 감시장치, 산소센서 감시장치, 배기관 센서 감시장치, 배기가스 재순환계통 감시장치, 블로바이가스 환원계통 감시장치, 서모스태트 감시장치, 엔진냉각계통 감시장치, 저온시동 배출가스 저감기술 감시장치, 가변밸브타이밍 계통 감시장치, 직접오존저감장치, 기타 감시장치
- 배출가스 재순환장치 : EGR밸브, EGR제어용 서모밸브, EGR 쿨러
- 연료증발가스방지장치 : 정화조절밸브, 증기 저장 캐니스터와 필터
- 연료공급장치 : 전자제어장치, 스로틀포지션센서, 대기압센서, 기화기, 혼합기, 연료분사기, 연료압력조절기, 냉각수온센서, 연료펌프, 공회전속도제어장치

122 다음은 대기환경보전법령상 대기오염물질 배출시설기준이다. ( )안에 알맞은 것은?

배출시설	대상 배출시설
폐수, 폐기물 처리시설	시간당 처리능력이 (㉮) 세제곱미터 이상인 폐수·폐기물 증발시설 및 농축시설 용적이 (㉯) 세제곱미터 이상인 폐수·폐기물 건조시설 및 정제시설

① ㉮ 0.5, ㉯ 0.3　　② ㉮ 0.3, ㉯ 0.15
③ ㉮ 0.3, ㉯ 0.3　　④ ㉮ 0.5, ㉯ 0.15

123 대기환경보전법령상 황함유기준에 부적합한 유류를 판매하여 그 해당 유류의 회수처리명령을 받은 자는 시·도지사 등에게 그 명령을 받은 날로부터 며칠 이내에 이행완료보고서를 제출하여야 하는가?

① 5일 이내에　　② 7일 이내에
③ 10일 이내에　　④ 30일 이내에

124 다음은 대기환경보전법상 기존 휘발성유기화합물 배출시설 규제에 관한 사항이다. ( )안에 알맞은 것은?

특별대책지역, 대기관리권역 또는 휘발성유기화합물 배출규제 추가지역으로 지정·고시될 당시 그 지역에서 휘발성유기화합물을 배출하는 시설을 운영하고 있는 자는 특별대책지역, 대기관리권역 또는 휘발성유기화합물 배출규제 추가지역으로 지정·고시된 날부터 ( )안에 시·도지사 등에게 휘발성 유기화합물 배출시설 설치 신고를 하여야 한다.

① 15일 이내　　② 1개월 이내
③ 2개월 이내　　④ 3개월 이내

정답　120. ②　121. ②　122. ④　123. ①　124. ④

해설 법 제45조(기존 휘발성유기화합물 배출시설에 대한 규제) ① 특별대책지역, 대기관리권역 또는 휘발성유기화합물 배출규제 추가지역으로 지정·고시될 당시 그 지역에서 휘발성유기화합물을 배출하는 시설을 운영하고 있는 자는 특별대책지역, 대기관리권역 또는 휘발성유기화합물 배출규제 추가지역으로 지정·고시된 날부터 3개월 이내에 신고를 하여야 하며, 특별대책지역, 대기관리권역 또는 휘발성유기화합물 배출규제 추가지역으로 지정·고시된 날부터 2년 이내에 조치를 하여야 한다.

125 대기환경보전법령상 인증을 생략할 수 있는 자동차에 해당하지 않는 것은?

① 훈련용 자동차로서 문화체육관광부장관의 확인을 받은 자동차
② 주한 외국군인의 가족이 사용하기 위하여 반입하는 자동차
③ 자동차제작자 및 자동차 관련 연구기관 등이 자동차의 개발 또는 전시 등 주행외의 목적으로 사용하기 위하여 수입하는 자동차
④ 항공기 지상 조업용 자동차

해설 시행령 제47조(인증의 면제·생략 자동차)
② 인증을 생략할 수 있는 자동차는 다음 각 호와 같다.
1. 국가대표 선수용 자동차 또는 훈련용 자동차로서 문화체육관광부장관의 확인을 받은 자동차
2. 외국에서 국내의 공공기관 또는 비영리단체에 무상으로 기증한 자동차
3. 외교관 또는 주한 외국군인의 가족이 사용하기 위하여 반입하는 자동차
4. 항공기 지상 조업용 자동차
5. 인증을 받지 아니한 자가 그 인증을 받은 자동차의 원동기를 구입하여 제작하는 자동차
6. 국제협약 등에 따라 인증을 생략할 수 있는 자동차
7. 그 밖에 환경부장관이 인증을 생략할 필요가 있다고 인정하는 자동차

126 다음은 대기환경보전법규상 비산먼지 발생을 억제하기 위한 시설의 설치 및 필요한 조치에 관한 엄격한 기준이다. ( )안에 알맞은 것은?

> 배출공정 중 "싣기와 내리기 공정"은 싣거나 내리는 장소 주위에 고정식 또는 이동식 물뿌림시설(물뿌림 반경 (㉠) 이상, 수압 (㉡) 이상)을 설치하여야 한다.

① ㉠ 3m, ㉡ $2kg/cm^2$　② ㉠ 3m, ㉡ $3kg/cm^2$
③ ㉠ 5m, ㉡ $2kg/cm^2$　④ ㉠ 7m, ㉡ $5kg/cm^2$

127 대기환경보전법규상 측정기기의 부착·운영 등과 관련된 행정처분기준 중 굴뚝 자동측정기기의 부착이 면제된 보일러(사용연료를 6개월 이내에 청정연료로 변경할 계획이 있는 경우)로서 사용연료를 6월 이내에 청정연료로 변경하지 아니한 경우의 4차 행정처분기준으로 가장 적합한 것은?

① 조업정지 10일　② 조업정지 30일
③ 조업정지 5일　④ 경고

128 대기환경보전법상 1년 이하의 징역이나 1천만원 이하의 벌금에 처하는 벌칙기준이 아닌 것은?

① 배출시설의 설치를 완료한 후 신고를 하지 아니하고 조업한 자
② 환경상 위해가 발생하여 그 사용규제를 위반하여 자동차 연료·첨가제 또는 촉매제를 제조하거나 판매한 자
③ 측정기기 관리대행업의 등록 또는 변경등록을 하지 아니하고 측정기기 관리 업무를 대행한 자
④ 부품결함시정명령을 위반한 자동차 제작자

정답 125. ③　126. ④　127. ②　128. ④

해설 부품결함시정명령을 위반한 자동차 제작자 : 300만원 이하의 과태료

129 악취방지법상에서 사용하는 용어의 뜻으로 옳지 않은 것은?

① "상승악취"란 두 가지 이상의 악취물질이 함께 작용하여 사람의 후각을 자극하여 불쾌감과 혐오감을 주는 냄새를 말한다.
② "악취배출시설"이란 악취를 유발하는 시설, 기계, 기구, 그 밖의 것으로서 환경부장관이 관계 중앙행정기관의 장과 협의하여 환경부령으로 정하는 것을 말한다.
③ "악취"란 황화수소, 메르캅탄류, 아민류, 그 밖에 자극성이 있는 물질이 사람의 후각을 자극하여 불쾌감과 혐오감을 주는 냄새를 말한다.
④ "지정악취물질"이란 악취의 원인이 되는 물질로서 환경부령으로 정하는 것을 말한다.

해설 "복합악취"란 두 가지 이상의 악취물질이 함께 작용하여 사람의 후각을 자극하여 불쾌감과 혐오감을 주는 냄새를 말한다.

130 대기환경보전법규상 환경부장관이 대기오염물질을 총량으로 규제하고자 할 때 고시해야 하는 사항으로 거리가 먼 것은? (단, 기타사항은 제외)

① 총량규제구역
② 총량규제 대기오염물질
③ 대기오염물질의 저감계획
④ 규제기준농도

해설 시행규칙 제24조(총량규제구역의 지정 등) 환경부장관은 그 구역의 사업장에서 배출되는 대기오염물질을 총량으로 규제하려는 경우에는 다음 각 호의 사항을 고시하여야 한다.
1. 총량규제구역
2. 총량규제 대기오염물질
3. 대기오염물질의 저감계획
4. 그 밖에 총량규제구역의 대기관리를 위하여 필요한 사항

정답 129. ① 130. ④

PART 6

부록

과년도 기출문제

대기환경산업기사
01. 2019년도 대기환경산업기사 제1회 필기
02. 2019년도 대기환경산업기사 제2회 필기
03. 2019년도 대기환경산업기사 제4회 필기
04. 2020년도 대기환경산업기사 제1회, 2회 통합시행 필기
05. 2020년도 대기환경산업기사 제3회 필기

대기환경기사
01. 2019년도 대기환경기사 제1회 필기
02. 2019년도 대기환경기사 제2회 필기
03. 2019년도 대기환경기사 제4회 필기
04. 2020년도 대기환경기사 제1회, 2회 통합시행 필기
05. 2020년도 대기환경기사 제3회 필기
06. 2020년도 대기환경기사 제4회 필기
07. 2021년도 대기환경기사 제1회 필기
08. 2021년도 대기환경기사 제2회 필기
09. 2022년도 대기환경기사 제1회 필기
10. 2022년도 대기환경기사 제2회 필기

최신 CBT 문제
01. 최신 CBT 대기환경(산업)기사 1회 필기
02. 최신 CBT 대기환경(산업)기사 2회 필기

2019년 대기환경산업기사 1회 필기

1과목 대기오염개론

01 다음 대기오염의 역사적 사건에 대한 주 오염물질의 연결로 옳은 것은?

① 보팔시 사건 : SO_2, H_2SO_4-mist
② 포자리카 사건 : H_2S
③ 체르노빌 사건 : PCBs
④ 뮤즈계곡 사건 : methyl isocyanate

02 대류권에서 광화학 대기오염에 영향을 미치는 중요한 태양 빛 흡수 기체의 흡수성에 관한 설명으로 옳지 않은 것은?

① 오존은 200~320nm의 파장에서 강한 흡수가, 450~700nm에서는 약한 흡수가 있다.
② 이산화황은 파장 340nm 이하와 470~550nm에 강한 흡수를 보이며, 대류권에서 쉽게 광분해된다.
③ 알데히드는 313nm 이하에서 광분해된다.
④ 케톤은 300~700nm에서 약한 흡수를 하여 광분해된다.

03 오존층 보호를 위한 국제협약으로만 연결된 것은?

① 헬싱키 의정서 - 소피아 의정서 - 람사르협약
② 소피아 의정서 - 비엔나 협약 - 바젤협약
③ 런던회의 - 비엔나 협약 - 바젤협약
④ 비엔나협약 - 몬트리올 의정서 - 코펜하겐회의

04 다음 설명하는 대기오염물질로 옳은 것은?

- 석유정제, 포르말린 제조 등에서 발생되며, 휘발성이 높은 물질로서 인체에는 급성중독 시 마취증상이 강하고, 두통, 운동실조 등을 일으킬 수 있다.
- 원유에서 콜타르를 분류하고 경유의 부분을 재증류하여 얻어지며, 석유의 접촉분해와 접촉개질에 의해서도 얻어진다.

① 벤젠 ② 이황화탄소
③ 불소 ④ 카드뮴

05 대기오염물질과 그 영향에 대한 설명 중 가장 거리가 먼 것은?

① CO : 혈액 내 Hb(헤모글로빈)과의 친화력이 산소의 약 21배에 달해 산소운반 능력을 저하시킨다.
② NO : 무색의 기체로 혈액 내 Hb과의 결합력이 CO보다 수백 배 더 강하다.
③ O_3 및 기타 광화학적 옥시던트 : DNA, RNA에도 작용하여 유전인자에 변화를 일으킨다.
④ HC : 올레핀계 탄화수소는 광화학적 스모그에 적극 반응하는 물질이다.

06 다음은 어떤 대기오염물질에 대한 설명인가?

- 독특한 풀냄새가 나는 무색(시판용품은 담황녹색)의 기체(액화가스)로 끓는점은 약 8℃이다.
- 건조상태에서는 부식성이 없으나 수분이 존재하면 가수분해되어 금속을 부식시킨다.

① $Pb(C_2H_5)_4$ ② H_2S
③ HCN ④ $COCl_2$

07 다음 중 온실효과의 기여도가 가장 높은 것은?

① N_2O ② CFC 11&12
③ CO_2 ④ CH_4

08 원형굴뚝의 반경이 1.5m, 배출속도가 7m/s, 평균 풍속은 3.5m/s 일 때, 다음 식을 이용하여 Δh(유효상승고)를 계산하면?

$$\Delta h = 1.5 \times \left(\frac{V_s}{U}\right) \times D$$

① 18m ② 9m
③ 6m ④ 4.5m

09 다음 특정물질 중 오존 파괴지수가 가장 큰 것은?

① CF_3Br ② CCl_4
③ CH_2BrCl ④ CH_2FBr

10 로스앤젤레스형 대기오염의 특성으로 옳지 않은 것은?

① 광화학적 산화물(photochemical oxidants)을 형성하였다.
② 질소산화물과 올레핀계 탄화수소 등이 원인물질로 작용했다.
③ 자동차 연료인 석유계 연료 등이 주원인물질로 작용했다.
④ 초저녁에 주로 발생하였고 복사역전층과 무풍상태가 계속되었다.

11 유해가스상 대기오염물질이 식물에 미치는 영향에 관한 설명으로 가장 거리가 먼 것은?

① 고등식물에 대한 피해를 주는 대기오염물질 중에서 독성성분 순으로 나열하면 Cl_2 > SO_2 > HF > O_3 > NO_2 순이다.
② 아황산가스는 특히 소나무과, 콩과, 맥류 등이 피해를 많이 입는다.
③ 황화수소에 강한 식물로는 복숭아, 딸기, 사과 등이다.
④ 일산화탄소는 식물에는 별로 심각한 영향을 주지 않으나 500ppm 정도에서 토마토 잎에 피해를 나타낸다.

12 라돈에 관한 설명으로 옳지 않은 것은?

① 지구상에서 발견된 자연방사능 물질 중의 하나이다.
② 사람이 매우 흡입하기 쉬운 가스성 물질이다.
③ 반감기는 3.8일이며, 라듐의 핵분열 시 생성되는 물질이다.
④ 액화되면 푸른색을 띠며, 공기보다 1.2배 무거워 지표에 가깝게 존재하며, 화학적으로 반응을 나타낸다.

13 대표적인 증상으로 인체 혈액 헤모글로빈의 기본요소인 포르피린 고리의 형성을 방해함으로써 헤모글로빈의 형성을 억제하므로, 중독에 걸렸을 경우 만성 빈혈이 발생할 수 있는 대기오염물질에 해당하는 것은?

① 납 ② 아연
③ 안티몬 ④ 비소

14 대기 중에 존재하는 기체상의 질소산화물 중 대류권에서는 온실가스로 알려져 있고 일명 웃음기체라고도 하며, 성층권에서는 오존층 파괴물질로 알려져 있는 것은?

① N_2O
② NO_2
③ NO_3
④ N_2O_5

15 Aerodynamic diameter의 정의로 가장 적합한 것은?

① 본래의 먼지보다 침강속도가 작은 구형입자의 직경
② 본래의 먼지와 침강속도가 동일하며, 밀도 $1g/cm^3$인 구형입자의 직경
③ 본래의 먼지와 밀도 및 침강속도가 동일한 구형입자의 직경
④ 본래의 먼지보다 침강속도가 큰 구형입자의 직경

16 지상 20m에서의 풍속이 3.9m/s라면 60m에서의 풍속은? (단, Deacon 법칙 적용, p=0.4)

① 약 4.7m/s
② 약 5.1m/s
③ 약 5.8m/s
④ 약 6.1m/s

17 일산화탄소에 대한 설명으로 가장 거리가 먼 것은?

① 연료의 불완전연소에 의해 발생한다.
② 인체 내 호흡기관을 통해 들어오며 곧바로 배출되며, 축적성이 없다.
③ 비흡연자보다 흡연자의 체내 일산화탄소 농도가 높다.
④ 헤모글로빈의 일산화탄소에 대한 친화력은 산소보다 더 크다.

18 어떤 굴뚝의 배출가스 중 SO_2 농도가 240ppm이었다. SO_2의 배출허용기준이 $400mg/m^3$ 이하라면 기준 준수를 위하여 이 배출시설에서 줄여야 할 아황산가스의 최소농도는 약 몇 mg/m^3인가? (단, 표준상태 기준)

① 286
② 325
③ 452
④ 571

19 아래 그림에서 D상태에 해당되는 연기의 형태는? (단, 점선은 건조단열감율선)

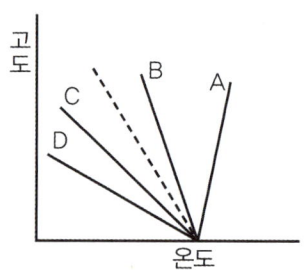

① fumigation
② lofting
③ fanning
④ looping

20 대기권의 오존층과 관련된 설명으로 가장 거리가 먼 것은?

① 290nm 이하의 단파장인 UV-C는 대기 중의 산소와 오존분자 등의 가스 성분에 의해 대부분이 흡수되므로 지표면에 거의 도달하지 않는다.
② 오존의 생성 및 분해반응에 의해 자연상태의 성층권 영역에서는 일정한 수준의 오존량이 평형을 이루고, 다른 대기권 영역에 비해 오존 농도가 높은 오존층이 생긴다.
③ 오존농도의 고도분포는 지상 약 25km에서 평균적으로 약 10ppb의 최대농도를 나타낸다.
④ 지구전체의 평균 오존량은 약 300Dobson 전후이지만, 지리적 또는 계절적으로 평균치의 ±50% 정도까지도 변화한다.

2과목 대기오염공정시험기준(방법)

21 일반적으로 환경대기 중에 부유하고 있는 총부유먼지와 10μm 이하의 입자상 물질을 여과지 위에 채취하여 질량농도를 구하거나 금속 등의 성분분석에 이용되며, 흡입펌프, 분립장치, 여과지홀더 및 유량측정부의 구성을 갖는 분석방법으로 가장 적합한 것은?

① 고용량 공기시료채취기법
② 저용량 공기시료채취기법
③ 광산란법
④ 광투과법

22 배출가스 중 입자상 물질 시료채취를 위한 분석기기 및 기구에 관한 설명으로 옳지 않은 것은?

① 흡입노즐은 스테인리스강 재질, 경질유리, 또는 석영 유리제로 만들어진 것으로 사용한다.
② 흡입노즐의 안과 밖의 가스흐름이 흐트러지지 않도록 흡입노즐 내경(d)은 3mm 이상으로 한다.
③ 흡입관은 수분응축을 방지하기 위해 시료가스 온도를 120±14℃로 유지할 수 있는 가열기를 갖춘 보로실리 케이트, 스테인리스강 재질 또는 석영유리관을 사용한다.
④ 흡입노즐의 꼭지점은 60° 이하의 예각이 되도록 하고 매끈한 반구모양으로 한다.

23 환경대기 시료채취방법에 관한 설명으로 옳지 않은 것은?

① 용기채취법은 시료를 일단 일정한 용기에 채취한 다음 분석에 이용하는 방법으로 채취관 - 용기, 또는 채취관 - 유량조절기 - 흡입펌프 - 용기로 구성된다.
② 용기채취법에서 용기는 일반적으로 진공병 또는 공기주머니(air bag)를 사용한다.
③ 용매채취법은 측정대상 기체와 선택적으로 흡수 또는 반응하는 용매에 시료가스를 일정유량으로 통과시켜 채취하는 방법으로 채취관 - 여과재 - 채취부 - 흡입 펌프 - 유량계(가스미터)로 구성된다.
④ 직접채취법에서 채취관은 PVC관을 사용하며, 채취관의 길이는 10m 이내로 한다.

24 환경대기 중의 탄화수소 농도를 측정하기 위한 주 시험법은?

① 총탄화수소 측정법
② 비메탄 탄화수소 측정법
③ 활성 탄화수소 측정법
④ 비활성 탄화수소 측정법

25 굴뚝 배출가스 중 불소화합물 분석방법으로 옳지 않은 것은?

① 자외선/가시선분광법은 시료가스 중에 알루미늄(Ⅲ), 철(Ⅱ), 구리(Ⅱ) 등의 중금속 이온이나 인산이온이 존재하면 방해효과를 나타내므로 적절한 증류방법에 의해 분리한 후 정량한다.
② 자외선/가시선분광법은 증류온도를 145±5℃, 유출속도를 3~5mL/min으로 조절하고, 증류된 용액이 약 220mL가 될 때까지 증류를 계속한다.
③ 적정법은 pH를 조절하고 네오트린을 가한 다음 수산화 바륨용액으로 적정한다.
④ 자외선/가시선분광법의 흡수파장은 620nm를 사용한다.

26 다음은 배출가스 중의 페놀류의 기체크로마토그래프 분석방법을 설명한 것이다. ( )안에 알맞은 것은?

> 배출가스를 (㉠)에 흡수시켜 이 용액을 산성으로 한 후 (㉡)(으)로 추출한 다음 기체크로마토그래프로 정량하여 페놀류의 농도를 산출한다.

① ㉠ 증류수, ㉡ 과망간산칼륨
② ㉠ 수산화소듐용액, ㉡ 과망간산칼륨
③ ㉠ 증류수, ㉡ 아세트산에틸
④ ㉠ 수산화소듐용액, ㉡ 아세트산에틸

27 다음 중 대기오염공정시험기준에서 <아래>의 조건에 해당하는 규정농도 이상의 것을 사용해야 하는 시약은? (단, 따로 규정이 없는 상태)

> - 농도 이상 : 85% 이상
> - 비중 : 약 1.69

① $HClO_4$
② H_3PO_4
③ HCl
④ HNO_3

28 자동기록식 광전분광광도계의 파장교정에 사용되는 흡수 스펙트럼은?

① 홀뮴유리
② 석영유리
③ 플라스틱
④ 방전유리

29 기체크로마토그래피의 충전물에서 고정상 액체의 구비조건에 대한 설명으로 거리가 먼 것은?

① 분석대상 성분을 완전히 분리할 수 있는 것이어야 한다.
② 사용온도에서 증기압이 높은 것이어야 한다.
③ 화학적 성분이 일정한 것이어야 한다.
④ 사용온도에서 점성이 작은 것이어야 한다.

30 배출가스 중 납화합물을 자외선/가시선분광법으로 분석할 때 사용되는 시약 또는 용액에 해당하지 않는 것은?

① 디티존
② 클로로폼
③ 시안화 포타슘용액
④ 아세틸아세톤

31 기체크로마토그래피에서 A,B 성분의 보유시간이 각각 2분, 3분이었으며, 피크폭은 32초, 38초 이었다면 이 때 분리도(R)은?

① 1.1
② 1.4
③ 1.7
④ 2.2

32 다음은 배출가스 중 황화수소 분석방법에 관한 설명이다. ( ) 안에 알맞은 것은?

> 시료 중의 황화수소를 (㉠) 용액에 흡수시킨 다음 염산산성으로 하고, (㉡) 용액을 가하여 과잉의 (㉡)(을)를 싸이오황산소듐 용액으로 적정하여 황화수소를 정량한다. 이 방법은 시료중의 황화수소가 (㉢)ppm 함유되어 있는 경우의 분석에 적합하다.

① ㉠ 메틸렌블루우, ㉡ 아이오딘, ㉢ 5~1000
② ㉠ 아연아민착염, ㉡ 디에틸아민동, ㉢ 100~2000
③ ㉠ 메틸렌블루우, ㉡ 아이오딘, ㉢ 100~2000
④ ㉠ 아연아민착염, ㉡ 디에틸아민동, ㉢ 5~1000

33 굴뚝 배출가스 중 질소산화물의 연속자동측정방법으로 가장 거리가 먼 것은?

① 화학발광법
② 이온전극법
③ 적외선흡수법
④ 자외선흡수법

34 다음은 측정용어의 정의이다. ( )안에 가장 적합한 용어는?

- (㉠)(은)는 측정결과에 관련하여 측정량을 합리적으로 추정한 값의 산포 특성을 나타내는 인자를 말한다.
- (㉡)(은)는 측정의 결과 또는 측정의 값이 모든 비교의 단계에서 명시된 불확도를 갖는 끊어지지 않는 비료의 사슬을 통하여 보통 국가표준 또는 국제표준에 정해진 기준에 관련시켜 질 수 있는 특성을 말한다.
- 시험분석 분야에서 (㉡)의 유지는 교정 및 검정곡선 작성과정의 표준물질 및 순수물질을 적절히 사용함으로써 달성할 수 있다.

① ㉠ 대수정규분포도, ㉡ (측정의) 유효성
② ㉠ (측정)불확도, ㉡ (측정의) 유효성
③ ㉠ 대수정규분포도, ㉡ (측정의) 소급성
④ ㉠ (측정)불확도, ㉡ (측정의) 소급성

35 굴뚝반경이 3.2m인 원형 굴뚝에서 먼지를 채취하고자 할 때의 측정점수는?

① 8 ② 12
③ 16 ④ 20

36 환경대기 중의 아황산가스 측정을 위한 시험방법이 아닌 것은?

① 불꽃광도법 ② 용액전도율법
③ 파라로자닐린법 ④ 나프틸에틸렌디아민법

37 화학분석 일반사항에 관한 설명으로 옳지 않은 것은?

① "약"이란 그 무게 또는 부피에 대하여 ±5% 이상의 차가 있어서는 안 된다.
② 표준품을 채취할 때 표준액이 정수로 기재되어 있어도 실험자가 환산하여 기재수치에 "약"자를 붙여 사용할 수 있다.
③ "방울수"라 함은 20℃에서 정제수 20방울을 떨어뜨릴 때 그 부피가 약 1mL 되는 것을 뜻한다.
④ 시험에 사용하는 표준품은 원칙적으로 특급시약을 사용하며 표준액을 조제하기 위한 표준용시약은 따로 규정이 없는 한 데시케이터에 보존된 것을 사용한다.

38 휘발성유기화합물(VOCs) 누출확인방법에서 사용하는 용어 정의 중 "응답시간"은 VOCs가 시료채취장치로 들어가 농도 변화를 일으키기 시작하여 기기 계기판의 최종값이 얼마를 나타내는데 걸리는 시간을 의미하는가? (단, VOCs 측정기기 및 관련장비는 사양과 성능기준을 만족한다.)

① 80% ② 85%
③ 90% ④ 95%

39 램버어트 비어(Lambert-Beer)의 법칙에 관한 설명으로 옳지 않은 것은? (단, I_0 = 입사광의 강도, I_t = 투사광의 강도, C = 농도, L = 빛의 투사거리, ε = 흡광계수, t = 투과도)

① $I_t = I_0 \cdot 10^{-\varepsilon CL}$로 표현한다.
② $\log(1/t) = A$를 흡광도라 한다.
③ ε는 비례상수로서 흡광계수라 하고, C = 1mmol, L = 1mm일 때의 ε의 값을 몰 흡광계수라 한다.
④ $\dfrac{I_t}{I_0} = t$ 를 투과도라 한다.

40 다음은 유류 중의 황함유량 분석방법 중 연소관식 공기법에 관한 설명이다. ( )안에 알맞은 것은?

> 이 시험기준은 원유, 경유, 중유의 황함유량을 측정하는 방법을 규정하며 유류 중 황함유량이 질량분율 0.01% 이상의 경우에 적용한다. (㉠)로 가열한 석영재질 연소관 중에 공기를 불어넣어 시료를 연소시킨다. 생성된 황산화물을 과산화수소 3%에 흡수시켜 황산으로 만든 다음, (㉡)표준액으로 중화 적정하여 황함유량을 구한다.

① ㉠ 450~550℃, ㉡ 질산칼륨
② ㉠ 450~550℃, ㉡ 수산화소듐
③ ㉠ 950~1100℃, ㉡ 질산칼륨
④ ㉠ 950~1100℃, ㉡ 수산화소듐

3과목 대기오염방지기술

41 먼지농도가 10g/Sm³인 매연을 집진율 80%인 집진장치로 1차 처리하고 다시 2차 집진장치로 처리한 결과 배출가스 중 먼지 농도가 0.2g/Sm³이 되었다. 이 때 2차 집진장치의 집진율은? (단, 직렬 기준)

① 70%   ② 80%
③ 85%   ④ 90%

42 Butane 1Sm³을 공기비 1.05로 완전연소시 연소가스 (건조)부피는 얼마인가?

① 10Sm³   ② 20Sm³
③ 30Sm³   ④ 40Sm³

43 유압분무식 버너에 관한 설명으로 옳지 않은 것은?
① 구조가 간단하여 유지 및 보수가 용이하다.
② 유량조절 범위가 좁아 부하변동에 적응하기 어렵다.
③ 연료분사범위는 15~2000KL/hr 정도이다.
④ 분무각도가 40~90° 정도로 크다.

44 다음 중 일반적으로 착화온도가 가장 높은 것은?
① 메탄   ② 수소
③ 목탄   ④ 중유

45 유량 40,715m³/h의 공기를 원형 흡수탑을 거쳐 정화하려고 한다. 흡수탑의 접근유속을 2.5m/s로 유지하려면 소요되는 흡수탑의 지름(m)은?

① 약 2.8   ② 약 2.4
③ 약 1.7   ④ 약 1.2

46 먼지의 진비중(S)과 겉보기 비중(S_B)이 다음과 같을 때 다음 중 재비산 현상을 유발할 가능성이 가장 큰 것은?

구분	먼지의 배출원	진비중(S)	겉보기비중(Sg)
㉠	미분탄보일러	2.10	0.52
㉡	시멘트킬른	3.00	0.60
㉢	산소제강로	4.74	0.65
㉣	황동용전기로	5.40	0.36

① ㉠   ② ㉡
③ ㉢   ④ ㉣

47 중력집진장치의 효율을 향상시키기 위한 조건에 관한 설명으로 거리가 먼 것은?

① 침강실 내의 처리가스의 속도가 작을수록 미립자가 포집된다.
② 침강실 내의 배기가스의 기류는 균일해야 한다.
③ 침강실의 높이는 작고 길이는 길수록 집진율이 높아진다.
④ 유입부의 유속이 클수록 처리 효율이 높다.

48 A굴뚝 배출가스 중 염소가스의 농도가 150mL/Sm³이다. 이 염소가스의 농도를 25mg/Sm³로 저하시키기 위하여 제거해야 할 양(mL/Sm³)은 약 얼마인가?

① 95   ② 111
③ 125 ④ 142

49 세정 집진장치에 관한 설명으로 옳지 않은 것은?

① 고온다습한 가스나 연소성 및 폭발성 가스의 처리가 가능하다.
② 점착성 및 조해성 먼지의 처리가 가능하다.
③ 소수성 입자의 집진율은 낮다.
④ 입자상 물질과 가스의 동시 제거는 불가능하나, 타 집진 장치와 비교 시 장기운전이나 휴식 후의 운전 재개 시 장애는 거의 없다.

50 전기집진장치의 유지관리에 관한 설명으로 가장 거리가 먼 것은?

① 시동시에는 배출가스를 도입하기 최소 1시간 전에 애관용 히터를 가열하여 애자관 표면에 수분이나 먼지의 부착을 방지한다.
② 시동시에는 고전압 회로의 절연저항이 100MΩ 이상이 되어야 한다.
③ 운전 시 2차 전류가 매우 적을 때에는 먼지농도가 높거나 먼지의 겉보기 저항이 이상적으로 높을 경우이므로 조습용스프레이의 수량을 늘려 겉보기 저항을 낮추어야 한다.
④ 정지시에는 접지저항을 적어도 연 1회 이상 점검하고 10Ω 이하로 유지한다.

51 유해가스 제거를 위한 흡수제의 구비조건으로 옳지 않은 것은?

① 용해도가 크고, 무독성이어야 한다.
② 액가스비가 작으며, 점성은 커야 한다.
③ 착화성이 없으며, 비점은 높아야 한다.
④ 휘발성이 적어야 한다.

52 다음 집진장치 중 관성충돌, 확산, 증습, 응집, 부착성 등이 주 포집원리인 것은?

① 원심력 집진장치   ② 세정 집진장치
③ 여과집진장치   ④ 중력집진장치

53 Propane 432kg을 기화시킨다면 표준상태에서 기체의 용적은?

① 560 Sm³   ② 540 Sm³
③ 280 Sm³   ④ 220 Sm³

54 초기에 98%의 집진율로 운전되고 있던 집진장치가 성능의 저하로 집진율이 96%로 떨어졌다. 집진장치의 입구의 함진농도는 일정하다고 할 때 출구의 함진농도는 초기에 비해 어떻게 변화하겠는가?

① 1/4로 감소한다.   ② 1/2로 감소한다.
③ 2배로 증가한다.   ④ 4배로 증가한다.

55 어떤 유해가스와 물이 일정온도에서 평형상태에 있다. 유해가스의 분압이 기상에서 60mmHg일 때 수중 유해가스의 농도가 2.7kmol/m³이면 이 때 헨리상수(atm · m³/kmol)는? (단, 전압은 1atm이다.)

① 0.01　　　② 0.02
③ 0.03　　　④ 0.04

56 다음 집진장치 중 일반적으로 압력손실이 가장 큰 것은?

① 여과집진장치　　　② 원심력집진장치
③ 전기집진장치　　　④ 벤츄리스크러버

57 탄소 85%, 수소 11.5%, 황 2.0% 들어있는 중유 1kg당 12Sm³의 공기를 넣어 완전 연소시킨다면, 표준상태에서 습윤 배출가스 중의 SO_2농도는? (단, 중유중의 S성분은 모두 SO_2로 된다.)

① 708ppm　　　② 808ppm
③ 1,107ppm　　④ 1,408ppm

58 관성력 집진장치의 일반적인 효율 향상조건에 관한 설명으로 옳지 않은 것은?

① 기류의 방향전환 시 곡률반경이 작을수록 미립자의 포집이 가능하다.
② 기류의 방향전환각도가 작고, 방향전환 횟수가 많을수록 압력손실은 커지지만 집진은 잘 된다.
③ 충돌직전의 처리가스의 속도는 작고, 처리 후 출구 가스속도는 클수록 미립자의 제거가 쉽다.
④ 적당한 모양과 크기의 dust box가 필요하다.

59 메탄의 치환 염소화 반응에서 CCl_4를 만들 경우 메탄 1kg당 부생되는 HCl의 이론량은? (단, 표준상태 기준)

① 4.2Sm³　　　② 5.6Sm³
③ 6.4Sm³　　　④ 7.8Sm³

60 송풍관(duct)에서 흄(fume) 및 매우 가벼운 건조 먼지(예: 나무 등의 미세한 먼지와 산화아연, 산화알루미늄 등의 흄)의 반송속도로 가장 적합한 것은?

① 1~2m/s　　　② 10m/s
③ 25m/s　　　　④ 50m/s

4과목　대기환경관계법규

61 대기환경보전법상 5년 이하의 징역이나 5천만원 이하의 벌금에 처하는 기준은?

① 연료사용 제한조치 등의 명령을 위반한 자
② 측정기기 운영·관리기준을 준수하지 않아 조치명령을 받았으나, 이 또한 이행하지 않아 받은 조업정지명령을 위반한 자
③ 배출시설을 설치금지 장소에 설치해서 폐쇄명령을 받았으나 이를 이행하지 아니한 자
④ 첨가제를 제조기준에 맞지 않게 제조한 자

62 대기환경보전법령상 초과부과금 대상이 되는 대기오염물질에 해당되지 않는 것은?

① 일산화탄소　　② 암모니아
③ 먼지　　　　　④ 염화수소

63. 대기환경보전법상 환경부장관은 대기오염물질과 온실가스를 줄여 대기환경을 개선하기 위하여 대기환경개선 종합계획을 수립하여야 한다. 이 종합계획에 포함되어야 할 사항으로 거리가 먼 것은? (단, 그 밖의 사항 등은 고려하지 않음)
① 시, 군, 구별 온실가스 배출량 세부명세서
② 대기오염물질의 배출현황 및 전망
③ 기후변화로 인한 영향평가와 적응대책에 관한 사항
④ 기후변화 관련 국제적 조화와 협력에 관한 사항

64. 환경정책기본법령상 납(Pb)의 대기환경기준($\mu g/m^3$)으로 옳은 것은? (단, 연간평균치)
① 0.5 이하 ② 5 이하
③ 50 이하   ④ 100 이하

65. 악취방지법규상 배출허용기준 및 엄격한 배출허용기준의 설정범위와 관련한 다음 설명 중 옳지 않은 것은?
① 배출허용기준의 측정은 복합악취를 측정하는 것을 원칙으로 하지만 사업자의 악취물질 배출 여부를 확인할 필요가 있는 경우에는 지정악취물질을 측정할 수 있다.
② 복합악취의 시료 채취는 사업장 안에 지면으로부터 높이 5m 이상의 일정한 악취배출구와 다른 악취발생원이 섞여 있는 경우에는 부지경계선 및 배출구에서 각각 채취한다.
③ "배출구"라 함은 악취를 송풍기 등 기계장치등을 통하여 강제로 배출하는 통로(자연환기가 되는 창문·통기관 등을 제외한다)를 말한다.
④ 부지경계선에서 복합악취의 공업지역에서 배출허용기준(희석배수)은 1000 이하이다.

66. 대기환경보전법령상 인증을 생략할 수 있는 자동차에 해당하지 않는 것은?
① 항공기 지상 조업용 자동차
② 주한 외국군인의 가족이 사용하기 위하여 반입하는 자동차
③ 훈련용 자동차로서 문화체육관광부장관의 확인을 받은 자동차
④ 주한 외국군대의 구성원이 공용 목적으로 사용하기 위한 자동차

67. 대기환경보전법령상 "사업장의 연료사용량 감축 권고" 조치를 하여야 하는 대기오염 경보발령 단계 기준은?
① 준주의보 발령단계   ② 주의보 발령단계
③ 경보 발령단계   ④ 중대경보 발령단계

68. 대기환경보전법령상 사업장별 환경기술인의 자격기준으로 거리가 먼 것은?
① 전체배출시설에 대하여 방지시설 설치면제를 받은 사업장은 5종사업장에 해당하는 기술인을 둘 수 있다.
② 4종사업장에서 환경부령에 따른 특정대기유해물질이 포함된 오염물질을 배출하는 경우에는 3종사업장에 해당하는 기술인을 두어야 한다.
③ 공동방지시설에서 각 사업장의 대기오염물질발생량의 합계가 4종 및 5종 사업장의 규모에 해당하는 경우에는 4종 사업장에 해당되는 기술인을 둘 수 있다.
④ 대기오염물질배출시설 중 일반 보일러만 설치한 사업장과 대기오염물질 중 먼지만 발생하는 사업장은 5종사업장에 해당하는 기술인을 둘 수 있다.

69 대기환경보전법규상 휘발성유기화합물 배출규제와 관련된 행정처분기준 중 휘발성유기화합물 배출억제·방지시설 설치 등의 조치를 이행하였으나 기준에 미달하는 경우 위반차수(1차-2차-3차)별 행정처분기준으로 옳은 것은?

① 개선명령 - 개선명령 - 조업정지 10일
② 개선명령 - 조업정지 30일 - 폐쇄
③ 조업정지 10일 - 허가취소 - 폐쇄
④ 경고 - 개선명령 - 조업정지 10일

70 대기환경보전법규상 자동차연료(휘발유)제조기준으로 옳지 않은 것은?

항목	구분	제조기준
㉠	벤젠 함량(부피%)	0.7 이하
㉡	납 함량(g/L)	0.013 이하
㉢	인 함량(g/L)	0.058 이하
㉣	황 함량(ppm)	10 이하

① ㉠ ② ㉡
③ ㉢ ④ ㉣

71 대기환경보전법규상 특정대기유해물질이 아닌 것은?

① 히드라진
② 크롬 및 그 화합물
③ 카드뮴 및 그 화합물
④ 브롬 및 그 화합물

72 환경정책기본법령상 각 항목에 대한 대기환경기준으로 옳은 것은?

① 아황산가스의 연간 평균치 : 0.03ppm 이하
② 아황산가스의 1시간 평균치 : 0.15ppm 이하
③ 미세먼지(PM-10)의 연간 평균치 : 100μg/m³ 이하
④ 오존(O_3)의 8시간 평균치 : 0.1ppm 이하

73 대기환경보전법상 장거리이동대기오염물질 대책위원회에 관한 사항으로 옳지 않은 것은?

① 위원회는 위원장 1명을 포함한 25명 이내의 위원으로 성별을 고려하여 구성한다.
② 위원회와 실무위원회 및 운영등에 관하여 필요한 사항은 환경부령으로 정한다.
③ 위원장은 환경부차관으로 한다.
④ 위원회의 효율적인 운영과 안건의 원활한 심의 지원을 위해 실무위원회를 둔다.

74 대기환경보전법령상 대기오염물질발생량의 합계에 따른 사업장 종별 구분시 다음 중 "3종사업장"기준은?

① 대기오염물질발생량의 합계가 연간 30톤 이상 80톤 미만인 사업장
② 대기오염물질발생량의 합계가 연간 20톤 이상 50톤 미만인 사업장
③ 대기오염물질발생량의 합계가 연간 10톤 이상 20톤 미만인 사업장
④ 대기오염물질발생량의 합계가 연간 2톤 이상 10톤 미만인 사업장

75 다음은 대기환경보전법규상 비산먼지의 발생을 억제하기 위한 시설의 설치 및 필요한 조치에 관한 엄격한 기준 중 "싣기와 내리기"작업 공정이다. ( )안에 알맞은 것은?

> 가. 최대한 밀폐된 저장 또는 보관시설 내에서만 분체상물질을 싣거나 내릴 것
> 나. 싣거나 내리는 장소 주위에 고정식 또는 이동식 물뿌림시설(물뿌림 반경 (㉠) 이상, 수압 (㉡) 이상)을 설치할 것

① ㉠ 5m, ㉡ 3.5kg/cm²
② ㉠ 5m, ㉡ 5kg/cm²
③ ㉠ 7m, ㉡ 3.5kg/cm²
④ ㉠ 7m, ㉡ 5kg/cm²

76 악취방지법규상 위임업무 보고사항 중 악취검사기관의 지정, 지정사항 변경보고 접수 실적의 보고 횟수 기준은?
① 수시
② 연 1회
③ 연 2회
④ 연 4회

77 대기환경보전법규상 환경기술인의 준수사항 및 관리사항을 이행하지 아니한 경우 각 위반차수별 행정처분기준(1차~4차)으로 옳은 것은?
① 선임명령-경고-경고-조업정지 5일
② 선임명령-경고-조업정지 5일-조업정지 30일
③ 변경명령-경고-조업정지 5일-조업정지 30일
④ 경고-경고-경고-조업정지 5일

78 다음은 실내공기질 관리법령상 이 법의 적용대상이 되는 "대통령령으로 정하는 규모" 기준이다. ( ) 안에 가장 알맞은 것은?

> 의료법에 의한 연면적 (㉠) 이상이거나 병상수 (㉡) 이상인 의료기관

① ㉠ 2천제곱미터, ㉡ 100개
② ㉠ 1천제곱미터, ㉡ 100개
③ ㉠ 2천제곱미터, ㉡ 50개
④ ㉠ 1천제곱미터, ㉡ 50개

79 실내공기질 관리법규상 신축 공동주택의 실내공기질 권고기준으로 틀린 것은?
① 벤젠 : $30\mu g/m^3$ 이하
② 톨루엔 : $1000\mu g/m^3$ 이하
③ 자일렌 : $700\mu g/m^3$ 이하
④ 에틸벤젠 : $300\mu g/m^3$ 이하

80 악취방지법규상 악취검사기관의 검사시설·장비 및 기술인력 기준에서 대기환경기사를 대체할 수 있는 인력요건으로 거리가 먼 것은?
① 「고등교육법」에 따른 대학에서 대기환경분야를 전공하여 석사 이상의 학위를 취득한 자
② 국·공립연구기관의 연구직공무원으로서 대기환경 연구분야에 1년 이상 근무한 자
③ 대기환경산업기사를 취득한 후 악취검사기관에서 악취 분석요원으로 3년 이상 근무한 자
④ 「고등교육법」에 의한 대학에서 대기환경분야를 전공하여 학사학위를 취득한 자로서 같은 분야에서 3년 이상 근무한 자

2019년 대기환경산업기사 2회 필기

1과목 대기오염개론

01 2,000m에서의 대기압력이 820mbar이고, 온도가 15℃이며 비열비가 1.4일 때 온위는? (단, 표준압력은 1,000mbar)

① 약 189K
② 약 236K
③ 약 305K
④ 약 371K

02 황화수소(H_2S)에 비교적 강한 식물이 아닌 것은?

① 복숭아
② 토마토
③ 딸기
④ 사과

03 다음 광화학반응에 관한 설명 중 가장 거리가 먼 것은?

① NO광산화율이란 탄화수소에 의하여 NO가 NO_2로 산화되는 율을 뜻하며, ppb/min의 단위로 표현된다.
② 일반적으로 대기에서의 오존농도는 NO_2로 산화된 NO의 양에 비례하여 증가한다.
③ 과산화기가 산소화 반응하여 오존이 생성될 수도 있다.
④ 오존의 탄화수소 산화(반응)율은 원자상태의 산소에 비하여 탄화수소의 산화에 비해 빠르게 진행된다.

04 엘니뇨(El Nino) 현상에 관한 설명으로 틀린 것은?

① 스페인어로 여자아이(the girl)라는 뜻으로, 엘니뇨가 발생하면 동남아시아, 호주 북부 등에서는 홍수가 주로 발생한다.
② 열대태평양 남미해안으로부터 중태평양에 이르는 넓은 범위에서 해수면의 온도가 평년보다 보통 0.5℃ 이상 높은 상태가 6개월 이상 지속되는 현상을 의미한다.
③ 엘니뇨가 발생하는 이유는 태평양 적도 부근에서 동태평양의 따뜻한 바닷물을 서쪽으로 밀어내는 무역풍이 불지 않거나 불어도 약하게 불기 때문이다.
④ 엘니뇨로 인한 피해가 주요 농산물 생산지역인 태평양 연안국에 집중되어 있어 농산물생산이 크게 감축되고 있다.

05 다음 중 자동차 운행 때와 비교하여 감속할 경우 특징적으로 가장 크게 증가하는 것은?

① NOx
② CO_2
③ H_2O
④ HC

06 다음 중 공중역전에 해당하지 않는 것은?

① 복사역전
② 전선역전
③ 해풍역전
④ 난류역전

07 1985년 채택된 협약으로, 오존층 파괴 원인물질의 규제에 대한 것을 주내용으로 하는 국제협약은?

① 제네바 협약
② 비엔나 협약
③ 기후변화 협약
④ 리우 협약

08 다음 물질의 지구온난화지수(GWP)를 크기순으로 옳게 배열한 것은? (단, 큰 순서>작은 순서)

① $N_2O > CH_4 > CO_2 > SF_6$
② $CO_2 > SF_6 > N_2O > CH_4$
③ $SF_6 > N_2O > CH_4 > CO_2$
④ $CH_4 > CO_2 > SF_6 > N_2O$

09 오존(O_3)에 관한 설명으로 옳지 않은 것은?

① 폐수종과 폐충혈 등을 유발시키며, 섬모운동의 기능장애를 일으킨다.
② 식물의 경우 고엽이나 성숙한 잎보다는 어린잎에 주로 피해를 일으키며, 오존에 강한 식물로는 시금치, 파 등이 있다.
③ 오존에 약한 식물로는 담배, 자주개나리 등이 있다.
④ 인체의 DNA와 RNA에 작용하여 유전인자에 변화를 일으킬 수 있다.

10 가우시안 연기모델에 도입된 가정으로 옳지 않은 것은?

① 연기의 분산은 시간에 따라 농도와 기상조건이 변하는 비정상상태이다.
② x방향을 주 바람방향으로 고려하면, y방향(풍횡방향)의 풍속은 0이다.
③ 난류확산계수는 일정하다.
④ 연기 내 대기반응은 무시한다.

11 유효굴뚝의 높이가 3배로 증가하면 최대착지농도는 어떻게 변화되는가? (단, Sutton의 확산식에 의한다.)

① 1/3로 감소한다.　② 1/9로 감소한다.
③ 1/27로 감소한다.　④ 1/81로 감소한다.

12 다음은 바람과 관련된 설명이다. (　)안에 순서대로 들어갈 말로 옳은 것은?

풍향별로 관측된 바람의 발생빈도와 (　)을/를 동심원상에 그린 것을 (　)(이)라고 한다. 이 때 풍향에서 가장 빈도수가 많은 것을 (　)(이)라고 한다.

① 풍속-바람장미-주풍
② 풍향-바람분포도-지균풍
③ 난류도-연기형태-경도풍
④ 기온역전도-환경감률-확산풍

13 악취(냄새)의 물리적, 화학적 특성에 관한 설명으로 옳지 않은 것은?

① 일반적으로 증기압이 높을수록 냄새는 더 강하다고 볼 수 있다.
② 악취유발물질들은 paraffin과 CS_2를 제외하고는 일반적으로 적외선을 강하게 흡수한다.
③ 악취유발가스는 통상 활성탄과 같은 표면흡착제에 잘 흡착된다.
④ 악취는 물리적 차이보다는 화학적 구성에 의해서 결정된다는 주장이 더 지배적이다.

14 다음 중 인체에 대한 피해로서 "발열"을 일으킬 수 있는 물질로 가장 적합한 것은?

① 바륨, 철화합물
② 황화수소, 일산화탄소
③ 망간화합물, 아연화합물
④ 벤젠, 나프탈렌

15 다음 중 온실효과에 대한 기여도가 가장 큰 것은?

① CH_4　② CFC 11 &12
③ N_2O　④ CO_2

16 직경이 25cm인 관에서 유체의 점도가 $1.75×10^{-5}$kg/m·sec 이고, 유체의 흐름속도가 2.5m/sec라고 할 때 이 유체의 레이놀드수(N_{Re})와 흐름특성은? (단, 유체밀도는 1.15kg/m³ 이다.)

① 2,245, 층류
② 2,350, 층류
③ 41,071, 난류
④ 114,703, 난류

17 휘발성유기화합물질(VOCs)은 다양한 배출원에서 배출되는데 우리나라의 경우 최근 가장 큰 부분(총배출량)을 차지하는 배출원은?

① 유기용제 사용
② 자동차 등 도로이용 오염원
③ 폐기물처리
④ 에너지 수송 및 저장

18 다음 역사적인 대기오염 사건 중 가장 먼저 발생한 사건은?

① 도노라사건
② 뮤즈계곡사건
③ 런던스모그사건
④ 포자리카사건

19 실내오염물질에 관한 설명으로 옳지 않은 것은?

① 라돈은 자연계의 물질 중에 함유된 우라늄이 연속 붕괴하면서 생성되는 라듐이 붕괴할 때 생성되는 것으로서 무색, 무취이다.
② 폼알데하이드는 자극성 냄새를 갖는 무색기체로 폭발의 위험이 있으며, 살균 방부제로도 이용된다.
③ VOCs 중 하나인 벤젠은 피부를 통해 약 50% 정도 침투되며, 체내에 흡수된 벤젠은 주로 근육조직에 분포하게 된다.
④ 석면은 자연계에서 산출되는 가늘고 긴 섬유상 물질로서 내열성, 불활성, 절연성의 성질을 갖는다.

20 "석유정제, 석탄건류, 가스공업, 형광물질의 원료 제조" 등과 가장 관련이 깊은 대기배출오염물질은?

① Br_2
② HCHO
③ NH_3
④ H_2S

2과목 대기오염공정시험기준(방법)

21 자외선/가시선분광법에 관한 설명으로 거리가 먼 것은?

① 흡수셀의 재질 중 유리제는 주로 가시 및 근적외부 파장범위, 석영제는 자외부 파장범위를 측정할 때 사용한다.
② 광전광도계는 파장 선택부에 필터를 사용한 장치로 단광속형이 많고 비교적 구조가 간단하여 작업분석용에 적당하다.
③ 파장의 선택에는 일반적으로 단색화장치(monochrometer) 또는 필터(filter)를 사용하고, 필터에는 색유리 필터, 젤라틴 필터, 간접필터 등을 사용한다.
④ 광원부의 광원에는 중공음극램프를 사용하고, 가시부와 근적외부의 광원으로는 주로 중수소방전관을 사용한다.

22 휘발성유기화합물(VOCs) 누출확인을 위한 휴대용 측정기기의 규격 및 성능기준으로 옳지 않은 것은?

① 기기의 계기눈금은 최소한 표시된 노출농도의 ±5%를 읽을 수 있어야 한다.
② 기기의 응답시간은 30초보다 작거나 같아야 한다.
③ VOCs 측정기기의 검출기는 시료와 반응하지 않아야 한다.
④ 교정 정밀도는 교정용 가스값의 10%보다 작거나 같아야 한다.

23 다음은 배출가스 중 수은화합물 측정을 위한 냉증기 원자흡수분광광도법에 관한 설명이다. ( )안에 알맞은 것은?

> 배출원에서 등속으로 흡입된 입자상과 가스상 수은은 흡수액인 (㉠)에 채취된다. Hg^{2+}형태로 채취한 수은은 Hg^0형태로 환원시켜서, 광학셀에 있는 용액에서 기화시킨 다음 원자흡수분광광도계로 (㉡)에서 측정한다.

① ㉠ 산성 과망간산포타슘 용액, ㉡ 193.7nm
② ㉠ 산성 과망간산포타슘 용액, ㉡ 253.7nm
③ ㉠ 다이메틸글리옥심 용액, ㉡ 193.7nm
④ ㉠ 다이메틸글리옥심 용액, ㉡ 253.7nm

24 원자흡수분광광도법에 사용하는 불꽃 조합 중 불꽃의 온도가 높기 때문에 불꽃 중에서 해리하기 어려운 내화성산화물(Refractory Oxide)을 만들기 쉬운 원소의 분석에 가장 적합한 것은?

① 아세틸렌-공기 불꽃
② 수소-공기 불꽃
③ 아세틸렌-아산화질소 불꽃
④ 프로판-공기 불꽃

25 배출가스 중 크롬을 원자흡수분광광도법으로 정량할 때 측정파장은?

① 217.0nm ② 228.8nm
③ 232.0nm ④ 357.9nm

26 다음 중 분석대상가스가 이황화탄소(CS_2)인 경우 사용되는 채취관, 도관의 재질로 가장 적합한 것은?

① 보통강철 ② 석영
③ 염화비닐수지 ④ 네오프렌

27 굴뚝연속자동측정기 설치방법 중 도관 부착방법으로 가장 거리가 먼 것은?

① 냉각 도관 부분에는 반드시 기체-액체 분리관과 그 아래쪽에 응축수 트랩을 연결한다.
② 응축수의 배출에 쓰는 펌프는 충분히 내구성이 있는 것을 쓰며, 이 때 응축수 트랩은 사용하지 않아도 좋다.
③ 냉각도관은 될 수 있는 대로 수평으로 연결한다.
④ 기체-액체 분리관은 도관의 부착위치 중 가장 낮은 부분 또는 최저 온도의 부분에 부착하여 응축수를 급속히 냉각시키고 배관계의 밖으로 방출시킨다.

28 흡광차분광법에서 측정에 필요한 광원으로 적합한 것은?

① 200~900nm 파장을 갖는 중공음극램프
② 200~900nm 파장을 갖는 텅스텐램프
③ 180~2850nm 파장을 갖는 중공음극램프
④ 180~2850nm 파장을 갖는 제논램프

29 황화수소를 아이오딘 적정법으로 정량할 때, 종말점의 판단을 위한 지시약은?

① 아르세나조Ⅲ ② 염화제이철
③ 녹말용액 ④ 메틸렌 블루

30 굴뚝 배출가스 중 가스상 물질 시료채취 시 주의사항에 관한 설명으로 옳지 않은 것은?

① 습식가스미터를 이동 또는 운반할 때에는 반드시 물을 빼고, 오랫동안 쓰지 않을 때에도 그와 같이 배수한다.
② 가스미터는 250mmH₂O 이내에서 사용한다.
③ 시료가스의 양을 재기 위하여 쓰는 채취병은 미리 0℃ 때의 참부피를 구해둔다.
④ 시료채취장치의 조립에 있어서는 채취부의 조작을 쉽게 하기 위하여 흡수병, 마노미터, 흡입펌프 및 가스미터는 가까운 곳에 놓는다.

31 "항량이 될 때까지 건조한다"에서 "항량"의 범위를 벗어나지 않는 것은?

① 검체 8g을 1시간 더 건조하여 무게를 달아 보니 7.9975g이었다.
② 검체 4g을 1시간 더 건조하여 무게를 달아 보니 3.9989g이었다.
③ 검체 1g을 1시간 더 건조하여 무게를 달아 보니 0.999g이었다.
④ 검체 100g을 1시간 더 건조하여 무게를 달아 보니 99.9g이었다.

32 다음은 형광분광광도법을 이용한 환경대기 내의 벤조(a)피렌 분석을 위한 박층판을 만드는 방법이다. ( )안에 알맞은 것은?

> 알루미나에 적당량의 물을 넣고 Slurry로 만들고 이것을 Applicator에 넣고 유리판 위에 약 250μm의 두께로 피복하여 방치한다. 이 Plate를 100℃에서 (㉠) 가열 활성하여 보통 황산수용액에서 상대습도를 약 45%로 조정시킨 진공 데시케이터안에 넣고 (㉡) 보존시킨 것을 사용한다.

① ㉠ 30분간, ㉡ 2시간 이상
② ㉠ 30분간, ㉡ 3주 이상
③ ㉠ 2시간, ㉡ 2시간 이상
④ ㉠ 2시간, ㉡ 3주 이상

33 환경대기 내의 탄화수소 농도 측정방법 중 총탄화수소 측정법에서의 성능기준으로 옳지 않은 것은?

① 응답시간 : 스팬가스를 도입시켜 측정치가 일정한 값으로 급격히 변화되어 스팬가스 농도의 90% 변화할 때까지의 시간은 2분 이하여야 한다.
② 지시의 변동 : 제로가스 및 스팬가스를 흘려보냈을 때 정상적인 측정치의 변동은 각 측정단계(Range)마다 최대 눈금치의 ±1%의 범위 내에 있어야 한다.
③ 예열시간 : 전원을 넣고 나서 정상으로 작동할 때까지의 시간은 6시간 이하여야 한다.
④ 재현성 : 동일조건에서 제로가스와 스팬가스를 번갈아 3회 도입해서 각각의 측정치의 평균치로부터 구한 편차는 각 측정단계(Renge)마다 최대 눈금치의 ±1%의 범위 내에 있어야 한다.

34 환경대기 중 먼지 측정방법 중 저용량 공기시료채취기법에 관한 설명으로 가장 거리가 먼 것은?

① 유량계는 여과지홀더와 흡입펌프 사이에 설치하고, 이 유량계에 새겨진 눈금은 20℃, 1기압에서 10~30L/min 범위를 0.5/min까지 측정할 수 있도록 되어 있는 것을 사용한다.
② 흡입펌프는 연속해서 10일 이상 사용할 수 있고, 진공도가 낮은 것을 사용한다.
③ 여과지 홀더의 충전물질은 불소수지로 만들어진 것을 사용한다.
④ 멤브레인필터와 같이 압력손실이 큰 여과지를 사용하는 진공계는 유량의 눈금값에 대한 보정이 필요하기 때문에 압력계를 부착한다.

35 NaOH 20g을 물에 용해시켜 800mL로 하였다. 이 용액은 몇 N인가?

① 0.0625N   ② 0.625N
③ 0.25N   ④ 62.5N

36 다음은 자외선/가시선분광법을 사용한 브롬화합물 정량방법이다. ( )안에 알맞은 것은?

> 배출가스 중 브롬화합물을 수산화소듐 용액에 흡수시킨 후 일부를 분취해서 산성으로 하여 (㉠)을 사용하여 브롬으로 산화시켜 (㉡)으로 추출한다.

① ㉠ 중성요오드화포타슘 용액, ㉡ 헥산
② ㉠ 중성요오드화포타슘 용액, ㉡ 클로로폼
③ ㉠ 과망간산포타슘 용액, ㉡ 헥산
④ ㉠ 과망간산포타슘 용액, ㉡ 클로로폼

37 다음은 환경대기 내의 유해 휘발성유기화합물(VOCs) 시험방법 중 고체흡착법에 사용되는 용어의 정의이다. ( ) 안에 알맞은 것은?

> 일정농도의 VOC가 흡착관에 흡착되는 초기 시점부터 일정시간이 흐르게 되면 흡착관내부의 상당량의 VOC가 포화되기 시작하고 전체 VOC양의 ( )가 흡착관을 통과하게 되는데, 이 시점에서 흡착관 내부로 흘러간 총 부피를 파과부피라 한다.

① 0.1% ② 5%
③ 30%   ④ 50%

38 굴뚝 배출가스 내 폼알데하이드 및 알데하이드류의 분석방법 중 고성능액체크로마토그래피(HPLC)에 관한 설명으로 옳지 않은 것은?

① 배출가스 중의 알데하이드류를 흡수액 2.4-다이나이트로페닐하이드라진(DNPH, dinitrophenyl-hydrazine)과 반응하여 하이드라존 유도체(hydrazone derivative)를 생성한다.
② 흡입노즐은 석영제로 만들어진 것으로 흡인노즐의 꼭짓점은 45° 이하의 예각이 되도록 하고 매끈한 반구모양으로 한다.
③ 하이드라존(Hydrazone)은 UV영역, 특히 350~380nm에서 최대 흡광도를 나타낸다.
④ 흡입관은 수분응축 방지를 위해 시료가스 온도를 100℃ 이상으로 유지할 수 있는 가열기를 갖춘 보로실리케이트 또는 석영 유리관을 사용한다.

39 다음 중 원자흡수분광광도법에서 광원부로 가장 적합한 장치는?

① 텅스텐램프   ② 플라즈마젯
③ 중공음극램프 ④ 수소방전관

40 원형굴뚝 단면의 반경이 0.5m인 경우 측정점수는?

① 1   ② 4
③ 8   ④ 12

3과목 대기오염방지기술

41 250Sm³/h의 배출가스를 배출하는 보일러에서 발생하는 SO_2를 탄산칼슘을 사용하여 이론적으로 완전 제거하고자 한다. 이 때 필요한 탄산칼슘의 양(kg/h)은? (단, 배출가스 중의 SO_2농도는 2,500ppm이고, 이론적으로 100% 반응하며, 표준상태 기준)

① 0.28 ② 2.8
③ 28   ④ 280

42 처리가스양 1,200m³/min, 처리속도 2cm/sec인 함진가스를 직경 25cm, 길이 3m의 원통형 여과포를 사용하여 집진하고자 할 때 필요한 원통형 여과포의 수는?

① 524개 ② 425개
③ 323개 ④ 223개

43 전기집진장치의 유지관리 사항 중 가장 거리가 먼 것은?

① 조습용 spray 노즐은 운전중 막히기 쉽기 때문에 운전중에도 점검, 교환이 가능해야 한다.
② 운전중 2차 전류가 매우 적을 때에는 조습용 spray의 수량을 증가시켜 겉보기 저항을 낮춘다.
③ 시동시 애자 등의 표면을 깨끗이 닦아 고전압회로의 절연저항이 50Ω 이하가 되도록 한다.
④ 접지저항은 적어도 연 1회 이상 점검하여 10Ω 이하가 되도록 유지한다.

44 A집진장치의 입구와 출구에서의 먼지 농도가 각각 11mg/Sm³와 0.2×10^{-3}g/Sm³이라면 집진율(%)은?

① 96.2% ② 97.2%
③ 98.2% ④ 99.4%

45 다음 각종 먼지 중 진비중/겉보기 비중이 가장 큰 것은?

① 카본블랙　　② 미분탄보일러
③ 시멘트 원료분　④ 골재 드라이어

46 입자를 크기별로 구분할 때 평균입자 지름이 0.1μm 이하인 핵영역, 0.1~2.5μm인 집적영역, 2.5μm 보다 큰 조대영역으로 나눌 수 있다. 각 영역 입자의 특성에 대한 설명으로 가장 거리가 먼 것은?

① 조대영역 입자는 대부분 기계적 작용에 의해 생성된다.
② 핵영역 입자는 연소 등 화학반응에 의해 핵으로 형성된 부분이다.
③ 집적영역의 입자는 핵영역이나 조대영역의 입자에 비해 대기에서 잘 제거되므로 체류시간이 짧다.
④ 핵영역과 집적영역의 미세입자는 입자에 의한 여러 대기오염 현상을 일으키는 데 큰 역할을 한다.

47 수소가스 $3.33Sm^3$를 완전연소시키기 위해 필요한 이론공기량(Sm^3)은?

① 약 32　　② 약 24
③ 약 12　　④ 약 8

48 화합물별 주요 원인물질 및 냄새특징을 나타낸 것으로 가장 거리가 먼 것은?

구분	화합물	원인물질	냄새특징
㉠	황화합물	황화메틸	양파, 양배추 썩는 냄새
㉡	질소화합물	암모니아	분뇨 냄새
㉢	지방산류	에틸아민	새콤한 냄새
㉣	탄화수소류	톨루엔	가솔린 냄새

① ㉠　　② ㉡
③ ㉢　　④ ㉣

49 다음 유압식 Burner의 특징으로 옳은 것은?

① 분무각도는 40~90°이다.
② 유량조절범위는 1:10 정도이다.
③ 소형가열로의 열처리용으로 주로 쓰이며, 유압은 $1~2kg/cm^2$ 정도이다.
④ 연소용량은 2~5L/h 정도이다.

50 90° 곡관의 반경비가 2.25일 때 압력 손실계수는 0.26이다. 속도압이 $50mmH_2O$라면 곡관의 압력손실은?

① $0.6mmH_2O$　　② $13mmH_2O$
③ $22.2mmH_2O$　　④ $112.5mmH_2O$

51 석회석을 연소로에 주입하여 SO_2를 제거하는 건식 탈황방법의 특징으로 옳지 않은 것은?

① 연소로 내에서 긴 접촉시간과 아황산가스가 석회 분말의 표면 안으로 쉽게 침투되므로 아황산가스의 제거효율이 비교적 높다.
② 석회석과 배출가스 중 재가 반응하여 연소로 내에 달라붙어 열전달을 낮춘다.
③ 연소로 내에서의 화학반응은 주로 소성, 흡수, 산화의 3가지로 나눌 수 있다.
④ 석회석을 재생하여 쓸 필요가 없어 부대시설이 거의 필요 없다.

52 입자가 미세할수록 표면에너지는 커지게 되어 다른 입자 간에 부착하거나 혹은 동종 입자 간에 응집이 이루어지는데 이러한 현상이 생기게 하는 결합력 중 거리가 먼 것은?

① 분자 간의 인력
② 정전기적 인력
③ 브라운 운동에 의한 확산력
④ 입자에 작용하는 항력

53 C = 82%, H = 14%, S = 3%, N = 1%로 조성된 중유를 12Sm³ 공기/kg 중유로 완전 연소했을 때 습윤 배출가스중의 SO_2 농도는 약 몇 ppm인가? (단, 중유의 황성분은 모두 SO_2로 된다.)

① 1,784ppm   ② 1,642ppm
③ 1,538ppm   ④ 1,420ppm

54 다음 중 벤츄리 스크러버(Venturi scrubber)에서 물방울 입경과 먼지 입경의 비는 충돌 효율면에서 어느 정도의 비가 가장 좋은가?

① 10:1   ② 25:1
③ 150:1   ④ 500:1

55 충전물이 갖추어야 할 조건으로 가장 거리가 먼 것은?

① 단위 부피 내의 표면적이 클 것
② 가스와 액체가 전체에 균일하게 분포될 것
③ 간격의 단면적이 작을 것
④ 가스 및 액체에 대하여 내식성이 있을 것

56 A 집진장치의 압력손실 25.75mmHg, 처리용량 42m³/sec, 송풍기 효율 80% 이다. 이 장치의 소요동력은?

① 13kW   ② 75kW
③ 180kW   ④ 240kW

57 집진장치의 집진 효율이 99.5%에서 98%로 낮아지는 경우 출구에서 배출되는 먼지의 농도는 몇 배로 증가하게 되는가?

① 1.5배   ② 2배
③ 4배   ④ 8배

58 다음 중 흡착제의 흡착능과 가장 관련이 먼 것은?

① 포화(saturation)   ② 보전력(retentivty)
③ 파괴점(break point)   ④ 유전력(dielectric force)

59 다음 중 전기집진장치의 집진실을 독립된 하전설비를 가진 집진실로 전기적 구획을 하는 주된 이유로 가장 적합한 것은?

① 순간 정전을 대비하고, 전기안전 사고를 예방하기 위함이다.
② 집진효율을 높이고, 효율적으로 전력을 사용하기 위함이다.
③ 처리가스의 유량분포를 균일하게 하고, 먼지입자의 충분한 체류시간을 확보하게 하기 위함이다.
④ 집진실 청소를 효과적으로 하기 위함이다.

60 층류 영역에서 Stokes의 법칙을 만족하는 입자의 침강속도에 관한 설명으로 옳지 않은 것은?

① 입자와 유체의 밀도차에 비례한다.
② 입자 직경의 제곱에 비례한다.
③ 가스의 점도에 비례한다.
④ 중력가속도에 비례한다.

4과목 대기환경관계법규

61 대기환경보전법규상 자동차연료·첨가제 또는 촉매제의 검사를 받으려는 자가 국립환경과학원장 등에게 검사신청 시 제출해야 하는 항목으로 거리가 먼 것은?

① 검사용 시료
② 검사 시료의 화학물질 조성 비율을 확인할 수 있는 성분분석서
③ 제품의 공정도(촉매제만 해당함)
④ 제품의 판매계획

62 대기환경보전법상 이 법에서 사용하는 용어의 뜻으로 옳지 않은 것은?

① "공회전제한장치"란 자동차에서 배출되는 대기오염물질을 줄이고 연료를 절약하기 위하여 자동차에 부착하는 장치로서 환경부령으로 정하는 기준에 적합한 장치를 말한다.
② "촉매제"란 배출가스를 증가시키기 위하여 배출가스증가장치에 사용되는 화학물질로서 환경부령으로 정하는 것을 말한다.
③ "입자상물질(粒子狀物質)"이란 물질이 파쇄·선별·퇴적·이적(移積)될 때, 그 밖에 기계적으로 처리되거나 연소·합성·분해될 때에 발생하는 고체상 또는 액체상의 미세한 물질을 말한다.
④ "온실가스 평균배출량"이란 자동차제작자가 판매한 자동차 중 환경부령으로 정하는 자동차의 온실가스 배출량의 합계를 해당 자동차 총 대수로 나누어 산출한 평균값(g/km)을 말한다.

63 실내공기질 관리법규상 PM-10의 실내공기질 유지기준이 100μg/m³ 이하인 다중이용시설에 해당하는 것은?

① 실내주차장 ② 대규모 점포
③ 산후조리원 ④ 지하역사

64 대기환경보전법령상 사업장의 분류기준 중 4종사업장의 분류기준은?

① 대기오염물질발생량의 합계가 연간 20톤 이상 50톤 미만인 사업장
② 대기오염물질발생량의 합계가 연간 10톤 이상 20톤 미만인 사업장
③ 대기오염물질발생량의 합계가 연간 2톤 이상 10톤 미만인 사업장
④ 대기오염물질발생량의 합계가 연간 1톤 이상 10톤 미만인 사업장

65 다음은 대기환경보전법규상 자동차의 규모기준에 관한 설명이다. ( )안에 알맞은 것은? (단, 2015년 12월 10일 이후)

> 소형승용자동차는 사람을 운송하기 적합하게 제작된 것으로, 그 규모기준은 엔진배기량이 1,000cc 이상이고, 차량 총 중량이 (㉠)이며, 승차인원이 (㉡) 이다.

① ㉠ 1.5톤 미만, ㉡ 5명 이하
② ㉠ 1.5톤 미만, ㉡ 8명 이하
③ ㉠ 3.5톤 미만, ㉡ 5명 이하
④ ㉠ 3.5톤 미만, ㉡ 8명 이하

66 대기환경보전법령상 자동차제작자는 부품의 결함건수 또는 결함 비율이 대통령령으로 정하는 요건에 해당하는 경우 환경부장관의 명에 따라 그 부품의 결함을 시정해야 한다. 이와 관련하여 ( )안에 가장 적합한 건수기준은?

> 같은 연도에 판매된 같은 차종의 같은 부품에 대한 부품결함 건수(제작결함으로 부품을 조정하거나 교환한 건수를 말한다.)가 ( )인 경우

① 5건 이상 ② 10건 이상
③ 25건 이상 ④ 50건 이상

67 대기환경보전법상 저공해자동차로의 전환 또는 개조 명령, 배출가스저감장치의 부착·교체 명령 또는 배출가스 관련 부품의 교체 명령, 저공해엔진(혼소엔진을 포함한다)으로의 개조 또는 교체 명령을 이행하지 아니한 자에 대한 과태료 부과기준은?

① 500만원 이하의 과태료
② 300만원 이하의 과태료
③ 200만원 이하의 과태료
④ 100만원 이하의 과태료

68 다음은 악취방지법규상 악취검사기관과 관련한 행정처분기준이다. ( )안에 가장 적합한 처분기준은?

> 검사시설 및 장비가 부족하거나 고장난 상태로 7일 이상 방치한 경우 4차 행정처분기준은 ( )이다.

① 경고
② 업무정지 1개월
③ 업무정지 3개월
④ 지정취소

69 대기환경보전법령상 초과부과금 산정기준에서 다음 오염물질 중 오염물질 1킬로그램당 부과금액이 가장 적은 것은?

① 먼지
② 황산화물
③ 불소화물
④ 암모니아

70 악취방지법상 악취배설시설에 대한 개선 명령을 받은 자가 악취배출허용기준을 계속 초과하여 신고대상시설에 대해 시·도지사로부터 악취배출시설의 조업정지명령을 받았으나, 이를 위반한 경우 벌칙기준은?

① 1년 이하 징역 또는 1천 만원 이하의 벌금
② 2년 이하 징역 또는 2천 만원 이하의 벌금
③ 3년 이하 징역 또는 3천 만원 이하의 벌금
④ 5년 이하 징역 또는 5천 만원 이하의 벌금

71 대기환경보전법규상 자동차연료 제조기준 중 휘발유의 황함량 기준(ppm)은?

① 2.3 이하
② 10 이하
③ 50 이하
④ 60 이하

72 대기환경보전법규상 배출시설을 설치·운영하는 사업자에 대하여 조업정지를 명하여야 하는 경우로서 그 조업정지가 주민들 생활 등 그 밖의 공익에 현저한 지장을 줄 우려가 있다고 인정되는 경우 조업정지처분을 갈음하여 과징금을 부과할 수 있다. 이 때 과징금의 부과기준에 적용되지 않는 것은?

① 조업정지일수
② 1일당 부과금액
③ 오염물질별 부과금액
④ 사업장 규모별 부과계수

73 대기환경보전법규상 다음 정밀검사대상 자동차에 따른 정밀검사 유효기간으로 옳지 않은 것은? (단, 차종의 구분 등은 자동차관리법에 의함)

① 차령 4년 경과된 비사업용 승용자동차 : 1년
② 차령 3년 경과된 비사업용 기타자동차 : 1년
③ 차령 2년 경과된 사업용 승용자동차 : 1년
④ 차령 2년 경과된 사업용 기타자동차 : 1년

74 대기환경보전법규상 배출시설에서 발생하는 오염물질이 배출허용기준을 초과하여 개선명령을 받은 경우, 개선해야 할 사항이 배출시설 또는 방지시설인 경우 개선계획서에 포함되어야 할 사항으로 거리가 먼 것은?

① 굴뚝 자동측정기기의 운영, 관리 진단계획
② 배출시설 또는 방지시설의 개선명세서 및 설계도
③ 대기오염물질의 처리방식 및 처리효율
④ 공사기간 및 공사비

75 대기환경보전법령상 시·도지사는 부과금을 부과할 때 부과대상 오염물질량, 부과금액, 납부기간 및 납부장소 등에 기재하여 서면으로 알려야 한다. 이 경우 부과금의 납부기간은 납부통지서를 발급한 날부터 얼마로 하는가?

① 7일
② 15일
③ 30일
④ 60일

76 다음은 대기환경보전법규상 비산먼지의 발생을 억제하기 위한 시설의 설치 및 필요한 조치에 관한 엄격한 기준이다. ( )안에 알맞은 것은?

> "싣기와 내리기 공정"인 경우 싣거나 내리는 장소 주위에 고정식 또는 이동식 물뿌림시설(물뿌림 반경 (㉠) 이상, 수압(㉡) 이상)을 설치할 것

① ㉠ 1.5m, ㉡ 2.5kg/cm²
② ㉠ 1.5m, ㉡ 5kg/cm²
③ ㉠ 7m, ㉡ 2.5kg/cm²
④ ㉠ 7m, ㉡ 5kg/cm²

77 환경정책기본법령상 이산화질소(NO_2)의 대기환경기준으로 옳은 것은?

① 연간 평균치 0.03ppm 이하
② 24시간 평균치 0.05ppm 이하
③ 8시간 평균치 0.03ppm 이하
④ 1시간 평균치 0.15ppm 이하

78 대기환경보전법규상 석유정제 및 석유 화학제품 제조업 제조시설의 휘발성유기화합물 배출억제·방지시설 설치 등에 관한 기준으로 옳지 않은 것은?

① 중간집수조에서 폐수처리장으로 이어지는 하수구(Sewer line)는 검사를 위해 대기 중으로 개방되어야 하며, 금·틈새 등이 발견되는 경우에는 30일 이내에 이를 보수하여야 한다.
② 휘발성유기화합물을 배출하는 폐수처리장의 집수조는 대기오염공정시험방법(기준)에서 규정하는 검출불가능 누출농도 이상으로 휘발성유기화합물이 발생하는 경우에는 휘발성유기화합물을 80퍼센트 이상의 효율로 억제·제거할 수 있는 부유지붕이나 상부덮개를 설치·운영하여야 한다.
③ 압축기는 휘발성유기화합물의 누출을 방지하기 위한 개스킷 등 봉인장치를 설치하여야 한다.
④ 개방식 밸브나 배관에는 뚜껑, 브라인드프렌지, 마개 또는 이중밸브를 설치하여야 한다.

79 대기환경보전법규상 환경부장관이 그 구역의 사업장에서 배출되는 대기오염물질을 총량으로 규제하려는 경우 고시하여야 할 사항으로 거리가 먼 것은? (단, 그 밖의 사항 등은 제외)

① 총량규제구역
② 총량규제 대기오염물질
③ 대기오염방지시설 예산서
④ 대기오염물질의 저감계획

80 대기환경보전법규상 위임업무의 보고사항 중 수입 자동차 배출가스 인증 및 검사현황의 보고기일 기준으로 옳은 것은?

① 다음 달 10일 까지
② 매분기 종료 후 15일 이내
③ 매반기 종료 후 15일 이내
④ 다음 해 1월 15일까지

2019년 대기환경산업기사 4회 필기

1과목 대기오염개론

01 Panofsky에 따른 Richardson수(Ri)의 크기와 대기의 혼합 간의 관계로 옳지 않은 것은?

① Richardson수가 0에 접근하면 분산은 줄어든다.
② 0.25 < Ri : 수직방향의 혼합은 없다.
③ Ri가 0.2보다 크게 되면 수직혼합이 최대가 되고, 수평혼합은 없다.
④ Ri=0 : 기계적 난류만 존재한다.

02 굴뚝 직경 2m, 굴뚝 배출가스 속도 5m/s, 굴뚝 배출가스 온도 400K, 대기온도 300K, 풍속 3m/s일 때 연기 상승높이(m)는? (단, $F = g \times \left(\dfrac{D}{2}\right)^2 \times V_s \times \left(\dfrac{T_s - T_a}{T_a}\right)$, $\Delta h = \dfrac{114 CF^{1/3}}{U}$, $C = 1.58$)

① 142.6m ② 152.3m
③ 168.5m ④ 198.2m

03 로스엔젤레스 스모그 사건에서 시간에 따른 광화학 스모그 구성 성분변화 추이 중 가장 늦은 시간에 하루 중 최고치를 나타내는 물질은?

① NO_2 ② 알데하이드
③ 탄화수소 ④ NO

04 대기오염사건과 관련된 설명 중 ( )안에 가장 알맞은 것은?

> 런던 스모그 사건은 (㉠)이 형성되고 거의 무풍 상태가 계속되었으며, 로스엔젤레스 스모그사건은 (㉡)이 형성되고 해안성 안개가 낀 상태에서 발생하였다.

① ㉠ 복사역전, ㉡ 이류성역전
② ㉠ 이류성역전, ㉡ 침강역전
③ ㉠ 침강역전, ㉡ 복사역전
④ ㉠ 복사역전, ㉡ 침강역전

05 다음 오염물질 중 수산기를 포함하는 것은?

① chloroform ② benzene
③ methyl mercaptan ④ phenol

06 연기의 배출속도 50m/s, 평균풍속 300m/min, 유효굴뚝높이 55m, 실제굴뚝높이 24m인 경우 굴뚝의 직경(m)은? (단, $\Delta H = 1.5 \times (V_s/U) \times D$ 식 적용)

① 0.3 ② 1.6
③ 2.1 ④ 3.7

07 다음 중 "무색의 기체로 자극성이 강하며, 물에 잘 녹고, 살균 방부제로도 이용되고, 단열재, 피혁 제조, 합성수지 제조 등에서 발생하며, 실내공기를 오염시키는 물질"에 해당하는 것은?

① HCHO
② C_6H_5OH
③ HCl
④ NH_3

08 분자량이 M인 대기오염 물질의 농도가 표준상태 (0℃, 1기압)에서 448ppm으로 측정되었다. 표준상태에서 mg/m³로 환산하면?

① 1/20M
② M/20
③ 20M
④ 20/M

09 다음 중 2차 오염물질로 볼 수 없는 것은?

① 이산화황이 대기중에서 산화하여 생성된 삼산화황
② 이산화질소의 광화학반응에 의하여 생성된 일산화질소
③ 질소산화물의 광화학반응에 의한 원자상 산소와 대기중의 산소가 결합하여 생성된 오존
④ 석유정제시 수소첨가에 의하여 생성된 황화수소

10 오존층 보호를 위한 오존층 파괴물질의 생산 및 소비감축에 관한 내용의 국제협약으로 가장 적절한 것은?

① 바젤협약
② 리우선언
③ 그린피스협약
④ 몬트리올 의정서

11 교토의정서의 2020년까지의 연장 및 한국의 녹색기후기금(GCF) 유치를 인준한 당사국회의 개최장소는?

① 모로코 마라케쉬
② 케냐 나이로비
③ 멕시코 칸쿤
④ 카타르 도하

12 지구상에 분포하는 오존에 관한 설명으로 옳지 않은 것은?

① 오존량은 돕슨(Dobson) 단위로 나타내는데, 1Dobson은 지구 대기중 오존의 총량을 0℃, 1기압의 표준상태에서 두께로 환산하였을 때 0.01cm에 상당하는 양이다.
② 오존층 파괴로 인해 피부암, 백내장, 결막염 등 질병 유발과, 인간의 면역기능의 저하를 유발할 수 있다.
③ 오존의 생성 및 분해반응에 의해 자연상태의 성층권 영역에는 일정 수준의 오존량이 평형을 이루게 되고, 다른 대기권 영역에 비해 오존의 농도가 높은 오존층이 생성된다.
④ 지구 전체의 평균오존전량은 약 300Dobson 이지만, 지리적 또는 계절적으로 그 평균값이 ±50% 정도까지 변화하고 있다.

13 수은에 관한 설명으로 옳지 않은 것은?

① 원자량 200.61, 비중 6.92이며, 염산에 용해된다.
② 만성중독의 경우 전형적인 증상은 특수한 구내염, 눈, 입술, 혀, 손발 등이 빠르고 엷게 떨린다.
③ 만성중독의 경우 손과 팔의 근력이 저하되며, 다발성 신경염도 일어난다고도 보고된다.
④ 일본의 미나마따지방에서 발생한 미나마따병은 유기수은으로 인한 공해병이며, 구심성 시야흡착, 난청, 언어장해 등이 나타난다.

14 일반적으로 냄새의 강도와 농도 사이에 성립하는 법칙으로 가장 적합한 것은?

① Nernst-Planck의 법칙
② Weber Fechner의 법칙
③ Albedo의 법칙
④ Wien의 법칙

15 다음 대기오염물질 중 혈관내 용혈을 일으키며, 3대 증상으로는 복통, 황달, 빈뇨이며, 급성중독일 경우 활성탄과 하제를 투여하고 구토를 유발시켜야 하는 것은?

① Asbestos   ② Arsenic(As)
③ Benzo[a]pyrene   ④ Bromine(Br)

16 먼지농도가 160μg/m³이고, 상대습도가 70%인 상태의 대도시에서의 가시거리는 몇 km인가? (단, A = 1.2)

① 4.2km   ② 5.8km
③ 7.5km   ④ 11.2km

17 다음 대기오염물질 중 비중이 가장 큰 것은?

① 포름알데히드   ② 이황화탄소
③ 일산화질소   ④ 이산화질소

18 다음 그림에서 "가"쪽으로 부는 바람은?

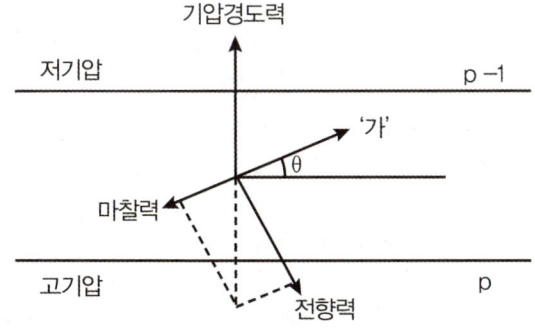

① geostropic wind   ② Fohn wind
③ surface wind   ④ gradient wind

19 다음 대기분산모델 중 벨기에에서 개발되었으며, 통계모델로서 도시지역의 오존농도를 계산하는데 이용했던 것은?

① ADMS(atmospheric dispersion ozone model system)
② OCD(offshore and coastal ozone dispersion model)
③ SMOGSTOP(statistical model of groundlevel short term ozone pollution)
④ RAMS(regional atmospheric ozone model system)

20 통상적으로 대기오염물질의 농도와 혼합고간의 관계로 가장 적합한 것은?

① 혼합고에 비례한다.
② 혼합고의 2승에 비례한다.
③ 혼합고의 3승에 비례한다.
④ 혼합고의 3승에 반비례한다.

2과목 　　대기오염공정시험기준(방법)

21 굴뚝반경이 2.2m인 원형 굴뚝에서 먼지를 채취하고자 할 때 측정점수는?

① 8   ② 12
③ 16   ④ 20

22 굴뚝 배출가스 중 황화수소(H_2S)를 자외선/가시선 분광법(메틸렌블루법)으로 측정했을 때 농도범위가 5~100ppm일 때 시료채취량 범위로 가장 적합한 것은?

① 10~100mL   ② 0.1~1L
③ 1~10L   ④ 50~100L

23 기체크로마토그래피에 관한 설명으로 옳지 않은 것은?

① 일정유량으로 유지되는 운반가스(carrier gas)는 시료도입부로부터 분리관내를 흘러서 검출기를 통하여 외부로 방출된다.
② 시료의 각 성분이 분리되는 것은 분리관을 통과하는 성분의 흡광성에 의한 속도변화 차이 때문이다.
③ 일반적으로 무기물 또는 유기물의 대기오염물질에 대한 정성, 정량 분석에 이용된다.
④ 기체시료 또는 기화한 액체나 고체시료를 운반가스(carrier gas)에 의하여 분리, 관내에 전개시켜 기체상태에서 분리되는 각 성분을 크로마토그래피적으로 분석하는 방법이다.

24 분석대상가스가 질소산화물인 경우 흡수액으로 가장 적합한 것은? (단, 페놀디설폰산법 기준)

① 황산+과산화수소+증류수
② 수산화소듐(0.5%)용액
③ 아연아민착염용액
④ 아세틸아세톤함유흡수액

25 0.1N H_2SO_4 용액 1,000mL를 제조하기 위해서는 95% H_2SO_4를 약 몇 mL 취하여야 하는가? (단, H_2SO_4의 비중은 1.84)

① 약 1.2mL   ② 약 3mL
③ 약 4.8mL   ④ 약 6mL

26 500mmH_2O는 약 몇 mmHg인가?

① 19mmHg   ② 28mmHg
③ 37mmHg   ④ 45mmHg

27 환경대기 중 아황산가스의 농도를 산정량수동법으로 특정하여 다음과 같은 결과를 얻었다. 이 때 아황산가스의 농도는?

- 적정에 사용한 0.01N-알칼리 용액의 소비량 0.2mL
- 시료가스 채취량 1.5m³

① 43μg/m³   ② 58μg/m³
③ 65μg/m³   ④ 72μg/m³

28 대기오염공정시험기준 중 원자흡수분광광도법에서 사용되는 용어의 정의로 옳지 않은 것은?

① 슬롯버너 : 가스의 분출구가 세극상으로 된 버너
② 충전가스 : 중공음극램프에 채우는 가스
③ 선프로파일 : 파장에 대한 스펙트럼선의 강도를 나타내는 곡선
④ 근접선 : 목적하는 스펙트럼선과 동일한 파장을 갖는 같은 스펙트럼선

29 자외선가시선분광법에 관한 설명으로 옳지 않은 것은? (단, I_o : 입사광도의 강도, I_t : 투사광의 강도, C : 용액의 농도, ℓ : 빛의 투사길이, ε : 비례상수(흡광계수))

① 램버어트 비어의 법칙을 응용한 것이다.
② $\dfrac{I_t}{I_o}$ = 투과도라 한다.
③ 투과도 $\left(t = \dfrac{I_t}{I_o}\right)$를 백분율로 표시한 것을 투과 퍼센트라 한다.
④ 투과도 $\left(t = \dfrac{I_t}{I_o}\right)$의 자연대수를 흡광도라 한다.

30. 원자흡수분광광도법으로 배출가스 중 Zn을 분석할 때의 측정파장으로 적합한 것은?
   ① 213.8nm
   ② 248.3nm
   ③ 324.8nm
   ④ 357.9nm

31. 시험의 기재 및 용어에 대한 정의로 옳지 않은 것은?
   ① 용액의 액성표시는 따로 규정이 없는 한 유리전극법에 의한 pH미터로 측정한 것을 뜻한다.
   ② 액체성분의 양을 정확히 취한다 함은 홀피펫, 눈금플라스크 또는 이와 동등 이상의 정도를 갖는 용량계를 사용하여 조작하는 것을 뜻한다.
   ③ 항량이 될 때까지 건조한다 함은 따로 규정이 없는 한 보통의 건조방법으로 1시간 더 건조할 때 전후 무게의 차가 매 g당 0.5mg 이하일 때를 뜻한다.
   ④ 바탕시험을 하여 보정한다 함은 시료에 대한 처리 및 측정을 할 때 시료를 사용하지 않고 같은 방법으로 조작한 측정치를 빼는 것을 뜻한다.

32. 다음 중 특정 발생원에서 일정한 굴뚝을 거치지 않고 외부로 비산 배출되는 먼지를 고용량공기시료채취법으로 측정하여 농도계산 시 "전 시료채취 기간 중 주 풍향이 45°~90° 변할 때"의 풍향 보정계수로 옳은 것은?
   ① 1.0
   ② 1.2
   ③ 1.5
   ④ 1.8

33. 황산 25mL를 물로 희석하여 전량을 1L로 만들었다. 희석 후 황산용액의 농도는? (단, 황산순도는 95%, 비중은 1.84이다.)
   ① 약 0.3N
   ② 약 0.6N
   ③ 약 0.9N
   ④ 약 1.5N

34. 환경대기 내의 옥시던트(오존으로서) 측정방법 중 알칼리성 요오드화 칼륨법에 관한 설명으로 가장 거리가 먼 것은?
   ① 대기 중에 존재하는 저농도의 옥시던트(오존)를 측정하는데 사용된다.
   ② 이 방법에 의한 오존 검출한계는 0.1~65µg이며, 더 높은 농도의 시료는 중성 요오드화 칼륨법으로 측정한다.
   ③ 대기 중에 존재하는 미량의 옥시던트를 알칼리성 요오드화 칼륨용액에 흡수시키고 초산으로 pH 3.8의 산성으로 하면 산화제의 당량에 해당하는 요오드가 유리된다.
   ④ 유리된 요오드를 파장 352nm에서 흡광도를 측정하여 정량한다.

35. 굴뚝 배출가스 내 휘발성유기화합물질(VOCs)시료채취방법 중 흡착관법의 시료채취장치에 관한 설명으로 가장 거리가 먼 것은?
   ① 채취관 재질은 유리, 석영, 불소수지 등으로, 120°C 이상까지 가열이 가능한 것이어야 한다.
   ② 시료채취관에서 응축기 및 기타부분의 연결관은 가능한 짧게 하고, 불소수지 재질의 것을 사용한다.
   ③ 밸브는 스테인레스 재질로 밀봉윤활유를 사용하여 기체의 누출이 없는 구조이어야 한다.
   ④ 응축기 및 응축수 트랩은 유리재질이어야 하며, 응축기는 기체가 앞쪽 흡착관을 통과하기 전 기체를 20°C 이하로 낮출 수 있는 부피이어야 한다.

36 굴뚝 배출가스 중 아황산가스를 연속적으로 분석하기 위한 시험방법에 사용되는 정전위전해분석계의 구성에 관한 설명으로 옳지 않은 것은?

① 가스투과성격막은 전해셀 안에 들어 있는 전해질의 유출이나 증발을 막고 가스투과성 성질을 이용하여 간섭성분의 영향을 저감시킬 목적으로 사용하는 폴리에틸렌 고분자격막이다.
② 작업전극은 전해셀 안에서 산화전극과 한쌍으로 전기회로를 이루며 아황산가스를 정전위전해 하는데 필요한 산화전극을 대전극에 가할 때 기준으로 삼는 전극으로서 백금전극, 니켈 또는 니켈화합물전극, 납 또는 납화합물전극 등이 사용된다.
③ 전해액은 가스투과성 격막을 통과한 가스를 흡수하기 위한 용액으로 약 0.5M 황산용액으로 사용한다.
④ 저전위전원은 작업전극에 일정한 전위의 전기에너지를 부가하기 위한 직류전원으로 수은전지가 있다.

37 굴뚝 배출가스 중 페놀화합물을 자외선/가시선분광법으로 측정할 때 시료액에 4-아미노안티피린용액과 헥사사이아노철(Ⅲ)산포타슘 용액을 가한 경우 발색된 색은?

① 황색 ② 황록색
③ 적색 ④ 청색

38 대기오염공정시험기준에서 정의하는 기밀용기(機密容器)에 관한 설명으로 옳은 것은?

① 물질을 취급 또는 보관하는 동안에 이물이 들어가거나 내용물이 손실되지 않도록 보호하는 용기
② 물질을 취급 또는 보관하는 동안에 외부로부터의 공기 또는 다른 가스가 침입하지 않도록 내용물을 보호하는 용기
③ 물질을 취급 또는 보관하는 동안에 내용물이 광화학적 변화를 일으키지 않도록 보호하는 용기
④ 물질을 취급 또는 보관하는 동안에 기체 또는 미생물이 침입하지 않도록 내용물을 보호하는 용기

39 외부로 비산 배출되는 먼지를 고용량공기시료채취법으로 측정한 조건이 다음과 같을 때 비산먼지의 농도는?

- 대조위치의 먼지농도 : $0.15mg/m^3$
- 채취먼지량이 가장 많은 위치의 먼지농도 : $4.69mg/m^3$
- 전 시료채취기간 중 주 풍향이 90° 이상 변했으며, 풍속이 0.5m/s 미만 또는 10m/sec 이상되는 시간이 전 채취시간의 50% 미만이었다.

① $4.54mg/m^3$ ② $5.45mg/m^3$
③ $6.81mg/m^3$ ④ $8.17mg/m^3$

40 굴뚝 배출가스 중 아황화탄소를 자외선/가시선 분광법으로 측정 시 분석파장으로 가장 적합한 것은?

① 560nm ② 490nm
③ 435nm ④ 235nm

3과목 대기오염방지기술

41 관성충돌, 확산, 증습, 응집, 부착원리를 이용하여 먼지입자와 유해가스를 동시에 제거할 수 있는 장점을 지닌 집진장치로 가장 적합한 것은?

① 음파집진장치 ② 중력집진장치
③ 전기집진장치 ④ 세정집진장치

42 다음 석탄의 특성에 관한 설명으로 옳은 것은?

① 고정탄소의 함량이 큰 연료는 발열량이 높다.
② 회분이 많은 연료는 발열량이 높다.
③ 탄화도가 높을수록 착화온도는 낮아진다.
④ 휘발분 함량과 매연발생량은 무관하다.

43 유압식과 공기분무식을 합한 것으로서 유압은 보통 7kg/cm² 이상이며, 연소가 양호하고, 소형이며, 전자동 연소가 가능한 연소장치는?

① 증기분무식버너
② 방사형버너
③ 건타입버너
④ 저압기류분무식버너

44 싸이클론과 전기집진장치를 순서대로 직렬로 연결한 어느 집진장치에서 포집되는 먼지량이 각각 300kg/h, 195kg/h이고, 최종 배출구로부터 유출되는 먼지량이 5kg/h이면 이 집진장치의 총집진효율은? (단, 기타조건은 동일하며, 처리과정 중 소실되는 먼지는 없다.)

① 98.5%
② 99.0%
③ 99.5%
④ 99.9%

45 기체연료의 연소방식 중 확산연소에 관한 설명으로 옳지 않은 것은?

① 확산연소 시 연료류와 공기류의 경계에서 확산과 혼합이 일어난다.
② 연소 가능한 혼합비가 먼저 형성된 곳부터 연소가 시작되므로 연소형태는 연소기의 위치에 따라 달라진다.
③ 화염이 길고 그을음이 발생하기 쉽다.
④ 역화의 위험이 있으며 가스와 공기를 예열할 수 없는 단점이 있다.

46 불화수소를 함유하는 배기가스를 충전 흡수탑을 이용하여 흡수율 92.5%로 기대하고 처리하고자 한다. 기상총괄이동단위높이(H_{OG})가 0.44m일 때 이론적인 충전탑의 높이는? (단, 흡수액상 불화수소의 평형분압은 0이다.)

① 0.91m
② 1.14m
③ 1.41m
④ 1.63m

47 Propane gas 1Sm³을 공기비 1.21로 완전연소 시켰을 때 생성되는 건조 배출가스량은? (단, 표준상태 기준)

① 26.8 Sm³
② 24.2 Sm³
③ 22.3 Sm³
④ 20.8 Sm³

48 유해가스와 물이 일정온도 하에서 평형상태를 이루고 있을 때, 가스의 분압이 60mmHg, 물 중의 가스농도가 2.4kg·mol/m³이면, 이 때 헨리정수는? (단, 전압은 1기압, 헨리정수의 단위는 atm·m³/kg·mol이다.)

① 0.014
② 0.023
③ 0.033
④ 0.417

49 적정조건에서 전기집진장치의 분리속도(이동속도)는 커닝햄(stokes Cunningham)보정계수 K_m에 비례한다. 다음 중 K_m이 커지는 조건으로 알맞게 짝지은 것은? (단, $K_m \geq 1$)

① 먼지의 입자가 작을수록, 가스압력이 낮을수록
② 먼지의 입자가 작을수록, 가스압력이 높을수록
③ 먼지의 입자가 클수록, 가스압력이 낮을수록
④ 먼지의 입자가 클수록, 가스압력이 높을수록

50 다음 연료 중 검댕의 발생이 가장 적은 것은?

① 저휘발분 역청탄
② 코우크스
③ 이탄
④ 고휘발분 역청탄

51 통풍에 관한 설명 중 옳지 않은 것은?

① 압입통풍은 역화의 위험성이 있다.
② 압입통풍은 로앞에 설치된 가압송풍기에 의해 연소용 공기를 연소로 안으로 압입하며, 내압은 정압(+)이다.
③ 흡인통풍은 연소용 공기를 예열할 수 있다.
④ 평형통풍은 2대의 송풍기를 설치, 운용하므로 설비비가 많이 소요되는 단점이 있다.

52 공기가 과잉인 경우로 열손실이 많아지는 때의 등가비(ø) 상태는?

① ø =1
② ø <1
③ ø >1
④ ø =0

53 다음 중 싸이크론 집진장치에서 50%의 효율로 집진되는 입자의 크기를 나타내는 것으로 가장 적합한 용어는?

① 임계입경
② 한계입경
③ 절단입경
④ 분배입경

54 송풍기에 관한 설명으로 거리가 먼 것은?

① 원심력 송풍기 중 전향날개형은 송풍량이 적으나, 압력손실이 비교적 큰 공기조화용 및 특수 배기용 송풍기로 사용한다.
② 축류 송풍기는 축 방향으로 흘러 들어온 공기가 축 방향으로 흘러 나갈 때의 임펠러의 양력을 이용한 것이다.
③ 원심력 송풍기 중 방사날개형은 자체 정화기능을 가지기 때문에 분진이 많은 작업장에 사용한다.
④ 원심력 송풍기 중 후향날개형은 비교적 큰 압력손실에도 잘 견디기 때문에 공기정화장치가 있는 국소배기 시스템에 사용한다.

55 다음 집진장치 중 통상적으로 압력손실이 가장 큰 것은?

① 충전탑
② 벤츄리 스크러버
③ 사이클론
④ 임펄스 스크러버

56 후드를 포위식, 외부식, 레시버식으로 분류할 때, 다음 중 레시버식 후드에 해당하는 것은?

① Canopy type
② Cover type
③ Glove box type
④ Booth type

57 연소 시 발생되는 질소산화물(NO_x)의 발생을 감소시키는 방법으로 옳지 않은 것은?

① 2단 연소
② 연소부분 냉각
③ 배기가스 재순환
④ 높은 과잉공기 사용

58 탄소 89%, 수소 11%로 된 경유 1kg을 공기과잉계수 1.2로 연소 시 탄소 2%가 그을음으로 된다면 실제 건조 연소가스 $1Sm^3$ 중 그을음의 농도(g/Sm^3)는 약 얼마인가?

① 0.8
② 1.4
③ 2.9
④ 3.7

59 다음 중 각종 발생원에서 배출되는 먼지입자의 진비중(S)과 겉보기 비중(S_B)의 비(S/S_B)가 가장 큰 것은?

① 시멘트킬른
② 카본블랙
③ 골재건조기
④ 미분탄보일러

60 VOC 제어를 위한 촉매소각에 관한 설명으로 가장 거리가 먼 것은?

① 촉매를 사용하여 연소실의 온도를 300~400℃ 정도로 낮출 수 있다.
② 고농도의 VOC 및 열용량이 높은 물질을 함유한 가스는 연소열을 낮춰 촉매활성화를 촉진시키므로 유용하게 사용할 수 있다.
③ 백금, 팔라듐 등이 촉매로 사용된다.
④ Pb, As, P, Hg 등은 촉매의 활성을 저하시킨다.

4과목 대기환경관계법규

61 대기환경보전법규상 관제센터로 측정결과를 자동전송하지 않는 사업장 배출구의 자가측정횟수기준으로 옳은 것은? (단, 제1종 배출구이며, 기타 경우는 고려하지 않음)

① 매주 1회 이상   ② 매월 2회 이상
③ 2개월 마다 1회 이상   ④ 반기마다 1회 이상

62 다음은 대기환경보전법상 과징금 처분에 관한 사항이다. ( )안에 가장 적합한 것은?

환경부장관은 인증을 받지 아니하고 자동차를 제작하여 판매한 경우 등에 해당하는 때에는 그 자동차 제작자에 대하여 매출액에 (㉠)을/를 곱한 금액을 초과하지 아니하는 범위에서 과징금을 부과할 수 있다. 이 경우 과징금의 금액은 (㉡)을 초과할 수 없다.

① ㉠ 100분의 3, ㉡ 100억원
② ㉠ 100분의 3, ㉡ 500억원
③ ㉠ 100분의 5, ㉡ 100억원
④ ㉠ 100분의 5, ㉡ 500억원

63 다음은 대기환경보전법규상 비산먼지 발생을 억제하기 위한 시설의 설치 및 필요한 조치에 관한 기준이다. ( )안에 알맞은 것은?

싣기 및 내리기(분체상 물질을 싣고 내리는 경우만 해당한다.) 배출공정의 경우, 싣거나 내리는 장소 주위에 고정식 또는 이동식 물을 뿌리는 시설(살수반경 (㉠) 이상, 수압 (㉡) 이상)을 설치·운영하여 작업하는 중 다시 흩날리지 아니하도록 할 것 (곡물작업장의 경우는 제외한다.)

① ㉠ 3m, ㉡ $1.5kg/cm^2$
② ㉠ 3m, ㉡ $3kg/cm^2$
③ ㉠ 5m, ㉡ $1.5kg/cm^2$
④ ㉠ 5m, ㉡ $3kg/cm^2$

64 다음은 대기환경보전법령상 변경신고에 따른 가동개시신고의 대상규모기준에 관한 사항이다. ( )안에 알맞은 것은?

배출시설에서 "대통령령으로 정하는 규모 이상의 변경"이란 설치허가 또는 변경허가를 받거나 설치신고 또는 변경신고를 한 배출구별 배출시설 규모의 합계보다 ( ) 증설(대기배출시설 증설에 따른 변경신고의 경우에는 증설의 누계를 말한다.)하는 배출시설의 변경을 말한다.

① 100분의 10 이상   ② 100분의 20 이상
③ 100분의 30 이상   ④ 100분의 50 이상

65 대기환경보전법규상 개선명령과 관련하여 이행상태 확인을 위해 대기오염도 검사가 필요한 경우 환경부령으로 정하는 대기오염도 검사기관과 거리가 먼 것은?

① 유역환경청   ② 환경보전협회
③ 한국환경공단   ④ 시·도의 보건환경연구원

66 대기환경보전법규상 대기환경규제지역 지정시 상시 측정을 하지 않는 지역은 대기오염도가 환경기준의 얼마 이상인 지역을 지정하는가?

① 50퍼센트 이상 ② 60퍼센트 이상
③ 70퍼센트 이상 ④ 80퍼센트 이상

67 대기환경보전법상 저공해자동차로의 전환 또는 개조 명령, 배출가스저감장치의 부착·교체 명령 또는 배출가스 관련 부품의 교체 명령, 저공해엔진(혼소엔진을 포함한다)으로의 개조 또는 교체 명령을 이행하지 아니한 자에 대한 과태료 부과기준은?

① 1000만원 이하의 과태료
② 500만원 이하의 과태료
③ 300만원 이하의 과태료
④ 200만원 이하의 과태료

68 대기환경보전법상 거짓으로 배출시설의 설치허가를 받은 후에 시·도지사가 명한 배출시설의 폐쇄명령까지 위반한 사업자에 대한 벌칙기준으로 옳은 것은?

① 7년 이하의 징역이나 1억원 이하의 벌금
② 5년 이하의 징역이나 3천만원 이하의 벌금
③ 1년 이하의 징역이나 500만원 이하의 벌금
④ 300만원 이하의 벌금

69 대기환경보전법령상 초과부과금 산정기준에서 다음 오염물질 중 1킬로그램당 부과금액이 가장 적은 것은?

① 염화수소 ② 시안화수소
③ 불소화합물 ④ 황화수소

70 다음은 대기환경보전법상 장거리이동 대기오염물질대책위원회에 관한 사항이다. ( )안에 알맞은 것은?

> 위원회는 위원장 1명을 포함한 (㉠) 이내의 위원으로 성별을 고려하여 구성한다. 위원회의 위원장은 (㉡)이 된다.

① ㉠ 25명, ㉡ 환경부장관
② ㉠ 25명, ㉡ 환경부차관
③ ㉠ 50명, ㉡ 환경부장관
④ ㉠ 50명, ㉡ 환경부차관

71 실내공기질 관리법규상 실내공기 오염물질에 해당하지 않는 것은?

① 아황산가스 ② 일산화탄소
③ 폼알데하이드 ④ 이산화탄소

72 대기환경보전법규상 위임업무의 보고사항 중 '수입자동차 배출가스 인증 및 검사현황'의 보고 횟수 기준으로 적합한 것은?

① 연 1회 ② 연 2회
③ 연 4회 ④ 연 12회

73 실내공기질 관리법령상 이 법의 적용대상이 되는 다중이용시설로서 "대통령령으로 정하는 규모의 것"의 기준으로 옳지 않은 것은?

① 공항시설 중 연면적 1천5백제곱미터 이상인 여객터미널
② 연면적 2천제곱미터 이상인 실내주차장(기계식 주차장은 제외한다.)
③ 철도역사의 연면적 1천5백제곱미터 이상인 대합실
④ 항만시설 중 연면적 5천제곱미터 이상인 대합실

74 환경정책기본법령상 오존(O_3)의 대기환경기준으로 옳은 것은? (단, 1시간 평균치)
① 0.03ppm 이하   ② 0.05ppm 이하
③ 0.1ppm 이하   ④ 0.15ppm 이하

75 대기환경보전법령상 규모별 사업장의 구분 기준으로 옳은 것은?
① 1종사업장 – 대기오염물질발생량의 합계가 연간 70톤 이상인 사업장
② 2종사업장 – 대기오염물질발생량의 합계가 연간 20톤 이상 80톤 미만인 사업장
③ 3종사업장 – 대기오염물질발생량의 합계가 연간 10톤 이상 30톤 미만인 사업장
④ 4종사업장 – 대기오염물질발생량의 합계가 연간 1톤 이상 10톤 미만인 사업장

76 대기환경보전법규상 휘발유를 연료로 사용하는 소형 승용차의 배출가스 보증기간 적용기준은? (단, 2016년 1월 1일 이후 제작자동차)
① 2년 또는 160,000km   ② 5년 또는 150,000km
③ 10년 192,000km   ④ 15년 또는 240,000km

77 대기환경보전법령상 배출시설 설치허가를 받거나 설치신고를 하려는 자가 시·도지사 등에게 제출할 배출시설 설치허가신청서 또는 배출시설 설치신고서에 첨부하여야 할 서류가 아닌 것은?
① 배출시설 및 방지시설의 설치명세서
② 방지시설의 일반도
③ 방지시설의 연간 유지관리계획서
④ 환경기술인 임명일

78 다음은 대기환경보전법규상 주유소 주유시설의 휘발성유기화합물 배출 억제·방지시설 설치 및 검사·측정결과의 기록보존에 관한 기준이다. ( )안에 알맞은 것은?

유증기 회수배관은 배관이 막히지 않도록 적절한 경사를 두어야 한다. 유증기 회수배관을 설치한 후에는 회수배관 액체막힘 검사를 하고 그 결과를 ( ) 기록·보존하여야 한다.

① 1년간   ② 2년간
③ 3년간   ④ 5년간

79 대기환경보전법규상 비산먼지 발생을 억제하기 위한 시설의 설치 및 필요한 조치에 관한 기준 중 "야외 녹 제거 배출공정" 기준으로 옳지 않은 것은?
① 야외 작업 시 이동식 집진시설을 설치할 것. 다만, 이동식 집진시설의 설치가 불가능할 경우 진공식 청소차량 등으로 작업현장에 대한 청소작업을 지속적으로 할 것
② 풍속이 평균초속 8m 이상(강선건조업과 합성수지선 건조업의 경우에는 10m 이상)인 경우에는 작업을 중지할 것
③ 야외 작업 시에는 간이칸막이 등을 설치하여 먼지가 흩날리지 아니하노록 할 것
④ 구조물의 길이가 30m 미만인 경우에는 옥내작업을 할 것

80 다음은 대기환경보전법규상 배출시설별 배출원과 배출량 조사에 관한 사항이다. ( )안에 알맞은 것은?

시·도지사, 유역환경청장, 지방환경청장 및 수도권대기환경청장은 법에 따른 배출시설별 배출원과 배출량을 조사하고, 그 결과를 ( )까지 환경부장관에게 보고하여야 한다.

① 다음해 1월말   ② 다음해 3월말
③ 다음해 6월말   ④ 다음해 12월 31일

UNIT 04 2020년 대기환경산업기사 1회, 2회 통합시행 필기

1과목 대기오염개론

01 대기오염과 관련된 설명으로 옳지 않은 것은?

① 멕시코의 포자리카 사건은 황화수소의 누출에 의해 발생한 것이다.
② 카보닐황은 대류권에서 매우 안정하기 때문에 거의 화학적인 반응을 하지 않는다.
③ 대기 중의 황화수소(H_2S)는 거의 대부분 OH에 의해 산화제거되며, 그 결과 SO_2를 생성한다.
④ 도노라 사건은 포자리카 사건 이후에 발생하였으며 1차 오염물질에 의한 사건이다.

02 보기와 같은 연기의 형태로 가장 적합한 것은?

> - 이 연기 내에서는 오염의 단면분포가 전형적인 가우시안 분포를 이룬다.
> - 대기가 중립조건일 때 발생한다. 즉 날씨가 흐리고 바람이 비교적 약하면 약한 난류가 발생하여 생긴다.
> - 지면 가까이에는 거의 오염의 영향이 미치지 않는다.

① 부채형 ② 원추형
③ 환상형 ④ 지붕형

03 온실효과에 관한 설명으로 옳지 않은 것은?

① 온실효과에 대한 기여도(%)는 $CH_4 > N_2O$이다.
② CO_2의 주요 흡수파장영역은 35~40㎛ 정도이다.
③ O_3의 주요 흡수파장영역은 9~10㎛ 정도이다.
④ 가시광선은 통과시키고 적외선을 흡수해서 열을 밖으로 나가지 못하게 함으로써 보온작용을 하는 것을 대기의 온실효과라고 한다.

04 지상 25m에서의 풍속이 10m/s일 때 지상 50m에서의 풍속(m/s)은? (단, Deacon식을 이용하고, 풍속지수는 0.2를 적용한다.)

① 약 10.8 ② 약 11.5
③ 약 13.2 ④ 약 16.8

05 비스코스 섬유제조 시 주로 발생하는 무색의 유독한 휘발성 액체이며, 그 불순물은 불쾌한 냄새를 갖고 있는 대기오염물질은?

① 암모니아(NH_3) ② 일산화탄소(CO)
③ 이황화탄소(CS_2) ④ 폼알데하이드(HCHO)

06 NO_x의 피해에 관한 설명으로 옳은 것은?

① 저항성이 약한 식물로는 담배, 해바라기 등이 있다.
② 식물에는 별로 심각한 영향을 주지 않으나 주 지표식물로는 아스파라거스, 명아주 등이 있다.
③ 잎가장자리에 주로 흰색 또는 은백색 반점을 유발하고, 인체독성보다 식물의 고목에 민감한 편이다.
④ 스위트피가 주 지표식물이며, 인체독성보다 식물의 고엽, 성숙한 잎에 민감한 편이며, 0.2ppb 정도에서 큰 영향을 끼친다.

07 지구대기의 연직구조에 관한 설명으로 옳지 않은 것은?

① 중간권은 고도증가에 따라 온도가 감소한다.
② 성층권 상부의 열은 대부분 오존에 의해 흡수된 자외선 복사의 결과이다.
③ 성층권은 라디오파의 송수신에 중요한 역할을 하며, 오로라가 형성되는 층이다.
④ 대류권은 대기의 4개층(대류권, 성층권, 중간권, 열권) 중 가장 얇은 층이다.

08 대기의 특성과 관련된 설명으로 옳지 않은 것은?

① 공기는 약 0~50℃의 온도범위 내에서 보통 이상기체의 법칙을 따른다.
② 공기의 절대습도란 이론적으로 함유된 수증기 또는 물의 함량을 말하며 단위는 %이다.
③ 대기안정도와 난류는 대기경계층에서 오염물질의 확산정도를 결정하는 중요한 인자이다.
④ 지표면으로부터의 마찰효과가 무시될 수 있는 층에서 기압경도력과 전향력의 평형에 의하여 이루어지는 바람을 지균풍이라고 한다.

09 유효 굴뚝높이 120m인 굴뚝으로부터 배출되는 SO_2가 지상 최대의 농도를 나타내는 지점(m)은? (단, sutton의 식 적용, 수평 및 수직 확산계수는 0.05, 안정도계수(n)는 0.25)

① 약 4,457
② 약 5,647
③ 약 6,824
④ 약 7,296

10 R.W. Moncrieff와 J.E. Ammore가 지적한 냄새물질의 특성과 거리가 먼 것은?

① 아민은 농도가 높으면 암모니아 냄새, 낮으면 생선 냄새를 나타낸다.
② 냄새가 강한 물질은 휘발성이 높고, 또 화학반응성이 강한 것이 많다.
③ 동족체에서는 분자량이 클수록 강하지만 어느 한계 이상이 되면 약해진다.
④ 원자가가 낮고, 금속성물질의 냄새가 강하고, 비금속물질의 냄새는 약하다.

11 다음 설명과 관련된 복사법칙으로 가장 적합한 것은?

> 흑체의 단위($1cm^2$) 표면적에서 복사되는 에너지(E)의 양은 그 흑체 표면의 절대온도(K)의 4승에 비례한다.

① 비인의 법칙
② 알베도의 법칙
③ 플랑크의 법칙
④ 스테판-볼츠만의 법칙

12 광화학적 스모그(smog)의 3대 생성요소와 가장 거리가 먼 것은?

① 자외선
② 염소(Cl_2)
③ 질소산화물(NO_x)
④ 올레핀(Olefin)계 탄화수소

13 다음 가스성분 중 일반적으로 대기 내의 체류시간이 가장 짧은 것은? (단, 표준상태 0℃, 760mmHg 건조공기)

① CO
② CO_2
③ N_2O
④ CH_4

14 다음은 입자 빛산란의 적용 결과에 관한 설명이다. ( )안에 알맞은 것은?

> (㉠)의 결과는 모든 입경에 대하여 적용되나, (㉡)의 결과는 입사 빛의 파장에 대하여 입자가 대단히 작은 경우에만 적용된다.

① ㉠ Mie, ㉡ Rayleigh
② ㉠ Rayleigh, ㉡ Mie
③ ㉠ Maxwell, ㉡ tyndall
④ ㉠ tyndall, ㉡ Maxwell

15 다음 보기가 설명하는 대기오염물질로 옳은 것은?

> - 석탄, 석유 등 화석연료의 연소에 의해서 주로 발생하는 입자상 물질에 함유되어 있는 물질
> - 촉매제, 합금제조, 잉크와 도자기 제조공정 등에서도 발생
> - 대기 중 0.1~1㎍/㎥ 정도 존재하며 코, 눈 기도를 자극하는 물질

① 비소
② 아연
③ 바나듐
④ 다이옥신

16 다음 대기분산모델 중 가우시안모델식을 적용하지 않은 것은?

① RAMS
② ISCST
③ ADMS
④ AUSPLUME

17 다음 4종류의 고도에 따른 기온분포도 중 plume의 상하 확산폭이 가장 적어 최대착지거리가 큰 것은?

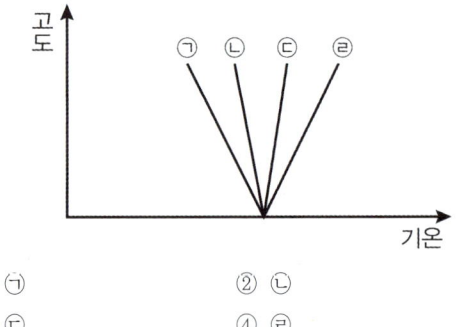

① ㉠
② ㉡
③ ㉢
④ ㉣

18 다음 보기의 설명에 적합한 입자상 오염물질은?

> 금속산화물과 같이 가스상 물질이 승화, 증류 및 화학반응 과정에서 응축될 때 주로 생성되는 고체입자

① 훈연(fume)
② 먼지(dust)
③ 검댕(soot)
④ 미스트(mist)

19 다음 물질 중 오존파괴지수가 가장 낮은 것은?

① CCl_4
② CFC-115
③ Halon-2402
④ Halon-1301

20 다음 대기오염물질 중 2차 오염물질이 아닌 것은?

① O_3
② NOCl
③ H_2O_2
④ CO_2

2과목 대기오염공정시험기준(방법)

21 대기오염공정시험기준상 굴뚝 배출가스 중의 일산화탄소 분석방법으로 가장 거리가 먼 것은?

① 정전위 전해법
② 음이온 전극법
③ 기체크로마토그래피
④ 비분산형 적외선 분석법

22 대기오염공정시험기준에서 정하고 있는 온도에 대한 설명으로 옳지 않은 것은?

① 실온 : 1~35℃
② 온수 : 35~50℃
③ 냉수 : 15℃ 이하
④ 찬 곳 : 따로 규정이 없는 한 0~15℃의 곳

23 기체크로마토그래피에 사용되는 검출기 중 미량의 유기물을 분석할 때 유용한 것은?

① 질소인 검출기(NPD)
② 불꽃이온화 검출기(FID)
③ 불꽃 광도 검출기(FPD)
④ 전자 포획 검출기(ECD)

24 다음 중 환경대기 중의 탄화수소 농도를 측정하기 위한 시험방법과 가장 거리가 먼 것은?

① 총탄화수소 측정법
② 용융 탄화수소 측정법
③ 활성 탄화수소 측정법
④ 비메탄 탄화수소 측정법

25 연료용 유류(원유, 경유, 중유) 중의 황함유량을 측정하기 위한 분석방법으로 옳은 것은? (단, 황함유량은 질량분율 0.01% 이상이다.)

① 광산란법
② 광투과율법
③ 연소관식 공기법
④ 전기화학식 분석법

26 굴뚝 배출가스 중의 산소농도를 오르자트분석법으로 측정할 때 사용되는 탄산가스 흡수액은?

① 피로가롤 용액
② 염화제일동용액
③ 물에 수산화포타슘을 녹인 용액
④ 포화식염수에 황산을 가한 용액

27 대기오염공정시험기준상 이온크로마토그래피의 장치에 관한 설명 중 ( )안에 알맞은 것은?

( )(이)란 용리액에 사용되는 전해질 성분을 제거하기 위하여 분리관 뒤에 직렬로 접속시킨 것으로써 전해질을 물 또는 저 전도도의 용매로 바꿔줌으로써 전기전도도 셀에서 목적이온 성분과 전기 전도도만을 고감도로 검출할 수 있게 해주는 것이다.

① 분리관
② 용리액조
③ 송액펌프
④ 써프렛서

28 대기오염공정시험기준상 다음 보기가 설명하는 것은?

물질을 취급 또는 보관하는 동안에 기체 또는 미생물이 침입하지 않도록 내용물을 보호하는 용기를 뜻한다.

① 밀폐용기
② 기밀용기
③ 밀봉용기
④ 차광용기

29 다음은 배출가스 중 벤젠분석방법이다. (   )안에 알맞은 것은?

> 흡착관을 이용한 방법, 테들러 백을 이용한 방법을 시료채취방법으로 하고 열탈착장치를 통하여 (㉠) 방법으로 분석한다. 배출가스 중에 존재하는 벤젠의 정량범위는 0.1ppm~2,500ppm이며, 방법검출한계는 (㉡)이다.

① ㉠ 원자흡수분광광도, ㉡ 0.03ppm
② ㉠ 원자흡수분광광도, ㉡ 0.07ppm
③ ㉠ 기체크로마토그래피, ㉡ 0.03ppm
④ ㉠ 기체크로마토그래피, ㉡ 0.07ppm

30 냉증기 원자흡수분광광도법으로 굴뚝배출가스 중 수은을 측정하기 위해 사용하는 흡수액으로 옳은 것은? (단, 흡수액의 농도는 질량분율이다.)

① 4% 과망간산포타슘, 10% 질산
② 4% 과망간산포타슘, 10% 황산
③ 10% 과망간산포타슘, 4% 질산
④ 10% 과망간산포타슘, 4% 황산

31 대기오염공정시험기준상 굴뚝에서 배출되는 가스와 분석방법의 연결이 옳지 않은 것은?

① 암모니아 – 인도페놀법
② 염화수소 – 오르토톨리딘법
③ 페놀 – 4-아미노 안티피린 자외선/가시선분광법
④ 폼알데하이드 – 크로모트로핀산 자외선/가시선분광법

32 대기오염공정시험기준상 원자흡수분광광도법에 대한 원리를 설명한 것으로 옳은 것은?

① 여기상태의 원자가 기저상태로 될 때 특유의 파장의 빛을 투과하는 현상 이용
② 여기상태의 원자가 이 원자 증기층을 투과하는 특유 파장의 빛을 흡수하는 현상 이용
③ 기저상태에의 원자가 여기상태로 될 때 특유 파장의 빛을 투과하는 현상 이용
④ 기저상태의 원자가 이 원자 증기층을 투과하는 특유 파장의 빛을 흡수하는 현상 이용

33 굴뚝 단면이 상·하 동일 단면적의 직사각형 굴뚝의 직경 산출방법으로 옳은 것은? (단, 가로 : 굴뚝내부 단면 가로치수, 세로 : 굴뚝내부 단면 세로치수)

① $\left(환산직경 = \left(\dfrac{가로 \times 세로}{가로 + 세로}\right)\right)$
② $\left(환산직경 = 2 \times \left(\dfrac{가로 \times 세로}{가로 + 세로}\right)\right)$
③ $\left(환산직경 = 4 \times \left(\dfrac{가로 \times 세로}{가로 + 세로}\right)\right)$
④ $\left(환산직경 = 8 \times \left(\dfrac{가로 \times 세로}{가로 + 세로}\right)\right)$

34 다음은 굴뚝 배출가스 중 크롬화합물을 자외선/가시선분광법으로 측정하는 방법이다. (   )안에 알맞은 것은?

> 시료용액 중의 크롬을 과망간산포타슘에 의하여 6가로 산화하고, (㉠)을/를 가한 다음, 아질산소듐으로 과량의 과망간산염을 분해한 후 다이페닐카바자이드를 가하여 발색시키고, 파장 (㉡)nm 부근에서 흡수도를 측정하여 정량하는 방법이다.

① ㉠ 요소, ㉡ 460
② ㉠ 요소, ㉡ 540
③ ㉠ 아세트산, ㉡ 460
④ ㉠ 아세트산, ㉡ 540

35 다음은 시안화수소 분석에 관한 내용이다. ( )안에 가장 적합한 것으로 옳게 나열된 것은?

> 굴뚝 배출가스 중 시안화수소를 피리딘피라졸론법으로 분석할 때 ( ), ( ) 등의 영향을 무시할 수 있는 경우에 적용한다.

① 철, 동
② 알루미늄, 철
③ 인산염, 황산염
④ 할로겐, 황화수소

36 굴뚝에서 배출되는 배출가스 중 암모니아를 중화적정법으로 분석하기 위하여 사용하는 흡수액으로 옳은 것은?

① 질산용액
② 붕산용액
③ 염화칼슘용액
④ 수산화소듐용액

37 흡광 광도계에서 빛의 강도가 I_0인 단색광이 어떤 시료용액을 통과할 때 그 빛의 90%가 흡수될 경우 흡광도는?

① 0.05
② 0.2
③ 0.5
④ 1.0

38 대기오염공정시험기준상 링겔만 매연 농도표를 이용한 배출가스 중 매연 측정에 관한 설명으로 옳지 않은 것은?

① 농도표는 측정자의 앞 16cm에 놓는다.
② 매연의 검은 정도를 6종으로 분류한다.
③ 링겔만 매연 농도표는 매연의 정도에 따라 색이 진하고 연하게 나타난다.
④ 굴뚝배출구에서 30~45cm 떨어진 곳의 농도를 측정자의 눈높이의 수직이 되게 관측·비교한다.

39 농도 7%(w/v)의 H_2O_2 100mL가 이론상 흡수할 수 있는 SO_2의 양(L)으로 옳은 것은?

① 약 0.1
② 약 0.5
③ 약 1.2
④ 약 4.6

40 수산화소듐 20g을 물에 용해시켜 750mL로 제조하였을 때 이용액의 농도(M)는?

① 0.33
② 0.67
③ 0.99
④ 1.33

3과목 대기오염방지기술

41 저위발열량 5,000kcal/Sm^3의 기체연료 연소 시 이론 연소온도(℃)는? (단, 이론 연소가스량은 20Sm^3/Sm^3, 연소가스의 평균정압비열은 0.35kcal/Sm^3·℃이며, 기준온도는 실온(15℃)이며, 공기는 예열되지 않고, 연소가스는 해리되지 않는다.)

① 약 560
② 약 610
③ 약 730
④ 약 890

42 다음 연료 중 일반적으로 착화온도가 가장 높은 것은?

① 목탄
② 무연탄
③ 역청탄
④ 갈탄(건조)

43 입자상 물질에 대한 설명으로 옳지 않은 것은?

① 입경이 작을수록 집진이 어렵다.
② 단위 체적당 입자의 표면적은 입경이 작을수록 작아진다.
③ 입자는 반드시 구형만은 아니고 선형, 부정형 등이 있다.
④ 비중은 항상 일정한 값을 취하는 진비중과 입자의 집합 상태에 따라 달라지는 겉보기 비중으로 구별할 수 있다.

44 먼지의 입경측정방법 중 주로 1㎛ 이상인 먼지의 입경측정에 이용되고, 그 측정 장치로는 앤더슨피펫, 침강천칭, 광투과장치 등이 있는 것은?

① 관성충돌법　　② 액상 침강법
③ 표준체 측정법　④ Bacho 원심기체 침강법

45 먼지의 입경(d_p, ㎛)을 Rosin-Rammler 분포에 의해 체상분포 R(%) = $100\exp(-\beta d_p^n)$으로 나타낸다. 이 먼지는 입경 35㎛ 이하가 전체의 약 몇 %를 차지하는가? (단, β = 0.063, n = 1)

① 11　　② 21
③ 79　　④ 89

46 중량조성이 탄소 85%, 수소 15%인 액체연료를 매시 100kg 연소한 후 배출가스를 분석하였더니 분석치가 CO_2 12.5%, CO 3%, O_2 3.5%, N_2 81%이었다. 이 때 매 시간당 필요한 공기량(Sm^3/h)은?

① 약 13　　② 약 157
③ 약 657　④ 약 1271

47 점도(Viscosity)에 관한 설명으로 옳지 않은 것은?

① 기체의 점도는 온도가 상승하면 낮아진다.
② 점도는 유체 이동에 따라 발생하는 일종의 저항이다.
③ 액체인 경우 분자간 응집력이 점도의 원인이다.
④ 일반적으로 액체의 점도는 온도가 상승함에 따라 낮아진다.

48 사이클론의 운전조건이 집진율에 미치는 영향으로 옳지 않은 것은?

① 출구의 직경이 작을수록 집진율은 감소하고, 동시에 압력손실도 감소한다.
② 가스의 온도가 높아지면 가스의 점도가 커져 집진율은 저하되나 그 영향은 크지 않다.
③ 원통의 길이가 길어지면 선회류 수가 증가하여 집진율은 증가하나 큰 영향은 미치지 않는다.
④ 가스의 유입속도가 클수록 집진율은 증가하나, 10m/s 이상에서는 거의 영향을 미치지 않는다.

49 다음 보기가 설명하는 송풍기의 종류로 가장 적합한 것은?

> - 타 기종에 비해 대풍량, 저정압 구조로서 설치면적이 작다.
> - 날개의 형상에 따라 저속운전으로 저소음 및 운전상태가 정숙하다.
> - 풍량변동에 따른 풍압의 변화가 적다.
> - 베인댐퍼(Vane damper)의 설치로 풍량 및 정압 조정이 용이해 position에 따라 정압조정이 용이하다.

① 터보팬　　　② 다익 송풍기
③ 레이디얼 팬　④ 익형 송풍기

50 흡수장치의 총괄이동 단위높이(H_{OG})가 1.0m이고, 제거율이 95%라면, 이 흡수장치의 높이(m)는 약 얼마인가?
① 1.2　② 3.0
③ 3.5　④ 4.2

51 화학적 흡착과 비교한 물리적 흡착의 특성에 관한 설명으로 옳지 않은 것은?
① 흡착제의 재생이나 오염가스의 회수에 용이하다.
② 일반적으로 온도가 낮을수록 흡착량이 많다.
③ 표면에 단분자막을 형성하며, 발열량이 크다.
④ 압력을 감소시키면 흡착물질이 흡착제로부터 분리되는 가역적 흡착이다.

52 염소농도가 200ppm인 배출가스를 처리하여 15mg/Sm³로 배출한다고 할 때, 염소의 제거율(%)은? (단, 온도는 표준상태로 가정한다.)
① 95.7　② 97.6
③ 98.4　④ 99.6

53 연소조절에 의한 질소산화물(NO_x) 저감대책으로 가장 거리가 먼 것은?
① 과잉공기량을 크게 한다.
② 2단 연소법을 사용한다.
③ 배출가스를 재순환시킨다.
④ 연소용 공기의 예열온도를 낮춘다.

54 세정집진장치에 관한 설명으로 옳지 않은 것은?
① 타이젠와셔는 회전식에 해당한다.
② 입자포집원리로 관성충돌, 확산작용이 있다.
③ 벤츄리스크러버에서 물방울 입경과 먼지 입경의 비는 5:1 정도가 좋다.
④ 사용하는 액체는 보통 물이지만 특수한 경우에는 표면활성제를 혼합하는 경우도 있다.

55 다음 보기가 설명하는 연소장치로 가장 적합한 것은?

> 기체연료의 연소장치로서 천연가스와 같은 고발열량 연료를 연소시키는데 사용되는 버너

① 선회버너　② 건식버너
③ 방사형버너　④ 유압분무식 버너

56 크기가 가로 1.2m, 세로 2.0m, 높이 1.5m인 연소실에서 저위발열량이 10,000kcal/kg인 중유를 1.5시간에 100kg씩 연소시키고 있다. 이 연소실의 열발생률(kcal/m³·h)은? (단, 연료에 완전연소하며, 연료 및 공기의 예열이 없고 연소실 벽면을 통한 열손실도 전혀 없다고 가정한다.)
① 약 165,246　② 약 185,185
③ 약 277,778　④ 약 416,667

57 관성력 집진장치에 관한 설명으로 옳지 않은 것은?
① 충돌식과 반전식이 있으며, 고온가스의 처리가 가능하다.
② 관성력에 의한 분리속도는 회전기류반경에 비례하고, 입경의 제곱에 반비례한다.
③ 집진 가능한 입자는 주로 10㎛ 이상의 조대입자이며, 일반적으로 집진율은 50~70% 정도이다.
④ 기류의 방향전환 각도가 작고, 방향전환 횟수가 많을수록 압력손실은 커지나 집진은 잘된다.

58 세정식 집진장치 중 가압수식에 해당하는 것은?
① 충전탑　② 로터형
③ 분수형　④ S형 임펠러

59 하루에 5톤의 유비철광을 사용하는 아비산제조 공장에서 배출되는 SO_2를 NaOH용액으로 흡수하여 Na_2SO_3로 제거하려 한다. NaOH 용액의 흡수효율을 100%라 하면 이론적으로 필요한 NaOH의 양(톤)은? (단, 유비철광 중의 유황분 함유량은 20%이고, 유비철광 중 유황분은 모두 산화되어 배출된다.)

① 0.5 ② 1.5
③ 2.5 ④ 3.5

60 아래 표는 전기로에 부설된 Bag filter의 유입구 및 유출구의 가스량과 먼지농도를 측정한 것이다. 먼지 통과율(%)로 옳은 것은?

구분	유입구	유출구
가스량(Sm^3/hr)	11.4	16.2
먼지농도(g/Sm^3)	13.25	1.24

① 약 3.3 ② 약 6.6
③ 약 10.3 ④ 약 13.3

4과목 대기환경관계법규

61 대기환경보전법상 과태료의 부과기준으로 옳지 않은 것은?

① 일반기준으로서 위반행위의 횟수에 따른 부과기준은 최근 1년간 같은 위반행위로 과태료 부과처분을 받은 경우에 적용한다.
② 일반기준으로서 부과권자는 위반행위의 동기와 그 결과 등을 고려하여 과태료 부과금액의 80% 범위에서 이를 감경한다.
③ 개별기준으로서 제작차배출허용기준에 맞지 않아 결함시정명령을 받은 자동차제작자가 결함시정 결과보고를 아니한 경우 1차 위반시 과태료 부과금액은 100만원이다.
④ 개별기준으로서 제작차배출허용기준에 맞지 않아 결함시정명령을 받은 자동차제작자가 결함시정 결정보고를 아니한 경우 3차 위반시 과태료 부과금액은 200만원이다.

62 대기환경보전법상 배출허용기준의 준수여부 등을 확인하기 위해 환경부령으로 지정된 대기오염도 검사기관으로 옳은 것은? (단, 국가표준기본법에 따른 인정을 받은 시험·검사기관 중 환경부장관이 정하여 고시하는 기관은 제외한다.)

① 지방환경청 ② 대기환경기술진흥원
③ 한국환경산업기술원 ④ 환경관리연구소

63 대기환경보전법상 운행차의 정밀검사 방법·기준 및 검사대상 항목기준(일반기준)에 관한 설명으로 틀린 것은?

① 관능 및 기능검사는 배출가스검사를 먼저 한 후 시행하여야 한다.
② 휘발유와 가스를 같이 사용하는 자동차는 연료를 가스로 전환한 상태에서 배출가스검사를 실시하여야 한다.
③ 운행차의 정밀검사는 부하검사방법을 적용하여 검사를 하여야 하지만, 상시 4륜구동 자동차는 무부하검사방법을 적용할 수 있다.
④ 운행차의 정밀검사는 부하검사방법을 적용하여 검사를 하여야 하지만, 2행정 원동기 장착자동차는 무부하검사방법을 적용할 수 있다.

64 대기환경보전법상 100만원 이하의 과태료 부과대상인 자는?

① 황함유기준을 초과하는 연료를 공급·판매한 자
② 비산먼지의 발생억제시설의 설치 및 필요한 조치를 하지 아니하고 시멘트·석탄·토사 등 분체상 물질을 운송한 자
③ 배출시설 등 운영상황에 관한 기록을 보존하지 아니한 자
④ 자동차의 원동기 가동제한을 위반한 자동차의 운전자

65 대기환경보전법상 수도권대기환경청장, 국립환경과학원장 또는 한국환경공단이 설치하는 대기오염 측정망의 종류에 해당하지 않는 것은?

① 도시지역 또는 산업단지 인근지역의 특정대기유해물질(중금속을 제외한다)의 오염도를 측정하기 위한 유해대기물질 측정망
② 산성 대기오염물질의 건성 및 습성 침착량을 측정하기 위한 산성강하물측정망
③ 도로변의 대기오염물질 농도를 측정하기 위한 도로변대기측정망
④ 장거리이동 대기오염물질의 성분을 집중측정하기 위한 대기오염집중측정망

66 대기환경보전법상 위임업무 보고사항 중 "측정기기 관리대행업의 등록, 변경등록 및 행정처분 현황"에 대한 유역환경청장의 보고 횟수 기준은?

① 수시　　② 연 4회
③ 연 2회　④ 연 1회

67 다음 중 대기환경보전법상 특정대기유해물질에 해당하는 것은?

① 오존　　② 아크롤레인
③ 황화에틸　④ 아세트알데히드

68 대기환경보전법상 Ⅲ지역에 대한 기본부과금의 지역별 부과계수는? (단, Ⅲ지역은 국토의 계획 및 이용에 관한 법률에 따른 녹지지역·관리지역·농림지역 및 자연환경보전지역이다.)

① 0.5　② 1.0
③ 1.5　④ 2.0

69 대기환경보전법상 연료를 연소하여 황산화물을 배출하는 시설에서 연료의 황함유량이 0.5% 이하인 경우 기본부과금의 농도별 부과계수 기준으로 옳은 것은? (단, 대기환경보전법에 따른 측정 결과가 없으며, 배출시설에서 배출되는 오염물질 농도를 추정할 수 없다.)

① 0.1　② 0.2
③ 0.4　④ 1.0

70 대기환경보전법상 환경부장관은 장거리이동 대기오염물질피해방지를 위하여 5년마다 관계중앙행정기관의 장과 협의하고 시·도지사의 의견을 들은 후 장거리이동대기오염물질 대책위원회의 심의를 거쳐 종합대책을 수립하여야 하는데, 이 종합대책에 포함되어야 하는 사항으로 틀린 것은?

① 종합대책 추진실적 및 그 평가
② 장거리이동대기오염물질피해 방지를 위한 국내대책
③ 장거리이동대기오염물질피해 방지 기금 모금
④ 장거리이동대기오염물질 발생 감소를 위한 국제협력

71 악취방지법상 위임업무 보고사항 중 "악취검사기관의 지정, 지정사항 변경보고 접수 실적"의 보고 횟수 기준은? (단, 보고자는 국립환경과학원장으로 한다.)
① 연 1회   ② 연 2회
③ 연 4회   ④ 수시

72 대기환경보전법상 "기타 고체연료 사용시설"의 설치 기준으로 틀린 것은?
① 배출시설의 굴뚝높이는 100m 이상이어야 한다.
② 연료와 그 연소재의 수송은 덮개가 있는 차량을 이용하여야 한다.
③ 연료는 옥내에 저장하여야 한다.
④ 굴뚝에서 배출되는 매연을 측정할 수 있어야 한다.

73 환경정책기본법상 대기환경기준이 설정되어 있지 않는 항목은?
① O_3 ② Pb
③ PM-10   ④ CO_2

74 환경정책기본법상 일산화탄소의 대기환경 기준으로 옳은 것은?
① 1시간 평균치 25ppm 이하
② 8시간 평균치 25ppm 이하
③ 24시간 평균치 9ppm 이하
④ 연간 평균치 9ppm 이하

75 다음 중 대기환경보전법상 대기오염경보에 관한 설명으로 틀린 것은?
① 대기오염경보 대상 지역은 시·도지사가 필요하다고 인정하여 지정하는 지역으로 한다.
② 환경기준이 설정된 오염물질 중 오존은 대기오염경보의 대상오염물질이다.
③ 대기오염경보의 단계별 오염물질의 농도기준은 시·도지사가 정하여 고시한다.
④ 오존은 농도에 따라 주의보, 경보, 중대경보로 구분한다.

76 대기환경보전법상 초과부과금 산정기준에서 다음 오염물질 중 1kg당 부과금액이 가장 높은 것은?
① 이황화탄소   ② 먼지
③ 암모니아   ④ 황화수소

77 다음 중 대기환경보전법상 휘발성 유기화합물 배출 규제대상 시설이 아닌 것은?
① 목재가공시설   ② 주유소의 저장시설
③ 저유소의 저장시설   ④ 세탁시설

78 대기환경보전법상 대기오염방지시설이 아닌 것은?
① 흡수에 의한 시설
② 소각에 의한 시설
③ 산화·환원에 의한 시설
④ 미생물을 이용한 처리시설

79 대기환경보전법상 자동차연료 제조기준 중 경유의 황함량 기준은? (단, 기타의 경우는 고려하지 않음)
① 10ppm 이하   ② 20ppm 이하
③ 30ppm 이하   ④ 50ppm 이하

80 대기환경보전법상 신고를 한 후 조업 중인 배출시설에서 나오는 오염물질의 정도가 배출허용기준을 초과하여 배출시설 및 방지시설의 개선명령을 이행하지 아니한 경우의 1차 행정처분기준은?
① 경고   ② 사용금지명령
③ 조업정지   ④ 허가취소

UNIT 05 2020년 대기환경산업기사 3회 필기

1과목 대기오염개론

01 유효굴뚝높이 60m에서 SO_2가 980,000m³/day, 1200ppm으로 배출되고 있다. 이 때 최대지표농도(ppb)는? (단, sutton의 확산식을 사용하고, 풍속은 6m/s, 이 조건에서 확산계수 K_y = 0.15, K_z = 0.18이다.)

① 96　　② 177
③ 361　　④ 485

02 다음 중 2차 대기오염물질과 가장 거리가 먼 것은?

① NOCl　　② H_2O_2
③ PAN　　④ NaCl

03 국지풍에 관한 설명으로 옳지 않은 것은?

① 낮에 바다에서 육지로 부는 해풍은 밤에 육지에서 바다로 부는 육풍보다 보통 더 강하다.
② 열섬효과로 인해 도시의 중심부가 주위보다 고온이 되므로 도시 중심부에서는 상승기류가 발생하고 도시 주위의 시골(전원)에서 도시로 부는 바람을 전원풍이라 한다.
③ 고도가 높은 산맥에 직각으로 강한 바람이 부는 경우에는 산맥의 풍하쪽으로 건조한 바람이 불어내리는데 이러한 바람을 휀풍이라 한다.
④ 곡풍은 경사면 → 계곡 → 주계곡으로 수렴하면서 풍속이 가속화되므로 낮에 산 위쪽으로 부는 산풍보다 보통 더 강하다.

04 오존 및 오존층에 관한 설명으로 옳지 않은 것은?

① 오존은 약 90% 이상이 고도 10~50km 범위의 성층권에 존재하고 있다.
② 오존층에서는 오존의 생성과 소멸이 계속적으로 일어나며 지표면의 생물체에 유해한 자외선을 흡수한다.
③ 지구 전체의 평균오존량은 약 300Dobson 정도이고, 지리적 또는 계절적으로 평균치의 ±50% 정도까지 변화한다.
④ CFCs는 독성과 활성이 강한 물질로서 대기중으로 배출될 경우 빠르게 오존층에 도달한다.

05 실내공기오염물질인 라돈에 관한 설명으로 옳지 않은 것은?

① 무색, 무취의 기체로 폐암을 유발한다.
② 반감기는 3.8일 정도이고 호흡기로의 흡입이 현저하다.
③ 토양, 콘크리트, 벽돌 등으로부터 공기 중에 방출된다.
④ 자연계에는 존재하지 않으며, 공기에 비해 약 3배 정도 무겁다.

06 다음 중 레일라이 산란(Rayleigh scattering)효과가 가장 뚜렷이 나타나는 조건은?

① 입자의 반경이 입사광선의 파장보다 훨씬 큰 경우
② 입자의 반경이 입사광선의 파장보다 훨씬 작은 경우
③ 입자의 반경과 입사광선의 파장이 비슷한 크기인 경우
④ 입자의 반경과 입사광선 파장의 크기가 정확히 일치하는 경우

07 대류권내 공기의 구성물질을 [보기]와 같이 분류할 때 다음 중 "쉽게 농도가 변하는 물질"에 해당하는 것은?

> - 농도가 가장 안정된 물질
> - 쉽게 농도가 변하지 않는 물질
> - 쉽게 농도가 변하는 물질

① Ne ② Ar
③ NO_2 ④ CO_2

08 다음 [보기]가 설명하는 연기 모양으로 옳은 것은?

> 보통 30분 이상 지속되지 않으며, 일단 발생해 있던 복사역전층이 지표온도가 증가하면서 하층에서부터 해소되는 과정에서 상층은 역전상태로 안정층이 되고, 하층에는 불안정층이 되어 굴뚝에서 배출된 오염물질이 아래로 지표면에까지 영향을 미치면서 발생하는 연기 모양

① Looping형 ② Fanning형
③ Trapping형 ④ Fumigation형

09 공업지역의 먼지 농도 측정을 위해 여과지를 이용하여 0.45m/s 속도로 3시간 포집한 결과 깨끗한 여과지에 비해 사용한 여과지의 빛전달율이 66%인 경우 1000m당 Coh는 약 얼마인가?

① 3.0 ② 3.2
③ 3.7 ④ 4.0

10 다음 중 지구온난화의 주 원인물질로 가장 적합하게 짝지어진 것은?

① $CH_4 - CO_2$ ② $SO_2 - NH_3$
③ $CO_2 - HF$ ④ $NH_3 - HF$

11 다음 [보기]가 설명하는 오염물질로 옳은 것은?

> - 급성 중독증상은 구토, 복통, 이질 등이 나타나며 기관지 염증을 일으키는 경우도 있다.
> - 만성적인 경우에는 후각신경의 마비와 폐기종 등을 일으키는 한편 이로 인한 동맥경화증이나 고혈압증의 유발요인이 되기도 한다.
> - 이것에 의한 질환은 수질오염으로 인하여 발생한 이따이이따이병이 있다.

① As ② Hg
③ Cr ④ Cd

12 다음은 풍향과 풍속의 빈도 분포를 나타낸 바람장미(wind rose)이다. 여기서 주풍은?

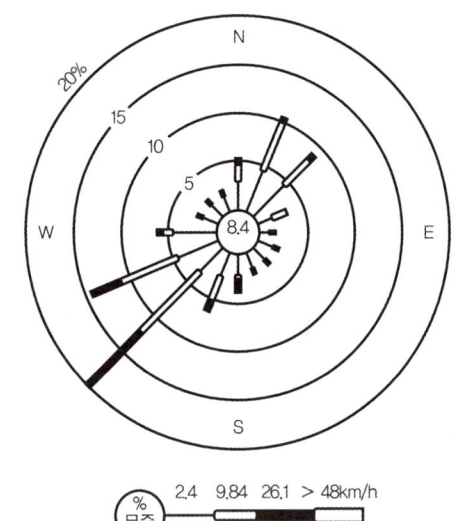

① 서풍 ② 북동풍
③ 남동풍 ④ 남서풍

13 다음 중 SO_2에 대한 저항력이 가장 강한 식물은?

① 콩 ② 옥수수
③ 양상추 ④ 사루비아

14 다음 각 대기오염물질의 영향에 관한 설명으로 옳지 않은 것은?

① O_3는 DNA, RNA에 작용하여 유전인자에 변화를 일으키며, 염색체 이상이나 적혈구의 노화를 가져온다.
② 바나듐은 인체에 콜레스테롤, 인지질 및 지방분의 합성을 저해하거나 다른 영양물질의 대사 장해를 일으키기도 한다.
③ 유기수은은 무기수은과 달리 창자로부터의 배출은 적고, 주로 신장으로 배출되며, 혈압강하가 주된 증상이다.
④ 납중독은 조혈기능 장애로 인한 빈혈을 수반하고, 신경계통을 침해하며, 더 나아가 시신경 위축에 의한 실명, 사지의 경련도 일으킬 수 있다.

15 연소과정에서 방출되는 NOx 배출가스 중 NO : NO_2의 계략적인 비는 얼마 정도인가?

① 5 : 95 ② 20 : 80
③ 50 : 50 ④ 90 : 10

16 벨기에의 뮤즈계곡 사건, 미국의 도노라 사건 및 런던 스모그 사건의 공통적인 주요 대기오염 원인물질로 가장 적합한 것은?

① SO_2 ② O_3
③ CS_2 ④ NO_2

17 흑체의 최대에너지가 복사될 때 이용되는 파장(λ_m : μm)과 흑체의 표면온도(T : 절대온도)와의 관계를 나타내는 다음 복사이론에 관한 법칙은?

식 $\lambda_m = \dfrac{a}{T}$

(단, 비례상수 a : 0.2898cm·K)

① 알베도의 법칙 ② 플랑크의 법칙
③ 비인의 변위법칙 ④ 스테판-볼츠만의 법칙

18 다음 각 오염물질에 대한 지표식물로 가장 거리가 먼 것은?

① PAN : 시금치
② 황화수소 : 토마토
③ 아황산가스 : 무궁화
④ 불소화합물 : 글라디올러스

19 보통 가을부터 봄에 걸쳐 날씨가 좋고, 바람이 약하며, 습도가 적을 때 자정 이후부터 아침까지 잘 발생하고, 낮이 되면 일사로 인해 지면이 가열되면 곧 소멸되는 역전의 형태는?

① Lofting inversion
② Coning inversion
③ Radiative inversion
④ Subsidence inversion

20 과거의 역사적으로 발생한 대기오염사건 중 런던형 스모그의 기상 및 안정도 조건으로 옳지 않은 것은?

① 침강성 역전 ② 바람은 무풍상태
③ 기온은 4℃ 이하 ④ 습도는 85% 이상

2과목 대기오염공정시험기준(방법)

21 비분산적외선분광분석법에 관한 설명으로 옳지 않은 것은?

① 광원은 원칙적으로 중공음극램프를 사용하며 감도를 높이기 위하여 텅스텐램프를 사용하기도 한다.
② 대기 및 굴뚝 배출기체 중의 오염물질을 연속적으로 측정하는 비분산 정필터형 적외선 가스 분석계에 대하여 적용한다.
③ 선택성 검출기를 이용하여 시료 중 특성성분에 의한 적외선의 흡수량 변화를 측정하여 시료 중 특성성분에 의한 적외선의 흡수량 변화를 측정하여 시료 중 들어있는 특정 성분의 농도를 측정한다.
④ 광학필터는 시료가스 중에 간섭 물질가스의 흡수파장역의 적외선을 흡수제거하기 위하여 사용하며, 가스필터와 고체필터가 있는데 이것은 단독 또는 적절히 조합하여 사용한다.

22 질산은 적정법으로 배출가스 중 시안화수소를 분석할 때 사용되는 시약이 아닌 것은?

① 질산(부피분율 10%)
② 수산화소듐 용액(질량분율 2%)
③ 아세트산(99.7%) (부피분율 10%)
④ p-다이메틸아미노벤질리덴로다닌의 아세톤용액

23 비분산적외선분석계의 장치구성에 관한 설명으로 옳지 않은 것은?

① 비교셀은 시료셀과 동일한 모양을 가지며 수소 또는 헬륨 기체를 봉입하여 사용한다.
② 시료셀은 시료가스가 흐르는 상태에서 양단의 창을 통해 시료광속이 통과하는 구조를 갖는다.
③ 광학필터는 시료가스 중에 간섭 물질가스의 흡수파장역의 적외선을 흡수제거하기 위하여 사용한다.
④ 검출기는 광속을 받아들여 시료가스 중 측정성분 농도에 대응하는 신호를 발생시키는 선택적 검출기 혹은 광학필터와 비선택적 검출기를 조합하여 사용한다.

24 이온크로마토그래피의 장치 요건으로 옳지 않은 것은?

① 송액펌프는 맥동이 적은 것을 사용한다.
② 검출기는 분리관 용리액 중의 시료성분의 유무와 양을 검출하는 부분으로 일반적으로 전도도 검출기를 많이 사용한다.
③ 써프렛서는 관형과 이온교환막형이 있으며, 관형은 음이온에는 스티롤계 강산형(H^+)수지가, 양이온에는 스티롤계 강염기형(OH^-)의 수지가 충진된 것을 사용한다.
④ 용리액조는 이온성분이 잘 용출되는 재질로써 용리액과 공기와의 접촉이 효과적으로 되는 것을 선택하며, 일반적으로 실리카 재질의 것을 사용한다.

25 대기오염공정시험기준상 시약, 표준물질, 표준용액에 관한 설명으로 옳지 않은 것은?

① 시험에 사용하는 표준물질은 원칙적으로 특급시약을 사용한다.
② 표준용액을 조제하기 위한 표준용 시약은 따로 규정이 없는 한 데시케이터에 보존된 것을 사용한다.
③ 시험시약 중 따로 규정이 없고, 단순히 질산으로 표시했을 때는, 그 비중을 약 1.38, 농도는 60.0~62.0(%) 이상의 것을 뜻한다.
④ 표준물질을 채취할 때 표준액이 정수로 기재되어 있는 경우에는 실험자가 환산하여 기재한 수치에 "약"자를 붙여 사용할 수 없다.

26 대기오염공정시험기준 총칙에 관한 사항으로 옳지 않은 것은?

① 냉수는 15℃ 이하, 온수는 60~70℃, 열수는 약 100℃를 말한다.
② 기체 중의 농도를 mg/m³로 표시 했을 때는 m³은 표준상태(0℃, 1기압)의 기체용적을 뜻하고 Sm³로 표시한 것과 같다.
③ "냉후"(식힌 후)라 표시되어 있을 때는 보온 또는 가열 후 표준상태 온도까지 냉각된 상태를 뜻한다.
④ 시험에 사용하는 물은 따로 규정이 없는 한 정제증류수 또는 이온교환수지로 정제한 탈염수를 사용한다.

27 환경대기 중 위상차현미경법에 의한 석면먼지의 농도표시에 관한 설명으로 옳은 것은?

① 0℃, 1기압 상태의 기체 1mL 중에 함유된 석면섬유의 개수(개/mL)로 표시한다.
② 0℃, 1기압 상태의 기체 1μℓ 중에 함유된 석면섬유의 개수(개/μℓ)로 표시한다.
③ 20℃, 1기압 상태의 기체 1mL 중에 함유된 석면섬유의 개수(개/mL)로 표시한다.
④ 20℃, 1기압 상태의 기체 1μℓ 중에 함유된 석면섬유의 개수(개/μℓ)로 표시한다.

28 다음은 환경대기 중 중금속화합물 동시분석을 위한 유도결합플라즈마분광법에 사용되는 용어 정의이다. ( ) 안에 알맞은 것은?

> 검출한계는 지정된 공정시험방법(기준)에 따라 시험하였을 때 바탕용액 농도의 오차범위와 통계적으로 다르게 나타나는 최소의 측정 가능한 농도를 의미하며, 보통 신호대 잡음비(S/N)가 (㉠)(이)가 되는 시료의 농도를 의미한다. 실제로는 바탕용액의 농도를 여러 번 측정하여, 이 값의 표준편차의 (㉡)을(를) 곱한 농도로 산출한다.

① ㉠ 1, ㉡ 2
② ㉠ 2, ㉡ 3
③ ㉠ 5, ㉡ 10
④ ㉠ 10, ㉡ 10

29 굴뚝 배출가스 중 수은화합물을 냉증기원자흡수분광광도법으로 분석할 때 측정파장(nm)으로 옳은 것은?

① 193.7
② 253.7
③ 324.8
④ 357.9

30 단면의 모양이 4각형인 어느 연도를 6개의 등면적으로 구분하여 각 측정점에서 유속과 굴뚝 건조 배출가스 중 먼지농도를 수동식으로 측정한 결과가 다음과 같았다. 이 때 전체 단면의 평균 먼지농도 (g/Sm³)는?

측정점	1	2	3	4	5	6
분진농도 (g/Sm³)	0.48	0.45	0.51	0.47	0.45	0.46
유속 (m/sec)	8.2	7.8	8.4	8.0	8.0	7.9

① 0.45
② 0.47
③ 0.49
④ 0.50

31 환경대기 중 아황산가스 측정을 위한 파라로자닐린법(Pararosaniline Method)의 장치구성에 관한 설명으로 옳지 않은 것은?

① 필터는 0.8~2.0μm의 다공질막 또는 유리솜 필터를 사용한다.
② 흡입펌프는 유량조절기와 펌프 사이에 적어도 0.7기압의 압력 차이를 유지하여야 한다.
③ 분광광도계로 376nm에서 흡광도를 측정하고, 측정에 사용되는 스펙트럼폭은 50nm이어야 한다.
④ 시료분산기는 외경 8mm, 내경 6mm 및 길이 152mm의 유리관으로서 끝은 외경 0.3~0.8mm로 가늘게 만든 것을 사용한다.

32 원자흡수분광광도법의 장치에 관한 설명으로 옳지 않은 것은?

① 아세틸렌-아산화질소 불꽃은 불꽃온도가 낮고 일부 원소에 대하여 높은 감도를 나타낸다.
② 램프점등장치 중 교류점등 방식은 광원의 빛 자체가 변조되어 있기 때문에 빛의 단속기(Chopper)는 필요하지 않다.
③ 원자흡광분석용 광원은 원자흡광스펙트럼선의 선폭보다 좁은 선폭을 갖고 휘도가 높은 스펙트럼을 방사하는 중공음극램프가 많이 사용된다.
④ 분광기(파장선택부)는 광원램프에서 방사되는 휘선스펙트럼 가운데서 필요한 분석선만을 골라내기 위하여 사용되는데 일반적으로 회절격자나 프리즘(Prism)을 이용한 분광기가 사용된다.

33 다음은 환경대기 중 옥시던트 측정방법-중성요오드화 칼륨법(Determinnation of Oxidants – Neutral Buffered Potassium Iodide Method)의 적용범위이다. ( ) 안에 가장 적합한 것은?

> 이 방법은 오존으로써 ( )범위에 있는 전체 옥시던트를 측정하는 데 사용되며 산화성 물질이나 환원성 물질이 결과에 영향을 미치므로 오존만을 측정하는 방법은 아니다.

① 0.001 ~ 0.001μmol/mol
② 0.001 ~ 0.01μmol/mol
③ 0.01 ~ 10μmol/mol
④ 100 ~ 1000μmol/mol

34 다음은 굴뚝 배출가스 중 시안화수소의 자외선/가시선 분광법(피리딘피라졸론법)에 관한 설명이다. ( ) 안에 알맞은 것은?

> 이 방법은 시안화수소를 흡수액에 흡수시킨 다음 발색시켜서 얻은 발색액에 대하여 흡광도를 측정하여 시안화수소를 정량하는 방법으로써, 이 방법의 방법검출한계는 ( )이다. 그리고 할로겐 등의 산화성 가스와 황화수소 등의 영향을 무시할 수 있는 경우에 적용한다.

① 0.005ppm ② 0.010ppm
③ 0.016ppm ④ 0.032ppm

35 원자흡수분광광도법(Atomic Absorption Spectrophotometry)에서 사용되는 용어로 옳지 않은 것은?

① 제로 가스(Zero Gas)
② 멀티 패스(Multi-path)
③ 공명선(Resonance Line)
④ 선프로파일(Line Profile)

36 배출가스를 피토관으로 측정한 결과, 동압이 6mmH₂O일 때 배출가스 평균 유속(m/s)은? (단, 피토관 계수 = 1.5, 중력가속도 = 9.8m/s², 굴뚝 내 습한 배출가스 밀도 = 1.3kg/m³)

① 12.8 ② 14.3
③ 15.8 ④ 16.5

37 굴뚝 배출가스 중 일산화탄소 분석방법으로 옳지 않은 것은?

① 정전위전해법 ② 이온선택적정법
③ 비분산적외선분석법 ④ 기체크로마토그래피

38 배출가스 중의 질소산화물을 페놀디설폰산법으로 측정할 경우 사용하는 시료가스 흡수액으로 옳은 것은?

① 붕산용액
② 암모니아수
③ 오르토톨리딘용액
④ 황산+과산화수소+증류수

39 가스상 물질 시료채취장치에 대한 주의사항으로 옳지 않은 것은?

① 가스미터는 100mmH₂O 이내에서 사용한다.
② 습식가스미터를 이동 또는 운반할 때는 반드시 물을 뺀다.
③ 시료가스의 양을 재기 위하여 쓰는 채취병은 미리 0℃ 때의 참부피를 구해둔다.
④ 흡수병은 각 분석법에 공용사용을 원칙으로 하고, 대상 성분이 달라질 때마다 메틸 알콜로 3회 정도 씻은 후 사용한다.

40 굴뚝 배출가스 중 먼지를 연속적으로 자동 측정하는 방법에서 사용되는 용어의 의미로 옳지 않은 것은?

① 검출한계 : 제로드리프트의 5배에 해당하는 지시치가 갖는 교정용입자의 먼지농도를 말한다.
② 균일계 단분산 입자 : 입자의 크기가 모두 같은 것으로 간주할 수 있는 시험용입자로서 실험실에서 만들어진다.
③ 교정용입자 : 실내에서 감도 및 교정오차를 구할 때 사용하는 균일계 단분산 입자로서 기하평균 입경이 0.3~3μm인 인공입자로 한다.
④ 응답시간 : 표준교정판(필름)을 끼우고 측정을 시작했을 때 그 보정치의 95%에 해당하는 지시치를 나타낼 때까지 걸린 시간을 말한다.

| 3과목 | 대기오염방지기술 |

41 유입공기 중 염소가스의 농도가 80,000ppm이고, 흡수탑의 염소가스 제거효율은 80%이다. 이 흡수탑 3개를 직렬로 연결했을 때 유출공기 중 염소가스의 농도(ppm)는?

① 460
② 540
③ 640
④ 720

42 전기집진장치의 집진율이 98%이고 집진시설에서 배출되는 먼지농도가 0.25g/m³ 일 때 유입되는 먼지농도(g/m³)는?

① 12.5
② 15.0
③ 17.5
④ 20.0

43 기상농도와 액상농도의 평형관계를 나타내는 헨리법칙이 잘 적용되지 않는 기체는?

① O_3
② N_2
③ CO
④ Cl_2

44 휘발성 유기화합물과 냄새를 생물학적으로 제거하기 위해 사용하는 생물여과의 일반적 특성으로 가장 거리가 먼 것은?

① 설치에 넓은 면적을 요한다.
② 습도제어에 각별한 주의가 필요하다.
③ 고농도 오염물질의 처리에는 부적합한 편이다.
④ 입자상 물질 및 생체량이 감소하여 장치막힘의 우려가 없다.

45 연소계산에서 연소 후 배출가스 중 산소농도가 6.2%일 때 완전연소 시 공기비는?

① 1.15 ② 1.23
③ 1.31 ④ 1.42

46 습식세정장치의 특징으로 옳지 않은 것은?

① 가연성, 폭발성 먼지를 처리할 수 있다.
② 부식성 가스와 먼지를 중화시킬 수 있다.
③ 단일장치에서 가스흡수와 먼지포집이 동시에 가능하다.
④ 배출가스는 가시적인 연기를 피하기 위해 별도의 재 가열이 불필요하고, 집진된 먼지는 회수가 용이하다.

47 다음 중 착화성이 좋은 경유의 세탄값 범위로 가장 적합한 것은?

① 0.1 ~ 1 ② 1 ~ 5
③ 5 ~ 20 ④ 40 ~ 60

48 옥탄(C_8H_{18})이 완전연소될 때 부피기준의 AFR(air fuel ration)은?

① 약 15.0 ② 약 59.5
③ 약 69.6 ④ 약 71.2

49 입자의 비표면적(단위 체적당 표면적)에 관한 설명으로 옳은 것은?

① 입자의 입경이 작아질수록 비표면적은 커진다.
② 입자의 비표면적이 커지면 응집성과 흡착력이 작아진다.
③ 입자의 비표면적이 작으면 원심력집진장치의 경우 입자가 장치의 벽면에 부착하여 장치벽면을 폐색시킨다.
④ 입자의 비표면적이 작으면 전기집진장치에서는 주로 먼지가 집진극에 퇴적되어 역전리 현상이 초래된다.

50 여과집진장치에서 처리가스 중 SO_2, HCl 등을 함유한 200℃ 정도의 고온 배출가스를 처리하는데 가장 적합한 여포재는?

① 양모(wool) ② 목면(cotton)
③ 나일론(nylon) ④ 유리섬유(glass fiber)

51 유해가스 성분을 제거하기 위한 흡수제의 구비조건 중 옳지 않은 것은?

① 흡수제의 손실을 줄이기 위하여 휘발성이 적어야 한다.
② 흡수제는 화학적으로 안정해야 하며, 빙점은 높고, 비점은 낮아야 한다.
③ 흡수율을 높이고 범람(flooding)을 줄이기 위해서는 흡수제의 점도가 낮아야 한다.
④ 적은 양의 흡수제로 많은 오염물을 제거하기 위해서는 유해가스의 용해도가 큰 흡수제를 선정한다.

52 중력침강실 내 함진가스의 유속이 2m/s인 경우, 바닥면으로부터 1m 높이(H)로 유입된 먼지는 수평으로 몇 m 떨어진 지점에 착지하겠는가? (단, 층류기준, 먼지의 침강속도는 0.4m/s)

① 2.5 ② 3.0
③ 4.5 ④ 5.0

53 A굴뚝 배출가스 중 염소농도를 측정하였더니 100ppm이었다. 이 때 염소농도를 50mg/Sm^3로 저하시키기 위하여 제거해야할 염소농도(mg/Sm^3)는?

① 약 32 ② 약 50
③ 약 267 ④ 약 317

54 악취처리기술에 관한 설명으로 옳지 않은 것은?

① 흡수에 의한 방법 중 단탑은 충전탑에서 가스액의 분리가 문제될 때 유용하다.
② 흡착에 의한 방법에서 흡착제를 재생하기 위해서는 증기를 사용하여 충전층을 340℃ 정도로 가열하여 준다.
③ 통풍 및 희석에 의한 방법을 사용할 경우 가스토출속도는 50cm/s 정도로 하고 그 이하가 되면 다운워시(dawn wash) 현상을 일으킨다.
④ 흡수에 의한 처리방법을 사용할 경우 흡수에 의해 제거되는 가스상 오염물질은 세정액에 대해 가용성이어야 하고, H_2S의 경우는 에탄올과 아민 등에 흡수된다.

55 직경 0.3m인 덕트로 공기가 1m/s로 흐를 때 이 공기의 레이놀즈 수(N_{Re})는? (단, 공기밀도는 $1.3kg/m^3$, 점도는 1.8×10^{-4} kg/m·s이다.)

① 약 1,083 ② 약 2,167
③ 약 3,251 ④ 약 4,334

56 다음 가스 연료의 완전연소 반응식으로 옳지 않은 것은?

① 수소 : $2H_2 + O_2 \rightarrow 2H_2O$
② 메탄 : $CH_4 + O_2 \rightarrow CO_2 + 2H_2$
③ 일산화탄소 : $2CO + O_2 \rightarrow 2CO_2$
④ 프로판 : $C_3H_8 + 5O_2 \rightarrow 3CO_2 + 4H_2O$

57 사이클론의 직경이 56cm, 유입가스의 속도가 5.5m/s일 때 분리계수는?

① 약 11.0 ② 약 23.3
③ 약 46.5 ④ 약 55.2

58 선택적 촉매환원법(SCR)에서 질소산화물을 N_2로 환원시키는데 가장 적당한 반응제는?

① 오존 ② 염소
③ 암모니아 ④ 이산화탄소

59 오염가스의 처리를 위한 소각법에 관한 설명으로 옳지 않은 것은?

① 가열소각법의 연소실 내의 온도는 850 ~ 1100℃, 체류시간 3~5초로 설계하고 있다.
② 촉매소각은 Pt, Co, Ni 등의 촉매를 사용하며 400 ~ 500℃ 정도에서 수백분의 1초 동안에 소각시키는 방법이다.
③ 가열소각법은 오염기체의 농도가 낮을 경우 보조연료가 필요하며, 보통 경제적으로 오염가스의 농도가 연소하한치의 50% 이상일 때 적합한 방법이다.
④ 촉매소각은 소각효율도 높고, 압력손실도 작다는 장점이 있으나, Zn, Pb, Hg 및 분진과 같은 촉매독 때문에 촉매의 수명이 짧아지는 단점도 있다.

60 다음 [보기]가 설명하는 원심력송풍기의 유형으로 옳은 것은?

축차의 날개는 작고 회전축차의 회전방향쪽으로 굽어 있다. 이 송풍기는 비교적 느린 속도로 가동되며, 이 축차는 때로 '다람쥐축차'라고도 불린다. 주로 가정용 화로, 중앙난방장치 및 에어컨과 같이 저압 난방 및 환기 등에 이용된다.

① 프로펠러형 ② 방사 날개형
③ 전향 날개형 ④ 방사 경사형

4과목 대기환경관계법규

61 대기환경보전법령상 초과부과금 산정시 다음 오염물질 1kg당 부과금액이 가장 큰 오염물질은?

① 불소화물 ② 황화수소
③ 이황화탄소 ④ 암모니아

62 다음은 대기환경보전법령상 총량규제구역의 지정사항이다. ( )안에 가장 적합한 것은?

(㉠)은/는 법에 따라 그 구역의 사업자에서 배출되는 대기오염물질을 총량으로 규제하려는 경우에는 다음 각 호의 사항을 고시하여야 한다.
1. 총량규제구역
2. 총량규제 대기오염물질
3. (㉡)
4. 그 밖에 총량규제구역의 대기관리를 위하여 필요한 사항

① ㉠ 대통령, ㉡ 총량규제부하량
② ㉠ 환경부장관, ㉡ 총량규제부하량
③ ㉠ 대통령, ㉡ 대기오염물질의 저감계획
④ ㉠ 환경부장관, ㉡ 대기오염물질의 저감계획

63 대기환경보전법령상 개선명령 등의 이행보고 및 확인과 관련하여 환경부령으로 정한 대기오염도 검사기관과 거리가 먼 것은?

① 수도권대기환경청
② 시·도의 보건환경연구원
③ 지방환경보전협회
④ 한국환경공단

64 대기환경보전법령상 대기오염물질 배출시설의 설치가 불가능한 지역에서 배출시설의 설치허가를 받지 않거나 신고를 하지 아니하고 배출시설을 설치한 경우의 1차 행정처분기준으로 옳은 것은?

① 조업정지 ② 개선명령
③ 폐쇄명령 ④ 경고

65 실내공기질 관리법령상 실내공간 오염물질에 해당하지 않는 것은?

① 이산화탄소(CO_2) ② 일산화질소(NO)
③ 일산화탄소(CO) ④ 이산화질소(NO_2)

66 대기환경보전법령상 시·도지사가 설치하는 대기오염 측정망의 종류에 해당하지 않는 것은?

① 도시지역의 대기오염물질 농도를 측정하기 위한 도시대기 측정망
② 도로변 대기오염물질 농도를 측정하기 위한 도로변대기측정망
③ 대기 중의 중금속 농도를 측정하기 위한 대기중금속측정망
④ 도시지역의 휘발성유기화합물 등의 농도를 측정하기 위한 광화학대기오염물질측정망

67 대기환경보전법령상 자동차제작자는 자동차배출가스가 배출가스 보증기간에 제작차배출허용기준에 맞게 유지될 수 있다는 인증을 받아야 하는데, 이 인증받은 내용과 다르게 자동차를 제작하여 판매한 경우 환경부장관은 자동차 제작자에게 과징금의 처분을 명할 수 있다. 이 과징금은 최대 얼마를 초과할 수 없는가?

① 500억원 ② 100억원
③ 10억원 ④ 5억원

68. 대기환경보전법령상 기본부과금 산정을 위해 확정배출량명세서에 포함되어 시·도지사 등에게 제출해야 할 서류목록으로 거리가 먼 것은?
   ① 황 함유분석표 사본
   ② 연료사용량 또는 생산일자
   ③ 조업일자
   ④ 방지시설개선 실적표

69. 대기환경보전법령상 위임업무 보고사항 중 자동차 연료 제조기준 적합여부 검사현황의 보고 횟수기준으로 옳은 것은?
   ① 수시   ② 연 1회
   ③ 연 2회   ④ 연 4회

70. 악취방지법령상 위임업무 보고사항 중 "악취검사기관의 지정, 지정사항 변경보고 접수 실적"의 보고 횟수 기준은?
   ① 연 1회   ② 연 2회
   ③ 연 4회   ④ 수시

71. 대기환경보전법령상 2016년 1월 1일 이후 제작자동차 중 휘발유를 연료로 사용하는 최고속도 130km/h 미만 이륜자동차의 배출가스 보증기간 적용기준으로 옳은 것은?
   ① 2년 또는 20000km
   ② 5년 또는 50000km
   ③ 6년 또는 100000km
   ④ 10년 또는 192000km

72. 다음은 대기환경보전법령상 오염물질 초과에 따른 초과부과금의 위반횟수별 부과계수이다. ( )안에 알맞은 것은?

   위반횟수별 부과계수는 각 비율을 곱한 것으로 한다.
   - 위반이 없는 경우 : (㉠)
   - 처음 위반한 경우 : (㉡)
   - 2차 이상 위반한 경우 : 위반 직전의 부과계수에 (㉢)을(를) 곱한 것

   ① ㉠ 100분의 100, ㉡ 100분의 105, ㉢ 100분의 105
   ② ㉠ 100분의 100, ㉡ 100분의 105, ㉢ 100분의 110
   ③ ㉠ 100분의 105, ㉡ 100분의 110, ㉢ 100분의 105
   ④ ㉠ 100분의 105, ㉡ 100분의 110, ㉢ 100분의 115

73. 대기환경보전법령상 청정연료를 사용하여야 하는 대상시설의 범위로 옳지 않은 것은?
   ① 산업용 열병합 발전시설
   ② 건축법 시행령에 따른 공동주택으로서 동일한 보일러를 이용하여 하나의 단지 또는 여러 개의 단지가 공동으로 열을 이용하는 중앙집중난방방식으로 열을 공급받고, 단지 내의 모든 세대의 평균 전용면적이 $40.0m^2$를 초과하는 공동주택
   ③ 전체 보일러의 시간당 총 증발량이 0.2톤 이상인 업무용보일러(영업용 및 공공용보일러를 포함하되, 산업용보일러는 제외한다.)
   ④ 집단에너지사업별 시행령에 따른 지역냉난방사업을 위한 시설(단, 지역냉난방사업을 위한 시설 중 발전폐열을 지역냉난방용으로 공급하는 산업용 열병합 발전시설로서 환경부장관이 승인한 시설은 제외)

74 대기환경보전법령상 유해성 대기감시물질에 해당하지 않는 것은?

① 불소화물
② 이산화탄소
③ 사염화탄소
④ 일산화탄소

75 악취방지법령상 악취방지계획에 따라 악취방지에 필요한 조치를 하지 아니하고 악취배출시설을 가동한 자에 대한 벌칙기준은?

① 1년 이하의 징역 또는 1천만원 이하의 벌금
② 500만원 이하의 벌금
③ 300만원 이하의 벌금
④ 100만원 이하의 벌금

76 환경정책기본법령상 오존(O_3)의 대기환경기준으로 옳은 것은? (단, 8시간 평균치 기준)

① 0.10ppm 이하
② 0.06ppm 이하
③ 0.05ppm 이하
④ 0.02ppm 이하

77 환경정책기본법령상 초미세먼지(PM-2.5)의 ㉠ 연간평균치 및 ㉡ 24시간 평균치 대기환경기준으로 옳은 것은? (단, 단위는 $\mu g/m^3$)

① ㉠ 50 이하, ㉡ 100 이하
② ㉠ 35 이하, ㉡ 50 이하
③ ㉠ 20 이하, ㉡ 50 이하
④ ㉠ 15 이하, ㉡ 35 이하

78 대기환경보전법령상 장거리이동대기오염물질 대책위원회에 관한 사항으로 거리가 먼 것은?

① 위원회는 위원장 1명을 포함한 25명 이내의 위원으로 성별을 고려하여 구성한다.
② 위원회의 위원장은 환경부차관이 된다.
③ 위원회와 실무위원회 및 장거리이동 대기오염물질 연구단의 구성 및 운영 등에 관하여 필요한 사항은 환경부령으로 정한다.
④ 소관별 추진대책의 수립·시행에 필요한 조사·연구를 위하여 위원회에 장거리이동대기오염물질연구단을 둔다.

79 대기환경보전법령상 비산먼지 발생사업 신고 후 변경신고를 하여야 하는 경우로 옳지 않은 것은?

① 사업장의 명칭 또는 대표자를 변경하는 경우
② 비산먼지 배출공정을 변경하려는 경우
③ 건설공사의 공사기간을 연장하려는 경우
④ 공사중지를 한 경우

80 대기환경보전법령상 자동차에 온실가스 배출량을 표시하지 아니하거나 거짓으로 표시한 자에 대한 과태료 부과기준으로 옳은 것은?

① 500만원 이하의 과태료
② 300만원 이하의 과태료
③ 200만원 이하의 과태료
④ 100만원 이하의 과태료

UNIT 01 2019년 대기환경기사 1회 필기

1과목 대기오염개론

01 굴뚝 유효 높이를 3배로 증가시키면 지상 최대오염도는 어떻게 변화되는가? (단, Sutton식에 의함)
① 처음의 3배
② 처음의 1/3배
③ 처음의 9배
④ 처음의 1/9배

02 체적이 $100m^3$ 인 복사실의 공간에서 오존 배출량이 분당 0.2mg인 복사기를 연속 사용하고 있다. 복사기 사용전의 실내 오존의 농도가 0.1ppm이라고 할 때 5시간 사용 후 오존농도는 몇 ppb인가? (단, 0℃, 1기압 기준, 환기는 고려하지 않음)
① 260
② 380
③ 420
④ 520

03 2,000m에서 대기압력(최초 기압)이 860mbar, 온도가 5℃, 비열비 K가 1.4일 때 온위(potential temperature)는? (단, 표준 압력은 1000mbar)
① 약 284K
② 약 290K
③ 약 294K
④ 약 309K

04 내경이 2m 이고 실제높이가 45m 인 연돌에서 15m/s로 배출되는 배기가스의 온도는 127℃, 대기 중의 공기압은 1기압, 기온은 27℃이다. 연돌 배출구에서의 풍속이 5m/s 일 때, 유효연돌 높이는? (단, Holland의 연기 상승 높이 결정식은 다음과 같다.)

$$\Delta H = \frac{V_s \cdot d}{U}(1.5 + 2.68 \times 10^{-3} \cdot p \cdot (\frac{T_s - T_a}{T_s}) \times d)$$

① 74.1m
② 67.1m
③ 65.1m
④ 62.1m

05 다음 중 지표부근 대기 중에서 성분함량이 가장 낮은 것은?
① Ar
② He
③ Xe
④ Kr

06 역사적으로 유명한 대기오염사건 중 LA smog 사건에 대한 설명으로 옳지 않은 것은?
① 아침, 저녁 환원반응에 의한 발생
② 자동차 등의 석유연료의 소비 증가
③ 침강역전 상태
④ Aldehyde, O_3 등의 옥시던트 발생

07 광화학물질인 PAN에 관한 설명으로 옳지 않은 것은?
① PAN의 분자식은 $C_6H_5COOONO_2$이다.
② 식물의 경우 주로 생활력이 왕성한 초엽에 피해가 크다.
③ 식물의 영향은 잎의 밑부분이 은(백)색 또는 청동색이 되는 경향이 있다.
④ 눈에 통증을 일으키며 빛을 분산시키므로 가시거리를 단축시킨다.

08 지상에서부터 600m까지의 평균기온감율은 0.88℃/100m이다. 100m 고도에서의 기온이 20℃ 라면 300m에서의 기온은?

① 15.5℃ ② 16.2℃
③ 17.5℃ ④ 18.2℃

09 스테판-볼쯔만의 법칙에 의하면 표면온도가 1500K에서 1800K가 되었다면 흑체에서 복사되는 에너지는 약 몇 배가 되는가?

① 1.2배 ② 1.4배
③ 2.1배 ④ 3.2배

10 다음 중 오존층 보호를 위한 국제환경협약으로만 옳게 연결된 것은?

① 바젤협약 – 비엔나협약
② 오슬로협약 – 비엔나협약
③ 비엔나협약 – 몬트리올 의정서
④ 몬트리올 의정서 – 람사협약

11 파장이 5240Å인 빛 속에서 상대습도가 70% 이하인 경우 밀도가 1700mg/cm^{3}이고, 직경이 0.4μm인 기름방울의 분산면적비가 4.5일 때, 가시거리가 959m이라면 먼지농도(mg/m^3)는?

① 0.21 ② 0.31
③ 0.41 ④ 0.51

12 오존(O_3)의 특성과 광화학반응에 관한 설명으로 가장 거리가 먼 것은?

① 산화력이 강하여 눈을 자극하고 물에 난용성이다.
② 대기 중 지표면 오존의 농도는 NO_2로 산화된 NO량에 비례하여 증가한다.
③ 과산화기가 산소와 반응하여 오존이 생길 수도 있다.
④ 오존의 탄화수소 산화반응율은 원자상태의 산소에 의한 탄화수소의 산화보다 빠르다.

13 지표 부근의 대기의 일반적인 체류시간의 순서로 가장 적합한 것은?

① O_2 > N_2O > CH_4 > CO
② O_2 > CH_4 > CO > N_2O
③ CO > O_2 > N_2O > CH_4
④ CO > CH_4 > O_2 > N_2O

14 바람을 일으키는 힘 중 전향력에 관한 설명으로 가장 거리가 먼 것은?

① 전향력은 운동방향은 변화시키지 않지만, 속도에는 영향을 미친다.
② 북반구에서는 항상 움직이는 물체의 운동방향의 오른쪽 직각방향으로 작용한다.
③ 전향력은 극지방에서 최대가 되고 적도 지방에서 최소가 된다.
④ 전향력의 크기는 위도, 지구자전 각속도, 풍속의 함수로 나타낸다.

15 암모니아가 식물에 미치는 영향으로 가장 거리가 먼 것은?

① 토마토, 메밀 등은 40ppm 정도의 암모니아 가스 농도에서 1시간 지나면 피해증상이 나타난다.
② 최초의 증상은 잎 선단부에 경미한 황화현상으로 나타난다.
③ 잎의 일부분에 영향이 나타나며, 강한 식물로는 겨자, 해바라기 등이 있다.
④ 암모니아의 독성은 HCl과 비슷한 정도이다.

16 대기오염물의 분산과정에서 최대혼합깊이(Maximum mixing depth)를 가장 적합하게 표현한 것은?

① 열부상 효과에 의한 대류 혼합층의 높이
② 풍향에 의한 대류 혼합층의 높이
③ 기압의 변화에 의한 대류 혼합층의 높이
④ 오염물간 화학반응에 의한 대류 혼합층의 높이

17 다음 중 석면의 구성성분과 거리가 먼 것은?

① K   ② Na
③ Fe ④ Si

18 석면폐증에 관한 설명으로 가장 거리가 먼 것은?

① 석면폐증은 폐의 석면분진 침착에 의한 섬유화이며, 흉막의 섬유화와는 무관하다.
② 석면폐증은 폐상엽에서 주로 발생하며 전이되지 않는다.
③ 폐의 섬유화는 폐조직의 신축성을 감소시키고, 혈액으로의 산소공급을 불충분하게 한다.
④ 석면폐증은 비가역적이며, 석면노출이 중단된 이후에도 악화되는 경우가 있다.

19 질소산화물(NOx)에 관한 설명으로 옳지 않은 것은?

① NOx의 인위적 배출량 중 거의 대부분이 연소과정에서 발생된다.
② NOx는 그 자체도 인체에 해롭지만 광화학스모그의 원인물질로도 중요한 역할을 한다.
③ 연소과정에서 초기에 발생되는 NOx는 주로 NO이다.
④ 연소시 연료 중 질소의 NO변환율은 대체로 약 2~5% 범위이다.

20 다음은 지구온난화와 관련된 설명이다. ( )안에 알맞은 것은?

(㉠)는 온실기체들의 구조상 또는 열축적능력에 따라 온실효과를 일으키는 잠재력을 지수로 표현한 것으로 이 온실기체들은 CH_4, N_2O, CO_2, SF_6 등이 있으며 이 중 (㉠)가 가장 큰 값을 나타내는 물질은 (㉡)이다.

① ㉠ GHG, ㉡ CO_2 ② ㉠ GHG, ㉡ SF_6
③ ㉠ GWP, ㉡ CO_2 ④ ㉠ GWP, ㉡ SF_6

2과목 　　연소공학

21 미분탄 연소장치에 관한 설명으로 옳지 않은 것은?

① 설비비와 유지비가 많이 들고 재의 비산이 많아 집진장치가 필요하다.
② 부하변동의 적응이 어려워 대형과 대용량설비에는 적합하지 않다.
③ 연소제어가 용이하고 점화 및 소화시 손실이 적다.
④ 스토커 연소에 적합하지 않는 점결탄과 저발열량탄 등도 사용할 수 있다.

22 다음 중 연소와 관련된 설명으로 가장 적합한 것은?

① 공연비는 예혼합연소에 있어서의 공기와 연료의 질량비(또는 부피비)이다.
② 등가비가 1보다 큰 경우, 공기가 과잉인 경우로 열손실이 많아진다.
③ 등가비와 공기비는 상호 비례관계가 있다.
④ 최대탄산가스량(%)은 실제 건조연소 가스량을 기준한 최대탄산가스의 용적 백분율이다.

23 분자식 C_mH_n인 탄화수소 $1Sm^3$를 완전연소 시 이론 공기량이 $19Sm^3$인 것은?

① C_2H_4 ② C_2H_2
③ C_3H_8 ④ C_3H_4

24 유류버너 중 회전식버너에 관한 설명으로 옳지 않은 것은?

① 연료유의 점도가 작을수록 분무화입경이 작아진다.
② 분무는 기계적 원심력과 공기를 이용한다.
③ 유압식버너에 비하여 연료유의 분무화 입경이 1/10 이하로 매우 작다.
④ 분무각도는 40° ~ 80° 정도로 크며, 유량조절범위도 1:5 정도로 비교적 큰 편이다.

25 액화석유가스(LPG)에 관한 설명으로 옳지 않은 것은?

① 비중이 공기보다 작고, 상온에서 액화가 되지 않는다.
② 액체에서 기체로 될 때, 증발열이 발생한다.
③ 프로판과 부탄을 주성분으로 하는 혼합물이다.
④ 발열량이 20,000~30,000kcal/Sm^3 정도로 높다.

26 탄소, 수소의 중량 조성이 각각 86%, 14%인 액체연료를 매시 30kg 연소한 경우 배기가스의 분석치가 CO_2 12.5%, O_2 3.5%, N_2 84% 이라면 매시간 필요한 공기량(Sm^3/hr)은?

① 약 794 ② 약 675
③ 약 591 ④ 약 406

27 기체연료의 일반적 특징으로 가장 거리가 먼 것은?

① 저발열량의 것으로 고온을 얻을 수 있다.
② 연소효율이 높고 검댕이 거의 발생하지 않으나, 많은 과잉공기가 소모된다.
③ 저장이 곤란하고 시설비가 많이 드는 편이다.
④ 연료 속에 황이 포함되지 않은 것이 많고, 연소조절이 용이하다.

28 과잉공기가 지나칠 때 나타나는 현상으로 거리가 먼 것은?

① 연소실 내의 온도가 저하된다.
② 배기가스에 의한 열손실이 증가된다.
③ 배기가스의 온도가 높아지고 매연이 증가한다.
④ 열효율이 감소되고 배기가스 중 NO_x 증가의 가능성이 있다.

29 다음 중 저온부식의 원인과 대책에 관한 설명으로 가장 거리가 먼 것은?

① 연소가스 온도를 산노점 온도보다 높게 유지해야 한다.
② 예열공기를 사용하거나 보온시공을 한다.
③ 저온부식이 일어날 수 있는 금속표면은 피복을 한다.
④ 250℃ 이상의 전열면에 응축하는 황산, 질산 등에 의하여 발생된다.

30 연소의 종류에 관한 설명으로 옳지 않은 것은?

① 포트액면연소는 액면에서 증발한 연료가스 주위를 흐르는 공기와 혼합하면서 연소하는 것으로 연소속도는 주위 공기의 흐름속도에 거의 비례하여 증가한다.
② 심지연소는 공급공기의 유속이 낮을수록, 공기의 온도가 높을수록 화염의 높이는 높아진다.
③ 증발연소는 일반적으로 가정용 석유스토브, 보일러 등 연료가 경질유이며, 소형인 것에 사용된다.
④ 분무연소는 연소장치를 작게 할 수 있는 장점은 있으나, 고부하의 연소는 불가능하다.

31 착화온도에 관한 설명으로 옳지 않은 것은?

① 휘발성분이 적고 고정탄소량이 많을수록 높아진다.
② 반응 활성도가 작을수록 낮아진다.
③ 석탄의 탄화도가 증가하면 높아진다.
④ 공기의 산소농도가 높아지면 낮아진다.

32 다음 기체연료 중 고위발열량(KJ/mol)이 가장 큰 것은? (단, 25℃, 1atm을 기준으로 한다.)

① carbon monoxide
② methane
③ ethane
④ n-pentane

33 다음 조건에서의 메탄의 이론연소 온도는? (단, 메탄, 공기는 25℃에서 공급되며, CO_2, $H_2O(g)$, N_2의 평균정압 몰비열(상온~2100℃)은 각각 13.1, 10.5, 8.0[kcal/kmol·℃]이고, 메탄의 저위발열량은 8600[kcal/Sm^3]이다.)

① 약 1870℃
② 약 2070℃
③ 약 2470℃
④ 약 2870℃

34 탄소 85%, 수소 15%의 구성비를 갖는 중유를 연소할 때 CO_2max(%)는 얼마인가? (단, 공기비는 1.1이다.)

① 11.6%
② 13.4%
③ 14.8%
④ 16.4%

35 수소 8%, 수분 2%가 포함된 고체연료의 고위발열량이 8,000kcal/kg일 때 이 연료의 저위발열량은?

① 7,984kcal/kg
② 7,779kcal/kg
③ 7,556kcal/kg
④ 6,835kcal/kg

36 연료연소 시 매연발생에 관한 설명으로 옳지 않은 것은?

① 연료의 C/H비율이 클수록 매연이 발생하기 쉽다.
② 중합 및 고리화합물 등과 같이 반응이 일어나기 쉬운 탄화수소일수록 매연발생이 적다.
③ 분해하기 쉽거나 산화하기 쉬운 탄화수소는 매연발생이 적다.
④ 탄소결합을 절단하기보다는 탈수소가 쉬운 쪽이 매연이 발생하기 쉽다.

37 화학반응속도는 일반적으로 Arrhenius식으로 표현된다. 어떤 반응에서 화학반응상수가 27℃일 때에 비하여 77℃일 때 3배가 되었다면 이 화학반응의 활성화 에너지는?

① 2.3kcal/mol
② 4.6kcal/mol
③ 6.9kcal/mol
④ 13.2kcal/mol

38 다음 연료별 이론공기량(A_0, Sm^3/Sm^3)이 가장 큰 것은?

① 석탄가스
② 발생로가스
③ 탄소
④ 고로가스

39 다음 연료 중 착화온도가 가장 높은 것은?

① 천연가스
② 황
③ 중유
④ 휘발유

40 탄소 84.0%, 수소 13.0%, 황 2.0%, 질소 1.0%의 조성을 가진 중유 1kg 당 15Sm^3의 공기로 완전연소할 경우 습배출가스 중 SO_2의 농도(ppm)는? (단, 표준상태기준, 중유중의 황성분은 모두 SO_2로 된다.)

① 약 680ppm
② 약 735ppm
③ 약 800ppm
④ 약 890ppm

3과목 대기오염방지기술

41 휘발성유기화합물(VOCs)의 배출량을 줄이도록 요구받을 경우 그 저감방안으로 가장 거리가 먼 것은?

① VOCs 대신 다른 물질로 대체한다.
② 용기에서 VOCs 누출시 공기와 희석시켜 용기내 VOCs 농도를 줄인다.
③ VOCs를 연소시켜 인체에 덜 해로운 물질로 만들어 대기중으로 방출시킨다.
④ 누출되는 VOCs를 고체흡착제를 사용하여 흡착·제거한다.

42 충전탑(Packed tower) 내 충전물이 갖추어야할 조건으로 적절하지 않은 것은?

① 단위체적당 넓은 표면적을 가질 것
② 압력손실이 작을 것
③ 충전밀도가 작을 것
④ 공극율이 클 것

43 레이놀드 수(Reynold Number)에 관한 설명으로 옳지 않은 것은? (단, 유체흐름 기준)

① 관성력/점성력으로 나타낼 수 있다.
② 무차원의 수이다.
③ $\dfrac{\text{유체밀도} \times \text{유속} \times \text{유체흐름관직경}}{\text{유체점도}}$ 로 나타낼 수 있다.
④ $\dfrac{\text{점성계수}}{\text{밀도}}$ 로 나타낼 수 있다.

44 전기집진장치에서 먼지의 전기비저항이 높은 경우 전기비저항을 낮추기 위해 주입하는 물질과 거리가 먼 것은?

① 수증기　　　　② NH_3
③ H_2SO_4　　　④ NaCl

45 물을 가압(加壓) 공급하여 함진가스를 세정하는 형식의 가압수식 스크러버가 아닌 것은?

① Venturi Scrubber　② Impulse Scrubber
③ Spray Tower　　　④ Jet Scrubber

46 송풍기의 크기와 유체의 밀도가 일정할 때 송풍기의 회전수를 2배로 하면 풍압은 몇 배가 되는가?

① 2배　　　　② 4배
③ 6배　　　　④ 8배

47 공기 중 CO_2 가스의 부피가 5%를 넘으면 인체에 해롭다고 한다면, 지금 600m^3 되는 방에서 문을 닫고 80%의 탄소를 가진 숯을 최소 몇 kg을 태우면 해로운 상태로 되겠는가? (단, 기존의 공기 중 CO_2 가스의 부피는 고려하지 않음, 실내에서 완전혼합, 표준상태 기준)

① 약 5kg　　　② 약 10kg
③ 약 15kg　　④ 약 20kg

48 유해가스와 물이 일정한 온도에서 평형상태에 있다. 기상의 유해가스의 분압이 40mmHg일 때 수중가스의 농도가 16.5kmol/m^3이다. 이 경우 헨리 정수 (atm·m^3/kmol)는 약 얼마인가?

① 1.5×10^{-3}　　② 3.2×10^{-3}
③ 4.3×10^{-2}　　④ 5.6×10^{-2}

49 전기집진장치에서 전류밀도가 먼지층 표면부근의 이온전류 밀도와 같고 양호한 집진작용이 이루어지는 값이 $2 \times 10^{-8} A/cm^2$ 이며, 또한 먼지층 중의 절연파괴 전계강도를 $5 \times 10^3 V/cm$로 한다면, 이 때 ㉠ 먼지층의 겉보기 전기저항과 ㉡ 이 장치의 문제점으로 옳은 것은?

① ㉠ $1 \times 10^{-4}(\Omega \cdot cm)$, ㉡ 먼지의 재비산
② ㉠ $1 \times 10^{4}(\Omega \cdot cm)$, ㉡ 먼지의 재비산
③ ㉠ $2.5 \times 10^{11}(\Omega \cdot cm)$, ㉡ 역전리 현상
④ ㉠ $4 \times 10^{12}(\Omega \cdot cm)$, ㉡ 역전리 현상

50 황산화물 처리방법 중 건식 석회석 주입법에 관한 설명으로 옳지 않은 것은?

① 초기 투자비용이 적게 들어 소규모 보일러나 노후 보일러용으로 많이 사용되었다.
② 부대시설은 많이 필요하나, 아황산가스의 제거효율은 비교적 높은 편이다.
③ 배기가스의 온도가 잘 떨어지지 않는다.
④ 연소로 내에서의 화학반응은 소성, 흡수, 산화의 3가지로 구분할 수 있다.

51 후드의 형식 중 외부식 후드에 해당하지 않는 것은?

① 장갑부착 상자형(Glove box 형)
② 슬로트형(Slot 형)
③ 그리드형(Grid 형)
④ 루버형(Louver 형)

52 다음 여과재의 재질 중 내산성 여과재로 적합하지 않은 것은?

① 목면
② 카네카론
③ 비닐론
④ 글라스화이버

53 유해가스 흡수장치 중 다공판탑에 관한 설명으로 옳지 않은 것은?

① 비교적 대량의 흡수액이 소요되고, 가스겉보기 속도는 $10 \sim 20 m/s$ 정도이다.
② 액가스비는 $0.3 \sim 5 L/m^3$, 압력손실은 $100 \sim 200 mmH_2O$ / 단 정도이다.
③ 고체부유물 생성시 적합하다.
④ 가스량의 변동이 격심할 때는 조업할 수 없다.

54 길이 5m, 높이 2m인 중력침강실이 바닥을 포함하여 8개의 평행판으로 이루어져 있다. 침강실에 유입되는 분진가스의 유속이 0.2m/s 일 때 분진을 완전히 제거할 수 있는 최소입경은 얼마인가? (단, 입자의 밀도는 $1600 kg/m^3$, 분진가스의 점도는 $2.1 \times 10^{-5} kg/m \cdot s$, 밀도는 $1.3 kg/m^3$이고 가스의 흐름은 층류로 가정한다.)

① 31.0μm
② 23.2μm
③ 15.5μm
④ 11.6μm

55 지름 20cm, 유효높이 3m, 원통형 Bag Filter로 $4m^3/s$의 함진가스를 처리하고자 한다. 여과속도를 0.04m/s로 할 경우 필요한 Bag Filter수는 얼마인가?

① 35개
② 54개
③ 70개
④ 120개

56 NOx와 SOx 동시 제어기술에 대한 설명으로 옳지 않은 것은?

① SOxNO 공정은 감마 알루미나 담체의 표면에 나트륨을 첨가하여 SOx와 NOx를 동시에 흡착시킨다.
② CuO공정은 알루미나 담체에 CuO를 함침시켜 SO_2는 흡착반응하고 NOx는 선택적 촉매환원되어 제거되는 원리를 이용하는 공정이다.
③ CuO 공정에서 온도는 보통 850~1000℃ 정도로 조정하며, $CuSO_2$ 형태로 이동된 솔벤트 재생기에서 산소 또는 오존으로 재생한다.
④ 활성탄 공정은 S, H_2SO_4 및 액상 SO_2 등의 부산물이 생성되며, 공정 중 재가열이 없으므로 경제적이다.

57 벤튜리스크러버의 특성에 관한 설명으로 옳지 않은 것은?

① 유수식 중 집진율이 가장 높고, 목부의 처리가스유속은 보통 15~30m/s 정도이다.
② 물방울 입경과 먼지 입경의 비는 150:1 전후가 좋다.
③ 액가스비의 경우 일반적으로 친수성은 10μm 이상의 큰 입자가 $0.3L/m^3$ 전후이다.
④ 먼지 및 가스유동에 민감하고 대량의 세정액이 요구된다.

58 중력식 집진장치의 집진율 향상조건에 관한 설명 중 옳지 않은 것은?

① 침강실 내 처리가스의 속도가 작을수록 미립자가 포집된다.
② 침강실 입구폭이 클수록 유속이 느려지며 미세한 입자가 포집된다.
③ 다단일 경우에는 단수가 증가할수록 집진효율은 상승하나, 압력손실도 증가한다.
④ 침강실의 높이가 낮고, 중력장의 길이가 짧을수록 집진율은 높아진다.

59 배출가스 중의 질소산화물의 처리방법인 비선택적 촉매환원법에서 (NSCR) 사용하는 환원제로 거리가 먼 것은?

① CH_4 ② NH_3
③ H_2 ④ CO

60 전기집진장치에서 입자가 받는 Coulomb힘($kg \cdot m/s^2$)을 옳게 나타낸 것은? (단, e_0 : 전하(1.602×10^{-19} Coulomb), n : 전하수, E : 하전부의 전계 강도(Volt/m), μ : 가스점도($kg/m \cdot s$), D : 입자직경(m), V_e : 입자분리속도(m/s)이다.)

① ne_0E ② $2ne_0/E$
③ $3\pi\mu DV_e$ ④ $6\pi\mu DV_e$

4과목 대기오염공정시험기준(방법)

61 황성분 1.6% 이하 함유한 액체연료를 사용하는 연소시설에서 배출되는 황산화물(표준산소농도를 적용받는 항목)의 실측농도측정 결과 741ppm이었고, 배출가스 중의 실측산소농도는 7%, 표준산소농도는 4%이다. 황산화물의 농도(ppm)는 약 얼마인가?

① 750ppm ② 800ppm
③ 850ppm ④ 900ppm

62 전자 포획 검출기(ECD)에 관한 설명으로 옳지 않은 것은?

① 탄화수소, 알코올, 케톤 등에 대해 감도가 우수하다.
② 유기 할로겐 화합물, 니트로 화합물 및 유기금속 화합물 등 전자 친화력이 큰 원소가 포함된 화합물을 수 ppt의 매우 낮은 농도까지 선택적으로 검출할 수 있다.
③ 방사성 물질인 Ni-63 혹은 삼중수소로부터 방출되는 β선이 운반 기체를 전리하여 이로 인해 전자 포획검출기 셀(cell)에 전자구름이 생성되어 일정 전류가 흐르게 된다.
④ 고순도(99.9995%)의 운반기체를 사용하여야 하고 반드시 수분트랩(trap)과 산소트랩을 연결하여 수분과 산소를 제거할 필요가 있다.

63 흡광차분광법(Differenrial Optical Absorption Spectroscopy)에 관한 설명으로 옳지 않은 것은?

① 광원은 180~2850nm 파장을 갖는 제논램프를 사용한다.
② 주로 사용되는 검출기는 자외선 및 가시선 흡수 검출기이다.
③ 분광계는 Czerny-Turner 방식이나 Holographic 방식을 채택한다.
④ 아황산가스, 질소산화물, 오존 등의 대기오염물질 분석에 적용된다.

64 이온크로마토그래피의 일반적인 장치 구성순서로 옳은 것은?

① 펌프 - 시료주입장치 - 용리액조 - 분리관 - 검출기 - 써프렛서
② 용리액조 - 펌프 - 시료주입장치 - 분리관 - 써프렛서 - 검출기
③ 시료주입장치 - 펌프 - 용리액조 - 써프렛서 - 분리관 - 검출기
④ 분리관 - 시료주입장치 - 펌프 - 용리액조 - 검출기 - 써프렛서

65 자외선/가시선 분광법에서 미광(Stray light)의 유무 조사에 사용되는 것은?

① Cell Holder
② Holmium Glass
③ Cut Filter
④ Monochrometer

66 굴뚝 배출가스 중 먼지를 보통형(1형) 흡입노즐을 이용할 때 등속흡입을 위한 흡입량(L/min)은?

- 대기압 : 765mmHg
- 측정점에서의 정압 : -1.5mmHg
- 건식가스미터의 흡입가스 게이지압 : 1mmHg
- 흡입노즐의 내경 : 6mm
- 배출가스의 유속 : 7.5m/s
- 배출가스 중 수증기의 부피 백분율 : 10%
- 건식가스미터의 흡입온도 : 20℃
- 배출가스 온도 : 125℃

① 14.8
② 11.6
③ 9.9
④ 8.4

67 다음 중 자외선/가시선 분광법에서 흡광도를 측정하기 위한 순서로써 원칙적으로 제일 먼저 행하여야 할 행위는?

① 시료셀을 광로에 넣고 눈금판의 지시치를 흡광도 또는 투과율로 읽는다.
② 광로를 차단 후 대조셀로 영점을 맞춘다.
③ 광원으로부터 광속을 통하여 눈금 100에 맞춘다.
④ 눈금판의 지시가 안정되어 있는지 여부를 확인한다.

68 굴뚝 배출가스 중 암모니아의 인도페놀 분석방법으로 옳지 않은 것은?

① 시료채취량이 20L인 경우 시료중의 암모니아 농도가 약 1~10ppm 이상인 것의 분석에 적합하다.
② 분석용 시료용액 10mL를 취하고 여기에 페놀-나이트로푸루시드 소듐 용액 10mL를 가한 후 하이포아염소 산암모늄용액 10mL을 가한 다음 마개를 하고 조용히 흔들어 섞는다.
③ 액온 25~30℃에서 1시간 방치한 후, 광전분광광도계 또는 광전광도계로 측정한다.
④ 광전광도계의 측정파장은 640nm 부근이다.

69 굴뚝 배출가스상 물질의 시료채취방법으로 옳지 않은 것은?

① 채취관은 흡입가스의 유량, 채취관의 기계적 강도, 청소의 용이성 등을 고려해서 안지름 6~25mm 정도의 것을 쓴다.
② 채취관의 길이는 선정한 채취점까지 끼워 넣을 수 있는 것이어야 하고, 배출가스의 온도가 높을 때에는 관이 구부러지는 것을 막기 위한 조치를 해두는 것이 필요하다.
③ 여과재를 끼우는 부분은 교환이 쉬운 구조의 것으로 한다.
④ 일반적으로 사용되는 불소수지 도관은 100℃ 이상에서는 사용할 수 없다.

70 환경대기 중의 각 항목별 분석방법의 연결로 옳지 않은 것은?

① 질소산화물 : 살츠만법
② 옥시던트(오존으로서) : 베타선법
③ 일산화탄소 : 불꽃이온화검출기법(기체크로마토그래프 법)
④ 아황산가스 : 파라로자닐린법

71 굴뚝 배출가스 중 암모니아의 중화적정 분석방법에 관한 설명으로 옳은 것은?

① 분석용 시료용액을 황산으로 적정하여 암모니아를 정량한다.
② 시료가스를 산성조건에서 지시약을 넣고 N/100 NaOH로 적정하는 방법이다.
③ 시료가스 채취량이 40L일 때 암모니아 농도 1~5ppm인 경우에 적용한다.
④ 지시약은 페놀프탈레인 용액과 메틸레드 용액을 1:2 부피비로 섞어 사용한다.

72 휘발성유기화합물 누출확인에 사용되는 휴대용 VOCs 측정기기에 관한 설명으로 옳지 않은 것은?

① 휴대용 VOCs 측정기기의 계기눈금은 최소한 표시된 누출농도의 ±5%를 읽을 수 있어야 한다.
② 휴대용 VOCs 측정기기는 펌프를 내장하고 있어 연속적으로 시료가 검출기로 제공되어야 하며, 일반적으로 시료유량은 0.5L/min~3L/min이다.
③ 휴대용 VOCs 측정기기의 응답시간은 60초보다 작거나 같아야 한다.
④ 측정될 개별 화합물에 대한 기기의 반응인자(response factor)는 10보다 작아야 한다.

73 굴뚝 배출가스 중 브롬화합물 분석에 사용되는 흡수액으로 옳은 것은?

① 황산 + 과산화수소 + 증류수
② 붕산용액(질량분율 0.5%)
③ 수산화소듐용액(질량분율 0.4%)
④ 다이에틸아민동용액

74 굴뚝배출가스 중 벤젠을 분석하고자 할 때, 사용하는 채취관이나 도관의 재질로 적절하지 않은 것은?

① 경질유리 ② 석영
③ 불소수지 ④ 보통강철

75 원자흡수분광광도법에 사용되는 용어설명으로 옳지 않은 것은?

① 역화(Flame Back) : 불꽃의 연소속도가 크고 혼합기체의 분출속도가 작을 때 연소현상이 내부로 옮겨지는 것
② 중공음극램프(Hollow Cathode Lamp) : 원자흡광 분석의 광원이 되는 것으로 목적원소를 함유하는 중공음극 한 개 또는 그 이상을 고압의 질소와 함께 채운 방전관
③ 멀티 패스(Multi-Path) : 불꽃 중에서의 광로를 길게 하고 흡수를 증대시키기 위하여 반사를 이용하여 불꽃 중에 빛을 여러 번 투과시키는 것
④ 공명선(Resonance Line) : 원자가 외부로부터 빛을 흡수했다가 다시 먼저 상태로 돌아갈 때 방사하는 스펙트럼선

76 굴뚝 배출가스 중 아황산가스 자동연속측정방법에서 사용하는 용어의 의미로 가장 적합한 것은?

① 편향(Bias) : 측정결과에 치우침을 주는 원인에 의해서 생기는 우연오차
② 제로드리프트 : 연속자동측정기가 정상가동 되는 조건하에서 제로가스를 일정시간 흘려 준 후 발생한 출력신호가 변화된 정도
③ 시험가동시간 : 연속 자동측정기를 정상적인 조건에 따라 운전할 때 예기치 않는 수리, 조정, 부품 교환 없이 연속 가동할 수 있는 최대시간
④ 점(Point) 측정 시스템 : 굴뚝 단면 직경의 20% 이하의 경로 또는 여러 지점에서 오염물질 농도를 측정하는 연속 자동측정시스템

77 환경대기 중의 석면농도를 측정하기 위해 멤브레인 필터에 포집한 대기부유먼지 중의 석면 섬유를 위상차현미경을 사용하여 계수하는 방법에 관한 설명으로 옳지 않은 것은?

① 석면먼지의 농도표시는 20℃, 1기압 상태의 기체 1mL 중에 함유된 석면섬유의 개수 (개/mL)로 표시한다.
② 멤브레인 필터는 셀룰로오스 에스테르를 원료로 한 얇은 다공성의 막으로, 구멍의 지름은 평균 0.01~10μm의 것이 있다.
③ 대기 중 석면은 강제 흡인 장치를 통해 여과장치에 채취한 후 위상차 현미경으로 계수하여 석면 농도를 산출한다.
④ 빛은 간섭성을 띄우기 위해 단일 빛을 사용하며, 후광 또는 차광이 발생하더라도 측정에 영향을 미치지 않는다.

78 굴뚝 단면이 원형이고, 굴뚝 직경이 3m인 경우 배출가스먼지 측정을 위한 측정점수는?

① 8   ② 12
③ 16 ④ 20

79 다음은 기체크로마토그래피에 사용되는 검출기에 관한 설명이다. ( ) 안에 가장 적합한 것은?

> ( )는 안정된 직류전기를 공급하는 전원회로, 전류조절부, 신호검출 전기회로, 신호감쇄부 등으로 구성되며, 둘 사이의 열전도도 차이를 측정함으로써 시료를 검출하여 분석한다. 모든 화합물을 검출할 수 있어 분석대상에 제한이 없고, 값이 싸며 시료를 파괴하지 않는 장점이 있으나, 다른 검출기에 비해 감도가 낮다.

① Flame Ionization Detector
② Electron Capture Detector
③ Thermal Conductivity Detector
④ Flame Photometric Detector

80 연료용 유류 중의 황 함유량을 측정하기 위한 분석 방법은?

① 방사선식 여기법
② 자동 연속 열탈착 분석법
③ 테들라 백 – 열 탈착법
④ 몰린 형광 광도법

5과목 대기환경관계법규

81 환경정책기본법상 용어의 정의 중 ( )안에 가장 적합한 것은?

> ( )이란 일정한 지역에서 환경오염 또는 환경훼손에 대하여 환경이 스스로 수용, 정화 및 복원하여 환경의 질을 유지할 수 있는 한계를 말한다.

① 환경기준
② 환경용량
③ 환경보전
④ 환경보존

82 대기환경보전법규상 휘발유를 연료로 사용하는 "경자동차"의 배출가스 보증기간 적용기준으로 옳은 것은? (단, 2016년 1월 1일 이후 제작 자동차)

① 15년 또는 240,000km
② 10년 또는 192,000km
③ 2년 또는 160,000km
④ 1년 또는 20,000km

83 환경정책기본법령상 아황산가스(SO_2)의 대기환경기준 (ppm)으로 옳은 것은? (단, ㉠ 연간, ㉡ 24시간, ㉢ 1시간의 평균치 기준)

① ㉠ 0.02 이하, ㉡ 0.05 이하, ㉢ 0.15 이하
② ㉠ 0.03 이하, ㉡ 0.15 이하, ㉢ 0.25 이하
③ ㉠ 0.06 이하, ㉡ 0.10 이하, ㉢ 0.15 이하
④ ㉠ 0.03 이하, ㉡ 0.06 이하, ㉢ 0.10 이하

84 대기환경보전법규상 배출시설 등의 가동개시 신고와 관련하여 환경부령으로 정하는 시운전 기간은?

① 가동개시일부터 7일까지의 기간
② 가동개시일부터 15일까지의 기간
③ 가동개시일부터 30일까지의 기간
④ 가동개시일부터 90일까지의 기간

85 대기환경보전법규상 「의료법」에 따른 의료기관의 배출시설 등에 조업정지 처분을 갈음하여 과징금을 부과하고자 할 때, "2종사업장"의 규모별 부과계수로 옳은 것은?

① 0.4
② 0.7
③ 1.0
④ 1.5

86 대기환경보전법규상 측정기기의 부착·운영 등과 관련된 행정처분기준 중 굴뚝 자동측정기기의 부착이 면제된 보일러(사용연료를 6개월 이내에 청정연료로 변경할 계획이 있는 경우)로서 사용연료를 6월 이내에 청정연료로 변경하지 아니한 경우의 4차 행정처분기준으로 가장 적합한 것은?

① 조업정지 10일
② 조업정지 30일
③ 조업정지 5일
④ 경고

87 대기환경보전법령상 대기배출시설의 설치허가를 받고자 하는 자가 제출해야 할 서류목록에 해당하지 않는 것은?

① 오염물질 배출량을 예측한 명세서
② 배출시설 및 방지시설의 설치명세서
③ 방지시설의 연간 유지관리 계획서
④ 배출시설 및 방지시설의 실시계획도면

88 악취방지법규상 악취검사기관의 준수사항 중 실험일지 및 검량선 기록지, 검사 결과 발송 대장, 정도관리 수행기록철 등의 보존기간으로 옳은 것은?

① 1년간 보존　② 2년간 보존
③ 3년간 보존　④ 5년간 보존

89 대기환경보전법령상 초과부과금 산정기준에서 오염물질 1킬로그램당 부과금액이 가장 낮은 것은?

① 먼지　② 황산화물
③ 암모니아　④ 불소화합물

90 대기환경보전법규상 휘발성유기화합물 배출 억제·방지 시설 설치 및 검사·측정결과의 기록보존에 관한 기준 중 주유소 주유시설 기준으로 옳지 않은 것은?

① 회수설비의 처리효율은 90퍼센트 이상이어야 한다.
② 유증기 회수배관을 설치한 후에는 회수배관 액체 막힘검사를 하고 그 결과를 3년간 기록·보존하여야 한다.
③ 회수설비의 유증기 회수율(회수량/주유량)이 적정 범위(0.88~1.2)에 있는지를 회수설비를 설치한 날부터 1년이 되는 날 또는 직전에 검사한 날부터 1년이 되는 날마다 전후 45일 이내에 검사한다.
④ 주유소에서 차량에 유류를 공급할 때 배출되는 휘발성 유기화합물은 주유시설에 부착된 유증기 회수설비를 이용하여 대기로 직접 배출되지 아니하도록 하여야 한다.

91 대기환경보전법상 사업자는 조업을 할 때에는 환경부령으로 정하는 바에 따라 배출시설과 방지시설의 운영에 관한 상황을 사실대로 기록하여 보존하여야 하나 이를 위반하여 배출시설 등의 운영상황을 기록·보존하지 아니하거나 거짓으로 기록한 자에 대한 과태료 부과기준으로 옳은 것은?

① 1000만원 이하의 과태료
② 500만원 이하의 과태료
③ 300만원 이하의 과태료
④ 200만원 이하의 과태료

92 대기환경보전법규상 고체연료 환산계수가 가장 큰 연료(또는 원료명)는? (단, 무연탄 환산계수 : 1.00, 단위 : kg 기준)

① 톨루엔　② 유연탄
③ 에탄올　④ 석탄타르

93 대기환경보전법령상 일일 기준초과배출량 및 일일 유량의 산정방법에 관한 설명으로 옳지 않은 것은?

① 일일유량 산정을 위한 측정유량의 단위는 m^3/일로 한다.
② 일일유량 산정을 위한 일일조업시간은 배출량을 측정하기 전 최근 조업한 30일 동안의 배출시설의 조업시간 평균치를 시간으로 표시한다.
③ 먼지 이외의 오염물질의 배출농도 단위는 ppm으로 한다.
④ 특정대기유해물질의 배출허용기준초과 일일오염물질배출량은 소수점이하 넷째자리까지 계산한다.

94 환경정책기본법령상 대기환경기준으로 옳지 않은 것은?

구분	항목	기준	농도
㉠	CO	8시간 평균치	9ppm 이하
㉡	NO_2	24시간 평균치	0.1ppm 이하
㉢	PM-10	연간 평균치	$50\mu g/m^2$ 이하
㉣	벤젠	연간 평균치	$50\mu g/m^2$ 이하

① ㉠　　② ㉡
③ ㉢　　④ ㉣

95 실내공기질 관리법규상 "공동주택의 소유자"에게 권고하는 실내 라돈 농도의 기준으로 옳은 것은?

① 1세제곱미터당 200베크렐 이하
② 1세제곱미터당 300베크렐 이하
③ 1세제곱미터당 500베크렐 이하
④ 1세제곱미터당 800베크렐 이하

96 대기환경보전법상 환경부장관은 대기오염물질과 온실가스를 줄여 대기환경을 개선하기 위한 대기환경 개선 종합계획을 얼마마다 수립하여 시행하여야 하는가?

① 매년마다　　② 3년마다
③ 5년마다　　④ 10년마다

97 대기환경보전법상 1년 이하의 징역이나 1천만원 이하의 벌금에 처하는 벌칙기준이 아닌 것은?

① 배출시설의 설치를 완료한 후 신고를 하지 아니하고 조업한 자
② 환경상 위해가 발생하여 그 사용규제를 위반하여 자동차 연료·첨가제 또는 촉매제를 제조하거나 판매한 자
③ 측정기기 관리대행업의 등록 또는 변경등록을 하지 아니하고 측정기기 관리 업무를 대행한 자
④ 부품결함시정명령을 위반한 자동차 제작자

98 악취방지법상 악취로 인한 주민의 건강상 위해 예방 등을 위해 기술진단을 실시하지 아니한 자에 대한 과태료 부과기준으로 옳은 것은?

① 500만원 이하의 과태료
② 300만원 이하의 과태료
③ 200만원 이하의 과태료
④ 100만원 이하의 과태료

99 대기환경보전법규상 운행차 배출허용기준 중 일반기준으로 옳지 않은 것은?

① 건설기계 중 덤프트럭, 콘크리트 믹서트럭, 콘크리트펌프트럭에 대한 배출허용기준은 화물자동차 기준을 적용한다.
② 알코올만 사용하는 자동차는 탄화수소 기준을 적용하지 아니한다.
③ 1993년 이후에 제작된 자동차 중 과급기(Turbo charger)나 중각냉각기(Intercooler)를 부착한 경유사용 자동차의 배출허용기준은 무부하급가속 검사방법의 매연 항목에 대한 배출허용기준에 5%를 더한 농도를 적용한다.
④ 희박연소(Lean Burn) 방식을 적용하는 자동차는 공기 과잉률 기준을 적용한다.

100 실내공기질 관리법규상 폼알데하이드의 신축 공동주택의 실내공기질 권고기준은?

① $30\mu g/m^3$ 이하　　② $210\mu g/m^3$ 이하
③ $300\mu g/m^3$ 이하　　④ $700\mu g/m^3$ 이하

UNIT 02 2019년 대기환경기사 2회 필기

1과목 대기오염개론

01 지구온난화가 환경에 미치는 영향 중 옳은 것은?
① 온난화에 의한 해면상승은 지역의 특수성에 관계없이 전지구적으로 동일하게 발생한다.
② 대류권 오존의 생성반응을 촉진시켜 오존의 농도가 지속적으로 감소한다.
③ 기상조건의 변화는 대기오염의 발생횟수와 오염농도에 영향을 준다.
④ 기온상승과 토양의 건조화는 생물성장의 남방한계에는 영향을 주지만 북방한계에는 영향을 주지 않는다.

02 대기오염모델 중 수용모델에 관한 설명으로 거리가 먼 것은?
① 기초적인 기상학적 원리를 적용, 미래의 대기질을 예측하여 대기오염제어 정책 입안에 도움을 준다.
② 입자상 물질, 가스상 물질, 가시도 문제 등 환경과학 전반에 응용할 수 있다.
③ 모델의 분류로는 오염물질의 분석방법에 따라 현미경분석법과 화학분석법으로 구분할 수 있다.
④ 측정자료를 입력자료로 사용하므로 시나리오 작성이 곤란하다.

03 광화학반응과 관련된 오염물질 일변화의 일반적인 특징으로 가장 거리가 먼 것은?
① NO_2와 HC의 반응에 의해 오후 3시경을 전후로 NO가 최대로 발생하기 시작한다.
② NO에서 NO_2로의 산화가 거의 완료되고 NO_2가 최고농도에 도달하는 때부터 O_3가 증가되기 시작한다.
③ Aldehyde는 O_3 생성에 앞서 반응초기부터 생성되며 탄화수소의 감소에 대응한다.
④ 주요 생성물로는 PAN, Aldehyde, 과산화기 등이 있다.

04 다음 중 CFCs(염화불화탄소)의 배출원과 거리가 먼 것은?
① 스프레이의 분사제   ② 우레탄 발포제
③ 형광등 안정기   ④ 냉장고의 냉매

05 대기오염 농도를 추정하기 위한 상자모델에서 사용하는 가정으로 옳지 않은 것은?
① 고려되는 공간에서 오염물질의 농도는 균일하다.
② 오염물질의 배출원이 지면 전역에 균등히 분포되어 있다.
③ 오염물질의 분해는 0차 반응에 의한다.
④ 고려되는 공간의 수직단면에 직각방향으로 부는 바람의 속도가 일정하여 환기량이 일정하다.

06 유효굴뚝높이가 200m인 연돌에서 배출되는 가스량은 $20m^3$/sec, SO_2 농도는 1750ppm이다. K_y = 0.07, K_z = 0.09인 중립 대기조건에서 SO_2의 최대 지표농도(ppb)는? (단, 풍속은 30m/sec이다.)
① 34ppb   ② 22ppb
③ 15ppb   ④ 9ppb

07 해륙풍에 관한 설명으로 옳지 않은 것은?

① 육지와 바다는 서로 다른 열적 성질 때문에 주간에는 육지로부터, 야간에는 바다로부터 바람이 분다.
② 야간에는 바다의 온도 냉각율이 육지에 비해 작으므로 기압차가 생겨나 육풍이 존재한다.
③ 육풍은 해풍에 비해 풍속이 작고, 수직 수평적인 범위도 좁게 나타나는 편이다.
④ 해륙풍이 장기간 지속되는 경우에는 폐쇄된 국지순환의 결과로 인하여 해안가에 공업단지 등의 산업도시기 있는 지역에서는 대기오염물질의 축적이 일어날 수 있다.

08 가스상 물질의 영향에 관한 설명으로 거리가 먼 것은?

① SO_2는 1ppm 정도에서도 수시간 내에 고등식물에게 피해를 준다.
② CO_2 독성은 10ppm 정도에서 인체와 식물에 해롭다.
③ CO는 100ppm까지는 1~3주간 노출되어도 고등식물에 대한 피해는 약한 편이다.
④ HCl은 SO_2보다 식물에 미치는 영향이 훨씬 적으며, 한계농도는 10ppm에서 수시간 정도이다.

09 열섬현상에 관한 설명으로 가장 거리가 먼 것은?

① Dust dome effect라고도 하며, 직경 10km 이상의 도시에서 잘 나타나는 현상이다.
② 도시지역 표면의 열적 성질의 차이 및 지표면에서의 증발잠열의 차이 등으로 발생된다.
③ 태양의 복사열에 의해 도시에 추적된 열이 주변지역에 비해 크기 때문에 형성된다.
④ 대도시에서 발생하는 기후현상으로 주변지역 보다 비가 적게 오며, 건조해져 코, 기관지 염증의 원인이 되며, 태양복사열과 관련된 비타민 C의 결핍을 초래한다.

10 먼지 농도가 40μg/m³일 때 가시거리는? (단, 상대습도 70%, A = 1.2)

① 25km ② 30km
③ 35km ④ 40km

11 다음 분산모델 중 미국에서 개발한 것으로 광화학모델이며, 점오염원이나 면오염원에 적용하고, 도시지역의 오염물질 이동을 계산할 수 있는 것은?

① ISCLT ② TCM
③ UAM   ④ RAMS

12 다음 중 PAN(Peroxy Acetyl Nitrate)의 구조식을 옳게 나타낸 것은?

① $C_6H_5-\underset{\underset{O}{\|}}{C}-O-O-NO_2$

② $CH_3-\underset{\underset{O}{\|}}{C}-O-O-NO_2$

③ $C_2H_5-\underset{\underset{O}{\|}}{C}-O-O-NO_2$

④ $C_4H_8-\underset{\underset{O}{\|}}{C}-O-O-NO_2$

13 다음은 어떤 연기 형태에 해당하는 설명인가?

> 대기가 매우 안정한 상태일 때에 아침과 새벽에 잘 발생하며, 강한 역전조건에서 잘 생긴다. 이런 상태에서는 연기의 수직방향 분산은 최소가 되고, 풍향에 수직되는 수평방향의 분산은 아주 적다.

① fanning ② coning
③ looping ④ lofting

14 아래 그림은 고도에 따른 대기의 기온 변화를 나타낸 것이다. 다음 중 대기중에 섞인 오염물질이 가장 잘 확산되는 기온변화 형태는?

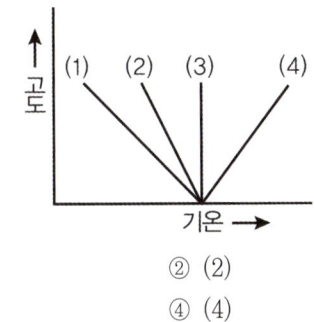

① (1) ② (2)
③ (3) ④ (4)

15 다음 대기오염물질의 분류 중 2차 오염물질에 해당하지 않는 것은?
① NOCl ② 알데하이드
③ 케톤 ④ N_2O_3

16 가솔린 연료를 사용하는 차량은 엔진 가동형태에 따라 오염물질 배출량은 달라진다. 다음 중 통상적으로 탄화수소가 제일 많이 발생하는 엔진 가동형태는?
① 정속(60km/h) ② 가속
③ 정속(40km/h) ④ 감속

17 지표부근에 존재하는 오존(O_3)에 관한 설명 중 틀린 것은?
① 질소산화물과 탄화수소의 광화학적 반응에 의해 생성되며, 강력한 산화작용을 한다.
② 오존에 강한 식물로는 담배, 앨팰퍼, 무 등이 있다.
③ 식물의 엽록소 파괴, 동화작용의 억제, 산소작용의 저해 등을 일으킨다.
④ 식물의 피해정도는 기공의 개폐, 증산작용의 대소 등에 따라 달라진다.

18 Down Wash 현상에 관한 설명은?
① 원심력집진장치에서 처리가스량의 5~10% 정도를 흡인하여 줌으로써 유효원심력을 증대시키는 방법이다.
② 굴뚝의 높이가 건물보다 높은 경우 건물 뒤편에 공동현상이 생기고 이 공동에 대기오염물질의 농도가 낮아지는 현상을 말한다.
③ 굴뚝 아래로 오염물질이 휘날려 굴뚝 밑 부분에 오염물질의 농도가 높아지는 현상을 말한다.
④ 해가 뜬 후 지표면이 가열되어 대기가 지면으로부터 열을 받아 지표면 부근부터 역전층이 해소되는 현상을 말한다.

19 가우시안 모델에 도입된 가정조건으로 거리가 먼 것은?
① 연기의 분산은 정상상태 분포를 가정한다.
② 바람에 의한 오염물질의 주 이동방향은 x축이며, 풍속은 일정하다.
③ 연직방향의 풍속은 통상 수평방향의 풍속보다 크므로 고도변화에 따라 반영한다.
④ 난류확산계수는 일정하다.

20 지상으로부터 500m까지의 평균 기온감율이 0.85℃/100m이다. 100m 고도의 기온이 15℃라 하면 400m에서의 기온은?
① 13.30℃ ② 12.45℃
③ 11.45℃ ④ 10.45℃

2과목 연소공학

21 중유의 특성에 관한 설명으로 가장 거리가 먼 것은?
① 중유는 비중이 클수록 유동점, 점도가 증가한다.
② 중유는 인화점이 150℃ 이상으로 이 온도 이하에서는 인화의 위험이 적다.
③ 중유의 잔류 탄소함량은 일반적으로 7~16% 정도이다.
④ 점도가 낮은 것은 일반적으로 낮은 비점의 탄화수소를 함유한다.

22 공기를 사용하여 propane을 완전연소시킬 때 건조 연소가스 중의 CO_2 max(%)는?
① 13.76
② 17.76
③ 18.25
④ 22.85

23 화학반응속도 및 반응속도상수에 관한 설명으로 옳지 않은 것은?
① 1차 반응에서 반응속도상수의 단위는 s^{-1}이다.
② 반응물의 농도를 무제한 증가할지라도 반응속도에는 영향을 미치지 않는 반응을 0차 반응이라 한다.
③ 화학반응속도론에서 반응속도상수 결정에 활성화에너지가 가장 주요한 영향인자로 작용하며, 넓은 온도범위에 걸쳐 유효하게 적용된다.
④ 반응속도상수는 온도에 영향을 받는다.

24 착화점의 설명으로 옳지 않은 것은?
① 화학적으로 발열량이 적을수록 착화점은 낮다.
② 화학결합의 활성도가 클수록 착화점은 낮다.
③ 분자구조가 복잡할수록 착화점은 낮다.
④ 산소 농도가 클수록 착화점은 낮다.

25 다음 중 기체연료 연소장치에 해당하지 않는 것은?
① 송풍 버너
② 선회 버너
③ 방사형 버너
④ 로터리 버너

26 석유류의 물성에 관한 설명으로 옳지 않은 것은?
① 비중이 커지면 화염의 휘도가 커지며, 점도가 증가한다.
② 증기압이 크면 인화점 및 착화점이 높아져서 안전하지만, 연소효율은 저하된다.
③ 점도가 낮아지면 인화점이 낮아지고 연소가 잘 된다.
④ 유체온도를 서서히 냉각하였을 때 유체가 유동할 수 있는 최저온도를 유동점이라 하고, 일반적으로 응고점보다 25℃ 높은 온도를 유동점이라 한다.

27 용적 $100m^3$의 밀폐된 실내에서 황함량 0.01%인 등유 200g을 완전연소시킬 때 실내의 평균 SO_2 농도(ppm)는? (단, 표준상태를 기준으로 하고, 황은 전량 SO_2로 전환된다.)
① 140
② 240
③ 430
④ 570

28 탄화도의 증가에 따른 연소특성의 변화에 대한 설명으로 옳지 않은 것은?
① 착화온도는 상승한다.
② 발열량은 증가한다.
③ 산소의 양이 줄어든다.
④ 연료비(고정탄소%/휘발분%)는 감소한다.

29 다음 중 연료 연소 시 공기비가 이론치보다 작을 때 나타나는 현상으로 가장 적합한 것은?

① 완전연소로 연소실내의 열손실이 작아진다.
② 배출가스 중 일산화탄소의 양이 많아진다.
③ 연소실벽에 미연탄화물 부착이 줄어든다.
④ 연소효율이 증가하여 배출가스의 온도가 불규칙하게 증가 및 감소를 반복한다.

30 탄소 85%, 수소 15%된 경유(1kg)를 공기과잉계수 1.1로 연소했더니 탄소 1%가 검댕(그을음)으로 된다. 건조 배기가스 1Sm³중 검댕의 농도(g/Sm³)는?

① 약 0.72
② 약 0.86
③ 약 1.72
④ 약 1.86

31 다음 연료의 연소 시 이론공기량의 개략치(Sm³/kg)가 가장 큰 것은?

① LPG
② 고로가스
③ 발생로가스
④ 석탄가스

32 유압분무식 버너의 특징과 거리가 먼 것은?

① 유량조절범위가 1:10 정도로 넓어서 부하변동에 적응이 쉽다.
② 연료분사범위는 15~2000L/h 정도이다.
③ 연료의 점도가 크거나 유압이 5kg/cm² 이하가 되면 분무화가 불량하다.
④ 구조가 간단하여 유지 및 보수가 용이한 편이다.

33 9,000kcal/kg의 열량을 내는 석탄을 시간당 80kg 연소하는 보일러가 있다. 실제로 이 보일러에서 시간당 흡수된 열량이 600,000kcal라면 이 보일러의 열효율(%)은?

① 66.7
② 75.0
③ 83.3
④ 90.0

34 저위발열량이 7000kcal/Sm³의 가스연료의 이론연소온도(℃)는? (단, 이론연소가스량은 10m³/Sm³, 연료연소가스의 평균 정압비열은 0.35kcal/Sm³·℃, 기준온도는 15℃, 지금 공기는 예열되지 않으며, 연소가스는 해리되지 않음)

① 1515
② 1825
③ 2015
④ 2325

35 폐열회수장치가 설치된 소각로의 특징에 관한 설명으로 거리가 먼 것은? (단, 폐열회수를 안하는 소각로와 비교)

① 연소가스 배출 부분과 수증기 보일러관에서 부식의 염려가 없다.
② 열 회수 연소가스의 온도와 부피를 줄일 수 있다.
③ 공기와 연소가스의 양이 비교적 적으므로 용량이 작은 송풍기를 쓸 수 있다.
④ 수증기 생산을 위한 수냉로벽, 보일러 등 설비가 필요하다.

36 기체연료의 연소방식과 연소장치에 관한 설명으로 옳지 않은 것은?

① 확산연소는 주로 탄화수소가 적은 발생로가스, 고로가스 등에 적용되는 연소방식이다.
② 예혼합연소는 화염온도가 낮아 국부가열의 염려가 없고 연소부하가 작은 경우 사용이 가능하며, 화염의 길이가 길다.
③ 저압버너는 역화방지를 위해 1차 공기량을 이론공기량의 약 60% 정도만 흡입하고 2차 공기로는 로내의 압력을 부압(-)으로 하여 공기를 흡인한다.
④ 예혼합연소에 사용되는 버너에는 저압버너, 고압버너, 송풍버너 등이 있다.

37 A 기체연료 2Sm³을 분석한 결과 C₃H₈ 1.7Sm³, CO 0.15Sm³, H₂ 0.14Sm³, O₂ 0.01Sm³였다면 이 연료를 완전연소시켰을 때 생성되는 이론 습연소가스량(Sm³)은?

① 약 41Sm³ ② 약 45Sm³
③ 약 52Sm³ ④ 약 57Sm³

38 CH_4 : 30%, C_2H_6 : 30%, C_3H_8 : 40%인 혼합가스의 폭발범위로 가장 적합한 것은? (단, 르샤틀리에의 식 적용)

| CH_4 폭발범위 : 5~15% |
| C_2H_6 폭발범위 : 3~12.5% |
| C_3H_8 폭발범위 : 2.1~9.5% |

① 약 2.9~11.6% ② 약 3.7~13.8%
③ 약 4.9~14.6% ④ 약 5.8~15.4%

39 미분탄연소의 특징에 관한 설명으로 거리가 먼 것은?

① 부하변동에 대한 응답성이 좋은 편이어서 대용량의 연소에 적합하다.
② 화격자연소보다 낮은 공기비로서 높은 연소효율을 얻을 수 있다.
③ 분무연소와 상이한 점은 가스화 속도가 빠르고, 화염이 연소실 중앙부에 집중하여 명료한 화염면이 형성된다는 것이다.
④ 석탄의 종류에 따른 탄력성이 부족하고, 로벽 및 전열면에서 재의 퇴적이 많은 편이다.

40 Butane 2kg을 표준상태에서 완전연소시키는데 필요한 이론산소의 양(kg)은?

① 3.59 ② 5.02
③ 7.17 ④ 11.17

3과목   대기오염방지기술

41 사이클론의 반경이 50cm인 원심력 집진장치에서 입자의 집선방향속도가 10m/sec 이라면 분리계수는?

① 10.2 ② 20.4
③ 34.5 ④ 40.9

42 유해가스의 물리적 흡착에 관한 설명으로 옳지 않은 것은?

① 온도가 낮을수록 흡착량은 많다.
② 흡착제에 대한 용질의 분압이 높을수록 흡착량이 증가한다.
③ 가역성이 높고 여러 층의 흡착이 가능하다.
④ 흡착열이 높고, 분자량이 작을수록 잘 흡착된다.

43 시간당 5톤의 중유를 연소하는 보일러의 배기가스를 수산화나트륨 수용액으로 세정하여 탈황하고 부산물로 아황산나트륨을 회수하려고 한다. 중유 중 황(S)함량이 2.56%, 탈황장치의 탈황효율이 87.5%일 때, 필요한 수산화나트륨의 이론량은 시간당 몇 kg인가?

① 300kg ② 280kg
③ 250kg ④ 225kg

44 암모니아의 농도가 용적비로 200ppm인 실내공기를 송풍기로 환기시킬 때 실내용적이 4000m³고, 송풍량이 100m³·min이면 농도를 20ppm으로 감소시키기 위해 소요되는 시간은?

① 82min ② 92min
③ 102min ④ 112min

45 다음 중 (CH$_3$)CHCH$_2$CHO의 냄새특성으로 가장 적합한 것은?

① 양파, 양배추 썩는 냄새
② 분뇨 냄새
③ 땀 냄새
④ 자극적이며, 새콤하고 타는 듯한 냄새

46 냄새물질에 관한 다음 설명 중 가장 거리가 먼 것은?

① 물리화학적 자극량과 인간의 감각강도 관계는 Ranney 법칙과 잘 맞다.
② 골격이 되는 탄소(C)수는 저분자일수록 관능기 특유의 냄새가 강하고 자극적이며, 8~13에서 가장 향기가 강하다.
③ 분자내 수산기의 수는 1개일 때 가장 강하고 수가 증가하면 약해져서 무취에 이른다.
④ 불포화도가 높으면 냄새가 보다 강하게 난다.

47 유해가스의 연소처리에 관한 설명으로 가장 거리가 먼 것은?

① 직접연소법은 경우에 따라 보조연료나 보조공기가 필요하며, 대체로 오염물질의 발열량이 연소에 필요한 전체 열량의 50% 이상일 때 경제적으로 타당하다.
② 직접연소법은 after burner법이라고도 하며, HC, H$_2$, NH$_3$, HCN 및 유독가스 제거법으로 사용한다.
③ 가열연소법은 배가스 중 가연성 오염물질의 농도가 매우 높아 직접연소법으로 불가능할 경우에 주로 사용되고 조업의 유동성이 적어 NOx 발생이 많다.
④ 가열연소법에서 연소로 내의 체류시간은 0.2~0.8초 정도이다.

48 탈취방법에 관한 설명으로 옳지 않은 것은?

① BALL 차단법은 밀폐형 구조물을 설치할 필요가 없고, 크기와 색상이 다양한 편이다.
② 약액세정법은 조작이 복잡하고, 대상 악취물질에 대한 제한성이 크지만, 산성가스 및 염기성 가스의 별도 처리가 필요하지 않다.
③ 산화법 중 염소주입법은 페놀이 다량 함유되었을 때에는 클로로페놀을 형성하여 2차 오염문제를 발생시킨다.
④ 수세법은 수온 변화에 따라 탈취효과가 변하고, 처리풍향 및 압력손실이 크다.

49 흡수에 관한 설명으로 옳지 않은 것은?

① 가스측 경막저항은 흡수액에 대한 유해가스의 농도가 클 때 경막저항을 지배하고, 반대로 액측 경막저항은 용해도가 작을 때 지배한다.
② 대기오염물질은 보통 공기 중에 소량 포함되어 있고, 유해가스의 농도가 큰 흡수제를 사용하므로 가스측 경막저항이 주로 지배한다.
③ Baker는 평형선과 조작선을 사용하여 NTU를 결정하는 방법을 제안하였다.
④ 충전탑의 조건이 평형곡선에서 멀어질수록 흡수에 대한 추진력은 더 작아지며, NTU는 Berl number에 의해 지배된다.

50 여과집진장치에 사용되는 각종 여과재의 성질에 관한 연결로 가장 거리가 먼 것은? (단, 여과재의 종류-산에 대한 저항성-최고사용온도)

① 목면-양호-150℃
② 글라스화이버-양호-250℃
③ 오론-양호-150℃
④ 비닐론-양호-100℃

51 직경이 15cm인 원형관에서 층류로 흐를 수 있게 임계 레이놀계수를 2100으로 할 때, 최대 평균유속 (cm/sec)은? (단, $v = 1.8 \times 10^{-6} m^2/sec$)

① 1.52
② 2.52
③ 4.59
④ 6.74

52 덕트설치 시 주요원칙으로 거리가 먼 것은?

① 공기가 아래로 흐르도록 하향구배를 만든다.
② 구부러짐 전후에는 청소구를 만든다.
③ 밴드는 가능하면 완만하게 구부리며, 90°는 피한다.
④ 덕트는 가능한 한 길게 배치하도록 한다.

53 전기집진장치에서 비저항과 관련된 내용으로 옳지 않은 것은?

① 비연설비에서 연료에 S함유량이 많은 경우는 먼지의 비저항이 낮아진다.
② 비저항이 낮은 경우에는 건식 전기집진장치를 사용하거나, 암모니아 가스를 주입한다.
③ $10^{11} \sim 10^{13} \Omega \cdot cm$ 범위에서는 역전리 또는 역이온화가 발생한다.
④ 비저항이 높은 경우는 분진층의 전압손실이 일정하더라도 가스상의 전압손실이 감소하게 되므로, 전류는 비저항의 증가에 따라 감소된다.

54 설치 초기 전기집진장치의 효율이 98%였으나, 2개월 후 성능이 96%로 떨어졌다. 이 때 먼지 배출농도는 설치 초기의 몇 배인가?

① 2배
② 4배
③ 8배
④ 16배

55 다음 입자상 물질의 크기를 결정하는 방법 중 입자상 물질의 그림자를 2개의 등면적으로 나눈 선의 길이를 직경으로 하는 입경은?

① 마틴직경
② 스톡스직경
③ 피렛직경
④ 투영면직경

56 유해가스에 대한 설명 중 가장 거리가 먼 것은?

① Cl_2가스는 상온에서 황록색을 띤 기체이며 자극성 냄새를 가진 유독물질로 관련 배출원은 표백공업이다.
② F_2는 상온에서 무색의 발연성 기체로 강한 자극성이며 물에 잘 녹고 배출원은 알루미늄 제련공업이다.
③ SO_2는 무색의 강한 자극성 기체로 환원성 표백제로도 이용되고 화석연료의 연소에 의해서도 발생한다.
④ NO는 적갈색의 특이한 냄새를 가진 물에 잘 녹는 맹독성 기체로 자동차배출이 가장 많은 부분을 차지한다.

57 가스 $1m^3$당 50g의 아황산가스를 포함하는 어떤 폐가스를 흡수 처리하기 위하여 가스 $1m^3$에 대하여 순수한 물 2000kg의 비율로 연속 항류 접촉시켰더니 폐가스 내 아황산가스의 농도가 1/10로 감소하였다. 물 1000kg에 흡수된 아황산가스의 양(g)은?

① 11.5
② 22.5
③ 33.5
④ 44.5

58. 흡착장치에 관한 다음 설명 중 가장 거리가 먼 것은?
① 고정층 흡착장치에서 보통 수직으로 된 것은 대규모에 적합하고, 수평으로 된 것은 소규모에 적합하다.
② 일반적으로 이동층 흡착장치는 유동층 흡착장치에 비해 가스의 유속을 크게 유지할 수 없는 단점이 있다.
③ 유동층 흡착장치는 고정층과 이동층 흡착장치의 장점만을 이용한 복합형으로 고체와 기체의 접촉을 좋게 할 수 있다.
④ 유동층 흡착장치는 흡착제의 유동에 의한 마모가 크게 일어나고, 조업조건에 따른 주어진 조건의 변동이 어렵다.

59. Bag filter에서 먼지부하가 $360g/m^2$일 때마다 부착먼지를 간헐적으로 탈락시키고자 한다. 유입가스 중의 먼지농도가 $10g/m^3$이고, 겉보기 여과속도가 1cm/sec일 때 부착먼지의 탈락시간 간격은? (단, 집진율은 80%이다.)
① 약 0.4hr
② 약 1.3hr
③ 약 2.4hr
④ 약 3.6hr

60. 원심력 집진장치에서 압력손실의 감소 원인으로 가장 거리가 먼 것은?
① 장치 내 처리가스가 선회되는 경우
② 호퍼 하단 부위에 외기가 누입될 경우
③ 외통의 접합부 불량으로 함진가스가 누출될 경우
④ 내통이 마모되어 구멍이 뚫려 함진가스가 by pass 될 경우

4과목 대기오염공정시험기준(방법)

61. 다음은 시험의 기재 및 용어에 관한 설명이다. ( ) 안에 알맞은 것은?

> 시험조작중 "즉시"란 (㉠) 이내에 표시된 조작을 하는 것을 뜻하며, "감압 또는 진공"이라 함은 따로 규정이 없는 한 (㉡) 이하를 뜻한다.

① ㉠ 10초, ㉡ $15mmH_2O$
② ㉠ 10초, ㉡ 15mmHg
③ ㉠ 30초, ㉡ $15mmH_2O$
④ ㉠ 30초, ㉡ 15mmHg

62. 굴뚝 배출가스 중 시안화수소를 질산은적정법으로 분석할 때 필요한 시약으로 거리가 먼 것은?
① p-다이메틸아미노벤질리덴로다닌의 아세톤 용액
② 아세트산(99.7%)(부피분율 10%)
③ 메틸레드-메틸렌 블루 혼합지시약
④ 수산화소듐 용액(질량분율 2%)

63. 대기오염공정시험기준상 굴뚝 배출가스 중 불화수소를 연속적으로 자동 측정하는 방법은?
① 자외선형광법
② 이온전극법
③ 적외선흡수법
④ 자외선흡수법

64 다음은 굴뚝 배출가스 중의 이황화탄소 분석방법에 관한 설명이다. ( )안에 알맞은 것은?

> 자외선/가시선분광법은 다이에틸아민구리 용액에서 시료가스를 흡수시켜 생성된 다이에틸 다이싸이오카밤산구리의 흡광도를 (㉠)의 파장에서 측정한다. 이 방법은 시료가스채취량 10L인 경우 배출가스 중의 이황화탄소 농도 (㉡)의 분석에 적합하다.

① ㉠ 340m, ㉡ 0.05~1ppm
② ㉠ 340m, ㉡ 3~60~1ppm
③ ㉠ 435m, ㉡ 0.05~1ppm
④ ㉠ 435m, ㉡ 3~60~1ppm

65 자외선/가시선분광법에 관한 설명으로 옳지 않은 것은?

① 실효물질 등에 적당한 시약을 넣어 발색시킨 용액의 흡광도를 측정하여 시료중의 목적성분을 정량하는 방법으로 파장 200nm~1200nm에서의 액체 흡광도를 측정한다.
② 일반적으로 광원으로 나오는 빛을 단색화장치(mono-chrometer) 또는 필터(filter)에 의하여 좁은 파장 범위의 빛만을 선택하여 액층을 통과시킨 다음 광전측광으로 흡광도를 측정하여 목적성분의 농도를 정량하는 방법이다.
③ (투사광의 강도/입사광의 강도)를 투과도(t)라 하며, 투과도(t)의 상용대수를 흡광도라 한다.
④ 광원부-파장선택부-시료부-측광부로 구성되어 있고, 가시부와 근적외부의 광원으로는 주로 텅스텐램프를 사용한다.

66 이온크로마토그래피에 관한 설명으로 옳지 않은 것은?

① 분리관의 재질은 용리액 및 시료액과 반응성이 큰 것을 선택하며 스테인레스관이 널리 사용된다.
② 용리액조는 일반적으로 폴리에틸렌이나 경질 유리제를 사용한다.
③ 송액펌프는 일반적으로 맥동이 적은 것을 사용한다.
④ 검출기는 일반적으로 전도도 검출기를 많이 사용하고, 그 외 자외선, 가시선 흡수검출기(UV, VIS 검출기), 전기화학적 검출기 등이 사용된다.

67 다음은 비분산적외선분광분석기의 성능기준이다. ( )안에 알맞은 것은?

> 제로 조정용 가스를 도입하여 안정된 후 유로를 스팬가스로 바꾸어 기준 유량으로 분석계에 도입하여 그 농도를 눈금 범위내의 어느 일정한 값으로부터 다른 일정한 값으로 갑자기 변화시켰을 때 스텝(step) 응답에 대한 소비시간이 (㉠)이어야 한다. 또 이 때 지시치에 대한 90%의 응답을 나타내는 시간은 (㉡)이어야 한다.

① ㉠ 10초 이내, ㉡ 30초 이내
② ㉠ 10초 이내, ㉡ 40초 이내
③ ㉠ 1초 이내, ㉡ 30초 이내
④ ㉠ 1초 이내, ㉡ 40초 이내

68 원자흡수분광광도법에 사용되는 용어의 정의로 옳지 않은 것은?

① 분무실(Nebulizrer-Chamber) : 분무기와 함께 분무된 시료용액의 미립자를 더욱 미세하게 해주는 한편 큰 입자와 분리시키는 작용을 갖는 장치
② 선프로파일(Line Profile) : 파장에 대한 스펙트럼 선의 강도를 나타내는 곡선
③ 예복합 버너(Premix Type Burner) : 가연성 가스, 조연성 가스 및 시료를 분무실에서 혼합시켜 불꽃 중에 넣어주는 방식의 버너
④ 근접선(Neighbouring Line) : 원자가 외부로부터 빛을 흡수했다가 다시 먼저 상태로 돌아갈 때 방사하는 스펙트럼선

69 비산먼지의 농도를 구하기 위해 측정한 조건 및 결과가 다음과 같을 때 비산먼지의 농도(mg/m³)는?

〈측정조건 및 결과〉
- 채취먼지량이 가장 많은 위치에서의 먼지농도 (mg/m²) : 5.8
- 대조위치에서 먼지농도(mg/m²) : 0.17
- 전 시료채취 기간 중 주 풍량이 45°~90° 변한다.
- 풍속이 0.5m/s 미만 또는 10m/s 이상되는 시간이 전 채취시간의 50% 이상이다.

① 5.6   ② 6.8
③ 8.1   ④ 10.1

70 수산화소듐(NaOH)용액을 흡수액으로 사용하는 분석대상가스가 아닌 것은?

① 염화수소   ② 시안화수소
③ 불소화합물 ④ 벤젠

71 기체크로마토그래피에 관한 설명으로 옳지 않은 것은?

① 기체시료 또는 기화한 액체나 고체시료를 운반가스에 의하여 분리, 관내에 전개, 응축시켜 액체상태로 각 성분을 분리 분석한다.
② 일반적으로 대기의 무기물 또는 유기물의 대기오염 물질에 대한 정성, 정량분석에 이용된다.
③ 일정유량으로 유지되는 운반가스는 시료도입부로부터 분리관내를 흘러서 검출기를 통해 외부로 방출된다.
④ 시료도입부로부터 기체, 액체 또는 고체시료를 도입하면 기체는 그대로, 액체나 고체는 가열기화되어 운반가스에 의하여 분리관내로 송입된다.

72 분석대상가스별 흡수액으로 잘못 짝지어진 것은?

① 암모니아-붕산용액(질량분율 0.5%)
② 비소-수산화소듐용액(질량분율 0.4%)
③ 브롬화합물-수산화소듐용액(질량분율 0.4%)
④ 질소산화물-수산화소듐용액(질량분율 0.4%)

73 화학분석 일반사항에 관한 설명으로 옳지 않은 것은?

① 1억분율은 ppm, 10억분율은 pphm으로 표시한다.
② 실온은 1~35℃로 하고, 찬 곳을 따로 규정이 없는 한 0~15℃의 곳을 뜻한다.
③ "냉후"(식힌 후)라 표시되어 있을 때는 보온 또는 가열 후 실온까지 냉각된 상태를 뜻한다.
④ 액의 농도를 (1 → 2), (1 → 5) 등으로 표시한 것을 그 용질의 성분이 고체일 때는 1g을, 액체일 때는 1mL를 용매에 녹여 전량을 각각 2mL 또는 5mL로 하는 비율을 뜻한다.

74 굴뚝 배출가스 중 폼알데하이드를 정량할 때 쓰이는 흡수액은?

① 아세틸아세톤 함유 흡수액
② 아연아민착염 함유 흡수액
③ 질산암모늄+황산(1+5)
④ 수산화소듐용액(0.4W/V%)

75 대기오염공정기준에 의거, 환경대기 중 각 항목별 분석 방법으로 옳지 않은 것은?

① 질소산화물-살츠만법
② 옥시던트-광산란법
③ 탄화수소-비메탄 탄화수소 측정법
④ 아황산가스-파라로자닐린법

76 다음은 연료용 유류 중의 황함유량을 연소관식 공기법으로 분석하는 방법이다. ( )안에 알맞은 것은?

> 950~1100℃로 가열한 석영재질 연소관 중에 공기를 불어넣어 시료를 연소시킨다. 생성된 황산화물을 (㉠)에 흡수시켜 황산으로 만든 다음, (㉡)으로 중화적정하여 황함유량을 구한다.

① ㉠ 과산화수소(3%), ㉡ 수산화칼륨표준액
② ㉠ 과산화수소(3%), ㉡ 수산화소듐표준액
③ ㉠ 10% $AgNO_3$, ㉡ 수산화칼륨표준액
④ ㉠ 10% $AgNO_3$, ㉡ 수산화소듐표준액

77 고용량공기시료채취기로 비산먼지를 채취하고자 한다. 측정결과가 다음과 같을 때 비산먼지의 농도는?

> - 채취시간 : 24시간
> - 채취개시 직후의 유량 : 1.8m^2/min
> - 채취종료 직전의 유량 : 1.2m^2/min
> - 채취 후 여과지의 질량 : 3.828g
> - 채취 전 여과지의 질량 : 3.419g

① 0.13mg/m^3 ② 0.19mg/m^3
③ 0.25mg/m^3 ④ 0.35mg/m^3

78 기체-고체 크로마토그래피법에서 사용하는 흡착형 충전물과 거리가 먼 것은?

① 알루미나   ② 활성탄
③ 담체   ④ 실리카겔

79 A도시면적이 150km^2이고 인구밀도가 4000명/km^2이며 전국 평균 인구밀도가 800명/km^2일 때, 인구비례에 의한 방법으로 결정한 A도시의 환경기준 시험을 위한 시료 측정점수는? (단, A도시면적은 지역의 거주지 면적(총면적에서 전답, 호수, 임야, 하천 등의 면적을 뺀 면적이다.))

① 30   ② 35
③ 40   ④ 45

80 굴뚝 배출가스 중 불꽃이온화검출기에 의한 총탄화수소 측정에 관한 설명으로 옳지 않은 것은?

① 결과 농도는 프로판 또는 탄소등가농도로 환산하여 표시한다.
② 배출원에서 채취된 시료는 여과지 등을 이용하여 먼지를 제거한 후 가열채취관을 통하여 불꽃이온화분석기로 유입되어 분석된다.
③ 반응시간은 오염물질농도의 단계변화에 따라 최종값의 50% 이상에 도달하는 시간을 말한다.
④ 시료채취관은 스테인리스강 또는 이와 동등한 재질의 것으로 하고 굴뚝중심 부분의 10% 범위 내에 위치할 정도의 길이의 것을 사용한다.

5과목   대기환경관계법규

81 실내공기질 관리법규상 건축자재의 오염물질방출 기준이다. ( )안에 알맞은 것은? (단, 단위는 mg/m^2·h)

오염물질	접착제	페인트
톨루엔	0.08 이하	(㉠)
총휘발성 유기화합물	(㉡)	(㉢)

① ㉠ 0.02 이하, ㉡ 0.05 이하, ㉢ 1.5 이하
② ㉠ 0.02 이하, ㉡ 0.1 이하, ㉢ 2.0 이하
③ ㉠ 0.08 이하, ㉡ 2.0 이하, ㉢ 2.5 이하
④ ㉠ 0.10 이하, ㉡ 2.5 이하, ㉢ 4.0 이하

82. 대기환경보전법규상 자동차의 종류에 대한 설명으로 옳지 않은 것은? (단, 2015년 12월 10일 이후 적용)

   ① 이륜자동차의 규모는 차량총중량이 1천킬로그램을 초과하지 않는 것이다.
   ② 이륜자동차는 측차를 붙인 이륜자동차와 이륜자동차에서 발생된 삼륜 이상의 자동차는 제외한다.
   ③ 소형화물자동차에는 승용자동차에 해당되지 않는 승차인원이 9명 이상인 승합차를 포함한다.
   ④ 초대형 승용자동차의 규모는 차량총중량이 15톤 이상이다.

83. 환경정책기본법령상 초미세먼지(PM-2.5)의 연간 평균치 기준은?(오류 신고가 접수된 문제입니다. 반드시 정답과 해설을 확인하시기 바랍니다.)

   ① $15\mu g/m^3$ 이하
   ② $35\mu g/m^3$ 이하
   ③ $50\mu g/m^3$ 이하
   ④ $100\mu g/m^3$ 이하

84. 대기환경보전법규상 휘발유를 연료로 사용하는 자동차연료 제조기준으로 옳지 않은 것은?

   ① 90% 유출온도(℃) : 170 이하
   ② 산소함량(무게%) : 2.3 이하
   ③ 황함량(ppm) : 50 이하
   ④ 벤젠함량(부피%) : 0.7 이하

85. 대기환경보전법령상 배출허용 기준초과와 관련한 개선명령을 받은 사업자는 그 명령을 받은 날부터 며칠 이내에 개선계획서를 환경부령으로 정하는 바에 따라 시·도지사에게 제출하여야 하는가? (단, 연장이 없는 경우)

   ① 즉시
   ② 10일 이내
   ③ 15일 이내
   ④ 30일 이내

86. 대기환경보전법규상 환경부장관이 대기오염물질을 총량으로 규제하고자 할 때 고시해야 하는 사항으로 거리가 먼 것은? (단, 기타사항은 제외)

   ① 총량규제구역
   ② 총량규제 대기오염물질
   ③ 대기오염물질의 저감계획
   ④ 규제기준농도

87. 다음은 대기환경보전법규상 자가측정 자료의 보존기간(기준)이다. ( )안에 가장 적합한 것은?

   법에 따라 사업자는 자가측정에 관한 기록을 보존하여야 하는데, 자가 측정 시 사용한 여지 및 시료채취기록지의 보존기간은 「환경 분야 시험·검사 등에 관한 법률」에 따른 환경오염공정시험기준에 따라 측정한 날부터 ( )(으)로 한다.

   ① 1개월
   ② 3개월
   ③ 6개월
   ④ 1년

88. 실내공기질 관리법령의 적용대상이 되는 다중이용시설 중 대통령령이 정하는 규모기준으로 옳지 않은 것은?

   ① 항만시설 중 연면적 5천제곱미터 이상인 대합실
   ② 연면적 1천제곱미터 이상인 실내주차장(기계식 주차장을 포함한다.)
   ③ 모든 대규모점포
   ④ 연면적 430제곱미터 이상인 국공립어린이집, 법인어린이집, 직장어린이집 및 민간어린이집

89 대기환경보전법규상 대기환경규제지역을 관할하는 시·도지사 등이 해당 지역의 환경기준을 달성, 유지하기 위해 수립하는 실천계획에 포함될 사항과 거리가 먼 것은?

① 대기오염측정결과에 따른 대기오염기준 설정
② 계획달성연도의 대기질 예측결과
③ 대기보전을 위한 투자계획과 오염물질 저감효과를 고려한 경제성 평가
④ 대기오염원별 대기오염물질 저감계획 및 계획의 시행을 위한 수단

90 대기환경보전법령상 오염물질의 초과부과금 산정 시 위반횟수별 부과계수 산출방법이다. ( )안에 알맞은 것은?

> 2차 이상 위반한 경우는 위반 직전의 부과계수에 ( )을(를) 곱한 것으로 한다.

① 100분의 100
② 100분의 105
③ 100분의 110
④ 100분의 120

91 대기환경보전법규상 대기오염방지시설과 가장 거리가 먼 것은?

① 미생물을 이용한 처리시설
② 촉매반응을 이용하는 시설
③ 흡수에 의한 시설
④ 확산에 의한 시설

92 대기환경보전법상 황함유기준을 초과하는 연료를 공급·판매한 자에 대한 벌칙기준으로 옳은 것은?

① 5년 이하의 징역이나 5천만원 이하의 벌금
② 3년 이하의 징역이나 3천만원 이하의 벌금
③ 2년 이하의 징역이나 2천만원 이하의 벌금
④ 1년 이하의 징역이나 1천만원 이하의 벌금

93 대기환경보전법규상 배출시설에서 배출되는 입자상물질인 아연화합물(Zn로서)의 배출허용기준은? (단, 모든 배출시설)

① 5mg/Sm^3 이하
② 10mg/Sm^3 이하
③ 15mg/Sm^3 이하
④ 20mg/Sm^3 이하

94 대기환경보전법상 사용하는 용어의 정의로 옳지 않은 것은?

① "검댕"이란 연소할 때에 생기는 유리(遊離) 탄소가 응결하여 입자의 지름이 1미크론 이상이 되는 입자상물질을 말한다.
② "온실가스 평균배출량"이란 자동차제작자가 판매한 자동차 중 환경부령으로 정하는 자동차의 온실가스 배출량의 합계를 해당 자동차 총 대수로 나누어 산출한 평균값(g/km)을 말한다.
③ "온실가스"란 적외선 복사열을 흡수하거나 다시 방출하여 온실효과를 유발하는 대기 중의 가스상태 물질로서 이산화탄소, 메탄, 이산화질소, 수소불화탄소, 과불화탄소, 육불화황을 말한다.
④ "냉매(冷媒)"란 열전달을 통한 냉난방, 냉동·냉장 등의 효과를 목적으로 사용되는 물질로서 산업통상자원부령으로 정하는 것을 말한다.

95 다음은 대기환경보전법규상 휘발성유기화합물 배출억제·방지시설 설치 및 검사·측정결과의 기록보존에 관한 기준 중 주유소 저장시설에 관한 기준이다. ( )안에 알맞은 것은?

> • 회수설비의 유증기 회수율은 (㉠)이어야 한다.
> • 회수설비의 적정 가동 여부 등을 확인하기 위한 압력 감쇄·누설 등을 (㉡) 검사하고, 그 결과를 다음 검사를 완료하는 날까지 기록 및 보존하여야 한다.

① ㉠ 75% 이상, ㉡ 1년마다
② ㉠ 75% 이상, ㉡ 2년마다
③ ㉠ 90% 이상, ㉡ 1년마다
④ ㉠ 90% 이상, ㉡ 2년마다

96 대기환경보전법규상 위임업무 보고사항 중 보고횟수가 연 1회인 것은?
① 자동차 연료 제조·판매 또는 사용에 대한 규제 현황
② 수입자동차 배출가스 인증 및 검사현황
③ 측정기기 관리대행업의 등록, 변경등록 및 행정처분 현황
④ 환경오염사고 발생 및 조치사항

97 대기환경보전법령상 Ⅱ지역의 기본부과금의 지역별 부과계수로 옳은 것은? (단, Ⅱ지역은 「국토의 계획 및 이용에 관한 법률」에 따른 공업지역 등이 해당)
① 0.5
② 1.0
③ 1.5
④ 2.0

98 악취방지법상에서 사용하는 용어의 뜻으로 옳지 않은 것은?
① "상승악취"란 두 가지 이상의 악취물질이 함께 작용하여 사람의 후각을 자극하여 불쾌감과 혐오감을 주는 냄새를 말한다.
② "악취배출시설"이란 악취를 유발하는 시설, 기계, 기구, 그 밖의 것으로서 환경부장관이 관계 중앙행정기관의 장과 협의하여 환경부령으로 정하는 것을 말한다.
③ "악취"란 황화수소, 메르캅탄류, 아민류, 그 밖에 자극성이 있는 물질이 사람의 후각을 자극하여 불쾌감과 혐오감을 주는 냄새를 말한다.
④ "지정악취물질"이란 악취의 원인이 되는 물질로서 환경부령으로 정하는 것을 말한다.

99 대기환경보전법령상 대기오염물질발생량의 합계가 연간 25톤인 사업장에 해당하는 것은? (단, 기타사항 제외)
① 1종 사업장
② 2종 사업장
③ 3종 사업장
④ 4종 사업장

100 다음은 대기환경보전법령상 시·도지사가 배출시설의 설치를 제한할 수 있는 경우이다. ( )안에 알맞은 것은?

배출시설 설치 지점으로부터 반경 1킬로미터 안의 상주인구가 (㉠)명 이상인 지역으로서 특정대기유해물질 중 한 가지 종류의 물질을 연간 10톤 이상 배출하거나 두 가지 이상의 물질을 연간 (㉡)톤 이상 배출하는 시설을 설치하는 경우

① ㉠ 1만, ㉡ 20
② ㉠ 2만, ㉡ 20
③ ㉠ 1만, ㉡ 25
④ ㉠ 2만, ㉡ 25

UNIT 03 2019년 대기환경기사 4회 필기

1과목 대기오염개론

01 황산화물의 각종 영향에 대한 설명으로 옳지 않은 것은?

① 공기가 SO_2를 함유하면 부식성이 강하게 된다.
② SO_2는 대기 중의 분진과 반응하여 황산염이 형성됨으로써 대부분의 금속을 부식시킨다.
③ 대기에서 형성되는 아황산 및 황산은 석회, 대리석, 각종 시멘트 등 건축재료를 약화시킨다.
④ 황산화물은 대기 중 또는 금속의 표면에서 황산으로 변함으로써 부식성을 더욱 약하게 한다.

02 다음과 같이 인체에 피해를 유발시킬 수 있는 오염물질로 가장 적합한 것은?

> 혈액 헤모글로빈의 기본요소인 포르피린 고리의 형성을 방해함으로써 인체 내 헤모글로빈의 형성을 억제하여 만성빈혈이 발생할 수 있다.

① 다이옥신 ② 납
③ 망간 ④ 바나듐

03 다음 Dobson unit에 관한 설명 중 ( ) 안에 알맞은 것은?

> 1Dobson은 지구 대기 중 오존의 총량을 0℃, 1기압의 표준상태에서 두께로 환산했을 때 ( )에 상당하는 양을 의미한다.

① 0.01mm ② 0.1mm
③ 0.1cm ④ 1cm

04 NOx 중 이산화질소에 관한 설명으로 옳지 않은 것은?

① 적갈색의 자극성을 가진 기체이며, NO보다 5~7배 정도 독성이 강하다.
② 분자량 46, 비중은 1.59 정도이다.
③ 수용성이지만 NO보다는 수중 용해도가 낮으며 일명 웃음기체라고도 한다.
④ 부식성이 강하고, 산화력이 크며, 생리적인 독성과 자극성을 유발할 수도 있다.

05 오염물질이 식물에 미치는 영향에 대한 설명으로 가장 거리가 먼 것은?

① 오존은 0.2ppm 정도의 농도에서 2~3시간 접촉하면 피해를 일으키며, 보통 엽록소 파괴, 동화작용 억제, 산소작용의 저해 등을 일으킨다.
② 질소산화물은 엽록소가 갈색으로 되어 잎의 내부에 갈색 또는 흑갈색의 반점이 생기며, 담배, 해바라기, 진달래 등은 이산화질소에 대한 식물의 감수성이 약한 편이다.
③ 양배추, 클로버, 상추 등은 에틸렌가스에 대해 저항성 식물이다.
④ 보리, 목화 등은 아황산가스에 대해 저항성이 강한 식물이며, 까치밤나무, 쥐당나무 등은 저항성이 약한 식물에 해당한다.

06 역전에 관한 설명으로 옳지 않은 것은?

① 복사역전층은 보통 가을로부터 봄에 걸쳐서 날씨가 좋고, 바람이 약하며, 습도가 적을 때 자정 이후 아침까지 잘 발생한다.
② 침강역전은 고기압 중심부분에서 기층이 서서히 침강하면서 기온이 단열변화로 승온되어 발생하는 현상이다.
③ 전선역전층은 빠른 속도로 움직이는 경향이 있어서 오염문제에 심각한 영향을 주지는 않는 편이다.
④ 해풍역전은 정체성 역전으로서 보통 오염물질은 오랫동안 정체시킨다.

07 산란에 관한 설명으로 옳지 않은 것은?

① Rayleigh는 "맑은 하늘 또는 저녁노을은 공기 분자에 의한 빛의 산란에 의한 것"이라는 것을 발견하였다.
② 빛을 입자가 들어있는 어두운 상자 안으로 도입시킬 때 산란광이 나타나며 이것을 틴달빛(光)이라고 한다.
③ Mie산란의 결과는 입사빛의 파장에 대하여 입자가 대단히 작은 경우에만 적용되는 반면, Rayleigh의 결과는 모든 입경에 대하여 적용한다.
④ 입자에 빛이 조사될 때 산란의 경우, 동일한 파장의 빛이 여러 방향으로 다른 강도로 산란되는 반면, 흡수의 경우는 빛에너지가 열, 화학반응의 에너지로 변환된다.

08 먼지의 농도가 0.075mg/m³인 지역의 상대습도가 70%일 때, 가시거리는? (단, 계수 = 1.2로 가정)

① 4km　② 16km
③ 30km　④ 42km

09 다음 대기오염물질 중 바닷물의 물보라 등이 배출원이며, 1차 오염물질에 해당하는 것은?

① N_2O_3　② 알데하이드
③ HCN　④ NaCl

10 Fick의 확산방정식을 실제 대기에 적용시키기 위해 세우는 추가적인 가정으로 거리가 먼 것은?

① $\dfrac{dC}{dt}=0$ 이다.
② 바람에 의한 오염물의 주이동방향은 x축으로 한다.
③ 오염물질의 농도는 비점오염원에서 간헐적으로 배출된다.
④ 풍속은 x, y, z 좌표 내의 어느 점에서든 일정하다.

11 역사적인 대기오염사건에 관한 설명으로 옳은 것은?

① 포자리카 사건은 MIC에 의한 피해이다.
② 런던스모그 사건은 복사역전 형태였다.
③ 뮤즈계곡 사건은 PAN이 주된 오염물질로 작용했다.
④ 도쿄 요코하마 사건은 PCB가 주된 오염물질로 작용했다.

12 최대혼합고도가 500m일 때 오염농도는 4ppm이었다. 오염농도가 500ppm일 때 최대혼합고도는 얼마인가?

① 50m　② 100m
③ 200m　④ 250m

13 도시 대기오염물질 중 태양빛을 흡수하는 기체 중의 하나로서 파장 420nm 이상의 가시광선에 의해 광분해되는 물질로 대기 중 체류시간이 약 2~5일 정도인 것은?

① SO_2　② NO_2
③ CO_2　④ RCHO

14 가우시안 모델의 대기오염 확산방정식을 적용할 때 지면에 있는 오염원으로부터 바람부는 방향으로 200m 떨어진 연기의 중심축상 지상오염농도(mg/m³)는? (단, 오염물질의 배출량은 6g/s, 풍속은 3.5m/s, σ_y, σ_z는 각각 22.5m, 12m이다.)

① 0.96
② 1.41
③ 2.02
④ 2.46

15 수용모델의 분석법에 관한 설명으로 옳지 않은 것은?

① 광학현미경은 입경이 0.01μm보다 큰 입자만을 대상으로 먼지의 형상, 모양 및 색깔별로 오염원을 구별할 수 있고, 미숙련 경험자도 쉽게 분석가능하다.
② 전자주사현미경은 광학현미경보다 작은 입자를 측정할 수 있고, 정성적으로 먼지의 오염원을 확인할 수 있다.
③ 시계열분석법은 대기오염 제어의 기능을 평가하고 특정 오염원의 경향을 추적할 수 있으며, 타 방법을 통해 제시된 오염원을 확인하는 데 매우 유용한 정성적 분석법이다.
④ 공간계열법은 시료채취기간 중 오염배출속도 및 기상학 등에 크게 의존하여 분산모델과 큰 연관성을 갖는다.

16 오존에 관한 설명으로 옳지 않은 것은? (단, 대류권 내 오존 기준)

① 보통 지표오존의 배경농도는 1~2ppm 범위이다.
② 오존은 태양빛, 자동차 배출원인 질소산화물과 휘발성 유기화합물 등에 의해 일어나는 복잡한 광화학반응으로 생성된다.
③ 오염된 대기 중 오존농도에 영향을 주는 것은 태양빛의 강도, NO_2/NO의 비, 반응성 탄화수소농도 등이다.
④ 국지적인 광화학스모그로 생성된 Oxidant의 지표물질이다.

17 대기오염가스를 배출하는 굴뚝의 유효고도가 87m에서 100m로 높아졌다면 굴뚝의 풍하측 지상 최대오염농도는 87m일 때의 것과 비교하면 몇 %가 되겠는가? (단, 기타 조건은 일정)

① 47%
② 62%
③ 76%
④ 88%

18 다음 중 2차 대기오염물질에 해당하지 않는 것은?

① SO_3
② H_2SO_4
③ NO_2
④ CO_2

19 다음 특정물질 중 오존 파괴지수가 가장 큰 것은?

① Halon-1211
② Halon-1301
③ CCl_4
④ HCFC-22

20 벤젠에 관한 설명으로 옳지 않은 것은?

① 체내에 흡수된 벤젠은 지방이 풍부한 피하조직과 골수에서 고농도로 축적되어 오래 잔존할 수 있다.
② 체내에서 마뇨산(hippuric acid)으로 대사하여 소변으로 배설된다.
③ 비점은 약 80℃ 정도이고, 체내 흡수는 대부분 호흡기를 통하여 이루어진다.
④ 벤젠 폭로에 의해 발생되는 백혈병은 주로 급성 골수 아성 백혈병(acute myeloblastic leukemia)이다.

2과목 연소공학

21 화격자 연소로에서 석탄을 연소시킬 경우 화염이동속도에 대한 설명으로 옳지 않은 것은?

① 입경이 작을수록 화염이동속도는 커진다.
② 발열량이 높을수록 화염이동속도는 커진다.
③ 공기온도가 높을수록 화염이동속도는 커진다.
④ 석탄화도가 높을수록 화염이동속도는 커진다.

22 연료의 특성에 대한 설명 중 옳은 것은?

① 석탄의 비중은 탄화도가 진행될수록 작아진다.
② 중유의 비중이 클수록 유동점과 잔류탄소는 감소한다.
③ 중유 중 잔류탄소의 함량이 많아지면 점도가 낮아진다.
④ 메탄은 프로판에 비해 이론공기량이 적다.

23 정상연소에서 연소속도를 지배하는 요인으로 가장 적합한 것은?

① 연료 중의 불순물 함유량
② 연료 중의 고정탄소량
③ 공기 중의 산소의 확산속도
④ 배출가스 중의 N_2 농도

24 휘발유, 등유, 알코올, 벤젠 등 액체연료의 연소방식에 해당하는 것은?

① 자기연소 ② 확산연소
③ 증발연소 ④ 표면연소

25 다음은 연료의 분류에 관한 설명이다. ( )안에 들어갈 가장 적합한 것은?

( )는 가솔린과 유사하거나 또는 약간 높은 끓는점 범위의 유분으로 240℃에서 96% 이상이 증류되는 성분을 말하며, 옥탄가가 낮아 직접적으로 내연기관의 연료로 사용될 수 없기 때문에 가솔린에 혼합하거나 석유화학 원료용으로 주로 사용된다.

① 나프타 ② 등유
③ 경유   ④ 중유

26 중유조성이 탄소 87%, 수소 11%, 황 2%이었다면 이 중유연소에 필요한 이론 습연소가스량(Sm^3/kg)은?

① 9.63   ② 11.35
③ 13.63 ④ 15.62

27 목재, 석탄, 타르 등 연소초기에 가연성 가스가 생성되고 긴 화염이 발생되는 연소의 형태는?

① 표면연소 ② 분해연소
③ 증발연소 ④ 확산연소

28 분무연소기의 자동제어 방법인 시퀀스제어(순차제어, sequential control)에 관한 설명으로 가장 거리가 먼 것은?

① 안전장치가 따로 필요 없다.
② 분무연소기의 자동점화, 자동소화, 연소량 자동제어 등이 행해진다.
③ 화염이 꺼진 경우 화염검출기가 소화를 검출하고, 점화플러그를 다시 작동시킨다.
④ 지진에 의해서 감지기가 작동하면 연료 개폐 밸브가 닫힌다.

29 유동층 연소에 관한 설명으로 거리가 먼 것은?

① 사용연료의 입도범위가 넓기 때문에 연료를 미분쇄 할 필요가 없다.
② 비교적 고온에서 연소가 행해지므로 열생성 NOx가 많고, 전열관의 부식이 문제가 된다.
③ 연료의 층내 체류시간이 길어 저발열량의 석탄도 완전연소가 가능하다.
④ 유동매체에 석회석 등의 탈황제를 사용하여 로내 탈황도 가능하다.

30 COM(coal oil mixture, 혼탄유) 연소에 관한 설명으로 옳지 않은 것은?

① COM은 주로 석탄과 중유의 혼합연료이다.
② 연소실내 체류시간의 부족, 분사변의 폐쇄와 마모 등 주의가 요구된다.
③ 재의 처리가 용이하고, 중유 전용 보일러의 연료로서 개조 없이 COM을 효율적으로 이용할 수 있다.
④ 중유보다 미립화 특성이 양호하다.

31 옥탄가에 대한 설명으로 옳지 않은 것은?

① n-Paraffine에서는 탄소수가 증가할수록 옥탄가는 저하하여 C7에서 옥탄가는 0이다.
② 방향족 탄화수소의 경우 벤젠고리의 측쇄가 C3까지는 옥탄가가 증가하지만 그 이상이면 감소한다.
③ Naphthene계는 방향족 탄화수소보다는 옥탄가가 작지만 n-Paraffine계보다는 큰 옥탄가를 가진다.
④ iso-Paraffine에서는 methyl 가지가 적을수록, 중앙에 집중하지 않고 분산될수록 옥탄가가 증가한다.

32 내용적 $160m^3$의 밀폐된 실내에서 2.23kg의 부탄을 완전연소할 때, 실내에서의 산소농도(V/V, %)는? (단, 표준상태, 기타조건은 무시하며, 공기 중 용적 산소비율은 21%)

① 15.6%   ② 17.5%
③ 19.4%   ④ 20.8%

33 연소가스 분석결과 CO_2는 17.5%, O_2는 7.5%일 때 (CO_2) max(%)는?

① 19.6   ② 21.6
③ 27.2   ④ 34.8

34 액체연료의 연소용 버너 중 유량의 조절범위가 일반적으로 가장 큰 것은?

① 저압기류분무식 버너   ② 회전식 버너
③ 고압기류분무식 버너   ④ 유압분무식 버너

35 다음 중 그을음이 잘 발생하기 쉬운 연료순으로 나열한 것은? (단, 쉬운 연료>어려운 연료)

① 타르>중유>석탄가스>LPG
② 석탄가스>LPG>타르>중유
③ 중유>LPG>석탄가스>타르
④ 중유>타르>LPG>석탄가스

36 미분탄 연소의 특징으로 거리가 먼 것은?

① 스토커 연소에 비해 작은 공기비로 완전연소가 가능하다.
② 사용연료의 범위가 넓고, 스토커 연소에 적합하지 않은 점결탄과 저발열량탄 등도 사용 가능하다.
③ 부하변동에 쉽게 적용할 수 있다.
④ 설비비와 유지비가 적게 들고, 재비산의 염려가 없으며, 별도설비가 불필요하다.

37 고압기류분무식 버너에 관한 설명으로 옳지 않은 것은?

① 2~8kg/cm² 의 고압공기를 사용하여 연료유를 분무화시키는 방식이다.
② 분무각도는 30° 정도, 유량조절비는 1:10 정도이다.
③ 분무에 필요한 1차 공기량은 이론공기량의 80~90% 범위이다.
④ 연료유의 점도가 커도 분무화가 용이하나 연소 시 소음이 큰 편이다.

38 가연한계에 대한 설명으로 옳지 않은 것은?

① 일반적으로 가연한계는 산화제 중의 산소분율이 커지면 넓어진다.
② 파라핀계 탄화수소의 가연범위는 비교적 좁다.
③ 기체연료는 압력이 증가할수록 가연한계가 넓어지는 경향이 있다.
④ 혼합기체의 온도를 높게 하면 가연범위는 좁아진다.

39 저 NOx 연소기술 중 배가스 순환기술에 관한 설명으로 거리가 먼 것은?

① 일반적으로 배가스 재순환비율은 연소공기 대비 10~20%에서 운전된다.
② 희석에 의한 산소농도 저감효과보다는 화염온도 저하효과가 작기 때문에, 연료 NOx보다는 고온 NOx 억제효과가 작다.
③ 장점으로 대부분의 다른 연소제어기술과 병행해서 사용할 수 있다.
④ 저 NOx 버너와 같이 사용하는 경우가 많다.

40 착화점이 낮아지는 조건으로 거리가 먼 것은?

① 산소의 농도는 낮을수록
② 반응활성도는 클수록
③ 분자의 구조는 복잡할수록
④ 발열량은 높을수록

3과목　대기오염방지기술

41 악취물질의 성질과 발생원에 관한 설명으로 가장 거리가 먼 것은?

① 에틸아민($C_2H_5NH_2$)은 암모니아취 물질로 수산가공, 약품제조 시에 발생한다.
② 메틸머캡탄(CH_3SH)은 부패양파취 물질로 석유정제, 가스제조, 약품제조 시에 발생한다.
③ 황화수소(H_2S)는 썩는 계란취 물질로 석유정제, 약품제조 시에 발생한다.
④ 아크로레인(CH_2CHCHO)은 생선취 물질로 하수처리장, 축산업에서 발생한다.

42 각 집진장치의 특징에 관한 설명으로 옳지 않은 것은?

① 여과집진장치에서 여포는 가스온도가 350℃를 넘지 않도록 하여야 하며, 고온가스를 냉각시킬 때에는 산노점 이하로 유지해야 한다.
② 전기집진장치는 낮은 압력손실로 대량의 가스처리에 적합하다.
③ 제트스크러버는 처리가스량이 많은 경우에는 잘 쓰지 않는 경향이 있다.
④ 중력집진장치는 설치면적이 크고 효율이 낮아 전처리설비로 주로 이용되고 있다.

43 배출가스 중 먼지농도가 3,200mg/Sm³인 먼지처리를 위해 집진율이 각각 60%, 70%, 75%인 중력집진장치, 원심력집진장치, 세정집진장치를 직렬로 연결해서 사용해왔다. 여기에 집진장치 하나를 추가로 직렬 연결하여 최종 배출구 먼지농도를 20mg/Sm³ 이하로 줄이려면, 추가 집진장치의 집진율은 최소 몇 %가 되어야 하는가?

① 약 79.2%　② 약 85.6%
③ 약 89.6%　④ 약 92.4%

44 복합 국소배기장치에서 댐퍼조절평형법(또는 저항조절평형법)의 특징으로 옳지 않은 것은?

① 오염물질 배출원이 많아 여러 개의 가지덕트를 주덕트에 연결할 필요가 있는 경우 사용한다.
② 덕트의 압력손실이 큰 경우 주로 사용한다.
③ 작업 공정에 따른 덕트의 위치 변경이 가능하다.
④ 설치 후 송풍량 조절이 불가능하다.

45 유해가스 처리를 위한 흡수액의 구비조건으로 거리가 먼 것은?

① 용해도가 커야 한다.
② 휘발성이 적어야 한다.
③ 점성이 커야 한다.
④ 용매의 화학적 성질과 비슷해야 한다.

46 탈황과 탈질 동시제어 공정으로 거리가 먼 것은?

① SCR공정 ② 전자빔공정
③ NOXSO공정 ④ 산화구리공정

47 선택적 촉매환원법과 선택적 비촉매환원법으로 주로 제거하는 오염물질은?

① 휘발성유기화합물 ② 질소산화물
③ 황산화물 ④ 악취물질

48 벤츄리 스크러버 적용 시 액가스비를 크게 하는 요인으로 옳지 않은 것은?

① 먼지의 친수성이 클 때
② 먼지의 입경이 작을 때
③ 처리가스의 온도가 높을 때
④ 먼지의 농도가 높을 때

49 사이클론에서 가스 유입속도를 2배로 증가시키고, 입구 폭을 4배로 늘리면 50%효율로 집진되는 입자의 직경, 즉 Lapple의 절단입경($dp50$)은 처음에 비해 어떻게 변화되겠는가?

① 처음의 2배 ② 처음의 $\sqrt{2}$배
③ 처음의 1/2 ④ 처음의 $1/\sqrt{2}$

50 벤츄리 스크러버에 관한 설명으로 가장 적합한 것은?

① 먼지부하 및 가스유동에 민감하다.
② 집진율이 낮고 설치 소요면적이 크며, 가압수식 중 압력손실은 매우 크다.
③ 액가스비가 커서 소량의 세정액이 요구된다.
④ 점착성, 조해성 먼지처리 시 노즐막힘 현상이 현저하여 처리가 어렵다.

51 전기집진장치의 장해현상 중 2차 전류가 현저하게 떨어질 때의 원인 또는 대책에 관한 설명으로 거리가 먼 것은?

① 분진의 농도가 너무 높을 때 발생한다.
② 대책으로는 스파크의 횟수를 늘리는 방법이 있다.
③ 대책으로는 조습용 스프레이의 수량을 늘리는 방법이 있다.
④ 분진의 비저항이 비정상적으로 낮을 때 발생하며, CO를 주입시킨다.

52 유해물질을 함유하는 가스와 그 제거장치의 조합으로 거리가 먼 것은?

① 시안화수소 함유 가스-물에 의한 세정
② 사불화규소 함유 가스-충전탑
③ 벤젠 함유 가스-촉매연소법
④ 삼산화인 함유 가스-표면적이 충분히 넓은 충전물을 채운 흡수탑 안에서 알칼리성 용액에 의한 흡수 제거

53 흡수탑의 충전물에 요구되는 사항으로 거리가 먼 것은?

① 단위 부피 내의 표면적이 클 것
② 간격의 단면적이 클 것
③ 단위 부피의 무게가 가벼울 것
④ 가스 및 액체에 대하여 내식성이 없을 것

54 석유정제 시 배출되는 H_2S의 제거에 사용되는 세정제는?

① 암모니아수　　② 사염화탄소
③ 다이에탄올아민 용액　④ 수산화칼슘 용액

55 후드 설계 시 고려사항으로 옳지 않은 것은?

① 잉여공기의 흡입을 적게 하고 충분한 포착속도를 가지기 위해 가능한 한 후드를 발생원에 근접시킨다.
② 분진을 발생시키는 부분을 중심으로 국부적으로 처리하는 로컬 후드방식을 취한다.
③ 후드 개구면의 중앙부를 열어 흡입풍량을 최대한 늘리고, 포착속도를 최소한으로 작게 유지한다.
④ 실내의 기류, 발생원과 후드 사이의 장애물 등에 의한 영향을 고려하여 필요에 따라 에어커튼을 이용한다.

56 다음 입경측정법에 해당하는 것은?

주로 1μm 이상인 먼지의 입경 측정에 이용되고, 그 측정장치로는 앤더슨 피펫, 침강천칭, 광투과장치 등이 있다.

① 표준체 측정법　② 관성충돌법
③ 공기투과법　　④ 액상 침강법

57 배출가스 내의 황산화물 처리방법 중 건식법의 특징으로 가장 거리가 먼 것은? (단, 습식법과 비교)

① 장치의 규모가 큰 편이다.
② 반응효율이 높은 편이다.
③ 배출가스의 온도 저하가 거의 없는 편이다.
④ 연돌에 의한 배출가스의 확산이 양호한 편이다.

58 입자상 물질과 NOx 저감을 위한 디젤엔진 연료분사 시스템의 적용기술로 가장 거리가 먼 것은?

① 분사압력 저압화　② 분사압력 최적제어
③ 분사율 제어　　　④ 분사시기 제어

59 펄스젯 여과집진기에서 압축공기량 조절장치와 가장 관련이 깊은 것은?

① 확산관(diffuser tube)
② 백케이지(bag cage)
③ 스크레이퍼(scraper)
④ 방전극(discharge electrode)

60 밀도 $0.8g/cm^3$인 유체의 동점도가 3Stokes이라면 절대점도는?

① 2.4 poise　　② 2.4 centi poise
③ 2400 poise　④ 2400 centi poise

4과목 대기오염공정시험기준(방법)

61 흡광차분광법(DOAS)의 원리와 적용범위에 관한 설명으로 거리가 먼 것은?

① 50~1000m 정도 떨어진 곳의 빛의 이동경로(Path)를 통과하는 가스를 실시간으로 분석할 수 있다.
② 아황산가스, 질소산화물, 오존 등의 대기 오염물질 분석에 적용할 수 있다.
③ 측정에 필요한 광원은 180~380nm 파장을 갖는 자외선램프를 사용한다.
④ 흡광광도법의 기본 원리인 Beer-Lambert 법칙을 응용하여 분석한다.

62 환경대기 중의 옥시던트 측정법에 사용되는 용어의 설명으로 옳지 않은 것은?

① 옥시던트는 전옥시던트, 광화학 옥시던트, 오존 등의 산화성물질의 총칭을 말한다.
② 전옥시던트는 중성요오드화 칼륨용액에 의해 요오드를 유리시키는 물질을 총칭한다.
③ 광화학옥시던트는 전옥시던트에서 오존을 제외한 물질이다.
④ 제로가스는 측정기의 영점을 교정하는데 사용하는 교정용 가스이다.

63 자기분광광전광도계를 사용하여 과망간산포타슘 용액(20~60mg/L)의 흡수곡선을 작성할 경우 다음 중 흡광도 값이 최대가 나오는 파장의 범위는?

① 350~400nm ② 400~450nm
③ 500~550nm ④ 600~650nm

64 메틸렌블루법은 배출가스 중 어떤 물질을 측정하기 위한 방법인가?

① 황화수소   ② 불화수소
③ 염화수소   ④ 시안화수소

65 원형굴뚝의 직경이 4.3m이었다. 굴뚝 배출가스 중의 먼지 측정을 위한 측정점수는 몇 개로 하여야 하는가?

① 12   ② 16
③ 20   ④ 24

66 이온크로마토그래피에서 사용되는 써프렛서에 관한 설명으로 옳지 않은 것은?

① 관형과 이온교환막형이 있다.
② 용리액으로 사용되는 전해질 성분을 분리검출 하기 위하여 분리관 앞에 병렬로 접속시킨다.
③ 관형 써프렛서 중 음이온에는 스티롤계 강산형(H^+)수지가 충진된 것을 사용한다.
④ 전해질을 물 또는 저전도의 용매로 바꿔줌으로써 전기 전도도 셀에서 목적이온성분과 전기 전도도만을 고감도로 검출할 수 있게 해준다.

67 시험분석에 사용하는 용어 및 기재사항에 관한 설명으로 옳지 않은 것은?

① "약"이란 그 무게 또는 부피에 대하여 ±10% 이상의 차가 있어서는 안된다.
② "정확히 단다"라 함은 규정한 양의 검체를 취하여 분석용 저울로 0.1mg까지 다는 것을 뜻한다.
③ "항량이 될 때까지 건조한다 또는 강열한다"라 함은 따로 규정이 없는 한 보통의 건조방법으로 30분간 더 건조 또는 강열할 때 전후 무게의 차가 0.3mg 이하일 때를 뜻한다.
④ 액체성분의 양을 "정확히 취한다"라 함은 홀피펫, 눈금플라스크 또는 이와 동등 이상의 정도를 갖는 용량계를 사용하여 조작하는 것을 뜻한다.

68 환경대기 중에 있는 아황산가스 농도를 자동연속측정법으로 분석하고자 한다. 이에 해당하지 않는 것은?

① 적외선형광법
② 용액전도율법
③ 흡광차분광법
④ 불꽃광도법

69 소각로, 소각시설 및 그 밖의 배출원에서 배출되는 입자상 및 가스상 수은(Hg)의 측정·분석방법 중 냉증기 원자흡수분광광도법에 관한 설명으로 옳지 않은 것은?

① 배출원에서 등속으로 흡입된 입자상과 가스상 수은은 흡수액인 산성 과망간산포타슘 용액에 채취된다.
② 정량범위는 0.005mg/m³~0.075mg/m³이고, (건조 시료가스량 1m³인 경우), 방법검출한계는 0.003 mg/m³이다.
③ Hg^{2+} 형태로 채취한 수은을 Hg^0 형태로 환원시켜서 측정한다.
④ 시료채취 시 배출가스 중에 존재하는 산화 유기물질은 수은의 채취를 방해할 수 있다.

70 굴뚝 배출가스 중 시안화수소를 피리딘 피라졸론법으로 분석할 경우 시안화수소 표준원액을 제조하기 위해서는 시안화 수소 용액 몇 mL를 취하여 수산화소듐용액(1N) 100mL를 가하고 다시 물로 전량을 1L로 하여야 하는가? (단, 시안화 수소 표준원액 1mL는 기체상 HCN 0.01mL(0℃, 760mmHg)에 상당하며, f : 0.1 N 질산은 용액의 역가, a : 0.1 N 질산은 용액의 소비량(mL))

① $\dfrac{10}{0.448 \times a \times f}$
② $\dfrac{10}{0.0448 \times a \times f}$
③ $\dfrac{10}{0.112 \times a \times f}$
④ $\dfrac{10}{0.0112 \times a \times f}$

71 원자흡수분광광도법에서 사용하는 용어 설명으로 거리가 먼 것은?

① 공명선(Resonance Line) : 원자가 외부로 빛을 반사했다가 방사하는 스펙트럼선
② 근접선(Neighbouring Line) : 목적하는 스펙트럼선에 가까운 파장을 갖는 다른 스펙트럼선
③ 역화(Flame Back) : 불꽃의 연소속도가 크고 혼합기체의 분출속도가 작을 때 연소형상이 내부로 옮겨지는 것
④ 원자흡광(분광)측광 : 원자흡광스펙트럼을 이용하여 시료중의 특정원소의 농도와 그 휘선의 흡광정도와의 상관관계를 측정하는 것

72 굴뚝 배출가스 중 산소를 오르자트(Orsat) 분석법(화학분석법)으로 시료의 흡수를 통해 시료 중 산소 농도를 구하고자 할 때, 장치 내의 흡수액을 넣은 흡수병에 가장 먼저 흡수되는 가스 성분은?

① CO_2(탄산가스)
② O_2(산소)
③ CO(일산화탄소)
④ N_2(질소)

73 다음 원자흡수분광광도법의 측정순서 중 일반적으로 가장 먼저 하여야 하는 것은?

① 분광기의 파장눈금을 분석선의 파장에 맞춘다.
② 광원램프를 점등하여 적당한 전류값으로 설정한다.
③ 가스유량 조절기의 밸브를 열어 불꽃을 점화한다.
④ 시료용액을 불꽃 중에 분무시켜 지시한 값을 읽어 둔다.

74 배출허용기준 중 표준산소농도를 적용받는 항목에 대한 배출가스유량 보정식으로 옳은 것은? (단, Q: 배출가스유량(Sm³/일), Q_a:실측배출가스유량(Sm³/일), O_a:실측산소농도(%), O_s:표준산소농도(%))

① $Q = Q_a \times [(21-O_s)/(21-O_a)]$
② $Q = Q_a \div [(21-O_s)/(21-O_a)]$
③ $Q = Q_a \times [(21+O_s)/(21+O_a)]$
④ $Q = Q_a \div [(21+O_s)/(21+O_a)]$

75 특정발생원에서 일정한 굴뚝을 거치지 않고 외부로 비산되는 먼지를 고용량공기시료채취법으로 측정한 결과 다음과 같은 자료를 얻었다. 이 때 비산먼지의 농도는 몇 mg/m³인가?

> - 채취먼지량이 가장 많은 위치에서의 먼지농도 : 65mg/m²
> - 대조위치에서의 먼지농도 : 0.23mg/m²
> - 전 시료채취 기간 중 주 풍향이 90° 이상 변하고, 풍속이 0.5m/s 미만 또는 10m/s 이상되는 시간이 전 채취시간의 50% 이상이다.

① 117 ② 102
③ 94   ④ 87

76 환경대기 중 위상차현미경을 사용한 석면시험방법과 그 용어의 설명으로 옳지 않은 것은?

① 위상차 현미경은 굴절율 또는 두께가 부분적으로 다른 무색투명한 물체의 각 부분의 투과광 사이에 생기는 위상차를 화상면에서 명암의 차로 바꾸어, 구조를 보기 쉽도록 한 현미경이다.
② 석면먼지의 농도표시는 0℃, 760mmH₂O의 기체 1µℓ 중에 함유된 석면섬유의 개수(개/µℓ)로 표시한다.
③ 대기 중 석면은 강제 흡인 장치를 통해 여과장치에 채취한 후 위상차현미경으로 계수하여 석면 농도를 산출한다.
④ 위상차현미경을 사용하여 섬유상으로 보이는 입자를 계수하고 같은 입자를 보통의 생물현미경으로 바꾸어 계수하여, 그 계수치들의 차를 구하면 굴절율이 거의 1.5인 섬유상의 입자 즉 석면이라고 추정할 수 있는 입자를 계수할 수가 있게 된다.

77 대기오염공정시험기준상 따로 규정이 없는 한 "시약명칭-화학식-농도(%)-비중(약)" 기준으로 옳은 것은?

① 암모니아수-NH_4OH-30.0~34.0(NH_3로서)-1.05
② 아이오드화수소산-HI-46.0~48.0-1.25
③ 브롬화수소산-HBr-47.0~49.0-1.48
④ 과염소산-H_2ClO_3-60.0~62.0-1.34

78 비분산적외선분광분석법(Non Dispersive Infrared Photometer Analysis)에서 사용되는 용어에 관한 설명으로 옳지 않은 것은?

① 비교가스는 시료셀에서 적외선 흡수를 측정하는 경우 대조가스로 사용하는 것으로 적외선을 흡수하지 않는 가스를 말한다.
② 비교셀을 시료셀과 동일한 모양을 가지며 아르곤 또는 질소와 같은 불활성 기체를 봉입하여 사용한다.
③ 광학필터는 시료광속과 비교광속을 일정주기로 단속시켜, 광학적으로 변조시키는 것으로 단속방식에는 1~20Hz의 교호단속 방식과 동시단속 방식이 있다.
④ 시료셀은 시료가스가 흐르는 상태에서 양단의 창을 통해 시료광속이 통과하는 구조를 갖는다.

79 기체크로마토그래피에 의한 정량분석에서 이용되는 정량법으로 거리가 먼 것은?

① 표준넓이추가법   ② 보정넓이 백분율법
③ 상대검정곡선법   ④ 절대검정곡선법

80 다음 중 현행 대기오염공정시험기준상 일반적으로 자외선/가시선분광법으로 분석하지 않는 물질은?

① 배출가스 중 이황화탄소
② 유류 중 황 함유량
③ 배출가스 중 황화수소
④ 배출가스 중 불소화합물

5과목 대기환경관계법규

81 다음은 대기환경보전법상 과징금 처분기준이다. (   )안에 알맞은 것은?

> 환경부장관은 자동차제작자가 거짓으로 제작차의 인증 또는 변경인증을 받은 경우에는 그 자동차 제작자에 대하여 매출액에 (㉠)(을)를 곱한 금액을 초과하지 아니하는 범위에서 과징금을 부과할 수 있다. 이 경우 과징금의 금액은 (㉡)을 초과할 수 없다.

① ㉠ 100분의 3, ㉡ 100억원
② ㉠ 100분의 3, ㉡ 500억원
③ ㉠ 100분의 5, ㉡ 100억원
④ ㉠ 100분의 5, ㉡ 500억원

82 실내공기질 관리법규상 자일렌 항목의 신축공동주택의 실내공기질 권고기준은?

① $30\mu g/m^3$ 이하
② $210\mu g/m^3$ 이하
③ $300\mu g/m^3$ 이하
④ $700\mu g/m^3$ 이하

83 대기환경보전법규상 배출시설 및 방지시설 등과 관련된 행정처분기준 중 "부식·마모로 인하여 대기오염물질이 누출되는 배출시설을 정당한 사유 없이 방치한 경우"의 3차 행정처분기준은?

① 개선명령
② 경고
③ 조업정지 10일
④ 조업정지 30일

84 다음은 대기환경보전법규상 "초미세먼지(PM-2.5)"의 주의보 발령기준이다. (   )안에 알맞은 것은?

> 기상조건 등을 고려하여 해당지역의 대기자동측정소 PM-2.5 시간당 평균농도가 (   ) 지속인 때

① $50\mu g/m^3$ 이상 1시간 이상
② $50\mu g/m^3$ 이상 2시간 이상
③ $75\mu g/m^3$ 이상 1시간 이상
④ $75\mu g/m^3$ 이상 2시간 이상

85 다음은 대기환경보전법령상 부과금의 납부통지 기준에 관한 사항이다. (   )안에 알맞은 것은?

> 초과부과금은 초과부과금 부과 사유가 발생한 때(자동측정자료의 (㉠)가 배출허용기준을 초과한 경우에는 (㉡))에, 기본부과금은 해당 부과기간의 확정배출량 자료제출기간 종료일부터 (㉢)에 부과금의 납부통지를 하여야 한다. 다만, 배출시설이 폐쇄되거나 소유권이 이전되는 경우에는 즉시 납부통지를 할 수 있다.

① ㉠ 30분 평균치, ㉡ 매 분기 종료일부터 30일 이내, ㉢ 30일 이내
② ㉠ 30분 평균치, ㉡ 매 반기 종료일부터 60일 이내, ㉢ 60일 이내
③ ㉠ 1시간 평균치, ㉡ 매 분기 종료일부터 30일 이내, ㉢ 30일 이내
④ ㉠ 1시간 평균치, ㉡ 매 반기 종료일부터 60일 이내, ㉢ 60일 이내

86 대기환경보전법규상 운행차 배출허용기준에 관한 설명으로 옳지 않은 것은?
① 휘발유와 가스를 같이 사용하는 자동차의 배출가스 측정 및 배출허용기준은 가스의 기준을 적용한다.
② 알코올만 사용하는 자동차는 탄화수소 기준을 적용한다.
③ 건설기계 중 덤프트럭, 콘크리트믹서트럭, 콘크리트펌프트럭에 대한 배출허용기준은 화물자동차기준을 적용한다.
④ 수입자동차는 최초등록일자를 제작일자로 본다.

87 대기환경보전법상 해당 연도의 평균 배출량이 평균 배출허용기준을 초과하여 그에 따른 상환명령을 이행하지 아니하고 자동차를 제작한 자에 대한 벌칙기준은?
① 7년 이하의 징역이나 1억원 이하의 벌금
② 5년 이하의 징역이나 5천만원 이하의 벌금
③ 3년 이하의 징역이나 3천만원 이하의 벌금
④ 1년 이하의 징역이나 1천만원 이하의 벌금

88 대기환경보전법규상 자동차 종류 구분기준 중 전기만을 동력으로 사용하는 자동차로서 1회 충전 주행거리가 80km 이상 160km 미만에 해당하는 것은?
① 제1종   ② 제2종
③ 제3종   ④ 제4종

89 대기환경보전법규상 자가측정 시 사용한 여과지 및 시료채취기록지의 보존기간은 환경오염공정시험기준에 따라 측정한 날부터 얼마로 하는가?
① 3개월   ② 6개월
③ 1년   ④ 3년

90 대기환경보전법규상 위임업무 보고사항 중 "자동차 연료 및 첨가제의 제조·판매 또는 사용에 대한 규제현황"의 보고 횟수 기준은?
① 연 1회   ② 연 2회
③ 연 4회   ④ 수시

91 대기환경보전법상 환경부장관은 대기오염물질과 온실가스를 줄여 대기환경을 개선하기 위하여 대기환경개선종합계획을 몇 년마다 수립하여 시행하여야 하는가?
① 1년마다   ② 3년마다
③ 5년마다   ④ 10년마다

92 대기환경보전법규상 대기오염방지시설과 가장 거리가 먼 것은? (단, 그 밖의 경우 등은 제외)
① 산화·환원에 의한 시설
② 응축에 의한 시설
③ 미생물을 이용한 처리시설
④ 이온교환시설

93 대기환경보전법령상 초과부과금 산정기준에서 다음 중 오염물질 1킬로그램 당 부과금액이 가장 적은 것은?
① 이황화탄소   ② 암모니아
③ 황화수소   ④ 불소화합물

94 실내공기질 관리법상 다중이용시설을 설치하는 자는 환경부령으로 정한 기준을 초과한 오염물질방출 건축자재를 사용해서는 안 되는데, 이 규정을 위반하여 사용한 자에 대한 벌칙기준으로 옳은 것은?
① 1년 이하의 징역 또는 1천만원 이하의 벌금
② 500만원 이하의 과태료
③ 200만원 이하의 과태료
④ 100만원 이하의 과태료

95 대기환경보전법령상 특별대책지역에서 환경부령에 따라 신고해야 하는 휘발성유기화합물 배출시설 중 "대통령령으로 정하는 시설"에 해당하지 않는 것은? (단, 그 밖에 휘발성유기화합물을 배출하는 시설로서 환경부장관이 관계중앙행정기관의 장과 협의하여 고시하는 시설 등은 제외한다.)

① 저유소의 저장시설 및 출하시설
② 주유소의 저장시설 및 출하시설
③ 석유정제를 위한 제조시설, 저장시설, 출하시설
④ 휘발성유기화합물 분석을 위한 실험실

96 환경정책기본법령상 환경기준으로 옳은 것은? (단, ㉠, ㉡은 대기환경기준, ㉢, ㉣은 수질 및 수생태계 '하천'에서의 사람의 건강보호기준)

	항목	기준값
㉠	O₃(1시간 평균치)	0.06ppm 이하
㉡	NO₂(1시간 평균치)	0.15ppm 이하
㉢	Cd	0.5ppm 이하
㉣	Pb	0.05ppm 이하

① ㉠
② ㉡
③ ㉢
④ ㉣

97 다음 중 대기환경보전법령상 3종사업장 분류기준에 속하는 것은?

① 대기오염물질발생량의 합계가 연간 9톤인 사업장
② 대기오염물질발생량의 합계가 연간 12톤인 사업장
③ 대기오염물질발생량의 합계가 연간 22톤인 사업장
④ 대기오염물질발생량의 합계가 연간 33톤인 사업장

98 다음은 대기환경보전법상 용어의 뜻이다. ( )안에 알맞은 것은?

( )(이)란 연소할 때 생기는 유리탄소가 응결하여 입자의 지름이 1미크론 이상이 되는 입자상물질을 말한다.

① 스모그
② 안개
③ 검댕
④ 먼지

99 대기환경보전법령상 일일 기준초과배출량 및 일일 유량의 산정방법으로 옳지 않은 것은?

① 특정대기유해물질의 배출허용기준초과 일일오염물질배출량은 소수점 이하 셋째 자리까지 계산하고, 일반오염물질은 소수점 이하 둘째 자리까지 계산한다.
② 먼지의 배출농도 단위는 표준상태(0℃, 1기압을 말한다.)에서의 세제곱미터당 밀리그램(mg/Sm³)으로 한다.
③ 측정유량의 단위는 시간당 세제곱미터(m³/h)로 한다.
④ 일일조업시간은 배출량을 측정하기 전 최근 조업한 30일 동안의 배출시설 조업시간 평균치를 시간으로 표시한다.

100 악취방지법상 악취방지계획에 따라 악취방지에 필요한 조치를 하지 아니하고 악취배출시설을 가동한 자에 대한 벌칙기준으로 옳은 것은?

① 1천만원 이하의 벌금
② 500만원 이하의 벌금
③ 300만원 이하의 벌금
④ 100만원 이하의 벌금

UNIT 04 2020년 대기환경기사 1회, 2회 통합시행 필기

1과목 대기오염개론

01 전기자동차의 일반적 특성으로 가장 거리가 먼 것은?

① 내연기관에 비해 소음과 진동이 적다.
② CO_2나 NOx를 배출하지 않는다.
③ 충전 시간이 오래 걸리는 편이다.
④ 대형차에 잘 맞으며, 자동차 수명보다 전지 수명이 길다.

02 디젤 자동차의 배출가스 후처리기술로 옳지 않은 것은?

① 매연여과장치
② 습식흡수방법
③ 산화 촉매방지
④ 선택적 촉매환원

03 Pan of sky에 의한 리차드슨 수(Ri)의 크기와 대기의 혼합간의 관계에 관한 설명으로 옳지 않은 것은?

① Ri=0 : 수직방향의 혼합이 없다.
② 0<Ri<0.25 : 성층에 의해 약화된 기계적 난류가 존재한다.
③ Ri<-0.04 : 대류에 의한 혼합이 기계적 혼합을 지배한다.
④ -0.03<Ri<0 : 기계적 난류와 대류가 존재하나 기계적 난류가 혼합을 주로 일으킨다.

04 도시 대기오염물질의 광화학반응에 관한 설명으로 옳지 않은 것은?

① O_3는 파장 200~320nm에서 강한 흡수가, 450~700nm에서는 약한 흡수가 일어난다.
② PAN은 알데히드의 생성과 동시에 생기기 시작하며, 일반적으로 오존농도와는 관계가 없다.
③ NO_2는 도시 대기오염물질 중에서 가장 중요한 태양빛 흡수 기체로서 파장 420nm 이상의 가시광선에 의하여 NO와 O로 광분해한다.
④ SO_3는 대기 중의 수분과 쉽게 반응하여 황산을 생성하고 수분을 더 흡수하여 중요한 대기오염물질의 하나인 황산입자 또는 황산미스트를 생성한다.

05 LA 스모그에 관한 설명으로 옳지 않은 것은?

① 광화학적 산화반응으로 발생한다.
② 주 오염원은 자동차 배기가스이다.
③ 주로 새벽이나 초저녁에 자주 발생한다.
④ 기온이 24℃ 이상이고 습도가 70% 이하로 낮은 상태일 때 잘 발생한다.

06 다음 중 주로 연소 시 배출되는 무색의 기체로 물에 매우 난용성이며, 혈액 중의 헤모글로빈과 결합력이 강해 산소 운반능력을 감소시키는 물질은?

① HC
② NO
③ PAN
④ 알데히드

07 열섬효과에 관한 설명으로 옳지 않은 것은?

① 열섬현상은 고기압의 영향으로 하늘이 맑고 바람이 약한 때에 잘 발생한다.
② 열섬효과로 도시주위의 시골에서 도시로 바람이 부는데, 이를 전원풍이라 한다.
③ 도시의 지표면은 시골보다 열용량이 적고 열전도율이 높아 열섬효과의 원인이 된다.
④ 도시에서는 인구와 산업의 밀집지대로서 인공적인 열이 시골에 비하여 월등하게 많이 공급된다.

08 실내공기 오염물질인 라돈에 관한 설명으로 가장 거리가 먼 것은?

① 무색, 무취의 기체로 액화되어도 색을 띠지 않는 물질이다.
② 반감기는 3.8일로 라듐이 핵분열할 때 생성되는 물질이다.
③ 자연계에 널리 존재하며, 건축자재 등을 통하여 인체에 영향을 미치고 있다.
④ 주기율표에서 원자번호가 238번으로, 화학적으로 활성이 큰 물질이며, 흙속에서 방사선 붕괴를 일으킨다.

09 실제 굴뚝 높이가 50m, 굴뚝내경 5m, 배출가스의 분출가스가 12m/s, 굴뚝주위의 풍속이 4m/s라고 할 때, 유효굴뚝의 높이(m)는?

(단, $\Delta H = 1.5 \times D \times \left(\dfrac{V_s}{U}\right)$이다.)

① 22.5　　② 27.5
③ 72.5　　④ 82.5

10 다음 보기가 설명하는 오염물질로 옳은 것은?

> • 상온에서 무색이며 투명하여 순수한 경우에는 냄새가 거의 없지만 일반적으로 불쾌한 자극성 냄새를 가진 액체
> • 햇빛에 파괴될 정도로 불안정지만 부식성은 비교적 약함
> • 끓는점은 약 46℃이며, 그 증기는 공기보다 약 2.64배 정도 무거움

① $COCl_2$　　② Br_2
③ SO_2　　④ CS_2

11 대기 중 각 오염원의 영향평가를 해결하기 위한 수용모델에 관한 설명으로 옳지 않은 것은?

① 지형, 기상학적 정보 없이도 사용 가능하다.
② 수용체 입장에서 영향평가가 현실적으로 이루어 질 수 있다.
③ 오염원의 조업 및 운영 상태에 관한 정보 없이도 사용 가능하다.
④ 측정 자료를 입력 자료로 사용하므로 배출원 조건의 시나리오 작성이 용이하다.

12 산성비가 토양에 미치는 영향에 관한 설명으로 옳지 않은 것은?

① Al^{3+}은 뿌리의 세포분열이나 Ca 또는 P의 흡수나 흐름을 저해한다.
② 교환성 Al은 산성의 토양에만 존재하는 물질이고, 교환성 H와 함께 토양 산성화의 주요한 요인이 된다.
③ 토양의 양이온 교환기는 강산적 성격을 갖는 부분과 약산적 성격을 갖는 부분으로 나누는데, 결정도가 낮은 점토광물은 강산적이다.
④ 산성강수가 가해지면 토양은 산적 성격이 약한 교환기부터 순서적으로 Ca^{2+}, Mg^{2+}, Na^+, K^+ 등의 교환성 염기를 방출하고, 대신 그 교환 자리에 H^+가 흡착되어 치환된다.

13 다음 중 2차 오염물질(secondary pollutants)은?

① SiO_2
② N_2O_3
③ NaCl
④ NOCl

14 다음 오염물질 중 온실효과를 유발하는 것으로 가장 거리가 먼 것은?

① 메탄
② CFCs
③ 이산화탄소
④ 아황산가스

15 대기오염사건과 대표적인 주 원인물질 또는 전구물질의 연결이 옳지 않은 것은?

① 뮤즈계곡 사건 – SO_2
② 도노라 사건 – NO_2
③ 런던 스모그 사건 – SO_2
④ 보팔 사건 – MIC(Methyl Isocyanate)

16 지름이 1.0μm이고 밀도가 $10^6 g/m^3$인 물방울이 공기중에서 지표로 자유낙하 할 때 Reynolds 수는? (단, 공기의 점도는 0.0172g/m·s, 밀도는 $1.29kg/m^3$이다.)

① 1.9×10^{-6}
② 2.4×10^{-6}
③ 1.9×10^{-5}
④ 2.4×10^{-5}

17 20℃, 750mmHg에서 측정한 NO의 농도가 0.5ppm 이다. 이 때 NO의 농도($\mu g/Sm^3$)는? (문제오류, 보기에 정답이 없음)

① 약 463
② 약 524
③ 약 553
④ 약 616

18 대기 중에 존재하는 가스상 오염물질 중 염화수소와 염소에 관한 설명으로 옳지 않은 것은?

① 염소는 강한 산화력을 이용하여 살균제, 표백제로 쓰인다.
② 염화수소가 대기중에 노출될 경우 백색의 연무를 형성하기도 한다.
③ 염소는 상온에서 적갈색을 띠는 액체로 휘발성과 부식성이 강하다.
④ 염화수소는 무색으로서 자극성 냄새가 있으며 상온에서 기체이다. 전지, 약품, 비료 등에 사용된다.

19 대기압력이 900mb인 높이에서의 온도가 25℃일 때 온위(potential temperature, K)는? (단, θ= $T(1000/P)^{0.288}$)

① 307.2
② 377.8
③ 421.4
④ 487.5

20 대기오염원의 영향을 평가하는 방법 중 분산모델에 관한 설명으로 가장 거리가 먼 것은?

① 오염물의 단기간 분석 시 문제가 된다.
② 지형 및 오염원의 조업조건에 영향을 받는다.
③ 먼지의 영향평가는 기상의 불확실성과 오염원이 미확인인 경우에 문제점을 가진다.
④ 현재나 과거에 일어났던 일을 추정, 미래를 위한 전략은 세울 수 있으나 미래 예측은 어렵다.

2과목 연소공학

21 액체연료 연소장치 중 건타입(Gun type)버너에 관한 설명으로 옳지 않은 것은?

① 유압은 보통 7kg/cm² 이상이다.
② 연소가 양호하고 전자동 연소가 가능하다.
③ 형식은 유압식과 공기분무식을 합한 것이다.
④ 유량조절 범위가 넓어 대형 연속에 사용한다.

22 기체연료의 특징 및 종류에 관한 설명으로 옳지 않은 것은?

① 부하의 변동범위가 넓고 연소의 조절이 용이한 편이다.
② 천연가스는 화염전파속도가 크며, 폭발범위가 크므로 1차 공기를 적게 혼합하는 편이 유리하다.
③ 액화천연가스는 메탄을 주성분으로 하는 천연가스를 1기압 하에서 −168℃ 근처에서 냉각, 액화시켜 대량수송 및 저장을 가능하게 한 것이다.
④ 액화석유가스는 액체에서 기체로 될 때 증발열(90~100kcal/kg)이 있으므로 사용하는데 유의할 필요가 있다.

23 액체연료의 특징으로 옳지 않은 것은?

① 저장 및 계량, 운반이 용이하다.
② 점화, 소화 및 연소의 조절이 쉽다.
③ 발열량이 높고 품질이 대체로 일정하며 효율이 높다.
④ 소량의 공기로 완전 연소되며 검댕발생이 없다.

24 어떤 물질의 1차 반응에서 반감기가 10분이었다. 반응물이 1/10 농도로 감소할 때까지 얼마의 시간(분)이 걸리겠는가?

① 6.9
② 33.2
③ 693
④ 3323

25 다음 기체연료 중 고위발열량(kcal/Sm³)이 가장 낮은 것은?

① Ethane
② Ethylene
③ Acetylene
④ Methane

26 유류연소버너 중 유압식 버너에 관한 설명으로 가장 거리가 먼 것은?

① 대용량 버너 제작이 용이하다.
② 유압은 보통 50~90kg/cm² 정도이다.
③ 유량 조절 범위가 좁아 (환류식 1:3, 비환류식 1:2) 부하변동에 적응하기 어렵다.
④ 연료유의 분사각도는 기름의 압력, 점도 등으로 약간 달라지지만 40~90° 정도의 넓은 각도로 할 수 있다.

27 액화석유가스에 관한 설명으로 옳지 않은 것은?

① 저장설비비가 많이 든다.
② 황분이 적고 독성이 없다.
③ 비중이 공기보다 가볍고, 누출될 경우 쉽게 인화 폭발될 수 있다.
④ 유지 등을 잘 녹이기 때문에 고무 패킹이나 유지로 된 도포제로 누출을 막는 것은 어렵다.

28 기체 연료의 연소방식 중 확산연소에 관한 설명으로 옳지 않은 것은?

① 역화의 위험성이 없다.
② 붉고 긴 화염을 만든다.
③ 가스와 공기를 예열할 수 없다.
④ 연료의 분출속도가 클 경우에는 그을음이 발생하기 쉽다.

29 다음 연소장치 중 일반적으로 가장 큰 공기비를 필요로 하는 것은?

① 오일버너   ② 가스버너
③ 미분탄버너 ④ 수평자동화격자

30 프로판과 부탄이 용적비 3:2로 혼합된 가스 1Sm³가 이론적으로 완전연소할 때 발생하는 CO_2의 양(Sm^3)은?

① 2.7   ② 3.2
③ 3.4   ④ 4.1

31 연소시 매연 발생량이 가장 적은 탄화수소는?

① 나프텐계 ② 올레핀계
③ 방향족계 ④ 파라핀계

32 C 80%, H 20%로 구성된 액체 탄화수소의 연료 1kg을 완전연소시킬 때 발생하는 CO_2의 부피(Sm^3)는?

① 1.2   ② 1.5
③ 2.6   ④ 2.9

33 저위발열량이 5,000kcal/Sm³인 기체연료의 이론연소온도(℃)는 약 얼마인가? (단, 이론연소가스량 15Sm³/Sm³, 연료연소가스의 평균정압 비열 0.35kcal/Sm³·℃, 기준온도는 0℃, 공기는 예열되지 않으며, 연소가스는 해리되지 않는다고 본다.)

① 952   ② 994
③ 1,008 ④ 1,118

34 프로판 2kg을 과잉공기계수 1.31로 완전 연소시킬 때 발생하는 습연소가스량(kg)은?

① 약 24 ② 약 32
③ 약 38 ④ 약 43

35 착화온도(발화점)에 대한 특성으로 옳지 않은 것은?

① 분자구조가 복잡할수록 착화온도는 낮아진다.
② 산소농도가 낮을수록 착화온도는 낮아진다.
③ 발열량이 클수록 착화온도는 낮아진다.
④ 화학 반응성이 클수록 착화온도는 낮아진다.

36 S 함량 3%의 벙커 C유 100kL를 사용하는 보일러에 S 함량 1%인 벙커 C유로 30% 섞어 사용하면, SO_2 배출량은 몇 % 감소하는가?(단, 벙커 C유 비중 0.95, 벙커 C유 함유 S는 모두 SO_2로 전환된다.)

① 16   ② 20
③ 25   ④ 28

37 옥탄(C_8H_{18})을 완전연소시킬 때의 AFR(Air Fuel Ratio)은? (단, 무게비 기준으로 한다.)

① 15.1 ② 30.8
③ 45.3 ④ 59.5

38 황화수소의 연소반응식이 다음 보기와 같을 때 황화수소 1Sm³의 이론연소공기량(Sm³)은?

$$2H_2S + 3O_2 \rightarrow 2SO_2 + 2H_2O$$

① 5.54　　　　② 6.42
③ 7.14　　　　④ 8.92

39 어떤 액체연료를 보일러에서 완전연소시켜 그 배출가스를 Orsat 분석 장치로서 분석하여 CO_2 15%, O_2 5%의 결과를 얻었다면 이때 과잉공기계수는? (단, 일산화탄소 발생량은 없다.)

① 1.12　　　　② 1.19
③ 1.25　　　　④ 1.31

40 다음 연소의 종류 중 흑연, 코크스, 목탄 등과 같이 대부분 탄소만으로 되어 있는 고체연료에서 관찰되는 연소형태는?

① 표면연소　　② 내부연소
③ 증발연소　　④ 자기연소

3과목　　대기오염방지기술

41 중력침전을 결정하는 중요 매개변수는 먼지입자의 침전속도이다. 다음 중 먼지의 침전속도 결정과 가장 관계가 깊은 것은?

① 입자의 온도　　② 대기의 분압
③ 입자의 유해성　④ 입자의 크기와 밀도

42 처리가스량 25,420m³/h, 압력손실이 100mmH₂O인 집진장치의 송풍기 소요동력(kW)은 약 얼마인가? (단, 송풍기 효율은 60%, 여유율은 1.30이다.)

① 9　　　　② 12
③ 15　　　④ 18

43 다음은 활성탄의 고온 활성화 재생방법으로 적용될 수 있는 다단로(multi-hearth furnace)와 회전로(rotary kiln)의 비교표이다. 비교 내용 중 옳지 않은 것은?

구분		다단로	회전로
가	온도 유지	여러 개의 버너로 구분된 반응영역에서 온도분포 조절이 가능하고 열효율이 높음	단 1개의 버너로 열공급 영역별 온도유지가 불가능하고 열효율이 낮음
나	수증기 공급	반응영역에서 일정하게 분사	입구에서만 공급하므로 일정치 않음
다	입도 분포	입도에 비례하여 큰 입자가 빨리 배출	입도 분포에 관계없이 체류시간을 동일하게 유지가능
라	품질	고품질 입상재생 설비로 적합	고품질 입상재생 설비로 부적합

① 가　　　　② 나
③ 다　　　　④ 라

44 다음 악취물질 중 공기 중의 최소 감지 농도가 가장 낮은 것은?

① 염소　　　　② 암모니아
③ 황화수소　　④ 이황화탄소

45 환기 및 후드에 관한 설명으로 옳지 않은 것은?

① 폭이 넓은 오염원 탱크에서는 주로 '밀고 당기는 (push/pull)' 방식의 환기공정이 요구된다.
② 후드는 일반적으로 개구면적을 좁게 하여 흡인속도를 크게 하고, 필요시 에어커튼을 이용한다.
③ 폭이 좁고 긴 직사각형의 슬로트후드(slot hood)는 전기도금공정과 같은 상부개방형 탱크에서 방출되는 유해물질을 포집하는데 효율적으로 이용된다.
④ 천개형후드는 포착형보다 유입 공기의 속도가 빠를 때 사용되며 주로 저온의 오염공기를 배출하고 과잉습도를 제거할 때 제한적으로 사용된다.

46 접선유입식 원심력 집진장치의 특징에 관한 설명 중 옳은 것은?

① 장치의 압력손실은 5,000mmH₂O 이다.
② 장치 입구의 가스속도는 18~20cm/s 이다.
③ 유입구 모양에 따라 나선형과 와류형으로 분류된다.
④ 도익선회식이라고도 하며 반전형과 직진형이 있다.

47 A집진장치의 입구 및 출구의 배출가스 중 먼지의 농도가 각각 15g/Sm³, 150mg/Sm³이었다. 또한 입구 및 출구에서 채취한 먼지시료 중에 포함된 0~5μm의 입경분포의 중량 백분율이 각각 10%, 60%이었다면 이 집진장치의 0~5μm의 입경범위의 먼지시료에 대한 부분집진율(%)은?

① 90　　② 92
③ 94　　④ 96

48 직경이 D인 구형입자의 비표면적(S_v, m²/m³)에 관한 설명으로 옳지 않은 것은? (단, ρ는 구형입자의 밀도이다.)

① $S_v = 3\rho/D$ 로 나타낸다.
② 입자가 미세할수록 부착성이 커진다.
③ 먼지의 입경과 비표면적은 반비례 관계이다.
④ 비표면적이 크게 되면 원심력 집진장치의 경우에는 장치벽면을 폐색시킨다.

49 염소농도 0.2%인 굴뚝 배출가스 3,000Sm³/h를 수산화칼슘용액을 이용하여 염소를 제거하고자 할 때, 이론적으로 필요한 시간당 수산화칼슘의 양(kg/h)은? (단, 처리효율은 100%로 가정한다.)

① 16.7　　② 18.2
③ 19.8　　④ 23.1

50 헨리의 법칙에 관한 설명으로 옳지 않은 것은?

① 비교적 용해도가 적은 기체에 적용된다.
② 헨리상수의 단위는 atm/m³·kmol 이다.
③ 헨리상수의 값은 온도가 높을수록, 용해도가 적을수록 커진다.
④ 온도와 기체의 부피가 일정할 때 기체의 용해도는 용매와 평형을 이루고 있는 기체의 분압에 비례한다.

51 탈취방법 중 촉매연소법에 관한 설명으로 옳지 않은 것은?

① 직접연소법에 비해 질소산화물의 발생량이 높고, 고농도로 배출된다.
② 직접연소법에 비해 연료소비량이 적어 운전비는 절감되나, 촉매독이 문제가 된다.
③ 적용 가능한 악취성분은 가연성 악취성분, 황화수소, 암모니아 등이 있다.
④ 촉매는 백금, 코발트, 니켈 등이 있으며 고가이지만 성능이 우수한 백금계의 것이 많이 이용된다.

52 다음은 물리흡착과 화학흡착의 비교표이다. 비교 내용 중 옳지 않은 것은?

구분		물리흡착	화학흡착
가	온도 범위	낮은 온도	대체로 높은 온도
나	흡착층	단일 분자층	여러 층이 가능
다	가역 정도	가역성이 높음	가역성이 낮음
라	흡착열	낮음	높음(반응열 정도)

① 가 ② 나
③ 다 ④ 라

53 벤츄리스크러버의 액가스비를 크게 하는 요인으로 가장 거리가 먼 것은?

① 먼지의 농도가 높을 때
② 처리가스의 온도가 높을 때
③ 먼지 입자의 친수성이 클 때
④ 먼지 입자의 점착성이 클 때

54 다음 중 유해물질 처리방법으로 가장 거리가 먼 것은?

① CO는 백금계의 촉매를 사용하여 연소시켜 제거한다.
② Br_2는 산성수용액에 의한 선정법으로 제거한다.
③ 이황화탄소는 암모니아를 불어넣는 방법으로 제거한다.
④ 아크로레인은 NaClO 등의 산화제를 혼입한 가성소다 용액으로 흡수 제거한다.

55 80%의 효율로 제진하는 전기집진장치의 집진면적을 2배로 증가시키면 집진효율(%)은 얼마로 향상되는가?

① 92 ② 94
③ 96 ④ 98

56 굴뚝 배출 가스량은 2,000Sm³/h, 이 배출가스 중 HF 농도는 500mL/Sm³이다. 이 배출가스를 50m³의 물로 세정할 때 24시간 후 순환수인 폐수의 pH는? (단, HF는 100% 전리되며, HF 이외의 영향은 무시한다.)

① 약 1.3 ② 약 1.7
③ 약 2.1 ④ 약 2.6

57 먼지의 입경분포에 관한 설명으로 옳지 않은 것은?

① 대수정규분포는 미세한 입자의 특성과 잘 일치한다.
② 빈도분포는 먼지의 입경분포를 적당한 입경간격의 개수 또는 질량의 비율로 나타내는 방법이다.
③ 먼지의 입경분포를 나타내는 방법 중 적산분포에는 정규분포, 대수정규분포, Rosin Rammler 분포가 있다.
④ 적산분포(R)는 일정한 입경보다 큰 입자가 전체의 입자에 대하여 몇 % 있는가를 나타내는 것으로 입경분포가 0이면 R=100% 이다.

58 싸이클론의 원추부 높이가 1.4m, 유입구 높이가 15cm, 원통부 높이가 1.4m일 때 외부선회류의 회전수는? (단, $N = \dfrac{1}{H_A} \times (H_B + \dfrac{H_C}{2})$)

① 6회 ② 11회
③ 14회 ④ 18회

59 세정집진장치의 특징으로 옳지 않은 것은?

① 압력손실이 작아 운전비가 적게 든다.
② 소수성 입자의 집진율이 낮은 편이다.
③ 점착성 및 조해성 분진의 처리가 가능하다.
④ 연소성 및 폭발성 가스의 처리가 가능하다.

60 국소배기시설에서 후드의 유입계수가 0.84, 속도압이 10mmH₂O 일 때 후드에서의 압력손실(mmH₂O)은?

① 4.2
② 8.4
③ 16.8
④ 33.6

4과목 대기오염공정시험기준(방법)

61 배출가스 중 질소산화물 농도 측정방법으로 옳지 않은 것은?

① 화학발광법
② 자외선형광법
③ 적외선 흡수법
④ 아연환원 나프틸에틸렌다이아민법

62 적정법에 의한 배출가스 중 브롬화합물의 정량 시 과잉의 하이포아염소산염을 환원시키는데 사용하는 것은?

① 염산
② 폼산소듐
③ 수산화소듐
④ 암모니아수

63 화학반응 공정 등에서 배출되는 굴뚝 배출가스 중 일산화탄소 분석방법에 따른 정량범위로 틀린 것은?

① 정전위전해법 : 0~200ppm
② 비분산형적외선분석법 : 0~1000ppm
③ 기체크로마토그래피 : TCD의 경우 0.1% 이상
④ 기체크로마토그래피 : FID의 경우 0~2000ppm

64 액의 농도에 관한 설명으로 옳지 않은 것은?

① 단순히 용액이라 기재하고 그 용액의 이름을 밝히지 않은 것은 수용액을 뜻한다.
② 혼액(1+2)은 액체상의 성분을 각각 1용량 대 2용량의 비율로 혼합한 것을 뜻한다.
③ 황산(1:7)은 용질이 액체일 때 1mL를 용매에 녹여 전량을 7mL로 하는 것을 뜻한다.
④ 액의 농도를 (1 → 5)로 표시한 것은 그 용질의 성분이 고체일 때는 1g을 용매에 녹여 전량을 5mL로 하는 비율을 말한다.

65 대기오염공정시험기준상 비분산적외선분광분석법에서 응답시간에 관한 설명이다. ( )안에 알맞은 것은?

> 응답시간은 제로 조정용 가스를 도입하여 안정된 후 유로를 스팬가스로 바꾸어 기준 유량으로 분석계에 도입하여 그 농도를 눈금 범위 내의 어느 일정한 값으로부터 다른 일정한 값으로 갑자기 변화시켰을 때 스텝(step) 응답에 대한 소비시간이 (㉠) 이내이어야 한다. 또 이때 최종 지시값에 대한 90%의 응답을 나타내는 시간은 (㉡) 이내이어야 한다.

① ㉠ 1초, ㉡ 1분
② ㉠ 1초, ㉡ 40초
③ ㉠ 10초, ㉡ 1분
④ ㉠ 10초, ㉡ 40초

66 대기 및 굴뚝 배출 기체 중의 오염물질을 연속적으로 측정하는 비분산 정필터형 적외선 가스 분석계(고정형)의 성능 유지조건에 대한 설명으로 옳은 것은?

① 최대눈금 범위의 ±5% 이하에 해당하는 농도변화를 검출할 수 있는 감도를 지녀야 한다.
② 측정가스의 유량이 표시한 기준유량에 대하여 ±10% 이내에서 변동하여도 성능에 지장이 있어서는 안된다.
③ 동일 조건에서 제로가스를 연속적으로 도입하여 24시간 연속 측정하는 동안 전체눈금의 ±5% 이상의 지시변화가 없어야 한다.
④ 전압변동에 대한 안정성 측면에서 전원전압이 설정 전압의 ±10% 이내로 변화하였을 때 지시값 변화는 전체눈금의 ±1% 이내이어야 한다.

67 굴뚝 배출가스 유속을 피토우관으로 측정한 결과가 다음과 같을 때 배출가스 유속(m/s)은?

- 동압 : 100mmH₂O
- 배출가스 온도 : 295℃
- 표준상태 배출가스 밀도 : 1.2kg/m³(0℃, 1기압)
- 피토우관 계수 : 0.87

① 43.7 ② 48.2
③ 50.7 ④ 54.3

68 기체크로마토그래피의 장치구성에 관한 설명으로 옳지 않은 것은?

① 분리관유로는 시료도입부, 분리관, 검출기기배관으로 구성되며, 배관의 재료는 스테인레스강이나 유리 등 부식에 대한 저항이 큰 것이어야 한다.
② 분리관(column)은 충전물질을 채운 내경 2mm~7mm의 시료에 대하여 불활성금속, 유리 또는 합성수지관으로 각 분석방법에서 규정하는 것을 사용한다.
③ 운반가스는 일반적으로 열전도도형 검출기(TCD)에서는 순도 99.8% 이상의 아르곤이나 질소를, 수소염 이온화 검출기(FID)에서는 순도 99.8% 이상의 수소를 사용한다.
④ 주사기를 사용하는 시료도입부는 실리콘고무와 같은 내열성 탄성체격막이 있는 시료 기화실로서 분리관온도와 동일하거나 또는 그 이상의 온도를 유지할 수 있는 가열기구가 갖추어져야 한다.

69 배출가스 중 가스상 물질의 시료 채취방법 중 다음 분석물질별 흡수액과의 연결이 옳지 않은 것은?

구분	분석물질	흡수액
가	불소화합물	수산화소듐용액(0.1N)
나	벤젠	질산암모늄 + 황산(1 → 5)
다	비소	수산화칼륨용액(0.4W/V%)
라	황화수소	아연아민착염용액

① 가 ② 나
③ 다 ④ 라

70 다음 중 굴뚝에서 배출되는 가스의 유량을 측정하는 기기가 아닌 것은?

① 피토우관 ② 열선 유속계
③ 와류 유속계 ④ 위상차 유속계

71 배출가스 중 암모니아를 인도페놀법으로 분석할 때 암모니아와 같은 양으로 공존하면 안 되는 물질은?

① 아민류 ② 황화수소
③ 아황산가스 ④ 이산화질소

72 다음은 배출가스 중 입자상 아연화합물의 자외선가시선 분광법에 관한 설명이다. ( )안에 알맞은 것은?

아연 이온을 (㉠)과 반응시켜 생성되는 아연착색물질을 사염화탄소로 추출한 후 그 흡수도를 파장 (㉡)에서 측정하여 정량하는 방법이다.

① ㉠ 디티존, ㉡ 460nm
② ㉠ 디티존, ㉡ 535nm
③ ㉠ 디에틸디티오카바민산나트륨, ㉡ 460nm
④ ㉠ 디에틸디티오카바민산나트륨, ㉡ 535nm

73 대기오염공정시험기준상 원자흡수분광광도법 분석장치 중 시료원자화장치에 관한 설명으로 옳지 않은 것은?

① 시료원자화장치 중 버너의 종류로 전분무버너와 예혼합버너가 있다.
② 내화성산화물을 만들기 쉬운 원소의 분석에 적당한 불꽃은 프로판-공기 불꽃이다.
③ 빛이 투과하는 불꽃의 길이를 10cm 이상으로 해주려면 멀티패스(Multi Path)방식을 사용한다.
④ 분석의 감도를 높여주고 안정한 측정치를 얻기 위하여 불꽃중에 빛을 투과시킬 때 불꽃중에서의 유효길이를 되도록 길게 한다.

74 배출허용기준 중 표준산소농도를 적용받는 항목에 대한 배출가스량 보정식으로 옳은 것은? (단, Q : 배출가스유량(Sm^3/일), Q_a : 실측배출가스유량(Sm^3/일), O_s : 표준산소농도(%), O_a : 실측산소농도(%))

① $Q = Q_a \times \dfrac{O_s - 21}{O_a - 21}$
② $Q = Q_a \times \dfrac{O_a - 21}{O_s - 21}$
③ $Q = Q_a \div \dfrac{21 - O_s}{21 - O_a}$
④ $Q = Q_a \div \dfrac{21 - O_a}{21 - O_s}$

75 공정시험방법상 환경대기중의 탄화수소 농도를 측정하기 위한 주 시험법은?

① 총탄화수소 측정법
② 활성 탄화수소 측정법
③ 비활성 탄화수소 측정법
④ 비메탄 탄화수소 측정법

76 대기오염공정시험기준상 분석시험에 있어 기재 및 용어에 관한 설명으로 옳은 것은?

① 시험조작중 "즉시"란 10초 이내에 표시된 조작을 하는 것을 뜻한다.
② "감압 또는 진공"이라 함은 따로 규정이 없는 한 10mmHg 이하를 뜻한다.
③ 용액의 액성표시는 따로 규정이 없는 한 유리전극법에 의한 pH미터로 측정한 것을 뜻한다.
④ "정확히 단다"라 함은 규정한 양의 검체를 취하여 분석용 저울로 0.3mg까지 다는 것을 뜻한다.

77 굴뚝배출가스 중 수분량이 체적백분율로 10%이고, 배출가스의 온도는 80℃, 시료채취량은 10L, 대기압은 0.6기압, 가스미터 게이지압은 25mmHg, 가스미터온도 80℃에서의 수증기포화압이 255mmHg라 할 때, 흡수된 수분량(g)은?

① 0.15
② 0.21
③ 0.33
④ 0.46

78 굴뚝배출가스 중 아황산가스의 자동연속 측정방법 중 자외선 흡수분석계에 관한 설명으로 옳지 않은 것은?

① 광원 : 저압수소방전관 또는 저압수은등이 사용된다.
② 분광기 : 프리즘 또는 회절격자분광기를 이용하여 자외선영역 또는 가시광선영역의 단색광을 얻는데 사용된다.
③ 검출기 : 자외선 및 가시광선에 감도가 좋은 광전자증배관 또는 광전관이 이용된다.
④ 시료셀 : 시료셀은 200~500mm의 길이로 시료 가스가 연속적으로 통과할 수 있는 구조로 되어있다.

79 배출가스 중 이황화탄소를 자외선가시선분광법으로 정량할 때 흡수액으로 옳은 것은?

① 아연아민착염 용액
② 제일염화주석 용액
③ 다이에틸아민구리 용액
④ 수산화제이철암모늄 용액

80 원자흡광분석에서 발생하는 간섭 중 분석에 사용하는 스펙트럼의 불꽃 중에서 생성되는 목적원소의 원자증기 이외의 물질에 의하여 흡수되는 경우에 발생되는 것은?

① 물리적 간섭
② 화학적 간섭
③ 분광학적 간섭
④ 이온학적 간섭

5과목 대기환경관계법규

81 대기환경보전법령상 기본부과금 산정기준 중 "수산자원보호구역"의 지역별 부과계수는? (단, 지역구분은 국토의 계획 및 이용에 관한 법률에 의한다.)
① 0.5 ② 1.0
③ 1.5 ④ 2.0

82 대기환경보전법규상 사업자는 자가측정 시 측정한 여과지 및 시료채취기록지는 환경오염공정시험기준에 따라 측정한 날부터 얼마동안 보존(기준)하여야 하는가?
① 2년 ② 1년
③ 6개월 ④ 3개월

83 환경정책기본법령상 각 항목별 대기환경기준으로 옳지 않은 것은? (단, 기준치는 24시간 평균치이다.)
① 아황산가스(SO_2) : 0.05ppm 이하
② 이산화질소(NO_2) : 0.06ppm 이하
③ 오존(O_3) : 0.06ppm 이하
④ 미세먼지(PM-10) : 100μg/m³ 이하

84 대기환경보전법령상 초과부과금의 부과대상이 되는 오염물질이 아닌 것은?
① 황산화물 ② 염화수소
③ 황화수소 ④ 페놀

85 실내공기질 관리법규상 "영화상영관"의 실내공기질 유지기준(μg/m³)은? (단, 항목은 미세먼지(PM-10)(μg/m³)이다.)
① 10 이하 ② 100 이하
③ 150 이하 ④ 200 이하

86 대기환경보전법규상 한국환경공단이 환경부장관에게 행하는 위탁업무 보고사항 중 "자동차배출가스 인증생략 현황"의 보고 횟수 기준은?
① 수시 ② 연 1회
③ 연 2회 ④ 연 4회

87 대기환경보전법규상 수도권대기환경청장, 국립환경과학원장 또는 한국환경공단이 설치하는 대기오염측정망에 해당하는 것은?
① 도시지역의 휘발성유기화합물 등의 농도를 측정하기 위한 광화학대기오염물질측정망
② 도시지역의 대기오염물질 농도를 측정하기 위한 도시대기측정망
③ 도로변의 대기오염물질 농도를 측정하기 위한 도로변대기측정망
④ 대기 중의 중금속 농도를 측정하기 위한 대기중금속측정망

88 악취방지법상 악취검사를 위한 관계 공무원의 출입·채취 및 검사를 거부 또는 방해하거나 기피한 자에 대한 벌칙기준은?
① 100만원 이하의 벌금
② 200만원 이하의 벌금
③ 300만원 이하의 벌금
④ 1000만원 이하의 벌금

89 다음은 대기환경보전법령상 시·도지사가 배출시설의 설치를 제한할 수 있는 경우이다. ( )안에 알맞은 것은?

> 배출시설 설치 지점으로부터 반경 1킬로미터 안의 상주인구가 (㉠)명 이상인 지역으로서 특정대기유해물질 중 한 가지 종류의 물질을 연간 (㉡) 이상 배출하거나 두 가지 이상의 물질을 연간 (㉢) 이상 배출하는 시설을 설치하는 경우는 시·도지사가 배출시설의 설치를 제한할 수 있다.

① ㉠ 2만명, ㉡ 10톤, ㉢ 25톤
② ㉠ 2만명, ㉡ 5톤, ㉢ 15톤
③ ㉠ 1만명, ㉡ 10톤, ㉢ 25톤
④ ㉠ 1만명, ㉡ 5톤, ㉢ 15톤

90 다음은 대기환경보전법규상 비산먼지 발생을 억제하기 위한 시설의 설치 및 필요한 조치에 관한 엄격한 기준이다. ( )안에 알맞은 것은?

> 배출공정 중 "싣기와 내리기 공정"은 싣거나 내리는 장소 주위에 고정식 또는 이동식 물뿌림시설(물뿌림 반경 (㉠) 이상, 수압 (㉡) 이상)을 설치하여야 한다.

① ㉠ 3m, ㉡ 2kg/cm²
② ㉠ 3m, ㉡ 3kg/cm²
③ ㉠ 5m, ㉡ 2kg/cm²
④ ㉠ 7m, ㉡ 5kg/cm²

91 실내공기질 관리법규상 "산후조리원"의 현행 실내공기질 권고기준으로 옳지 않은 것은?

① 라돈(Bq/m³) : 5.0 이하
② 이산화질소(ppm) : 0.05 이하
③ 총휘발성유기화합물(μg/m³) : 400 이하
④ 곰팡이(CFU/m³) : 500 이하

92 실내공기질 관리법규상 신축 공동주택의 오염물질 항목별 실내공기질 권고기준으로 옳지 않은 것은?

① 폼알데하이드 : 300μg/m³ 이하
② 에틸벤젠 : 360μg/m³ 이하
③ 자일렌 : 700μg/m³ 이하
④ 벤젠 : 30μg/m³ 이하

93 다음은 대기환경보전법규상 미세먼지(PM-10)의 "주의보" 발령기준 및 해제기준이다. ( )안에 알맞은 것은?

> - 발령기준 : 기상조건 등을 고려하여 해당지역의 대기자동측정소 PM-10 시간당 평균농도가 (㉠) 지속인 때
> - 해제기준 : 주의보가 발령된 지역의 기상조건 등을 검토하여 대기자동측정소의 PM-10 시간당 평균농도가 (㉡)인 때

① ㉠ 150μg/m³ 이상 2시간 이상, ㉡ 100μg/m³ 미만
② ㉠ 150μg/m³ 이상 1시간 이상, ㉡ 150μg/m³ 미만
③ ㉠ 100μg/m³ 이상 2시간 이상, ㉡ 100μg/m³ 미만
④ ㉠ 100μg/m³ 이상 1시간 이상, ㉡ 80μg/m³ 미만

94 다음은 대기환경보전법규상 고체연료 사용시설 설치기준이다. ( )안에 가장 적합한 것은?

> 석탄사용시설의 경우 배출시설의 굴뚝높이는 100m 이상으로 하되, 굴뚝상부 안지름, 배출가스 온도 및 속도 등을 고려한 유효굴뚝높이(굴뚝의 실제높이에 배출가스의 상승고도를 합산한 높이를 말한다.)가 ( )인 경우에는 굴뚝높이를 60m 이상 100m 미만으로 할 수 있다.

① 150m 이상
② 220m 이상
③ 350m 이상
④ 440m 이상

95 대기환경보전법상 제작차배출허용기준에 맞지 아니하게 자동차를 제작한 자에 대한 벌칙기준은?

① 7년 이하의 징역이나 1억원 이하의 벌금에 처한다.
② 5년 이하의 징역이나 5천만원 이하의 벌금에 처한다.
③ 3년 이하의 징역이나 3천만원 이하의 벌금에 처한다.
④ 1년 이하의 징역이나 1천만원 이하의 벌금에 처한다.

96 대기환경보전법령상 인증을 생략할 수 있는 자동차에 해당하지 않는 것은?

① 훈련용 자동차로서 문화체육관광부장관의 확인을 받은 자동차
② 주한 외국군인의 가족이 사용하기 위하여 반입하는 자동차
③ 자동차제작자 및 자동차 관련 연구기관 등이 자동차의 개발 또는 전시 등 주행외의 목적으로 사용하기 위하여 수입하는 자동차
④ 항공기 지상 조업용 자동차

97 환경정책기본법령상 일산화탄소(CO)의 대기환경기준은? (단, 8시간 평균치이다.)

① 0.15ppm 이하
② 0.3ppm 이하
③ 9ppm 이하
④ 25ppm 이하

98 다음은 대기환경보전법상 기존 휘발성유기화합물 배출시설 규제에 관한 사항이다. ( )안에 알맞은 것은?

특별대책지역, 대기관리권역 또는 휘발성유기화합물 배출규제 추가지역으로 지정·고시될 당시 그 지역에서 휘발성유기화합물을 배출하는 시설을 운영하고 있는 자는 특별대책지역, 대기관리권역 또는 휘발성유기화합물 배출규제 추가지역으로 지정·고시된 날부터 ( )안에 시·도지사 등에게 휘발성 유기화합물 배출시설 설치 신고를 하여야 한다.

① 15일 이내
② 1개월 이내
③ 2개월 이내
④ 3개월 이내

99 대기환경보전법령상 대기오염 경보단계의 3가지 유형 중 "경보발령" 시 조치사항으로 가장 거리가 먼 것은?

① 주민의 실외활동 제한요청
② 자동차 사용의 제한
③ 사업장의 연료사용량 감축권고
④ 사업장의 조업시간 단축명령

100 대기환경보전법령상 대기오염물질발생량의 합계가 연간 25톤인 사업장은 몇 종 사업장에 해당하는가?

① 2종사업장
② 3종사업장
③ 4종사업장
④ 5종사업장

UNIT 05 2020년 대기환경기사 3회 필기

1과목 대기오염개론

01 햇빛이 지표면에 도달하기 전에 자외선의 대부분을 흡수함으로써 지표생물권을 보호하는 대기권의 명칭은?

① 대류권 ② 성층권
③ 중간권 ④ 열권

02 44m 높이의 연돌에서 배출되는 가스의 평균온도가 250℃이고, 대기의 온도가 25℃ 일 때, 이 굴뚝의 통풍력(mmH_2O)은? (단, 표준상태의 가스와 공기의 밀도는 $1.3kg/Sm^3$이고 굴뚝 안에서의 마찰손실은 무시한다.)

① 약 12.4 ② 약 15.8
③ 약 22.5 ④ 약 30.7

03 다음 대기오염물질과 관련되는 주요 배출업종을 연결한 것으로 가장 적합한 것은?

① 벤젠 - 도장공업
② 염소 - 주유소
③ 시안화수소 - 유리공업
④ 이황화탄소 - 구리정련

04 대기가 가시광선을 통과시키고 적외선을 흡수하여 열을 밖으로 나가지 못하게 함으로써 보온 작용을 하는 것을 무엇이라 하는가?

① 온실효과 ② 복사균형
③ 단파복사 ④ 대기의 창

05 대기오염이 식물에 미치는 영향에 관한 설명으로 가장 거리가 먼 것은?

① SO_2는 회백색 반점을 생성하며, 피해부분은 엽육세포이다.
② PAN은 유리화 은백색 광택을 나타내며, 주로 해면연조직에 피해를 준다.
③ NO_2는 불규칙 흰색 또는 갈색으로 변화되며, 피해부분은 엽육세포이다.
④ HF는 SO_2와 같이 잎 안쪽부분에 반점을 나타내기 시작하며, 늙은 잎에 특히 민감하고, 밤이 낮보다 피해가 크다.

06 오존에 관한 설명으로 옳지 않은 것은?

① 대기 중 오존은 온실가스로 작용한다.
② 대기 중에서 오존의 배경농도는 0.1~0.2ppm 범위이다.
③ 단위체적당 대기 중에 포함된 오존의 분자수(mol/cm^3)로 나타낼 경우 약 지상 25km 고도에서 가장 높은 농도를 나타낸다.
④ 오존전량(total overhead amount)은 일반적으로 적도 지역에서 낮고, 극지의 인근 지점에서는 높은 경향을 보인다.

07 다음은 황화합물에 관한 설명 중 ( )안에 가장 알맞은 것은?

> 전지구적으로 해양을 통해 자연적 발생원 중 가장 많은 양의 황화합물이 ( )형태로 배출되고 있다.

① H_2S
② CS_2
③ OCS
④ $(CH_3)_2S$

08 다음 중 지구온난화 지수가 가장 큰 것은?

① CH_4
② SF_6
③ N_2O
④ HFCs

09 시정장애에 관한 설명 중 옳지 않은 것은?

① 시정장애 직접 원인은 부유분진 중 극미세먼지 때문이다.
② 시정장애 물질들은 주민의 호흡기계 건강에 영향을 미친다.
③ 빛이 대기를 통과할 때 시정장애 물질들은 빛을 산란 또는 흡수한다.
④ 2차 오염물질들이 서로 반응, 응축, 응집하여 생성된 물질들이 직접적인 원인이다.

10 석면이 가지고 있는 일반적인 특성과 거리가 먼 것은?

① 절연성
② 내화성 및 단열성
③ 흡습성 및 저인장성
④ 화학적 불활성

11 A굴뚝으로부터 배출되는 SO_2가 풍하측 5,000m 지점에서 지표 최고 농도를 나타냈을 때, 유효굴뚝 높이(m)는? (단, Sutton의 확산식을 사용하고, 수직확산계수는 0.07, 대기안정도 지수(n)는 0.25 이다.)

① 약 120
② 약 140
③ 약 160
④ 약 180

12 산성비에 관한 설명 중 옳은 것은?

① 산성비 생성의 주요 원인물질은 다이옥신, 중금속 등이다.
② 일반적으로 산성비에 대한 내성은 침엽수가 활엽수보다 강하다.
③ 산성비란 정상적인 빗물의 pH 7 보다 낮게 되는 경우를 말한다.
④ 산성비로 인해 호수나 강이 산성화되면 물고기 먹이가 되는 플랑크톤의 생장을 촉진한다.

13 다음 [보기]가 설명하는 주위 대기조건에 따른 연기의 배출형태를 옳게 나열한 것은?

> [보기]
> ㉠ 지표면 부근에 대류가 활발하여 불안정하지만, 그 상층은 매우 안정하여 오염물의 확산이 억제되는 대기조건에서 발생한다. 발생시간동안 상대적으로 지표면의 오염물질농도가 일시적으로 높아질 수 있는 형태
> ㉡ 대기상태가 중립인 경우에 나타나며, 바람이 다소 강하거나 구름이 많이 낀 날 자주 볼 수 있는 형태

① ㉠ 지붕형, ㉡ 원추형
② ㉠ 훈증형, ㉡ 원추형
③ ㉠ 구속형, ㉡ 훈증형
④ ㉠ 부채형, ㉡ 훈증형

14 상온에서 녹황색이고 강한 자극성 냄새를 내는 기체로서 공기보다 무겁고 표백작용이 강한 오염물질은?

① 염소
② 아황산가스
③ 이산화질소
④ 포름알데히드

15 다음 ( )안에 들어갈 용어로 옳은 것은?

> 지구의 평균 지상기온은 지구가 태양으로부터 받고 있는 태양에너지와 지구가 (㉠) 형태로 우주로 방출하고 있는 에너지의 균형으로부터 결정된다. 이 균형은 대기 중의 (㉡), 수증기 등, (㉠)을(를) 흡수하는 기체가 큰 역할을 하고 있다.

① ㉠ 자외선, ㉡ CO
② ㉠ 적외선, ㉡ CO
③ ㉠ 자외선, ㉡ CO_2
④ ㉠ 적외선, ㉡ CO_2

16 로스앤젤레스 스모그 사건에 대한 설명 중 옳지 않은 것은?

① 대기는 침강성 역전 상태였다.
② 주 오염성분은 NO_x, O_3, PAN, 탄화수소이다.
③ 광화학적 및 열적 산화반응을 통해서 스모그가 형성되었다.
④ 주 오염 발생원은 가정 난방용 석탄과 화력발전소의 매연이다.

17 다음 ( )안에 가장 적합한 물질은?

> 방향족 탄화수소 중 ( )은 대표적인 발암 물질이며, 환경 호르몬으로 알려져 있고, 연소 과정에서 생성된다. 숯불에 구운 쇠고기 등 가열로 검게 탄 식품, 담배연기, 자동차 배기가스, 석탄타르 등에 포함되어 있다.

① 벤조피렌
② 나프탈렌
③ 안트라센
④ 톨루엔

18 빛의 소멸계수(σ^{ext})가 $0.45km^{-1}$인 대기에서, 시정거리의 한계를 빛의 강도가 초기 강도의 95%가 감소했을 때의 거리라고 정의할 경우 이 때 시정거리 한계(km)는? (단, 광도는 Lambert-Beer 법칙을 따르며, 자연대수로 적용한다.)

① 약 0.1
② 약 6.7
③ 약 8.7
④ 약 12.4

19 안료, 색소, 의약품 제조공업에 이용되며 색소침착, 손·발바닥의 각화, 피부암 등을 일으키는 물질로 옳은 것은?

① 납
② 크롬
③ 비소
④ 니켈

20 Fick의 확산방정식을 실제 대기에 적용시키기 위한 추가적 가정에 대한 내용과 가장 거리가 먼 것은?

① 오염물질은 플룸(plum)내에서 소멸된다.
② 바람에 의한 오염물질의 주 이동방향은 x축이다.
③ 풍향, 풍속, 온도, 시간에 따른 농도변화가 없는 정상상태 분포를 가정한다.
④ 풍속은 x, y, z 좌표시스템 내의 어느 점에서든 일정하다.

2과목　　　　　　연소공학

21 연료의 연소 시 과잉공기의 비율을 높여 생기는 현상으로 옳지 않은 것은?

① 에너지손실이 커진다.
② 연소가스의 희석효과가 높아진다.
③ 공연비가 커지고 연소온도가 낮아진다.
④ 화염의 크기가 커지고 연소가스 중 불완전 연소물질의 농도가 증가한다.

22 다음 가스 중 1Sm³를 완전연소 할 때 가장 많은 이론공기량(Sm³)이 요구되는 것은?(단, 가스는 순수가스임)

① 에탄　　　　　② 프로판
③ 에틸렌　　　　④ 아세틸렌

23 기체연료 연소방식 중 예혼합연소에 관한 설명으로 옳지 않은 것은?

① 연소조절이 쉽고 화염길이가 짧다.
② 역화의 위험이 없으며 공기를 예열할 수 있다.
③ 화염온도가 높아 연소부하가 큰 경우에 사용이 가능하다.
④ 연소기 내부에서 연료와 공기의 혼합비가 변하지 않고 균일하게 연소된다.

24 가스의 조성이 CH_4 70%, C_2H_6 20%, C_3H_8 10%인 혼합가스의 폭발범위로 가장 적합한 것은? (단, CH_4 폭발범위 : 5 ~ 15%, C_2H_6 폭발범위 : 3 ~ 12.5%, C_3H_8 폭발범위 : 2.1 ~ 9.5%이며, 르샤틀리에의 식을 적용한다.)

① 약 2.9 ~ 12%　　② 약 3.1 ~ 13%
③ 약 3.9 ~ 13.7%　④ 약 4.7 ~ 7.8%

25 다음 설명에 해당하는 기체연료는?

> - 고온으로 가열된 무연탄이나 코크스 등에 수증기를 반응시켜 얻은 기체연료이다.
> - 반응식
> $C + H_2O \rightarrow CO + H_2 + Q$
> $C + 2H_2O \rightarrow CO_2 + 2H_2 + Q$

① 수성 가스　　　② 오일 가스
③ 고로 가스　　　④ 발생로 가스

26 다음 중 기체연료의 확산연소에 사용되는 버너 형태로 가장 적합한 것은?

① 심지식 버너　　② 회전식 버너
③ 포트형 버너　　④ 증기 분무식 버너

27 연소실 열발생율에 대한 설명으로 옳은 것은?

① 연소실의 단위면적, 단위시간당 발생되는 열량이다.
② 연소실의 단위용적, 단위시간당 발생되는 열량이다.
③ 단위시간에 공급된 연료의 중량을 연소실 용적으로 나눈 값이다.
④ 연소실에 공급된 연료의 발열량을 연소실 면적으로 나눈 값이다.

28 1.5%(무게기준) 황분을 함유한 석탄 1,143kg을 이론적으로 완전연소시킬 때 SO_2 발생량(Sm³)은?(단, 표준상태 기준이며, 황분은 전량 SO_2로 전환된다.)

① 12　　　　　　② 18
③ 21　　　　　　④ 24

29 쓰레기 이송방식에 따라 가동화격자(moving stoker)를 분류할 때 다음 [보기]가 설명하는 화격자 방식은?

> [보기]
> - 고정화격자와 가동화격자를 횡방향으로 나란히 배치하고, 가동화격자를 전후로 왕복운동시킨다.
> - 비교적 강한 교반력과 이송력을 갖고 있으며, 화격자의 눈이 메워짐이 별로 없다는 이점이 있으나, 낙량이 많고, 냉각작용이 부족하다.

① 직렬식　　　　② 병렬요동식
③ 부채 반전식　　④ 회전 로울러식

30 코크스나 목탄 등이 고온으로 될 때 빨간 짧은 불꽃을 내면서 연소하는 것으로, 휘발성분이 없는 고체 연료의 연소형태는?

① 자기연소 ② 분해연소
③ 표면연소 ④ 내부연소

31 다음 연료 중 착화온도(℃)의 대략적인 범위가 옳지 않은 것은?

① 목탄 : 320~370℃ ② 중유 : 430~480℃
③ 수소 : 580~600℃ ④ 메탄 : 650~750℃

32 벙커 C유에 2.5%의 S성분이 함유되어 있을 때 건조 연소가스량 중의 SO_2양(%)은? (단, 공기비 1.3, 이론 공기량 12Sm³/kg-oil, 이론 건조연소 가스량 12.5Sm³/kg-oil이고, 연료 중의 황성분은 95%가 연소되어 SO_2로 된다.)

① 약 0.1 ② 약 0.2
③ 약 0.3 ④ 약 0.4

33 배기장치의 송풍기에서 1,000Sm³/min의 배기가스를 배출하고 있다. 이 장치의 압력손실은 250mmH₂O이고, 송풍기의 효율이 65%라면 이 장치를 움직이는데 소요되는 동력은(kW)은?

① 43.61 ② 55.36
③ 62.84 ④ 78.57

34 [보기]에서 설명하는 내용으로 가장 적합한 유류연소버너는?

[보기]
- 화염의 형식 : 가장 좁은 각도의 긴 화염이다.
- 유량조절범위 : 약 1:10 정도이며, 대단히 넓다.
- 용도 : 제강용평로, 연속가열로, 유리용해로 등의 대형가열로 등에 많이 사용된다.

① 유압식 ② 회전식
③ 고압기류식 ④ 저압기류식

35 유동층연소에서 부하변동에 대한 적응성이 좋지 않은 단점을 보완하기 위한 방법으로 가장 거리가 먼 것은?

① 층의 높이를 변화시킨다.
② 층 내의 연료비율을 고정시킨다.
③ 공기분산판을 분할하여 층을 부분적으로 유동시킨다.
④ 유동층을 몇 개의 셀로 분할하여 부하에 따라 작동시키는 수를 변화시킨다.

36 탄소 80%, 수소 15%, 산소 5% 조성을 갖는 액체 연료의 $(CO_2)max$(%)는? (단, 표준상태 기준)

① 12.7 ② 13.7
③ 14.7 ④ 15.7

37 메탄 1mol이 공기비로 1.2로 연소할 때의 등가비는?

① 0.63 ② 0.83
③ 1.26 ④ 1.62

38 메탄의 고위발열량이 9,900kcal/Sm³이라면 저위발열량(kcal/Sm³)은?
① 8,540
② 8,620
③ 7,890
④ 8,940

39 액화천연가스의 대부분을 차지하는 구성성분은?
① CH_4
② C_2H_6
③ C_3H_8
④ C_4H_{10}

40 H_2 40%, CH_4 20%, C_3H_8 20%, CO 20%의 부피조성을 가진 기체연료 1Sm³을 공기비 1.1로 연소시킬 때 필요한 실제공기량(Sm³)은?
① 약 8.1
② 약 8.9
③ 약 10.1
④ 약 10.9

3과목 대기오염방지기술

41 전기집진장치로 함진가스를 처리할 때 입자의 겉보기 고유저항이 높을 경우의 대책으로 옳지 않은 것은?
① 아황산가스를 조절제로 투입한다.
② 처리가스의 습도를 높게 유지한다.
③ 탈진의 빈도를 늘리거나 타격강도를 높인다.
④ 암모니아 조절제로 주입하고, 건식집진장치를 사용한다.

42 다음 각 집진장치의 유속과 집진특성에 대한 설명 중 옳지 않은 것은?
① 건식 전기집진장치는 재비산 한계내에서 기본유속을 정한다.
② 벤투리스크러버와 제트스크러버는 기본유속이 작을수록 집진율이 높다.
③ 중력집진장치와 여과집진장치는 기본유속이 작을수록 미세한 입자를 포집한다.
④ 원심력집진장치는 적정 한계내에서는 입구유속이 빠를수록 효율은 높은 반면 압력손실은 높아진다.

43 적용 방법에 따른 충전탑(packed tower)과 단탑(plate tower)을 비교한 설명으로 가장 거리가 먼 것은?
① 포말성 흡수액일 경우 충전탑이 유리하다.
② 흡수액에 부유물이 포함되어 있을 경우 단탑을 사용하는 것이 더 효율적이다.
③ 온도 변화에 따른 팽창과 수축이 우려될 경우에는 충전제 손상이 예상되므로 단탑이 유리하다.
④ 운전 시 용매에 의해 발생하는 용해열을 제거해야 할 경우 냉각오일을 설치하기 쉬운 충전탑이 유리하다.

44 먼지함유량이 A인 배출가스에서 C만큼 제거시키고 B만큼 통과시키는 집진장치의 효율산출식과 가장 거리가 먼 것은?
① $\dfrac{C}{A}$
② $\dfrac{C}{(B+C)}$
③ $\dfrac{B}{A}$
④ $\dfrac{(A-B)}{A}$

45 평판형 전기집진장치의 집진판 사이의 간격이 10cm, 가스의 유속은 3m/s, 입자가 집진극으로 이동하는 속도가 4.8cm/s 일 때, 층류영역에서 입자를 완전히 제거하기 위한 이론적인 집진극의 길이(m)는?
① 1.34
② 2.14
③ 3.13
④ 4.29

46 습식탈황법의 특징에 대한 설명 중 옳지 않은 것은?

① 반응속도가 빨라 SO_2의 제거율이 높다.
② 처리한 가스의 온도가 낮아 재가열이 필요한 경우가 있다.
③ 장치의 부식 위험이 있고, 별도의 폐수처리시설이 필요하다.
④ 상업성 부산물의 회수가 용이하지 않고, 보수가 어려우며, 공정의 신뢰도가 낮다.

47 배출가스 중 염화수소 제거에 관한 설명으로 옳지 않은 것은?

① 누벽탑, 충전탑, 스크러버 등에 의해 용이하게 제거 가능하다.
② 염화수소 농도가 높은 배기가스를 처리하는 데는 관외 냉각형, 염화수소 농도가 낮은 때에는 충전탑 사용이 권장된다.
③ 염화수소의 용해열이 크고 온도가 상승하면 염화수소의 분압이 상승하므로 완전 제거를 목적으로 할 경우에는 충분히 냉각할 필요가 있다.
④ 염산은 부식성이 있어 장치는 플라스틱, 유리라이닝, 고무라이닝, 폴리에틸렌 등을 사용해서는 안 되며 충전탑, 스크러버를 사용할 경우에는 mist catcher는 설치할 필요가 없다.

48 가스 중 불화수소를 수산화나트륨 용액과 향류로 접촉시켜 87% 흡수시키는 충전탑의 흡수율을 99.5%로 향상시키기 위한 충전탑의 높이는? (단, 흡수액상의 불화수소의 평형분압은 0이다.)

① 2.6배 높아져야 함 ② 5.2배 높아져야 함
③ 9배 높아져야 함   ④ 18배 높아져야 함

49 다음 [보기]가 설명하는 원심력 송풍기는?

[보기]
– 구조가 간단하여 설치장소의 제약이 적고, 고온, 고압 대용량에 적합하며, 압입통풍기로 주로 사용된다.
– 효율이 좋고 적은 동력으로 운전이 가능하다.

① 터보형   ② 평판형
③ 다익형   ④ 프로펠러형

50 중력집진장치에서 집진효율을 향상시키기 위한 조건으로 옳지 않은 것은?

① 침강실의 입구폭을 작게 한다.
② 침강실 내의 가스흐름을 균일하게 한다.
③ 침강실 내의 처리가스의 유속을 느리게 한다.
④ 침강실의 높이는 낮게 하고, 길이는 길게 한다.

51 다음 [보기]가 설명하는 흡착장치로 옳은 것은?

[보기]
가스의 유속을 크게 할 수 있고, 고체와 기체의 접촉을 크게 할 수 있으며, 가스와 흡착제를 향류로 접촉할 수 있는 장점은 있으나, 주어진 조업조건에 따른 조건 변동이 어렵다.

① 유동층 흡착장치   ② 이동층 흡착장치
③ 고정층 흡착장치   ④ 원통형 흡착장치

52 45° 곡관의 반경비가 2.0일 때, 압력손실계수는 0.27이다. 속도압이 26mmH₂O일 때, 곡관의 압력손실(mmH₂O)은?

① 1.5   ② 2.0
③ 3.5   ④ 4.0

53 후드의 종류에 대한 설명으로 옳지 않은 것은?

① 일반적으로 포집형 후드는 다른 후드보다 작업방해가 적고, 적용이 유리하다.
② 포위식 후드의 예로는 완전 포위식인 글러브 상자와 부분 포위식인 실험실 후드, 페인트 분무도장 후드가 있다.
③ 후드는 동작원리에 따라 크게 포위식과 외부식으로, 포위식은 다시 레시버형 또는 수형과 포집형 후드로 구분할 수 있다.
④ 포위식 후드는 적은 제어풍량으로 만족할만한 효과를 기대할 수 있으나, 유입공기량이 적어 충분한 후드 개구면 속도를 유지하지 못하면 오히려 외부로 오염물질이 배출될 우려가 있다.

54 공기의 유속과 점도가 각각 1.5m/s, 0.0187 cP일 때, 레이놀즈수를 계산한 결과 1,950이었다. 이때 덕트 내를 이동하는 공기의 밀도(kg/m^3)는 약 얼마인가?(단, 덕트의 직경은 75mm이다.)

① 0.23 ② 0.29
③ 0.32 ④ 0.40

55 전기집진장치의 각종 장해현상에 따른 대책으로 가장 거리가 먼 것은?

① 먼지의 비저항이 낮아 재비산 현상이 발생할 경우 baffle을 설치한다.
② 배출가스의 점성이 커서 역전리 현상이 발생할 경우 집진극의 타격을 강하게 하거나 빈도수를 늘린다.
③ 먼지의 비저항이 비정상적으로 높아 2차 전류가 현저하게 떨어질 경우 스파크 횟수를 줄인다.
④ 먼지의 비저항이 비정상적으로 높아 2차 전류가 현저하게 떨어질 경우 조습용 스프레이의 수량을 늘린다.

56 일반적인 활성탄 흡착탑에서의 화재방지에 관한 설명으로 가장 거리가 먼 것은?

① 접촉시간은 30초 이상, 선속도는 0.1m/s 이하로 유지한다.
② 축열에 의한 발열을 피할 수 있도록 형상이 균일한 조립상 활성탄을 사용한다.
③ 사영역이 있으면 축열이 일어나므로 활성탄층의 구조를 수직 또는 경사지게 하는 편이 좋다.
④ 운전 초기에는 흡착열이 발생하며 15~30분 후에는 점차 낮아지므로 물을 충분히 뿌려주어 30분 정도 공기를 공회전시킨 다음 정상 가동한다.

57 광화학현미경을 이용하여 입자의 투영면적을 관찰하고 그 투영면적으로부터 먼지의 입경을 측정하는 방법 중 "입자의 투영면적 가장자리에 접하는 가장 긴 선의 길이"로 나타내는 입경(직경)은?

① 등면적 직경 ② Feret 직경
③ Martin 직경 ④ Heyhood 직경

58 다음 중 활성탄으로 흡착 시 효과가 가장 적은 것은?

① 알코올류 ② 아세트산
③ 담배연기 ④ 이산화질소

59 배출가스 중의 NOx 제거법에 관한 설명으로 옳지 않은 것은?

① 비선택적인 촉매환원에서는 NOx 뿐만 아니라 O_2까지 소비된다.
② 선택적 촉매환원법의 최적온도 범위는 700~850℃ 정도이며, 보통 50% 정도의 NOx를 저감시킬 수 있다.
③ 선택적 촉매환원법은 TiO_2와 V_2O_5를 혼합하여 제조한 촉매에 NH_3, H_2, CO, H_2S 등의 환원가스를 작용시켜 NOx를 N_2로 환원시키는 방법이다.
④ 배출가스 중의 NOx 제거는 연소조절에 의한 제어법보다 더 높은 NOx 제거효율이 요구되는 경우나 연소방식을 적용할 수 없는 경우에 사용된다.

60 반지름 250mm, 유효높이 15m인 원통형 백필터를 사용하여 농도 $6g/m^3$인 배출가스를 $20m^3/s$로 처리하고자 한다. 겉보기 여과속도를 1.2cm/s로 할 때 필요한 백필터의 수는?

① 49 ② 62
③ 65 ④ 71

4과목 대기오염공정시험기준(방법)

61 대기오염공정시험기준상 고성능 이온크로마토그래피의 장치 중 써프렛서에 관한 설명으로 가장 거리가 먼 것은?

① 장치의 구성상 써프렛서 앞에 분리관이 위치한다.
② 용리액에 사용되는 전해질 성분을 제거하기 위한 것이다.
③ 관형 써프렛서에 사용하는 충전물은 스티롤계 강산형 및 강염기형 수지이다.
④ 목적성분의 전기전도도를 낮추어 이온성분을 고감도로 검출할 수 있게 해준다.

62 굴뚝 배출가스 중 먼지농도를 반자동식 시료채취기에 의해 분석하는 경우 채취장치 구성에 관한 설명으로 옳지 않은 것은?

① 흡입노즐의 꼭지점은 80° 이하의 예각이 되도록 하고 주위장치에 고정시킬 수 있도록 충분한 각(가급적 수직)이 확보되도록 한다.
② 흡입노즐의 안과 밖의 가스흐름이 흐트러지지 않도록 흡입노즐 안지름(d)은 3mm 이상으로 하고, d는 정확히 측정하여 0.1mm 단위까지 구하여 둔다.
③ 흡입관은 수분농축 방지를 위해 시료가스 온도를 120±14℃로 유지할 수 있는 가열기를 갖춘 보로실리케이트, 스테인리스강 재질 또는 석영 유리관을 사용한다.
④ 피토관은 피토관 계수가 정해진 L형(C:1.0 전후) 피토관 또는 S형(웨스턴형 C:0.85 전후) 피토관으로서 배출가스 유속의 계속적인 측정을 위해 흡입관에 부착하여 사용한다.

63 굴뚝에서 배출되는 건조배출가스의 유량을 계산할 때 필요한 값으로 옳지 않은 것은? (단, 굴뚝의 단면은 원형이다.)

① 굴뚝 단면적   ② 배출가스 평균온도
③ 배출가스 평균동압 ④ 배출가스 중의 수분량

64 대기오염공정시험기준상 원자흡수분광광도법에서 사용하는 용어의 정의로 옳지 않은 것은?

① 선프로파일(Line Profile) : 파장에 대한 스펙트럼선의 강도를 나타내는 곡선
② 공명선(Resonance Line) : 목적하는 스펙트럼선에 가까운 파장을 갖는 다른 스펙트럼선
③ 예복합 버너(Premix Type Burner) : 가연성 가스, 조연성 가스 및 시료를 분무실에서 혼합시켜 불꽃 중에 넣어주는 방식의 버너
④ 분무실(Nebulizer-Chamber) : 분무기와 함께 분무된 시료용액의 미립자를 더욱 미세하게 해주는 한편 큰 입자와 분리시키는 작용을 갖는 장치

65 굴뚝 배출가스 내의 산소측정방법 중 덤벨형(dumb-bell) 자기력 분석계에 관한 설명으로 옳지 않은 것은?

① 측정셀은 시료 유통실로서 자극 사이에 배치하여 덤벨 및 불균형 자계발생 자극편을 내장한 것이어야 한다.
② 편위검출부는 덤벨의 편위를 검출하기 위한 것으로 광원부와 덤벨봉에 달린 거울에서 반사하는 빛을 받는 수광기로 된다.
③ 피드백코일은 편위량을 없애기 위하여 전류에 의하여 자기를 발생시키는 것으로 일반적으로 백금선이 이용된다.
④ 덤벨은 자기화율이 큰 유리 등으로 만들어진 중공의 구체를 막대 양 끝에 부착한 것으로 수소 또는 헬륨을 봉입한 것을 말한다.

66 환경대기 중 석면농도를 측정하기 위해 위상차현미경을 사용한 계수방법에 관한 설명으로 ( )안에 알맞은 것은?

> 시료채취 측정시간은 주간시간대에 (오전 8시 ~ 오후 7시) (㉠)으로 1시간 측정하고, 시료채취 조작 시 유량계의 부자를 (㉡)되게 조정한다.

① ㉠ 1L/min, ㉡ 1L/min
② ㉠ 1L/min, ㉡ 10L/min
③ ㉠ 10L/min, ㉡ 1L/min
④ ㉠ 10L/min, ㉡ 10L/min

67 대기오염공정시험기준상 일반화학분석에 대한 공통적인 사항으로 따로 규정이 없는 경우 사용해야 하는 시약의 규격으로 옳지 않은 것은?

구분	명칭	농도(%)	비중(약)
가	암모니아수	32.0~38.0 (NH_3로서)	1.38
나	플루오르화수소	46.0~48.0	1.14
다	브롬화수소	47.0~49.0	1.48
라	과염소산	60.0~62.0	1.54

① 가 ② 나
③ 다 ④ 라

68 어떤 굴뚝 배출가스의 유속을 피토관으로 측정하고자 한다. 동압 측정 시 확대율이 10배인 경사 마노미터를 사용하여 액주 55mm를 얻었다. 동압은 약 몇 mmH_2O인가? (단, 경사 마노미터에는 비중 0.85의 톨루엔을 사용한다.)

① 4.7 ② 5.5
③ 6.5 ④ 7.0

69 굴뚝 배출가스량이 125Sm³/h 이고, HCl 농도가 200ppm 일 때, 5000L 물에 2시간 흡수시켰다. 이 때 이 수용액의 pOH는? (단, 흡수율은 60% 이다.)

① 8.5 ② 9.3
③ 10.4 ④ 13.3

70 대기오염공정시험기준상 화학분석 일반사항에 대한 규정 중 옳지 않은 것은?

① "약"이란 그 무게 또는 부피에 대하여 ±10% 이상의 차가 있어서는 안 된다.
② 냉수는 15℃ 이하, 온수는 60~70℃, 열수는 약 100℃를 말한다.
③ 방울수라 함은 10℃에서 정제수 10방울을 떨어뜨릴 때 그 부피가 약 1mL 되는 것을 뜻한다.
④ 밀봉용기라 함은 물질을 취급 또는 보관하는 동안에 기체 또는 미생물이 침입하지 않도록 내용물을 보호하는 용기를 뜻한다.

71 대기오염공정시험기준상 원자흡수분광광도법에서 분석시료의 측정조건결정에 관한 설명으로 가장 거리가 먼 것은?

① 분석선 선택 시 감도가 가장 높은 스펙트럼선을 분석선으로 하는 것이 일반적이다.
② 양호한 SN비를 얻기 위하여 분광기의 슬릿폭은 목적으로 하는 분석선을 분리할 수 있는 범위 내에서 되도록 넓게 한다(이웃의 스펙트럼선과 겹치지 않는 범위 내에서).
③ 불꽃 중에서의 시료의 원자밀도 분포와 원소 불꽃의 상태 등에 따라 다르므로 불꽃의 최적위치에서 빛이 투과하도록 버너의 위치를 조절한다.
④ 일반적으로 광원램프의 전류값이 낮으면 램프의 감도가 떨어지는 등 수명이 감소하므로 광원램프는 장치의 성능이 허락하는 범위 내에서 되도록 높은 전류값에서 동작시킨다.

72 굴뚝 내의 온도(θ_s)는 133°C이고, 정압(Ps)은 15mmHg이며 대기압(Pa)은 745mmHg이다. 이 때 대기오염공정시험기준상 굴뚝 내의 배출가스 밀도(kg/m³)는? (단, 표준상태의 공기의 밀도(γ_0)는 1.3kg/Sm³이고, 굴뚝 내 기체 성분은 대기와 같다.)

① 0.744　　② 0.874
③ 0.934　　④ 0.984

73 고용량공기시료채취기를 이용하여 배출가스 중 비산먼지의 농도를 계산하려고 한다. 풍속이 0.5m/s 미만 또는 10m/s 이상 되는 시간이 전 채취시간의 50% 이상일 때 풍속에 대한 보정계수는?

① 1.0　　② 1.2
③ 1.4　　④ 1.5

74 굴뚝 배출가스 중 아황산가스의 연속자동측정방법의 종류로 옳지 않은 것은?

① 불꽃광도법　　② 광전도전위법
③ 자외선흡수법　　④ 용액전도율법

75 대기오염공정시험기준상 환경대기 중 가스상 물질의 시료 채취방법에 관한 설명으로 옳지 않은 것은?

① 용기채취법에서 용기는 일반석으로 수소 또는 헬륨 가스가 충진된 백(bag)을 사용한다.
② 용기채취법은 시료를 일단 일정한 용기에 채취한 다음 분석에 이용하는 방법으로 채취관-용기, 또는 채취관-유량조절기-흡입펌프-용기로 구성된다.
③ 직접채취법에서 채취관은 일반적으로 4불화에틸렌수지(teflon), 경질유리, 스테인리스강제 등으로 된 것을 사용한다.
④ 직접채취법에서 채취관의 길이는 5m 이내로 되도록 짧은 것이 좋으며, 그 끝은 빗물이나 곤충 기타 이물질이 들어가지 않도록 되어 있는 구조이어야 한다.

76 배출가스 중 굴뚝 배출 시료채취방법 중 분석대상기체가 포름알데히드일 때 채취관, 도관의 재질로 옳지 않은 것은?

① 석영　　② 보통강철
③ 경질유리　　④ 불소수지

77 굴뚝의 배출가스 중 구리화합물을 원자흡수분광광도법으로 분석할 때의 적정파장(nm)은?

① 213.8　　② 228.8
③ 324.8　　④ 357.9

78. 대기오염공정시험기준상 비분산적외선분광분석법의 용어 및 장치 구성에 관한 설명으로 옳지 않은 것은?

① 제로 드리프트(Zero Drift)는 측정기의 교정범위눈금에 대한 지시값의 일정기간 내의 변동을 말한다.
② 비교가스는 시료 셀에서 적외선 흡수를 측정하는 경우 대조가스로 사용하는 것으로 적외선을 흡수하지 않는 가스를 말한다.
③ 광원은 원칙적으로 흑체발광으로 니크롬선 또는 탄화규소의 저항체에 전류를 흘려 가열한 것을 사용한다.
④ 시료셀은 시료가스가 흐르는 상태에서 양단의 창을 통해 시료광속이 통과하는 구조를 갖는다.

79. 다음 굴뚝 배출가스를 분석할 때 아연환원 나프틸에틸렌다이아민법이 주 시험방법인 물질로 옳은 것은?

① 페놀
② 브롬화합물
③ 이황화탄소
④ 질소산화물

80. 환경대기 중 아황산가스를 파라로자닐린법으로 분석할 때 다음 간섭물질에 대한 제거방법으로 옳은 것은?

① NOx : 측정기간을 늦춘다.
② Cr : pH를 4.5 이하로 조절한다.
③ O_3 : 설퍼민산(NH_3SO_3)을 사용한다.
④ Mn, Fe : EDTA 및 인산을 사용한다.

5과목 대기환경관계법규

81. 대기환경보전법령상 황함유기준에 부적합한 유류를 판매하여 그 해당 유류의 회수처리명령을 받은 자는 시·도지사 등에게 그 명령을 받은날로부터 며칠 이내에 이행완료보고서를 제출하여야 하는가?

① 5일 이내에
② 7일 이내에
③ 10일 이내에
④ 30일 이내에

82. 대기환경보전법령상 자동차 연료형 첨가제의 종류가 아닌 것은?

① 세척제
② 청정분산제
③ 성능 향상제
④ 유동성 향상제

83. 대기환경보전법령상 용어의 뜻으로 틀린 것은?

① 대기오염물질 : 대기 중에 존재하는 물질 중 심사·평가 결과 대기오염의 원인으로 인정된 가스·입자상물질로서 환경부령으로 정하는 것을 말한다.
② 기후·생태계 변화유발물질 : 지구 온난화 등으로 생태계의 변화를 가져올 수 있는 기체상물질로서 온실가스와 환경부령으로 정하는 것을 말한다.
③ 매연 : 연소할 때에 생기는 유리 탄소가 주가 되는 미세한 입자상물질을 말한다.
④ 촉매제 : 자동차에서 배출되는 대기오염물질을 줄이기 위하여 자동차에 부착 또는 교체하는 장치로서 환경부령으로 정하는 저감효율에 적합한 장치를 말한다.

84. 대기환경보전법령상 수도권대기환경청장, 국립환경과학원장 또는 한국환경공단이 설치하는 대기오염 측정망의 종류에 해당하지 않는 것은?

① 대기오염물질의 국가배경농도와 장거리 이동현황을 파악하기 위한 국가배경농도측정망
② 대기오염물질의 지역배경농도를 측정하기 위한 교외대기측정망
③ 도시지역의 휘발성유기화합물 등의 농도를 측정하기 위한 광화학대기오염물질측정망
④ 대기 중의 중금속 농도를 측정하기 위한 대기중금속측정망

85. 대기환경보전법령상 초과부과금 산정기준 중 오염물질과 그 오염물질 1kg당 부과금액(원)의 연결로 모두 옳은 것은?

① 황산화물 - 500, 암모니아 - 1,400
② 먼지 - 6,000, 이황화탄소 - 2,300
③ 불소화합물 - 7,400, 시안화수소 - 7,300
④ 염소 - 7,400, 염화수소 - 1,600

86. 다음은 대기환경보전법령상 대기오염물질 배출시설 기준이다. ( )안에 알맞은 것은?

배출시설	대상 배출시설
폐수, 폐기물 처리시설	- 시간당 처리능력이 (㉮) 세제곱미터 이상인 폐수·폐기물 증발시설 및 농축시설 - 용적이 (㉯) 세제곱미터 이상인 폐수·폐기물 건조시설 및 정제시설

① ㉮ 0.5, ㉯ 0.3
② ㉮ 0.3, ㉯ 0.15
③ ㉮ 0.3, ㉯ 0.3
④ ㉮ 0.5, ㉯ 0.15

87. 대기환경관계법령상 자가측정 대상 및 방법에 관한 기준이다. ( )안에 알맞은 것은?

사업자가 자가측정 시 사용한 여과지 및 시료채취기록지의 보존기간은 [환경분야 시험·검사 등에 관한 법률]에 따른 환경오염공정시험기준에 따라 측정한 날로부터 ( )(으)로 한다.

① 6개월
② 9개월
③ 1년
④ 2년

88. 대기환경보전법령상 측정기기의 부착·운영 등과 관련된 행정처분기준 중 사업자가 부착한 굴뚝 자동측정기기의 측정자료를 관제센터로 전송하지 아니한 경우 각 위반 차수별(1차~4차) 행정처분기준으로 옳은 것은?

① 경고-조치명령-조업정지 10일-조업정지 30일
② 조업정지 10일-조업정지 30일-경고-허가취소
③ 조업정지 10일-조업정지 30일-조치이행명령-사용중지
④ 개선명령-조업정지 30일-사용중지-허가취소

89. 대기환경보전법령상 위임업무 보고사항 중 자동차 연료 및 첨가제의 제조·판매 또는 사용에 대한 규제현황에 대한 보고횟수 기준은?

① 연 1회
② 연 2회
③ 연 4회
④ 연 12회

90. 악취방지법령상 지정악취물질에 해당하지 않는 것은?

① 염화수소
② 메틸에틸케톤
③ 프로피온산
④ 뷰틸아세테이트

91. 대기환경보전법령상 배출가스 관련부품을 장치별로 구분할 때 다음 중 배출가스자기진단장치(On Board Diagnostics)에 해당하는 것은?

① EGR제어용 서모밸브(EGR Control Thermo Valve)
② 연료계통 감시장치(Fuel System Monitor)
③ 정화조절밸브(Purge Control Valve)
④ 냉각수온센서(Water Temperature Sensor)

92. 대기환경보전법령상 배출허용기준 준수여부를 확인하기 위한 환경부령으로 정하는 대기오염도 검사기관에 해당하지 않는 것은?

① 환경기술인협회
② 한국환경공단
③ 특별자치도 보건환경연구원
④ 국립환경과학원

93 대기환경보전법령상 사업자가 환경기술인을 바꾸어 임명하려는 경우 그 사유가 발생한 날부터 며칠 이내에 임명하여야 하는가?

① 당일 ② 3일 이내
③ 5일 이내 ④ 7일 이내

94 실내공기질 관리법령상 신축 공동주택의 실내공기질 권고기준으로 틀린 것은?

① 자일렌 : $600\mu g/m^3$ 이하
② 톨루엔 : $1,000\mu g/m^3$ 이하
③ 스티렌 : $300\mu g/m^3$ 이하
④ 에틸벤젠 : $360\mu g/m^3$ 이하

95 환경정책기본법령상 미세먼지(PM-10)의 환경기준으로 옳은 것은?(단, 24시간 평균치)

① $100\mu g/m^3$ 이하 ② $50\mu g/m^3$ 이하
③ $35\mu g/m^3$ 이하 ④ $15\mu g/m^3$ 이하

96 대기환경보전법령상 배출시설 설치허가를 받은 자가 대통령령으로 정하는 중요한 사항의 특정대기유해물질 배출시설을 증설하고자 하는 경우 배출시설 변경허가를 받아야 하는 시설의 규모기준은?(단, 배출시설의 규모의 합계나 누계는 배출구별로 산정한다.)

① 배출시설 규모의 합계나 누계의 100분의 5 이상 증설
② 배출시설 규모의 합계나 누계의 100분의 20 이상 증설
③ 배출시설 규모의 합계나 누계의 100분의 30 이상 증설
④ 배출시설 규모의 합계나 누계의 100분의 50 이상 증설

97 대기환경보전법령상 기후 · 생태계변화유발물질과 가장 거리가 먼 것은?

① 이산화질소 ② 메탄
③ 과불화탄소 ④ 염화불화탄소

98 환경정책기본법령상 "벤젠"의 대기환경기준($\mu g/m^3$)은?(단, 연간평균치)

① 0.1 이하 ② 0.15 이하
③ 0.5 이하 ④ 5 이하

99 환경정책기본법령상 환경부장관은 국가환경종합계획의 종합적 · 체계적 추진을 위해 몇 년마다 환경보전중기종합계획을 수립하여야 하는가?

① 1년 ② 2년
③ 3년 ④ 5년

100 대기환경보전법령상 대기오염 경보의 발령시 단계별 조치사항으로 틀린 것은?

① 주의보 → 주민의 실외활동 자제요청
② 경보 → 주민의 실외활동 제한요청
③ 경보 → 사업장의 연료사용량 감축권고
④ 중대경보 → 자동차의 사용제한 명령

UNIT 06 2020년 대기환경기사 4회 필기

1과목 대기오염개론

01 다음 중 대기층의 구조에 관한 설명으로 옳은 것은?

① 지상 80km 이상을 열권이라고 한다.
② 오존층은 주로 지상 약 30~45km에 위치한다.
③ 대기층의 수직 구조는 대기압에 따라 4개층으로 나뉜다.
④ 일반적으로 지상에서부터 상층 10~12km까지를 성층권이라고 한다.

02 광화학적 산화제와 2차 대기오염물질에 관한 설명으로 옳지 않은 것은?

① 오존은 산화력이 강하므로 눈을 자극하고, 폐수종과 폐충혈 등을 유발시킨다.
② PAN은 강산화제로 작용하며, 빛을 흡수하여 가시거리를 증가시키며, 고엽에 특히 피해가 큰 편이다.
③ 오존은 성숙한 잎에 피해가 크며, 섬유류의 퇴색작용과 직물의 셀룰로우스를 손상시킨다.
④ 자외선이 강할 때, 빛의 지속시간이 긴 여름철에, 대기가 안정되었을 때 대기 중 광산화제의 농도가 높아진다.

03 광화학옥시던트 중 PAN에 관한 설명으로 옳은 것은?

① 분자식은 $CH_3COOONO_2$
② PBzN 보다 100배 정도 강하게 눈을 자극한다.
③ 눈에는 자극이 없으나 호흡기 점막에는 강한 자극을 준다.
④ 푸른색, 계란썩는 냄새를 갖는 기체로서 대기중에서 강산화제로 작용한다.

04 최대에너지의 파장과 흑체 표면의 절대온도는 반비례함을 나타내는 법칙은?

① 플랑크 법칙
② 일베도의 법칙
③ 비인의 변위법칙
④ 스테판-볼츠만의 법칙

05 온실효과에 관한 설명 중 가장 적합한 것은?

① 실제 온실에서의 보온작용과 같은 원리이다.
② 일산화탄소의 기여도가 가장 큰 것으로 알려져 있다.
③ 온실효과 가스가 증가하면 대류권에서 적외선 흡수량이 많아져서 온실효과가 증대된다.
④ 가스차단기, 소화기 등에 주로 사용되는 NO_2는 온실효과에 대한 기여도가 CH_4 다음으로 크다.

06 대기압력이 950mb인 높이에서 공기의 온도가 -10℃일 때 온위(potential temperature)는? (단, θ = $T(1000/P)^{0.288}$를 이용한다.)

① 약 267K
② 약 277K
③ 약 287K
④ 약 297K

07 라돈에 관한 설명으로 가장 거리가 먼 것은?

① 무색, 무취의 기체로 액화되어도 색을 띠지 않는 물질이다.
② 공기보다 9배 정도 무거워 지표에 가깝게 존재한다.
③ 주로 토양, 지하수, 건축자재 등을 통하여 인체에 영향을 미치고 있으며 흙속에서 방사선 붕괴를 일으킨다.
④ 일반적으로 인체의 조혈기능 및 중추신경계통에 가장 큰 영향을 미치는 것으로 알려져 있으며, 화학적으로 반응성이 크다.

08 건물에 사용되는 대리석, 시멘트 등을 부식시켜 재산상의 손실을 발생시키는 산성비에 가장 큰 영향을 미치는 물질로 옳은 것은?

① O_3 ② N_2
③ SO_2 ④ TSP

09 다음 중 염소 또는 염화수소 배출 관련업종으로 가장 거리가 먼 것은?

① 화학 공업 ② 소다 제조업
③ 시멘트 제조업 ④ 플라스틱 제조업

10 Richardson수(R)에 관한 설명으로 옳지 않은 것은?

① R=0은 대류에 의한 난류만 존재함을 나타낸다.
② 0.25<R은 수직방향의 혼합이 거의 없음을 나타낸다.
③ Richardson수(R)가 큰 음의 값을 가지면 바람이 약하게 되어 강한 수직운동이 일어난다.
④ −0.03<R<0 기계적 난류와 대류가 존재하나 기계적 난류가 혼합을 주로 일으킴을 나타낸다.

11 대기오염사건과 기온역전에 관한 설명으로 옳지 않은 것은?

① 로스앤젤레스 스모그사건은 광화학스모그의 오염형태를 가지며, 기상의 안정도는 침강역전 상태이다.
② 런던스모그 사건은 주로 자동차 배출가스 중의 질소산화물과 반응성 탄화수소에 의한 것이다.
③ 침강역전은 고기압 중심부분에서 기층이 서서히 침강하면서 기온이 단열변화로 승온되어 발생하는 현상이다.
④ 복사역전은 지표에 접힌 공기가 그보다 상공의 공기에 비하여 더 차가워져서 생기는 현상이다.

12 온위(Potential temperature)에 대한 설명으로 옳은 것은?

① 환경감률이 건조 단열감률과 같은 기층에서는 온위가 일정하다.
② 환경감률이 습윤 단열감률과 같은 기층에서는 온위가 일정하다.
③ 어떤 고도의 공기덩어리를 850mb 고도까지 건조단열적으로 옮겼을 때의 온도이다.
④ 어떤 고도의 공기덩어리를 1000mb 고도까지 습윤단열적으로 옮겼을 때의 온도이다.

13 다음 중 일반적으로 대도시의 산성강우 속에 가장 높은 농도로 존재할 것으로 예상되는 이온성분은? (단, 산성강우는 pH 5.6 이하로 본다.)

① K^+ ② F^-
③ Na^+ ④ SO_4^{2-}

14 다음 중 CFC-12의 올바른 화학식은?

① CF_3Br ② CF_3Cl
③ CF_2Cl_2 ④ $CHFCl_2$

15 다음 중 이산화탄소의 가장 큰 흡수원으로 옳은 것은?

① 토양 ② 동물
③ 해수 ④ 미생물

16 충분히 발달된 지표경계층에서 측정된 평균풍속 자료가 아래 표와 같은 경우 마찰속도(u^*)는? (단, $U = \frac{U^*}{k} ln \frac{Z}{Z_0}$, Karman constant: 0.40)

고도(m)	풍속(m/sec)
2	3.7
1	2.9

① 0.12m/s ② 0.46m/s
③ 1.06m/s ④ 2.12m/s

17 대기환경보호를 위한 국제의정서와 설명의 연결이 옳지 않은 것은?

① 소피아 의정서 – CFC 감축의무
② 교토 의정서 – 온실가스 감축목표
③ 몬트리올 의정서 – 오존층 파괴물질의 생산 및 사용의 규제
④ 헬싱키 의정서 – 유황배출량 또는 국가간 이동량 최저 30% 삭감

18 입자에 의한 산란에 관한 설명으로 옳지 않은 것은? (단, λ: 파장, D: 입자직경으로 한다.)

① 레일리산란은 D/λ가 10보다 클 때 나타나는 산란현상으로 산란광의 광도는 $λ^4$에 비례한다.
② 맑은 하늘이 푸르게 보이는 까닭은 태양광선의 공기에 의한 레일리산란 때문이다.
③ 레일리산란에 의해 가시광선 중에서는 청색광이 많이 산란되고, 적색광이 적게 산란된다.
④ 입자의 크기가 빛의 파장과 거의 같거나 큰 경우에 나타나는 산란을 미산란이라고 한다.

19 지표에 도달하는 일사량의 변화에 영향을 주는 요소와 가장 거리가 먼 것은?

① 계절 ② 대기의 두께
③ 지표면의 상태 ④ 태양의 입사각의 변화

20 50m의 높이가 되는 굴뚝내의 배출가스 평균온도가 300℃, 대기온도가 20℃일 때 통풍력(mmH₂O)은? (단, 연소가스 및 공기의 비중을 1.3kg/Sm³이라고 가정한다.)

① 약 15 ② 약 30
③ 약 45 ④ 약 60

2과목 연소공학

21 옥탄가(octane number)에 관한 설명으로 옳지 않은 것은?

① N-paraffine에서는 탄소수가 증가할수록 옥탄가가 저하하여 C_7에서 옥탄가는 0이다.
② Iso-paraffine에서는 methyl측쇄가 많을수록, 특히 중앙부에 집중할수록 옥탄가는 증가한다.
③ 방향족 탄화수소의 경우 벤젠고리의 측쇄가 C_3까지는 옥탄가가 증가하지만 그 이상이면 감소한다.
④ iso-octane과 n-octane, neo-octane의 혼합표준연료의 노킹정도와 비교하여 공급가솔린과 동등한 노킹정도를 나타내는 혼합표준연료 중의 iso-octane(%)를 말한다.

22 중유에 관한 설명과 거리가 먼 것은?

① 점도가 낮을수록 유동점이 낮아진다.
② 잔류탄소의 함량이 많아지면 점도가 높게 된다.
③ 점도가 낮은 것이 사용상 유리하고, 용적당 발열량이 적은 편이다.
④ 인화점이 높은 경우 역화의 위험이 있으며, 보통 그 예열온도보다 약 2℃ 정도 높은 것을 쓴다.

23 다음 중 화학적 반응이 항상 자발적으로 일어나는 경우는? (단, $\triangle G°$는 Gibbs 자유에너지 변화량, $\triangle S°$는 엔트로피 변화량, $\triangle H$는 엔탈피 변화량이다.)

① $\triangle G° < 0$
② $\triangle G° > 0$
③ $\triangle S° < 0$
④ $\triangle H > 0$

24 다음 중 석탄의 탄화도 증가에 따라 감소하는 것은?

① 비열
② 발열량
③ 고정탄소
④ 착화온도

25 다음 중 NOx 발생을 억제하기 위한 방법으로 가장 거리가 먼 것은?

① 연료대체
② 2단 연소
③ 배출가스 재순환
④ 버너 및 연소실의 구조 개량

26 액체연료의 연소장치에 관한 설명 중 옳은 것은?

① 건타입(gun type) 버너는 유압식과 공기분무식을 혼합한 것으로 유압이 30kg/cm² 이상으로 대형 연소장치이다.
② 저압기류 분무식 버너의 분무각도는 30~60° 정도이고, 분무에 필요한 공기량은 이론연소 공기량의 30~50% 정도이다.
③ 고압기류 분무식 버너의 분무각도는 70°이고, 유량 조절비가 1:3 정도로 부하변동 적응이 어렵다.
④ 회전식 버너는 유압식 버너에 비해 연료유의 입경이 작으며, 직결식은 분무컵의 회전수가 전동기의 회전수보다 빠른 방식이다.

27 다음 각종 연료성분의 완전연소 시 단위 체적당 고위발열량(kcal/Sm³)의 크기 순서로 옳은 것은?

① 일산화탄소 > 메탄 > 프로판 > 부탄
② 메탄 > 일산화탄소 > 프로판 > 부탄
③ 프로판 > 부탄 > 메탄 > 일산화탄소
④ 부탄 > 프로판 > 메탄 > 일산화탄소

28 어떤 화학반응 과정에서 반응물질이 25% 분해하는데 41.3분 걸린다는 것을 알았다. 이 반응이 1차라고 가정할 때, 속도상수 $k(s^{-1})$는?

① 1.022×10^{-4}
② 1.161×10^{-4}
③ 1.232×10^{-4}
④ 1.437×10^{-4}

29 C: 78(중량%), H: 18(중량%), S: 4(중량%)인 중유의 $(CO_2)_{max}$는? (단, 표준상태, 건조가스 기준으로 한다.)

① 약 13.4%
② 약 14.8%
③ 약 17.6%
④ 약 20.6%

30 아래의 조성을 가진 혼합기체의 하한연소범위(%)는?

성분	조성(%)	하한연소범위(%)
메탄	80	5.0
에탄	15	3.0
프로판	4	2.1
부탄	1	1.5

① 3.46
② 4.24
③ 4.55
④ 5.05

31 중유를 시간당 1,000kg씩 연소시키는 배출시설이 있다. 연돌의 단면적이 3m² 일 때 배출가스의 유속(m/s)은? (단, 이 중유의 표준상태에서의 원소 조성 및 배출가스의 분석치는 아래 표와 같고, 배출가스의 온도는 270℃이다.)

[중유의 조성]
C : 86%, H : 13%, 황분 : 1%

[배출가스의 분석결과]
$(CO_2)+(SO_2)$: 13%, O_2 : 2.0%, CO : 0.1%

① 약 2.4 ② 약 3.2
③ 약 3.6 ④ 약 4.4

32 저위발열량이 4,900kcal/Sm³인 가스연료의 이론연소온도(℃)는? (단, 이론연소가스량: 10Sm³/Sm³, 기준온도: 15℃, 연료연소가스의 평균정압비열: 0.35kcal/Sm³·℃, 공기는 예열되지 않으며, 연소가스는 해리되지 않는 것으로 한다.)

① 1,015 ② 1,215
③ 1,415 ④ 1,615

33 연료 연소 시 매연이 잘 생기는 순서로 옳은 것은?

① 타르 > 중유 > 경유 > LPG
② 타르 > 경유 > 중유 > LPG
③ 중유 > 타르 > 경유 > LPG
④ 경유 > 타르 > 중유 > LPG

34 중유의 원소조성은 C: 88%, H: 12% 이다. 이 중유를 완전연소시킨 결과, 중유 1kg당 건조 배기가스량이 15.8Sm³ 이었다면, 건조 배기가스 중의 CO_2의 농도(%)는?

① 10.4 ② 13.1
③ 16.8 ④ 19.5

35 다음 각종 가스의 완전연소 시 단위부피당 이론공기량(Sm³/Sm³)이 가장 큰 것은?

① Ethylene ② Methane
③ Acetylene ④ Propylene

36 액화석유가스(LPG)에 대한 설명으로 옳지 않은 것은?

① 유황분이 적고 유독성분이 거의 없다.
② 천연가스에서 회수되기도 하지만 대부분은 석유정제 시 부산물로 얻어진다.
③ 비중이 공기보다 가벼워 누출될 경우 인화 폭발 위험성이 크다.
④ 사용에 편리한 기체연료의 특징과 수송 및 저장에 편리한 액체연료의 특징을 겸비하고 있다.

37 메탄올 2.0kg을 완전 연소하는데 필요한 이론공기량(Sm³)은?

① 2.5 ② 5.0
③ 7.5 ④ 10.0

38 A석탄을 사용하여 가열로의 배출가스를 분석한 결과 CO_2 14.5%, O_2 6%, N_2 79%, CO 0.5% 이었다. 이 경우의 공기비는?

① 1.18 ② 1.38
③ 1.58 ④ 1.78

39 액체연료가 미립화 되는데 영향을 미치는 요인으로 가장 거리가 먼 것은?

① 분사압력 ② 분사속도
③ 연료의 점도 ④ 연료의 발열량

40 연료의 종류에 따라 연소 특성으로 옳지 않은 것은?

① 기체연료는 부하의 변동범위(turn down ratio)가 좁고 연소의 조절이 용이하지 않다.
② 기체연료는 저발열량의 것으로 고온을 얻을 수 있고, 전열 효율을 높일 수 있다.
③ 액체연료의 경우 회분은 아주 적지만, 재 속의 금속산화물이 장해원인이 될 수 있다.
④ 액체연료는 화재, 역화 등의 위험이 크며, 연소온도가 높아 국부적인 과열을 일으키기 쉽다.

3과목　대기오염방지기술

41 다음 유해가스 처리에 관한 설명 중 가장 거리가 먼 것은?

① 시안화수소는 물에 대한 용해도가 매우 크므로 가스를 물로 세정하여 처리한다.
② 염화인(PCl_3)은 물에 대한 용해도가 낮아 암모니아를 불어넣어 병류식 충전탑에서 흡수·처리한다.
③ 아크로레인은 그대로 흡수가 불가능하며 NaClO 등의 산화제를 혼입한 가성소다 용액으로 흡수 제거한다.
④ 이산화셀렌은 코트렐집진기로 포집, 결정으로 석출, 물에 잘 용해되는 성질을 이용해 스크러버에 의해 세정하는 방법 등이 이용된다.

42 황함유량 2.5%인 중유를 30ton/h로 연소하는 보일러에서 배기가스를 NaOH 수용액으로 처리한 후 황성분을 전량 Na_2SO_3로 회수할 경우, 이 때 필요한 NaOH의 이론량(kg/h)은? (단, 황성분은 전량 SO_2로 전환된다.)

① 1,750　② 1,875
③ 1,935　④ 2,015

43 흡수장치에 사용되는 흡수액이 갖추어야 할 요건으로 옳은 것은?

① 용해도가 낮아야 한다.
② 휘발성이 높아야 한다.
③ 부식성이 높아야 한다.
④ 점성은 비교적 낮아야 한다.

44 흡착과정에 대한 설명으로 옳지 않은 것은?

① 파과곡선의 형태는 흡착탑의 경우에 따라서 비교적 기울기가 큰 것이 바람직하다.
② 포화점에서는 주어진 온도와 압력조건에서 흡착제가 가장 많은 양의 흡착질을 흡착하는 점이다.
③ 실제의 흡착은 비정상상태에서 진행되므로 흡착의 초기에는 흡착이 천천히 진행되다가 어느 정도 흡착이 진행되면 빠르게 흡착이 이루어진다.
④ 흡착제층 전체가 포화되어 배출가스 중에 오염가스 일부가 남게 되는 점을 파과점이라 하고, 이점 이후부터는 오염가스의 농도가 급격히 증가한다.

45 다음 발생 먼지 종류 중 일반적으로 S/Sb가 가장 큰 것은? (단, S는 진비중, Sb는 겉보기 비중이다.)

① 카본블랙　② 시멘트킬른
③ 미분탄보일러　④ 골재드라이어

46 실내에서 발생하는 CO_2의 양이 시간당 $0.3m^3$일 때 필요한 환기량(m^3/h)은? (단, CO_2의 허용농도와 외기의 CO_2농도는 각각 0.1%와 0.03%이다.)

① 약 145　② 약 210
③ 약 320　④ 약 430

47 유량측정에 사용되는 가스 유속측정 장치 중 작동원리로 Bernoulli식이 적용되지 않는 것은?

① 로터미터(Rotameter)
② 벤튜리장치(Venturi meter)
③ 건조가스장치(Dry gas meter)
④ 오리피스장치(Orifice meter)

48 배출가스의 온도를 냉각시키는 방법 중 열교환법의 특성으로 가장 거리가 먼 것은?

① 운전비 및 유지비가 높다.
② 열에너지를 회수할 수 있다.
③ 최종 공기부피가 공기희석법, 살수법에 비해 매우 크다.
④ 온도감소로 인해 상대습도는 증가하지만 가스 중 수분량에는 거의 변화가 없다.

49 중력 집진장치의 효율을 향상시키는 조건에 대한 설명으로 옳지 않은 것은?

① 침강실 내의 배기가스 기류는 균일하여야 한다.
② 침강실의 침전높이가 작을수록 집진율이 높아진다.
③ 침강실의 길이를 길게 하면 집진율이 높아진다.
④ 침강실 내 처리가스 속도가 클수록 미세한 분진을 포집할 수 있다.

50 여과 집진장치에 관한 설명으로 옳지 않은 것은?

① 폭발성, 점착성 및 흡습성 분진의 제거에 효과적이다.
② 탈진방식 중 간헐식은 여포의 수명이 연속식에 비해 길다.
③ 탈진방식 중 간헐식은 진동형, 역기류형, 역기류진동형으로 분류할 수 있다.
④ 여과재는 내열성이 약하므로 고온가스 냉각 시 산노점(dew point) 이상으로 유지해야 한다.

51 입자상 물질에 관한 설명으로 가장 거리가 먼 것은?

① 직경 d인 구형입자의 비표면적(단위체적당 표면적)은 d/6이다.
② cascade impactor는 관성충돌을 이용하여 입경을 간접적으로 측정하는 방법이다.
③ 공기동력학경은 stokes경과 달리 입자밀도를 $1g/cm^3$으로 가정함으로써 보다 쉽게 입경을 나타낼 수 있다.
④ 비구형입자에서 입자의 밀도가 1보다 클 경우 공기동력학경은 stokes경에 비해 항상 크다고 볼 수 있다.

52 어떤 집진장치의 입구와 출구의 함진가스의 분진농도가 $7.5g/Sm^3$과 $0.055g/Sm^3$이었다. 또한 입구와 출구에서 측정한 분진시료 중 입경이 0~5μm인 입자의 중량분율은 전분진에 대하여 0.1과 0.5이었다면 0~5μm의 입경을 가진 입자의 부분 집진율(%)은?

① 약 87   ② 약 89
③ 약 96   ④ 약 98

53 다음 [보기]가 설명하는 축류 송풍기의 유형으로 옳은 것은?

> - 축류형 중 가장 효율이 높으며, 일반적으로 직선류 및 아담한 공간이 요구되는 HVAC 설비에 응용된다. 공기의 분포가 양호하여 많은 산업장에서 응용되고 있다.
> - 효율과 압력상승 효과를 얻기 위해 직선형 고정 날개를 사용하나, 날개의 모양과 간격은 변형되기도 한다.

① 원통 축류형 송풍기
② 방사 경사형 송풍기
③ 고정날개 축류형 송풍기
④ 공기회전자 축류형 송풍기

54 습식전기집진장치의 특징에 관한 설명 중 틀린 것은?

① 집진면이 청결하여 높은 전계 강도를 얻을 수 있다.
② 고저항의 먼지로 인한 역전리 현상이 일어나기 쉽다.
③ 건식에 비하여 가스의 처리속도를 2배 정도 크게 할 수 있다.
④ 작은 전기저항에 의해 생기는 먼지의 재비산을 방지할 수 있다.

55 가로 a, 세로 b인 직사각형의 유로에 유체가 흐를 경우 상당직경(equivalent diameter)을 산출하는 간이식은?

① $\sqrt{ab}$
② $2ab$
③ $\sqrt{\dfrac{2(a+b)}{ab}}$
④ $\dfrac{2ab}{a+b}$

56 배연탈황기술과 가장 거리가 먼 것은?

① 암모니아법
② 석회석 주입법
③ 수소화 탈황법
④ 활성산화 망간법

57 벤튜리 스크러버의 액가스비를 크게 하는 요인으로 옳지 않은 것은?

① 먼지의 입경이 작을 때
② 먼지입자의 친수성이 클 때
③ 먼지입자의 점착성이 클 때
④ 처리가스의 온도가 높을 때

58 압력손실이 250mmH₂O이고, 처리가스량 30000m³/h 인 집진장치의 송풍기 소요동력(kW)은? (단, 송풍기의 효율은 80%, 여유율은 1.25이다.)

① 약 25
② 약 29
③ 약 32
④ 약 38

59 집진장치의 압력손실이 400mmH₂O, 처리가스량이 30,000m³/h이고, 송풍기의 전압효율은 70%, 여유율이 1.2일 때 송풍기의 축동력(kW)은? (단, 1kW = 102kgf·m/s이다.)

① 36
② 56
③ 80
④ 95

60 면적 1.5m²인 여과집진장치로 먼지농도가 1.5g/m³인 배기가스가 100m³/min으로 통과하고 있다. 먼지가 모두 여과포에서 제거되었으며, 집진된 먼지층의 밀도가 1g/cm³라면 1시간 후 여과된 먼지층의 두께(mm)는?

① 1.5
② 3
③ 6
④ 15

4과목 대기오염공정시험기준(방법)

61 다음은 기체크로마토그램에서 피크(peak)의 분리정도를 나타낸 그림이다. 분리계수(d)와 분리도(R)를 구하는 식으로 옳은 것은?

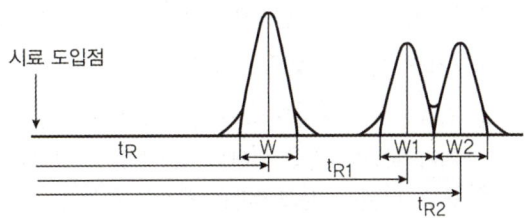

① $d = \dfrac{t_{R2}}{t_{R1}}, \quad R = \dfrac{2(t_{R2} - t_{R1})}{W_1 + W_2}$

② $d = t_{R2} - t_{R1}, \quad R = \dfrac{t_{R2} + t_{R2}}{W_1 + W_2}$

③ $d = \dfrac{t_{R2} - t_{R1}}{W_1 + W_2}, \quad R = \dfrac{t_{R2}}{t_{R1}}$

④ $d = \dfrac{t_{R2} - t_{R1}}{2}, \quad R = 100 \times d(\%)$

62 배출허용기준 중 표준 산소농도를 적용받는 어떤 오염물질의 보정된 배출가스 유량이 50Sm³/day이었다. 이 때 배출가스를 분석하니 실측 산소농도는 5%, 표준 산소농도는 3%일 때, 측정되어진 실측 배출가스 유량(Sm³/day)은?
   ① 46.25
   ② 51.25
   ③ 56.25
   ④ 61.25

63 원자흡수분광광도법의 장치 구성이 순서대로 옳게 나열된 것은?
   ① 광원부 → 파장선택부 → 측광부 → 시료원자화부
   ② 광원부 → 시료원자화부 → 파장선택부 → 측광부
   ③ 시료원자화부 → 광원부 → 파장선택부 → 측광부
   ④ 시료원자화부 → 파장선택부 → 광원부 → 측광부

64 다음 중 물질을 취급 또는 보관하는 동안에 기체 또는 미생물이 침입하지 않도록 내용물을 보호하는 용기를 뜻하는 것은?
   ① 기밀용기
   ② 밀폐용기
   ③ 밀봉용기
   ④ 차광용기

65 굴뚝 배출가스 중 먼지의 자동 연속 측정방법에서 사용하는 용어의 뜻으로 옳지 않은 것은?
   ① 검출한계는 제로드리프트의 2배에 해당하는 지시치가 갖는 교정용 입자의 먼지농도를 말한다.
   ② 응답시간은 표준교정판을 끼우고 측정을 시작했을 때 그 보정치의 90%에 해당하는 지시치를 나타낼 때까지 걸린 시간을 말한다.
   ③ 교정용입자는 실내에서 감도 및 교정오차를 구할 때 사용하는 균일계 단분산 입자로서 기하평균 입경이 0.3~3μm인 인공입자로 한다.
   ④ 시험가동시간이란 연속자동측정기를 정상적인 조건에서 운전할 때 예기치 않는 수리, 조정 및 부품교환 없이 연속가동 할 수 있는 최소시간을 말한다.

66 자외선/가시선 분광분석 측정에서 최초광의 60%가 흡수되었을 때의 흡광도는?
   ① 0.25
   ② 0.3
   ③ 0.4
   ④ 0.6

67 비분산적외선분광분석법에서 사용하는 주요 용어의 의미로 옳지 않은 것은?
   ① 스팬가스 : 분석계의 최저 눈금값을 교정하기 위하여 사용하는 가스
   ② 스팬 드리프트 : 측정기의 교정범위눈금에 대한 지시값의 일정시간 내의 변동
   ③ 정필터형 : 측정성분이 흡수되는 적외선을 그 흡수파장에서 측정하는 방식
   ④ 비교가스 : 시료셀에서 적외선 흡수를 측정하는 경우 대조가스로 사용하는 것으로 적외선을 흡수하지 않는 가스

68 다음은 연소관식 공기법을 사용하여 유류 중 황함유량을 분석하는 방법이다. ( )안에 알맞은 것은?

> 950℃~1,100℃로 가열한 석영 재질 연소관 중에 공기를 불어넣어 시료를 연소시킨다. 생성된 황산화물을 (㉠)에 흡수시켜 황산으로 만든 다음, (㉡)으로 중화적정하여 황함유량을 구한다.

   ① ㉠ 수산화소듐, ㉡ 염산표준액
   ② ㉠ 염산, ㉡ 수산화소듐 표준액
   ③ ㉠ 과산화수소(3%), ㉡ 수산화소듐 표준액
   ④ ㉠ 싸이오시안산용액, ㉡ 수산화칼슘 표준액

69 다음은 굴뚝 배출가스 중 황산화물의 중화적정법에 관한 설명이다. ( )안에 알맞은 것은?

> 메틸레드 - 메틸렌블루 혼합지시약 (3~5) 방울을 가하여 (㉠)으로 적정하고 용액의 색이 (㉡)으로 변한 점을 종말점으로 한다.

① ㉠ 에틸아민동용액, ㉡ 녹색에서 자주색
② ㉠ 에틸아민동용액, ㉡ 자주색에서 녹색
③ ㉠ 0.1N 수산화소듐용액, ㉡ 녹색에서 자주색
④ ㉠ 0.1N 수산화소듐용액, ㉡ 자주색에서 녹색

70 다음 분석가스 중 아연아민착염용액을 흡수액으로 사용하는 것은?

① 황화수소 ② 브롬화합물
③ 질소산화물 ④ 포름알데히드

71 다음 [보기]가 설명하는 굴뚝 배출가스 중의 산소측정방식으로 옳은 것은?

> [보기]
> 이 방식은 주기적으로 단속하는 자계 내에서 산소분자에 작용하는 단속적인 흡인력을 자계 내에 일정유량으로 유입하는 보조가스의 배압변화량으로서 검출한다.

① 전극 방식 ② 덤벨형 방식
③ 지르코니아 방식 ④ 압력검출형 방식

72 굴뚝 배출가스 중 총탄화수소 측정을 위한 장치 구성조건 등에 관한 설명으로 옳지 않은 것은?

① 기록계를 사용하는 경우에는 최소 4회/분이 되는 기록계를 사용한다.
② 총탄화수소분석기는 흡광차분광방식 또는 비불꽃(non flame)이온크로마토그램방식의 분석기를 사용하며 폭발위험이 없어야 한다.
③ 시료채취관은 스테인리스강 또는 이와 동등한 재질의 것으로 하고 굴뚝중심 부분의 10% 범위 내에 위치할 정도의 길이의 것을 사용한다.
④ 영점가스로는 총탄화수소농도(프로판 또는 탄소등가 농도)가 $0.1mL/m^3$ 이하 또는 스팬값이 0.1% 이하인 고순도 공기를 사용한다.

73 배출가스 중 먼지를 여과지에 포집하고 이를 적당한 방법으로 처리하여 분석용 시험용액으로 한 후 원자흡수분광광도법을 이용하여 각종 금속원소의 원자흡광도를 측정하여 정량분석 하고자 할 때, 다음 중 금속원소별 측정파장으로 옳게 짝지어진 것은?

① Pb - 357.9nm ② Cu - 228.2nm
③ Ni - 283.3nm ④ Zn - 213.8nm

74 굴뚝 배출가스 중 질소산화물의 연속 자동측정법으로 옳지 않은 것은?

① 화학발광법 ② 용액전도율법
③ 자외선흡수법 ④ 적외선흡수법

75 대기오염공정시험기준상 자외선/가시선 분광법에서 사용되는 흡수셀의 재질에 따른 사용 파장범위로 가장 적합한 것은?

① 플라스틱제는 자외부 파장범위
② 플라스틱제는 가시부 파장범위
③ 유리제는 가시부 및 근적외부 파장범위
④ 석영제는 가시부 및 근적외부 파장범위

76. 보통형(I형) 흡입노즐을 사용한 굴뚝 배출가스 흡입 시 10분간 채취한 흡입가스량(습식가스미터에서 읽은 값)이 60L이었다. 이 때 등속흡입이 행하여지기 위한 가스미터에 있어서의 등속흡입유량(L/min)의 범위는? (단, 등속흡입 정도를 알기 위한 등속흡입계수 $I(\%) = \dfrac{V_m}{q_m \times t} \times 100$ 이다.)

① 3.3~5.3　　② 5.5~6.3
③ 6.5~7.3　　④ 7.5~8.3

77. 기체-액체 크로마토그래피에서 사용되는 고정상액체(Stationary Liquid)의 조건으로 옳은 것은?

① 사용온도에서 증기압이 낮고, 점성이 작은 것이어야 한다.
② 사용온도에서 증기압이 낮고, 점성이 큰 것이어야 한다.
③ 사용온도에서 증기압이 높고, 점성이 작은 것이어야 한다.
④ 사용온도에서 증기압이 높고, 점성이 큰 것이어야 한다.

78. 흡광차분광법을 사용하여 아황산가스를 분석할 때 간섭성분으로 오존(O_3)이 존재할 경우 다음 조건에 따른 오존의 영향(%)을 산출한 값은?

- 오존을 첨가했을 경우의 지시값
  : 0.7($\mu mol/mol$)
- 오존을 첨가하지 않은 경우의 지시값
  : 0.5($\mu mol/mol$)
- 분석기기의 최대 눈금값 : 5($\mu mol/mol$)
- 분석기기의 최소 눈금값 : 0.01($\mu mol/mol$)

① 1　　② 2
③ 3　　④ 4

79. 굴뚝 배출가스 중의 황화수소를 아이오딘 적정법으로 분석하는 방법에 관한 설명으로 거리가 먼 것은?

① 다른 산화성 및 환원성 가스에 의한 방해는 받지 않는 장점이 있다.
② 시료 중의 황화수소를 염산산성으로 하고, 아이오딘 용액을 가하여 과잉의 아이오딘을 싸이오황산소듐 용액으로 적정한다.
③ 시료 중의 황화수소가 100~2000ppm 함유되어 있는 경우의 분석에 적합한 시료채취량은 10~20L, 흡입속도는 1L/min 정도이다.
④ 녹말 지시약(질량분율 1%)은 가용성 녹말 1g을 소량의 물과 섞어 끓는 물 100mL 중에 잘 흔들어 섞으면서 가하고, 약 1분간 끓인 후 식혀서 사용한다.

80. 자외선/가시선 분광법에 의한 불소화합물 분석방법에 관한 설명으로 옳지 않은 것은?

① 분광광도계로 측정 시 흡수 파장은 460nm를 사용한다.
② 이 방법의 정량범위는 HF로서 0.05ppm~1200ppm이며, 방법검출한계는 0.015ppm이다.
③ 시료가스 중에 알루미늄(III), 철(II), 구리(II), 아연(II) 등의 중금속 이온이나 인산 이온이 존재하면 방해 효과를 나타낸다.
④ 굴뚝에서 적절한 시료채취장치를 이용하여 얻은 시료 흡수액을 일정량으로 묽게 한 다음 완충액을 가하여 pH를 조절하고 란탄과 알리자린콤플렉손을 가하여 생성되는 생성물의 흡광도를 분광광도계로 측정한다.

5과목 대기환경관계법규

81 다음은 대기환경보전법령상 환경기술인에 관한 사항이다. ( )안에 알맞은 것은?

> 환경기술인을 두어야 할 사업자의 범위, 환경기술인의 자격기준, 임명기간은 (　　)으로 정한다.

① 시·도지사령　② 총리령
③ 환경부령　　 ④ 대통령령

82 대기환경보전법령상 자동차 연료(휘발유)의 제조기준 중 벤젠 함량(부피 %) 기준으로 옳은 것은?

① 1.5 이하　② 1.0 이하
③ 0.7 이하　④ 0.0013 이하

83 대기환경보전법령상 먼지·황산화물 및 질소산화물의 연간 발생량 합계가 18톤인 배출구의 자가측정 횟수 기준은? (단, 특정대기유해물질이 배출되지 않으며, 관제센터로 측정결과를 자동전송하지 않는 사업장의 배출구이다.)

① 매주 1회 이상　② 매월 2회 이상
③ 2개월마다 1회 이상　④ 반기마다 1회 이상

84 대기환경보전법령상 배출시설 설치허가 신청서 또는 배출시설 설치신고서에 첨부하여야 할 서류가 아닌 것은?

① 원료(연료를 포함한다)의 사용량 및 제품 생산량을 예측한 명세서
② 배출시설 및 방지시설의 설치명세서
③ 방지시설의 상세 설계도
④ 방지시설의 연간 유지관리 계획서

85 다음은 대기환경보전법령상 환경부령으로 정하는 첨가제 제조기준에 맞는 제품의 표시방법이다. ( )안에 알맞은 것은?

> 표시크기는 첨가제 또는 촉매제 용기 앞면의 제품명 밑에 제품명 글자크기의 (　　)에 해당하는 크기로 표시하여야 한다.

① 100분의 10 이상　② 100분의 20 이상
③ 100분의 30 이상　④ 100분의 50 이상

86 대기환경보전법령상 기관출력이 130kW 초과인 선박의 질소산화물 배출기준(g/kWh)은? (단, 정격 기관 속도 n(크랭크샤프트의 분당 속도)이 130rpm 미만이며 2011년 1월 1일 이후에 건조한 선박의 경우이다.)

① 17 이하　② $44.0 \times n^{(-0.23)}$ 이하
③ 7.7 이하　④ 14.4 이하

87 대기환경보전법령상 대기오염도 검사기관과 거리가 먼 것은?

① 수도권대기환경청　② 환경보전협회
③ 한국환경공단　　 ④ 유역환경청

88 대기환경보전법령상 청정연료를 사용하여야 하는 대상시설의 범위에 해당하지 않는 시설은?

① 산업용 열병합 발전시설
② 전체보일러의 시간당 총 증발량이 0.2톤 이상인 업무용보일러
③ 「집단에너지사업법 시행령」에 따른 지역냉난방사업을 위한 시설
④ 「건축법 시행령」에 따른 중앙집중난방방식으로 열을 공급받고 단지 내의 모든 세대의 평균 전용면적이 $40.0m^2$를 초과하는 공동주택

89 대기환경보전법령상 벌칙기준 중 7년 이하의 징역이나 1억원 이하의 벌금에 처하는 것은?
① 대기오염물질의 배출허용기준 확인을 위한 측정기기의 부착 등의 조치를 하지 아니한 자
② 황연료사용 제한조치 등의 명령을 위반한 자
③ 제작자 배출허용기준에 맞지 아니하게 자동차를 제작한 자
④ 배출가스 전문정비사업자로 등록하지 아니하고 정비·점검 또는 확인검사 업무를 한 자

90 대기환경보전법령상 가스형태의 물질 중 소각용량이 시간당 2톤(의료폐기물 처리시설은 시간당 200kg) 이상인 소각처리시설에서의 일산화탄소 배출허용기준(ppm)은? (단, 각 보기항의 ( )안의 값은 표준산소농도(O_2의 백분율)를 의미한다.)
① 30(12) 이하
② 50(12) 이하
③ 200(12) 이하
④ 300(12) 이하

91 대기환경보전법령상 환경부장관이 특별대책지역의 대기오염 방지를 위하여 필요하다고 인정하면 그 지역에 새로 설치되는 배출시설에 대해 정할 수 있는 기준은?
① 일반배출허용기준
② 특별배출허용기준
③ 심화배출허용기준
④ 강화배출허용기준

92 대기환경보전법령상 대기오염 경보단계 중 오존에 대한 "경보"해제기준과 관련하여 ( )안에 알맞은 것은?

경보가 발령된 지역의 기상조건 등을 고려하여 대기자동측정소의 오존농도가 ( )인 때는 주의보로 전환한다.

① 0.1ppm 이상 0.3ppm 미만
② 0.1ppm 이상 0.5ppm 미만
③ 0.12ppm 이상 0.3ppm 미만
④ 0.12ppm 이상 0.5ppm 미만

93 다음은 대기환경보전법령상 기본부과금 부과대상 오염물질에 대한 초과배출량 산정방법 중 초과배출량 공제분 산정방법이다. ( )안에 알맞은 것은?

3개월간 평균배출농도는 배출허용기준을 초과한 날 이전 정상 가동된 3개월 동안의 ( )를 산술평균한 값으로 한다.

① 5분 평균치
② 10분 평균치
③ 30분 평균치
④ 1시간 평균치

94 다음은 악취방지법령상 악취검사기관의 준수사항에 관한 내용이다. ( )안에 알맞은 것은?

검사기관이 법인인 경우 보유차량에 국가기관의 악취검사차량으로 잘못 인식하게 하는 문구를 표시하거나 과대표시를 해서는 아니되며, 검사기관은 다음의 서류를 작성하여 ( ) 보존하여야 한다.
가. 실험일지 및 검량선 기록지
나. 검사결과 발송 대장
다. 정도관리 수행기록철

① 1년간
② 2년간
③ 3년간
④ 5년간

95 다음 중 대기환경보전법령상 초과부과금 산정기준에 따른 오염물질 1킬로그램당 부과액이 가장 높은 것은?
① 질소산화물
② 황화수소
③ 이황화탄소
④ 시안화수소

96 환경정책기본법령상 미세먼지(PM-10)의 대기환경기준은? (단, 연간평균치 기준이다.)

① $10\mu g/m^3$ 이하
② $25\mu g/m^3$ 이하
③ $30\mu g/m^3$ 이하
④ $50\mu g/m^3$ 이하

97 실내공기질 관리법령상 신축 공동주택의 실내공기질 권고기준으로 옳은 것은?

① 스티렌 $360\mu g/m^3$ 이하
② 폼알데하이드 $360\mu g/m^3$ 이하
③ 자일렌 $360\mu g/m^3$ 이하
④ 에틸벤젠 $360\mu g/m^3$ 이하

98 악취방지법령상 위임업무 보고사항 중 "악취검사기관의 지도·점검 및 행정처분 실적" 보고횟수 기준은?

① 연 1회
② 연 2회
③ 연 4회
④ 수시

99 다음은 대기환경보전법령상 운행차정기검사의 방법 및 기준에 관한 사항이다. ( )안에 알맞은 것은?

> 배출가스 검사대상 자동차의 상태를 검사할 때 원동기가 충분히 예열되어 있는 것을 확인하고, 수냉식 기관의 경우 계기판 온도가 (㉠) 또는 계기판 눈금이 (㉡)이어야 하며, 원동기가 과열되었을 경우에는 원동기실 덮개를 열고 (㉢) 지난 후 정상상태가 되었을 때 측정한다.

① ㉠ 25℃ 이상, ㉡ 1/10 이상, ㉢ 1분 이상
② ㉠ 25℃ 이상, ㉡ 1/10 이상, ㉢ 5분 이상
③ ㉠ 40℃ 이상, ㉡ 1/4 이상, ㉢ 1분 이상
④ ㉠ 40℃ 이상, ㉡ 1/4 이상, ㉢ 5분 이상

100 악취방지법령상 지정악취물질이 아닌 것은?

① 아세트알데하이드
② 메틸메르캅탄
③ 톨루엔
④ 벤젠

2021년 대기환경기사 1회 필기

1과목 대기오염개론

01 다음에서 설명하는 오염물질로 가장 적합한 것은?

- 부드러운 청회색의 금속으로 밀도가 크고 내식성이 강하다.
- 소화기로 섭취되면 대략 10% 정도가 소장에서 흡수되고, 나머지는 대변으로 배출된다. 세포 내에서는 SH기와 결합하여 헴(heme)합성에 관여하는 효소 등 여러 효소작용을 방해한다.
- 인체에 축적되면 적혈구 형성을 방해하며, 심하면 복통, 빈혈, 구토를 일으키고 뇌세포에 손상을 준다.

① Cr ② Hg
③ Pb ④ Al

02 국지풍에 관한 설명으로 옳지 않은 것은?

① 일반적으로 낮에 바다에서 육지로 부는 해풍은 밤에 육지에서 바다로 부는 육풍보다 강하다.
② 고도가 높은 산맥에 직각으로 강한 바람이 부는 경우에 산맥의 풍하 쪽으로 건조한 바람이 부는데 이러한 바람을 휀풍이라 한다.
③ 곡풍은 경사면 → 계곡 → 주계곡으로 수렴하면서 풍속이 가속되기 때문에 일반적으로 낮에 산 위쪽으로 부는 산풍보다 더 강하게 분다.
④ 열섬효과로 인하여 도시 중심부가 주위보다 고온이 되어 도시 중심부에 상승기류가 발생하고 도시 주위의 시골에서 도시로 바람이 부는데 이를 전원풍이라 한다.

03 다음에서 설명하는 대기분산모델로 가장 적합한 것은?

- 가우시안모델식을 적용한다.
- 적용 배출원의 형태는 점, 선, 면이다.
- 미국에서 최근에 널리 이용되는 범용적인 모델로 장기 농도 계산용이다.

① RAMS ② ISCLT
③ UAM   ④ AUSPLUME

04 0℃, 1기압에서 SO_2 10ppm은 몇 mg/m^3인가?

① 19.62 ② 28.57
③ 37.33 ④ 44.14

05 굴뚝에서 배출되는 연기의 형태 중 환상형(looping)에 관한 설명으로 옳은 것은?

① 대기가 과단열감률 상태일 때 나타나므로 맑은 날 오후에 발생하기 쉽다.
② 상층이 불안정, 하층이 안정일 경우에 나타나며, 지표 부근의 오염물질 농도가 가장 낮다.
③ 전체 대기층이 중립 상태일 때 나타나며, 매연 속의 오염물질 농도는 가우시안 분포를 갖는다.
④ 전체 대기층이 매우 안정할 때 나타나며, 매연 속의 오염물질 농도는 가우시안 분포를 갖는다.

06 폼알데하이드의 배출과 관련된 업종으로 가장 거리가 먼 것은?
① 피혁제조공업
② 합성수지공업
③ 암모니아제조공업
④ 포르말린제조공업

07 시골에서 먼지농도를 측정하기 위하여 공기를 0.15m/sec의 속도로 12시간 동안 여과지에 여과시켰을 때, 사용된 여과지의 빛 전달률이 깨끗한 여과지의 80%로 감소했다. 1,000m당 Coh는?
① 0.2
② 0.6
③ 1.1
④ 1.5

08 다음에서 설명하는 오염물질로 가장 적합한 것은?

> • 매우 낮은 농도에서 피해를 일으킬 수 있으며, 주된 증상으로 상편생장, 전두운동의 저해, 황화현상, 줄기의 신장저해, 성장 감퇴 등이 있다.
> • 0.1ppm 정도의 저농도에서도 스위트피와 토마토에 상편생장을 일으킨다.

① 오존
② 에틸렌
③ 아황산가스
④ 불소화합물

09 비인의 변위법칙에 관한 식은?
① $\lambda = 2897/T$ (λ : 최대에너지가 복사될 때의 파장, T : 흑체의 표면온도)
② $E = \sigma T^4$ (σ : 상수, T : 흑체의 표면온도)
③ $I = I_0 \exp(-K\rho L)$ (I_0, I : 각각 입사 전후의 빛의 복사속 밀도, K : 감쇠상수, ρ : 매질의 밀도, L : 통과거리)
④ $R = K(1-\alpha) - L$ (R : 순복사, K : 지표면에 도달한 일사량, α : 지표의 반사율, L : 지표로부터 방출되는 장파복사)

10 2차 대기오염물질에 해당하는 것은?
① H_2S
② H_2O_2
③ NH_3
④ $(CH_3)_2S$

11 다음에서 설명하는 오염물질로 가장 적합한 것은?

> • 분자량이 98.9이고, 비등점이 약 8℃인 독특한 풀냄새가 나는 무색(시판용품은 담황녹색) 기체(액화가스)이다.
> • 수분이 존재하면 가수분해되어 염산을 생성하여 금속을 부식시킨다.

① 페놀
② 석면
③ 포스겐
④ T.N.T

12 불안정한 조건에서 굴뚝의 안지름이 5m, 가스 온도가 173℃, 가스 속도가 10m/sec, 기온이 17℃, 풍속이 36km/h일 때, 연기의 상승 높이(m)는? (단, 불안정 조건 시 연기의 상승높이는 $\Delta H = 150\dfrac{F}{U^3}$이며, F는 부력을 나타냄)
① 34
② 40
③ 49
④ 56

13 다음 중 오존 파괴지수가 가장 큰 것은?
① CCl_4
② $CHFCl_2$
③ CH_2FCl
④ $C_2H_2FCl_3$

14 Fick의 확산방정식을 실제 대기에 적용시키기 위하여 필요한 가정조건으로 가장 거리가 먼 것은?

① 바람에 의한 오염물질의 주 이동방향은 X축이다.
② 오염물질은 점배출원으로부터 연속적으로 배출된다.
③ 풍향, 풍속, 온도, 시간에 따른 농도변화가 없는 정상상태이다.
④ 하류로의 확산은 바람이 부는 방향(x축)의 확산보다 강하다.

15 일산화탄소에 관한 설명으로 옳지 않은 것은?

① 대류권 및 성층권에서의 광화학반응에 의하여 대기 중에서 제거된다.
② 물에 잘 녹아 강우의 영향을 크게 받으며, 다른 물질에 강하게 흡착하는 특징을 가진다.
③ 토양 박테리아의 활동에 의하여 이산화탄소로 산화되어 대기 중에서 제거된다.
④ 발생량과 대기 중의 평균농도로부터 대기 중 평균체류시간이 약 1~3개월 정도일 것이라 추정되고 있다.

16 역사적인 대기오염 사건에 관한 설명으로 가장 적합하지 않은 것은?

① 로스엔젤레스 사건은 자동차에서 배출되는 질소산화물, 탄화수소 등에 의하여 침강성 역전 조건에서 발생했다.
② 뮤즈계곡 사건은 공장에서 배출되는 아황산가스, 황산, 미세입자 등에 의하여 기온역전, 무풍상태에서 발생했다.
③ 런던 사건은 석탄연료의 연소시 배출되는 아황산가스, 먼지 등에 의하여 복사성 역전, 높은 습도, 무풍상태에서 발생했다.
④ 보팔 사건은 공장조업사고로 황화수소가 다량 누출되어 발생하였으며 기온역전, 지형상분지 등의 조건으로 많은 인명피해를 유발했다.

17 지표면의 오존 농도가 증가하는 원인으로 가장 거리가 먼 것은?

① CO
② NOx
③ VOCs
④ 태양열 에너지

18 세류현상(down wash)이 발생하지 않는 조건은?

① 오염물질의 토출속도가 굴뚝높이에서의 풍속과 같을 때
② 오염물질의 토출속도가 굴뚝높이에서의 풍속의 2.0배 이상일 때
③ 굴뚝높이에서의 풍속이 오염물질 토출속도의 1.5배 이상일 때
④ 굴뚝높이에서의 풍속이 오염물질 토출속도의 2.0배 이상일 때

19 고도에 따른 대기층의 명칭을 순서대로 나열한 것은? (단, 낮은 고도 → 높은 고도)

① 지표 → 대류권 → 성층권 → 중간권 → 열권
② 지표 → 대류권 → 중간권 → 성층권 → 열권
③ 지표 → 성층권 → 대류권 → 중간권 → 열권
④ 지표 → 성층권 → 중간권 → 대류권 → 열권

20 다음 오존파괴물질 중 평균수명(년)이 가장 긴 것은?

① CFC-11
② CFC-115
③ HCFC-123
④ CFC-124

2과목 연소공학

21 옥탄가에 관한 설명이다. ( )안에 들어갈 말로 옳은 것은?

> 옥탄가는 시험 가솔린의 노킹 정도를 (㉠)과 (㉡)의 혼합표준연료의 노킹정도와 비교했을 때, 공급 가솔린과 동등한 노킹정도를 나타내는 혼합표준연료 중의 (㉠)%를 말한다.

① ㉠ iso-octane, ㉡ n-butane
② ㉠ iso-octane, ㉡ n-heptane
③ ㉠ iso-propane, ㉡ n-pentane
④ ㉠ iso-pentane, ㉡ n-butane

22 다음 회분 성분 중 백색에 가깝고 융점이 높은 것은?

① CaO
② SiO_2
③ MgO
④ Fe_2O_3

23 액화석유가스(LPG)에 관한 설명으로 옳지 않은 것은?

① 천연가스 회수 나프타 분해, 석유정제 시 부산물로부터 얻어진다.
② 비중은 공기의 1.5~2.0배 정도로 누출 시 인화 폭발의 위험이 크다.
③ 액체에서 기체로 될 때 증발열이 있으므로 사용하는 데 유의할 필요가 있다.
④ 메탄, 에탄을 주성분으로 하는 혼합물로 1atm에서 -168℃ 정도로 냉각하면 쉽게 액화된다.

24 고체연료의 연소방법 중 유동층 연소에 관한 설명으로 옳지 않은 것은?

① 재나 미연탄소의 배출이 많다.
② 미분탄연소에 비해 연소온도가 높아 NOx 생성을 억제하는데 불리하다.
③ 미분탄연소와는 달리 고체연료를 분쇄할 필요가 없고 이에 따른 동력손실이 없다.
④ 석회석입자를 유동층매체로 사용할 때, 별도의 배연탈황 설비가 필요하지 않다.

25 디젤노킹을 억제할 수 있는 방법으로 옳지 않은 것은?

① 회전속도를 높인다.
② 급기온도를 높인다.
③ 기관의 압축비를 크게 하여 압축압력을 높인다.
④ 착화지연 기간 및 급격연소 시간의 분사량을 적게 한다.

26 회전식 버너에 관한 설명으로 옳지 않은 것은?

① 분무각도가 40~80°로 크고, 유량조절범위도 1 : 5 정도로 비교적 넓은 편이다.
② 연료유는 0.3~0.5kg/cm² 정도로 가압하여 공급하며, 직결식의 분사유량은 1,000L/hr 이하이다.
③ 연료유의 점도가 크고, 분무컵의 회전수가 작을수록 분무상태가 좋아진다.
④ 3,000~10,000rpm으로 회전하는 컵모양의 분무컵에 송입되는 연료유가 원심력으로 비산됨과 동시에 송풍기에서 나오는 1차 공기에 의해 분무되는 형식이다.

27 액체연료에 관한 설명으로 옳지 않은 것은?

① 회분이 거의 없으며 연소, 소화, 점화의 조절이 쉽다.
② 화재, 역화의 위험이 크고, 연소온도가 높기 때문에 국부가열의 위험이 존재한다.
③ 기체연료에 비해 밀도가 커 저장에 큰 장소가 필요하지 않고 연료의 수송도 간편한 편이다.
④ 완전연소 시 다량의 과잉공기가 필요하므로 연소장치가 대형화되는 단점이 있으며, 소화가 용이하지 않다.

28 폭굉 유도 거리(DID)가 짧아지는 요건으로 가장 거리가 먼 것은?

① 압력이 높다.
② 점화원의 에너지가 강하다.
③ 정상의 연소속도가 작은 단일가스이다.
④ 관속에 방해물이 있거나 관내경이 작다.

29 석탄의 탄화도가 증가할수록 나타나는 성질로 옳지 않은 것은?

① 착화온도가 높아진다.
② 연소속도가 느려진다.
③ 수분이 감소하고 발열량이 증가한다.
④ 연료비(고정탄소(%)/휘발분(%))가 감소한다.

30 당량비(ϕ)에 관한 설명으로 옳지 않은 것은?

① $\phi > 1$ 경우는 불완전연소가 된다.
② $\phi > 1$ 경우는 연료가 과잉인 경우이다.
③ $\phi < 1$ 경우는 공기가 부족한 경우이다.
④ $\phi = \dfrac{\text{실제의 연료량/산화제}}{\text{완전연소를 위한 이상적 연료량/산화제}}$ 이다.

31 고위발열량이 12,000kcal/kg인 연료 1kg의 성분을 분석한 결과 탄소가 87.7%, 수소가 12%, 수분이 0.3%이었다. 이 연료의 저위발열량(kcal/kg)은?

① 10,350
② 10,820
③ 11,020
④ 11,350

32 분무화 연소방식에 해당하지 않는 것은?

① 유압 분무화식
② 충돌 분무화식
③ 여과 분무화식
④ 이류체 분무화식

33 기체연료의 연소방법 중 예혼합연소에 관한 설명으로 옳지 않은 것은?

① 화염길이가 길고 그을음이 발생하기 쉽다.
② 역화의 위험이 있어 역화방지기를 부착해야 한다.
③ 화염온도가 높아 연소부하가 큰 곳에 사용가능하다.
④ 연소기 내부에서 연료와 공기의 혼합비가 변하지 않고 균일하게 연소된다.

34 연소에 관한 설명으로 옳지 않은 것은?

① 표면연소는 휘발분 함유율이 적은 물질의 표면 탄소분부터 직접 연소되는 형태이다.
② 다단연소는 공기 중의 산소 공급 없이 물질 자체가 함유하고 있는 산소를 사용하여 연소하는 형태이다.
③ 증발연소는 비교적 융점이 낮은 고체연료가 연소하기 전에 액상으로 용해한 후 증발하여 연소하는 형태이다.
④ 분해연소는 분해온도가 증발온도보다 낮은 고체연료가 기상 중에 화염을 동반하여 연소할 경우 관찰되는 연소 형태이다.

35 S함량이 5%인 B-C유 400kL를 사용하는 보일러에 S함량이 1%인 B-C유를 50% 섞어서 사용하면 SO_2의 배출량은 몇 % 감소하는가? (단, 기타 연소조건은 동일하며, S는 연소시 전량 SO_2로 변환되고 S함량에 무관하게 B-C유의 비중은 0.95임)

① 30%
② 35%
③ 40%
④ 45%

36 C 85%, H 11%, S 2%, 회분 2%의 무게비로 구성된 B-C유 1kg을 공기비 1.3으로 완전연소시킬 때, 건조 배출가스 중의 먼지 농도(g/Sm^3)는? (단, 모든 회분 성분은 먼지가 됨)

① 0.82
② 1.53
③ 5.77
④ 10.23

37 표준상태에서 CO_2 50kg의 부피(m^3)는? (단, CO_2는 이상기체라 가정)

① 12.73
② 22.40
③ 25.45
④ 44.80

38 고체연료의 화격자 연소장치 중 연료가 화격자 → 석탄층 → 건류층 → 산화층 → 환원층을 거치며 연소되는 것으로 연료층을 항상 균일하게 제어할 수 있고 저품질 연료도 유효하게 연소시킬 수 있어 쓰레기 소각로에 많이 이용되는 장치로 가장 적합한 것은?

① 체인 스토커(chain stoker)
② 포트식 스토커(pot stoker)
③ 산포식 스토커(spreader stoker)
④ 플라스마 스토커(plasma stoker)

39 어떤 액체연료의 연소 배출가스 성분을 분석한 결과 CO_2가 12.6%, O_2가 6.4%일 때, $(CO_2)max(\%)$는? (단, 연료는 완전연소 됨)

① 11.5
② 13.2
③ 15.3
④ 18.1

40 다음 중 황함량이 가장 낮은 연료는?

① LPG
② 중유
③ 경유
④ 휘발유

3과목 대기오염방지기술

41 유체의 점성에 관한 설명으로 옳지 않은 것은?

① 액체의 온도가 높아질수록 점성계수는 감소한다.
② 점성계수는 압력과 습도의 영향을 거의 받지 않는다.
③ 유체 내에 발생하는 전단응력은 유체의 속도구배에 반비례한다.
④ 점성은 유체분자 상호간에 작용하는 응집력과 인접 유체층간의 운동량 교환에 기인한다.

42 송풍기 회전수(N)와 유체밀도(ρ)가 일정할 때 성립하는 송풍기 상사법칙을 나타내는 식은? (단, Q : 유량, P : 풍압, L : 동력, D : 송풍기의 크기)

① $Q_2 = Q_1 \times \left(\dfrac{D_1}{D_2}\right)^2$
② $P_2 = P_1 \times \left(\dfrac{D_1}{D_2}\right)^2$
③ $Q_2 = Q_1 \times \left(\dfrac{D_2}{D_1}\right)^3$
④ $L_2 = L_1 \times \left(\dfrac{D_2}{D_1}\right)^3$

43 싸이클론(cyclone)의 운전조건과 치수가 집진율에 미치는 영향으로 옳지 않은 것은?

① 동일한 유량일 때 원통의 직경이 클수록 집진율이 증가한다.
② 입구의 직경이 작을수록 처리가스의 유입속도가 빨라져 집진율과 압력손실이 증가한다.
③ 함진가스의 온도가 높아지면 가스의 점도가 커져 집진율이 감소하나 그 영향은 크지 않은 편이다.
④ 출구의 직경이 작을수록 집진율이 증가하지만 동시에 압력손실이 증가하고 함진가스의 처리능력이 감소한다.

44 싸이클론(cyclone)의 가스 유입속도를 4배로 증가시키고 유입구의 폭을 3배로 늘렸을 때, 처음 Lapple의 절단입경 dp에 대한 나중 Lapple의 절단입경 dp′의 비는?

① 0.87   ② 0.93
③ 1.18   ④ 1.26

45 임의로 충진한 충진탑에서 혼합물을 물리적으로 분리할 때, 액의 분배가 원활하게 이루어지지 못하면 어떤 현상이 발생할 수 있는가?

① mixing 현상   ② flooding 현상
③ blinding 현상   ④ channeling 현상

46 입경측정방법 중 관성충돌법(cascade impactor)에 관한 설명으로 옳지 않은 것은?

① 입자의 질량크기분포를 알 수 있다.
② 되튐으로 인한 시료의 손실이 일어날 수 있다.
③ 관성충돌을 이용하여 입경을 간접적으로 측정하는 방법이다.
④ 시료채취가 용이하고 채취 준비에 많은 시간이 소요되지 않는 장점이 있으나, 단수를 임의로 설계하기가 어렵다.

47 다음 여과포의 재질 중 최고사용온도가 가장 높은 것은?

① 오론   ② 목면
③ 비닐론   ④ 나일론(폴리아미드계)

48 유해가스를 처리할 때 사용하는 충전탑(packed tower)에 관한 내용으로 옳지 않은 것은?

① 충전탑에서 hold-up은 탑의 단위면적당 충전재의 양을 의미한다.
② 흡수액에 고형물이 함유되어 있는 경우에는 침전물이 생기는 방해를 받는다.
③ 충전물을 불규칙적으로 충전했을 때 접촉면적과 압력손실이 커진다.
④ 일정양의 흡수액을 흘릴 때 유해가스의 압력손실은 가스속도의 대수 값에 비례하며, 가스속도가 증가할 때 나타나는 첫 번째 파괴점(break point)을 loading point라 한다.

49 하전식 전기집진장치에 관한 설명으로 옳지 않은 것은?

① 2단식은 1단식에 비해 오존의 생성이 적다.
② 1단식은 일반적으로 산업용에 많이 사용된다.
③ 2단식은 비교적 함진 농도가 낮은 가스처리에 유용하다.
④ 1단식은 역전리 억제에는 효과적이나 재비산 방지는 곤란하다.

50 싸이클론(cyclone)을 사용하여 입자상 물질을 집진할 때, 입경에 따라 집진효율이 달라진다. 집진효율이 50%인 입경을 나타내는 용어는?

① stokes diameter
② critical diameter
③ cut size diameter
④ aerodynamic diameter

51 일정한 온도 하에서 어떤 유해가스와 물이 평형을 이루고 있다. 가스 분압이 38mmHg이고 Henry상수가 0.01atm·m^3/kg·mol일 때, 액 중 유해가스 농도(kg·mol/m^3)는?

① 3.8   ② 4.0
③ 5.0   ④ 5.8

52 광학현미경을 사용하여 분진의 입경을 측정할 수 있다. 이 때 입자의 투영면적을 2등분하는 선의 거리로 나타낸 분진의 입경은?

① Feret경　　② Martin경
③ 등면적경　　④ Heyhood경

53 촉매산화식 탈취공정에 관한 설명으로 옳지 않은 것은?

① 대부분의 성분은 탄산가스와 수증기가 되기 때문에 배수처리가 필요 없다.
② 비교적 고온에서 처리하기 때문에 직접연소식에 비해 질소산화물의 발생량이 많다.
③ 광범위한 가스 조건 하에서 적용이 가능하며 저농도에서도 뛰어난 탈취효과를 발휘할 수 있다.
④ 처리하고자 하는 대상가스 중의 악취성분 농도나 발생상황에 대응하여 최적의 촉매를 선정함으로서 뛰어난 탈취효과를 확보할 수 있다.

54 유량이 5,000m³/h인 가스를 충전탑을 사용하여 처리하고자 한다. 충전탑 내의 가스 유속을 0.34m/s로 할 때, 충전탑의 직경(m)은?

① 1.9　　② 2.3
③ 2.8　　④ 3.5

55 시멘트산업에서 일반적으로 사용하는 전기집진장치의 배출가스 조절제는?

① 물(수증기)　　② SO_3 가스
③ 암모늄염　　④ 가성소다

56 가연성 유해가스를 제거하기 위한 방법 중 촉매산화법에 관한 설명으로 옳지 않은 것은?

① 압력손실이 커서 운영 비용이 많이 든다.
② 체류시간은 연소 장치에서 요구되는 것보다 짧다.
③ 촉매로는 백금, 팔라듐 등의 귀금속이 활성이 크기 때문에 널리 사용된다.
④ 촉매들은 운전 시 상한온도가 있기 때문에 촉매층을 통과할 때 온도가 과도하게 올라가지 않도록 한다.

57 직경이 1.2m인 직선덕트를 사용하여 가스를 15m/sec의 속도로 수송할 때, 길이 100m당 압력손실(mmHg)은? (단, 덕트의 마찰계수 = 0.005, 가스의 밀도 = 1.3kg/m³)

① 19.1　　② 21.8
③ 24.9　　④ 29.8

58 20℃, 1기압에서 공기의 동점성계수는 1.5×10^{-5}m²/s이다. 관의 지름이 50mm일 때, 그 관을 흐르는 공기의 속도(m/s)는? (단, 레이놀즈 수 = 3.5×10^4)

① 4.0　　② 6.5
③ 9.0　　④ 10.5

59 탈취방법 중 수세법에 관한 설명으로 옳지 않은 것은?

① 고농도의 악취가스 전처리에 효과적이다.
② 조작이 간단하며 탈취효율이 우수하여 전처리과정 없이 사용된다.
③ 수온에 따라 탈취효과가 달라지고 압력손실이 큰 것이 단점이다.
④ 알데히드류, 저급유기산류, 페놀 등 친수성 극성기를 가지는 성분을 제거할 수 있다.

60 가스분산형 흡수장치로만 짝지어진 것은?

① 단탑, 기포탑　　② 기포탑, 충전탑
③ 분무탑, 단탑　　④ 분무탑, 충전탑

4과목 대기오염공정시험기준(방법)

61 이온크로마토그래피의 검출기에 관한 설명이다. ( )안에 들어갈 내용으로 가장 적합한 것은?

> (㉠)는 고성능 액체크로마토그래피 분야에서 가장 널리 사용되는 검출기로, 최근에는 이온크로마토그래피에서도 전기전도도 검출기와 병행하여 사용되기도 한다. 또한 (㉡)는 전이금속 성분의 발색반응을 이용하는 경우에 사용된다.

① ㉠ 광학검출기, ㉡ 암페로메트릭검출기
② ㉠ 전기화학적검출기, ㉡ 염광광도검출기
③ ㉠ 자외선흡수검출기, ㉡ 가시선흡수검출기
④ ㉠ 전기전도도검출기, ㉡ 전기화학적검출기

62 굴뚝 배출가스 중의 황산화물을 분석하는데 사용하는 시료흡수용 흡수액은?

① 질산용액
② 붕산용액
③ 과산화수소수
④ 수산화나트륨용액

63 자외선/가시선 분광법에 관한 설명으로 옳지 않은 것은? (단, I_0 : 입사광의 강도, I_t : 투사광의 강도)

① $\dfrac{I_t}{I_o}$를 투과도(t)라 한다.
② $\log \dfrac{I_t}{I_o}$를 흡광도라 한다.
③ 투과도(t)를 백분율로 표시한 것을 투과퍼센트라 한다.
④ 자외선/가시선분광법은 램버어트-비어 법칙을 응용한 것이다.

64 오염물질 A의 실측 농도가 250mg/Sm³이고, 그 때의 실측 산소농도가 3.5%이다. 오염물질 A의 보정 농도(mg/Sm³)는? (단, 오염물질 A는 표준산소농도를 적용받으며, 표준산소농도는 4%임)

① 219
② 243
③ 247
④ 286

65 비분산적외선 분석계의 구성에서 ( )안에 들어갈 기기로 옳은 것은? (단, 복광속 분석계 기준)

> 광원 → (㉠) → (㉡) → 시료셀 → 검출기 → 증폭기 → 지시계

① ㉠ 광학섹터, ㉡ 회전필터
② ㉠ 회전섹터, ㉡ 광학필터
③ ㉠ 광학필터, ㉡ 회전필터
④ ㉠ 회전섹터, ㉡ 광학섹터

66 배출가스 중의 건조시료가스 채취량을 건식가스미터를 사용하여 측정할 때 필요한 항목에 해당하지 않는 것은?

① 가스미터의 온도
② 가스미터의 게이지압
③ 가스미터로 측정한 흡입가스량
④ 가스미터 온도에서의 포화 수증기압

67 대기 중의 가스상 물질을 용매채취법에 따라 채취할 때 사용하는 순간유량계 중 면적식 유량계는?

① 노즐식 유량계
② 오리피스 유량계
③ 게이트식 유량계
④ 미스트식 가스미터

68. 굴뚝을 통해 대기 중으로 배출되는 가스상의 시료를 채취할 때 사용하는 도관에 관한 설명으로 옳지 않은 것은?

① 도관의 안지름은 도관의 길이, 흡인가스의 유량, 응축수에 의한 막힘, 또는 흡인펌프의 능력 등을 고려해서 4~25mm로 한다.
② 하나의 도관으로 여러 개의 측정기를 사용할 경우 각 측정기 앞에서 도관을 병렬로 연결하여 사용한다.
③ 도관의 길이는 가능한 한 먼 곳의 시료 채취구에서도 채취가 용이하도록 100m 정도로 가급적 길게 하되, 200m를 넘지 않도록 한다.
④ 도관은 가능한 한 수직으로 연결해야 하고 부득이 구부러진 관을 사용할 경우에는 응축수가 흘러 오기 쉽도록 경사지게(5° 이상) 한다.

69. 굴뚝 배출가스 중의 염화수소를 분석하는 방법 중 자외선/가시선 분광법(흡광광도법)에 해당하는 것은?

① 질산은법
② 4-아미노안티피린법
③ 싸이오시안산제이수은법
④ 란탄-알리자린 콤플렉숀법

70. 굴뚝 배출가스 중의 질소산화물을 연속자동측정 할 때 사용하는 화학발광분석계의 구성에 관한 설명으로 옳지 않은 것은?

① 반응조는 시료가스와 오존가스를 도입하여 반응시키기 위한 용기로서 내부압력조건에 따라 감압형과 상압형으로 구분된다.
② 오존발생기는 산소가스를 오존으로 변환시키는 역할을 하며, 에너지원으로서 무성방전광 또는 자외선발생기를 사용한다.
③ 검출기에는 화학발광을 선택적으로 투과시킬 수 있는 발광필터가 부착되어 있어 전기신호를 발광도로 변화시키는 역할을 한다.
④ 유량제어부는 시료가스 유량제어부와 오존가스 유량제어부가 있으며 이들은 각각 저항관, 압력조절기, 니들밸브, 면적유량계, 압력계 등으로 구성되어 있다.

71. 굴뚝 배출가스 중의 질소산화물을 아연환원나프틸에틸렌다이아민법에 따라 분석할 때에 관한 설명이다. ( )안에 들어갈 내용으로 옳은 것은?

시료중의 질소산화물을 오존 존재 하에서 물에 흡수시켜 (㉠)으로 만들고 (㉡)을 사용하여 (㉢)으로 환원한 후 설파닐아마이드(sulfanilamide) 및 나프틸에틸렌다이아민(naphthyl ethylene diamine)을 반응시켜 얻어진 착색의 흡광도로부터 질소산화물을 정량한다.

① ㉠ 아질산이온, ㉡ 분말금속아연, ㉢ 질산이온
② ㉠ 아질산이온, ㉡ 분말황산아연, ㉢ 질산이온
③ ㉠ 질산이온, ㉡ 분말황산아연, ㉢ 아질산이온
④ ㉠ 질산이온, ㉡ 분말금속아연, ㉢ 아질산이온

72. 대기오염공정시험기준 총칙 상의 시험 기재 및 용어에 관한 내용으로 옳지 않은 것은?

① 시험조작 중 "즉시"란 30초 이내에 표시된 조작을 하는 것을 뜻한다.
② "감압 또는 진공"이라 함은 따로 규정이 없는 한 50mmHg 이하를 뜻한다.
③ 용액의 액성표시는 따로 규정이 없는 한 유리전극법에 의한 pH미터로 측정한 것을 뜻한다.
④ 액체성분의 양을 "정확히 취한다"는 홀피펫, 눈금 플라스크 또는 이와 동등 이상의 정도를 갖는 용량계를 사용하여 조작하는 것을 뜻한다.

73 대기오염공정시험기준 총칙 상의 용어 정의로 옳지 않은 것은?

① 냉수는 4℃ 이하, 온수는 60~70℃, 열수는 약 100℃를 말한다.
② 시험에 사용하는 시약은 따로 규정이 없는 한 특급 또는 1급 이상 또는 이와 동등한 규격의 것을 사용하여야 한다.
③ 기체 중의 농도를 mg/m^3로 나타냈을 때 m^3은 표준상태의 기체 용적을 뜻하는 것으로 Sm^3로 표시한 것과 같다.
④ ppm의 기호는 따로 표시가 없는 한 기체일 때는 용량 대 용량(V/V), 액체일 때는 중량 대 중량(W/W)으로 표시한 것을 뜻한다.

74 대기 중의 유해 휘발성 유기화합물을 고체흡착법에 따라 분석할 때 사용하는 용어의 정의이다. (   )안에 들어갈 내용으로 가장 적합한 것은?

> 일정농도의 VOC가 흡착관에 흡착되는 초기 시점부터 일정시간이 흐르게 되면 흡착관 내부에 상당량의 VOC가 포화되기 시작하고 전체 VOC양의 5%가 흡착관을 통과하게 되는데, 이 시점에서 흡착관 내부로 흘러간 총 부피를 (   )라 한다.

① 머무름부피(retention volume)
② 안전부피(safe sample volume)
③ 파과부피(breakthrough volume)
④ 탈착부피(desorption volume)

75 굴뚝 배출가스 중의 일산화탄소를 분석하는 방법에 해당하지 않는 것은?

① 정전위전해법
② 자외선가시선분광법
③ 비분산형적외선분석법
④ 기체크로마토그래피법

76 굴뚝 배출가스 중의 무기 불소화합물을 자외선/가시선분광법에 따라 분석하여 얻은 결과이다. 불소화합물의 농도(ppm)는? (단, 방해이온이 존재할 경우임)

- 검정곡선에서 구한 불소화합물 이온의 질량 : 1mg
- 건조시료가스량 : 20L
- 분취한 액량 : 50mL

① 100
② 155
③ 250
④ 295

77 원자흡수분광법에 따라 분석하여 얻은 측정결과이다. 대기 중의 납 농도(mg/m^3)는?

- 분석용시료용액 : 100mL
- 표준시료 가스량 : 500L
- 시료용액 흡광도에 상당하는 납 농도 : 0.0125mg Pb/mL

① 2.5
② 5.0
③ 7.5
④ 9.5

78 대기 중의 다환방향족 탄화수소(PAH)를 기체크로마토그래피법에 따라 분석하고자 한다. 다음 중 체류시간(retention time)이 가장 긴 것은?

① 플루오렌(fluorene)
② 나프탈렌(naphthalene)
③ 안트라센(anthracene)
④ 벤조(a)피렌(benzo(a)pyrene)

79. 굴뚝 배출가스 중의 일산화탄소를 기체크로마토그래피법에 따라 분석할 때에 관한 설명으로 옳지 않은 것은?

① 부피분율 99.9% 이상의 헬륨을 운반가스로 사용한다.
② 활성알루미나(Al_2O_3 93.1%, SiO_2 0.02%)를 충전제로 사용한다.
③ 메테인화 반응장치가 있는 불꽃이온화 검출기를 사용한다.
④ 내면을 잘 세척한 안지름이 2~4mm, 길이가 0.5~1.5m인 스테인리스강 재질관을 분리관으로 사용한다.

80. 이온크로마토그래피의 설치조건(기준)으로 옳지 않은 것은?

① 대형변압기, 고주파가열 등으로부터 전자유도를 받지 않아야 한다.
② 부식성 가스 및 먼지발생이 적고, 진동이 없으며, 직사광선을 피해야 한다.
③ 실온 10~25℃, 상대습도 30~85% 범위로 급격한 온도 변화가 없어야 한다.
④ 공급전원은 기기의 사양에 지정된 전압 전기용량 및 주파수로 전압변동은 40% 이하이고, 급격한 주파수 변동이 없어야 한다.

5과목 대기환경관계법규

81. 대기환경보전법령상 환경기술인 등의 교육을 받게 하지 아니한 자에 대한 행정처분기준으로 옳은 것은?

① 50만원 이하의 과태료를 부과한다.
② 100만원 이하의 과태료를 부과한다.
③ 100만원 이하의 벌금에 처한다.
④ 200만원 이하의 벌금에 처한다.

82. 대기환경보전법령상 수도권대기환경청장, 국립환경과학원장 또는 한국환경공단이 설치하는 대기오염측정망의 종류가 아닌 것은?

① 도시지역의 휘발성유기화합물 등의 농도를 측정하기 위한 광화학대기오염물질측정망
② 기후·생태계변화 유발물질의 농도를 측정하기 위한 지구대기측정망
③ 대기 중의 중금속 농도를 측정하기 위한 교외대기측정망
④ 대기오염물질의 지역배경농도를 측정하기 위한 교외대기측정망

83. 대기환경보전법령상 개선명령의 이행보고와 관련하여 환경부령으로 정하는 대기오염도검사기관에 해당하지 않는 것은?

① 보건환경연구원 ② 유역환경청
③ 한국환경공단   ④ 환경보전협회

84. 대기환경관계법령상 비산먼지 발생을 억제하기 위한 시설의 설치 및 필요한 조치에 관한 기준 중 시멘트 수송공정에서 적재물은 적재함 상단으로부터 수평으로 몇 cm 이하까지 적재하여야 하는가?

① 5cm 이하   ② 10cm 이하
③ 20cm 이하 ④ 30cm 이하

85. 대기환경보전법령상 분체상 물질을 싣고 내리는 공정의 경우, 비산먼지 발생을 억제하기 위해 작업을 중지해야 하는 평균풍속(m/s)의 기준은?

① 2 이상   ② 5 이상
③ 7 이상   ④ 8 이상

86 대기환경보전법령상 장거리이동대기오염물질대책위원회의 위원에는 대통령령으로 정하는 분야의 학식과 경험이 풍부한 전문가를 위촉할 수 있다. 여기서 나타내는 '대통령령으로 정하는 분야'와 가장 거리가 먼 것은?

① 예방의학 분야
② 유해화학물질 분야
③ 국제협력 분야 및 언론 분야
④ 해양 분야

87 대기환경보전법령상 대기오염경보에 관한 설명으로 틀린 것은?

① 시·도지사는 당해 지역에 대하여 대기오염경보를 발령할 수 있다.
② 지역의 대기오염 발생 특성 등을 고려하여 특별시, 광역시 등의 조례로 경보 단계별 조치사항을 일부 조정할 수 있다.
③ 대기오염경보의 대상 지역, 대상 오염물질, 발령 기준, 경보 단계 및 경보 단계별 조치 등에 필요한 사항은 환경부령으로 정한다.
④ 경보단계 중 경보발령의 경우에는 주민의 실외활동 제한 요청, 자동차 사용의 제한 및 사업장의 연료사용량 감축 권고 등의 조치를 취하여야 한다.

88 대기환경보전법령상 기후·생태계 변화 유발물질 중 "환경부령으로 정하는 것"에 해당하는 것은?

① 염화불화탄소와 수소염화불화탄소
② 염화불화산소와 수소염화불화산소
③ 불화염화수소와 불화염소화수소
④ 불화염화수소와 불화수소화탄소

89 대기환경보전법령상 장거리이동대기오염물질 대책위원회에 관한 사항으로 틀린 것은?

① 위원회는 위원장 1명을 포함한 25명 이내의 위원으로 구성한다.
② 위원회의 위원장은 환경부장관이 되고, 위원은 환경부령으로 정하는 중앙행정기관의 공무원 등으로서 환경부장관이 위촉하거나 임명하는 자로 한다.
③ 위원회와 실무위원회 및 장거리이동대기오염물질 연구단의 구성 및 운영 등에 관하여 필요한 사항은 대통령령으로 정한다.
④ 환경부장관은 장거리이동대기오염물질 피해방지를 위하여 5년마다 관계중앙행정기관의 장과 협의하고 시·도지사의 의견을 들어야 한다.

90 실내공기질 관리법령상 신축 공동주택의 실내공기질 권고기준 중 "에틸벤젠" 기준으로 옳은 것은?

① $210\mu g/m^3$ 이하
② $300\mu g/m^3$ 이하
③ $360\mu g/m^3$ 이하
④ $700\mu g/m^3$ 이하

91 대기환경보전법령상 환경부장관은 오염물질 측정기기의 운영·관리기준을 지키지 않는 사업자에 대해 조치명령을 하는 경우, 부득이한 사유인 경우 신청에 의한 연장기간까지 포함하여 최대 몇 개월의 범위에서 개선기간을 정할 수 있는가?

① 3개월
② 6개월
③ 9개월
④ 12개월

92 대기환경보전법령상 그 배출시설이 발전소의 발전설비로서 국민경제에 현저한 지장을 줄 우려가 있어 조업정지처분을 갈음하여 과징금을 부과할 때, 3종사업장인 경우 조업정지 1일당 과징금 부과금액 기준으로 옳은 것은?

① 900만원
② 600만원
③ 450만원
④ 300만원

93. 대기환경보전법령상 위임업무 보고사항 중 "자동차 연료 및 첨가제의 제조·판매 또는 사용에 대한 규제현황" 업무의 보고횟수기준은?

   ① 연 1회   ② 연 2회
   ③ 연 4회   ④ 수시

94. 대기환경보전법령상 비산먼지 발생사업으로서 "대통령령으로 정하는 사업" 중 환경부령으로 정하는 사업과 가장 거리가 먼 것은?

   ① 비금속물질의 채취업, 제조업 및 가공업
   ② 제1차 금속 제조업
   ③ 운송장비 제조업
   ④ 목재 및 광석의 운송업

95. 환경정책기본법령상 대기 환경기준에 해당되지 않은 항목은?

   ① 탄화수소(HC)   ② 아황산가스(SO_2)
   ③ 일산화탄소(CO)   ④ 이산화질소(NO_2)

96. 실내공기질 관리법령상 "의료기관"의 라돈(Bq/m^3) 항목 실내공기질 권고기준은?

   ① 148 이하   ② 400 이하
   ③ 500 이하   ④ 1,000 이하

97. 대기환경보전법령상 배출시설 설치신고를 하고자 하는 경우 배출시설 설치신고서에 포함되어야 하는 사항과 가장 거리가 먼 것은?

   ① 배출시설 및 방지시설의 설치명세서
   ② 방지시설의 일반도
   ③ 방지시설의 연간 유지관리 계획서
   ④ 유해오염물질 확정 배출농도 내역서

98. 환경정책기본법령상 오존(O_3)의 환경기준 중 8시간 평균치 기준(㉠)과 1시간 평균치 기준(㉡)으로 옳은 것은?

   ① ㉠ 0.06ppm 이하, ㉡ 0.03ppm 이하
   ② ㉠ 0.06ppm 이하, ㉡ 0.1ppm 이하
   ③ ㉠ 0.03ppm 이하, ㉡ 0.03ppm 이하
   ④ ㉠ 0.03ppm 이하, ㉡ 0.1ppm 이하

99. 대기환경보전법령상 운행차배출허용기준을 초과하여 개선명령을 받은 자동차에 대한 운행정지표지의 색상기준으로 옳은 것은?

   ① 바탕색은 노란색, 문자는 검정색
   ② 바탕색은 흰색, 문자는 검정색
   ③ 바탕색은 초록색, 문자는 흰색
   ④ 바탕색은 노란색, 문자는 흰색

100. 실내공기질 관리법령상 이 법의 적용대상이 되는 시설 중 "대통령령이 정하는 규모의 것"에 해당하지 않는 것은?

   ① 여객자동차터미널의 연면적 1천5백제곱미터 이상인 대합실
   ② 공항시설 중 연면적 1천 5백제곱미터 이상인 여객터미널
   ③ 연면적 430제곱미터 이상인 어린이집
   ④ 연면적 2천제곱미터 이상이거나 병상수 100개 이상인 의료기관

UNIT 08 2021년 대기환경기사 2회 필기

1과목 대기오염개론

01 대기 압력이 990mb인 높이에서의 온도가 22℃일 때, 온위(K)는?
① 275.63
② 280.63
③ 286.46
④ 295.86

02 자동차 배출가스 정화장치인 삼원촉매장치에 관한 내용으로 옳지 않은 것은?
① HC는 CO_2와 H_2O로 산화되며, NOx는 N_2로 환원된다.
② 우수한 효율을 얻기 위해서는 엔진에 공급되는 공기연료비가 이론공연비이어야 한다.
③ 두개의 촉매 층이 직렬로 연결되어 CO, HC, NOx를 동시에 처리할 수 있다.
④ 일반적으로 로듐촉매는 CO와 HC를 저감시키는 반응을 촉진시키고 백금촉매는 NOx를 저감시키는 반응을 촉진시킨다.

03 다음 중 오존층 보호와 가장 거리가 먼 것은?
① 헬싱키 의정서
② 런던 회의
③ 비엔나 협약
④ 코펜하겐 회의

04 다음 중 오존파괴지수가 가장 작은 물질은?
① CCl_4
② CF_3Br
③ CF_2BrCl
④ $CHFClCF_3$

05 산성비에 관한 설명으로 가장 거리가 먼 것은?
① 산성비는 대기 중에 배출되는 황산화물과 질소산화물이 황산, 질산 등의 산성물질로 변하여 발생한다.
② 산성비 문제를 해결하기 위하여 질소산화물 배출량 또는 국가 간 이동량을 최저 30% 삭감하는 몬트리올 의정서가 채택되었다.
③ 산성비가 토양에 내리면 토양은 Ca^{2+}, Mg^{2+}, Na^+, K^+ 등의 교환성염기를 방출하고, 그 교환자리에 H^+가 치환된다.
④ 일반적으로 산성비란 pH가 5.6 이하인 강우를 뜻하는데, 이는 자연 상태에 존재하는 CO_2가 빗방울에 흡수되어 평형을 이루었을 때의 pH를 기준으로 한 것이다.

06 1984년 인도 중부지방의 보팔시에서 발생한 대기오염사건의 원인물질은?
① CH_3CNO
② SOx
③ H_2S
④ $COCl_2$

07 리차드슨 수(Ri)에 관한 내용으로 옳지 않은 것은?
① Ri수가 0에 접근하면 분산이 줄어든다.
② Ri수가 0일 때 대기는 중립상태가 되고 기계적 난류가 지배적이다.
③ Ri수가 큰 양의 값을 가지면 대류가 지배적이어서 강한 수직운동이 일어난다.
④ Ri수는 무차원수로 대류 난류를 기계적 난류로 전환시키는 비율을 나타낸 것이다.

08 대기 중의 광화학반응에서 탄화수소와 반응하여 2차오염물질을 형성하는 화학종과 가장 거리가 먼 것은?

① CO
② -OH
③ NO
④ NO_2

09 입자상물질의 농도가 $0.25mg/m^3$이고, 상대습도가 70%일 때, 가시거리(km)는? (단, 상수 A는 1.3)

① 4.3
② 5.2
③ 6.5
④ 7.2

10 대기오염물질은 발생방법에 따라 1차오염물질과 2차오염물질로 구분할 수 있다. 2차오염물질에 해당하는 것은?

① CO
② H_2S
③ NOCl
④ $(CH_3)_2S$

11 탄화수소가 관여하지 않을 경우 NO_2의 광화학반응식이다. ㉠~㉣에 알맞은 것은? (단, O는 산소원자)

[㉠] + hv → [㉡] + O
O + [㉢] → [㉣]
[㉣] + [㉡] → [㉠] + [㉢]

① ㉠ NO, ㉡ NO_2, ㉢ O_3, ㉣ O_2
② ㉠ NO_2, ㉡ NO, ㉢ O_2, ㉣ O_3
③ ㉠ NO, ㉡ NO_2, ㉢ O_2, ㉣ O_3
④ ㉠ NO_2, ㉡ NO, ㉢ O_3, ㉣ O_2

12 표준상태에서 일산화탄소 12ppm은 몇 $\mu g/Sm^3$인가?

① 12,000
② 15,000
③ 20,000
④ 22,400

13 열섬효과에 관한 내용으로 가장 거리가 먼 것은?

① 구름이 많고 바람이 강한 주간에 주로 발생한다.
② 일교차가 심한 봄, 가을이나 추운겨울에 주로 발생한다.
③ 교외지역에 비해 도시지역에 고온의 공기층이 형성된다.
④ 직경이 10km 이상인 도시에서 자주 나타나는 현상이다.

14 질소산화물(NOx)에 관한 내용으로 옳지 않은 것은?

① NO_2는 적갈색의 자극성 기체로 NO보다 독성이 강하다.
② 질소산화물은 fuel NOx와 thermal NOx로 구분될 수 있다.
③ NO는 혈액 중 헤모글로빈과의 결합력이 CO보다 강하다.
④ N_2O는 무색, 무취의 기체로 대기 중에서 반응성이 매우 크다.

15 납이 인체에 미치는 영향에 관한 일반적인 내용으로 가장 거리가 먼 것은?

① 신경, 근육장애가 발생하며 경련이 나타난다.
② 헤모글로빈의 기본요소인 포르피린 고리의 형성을 방해한다.
③ 인체 내 노출된 납의 99% 이상은 뇌에 축적된다.
④ 세포 내의 SH기와 결합하여 헴(Heme)합성에 관여하는 효소를 포함한 여러 세포의 효소작용을 방해한다.

16 고도가 높아짐에 따라 기온이 급격히 떨어져 대기가 불안정하고 난류가 심할 때, 연기의 확산 형태는?

① 상승형(lofting)
② 환상형(looping)
③ 부채형(fanning)
④ 훈증형(fumigation)

17 가우시안모델을 전개하기 위한 기본적인 가정으로 가장 거리가 먼 것은?

① 연기의 확산은 정상상태이다.
② 풍하방향으로의 확산은 무시한다.
③ 고도가 높아짐에 따라 풍속이 증가한다.
④ 오염분포의 표준편차는 약 10분간의 대표치이다.

18 물질의 특성에 관한 설명으로 옳은 것은?

① 디젤차량에서는 탄화수소, 일산화탄소, 납이 주로 배출된다.
② 염화수소는 플라스틱공업, 소다공업 등에서 주로 배출된다.
③ 탄소의 순환에서 가장 큰 저장고 역할을 하는 부분은 대기이다.
④ 불소는 자연상태에서 단분자로 존재하며 활성탄 제조 공정, 연소공정 등에서 주로 배출된다.

19 바람에 관한 내용으로 옳지 않은 것은?

① 경도풍은 기압경도력, 전향력, 원심력이 평형을 이루어 부는 바람이다.
② 해륙풍 중 해풍은 낮 동안 햇빛에 더워지기 쉬운 육지 쪽 지표상에 상승기류가 형성되어 바다에서 육지로 부는 바람이다.
③ 지균풍은 마찰력이 무시될 수 있는 고공에서 기압경도력과 전향력이 평형을 이루어 등압선에 평행하게 직선운동을 하는 바람이다.
④ 산풍은 경사면 → 계곡 → 주계곡으로 수렴하면서 풍속이 감속되기 때문에 낮에 산 위쪽으로 부는 곡풍보다 세기가 약하다.

20 대기 중의 오존층 파괴에 관한 설명으로 옳지 않은 것은?

① 오존층의 두께는 적도지방이 극지방보다 얇다.
② 오존층 파괴물질이 오존층을 파괴하는 자유라디칼을 생성시킨다.
③ 성층권의 오존층 농도가 감소하면 지표면에 보다 많은 양의 자외선이 도달한다.
④ 프레온가스의 대체물질인 HCFCs(hydrochlorofluorocarbons)은 오존층 파괴능력이 없다.

2과목 연소공학

21 석탄의 탄화도가 증가할수록 나타나는 성질로 옳지 않은 것은?

① 휘발분이 감소한다.
② 발열량이 증가한다.
③ 착화온도가 낮아진다.
④ 고정탄소의 양이 증가한다.

22 착화온도에 관한 설명으로 옳지 않은 것은?

① 발열량이 낮을수록 높아진다.
② 산소농도가 높을수록 낮아진다.
③ 반응활성도가 클수록 높아진다.
④ 분자구조가 간단할수록 높아진다.

23 확산형 가스버너 중 포트형에 관한 설명으로 가장 거리가 먼 것은?

① 가스와 공기를 함께 가열할 수 있다.
② 포트의 입구가 작으면 슬래그가 부착되어 막힐 우려가 있다.
③ 역화의 위험이 있기 때문에 반드시 역화 방지기를 부착해야 한다.
④ 밀도가 큰 가스 출구는 상부에, 밀도가 작은 가스 출구는 하부에 배치되도록 설계한다.

24 공기 중의 산소 공급 없이 연료 자체가 함유하고 있는 산소를 이용하여 연소하는 연소형태는?
① 자기연소 ② 확산연소
③ 표면연소 ④ 분해연소

25 석탄·석유 혼합연료(COM)에 관한 설명으로 가장 적합한 것은?
① 별도의 탈황, 탈질 설비가 필요 없다.
② 별도의 개조 없이 중유 전용 연소시설에 사용될 수 있다.
③ 미분쇄한 석탄에 물과 첨가제를 섞어서 액체화시킨 연료이다.
④ 연소가스의 연소실 내 체류시간 부족, 분사변의 폐쇄와 마모 등의 문제점을 갖는다.

26 저발열량이 6,000kcal/Sm³, 평균정압비열이 0.38kcal/Sm³·℃인 가스연료의 이론연소온도(℃)는? (단, 이론연소가스량은 10Sm³/Sm³, 연료와 공기의 온도는 15℃, 공기는 예열되지 않으며 연소가스는 해리되지 않음)
① 1,385 ② 1,412
③ 1,496 ④ 1,594

27 기체연료의 일반적인 특징으로 가장 거리가 먼 것은?
① 적은 과잉공기로 완전연소가 가능하다.
② 연소 조절, 점화 및 소화가 용이한 편이다.
③ 연료의 예열이 쉽고, 저질연료로 고온을 얻을 수 있다.
④ 누설에 의한 역화·폭발 등의 위험이 작고, 설비비가 많이 들지 않는다.

28 중유를 A, B, C중유로 구분할 때, 구분기준은?
① 점도 ② 비중
③ 착화온도 ④ 유황함량

29 중유를 사용하는 가열로의 배출가스를 분석한 결과 N_2 : 80%, CO : 12%, O_2 : 8%의 부피비를 얻었다. 공기비는?
① 1.1 ② 1.4
③ 1.6 ④ 2.0

30 메탄 1mol이 완전연소할 때, AFR은? (단, 부피 기준)
① 6.5 ② 7.5
③ 8.5 ④ 9.5

31 프로판과 부탄을 1:1의 부피비로 혼합한 연료를 연소했을 때, 건조 배출가스 중의 CO_2농도가 10%이다. 이 연료 4m³를 연소했을 때 생성되는 건조 배출가스의 양(Sm³)은? (단, 연료 중의 C성분은 전량 CO_2로 전환)
① 105 ② 140
③ 175 ④ 210

32 C:85%, H:10%, S:5%의 중량비를 갖는 중유 1kg을 1.3의 공기비로 완전연소시킬 때, 건조 배출가스 중의 이산화황 부피분율(%)은? (단, 황 성분은 전량 이산화황으로 전환)
① 0.18 ② 0.27
③ 0.34 ④ 0.45

33 액화석유가스(LPG)에 관한 설명으로 가장 거리가 먼 것은?
① 발열량이 높고, 유황분이 적은 편이다.
② 증발열이 5~10kcal/kg로 작아 취급이 용이하다.
③ 비중이 공기보다 커서 누출 시 인화·폭발의 위험성이 높은 편이다.
④ 천연가스에서 회수되거나 나프타의 열분해에 의해 얻어지기도 하지만 대부분 석유정제시 부산물로 얻어진다.

34 수소 13%, 수분 0.7%이 포함된 중유의 고발열량이 5,000kcal/kg일 때, 이 중유의 저발열량(kcal/kg)은?

① 4,126
② 4,294
③ 4,365
④ 4,926

35 매연 발생에 관한 설명으로 옳지 않은 것은?

① 연료의 C/H 비가 클수록 매연이 발생하기 쉽다.
② 분해되기 쉽거나 산화되기 쉬운 탄화수소는 매연 발생이 적다.
③ 탄소결합을 절단하기보다 탈수소가 쉬운 쪽이 매연이 발생하기 쉽다.
④ 중합 및 고리화합물 등과 같이 반응이 일어나기 쉬운 탄화수소일수록 매연 발생이 적다.

36 불꽃점화기관에서 연소과정 중 발생하는 노킹현상을 방지하기 위한 기관의 구조에 관한 설명으로 가장 거리가 먼 것은?

① 연소실을 구형(circular type)으로 한다.
② 점화플러그를 연소실 중심에 설치한다.
③ 난류를 증가시키기 위해 난류생성 pot을 부착시킨다.
④ 말단가스를 고온으로 하기위해 삼원촉매시스템을 사용한다.

37 연소 배출가스의 성분 분석결과 CO_2가 30%, O_2가 7%일 때, $(CO_2)max(\%)$는?

① 35
② 40
③ 45
④ 50

38 가연성 가스의 폭발범위와 그 위험도에 관한 설명으로 옳지 않은 것은?

① 폭발하한값이 높을수록 위험도가 증가한다.
② 일반적으로 가스의 온도가 높아지면 폭발범위가 넓어진다.
③ 폭발한계농도 이하에서는 폭발성 혼합가스를 생성하기 어렵다.
④ 가스 압력이 높아졌을 때 폭발하한값은 크게 변하지 않으나 폭발상한값은 높아진다.

39 액체연료의 연소버너에 관한 설명으로 가장 거리가 먼 것은?

① 유압분무식 버너는 유량조절 범위가 좁은 편이다.
② 회전식 버너는 유압식 버너에 비해 연료유의 분무화 입경이 크다.
③ 고압공기식 버너의 분무각도는 40~90° 정도로 저압공기식 버너에 비해 넓은 편이다.
④ 저압공기식 버너는 주로 소형 가열로에 이용되고, 분무에 필요한 공기량은 이론 연소 공기량의 30~50% 정도이다.

40 등가비(Φ, equivalent ratio)에 관한 내용으로 옳지 않은 것은?

① 등가비(Φ)는 (실제의 연료량/산화제)÷(완전연소를 위한 이상적 연료량/산화제)로 정의된다.
② $\Phi<1$일 때, 공기 과잉이며 일산화탄소(CO) 발생량이 적다.
③ $\Phi>1$일 때, 연료 과잉이며 질소산화물(NOx) 발생량이 많다.
④ $\Phi=1$일 때, 연료와 산화제의 혼합이 이상적이며 연료가 완전연소된다.

3과목 대기오염방지기술

41 집진율이 85%인 싸이클론과 집진율이 96%인 전기집진장치를 직렬로 연결하여 입자를 제거할 경우, 총 집진효율(%)은?

① 90.4
② 94.4
③ 96.4
④ 99.4

42 다음에서 설명하는 후드 형식으로 가장 적합한 것은?

> 작업을 위한 하나의 개구면을 제외하고 발생원 주위를 전부 에워싼 것으로 그 안에서 오염물질이 발산된다. 오염물질의 송풍시 낭비되는 부분이 적은데 이는 개구면 주변의 벽이 라운지 역할을 하고, 측벽은 외부로부터의 분기류에 의한 방해에 대한 방해판 역할을 하기 때문이다.

① slot형 후드
② booth형 후드
③ canopy형 후드
④ exterior형 후드

43 다음에서 설명하는 송풍기 유형은?

> 후향 날개형을 정밀하게 변형시킨 것으로 원심력 송풍기 중 효율이 가장 좋아 대형 냉난방 공기조화장치, 산업용 공기청정장치 등에 주로 사용되며, 에너지 절감효과가 뛰어나다.

① 프로펠러형(propeller)
② 비행기 날개형(airfoil blade)
③ 방사 날개형(radial blade)
④ 전향 날개형(forward curved)

44 전기집진기의 음극(−)코로나 방전에 관한 내용으로 옳은 것은?

① 주로 공기정화용으로 사용된다.
② 양극(+)코로나 방전에 비해 전계강도가 약하다.
③ 양극(+)코로나 방전에 비해 불꽃 개시 전압이 낮다.
④ 양극(+)코로나 방전에 비해 코로나 개시 전압이 낮다.

45 층류의 흐름인 공기 중을 입경이 2.2μm, 밀도가 2,400g/L인 구형입자가 자유낙하하고 있다. 구형입자의 종말속도(m/s)는? (단, 20℃에서 공기의 밀도는 1.29g/L, 공기의 점도는 1.81×10^{-4} poise)

① 3.5×10^{-6}
② 3.5×10^{-5}
③ 3.5×10^{-4}
④ 3.5×10^{-3}

46 유해가스 흡수장치 중 충전탑(Packed tower)에 관한 설명으로 옳지 않은 것은?

① 온도의 변화가 큰 곳에는 적응성이 낮고, 희석열이 심한 곳에는 부적합하다.
② 충전제에 흡수액을 미리 분사시켜 엷은층을 형성시킨 후 가스를 유입시켜 기·액 접촉을 극대화한다.
③ 액분산형 가스흡수장치에 속하며, 효율을 높이기 위해서는 가스의 용해도를 증가시켜야 한다.
④ 흡수액을 통과시키면서 가스유속을 증가시킬 때, 충전층 내의 액보유량이 증가하는 것을 flooding이라 한다.

47 미세입자가 운동하는 경우에 작용하는 마찰저항력(drag force)에 관한 내용으로 가장 거리가 먼 것은?

① 마찰저항력은 항력계수가 커질수록 증가한다.
② 마찰저항력은 입자가 투영면적이 커질수록 증가한다.
③ 마찰저항력은 레이놀즈수가 커질수록 증가한다.
④ 마찰저항력은 상대속도의 제곱에 비례하여 증가한다.

48 유해가스 처리에 사용되는 흡수액의 조건으로 옳은 것은?

① 점성이 커야 한다.
② 끓는점이 높아야 한다.
③ 용해도가 낮아야 한다.
④ 어는점이 높아야 한다.

49 다이옥신의 처리방법에 관한 내용으로 옳지 않은 것은?

① 촉매분해법: 금속산화물(V_2O_5, TiO_2), 귀금속(Pt, Pd)이 촉매로 사용된다.
② 오존분해법: 산성 조건일수록 분해속도가 빨라지는 것으로 알려져 있다.
③ 광분해법: 자외선파장(250~340nm)이 가장 효과적인 것으로 알려져 있다.
④ 열분해방법: 산소가 아주 적은 환원성 분위기에서 탈염소화, 수소첨가반응 등에 의해 분해시킨다.

50 원형 덕트(duct)의 기류에 의한 압력손실에 관한 내용으로 옳지 않은 것은?

① 곡관이 많을수록 압력손실이 작아진다.
② 관의 길이가 길수록 압력손실은 커진다.
③ 유체의 유속이 클수록 압력손실은 커진다.
④ 관의 직경이 클수록 압력손실은 작아진다.

51 배출가스 중의 일산화탄소를 제거하는 방법 중 가장 실질적이고, 확실한 것은?

① 활성탄 등의 흡착제를 사용하여 흡착 제거
② 벤츄리스크러버나 충전탑 등으로 세정하여 제거
③ 탄산나트륨을 사용하는 시보드법을 적용하여 제거
④ 백금계 촉매를 사용하여 무해한 이산화탄소로 산화시켜 제거

52 NO 농도가 250ppm인 배기가스 2,000Sm³/min을 CO를 이용한 선택적 접촉환원법으로 처리하고자 한다. 배기가스 중의 NO를 완전히 처리하기 위해 필요한 CO의 양(Sm^3/h)은?

① 30   ② 35
③ 40   ④ 45

53 유해가스 처리에 사용되는 흡착제에 관한 일반적인 설명으로 가장 거리가 먼 것은?

① 실리카겔은 250℃ 이하에서 물과 유기물을 잘 흡착한다.
② 활성탄은 극성물질 제거에는 효과적이지만, 유기용매 회수에는 효과적이지 않다.
③ 활성알루미나는 기체 건조에 주로 사용되며 가열로 재생시킬 수 있다.
④ 합성제올라이트는 극성이 다른 물질이나 포화정도가 다른 탄화수소의 분리에 효과적이다.

54 집진장치의 압력손실이 300mmH₂O, 처리가스량이 500m³/min, 송풍기 효율이 70%, 여유율이 1.0이다. 송풍기를 하루에 10시간씩 30일을 가동할 때, 전력요금(원)은? (단, 전력요금은 1kWh 당 50원)

① 525,210
② 1,050,420
③ 31,512,605
④ 22,058,823

55 여과집진장치의 탈진방식에 관한 설명으로 옳지 않은 것은?

① 간헐식은 먼지의 재비산이 적고 높은 집진율을 얻을 수 있다.
② 연속식은 탈진시 먼지의 재비산이 일어나 간헐식에 비해 집진율이 낮고 여포의 수명이 짧은 편이다.
③ 연속식은 포집과 탈진이 동시에 이루어져 압력손실의 변동이 크므로 고농도, 저용량의 가스처리에 효율적이다.
④ 간헐식의 여포 수명은 연속식에 비해서는 긴 편이고, 점성이 있는 조대먼지를 탈진할 경우 여포 손상의 가능성이 있다.

56 전기집진장치에서 먼지의 전기비저항이 높은 경우 전기비저항을 낮추기 위해 일반적으로 주입하는 물질과 가장 거리가 먼 것은?

① NH_3
② $NaCl$
③ H_2SO_4
④ 수증기

57 다음 그림과 같은 배기시설에서 관 DE를 지나는 유체의 속도는 관 BC를 지나는 유체 속도의 몇 배인가? (단, Φ는 관의 직경, Q는 유량, 마찰 손실과 밀도 변화는 무시)

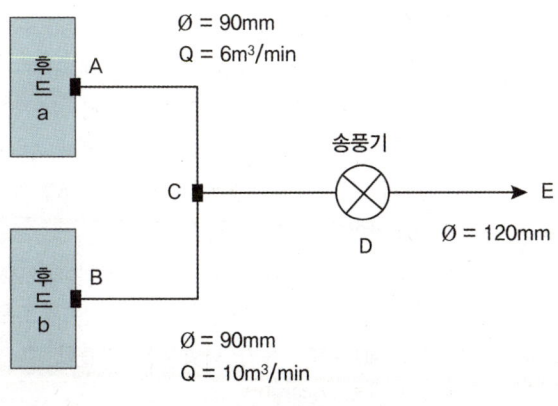

① 0.8
② 0.9
③ 1.2
④ 1.5

58 싸이클론(cyclone)에서 50%의 집진효율로 제거되는 입자의 최소입경을 나타내는 용어는?

① critical diameter
② average diameter
③ cut size diameter
④ analytical diameter

59 환기시설의 설계에 사용하는 보충용 공기에 관한 설명으로 가장 거리가 먼 것은?

① 환기시설에 의해 작업자에서 배기된 만큼의 공기를 작업장 내로 재공급하여야 하는데 이를 보충용 공기라 한다.
② 보충용 공기는 일반 배기가스용 공기보다 많도록 조절하여 실내를 약간 양(+)압으로 하는 것이 좋다.
③ 보충용 공기의 유입구는 작업장이나 다른 건물의 배기구에서 나온 유해물질의 유입을 유도하기 위해서 최대한 바닥에 가깝도록 한다.
④ 여름에는 보통 외부공기를 그대로 공급하지만, 공정 내의 열부하가 커서 제어해야 하는 경우에는 보충용 공기를 냉각하여 공급한다.

60 배출가스 내의 NO_x 제거방법 중 건식법에 관한 설명으로 옳지 않은 것은?

① 현재 상용화된 대부분의 선택적 촉매 환원법(SCR)은 환원제로 NH_3가스를 사용한다.
② 흡착법은 흡착제로 활성탄, 실리카겔 등을 사용하며, 특히 NO를 제거하는데 효과적이다.
③ 선택적 촉매 환원법(SCR)은 촉매층에 배기 가스와 환원제를 통과시켜 NO_x를 N_2로 환원시키는 방법이다.
④ 선택적 비촉매 환원법(SNCR)의 단점은 배출가스가 고온이어야 하고, 온도가 낮을 경우 미반응된 NH_3가 배출될 수 있다는 것이다.

4과목 대기오염공정시험기준(방법)

61 굴뚝 배출가스 중의 브롬화합물 분석에 사용되는 흡수액은?

① 붕산용액
② 수산화소듐용액
③ 다이에틸아민동용액
④ 황산+과산화수소+증류수

62 불꽃이온화검출기법에 따라 분석하여 얻은 대기 시료에 대한 측정결과이다. 대기 중의 일산화탄소 농도(ppm)는?

- 교정용 가스중의 일산화탄소 농도 : 30ppm
- 시료 공기중의 일산화탄소 피크 높이 : 10mm
- 교정용 가스중의 일산화탄소 피크 높이 : 20mm

① 15
② 35
③ 40
④ 60

63 굴뚝 배출가스 중의 산소를 오르자트분석법에 따라 분석할 때에 관한 설명으로 옳지 않은 것은?

① 탄산가스 흡수액으로 수산화포타슘 용액을 사용한다.
② 산소 흡수액을 만들 때는 되도록 공기와의 접촉을 피한다.
③ 각각의 흡수액을 사용하여 탄산가스, 산소순으로 흡수한다.
④ 산소 흡수액은 물에 수산화소듐을 녹인 용액과 물에 피로카롤을 녹인 용액을 혼합한 용액으로 한다.

64 염산(1+4) 용액을 조제하는 방법은?

① 염산 1용량에 물 2용량을 혼합한다.
② 염산 1용량에 물 3용량을 혼합한다.
③ 염산 1용량에 물 4용량을 혼합한다.
④ 염산 1용량에 물 5용량을 혼합한다.

65 굴뚝 배출가스 중의 폼알데하이드를 크로모트로핀산 자외선/가시선분광법에 따라 분석할 때, 흡수 발색액 제조에 필요한 시약은?

① H_2SO_4
② $NaOH$
③ NH_4OH
④ CH_3COOH

66 흡광차분광법에 따라 분석하는 대기오염물질과 그 물질에 대한 간섭성분의 연결이 옳은 것은?

① 오존(O_3)-벤젠(C_6H_6)의 영향
② 아황산가스(SO_2)-오존(O_3)의 영향
③ 일산화탄소(CO)-수분(H_2O)의 영향
④ 질소산화물(NOx)-톨루엔($C_6H_5CH_3$)의 영향

67 기체크로마토그래피의 장치 구성에 관한 설명으로 옳지 않은 것은?

① 분리관오븐의 온도조절 정밀도는 전원 전압 변동 10%에 대하여 온도변화가 ±0.5℃ 범위 이내(오븐의 온도가 150℃ 부근일 때)이어야 한다.
② 방사성 동위원소를 사용하는 검출기를 수용하는 검출기 오븐의 경우 온도조절 기구와 별도로 독립 작용할 수 있는 과열방지기구를 설치하여야 한다.
③ 보유시간을 측정할 때는 10회 측정하여 그 평균치를 구하며 일반적으로 5~30분 정도에서 측정하는 봉우리의 보유시간은 반복시험할 때 ±5% 오차범위 이내이어야 한다.
④ 불꽃이온화 검출기는 대부분의 화합물에 대하여 열전도도 검출기보다 약 1,000배 높은 감도를 나타내고 대부분의 유기 화합물을 검출할 수 있기 때문에 흔히 사용된다.

68. 휘발성유기화학물질(VOCs)의 누출확인방법에 관한 설명으로 옳지 않은 것은?
① 교정가스는 기기 표시치를 교정하는데 사용되는 불활성 기체이다.
② 누출농도는 VOCs가 누출되는 누출원 표면에서의 VOCs 농도로서 대조화합물을 기초로 한 기기의 측정값이다.
③ 응답시간은 VOCs가 시료채취장치로 들어가 농도변화를 일으키기 시작하여 기기계기판의 최종값이 90%를 나타내는데 걸리는 시간이다.
④ 검출불가능 누출농도는 누출원에서 VOCs가 대기 중으로 누출되지 않는다고 판단되는 농도로서 국지적 VOCs 배경농도의 최고값이다.

69. 원자흡수광도법에 따라 원자흡광분석을 수행할 때, 빛이 스펙트럼의 불꽃 중에서 생성되는 목적원소의 원자증기 이외의 물질에 의하여 흡수되는 경우에 일어나는 간섭은?
① 물리적 간섭
② 화학적 간섭
③ 이온학적 간섭
④ 분광학적 간섭

70. 굴뚝 배출가스 중의 오염물질과 연속자동 측정방법의 연결이 옳지 않은 것은?
① 염화수소 – 이온전극법
② 불화수소 – 자외선흡수법
③ 아황산가스 – 불꽃광도법
④ 질소산화물 – 적외선흡수법

71. 굴뚝 배출가스 중의 암모니아를 중화적정법에 따라 분석할 때에 관한 설명으로 옳은 것은?
① 다른 염기성가스나 산성가스의 영향을 받지 않는다.
② 분석용 시료용액을 황산으로 적정하여 암모니아를 정량한다.
③ 시료채취량이 40L일 때 암모니아의 농도가 1~5ppm인 것의 분석에 적합하다.
④ 페놀프탈레인용액과 메틸레드용액을 1:2의 부피비로 섞은 용액을 지시약으로 사용한다.

72. 환경대기 중의 벤조(a)피렌 농도를 측정하기 위한 주 시험방법으로 가장 적합한 것은?
① 이온크로마토그래피법
② 가스크로마토그래피법
③ 흡광차분광법
④ 용매포집법

73. 굴뚝 배출가스 중의 일산화탄소 분석방법에 해당하지 않는 것은?
① 이온크로마토그래피법
② 기체크로마토그래피법
③ 비분산형적외선분석법
④ 정전위전해법

74. 굴뚝 A의 배출가스에 대한 측정결과이다. 피토우관으로 측정한 배출가스의 유속(m/s)은?

- 배출가스 온도 : 150℃
- 비중이 0.85인 톨루엔을 사용했을 때의 경사마노미터 동압 : 7.0mm 톨루엔주
- 피토우관 계수 : 0.8584
- 배출가스의 밀도 : 1.3kg/Sm³

① 8.3
② 9.4
③ 10.1
④ 11.8

75 굴뚝 배출가스 중의 황산화물을 아르세나조Ⅲ법에 따라 분석할 때에 관한 설명으로 옳지 않은 것은?

① 아세트로산바륨용액으로 적정한다.
② 과산화수소수를 흡수액으로 사용한다.
③ 아르세나조Ⅲ을 지시약으로 사용한다.
④ 이 시험법은 오르토톨리딘법이라고도 불린다.

76 배출가스 중의 금속원소를 원자흡수분광광도법에 따라 분석할 때, 금속원소와 측정파장의 연결이 옳은 것은?

① Pb - 357.9nm
② Cu - 228.8nm
③ Ni - 217.0nm
④ Zn - 213.8nm

77 분석대상가스와 채취관 및 도관 재질의 연결이 옳지 않은 것은?

① 일산화탄소 - 석영
② 이황화탄소 - 보통강철
③ 암모니아 - 스테인레스강
④ 질소산화물 - 스테인레스강

78 대기오염공정시험기준 총칙에 관한 내용으로 옳지 않은 것은?

① 정확히 단다 - 분석용 저울로 0.1mg까지 측정
② 용액의 액성 표시 - 유리전극법에 의한 pH미터로 측정
③ 액체성분의 양을 정확히 취한다 - 피펫, 삼각플라스크를 사용해 조작
④ 여과용 기구 및 기기를 기재하지 아니하고 여과한다 - KS M 7602 거름종이 5종 또는 이와 동등한 여과지를 사용해 여과

79 원자흡수분광광도법에 사용되는 불꽃을 만들기 위한 가연성가스와 조연성가스의 조합 중, 불꽃 온도가 높아서 불꽃 중에서 해리하기 어려운 내화성산화물을 만들기 쉬운 원소의 분석에 가장 적합한 것은?

① 수소(H_2) - 산소(O_2)
② 프로판(C_3H_8) - 공기(air)
③ 아세틸렌(C_2H_2) - 공기(air)
④ 아세틸렌(C_2H_2) - 아산화질소(N_2O)

80 배출가스 중의 먼지를 원통여지 포집기로 포집하여 얻은 측정결과이다. 표준상태에서의 먼지농도(mg/m^3)는?

- 대기압 : 765mmHg
- 가스미터의 가스게이지압 : 4mmHg
- 15℃에서의 포화수증기압 : 12.67mmHg
- 가스미터의 흡인가스온도 : 15℃
- 먼지포집 전의 원통여지무게 : 6.2721g
- 먼지포집 후의 원통여지무게 : 6.2963g
- 습식가스미터에서 읽은 흡인가스량 : 50L

① 386
② 436
③ 513
④ 558

5과목 대기환경관계법규

81 환경정책기본법령상 시·도로부터 해당 지역의 환경적 특수성을 고려하여 필요하다고 인정되어 보다 확대·강화된 별도의 환경기준을 설정 또는 변경한 경우, 누구에게 보고하여야 하는가?

① 국무총리
② 환경부장관
③ 보건복지부장관
④ 국토교통부장관

82. 대기환경보전법령상 한국환경공단이 환경부 장관에게 보고하여야 하는 위탁업무 보고사항 중 "결함확인검사 결과"의 보고기일 기준은?

① 매 반기 종료 후 15일 이내
② 매 분기 종료 후 15일 이내
③ 다음 해 1월 15일까지
④ 위반사항 적발 시

83. 대기환경보전법령상 배출시설의 변경신고를 하여야 하는 경우에 해당하지 않는 것은?

① 배출시설 또는 방지시설을 임대하는 경우
② 사업장의 명칭이나 대표자를 변경하는 경우
③ 종전의 연료보다 황함유량이 낮은 연료로 변경하는 경우
④ 배출시설에서 허가받은 오염물질 외의 새로운 대기오염물질이 배출되는 경우

84. 환경정책기본법령상 "일정한 지역에서 환경오염 또는 환경훼손에 대하여 환경이 스스로 수용, 정화 및 복원하여 환경의 질을 유지할 수 있는 한계"를 의미하는 것은?

① 환경기준
② 환경한계
③ 환경용량
④ 환경표준

85. 대기환경보전법령상의 자동차 연료·첨가제 또는 촉매제 검사기관의 지정기준 중 자동차 연료 검사기관의 기술능력 및 검사장비기준에 관한 내용으로 옳지 않은 것은?

① 검사원은 2명 이상이어야 하며, 그 중 한 명은 해당 검사 업무에 10년 이상 종사한 경험이 있는 사람이어야 한다.
② 휘발유·경유·바이오디젤(BD100) 검사장비로 1ppm 이하 분석이 가능한 황함량분석기 1식을 갖추어야 한다.
③ 검사원은 자동차, 화공, 안전관리(가스), 환경 분야의 기사 자격 이상을 취득한 사람이어야 한다.
④ 휘발유·경유·바이오디젤 검사기관과 LPG·CNG·바이오가스 검사기관의 기술능력 기준은 같으며, 두 검사 업무를 함께 하려는 경우에는 기술능력을 중복하여 갖추지 아니할 수 있다.

86. 환경정책기본법령상 일산화탄소의 대기환경 기준은? (단, 8시간 평균치 기준)

① 5ppm 이하
② 9ppm 이하
③ 25ppm 이하
④ 35ppm 이하

87. 대기환경보전법령상 배출허용기준 초과와 관련하여 개선명령을 받은 경우로서 개선하여야 할 사항이 배출시설 또는 방지시설인 경우 사업자가 시·도지사에게 제출하여야 하는 개선계획서에 포함 또는 첨부되어야 하는 사항에 해당하지 않는 것은?

① 배출시설 또는 방지시설의 개선명세서 및 설계도
② 대기오염물질의 처리방식 및 처리효율
③ 운영기기 진단계획
④ 공사기간 및 공사비

88. 대기환경보전법령상 비산먼지 발생사업에 해당하지 않는 것은?

① 화학제품제조업 중 석유정제업
② 제1차 금속제조업 중 금속주조업
③ 비료 및 사료 제품의 제조업 중 배합사료제조업
④ 비금속물질의 채취·제조·가공업 중 일반도자기 제조업

89 대기환경보전법령상 일일유량은 측정유량과 일일조업시간의 곱으로 환산한다. 이 때, 일일조업시간의 표시기준은?

① 배출량을 측정하기 전 최근 조업한 1일 동안의 배출시설 조업시간 평균치를 시간으로 표시한다.
② 배출량을 측정하기 전 최근 조업한 7일 동안의 배출시설 조업시간 평균치를 시간으로 표시한다.
③ 배출량을 측정하기 전 최근 조업한 30일 동안의 배출시설 조업시간 평균치를 시간으로 표시한다.
④ 배출량을 측정하기 전 최근 조업한 전체 기간의 배출시설 조업시간 평균치를 시간으로 표시한다.

90 대기환경보전법령상 환경기술인의 임명기준에 관한 내용이다. ( )안에 알맞은 말은? (단, 1급은 기사, 2급은 산업기사와 동일)

> 환경기술인을 바꾸어 임명하는 경우에는 그 사유가 발생한 날부터 (Ⓐ) 이내에 임명하여야 한다. 다만, 환경기사 1급 또는 2급 이상의 자격이 있는 자를 임명하여야 하는 사업장으로서 (Ⓐ) 이내에 채용할 수 없는 부득이한 사정이 있는 경우에는 (Ⓑ)의 범위에서 규정에 적합한 환경기술인을 임명할 수 있다.

① Ⓐ 5일, Ⓑ 30일   ② Ⓐ 5일, Ⓑ 60일
③ Ⓐ 10일, Ⓑ 30일 ④ Ⓐ 10일, Ⓑ 60일

91 대기환경보전법령상 특정대기유해물질에 해당하지 않는 것은?

① 염소 및 염화수소   ② 아크릴로니트릴
③ 황화수소   ④ 이황화메틸

92 대기환경보전법령상 수도권대기환경청장, 국립환경과학원장 또는 한국환경공단이 설치하는 대기오염측정망에 해당하지 않는 것은?

① 대기오염물질의 지역배경농도를 측정하기 위한 교외대기측정망
② 도시지역의 대기오염물질 농도를 측정하기 위한 도시대기측정망
③ 산성 대기오염물질의 건성 및 습성침착량을 측정하기 위한 산성강하물측정망
④ 도시지역의 휘발성유기화합물 등의 농도를 측정하기 위한 광화학대기오염물질측정망

93 대기환경보전법령상 배출부과금을 부과할 때 고려하여야 하는 사항에 해당하지 않는 것은? (단, 그 밖에 대기환경의 오염 또는 개선과 관련되는 사항으로서 환경부령으로 정하는 사항은 제외)

① 사업장 운영현황
② 배출허용기준 초과여부
③ 대기오염물질의 배출기간
④ 배출되는 대기오염물질의 종류

94 악취방지법령상 지정악취물질과 배출허용기준의 연결이 옳지 않은 것은?

항목	구분	배출허용기준(ppm)	
		공업지역	기타지역
㉠	암모니아	2 이하	1 이하
㉡	메틸메르캅탄	0.008 이하	0.005 이하
㉢	황화수소	0.06 이하	0.02 이하
㉣	트라이메틸아민	0.02 이하	0.005 이하

① ㉠   ② ㉡
③ ㉢   ④ ㉣

95 대기환경보전법령상 환경부장관이 사업장에서 배출되는 대기오염물질을 총량으로 규제하고자 할 때 고시하여야 하는 사항에 해당하지 않는 것은?

① 총량규제구역
② 측정망 설치계획
③ 총량규제 대기오염물질
④ 대기오염물질의 저감계획

96 대기환경보전법령상 환경부장관이 배출시설의 설치를 제한할 수 있는 경우에 관한 사항이다. ( )안에 알맞은 말은?

> 배출시설 설치 지점으로부터 반경 1킬로미터 안의 상주인구가 (㉠)명 이상인 지역으로서 특정대기유해물질 중 한 가지 종류의 물질을 연간 (㉡) 이상 배출하는 시설을 설치하는 경우

① ㉠ 1만, ㉡ 1톤
② ㉠ 1만, ㉡ 10톤
③ ㉠ 2만, ㉡ 1톤
④ ㉠ 2만, ㉡ 10톤

97 실내공기질 관리법령상 "실내주차장"에서 미세먼지(PM-10)의 실내공기질 유지기준은?

① $200\mu g/m^3$ 이하
② $150\mu g/m^3$ 이하
③ $100\mu g/m^3$ 이하
④ $25\mu g/m^3$ 이하

98 대기환경보전법령상 대기오염경보 발령 시 포함되어야 할 사항에 해당하지 않는 것은? (단, 기타사항은 제외)

① 대기오염경보단계
② 대기오염경보의 대상지역
③ 대기오염경보의 경보대상기간
④ 대기오염경보단계별 조치사항

99 대기환경보전법령상 4종 사업장의 분류기준에 해당하는 것은?

① 대기오염물질발생량의 합계가 연간 80톤 이상 100톤 미만
② 대기오염물질발생량의 합계가 연간 20톤 이상 80톤 미만
③ 대기오염물질발생량의 합계가 연간 10톤 이상 20톤 미만
④ 대기오염물질발생량의 합계가 연간 2톤 이상 10톤 미만

100. 실내공기질 관리법령상 노인요양시설의 실내공기질 유지기준이 되는 오염물질 항목에 해당하지 않는 것은?

① 미세먼지(PM-10)
② 폼알데하이드
③ 아산화질소
④ 총부유세균

UNIT 09 2022년 대기환경기사 1회 필기

1과목 대기오염개론

01 지구온난화가 환경에 미치는 영향에 관한 설명으로 옳은 것은?

① 지구온난화에 의한 해면상승은 지역의 특수성에 관계없이 전 지구적으로 동일하게 발생한다.
② 오존의 분해반응을 촉진시켜 대류권의 오존농도가 지속적으로 감소한다.
③ 기상조건의 변화는 대기오염 발생횟수와 오염농도에 영향을 준다.
④ 기온상승과 이에 따른 토양의 건조화는 남방계생물의 성장에는 영향을 주지만 북방계생물의 성장에는 영향을 주지 않는다.

02 다음 중 PAN의 구조식은?

① $C_6H_5-\underset{\underset{O}{\|}}{C}-O-O-NO_2$

② $CH_3-\underset{\underset{O}{\|}}{C}-O-O-NO_2$

③ $C_2H_5-\underset{\underset{O}{\|}}{C}-O-O-NO_2$

④ $C_4H_8-\underset{\underset{O}{\|}}{C}-O-O-NO_2$

03 실내공기오염물질 중 라돈에 관한 설명으로 옳지 않은 것은?

① 무취의 기체로 액화 시 푸른색을 띤다.
② 화학적으로 거의 반응을 일으키지 않는다.
③ 일반적으로 인체에 폐암을 유발하는 것으로 알려져 있다.
④ 라듐의 핵분열 시 생성되는 물질로 반감기는 3.8일 정도이다.

04 고도가 증가함에 따라 온위가 변하지 않고 일정할 때, 대기의 상태는?

① 안정   ② 중립
③ 역전   ④ 불안정

05 흑체의 표면온도가 1,500K에서 1,800K로 증가했을 경우, 흑체에서 방출되는 에너지는 몇 배가 되는가? (단, 슈테판-볼츠만 법칙 기준)

① 1.2배   ② 1.4배
③ 2.1배   ④ 3.2배

06 Thermal NOx에 관한 내용으로 옳지 않은 것은? (단, 평형 상태 기준)

① 연소 시 발생하는 질소산화물의 대부분은 NO와 NO_2이다.
② 산소와 질소가 결합하여 NO가 생성되는 반응은 흡열반응이다.
③ 연소온도가 증가함에 따라 NO 생성량이 감소한다.
④ 발생원 근처에서는 NO/NO_2의 비가 크지만 발생원으로부터 멀어지면서 그 비가 감소한다.

07 연기의 형태에 관한 설명으로 옳지 않은 것은?

① 지붕형 : 상층이 안정하고 하층이 불안정한 대기상태가 유지될 때 발생한다.
② 환상형 : 대기가 불안정하여 난류가 심할 때 잘 발생한다.
③ 원추형 : 오염의 단면분포가 전형적인 가우시안 분포를 이루며 대기가 중립조건일 때 잘 발생한다.
④ 부채형 : 하늘이 맑고 바람이 약한 안정한 상태일 때 잘 발생하며 상·하 확산폭이 적어 굴뚝부근 지표의 오염도가 낮은 편이다.

08 대기오염모델 중 수용모델에 관한 설명으로 옳지 않은 것은?

① 오염물질의 농도 예측을 위해 오염원의 조업 및 운영상태에 대한 정보가 필요하다.
② 새로운 오염원, 불확실한 오염원과 불법배출 오염원을 정량적으로 확인·평가할 수 있다.
③ 오염물질의 분석방법에 따라 현미경 분석법과 화학분석법으로 구분할 수 있다.
④ 측정자료를 입력자료로 사용하므로 시나리오 작성이 곤란하다.

09 Fick의 확산방정식의 기본 가정에 해당하지 않는 것은?

① 시간에 따른 농도변화가 없는 정상상태이다.
② 풍속이 높이에 반비례한다.
③ 오염물질이 점원에서 계속적으로 방출된다.
④ 바람에 의한 오염물질의 주 이동방향이 x축이다.

10 다음 악취물질 중 최소감지농도(ppm)가 가장 낮은 것은?

① 암모니아　　② 황화수소
③ 아세톤　　　④ 톨루엔

11 대표적인 대기오염물질인 CO_2에 관한 설명으로 옳지 않은 것은?

① 대기 중의 CO_2 농도는 여름에 감소하고 겨울에 증가한다.
② 대기 중의 CO_2 농도는 북반구가 남반구보다 높다.
③ 대기 중의 CO_2는 바다에 많은 양이 흡수되나 식물에게 흡수되는 양보다는 작다.
④ 대기 중의 CO_2 농도는 약 410ppm 정도이다.

12 실내공기오염물질 중 석면의 위험성은 점점 커지고 있다. 다음에서 설명하는 석면의 분류에 해당하는 것은?

> 전세계에서 생산되는 석면의 95% 정도에 해당하는 것으로 백석면이라고도 한다. 섬유다발의 형태로 가늘고 잘 휘어지며 이상적인 화학식은 $Mg_3(Si_2O_5)(OH)_4$이다.

① Chrysotile　　② Amosite
③ Saponite　　　④ Crocidolite

13 일산화탄소 436ppm에 노출되어 있는 노동자의 혈중 카르복시헤모글로빈(COHb) 농도가 10%가 되는데 걸리는 시간(h)은?

> 혈중 COHb 농도(%) = $\beta(1-e^{-\sigma t}) \times C_{CO}$
> (여기서, $\beta = 0.15\%/ppm$, $\sigma = 0.402h^{-1}$, C_{CO}의 단위는 ppm)

① 0.21　　② 0.41
③ 0.61　　④ 0.81

14 역전에 관한 설명으로 옳지 않은 것은?

① 침강역전은 고기압 기류가 상층에 장기간 체류하며 상층의 공기가 하강하여 발생하는 역전이다.
② 침강역전이 장기간 지속될 경우 오염물질이 장기 축적될 수 있다.
③ 복사역전은 주로 지표 부근에서 발생하므로 대기오염에 많은 영향을 준다.
④ 복사역전은 주로 구름이 많은 날 일출 후 겨울보다 여름에 잘 발생한다.

15 납이 인체에 미치는 영향에 관한 설명으로 옳지 않은 것은?

① 일반적으로 납 중독현상은 Hunter Russel 증후군으로 일컬어지고 있다.
② 납 중독의 해독제로 Ca-EDTA, 페니실아민, DMSA 등을 사용한다.
③ 헤모글로빈의 기본요소인 포르피린 고리의 형성을 방해하여 빈혈을 유발한다.
④ 세포 내의 SH기와 결합하여 헴(heme) 합성에 관여하는 효소를 포함한 여러 효소 작용을 방해한다.

16 산성강우에 관한 내용 중 ( ) 안에 알맞은 것을 순서대로 나열한 것은?

일반적으로 산성강우는 pH ( ) 이하의 강우를 말하며, 기준이 되는 이 값은 대기 중의 ( )가 강우에 포화되어 있을 때의 산도이다.

① 7.0, CO_2　　② 7.0, NO_2
③ 5.6, CO_2　　④ 5.6, NO_2

17 굴뚝의 반경이 1.5m, 실제 높이가 50m, 굴뚝 높이에서의 풍속이 180m/min일 때, 유효굴뚝높이를 24m 증가시키기 위한 배출가스의 속도(m/s)는? (단, $\Delta H = 1.5 \times \dfrac{V_s}{U} \times D$, ΔH : 연기상승높이, V_s : 배출가스의 속도, U : 굴뚝높이에서의 풍속, D : 굴뚝의 직경)

① 5　　② 16
③ 33　　④ 49

18 지상 50m에서의 온도가 23℃, 지상 10m에서의 온도가 23.3℃일 때, 대기안정도는?

① 미단열　　② 과단열
③ 안정　　④ 중립

19 다음은 탄화수소가 관여하지 않을 때 이산화질소의 광화학반응을 도식화하여 나타낸 것이다. ㉠, ㉡에 알맞은 분자식은?

NO_2 + hv → (㉡) + O· O· + O_2 + M → (㉠) + M (㉡) + (㉠) → NO_2 + O_2

① ㉠ SO_3, ㉡ NO　　② ㉠ NO, ㉡ SO_3
③ ㉠ O_3, ㉡ NO　　④ ㉠ NO, ㉡ O_3

20 황산화물(SO_x)에 관한 설명으로 옳지 않은 것은?

① SO_2는 금속에 대한 부식성이 강하며 표백제로 사용되기도 한다.
② 황 함유 광석이나 황 함유 화석연료의 연소에 의해 발생한다.
③ 일반적으로 대류권에서 광분해되지 않는다.
④ 대기 중의 SO_2는 수분과 반응하여 SO_3로 산화된다.

2과목 연소공학

21 탄소 : 79%, 수소 : 14%, 황 : 3.5%, 산소 : 2.2%, 수분 : 1.3%로 구성된 연료의 저발열량은? (단, Dulong 식 적용)

① 9,100kcal/kg ② 9,700kcal/kg
③ 10,400kcal/kg ④ 11,200kcal/kg

22 액체연료의 일반적인 특징으로 옳지 않은 것은?

① 인화 및 역화의 위험이 크다.
② 고체연료에 비해 점화, 소화 및 연소조절이 어렵다.
③ 연소온도가 높아 국부적인 과열을 일으키기 쉽다.
④ 고체연료에 비해 단위 부피당 발열량이 크고 계량이 용이하다.

23 연소공학에서 사용되는 무차원수 중 Nusselt number의 의미는?

① 압력과 관성력의 비
② 대류 열전달과 전도 열전달의 비
③ 관성력과 중력의 비
④ 열 확산계수와 질량 확산계수의 비

24 다음 연료 중 $(CO_2)max(\%)$가 가장 큰 것은?

① 고로 가스 ② 코크스로 가스
③ 갈탄 ④ 역청탄

25 연소에 관한 설명으로 옳은 것은?

① 공연비는 공기와 연료의 질량비(또는 부피비)로 정의되며 예혼합연소에서 많이 사용된다.
② 등가비가 1보다 큰 경우 NOx 발생량이 증가한다.
③ 등가비와 공기비는 비례관계에 있다.
④ 최대탄산가스율은 실제 습연소가스량과 최대탄산가스량의 비율이다.

26 프로판 : 부탄 = 1 : 1의 부피비로 구성된 LPG를 완전 연소시켰을 때 발생하는 건조 연소가스의 CO_2 농도가 13%이었다. 이 LPG $1m^3$를 완전연소할 때, 생성되는 건조 연소가스량(m^3)은?

① 12 ② 19
③ 27 ④ 38

27 공기의 산소 농도가 부피기준으로 20%일 때, 메탄의 질량기준 공연비는? (단, 공기의 분자량은 28.95g/mol)

① 1 ② 18
③ 38 ④ 40

28 다음 탄화수소 중 탄화수소 $1m^3$를 완전 연소할 때 필요한 이론공기량이 $19m^3$인 것은?

① C_2H_4 ② C_2H_2
③ C_3H_8 ④ C_3H_4

29 A(g) → 생성물 반응의 반감기가 0.693/k 일 때, 이 반응은 몇 차 반응인가? (단, k는 반응속도상수)

① 0차 반응 ② 1차 반응
③ 2차 반응 ④ 3차 반응

30 기체연료의 연소에 관한 설명으로 옳지 않은 것은?

① 예혼합연소에는 포트형과 버너형이 있다.
② 확산연소는 화염이 길고 그을음이 발생하기 쉽다.
③ 예혼합연소는 화염온도가 높아 연소부하가 큰 경우에 사용 가능하다.
④ 예혼합연소는 혼합기의 분출속도가 느릴 경우 역화의 위험이 있다.

31 매연 발생에 관한 일반적인 내용으로 옳지 않은 것은?

① -C-C-(사슬모양)의 탄소결합을 절단하기 쉬운 쪽이 탈수소가 쉬운 쪽보다 매연이 잘 발생한다.
② 연료의 C/H비가 클수록 매연이 잘 발생한다.
③ LPG를 연소할 때 보다 코크스를 연소할 때 매연의 발생빈도가 더 높다.
④ 산화되기 쉬운 탄화수소는 매연발생이 적다.

32 고체연료의 일반적인 특징으로 옳지 않은 것은?

① 연소 시 많은 공기가 필요하므로 연소장치가 대형화된다.
② 석탄을 이탄, 갈탄, 역청탄, 무연탄, 흑연으로 분류할 때 무연탄의 탄화도가 가장 작다.
③ 고체연료는 액체연료에 비해 수소함유량이 작다.
④ 고체연료는 액체연료에 비해 산소함유량이 크다.

33 메탄 : 50%, 에탄 : 30%, 프로판 : 20%로 구성된 혼합가스의 폭발범위는? (단, 메탄의 폭발범위는 5~15%, 에탄의 폭발범위는 3~12.5%, 프로판의 폭발범위는 2.1~9.5%, 르샤틀리에의 식 적용)

① 1.2~8.6%   ② 1.9~9.6%
③ 2.5~10.8% ④ 3.4~12.8%

34 다음 기체연료 중 고발열량(kcal/Sm^3)이 가장 낮은 것은?

① 메탄   ② 에탄
③ 프로판   ④ 에틸렌

35 S성분을 2wt% 함유한 중유를 1시간에 10t씩 연소시켜 발생하는 배출가스 중의 SO_2를 $CaCO_3$를 사용하여 탈황할 때, 이론적으로 소요되는 $CaCO_3$의 양(kg/h)은? (단, 중유 중의 S성분은 전량 SO_2로 산화됨, 탈황율은 95%)

① 594   ② 625
③ 694   ④ 725

36 2.0MPa, 370℃의 수증기를 1시간에 30t씩 생성하는 보일러의 석탄 연소량이 5.5t/h이다. 석탄의 발열량이 20.9MJ/kg, 발생수증기와 급수의 비엔탈피는 각각 3183kJ/kg, 84kJ/kg 일 때, 열효율은?

① 65%   ② 70%
③ 75%   ④ 80%

37 연료를 2.0의 공기비로 완전 연소시킬 때, 배출가스 중의 산소 농도(%)는? (단, 배출가스에는 일산화탄소가 포함되어 있지 않음)

① 7.5   ② 9.5
③ 10.5   ④ 12.5

38 액체연료의 연소방식을 기화 연소방식과 분무화 연소방식으로 분류할 때 기화연소방식에 해당하지 않는 것은?

① 심지식 연소   ② 유동식 연소
③ 증발식 연소   ④ 포트식 연소

39 어떤 2차 반응에서 반응물질의 10%가 반응하는데 250s가 걸렸을 때, 반응물질의 90%가 반응하는데 걸리는 시간(s)은? (단, 기타 조건은 동일)

① 5,500   ② 2,500
③ 20,300   ④ 28,300

40 연소에 관한 설명으로 옳지 않은 것은?

① $(CO_2)max$는 연료의 조성에 관계없이 일정하다.
② $(CO_2)max$는 연소방식에 관계없이 일정하다.
③ 연소가스 분석을 통해 완전연소, 불완전연소를 판정할 수 있다.
④ 실제공기량은 연료의 조성, 공기비 등을 사용하여 구한다.

3과목 대기오염방지기술

41 80%의 집진효율을 갖는 2개의 집진장치를 연결하여 먼지를 제거하고자 한다. 집진장치를 직렬 연결한 경우(A)와 병렬 연결한 경우(B)에 관한 내용으로 옳지 않은 것은? (단, 두 집진장치의 처리가스량은 동일)

① (A)방식의 총 집진효율은 94%이다.
② (A)방식은 높은 처리효율을 얻기 위한 것이다.
③ (B)방식은 처리가스의 양이 많은 경우 사용된다.
④ (B)방식의 총 집진효율은 단일집진장치와 동일하게 80%이다.

42 중력집진장치에 관한 설명으로 옳지 않은 것은?

① 배출가스의 점도가 높을수록 집진효율이 증가한다.
② 침강실 내의 처리가스 속도가 느릴수록 미립자를 포집할 수 있다.
③ 침강실의 높이가 낮고 길이가 길수록 집진효율이 높아진다.
④ 배출가스 중의 입자상 물질을 중력에 의해 자연 침강하도록 하여 배출가스로부터 입자상 물질을 분리·포집한다.

43 여과집진장치의 특징으로 옳지 않은 것은?

① 수분이나 여과속도에 대한 적응성이 높다.
② 폭발성, 점착성 및 흡습성 먼지의 제거가 어렵다.
③ 다양한 여과재의 사용으로 설계 융통성이 있다.
④ 여과재의 교환이 필요해 중력집진장치에 비해 유지비가 많이 든다.

44 동일한 밀도를 가진 먼지입자 A, B가 있다. 먼지입자 B의 지름이 먼지입자 A 지름의 100배일 때, 먼지입자 B의 질량은 먼지입자 A 질량의 몇 배인가?

① 100
② 1,000
③ 1,000,000
④ 100,000,000

45 공장 배출가스 중의 일산화탄소를 백금계 촉매를 사용하여 처리할 때, 촉매독으로 작용하는 물질에 해당하지 않는 것은?

① Ni
② Zn
③ As
④ S

46 전기집진장치에서 발생하는 각종 장애현상에 대한 대책으로 옳지 않은 것은?

① 재비산 현상이 발생할 때에는 처리가스의 속도를 낮춘다.
② 부착된 먼지로 불꽃이 빈발하여 2차전류가 불규칙하게 흐를 때에는 먼지를 충분하게 탈리시킨다.
③ 먼지의 비저항이 비정상적으로 높아 2차전류가 현저히 떨어질 때에는 스파크 횟수를 줄인다.
④ 역전리 현상이 발생할 때에는 집진극의 타격을 강하게 하거나 타격빈도를 늘린다.

47 배출가스 중의 NOx를 저감하는 방법으로 옳지 않은 것은?

① 2단연소시킨다.
② 배출가스를 재순환시킨다.
③ 연소용 공기의 예열온도를 낮춘다.
④ 과잉공기량을 많게 하여 연소시킨다.

48 후드의 압력손실이 3.5mmH₂O, 동압이 1.5mmH₂O일 때, 유입계수는?

① 0.234   ② 0.315
③ 0.548   ④ 0.734

49 상온에서 유체가 내경이 50cm인 강관 속을 2m/s의 속도로 흐르고 있을 때, 유체의 질량유속(kg/s)은? (단, 유체의 밀도는 1g/cm³)

① 452.9   ② 415.3
③ 392.7   ④ 329.6

50 원심력집진장치(cyclone)의 집진효율에 관한 내용으로 옳지 않은 것은?

① 유입속도가 빠를수록 집진효율이 증가한다.
② 원통의 직경이 클수록 집진효율이 증가한다.
③ 입자의 직경과 밀도가 클수록 집진효율이 증가한다.
④ Blow-down 효과를 적용했을 때 집진효율이 증가한다.

51 액측 저항이 지배적으로 클 때 사용이 유리한 흡수장치는?

① 충전탑   ② 분무탑
③ 벤츄리스크러버 ④ 다공판탑

52 충전탑 내의 충전물이 갖추어야 할 조건으로 옳지 않은 것은?

① 공극률이 클 것   ② 충전밀도가 작을 것
③ 압력손실이 작을 것   ④ 비표면적이 클 것

53 여과집진장치의 여과포 탈진 방법으로 적합하지 않은 것은?

① 진동형
② 역기류형
③ 충격제트기류 분사형(pulse jet)
④ 승온형

54 Scale 방지대책(습식석회석법)으로 옳지 않은 것은?

① 순환액의 pH 변동을 크게 한다.
② 탑 내에 내장물을 가능한 설치하지 않는다.
③ 흡수액량을 증가시켜 탑 내 결착을 방지한다.
④ 흡수탑 순환액에 산화탑에서 생성된 석고를 반송하고 슬러리의 석고농도를 5% 이상으로 유지하여 석고의 결정화를 촉진한다.

55 대기오염물질의 입경을 현미경법으로 측정할 때, 입자의 투영면적을 2등분하는 선의 길이로 나타내는 입경은?

① Feret경   ② 장축경
③ Heyhood경   ④ Martin경

56 유입구 폭이 20cm, 유효회전수가 8인 원심력 집진장치(cyclone)를 사용하여 다음 조건의 배출가스를 처리할 때, 절단입경(μm)은?

- 배출가스의 유입속도 : 30m/sec
- 배출가스의 점도 : 2×10^{-5}kg/m·sec
- 배출가스의 밀도 : 1.2kg/m³
- 먼지입자의 밀도 : 2.0g/cm³

① 2.78　　② 3.46
③ 4.58　　④ 5.32

57 직경이 30cm, 높이가 10m인 원통형 여과 집진장치를 사용하여 배출가스를 처리하고자 한다. 배출가스의 유량이 750m³/min, 여과속도가 3.5cm/s 일 때, 필요한 여과포의 개수는?

① 32개　　② 38개
③ 45개　　④ 50개

58 세정집진장치에 관한 설명으로 옳지 않은 것은?

① 분무탑은 침전물이 발생하는 경우에 사용이 적합하다.
② 벤츄리스크러버는 점착성, 조해성 먼지의 제거에 효과적이다.
③ 제트스크러버는 처리가스량이 많은 경우에 사용이 적합하다.
④ 충전탑은 온도 변화가 크고 희석열이 큰 곳에는 사용이 적합하지 않다.

59 공기의 평균분자량이 28.85일 때, 공기 100Sm³의 무게(kg)는?

① 126.8　　② 127.8
③ 128.8　　④ 129.8

60 점성계수가 1.8×10^{-5}kg/m·s, 밀도가 1.3kg/m³인 공기를 안지름이 100mm인 원형파이프를 사용하여 수송할 때, 층류가 유지될 수 있는 최대 공기유속(m/s)은?

① 0.1　　② 0.3
③ 0.6　　④ 0.9

4과목　대기오염공정시험기준(방법)

61 배출가스 중의 수분량을 별도의 흡습관을 이용하여 분석하고자 한다. 측정 조건과 측정 결과가 다음과 같을 때, 배출가스 중 수증기의 부피 백분율(%)은? (단, 0℃, 1atm 기준)

- 건조가스 흡인유량 : 20L
- 측정 전 흡습관 질량 : 96.16g
- 측정 후 흡습관 질량 : 97.69g

① 6.2　　② 7.1
③ 8.7　　④ 9.5

62 원자흡수분광광도법의 원자흡광분석장치 구성에 포함되지 않는 것은?

① 분리관　　② 광원부
③ 분광기　　④ 시료원자화부

63 대기오염공정시험기준 총칙 상의 내용으로 옳지 않은 것은?

① 액의 농도를 (1 → 2)로 표시한 것은 용질 1g 또는 1mL를 용매에 녹여 전량을 2mL로 하는 비율을 뜻한다.
② 황산 (1:2)라 표시한 것은 황산 1용량에 정제수 2용량을 혼합한 것이다.
③ 시험에 사용하는 표준품은 원칙적으로 특급시약을 사용한다.
④ 방울수라 함은 4℃에서 정제수 20방울을 떨어뜨릴 때 부피가 약 1mL 되는 것을 뜻한다.

64 이온크로마토그래피에 관한 설명으로 옳지 않은 것은?

① 분리관의 재질로 스테인리스관이 널리 사용되며 에폭시수지관 또는 유리관은 사용할 수 없다.
② 일반적으로 용리액조로 폴리에틸렌이나 경질 유리제를 사용한다.
③ 송액펌프는 맥동이 적은 것을 사용한다.
④ 검출기는 일반적으로 전도도 검출기를 많이 사용하고 그 외 자외선/가시선 흡수검출기, 전기화학적 검출기 등이 사용된다.

65 굴뚝 배출가스 중의 이산화황을 연속적으로 자동 측정할 때 사용하는 용어 정의로 옳지 않은 것은?

① 검출한계 : 제로드리프트의 2배에 해당하는 지시치가 갖는 이산화황의 농도를 말한다.
② 제로드리프트 : 연속자동측정기가 정상적으로 가동되는 조건하에서 제로가스를 일정시간 흘려준 후 발생한 출력신호가 변화한 정도를 말한다.
③ 경로(path) 측정시스템 : 굴뚝 또는 덕트 단면 직경의 5% 이하의 경로를 따라 오염물질 농도를 측정하는 배출가스 연속자동측정시스템을 말한다.
④ 제로가스 : 정제된 공기나 순수한 질소를 말한다.

66 기체크로마토그래피의 정성분석에 관한 내용으로 옳지 않은 것은?

① 동일 조건에서 특정한 미지성분의 머무름 값과 예측되는 물질의 봉우리의 머무름 값을 비교해야 한다.
② 머무름 값의 표시는 무효부피(dead volume)의 보정유무를 기록해야 한다.
③ 일반적으로 5~30분 정도에서 측정하는 봉우리의 머무름시간은 반복시험을 할 때 ±10% 오차범위 이내이어야 한다.
④ 머무름시간을 측정할 때는 3회 측정하여 그 평균치를 구한다.

67 특정 발생원에서 일정한 굴뚝을 거치지 않고 외부로 비산되는 먼지의 농도를 고용량공기 시료채취법으로 분석하고자 한다. 측정조건과 결과가 다음과 같을 때 비산먼지의 농도($\mu g/m^3$)는?

- 채취시간 : 24시간
- 채취개시 직후의 유량 : 1.8m^3/min
- 채취종료 직전의 유량 : 1.2m^3/min
- 채취 후 여과지의 질량 : 3.828g
- 채취 전 여과지의 질량 : 3.419g
- 대조위치에서의 먼지 농도 : 0.15$\mu g/m^3$
- 전 시료채취 기간 중 주 풍향이 90° 이상 변함
- 풍속이 0.5m/sec 미만 또는 10m/sec 이상 되는 시간이 전 채취시간의 50% 미만임

① 185.76   ② 283.80
③ 294.81   ④ 372.70

68 굴뚝 배출가스 중의 질소산화물을 분석하기 위한 시험방법은?

① 아르세나조 Ⅲ법
② 비분산적외선분광분석법
③ 4-피리딘카복실산-피라졸론법
④ 아연환원나프틸에틸렌다이아민법

69 환경대기 중의 탄화수소 농도를 측정하기 위한 주 시험방법은?

① 총탄화수소 측정법
② 비메탄 탄화수소 측정법
③ 활성 탄화수소 측정법
④ 비활성 탄화수소 측정법

70 대기오염공정시험기준상의 용어 정의로 옳지 않은 것은?

① "밀폐용기"라 함은 물질을 취급 또는 보관하는 동안에 이물이 들어가거나 내용물이 손실되지 않도록 보호하는 용기를 뜻한다.
② "감압 또는 진공"이라 함은 따로 규정이 없는 한 15mmHg 이하를 뜻한다.
③ "항량이 될 때까지 건조한다"라 함은 따로 규정이 없는 한 보통의 건조방법으로 1시간 더 건조 또는 강열할 때 전후 무게의 차가 매 g당 0.3mg 이하일 때를 뜻한다.
④ "정량적으로 씻는다"라 함은 어떤 조작에서 다음 조작으로 넘어갈 때 사용한 비커, 플라스크 등의 용기 및 여과막 등에 부착한 정량대상 성분을 증류수로 깨끗이 씻어 그 세액을 합하는 것을 뜻한다.

71 원자흡수분광광도법의 분석원리로 옳은 것은?

① 시료를 해리 및 증기화시켜 생긴 기저상태의 원자가 이 원자증기층을 투과하는 특유파장의 빛을 흡수하는 현상을 이용하여 시료중의 원소농도를 정량한다.
② 기체시료를 운반가스에 의해 관 내에 전개시켜 각 성분을 분석한다.
③ 선택성 검출기를 이용하여 시료 중의 특정성분에 의한 적외선 흡수량 변화를 측정하여 그 성분의 농도를 구한다.
④ 발광부와 수광부 사이에 형성되는 빛의 이동경로를 통과하는 가스를 실시간으로 분석한다.

72 굴뚝연속자동측정기기의 설치방법으로 옳지 않은 것은?

① 응축된 수증기가 존재하지 않는 곳에 설치한다.
② 먼지와 가스상 물질을 모두 측정하는 경우 측정위치는 먼지를 따른다.
③ 수직굴뚝에서 가스상 물질의 측정위치는 굴뚝 하부 끝에서 위를 향하여 굴뚝내경의 1/2배 이상이 되는 지점으로 한다.
④ 수평굴뚝에서 가스상 물질의 측정위치는 외부공기가 새어들지 않고 요철이 없는 곳으로 굴뚝의 방향이 바뀌는 지점으로부터 굴뚝내경의 2배 이상 떨어진 곳을 선정한다.

73 다음 중 2,4-다이나이트로페닐하이드라진(DNPH)과 반응하여 생성된 하이드라존 유도체를 액체크로마토그래피로 분석하여 정량하는 물질은?

① 아민류
② 알데하이드류
③ 벤젠
④ 다이옥신류

74 배출가스 중의 염소를 오르토톨리딘법으로 분석할 때 분석에 영향을 미치지 않는 물질은?

① 오존
② 이산화질소
③ 황화수소
④ 암모니아

75 피토관을 사용하여 굴뚝 배출가스의 평균유속을 측정하고자 한다. 측정조건과 결과가 다음과 같을 때, 배출가스의 평균유속(m/s)은?

- 동압 : 13mmH$_2$O
- 피토관계수 : 0.85
- 배출가스의 밀도 : 1.2kg/Sm^3

① 10.6
② 12.4
③ 14.8
④ 17.8

76 위상차현미경법으로 환경대기 중의 석면을 분석할 때 계수대상물의 식별방법에 관한 내용으로 옳지 않은 것은? (단, 적정한 분석능력을 가진 위상차현미경을 사용하는 경우)

① 구부러져 있는 단섬유는 곡선에 따라 전체 길이를 재어 판정한다.
② 섬유가 헝클어져 정확한 수를 헤아리기 힘들 때에는 0개로 판정한다.
③ 길이가 7μm 이하인 단섬유는 0개로 판정한다.
④ 섬유가 그래티큘 시야의 경계선에 물린 경우 그래티큘 시야 안으로 한쪽 끝만 들어와 있는 섬유는 1/2개로 인정한다.

77 직경이 0.5m, 단면이 원형인 굴뚝에서 배출되는 먼지 시료를 채취할 때, 측정 점수는?

① 1 ② 2
③ 3 ④ 4

78 굴뚝 배출가스 중의 카드뮴화합물을 원자흡수분광광도법으로 분석하고자 한다. 채취한 시료에 유기물이 함유되지 않았을 때 분석용 시료 용액의 전처리 방법은?

① 질산법 ② 과망간산칼륨법
③ 질산-과산화수소수법 ④ 저온회화법

79 자외선/가시선분광법에 사용되는 장치에 관한 내용으로 옳지 않은 것은?

① 시료부는 시료액을 넣은 흡수셀 1개와 셀홀더, 시료실로 구성되어 있다.
② 자외부의 광원으로 주로 중수소 방전관을 사용한다.
③ 파장 선택을 위해 단색화장치 또는 필터를 사용한다.
④ 가시부와 근적외부의 광원으로 주로 텅스텐램프를 사용한다.

80 환경대기 중의 벤조(a)피렌을 분석하기 위한 시험방법은?

① 이온크로마토그래피법
② 비분산적외선분광분석법
③ 흡광차분광법
④ 형광분광광도법

5과목 대기환경관계법규

81 실내공기질 관리법령상 건축자재의 오염물질 방출기준 중 ( ) 안에 알맞은 것은? (단, 단위는 mg/m² · h)

오염물질	접착제	페인트
톨루엔	0.08 이하	(㉠)
총휘발성 유기화합물	(㉡)	(㉢)

① ㉠ 0.02 이하, ㉡ 0.05 이하, ㉢ 1.5 이하
② ㉠ 0.05 이하, ㉡ 0.1 이하, ㉢ 2.0 이하
③ ㉠ 0.08 이하, ㉡ 2.0 이하, ㉢ 2.5 이하
④ ㉠ 0.10 이하, ㉡ 2.5 이하, ㉢ 4.0 이하

82 대기환경보전법령상 경유를 사용하는 자동차에 대해 대통령령으로 정하는 오염물질에 해당하지 않는 것은?

① 탄화수소 ② 알데하이드
③ 질소산화물 ④ 일산화탄소

83 대기환경보전법령상의 운행차 배출허용 기준으로 옳지 않은 것은?

① 휘발유와 가스를 같이 사용하는 자동차의 배출가스 측정 및 배출허용기준은 가스의 기준을 적용한다.
② 건설기계 중 덤프트럭, 콘크리트믹스트럭, 콘크리트펌프트럭의 배출허용기준은 화물자동차기준을 적용한다.
③ 희박연소 방식을 적용하는 자동차는 공기과잉률 기준을 적용하지 않는다.
④ 알코올만 사용하는 자동차는 탄화수소 기준을 적용한다.

84 악취방지법령상 악취배출시설의 변경신고를 해야 하는 경우에 해당하지 않는 것은?

① 악취배출시설을 폐쇄하는 경우
② 사업장의 명칭을 변경하는 경우
③ 환경담당자의 교육사항을 변경하는 경우
④ 악취배출시설 또는 악취방지시설을 임대하는 경우

85 대기환경보전법령상 사업장별 환경기술인의 자격기준에 관한 설명으로 옳지 않은 것은?

① 대기오염물질 배출시설 중 일반보일러만 설치한 사업장은 5종사업장에 해당하는 기술인을 둘 수 있다.
② 2종사업장의 환경기술인 자격기준은 대기환경산업기사 이상의 기술자격 소지자 1명 이상이다.
③ 대기환경기술인이「물환경보전법」에 따른 수질환경기술인의 자격을 갖춘 경우에는 수질환경기술인을 겸임할 수 있다.
④ 1종사업장과 2종사업장 중 1개월 동안 실제 작업한 날만을 계산하여 1일 평균 12시간 이상 작업하는 경우에는 해당 사업장의 기술인을 각각 2명 이상 두어야 한다.

86 대기환경보전법령상 오존의 대기오염 중대경보 해제기준에 관한 내용 중 ( ) 안에 알맞은 것은?

중대경보가 발령된 지역의 기상조건 등을 고려하여 대기자동측정소의 오존농도가 (㉠) ppm 이상 (㉡) ppm 미만일 때는 경보로 전환한다.

① ㉠ 0.3, ㉡ 0.5
② ㉠ 0.5, ㉡ 1.0
③ ㉠ 1.0, ㉡ 1.2
④ ㉠ 1.2, ㉡ 1.5

87 대기환경보전법령상 배출시설로부터 나오는 특정대기유해물질로 인해 환경기준 유지가 곤란하다고 인정되어 시·도지사의 특정대기 유해물질을 배출하는 배출시설의 설치를 제한할 수 있는 경우에 관한 내용 중 ( ) 안에 알맞은 것은?

배출시설 설치지점으로부터 반경 1킬로미터 안의 상주인구가 2만명 이상인 지역으로서 특정대기유해물질 중 한가지 종류의 물질을 연간 (ⓐ) 이상 배출하거나 두가지 이상의 물질을 연간 (ⓑ) 이상 배출하는 시설을 설치하는 경우

① ⓐ 5톤, ⓑ 10톤
② ⓐ 5톤, ⓑ 20톤
③ ⓐ 10톤, ⓑ 20톤
④ ⓐ 10톤, ⓑ 25톤

88 대기환경보전법령상 자동차 결함확인검사에 관한 내용 중 환경부장관이 관계 중앙행정기관의 장과 협의하여 정하는 사항에 해당하지 않는 것은?

① 대상 자동차의 선정기준
② 자동차의 검사방법
③ 자동차의 검사수수료
④ 자동차의 배출가스 성분

89 악취방지법령상 지정악취물질과 배출허용기준(ppm)의 연결이 옳지 않은 것은? (단, 공업지역 기준, 기타 사항은 고려하지 않음)

① n-발레르알데하이드 : 0.02 이하
② 톨루엔 : 30 이하
③ 프로피온산 : 0.1 이하
④ i-발레르산 : 0.004 이하

90 환경정책기본법령에서 환경기준을 확인할 수 있는 항목에 해당하지 않는 것은?

① 납
② 일산화탄소
③ 오존
④ 탄화수소

91 대기환경보전법령상 과징금 처분에 관한 내용이다. ( ) 안에 알맞은 것은?

> 환경부장관은 자동차제작자가 거짓으로 자동차의 배출가스가 배출가스보증기간에 제작차배출허용기준에 맞게 유지될 수 있다는 인증을 받은 경우 그 자동차제작자에 대하여 매출액에 (㉠)를(을) 곱한 금액을 초과하지 않는 범위에서 과징금을 부과할 수 있다. 이 때 과징금의 금액은 (㉡)을 초과할 수 없다.

① ㉠ 100분의 3, ㉡ 100억원
② ㉠ 100분의 3, ㉡ 500억원
③ ㉠ 100분의 5, ㉡ 100억원
④ ㉠ 100분의 5, ㉡ 500억원

92 대기환경보전법령상 공급지역 또는 사용시설에 황함유기준을 초과하는 연료를 공급·판매한 자에 대한 벌칙기준은?

① 7년 이하의 징역 또는 1억원 이하의 벌금에 처한다.
② 5년 이하의 징역 또는 3천만원 이하의 벌금에 처한다.
③ 3년 이하의 징역 또는 3천만원 이하의 벌금에 처한다.
④ 500만원 이하의 벌금에 처한다.

93 대기환경보전법령상 자동차의 운행정지에 관한 내용 중 ( ) 안에 알맞은 것은?

> 환경부장관, 특별시장·광역시장·특별자치시장·특별자치도지사·시장·군수·구청장은 운행차의 배출가스가 운행차배출허용기준을 초과하여 개선명령을 받은 자동차 소유자가 이에 따른 확인검사를 환경부령으로 정하는 기간 이내에 받지 않는 경우 ( )의 기간을 정하여 해당 자동차의 운행정지를 명할 수 있다.

① 5일 이내
② 7일 이내
③ 10일 이내
④ 15일 이내

94 대기환경보전법령상 환경기술인의 교육에 관한 내용으로 옳지 않은 것은? (단, 정보통신매체를 이용하여 원격교육을 하는 경우를 제외)

① 환경기술인으로 임명된 날부터 1년 이내에 1회 신규교육을 받아야 한다.
② 환경기술인은 환경보전협회, 환경부장관, 시·도지사가 교육을 실시할 능력이 있다고 인정하여 위탁하는 기관에서 실시하는 교육을 받아야 한다.
③ 교육과정의 교육기간은 7일 정도로 한다.
④ 교육대상이 된 사람이 그 교육을 받아야 하는 기한의 마지막 날 이전 3년 이내에 동일한 교육을 받았을 경우에는 해당 교육을 받은 것으로 본다.

95 대기환경보전법령상 배출시설 설치신고를 하려는 자가 배출시설 설치신고서에 첨부하여 환경부장관 또는 시·도지사에게 제출해야하는 서류에 해당하지 않는 것은?

① 질소산화물 배출농도 및 배출량을 예측한 명세서
② 방지시설의 연간 유지관리 계획서
③ 방지시설의 일반도
④ 배출시설 및 대기오염방지시설의 설치명세서

96 대기환경보전법령상 "3종사업장"에 해당하는 경우는?

① 대기오염물질발생량의 합계가 연간 9톤인 사업장
② 대기오염물질발생량의 합계가 연간 11톤인 사업장
③ 대기오염물질발생량의 합계가 연간 22톤인 사업장
④ 대기오염물질발생량의 합계가 연간 52톤인 사업장

97 대기환경보전법령상 특정 대기오염물질의 배출허용 기준이 300(12)ppm 일 때, (12)의 의미는?

① 해당배출허용농도(백분율)
② 해당배출허용농도(ppm)
③ 표준산소농도(O_2의 백분율)
④ 표준산소농도(O_2의 ppm)

98 대기환경보전법령상 대기오염경보 단계 중 '경보 발령' 단계의 조치사항으로 옳지 않은 것은?

① 주민의 실외활동 제한 요청
② 자동차 사용의 제한
③ 사업장의 연료사용량 감축 권고
④ 사업장의 조업시간 단축명령

99 대기환경보전법령상 대기오염방지시설에 해당하지 않는 것은?

① 흡착에 의한 시설
② 응축에 의한 시설
③ 응집에 의한 시설
④ 촉매반응을 이용하는 시설

100 실내공기질 관리법령상 실내공기질의 측정에 관한 내용 중 ( ) 안에 알맞은 것은?

> 다중이용시설의 소유자 등은 실내공기질 측정대상 오염물질이 실내공기질 권고기준의 오염물질 항목에 해당하는 경우 실내공기질을 (ⓐ) 측정해야 한다. 또한 실내공기질 측정결과를 (ⓑ) 보존해야 한다.

① ⓐ 연 1회, ⓑ 10년간
② ⓐ 연 2회, ⓑ 5년간
③ ⓐ 2년에 1회, ⓑ 10년간
④ ⓐ 2년에 1회, ⓑ 5년간

UNIT 10 2022년 대기환경기사 2회 필기

1과목 　　　　대기오염개론

01 가우시안 확산모델에 관한 내용으로 옳지 않은 것은?

① 확산계수($σy$, $σz$)를 구하기 위한 시료 채취시간을 10분 정도로 한다.
② 고도에 따른 풍속 변화가 power law를 따른다고 가정한다.
③ 오염물질이 배출원에서 연속적으로 배출된다고 가정한다.
④ 경계조건을 달리 설정함으로써 오염원의 위치와 형태에 따른 오염물질의 농도를 예측할 수 있다.

02 PAN에 관한 내용으로 옳지 않은 것은?

① 대기 중의 광화학반응으로 생성된다.
② PAN의 지표식물에는 강낭콩, 상추, 시금치 등이 있다.
③ 황산화물의 일종으로 가시광선을 흡수해 가시거리를 단축시킨다.
④ 사람의 눈에 통증을 일으키며 식물의 잎에 흑반병을 발병시킨다.

03 오존의 반응을 나타낸 다음 도식 중 ( ) 안에 알맞은 것은?

㉠ $CFCl_3 \xrightarrow{hv} CFCl_2 + (\ )$
　( ) $+ O_3 \rightarrow ClO + O_2$
　$ClO + O \cdot \rightarrow (\ ) + O_2$

㉡ $CF_3Br \xrightarrow{hv} CF_3 + (\ )$
　( ) $+ O_3 \rightarrow BrO + O_2$
　$BrO + O \cdot \rightarrow (\ ) + O_2$

① ㉠ : $F \cdot$, ㉡ : $C \cdot$
② ㉠ : $C \cdot$, ㉡ : $F \cdot$
③ ㉠ : $Cl \cdot$, ㉡ : $Br \cdot$
④ ㉠ : $F \cdot$, ㉡ : $Br \cdot$

04 Stokes 직경의 정의로 옳은 것은?

① 구형이 아닌 입자와 침강속도가 같고 밀도가 $1g/cm^3$인 구형입자의 직경
② 구형이 아닌 입자와 침강속도가 같고 밀도가 $10g/cm^3$인 구형입자의 직경
③ 침강속도가 1cm/s이고 구형이 아닌 입자와 밀도가 같은 구형입자의 직경
④ 구형이 아닌 입자와 침강속도가 같고 밀도가 같은 구형입자의 직경

05 다음에서 설명하는 굴뚝에서 배출되는 연기의 모양은?

- 대기가 중립조건일 때 나타난다.
- 오염물질이 멀리 퍼져 나가고 지면 가까이에는 오염의 영향이 거의 없다.
- 오염의 단면분포가 전형적인 가우시안 분포를 이룬다.

① 환상형 ② 원추형
③ 지붕형 ④ 부채형

06 공장에서 대량의 H_2S 가스가 누출되어 발생한 대기오염사건은?

① 도노라사건 ② 포자리카사건
③ 요코하마사건 ④ 보팔시사건

07 20℃, 750mmHg에서 이산화황의 농도를 측정한 결과 0.02ppm 이었다. 이를 mg/m^3로 환산한 값은?

① 0.008 ② 0.013
③ 0.053 ④ 0.157

08 자동차 배출가스 저감기술에 관한 내용으로 옳지 않은 것은?

① 입자상물질 여과장치는 세라믹 필터나 금속 필터를 사용하여 입자상 물질을 포집하는 장치이다.
② 후처리 버너는 엔진의 배기계통에 장착하여 배출가스 중의 가연성분을 제거하는 장치이다.
③ 디젤 산화촉매는 자동차 배출가스 중의 HC, CO를 탄산가스와 물로 산화시켜 정화한다.
④ EBD는 촉매의 존재 하에 NOx와 선택적으로 반응할 수 있는 환원제를 주입하여 NOx를 N_2로 환원하는 장치이다.

09 다음 NOx의 광분해 사이클 중 ( ) 안에 알맞은 빛의 종류는?

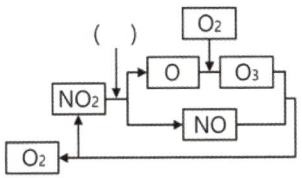

① 가시광선 ② 자외선
③ 적외선 ④ β선

10 먼지 농도가 $40\mu g/m^3$, 상대습도가 70%일 때, 가시거리(km)는? (단, 계수 A는 1.2)

① 19 ② 23
③ 30 ④ 67

11 다이옥신에 관한 내용으로 옳지 않은 것은?

① 250~340nm의 자외선 영역에서 광분해 될 수 있다.
② 2개의 벤젠고리와 산소, 2개 이상의 염소가 결합된 화합물이다.
③ 완전 분해되더라도 연소가스 배출 시 저온에서 재생될 수 있다.
④ 증기압이 높고 물에 잘 녹는다.

12 하루 동안 시간에 따른 대기오염물질의 농도변화를 나타낸 그래프이다. A, B, C에 해당하는 물질은?

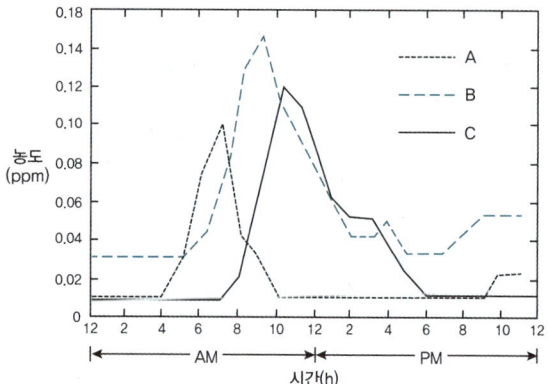

① A = NO_2, B = O_3, C = NO
② A = NO, B = NO_2, C = O_3
③ A = NO_2, B = NO, C = O_3
④ A = O_3, B = NO, C = NO_2

13 지상 100m에서의 기온이 20℃일 때, 지상 300m에서의 기온(℃)은? (단, 지상에서부터 600m까지의 평균기온감율은 0.88℃/100m)

① 15.5　② 16.2
③ 17.5　④ 18.2

14 다음 중 불화수소의 가장 주된 배출원은?

① 알루미늄공업　② 코크스연소로
③ 농약　④ 석유정제업

15 직경이 1~2㎛ 이하인 미세입자의 경우 세정(rain out) 효과가 작은 편이다. 그 이유로 가장 적합한 것은?

① 응축효과가 크기 때문
② 휘산효과가 작기 때문
③ 부정형의 입자가 많기 때문
④ 브라운 운동을 하기 때문

16 파스킬(Pasquill)의 대기안정도에 관한 내용으로 옳지 않은 것은?

① 낮에는 풍속이 약할수록(2m/s 이하), 일사량이 강할수록 대기가 안정하다.
② 낮에는 일사량과 풍속으로, 야간에는 운량, 운고, 풍속으로부터 안정도를 구분한다.
③ 안정도는 A~F까지 6단계로 구분하며 A는 매우 불안정한 상태, F는 가장 안정한 상태를 뜻한다.
④ 지표가 거칠고 열섬효과가 있는 도시나 지면의 성질이 균일하지 않은 곳에서는 오차가 크게 나타날 수 있다.

17 오존과 오존층에 관한 내용으로 옳지 않은 것은?

① 1돕슨단위는 지구 대기 중의 오존총량을 0℃, 1atm에서 두께로 환산했을 때 0.01mm에 상당하는 양이다.
② 대기 중의 오존 배경농도는 0.01~0.04ppm 정도이다.
③ 오존의 생성과 소멸이 계속적으로 일어나면서 오존층의 오존 농도가 유지된다.
④ 오존층은 성층권에서 오존의 농도가 가장 높은 지상 50~60km 구간을 말한다.

18 부피가 100m^3인 복사실에서 분당 0.2mg의 오존을 배출하는 복사기를 연속적으로 사용하고 있다. 복사기를 사용하기 전 복사실의 오존 농도가 0.1ppm일 때, 복사기를 5시간 사용한 후 복사실의 오존 농도(ppb)는? (단, 0℃, 1기압 기준, 환기를 고려하지 않음)

① 260　② 380
③ 420　④ 520

19 인체에 다음과 같은 피해를 유발하는 오염물질은?

> 헤모글로빈의 기본요소인 포르피린고리의 형성을 방해함으로써 인체 내 헤모글로빈의 형성을 억제하여 빈혈이 발생할 수 있다.

① 다이옥신 ② 납
③ 망간 ④ 바나듐

20 다음 중 복사역전이 가장 발생하기 쉬운 조건은?
① 하늘이 흐리고, 바람이 강하며, 습도가 낮을 때
② 하늘이 흐리고, 바람이 약하며, 습도가 높을 때
③ 하늘이 맑고, 바람이 강하며, 습도가 높을 때
④ 하늘이 맑고, 바람이 약하며, 습도가 낮을 때

2과목 연소공학

21 다음 내용과 관련 있는 무차원수는? (단, μ : 점성계수, ρ : 밀도, D : 확산계수)

> • 정의 : $\dfrac{\mu}{\rho D}$
> • 의미 : $\dfrac{운동량의 확산속도}{물질의 확산속도}$

① Schmidt number ② Nusselt number
③ Grashof number ④ Karlovitz number

22 어떤 연료의 배출가스가 CO_2 : 13%, O_2 : 6.5%, N_2 : 80.5%로 이루어졌을 때, 과잉공기계수는? (단, 연료는 완전 연소 됨)
① 1.54 ② 1.44
③ 1.34 ④ 1.24

23 연료의 연소과정에서 공기비가 너무 낮은 경우 발생하는 현상은?
① CO, 매연의 발생량이 증가한다.
② 연소실 내의 온도가 감소한다.
③ SO_x, NO_x 발생량이 증가한다.
④ 배출가스에 의한 열손실이 증가한다.

24 연료의 일반적인 특징으로 옳은 것은?
① 석탄의 휘발분이 많을수록 매연발생량이 적다.
② 공기의 산소농도가 높을수록 석탄의 착화온도가 낮다.
③ C/H비가 클수록 이론공연비가 증가한다.
④ 중유는 점도를 기준으로 A, B, C 중유로 구분할 수 있으며 이중 A 중유의 점도가 가장 높다.

25 다음 중 착화온도가 가장 높은 연료는?
① 수소 ② 휘발유
③ 무연탄 ④ 목재

26 굴뚝 배출가스 중의 HCl 농도가 200ppm이다. 세정기를 사용하여 배출가스 중의 HCl 농도를 32mg/m³으로 저감했을 때, 세정기의 HCl 제거효율(%)은? (단, 0℃, 1atm 기준)
① 75 ② 80
③ 85 ④ 90

27 석탄의 유동층 연소방식에 관한 설명으로 옳지 않은 것은?
① 부하변동에 적응력이 낮다.
② 유동매체의 손실로 인한 보충이 필요하다.
③ 유동매체를 석회석으로 할 경우 로 내에서 탈황이 가능하다.
④ 공기소비량이 많아 화격자 연소장치에 비해 배출가스량이 많은 편이다.

28 디젤기관의 노킹현상을 방지하기 위한 방법으로 옳은 것은?

① 착화지연기간을 증가시킨다.
② 세탄가가 낮은 연료를 사용한다.
③ 압축비와 압축압력을 높게 한다.
④ 연료 분사개시 때 분사량을 증가시킨다.

29 기체연료의 특징으로 옳지 않은 것은?

① 적은 과잉공기로 완전 연소가 가능하다.
② 연료의 예열이 쉽고 연소 조절이 비교적 용이하다.
③ 공기와 혼합하여 점화할 때 누설에 의한 역화·폭발 등의 위험이 크다.
④ 운송이나 저장이 편리하고 수송을 위한 부대설비 비용이 액체연료에 비해 적게 소요된다.

30 수소 8%, 수분 2%로 구성된 고체연료의 고발열량이 8,000kcal/kg일 때, 이 연료의 저발열량(kcal/kg)은?

① 7,984   ② 7,779
③ 7,556   ④ 6,835

31 반응물의 농도가 절반으로 감소하는데 1,000s가 걸렸을 때, 반응물의 농도가 초기의 1/250으로 감소할 때까지 걸리는 시간(s)은? (단, 1차 반응 기준)

① 6,650   ② 6,966
③ 7,470   ④ 7,966

32 일반적인 디젤기관의 특징으로 옳지 않은 것은?

① 가솔린기관에 비해 납 발생량이 적은 편이다.
② 압축비가 높아 가솔린기관에 비해 소음과 진동이 큰 편이다.
③ NO_x는 가속 시 특히 많이 배출되며 HC는 감속 시 특히 많이 배출된다.
④ 연료를 공기와 혼합하여 실린더에 흡입, 압축시킨 후 점화플러그에 의해 강제로 연소 폭발시키는 방식이다.

33 C : 85%, H : 10%, O : 3%, S : 2%의 무게비로 구성된 액체연료를 1.3의 공기비로 완전 연소할 때 발생하는 실제 습연소가스량(Sm^3/kg)은?

① 8.6   ② 9.8
③ 10.4   ④ 13.8

34 C : 85%, H : 7%, O : 5%, S : 3%의 무게비로 구성된 중유의 이론적인 $(CO_2)max$(%)는?

① 9.6   ② 12.6
③ 17.6   ④ 20.6

35 확산형 가스버너 중 포트형에 관한 내용으로 옳지 않은 것은?

① 포트 입구의 크기가 작으면 슬래그가 부착하여 막힐 우려가 있다.
② 기체연료와 연소용 공기를 버너 내에서 혼합시킨 뒤 로 내에 주입시킨다.
③ 밀도가 큰 공기 출구는 상부에, 밀도가 작은 가스 출구는 하부에 배치되도록 한다.
④ 버너 자체가 로 벽과 함께 내화벽돌로 조립되어 로 내부에 개구된 것으로 가스와 공기를 함께 가열할 수 있는 장점이 있다.

36 기체연료의 연소형태로 옳은 것은?

① 증발연소   ② 표면연소
③ 분해연소   ④ 예혼합연소

37 부탄가스를 완전 연소시킬 때, 부피 기준 공기연료비(AFR)는?

① 15.23
② 20.15
③ 30.95
④ 60.46

38 COM(coal oil mixture) 연료의 연소에 관한 내용으로 옳지 않은 것은?

① 재와 매연 발생 등의 문제점을 갖는다.
② 중유만을 사용할 때보다 미립화 특성이 양호하다.
③ 중유전용 보일러를 사용하는 곳에 별도의 개조 없이 사용할 수 있다.
④ 화염길이는 미분탄연소에 가깝고 화염안정성은 중유연소에 가깝다.

39 가동(이동식)화격자의 일반적인 특징으로 옳지 않은 것은?

① 역동식화격자는 폐기물의 교반 및 연소조건이 불량하여 소각효율이 낮다.
② 회전로울러식화격자는 여러 개의 드럼을 횡축으로 배열하고 폐기물을 드럼의 회전에 따라 순차적으로 이송한다.
③ 병렬요동식화격자는 고정화격자와 가동화격자를 횡방향으로 나란히 배치하고 가동화격자를 전·후로 왕복 운동시킨다.
④ 계단식화격자는 고정화격자와 가동화격자를 교대로 배치하고 가동화격자를 왕복운동시켜 폐기물을 이송한다.

40 황의 농도가 3wt%인 중유를 매일 100kL씩 사용하는 보일러에 황의 농도가 1.5wt%인 중유를 30% 섞어 사용할 때, SO_2 배출량(kL)은 몇 % 감소하는가? (단, 중유의 황 성분은 모두 SO_2로 전환, 중유의 비중은 1.0)

① 30%
② 25%
③ 15%
④ 10%

3과목 대기오염방지기술

41 유체의 흐름에서 레이놀즈(Reynolds) 수와 관련이 가장 적은 것은?

① 관의 직경
② 유체의 속도
③ 관의 길이
④ 유체의 밀도

42 분무탑에 관한 설명으로 옳지 않은 것은?

① 구조가 간단하고 압력손실이 작은 편이다.
② 침전물이 생기는 경우에 적합하고 충전탑에 비해 설비비, 유지비가 적게 든다.
③ 분무에 상당한 동력이 필요하고 가스 유출시 비말 동반의 위험이 있다.
④ 가스분산형 흡수장치로 CO, NO, N_2 등의 용해도가 낮은 가스에 적용된다.

43 자동차 배출가스 중의 질소산화물을 선택적 촉매 환원법으로 처리할 때 사용되는 환원제로 적합하지 않은 것은?

① CO_2
② NH_3
③ H_2
④ H_2S

44 다음 먼지의 입경 측정방법 중 직접측정법은?

① 현미경측정법
② 관성충돌법
③ 액상침강법
④ 광산란법

45 여과집진장치를 사용하여 배출가스의 먼지 농도를 10g/m³에서 0.5g/m³으로 감소시키고자 한다. 여과집진장치의 먼지부하가 300g/m²이 되었을 때 탈진할 경우, 탈진주기(min)는? (단, 겉보기 여과속도는 2cm/s)

① 26　　② 34
③ 43　　④ 46

46 집진효율이 90%인 전기집진장치의 집진면적을 2배로 증가시켰을 때, 집진효율(%)은? (단, Deutsch-Anderson식 적용, 기타 조건은 동일)

① 93　　② 95
③ 97　　④ 99

47 먼지의 입경분포(누적분포)를 나타내는 식은?

① Rayleigh 분포식
② Freundlich 분포식
③ Rosin-Rammler 분포식
④ Cunningham 분포식

48 먼지의 폭발에 관한 설명으로 옳지 않은 것은?

① 비표면적이 큰 먼지일수록 폭발하기 쉽다.
② 산화속도가 빠르고 연소열이 큰 먼지일수록 폭발하기 쉽다.
③ 가스 중에 분산·부유하는 성질이 큰 먼지일수록 폭발하기 쉽다.
④ 대전성이 작은 먼지일수록 폭발하기 쉽다.

49 여과집진장치의 탈진방식 중 간헐식에 관한 설명으로 옳지 않은 것은?

① 간헐식 중 진동형은 여포의 음파진동, 횡진동, 상하진동에 의해 포집된 먼지를 털어내는 방식으로 점착성 먼지에는 사용할 수 없다.
② 집진실을 여러 개의 방으로 구분하고 방 하나씩 처리가스의 흐름을 차단하여 순차적으로 탈진하는 방식이다.
③ 간헐식 중 역기류형은 여포의 먼지를 0.03~0.10초 정도의 짧은 시간 내에 높은 충격 분출압을 주어 제거하는 방식이다.
④ 연속식에 비해 먼지의 재비산이 적고 높은 집진효율을 얻을 수 있다.

50 다음은 어떤 법칙에 관한 내용인가?

> 휘발성인 에탄올을 물에 녹인 용액의 증기압은 물의 증기압보다 높다. 그러나 비휘발성인 설탕을 물에 녹인 용액인 설탕물의 증기압은 물보다 낮다.

① 헨리의 법칙　　② 렌츠의 법칙
③ 샤를의 법칙　　④ 라울의 법칙

51 회전식 세정집진장치에서 직경이 10cm인 회전판이 9620rpm으로 회전할 때 형성되는 물방울의 직경(μm)은?

① 93　　② 104
③ 208　　④ 316

52 유해가스 처리에 사용되는 흡수액의 조건으로 옳지 않은 것은?

① 용해도가 커야 한다.
② 휘발성이 작아야 한다.
③ 점성이 커야 한다.
④ 용매와 화학적 성질이 비슷해야 한다.

53. 지름이 20㎝, 유효높이가 3m인 원통형 백필터를 사용하여 배출가스 4m³/s를 처리하고자 한다. 여과속도를 0.04m/s로 할 때, 필요한 백필터의 개수는?
① 53
② 54
③ 70
④ 71

54. 처리가스량이 10^6m³/h, 입구 먼지농도가 2g/m³, 출구 먼지농도가 0.4g/m³, 총 압력손실이 72mmH₂O일 때, blower의 소요동력(㎾)은?
① 425
② 375
③ 245
④ 187

55. 탈취방법 중 수세법에 관한 설명으로 옳지 않은 것은?
① 용해도가 높고 친수성 극성기를 가진 냄새성분의 제거에 사용할 수 있다.
② 주로 분뇨처리장, 계란건조장, 주물공장 등의 악취 제거에 적용된다.
③ 수온변화에 따라 탈취효과가 크게 달라지는 것이 단점이다.
④ 조작이 간단하며 처리효율이 우수하여 주로 단독으로 사용된다.

56. 다이옥신 제어방법에 관한 설명으로 옳지 않은 것은?
① 250~340㎚의 자외선을 조사하여 다이옥신을 분해할 수 있다.
② 다이옥신의 발생을 억제하기 위해 PVC, PCB가 포함된 제품을 소각하지 않는다.
③ 소각로에서 접촉촉매산화를 유도하기 위해 철, 니켈 성분을 함유한 쓰레기를 투입한다.
④ 다이옥신은 저온에서 재생될 수 있으므로 소각로를 고온으로 유지해야 한다.

57. 다음 중 알칼리용액을 사용한 처리가 가장 적합하지 않은 오염물질은?
① HCl
② Cl₂
③ HF
④ CO

58. 원심력 집진장치에 블로우 다운(blow down)을 적용하여 얻을 수 있는 효과에 해당하지 않는 것은?
① 유효 원심력 감소를 통한 운영비 절감
② 원심력 집진장치 내의 난류억제
③ 포집된 먼지의 재비산 방지
④ 원심력 집진장치 내의 먼지부착에 의한 장치폐쇄 방지

59. 복합 국소배기장치에 사용되는 댐퍼조절평형법(또는 저항조절평형법)의 특징으로 옳지 않은 것은?
① 오염물질 배출원이 많아 여러 개의 가지 덕트를 주 덕트에 연결할 필요가 있을 때 주로 사용한다.
② 덕트의 압력손실이 클 때 주로 사용한다.
③ 공정 내에 방해물이 생겼을 때 설계변경이 용이하다.
④ 설치 후 송풍량 조절이 불가능하다.

60. 후드의 설치 및 흡인에 관한 내용으로 옳지 않은 것은?
① 발생원에 최대한 접근시켜 흡인한다.
② 주 발생원을 대상으로 국부적인 흡인방식을 취한다.
③ 후드의 개구면적을 넓게 한다.
④ 충분한 포착속도(capture velocity)를 유지한다.

4과목 대기오염공정시험기준(방법)

61 자외선/가시선 분광법에 따라 10mm 셀을 사용하여 측정한 시료의 흡광도가 0.1이었다. 동일한 시료에 대해 동일한 조건에서 20mm 셀을 사용하여 측정한 흡광도는?

① 0.05
② 0.10
③ 0.12
④ 0.20

62 대기오염공정시험기준 총칙 상의 시험기재 및 용어에 관한 내용으로 옳지 않은 것은?

① 시험조작 중 "즉시"란 30초 이내에 표시된 조작을 하는 것을 뜻한다.
② "정확히 단다"라 함은 규정한 양의 검체를 취하여 분석용 저울로 0.1mg까지 다는 것을 뜻한다.
③ 액체성분의 양을 "정확히 취한다"라 함은 메스피펫, 메스실린더 또는 이와 동등 이상의 정도를 갖는 용량계를 사용하여 조작하는 것을 뜻한다.
④ "항량이 될 때까지 건조한다"라 함은 따로 규정이 없는 한 보통의 건조방법으로 1시간 더 건조 또는 강열할 때 전후 무게의 차가 매 g당 0.3mg 이하일 때를 뜻한다.

63 다음 중 여과재로 "카아보란덤"을 사용하는 분석대상물질은?

① 비소
② 브로민
③ 벤젠
④ 이황화탄소

64 기체 중의 오염물질 농도를 mg/m³로 표시했을 때 m³이 의미하는 것은?

① 100℃, 1atm에서의 기체용적
② 표준상태에서의 기체용적
③ 상온에서의 기체용적
④ 절대온도, 절대압력 하에서의 기체용적

65 환경대기 중의 아황산가스 측정방법에 해당하지 않는 것은?

① 적외선형광법
② 용액전도율법
③ 불꽃광도법
④ 흡광차분광법

66 이온크로마토그래프의 일반적인 장치 구성을 순서대로 나열한 것은?

① 펌프 – 시료주입장치 – 용리액조 – 분리관 – 검출기 – 써프렛서
② 용리액조 – 펌프 – 시료주입장치 – 분리관 – 써프렛서 – 검출기
③ 시료주입장치 – 펌프 – 용리액조 – 써프렛서 – 분리관 – 검출기
④ 분리관 – 시료주입장치 – 펌프 – 용리액조 – 검출기 – 써프렛서

67 배출가스 중의 휘발성유기화합물(VOCs) 시료채취 방법에 관한 내용으로 옳지 않은 것은?

① 흡착관법의 시료채취량은 1~5L 정도로, 시료흡입속도 100~250mL/min 정도로 한다.
② 흡착관법에서 누출시험을 실시한 후 시료를 도입하기 전에 가열한 시료채취관 및 연결관을 시료로 충분히 치환해야 한다.
③ 시료채취주머니방법에 사용되는 시료채취주머니는 빛이 들어가지 않도록 차단해야 하며 시료채취 이후 24시간 이내에 분석이 이루어지도록 해야 한다.
④ 시료채취주머니방법에 사용되는 시료채취주머니는 새 것을 사용하는 것을 원칙으로 하되 재사용하는 경우 수소나 아르곤가스를 채운 후 6시간 동안 놓아둔 후 퍼지(purge)시키는 조작을 반복해야 한다.

68 환경대기 중의 유해 휘발성유기화합물을 고체흡착 용매추출법으로 분석할 때 사용하는 추출용매는?

① CS_2
② PCB
③ C_2H_5OH
④ C_6H_{14}

69 대기오염공정시험기준 총칙 상의 온도에 관한 내용으로 옳지 않은 것은?

① 상온은 15~25℃, 실온은 1~35℃로 한다.
② 온수는 60~70℃, 열수는 약 100℃를 말한다.
③ 찬 곳은 따로 규정이 없는 한 0~30℃의 곳을 뜻한다.
④ 냉후(식힌 후)라 표시되어 있을 때는 보온 또는 가열 후 실온까지 냉각된 상태를 뜻한다.

70 환경대기 중의 다환방향족탄화수소류를 기체크로마토그래피/질량분석법으로 분석할 때 사용되는 용어에 관한 설명 중 (   ) 안에 알맞은 것은?

> (   )은 추출과 분석 전에 각 시료, 바탕시료, 매체시료(matrix-spiked)에 더해지는 화학적으로 반응성이 없는 환경시료 중에 없는 물질을 말한다.

① 절대표준물질
② 외부표준물질
③ 매체표준물질
④ 대체표준물질

71 4-아미노안티피린 용액과 핵사사이아노철(Ⅲ)산포타슘 용액을 순서대로 가해 얻어진 적색액의 흡광도를 측정하여 농도를 계산하는 오염물질은?

① 배출가스 중 페놀화합물
② 배출가스 중 브로민화합물
③ 배출가스 중 에틸렌옥사이드
④ 배출가스 중 다이옥신 및 퓨란류

72 굴뚝 내부 단면의 가로길이가 2m, 세로길이가 1.5m일 때, 굴뚝의 환산직경(m)은? (단, 굴뚝 단면은 사각형이며, 상·하 면적이 동일함)

① 1.5
② 1.7
③ 1.9
④ 2.0

73 원자흡수분광광도법에서 사용하는 용어 정의로 옳지 않은 것은?

① 충전가스 : 중공음극램프에 채우는 가스
② 선프로파일 : 파장에 대한 스펙트럼선의 폭을 나타내는 곡선
③ 공명선 : 원자가 외부로부터 빛을 흡수했다가 다시 먼저 상태로 돌아갈 때 방사하는 스펙트럼선
④ 역화 : 불꽃의 연소속도가 크고 혼합기체의 분출속도가 작을 때 연소현상이 내부로 옮겨 지는 것

74 유류 중의 황함유량 분석 방법 중 방사선여기법에 관한 내용으로 옳지 않은 것은?

① 여기법 분석계의 전원 스위치를 넣고 1시간 이상 안정화시킨다.
② 석유 제품의 시료채취 시 증기의 흡입은 될 수 있는 한 피해야 한다.
③ 시료에 방사선을 조사하고 여기된 황 원자에서 발생하는 γ선의 강도를 측정한다.
④ 시료를 충분히 교반한 후 준비된 시료셀에 기포가 들어가지 않도록 주의하여 액 층의 두께가 5~20mm가 되도록 시료를 넣는다.

75 환경대기 중의 금속화합물 분석을 위한 주시험방법은?

① 원자흡수분광광도법
② 자외선/가시선분광법
③ 이온크로마토그래피법
④ 비분산적외선광분석법

76 굴뚝 배출가스 중의 질소산화물을 연속적으로 자동 측정하는데 사용되는 자외선흡수분석계의 구성에 관한 내용으로 옳지 않은 것은?

① 광원 : 중수소방전관 또는 중압수은 등을 사용한다.
② 시료셀 : 시료가스가 연속적으로 흘러갈 수 있는 구조로 되어 있으며 그 길이는 200~500mm이고 셀의 창은 자외선 및 가시광선이 투과할 수 있는 재질이어야 한다.
③ 광학필터 : 프리즘과 회절격자 분광기 등을 이용하여 자외선 또는 적외선 영역의 단색광을 얻는 데 사용된다.
④ 합산증폭기 : 신호를 증폭하는 기능과 일산화질소 측정파장에서 아황산가스의 간섭을 보정하는 기능을 가지고 있다.

77 굴뚝에서 배출되는 건조배출가스의 유량을 연속적으로 자동 측정하는 방법에 관한 내용으로 옳지 않은 것은?

① 유량 측정방법에는 피토관, 열선유속계, 와류유속계를 사용하는 방법이 있다.
② 와류유속계를 사용할 때에는 압력계와 온도계를 유량계 상류 측에 설치해야 한다.
③ 건조배출가스 유량은 배출되는 표준상태의 건조배출가스량[Sm^3(5분 적산치)]으로 나타낸다.
④ 열선유속계를 사용하는 방법으로 시료채취부는 열선과 지주 등으로 구성되어 있으며 열선으로 텅스텐이나 백금선 등이 사용된다.

78 굴뚝 단면이 상·하 동일 단면적의 원형인 경우 굴뚝 배출시료 측정점에 관한 설명으로 옳지 않은 것은?

① 굴뚝 직경이 1.5m인 경우 측정점수는 8점이다.
② 굴뚝 직경이 3m인 경우 반경 구분수는 3이다.
③ 굴뚝 직경이 4.5m를 초과할 경우 측정점수는 20점이다.
④ 굴뚝 단면적이 $1m^2$ 이하로 소규모일 경우 굴뚝 단면의 중심을 대표점으로 하여 1점만 측정한다.

79 비분산적외선분광분석법에서 사용하는 용어 정의로 옳지 않은 것은?

① 정필터형 : 측정성분이 흡수되는 적외선을 그 흡수파장에서 측정하는 방식
② 비분산 : 빛을 프리즘이나 회절격자와 같은 분산소자에 의해 분산하지 않는 것
③ 비교가스 : 시료 셀에서 적외선 흡수를 측정하는 경우 대조가스로 사용하는 것으로 적외선을 흡수하지 않는 가스
④ 반복성 : 동일한 방법과 조건에서 동일한 분석계를 사용하여 여러 측정대상을 장시간에 걸쳐 반복적으로 측정하는 경우 각각의 측정치가 일치하는 정도

80 기체크로마토그래피의 고정상 액체가 만족시켜야 할 조건에 해당하지 않는 것은?

① 화학적 성분이 일정해야 한다.
② 사용온도에서 점성이 작아야 한다.
③ 사용온도에서 증기압이 높아야 한다.
④ 분석대상 성분을 완전히 분리할 수 있어야 한다.

5과목 대기환경관계법규

81 대기환경보전법령상 사업장별 환경기술인의 자격기준에 관한 내용으로 옳지 않은 것은?

① 4종사업장과 5종사업장 중 기준 이상의 특정대기유해물질이 포함된 오염물질을 배출하는 경우 3종사업장에 해당하는 기술인을 두어야 한다.
② 1종사업장과 2종사업장 중 1개월 동안 실제 작업한 날만을 계산하여 1일 평균 17시간 이상 작업하는 경우 해당 사업장의 기술인을 각각 2명 이상 두어야 한다.
③ 대기환경기술인이 소음·진동관리법에 따른 소음·진동환경기술인 자격을 갖춘 경우에는 소음·진동환경기술인을 겸임할 수 있다.
④ 전체배출시설에 대해 방지시설 설치 면제를 받은 사업장과 배출시설에서 배출되는 오염물질 등을 공동방지시설에서 처리하는 사업장은 5종사업장에 해당하는 기술인을 둘 수 없다.

82 대기환경보전법령상 대기오염물질 발생량 산정에 필요한 항목에 해당하지 않는 것은?

① 배출시설의 시간당 대기오염물질 발생량
② 일일조업시간
③ 배출허용기준 초과 횟수
④ 연간가동일수

83 대기환경보전법령상 배출부과금 납부의무자가 납부기한 전에 배출부과금을 납부할 수 없다고 인정되어 징수를 유예하거나 그 금액을 분할납부하게 할 수 있는 경우에 해당하지 않는 것은?

① 천재지변으로 사업자의 재산에 중대한 손실이 발생한 경우
② 사업에 손실을 입어 경영상으로 심각한 위기에 처하게 된 경우
③ 배출부과금이 납부의무자의 자본금을 1.5배 이상 초과하는 경우
④ 징수유예나 분할납부가 불가피하다고 인정되는 경우

84 환경정책기본법령상 일산화탄소(CO)의 대기환경기준(ppm)은? (단, 1시간 평균치 기준)

① 0.25 이하
② 0.5 이하
③ 25 이하
④ 50 이하

85 실내공기질 관리법령상 공항시설 중 여객터미널에 대한 라돈의 실내공기질 권고기준은? (단, 단위는 Bq/m^3)

① 100 이하
② 148 이하
③ 200 이하
④ 248 이하

86 대기환경보전법령상 사업자가 스스로 방지시설을 설계·시공하려는 경우 시·도지사에게 제출해야 하는 서류에 해당하지 않는 것은?

① 기술능력 현황을 적은 서류
② 공정도
③ 배출시설의 위치 및 운영에 관한 규약
④ 원료(연료를 포함) 사용량, 제품생산량 및 대기오염물질 등의 배출량을 예측한 명세서

87 대기환경보전법령상 위임업무의 보고 횟수 기준이 '수시'인 업무내용은?

① 환경오염사고 발생 및 조치사항
② 자동차 연료 및 첨가제의 제조·판매 또는 사용에 대한 규제현황
③ 자동차 첨가제의 제조기준 적합여부 검사현황
④ 수입자동차의 배출가스 인증 및 검사현황

88 대기환경보전법령상 1년 이하의 징역이나 1천만원 이하의 벌금에 처하는 경우에 해당하지 않는 것은?

① 배출시설의 설치를 완료한 후 가동개시 신고를 하지 않고 조업한 자
② 환경상의 위해가 발생하여 제조·판매 또는 사용을 규제당한 자동차 연료·첨가제 또는 촉매제를 제조하거나 판매한 자
③ 측정기기 관리대행업의 등록 또는 변경 등록을 하지 않고 측정기기 관리업무를 대행한 자
④ 환경부장관에게 받은 이륜자동차정기검사 명령을 이행하지 않은 자

89 대기환경보전법령상 석탄사용시설의 설치기준에 관한 내용으로 옳지 않은 것은? (단, 유효굴뚝높이가 440m 미만인 경우)

① 배출시설의 굴뚝높이는 100m 이상으로 한다.
② 석탄저장은 옥내저장시설(밀폐형 저장시설 포함) 또는 지하저장시설에 해야 한다.
③ 굴뚝에서 배출되는 아황산가스, 질소산화물, 먼지 등의 농도를 확인할 수 있는 기기를 설치해야 한다.
④ 석탄연소재는 덮개가 있는 차량을 이용하여 운반해야 한다.

90 실내공기질 관리법령의 적용대상에 해당하지 않는 것은?

① 지하역사
② 병상 수가 100개인 의료기관
③ 철도역사의 연면적 1천5백제곱미터인 대합실
④ 공항시설 중 연면적 1천5백제곱미터인 여객터미널

91 대기환경보전법령상 자가측정의 대상·항목 및 방법에 관한 내용으로 옳지 않은 것은?

① 굴뚝 자동측정기기를 설치하여 먼지항목에 대한 자동측정자료를 전송하는 배출구의 경우 매연항목에 대해서도 자가측정을 한 것으로 본다.
② 안전상의 이유로 자가측정이 곤란하다고 인정받은 방지시설설치면제사업장의 경우 대행 기관을 통해 연 1회 이상 자가측정을 해야 한다.
③ 굴뚝 자동측정기기를 설치한 배출구의 경우 자동측정자료를 전송하는 항목에 한정하여 자동측정자료를 자가측정자료에 우선하여 활용해야 한다.
④ 측정대상시설이 중유 등 연료유만을 사용하는 시설인 경우 황산화물에 대한 자가측정은 연료의 황함유분석표로 갈음할 수 있다.

92 대기환경보전법령상 "온실가스"에 해당하지 않는 것은?

① 수소불화탄소 ② 과염소산
③ 육불화황   ④ 메탄

93 대기환경보전법령상 인증을 면제할 수 있는 자동차에 해당하는 것은?

① 항공기 지상 조업용 자동차
② 국가대표 선수용 자동차로서 문화체육관광부 장관의 확인을 받은 자동차
③ 여행자 등이 다시 반출할 것을 조건으로 일시 반입하는 자동차
④ 주한 외국군인의 가족이 사용하기 위해 반입하는 자동차

94 대기환경보전법령상 자동차 운행정지표지의 바탕색은?

① 회색   ② 녹색
③ 노란색 ④ 흰색

95 대기환경보전법령상 자동차연료형 첨가제의 종류에 해당하지 않는 것은? (단, 기타 사항은 고려하지 않음)

① 세탄가첨가제　② 다목적첨가제
③ 청정분산제　　④ 유동성향상제

96 대기환경보전법령상의 용어 정의로 옳지 않은 것은?

① 가스 : 물질이 연소·합성·분해될 때 발생하거나 물리적 성질로 인해 발생하는 기체상물질
② 기후·생태계 변화유발물질 : 지구온난화 등으로 생태계의 변화를 가져올 수 있는 기체상 물질로서 온실가스와 환경부령으로 정하는 것
③ 휘발성유기화합물 : 석유화학제품, 유기용제, 그 밖의 물질로서 관계 중앙행정기관의 장이 고시하는 것
④ 매연 : 연소할 때 생기는 유리탄소가 주가 되는 미세한 입자상물질

97 대기환경보전법령상 초과부과금의 산정에 필요한 오염물질 1kg당 부과금액이 가장 높은 것은?

① 시안화수소　② 암모니아
③ 먼지　　　　④ 이황화탄소

98 악취방지법령상의 용어 정의로 옳지 않은 것은?

① "통합악취"란 두 가지 이상의 악취물질이 함께 작용하여 사람의 후각을 자극하여 불쾌감과 혐오감을 주는 냄새를 말한다.
② "악취배출시설"이란 악취를 유발하는 시설, 기계, 기구, 그 밖의 것으로서 환경부장관이 관계 중앙행정기관의 장과 협의하여 환경부령으로 정하는 것을 말한다.
③ "악취"란 황화수소, 메르캅탄류, 아민류, 그 밖에 자극성이 있는 물질이 사람의 후각을 자극하여 불쾌감과 혐오감을 주는 냄새를 말한다.
④ "지정악취물질"이란 악취의 원인이 되는 물질로서 환경부령으로 정하는 것을 말한다.

99 대기환경보전법령상 특정대기유해물질에 해당하지 않는 것은?

① 프로필렌 옥사이드　② 니켈 및 그 화합물
③ 아크롤레인　　　　④ 1,3-부타디엔

100. 악취방지법령상 지정악취물질과 배출허용기준, 엄격한 배출허용기준 범위의 연결이 옳지 않은 것은? (단, 공업지역 기준)

구분	지정악취물질	배출허용 기준(ppm)	엄격한 배출허용기준 범위(ppm)
㉠	톨루엔	30 이하	10 ~ 30
㉡	프로피온산	0.07 이하	0.03 ~ 0.07
㉢	스타이렌	0.8 이하	0.4 ~ 0.8
㉣	뷰틸아세테이트	5 이하	1 ~ 5

① ㉠　② ㉡
③ ㉢　④ ㉣

UNIT 01 최신 CBT 대기환경(산업)기사 1회 필기

1과목 대기오염개론

01. 다음 중 다이옥신에 관한 설명으로 가장 거리가 먼 것은?

① 가장 유독한 다이옥신은 2,3,7,8-tetrachlcrodi-benzo-p-diospin 으로 알려져 있다.
② PCDF계는 75개, PCDD계는 135개의 동족체가 존재한다.
③ 벤젠 등에 용해되는 지용성으로서 열적안정성이 좋다.
④ 유기성 고체물질로서 용출실험에 의해서도 거의 추출되지 않는 특징을 가지고 있다.

02. 다음 특정물질 중 오존 파괴지수가 가장 큰 것은?

① Halon-1211
② Halon-1301
③ CCl_4
④ HCPC-22

03. 다음 각종 환경관련 국제협약(조약)에 관한 주요 내용으로 옳지 않은 것은?

① 몬트리올의정서: 오존층 파괴물질인 염화불화탄소의 생산과 사용규제를 위한 협약
② 바젤협약: 폐기물의 해양투기로 인한 해양오염을 방지하기 위한 협약
③ 람사협약: 자연자원의 보전과 현명한 이용을 위한 습지보전 협약
④ CITES: 멸종위기에 처한 야생동식물의 보호를 위한 협약

04. 광화학반응에 관한 설명으로 가장 거리가 먼 것은?

① SO_2는 대류권에서 쉽게 광분해되며, 파장 360nm 이하와 510nm~550nm에서 강한 흡수를 보인다.
② NO_2는 파장 420nm 이상의 가시광선에 의해 NO와 O로 광분해된다.
③ 알데히드는 파장 313nm 이하에서 광분해한다.
④ 케톤은 파장 300~700nm에서 약한 흡수를 하여 광분해한다.

05. 다음 중 온실효과(Green House Effect)에 관한 설명으로 옳지 않은 것은?

① 온실효과에 대한 기여도는 CO_2 > CH_4 이다.
② 온실가스들은 각각 적외선 흡수대가 있으며, O_3의 주요흡수대는 파장 13~17μm 정도이다.
③ 온실가스들은 각각 적외선 흡수대가 있으며, CH_4와 N_2O의 주요흡수대는 파장 7~8μm 정도이다.
④ 교토의정서는 기후변화협약에 따른 온실가스감축과 관련한 국제협약이다.

06. 지표높이 5m에서의 풍속이 4m/s일 때 상공의 풍속이 6m/s가 되는 위치의 높이는? (단, 풍속지수는 0.28, Deacon법칙 적용)

① 약 15m
② 약 21m
③ 약 33m
④ 약 43m

07. 다음이 설명하는 굴뚝 연기 형태는?

> 굴뚝의 높이보다도 더 낮게 지표 가까이에 역전층이 이루어져 있고, 그 상공에는 대기가 비교적 불안정 상태일 때 발생한다. 따라서 이러한 조건은 주로 고기압 지역에서 하늘이 맑고 바람이 약한 경우에 발생하기 쉽다.

① Looping　② Lofting
③ Fumigation　④ Coning

08. B-C유 보일러 배출가스 중 SO_2농도가 표준상태에서 560ppm으로 측정되었다면 같은 조건에서는 몇 mg/Sm^3인가?

① 392　② 1,600
③ 3,200　④ 3,870

09. 다음 역사적 대기오염사건 중 주로 자동차 배출가스의 광화학반응으로 생긴 사건은?

① 런던사건　② 도노라사건
③ 보팔사건　④ 로스엔젤레스사건

10. 다음 중 분산모델의 특징으로 가장 거리가 먼 것은?

① 지형 및 오염원의 조업조건에 영향을 받는다.
② 2차 오염원의 확인이 가능하다.
③ 점, 선, 면 오염원의 영향을 평가할 수 있다.
④ 지형, 기상학적 정보 없이도 사용 가능하다.

11. Aerodynamic diameter의 정의로 가장 적합한 것은?

① 본래의 먼지보다 침강속도가 작은 구형입자의 직경
② 본래의 먼지와 침강속도가 동일하며, 밀도 1g/cm^3인 구형입자의 직경
③ 본래의 먼지와 밀도 및 침강속도가 동일한 구형입자의 직경
④ 본래의 먼지보다 침강속도가 큰 구형입자의 직경

12. 체적이 100m^3인 지하 복사실의 공간에서 오존의 배출량이 0.2mg/min인 복사기를 연속으로 작동하고 있다. 복사기를 사용하기 전의 실내 오존의 농도가 0.05ppm이라고 할 때 6시간 사용 후 오존농도는?(단, 표준상태 기준)

① 283ppb　② 386ppb
③ 430ppb　④ 520ppb

13. 다음은 라돈에 관한 설명이다. ( )안에 알맞은 것은?

> 라돈은 (①)의 기체이며, 그 반감기는 (②)으로 라듐의 핵분열시 생성되는 물질이다.

① ① 무색, 무취　② 2.5일간
② ① 무색, 무취　② 3.8일간
③ ① 적갈색, 자극성　② 2.5일간
④ ① 적갈색, 자극성　② 3.8일간

14. 흑체에서 복사되는 에너지 중 파장 λ와 λ+△λ사이에 들어있는 에너지량(Eλ)을 아래 식으로 표현하는 것과 관련한 법칙은?

> $E\lambda = C_1 \lambda^{-5}[\exp(C_2/\lambda T) - 1]^{-1}$
> (단, T는 흑체의 온도, C_1, C_2는 상수)

① 스테판볼츠만의 법칙
② 비인의 변위법칙
③ 플랑크의 법칙
④ 웨버훼이너의 법칙

15. 굴뚝의 유효고도가 40m이다. 일반적인 조건이 같을 때 최대 지표농도를 절반으로 감소시키려면 유효고도를 얼마만큼 증가시켜야 하는가?

① 약 10m　② 약 17m
③ 약 22m　④ 약 28m

16. 일산화탄소에 관한 설명으로 가장 거리가 먼 것은?

① 난용성이므로 강우에 의한 영향을 거의 받지 않는다.
② 대기 중에서 일산화탄소의 평균 체류시간은 발생량과 대기 중 평균농도로부터 5~10년 정도로 추정된다.
③ 침강성역전은 고기압권내에서 공기가 하강하에 생기며, 주·야 구분없이 발생할 수 있다.
④ 방사성역전은 밤과 아침사이에 지표면이 냉각되어 공기온도가 낮아시기 때문에 발생한다.

17. 다음 대기오염물질 중 2차 오염물질에 해당하는 것은?

① SiO_2 ② H_2O_2
③ 방향족 탄화수소 ④ CO_2

18. 열섬효과(heat island effect)에 관한 설명으로 옳지 않은 것은?

① 도시 외곽지역에서는 도시중심지역에 비하여 고온의 공기층을 형성하게 되는데 이를 열섬(heat island)현상이라 한다.
② 도시지역과 교외지역은 풍속이나 대기안정도의 특성이 서로 다르고, 열섬의 규모와 현상은 시공간적으로 다양하게 나타난다.
③ 열섬현상의 원인으로서는 인공열 발생증가, 건물 등 구조물에 의한 거칠기 변화, 지표면에서의 증발잠열 차이 등이다.
④ 도시지역에서의 풍속은 교외지역에 비하여 평균적으로 25~30% 감소하며, 대기오염물질이 응결핵으로 작용하여 운량과 강우량의 증가 현상이 나타날 수 있다.

19. A사업장 굴뚝에서의 암모니아 배출가스가 $30mg/m^3$로 일정하게 배출되고 있는데, 향후 이 지역 암모니아 배출허용기준이 20ppm으로 강화될 예정이다. 방지시설을 설치하여 강화된 배출허용기준치의 70%로 유지하고자 할 때, 이 굴뚝에서 방지시설을 설치하여 저감해야 할 암모니아의 농도는 몇 ppm 인가?

① 11.5ppm ② 16.8ppm
③ 20.8ppm ④ 25.5ppm

20. 오염물질의 피해에 관한 설명 중 [보기]에 가장 적합한 것은?

> [보기]
> • 섬유의 인장강도를 아주 크게 떨어뜨리는 물질로 알려져 있다.
> • 이 물질의 미세한 액적이 나일론 섬유에 침적하여 섬유의 강도를 약화시킨다.
> • 셀룰로우즈 섬유, 면(cotton), 레이온 등에 피해를 입힌다.

① 라돈 ② 오존
③ 황산화물 ④ 이산화질소

2과목 연소공학

21. 석탄의 탄화도가 증가하면 감소하는 것은?

① 착화온도 ② 비열
③ 발열량 ④ 고정탄소

22. 프로판의 고발열량이 $20000kcal/Sm^3$이라면 저발열량($kcal/Sm^3$)은?

① 17,240 ② 17,820
③ 18,080 ④ 18,430

23. 중유 1kg 중 C 86%, H 12%, S 2%가 포함되어 있었고, 배출가스 성분을 분석한 결과 CO_2 13%, O_2 3.5% 이었다. 건조연소가스량(Gd, Sm^3/kg)은?

① 9.5 ② 10.2
③ 12.4 ④ 16.4

24. 고압기류 분무식 버너의 특징으로 거리가 먼 것은?

① 분무각도는 60°정도로 크고, 유량조절범위는 1:3 정도로 부하변동에 대한 적응이 어렵다.
② 2~8kg/cm^2 정도의 고압공기를 사용하여 연료유를 무화시키는 방식이다.
③ 연료유의 점도가 커도 분무화가 용이한 편이다.
④ 분무에 필요한 1차 공기량은 이론연소 공기량의 7~12% 정도이면 된다.

25. 프로판과 부탄이 부피비 2 : 1로 혼합된 가스 1 Sm^3을 이론적으로 완전연소시킬 때 발생되는 예상 CO_2의 양(Sm^3)은?

① 약 2.0Sm^3 ② 약 3.3Sm^3
③ 약 4.4Sm^3 ④ 약 5.6Sm^3

26. 조성이 메탄 50%, 에탄 30%, 프로판 20%인 혼합가스의 폭발범위로 가장 적합한 것은?(단, 메탄의 폭발범위 5~15%, 에탄의 폭발범위 3~12.5%, 프로판의 폭발범위 2.1~9.5%, 르샤틀리에의 식 적용)

① 1.2~8.6% ② 1.9~9.6%
③ 2.5~10.8% ④ 3.4~12.8%

27. 1000초 동안 반응물의 1/2이 분해되었다면 반응물이 1/250이 남을 때까지는 얼마의 시간이 필요한가?(단, 1차 반응 기준)

① 약 6650초 ② 약 6950초
③ 약 7470초 ④ 약 7970초

28. 공기비가 클 경우 일어나는 현상에 관한 설명으로 옳지 않은 것은?

① SO_2, NO_2 함량이 증가하여 부식 촉진
② 가스폭발의 위험과 매연 증가
③ 배기가스에 의한 열손실 증대
④ 연소실내 연소온도 감소

29. 등가비(Φ)에 관한 설명으로 옳지 않은 것은?

① 공기비(m) = 1/Φ로 나타낼 수 있다.
② Φ = 1 은 완전연소 상태라고 할 수 있다.
③ $\Phi = \dfrac{(실제의 연료량/산화제)}{(완전연소를 위한 이상적 연료량/산화제)}$ 로 나타낼 수 있다.
④ Φ > 1 은 과잉공기 상태로 질소산화물이 증가한다.

30. 매연 발생에 관한 다음 설명 중 가장 거리가 먼 것은?

① -C-C-의 결합을 절단하기보다는 탈수소가 쉬운 쪽이 매연 발생이 어렵다.
② 연료의 C/H 의 비율이 작을수록 매연 발생이 어렵다.
③ 탈수소, 중합 및 고리화합물 등과 같이 반응이 일어나기 쉬운 탄화수소일수록 매연이 잘 생긴다.
④ 분해하기 쉽거나, 산화하기 쉬운 탄화수소는 매연 발생이 적다.

31. 탄소 85%, 수소 15%의 경유 1kg을 공기비 1.2로 연소하는 경우 탄소의 2%가 검댕으로 된다고 하면 실제건연소가스 1Sm^3 중의 검댕의 농도(g/Sm^3)는?

① 약 1.3 ② 약 1.1
③ 약 0.8 ④ 약 0.6

32. 배연탈황을 하지 않는 시설에서 중유 중의 황성분이 중량비로 S(%), 중유사용량이 매시 W(L)이다. 하루 8시간씩 가동한다고 할 때 황산화물의 배출량(Sm³/day)은?(단, 중유의 비중은 0.9 표준상태를 기준으로 하며, 황산화물은 전량 SO_2로 계산한다.)
    ① 0.0063 × S × W
    ② 0.0504 × S × W
    ③ 0.12 × S × W
    ④ 0.224 × S × W

33. 다음 연소의 종류 중 휘발유, 등유, 알콜, 벤젠 등 액체연료의 연소방식에 해당하는 것은?
    ① 자기연소　　② 확산연소
    ③ 증발연소　　④ 표면연소

34. 다음 연료 중 일반적으로 착화온도가 가장 높은 것은?
    ① 목탄　　　　② 무연탄
    ③ 갈탄(건조)　④ 역청탄

35. 탄소 87%, 수소 13%의 연료를 완전연소 시 배기가스를 분석한 결과 O_2는 5% 이었다. 이 때 과잉공기량은?
    ① 1.3 Sm³/kg　　② 3.5 Sm³/kg
    ③ 4.6 Sm³/kg　　④ 6.9 Sm³/kg

36. 다음 중 C/H의 크기순으로 옳게 배열된 것은?
    ① 올레핀계 > 나프틸계 > 아세틸렌 > 프로필렌 > 프로판
    ② 나프틸계 > 올레핀계 > 아세틸렌 > 프로판 > 프로필렌
    ③ 올레핀계 > 나프틸계 > 프로필렌 > 프로판 > 아세틸렌
    ④ 나프틸계 > 아세틸렌 > 올레핀계 > 프로필렌 > 프로판

37. 탄소 1kg 연소시 이론적으로 30,000kcal의 열이 발생하고, 수소 1kg 연소시 이론적으로 34,100kcal의 열이 발생된다면, 에탄 2kg 연소시 이론적으로 발생되는 열량은?
    ① 30,820kcal　　② 55,600kcal
    ③ 61,640kcal　　④ 74,100kcal

38. 다음 중 LPG의 주성분으로 나열된 것은?
    ① C_3H_8, C_4H_{10}　　② C_2H_6, C_3H_6
    ③ CH_4, C_3H_6　　④ CH_4, C_2H_6

39. 부피비로 CH_4 80%, O_2 10%, N_2 10%인 연료가스 1.5Sm³를 완전연소시키기 위해 필요한 이론 공기량(Sm³)은?
    ① 약 7.1Sm³　　② 약 9.0Sm³
    ③ 약 10.7Sm³　　④ 약 14.2Sm³

40. A액체연료를 완전연소한 결과 습연소가스량이 15 Sm³/kg 이었다. 이 연료의 이론공기량이 12Sm³/kg일 때 이론습배출가스량이 13Sm³/kg이었다면 공기비(m)는?
    ① 약 1.01　　② 약 1.17
    ③ 약 1.29　　④ 약 1.57

3과목　대기오염방지기술

41. 배연탈황기술과 거리가 먼 것은?
    ① 석회석 주입법　　② 수소화 탈황법
    ③ 활성산화 망간법　④ 암모니아법

42. 암모니아의 농도가 용적비로 200ppm인 실내공기를 송풍기로 환기시킬 때 실내용적이 4000m³이고, 송풍량이 100m³/min이면 농도를 20ppm으로 감소시키기 위한 시간은?

   ① 82분 ② 92분
   ③ 102분 ④ 112분

43. 전기집진장치 운전 시 역전리 현상의 원인으로 가장 거리가 먼 것은?

   ① 미분탄 연소 시
   ② 입구의 유속이 클 때
   ③ 배가스의 점성이 클 때
   ④ 먼지 비저항이 너무 클 때

44. 중력식 집진장치의 집진율 향상조건에 관한 다음 설명 중 옳지 않은 것은?

   ① 침강실 내 처리가스의 속도가 작을수록 미립자가 포집된다.
   ② 침강실 입구폭이 클수록 유속이 느려지며 미세한 입자가 포집된다.
   ③ 다단일 경우에는 단수가 증가할수록 집진율은 커지나, 압력손실도 증가한다.
   ④ 침강실의 높이가 낮고, 중력장의 길이가 짧을수록 집진율은 높아진다.

45. 여과집진장치의 탈진방식에 관한 설명으로 옳지 않은 것은?

   ① 간헐식의 여포 수명은 연속식에 비해서는 긴 편이고, 점성이 있는 조대먼지를 탈진할 경우
   ② 간헐식은 먼지의 재비산이 적고 높은 집진율을 얻을 수 있다.
   ③ 연속식은 포집과 탈진이 동시에 이루어져 압력손실의 변동이 크므로 저농도, 저용량의 가스처리에 효율적이다.
   ④ 연속식은 탈진 시 먼지의 재비산이 일어나 간헐식에 비해 집진율이 낮고 여과자루의 수명이 짧은 편이다.

46. 연소배출가스가 3,600Sm³/h인 굴뚝에서 정압을 측정하였더니 20mmH₂O였다. 여유율 25%인 송풍기를 사용할 경우 필요한 소요동력은? (단, 송풍기의 정압효율은 80%, 전동기의 효율은 70%로 한다.)

   ① 0.11kW ② 0.2kW
   ③ 0.44kW ④ 9.0kW

47. 헨리의 법칙을 따르는 유해가스가 물속에 2.0kmol/m³만큼 용해되어 있을 때, 분압이 258.4mmH₂O 이었다면, 이 유해가스의 분압이 38mmHg로 될 때 물 속의 유해가스 농도는? (단, 기타 조건은 변화없음)

   ① 10.0kmol/m³ ② 8.0kmol/m³
   ③ 6.0kmol/m³ ④ 4.0kmol/m³

48. 싸이클론 원추하부의 반경이 25cm, 배출가스의 접선속도가 6m/sec일 때 분리계수는?

   ① 14.7 ② 16.9
   ③ 21.3 ④ 24.0

49. 유해가스를 처리하기 위한 흡수액의 구비요건으로 옳지 않은 것은?

   ① 용해도가 높아야 한다.
   ② 휘발성이 커야 한다.
   ③ 점성이 비교적 작아야 한다.
   ④ 용매의 화학적 성질과 비슷해야 한다.

50. A배출시설에서 시간당 배출가스량이 100,000Sm³이고, 배출가스 중 질소산화물의 농도는 350ppm이다. 이 질소산화물을 산소의 공존 하에 암모니아에 의한 선택적 접촉환원법으로 처리할 경우 암모니아의 소요량은 몇 kg/hr 인가? (단, 탈질율은 90%이고, 배출가스 중 질소산화물은 전부 NO로 가정한다.)

① 약 18kg/hr   ② 약 24kg/hr
③ 약 26kg/hr   ④ 약 30kg/hr

51. 광학현미경으로 입자의 투명면적을 이용하여 측정한 먼지 입경 중 입자의 투영면적을 2등분하는 선의 길이로 나타내는 것은?

① Martin 직경   ② Feret 직경
③ 등면적 직경   ④ Heyhood 직경

52. 배출가스 중 황산화물을 처리하기 위해 물을 사용하는 충전탑으로 처리한 결과 순환수의 황산함량이 0.049g/L 이었다. 이 순환수의 pH는?

① 1   ② 2
③ 2.7   ④ 3

53. 유체 내를 입자가 자유낙하할 때 입자의 종말침강속도(terminal settling velocity) 계산 시 관계되는 힘과 가장 거리가 먼 것은?

① 항력   ② 관성력
③ 부력   ④ 중력

54. 기상농도와 액상농도의 평형관계를 나타내는 헨리법칙이 적용되지 않는 기체는?

① O_2 ② N_2
③ CO_2 ④ NH_3

55. 유해가스 처리 시 사용되는 충전탑(Packed tower)에 관한 설명으로 틀린 것은?

① 액분산형 흡수장치로서 충전물의 충전방식을 불규칙적으로 했을 때 접촉면적은 크나, 압력손실이 커진다.
② 충전탑에서 hold-up 이라는 것은 탑의 단위면적당 충전재의 양을 의미한다.
③ 흡수액에 고형물이 함유되어 있는 경우에는 침전물이 생기는 방해를 받는다.
④ 일정양의 흡수액을 흘릴 때 유해가스의 압력손실은 가스속도의 대수값에 비례하며, 가스속도 증가 시 나타나는 첫 번째 파과점을 loading point라 한다.

56. 다음 중 석회석 주입에 의한 황산화물 제거방법으로 옳지 않은 것은?

① 대형보일러에 주로 사용되며, 배기가스의 온도가 떨어지는 단점이 있다.
② 연소로 내에서 아주 짧은 접촉시간과 아황산가스가 석회분말의 표면안으로 침투되기 어려우므로 아황산가스 제거효율이 낮은 편이다.
③ 석회석 값이 저렴하므로 재생하여 쓸 필요가 없고 석회석의 분쇄와 주입에 필요한 장비외에 별도의 부대시설이 크게 필요없다.
④ 배기가스 중 재와 석회석이 반응하여 연소로 내에 달라붙어 압력손실을 증가시키고, 열전달을 낮춘다.

57. 다음은 물리흡착과 화학흡착의 비교표이다. 옳지 않은 것은?

구분	물리흡착	화학흡착
㉠ 온도범위	낮은 온도	대체로 높은 온도
㉡ 흡착층	단일 분자층	여러 층이 가능
㉢ 가역정도	가역성이 높음	가역성이 낮음
㉣ 흡착열	낮음	높음 (반응열 정도)

① ㉠ ② ㉡
③ ㉢ ④ ㉣

58. 후드에서 오염물질을 흡인하는 요령으로 틀린 것은?

① 후드를 발생원에 근접시킨다.
② 국부적인 흡인방식을 택한다.
③ 충분한 포착속도를 유지한다.
④ 후드의 개구면적을 크게 한다.

59. 입구 직경 400mm인 접선유입식 싸이클론으로 함진가스 100m³/min을 처리할 때, 배출가스의 밀도는 1.28kg/m³이고, 압력손실계수가 8이면 싸이클론 내의 압력손실은?

① 83mmH₂O ② 92mmH₂O
③ 114mmH₂O ④ 126mmH₂O

60. 흡착에 의한 유해가스 처리에 있어 돌파현상이 일어날 때 발생하는 현상에 관한 설명으로 가장 적합한 것은?

① 배출가스의 양이 갑자기 감소한다.
② 배출가스의 양이 갑자기 증가한다.
③ 배출가스 중 오염물질 농도가 갑자기 감소한다.
④ 배출가스 중 오염물질 농도가 갑자기 증가한다.

4과목 대기오염공정시험기준(방법)

61. 공정시험기준 중 일반화학분석에 대한 공통적인 사항으로 따로 규정이 없는 경우 사용해야 하는 시약의 규격으로 옳지 않은 것은?

	명칭	농도(%)	비중(약)
㉠	암모니아수	32.0~38.02 (NH₃로서)	1.38
㉡	불화수소산	46.0~48.0	1.14
㉢	브롬화수소산	47.0~49.0	1.48
㉣	과염소산	60.0~62.0	1.54

① ㉠ ② ㉡
③ ㉢ ④ ㉣

62. 어떤 가스크로마토그램에 있어 성분 A의 보유시간은 10분, 파이프 폭은 8mm였다. 이 경우 성분 A의 HETP(1이론 단에 해당하는 분리관의 길이)는? (단, 분리관의 길이는 10m, 기록지의 속도는 매분 10mm)

① 2mm ② 4mm
③ 6mm ④ 8mm

63. 다음 중 굴뚝 배출가스 내의 포름알데히드를 정량할 때 쓰이는 흡수액은?

① 아세틸아세톤 함유 흡수액
② 아연아민착염 함유 흡수액
③ 질산암모늄+황산(1+5)
④ 수산화나트륨용액(0.4W/V%)

64. A굴뚝에서 배출가스의 유속을 측정하기 위하여 피토우관에 비중이 0.85인 붉게 착색된 톨루엔을 넣은 경사마노미터를 연결하여 다음과 같은 결과를 얻었다. 이 경우 배출가스의 유속은?

- 배출가스의 온도 : 180℃
- 피토우관 계수 : 0.86
- 경사마노미터를 이용한 확대율 : 10배
- 경사마노미터의 액주수치 : 60mm
- 굴뚝 내의 배출가스 밀도 : 0.8kg/m³

① 6.5m/s   ② 7.8m/s
③ 8.2m/s   ④ 9.6m/s

65. 원자흡광 광도법(Atomic Absorption Spectrophotometry)에서 사용하는 용어의 정의로 옳지 않은 것은?

① 선프로파일(Line Profile) : 파장에 대한 스펙트럼선의 강도를 나타내는 곡선
② 예복합 버너(Premix Type Burner) : 가연성가스, 조연성 가스 및 시료를 분무실에서 혼합시켜 불꽃중에 넣어주는 방식의 버너
③ 분무실(Nebulizer-Chamber) : 분무기와 병용하여 분무된 시료용액의 미립자를 더욱 미세하게 해주는 한편 큰 입자와 분리시키는 작용을 갖는 장치
④ 공명선(Resonance Line) : 목적하는 스펙트럼선에 가까운 파장을 갖는 다른 스펙트럼선

66. 비중이 1.88, 농도 97%(중량%)인 농황산(H_2SO_4)의 규정농도(N)는?

① 18.6N   ② 24.9N
③ 37.2N   ④ 49.8N

67. 다음은 화학분석 일반사항에 대한 규정이다. 옳지 않은 것은?

① "약"이란 그 무게 또는 부피에 대하여 ±10% 이상의 차가 있어서는 안된다.
② 방울수라 함은 10℃에서 정제수 10방울을 떨어뜨릴 때 그 부피가 약 1mL 되는 것을 뜻한다.
③ 밀봉용기(密封容器)라 함은 물질을 취급 또는 보관하는 동안에 기체 또는 미생물이 침입하지 않도록 내용물을 보호하는 용기를 뜻한다.
④ 냉수(冷水)는 15℃ 이하, 온수(溫水)는 60~70℃, 열수(熱水)는 약 100℃를 말한다.

68. 흡광광도법(Absorptionmetric Analysis)에 관한 다음 설명 중 가장 거리가 먼 것은?

① 가시부와 근적외부의 광원으로는 주로 텅스텐램프를, 자외부의 광원으로는 주로 중수소 방전관을 사용한다.
② 광전관, 광전자증배관은 주로 자외 내지 가시파장 범위에서, 광전도셀은 근적외 파장점 위에서의 광전측광에 사용한다.
③ 흡수셀의 유리제는 주로 자외부 파장범위를, 플라스틱제는 근자외부 및 가시광선 파장범위를 측정할 때 사용한다.
④ 흡광도의 눈금보정은 중크롬산칼륨용액으로 한다.

69. 배출가스상 물질시료채취 방법 중 채취부에 관한 설명으로 옳지 않은 것은?

① 수은 마노미터는 대기와 압력차가 50mmHg 이상인 것을 쓴다.
② 유리로 만든 가스건조탑을 쓰며, 건조제로는 입자상태의 실리카겔, 염화칼슘 등을 쓴다.
③ 펌프는 배기능력 0.5~5L/분인 밀폐형인 것을 쓴다.
④ 가스미터는 일회전 1L의 습식 또는 건식가스미터로 온도계와 압력계가 붙어 있는 것을 쓴다.

70. "물질을 취급 또는 보관하는 동안에 이물(異物)이 들어가거나 내용물이 손실되지 않도록 보호하는 용기"로 정의되는 것은?
   ① 차광용기(遮光容器) ② 밀폐용기(密閉容器)
   ③ 기밀용기(機密容器) ④ 밀봉용기(密封容器)

71. 비산먼지의 농도를 구하기 위해 측정한 조건 및 결과가 다음과 같을 때 비산먼지의 농도(mg/m^3)는?

   〈측정조건 및 결과〉
   • 포집먼지량이 가장 많은 위치에서의 먼지농도 (mg/m^3) : 5.8
   • 대조위치에서의 먼지농도(mg/m^3) : 0.17
   • 전 시료채취 기간 중 주 풍향이 45°~90° 변한다.
   • 풍속이 0.5m/초 미만 또는 10m/초 이상 되는 시간이 전 채취시간의 50% 이상이다.

   ① 5.6   ② 6.8
   ③ 8.1   ④ 10.1

72. 굴뚝배출가스 중 먼지측정을 위한 시료채취방법에 관한 사항으로 옳지 않은 것은?
   ① 한 채취점에서의 채취시간을 최소 30초 이상으로 하고 모든 채취점에서 채취시간을 동일하게 한다.
   ② 동압은 원칙적으로 0.1mmH$_2$O의 단위까지 읽고, 이 때, 피토관의 배출가스 흐름방향에 대한 편차를 10° 이하가 되어야 한다.
   ③ 등속흡인식에 의해서 등속계수를 구하고 그 값이 90~110% 범위 내에 들지 않는 경우에는 다시 시료채취를 행한다.
   ④ 피토관을 측정공에서 굴뚝내의 측정점까지 삽입하여 전압공을 배출가스 흐름방향에 바로 직면시켜 압력계에 의하여 동압을 측정한다.

73. 분석대상가스가 페놀인 경우 채취관 및 도관의 재질로 가장 거리가 먼 것은?
   ① 석영   ② 실리콘수지
   ③ 불소수지   ④ 스테인레스강

74. 환경대기 중의 시료채취방법 중 고용량공기포집기(High Volume Air Sampler)의 포집용 여과지에 관한 설명으로 가장 거리가 먼 것은?
   ① 흡수성이 적고, 가스상 물질의 흡착도 적은 것이어야 한다.
   ② 입자상 물질의 포집에 사용하는 여과지는 0.5μm 되는 입자를 95% 이상 포집할 수 있어야 한다.
   ③ 분석에 방해되는 물질을 함유하지 않은 것이어야 한다.
   ④ 사용되는 여과지의 재질은 일반적으로 유리섬유, 석영섬유, 폴리스틸렌, 불소수지 등이다.

75. 비분산 적외선 분석법에서 사용하는 주요 용어의 정의로 틀린 것은?
   ① 비교가스 : 시료셀에서 적외선 흡수를 측정하는 경우 대조가스로 사용하는 것으로 적외선을 흡수하지 않는 가스
   ② 스팬 드리프트(Span Drift) : 계기의 눈금스팬에 대응하는 지시치의 일정 기간내의 변동
   ③ 스팬가스(Span Gas) : 분석계의 최저 눈금값을 교정하기 위하여 사용하는 가스
   ④ 정필터형 : 측정성분이 흡수되는 적외선을 그 흡수파장에서 측정하는 방식

76. 굴뚝단면이 원형이고 굴뚝반경이 1.1m일 때 먼지를 측정하기 위한 측정점수로 적합한 것은?
   ① 4   ② 8
   ③ 12   ④ 16

77. 표준산소농도 적용을 받는 A성분의 실측농도가 200mg/Sm³이고, 실측산소농도가 3.5%이다. 표준산소농도로 보정한 A성분의 농도는? (단, 표준산소농도는 3.05% 이다.)

① 195mg/Sm³   ② 205mg/Sm³
③ 212mg/Sm³   ④ 221mg/Sm³

78. 흡광광도 분석장치 중 광원부에서 자외부의 광원으로 주로 사용되는 것은?

① 중공음극램프   ② 텅스텐램프
③ 광전자증배관   ④ 중수소방전관

79. 연료용 유류 중의 황함유량 측정방법 중 방사선식 여기법에 관한 설명으로 옳지 않은 것은?

① 여기법 분석계의 전원 스위치를 넣고, 1시간 이상 안정화시킨다.
② 시료에 방사선을 조사하고, 여기된 황의 원자에서 발생하는 γ선의 강도를 측정한다.
③ 표준 시료는 디부틸디술파이드를 이용하여 조제한 것으로 황함유량이 확인된 것을 사용한다.
④ 시료를 충분히 교반한 후 준비된 시료 셀에 기포가 들어가지 않도록 주의하여 액층의 두께가 5~20mm가 되도록 시료를 넣는다.

80. 배출가스상 물질 시료채취 시 흡수병을 사용할 경우 채취관은 배출가스의 흐르는 방향에 대하여 어떻게 설치하여야 하는가?

① 45°로 연결한다.   ② 60°로 연결한다.
③ 90°로 연결한다.   ④ 120°로 연결한다.

UNIT 02 CBT 대기환경(산업)기사 2회 필기

1과목 대기오염개론

01. 다음 중 실내 건축재료에서 배출되고 있는 실내공간오염물질에 해당하지 않는 것은?
① 석면
② 안티몬
③ 포름알데히드
④ 휘발성유기화합물

02. 대기오염물질인 Mn, Zn 및 그 화합물이 인체에 미치는 영향으로 가장 알맞은 것은?
① 기형
② 비중격천공
③ 발열
④ 간암

03. 어떤 공장의 배출가스 중 아황산가스(SO_2) 농도는 400ppm이다. 이 공장의 시간당 배출가스량이 $80m^3$이라면 하루에 배출되는 SO_2의 양(kg)은? (단, 표준상태 기준)
① 1.1kg
② 2.2kg
③ 3.5kg
④ 4.2kg

04. 상업지역에 분진의 농도를 측정하기 위하여 여과지를 통하여 0.2m/sec의 속도로 2.5시간 동안 여과시킨 결과 깨끗한 여과지에 비해 사용한 여과지의 빛전달률이 60% 이었다면 1,000m당 Coh는?
① 12.3
② 6.2
③ 3.6
④ 3.1

05. 입자상물질에 관한 설명으로 옳지 않은 것은?
① 미스트(mist)는 미립자 등의 핵 주위에 증기가 응축하여 생기는 경우와 큰 물체로부터 분산하여 생기기도 하는 입자로서 통상적인 입경범위는 $0.01\mu m \sim 10\mu m$ 정도이다.
② 헤이즈(haze)는 박무라고도 하며, 아주 작은 다수의 건조입자(습도 70% 이하)가 대기 중에 떠 있는 현상으로 시정을 나쁘게 하며, 색깔로써 안개와 구별한다.
③ 훈연(fume)은 일반적으로 직경이 $10\mu m$ 이하의 것으로, 그 크기가 비균질성을 가지며, 활발한 브라운운동에 의해 상호 충돌하여 응집하기도 하고, 응집 후 재분리가 용이한 편이다.
④ 안개(fog)는 분산질이 액체인 눈에 보이는 입자상물질을 주로 뜻하며, 통상 응축에 의해 생긴다.

06. 광화학적 스모그(smog)의 3대 주요 원인요소와 거리가 먼 것은?
① 아황산가스
② 자외선
③ 올레핀계 탄화수소
④ 질소산화물

07. 직경이 25cm인 관에서 유체의 점도가 1.75×10^{-5} kg/m·sec이고, 유체의 흐름속도가 2.5m/sec라고 할 때 이 유체의 레이놀드수(NRe)와 흐름특성은? (단, 유체밀도는 $1.15kg/m^3$이다.)
① 2,245, 층류
② 2,350, 층류
③ 41,071, 난류
④ 114,703, 난류

08. '고온'의 연소과정 시 화염 속에서 주로 생성되는 질소산화물은?

① NO
② NO_2
③ NO_3
④ N_2O_5

09. 최대혼합깊이(MMD)에 관한 설명으로 옳지 않은 것은?

① 야간에 역전이 심할 경우에는 점차 증가하여 그 값이 5,000m 이상이 될 수도 있다.
② 통상적으로 계절적으로는 이른 여름에 아주 크다.
③ 열부상효과에 의하여 대류에 의한 혼합층의 깊이가 결정되는데 이를 MMD라 한다.
④ 실제로(MMD)는 지표위 수 km까지의 실제 공기의 온도종단도를 작성함으로써 결정된다.

10. 다음에서 설명하는 대기분산모델로 가장 적합한 것은?

- 적용모델식 : 가우시안모델
- 적용배출원 형태 : 점, 선, 면
- 개발국 : 영국
- 특징 : 도시지역에서는 오염물질의 이동 계산, 영국에서 많이 사용하는 모델임

① OCD
② UAM
③ ISCLT
④ ADMS

11. 질소산화물(NOx)에 관한 설명으로 옳지 않은 것은?

① NOx의 인위적 배출량 중 거의 대부분이 연소과정에서 발생된다.
② NOx는 그 자체도 인체에 해롭지만 광화학스모그의 원인물질로도 중요한 역할을 한다.
③ 연소과정에서 처음 발생되는 NOx는 주로 NO이다.
④ 연소 시 연료 중 질소의 NO 변환율은 대체로 약 2~5% 범위이다.

12. 대류권에 관한 설명으로 옳지 않은 것은?

① 대기의 4개층 중 가장 얇지만, 질량의 80% 정도가 이 곳에 존재한다.
② 대류권의 두께는 2~5km 범위로 변화하며, 열대지역은 극지역보다 그 두께가 얇다.
③ 대류권의 상부에서 다른 층으로 전이되는 영역을 대류권계면이라 부르며, 이 지역에서는 고도에 따른 온도감소가 나타나지 않는다.
④ 대류권에서 고도에 따라 온도가 감소함에도 불구하고 때로는 온도가 고도에 따라 증가하는 역전층이 나타나는 경우도 있다.

13. 다음 그림에서 "가"쪽으로 부는 바람은?

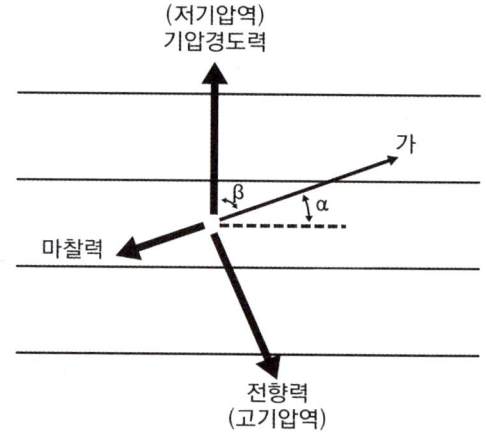

① geostropic wind
② Fohn wind
③ surface wind
④ gradient wind

14. Down Wash 현상에 관한 설명은?
   ① 원심력집진장치에서 처리가스량의 5~10% 정도를 흡인하여 줌으로써 유효원심력을 증대시키는 방법이다.
   ② 굴뚝의 높이가 건물보다 높은 경우 건물 뒤편에 공동현상이 생기고 이 공동에 대기오염물질의 농도가 낮아지는 현상을 말한다.
   ③ 굴뚝 아래로 오염물질이 휘날리어 굴뚝 밑 부분에 오염물질의 농도가 높아지는 현상을 말한다.
   ④ 해가 뜬 후 지표면이 가열되어 대기가 지면으로부터 열을 받아 지표면 부근부터 역전층이 해소되는 현상을 말한다.

15. 지구온난화가 환경에 미치는 영향 중 옳은 것은?
   ① 온난화에 의한 해면상승은 전지구적으로 일정하게 발생한다.
   ② 대류권 오존의 생성반응을 촉진시켜 오존의 농도가 감소한다.
   ③ 기상조건의 변화는 대기오염의 발생횟수와 오염농도에 영향을 준다.
   ④ 기온상승과 토양의 건조화는 생물성장의 남방한계에는 영향을 주지만 북방한계에는 영향을 주지 않는다.

16. 고속도로상의 교통밀도가 25,000대/hr이고, 각 차량의 평균 속도는 110km/hr이다. 차량의 평균 탄화수소의 배출량이 0.06g/sec · 대일 때, 고속도로에서 방출되는 탄화수소의 총량(g/sec · m)은?
   ① 0.00136
   ② 0.0136
   ③ 1.36
   ④ 13.6

17. Richardson number에 관한 설명 중 틀린 것은?
   ① 리차드슨 수가 0에 접근하면 분산은 줄어들며 결국 대류난류만 존재한다.
   ② 무차원수로서 근본적으로 대류난류를 기계적인 난류로 전환시키는 율을 측정한 것이다.
   ③ 큰 음의 값을 가지면 굴뚝의 연기는 수직 및 수평방향으로 빨리 분산한다.
   ④ 0.25보다 크게 되면 수직혼합은 없어지고 수평상의 소용돌이만 남게 된다.

18. 인체 내에 축적되어 영향을 주는 오염물질 중 하나로 혈액 속의 헤모글로빈과 결합하여 카르복시헤모글로빈을 형성하는 것은?
   ① NO
   ② O_3
   ③ CO
   ④ SO_3

19. 염화수소 1V/Vppm에 상당하는 W/Wppm은?
   ① 약 0.76
   ② 약 0.93
   ③ 약 1.26
   ④ 약 1.64

20. 복사역전이 가장 발생되기 쉬운 기상조건은?
   ① 하늘이 흐리고, 바람이 강하며, 습도가 높을 때
   ② 하늘이 흐리고, 바람이 약하며, 습도가 낮을 때
   ③ 하늘이 맑고, 바람이 강하며, 습도가 높을 때
   ④ 하늘이 맑고, 바람이 약하며, 습도가 낮을 때

2과목 연소공학

21. 다음 연소의 종류 중 흑연, 코오크스, 목탄 등과 같이 대부분 탄소만으로 되어 있는 고체연료에서 관찰되는 연소형태는?

① 표면 연소　　② 내부 연소
③ 증발 연소　　④ 자기 연소

22. 르샤틀리에가 주장한 열역학적인 평형이동에 관한 원리를 가장 적합하게 설명한 것은?

① 평형상태에 있는 물질계의 온도, 압력을 변화시키면 그 변화를 감소시키는 방향으로 반응이 진행된다.
② 평형상태에 있는 물질계의 온도, 압력을 변화시키면 그 변화를 증가시키는 방향으로 평형이동이 진행된다.
③ 평형상태에 있는 물질계의 온도, 압력을 변화시키면 그 변화는 도중의 경로에 관계하지 않고 시작과 끝 상태만으로 결정된다.
④ 평형상태에 있는 물질계의 온도, 압력을 변화시키면 그 변화는 압력에는 무관하고, 온도변화를 감소시키는 방향으로 반응이 진행된다.

23. 기체 연료의 연소방식 중 확산연소에 관한 설명으로 가장 거리가 먼 것은?

① 역화의 위험성이 없다.
② 가스와 공기를 예열할 수 없다.
③ 붉고 긴 화염을 만든다.
④ 연료의 분출속도가 클 경우에는 그을음이 발생하기 쉽다.

24. 석유에 관한 설명으로 틀린 것은?

① 경질유는 방향족계 화합물을 10% 미만 함유한다고 할 수 있다.
② 점도가 낮을수록 유동점이 낮아지므로 일반적으로 저점도의 중유는 고점도의 중유보다 유동점이 낮다.
③ 석유의 동점도가 감소하면 끓는점과 인화점이 높아지고, 연소가 잘 된다.
④ 석유의 비중이 커지면 탄화수소비(C/H)가 증가한다.

25. 대형 소각로에 사용하는 가동식 화격자 상에서 건조, 연소 및 후연소가 이루어지며 쓰레기의 교반 및 연소조건이 양호하고 소각효율이 매우 높으나 마모가 많은 화격자 방식은?

① 회전 로울러식　　② 부채형 반전식
③ 계단식　　　　　④ 역동식

26. 중유연소 가열로의 배기가스를 분석한 결과 용량비로 N_2=80%, CO=12%, O_2=8%의 결과를 얻었다. 공기비는?

① 1.1　　② 1.4
③ 1.6　　④ 2.0

27. 중유는 A, B, C로 구분된다. 이것을 구분하는 기준은?

① 점도　　　② 비중
③ 착화온도　④ 유황함량

28. 공기를 사용하여 프로판(C_3H_8)을 완전연소시킬 때 건조가스 중의 CO_2max(%)는?

① 13.76　　② 14.76
③ 15.25　　④ 16.85

29. 미분탄 연소방식의 특징으로 틀린 것은?

① 부하변동에 쉽게 적응할 수 있다.
② 비교적 저질탄도 유효하게 사용할 수 있다.
③ 연료의 접촉표면적이 크므로 작은 공기비로도 연소가 가능하다.
④ 고효율이 요구되는 소규모 연소 장치에 적합하다.

30. 메탄올 2.0kg을 완전연소하는데 필요한 이론공기량(Sm^3)은?

① 2.5 ② 5.0
③ 7.5 ④ 10.0

31. 황화수소(H_2S) $1.0Sm^3$를 완전 연소할 때 소요되는 이론 연소공기량은?

① 약 $2.4\ Sm^3$ ② 약 $7.1\ Sm^3$
③ 약 $9.6\ Sm^3$ ④ 약 $12.3\ Sm^3$

32. 황함량이 가장 낮은 연료는?

① LPG ② 중유
③ 경유 ④ 휘발유

33. 기체연료의 연소 특성으로 틀린 것은?

① 적은 과잉공기를 사용하여도 완전연소가 가능하다.
② 저장 및 수송이 불편하며 시설비가 많이 소요된다.
③ 연소효율이 높고 매연이 발생하지 않는다.
④ 부하의 변동범위가 넓어 연소조절이 어렵다.

34. 액화천연가스의 대부분을 차지하는 구성성분은?

① CH_4 ② C_2H_6
③ C_3H_8 ④ C_4H_{10}

35. 황 2kg을 공기 중에서 이론적으로 완전연소시킬 때 발생되는 열량은? (단, 황은 모두 SO_2로 전환되며, 열량은 80,000kcal/kmol)

① 1,250kcal ② 2,500kcal
③ 5,000kcal ④ 80,000kcal

36. A기체연료 $2Sm^3$을 분석한 결과 C_3H_8 $1.7Sm^3$, CO $0.15Sm^3$, H_2 $0.14Sm^3$, O_2 $0.01Sm^3$였다면 이 연료를 완전연소시켰을 때 생성되는 이론 습연소가스량(Sm^3)은?

① 약 $41\ Sm^3$ ② 약 $45\ Sm^3$
③ 약 $52\ Sm^3$ ④ 약 $57\ Sm^3$

37. 다음 중 폭굉유도거리가 짧아지는 요건으로 거리가 먼 것은?

① 정상의 연소속도가 작은 단일가스인 경우
② 관속에 방해물이 있거나 관내경이 작을수록
③ 압력이 높을수록
④ 점화원의 에너지가 강할수록

38. 길이 4.0m, 폭 1.2m, 높이 1.5m 되는 연소실에서 저발열량이 5,000kcal/kg의 중유를 1시간에 200kg씩 연소하고 있는 연소실의 열발생률은?

① 약 $11 \times 10^4 kcal/m^3 \cdot h$
② 약 $14 \times 10^4 kcal/m^3 \cdot h$
③ 약 $18 \times 10^4 kcal/m^3 \cdot h$
④ 약 $22 \times 10^4 kcal/m^3 \cdot h$

39. 질소산화물(NOx)의 억제방법으로 가장 거리가 먼 것은?

   ① 저산소 연소
   ② 배출가스 재순환
   ③ 화로내 물 또는 수증기 분무
   ④ 고온영역 생성촉진 및 긴불꽃연소를 통한 화염온도 증가

40. 탄소 84.0%, 수소 13.0%, 황 2.0%, 질소 1.0%의 조성을 가진 중유 1kg 당 15Sm³의 공기로 완전연소할 경우 습배출가스 중 SO_2의 농도(ppm)는? (단, 표준상태기준, 중유중의 황성분은 모두 SO_2로 된다.)

   ① 약 680 ppm
   ② 약 735 ppm
   ③ 약 800 ppm
   ④ 약 890 ppm

3과목 대기오염방지기술

41. 총 집진효율 93%를 얻기 위해 40% 효율을 가진 1차 전처리설비를 설치 시, 2차 처리장치의 효율(%)은?

   ① 58.3
   ② 68.3
   ③ 78.3
   ④ 88.3

42. 직경 100μm의 먼지가 높이 8m되는 위치에서 바람이 5m/sec 수평으로 불 때 이 먼지의 전방낙하지점은? (단, 동종의 10μm 먼지의 낙하속도는 0.6cm/sec)

   ① 67m
   ② 77m
   ③ 88m
   ④ 99m

43. 불화수소를 함유하는 배기가스를 충전 흡수탑을 이용하여 흡수율 92.5%로 기대하고 처리하고자 한다. 기상총괄이동단위높이(HOG)가 0.44m일 때 이론적인 충전탑의 높이는? (단, 흡수액상 불화수소의 평형분압은 0이다.)

   ① 0.91m
   ② 1.14m
   ③ 1.41m
   ④ 1.63m

44. 벤츄리스크러버의 액가스비 범위로 가장 적합한 것은?

   ① 0.05~0.1L/m³
   ② 0.3~1.5L/m³
   ③ 3~10L/m³
   ④ 10~50L/m³

45. 원심형 송풍기의 성능에 대한 설명으로 옳은 것은?

   ① 송풍기의 풍량은 회전수의 제곱에 비례한다.
   ② 송풍기의 풍압은 회전수의 제곱에 비례한다.
   ③ 송풍기의 크기는 회전수의 제곱에 비례한다.
   ④ 송풍기의 동력은 회전수의 제곱에 비례한다.

46. 직경 0.3m인 덕트로 공기가 1m/sec로 흐를 때 이 공기의 레이놀즈 수(N_{Re})는? (단, 공기의 점도는 1.8×10^{-5}kg/m·sec)

   ① 약 1,083
   ② 약 2,167
   ③ 약 3,251
   ④ 약 4,334

47. 반경 4.5cm, 길이 1.2m 인 원통형 전기집진장치에서 가스 유속이 2.2m/sec이고, 먼지입자의 분리속도가 22cm/sec일 때 집진율은?

   ① 98.6%
   ② 99.1%
   ③ 99.5%
   ④ 99.9%

48. 하부의 더스트 박스(dust box)에서 처리가스량의 5~10%를 처리하여 싸이클론 내 난류현상을 억제시켜 먼지의 재비산을 막아주고 장치 내벽에 먼지가 부착되는 것을 방지하는 효과는?

① 에디(eddy)
② 브라인딩(blinding)
③ 분진 폐색(dust plugging)
④ 블로우 다운(blow down)

49. 액측 저항이 클 경우에 이용하기 유리한 가스 분산형 흡수장치는?

① 충전탑
② 다공판탑
③ 분무탑
④ 하이드로필터

50. A집진장치의 입구 및 출구의 배출가스 중 먼지의 농도가 각각 15g/Sm³, 150mg/Sm³이었다. 또한 입구 및 출구에서 채취한 먼지시료중에 포함된 0~5μm의 입경분포의 중량 백분율이 각각 10%, 60%이었다면 이 집진장치의 0~5μm의 입경범위의 먼지시료에 대한 부분집진율(%)은?

① 90
② 92
③ 94
④ 96

51. 후드의 형식 및 설치 위치의 결정에 관한 설명 중 옳지 않은 것은?

① 후드 개구의 바깥주변에 플랜지를 부착하면 후드 뒤쪽의 공기흡입을 유도할 수 있고, 그 결과 포착속도를 높일 수 있다.
② 가능한 한 발생원을 모두 포위할 수 있는 포위식 또는 부스식을 선택한다.
③ 작업 또는 공정상 발생원을 포위할 수 없는 경우 외부식을 선택한다.
④ 오염물질의 발생상태를 조사한 결과 오염기류가 공정 또는 작업자체에 의해 일정방향으로 발생하고 있을 경우 레시버식을 선택한다.

52. 싸이클론의 원추부 높이가 1.4m, 유입구 높이가 15cm, 원통부 높이가 1.4m 일 때 외부선회류의 회전수는? (단, $N = \dfrac{1}{H_A} \times (H_B + \dfrac{H_c}{2})$)

① 6회
② 11회
③ 14회
④ 18회

53. 평판형 전기집진장치의 집진판 사이의 간격이 10cm, 가스의 유속은 3m/s, 입자가 집진극으로 이동하는 속도가 4.8cm/s 일 때, 층류영역에서 입자를 완전히 제거하기 위한 이론적인 집진극의 길이(m)는?

① 1.34
② 2.14
③ 3.13
④ 4.29

54. 다음 악취 중 공기 중에서 최소감지농도가 가장 큰 것은?

① 아세톤
② 식초
③ 포름알데히드
④ 페놀

55. 반지름 250mm, 유효높이 15m인 원통형 백필터를 사용하여 농도 6g/m³인 배출가스를 20m³/s로 처리하고자 한다. 겉보기 여과속도를 1.2cm/s로 할 때 필요한 백필터의 수는?

① 49
② 62
③ 65
④ 71

56. 굴뚝(연돌)에서 피토우관을 사용하여 배출가스의 유속을 구하고자 측정한 결과가 아래 [보기]와 같은 때, 이 굴뚝에서의 배출가스 유속은?

[보기]
C : 피토우관 계수이며 값은 1
g : 중력가속도이며 값은 9.8m/sec^2
h : 동압으로 측정값은 5.0mmH$_2$O
γ : 배출가스 밀도이며 측정값은 1.5kg/m^3

① 약 5m/sec ② 약 6m/sec
③ 약 7m/sec ④ 약 8m/sec

57. 다음 중 다공성 흡착제인 활성탄으로 제거하기에 가장 효과가 낮은 유해가스는?

① 알코올류 ② 일산화탄소
③ 담배연기 ④ 벤젠

58. 다음 중 전기집진장치의 특징으로 옳지 않은 것은?

① 고온가스 처리가 가능하다.
② 부식성 가스가 함유된 먼지도 처리가 가능하다.
③ 압력손실이 높다.
④ 전력소비가 적다.

59. 염소농도 0.2%인 굴뚝 배출가스 3,000Sm^3/h를 수산화칼슘용액을 이용하여 염소를 제거하고자 할 때, 이론적으로 필요한 시간당 수산화칼슘의 양(kg/h)은? (단, 처리효율은 100%로 가정한다.)

① 16.7 ② 18.2
③ 19.8 ④ 23.1

60. 벤츄리스크러버의 액가스비를 크게 하는 요인으로 가장 거리가 먼 것은?

① 먼지의 농도가 높을 때
② 처리가스의 온도가 높을 때
③ 먼지 입자의 친수성이 클 때
④ 먼지 입자의 점착성이 클 때

4과목 대기오염공정시험기준(방법)

61. 굴뚝 배출가스 중 일산화탄소를 정전위전해법으로 분석하고자 할 때 주요 성능기준에 관한 설명으로 옳지 않은 것은?

① 적용범위 : 적용범위는 최고 5%이다.
② 재현성 : 재현성은 측정범위 최대 눈금값의 ±2% 이내로 한다.
③ 드리프트 : 고정형은 24시간, 이동형은 4시간 연속 측정하여 제로 드리프트 및 스팬 드리프트는 어느 것이나 최대 눈금값의 ±2% 이내로 한다.
④ 응답시간 : 90% 응답 시간은 2분 30초 이내로 한다.

62. 굴뚝 배출가스 중의 금속화합물을 원자흡수분광광도법으로 분석할 때 금속배출가스의 온도가 500~1,000℃일 경우에 사용하는 원통여과지로 가장 적합한 것은?

① 유리 섬유제 원통여과지
② 석영 섬유제 원통여과지
③ 셀룰로스 섬유제 원통여과지
④ 고무 섬유제 원통여과지

63. 환경대기 시료채취기준으로 옳지 않은 것은?

① 시료채취 위치는 주위에 건물이나 수목 등이 없는 곳을 원칙적으로 한다.
② 장애물이 있을 경우에는 채취위치로부터 장애물까지의 거리가 그 장애물 높이의 2배 이상 되는 곳을 선정한다.
③ 주위에 건물 등이 밀집되어 있을 때는 건물 바깥벽으로부터 적어도 1m 이상 떨어진 곳을 채취점으로 선정한다.
④ 시료채취의 높이는 그 부근의 평균오염도를 나타낼 수 있는 곳으로서 가능한 한 1.5~10m 범위로 한다.

64. 환경대기 중 가스상 물질의 시료채취 방법에 해당하지 않는 것은?

① 용매채취법 ② 용기채취법
③ 고체흡착법 ④ 고온흡수법

65. 굴뚝 배출가스 중 수은화합물의 주 시험방법은?

① 흡광광도법
② 이온전극법
③ 가스 크로마토그래프법
④ 냉증기 – 원자흡수분광광도법

66. 굴뚝 배출가스 중 먼지를 보통형(1형) 흡입노즐을 이용할 때 등속흡입을 위한 흡입량(L/min)은?

- 대기압 : 765mmHg
- 측정점에서의 정압 : −1.5mmHg
- 건식가스미터의 흡인가스 게이지압 : 1mmHg
- 흡입노즐의 내경 : 6mm
- 배출가스의 유속 : 7.5m/sec
- 배출가스 중 수증기의 부피 백분율 : 10%
- 건식가스미터의 흡입온도 : 20℃
- 배출가스 온도 : 125℃

① 14.8 ② 11.6
③ 9.9   ④ 8.4

67. 배출가스 중 질소산화물 농도 측정방법으로 옳지 않은 것은?

① 화학발광법
② 자외선형광법
③ 적외선 흡수법
④ 아연환원 나프틸에틸렌다이아민법

68. 굴뚝 배출가스 중 아황산가스의 연속자동측정방법의 종류로 옳지 않은 것은?

① 불꽃광도법   ② 광전도전위법
③ 자외선흡수법 ④ 용액전도율법

69. 대기오염공정시험기준상 비분산적외선분광분석법에서 응답시간에 관한 설명이다. ( )안에 알맞은 것은?

> 응답시간은 제로 조정용 가스를 도입하여 안정된 후 유로를 스팬가스로 바꾸어 기준 유량으로 분석계에 도입하여 그 농도를 눈금 범위 내의 어느 일정한 값으로부터 다른 일정한 값으로 갑자기 변화시켰을 때 스텝(step) 응답에 대한 소비시간이 (㉠) 이내이어야 한다. 또 이때 최종 지시값에 대한 90%의 응답을 나타내는 시간은 (㉡) 이내이어야 한다.

① ㉠ 1초, ㉡ 1분   ② ㉠ 1초, ㉡ 40초
③ ㉠ 10초, ㉡ 1분   ④ ㉠ 10초, ㉡ 40초

70. 대기오염공정시험기준상 링겔만 매연 농도표를 이용한 배출가스 중 매연 측정에 관한 설명으로 옳지 않은 것은?

① 농도표는 측정자의 앞 16cm에 놓는다.
② 매연의 검은 정도를 6종으로 분류한다.
③ 링겔만 매연 농도표는 매연의 정도에 따라 색이 진하고 연하게 나타난다.
④ 굴뚝배출구에서 30~45cm 떨어진 곳의 농도를 측정자의 눈높이의 수직이 되게 관측·비교한다.

71. 굴뚝배출가스 중 수분량이 체적백분율로 10%이고, 배출가스의 온도는 80℃, 시료채취량은 10L, 대기압은 0.6기압, 가스미터 게이지압은 25mmHg, 가스미터온도 80℃에서의 수증기포화압이 255mmHg라 할 때, 흡수된 수분량(g)은?

① 0.15 ② 0.21
③ 0.33 ④ 0.46

72. 배출가스 중 이황화탄소를 자외선가시선분광법으로 정량할 때 흡수액으로 옳은 것은?

① 아연아민착염 용액
② 제일염화주석 용액
③ 다이에틸아민구리 용액
④ 수산화제이철암모늄 용액

73. 대기오염공정시험기준상 고성능 이온크로마토그래피의 장치 중 써프렛서에 관한 설명으로 가장 거리가 먼 것은?

① 장치의 구성상 써프렛서 앞에 분리관이 위치한다.
② 용리액에 사용되는 전해질 성분을 제거하기 위한 것이다.
③ 관형 써프렛서에 사용하는 충전물은 스티롤계 강산형 및 강염기형 수지이다.
④ 목적성분의 전기전도도를 낮추어 이온성분을 고감도로 검출할 수 있게 해준다.

74. 굴뚝 내의 온도(θs)는 133℃이고, 정압(P_s)은 15 mmHg이며 대기압(P_a)은 745mmHg이다. 이 때 대기오염공정시험기준상 굴뚝 내의 배출가스 밀도 (kg/m^3)는? (단, 표준상태의 공기의 밀도(γ_0)는 1.3kg/Sm^{3}이고, 굴뚝 내 기체 성분은 대기와 같다.)

① 0.744 ② 0.874
③ 0.934 ④ 0.984

75. 원자흡수분광광도법의 장치 구성이 순서대로 옳게 나열된 것은?

① 광원부→파장선택부→측광부→시료원자화부
② 광원부→시료원자화부→파장선택부→측광부
③ 시료원자화부→광원부→파장선택부→측광부
④ 시료원자화부→파장선택부→광원부→측광부

76. 자외선/가시선 분광분석 측정에서 최초광의 60%가 흡수되었을 때의 흡광도는?

① 0.25 ② 0.3
③ 0.4   ④ 0.6

77. 기체-액체 크로마토그래피에서 사용되는 고정상액체(Stationary Liquid)의 조건으로 옳은 것은?

① 사용온도에서 증기압이 낮고, 점성이 작은 것이어야 한다.
② 사용온도에서 증기압이 낮고, 점성이 큰 것이어야 한다.
③ 사용온도에서 증기압이 높고, 점성이 작은 것이어야 한다.
④ 사용온도에서 증기압이 높고, 점성이 큰 것이어야 한다.

78. 이온크로마토그래프법에서 장치구성에 관한 설명으로 가장 거리가 먼 것은?

① 송액펌프는 맥동(脈動)이 적은 것, 필요한 압력을 얻을 수 있는 것, 유량조절이 가능한 것, 용리액 교환이 가능한 것을 사용한다.
② 용리액조는 이온성분이 용출되지 않는 재질로써 용리액을 직접공기와 접촉시키지 않는 밀폐된 것을 선택하며, 일반적으로 폴리에틸렌이나 경질 유리제를 사용한다.
③ 써프렛서는 관형과 이온교환막형이 있으며, 관형은 음이온에는 스티롤계 강산형(H^+)의 수지가, 양이온에는 스티롤계 강염기형(OH^-)의 수지가 충진된 것을 사용한다.
④ 자외선흡수검출기(UV 검출기)는 전이금속성분의 발색반응을 이용하는 경우에 주로 사용되며, 열전도도 검출기와 병행하여 사용하기도 한다.

79. 다음은 연소관식 공기법을 사용하여 유류 중 황함유량을 분석하는 방법이다. ( )안에 알맞은 것은?

950℃~1,100℃로 가열한 석영 재질 연소관 중에 공기를 불어넣어 시료를 연소시킨다. 생성된 황산화물을 (㉠)에 흡수시켜 황산으로 만든 다음, (㉡)으로 중화적정하여 황함유량을 구한다.

① ㉠ 수산화소듐, ㉡ 염산표준액
② ㉠ 염산, ㉡ 수산화소듐 표준액
③ ㉠ 과산화수소(3%), ㉡ 수산화소듐 표준액
④ ㉠ 싸이오시안산용액, ㉡ 수산화칼슘 표준액

80. 보통형(I형) 흡입노즐을 사용한 굴뚝 배출가스 흡입 시 10분간 채취한 흡입가스량(습식가스미터에서 읽은 값)이 60L이었다. 이 때 등속흡입이 행하여지기 위한 가스미터에 있어서의 등속흡입유량(L/min)의 범위는? (단, 등속흡입 정도를 알기 위한 등속흡입 계수 $I(\%) = \dfrac{V_m}{q_m \times t} \times 100$ 이다.)

① 3.3~5.3
② 5.5~6.7
③ 6.5~7.3
④ 7.5~8.3

알기 쉽게 풀어쓴 **대기환경(산업)기사** 필기

정답 및 해설

대기환경산업기사
01. 2019년도 대기환경산업기사 제1회 필기
02. 2019년도 대기환경산업기사 제2회 필기
03. 2019년도 대기환경산업기사 제4회 필기
04. 2020년도 대기환경산업기사 제1회, 2회 통합시행 필기
05. 2020년도 대기환경산업기사 제3회 필기

대기환경기사
01. 2019년도 대기환경기사 제1회 필기
02. 2019년도 대기환경기사 제2회 필기
03. 2019년도 대기환경기사 제4회 필기
04. 2020년도 대기환경기사 제1회, 2회 통합시행 필기
05. 2020년도 대기환경기사 제3회 필기
06. 2020년도 대기환경기사 제4회 필기
07. 2021년도 대기환경기사 제1회 필기
08. 2021년도 대기환경기사 제2회 필기
09. 2022년도 대기환경기사 제1회 필기
10. 2022년도 대기환경기사 제2회 필기

최신 CBT 문제
01. 최신 CBT 대기환경(산업)기사 1회 필기
02. 최신 CBT 대기환경(산업)기사 2회 필기

UNIT 01 2019년 1회 산업기사 정답 및 해설

01 ②	02 ②	03 ④	04 ①	05 ①
06 ④	07 ③	08 ②	09 ①	10 ④
11 ①	12 ④	13 ①	14 ①	15 ②
16 ④	17 ②	18 ①	19 ④	20 ④
21 ②	22 ④	23 ②	24 ②	25 ②
26 ④	27 ②	28 ②	29 ②	30 ②
31 ③	32 ②	33 ②	34 ②	35 ②
36 ④	37 ①	38 ②	39 ②	40 ④
41 ④	42 ③	43 ③	44 ①	45 ②
46 ④	47 ④	48 ④	49 ①	50 ①
51 ②	52 ②	53 ②	54 ②	55 ②
56 ④	57 ③	58 ②	59 ②	60 ②
61 ①	62 ①	63 ①	64 ①	65 ②
66 ②	67 ②	68 ②	69 ①	70 ②
71 ②	72 ②	73 ②	74 ②	75 ④
76 ②	77 ②	78 ①	79 ④	80 ③

1과목   대기오염개론

01. 정답 ②

해설 ②항만 올바르다.

오답해설
① 보팔시 사건 : methyl isocyanate
② 포자리카 사건 : H_2S
③ 체르노빌 사건 : 방사능 물질
④ 뮤즈계곡 사건 : SO_2, 분진

02. 정답 ②

해설 이산화황(SO_2)은 대류권에서는 거의 광분해되지 않으며, 280~290nm 파장범위에 대한 강한 광흡수를 보인다.

03. 정답 ④

해설
• 헬싱키 의정서, 소피아 의정서 : 산성비 관련 협약
• 람사르협약 : 물새서식지(늪지) 보호를 위한 협약
• 바젤협약 : 국가간 유해폐기물 이동을 금지하는 협약
• 몬트리올 의정서, 코펜하겐회의, 런던회의, 비엔나 협약 : 오존층 파괴 관련 협약

04. 정답 ①

05. 정답 ①

해설 CO : 혈액 내 Hb(헤모글로빈)과의 친화력이 산소의 약 210배에 달해 산소운반 능력을 저하시킨다.

06. 정답 ④

해설 포스겐($COCl_2$)에 대한 설명이다. 포스겐은 매우 위험한 유독가스로 호흡기에 매우 치명적이다. 1차 세계대전 시 독가스로 사용되었다.

07. 정답 ③

해설 온실효과의 기여도 크기 순서 : CO_2 > CH_4 > CFC > N_2O > 나머지 물질

08. 정답 ②

해설 식 $\Delta h = 1.5 \times \left(\dfrac{V_s}{U}\right) \times D$

• $D(직경) = 1.5m \times 2 = 3m$

∴ $\Delta h = 1.5 \times \left(\dfrac{7}{3.5}\right) \times 3 = 9m$

09. 정답 ①

해설 [오존파괴물질의 잔류기간과 오존파괴지수]

구분 명칭	화학식	오존파괴지수 (ODP)	대기권 잔류기간(년)
CFC-011	$CFCl_3$	1.0	65~75
CFC-012	CF_2Cl_2	0.9~1.0	100~140
CFC-113	CCl_3CF_3	0.8~0.9	100~134
CFC-114	$CClF_2CClF_2$	0.7~1.0	300
CFC-115	$CClF_2CF_3$	0.4~0.6	500
할론-1301	CF_3Br	10.0~13.2	110
할론-1211	CF_2ClBr	2.2~3.0	15
HCFC-22	$CHClF_2$	0.05	16~20
메틸클로로포름	CH_3CCl_3	0.15	5.5~10
사염화탄소	CCl_4	1.2	50~69

10. 정답 ④

해설 한낮에 주로 발생하였고 침강역전층과 무풍상태가 계속되었다.

11. 정답 ①

해설 고등식물에 대한 피해를 주는 대기오염물질 중에서 독성 성분 순으로 나열하면 HF > Cl_2 > SO_2 > O_3 > NO_2 순이다.

12. 정답 ④
해설 액화되어도 무색이며, 공기보다 7.5~9배 무거워 지표에 가깝게 존재하며, 불활성으로 화학적으로 반응을 나타내지 않는다.

13. 정답 ①

14. 정답 ①

15. 정답 ②

16. 정답 ④
해설 식 $U_2 = U_1 \times \left(\dfrac{Z_2}{Z_1}\right)^p$

∴ $U_2 = 3.9 \times \left(\dfrac{60}{20}\right)^{0.4} = 6.05 m/\sec$

17. 정답 ②
해설 인체 내 호흡기관을 통해 들어오며 혈액 중에 헤모글로빈과 결합하여 축적된다. 이후 산소가 충분한 공간에서 호흡하면 점차 배출된다.

18. 정답 ①
해설 식 줄여야 할 아황산가스의 최소농도
= C_i(유입농도) $-$ C_s(배출허용기준)

- $C_i = \dfrac{240mL}{m^3} \times \dfrac{64mg}{22.4mL} = 685.71 mg/m^3$
- $C_s = 400 mg/m^3$

∴ 줄여야 할 아황산가스의 최소농도 = 685.71 − 400
= $285.71 mg/m^3$

19. 정답 ④
해설 ④항은 대기의 안정도가 매우 불안정한 상태로 수직혼합에 활발한 looping(환상형)에 해당한다.

20. 정답 ③
해설 오존농도의 고도분포는 지상 약 25km에서 평균적으로 약 10ppm의 최대농도를 나타낸다.

2과목 대기오염공정시험기준(방법)

21. 정답 ②

22. 정답 ④
해설 흡입노즐의 꼭지점은 30° 이하의 예각이 되도록 하고 매끈한 반구모양으로 한다.

23. 정답 ④
해설 채취관은 일반적으로 4불화에틸렌수지(teflon), 경질유리, 스테인리스강제 등으로 된 것을 사용하며 채취관의 길이는 5m 이내로 한다.

24. 정답 ②

25. 정답 ③
해설 적정법은 불소 이온을 방해 이온과 분리한 다음, 완충액을 가하여 pH를 조절하고 네오트린을 가한 다음 0.1N 질산토륨 용액으로 적정하는 방법이다.

26. 정답 ④

27. 정답 ②
해설 [시약농도표]

명칭	농도(%)	비중(약)
아세트산(초산)	99 이상	1.05
황산	95 이상	1.84
인산	85 이상	1.69
질산	60.0~62.0	1.38
과염소산	60.0~62.0	1.54
아이오드화수소산	55.0~58.0	1.70
브롬화수소산	47.0~49.0	1.48
플루오르화수소산	46.0~48.0	1.14
염산	35.0~37.0	1.18
과산화수소	30.0~35.0	1.11
암모니아수	28.0~30.0	0.90

28. 정답 ①
해설 [장치의 보정]
- 파장 눈금의 교정 : 홀뮴유리(파울)
- 흡광도 눈금의 보정 : 다이크롬산칼륨(보크)

29. 정답 ②
해설 사용온도에서 증기압이 낮은 것이어야 한다.

30. 정답 ④
해설 배출가스 중 납화합물을 자외선/가시선분광법으로 분석할 때 사용되는 시약 또는 용액 : 암모니아수, 디티존-클로로포름(클로로폼), 시트르산이암모늄 용액, 메틸오렌지 용액, 염산하이드록실아민 용액, 시안화포타슘 용액

31. 정답 ③
해설 식 분리도$(R) = \dfrac{2(t_{R2} - t_{R1})}{W_1 + W_2}$
∴ 분리도$(R) = \dfrac{2 \times (3-2) \times 60}{32 + 38} = 1.71$

32. 정답 ②

33. 정답 ②
해설 배출가스 중 질소산화물 자동측정 : 화학발광법, 정전위전해법, 적외선 흡수법, 자외선 흡수법(화 정 적 자)

34. 정답 ④

35. 정답 ④
해설 반경이 3.2m이므로 직경은 6.4m이고 4.5m 이상의 측정점수 20에 해당한다.
원형굴뚝의 측정점 수는 다음 [표]와 같다.

굴뚝직경(m)	반경구분수	측정점 수
1 미만	1	4
1~2 미만	2	8
2~4 미만	3	12
4~4.5 미만	4	16
4.5 이상	5	20

36. 정답 ④
해설 나프틸에틸렌디아민법은 굴뚝배출가스 중 질소산화물의 분석방법이다.
• 아황산가스의 연속자동측정방법 : 용액전도율법, 적외선흡수법, 자외선흡수법, 불꽃광도법, 정전위전해법(용 적 자 불 정)

37. 정답 ①
해설 "약"이란 그 무게 또는 부피에 대하여 ±10% 이상의 차가 있어서는 안 된다.

38. 정답 ③

39. 정답 ③

40. 정답 ④

3과목 대기오염방지기술

41. 정답 ④
해설 식 $\eta_t = 1 - [(1-\eta_1)(1-\eta_2)\cdots(1-\eta_n)] \times 100$
• $\eta_t = \left(1 - \dfrac{C_o}{C_i}\right) = \left(1 - \dfrac{0.2}{10}\right) = 0.98$
$\eta_t = 1 - [(1-0.8)(1-\eta_2)] \times 100$, ∴ $\eta_2 = 0.9 ≒ 90\%$

42. 정답 ③
해설 식 $G_d = (m - 0.21)A_o + CO_2$
반응식 $C_4H_{10} + 6.5O_2 \rightarrow 4CO_2 + 5H_2O$
　　　　　$1m^3$: $6.5m^3$: $4m^3$: $5m^3$
• $A_o = O_o \times \dfrac{1}{0.21} = 6.5 \times \dfrac{1}{0.21} = 30.9523 m^3/m^3$
∴ $G_d = (1.05 - 0.21) \times 30.9523 + 4 = 30.00 Sm^3/m^3$

43. 정답 ③
해설 연료분사범위는 15~2000L/hr 정도이다.

44. 정답 ①
해설 [연료별 착화온도]

물질	착화온도(℃)
목재	250~300
갈탄	250~450
목탄	320~370
역청탄	320~400
무연탄	440~500
중유	530~580
수소	580~600
일산화탄소(CO)	580~650
메탄(CH_4)	650~750
발생로가스	700~800
탄소	800

45. 정답 ②

해설 식 $A = \dfrac{\pi D^2}{4}$

식 $A = \dfrac{Q}{V}$

$A = \dfrac{40,715 m^3}{hr} \times \dfrac{\sec}{2.5 m} \times \dfrac{1 hr}{3,600 \sec} = 4.52 m^2$

$4.52 m^2 = \dfrac{\pi D^2}{4}$, ∴ $D = 2.4 m$

46. 정답 ④

해설 먼지의 진비중/겉보기비중의 값이 클수록 미세한 입자의 분포가 많으므로 재비산 현상이 많이 일어난다.

47. 정답 ④

해설 유입부의 유속이 작을수록 처리 효율이 높다.

48. 정답 ④

해설 식 제거해야 할 염소농도(mg/Sm³) = 초기농도 - 목표농도

- 초기농도 = $150 mL/Sm^3$
- 목표농도
  = $25 mg/Sm^3 = \dfrac{25 mg}{Sm^3} \times \dfrac{22.4 SmL}{71 mg}$
  = $7.89 SmL/Sm^3$

∴ 제거해야 할 염소농도(mg/Sm³) = 150 - 7.89
= $142.11 mg/m^3$

49. 정답 ④

해설 입자상 물질과 가스의 동시 제거가 가능하고, 타 집진장치와 비교 시 장기운전이나 휴식 후의 운전재개 시 부식, 마모 또는 동결의 문제가 있다.

50. 정답 ①

해설 시동시 배출가스를 도입하기 최소 6시간 전에 애관용 히터를 가열하여 애자관 표면에 수분이나 먼지의 부착을 방지한다.

51. 정답 ②

해설 액가스비가 크고, 점성은 작아야 한다.

52. 정답 ②

53. 정답 ④

해설 식 $X Sm^3 = 432 kg \times \dfrac{22.4 Sm^3}{44 kg} = 219.93 Sm^3$

54. 정답 ③

해설 식 $C_o = C_i \times (1 - \eta)$

- $C_{o1} = C_i \times (1 - 0.98) = 0.02 C_i$
- $C_{o2} = C_i \times (1 - 0.96) = 0.04 C_i$

∴ $\dfrac{C_{o2}}{C_{o1}} = \dfrac{0.04 C_i}{0.02 C_i} = 2$배

55. 정답 ③

해설 식 $P = H \cdot C$

∴ $H = \dfrac{P}{C} = \dfrac{60 mmHg}{2.7 kmol/m^3} \times \dfrac{1 atm}{760 mmHg}$

$= 0.0292 atm \cdot m^3 / kmol$

56. 정답 ④

57. 정답 ③

해설 식 $X_{SO_2} = \dfrac{SO_2}{G_w} \times 10^6$

- $G_w = (m - 0.21) A_o + CO_2 + H_2O + SO_2$
- $m = \dfrac{A}{A_o} = \dfrac{12}{10.6902} = 1.12$
- $A_o = \dfrac{1}{0.21} \times O_o$
  $= \dfrac{1}{0.21} \times (1.867 \times 0.85 + 5.6 \times 0.115 + 0.7 \times 0.02)$
  $= 10.6902 Sm^3/kg$

$G_w = (1.12 - 0.21) \times 10.6902 + 1.867 \times 0.85$
$+ 11.2 \times 0.115 + 0.7 \times 0.02$
$= 12.6170 Sm^3/kg$

∴ $X_{SO_2} = \dfrac{0.7 \times 0.02}{12.6170} \times 10^6 = 1,109.61 ppm$

58. 정답 ③

해설 충돌직전의 처리가스의 속도는 크고, 처리 후 출구 가스 속도는 작을수록 미립자의 제거가 쉽다.

59. 정답 ②

해설 반응식 $CH_4 + 4HCl \rightarrow CCl_4 + 4H_2$

- 1mol : 4mol
- 16kg : $4 \times 22.4 m^3$
- 1kg : X, ∴ $X = 5.6 Sm^3/kg$

60. 정답 ②

해설 [송풍관 내 반송속도]

유해물질 발생형태	유해물질 종류	반송속도 (m/sec)
증기, 가스, 연기	모든 증기, 가스 및 연기	5.0~10.0
흄	아연흄, 산화알루미늄흄, 용접흄 등	10.0~12.5
미세하고 가벼운 분진	미세한 면분진, 미세한 목분진, 종이분진 등	12.5~15.0
건조한 분진이나 분말	고무분진, 면분진, 가죽분진, 동물털분진 등	15.0~20.0
일반 산업분진	그라인더분진, 일반적인 금속분말분진, 모직물분진, 실리카분진, 주물분진, 석면분진 등	17.5~20.0
무거운 분진	젖은 톱밥분진, 입자가 혼입된 금속분진, 샌드블라스트 분진, 주철 보링분진, 납분진 등	20.0~22.5
무겁고 습한 분진	습한 시멘트분진, 작은 칩이 혼입된 납분진, 석면덩어리 등	22.5 이상

4과목 대기환경관계법규

61. 정답 ①

62. 정답 ①

해설 시행령 별표 4(초과부과금 산정기준)
초과부과금 부과대상 오염물질의 종류는 다음과 같다.
1. 황산화물
2. 먼지
3. 질소산화물
4. 암모니아
5. 황화수소
6. 이황화탄소
7. 불소화합물
8. 염화수소
9. 시안화수소

63. 정답 ①

해설 법 제11조(대기환경개선 종합계획의 수립 등) 종합계획에는 다음 각 호의 사항이 포함되어야 한다.
1. 대기오염물질의 배출현황 및 전망
2. 대기 중 온실가스의 농도 변화 현황 및 전망
3. 대기오염물질을 줄이기 위한 목표 설정과 이의 달성을 위한 분야별·단계별 대책
3의2. 대기오염이 국민 건강에 미치는 위해정도와 이를 개선하기 위한 위해수준의 설정에 관한 사항
3의3. 유해성대기감시물질의 측정 및 감시·관찰에 관한 사항
3의4. 특정대기유해물질을 줄이기 위한 목표 설정 및 달성을 위한 분야별·단계별 대책
4. 환경분야 온실가스 배출을 줄이기 위한 목표 설정과 이의 달성을 위한 분야별·단계별 대책
5. 기후변화로 인한 영향평가와 적응대책에 관한 사항
6. 대기오염물질과 온실가스를 연계한 통합대기환경 관리체계의 구축
7. 기후변화 관련 국제적 조화와 협력에 관한 사항
8. 그 밖에 대기환경을 개선하기 위하여 필요한 사항

64. 정답 ①

65. 정답 ④

해설 부지경계선에서 복합악취의 공업지역에서 배출허용기준 (희석배수)은 500 ~ 1,000 이다. (엄격한 배출허용기준)
[별표 3] 배출허용기준 및 엄격한 배출허용기준의 설정 범위
1. 복합악취

구분	배출허용기준 (희석배수)		엄격한 배출허용기준의 범위 (희석배수)	
	공업지역	기타 지역	공업지역	기타 지역
배출구	1000 이하	500 이하	500 ~ 1000	300 ~ 500
부지 경계선	20 이하	15 이하	15 ~ 20	10 ~ 15

66. 정답 ④

해설 ④항은 인증을 면제할 수 있는 자동차에 해당한다.
시행령 제47조(인증의 면제·생략 자동차) 인증을 생략할 수 있는 자동차는 다음 각 호와 같다.
1. 국가대표 선수용 자동차 또는 훈련용 자동차로서 문화체육관광부장관의 확인을 받은 자동차
2. 외국에서 국내의 공공기관 또는 비영리단체에 무상으

   로 기증한 자동차
3. 외교관 또는 주한 외국군인의 가족이 사용하기 위하여 반입하는 자동차
4. 항공기 지상 조업용 자동차
5. 법 제48조제1항에 따른 인증을 받지 아니한 자가 그 인증을 받은 자동차의 원동기를 구입하여 제작하는 자동차
6. 국제협약 등에 따라 인증을 생략할 수 있는 자동차
7. 그 밖에 환경부장관이 인증을 생략할 필요가 있다고 인정하는 자동차

67. 정답 ③

해설 시행령 제2조(대기오염경보의 대상 지역 등)
1. 주의보 발령 : 주민의 실외활동 및 자동차 사용의 자제 요청 등
2. 경보 발령 : 주민의 실외활동 제한 요청, 자동차 사용의 제한 및 사업장의 연료사용량 감축 권고 등
3. 중대경보 발령 : 주민의 실외활동 금지 요청, 자동차의 통행금지 및 사업장의 조업시간 단축명령 등

68. 정답 ③

해설 공동방지시설에서 각 사업장의 대기오염물질 발생량의 합계가 4종사업장과 5종사업장의 규모에 해당하는 경우에는 3종사업장에 해당하는 기술인을 두어야 한다.

69. 정답 ①

70. 정답 ③

해설 인 함량(g/L) : 0.0013 이하
[별표 33] 자동차연료・첨가제 또는 촉매제의 제조기준 (제115조 관련)
1. 자동차연료 제조기준
    가. 휘발유

항목	제조기준
방향족화합물 함량 (부피%)	24(21) 이하
벤젠 함량 (부피%)	0.7 이하
납 함량 (g/ℓ)	0.013 이하
인 함량 (g/ℓ)	0.0013 이하
산소 함량 (무게%)	2.3 이하
올레핀 함량 (부피%)	16(19) 이하
황 함량 (ppm)	10 이하
증기압 (kPa, 37.8℃)	60 이하
90% 유출온도 (℃)	170 이하

71. 정답 ④

해설 **[별표 2] 특정대기유해물질(제4조 관련)**

1. 카드뮴 및 그 화합물
2. 시안화수소
3. 납 및 그 화합물
4. 폴리염화비페닐
5. 크롬 및 그 화합물
6. 비소 및 그 화합물
7. 수은 및 그 화합물
8. 프로필렌 옥사이드
9. 염소 및 염화수소
10. 불소화물
11. 석면
12. 니켈 및 그 화합물
13. 염화비닐
14. 다이옥신
15. 페놀 및 그 화합물
16. 베릴륨 및 그 화합물
17. 벤젠
18. 사염화탄소
19. 이황화메틸
20. 아닐린
21. 클로로포름
22. 포름알데히드
23. 아세트알데히드
24. 벤지딘
25. 1,3-부타디엔
26. 다환 방향족 탄화수소류
27. 에틸렌옥사이드
28. 디클로로메탄
29. 스틸렌
30. 테트라클로로에틸렌
31. 1,2-디클로로에탄
32. 에틸벤젠
33. 트리클로로에틸렌
34. 아크릴로니트릴
35. 히드라진

72. 정답 ②

해설 ②항만 올바르다.
오답해설
① 아황산가스의 연간 평균치 : 0.02ppm 이하
③ 미세먼지(PM-10)의 연간 평균치 : 50μg/m³ 이하
④ 오존(O_3)의 8시간 평균치 : 0.06ppm 이하

73. 정답 ②

해설 위원회와 실무위원회 및 장거리이동대기오염물질연구단의 구성 및 운영 등에 관하여 필요한 사항은 대통령령으로 정한다.

74. 정답 ③

해설 **시행령 별표 1(사업장 분류기준)**

종별	오염물질발생량 구분
1종사업장	대기오염물질발생량의 합계가 연간 80톤 이상인 사업장
2종사업장	대기오염물질발생량의 합계가 연간 20톤 이상 80톤 미만인 사업장
3종사업장	대기오염물질발생량의 합계가 연간 10톤 이상 20톤 미만인 사업장
4종사업장	대기오염물질발생량의 합계가 연간 2톤 이상 10톤 미만인 사업장
5종사업장	대기오염물질발생량의 합계가 연간 2톤 미만인 사업장

75. 정답 ④

76. 정답 ②

77. 정답 ④

78. 정답 ①

79. 정답 ④

해설 [별표 4의2] 신축 공동주택의 실내공기질 권고기준(제7조의2 관련)

> 1. 폼알데하이드 210μg/m³ 이하
> 2. 벤젠 30μg/m³ 이하
> 3. 톨루엔 1,000μg/m³ 이하
> 4. 에틸벤젠 360μg/m³ 이하
> 5. 자일렌 700μg/m³ 이하
> 6. 스티렌 300μg/m³ 이하
> 7. 라돈 148Bq/m³ 이하

80. 정답 ③

해설 대기환경산업기사를 취득한 후 악취검사기관에서 악취분석요원으로 5년 이상 근무한 사람

시행규칙 별표 7(악취검사기관의 검사시설·장비 및 기술인력 기준)

[비고]

1. 대기환경기사는 다음의 사람으로 대체할 수 있다.
   가. 국공립연구기관의 연구직공무원으로서 대기환경연구분야에 1년 이상 근무한 사람
   나. 대학에서 대기환경분야를 전공하여 석사 이상의 학위를 취득한 사람
   다. 대학에서 대기환경분야를 전공하여 학사학위를 취득한 사람(법령에 따라 이와 같은 수준의 학력이 있다고 인정되는 사람을 포함한다)으로서 같은 분야에서 3년 이상 근무한 사람
   라. 대기환경산업기사를 취득한 후 악취검사기관에서 악취분석요원으로 5년 이상 근무한 사람
2. 악취분석요원은 다음의 사람으로 한다.
   가. 대기환경기사, 화학분석기능사, 환경기능사 또는 대기환경산업기사 이상의 자격을 가진 사람
   나. 국공립연구기관의 대기분야 실험실에서 3년 이상 근무한 사람
   다. 「국가표준기본법에 따라 기술표준원으로부터 시험·검사기관의 인정을 받은 기관에서 악취분석요원으로 3년 이상 근무한 사람
   라. 대기환경측정분석 분야 환경측정분석사의 자격을 가진 사람
3. 악취판정요원은 「환경분야 시험·검사 등에 관한 법률」 제6조제1항제4호에 따른 환경오염공정시험기준에 따른 악취판정요원 선정검사에 합격한 사람이어야 한다.
4. 여러 항목을 측정할 수 있는 장비를 보유한 경우에는 해당 장비로 측정할 수 있는 항목의 장비를 모두 갖춘 것으로 본다.
5. 지정악취물질을 측정·분석할 수 있는 장비를 임차한 경우에는 이를 갖춘 것으로 본다.

02 2019년 2회 산업기사 정답 및 해설

01 ③	02 ②	03 ④	04 ①	05 ④
06 ①	07 ②	08 ③	09 ②	10 ①
11 ②	12 ①	13 ④	14 ③	15 ④
16 ③	17 ①	18 ②	19 ③	20 ④
21 ④	22 ③	23 ②	24 ③	25 ④
26 ②	27 ③	28 ④	29 ③	30 ②
31 ②	32 ②	33 ③	34 ②	35 ②
36 ④	37 ②	38 ②	39 ③	40 ②
41 ②	42 ②	43 ③	44 ③	45 ①
46 ③	47 ②	48 ④	49 ①	50 ②
51 ①	52 ②	53 ②	54 ③	55 ③
56 ③	57 ③	58 ④	59 ③	60 ②
61 ④	62 ②	63 ②, ④	64 ②	65 ④
66 ④	67 ②	68 ②	69 ②	70 ③
71 ②	72 ③	73 ①	74 ①	75 ③
76 ④	77 ①	78 ①	79 ③	80 ②

1과목 대기오염개론

01. 정답 ③

해설 두 가지 풀이가 다 적용가능하다. 표준비열비를 기준한 0.288승을 사용한 식을 사용하여도 모든 온위문제에 적용이 가능하니 간편한 0.288식을 암기하는 것을 권장한다.

식 $\theta = T \times \left(\dfrac{1,000}{P}\right)^{0.288}$

$= (273+15) \times \left(\dfrac{1,000}{820}\right)^{0.288} = 304.94 K$

별해 $\theta = T \times \left(\dfrac{1,000}{P}\right)^{\left(\frac{R-1}{R}\right)}$

$= (273+15) \times \left(\dfrac{1,000}{820}\right)^{\left(\frac{1.4-1}{1.4}\right)} = 304.80 K$

02. 정답 ②

해설 황화수소에 비교적 강한 식물(맛있는 과일) : 복숭아, 딸기, 사과

03. 정답 ④

해설 오존의 탄화수소 산화(반응)율은 원자상태의 산소에 비하여 탄화수소의 산화에 비해 느리게 진행된다.

04. 정답 ①

해설 스페인어로 남자아이(the boy)라는 뜻으로, 크리스마스에 종종 일어났기에 아기예수라고도 불린다. 엘니뇨가 발생하면 중남미 지역에 폭우나 홍수가 발생하고, 반대로 동남아시아, 호주 북부 등에서는 가뭄을 유발한다.

05. 정답 ④

해설
- 가속 시 특징적으로 증가 : NOx
- 감속 시 특징적으로 증가 : HC, CO(특히, HC)
- 공전 시 특징적으로 증가 : CO, HC(특히, CO)

06. 정답 ①

해설 복사역전과 이류역전은 지표역전(접지역전)에 해당한다.

07. 정답 ②

08. 정답 ③

해설
- 온실가스의 종류 : 육 각 수 암 웨 이 (육불화황, 과불화탄소, 수소불화탄소, 아산화질소, 메탄, 이산화탄소)
- 지구온난화 지수(GWP)의 크기 순서
육(SF_6) > 각($PFCs$) > 수($HFCs$) > 암(N_2O) > 웨(CH_4) > 이(CO_2)

09. 정답 ②

해설 오존의 지표식물(오존에 약한 식물)
: 토마토, 시금치, 파, 담배(토 시 오 파 담)

10. 정답 ①

해설 연기의 분산은 시간에 따라 농도와 기상조건이 변하지 않는 정상상태를 가정한다.

11. 정답 ②

해설 식 $C_{\max} = \dfrac{2Q}{\pi e U H_e^2} \times \left(\dfrac{K_z}{K_y}\right)$

H_e를 제외한 모든 조건이 일정 → $C_{\max} = K \times \dfrac{1}{H_e^2}$

$\therefore \dfrac{C_{\max(2)}}{C_{\max(1)}} = \dfrac{K \times \dfrac{1}{(3H_e)^2}}{K \times \dfrac{1}{H_e^2}} = \dfrac{\dfrac{1}{9H_e^2}}{\dfrac{1}{H_e^2}} = \dfrac{1}{9}$

12. 정답 ①

13. 정답 ④
해설 악취는 화학적 구성보다는 물리적 차이에 의해서 결정된다는 주장이 더 지배적이다.

14. 정답 ③
해설 발열물질 : 망간, 아연
암기TIP 열받는다 이 망아지 같은 녀석아!

15. 정답 ④
해설 온실효과 기여도 크기순서 : CO_2 > CH_4 > CFC > N_2O > 기타 물질

16. 정답 ③
해설 식 $N_{Re} = \dfrac{D \cdot V \cdot \rho}{\mu}$

∴ $N_{Re} = \dfrac{0.25m \times 2.5m/\sec \times 1.15kg/m^3}{1.75 \times 10^{-5} kg/m \cdot \sec}$
$= 41,071.43$

∴ N_{Re} > 4,000 이므로 난류흐름

17. 정답 ①

18. 정답 ②
해설 [대기오염사건의 발생순서]
암기TIP 무 단 횡 단 하마 노라 포자 런A 세스리 보체후!
(뮤즈계곡 - 횡빈(요코하마) - 도노라 - 포자리카 - 런던스모그 - LA스모그 - 세베소 - 스리마일 - 보팔 - 체르노빌 - 후쿠시마)

19. 정답 ③
해설 VOCs 중 하나인 벤젠은 호흡을 통해 약 50% 정도 침투되며, 체내에 흡수된 벤젠은 주로 지방조직에 분포하게 된다.

20. 정답 ④

2과목 대기오염공정시험기준(방법)

21. 정답 ④
해설 자외부의 광원에는 중수소방전관을 사용하고, 가시부와 근적외부의 광원으로는 주로 텅스텐램프를 사용한다.
암기TIP 가시오가피 연근 탕수육 / 중자!
(가시부, 근적외부 : 텅스텐램프, 자외부 : 중수소방전관)

22. 정답 ③
해설 VOC 측정기기의 검출기는 시료와 반응하여야 한다.

23. 정답 ②

24. 정답 ③
해설 불꽃의 온도가 높아 불꽃 중에서 해리하기 어려워 내화성 산화물을 만들기 쉬운 원소의 분석에 사용되는 조합은 "아세틸렌-아산화질소" 불꽃이다.
• 대부분의 원소분석에 이용되는 조합 : 수소-공기, 아세틸렌-공기
• 원자 외 영역에 이용되는 조합 : 수소-공기는 원자 외 영역의 분석 파장영역을 갖는 원소의 분석에 적당하다.
• 온도가 높은 조합 : 아세틸렌-아산화질소 불꽃은 불꽃의 온도가 높기 때문에 불꽃 중에서 해리하기 어렵고, 내화성 산화물을 만들기 쉬운 원소분석에 적당하다.
• 감도가 높은 조합 : 프로판-공기 불꽃은 불꽃 온도가 낮고, 일부 원소에 대하여 높은 감도를 나타낸다.

25. 정답 ④

26. 정답 ②

27. 정답 ③
해설 냉각도관은 될 수 있는 대로 수직으로 연결한다.

28. 정답 ④

29. 정답 ③

30. 정답 ②
해설 가스미터는 100mmH_2O 이내에서 사용한다.

31. 정답 ②

해설 "항량이 될 때까지 건조한다 또는 강열한다"라 함은 따로 규정이 없는 한 보통의 건조방법으로 1시간 더 건조 또는 강열할 때 전후 무게의 차가 매 g당 0.3mg 이하일 때를 뜻한다.

① 검체 8g을 1시간 더 건조하여 무게를 달아 보니 7.9975g이었다.

→ $\dfrac{8g - 7.9975g}{8g} \times \dfrac{10^3 mg}{1g}$
$= 0.3125 mg/g (매 g 당 0.3125 mg)$

② 검체 4g을 1시간 더 건조하여 무게를 달아 보니 3.9989g이었다.

→ $\dfrac{4g - 3.9989g}{4g} \times \dfrac{10^3 mg}{1g}$
$= 0.275 mg/g (매 g 당 0.275 mg)$

③ 검체 1g을 1시간 더 건조하여 무게를 달아 보니 0.9999g이었다.

→ $\dfrac{1g - 0.999g}{1g} \times \dfrac{10^3 mg}{1g}$
$= 1 mg/g (매 g 당 1 mg)$

④ 검체 100g을 1시간 더 건조하여 무게를 달아 보니 99.9mg이었다.

→ $\dfrac{100g - 99.9g}{100g} \times \dfrac{10^3 mg}{1g}$
$= 1 mg/g (매 g 당 1 mg)$

32. 정답 ②

33. 정답 ③

해설 **예열시간** : 전원을 넣고 나서 정상으로 작동할 때까지의 시간은 4시간 이하여야 한다.

34. 정답 ②

해설 흡입펌프는 연속해서 30일 이상 사용할 수 있고 되도록 다음의 조건을 갖춘 것을 사용한다.
- 진공도가 높을 것
- 유량이 큰 것
- 맥동이 없이 고르게 작동될 것
- 운반이 용이할 것

35. 정답 ②

해설 **식** $Xeq/L(N) = \dfrac{20g}{800mL} \times \dfrac{1mol}{40g} \times \dfrac{10^3 mL}{1L}$
$= 0.625 eq/L(N)$

36. 정답 ④

37. 정답 ②

38. 정답 ②

해설 흡입노즐은 스테인리스강 재질, 경질 유리, 석영 유리제로 만들어진 것으로 흡입노즐의 꼭짓점은 30° 이하의 예각이 되도록 하고 매끈한 반구모양으로 한다.

39. 정답 ③

40. 정답 ②

해설 반경이 0.5m이므로 직경은 1m이고 측정점수는 4이다.

[원형단면의 측정점]

굴뚝직경(m)	반경구분수	측정점수
1 이하	1	4
1 초과 2 이하	2	8
2 초과 4 이하	3	12
4 초과 4.5 이하	4	16
4.5 초과	5	20

3과목 대기오염방지기술

41. 정답 ②

해설 **반응식** $SO_2 + CaCO_3 + 0.5O_2 \rightarrow CaSO_4 + CO_2$
$22.4 m^3 : 100 kg$

$\dfrac{250 Sm^3}{hr} \times \dfrac{2,500 mL}{m^3} \times \dfrac{1 m^3}{10^6 mL} : X,$

∴ $X = 2.79 kg/hr$

42. 정답 ②

해설 **식** $n = \dfrac{Q_f}{Q_i} = \dfrac{Q_f}{\pi DLV_f}$

∴ $n = \dfrac{\dfrac{1,200 m^3}{min} \times \dfrac{1 min}{60 sec}}{\pi \times 0.25m \times 3m \times \dfrac{0.02m}{sec}}$

$= 424.42 ≒ 425개$

43. 정답 ③

해설 시동 시에는 애자, 애관 등의 표면을 깨끗이 닦아 고압 회로의 절연저항이 100MΩ 이상 되어야 한다.

44. 정답 ③

해설 식 $\eta = \left(1 - \dfrac{C_o}{C_i}\right) \times 100$

- $C_i = 11 mg/Sm^3$
- $C_o = 0.2 \times 10^{-3} g/Sm^3 = 0.2 mg/Sm^3$

∴ $\eta = \left(1 - \dfrac{0.2}{11}\right) \times 100 = 98.18\%$

45. 정답 ①

46. 정답 ③

해설 조대영역의 입자는 핵영역이나 집적영역의 입자에 비해 대기에서 잘 제거되므로 체류시간이 짧다.

47. 정답 ④

해설 식 $A_o = O_o \times \dfrac{1}{0.21}$

반응식 $H_2 + 0.5O_2 \rightarrow H_2O$
　　　　1 : 0.5
　　　3.33 : X,　　$X(O_o) = 1.665 m^3$

∴ $A_o = 1.665 \times \dfrac{1}{0.21} = 7.93 Sm^3$

48. 정답 ③

해설 에틸아민 - 생선 썩는 냄새

49. 정답 ①

해설 ① 항만 올바르다.

오답해설
② 유량조절범위가 환류식의 경우는 1:3, 비환류식의 경우는 1:2 정도여서 부하변동에 적응하기 어렵다.
③ 대형가열로에서 주로 쓰이며, 유압은 5~20kg/cm² 정도이다.
④ 연소용량(연료분사범위)는 15~2,000L/h 정도이다.

50. 정답 ②

해설 식 $\Delta P = f \times \dfrac{\theta}{90} \times P_v = 0.26 \times \dfrac{90}{90} \times 50 = 13 mmH_2O$

51. 정답 ①

해설 연소로 내에서 짧은 접촉시간과 아황산가스가 석회분말과의 접촉이 용이하지 않아 아황산가스의 제거효율이 낮다.

52. 정답 ④

53. 정답 ②

해설 식 $X_{SO_2} = \dfrac{SO_2}{G_w} \times 10^6$

- $G_w = (m - 0.21)A_o + CO_2 + H_2O + N_2$
- $m = \dfrac{A}{A_o} = \dfrac{12}{11.1235} = 1.0787$
- $A_o = O_o \times \dfrac{1}{0.21} = \dfrac{1}{0.21} \times (1.867 \times 0.82 + 5.6 \times 0.14 + 0.7 \times 0.03) = 11.1235 m^3/kg$

$G_w = (1.0787 - 0.21) \times 11.1235 + 1.867 \times 0.82 + 11.2 \times 0.14 + 0.7 \times 0.03 + 0.8 \times 0.01 = 12.7909 m^3/kg$

∴ $X_{SO_2} = \dfrac{SO_2}{G_w} \times 10^6 = \dfrac{0.7 \times 0.03}{12.7909} \times 10^6 = 1,641.79 ppm$

54. 정답 ③

55. 정답 ③

해설 간격의 단면적이 클 것

56. 정답 ③

해설 소요동력식에 대입되는 인자의 단위는 MKS이어야 한다.

식 소요동력(P) = $\dfrac{\Delta P \times Q}{102 \times \eta} \times \alpha$

- $\Delta P = 25.75 mmHg \times \dfrac{10332 mmH_2O}{760 mmHg} = 350.06 mmH_2O$

∴ 소요동력(P) = $\dfrac{350.06 \times 42}{102 \times 0.8} = 180.17 kW$

57. 정답 ③

해설 식 $C_o = C_i \times (1 - \eta)$

- $C_{o1} = C_i \times (1 - 0.995) = 0.005 C_i$
- $C_{o2} = C_i \times (1 - 0.98) = 0.02 C_i$

∴ $\dfrac{C_{o2}}{C_{o1}} = \dfrac{0.02 C_i}{0.005 C_i} = 4$배

58. 정답 ④

해설 유전력인 전기작용과 관련이 있는 힘이다.

59. 정답 ②

60. 정답 ③

해설 가스의 점도에 반비례한다.

4과목 대기환경관계법규

61. 정답 ④

해설 제120조의3(자동차연료·첨가제 또는 촉매제의 검사절차)
자동차연료·첨가제 또는 촉매제의 검사를 받으려는 자는 별지 제53호서식의 자동차연료·첨가제 또는 촉매제 검사신청서에 다음 각 호의 시료 및 서류를 첨부하여 국립환경과학원장 또는 법 제74조의2제1항에 따라 지정된 검사기관에 제출하여야 한다.
1. 검사용 시료
2. 검사 시료의 화학물질 조성 비율을 확인할 수 있는 성분분석서
3. 최대 첨가비율을 확인할 수 있는 자료(첨가제만 해당한다)
4. 제품의 공정도(촉매제만 해당한다)

62. 정답 ②

해설 "촉매제"란 배출가스를 줄이는 효과를 높이기 위하여 배출가스저감장치에 사용되는 화학물질로서 환경부령으로 정하는 것을 말한다.

63. 정답 ②, ④

해설 법규가 개정되어 정답 수정

[별표 2] 실내공기질 유지기준(제3조 관련)

오염물질 항목 다중이용시설	미세먼지 (PM-10) (μg/㎥)	미세먼지 (PM-2.5) (μg/㎥)	이산화 탄소 (ppm)	폼알데 하이드 (μg/㎥)	총부유 세균 (CFU/㎥)	일산화 탄소 (ppm)
지하역사, 지하도상가, 여객자동차터미널의 대합실, 철도역사의 대합실, 공항시설 중 여객터미널, 항만시설 중 대합실, 도서관·박물관 및 미술관, 장례식장, 목욕장, 대규모점포, 영화상영관, 학원, 전시시설, 인터넷컴퓨터게임시설제공업 영업시설	100 이하	50 이하	1,000 이하	100 이하	–	10 이하
의료기관, 어린이집, 노인요양시설, 산후조리원, 실내 어린이놀이시설	75 이하	35 이하		80 이하	800 이하	
실내주차장	200 이하	–		100 이하	–	25 이하
실내 체육시설, 실내 공연장, 업무시설, 둘 이상의 용도에 사용되는 건축물	200 이하	–	–	–	–	–

64. 정답 ③

해설 [시행령 별표 1] 사업장 분류기준(제13조 관련)

종별	오염물질발생량 구분
1종사업장	대기오염물질발생량의 합계가 연간 80톤 이상인 사업장
2종사업장	대기오염물질발생량의 합계가 연간 20톤 이상 80톤 미만인 사업장
3종사업장	대기오염물질발생량의 합계가 연간 10톤 이상 20톤 미만인 사업장
4종사업장	대기오염물질발생량의 합계가 연간 2톤 이상 10톤 미만인 사업장
5종사업장	대기오염물질발생량의 합계가 연간 2톤 미만인 사업장

65. 정답 ④

66. 정답 ④

67. 정답 ②

68. 정답 ④

해설 검사시설 및 장비가 부족하거나 고장난 상태로 7일 이상 방치한 경우
경고(1차) – 업무정지 1개월(2차) – 업무정지 3개월(3차) – 지정취소

69. 정답 ②

해설 [시행령 별표 4] 초과부과금 산정기준

오염물질	구분	오염물질 1킬로그램당 부과금액
	황산화물	500
	먼지	770
	질소산화물	2,130
	암모니아	1,400
	황화수소	6,000
	이황화탄소	1,600
특정 유해 물질	불소화합물	2,300
	염화수소	7,400
	염소	7,400
	시안화수소	7,300

70. 정답 ③

71. 정답 ②

72. 정답 ③

해설 오염물질별 부과금액과 상관없이 1일당 부과금액은 20만원으로 한다.

제47조의2(과징금 부과기준) ① 법 제48조의4제2항에 따른 과징금의 부과기준은 다음 각 호와 같다.
1. 과징금은 법 제84조의 행정처분기준에 따라 업무정지일수(조업정지일수)에 1일당 부과금액을 곱하여 산정할 것
2. 제1호에 따른 1일당 부과금액은 20만원으로 한다.

73. 정답 ①

해설 [별표 25] 정밀검사대상 자동차 및 정밀검사 유효기간(제96조 관련)

차종		정밀검사대상 자동차	검사유효기간
비사업용	승용자동차	차령 4년 경과된 자동차	2년
	기타자동차	차령 3년 경과된 자동차	
사업용	승용자동차	차령 2년 경과된 자동차	1년
	기타자동차	차령 2년 경과된 자동차	

74. 정답 ①

해설 시행규칙 제38조(개선계획서)
① 개선계획서에는 다음 각 호의 구분에 따른 사항이 포함되거나 첨부되어야 한다.
1. 법 제32조제5항에 따른 조치명령을 받은 경우
   가. 개선기간·개선내용 및 개선방법
   나. 굴뚝 자동측정기기의 운영·관리 진단계획
2. 개선명령을 받은 경우로서 개선하여야 할 사항이 배출시설 또는 방지시설인 경우
   가. 배출시설 또는 방지시설의 개선명세서 및 설계도
   나. 대기오염물질의 처리방식 및 처리 효율
   다. 공사기간 및 공사비
   라. 다음의 경우에는 이를 증명할 수 있는 서류
      1) 개선기간 중 배출시설의 가동을 중단하거나 제한하여 대기오염물질의 농도나 배출량이 변경되는 경우
      2) 개선기간 중 공법 등의 개선으로 대기오염물질의 농도나 배출량이 변경되는 경우

75. 정답 ③

76. 정답 ④

77. 정답 ①

해설 [이산화질소(NO_2)의 대기환경기준]
- 연간 평균치 : 0.03ppm 이하
- 24시간 평균치 : 0.06ppm 이하
- 1시간 평균치 : 0.10ppm 이하

78. 정답 ①

해설 시행규칙 별표 16(휘발성유기화합물 배출 억제·방지시설 설치 및 검사·측정결과의 기록보존에 관한 기준)
⑩ 중간집수조에서 폐수처리장으로 이어지는 하수구(Sewer line)가 대기 중으로 개방되어서는 아니 되며, 금·틈새 등이 발견되는 경우에는 15일 이내에 이를 보수하여야 한다.

79. 정답 ③

해설 시행규칙 제24조(총량규제구역의 지정 등) 환경부장관은 법 제22조에 따라 그 구역의 사업장에서 배출되는 대기오염물질을 총량으로 규제하려는 경우에는 다음 각 호의 사항을 고시하여야 한다.
1. 총량규제구역
2. 총량규제 대기오염물질
3. 대기오염물질의 저감계획
4. 그 밖에 총량규제구역의 대기관리를 위하여 필요한 사항

80. 정답 ②

UNIT 03 2019년 4회 산업기사 정답 및 해설

01 ③	02 ②	03 ②	04 ④	05 ④
06 ③	07 ①	08 ③	09 ④	10 ④
11 ④	12 ①	13 ①	14 ②	15 ②
16 ③	17 ②	18 ③	19 ③	20 ④
21 ③	22 ③	23 ②	24 ①	25 ②
26 ③	27 ①	28 ④	29 ④	30 ①
31 ③	32 ③	33 ③	34 ②	35 ③
36 ②	37 ③	38 ②	39 ③	40 ②
41 ④	42 ①	43 ③	44 ②	45 ④
46 ②	47 ①	48 ③	49 ①	50 ②
51 ③	52 ②	53 ②	54 ①	55 ②
56 ①	57 ④	58 ④	59 ④	60 ②
61 ①	62 ③	63 ④	64 ③	65 ④
66 ④	67 ③	68 ③	69 ③	70 ②
71 ①	72 ③	73 ③	74 ③	75 ②
76 ④	77 ③	78 ④	79 ④	80 ②

1과목 대기오염개론

01. 정답 ③

해설 Ri가 0.2보다 크게 되면 성층에 의해 기계적 난류가 약화되며, 수직혼합이 매우 감소하고, 수평상의 소용돌이가 존재한다.

02. 정답 ②

해설 식 $\Delta h = \dfrac{114 C F^{1/3}}{U}$

- $F = 9.8 m/\sec^2 \times \left(\dfrac{2m}{2}\right)^2 \times 5 m/\sec \times \left(\dfrac{400K-300K}{300K}\right)$
  $= 16.3333 m^4/\sec^3 z$
- $C = 1.58$

$\therefore \Delta h = \dfrac{114 \times 1.58 \times (16.3333)^{1/3}}{3} = 152.33 m$

03. 정답 ②

해설 시간에 따른 광화학 스모그의 구성 성분의 변화 :
7~9시(NOx, HC 최고농도)
→ 9~11시(알데하이드 최고농도)
→ 12시~2시(오존 최고농도)

04. 정답 ④

05. 정답 ④

해설 보기 중 수산기(OH)를 가지고 있는 물질은 phenol (C_6H_5OH)이다.

06. 정답 ③

해설 식 H_e(유효굴뚝높이) = H(굴뚝높이) + ΔH(유효상승고)

식 $\Delta H = 1.5 \times (V_s/U) \times D$

$55 = 24 + \Delta H$(유효상승고), ΔH(유효상승고) = $31m$

$31m = 1.5 \times \left(\dfrac{\dfrac{50m}{\sec}}{\dfrac{300m}{\min} \times \dfrac{1\min}{60\sec}}\right) \times D,$ $\therefore D = 2.07m$

07. 정답 ①

08. 정답 ③

해설 $X mg/m^3 = \dfrac{448 mL}{m^3} \times \dfrac{M\, mg}{22.4 mL} = 20 M\, mg/m^3$

09. 정답 ④

해설 ④항은 발생원에서 배출되었을 때 오염물질인 1차 오염물질이다. 2차 오염물질은 물질 또는 오염물질이 발생된 후 분해·결합과정으로 생긴 물질을 말한다.

10. 정답 ④

11. 정답 ④

12. 정답 ①

해설 1Dobson = 0.01mm

13. 정답 ①

해설 원자량 200.61, 비중 13.54이며, 염산에 녹지 않으며, 질산에 용해된다.

14. 정답 ②

해설 악취와 소음의 강도를 설명할 때 Weber Fechner(웨버-훼흐너)의 법칙이 주로 이용된다.

15. 정답 ②

16. 정답 ③

해설 **식** $L_k = \dfrac{A \times 10^3}{G}$

$\therefore L_k = \dfrac{1.2 \times 10^3}{160} = 7.5km$

17. 정답 ②

해설 기체의 분자량과 비중은 비례한다.
① 포름알데히드(HCHO)=30
② 이황화탄소(CS_2)=76
③ 일산화질소(NO)=30
④ 이산화질소(NO_2)=46

18. 정답 ③

해설 설명하는 바람은 surface wind(지상풍)이다.
① geostropic wind(지균풍) : 전향력 = 기압경도력
② Fohn wind(푄풍) : 해풍이 산맥을 타고 넘어오면서 불어오는 고온건조한 바람
④ gradient wind(경도풍) : 전향력 + 원심력 = 기압경도력

19. 정답 ③

20. 정답 ④

해설 **식** $C_2 = C_1 \times \left(\dfrac{H_1}{H_2}\right)^3$

2과목 　 **대기오염공정시험기준(방법)**

---

21. 정답 ③

해설 반경이 2.2m이므로 직경은 4.4m이고 4~4.5m 미만의 측정점수 16에 해당한다.
원형굴뚝의 측정점수는 다음 [표]와 같다.

굴뚝직경(m)	반경구분수	측정점 수
1 미만	1	4
1~2 미만	2	8
2~4 미만	3	12
4~4.5 미만	4	16
4.5 이상	5	20

22. 정답 ③

23. 정답 ②

해설 시료중의 각 성분은 충전물에 대한 각각의 흡착성 또는 용해성의 차이에 따라 분리관 내에서의 이동속도가 달라지기 때문에 각각 분리되어 분리관 출구에 접속된 검출기를 차례로 통과하게 된다.

24. 정답 ①

해설
- **질소산화물 페놀디설폰산법 흡수액** : **황산**+**과산화수소**+**증류수**(질페황과물)
- **질소산화물 아연환원 나프틸에틸렌디아민법** : 증류수 (질나물)

25. 정답 ②

해설 산과 염기, 강산과 약산, 강염기와 약염기를 가지고 중화 또는 희석을 할 때에는 중화적정식을 사용한다.

식 $NV = N'V'$

- $N = 0.1N$
- $V = 1,000mL$
- $N' = \dfrac{1.84g}{mL} \times \dfrac{1eq}{98/2g} \times \dfrac{10^3 mL}{1L} \times 0.95$

$= 35.67 eq/L(N)$

$0.1N \times 1,000mL = 35.67N \times V'$

$\therefore V' = 2.8mL$

26. 정답 ③

해설 **식** $XmmHg = 500mmH_2O \times \dfrac{760mmHg}{10332mmH_2O}$

$= 36.78mmHg$

27. 정답 ①

해설 **식** $S = \dfrac{32,000 \times N \times v}{V}$

- S : 아황산가스의 농도($\mu g/m^3$)
- N : 알칼리의 규정도=0.01N
- v : 적정에 사용한 알칼리의 양(mL)=0.2mL
- V : 시료가스 채취량(m^3)=1.5m^3

$\therefore S = \dfrac{32,000 \times 0.01 \times 0.2}{1.5} = 42.67 \mu g/m^3$

28. 정답 ④

해설 **근접선** : 목적하는 스펙트럼선에 가까운 파장을 갖는 다른 스펙트럼선

29. 정답 ④
해설 투과도의 상용대수의 역수를 흡광도라 한다.
식 $A = \log\left(\dfrac{1}{t}\right)$

30. 정답 ①

31. 정답 ③
해설 '항량이 될 때까지 건조한다'라 함은 따로 규정이 없는 한 보통의 건조방법으로 1시간 더 건조할 때 전후 무게의 차가 매 g당 0.3mg 이하일 때를 뜻한다.

32. 정답 ②
해설
- "전 시료채취 기간 중 주 풍향이 90° 이상 변할 때" : 1.5
- "전 시료채취 기간 중 주 풍향이 45°~90° 변할 때" : 1.2
- "전 시료채취 기간 중 주 풍향이 45° 이하로 변할 때" : 1.0

33. 정답 ③
해설 $XN(eq/L) = \dfrac{25mL}{1L} \times \dfrac{1.84g}{1mL} \times \dfrac{1eq}{98/2g} \times 0.95$
$= 0.89N$

34. 정답 ②
해설 이 방법에 의한 오존 검출한계는 0.51~8.16μmol/mol 이며, 더 낮은 농도의 시료는 중성 요오드화 칼륨법으로 측정한다.

35. 정답 ③
해설 밸브는 불소수지, 유리 및 석영재질로 밀봉 윤활유 (sealing grease)를 사용하지 않고 기체의 누출이 없는 구조이어야 한다.

36. 정답 ②
해설 작업전극은 전해셀 안에서 작업전극과 한쌍으로 전기회로를 이루며 아황산가스를 정전위전해 하는데 필요한 산화전극을 작업전극에 가할 때 기준으로 삼는 전극이다. 백금전극, 니켈 또는 니켈화합물전극, 납 또는 납화합물전극 등이 사용된다. 가스를 정전위전해 하는데 필요한 산화전극을 작업전극에 가할 때 기준으로 삼는 전극이다. 백금전극, 니켈 또는 니켈화합물전극, 납 또는 납화합물전극 등이 사용된다.

37. 정답 ③

38. 정답 ②

39. 정답 ③
해설 식 $C = (C_H - C_B) \times W_D \times W_S$
- 채취먼지량이 가장 많은 위치의 먼지농도(C_H) : 4.69mg/m³
- 대조위치의 먼지농도(C_B) : 0.15mg/m³
- 풍향보정계수(W_D) : "전 시료채취 기간 중 주 풍향이 90° 이상 변할 때" → 1.5
- 풍속보정계수(W_S) : 풍속이 0.5m/s 미만 또는 10m/sec 이상되는 시간이 전 채취시간의 50% 미만 → 1.0
$\therefore C = (4.69 - 0.15) \times 1.5 \times 1.0 = 6.81 mg/m^3$

40. 정답 ③

3과목 대기오염방지기술

41. 정답 ④

42. 정답 ①
해설 ①항만 올바르다.
오답해설
② 회분이 많은 연료는 발열량이 낮다.
③ 탄화도가 높을수록 착화온도는 높아진다.
④ 휘발분 함량과 매연발생량은 비례한다.

43. 정답 ③

44. 정답 ②
해설 식 $\eta = \left(1 - \dfrac{S_o}{S_i}\right) \times 100$
- S_i(유입총량) $= S_c$(포집총량) $+ S_o$(유출총량)
$= (300 + 195) + 5$
$= 500 kg/hr$
$\therefore \eta = \left(1 - \dfrac{5}{500}\right) \times 100 = 99\%$

45. 정답 ④
해설 역화의 위험이 없으며 가스와 공기를 예열할 수 있다.

46. 정답 ②
해설 식 $h = H_{OG} \times \ln\left(\dfrac{1}{1-\eta}\right)$
$\therefore h = 0.44m \times \ln\left(\dfrac{1}{1-0.925}\right) = 1.14m$

47. 정답 ①
해설 식 $G_d = (m-0.21)A_o + CO_2$
반응식 $C_3H_8 + 5O_2 \rightarrow 3CO_2 + 4H_2O$
$\quad 1m^3 : 5m^3 : 3m^3 : 4m^3$
• $A_o = O_o \times \dfrac{1}{0.21} = 5 \times \dfrac{1}{0.21} = 23.81 m^3/m^3$
$\therefore G_d = (1.21-0.21) \times 23.81 + 3 = 26.81 m^3/m^3$

48. 정답 ③
해설 식 $P = H \cdot C$
$\therefore H = \dfrac{P}{C} = 60mmHg \times \dfrac{m^3}{2.4kg \cdot mol} \times \dfrac{1atm}{760mmHg}$
$\quad = 0.033 atm \cdot m^3/kg \cdot mol$

49. 정답 ①

50. 정답 ②
해설 코크스는 석탄을 건류하여 만들어진다. 건류되는 과정에서 휘발분이 휘산되므로 휘발분이 매우 적고 고정탄소의 함량이 많아 매연 및 검댕의 발생이 적다.

51. 정답 ③
해설 압입통풍은 연소용 공기를 예열할 수 있다.

52. 정답 ②
해설 등가비는 공기비의 역수이다.

53. 정답 ③

54. 정답 ①
해설 원심력 송풍기 중 전향날개형은 송풍량이 많고, 압력손실이 적은 공기조화용 및 특수 배기용 송풍기로 사용한다.

55. 정답 ②
해설 벤츄리 스크러버는 목부에서의 유속이 매우 빠르고 압력손실이 매우 크다. (300~800mmH$_2$O)

56. 정답 ①
해설 캐노피형(천개형)과 그라인더커버형은 레시버식 후드에 해당한다.

57. 정답 ④
해설 공기를 연소가능범위 내에서 최대한 적게 사용하여야 한다.

58. 정답 ②
해설 $X_{그을음}(g/m^3) = \dfrac{그을음(g)}{G_d(m^3)} \times 100$
• 그을음(g) $= 1kg \times \dfrac{89}{100} \times \dfrac{2}{100} \times \dfrac{1,000g}{kg}$
$\quad = 17.8 g/kg$
• $G_d = (m-0.21)A_o + 1.867C^*$
$\quad = (1.2-0.21) \times 10.8458 + 1.867 \times 0.89 \times (1-0.02)$
$\quad = 12.3657 m^3/kg$
• $A_o = O_o \times \dfrac{1}{0.21}$
$\quad = \dfrac{1}{0.21}(1.867 \times 0.89 + 5.6 \times 0.11)$
$\quad = 10.8458 Sm^3/kg$
$\therefore X_{그을음}(g/m^3) = \dfrac{17.8}{12.3657} = 1.44 g/m^3$

59. 정답 ②

60. 정답 ②
해설 저농도의 VOC 처리에 적합하다.

4과목   대기환경관계법규

61. 정답 ①

62. 정답 ④

63. 정답 ④

64. 정답 ②

65. 정답 ②

해설 시행규칙 제40조(개선명령의 이행 보고 등) 대기오염도 검사기관은 다음 각 호와 같다.
1. 국립환경과학원
2. 특별시·광역시·특별자치시·도·특별자치도(이하 "시·도"라 한다)의 보건환경연구원
3. 유역환경청, 지방환경청 또는 수도권대기환경청
4. 한국환경공단

66. 정답 ④

67. 정답 ③

68. 정답 ③

69. 정답 ③

해설 [시행령 별표 4] 초과부과금 산정기준

오염물질	구분	오염물질 1킬로그램당 부과금액
	황산화물	500
	먼지	770
	질소산화물	2,130
	암모니아	1,400
	황화수소	6,000
	이황화탄소	1,600
특정 유해 물질	불소화합물	2,300
	염화수소	7,400
	시안화수소	7,300

70. 정답 ②

71. 정답 ①

해설 [별표 1] 실내공간오염물질(제2조 관련)
1. 미세먼지(PM-10)
2. 이산화탄소(CO_2;Carbon Dioxide)
3. 폼알데하이드(Formaldehyde)
4. 총부유세균(TAB;Total Airborne Bacteria)
5. 일산화탄소(CO;Carbon Monoxide)
6. 이산화질소(NO_2;Nitrogen dioxide)
7. 라돈(Rn;Radon)
8. 휘발성유기화합물(VOCs;Volatile Organic Compounds)
9. 석면(Asbestos)
10. 오존(O_3;Ozone)
11. 초미세먼지(PM-2.5)
12. 곰팡이(Mold)
13. 벤젠(Benzene)
14. 톨루엔(Toluene)
15. 에틸벤젠(Ethylbenzene)
16. 자일렌(Xylene)
17. 스티렌(Styrene)

72. 정답 ③

73. 정답 ③

해설 철도역사의 연면적 2천제곱미터 이상인 대합실
제2조(적용대상) "대통령령이 정하는 규모의 것"이란 다음 각 호의 어느 하나에 해당하는 시설을 말한다.
1. 모든 지하역사(출입통로·대합실·승강장 및 환승통로와 이에 딸린 시설을 포함한다)
2. 연면적 2천제곱미터 이상인 지하도상가(지상건물에 딸린 지하층의 시설을 포함한다. 이하 같다). 이 경우 연속되어 있는 둘 이상의 지하도상가의 연면적 합계가 2천제곱미터 이상인 경우를 포함한다.
3. 철도역사의 연면적 2천제곱미터 이상인 대합실
4. 여객자동차터미널의 연면적 2천제곱미터 이상인 대합실
5. 항만시설 중 연면적 5천제곱미터 이상인 대합실
6. 공항시설 중 연면적 1천5백제곱미터 이상인 여객터미널
7. 연면적 3천제곱미터 이상인 도서관
8. 연면적 3천제곱미터 이상인 박물관 및 미술관
9. 연면적 2천제곱미터 이상이거나 병상 수 100개 이상인 의료기관
10. 연면적 500제곱미터 이상인 산후조리원
11. 연면적 1천제곱미터 이상인 노인요양시설
12. 연면적 430제곱미터 이상인 어린이집
12의2. 연면적 430제곱미터 이상인 실내 어린이놀이시설
13. 모든 대규모점포
14. 연면적 1천제곱미터 이상인 장례식장(지하에 위치한 시설로 한정한다)
15. 모든 영화상영관(실내 영화상영관으로 한정한다)
16. 연면적 1천제곱미터 이상인 학원
17. 연면적 2천제곱미터 이상인 전시시설(옥내시설로 한

정한다)
18. 연면적 300제곱미터 이상인 인터넷컴퓨터게임시설 제공업의 영업시설
19. 연면적 2천제곱미터 이상인 실내주차장(기계식 주차장은 제외한다)
20. 연면적 3천제곱미터 이상인 업무시설
21. 연면적 2천제곱미터 이상인 둘 이상의 용도에 사용되는 건축물
22. 객석 수 1천석 이상인 실내 공연장
23. 관람석 수 1천석 이상인 실내 체육시설
24. 연면적 1천제곱미터 이상인 목욕장업의 영업시설

74. 정답 ③

해설 [오존(O_3)의 대기환경기준]
- 8시간 평균치 : 0.06ppm 이하
- 1시간 평균치 : 0.1ppm 이하

75. 정답 ②

해설 시행령 별표 1(사업장 분류기준)

종별	오염물질발생량 구분
1종사업장	대기오염물질발생량의 합계가 연간 80톤 이상인 사업장
2종사업장	대기오염물질발생량의 합계가 연간 20톤 이상 80톤 미만인 사업장
3종사업장	대기오염물질발생량의 합계가 연간 10톤 이상 20톤 미만인 사업장
4종사업장	대기오염물질발생량의 합계가 연간 2톤 이상 10톤 미만인 사업장
5종사업장	대기오염물질발생량의 합계가 연간 2톤 미만인 사업장

76. 정답 ④

77. 정답 ④

해설 시행령 제11조(배출시설의 설치허가 및 신고 등) 배출시설 설치허가를 받거나 설치신고를 하려는 자는 배출시설 설치허가신청서 또는 배출시설 설치신고서에 다음 각 호의 서류를 첨부하여 환경부장관 또는 시·도지사에게 제출해야 한다.
1. 원료(연료를 포함한다)의 사용량 및 제품 생산량과 오염물질 등의 배출량을 예측한 명세서
2. 배출시설 및 방지시설의 설치명세서
3. 방지시설의 일반도(一般圖)
4. 방지시설의 연간 유지관리 계획서
5. 사용 연료의 성분 분석과 황산화물 배출농도 및 배출량 등을 예측한 명세서(법 제41조제3항 단서에 해당하는 배출시설의 경우에만 해당한다)
6. 배출시설 설치허가증(변경허가를 신청하는 경우에만 해당한다)

78. 정답 ④

79. 정답 ④

해설 시행규칙 별표 14(비산먼지 발생을 억제하기 위한 시설의 설치 및 필요한 조치에 관한 기준)
8. 야외 녹 제거
   가. 구조물의 길이가 15m 미만인 경우에는 옥내작업을 할 것
   나. 야외 작업 시에는 간이칸막이 등을 설치하여 먼지가 흩날리지 아니하도록 할 것
   다. 야외 작업 시 이동식 집진시설을 설치할 것. 다만, 이동식 집진시설의 설치가 불가능할 경우 진공식 청소차량 등으로 작업현장에 대한 청소작업을 지속적으로 할 것
   라. 작업 후 남은 것이 다시 흩날리지 아니하도록 할 것
   마. 풍속이 평균초속 8m 이상(강선건조업과 합성수지선건조업인 경우에는 10m 이상)인 경우에는 작업을 중지할 것
   바. 가목부터 마목까지와 같거나 그 이상의 효과를 가지는 시설을 설치하거나 조치하는 경우에는 가목부터 마목까지 중 그에 해당하는 시설의 설치 또는 조치를 제외한다.

80. 정답 ②

UNIT 04 2020년 1,2회 산업기사 정답 및 해설

01 ④	02 ②	03 ②	04 ②	05 ③
06 ①	07 ③	08 ②	09 ④	10 ④
11 ④	12 ②	13 ①	14 ①	15 ③
16 ①	17 ④	18 ②	19 ②	20 ④
21 ②	22 ②	23 ②	24 ②	25 ②
26 ③	27 ④	28 ②	29 ③	30 ②
31 ②	32 ④	33 ②	34 ②	35 ④
36 ②	37 ④	38 ①	39 ④	40 ②
41 ③	42 ②	43 ②	44 ②	45 ④
46 ④	47 ①	48 ①	49 ②	50 ②
51 ②	52 ②	53 ①	54 ②	55 ②
56 ④	57 ②	58 ①	59 ②	60 ②
61 ②	62 ①	63 ①	64 ④	65 ③
66 ④	67 ④	68 ②	69 ②	70 ③
71 ①	72 ①	73 ④	74 ①	75 ②
76 ④	77 ①	78 ②	79 ①	80 ③

1과목 대기오염개론

01. 정답 ④
해설 도노라 사건은 포자리카 사건 이전에 발생하였다.
[대기오염사건의 발생순서]
암기TIP 무 단 횡 단 하마 노라 포자 런A 세스리 보체후!
(뮤즈계곡 - 횡빈(요코하마) - 도노라 - 포자리카 - 런던스모그 - LA스모그 - 세베소 - 스리마일 - 보팔 - 체르노빌 - 후쿠시마)

02. 정답 ②

03. 정답 ②
해설 CO_2의 주요 흡수파장영역은 13~17㎛ 정도이다.

04. 정답 ②
해설 식 $U_2 = U_1 \times \left(\dfrac{Z_2}{Z_1}\right)^p$

∴ $U_2 = 10 \times \left(\dfrac{50}{25}\right)^{0.2} = 11.49 m/\sec$

05. 정답 ③

06. 정답 ①
해설 ①항만 올바르다. NOx의 저항성이 약한 식물(지표식물)은 진달래, 해바라기, 담배가 있다.
오답해설
② 식물에는 별로 심각한 영향을 주지 않으나 주 지표식물로는 진달래, 해바라기, 담배 등이 있다.
③ 잎가장자리에 주로 흰색 또는 은백색 반점을 유발하는 것은 불화수소이다.
④ 스위트피가 주 지표식물인 가스는 에틸렌이다.

07. 정답 ③
해설 오로라는 고도 100km ~ 320km 사이에서 주로 발생한다. (열권에서 발생), 라디오파는 주로 전리층(열권)에서 반사되어 수신자에서 도달한다.

08. 정답 ②
해설 공기의 절대습도란 이론적으로 함유된 수증기 또는 물의 함량을 말하며 단위는 g/m^3이다.

09. 정답 ④
해설 식 $X_{\max} = \left(\dfrac{H_e}{K_z}\right)^{\frac{2}{2-n}}$

• $n = 0.25$
• $K_z = 0.05$

∴ $X_{\max} = \left(\dfrac{120m}{0.05}\right)^{\frac{2}{2-0.25}} = 7,296.23 m$

10. 정답 ④
해설 비금속성물질이 냄새가 강하고, 금속물질이 냄새가 약하다.

11. 정답 ④

12. 정답 ②
해설 광화학적 스모그의 3대 생성 요소 : 질소산화물, 햇빛(hv), 탄화수소

13. 정답 ①

14. 정답 ①

15. 정답 ③

16. 정답 ①
    해설 RAM은 가우시안모델이나 RAMS는 바람장 예측모델이다.

17. 정답 ④
    해설 그래프가 오른쪽으로 더 기울수록 대기의 상태는 안정이므로 plume의 확산폭이 적어 멀리 이동한다.

18. 정답 ①

19. 정답 ②
    해설 [오존파괴물질의 잔류기간과 오존파괴지수]

구분 명칭	화학식	오존파괴지수 (ODP)	대기권 잔류기간(년)
CFC-011	$CFCl_3$	1.0	65~75
CFC-012	CF_2Cl_2	0.9~1.0	100~140
CFC-113	CCl_3CF_3	0.8~0.9	100~134
CFC-114	$CClF_2CClF_2$	0.7~1.0	300
CFC-115	$CClF_2CF_3$	0.4~0.6	500
할론-1301	CF_3Br	10.0~13.2	110
할론-1211	CF_2ClBr	2.2~3.0	15
HCFC-22	$CHClF_2$	0.05	16~20
메틸클로로포름	CH_3CCl_3	0.15	5.5~10
사염화탄소	CCl_4	1.2	50~69

20. 정답 ④
    해설 대표적인 2차 오염물질(광화학 부산물) : O_3, H_2O_2, NOCl, 아크로레인, PAN

2과목 대기오염공정시험기준(방법)

21. 정답 ②
    해설 일산화탄소 분석방법 : 일 정 비 가스 (일산화탄소 - 정전위전해법, 비분산적외선분석법, 가스(기체)크로마토그래피)

22. 정답 ②
    해설 온수 : 60~70℃

23. 정답 ②

24. 정답 ②
    해설 환경대기 중의 탄화수소 측정법 : 활성 탄화수소 측정법, 비메탄 탄화수소 측정법, 총 탄화수소 측정법(할 메 총)

25. 정답 ③
    해설 연료용 유류의 황함유량 측정방법(질량분율 0.01% 이상에서 적용) : 방사선식 여기법, 연소관식 공기법

26. 정답 ③

27. 정답 ④

28. 정답 ③
    해설 이물질 및 미생물의 침입까지 차단하는 용기는 밀봉용기, 이물질만 차단할 수 있는 용기는 밀폐용기이다.

29. 정답 ③

30. 정답 ②

31. 정답 ②
    해설 염소 - 오르토톨리딘법

32. 정답 ④

33. 정답 ②

34. 정답 ②

35. 정답 ④

36. 정답 ②

37. 정답 ④
    해설 식 $A = \log\left(\dfrac{1}{t}\right)$
    ∴ $A = \log\left(\dfrac{1}{1-0.9}\right) = 1$

38. 정답 ①
    해설 농도표는 측정자의 앞 16m에 놓고 200m 이내의 적당한 위치에서 측정한다.

39. 정답 ④

해설 식 $XL = \dfrac{7g}{100mL} \times 100mL \times \dfrac{22.4L}{32g} = 4.61L$

40. 정답 ②

해설 식 $Xmol/L = \dfrac{20g}{750mL} \times \dfrac{10^3 mL}{1L} \times \dfrac{1mol}{40g}$
$= 0.67 mol/L(M)$

3과목 대기오염방지기술

41. 정답 ③

해설 식 $t_o = \dfrac{Hl}{G \times C_p} + t$

$\therefore t_o = \dfrac{5,000}{20 \times 0.35} + 15 = 729.29℃$

42. 정답 ②

해설 [연료별 착화온도]

물질	착화온도(℃)
목재	250~300
갈탄	250~450
목탄	320~370
역청탄	320~400
무연탄	440~500
중유	530~580
수소	580~600
일산화탄소(CO)	580~650
메탄(CH_4)	650~750
발생로가스	700~800
탄소	800

43. 정답 ②

해설 단위 체적당 입자의 표면적은 입경이 작을수록 커진다.

44. 정답 ②

45. 정답 ④

해설 식 $Y(\%, 체하분포) = 100 - R(\%, 체상분포)$

식 $R(\%) = 100 \exp(-\beta d_p^{\,n})$

$R(\%) = 100 \exp(-0.063 \times 35^1) = 11.03\%$

$\therefore Y(\%, 체하분포) = 100 - 11.03 = 88.97\%$

46. 정답 ④

해설 식 $A = mA_o$

• $m = \dfrac{N_2}{N_2 - 3.76(O_2 - 0.5CO)}$
$= \dfrac{81}{81 - 3.76 \times (3.5 - 0.5 \times 3)} = 1.1023$

• $A_o = \dfrac{1}{0.21}(1.867 \times 0.85 + 5.6 \times 0.15)$
$= 11.5569 m^3/kg$

$\therefore A = (1.1023 \times 11.5569) m^3/kg \times 100 kg/hr$
$= 1,273.92 m^3/hr$

47. 정답 ①

해설 기체의 점도는 온도가 상승하면 높아진다.

48. 정답 ①

해설 출구의 직경이 작을수록 집진율은 증가하지만, 동시에 압력손실도 증가하고 처리속도는 떨어진다.

49. 정답 ②

50. 정답 ②

해설 식 $h = H_{OG} \times \ln\left(\dfrac{1}{1-\eta}\right)$

$\therefore h = 1m \times \ln\left(\dfrac{1}{1-0.95}\right) = 3.00m$

51. 정답 ③

해설 표면에 다분자층을 형성하며, 화학적 흡착에 비해 발열량이 작다.

52. 정답 ②

해설 식 $\eta = \left(1 - \dfrac{C_o}{C_i}\right) \times 100$

• $C_i = 200 ppm(mL/m^3)$

• $C_o = \dfrac{15mg}{Sm^3} \times \dfrac{22.4mL}{71mg} = 4.73 mL/Sm^3$

$\therefore \eta = \left(1 - \dfrac{4.73}{200}\right) \times 100 = 97.64\%$

53. 정답 ①

해설 과잉공기량을 작게 하여야 한다.

54. 정답 ③

해설 벤츄리스크러버에서 물방울 입경과 먼지 입경의 비는 150 : 1 정도가 좋다.

55. 정답 ③

해설
- **선회형 버너** : 기체연료의 연소장치로서 저발열량 연료를 연소시키는데 사용되는 버너(선생님 저)
- **방사형 버너** : 기체연료의 연소장치로서 고발열량 연료를 연소시키는데 사용되는 버너(방 고 껐어요.)

56. 정답 ②

해설 식 $H_v = \dfrac{Hl \times G}{\forall}$

- Hl : 저위발열량
- G : 연료주입량
- $\forall$: 연소실 용적

∴ $H_v = \dfrac{10,000 kcal}{kg} \times \dfrac{100 kg}{1.5 hr} \times \dfrac{1}{1.2m \times 2m \times 1.5m}$

$= 185,185.19\, kcal/m^3 \cdot hr$

57. 정답 ②

해설 관성력에 의한 분리속도는 회전기류반경에 반비례하고, 입경의 제곱에 비례한다.

58. 정답 ①

해설
- 유수식 : 로터형, 분수형, S형, 임펠러형
- 가압수식 세정집진장치 : 충전탑, 분무탑, 스크러버(제트, 벤츄리, 사이클론)
- 회전식 : 타이젠와셔, 임펄스 스크러버

59. 정답 ③

해설 반응식 S + O₂ → SO₂
　　　　　32kg　 :　22.4m³

$\dfrac{5톤}{day} \times \dfrac{10^3 kg}{1톤} \times \dfrac{20}{100}$: X_1,

∴ $X_1(SO_2) = 700\, m^3/day$

반응식 SO₂ + 2NaOH → Na₂SO₃ + H₂O
　　　　22.4m³ : 2×40kg
　　　　700m³/day : X_2,

$X_2 = 2,500\, kg/day = 2.5톤/day$

60. 정답 ④

해설 식 통과율(%) $= \left(\dfrac{C_o \times Q_o}{C_i \times Q_i}\right) \times 100$

∴ 통과율(%) $= \left(\dfrac{1.24 \times 16.2}{13.25 \times 11.4}\right) \times 100 = 13.30\%$

4과목 대기환경관계법규

61. 정답 ②

해설 일반기준으로서 부과권자는 위반행위의 동기와 그 결과 등을 고려하여 과태료 부과금액의 1/2의 범위에서 이를 감경할 수 있다.

62. 정답 ①

해설 **시행령 제40조(개선명령의 이행 보고 등)**
대기오염도 검사기관은 다음 각 호와 같다.
1. 국립환경과학원
2. 특별시·광역시·특별자치시·도·특별자치도(이하 "시·도"라 한다)의 보건환경연구원
3. 유역환경청, 지방환경청 또는 수도권대기환경청
4. 한국환경공단
5. 인정을 받은 시험·검사기관 중 환경부장관이 정하여 고시하는 기관

63. 정답 ①

64. 정답 ④

65. 정답 ③

해설 ③항은 시·도지사가 설치하는 대기오염 측정망의 종류에 해당한다.
시행규칙 제11조(측정망의 종류 및 측정결과보고 등) 특별시장·광역시장·특별자치시장·도지사 또는 특별자치도지사(이하 "시·도지사"라 한다)가 설치하는 대기오염 측정망의 종류는 다음 각 호와 같다.
1. 도시지역의 대기오염물질 농도를 측정하기 위한 도시대기측정망
2. 도로변의 대기오염물질 농도를 측정하기 위한 도로변대기측정망
3. 대기 중의 중금속 농도를 측정하기 위한 대기중금속측정망

66. 정답 ④

67. 정답 ④

해설 [별표 2] 특정대기유해물질(제4조 관련)

1. 카드뮴 및 그 화합물	19. 이황화메틸
2. 시안화수소	20. 아닐린
3. 납 및 그 화합물	21. 클로로포름
4. 폴리염화비페닐	22. 포름알데히드
5. 크롬 및 그 화합물	23. 아세트알데히드
6. 비소 및 그 화합물	24. 벤지딘
7. 수은 및 그 화합물	25. 1,3-부타디엔
8. 프로필렌 옥사이드	26. 다환 방향족 탄화수소류
9. 염소 및 염화수소	27. 에틸렌옥사이드
10. 불소화물	28. 디클로로메탄
11. 석면	29. 스틸렌
12. 니켈 및 그 화합물	30. 테트라클로로에틸렌
13. 염화비닐	31. 1,2-디클로로에탄
14. 다이옥신	32. 에틸벤젠
15. 페놀 및 그 화합물	33. 트리클로로에틸렌
16. 베릴륨 및 그 화합물	34. 아크릴로니트릴
17. 벤젠	35. 히드라진
18. 사염화탄소	

68. 정답 ②

해설 [별표 7] 기본부과금의 지역별 부과계수

구분	지역별 부과계수
Ⅰ지역	1.5
Ⅱ지역	0.5
Ⅲ지역	1.0

69. 정답 ②

해설 [별표 8] 기본부과금의 농도별 부과계수

1. 연료를 연소하여 황산화물을 배출하는 시설(황산화물의 배출량을 줄이기 위하여 방지시설을 설치한 경우와 생산공정상 황산화물의 배출량이 줄어든다고 인정하는 경우는 제외한다)

구분	연료의 황함유량(%)		
	0.5% 이하	1.0% 이하	1.0% 초과
농도별 부과계수	0.2	0.4	1.0

70. 정답 ③

해설 제13조(장거리이동대기오염물질피해방지 종합대책의 수립 등) 종합대책에는 다음 각 호의 사항이 포함되어야 한다.
1. 장거리이동대기오염물질 발생 현황 및 전망
2. 종합대책 추진실적 및 그 평가
3. 장거리이동대기오염물질피해 방지를 위한 국내 대책
4. 장거리이동대기오염물질 발생 감소를 위한 국제협력
5. 그 밖에 장거리이동대기오염물질피해 방지를 위하여 필요한 사항

71. 정답 ①

72. 정답 ①

해설 석탄사용시설의 경우 배출시설의 굴뚝높이는 100m 이상으로 하되, 굴뚝상부 안지름, 배출가스 온도 및 속도 등을 고려한 유효굴뚝높이(굴뚝의 실제 높이에 배출가스의 상승고도를 합산한 높이)가 440m 이상인 경우에는 굴뚝높이를 60m 이상 100m 미만으로 할 수 있다. 기타 고체연료 사용시설의 경우에는 배출시설의 굴뚝높이는 20m 이상이어야 한다.

73. 정답 ④

해설 대기환경기준에 해당하는 대기오염물질 : 먼지(PM-10, PM-2.5), 이산화질소(NO_2), 아황산가스(SO_2), 벤젠, 납, 일산화탄소(CO), 오존(O_3) → 암기TIP 멀리소 벤 납시오

74. 정답 ①

해설 일산화탄소의 대기환경기준
- 8시간 평균치 : 9ppm 이하
- 1시간 평균치 : 25ppm 이하

75. 정답 ③

해설 시행령 제2조(대기오염경보의 대상 지역 등) 대기오염경보 단계는 대기오염경보 대상 오염물질의 농도에 따라 다음 각 호와 같이 구분하되, 대기오염경보 단계별 오염물질의 농도기준은 환경부령으로 정한다.

76. 정답 ④

해설 시행령 별표 4(초과부과금 산정기준)에 따른 각 오염물질 1kg당 부과금액은 다음과 같다.
① 이황화탄소 : 1,600원 ② 먼지 : 770원
③ 암모니아 : 1,400원 ④ 황화수소 : 6,000원

77. 정답 ①

해설 제45조(휘발성유기화합물의 규제 등) ① 법 제44조제1항 각 호 외의 부분에서 "대통령령으로 정하는 시설"이란 다음 각 호의 시설(법 제44조제1항제3호에 따른 휘발성유기화합물 배출규제 추가지역의 경우에는 제2호에 따른 저유소의 출하시설 및 제3호의 시설만 해당한다)을 말한다. 다만, 제38조의2에서 정하는 업종에서 사용하는 시설의 경우는 제외한다.
1. 석유정제를 위한 제조시설, 저장시설 및 출하시설(出荷施設)과 석유화학제품 제조업의 제조시설, 저장시설 및 출하시설
2. 저유소의 저장시설 및 출하시설
3. 주유소의 저장시설 및 주유시설
4. 세탁시설
5. 그 밖에 휘발성유기화합물을 배출하는 시설로서 환경부장관이 관계 중앙행정기관의 장과 협의하여 고시하는 시설

78. 정답 ②

해설 시행규칙 별표 4(대기오염방지시설)
1. 중력집진시설
2. 관성력집진시설
3. 원심력집진시설
4. 세정집진시설
5. 여과집진시설
6. 전기집진시설
7. 음파집진시설
8. 흡수에 의한 시설
9. 흡착에 의한 시설
10. 직접연소에 의한 시설
11. 촉매반응을 이용하는 시설
12. 응축에 의한 시설
13. 산화·환원에 의한 시설
14. 미생물을 이용한 처리시설
15. 연소조절에 의한 시설

79. 정답 ①

해설 [별표 33] 자동차연료·첨가제 또는 촉매제의 제조기준(제115조 관련)

나. 경유

항목	제조기준
10% 잔류탄소량(%)	0.15 이하
밀도 @15℃(kg/m³)	815 이상 835 이하
황함량(ppm)	10 이하
다환방향족(무게%)	5 이하
윤활성(μm)	400 이하
방향족 화합물(무게%)	30 이하
세탄지수(또는 세탄가)	52 이상

80. 정답 ③

해설 가. 배출시설 및 방지시설등과 관련된 행정처분기준 개선명령을 받은 자가 개선명령을 이행하지 아니한 경우 : 1차(조업정지) - 2차(허가취소 또는 폐쇄)

UNIT 05 2020년 3회 산업기사 정답 및 해설

01	②	02	④	03	④	04	④	05	④
06	②	07	③	08	④	09	③	10	①
11	④	12	④	13	④	14	③	15	④
16	①	17	③	18	④	19	③	20	①
21	①	22	④	23	①	24	④	25	③
26	③	27	③	28	②	29	②	30	②
31	④	32	③	33	③	34	③	35	①
36	②	37	②	38	④	39	④	40	②
41	③	42	①	43	④	44	④	45	④
46	④	47	④	48	④	49	①	50	④
51	②	52	④	53	④	54	③	55	④
56	②	57	④	58	④	59	③	60	④
61	②	62	④	63	④	64	③	65	②
66	④	67	④	68	④	69	④	70	④
71	①	72	④	73	①	74	④	75	③
76	②	77	④	78	③	79	④	80	①

1과목 대기오염개론

01. 정답 ②

해설 식 $C_{max} = \dfrac{2Q}{H_e^2 \cdot \pi \cdot e \cdot U} \times \left(\dfrac{K_z}{K_y}\right)$

- Q(총량) $= C \times Q'$(유량)
  $= \dfrac{1,200 mL}{m^3} \times \dfrac{980,000 m^3}{day}$
  $= 1,176,000,000 mL/day$
- $H_e = 60m$
- $U = 6 m/\sec$

$\therefore C_{max}(ppb, \mu L/m^3)$

$= \dfrac{2 \times \dfrac{1,176,000,000 mL}{day} \times \dfrac{1 day}{86,400 \sec} \times \dfrac{10^3 \mu L}{1 mL}}{(60m)^2 \times \pi \times e(1) \times 6m/\sec} \times \left(\dfrac{0.18}{0.15}\right)$

$= 177.10 ppb$

02. 정답 ④

해설 NaCl은 1차 오염물질에 해당한다.
2차 오염물질 : O_3, PAN, NOCl, H_2O_2, 아크로레인

03. 정답 ④

해설 곡풍은 주계곡 → 계곡 → 경사면으로 수렴한다. 밤에 계곡쪽으로 부는 산풍이 중력의 가속도를 받아 더 강하다.

04. 정답 ④

해설 CFCs는 무독성이며 불활성의 물질로서 대기중에서 반응하지 않고 체류하다가 오존층까지 도달하게 된다.

05. 정답 ④

해설 자연계에 존재하며, 공기에 비해 약 7.5~9배 정도 무겁다.

06. 정답 ②

07. 정답 ③

해설 NO_2는 쉽게 분해되어 그 농도가 쉽게 변하는 물질이다. Ne, Ar의 물질은 비활성물질이며 농도가 안정된 물질이다. CO_2은 쉽게 분해되지 않지만, 현재 인간의 활동으로 인해 농도가 꾸준히 증가하고 있다.

08. 정답 ④

09. 정답 ③

해설 식 $Coh_{1000} = \dfrac{\log(1/t) \div 0.01}{L} \times 1,000$

- t(빛전달율) = 0.66
- L(여과지 이동거리) = V(속도) × T(시간)
  = 0.45m/sec × 3hr × 3,600(sec/hr) = 4,860m

$\therefore Coh_{1000} = \dfrac{\log(1/0.66) \div 0.01}{4,860} \times 1,000 = 3.71$

10. 정답 ①

해설 지구온난화를 일으키는 온실가스의 종류 : SF_6, PFCs, HFCs, N_2O, CH_4, CO_2

11. 정답 ④

12. 정답 ④

해설 막대의 길이가 가장 긴 방향에서 불어오는 바람이 주풍이다.

13. 정답 ②

해설 SO_2에 대한 저항력이 강한 식물 : 쥐당나무(쥐똥나무), 옥수수, 양배추, 장미, 글라디올러스, 샐러리 등

14. 정답 ③

해설 유기수은은 무기수은과 달리 체내에서 잘 배출되지 않고 축적된다. 유기수은으로 인한 대표적 질환으로는 미나마타병이 있다.

15. 정답 ④

16. 정답 ①

17. 정답 ③

18. 정답 ③

해설 아황산가스(황산화물)의 지표식물 : 육송, 자주개나리(알팔파), 담배, 시금치, 보리, 목화, 고구마

암기TIP 황제 육자(회)담 시보목고

19. 정답 ③

해설 Radiative inversion(복사역전)에 대한 설명이다.

20. 정답 ①

해설 런던스모그는 복사성 역전이 발생되었다.

2과목 대기오염공정시험기준(방법)

21. 정답 ①

해설 광원 : 흑체발광으로 탄화규소 또는 니크롬선의 저항체에 전류를 흘려 가열한 것을 사용(광 탄 니)

22. 정답 ①

해설 시안화수소 질산은 적정법에서 사용되는 시약 : 수산화소듐(질량분율 2%), p-다이메틸아미노벤질리덴로다닌의 아세톤용액, 아세트산(99.7%, 부피분율 10%), 질산은 용액

23. 정답 ①

해설 비교셀 : 시료셀과 동일한 모양을 가지며 아르곤 또는 질소 같은 불활성 기체를 봉입하여 사용한다.

24. 정답 ④

해설 용리액조는 이온성분이 용출되지 않는 재질로써 용리액을 직접 공기와 접촉시키지 않는 밀폐된 것을 선택한다. 일반적으로 폴리에틸렌이나 경질 유리제를 사용한다.

25. 정답 ④

해설 표준물질을 채취할 때 표준액이 정수로 기재되어 있는 경우에는 실험자가 환산하여 기재한 수치에 "약"자를 붙여 사용할 수 있다.

26. 정답 ③

해설 "냉후"(식힌 후)라 표시되어 있을 때는 보온 또는 가열 후 실온까지 냉각된 상태를 뜻한다.

27. 정답 ③

28. 정답 ②

29. 정답 ②

30. 정답 ②

해설 식 평균 먼지농도 $= \dfrac{C_1 V_1 + C_2 V_2 + \cdots + C_n V_n}{V_1 + V_2 + \cdots + V_n}$

∴ 평균 먼지농도
$= \dfrac{\left(\begin{array}{c}0.48 \times 8.2 + 0.45 \times 7.8 + 0.51 \times 8.4 \\ + 0.47 \times 8.0 + 0.45 \times 8.0 + 0.46 \times 7.9\end{array}\right)}{8.2 + 7.8 + 8.4 + 8.0 + 8.0 + 7.9}$
$= 0.47 (g/Sm^3)$

31. 정답 ③

해설 분광광도계로 548nm에서 흡광도를 측정할 수 있어야 하고, 측정에 사용되는 스펙트럼 폭은 15nm이어야 한다.

32. 정답 ①

해설 아세틸렌-아산화질소 불꽃은 불꽃온도가 높고, 프로판-공기 불꽃은 일부 원소에 대하여 높은 감도를 나타낸다.

33. 정답 ③

34. 정답 ③

35. 정답 ①
해설 제로가스는 아황산가스의 연속자동측정방법 또는 비분산적외선분석법에서 사용되는 용어이다.

36. 정답 ②
해설 식 $V = C \times \sqrt{\dfrac{2gP_v}{\gamma}}$

$\therefore V = 1.5 \times \sqrt{\dfrac{2 \times 9.8 \times 6}{1.3}} = 14.27 m/\sec$

37. 정답 ②
해설 굴뚝 배출가스 중 일산화탄소 분석방법 : 일 정 비 가스
(일산화탄소 : 정전위 전해법, 비분산적외선분석법, 가스(기체)크로마토그래프)

38. 정답 ④
해설 ・질소산화물 페놀디설폰산법 흡수액 : 황산 + 과산화수소 + 증류수
・질소산화물 아연환원나프틸에틸렌디아민법 흡수액 : 증류수

39. 정답 ④
해설 흡수병은 각 분석법에 공용할 수가 있는 것도 있으나, 대상 성분마다 전용으로 하는 것이 좋다. 만일 공용으로 할 때에는 대상 성분이 달라질 때마다 묽은 산 또는 알칼리 용액과 물로 깨끗이 씻은 다음 다시 흡수액으로 3회 정도 씻은 후 사용한다.

40. 정답 ①
해설 검출한계 : 제로드리프트의 2배에 해당하는 지시치가 갖는 교정용입자의 먼지농도를 말한다.

3과목 대기오염방지기술

41. 정답 ③
해설 식 $C_o = C_i \times (1-\eta)$

・$\eta_t = 1 - [(1-\eta_1)(1-\eta_2) \cdots (1-\eta_n)]$
$= 1 - [(1-0.8) \times (1-0.8) \times (1-0.8)]$
$= 0.992$

$\therefore C_o = 80,000 \times (1-0.992) = 640 ppm$

42. 정답 ①
해설 식 $\eta = \left(1 - \dfrac{C_o}{C_i}\right) \times 100$

$98 = \left(1 - \dfrac{0.25}{C_i}\right) \times 100, \quad \therefore C_i = 12.5 g/m^3$

43. 정답 ④
해설 헨리법칙은 난용성기체에 잘 적용되는 법칙이다. 염소가스(Cl_2)는 수용성이 매우 높은 기체이므로 헨리법칙에 잘 적용되지 않는다.

44. 정답 ④
해설 입자상 물질 및 생체량이 증가하여 장치막힘의 우려가 있다.

45. 정답 ④
해설 식 $m = \dfrac{21}{21-O_2} = \dfrac{21}{21-6.2} = 1.42$

46. 정답 ④
해설 배출가스는 가시적인 연기를 피하기 위해 별도의 재 가열이 필요하고, 집진된 먼지는 회수가 어렵다.

47. 정답 ④
해설 경유는 세탄가 40 이상의 연료를 착화성이 좋은 연료로 판단한다. 휘발유의 경우 옥탄가 80 이상의 연료를 좋은 연료로 판단한다.

48. 정답 ②
해설 식 $AFR = \dfrac{m_a(공기 몰수) \times 22.4}{m_f(연료몰수) \times 22.4}$ (부피비 기준)

반응식 $C_8H_{18} + 12.5O_2 \rightarrow 8CO_2 + 9H_2O$
1mol : 12.5mol

$\therefore AFR = \dfrac{12.5 \times \dfrac{1}{0.21} \times 22.4}{1 \times 22.4} = 59.52$

49. 정답 ①
해설 ①항만 올바르다.
오답해설
② 입자의 비표면적이 커지면 응집성과 흡착력이 커진다.
③ 입자의 비표면적이 커지면 원심력집진장치의 경우 입자가 장치의 벽면에 부착하여 장치벽면을 폐색시킨다.
④ 입자의 비표면적이 커지면 전기집진장치에서는 주로 먼지가 집진극에 퇴적되어 역전리 현상이 초래된다.

50. 정답 ④

51. 정답 ②
해설 흡수제는 화학적으로 안정해야 하며, 빙점은 낮고, 비점은 높아야 한다.

52. 정답 ④
해설 중력침강실에서 대상먼지는 주어진 조건에서 100% 제거되므로 효율을 100%로 하여 거리를 산출한다.

식 $\eta_f = \dfrac{L}{H} \times \dfrac{V_g}{V}$

$1 = \dfrac{L}{1m} \times \dfrac{0.4 m/\sec}{2 m/\sec}$, ∴ $L = 5m$

53. 정답 ③
해설 **식** 제거해야 할 염소농도(mg/Sm³) = 초기농도 - 목표농도

- 초기농도 = $\dfrac{100 mL}{m^3} \times \dfrac{71 mg}{22.4 mL} = 316.96 mg/m^3$
- 목표농도 = $50 mg/Sm^3$

∴ 제거해야 할 염소농도(mg/Sm³)
  = 316.96 - 50 = 266.96 mg/m³

54. 정답 ③
해설 통풍 및 희석에 의한 방법을 사용할 경우 가스토출속도는 풍속의 2배 이상이 되어야 하고 그 이하가 되면 다운워시(dawn wash) 현상을 일으킨다.

55. 정답 ②
해설 **식** $N_{Re} = \dfrac{D \cdot V \cdot \rho}{\mu}$

∴ $N_{Re} = \dfrac{0.3m \times 1m/\sec \times 1.3 kg/m^3}{1.8 \times 10^{-4} kg/m \cdot \sec} = 2,166.67$

56. 정답 ②
해설 메탄 : $CH_4 + 2O_2 \rightarrow CO_2 + 2H_2O$

57. 정답 ①
해설 **식** $S = \dfrac{V^2}{R \times g}$

- R(반경) = 56/2 = 28cm = 0.28m

∴ $S = \dfrac{(5.5)^2}{0.28 \times 9.8} = 11.02$

58. 정답 ③

59. 정답 ①
해설 가열소각법의 연소실 내의 온도는 500~700℃, 체류시간 0.2~0.8초로 설계하고 있다.

60. 정답 ③

4과목 대기환경관계법규

61. 정답 ②
해설 [시행령 별표 4] 초과부과금 산정기준

오염물질	구분	오염물질 1킬로그램당 부과금액
	황산화물	500
	먼지	770
	질소산화물	2,130
	암모니아	1,400
	황화수소	6,000
	이황화탄소	1,600
특정유해물질	불소화합물	2,300
	염화수소	7,400
	염소	7,400
	시안화수소	7,300

62. 정답 ④

63. 정답 ③
해설 제40조(개선명령의 이행 보고 등)
대기오염도 검사기관은 다음 각 호와 같다.
1. 국립환경과학원
2. 특별시·광역시·특별자치시·도·특별자치도(이하 "시·도"라 한다)의 보건환경연구원
3. 유역환경청, 지방환경청 또는 수도권대기환경청
4. 한국환경공단
5. 인정을 받은 시험·검사기관 중 환경부장관이 정하여 고시하는 기관

64. 정답 ③

65. 정답 ②

해설 [별표 1] 실내공간오염물질(제2조 관련)

1. 미세먼지(PM-10)
2. 이산화탄소(CO_2; Carbon Dioxide)
3. 폼알데하이드(Formaldehyde)
4. 총부유세균(TAB; Total Airborne Bacteria)
5. 일산화탄소(CO; Carbon Monoxide)
6. 이산화질소(NO_2; Nitrogen dioxide)
7. 라돈(Rn; Radon)
8. 휘발성유기화합물(VOCs; Volatile Organic Compounds)
9. 석면(Asbestos)
10. 오존(O_3; Ozone)
11. 초미세먼지(PM-2.5)
12. 곰팡이(Mold)
13. 벤젠(Benzene)
14. 톨루엔(Toluene)
15. 에틸벤젠(Ethylbenzene)
16. 자일렌(Xylene)
17. 스티렌(Styrene)

66. 정답 ④

해설 ④항은 수도권대기환경청장, 국립환경과학원장 또는 한국환경공단이 설치하는 대기오염 측정망의 종류에 해당한다.

시행규칙 제11조(측정망의 종류 및 측정결과보고 등)

① 수도권대기환경청장, 국립환경과학원장 또는 「한국환경공단법」에 따른 한국환경공단(이하 "한국환경공단"이라 한다)이 설치하는 대기오염 측정망의 종류는 다음 각 호와 같다.

1. 대기오염물질의 지역배경농도를 측정하기 위한 교외대기측정망
2. 대기오염물질의 국가배경농도와 장거리이동 현황을 파악하기 위한 국가배경농도측정망
3. 도시지역 또는 산업단지 인근지역의 특정대기유해물질(중금속을 제외한다)의 오염도를 측정하기 위한 유해대기물질측정망
4. 도시지역의 휘발성유기화합물 등의 농도를 측정하기 위한 광화학대기오염물질측정망
5. 산성 대기오염물질의 건성 및 습성 침착량을 측정하기 위한 산성강하물측정망
6. 기후 · 생태계 변화유발물질의 농도를 측정하기 위한 지구대기측정망
7. 장거리이동대기오염물질의 성분을 집중 측정하기 위한 대기오염집중측정망
8. 초미세먼지(PM-2.5)의 성분 및 농도를 측정하기 위한 미세먼지성분측정망

67. 정답 ①

68. 정답 ④

69. 정답 ④

70. 정답 ①

71. 정답 ①

72. 정답 ①

73. 정답 ①

해설 시행령 별표 11의 3(청정연료 사용기준)

1. 청정연료를 사용하여야 하는 대상시설의 범위
    가. 「건축법 시행령」 제3조의4에 따른 공동주택으로서 동일한 보일러를 이용하여 하나의 단지 또는 여러 개의 단지가 공동으로 열을 이용하는 중앙집중난방방식(지역냉난방방식을 포함한다)으로 열을 공급받고, 단지 내의 모든 세대의 평균 전용면적이 40.0㎡를 초과하는 공동주택
    나. 「집단에너지사업법 시행령」 제2조제1호에 따른 지역냉난방사업을 위한 시설. 다만, 지역냉난방사업을 위한 시설 중 발전폐열을 지역냉난방용으로 공급하는 산업용 열병합 발전시설로서 환경부장관이 승인한 시설은 제외한다.
    다. 전체 보일러의 시간당 총 증발량이 0.2톤 이상인 업무용보일러(영업용 및 공공용보일러를 포함하되, 산업용보일러는 제외한다)
    라. 발전시설. 다만, 산업용 열병합 발전시설은 제외한다.

[비고]
1. 가목부터 라목까지의 시설 중 「신에너지 및 재생에너지 개발 · 이용 · 보급 촉진법」 제2조에 따른 신에너지 및 재생에너지를 사용하는 시설은 제외한다.
2. 나목 단서에 따른 승인 기준, 절차 및 승인취소 등에 필요한 사항은 환경부장관이 정하여 고시한다.

74. 정답 ②

해설 [별표 1의2] 유해성대기감시물질

1. 카드뮴 및 그 화합물	23. 아세트알데히드
2. 시안화수소	24. 벤지딘
3. 납 및 그 화합물	25. 1,3-부타디엔
4. 폴리염화비페닐	26. 다환 방향족 탄화수소류
5. 크롬 및 그 화합물	27. 에틸렌옥사이드
6. 비소 및 그 화합물	28. 디클로로메탄
7. 수은 및 그 화합물	29. 스틸렌
8. 프로필렌옥사이드	30. 테트라클로로에틸렌
9. 염소 및 염화수소	31. 1,2-디클로로에탄
10. 불소화물	32. 에틸벤젠
11. 석면	33. 트리클로로에틸렌
12. 니켈 및 그 화합물	34. 아크릴로니트릴
13. 염화비닐	35. 히드라진
14. 다이옥신	36. 암모니아
15. 페놀 및 그 화합물	37. 아세트산비닐
16. 베릴륨 및 그 화합물	38. 비스(2-에틸헥실)프탈레이트
17. 벤젠	39. 디메틸포름아미드
18. 사염화탄소	40. 일산화탄소
19. 이황화메틸	41. 알루미늄 및 그 화합물
20. 아닐린	42. 망간화합물
21. 클로로포름	43. 구리 및 그 화합물
22. 포름알데히드	

75. 정답 ③

76. 정답 ②

해설 [오존(O_3)의 대기환경기준]
- 8시간 평균치 : 0.06ppm 이하
- 1시간 평균치 : 0.1ppm 이하

77. 정답 ④

78. 정답 ③

해설 법 제14조(장거리이동대기오염물질대책위원회) ⑥ 위원회와 실무위원회 및 장거리이동대기오염물질연구단의 구성 및 운영 등에 관하여 필요한 사항은 대통령령으로 정한다.

79. 정답 ④

해설 시행규칙 제58조(비산먼지 발생사업의 신고 등) 변경신고를 하여야 하는 경우는 다음 각 호와 같다.
1. 사업장의 명칭 또는 대표자를 변경하는 경우
2. 비산먼지 배출공정을 변경하는 경우
3. 다음 각 목에 해당하는 사업 또는 공사의 규모를 늘리거나 그 종류를 추가하는 경우
   가. 별표 13 제1호가목 중 시멘트제조업(석회석의 채광·채취 공정이 포함되는 경우만 해당한다)
   나. 별표 13 제5호가목부터 바목까지에 해당하는 공사로서 사업의 규모가 신고대상사업 최소 규모의 10배 이상인 공사
3의2. 제3호 각 목 외의 사업으로서 사업의 규모를 10퍼센트 이상 늘리거나 그 종류를 추가하는 경우
4. 비산먼지 발생억제시설 또는 조치사항을 변경하는 경우
5. 공사기간을 연장하는 경우(건설공사의 경우에만 해당한다)

80. 정답 ①

UNIT 01 2019년 1회 기사 정답 및 해설

01 ④	02 ②	03 ②	04 ④	05 ③
06 ①	07 ①	08 ④	09 ③	10 ③
11 ③	12 ④	13 ①	14 ①	15 ③
16 ①	17 ①	18 ④	19 ④	20 ④
21 ②	22 ①	23 ④	24 ①	25 ①
26 ④	27 ④	28 ③	29 ③	30 ④
31 ②	32 ③	33 ③	34 ③	35 ③
36 ④	37 ③	38 ③	39 ①	40 ④
41 ②	42 ③	43 ②	44 ③	45 ②
46 ②	47 ④	48 ②	49 ②	50 ②
51 ①	52 ①	53 ①	54 ③	55 ①
56 ③	57 ③	58 ④	59 ②	60 ①
61 ④	62 ①	63 ②	64 ②	65 ①
66 ④	67 ④	68 ③	69 ①	70 ①
71 ①	72 ③	73 ①	74 ①	75 ①
76 ②	77 ④	78 ②	79 ③	80 ①
81 ②	82 ①	83 ①	84 ③	85 ④
86 ②	87 ④	88 ②	89 ③	90 ②
91 ③	92 ①	93 ①	94 ②	95 ①
96 ④	97 ④	98 ③	99 ④	100 ②

1과목 대기오염개론

01. 정답 ④

해설 식
$$C_{max} = \frac{2Q}{H_e^2 \times \pi \times e \times U} \times \left(\frac{K_z}{K_y}\right)$$

유효높이를 제외한 나머지 인자를 K로 정리하면,

$$\rightarrow C_{max} = K \times \frac{1}{H_e^2}$$

$$\therefore \frac{C_{max(2)}}{C_{max(1)}} = \frac{K \times \frac{1}{(3H_e)^2}}{K \times \frac{1}{H_e^2}} = \frac{1}{9}$$

02. 정답 ②

해설 식 오존농도(C) = 기존 농도(Co) + 증가농도(△C)
- 복사기 사용 전 농도(Co) = 0.1ppm
- 증가농도(△C) = 오존발생량(mL)/실내용적(m³)

$$= \frac{0.2mg}{min} \times 5hr \times \frac{60min}{1hr} \times \frac{22.4mL}{48mg} \times \frac{1}{100m^3}$$

$$= 0.28 mL/m^3 (= ppm)$$

∴ C = 0.1 + 0.28 = 0.38ppm = 380ppb

03. 정답 ②

해설 식
$$\theta = T\left(\frac{1000}{P}\right)^{0.288} = T\left(\frac{1000}{P}\right)^{R/C}$$

- R = K − 1 = 1.4 − 1 = 0.4
- C = 1.4

$$\therefore \theta = (273+5) \times \left(\frac{1000}{860}\right)^{0.4/1.4} = 290.24 K$$

04. 정답 ④

해설 식 $H_e = H + \Delta H$

- $\Delta H = \frac{V_s \times d}{U}\left(1.5 + 2.68 \times 10^{-3} \times P \times \left(\frac{T_s - T_a}{T_s}\right) \times d\right)$

- P = 1atm = 1013mb

$$\Delta H = \frac{15 \times 2}{5}\left(1.5 + 2.68 \times 10^{-3} \times 1013 \times \left(\frac{(273+127)-(273+27)}{(273+127)}\right) \times 2\right)$$

$$= 17.14m$$

∴ $H_e = 45 + 17.14 = 62.14m$

05. 정답 ③

해설 Xe(제논, 크세논) : 대기 중 농도 매우 미량(0.09ppm)

06. 정답 ①

해설 ①항은 런던 스모그 사건에 대한 설명이다. LA Smog 사건에서는 한낮에 산화반응에 의해 발생되었다.

07. 정답 ①

해설 PAN의 분자식은 $CH_3COOONO_2$이다.

08. 정답 ④

해설 $X℃ = 20℃ - \left(\frac{0.88℃}{100m} \times (300-100)m\right)$

$= 18.24℃$

09. 정답 ③

해설 식 $E = \sigma \times T^4$

$\therefore \dfrac{E_2}{E_1} = \dfrac{\sigma \times 1800^4}{\sigma \times 1500^4} = 2.07$

10. 정답 ③

해설 ③항만 올바르다.

[오존층 보호 국제협약] 암기TIP 비엔나 소시지 먹으면서 부루마불!(부루마불에 나오는 국가들)
- 몬트리올 의정서
- 런던회의
- 코펜하겐회의
- 비엔나 협약

11. 정답 ③

해설 파장의 5240은 단위들간의 환산을 고려하여 5.240으로 대입한다.

식 $L_m = \dfrac{\rho \times \gamma \times \lambda}{K \times C}$

- $\lambda = 5240 \text{Å} = 5.240$ (환산 고려)
- $r(\text{반경}) = 0.4\mu m/2 = 0.2\mu m$

$959 = \dfrac{1700 \times 0.2 \times 5.240}{4.5 \times C}$, $\therefore C = 0.41 mg/m^3$

12. 정답 ④

해설 오존의 탄화수소 산화반응율은 원자상태의 산소에 의한 탄화수소의 산화보다 느리다.

13. 정답 ①

14. 정답 ①

해설 전향력은 속도는 변화시키지 않지만, 방향에는 영향을 미친다.

15. 정답 ③

해설 해바라기와 토마토는 암모니아의 지표식물(약한식물)이다.

16. 정답 ①

17. 정답 ①

18. 정답 ②

해설 석면폐증은 폐하엽에서 주로 발생하며 전이되어 폐암을 유발한다.

19. 정답 ④

해설 연소 시 연료 중 질소의 NO 변환율은 연료의 종류와 연소방법에 따라 다소 차이가 있으나 일반적으로 약 20~50% 범위이다.

20. 정답 ④

2과목 연소공학

21. 정답 ②

해설 부하변동에 쉽게 응할 수 있으므로 대형·대용량 설비에 적합하다.

22. 정답 ①

해설 ①항만 올바르다.

오답해설
② 등가비가 1보다 큰 경우, 연료가 과잉인 경우로 연소가 불량이다.
③ 등가비와 공기비는 상호 반비례관계가 있다.
④ 최대탄산가스량(%)은 이론 건조연소 가스량을 기준한 최대탄산가스의 용적 백분율이다.

23. 정답 ④

해설 반응식을 통해 이론산소량을 산출하여 이론공기량으로 환산한다.

식 $A_o = O_o \times \dfrac{1}{0.21}$

$- A_o = 3C_2H_4 \times \dfrac{1}{0.21} = (3 \times 1) \times \dfrac{1}{0.21} = 14.29 m^3$

$- A_o = 2.5C_2H_2 \times \dfrac{1}{0.21} = (2.5 \times 1) \times \dfrac{1}{0.21} = 11.90 m^3$

$- A_o = 5C_3H_8 \times \dfrac{1}{0.21} = (5 \times 1) \times \dfrac{1}{0.21} = 23.81 m^3$

$- A_o = 4C_3H_4 \times \dfrac{1}{0.21} = (4 \times 1) \times \dfrac{1}{0.21} = 19.05 m^3$

24. 정답 ③
해설 유압식버너에 비해 연료유의 분무화 입경은 비교적 크다.

25. 정답 ①
해설 비중이 공기보다 크다.

26. 정답 ④
해설 식 $A = mA_o$
식 $A_o = O_o \times \dfrac{1}{0.21} \times G_f = 2.3896 \times \dfrac{1}{0.21} \times 30$
$\quad = 341.37 m^3/hr$
• $G_f = 30 kg/hr$
• $O_o = 1.867C + 5.6H = 1.867 \times 0.86 + 5.6 \times 0.14$
$\quad = 2.3896 m^3/kg$
$A_o = O_o \times \dfrac{1}{0.21} \times G_f$
$\quad = 2.3896 \times \dfrac{1}{0.21} \times 30 = 341.37 m^3/hr$
• $m = \dfrac{21}{21-O_2} = \dfrac{21}{21-3.5} = 1.2$
∴ $A = 1.2 \times 341.37 = 409.644 m^3/hr$

27. 정답 ②
해설 연소효율이 높고 검댕이 거의 발생하지 않으며, 적은 과잉공기가 소모된다.

28. 정답 ③
해설 배기가스의 온도가 낮아지고 매연 및 HC가 감소한다.

29. 정답 ④
해설 120℃ 이하의 전열면에 응축하는 황산, 질산 등에 의하여 발생된다.

30. 정답 ④
해설 분무연소는 연소장치를 소형부터 대형까지 가능하며, 고부하의 연소가 가능하다.

31. 정답 ②
해설 반응 활성도가 클수록 낮아진다.

32. 정답 ④
해설 일반적으로 탄수소비가 클수록 연료의 발열량은 증가한다.

33. 정답 ②
해설 식 $t_o = \dfrac{Hl}{G \times C_p} + t$
반응식 $CH_4 + 2(O_2 + 3.76N_2)$
$\rightarrow CO_2 + 2H_2O + 2 \times 3.76N_2$
• $C_p = \left(\dfrac{13.1 kcal}{kmol \cdot ℃} \times 1 kmol + \dfrac{10.5 kcal}{kmol \cdot ℃} \right.$
$\quad \left. \times 2 kmol + \dfrac{8.0 kcal}{kmol \cdot ℃} \times 7.52 kmol \right)/kmol$
$\quad \times \dfrac{1 kmol}{22.4 m^3} = 4.2080 kcal/m^3 \cdot ℃$
∴ $t_o = \dfrac{8,600}{1 \times 4.2080} + 25 = 2068.73℃$

34. 정답 ③
해설 식 $CO_{2\max} = \dfrac{CO_2}{G_{od}} \times 100$
• $G_{od} = (1-0.21)A_o + CO_2$
$G_{od} = (1-0.21) \times \left(\dfrac{1}{0.21} \times (1.867 \times 0.85 \right.$
$\quad \left. + 5.6 \times 0.15) \right) + 1.867 \times 0.85$
$\quad = 10.7169 m^3/kg$
∴ $CO_{2\max} = \dfrac{1.867 \times 0.85}{10.7169} \times 100 = 14.81\%$

35. 정답 ③
해설 식 $Hl = Hh - 600(9H + W)$
∴ $Hl = 8,000 - 600 \times (9 \times 0.08 + 0.02)$
$\quad = 7556 kcal/kg$

36. 정답 ②
해설 중합 및 고리화합물 등과 같이 반응이 일어나기 쉬운 탄화수소일수록 매연발생이 많다.

37. 정답 ②
해설 식 $\ln\left(\dfrac{k_2}{k_1}\right) = \dfrac{E_a}{R}\left(\dfrac{1}{T_1} - \dfrac{1}{T_2}\right)$
$\ln(3) = \dfrac{E_a}{8.314(J/mole \cdot K)}\left(\dfrac{1}{(273+27)} - \dfrac{1}{(273+77)}\right)$
∴ $E_a = \dfrac{19181.11 J}{mole} \times \dfrac{1 cal}{4.18 J} \times \dfrac{1 kcal}{10^3 cal}$
$\quad = 4.59 kcal/mole$

38. 정답 ③

39. 정답 ①
  해설 연료의 착화온도는 탄소비가 높을수록 낮아진다.

40. 정답 ④
  해설 식 $C_{SO_2} = \dfrac{SO_2}{G_w}$

  • $G_w = (m - 0.21)A_o + CO_2 + H_2O + SO_2 + N_2$
  • $A_o = \dfrac{1}{0.21} \times (1.867C + 5.6H + 0.7S)$
  $A_o = \dfrac{1}{0.21} \times (1.867 \times 0.84 + 5.6 \times 0.13 + 0.7 \times 0.02)$
  $= 11.00 \, m^3/kg$
  • $m = \dfrac{A}{A_o} = \dfrac{15}{11} = 1.36$

  $G_w = (1.36 - 0.21) \times 11 + 1.867 \times 0.84$
  $\quad + 11.2 \times 0.13 + 0.7 \times 0.02 + 0.8 \times 0.01$
  $= 15.70 \, m^3/kg$

  $\therefore C_{SO_2} = \dfrac{0.7 \times 0.02 \, m^3/kg}{15.70 \, m^3/kg} \times 10^6 = 891.72 \, ppm$

3과목 대기오염방지기술

41. 정답 ②
  해설 희석은 오염물질을 제거 또는 저감방안이 아니다.

42. 정답 ③
  해설 충전밀도가 클 것

43. 정답 ④
  해설 점성계수/밀도는 동점성계수를 나타낸다.

44. 정답 ②
  해설 NH_3는 전기비저항이 낮은 경우 투입하는 물질이다.

45. 정답 ②
  해설 Impulse Scrubber는 회전식 세정집진장치이다.

46. 정답 ②
  해설 식 $P_{s2} = P_{s1} \times \left(\dfrac{N_2}{N_1}\right)^2 = P_{s1} \times (2)^2 = 4P_{s1}$

47. 정답 ④
  해설 식 $C_{CO_2} = \dfrac{CO_2}{실내용적} \times 100$
  $5\% = \dfrac{CO_2}{600 m^3} \times 100, \quad CO_2 = 30 m^3$
  반응식 $C + O_2 \rightarrow CO_2$
  $\quad 12 kg \quad : \quad 22.4 m^3$
  $\quad X \quad\quad : \quad 30 m^3 \quad\quad X = 16.07 kg$
  $\therefore 숯 = 16.07 \times \dfrac{1}{0.8} = 20.09 kg$

48. 정답 ②
  해설 식 $P = H \times C \rightarrow H = \dfrac{P}{C}$
  $\therefore H(atm \cdot m^3 / kmol)$
  $= \dfrac{40 mmHg}{16.5 kmol/m^3} \times \dfrac{1 atm}{760 mmHg}$
  $= 3.19 \times 10^{-3} \, atm \cdot m^3/kmol$

49. 정답 ③
  해설 식 저항 $= \dfrac{전압(V)}{전류(A)} = \dfrac{5 \times 10^3 \, V/cm}{2 \times 10^{-8} \, A/cm^2}$
  $= 2.5 \times 10^{11} \, \Omega \cdot cm$
  저항이 $10^{11} \Omega \cdot cm$ 이상이므로 역코로나발생으로 인한 역전리발생이 우려된다.

50. 정답 ②
  해설 부대시설이 필요하지 않고, 기존시설에 적용이 가능하며, 아황산가스의 제거효율은 비교적 낮은 편이다.

51. 정답 ①
  해설 장갑부착 상자형과 커버형은 포위형후드에 해당한다.

52. 정답 ①

53. 정답 ①
  해설 비교적 소량의 흡수액이 소요되고, 가스겉보기 속도는 1~2m/s 정도이다.

54. 정답 ③
  해설 식 $d_{pmin} = \sqrt{\dfrac{18 \mu VH}{(\rho_p - \rho)gL}}$

$$\therefore d_{pmin} = \sqrt{\frac{18 \times 2.1 \times 10^{-5} \times 0.2 \times (2 \times \frac{1}{8})}{(1600-1.3) \times 9.8 \times 5}}$$
$$\times \frac{10^6 \mu m}{1m} = 15.53 \mu m$$

55. 정답 ②

해설 식 $n = \dfrac{Q_f}{Q_i} = \dfrac{Q_f}{\pi D L V_f}$

$\therefore n = \dfrac{4 m^3/\sec}{\pi \times 0.2m \times 3m \times 0.04 m/\sec} = 53.05$

≒ 54개

56. 정답 ③

해설 CuO 공정에서 온도는 세부공정에 따라 400~600℃ 정도로 조정하며, $CuSO_4$ 형태로 이동된 솔벤트 재생기에서 Cu로 재생한다.

57. 정답 ①

해설 벤투리스크러버는 가압수식이며, 목부의 처리가스유속은 보통 60~90m/sec 정도이다.

58. 정답 ④

해설 침강실의 높이가 낮고, 중력장의 길이가 길수록 집진율은 높아진다.

59. 정답 ②

해설 NH_3는 선택적 촉매환원법(SCR)과 선택적 비촉매환원법(SNCR)의 환원제이다.

60. 정답 ①

4과목 대기오염공정시험기준(방법)

61. 정답 ④

해설 식 $C_s = C_a \times \dfrac{21-O_s}{21-O_a}$

$\therefore C_s = 741 \times \dfrac{21-4}{21-7} = 899.79 ppm$

62. 정답 ①

해설 ECD는 할로겐, 벤젠, 벤조피렌 등에 대해 감도가 우수하다.

63. 정답 ②

해설 주로 사용되는 검출기는 광전자증배관검출기나 PDA검출기이다.

64. 정답 ②

65. 정답 ③

66. 정답 ④

해설 등속흡인($V_n = V_s$) 가정하에 흡인유속과 배출가스유속이 같으므로 배출가스의 온도와 압력을 흡인가스온도와 압력으로 보정하여 흡인유량을 산출한다.

식 Q_n(흡인유량) $= A \times V_n$(흡인유속)
$= A \times V_s$(배출가스유속)

$\therefore Q = \dfrac{\pi \times (6 \times 10^{-3}m)^2}{4} \times \dfrac{7.5m}{\sec} \times \dfrac{273+20}{273+125}$
$\times \dfrac{765-1.5}{765+1} \times (1-0.1) \times \dfrac{10^3 L}{1m^3} \times \dfrac{60 \sec}{1 \min}$
$= 8.4 L/\min$

67. 정답 ④

해설 흡광도의 측정순서는 다음과 같다.
① 눈금판의 지시가 안정되어 있나 확인한다.
② 대조 셀을 광로에 넣고 광원으로부터의 광속을 차단하여 영점을 맞춘다.
③ 광원으로부터 광속을 통하여 눈금 100에 맞춘다.
④ 시료 셀을 광로에 넣고 눈금판의 지시치를 흡광도 또는 투과율로 읽는다.
⑤ 필요하면 대조 셀을 광로에 교체하여 넣고 영점과 100에 변화가 없는가를 확인한다.
⑥ 위 ②, ③, ④의 조작 대신에 농도를 알고 있는 표준액 계열을 사용하며 각각의 눈금에 맞추는 방법도 무방하다.

68. 정답 ②

해설 분석용 시료 용액과 암모니아 표준액 10mL씩을 유리마개가 있는 시험관에 취하고 여기에 페놀-나이트로프루시드소듐 용액 5mL씩을 가하고 잘 흔들어 저은 다음 하이포아염소산소듐 용액 5mL씩을 가한 다음 마개를 하고 조용히 흔들어 섞는다.

69. 정답 ④
해설 일반적으로 사용되는 불소수지 연결관(도관)은 250℃ 이상에서는 사용할 수 없다.

70. 정답 ②
해설 **옥시던트 분석방법** : 자외선광도법(주 시험), 중성 요오드화칼륨법, 알칼리성 요오드화칼륨법

71. 정답 ①
해설 ①항만 올바르다.
오답해설
② 시료가스를 지시약을 넣고 N/10 황산으로 적정하는 방법이다. (산성가스나 염기성가스의 영향을 무시할 수 있을 경우에 적합)
③ 시료가스 채취량이 40L일 때 암모니아 농도 100ppm 이상인 것의 분석에 적합하다.
④ 지시약은 메틸레드 용액과 메틸렌블루 용액을 2:1 부피비로 섞어 사용한다.

72. 정답 ③
해설 기기의 응답시간은 30초보다 작거나 같아야 한다.

73. 정답 ③

74. 정답 ④

75. 정답 ②
해설 원자흡광분석의 광원이 되는 것으로 목적원소를 함유하는 중공음극 한 개 또는 그 이상을 저압의 네온과 함께 채운 방전관

76. 정답 ②
해설 ②항만 올바르다.
오답해설
① **편향(Bias)** : 계통오차, 측정결과에 치우침을 주는 원인에 의해서 생기는 오차
③ **시험가동시간** : 연속자동측정기를 정상적인 조건에 따라 운전할 때 예치지 않는 수리, 조정 및 부품교환 없이 연속 가동할 수 있는 최소시간
④ **점(Point) 측정 시스템** : 굴뚝 또는 덕트 단면 직경의 10% 이하의 경로 또는 단일점에서 오염물질 농도를 측정하는 배출가스 연속자동측정시스템

77. 정답 ④
해설 위상차가 일정해서 간섭을 일으킬 수 있는 빛. 빛은 파장과 주기가 모두 짧아서 간섭성을 띠려면 하나의 광원에서 갈라진 두 갈래의 빛일 경우에만 가능하다. 후광(halo)이나 차광(shading)은 관찰을 방해하기도 한다. 초점이 정확하지 않고 콘트라스트가 역전되는 경우도 있다.

78. 정답 ②
해설 굴뚝의 직경이 3m이고, 직경 2~4m 범위에 측정점수는 12이다.

79. 정답 ③

80. 정답 ①
해설 연료용 유류 중의 황 함유량 측정방법은 연소관식 공기법과 방사선식 여기법이 있다.

5과목　　대기환경관계법규

81. 정답 ②

82. 정답 ①

83. 정답 ①

84. 정답 ③

85. 정답 ④

86. 정답 ②

87. 정답 ④
해설 **시행령 제11조 (배출시설의 설치허가 및 신고 등)** 배출시설 설치허가를 받거나 설치신고를 하려는 자는 배출시설 설치허가신청서 또는 배출시설 설치신고서에 다음 각 호의 서류를 첨부하여 환경부장관 또는 시·도지사에게 제출해야 한다.
1. 원료(연료를 포함한다)의 사용량 및 제품 생산량과 오염물질 등의 배출량을 예측한 명세서

2. 배출시설 및 방지시설의 설치명세서
3. 방지시설의 일반도(一般圖)
4. 방지시설의 연간 유지관리 계획서
5. 사용 연료의 성분 분석과 황산화물 배출농도 및 배출량 등을 예측한 명세서(법 제41조제3항 단서에 해당하는 배출시설의 경우에만 해당한다)
6. 배출시설 설치허가증(변경허가를 신청하는 경우에만 해당한다)

88. 정답 ③

89. 정답 ②

90. 정답 ②
해설 유증기 회수배관을 설치한 후에는 회수배관 액체막힘 검사를 하고 그 결과를 5년간 기록·보존하여야 한다.

91. 정답 ③

92. 정답 ①
해설 ① 톨루엔 : 2.06
② 유연탄 : 1.34
③ 에탄올 : 1.44
④ 석탄타르 : 1.88

93. 정답 ①
해설 측정유량의 단위는 시간당 세제곱미터(m^3/h)로 한다.

94. 정답 ②
해설 〈NO_2〉
- 연간 평균치 : 0.03ppm 이하
- 24시간 평균치 : 0.06ppm 이하
- 1시간 평균치 : 0.10ppm 이하

95. 정답 ①

96. 정답 ④

97. 정답 ④
해설 부품결함시정명령을 위반한 자동차 제작자 : 300만원 이하의 과태료

98. 정답 ③

99. 정답 ④
해설 희박연소(Lean Burn)방식을 적용하는 자동차는 공기과잉률 기준을 적용하지 아니한다.

100. 정답 ②

UNIT 02 2019년 2회 기사 정답 및 해설

01	③	02	①	03	①	04	③	05	③
06	③	07	②	08	①	09	①	10	④
11	③	12	②	13	①	14	①	15	④
16	④	17	②	18	①	19	③	20	②
21	②	22	①	23	③	24	①	25	④
26	②	27	①	28	④	29	③	30	①
31	①	32	③	33	③	34	③	35	①
36	②	37	②	38	①	39	③	40	②
41	②	42	④	43	②	44	②	45	②
46	①	47	②	48	①	49	①	50	①
51	②	52	②	53	②	54	③	55	①
56	①	57	②	58	①	59	②	60	①
61	④	62	②	63	②	64	④	65	③
66	①	67	④	68	②	69	③	70	④
71	①	72	④	73	①	74	①	75	②
76	②	77	②	78	②	79	①	80	③
81	③	82	②	83	①	84	①	85	②
86	④	87	②	88	②	89	①	90	②
91	②	92	②	93	②	94	②	95	④
96	①	97	①	98	①	99	②	100	④

1과목 대기오염개론

01. 정답 ③

해설 ③항만 올바르다.
① 온난화에 의한 해면상승은 지역의 특수성에 따라 지역별로 각각 다른 양상으로 나타난다.
② 대류권 오존의 생성반응을 촉진시켜 오존의 농도가 지속적으로 증가한다.
④ 기온상승과 토양의 건조화는 생물성장의 남방한계와 북방한계에 모두 영향을 준다.

02. 정답 ①

해설 ①항은 분산모델에 대한 설명이다.

03. 정답 ①

해설 NO는 오전 7~9시에 자동차에 의해 최대로 발생한다.

04. 정답 ③

해설 형광등 안정기에서는 수은 또는 망간이 배출된다.

05. 정답 ③

해설 오염물질의 분해는 1차 반응에 의한다.

06. 정답 ④

해설 식 $C_{\max} = \dfrac{2Q}{H_e^2 \times \pi \times e \times U} \times \left(\dfrac{K_z}{K_y}\right)$

• $Q(총량) = C \times Q = \dfrac{1750mL}{m^3} \times \dfrac{20m^3}{\sec}$
$= 35,000 mL/\sec$

$\therefore C_{\max} = \dfrac{2 \times 35000 ml/\sec}{(200m)^2 \times \pi \times e \times 30 m/\sec} \times \left(\dfrac{0.09}{0.07}\right)$
$= 8.78 \times 10^{-3} ppm = 8.78 ppb$

07. 정답 ①

해설 육지와 바다는 서로 다른 열적 성질 때문에 주간에는 바다로부터, 야간에는 육지로부터 바람이 분다.

08. 정답 ②

해설 CO_2 독성은 5~10%(50,000~100,000ppm) 정도에서 인체에 해롭다. 식물에게는 고농도 CO_2가 광합성에 도움을 줄 수 있다.

09. 정답 ④

해설 대도시에서 발생하는 기후현상으로 주변지역 보다 비가 많이 오며, 오염물질의 축적으로 코, 기관지 염증을 촉진한다.

10. 정답 ③

해설 식 $L_k = \dfrac{10^3 \times A}{G} = \dfrac{10^3 \times 1.2}{40} = 30 km$

11. 정답 ③

12. 정답 ②

13. 정답 ①

14. 정답 ①

해설 고도의 증가에 따른 기온의 감소폭이 클수록 대기는 불안정 상태가 되고 대기의 수직적 혼합이 활발해지므로 오염물질이 가장 잘 확산된다.

15. 정답 ④
해설 N_2O_3는 1차 대기오염물질에 해당한다. 알데하이드와 케톤도 1·2차 대기오염물질로 분류되나, ①, ②, ③항 보기는 광화학반응으로 2차오염물질로 생성될 수 있는 물질이므로 답을 ④항으로 고르는 것이 가장 적합하다.

16. 정답 ④

17. 정답 ②
해설 담배는 오존에 약한 식물이다.

18. 정답 ③

19. 정답 ③
해설 연직방향의 공기이동은 통상 수평방향의 풍속보다 작다. 특히나 가우시안 모델에서의 대기안정도는 중립으로 가정하므로 수평방향의 풍속이 매우 지배적인 상태다.

20. 정답 ②
해설 $X℃ = 15℃ - \left(\dfrac{0.85℃}{100m} \times (400-100)m\right)$
$= 12.45℃$

2과목 연소공학

21. 정답 ②
해설 중유의 인화점은 60~150℃이다.

22. 정답 ①
해설 식 $CO_{2\max}(\%) = \dfrac{CO_2}{G_{od}} \times 100$

반응식 $C_3H_8 + 5O_2 \rightarrow 3CO_2 + 4H_2O$
$\quad\quad\quad 1 \;\; : \;\; 5 \;\; : \;\; 3$

• $G_{od} = (1-0.21)A_o + CO_2$
$= (1-0.21) \times \left(5 \times \dfrac{1}{0.21}\right) + 3 = 21.8m^3$

∴ $CO_{2\max}(\%) = \dfrac{3}{21.8} \times 100 = 13.76\%$

23. 정답 ③
해설 화학반응속도론에서 반응속도상수 결정에 온도가 가장 주요한 영향인자로 작용한다.

24. 정답 ①
해설 화학적으로 발열량이 높을수록 착화점은 낮다.

25. 정답 ④
해설 로터리 버너는 고체연료의 연소장치이다.

26. 정답 ②
해설 증기압이 크면 인화점 및 착화점이 낮아져서 위험하지만, 연소효율은 증가한다.

27. 정답 ①
해설 식 $C_{SO_2} = \dfrac{SO_2}{실내용적}$

• $SO_2 = 200g \times 0.01 \times \dfrac{22.4L(SO_2)}{32g(S)} \times \dfrac{10^3 mL}{1L}$
$= 14,000mL$

∴ $C_{SO_2} = \dfrac{14,000mL}{100m^3} = 140mL/m^3(ppm)$

28. 정답 ④
해설 연료비는 증가한다.

29. 정답 ②
해설 ②항만 올바르다.

오답해설
① 불완전연소로 연소실내의 열손실이 커진다.
③ 연소실벽에 미연탄화물 부착이 증가한다.
④ 연소효율이 감소하여 배출가스의 온도가 불규칙하게 증가 및 감소를 반복한다.

30. 정답 ①
해설 식 $C_{검댕}(g/m^3) = \dfrac{검댕(g)}{G_d(m^3)} \times 100$

• 검댕 $= 1kg \times \dfrac{85}{100} \times \dfrac{1}{100} \times \dfrac{1,000g}{kg} = 8.5g$

• $A_o = \dfrac{1}{0.21}(1.867 \times 0.85 + 5.6 \times 0.15)$
$= 11.5569m^3/kg$

• $G_d = (m-0.21)A_o + 1.867C^*$

$$= (1.1-0.21) \times 11.5569 + 1.867 \times 0.85 \times (1-0.01)$$
$$= 11.8567 m^3$$
$$\therefore C_{검댕}(g/m^3) = \frac{8.5}{11.8567} = 0.72 g/m^3$$

31. 정답 ①

해설 [각종 연료의 이론공기량의 개략치]

연료	이론공기량(Sm³/kg)
– LPG	– 29.7Sm³/kg
– 연료유	– 10~13Sm³/kg
– 가솔린	– 11.3~11.5Sm³/kg
– 중유	– 10.8~11.0Sm³/kg
– 천연가스	– 9.5Sm³/kg
– 무연탄	– 9.0~10.0Sm³/kg
– 오일가스	– 4.5~11.0Sm³/kg
– 코우크스	– 8.5Sm³/kg
– 역청탄	– 7.5~8.5Sm³/kg
– 석탄가스	– 4.5~5.5Sm³/kg
– 목탄	– 4.0~5.0Sm³/kg
– 발생로가스	– 0.9~1.2
– 고로가스	– 0.7~0.9

32. 정답 ①

해설 유량 조절 범위가 좁아 부하변동에 적응하기 어렵다. (환류식 1:3, 비환류식 1:2)

33. 정답 ③

해설 식 열효율(%) = $\frac{실제열량}{이론열량} \times 100$

$$= \frac{600,000 kcal}{\frac{9,000 kcal}{kg} \times \frac{80 kg}{hr} \times 1 hr} \times 100$$

$$= 83.33\%$$

34. 정답 ③

해설 식 $t_o = \frac{Hl}{G \times C_p} + t$

$$\therefore t_o = \frac{7000}{10 \times 0.35} + 15 = 2015 ℃$$

35. 정답 ①

해설 부식염려가 존재하므로 내식성자재를 사용하여야 한다.

36. 정답 ②

해설 예혼합연소는 화염온도가 높아 국부가열의 염려가 있고 연소부하가 큰 경우 잘 적용되며, 화염의 길이가 짧다.

37. 정답 ②

해설 연소반응식을 이용하여 이론 습연소가스량을 산출한다.

[계산] $G_{ow} = (1-0.21)A_o + CO_2 + H_2O$

반응식
$$C_3H_8 + 5O_2 \rightarrow 3CO_2 + 4H_2O$$
$$1 : 5 : 3 : 4$$
$$1.7Sm^3 : 8.5Sm^3 : 5.1Sm^3 : 6.8Sm^3$$
$$CO + 0.5O_2 \rightarrow CO_2$$
$$1 : 0.5 : 1$$
$$0.15Sm^3 : 0.075Sm^3 : 0.15Sm^3$$
$$H_2 + 0.5O_2 \rightarrow H_2O$$
$$1 : 0.5 : 1$$
$$0.14Sm^3 : 0.07Sm^3 : 0.14Sm^3$$

- $A_o = O_o \times \frac{1}{0.21}$

$$= (8.5 + 0.075 + 0.07 - 0.01) \times \frac{1}{0.21}$$

$$= 41.1190 Sm^3$$

$\therefore G_{ow} = (1-0.21) \times 41.1190 + (5.1+0.15) + (6.8+0.14)$

$$= 44.67 Sm^3$$

별해 식 $G_{ow} = (1-0.21)A_o + CO_2 + H_2O$

- $A_o = \frac{1}{0.21}(5C_3H_8 + 0.5CO + 0.5H_2 - O_2)$

$$= \frac{1}{0.21}(5 \times 1.7 + 0.5 \times 0.15 + 0.5 \times 0.14 - 0.01)$$

$$= 44.1190 m^3$$

- $CO_2 = 3C_3H_8 + CO = 3 \times 1.7 + 0.15 = 5.25 m^3$
- $H_2O = 4C_3H_8 + H_2 = 4 \times 1.7 + 0.14 = 6.94 m^3$

$\therefore G_{ow} = (1-0.21) \times 41.1190 + (5.25) + (6.94)$

$$= 44.67 Sm^3$$

38. 정답 ①

해설 식 $\frac{100}{UEL} = \frac{V_1}{U_1} + \frac{V_2}{U_2} + \frac{V_3}{U_3}$

$\frac{100}{UEL} = \frac{30}{15} + \frac{30}{12.5} + \frac{40}{9.5}$, $\therefore UEL = 11.61$

식 $\frac{100}{LEL} = \frac{V_1}{L_1} + \frac{V_2}{L_2} + \frac{V_3}{L_3}$

$\frac{100}{LEL} = \frac{30}{5} + \frac{30}{3} + \frac{40}{2.1}$, $\therefore LEL = 2.85$

$\therefore$ 폭발범위 : 2.85~11.61%

39. 정답 ③
해설 분무연소와 같이 가스화 속도가 빠르다.

40. 정답 ③
해설 식 $C_4H_{10} + 6.5O_2 \rightarrow 4CO_2 + 5H_2O$
  58kg : 6.5×32kg
  2kg : X,   ∴ $X = 7.17kg$

3과목　대기오염방지기술

41. 정답 ②
해설 식 분리계수(S) $= \dfrac{V^2}{R \times g} = \dfrac{10^2}{0.5 \times 9.8} = 20.41$

42. 정답 ④
해설 흡착열이 낮고, 분자량이 클수록 잘 흡착된다.

43. 정답 ②
해설 · $SO_2 = \dfrac{5톤}{hr} \times \dfrac{10^3 kg}{1톤} \times \dfrac{2.56}{100} \times \dfrac{22.4m^3(SO_2)}{32kg(S)}$
  $= 89.6 m^3/hr$
반응식 $SO_2 + 2NaOH \rightarrow Na_2SO_3 + H_2O$
  $22.4m^3$: $2 \times 40kg$
  $89.6m^3/hr \times 0.875$: X,   ∴ $X = 280 kg/hr$

44. 정답 ②
해설 초기농도와 시간에 따른 농도변화는 1차반응식으로 산출한다.
식 $\ln\left(\dfrac{C_t}{C_0}\right) = -k \times t$
· k(반응속도상수) $= \dfrac{Q}{\forall} = \dfrac{100 m^3/min}{4000 m^3}$
  $= 0.025/min$
$\ln\left(\dfrac{20}{200}\right) = -0.025 \times t$,   ∴ $t = 92.1 min$

45. 정답 ③
해설 $(CH_3)CH_2CHO$는 프로피온알데히드의 분자식이다. 알데히드류는 분자식 끝에 CHO- 기를 가지고 있으며, 자극적이며 새콤하고 타는 듯한 냄새를 가진다.

46. 정답 ①
해설 물리화학적 자극량과 인간의 감각강도 관계는 웨버-페히너(Weber-Fechner)법칙과 잘 맞다.

47. 정답 ③
해설 가열연소법은 배가스 중 가연성 오염물질의 농도가 낮아 직접연소법으로 불가능할 경우에 주로 사용되고 NOx 및 유해가스의 발생이 적다.

48. 정답 ②
해설 약액세정법은 조작이 간단하고, 난용성 악취물질에 대한 제한성이 있으며, 산성가스 및 염기성가스의 별도 처리가 필요하다.

49. 정답 ④
해설 평형곡선에서 멀어질수록 추진력은 더 커지며, 평형상태가 되면 추진력은 0이 된다. NTU이동단위수는 기상에 대한 것은 N_{OG}(기상총괄전달단위수)로 표현하고 액상에 대한 것은 N_{OL}(액상총괄전달단위수)로 표현한다. 충전탑의 조건이 평형곡선에서 멀어질수록 흡수에 대한 추진력은 더 작아지며, NTU는 Berl number에 의해 지배된다.

50. 정답 ①
해설 목면 - 불량 - 80℃ - 흡습성 좋음

51. 정답 ②
해설 식 $N_{Re} = \dfrac{DV\rho}{\mu} = \dfrac{DV}{\nu}$
$2,100 = \dfrac{0.15m \times V}{1.8 \times 10^{-6} m^2/sec}$,
∴ $V = 0.0252 m/sec = 2.52 cm/sec$

52. 정답 ④
해설 덕트는 가능한 한 짧게 배치하도록 한다.

53. 정답 ④
해설 비저항이 낮은 경우에는 습식 전기집진장치를 사용하거나, 암모니아 가스를 주입한다.

54. 정답 ③
해설 식 $C_o = C_i \times (1 - \eta)$
· $C_{o1} = C_i \times (1 - 0.98) = 0.02 C_i$
· $C_{o2} = C_i \times (1 - 0.96) = 0.04 C_i$

$$\therefore \frac{C_{o2}}{C_{o1}} = \frac{0.04 C_i'}{0.02 C_i'} = 2$$

55. 정답 ①

56. 정답 ④
  해설 NO는 무색의 무취의 난용성 기체로 자동차배출이 가장 많은 부분을 차지한다. NO_2는 적갈색의 자극취를 가진 난용성 기체이다.

57. 정답 ②
  해설 식 $Xg = \frac{50g}{m^3} \times \frac{1m^3}{2000kg} \times 1000kg \times (1-0.1) = 22.5m^3$

  별해 식 SO_2총량(g) = 유량(Q) × 농도(C) × 흡수율
  - $Q = 1000kg \times \frac{1m^3}{2000kg} = 0.5m^3$
  - $C = 50g/m^3$
  $\therefore SO_2$총량$(g) = 0.5m^3 \times 50g/m^3 \times (1-0.1) = 22.5g$

58. 정답 ①
  해설 고정층 흡착장치에서 보통 수직으로 된 것은 소규모에 적합하고, 수평으로 된 것은 대규모에 적합하다.

59. 정답 ②
  해설 식 $t = \frac{L_d}{V_f \times \eta \times C_i}$
  - L_d(분진부하) $= 360 g/m^2$
  - V_f(여과속도) $= 1 cm/\sec = 0.01 m/\sec$
  - $C_i = 10 g/m^3$
  $\therefore t = \frac{360 g/m^2}{0.01 m/\sec \times 0.8 \times 10 g/m^3} = 4500 \sec = 1.25 hr$

60. 정답 ①
  해설 ①항은 정상운전 조건이다. 처리가스가 선회기류흐름을 잃어 버릴 때 원심력이 저하되며 압력손실이 감소하여 효율이 저하된다.

4과목 대기오염공정시험기준(방법)

61. 정답 ④

62. 정답 ③
  해설 시안화수소 - 질산은적정법의 시약은 p-다이메틸아미노벤질리덴로다닌의 아세톤 용액, 아세트산, 수산화소듐, 질산은용액이 있다.

63. 정답 ②

64. 정답 ④

65. 정답 ③
  해설 (투사광의 강도/입사광의 강도)를 투과도(t)라 하며, 투과도(t)의 상용대수의 역수를 흡광도라 한다.

66. 정답 ①
  해설 분리관의 재질은 내압성, 내부식성으로 용리액 및 시료액과 반응성이 적은 것을 선택하며 에폭시수지관 또는 유리관이 사용된다. 일부는 스테인레스관이 사용되지만 금속이온 분리용으로는 좋지 않다.

67. 정답 ④

68. 정답 ④
  해설 근접선 : 목적하는 스펙트럼선에 가까운 파장을 갖는 다른 스펙트럼선

69. 정답 ③
  해설 식 $C = (C_H - C_B) \times W_D \times W_U$
  - $W_D = 1.2 (45 \sim 90°)$
  - $W_S = 1.2$(풍속이 0.5m/s 미만 또는 10m/s 이상되는 시간이 전 채취시간의 50% 이상)
  $C = (5.8 - 0.17) \times 1.2 \times 1.2 = 8.11 mg/m^3$

70. 정답 ④
  해설 벤젠 시험방법 - 기체크로마토그래피법 (흡수액 없음)

71. 정답 ①
해설 기체시료 또는 기화한 액체나 고체시료를 운반가스에 의하여 분리, 관내에 전개, 응축시켜 기체상태로 각 성분을 분리·분석한다.

72. 정답 ④
해설
- 질소산화물 - 아연환원 나프틸에틸렌디아민법 - 증류수
- 질소산화물 - 페놀디술폰산법 - 황산+과산화수소수

73. 정답 ①
해설 1억분율은 pphm, 10억분율은 ppb로 표시한다.

74. 정답 ①

75. 정답 ②
해설 옥시던트 - 자외선광도법
암기TIP 옥 자

76. 정답 ②

77. 정답 ②
해설 식 $C(mg/Sm^3) = \dfrac{\text{채취후무게} - \text{채취전무게}}{\text{채취가스량}}$

- $Q = \dfrac{1.8 + 1.2(m^3/\min)}{2} \times 24hr \times \dfrac{60\min}{1hr}$
  $= 2160 m^3$ (산술평균으로 산출)

∴ $C(mg/Sm^3) = \dfrac{(3.828 - 3.419)g}{2160 m^3} \times \dfrac{10^3 mg}{1g}$
  $= 0.19 mg/m^3$

78. 정답 ③

79. 정답 ①
해설 식 측정점수
$= \dfrac{\text{그 지역 가주지 면적}}{25km^2} \times \dfrac{\text{그 지역 인구밀도}}{\text{전국 평균 인구밀도}}$

∴ $N = \dfrac{150km^2}{25km^2} \times \dfrac{4,000명/km^2}{800명/km^2} = 30$

80. 정답 ③
해설 반응시간은 오염물질농도의 단계변화에 따라 최종값의 90%에 도달하는 시간으로 한다.

5과목 대기환경관계법규

81. 정답 ③

82. 정답 ②
해설 이륜자동차는 측차를 붙인 이륜자동차와 이륜자동차에서 파생된 삼륜 이상의 자동차를 포함한다.

83. 정답 ①

84. 정답 ③
해설 황함량(ppm) : 10 이하

85. 정답 ③

86. 정답 ④
해설 **시행규칙 제24조(총량규제구역의 지정 등)** 환경부장관은 법 제22조에 따라 그 구역의 사업장에서 배출되는 대기오염물질을 총량으로 규제하려는 경우에는 다음 각 호의 사항을 고시하여야 한다.
1. 총량규제구역
2. 총량규제 대기오염물질
3. 대기오염물질의 저감계획
4. 그 밖에 총량규제구역의 대기관리를 위하여 필요한 사항

87. 정답 ③

88. 정답 ②
해설 연면적 2천제곱미터 이상인 실내주차장(기계식 주차장은 제외한다)

89. 정답 ②
해설 **시행규칙 제18조(실천계획의 수립 등)** 대기환경규제지역을 관할하는 시·도지사 또는 특별시·광역시 및 특별자치시를 제외한 인구 50만 이상 시(이하 "대도시"라 한다) 시장은 다음 각 호의 사항이 포함된 실천계획을 수립하여 환경부장관의 승인을 받아 시행하여야 한다.
1. 일반 환경 현황
2. 조사 결과 및 대기오염예측모형을 이용하여 예측한 대기오염도
3. 대기오염원별 대기오염물질 저감계획 및 계획의 시행을 위한 수단

4. 계획달성연도의 대기질 예측 결과
5. 대기보전을 위한 투자계획과 대기오염물질 저감효과를 고려한 경제성 평가
6. 그 밖에 환경부장관이 정하는 사항

90. 정답 ②

91. 정답 ④

해설 시행규칙 별표 4(대기오염방지시설)

1. 중력집진시설
2. 관성력집진시설
3. 원심력집진시설
4. 세정집진시설
5. 여과집진시설
6. 전기집진시설
7. 음파집진시설
8. 흡수에 의한 시설
9. 흡착에 의한 시설
10. 직접연소에 의한 시설
11. 촉매반응을 이용하는 시설
12. 응축에 의한 시설
13. 산화·환원에 의한 시설
14. 미생물을 이용한 처리시설
15. 연소조절에 의한 시설
16. 위 제1호부터 제15호까지의 시설과 같은 방지효율 또는 그 이상의 방지효율을 가진 시설로서 환경부장관이 인정하는 시설

92. 정답 ②

93. 정답 ①

94. 정답 ④

해설 "냉매(冷媒)"란 기후·생태계 변화유발물질 중 열전달을 통한 냉난방, 냉동·냉장 등의 효과를 목적으로 사용되는 물질로서 환경부령으로 정하는 것을 말한다.

95. 정답 ④

96. 정답 ③

해설 ① 자동차 연료 제조·판매 또는 사용에 대한 규제현황 – 연 2회
② 수입자동차 배출가스 인증 및 검사현황 – 연 4회
③ 측정기기 관리대행업의 등록, 변경등록 및 행정처분 현황 – 연 1회
④ 환경오염사고 발생 및 조치사항 – 수시

97. 정답 ①

98. 정답 ①

해설 "복합악취"란 두 가지 이상의 악취물질이 함께 작용하여 사람의 후각을 자극하여 불쾌감과 혐오감을 주는 냄새를 말한다.

99. 정답 ②

해설 대기오염물질발생량의 합계가 연간 20~80톤인 사업장은 2종 사업장이다.

100. 정답 ④

UNIT 03 2019년 4회 기사 정답 및 해설

01	④	02	②	03	①	04	③	05	④
06	④	07	③	08	③	09	④	10	③
11	②	12	②	13	②	14	③	15	①
16	①	17	③	18	④	19	②	20	②
21	④	22	④	23	③	24	③	25	①
26	②	27	②	28	①	29	②	30	③
31	④	32	②	33	③	34	③	35	①
36	④	37	③	38	④	39	②	40	②
41	④	42	①	43	②	44	③	45	③
46	①	47	②	48	①	49	①	50	①
51	④	52	④	53	④	54	③	55	③
56	④	57	②	58	①	59	①	60	①
61	③	62	③	63	③	64	①	65	②
66	②	67	②	68	①	69	②	70	②
71	①	72	①	73	②	74	②	75	①
76	②	77	②	78	②	79	①	80	②
81	④	82	②	83	④	84	④	85	②
86	②	87	①	88	②	89	①	90	②
91	④	92	④	93	②	94	①	95	④
96	④	97	②	98	③	99	①	100	③

1과목 대기오염개론

01. 정답 ④
해설 황산화물은 대기 중 또는 금속의 표면에서 황산으로 변함으로써 부식성을 더욱 강하게 한다.

02. 정답 ②

03. 정답 ①

04. 정답 ③
해설 NOx는 난용성기체이다. 웃음기체(스마일가스)로 불리는 기체는 N_2O(아산화질소)이다.

05. 정답 ④
해설 까치밤나무, 쥐당나무(쥐똥나무)는 황산화물(아황산가스 포함)에 저항성이 강한 식물이다.

〈황산화물 지표식물(취약한 식물)〉
암기TIP (황제 육자회담 시보목고) : 육송, 자주개나리(알팔파), 담배, 시금치, 보리, 목화, 고구마

06. 정답 ④
해설 해풍역전은 일시적으로 형성됨으로 오염물질은 일시적으로 정체되고 이내 해소된다.

07. 정답 ③
해설 Mie산란(미산란)은 입자가 파장크기와 비슷한 경우 형성되고, Rayleigh(레일라이)산란은 입자가 파장크기보다 매우 작을 때 형성된다.

08. 정답 ③
해설 식 $L_k = \dfrac{10^3 \times A}{G}$

- A(상수) = 1.2
- G(농도) = $0.075 mg/m^3 = 75 \mu g/m^3$

∴ $L_k = \dfrac{10^3 \times 1.2}{75} = 16 km$

09. 정답 ④

10. 정답 ③
해설 오염물질의 농도는 점오염원에 연속적으로 배출된다.

11. 정답 ②
해설 ②항만 올바르다.
오답해설
① 포자리카 사건은 H_2S에 의한 피해이다.
③ 뮤즈계곡 사건은 SOx이 주된 오염물질로 작용했다.
④ 도쿄 요코하마 사건은 오염물질 원인불명사건이나 대기오염도 증가에 따른 호흡기질환자수가 증가한 사건이다.

12. 정답 ②
해설 식 $C_2 = C_1 \times \left(\dfrac{MMD_1}{MMD_2}\right)^3$

$500 = 4 \times \left(\dfrac{500}{MMD_2}\right)^3$, ∴ $MMD_2 = 100 m$

13. 정답 ②

14. 정답 ③

해설 식

$$C = \frac{Q}{2\pi\sigma_y\sigma_z u}exp\left[-\left(\frac{y^2}{2\sigma_y^2}\right)\right]\left[exp\left\{-\left(\frac{(z-H)^2}{2\sigma_z^2}\right)\right\}\right.$$
$$\left.+exp\left\{-\left(\frac{(z+H)^2}{2\sigma_z^2}\right)\right\}\right]$$

← 지상의 오염도를 묻고 있으므로 z=0
← 중심선상의 오염농도를 구하므로 y=0
← 지상의 배출원으로 He=0이므로 H=0

제시된 조건을 대입하면 → $C = \frac{Q}{\pi\sigma_y\sigma_z U}$

∴ $C = \frac{6g}{sec} \times \frac{1}{\pi \times 22.5m \times 12m \times 3.5m/sec} \times \frac{10^3 mg}{1g}$
$= 2.02 mg/m^3$

15. 정답 ①

해설 광학현미경은 입경이 0.01㎛보다 작은 입자만을 대상으로 먼지의 형상, 모양 및 색깔별로 오염원을 구별할 수 있고, 숙련자가 분석하여야 한다.

16. 정답 ①

해설 보통 지표오존의 배경농도는 0.01~0.04ppm 범위이다.

17. 정답 ③

해설 최대착지농도 관계식을 이용한다.

식 $C_{max} = \frac{2Q}{\pi e U H_e^2} \times \frac{K_z}{K_y}$

He를 제외한 나머지 인자는 동일하므로 K로 정리하면,
→ $C_{max} = K \times \frac{1}{H_e^2}$

∴ $\frac{C_{max(2)}}{C_{max(1)}} = \frac{K \times \frac{1}{100^2}}{K \times \frac{1}{87^2}} \times 100(\%) = 75.69\%$

18. 정답 ④

해설 CO_2는 1차 대기오염물질로 분류된다.

19. 정답 ②

해설 암기TIP 13일의 금요일
(오존파괴지수가 가장 큰 물질 Halon - 1301)

20. 정답 ②

해설 체내에서 페놀로 대사하여 소변으로 배설된다. 마뇨산으로 배설되는 것은 톨루엔이다.

2과목 연소공학

21. 정답 ④

해설 석탄화도가 높을수록 화염이동속도는 작아진다.

22. 정답 ④

해설 메탄은 프로판에 비해 이론공기량이 적다. 연료의 공기량은 석유류를 제외하고 일반적으로 탄수소비가 클수록 증가한다.

23. 정답 ③

24. 정답 ③

25. 정답 ①

26. 정답 ②

해설 식 $G_{ow} = (1-0.21)A_o + CO_2 + H_2O + SO_2$

· $A_o = \frac{1}{0.21} \times O_o$
$= \frac{1}{0.21} \times (1.867 \times 0.87 + 5.6 \times 0.11 + 0.7 \times 0.02)$
$= 10.7347 m^3/kg$

∴ $G_{ow} = (1-0.21) \times 10.7347 + 1.867 \times 0.87$
$+ 11.2 \times 0.11 + 0.7 \times 0.02$
$= 11.35 m^3/kg$

27. 정답 ②

28. 정답 ①

해설 안전장치가 필요하다.

29. 정답 ②

해설 비교적 저온에서 연소가 행해지므로 열생성 NOx가 적다.

30. 정답 ③

해설 재와 매연처리가 필요하고, 중유 전용 보일러에서 사용할 수 없어 개조가 필요하다.

[혼합연료의 종류]
· COM : 미분탄 + 중유
· CWM : 미분탄 + 물
· WOM : 물 + 중유

31. 정답 ④
해설 iso-Paraffine에서는 methyl 가지가 많을수록, 중앙에 집중될수록 옥탄가가 증가한다.

32. 정답 ②
해설 식 $C_{O_2} = \dfrac{O_2}{실내용적} \times 100$

반응식 $C_4H_{10} + 6.5O_2 \rightarrow 4CO_2 + 5H_2O$

$58kg : 6.5 \times 22.4m^3$
$2.23kg : X$, $\therefore X = 5.59m^3$

- $O_2 = 실내 O_2 - 소모 O_2 = (160 \times 0.21) - 5.59$
  $= 28.01m^3$

$\therefore C_{O_2} = \dfrac{28.01}{160} \times 100 = 17.51\%$

33. 정답 ③
해설 식 $CO_{2\max}(\%) = m \times CO_2$

$\therefore CO_{2\max}(\%) = \dfrac{21}{21-7.5} \times 17.5 = 27.22\%$

34. 정답 ③
해설 고압기류분무식 버너는 유량의 조절범위가 크고 분무각도가 좁다.

35. 정답 ①

36. 정답 ④
해설 설비비와 유지비가 많이 들고, 재비산의 우려가 있으며, 분쇄기 및 집진설비 등 부대설비가 필요하다.

37. 정답 ③
해설 분무에 필요한 1차 공기량은 이론연소 공기량의 7~12% 정도이면 된다.

38. 정답 ④
해설 혼합기체의 온도를 높게 하면 가연범위는 넓어진다.

39. 정답 ②
해설 희석에 의한 산소농도 저감효과보다 화염온도 저하효과가 크기 때문에 연료 NOx보다 고온 NOx 억제효과가 크다.

40. 정답 ①
해설 산소의 농도는 높을수록

3과목 대기오염방지기술

41. 정답 ④
해설 아크로레인은 지방의 타는 냄새가 나는 물질로 요식업, 햇빛이 많은 도심, 제초제, 담배연기에서 발생한다.

42. 정답 ①
해설 여과집진장치에서 여포는 가스온도가 250℃를 넘지 않도록 하여야 하며, 고온가스를 냉각시킬 때에는 산노점 이상으로 유지해야 한다.

43. 정답 ①
해설 식 $\eta = 1 - \left(\dfrac{C_o}{C_i}\right) = 1 - \left(\dfrac{20}{3200}\right) = 0.99375$

식 $\eta_t = 1 - (1-\eta_1)(1-\eta_2)\cdots(1-\eta_n)$

$0.99375 = 1 - [(1-0.6)(1-0.7)(1-0.75)(1-\eta_4)]$,

$\therefore \eta_4 = 0.7916 = 79.16\%$

44. 정답 ④
해설 설치 후 송풍량 조절이 가능하다.

45. 정답 ③
해설 점성이 작아야 한다.

46. 정답 ①
해설 SCR공정은 질소만 제거가능하다.

47. 정답 ②

48. 정답 ①
해설 액가스비가 크면, 가스당 소요되는 세정액이 크므로 먼지제거가 어려운 상황이다. 먼지의 친수성이 작을 때 먼지제거가 어렵고 액가스비가 커진다.

49. 정답 ②
해설 식 $d_{p50}(\mu m) = \sqrt{\dfrac{9\mu B_c}{2\pi V(\rho_p - \rho)N_e}} \times 10^6$

$\rightarrow d_{p50}(\mu m) = K \times \sqrt{\dfrac{B_c}{V}}$

$\therefore \dfrac{d_{p50}(2)}{d_{p50}(1)} = \dfrac{K \times \sqrt{\dfrac{4B_c}{2V}}}{K \times \sqrt{\dfrac{B_c}{V}}} = \sqrt{\dfrac{\dfrac{4B_c}{2V}}{\dfrac{B_c}{V}}} = \sqrt{2}$

50. 정답 ①

해설 ①항만 올바르다.

오답해설
② 집진율이 높고 설치 소요면적이 작으며 가압수식 중 압력 손실이 매우 크다.
③ 액가스비가 작아서 소량의 세정액이 요구된다.
④ 점착성, 조해성 먼지처리에도 용이하다.

51. 정답 ④

해설 분진의 비저항이 비정상적으로 높을 때 발생하며, SO_3를 주입시킨다.

52. 정답 ②

해설 사불화규소 함유 가스-충전탑에서는 사불화규소가 규불산을 형성하여 충전층을 막히게 할 수 있기 때문에 사불화규소 함유 물질의 제거에는 충전탑보다 단탑이 효과적이다.

53. 정답 ④

해설 가스 및 액체에 대하여 내식성이 있을 것

54. 정답 ③

55. 정답 ③

해설 후드 개구면은 최대한 작게 하여 흡입풍량을 최대한 줄이고, 충분한 포착속도를 유지한다.
〈후드의 흡인요령〉 - 개 발 국 충
 - 개구면을 작게 한다.
 - 발생원으로부터 후드를 가까이 설치한다.
 - 국소적 흡인방식을 취한다.
 - 충분한 포착속도를 유지한다.

56. 정답 ④

57. 정답 ②

해설 반응효율이 습식에 비해 낮은 편이다.

58. 정답 ①

해설 분사압력을 고압화하여야 연료가 미세하게 분사되어 연소가 용이해지므로 비교적 낮은 온도에서 연소가 가능해지면서 NOx을 저감할 수 있다.

59. 정답 ①

60. 정답 ①

해설 절대점도=점도(표준상태 기준)

식 점도 = 동점도 × 밀도 = $3cm^2/sec \times 0.8g/cm^3$
    = $2.4g/cm \cdot sec$ = $2.4 Poise$

4과목 대기오염공정시험기준(방법)

61. 정답 ③

해설 측정에 필요한 광원은 180nm ~ 2,850nm 파장을 갖는 제논(Xenon) 램프를 사용한다.

62. 정답 ③

해설 광화학옥시던트 : 전옥시던트에서 이산화질소를 제외한 물질

63. 정답 ③

64. 정답 ①

65. 정답 ②

해설 직경이 4m 초과~4.5m 미만일 때 측정점수는 16개이다.
[원형단면의 측정점]

굴뚝직경(m)	반경구분수	측정점수
1 이하	1	4
1 초과 2 이하	2	8
2 초과 4 이하	3	12
4 초과 4.5 이하	4	16
4.5 초과	5	20

66. 정답 ②

해설 써프렛서는 분리관 뒤에 직렬로 접속시켜야 한다.

67. 정답 ③

해설 "항량이 될 때까지 건조한다 또는 강열한다"라 함은 따로 규정이 없는 한 보통의 건조방법으로 1시간 더 건조 또는 강열할 때 전후 무게의 차가 0.3mg 이하일 때를 뜻한다.

암기TIP 항정살 1인분 주세요.
(항량 0.3mg 이하 1시간 건조)

68. 정답 ①
해설 자외선형광법이 해당된다.

69. 정답 ②
해설 정량범위는 0.0005 ~ 0.0075mg/m³ 이고, (건조시료가 스량 1m³인 경우), 방법검출한계는 0.00015mg/m³이다.

70. 정답 ②
해설 질산은용액이 0.01N이 아닌 0.1N이 주어졌으므로 10배 낮은 0.0448로 환산하여야 한다.

식 $C = \dfrac{0.448 \times (a-b) \times f \times \dfrac{250}{v}}{Vs} \times 1{,}000$

(질산은 적정법, 0.01N 기준)

71. 정답 ①
해설 원자가 외부로부터 빛을 흡수했다가 다시 먼저 상태로 돌아갈 때 방사하는 스펙트럼선

72. 정답 ①

73. 정답 ②
해설 [원자흡수분광광도법-측정순서]
㉠ 전원 스위치 및 관련 스위치를 넣어 측광부에 전류를 통한다.
㉡ 광원램프를 점등하여 적당한 전류값으로 설정한다. 다수의 광원램프를 동시에 사용할 경우에는 미리 예비점등 시켜두면 편리하다.
㉢ 가연성 가스 및 조연성 가스 용기가 각각 가스유량조정기를 통하여 버너에 파이프로 연결되어 있는가를 확인한다.
㉣ 가스유량 조절기의 밸브를 열어 불꽃을 점화하여 유량조절 밸브로 가연성 가스와 조연성 가스의 유량을 조절한다.
㉤ 분광기의 파장눈금을 분석선의 파장에 맞춘다.
- 0을 맞춘다 (이 때 광원으로부터 광속을 차단하고 용매를 불꽃 중에 분무시킨다). 0을 맞춘다는 것은 투과백분율 눈금으로 지시계기의 가르킴을 0%에 맞추는 것이다.
- 100을 맞춘다 (이 때 광원으로부터의 광속은 차단을 푼다). 100을 맞춘다는 것은 투과 백분율 눈금으로 지시계기의 가르킴을 100%에 맞추는 것이다.
㉥ 시료용액을 불꽃 중에 분무시켜 지시한 값을 읽어 둔다. 지시한 값이 투과 백분율만으로 표시되는 경우에는 보통 흡광도로 환산한다.

74. 정답 ②

75. 정답 ①
해설 식 $C = (C_H - C_B) \times W_s \times W_u$
- W_s : 풍향계수 = 1.5 (90° 이상 변하므로)
- W_u : 풍속계수 = 1.2 (0.5m/sec 미만 또는 10m/sec 이상되는 시간이 전 채취시간의 50% 이상이다.)
∴ $C = (65 - 0.23) \times 1.5 \times 1.2 = 116.59 mg/m^3$

76. 정답 ④
해설 석면먼지의 농도표시는 0℃, 760mmHg의 기체 1mL(cc) 중에 함유된 석면섬유의 개수(개/mL, 개/cc)로 표시한다.

77. 정답 ③

78. 정답 ③
해설 – 광학필터는 시료가스 중에 간섭 물질가스의 흡수파장역의 적외선을 흡수제거하기 위하여 사용하며, 가스필터와 고체필터가 있는데 이것은 단독 또는 적절히 조합하여 사용한다.
– 회전섹타는 시료광속과 비교광속을 일정주기로 단속시켜 광학적으로 변조시키는 것으로 측정 광신호의 증폭에 유효하고 잡신호 영향을 줄일 수 있다.

79. 정답 ①
해설 [기체크로마토그래피-정량분석]
암기TIP 정양에게 절대 상표 보이지 마라!
- 절대검정곡선법
- 상대검정곡선법(내부표준법)
- 표준물첨가법

$X(\%) = \dfrac{\Delta W_A}{\left(\dfrac{a_2}{b_2} \cdot \dfrac{b_1}{a_1} - 1\right) W} \times 100$

- 보정넓이 백분율법
- 넓이 백분율법

$X_i(\%) = \dfrac{A_i}{\sum\limits_{i-1}^{n} A_i} \times 100$

80. 정답 ②

5과목 대기환경관계법규

81. 정답 ④

82. 정답 ④

해설 [별표 4의2]

> 신축 공동주택의 실내공기질 권고기준(제7조의2 관련)
> 1. 폼알데하이드 210μg/m³ 이하
> 2. 벤젠 30μg/m³ 이하
> 3. 톨루엔 1,000μg/m³ 이하
> 4. 에틸벤젠 360μg/m³ 이하
> 5. 자일렌 700μg/m³ 이하
> 6. 스티렌 300μg/m³ 이하

83. 정답 ④

84. 정답 ④

85. 정답 ②

86. 정답 ②

해설 [별표 21] 운행차배출허용기준(제78조 관련)
일반기준
라. 알코올만 사용하는 자동차는 탄화수소 기준을 적용하지 아니한다.

87. 정답 ①

88. 정답 ②

해설 [전기자동차의 종별 1회 충전 주행거리]

구분	1회 충전 주행거리
제1종	80km 미만
제2종	80km 이상 160km 미만
제3종	160km 이상

89. 정답 ②

90. 정답 ②

91. 정답 ④

92. 정답 ④

93. 정답 ②

해설
① 이황화탄소 : 1,600원
② 암모니아 : 1,400원
③ 황화수소 : 6,000원
④ 불소화합물 : 2,300원

94. 정답 ①

95. 정답 ④

해설 법 제45조(휘발성유기화합물의 규제 등)
1. 석유정제를 위한 제조시설, 저장시설 및 출하시설(出荷施設)과 석유화학제품 제조업의 제조시설, 저장시설 및 출하시설
2. 저유소의 저장시설 및 출하시설
3. 주유소의 저장시설 및 주유시설
4. 세탁시설
5. 그 밖에 휘발성유기화합물을 배출하는 시설로서 환경부장관이 관계 중앙행정기관의 장과 협의하여 고시하는 시설

96. 정답 ④

해설

	항목	기준값
㉠	O_3(1시간 평균치)	0.06ppm 이하
㉡	NO_2(1시간 평균치)	0.15ppm 이하
㉢	Cd	0.5ppm 이하
㉣	Pb	0.05ppm 이하

97. 정답 ②

해설 대기오염물질발생량의 합계가 연간 10~20톤인 사업장

98. 정답 ③

99. 정답 ①

해설 특정대기유해물질의 배출허용기준초과 일일오염물질배출량은 소수점 이하 넷째 자리까지 계산하고, 일반오염물질은 소수점 이하 첫째 자리까지 계산한다.

100. 정답 ③

UNIT 04 2020년 1,2회 기사 정답 및 해설

01 ④	02 ②	03 ①	04 ②	05 ③
06 ②	07 ③	08 ④	09 ③	10 ④
11 ④	12 ③	13 ④	14 ④	15 ②
16 ②	17 전체 정답	18 ③	19 ①	20 ④
21 ④	22 ②	23 ④	24 ②	25 ④
26 ②	27 ③	28 ③	29 ④	30 ③
31 ④	32 ③	33 ①	34 ③	35 ②
36 ②	37 ①	38 ③	39 ④	40 ①
41 ④	42 ③	43 ③	44 ③	45 ④
46 ③	47 ③	48 ①	49 ③	50 ②
51 ①	52 ②	53 ②	54 ②	55 ③
56 ②	57 ③	58 ③	59 ①	60 ①
61 ②	62 ②	63 ①	64 ①	65 ②
66 ④	67 ③	68 ③	69 ②,③	70 ④
71 ②	72 ②	73 ②	74 ②	75 ④
76 ③	77 ②	78 ②	79 ③	80 ④
81 ①	82 ②	83 ③	84 ④	85 ②
86 ③	87 ①	88 ②	89 ①	90 ④
91 ①	92 ①	93 ①	94 ④	95 ①
96 ③	97 ②	98 ④	99 ④	100 ①

1과목 대기오염개론

01. 정답 ④
해설 전기자동차는 자동차 수명보다 전지 수명이 짧으며, 1회 충전당 주행거리가 짧아 현재 기술로써는 대형차보다 소형차에 적합하다.

02. 정답 ②
해설 디젤자동차는 질소산화물과 탄화수소를 배출하고 질소산화물처리에 습식흡수방법은 일반적으로 사용되는 방법이 아니다.

03. 정답 ①
해설 Ri=0 : 기계적 난류만이 존재한다. (기계적 난류에 의해서 수직방향의 혼합이 일어남)

04. 정답 ②
해설 옥시던트(PAN, 아크로레인, NOCl, H₂O₂ 등)는 오존생성 이후에 생성된다.

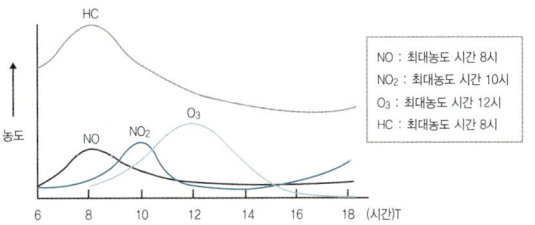

05. 정답 ③
해설 LA 스모그는 주로 한낮에 발생한다.

06. 정답 ②
해설 CO와 NO는 헤모글로빈(Hb)과의 결합력이 산소보다 수백~수천배 강해 질식을 유발한다.
- CO-Hb : 카르복시헤모글로빈
- NO-Hb : 메타(트)헤모글로빈

07. 정답 ③
해설 도시의 지표면은 시골보다 열용량이 크고 열전도율이 낮으며, 열의 방출률은 낮아 열섬효과의 원인이 된다.

08. 정답 ④
해설 주기율표에서 원자번호가 86번이고 질량은 222로, 화학적으로 활성이 매우 작은 비활성 물질이며, 흙속에서 방사선 붕괴를 일으킨다.

09. 정답 ③
해설 식 $H_e = \Delta H(유효상승고) + H(굴뚝높이)$
식 $\Delta H = 1.5 \times D \times \left(\dfrac{V_s}{U}\right)$
$= 1.5 \times 5m \times \left(\dfrac{12m/\sec}{4m/\sec}\right) = 22.5m$
∴ $H_e = 22.5m + 50m = 72.5m$

10. 정답 ④

11. 정답 ④
해설 ④항은 분산모델에 대한 설명이다.

12. 정답 ③

해설 결정도가 큰 점토광물 → 강산적, 결정도가 작은 점토광물 → 약산적

13. 정답 ④

해설 대표적인 2차오염물질 : NOCl, O_3, H_2O_2, 아크로레인, PAN

14. 정답 ④

해설 온실가스 6종 : 육불화황(SF_6), 과불화탄소(PFCs), 수소불화탄소(HFCs), 아산화질소(N_2O), 메탄(CH_4), 이산화탄소(CO_2)

암기TIP 육 각 수 암 웨 이 (육 과 수 아 메 이)

15. 정답 ②

해설 도노라 사건 – SO_2

16. 정답 ②

해설 식 $N_{Rep} = \dfrac{D_p V \rho}{\mu}$

- $\mu = \dfrac{0.0172g}{m \cdot \sec} \times \dfrac{1kg}{10^3 g} = 1.72 \times 10^{-5} kg/m \cdot \sec$

- $V_s = \dfrac{d_p^2 (\rho_p - \rho) g}{18\mu}$

$= \dfrac{(1 \times 10^{-6} m)^2 \times (10^3 - 1.29) kg/m^3 \times 9.8 m/\sec^2}{18 \times 1.72 \times 10^{-5}}$

$= 3.16 \times 10^{-5} m/\sec$

∴ $N_{Rep} = \dfrac{(1 \times 10^{-6} m) \times (3.16 \times 10^{-5} m/\sec) \times 1.29 kg/m^3}{1.72 \times 10^{-5} kg/m \cdot \sec}$

$= 2.37 \times 10^{-6}$

17. 정답 전체 정답 처리

해설 식 $X\mu g/Sm^3$

$= \dfrac{0.5 amL}{am^3} \times \dfrac{273}{273+20} \times \dfrac{750}{760} \times \dfrac{273+20}{273}$

$\times \dfrac{760}{750} \times \dfrac{30mg}{22.4mL} \times \dfrac{10^3 \mu g}{1mg} = 669.64 \mu g/m^3$

18. 정답 ③

해설 염소는 상온에서 황록색을 띄는 가스로 부식성이 강하다.

19. 정답 ①

해설 식 $\theta = T \times \left(\dfrac{1,000}{P}\right)^{0.288}$

$= (273+25) \times \left(\dfrac{1,000}{900}\right)^{0.288} = 307.18 K$

20. 정답 ④

해설 ④항은 수용모델에 대한 설명이다. 분산모델은 오염물질의 확산예측과 2차오염원의 예측이 가능하다.

2과목 연소공학

21. 정답 ④

해설 건타입 버너는 소형에 주로 사용된다.

22. 정답 ②

해설 천연가스는 화염전파속도가 늦고, 폭발범위가 작으므로 안전하며 옥탄가가 높아 자동차 연료로도 사용이 가능하다.

23. 정답 ④

해설 ④항은 기체연료의 특징이다.

24. 정답 ②

해설 식 $\ln\left(\dfrac{C_t}{C_0}\right) = -k \cdot t$

$\ln\left(\dfrac{0.5 C_0}{C_0}\right) = -k \times 10 \min$, $k = 0.0693/\min$

$\ln\left(\dfrac{0.1 C_0}{C_0}\right) = -0.0693 \times t$, ∴ $t = 33.23 \min$

25. 정답 ④

해설 탄화수소류 연료의 대부분은 발열량은 탄소수가 작을수록 작아지고 탄소수가 같을 경우에는 수소수에 따라 결정된다.

26. 정답 ②

해설 유압은 보통 5~20 kg/cm^2 정도이다.

27. 정답 ③

해설 비중이 공기보다 무겁고, 누출될 경우 쉽게 인화 폭발될 수 있다.

28. 정답 ③
해설 가스와 공기를 예열할 수 있다.

29. 정답 ④
해설 화격자 연소장치는 다른 연소장치에 비해 연소공기량이 많다.

30. 정답 ③
해설 [산식] $CO_2 = X_1$(프로판연소시 CO_2)
$\qquad\qquad + X_2$(부탄연소시 CO_2)
반응식 $C_3H_8 + 5O_2 \rightarrow 3CO_2 + 4H_2O$
$\qquad\quad 1 \quad : \quad 3$
$\qquad\quad 3/5 \quad : \quad X_1, \quad X_1 = 1.8m^3/m^3$
반응식 $C_4H_{10} + 6.5O_2 \rightarrow 4CO_2 + 5H_2O$
$\qquad\quad 1 \quad : \quad 4$
$\qquad\quad 2/5 \quad : \quad X_2, \quad X_2 = 1.6m^3/m^3$
$\therefore CO_2 = 1.8 + 1.6 = 3.4m^3/m^3$

31. 정답 ④
해설 탄화수소는 구조가 복잡할수록, 가지가 많을수록 매연 발생량이 많아진다. 파라핀계는 구조가 단일결합구조로 매연발생이 가장 적다.

32. 정답 ②
해설 반응식 $C + O_2 \rightarrow CO_2$
$\qquad\qquad 12kg \quad : \quad 22.4m^3$
$\qquad\qquad 0.8kg \quad : \quad X,$
$\therefore X = 1.49m^3/kg$

33. 정답 ①
해설 식 $t_o = \dfrac{Hl}{G \times C_p} + t$
$\therefore t_o = \dfrac{5,000}{15 \times 0.35} + 0 = 952.38℃$

34. 정답 ④
해설 식 $G_w(kg) = (m - 0.232)A_{om} + CO_2 + H_2O$
반응식 $C_3H_8 + 5O_2 \rightarrow 3CO_2 + 4H_2O$
$\qquad 44kg : 5 \times 32kg : 3 \times 44kg : 4 \times 18kg$
$\qquad 2kg : 7.27kg : 6kg : 3.27kg$
• $m = 1.31$
• $A_{om} = O_{om} \times \dfrac{1}{0.232} = 7.27 \times \dfrac{1}{0.232} = 31.34kg$
$\therefore G_w = (1.31 - 0.21) \times 31.34 + 6 + 3.27 = 43.74kg$

35. 정답 ②
해설 산소농도가 높을수록 착화온도는 낮아진다.

36. 정답 ②
해설 식 SO_2 감소율(%)
$= \dfrac{\text{기존 배출 } SO_2 - \text{혼합시 배출 } SO_2}{\text{기존 배출 } SO_2} \times 100$

• 기존배출 SO_2
$= 100kL \times \dfrac{3}{100} \times \dfrac{10^3 L}{1kL} \times \dfrac{0.95kg}{1L} \times \dfrac{22.4m^3(SO_2)}{32kg(S)}$
$= 1,995m^3$

• 혼합 시 배출 SO_2
$= \left(100kL \times \dfrac{1}{100} \times \dfrac{10^3 L}{1kL} \times \dfrac{0.95kg}{1L}\right.$
$\left.\times \dfrac{22.4m^3(SO_2)}{32kg(S)} \times 0.3\right) + (1,995m^3 \times 0.7)$
$= 1,596m^3$

$\therefore SO_2$ 감소율(%) $= \left(\dfrac{1,995 - 1,596}{1,995}\right) \times 100 = 20\%$

37. 정답 ①
해설 식 $AFR = \dfrac{m_a(\text{공기 몰수}) \times M_a(\text{공기 분자량})}{m_f(\text{연료 몰수}) \times M_f(\text{연료 분자량})}$
반응식 $C_8H_{18} + 12.5O_2 \rightarrow 8CO_2 + 9H_2O$
$\qquad 1mol : 12.5mol$
$\therefore AFR = \dfrac{12.5 \times \dfrac{1}{0.21} \times 29}{1 \times 114} = 15.14$

38. 정답 ③
해설 식 $A_o = O_o \times \dfrac{1}{0.21}$
반응식 $2H_2S + 3O_2 \rightarrow 2SO_2 + 2H_2O$
$\qquad 2 : 3$
$\qquad 1Sm^3 : X(O_o), \quad X(O_o) = 1.5Sm^3$
$\therefore A_o = 1.5 \times \dfrac{1}{0.21} = 7.14Sm^3$

39. 정답 ④
해설 식 $m = \dfrac{21}{21 - O_2} = \dfrac{21}{21 - 5} = 1.31$

40. 정답 ①

3과목 　　　　대기오염방지기술

41. 정답 ④

해설 식 $V_s = \dfrac{d_p^2(\rho_p - \rho)g}{18\mu}$

42. 정답 ③

해설 동력(kW)를 구할 때에는 식에 들어가는 모든 인자의 단위를 MKS(m, kg, sec)로 통일하여 대입한다.

식 $P = \dfrac{\Delta P \times Q}{102 \times \eta} \times \alpha$

∴ $P = \dfrac{100 \times (25,420/3600)}{102 \times 0.6} \times 1.3 = 15 kW$

43. 정답 ③

해설
- 다단로 : 입도 분포에 관계없이 체류시간을 동일하게 유지가능
- 회전로 : 입도에 비례하여 큰 입자가 빨리 배출

44. 정답 ③

해설 [악취가스 별 최소감지농도]

악취가스	최소감지농도(ppm)
황화수소	0.0041
메틸멜캅탄	0.00007
폼알데하이드	0.5
아세톤	42
아세트산	0.006
암모니아	0.1
페놀	0.00028
이황화탄소	0.21
트리메틸아민	0.00021

45. 정답 ④

해설 천개형후드는 포착형보다 유입 공기의 속도가 느릴 때 사용되며 주로 고온의 오염공기를 배출하고 과잉습도를 제거할 때 제한적으로 사용된다.

46. 정답 ③

해설 ③항만 올바르다.

오답해설
① 장치의 압력손실은 100mmH₂O 정도이다.
② 장치 입구의 가스속도는 8~15m/s 이다.
④ 도입선회식이라고도 하며 접선유입식과 축류식이 있다.

47. 정답 ③

해설 식 $\eta_f = \left(1 - \dfrac{C_o f_o}{C_i f_i}\right) \times 100$

- $C_o = 150 mg/Sm^3 = 0.15 mg/Sm^3$

∴ $\eta_f = \left(1 - \dfrac{0.15 \times 0.6}{15 \times 0.1}\right) \times 100 = 94\%$

48. 정답 ①

해설 식 $S_v = \dfrac{6}{d_p}$ (비표면적, 부피기준)

식 $S_m = \dfrac{6}{d_p \times \rho_p}$ (비표면적, 질량기준)

49. 정답 ③

해설 반응식 $Cl_2 + Ca(OH)_2 \rightarrow CaCl_2 + H_2O$
　　　　$22.4 m^3$: $74 kg$

$\dfrac{0.2 m^3}{100 m^3} \times \dfrac{3,000 m^3}{hr}$: X,　∴ $X = 19.82 kg/hr$

50. 정답 ②

해설 헨리상수의 단위는 $atm \cdot m^3/kmol$ 이다.

51. 정답 ①

해설 직접연소법에 비해 질소산화물의 발생량이 적고, 저농도로 배출된다.

52. 정답 ②

해설 물리흡착 : 다분자층 (여러 층이 가능)
화학흡착 : 단분자층 (단일 분자층)

53. 정답 ③

해설 먼지 입자의 친수성이 클 때 액가스비는 작아진다.
※ 액가스비(L/m³) : 가스 1m³를 처리하는데 필요한 세정수량(L)

54. 정답 ②

해설 Br_2는 염기성 수용액에 의한 선정법으로 제거한다.

55. 정답 ③

해설 식 $\eta = 1 - e^{\left(-\dfrac{A \times W_e}{Q}\right)} \rightarrow \eta = 1 - e^{(-A \times K)}$

$0.8 = 1 - e^{(-A_1 \times K)}$

$-0.2 = -e^{(-A_1 \times K)}$

$$\ln(0.2) = -A_1 \times K, \quad A_1 = \frac{1.61}{K}$$

$$\therefore \eta = 1 - e^{\left(-\left(2 \times \frac{1.61}{K}\right) \times K\right)} = 0.96 ≒ 96\%$$

56. 정답 ②

[해설] [식] $pH = \log\frac{1}{[H^+]}$

[반응식] $HF \rightleftarrows H^+ + F^- \rightarrow$ HF는 100% 전리되므로
1 : 1 : 1   HF의 농도와 H의 농도는 같다.

$Xmol/L(HF)$

$$= \frac{\frac{2,000m^3}{hr} \times 24hr \times \frac{500mL}{m^3} \times \frac{1L}{10^3 mL} \times \frac{1mol}{22.4L}}{50m^3 \times \frac{10^3 L}{1m^3}}$$

$= 0.0214 mol/L$

$\therefore pH = \log\frac{1}{[0.0214]} = 1.67$

57. 정답 ①

[해설] 대수정규분포는 평균입자에 비해 미세한 입자와 조대 입자의 특성과 잘 일치하지 않는다.

58. 정답 ③

[해설] [식] $N = \frac{1}{H_A} \times \left(H_B + \frac{H_C}{2}\right)$

- $H_A = 15cm = 0.15m$
- $H_B = 1.4m$(원통부 높이)
- $H_C = 1.4m$(원추부 높이)

$\therefore N = \frac{1}{0.15m} \times \left(1.4m + \frac{1.4m}{2}\right) = 14$

59. 정답 ①

[해설] 압력손실이 커 운전비가 많이 든다.

60. 정답 ①

[해설] [식] $P_h = \frac{1 - C_e^2}{C_e^2} \times P_v$

$\therefore P_h = \frac{1 - 0.84^2}{0.84^2} \times 10 = 4.17 mmH_2O$

4과목 대기오염공정시험기준(방법)

61. 정답 ②

[해설] [질소산화물 측정방법]
배출가스 중 질소산화물 측정 : 아연환원 나프틸에틸렌디아민법, 페놀디술폰산법(질 나 페)
배출가스 중 질소산화물 자동측정 : 화학발광법, 정전위전해법, 적외선 흡수법, 자외선 흡수법(화 정 적 자)

62. 정답 ②

63. 정답 ①

[해설] 정전위전해법 : 0~20ppm

64. 정답 ③

[해설] 황산(1:7)은 용질이 액체일 때 1mL를 용매에 녹여 전량을 8mL로 하는 것을 뜻한다.
(황산 1mL에 물 7mL을 혼합하는 것을 말한다.)

65. 정답 ②

66. 정답 ④

[해설] ④항만 올바르다.

[오답해설]
① 최대눈금 범위의 ±1% 이하에 해당하는 농도변화를 검출할 수 있는 감도를 지녀야 한다.
② 측정가스의 유량이 표시한 기준유량에 대하여 ±2% 이내에서 변동하여도 성능에 지장이 있어서는 안된다.
③ 동일 조건에서 제로가스를 연속적으로 도입하여 24시간 연속 측정하는 동안 전체눈금의 ±2% 이상의 지시변화가 없어야 한다.

67. 정답 ③

[해설] [식] $V = C \times \sqrt{\frac{2gP_v}{\gamma}}$

- $\gamma = \frac{1.2kg}{Sm^3} \times \frac{273}{273+295} = 0.58 kg/m^3$

$\therefore V = 0.87 \times \sqrt{\frac{2 \times 9.8 \times 100}{0.58}} = 50.57 m/\sec$

68. 정답 ③

해설 운반가스는 일반적으로 열전도도형 검출기(TCD)에서는 순도 99.8% 이상의 수소 또는 헬륨을, 수소염 이온화 검출기(FID)에서는 순도 99.8% 이상의 질소 또는 헬륨을 사용한다.

69. 정답 ②, ③

해설 벤젠은 흡착관 또는 테들라백으로 채취하므로 흡수액이 필요없다. 비소는 수산화소듐용액(4W/V%)을 흡수액으로 사용한다.

70. 정답 ④

71. 정답 ②

72. 정답 ②

73. 정답 ②

해설 불꽃의 온도가 높아 내화성산화물을 만들기 쉬운 원소분석 : 아세틸렌-아산화질소

74. 정답 ③

75. 정답 ④

76. 정답 ③

해설 ③항만 올바르다.

오답해설
① 시험조작중 "즉시"란 30초 이내에 표시된 조작을 하는 것을 뜻한다.
② "감압 또는 진공"이라 함은 따로 규정이 없는 한 15mmHg 이하를 뜻한다.
④ "정확히 단다"라 함은 규정한 양의 검체를 취하여 분석용 저울로 0.1mg까지 다는 것을 뜻한다.

77. 정답 ②

해설 식 수분량(g) = 수분(L) × $\frac{18g}{22.4L}$

식 수분(%) = $\frac{수분}{흡인 가스}$ × 100

• 흡인가스 = V_s + 수분

• $V_s = V × \frac{273}{273+t_m} × \frac{P_a+P_m-P_v}{760}$

$= 10L × \frac{273}{273+80} × \frac{(0.6×760)+25-755}{760}$

$= 2.30L$(표준상태 건조가스량)

$10(\%) = \frac{수분}{2.30L+수분} × 100$, 수분 = $0.26L$

∴ 수분량(g) = $0.26(L) × \frac{18g}{22.4L} = 0.21g$

78. 정답 ①

해설 광원 : 중수소방전관 또는 중압수은등이 사용된다.

79. 정답 ③

해설 이황화탄소 흡수액 : 다이에틸아민구리 용액(디에틸아민동 용액)

암기TIP 이 디 동!

80. 정답 ③

5과목 대기환경관계법규

81. 정답 ①

82. 정답 ③

83. 정답 ③

해설

항목	기준
아황산가스 (SO_2)	연간 평균치 : 0.02ppm 이하
	24시간 평균치 : 0.05ppm 이하
	1시간 평균치 : 0.15ppm 이하
일산화탄소 (CO)	8시간 평균치 : 9ppm 이하
	1시간 평균치 : 25ppm 이하
이산화질소 (NO_2)	연간 평균치 : 0.03ppm 이하
	24시간 평균치 : 0.06ppm 이하
	1시간 평균치 : 0.10ppm 이하
미세먼지 (PM-10)	연간 평균치 : 50μg/m³ 이하
	24시간 평균치 : 100μg/m³ 이하
미세먼지 (PM-2.5)	연간 평균치 : 15μg/m³ 이하
	24시간 평균치 : 35μg/m³ 이하
오존 (O_3)	8시간 평균치 : 0.06ppm 이하
	1시간 평균치 : 0.1ppm 이하
납 (Pb)	연간 평균치 : 0.5μg/m³ 이하
벤젠	연간 평균치 : 5μg/m³ 이하

84. 정답 ④
해설 초과부과금 부과대상 오염물질은 다음과 같다.
: 황산화물, 먼지, 암모니아, 황화수소, 이황화탄소, 불소화합물, 염화수소, 염소, 시안화수소

85. 정답 ②
해설 [별표 2] 실내공기질 유지기준(제3조 관련)

오염물질 항목 다중이용시설	미세먼지 (PM-10) ($\mu g/m^3$)	미세먼지 (PM-2.5) ($\mu g/m^3$)	이산화 탄소 (ppm)	폼알데 하이드 ($\mu g/m^3$)	총부유 세균 (CFU/m^3)	일산화 탄소 (ppm)
지하역사, 지하도상가, 여객자동차터미널의 대합실, 철도역사의 대합실, 공항시설 중 여객터미널, 항만시설 중 대합실, 도서관·박물관 및 미술관, 장례식장, 목욕장, 대규모점포, 영화상영관, 학원, 전시시설, 인터넷컴퓨터게임시설제공업 영업시설	100 이하	50 이하	1,000 이하	100 이하	–	10 이하
의료기관, 어린이집, 노인요양시설, 산후조리원, 실내 어린이 놀이시설	75 이하	35 이하		80 이하	800 이하	
실내주차장	200 이하	–		100 이하	–	25 이하
실내 체육시설, 실내 공연장, 업무시설, 둘 이상의 용도에 사용되는 건축물	200 이하	–	–	–	–	–

86. 정답 ③

87. 정답 ①
해설 **시행규칙 제11조(측정망의 종류 및 측정결과보고 등)** 수도권대기환경청장, 국립환경과학원장 또는 「한국환경공단법」에 따른 한국환경공단(이하 "한국환경공단"이라 한다)이 설치하는 대기오염 측정망의 종류는 다음 각 호와 같다.
1. 대기오염물질의 지역배경농도를 측정하기 위한 교외 대기측정망
2. 대기오염물질의 국가배경농도와 장거리이동 현황을 파악하기 위한 국가배경농도측정망
3. 도시지역 또는 산업단지 인근지역의 특정대기유해물질(중금속을 제외한다)의 오염도를 측정하기 위한 유해대기물질측정망
4. 도시지역의 휘발성유기화합물 등의 농도를 측정하기 위한 광화학대기오염물질측정망
5. 산성 대기오염물질의 건성 및 습성 침착량을 측정하기 위한 산성강하물측정망
6. 기후·생태계 변화유발물질의 농도를 측정하기 위한 지구대기측정망
7. 장거리이동대기오염물질의 성분을 집중 측정하기 위한 대기오염집중측정망
8. 미세먼지(PM-2.5)의 성분 및 농도를 측정하기 위한 미세먼지성분측정망

88. 정답 ③

89. 정답 ①

90. 정답 ④

91. 정답 ①
해설 라돈(Bq/m^3) : 148 이하

92. 정답 ①

93. 정답 ①

94. 정답 ④

95. 정답 ①

96. 정답 ③

97. 정답 ③
해설 [일산화탄소]
8시간 평균치 : 9ppm 이하
1시간 평균치 : 25ppm 이하

98. 정답 ④
해설 **법 제45조(기존 휘발성유기화합물 배출시설에 대한 규제)**
① 특별대책지역, 대기관리권역 또는 휘발성유기화합물 배출규제 추가지역으로 지정·고시될 당시 그 지역에서 휘발성유기화합물을 배출하는 시설을 운영하고 있는 자는 특별대책지역, 대기관리권역 또는 휘발성유기화합물 배출규제 추가지역으로 지정·고시된 날부터 3개월 이내에 신고를 하여야 하며, 특별대책지역, 대기관리권역 또는 휘발성유기화합물 배출규제 추가지역으로 지정·고시된 날부터 2년 이내에 조치를 하여야 한다.

99. 정답 ④
해설 사업장의 조업시간 단축명령은 "중대경보" 발령 시 조치사항이다.

[경보 단계별 조치사항]
1. 주의보 발령 : 주민의 실외활동 및 자동차 사용의 자제 요청 등
2. 경보 발령 : 주민의 실외활동 제한 요청, 자동차 사용의 제한 및 사업장의 연료사용량 감축 권고 등
3. 중대경보 발령 : 주민의 실외활동 금지 요청, 자동차의 통행금지 및 사업장의 조업시간 단축명령 등

100. 정답 ①

해설 시행령 별표 1(사업장 분류기준)

종별	오염물질발생량 구분
1종사업장	대기오염물질발생량의 합계가 연간 80톤 이상인 사업장
2종사업장	대기오염물질발생량의 합계가 연간 20톤 이상 80톤 미만인 사업장
3종사업장	대기오염물질발생량의 합계가 연간 10톤 이상 20톤 미만인 사업장
4종사업장	대기오염물질발생량의 합계가 연간 2톤 이상 10톤 미만인 사업장
5종사업장	대기오염물질발생량의 합계가 연간 2톤 미만인 사업장

UNIT 05 2020년 3회 기사 정답 및 해설

01	②	02	③	03	①	04	①	05	④
06	②	07	④	08	②	09	④	10	③
11	①	12	②	13	②	14	②	15	④
16	④	17	①	18	②	19	③	20	①
21	④	22	②	23	②	24	③	25	①
26	③	27	②	28	①	29	②	30	③
31	②	32	①	33	②	34	③	35	②
36	③	37	②	38	④	39	①	40	②
41	④	42	②	43	④	44	③	45	④
46	④	47	①	48	①	49	①	50	①
51	①	52	③	53	②	54	①	55	③
56	①	57	②	58	②	59	②	60	④
61	④	62	①	63	전체 정답	64	②	65	④
66	④	67	①	68	①	69	②	70	③
71	④	72	②	73	②	74	②	75	①
76	②	77	③	78	①	79	④	80	④
81	①	82	③	83	④	84	①	85	①
86	④	87	②	88	①	89	②	90	②
91	②	92	③	93	③	94	①	95	①
96	③	97	①	98	④	99	④	100	④

1과목 대기오염개론

01. 정답 ②

02. 정답 ③

해설 식 $Z(mmH_2O)$
$$= 273 \times H \times \left(\frac{\gamma_a}{273+t_a} - \frac{\gamma_g}{273+t_g}\right)$$
∴ $Z(mmH_2O)$
$$= 273 \times 44m \times \left(\frac{1.3}{273+25} - \frac{1.3}{273+250}\right)$$
$$= 22.54 mmH_2O$$

03. 정답 ①

해설 ①항만 올바르다.

오답해설
② 염소 – 소다공업, 플라스틱 공업
③ 시안화수소 – 합성수지 공업, 섬유제조 공업, 인쇄공업,
석유정제공업
④ 이황화탄소 – 비스코스섬유공업(레이온 공업)

04. 정답 ①

05. 정답 ④

해설 HF는 잎의 가장자리를 갈색이나 상아색으로 고사시키며, 어린 잎에 특히 민감하고, 기공이 열리는 낮에 피해가 크다.

06. 정답 ②

해설 대기 중에서 오존의 배경농도는 0.01~0.04ppm 범위이다.

07. 정답 ④

해설 황화메틸($(CH_3)_2S$, DMS)는 황화합물의 자연적 발생원 중 가장 많은 양이 존재한다.

08. 정답 ②

해설
- 온실가스의 종류 : 육 각 수 암 웨 이 (육불화황, 과불화탄소, 수소불화탄소, 아산화질소, 메탄, 이산화탄소)
- 지구온난화 지수(GWP)의 크기 순서
  육(SF_6) > 각($PFCs$) > 수($HFCs$) > 암(N_2O) > 웨(CH_4) > 이(CO_2)

09. 정답 ④

해설 시정장애는 공기와 크기가 비슷한 입자들이 존재할 때 미(mie)산란을 하면서 생기는 현상이다. 시정장애를 일으키는 대부분의 물질은 1차 오염물질에 속하는 SOx와 NOx가 입자형태로 산화되면서 일으키게 된다. 2차 오염물질의 시정장애에 대한 기여도는 매우 적다.

10. 정답 ③

11. 정답 ①

해설 식 $X_{\max} = \left(\frac{H_e}{K_z}\right)^{\frac{2}{2-n}}$

- $n = 0.25$
- $K_z = 0.07$

$5,000m = \left(\frac{H_e}{0.07}\right)^{\frac{2}{2-0.25}}$

$5,000m = \left(\frac{H_e}{0.07}\right)^{1.14}$

$$5,000m^{\left(1\times\frac{1}{1.14}\right)} = \left(\frac{H_e}{0.07}\right)^{\left(1.14\times\frac{1}{1.14}\right)}$$

$$5,000m^{\left(\frac{1}{1.14}\right)} = \left(\frac{H_e}{0.07}\right), \quad \therefore H_e = 122.97m$$

12. 정답 ②

해설 ②항만 올바르다.

오답해설
① 산성비 생성의 주요 원인물질은 황산화물, 질소산화물 등이다.
③ 산성비란 정상적인 빗물의 pH 5.6 보다 낮게 되는 경우를 말한다.
④ 산성비로 인해 호수나 강이 산성화되면 물고기 먹이가 되는 플랑크톤의 생장을 저해한다.

13. 정답 ②

14. 정답 ①

15. 정답 ④

16. 정답 ④

해설 로스앤젤레스(LA) 스모그 사건의 주 오염은 자동차 배출가스이다.

17. 정답 ①

18. 정답 ②

해설 식 $\frac{I_t}{I_o} = e^{(-\epsilon \cdot C \cdot L)}$

• 소멸계수(σ^{ext}) = $\epsilon \cdot C$

$\frac{(1-0.95)}{1} = e^{(-0.45km \times L)}$

$\ln(0.05) = -0.45km \times L$, $\quad \therefore L = 6.66km$

19. 정답 ③

20. 정답 ①

해설 오염물질은 플룸(plum) 내에서 소멸되지 않으며, 지면에 접촉하면 흡수되지 않고 반사된다.

2과목 연소공학

21. 정답 ④

해설 화염의 크기가 커지고 연소가스 중 불완전 연소물질의 농도가 감소한다.

22. 정답 ②

해설 탄소수가 많을수록 이론공기량은 커진다.
① 에탄(C_2H_6)
② 프로판(C_3H_8)
③ 에틸렌(C_2H_4)
④ 아세틸렌(C_2H_2)

23. 정답 ②

24. 정답 ③

해설 식 $\frac{100}{UEL} = \frac{V_1}{U_1} + \frac{V_2}{U_2} + \frac{V_3}{U_3}$

$\frac{100}{UEL} = \frac{70}{15} + \frac{20}{12.5} + \frac{10}{9.5}, \quad \therefore UEL = 13.66$

식 $\frac{100}{LEL} = \frac{V_1}{L_1} + \frac{V_2}{L_2} + \frac{V_3}{L_3}$

$\frac{100}{LEL} = \frac{70}{5} + \frac{20}{3} + \frac{10}{2.1}, \quad \therefore LEL = 3.93$

$\therefore$ 폭발범위 : 3.93~13.66%

25. 정답 ①

26. 정답 ③

해설 기체연료의 확산연소에는 포트형과 버너형(선회식, 방사식)이 있다.
① 심지식 버너 : 액체연료의 기화 연소방식
② 회전식 버너 : 액체연료의 분무 연소방식
④ 증기 분무식 버너(이류체식) : 액체연료의 분무 연소방식

27. 정답 ②

28. 정답 ①

해설 식 $SO_2 = 1,143kg \times \frac{1.5(S)}{100(석탄)} \times \frac{22.4m^3(SO_2)}{32kg(S)} = 12m^3$

29. 정답 ②

30. 정답 ③

31. 정답 ②

해설 [연료별 착화온도]

물질	착화온도(℃)
목재	250~300
갈탄	250~450
목탄	320~370
역청탄	320~400
무연탄	440~500
중유	530~580
수소	580~600
일산화탄소(CO)	580~650
메탄(CH_4)	650~750
발생로가스	700~800
탄소	800

32. 정답 ①

해설 식 $X_{SO_2} = \dfrac{SO_2}{G_d} \times 100$

- $G_d = G_{od} +$ 과잉공기
  $= G_{od} + (m-1)A_o$
  $= 12.5 + (1.3-1) \times 12$
  $= 16.1 m^3/kg$

∴ $X_{SO_2} = \dfrac{0.7 \times 0.025 \times 0.95}{16.1} \times 100 = 0.1\%$

33. 정답 ③

해설 식 $P = \dfrac{\Delta P \times Q}{102 \times \eta} \times \alpha$

∴ $P = \dfrac{250 \times (1,000/60)}{102 \times 0.65} = 62.85 kW$

34. 정답 ③

35. 정답 ②

해설 층 내의 연료비율을 투입량에 따라 조절한다.

36. 정답 ③

해설 $CO_2 max$ 산출 시 분모에 G_{od}(이론건조연소가스량)을 대입한다는 것을 꼭 기억하자!

식 $CO_{2max}(\%) = \dfrac{CO_2}{G_{od}} \times 100$

- $G_{od} = (1-0.21)A_o + CO_2$
  $= (1-0.21) \times 10.9457 + 1.867 \times 0.8$
  $= 10.1407 m^3/kg$

- $A_o = \dfrac{1}{0.21}(1.867C + 5.6H - 0.7O)$
  $= \dfrac{1}{0.21}(1.867 \times 0.8 + 5.6 \times 0.15 - 0.7 \times 0.05)$
  $= 10.9457 m^3/kg$

∴ $CO_{2max}(\%) = \dfrac{1.867 \times 0.8}{10.1407} \times 100 = 14.73\%$

37. 정답 ②

해설 식 $\phi = \dfrac{1}{m} = \dfrac{1}{1.2} = 0.83$

38. 정답 ④

해설 식 $Hl = Hh - 480 \sum iH_2O$

반응식 $CH_4 + 2O_2 \rightarrow CO_2 + 2H_2O$
         1   :   2

- $iH_2O = 2m^3$

∴ $Hl = 9,900 - 480 \times 2 = 8,940 kcal/m^3$

39. 정답 ①

40. 정답 ②

해설 식 $A = m \times A_o$

- $A_o = O_o \times \dfrac{1}{0.21}$

- $O_o = (0.5H_2 + 2CH_4 + 5C_3H_8 + 0.5CO)$
  $= (0.5 \times 0.4 + 2 \times 0.2 + 5 \times 0.2 + 0.5 \times 0.2)$
  $= 1.7 m^3$

→ 수소는 1mol당 0.5mol의 산소를 필요, 메탄은 2mol의 산소를 필요, 프로판은 5mol, 일산화탄소는 0.5mol의 산소를 필요로 한다.

∴ $A = 1.1 \times \left(1.7 \times \dfrac{1}{0.21}\right) = 8.90 m^3$

3과목 대기오염방지기술

41. 정답 ④
해설 ④항은 입자의 겉보기 고유저항이 낮을 경우의 대책이다.

42. 정답 ②
해설 벤투리스크러버와 제트스크러버는 기본유속이 클수록 집진율이 높다.

43. 정답 ④
해설 운전 시 용매에 의해 발생하는 용해열을 제거해야 할 경우 냉각오일을 설치하기 쉬운 단탑이 유리하다.

44. 정답 ③

45. 정답 ③
해설 식 $\dfrac{A}{Q} = \dfrac{1}{W_e}$

$\dfrac{2LH}{WHV} = \dfrac{1}{W_e}$ (W(폭) = S(집진판 사이 거리))

$\dfrac{2L}{SV} = \dfrac{1}{W_e}$

$\dfrac{2L}{0.1m \times (3m/\sec)} = \dfrac{1}{0.048m/\sec}$,

∴ $L = 3.125m$

46. 정답 ④
해설 상업성 부산물의 회수가 용이하며 공정의 신뢰도가 건식 탈황법에 비해 높다.

47. 정답 ④
해설 염산은 부식성이 있어 장치는 유리라이닝, 폴리에틸렌을 사용해야 하고 충전탑, 스크러버를 사용할 경우에는 mist catcher를 설치하여 미스트 발산을 방지해야 한다.

48. 정답 ①
해설 식 $h = H_{OG} \times \ln\left(\dfrac{1}{1-\eta}\right)$

• $h_1 = H_{OG} \times \ln\left(\dfrac{1}{1-0.87}\right) = 2.04 H_{OG}$

• $h_2 = H_{OG} \times \ln\left(\dfrac{1}{1-0.995}\right) = 5.30 H_{OG}$

∴ $\dfrac{h_2}{h_1} = \dfrac{5.30 H_{OG}}{2.04 H_{OG}} = 2.60$

49. 정답 ①

50. 정답 ①
해설 침강실의 입구폭을 크게 하여 유속을 저하시켜야 집진효율이 향상된다.

51. 정답 ①

52. 정답 ③
해설 식 $\Delta P = f \times \dfrac{\theta}{90} \times P_v$

∴ $\Delta P = 0.27 \times \dfrac{45}{90} \times 26 = 3.51 mmH_2O$

53. 정답 ③
해설 후드는 동작원리에 따라 크게 포위식과 외부식으로, 외부식은 다시 레시버형 또는 수형과 포집형 후드로 구분할 수 있다.
 – 포위식 : 장갑부착상자형, 커버형, 부스형(부분 포위식)
 – 외부식 : 루버형, 슬로트형, 그리드형
 – 수형(리시버형) : 캐노피형, 그라인더커버형
  → 수형은 외부식이긴 하나 오염의 확산기류를 예측하여 포집한다는 점에서 구분된다. 반면, 외부식은 동력을 이용하여 적극적으로 오염원을 포집한다.

54. 정답 ③
해설 식 $N_{Re} = \dfrac{D \cdot V \cdot \rho}{\mu}$

• $D = 75mm = 0.075m$

• $\mu = \dfrac{0.0187 \times 0.01 g}{cm \cdot \sec} = 1.87 \times 10^{-5} kg/m \cdot \sec$

$1,950 = \dfrac{0.075m \times 1.5m/\sec \times \rho}{1.87 \times 10^{-5} kg/m \cdot \sec}$

∴ $\rho = 0.32 kg/m^3$

55. 정답 ③
해설 먼지의 비저항이 비정상적으로 높아 2차 전류가 현저하게 떨어질 경우 스파크 횟수를 늘린다.

56. 정답 ①
해설 접촉시간은 2초 이하, 선속도는 0.2~0.4m/s로 유지한다.

57. 정답 ②

58. 정답 ④

해설 활성탄제거는 상대적으로 분자량이 큰 SOx에 잘 적용되고, 분자량이 작은 NOx나 CO, HCHO를 제거하기 어렵다.
[활성탄으로 제거가 어려운 물질]
- 분자량이 45 미만인 물질(분자량이 작을수록 제거 어려움)
- 극성 물질
- 케톤류

59. 정답 ②

해설 선택적 촉매환원법의 최적온도 범위는 300~400℃ 정도이며, 보통 90% 정도의 NOx를 저감시킬 수 있다.

60. 정답 ④

해설 식 $n = \dfrac{Q_f}{Q_i} = \dfrac{Q_f}{\pi DLV_f}$

- $D = 2R = 2 \times 0.25m = 0.5m$

$\therefore n = \dfrac{20m^3/\sec}{\pi \times 0.5m \times 15m \times 0.012m/\sec}$
$= 70.74 ≒ 71$개

4과목 대기오염공정시험기준(방법)

61. 정답 ④

해설 전해질을 물 또는 저전도도의 용매로 바꿔줌으로써 전기전도도셀에서 목적성분과 전기전도도만을 고감도로 검출할 수 있게 해준다.

62. 정답 ①

해설 흡입노즐의 꼭지점은 30° 이하의 예각이 되도록 하여야 한다.

63. 정답 **문제오류, 전체 정답**

해설 배출가스의 유속, 유량 측정 시 온도, 정압, 동압, 수분량, 밀도를 구하여 산출한다.

64. 정답 ②

해설 **공명선** : 원자가 외부로부터 빛을 흡수했다가 다시 먼저 상태로 돌아갈 때 방사하는 스펙트럼선

65. 정답 ④

해설 덤벨은 자기화율이 적은 석영 등으로 만들어진 중공의 구체를 막대 양 끝에 부착한 것으로 질소 또는 공기를 봉입한 것을 말한다.

66. 정답 ④

67. 정답 ①

해설 암모니아수 : 28.0~30.0 (NH₃로서) : 0.9
암기TIP 황구오씨 'Story' → 암호 2830!

68. 정답 ①

해설 식 $P_v = 55mm$톨루엔 $\times \dfrac{0.85mmH_2O}{1mm톨루엔} \times \dfrac{1}{10}$
$= 4.68mmH_2O$

69. 정답 ③

해설 식 $pOH = 14 - pH$
반응식 HCl ⇌ H + Cl
  1 : 1 (HCl(몰농도) = H(몰농도))

- $pH = \log\left(\dfrac{1}{[H^+]}\right) = \log\left(\dfrac{1}{[4.4642 \times 10^{-4}]}\right) = 3.57$

- $[H^+, mol/L] = \dfrac{200mL}{m^3} \times \dfrac{125m^3}{hr} \times 2hr$
$\times \dfrac{1L}{10^3mL} \times \dfrac{1mol}{22.4L} \times 0.6 \times \dfrac{1}{5,000L}$
$= 2.6785 \times 10^{-4} mol/L$

$\therefore pOH = 14 - 3.57 = 10.43$

70. 정답 ③

해설 방울수라 함은 20℃에서 정제수 20방울을 떨어뜨릴 때 그 부피가 약 1mL 되는 것을 뜻한다.

71. 정답 ④

해설 일반적으로 광원램프의 전류값이 높으면 램프의 감도가 떨어지고 수명이 감소하므로 광원램프는 장치의 성능이 허락하는 범위 내에서 되도록 낮은 전류값에서 동작시킨다.

72. 정답 ②

해설 식 $\rho = \rho'(kg/m^3) \times \dfrac{273}{273+t} \times \dfrac{P}{760}$

$\therefore \rho = \dfrac{1.3kg}{m^3} \times \dfrac{273}{273+133} \times \dfrac{745+15}{760}$
$= 0.874 kg/m^3$

73. 정답 ②

해설
- 풍속이 0.5m/s 미만 또는 10m/s 이상 되는 시간이 전 채취시간의 50% 이상일 때 풍속에 대한 보정계수 : 1.2
- 풍속이 0.5m/s 미만 또는 10m/s 이상 되는 시간이 전 채취시간의 50% 미만일 때 풍속에 대한 보정계수 : 1.0

74. 정답 ②

해설 아황산가스의 연속자동측정방법 : 용액전도율법, 적외선흡수법, 자외선흡수법, 불꽃광도법, 정전위전해법(용 적 자 불 정)

75. 정답 ①

해설 용기는 일반적으로 진공병 또는 공기주머니(air bag)를 사용한다.

76. 정답 ②

해설 [분석물질의 종류별 채취관 및 연결관(도관) 등의 재질]

분석물질, 공존가스	채취관, 연결관의 재질	여과재	비고
암모니아	①②③④⑤⑥	ⓐ ⓑ ⓒ	① 경질유리
일산화탄소	①②③④⑤⑥⑦	ⓐ ⓑ ⓒ	② 석영
염화수소	①② ⑤⑥⑦	ⓐ ⓑ ⓒ	③ 보통강철
염소	①② ⑤⑥⑦	ⓐ ⓑ ⓒ	④ 스테인리스강 재질
황산화물	①② ④⑤⑥⑦	ⓐ ⓑ ⓒ	⑤ 세라믹
질소산화물	①② ④⑤⑥	ⓐ ⓑ ⓒ	⑥ 불소수지
이황화탄소	①② ⑥	ⓐ ⓑ	⑦ 염화비닐수지
포름알데히드	①② ⑥	ⓐ ⓑ	⑧ 실리콘수지
황화수소	①② ④⑤⑥⑦	ⓐ ⓑ ⓒ	⑨ 네오프렌
불소화합물	④ ⑥	ⓒ	
시안화수소	①② ④⑤⑥⑦	ⓐ ⓑ ⓒ	
브롬	①② ⑥	ⓐ ⓑ	ⓐ 알칼리 성분이 없는 유리솜 또는 실리카솜
벤젠	①② ⑥	ⓐ ⓑ	
페놀	①② ④ ⑥	ⓐ ⓑ	ⓑ 소결유리
비소	①② ④⑤⑥⑦	ⓐ ⓑ ⓒ	ⓒ 카보런덤

77. 정답 ③

78. 정답 ①

해설
- 제로 드리프트 : 측정기의 최저눈금에 대한 지시치의 일정기간 내의 변동
- 스팬 드리프트 : 측정기의 교정범위 눈금에 대한 지시값의 일정기간 내의 변동

79. 정답 ④

해설 굴뚝 배출가스 중 질소산화물 측정방법 : 아연환원 나프틸에틸렌다이아민법, 페놀디술폰산법(질 나 페)

80. 정답 ④

해설 ④항만 올바르다.

오답해설
① NOx : 설퍼민산(NH_3SO_3)을 사용한다.
② Cr : EDTA 및 인산을 사용한다.
③ O_3 : 측정기간을 늦춘다.

5과목 대기환경관계법규

81. 정답 ①

82. 정답 ③

해설 자동차연료형 첨가제의 종류는 다음과 같다.
1. 세척제
2. 청정분산제
3. 매연억제제
4. 다목적첨가제
5. 옥탄가향상제
6. 세탄가향상제
7. 유동성향상제
8. 윤활성 향상제
9. 그 밖에 환경부장관이 배출가스를 줄이기 위하여 필요하다고 정하여 고시하는 것

83. 정답 ④

해설
- 배출가스저감장치 : 자동차에서 배출되는 대기오염물질을 줄이기 위하여 자동차에 부착 또는 교체하는 장치로서 환경부령으로 정하는 저감효율에 적합한 장치를 말한다.
- 촉매제 : 배출가스를 줄이는 효과를 높이기 위하여 배출가스저감장치에 사용되는 화학물질로서 환경부령으로 정하는 것을 말한다.

84. 정답 ④

해설 시행규칙 제11조(측정망의 종류 및 측정결과보고 등)
① 법 제3조제1항에 따라 수도권대기환경청장, 국립환경과학원장 또는 「한국환경공단법」에 따른 한국환경공단(이하 "한국환경공단"이라 한다)이 설치하는 대기오염 측정망의 종류는 다음 각 호와 같다.

1. 대기오염물질의 지역배경농도를 측정하기 위한 교외대기측정망
2. 대기오염물질의 국가배경농도와 장거리이동 현황을 파악하기 위한 국가배경농도측정망
3. 도시지역 또는 산업단지 인근지역의 특정대기유해물질(중금속을 제외한다)의 오염도를 측정하기 위한 유해대기물질측정망
4. 도시지역의 휘발성유기화합물 등의 농도를 측정하기 위한 광화학대기오염물질측정망
5. 산성 대기오염물질의 건성 및 습성 침착량을 측정하기 위한 산성강하물측정망
6. 기후·생태계 변화유발물질의 농도를 측정하기 위한 지구대기측정망
7. 장거리이동대기오염물질의 성분을 집중 측정하기 위한 대기오염집중측정망
8. 미세먼지(PM-2.5)의 성분 및 농도를 측정하기 위한 미세먼지성분측정망

85. 정답 ①

해설 ①항만 올바르다.

오답해설
② 먼지 – 770, 이황화탄소 – 1,600
③ 불소화합물 – 2,300, 시안화수소 – 7,300
④ 염소 – 7,400, 염화수소 – 7,400

86. 정답 ④

87. 정답 ①

88. 정답 ①

89. 정답 ②

90. 정답 ②

91. 정답 ②

해설
- **배출가스 자기진단장치** : 촉매 감시장치, 가열식 촉매 감시장치, 실화 감시장치, 증발가스계통 감시장치, 2차공기 공급계통 감시장치, 에어컨계통 감시장치, 연료계통 감시장치, 산소센서 감시장치, 배기관 센서 감시장치, 배기가스 재순환계통 감시장치, 블로바이가스 환원계통 감시장치, 서모스태트 감시장치, 엔진냉각계통 감시장치, 저온시동 배출가스 저감기술 감시장치, 가변밸브타이밍 계통 감시장치, 직접오존저감장치, 기타 감시장치
- **배출가스 재순환장치** : EGR 밸브, EGR 제어용 서모밸브, EGR 쿨러
- **연료증발가스방지장치** : 정화조절밸브, 증기 저장 캐니스터와 필터
- **연료공급장치** : 전자제어장치, 스로틀포지션센서, 대기압센서, 기화기, 혼합기, 연료분사기, 연료압력조절기, 냉각수온센서, 연료펌프, 공회전속도제어장치

92. 정답 ①

해설 시행규칙 제40조(개선명령의 이행 보고 등)
② 영 제22조제2항에 따른 대기오염도 검사기관은 다음 각 호와 같다.
1. 국립환경과학원
2. 특별시·광역시·특별자치시·도·특별자치도(이하 "시·도"라 한다)의 보건환경연구원
3. 유역환경청, 지방환경청 또는 수도권대기환경청
4. 한국환경공단

93. 정답 ③

94. 정답 ①

해설 [별표 4의2] 신축 공동주택의 실내공기질 권고기준(제7조의2 관련)

1. 폼알데하이드 210μg/m³ 이하
2. 벤젠 30μg/m³ 이하
3. 톨루엔 1,000μg/m³ 이하
4. 에틸벤젠 360μg/m³ 이하
5. 자일렌 700μg/m³ 이하
6. 스티렌 300μg/m³ 이하
7. 라돈 148Bq/m³ 이하

95. 정답 ①

96. 정답 ③

97. 정답 ①

해설 기후·생태계변화유발물질 : 온실가스, 수소염화불화탄소, 염화불화탄소

98. 정답 ④

해설 환경정책기본법령상 대기환경기준치 및 측정방법은 다음과 같다.

항목	기준
아황산가스 (SO$_2$)	연간 평균치 0.02ppm 이하
	24시간 평균치 0.05ppm 이하
	1시간 평균치 0.15ppm 이하
일산화탄소 (CO)	8시간 평균치 9ppm 이하
	1시간 평균치 25ppm 이하
이산화질소 (NO$_2$)	연간 평균치 0.03ppm 이하
	24시간 평균치 0.06ppm 이하
	1시간 평균치 0.10ppm 이하
미세먼지 (PM-10)	연간 평균치 50μg/m³ 이하
	24시간 평균치 100μg/m³ 이하
미세먼지 (PM-2.5)	연간 평균치 15μg/m³ 이하
	24시간 평균치 35μg/m³ 이하
오존 (O$_3$)	8시간 평균치 0.06ppm 이하
	1시간 평균치 0.1ppm 이하
납(Pb)	연간 평균치 0.5μg/m³ 이하
벤젠	연간 평균치 5μg/m³ 이하

99. 정답 ④

100. 정답 ④

해설 ④ 중대경보 → 자동차의 통행금지 명령

UNIT 06 2020년 4회 기사 정답 및 해설

01 ①	02 ②	03 ①	04 ③	05 ③
06 ①	07 ④	08 ③	09 ③	10 ①
11 ②	12 ①	13 ④	14 ③	15 ③
16 ②	17 ①	18 ①	19 ③	20 ②
21 ④	22 ②	23 ①	24 ①	25 ①
26 ④	27 ④	28 ②	29 ①	30 ②
31 ①	32 ③	33 ①	34 ①	35 ④
36 ③	37 ④	38 ②	39 ④	40 ①
41 ②	42 ②	43 ②	44 ③	45 ①
46 ④	47 ③	48 ③	49 ④	50 ①
51 ①	52 ③	53 ③	54 ②	55 ④
56 ③	57 ③	58 ③	59 전체 정답	60 ③
61 ①	62 ③	63 ②	64 ③	65 ②
66 ③	67 ①	68 ③	69 ④	70 ①
71 ④	72 ③	73 ③	74 ②	75 ③
76 ②	77 ①	78 ②	79 ①	80 ①
81 ④	82 ③	83 ③	84 ③	85 ③
86 ④	87 ②	88 ①	89 ③	90 ②
91 ②	92 ③	93 ③	94 ③	95 ④
96 ④	97 ④	98 ③	99 ④	100 ④

1과목 대기오염개론

01. 정답 ①

해설 ①항만 올바르다.

오답해설
② 오존층은 주로 지상 약 25~30km에 위치한다.
③ 대기층의 수직 구조는 고도에 따라 4개층으로 나뉜다.
④ 일반적으로 지상에서부터 상층 12~50km까지를 성층권이라고 한다.

02. 정답 ②

해설 PAN은 강산화제로 작용하며, 빛을 흡수하여 가시거리를 감소시키며, 고엽에 미치는 피해는 적다. 잎의 표면이 은색이나 금속색을 띄게 되는 광택현상을 유발한다.

03. 정답 ①

해설 ①항만 올바르다.

오답해설
② PAN보다 PBzN이 100배 정도 강하게 눈을 자극한다.
③ 눈과 호흡기 점막에 모두 강한 자극을 준다.
④ 무색, 자극성이 있는 기체로서 대기중에서 강산화제로 작용한다.

04. 정답 ③

05. 정답 ③

해설 ③항만 올바르다.

오답해설
① 가시광선은 통과시키고 적외선을 흡수해서 열을 밖으로 나가지 못하게 함으로 보온작용을 하는 것으로 실제 온실에서의 보온작용과는 원리가 다르다.
② 일산화탄소의 기여도가 가장 큰 것으로 알려져 있다.
④ 가스차단기, 소화기 등에 주로 사용되는 PFCs는 온실효과에 대한 GWP가 SF_6 다음으로 크고 기여도의 크기순서는 CO_2 > CH_4 > CFC > 기타 등등 순서이다.

06. 정답 ①

해설 식 $\theta = T\left(\dfrac{1{,}000}{P}\right)^{0.288}$

$= (273-10) \times \left(\dfrac{1{,}000}{950}\right)^{0.288} = 266.91 K$

07. 정답 ④

해설 ④항은 납에 대한 설명이다. 라돈은 호흡기에 영향을 미치며 화학적으로 반응성이 매우 작은 비활성물질이다.

08. 정답 ③

09. 정답 ③

해설 시멘트 제조업에서는 크롬 또는 분진이 배출된다.

10. 정답 ①

해설 R=0은 기계적 난류만이 존재함을 나타낸다.

11. 정답 ②

해설 런던스모그 사건은 공장과 가정난방에서의 배출된 황산화물과 분진에 의한 것이다.

12. 정답 ①

해설 [온위에 따른 대기안정도]
- 온위가 일정 : 중립(환경감률=건조 단열감률)
- 온위가 양(+) : 안정
- 온위가 음(−) : 불안정

13. 정답 ④

해설 산성비 형성에 가장 큰 기여를 하는 물질은 황산화물(SOx)이다.

14. 정답 ③

해설 [오존파괴물질 분자식 구하기]
- 프레온가스류 : CFC−(X)(Y)(Z) → (탄소수=X+1)(수소수=Y−1)(불소수=Z)(염소수: 나머지 가짓수)
- ⇨ 산출요령 : 탄소수, 수소수, 불소수를 먼저 구한 후, 구조식을 그리고 나머지 가짓수를 세어 염소수를 산출하면 완성!
  CFC−(0)(1)(2) → (탄소수=0+1)(수소수=1−1)(불소수=2)
  (염소수: 나머지 가짓수)
  탄소 하나당 가짓수는 4개
  ∴ CF_2Cl_2

15. 정답 ③

16. 정답 ②

해설 식 $U = \dfrac{U^*}{k} ln \dfrac{Z}{Z_0}$

$(3.7 - 2.9) = \dfrac{U^*}{0.4} \times \ln\left(\dfrac{2}{1}\right)$, ∴ $U^* = 0.46 m/sec$

17. 정답 ①

해설 소피아 의정서 − 산성비의 원인이 되는 NOx의 배출 또는 월경이류의 최저 30% 삭감

18. 정답 ①

해설 레일리산란은 입자의 직경이 파장보다 매우 작을 때 나타나는 산란현상으로 산란광의 광도는 λ^4에 반비례한다.

19. 정답 ③

해설 지표면의 상태와 지표에 도달하는 일사량과는 관계가 없다. 지표면의 상태에 따라 반사되는 복사의 양이 달라지게 된다.

20. 정답 ②

해설 식 $Z = 273 \times H \times \left(\dfrac{\gamma_a}{273+t_a} - \dfrac{\gamma_g}{273+t_g}\right)$

∴ $Z = 273 \times 50m \times \left(\dfrac{1.3}{273+20} - \dfrac{1.3}{273+300}\right)$

$= 29.59 mmH_2O$

2과목 연소공학

21. 정답 ④

해설 옥탄가는 iso−octane과 n−heptane, iso−octane의 비로써 나타난다.

식 옥탄가(%)
$= \dfrac{C_8H_{18}(iso-octane)}{C_8H_{18}(iso-octane)+C_7H_{16}(n-heptane)} \times 100$

22. 정답 ④

해설 인화점이 낮은 경우 역화의 위험이 있으며, 보통 그 예열온도보다 약 5℃ 정도 높은 것을 쓴다.

23. 정답 ①

24. 정답 ①

해설 [석탄의 탄화도 증가 시 변화]
- 증가 : 고정탄소, 발열량, 착화온도
- 감소 : 휘발분, 매연발생량, 산소농도, 비열

25. 정답 ①

해설 질소성분이 적은 연료나 온도를 낮출 수 있는 연료의 전환으로 NOx 발생을 억제할 수 있으나 어떠한 연료로 대체된다는 설명이 없고 어떤 연료이든지 간에 연소실의 온도가 높아진다면 NOx는 많이 발생할 수 있다.

26. 정답 ②

해설 ②항만 올바르다.

오답해설
① 건타입(gun type) 버너는 유압식과 공기분무식을 혼합한 것으로 유압이 7kg/cm² 이상으로 소형 연소장치이다.
③ 고압기류 분무식 버너의 분무각도는 30°이고, 유량조절비가 1:10 정도로 부하변동에 따른 적응이 매우 좋다.
④ 회전식 버너는 유압식 버너에 비해 연료유의 입경이 크며,

직결식은 분무컵의 회전수와 전동기의 회전수가 같은 것을 말하며, 벨트식은 분무컵의 회전수가 전동기의 회전수보다 빠른 방식을 말한다.

27. 정답 ④

해설 일반적으로 연료는 탄수소비(C/H)가 클수록 발열량은 증가한다.

28. 정답 ②

해설 식 $\ln\dfrac{C_t}{C_o} = -k \times t$

$\ln\left(\dfrac{75}{100}\right) = -k \times 41.3\min$, ∴ $k = 1.161 \times 10^{-4}/\sec$

29. 정답 ①

해설 식 $CO_{2\max}(\%) = \dfrac{CO_2}{G_{od}} \times 100$

- $G_{od} = (1-0.21)A_o + CO_2 + SO_2$
  $= (1-0.21) \times 11.8679 + 1.867 \times 0.78 + 0.7 \times 0.04$
  $= 10.8599 \, m^3/kg$

- $A_o = \dfrac{1}{0.21}(1.867C + 5.6H + 0.7S - 0.7O)$
  $= \dfrac{1}{0.21} \times (1.867 \times 0.78 + 5.6 \times 0.18 + 0.7 \times 0.04)$
  $= 11.8679 \, m^3/kg$

∴ $CO_{2\max}(\%) = \dfrac{1.867 \times 0.78}{10.8599} \times 100 = 13.41\%$

30. 정답 ②

해설 식 $\dfrac{100}{LEL} = \dfrac{V_1}{L_1} + \dfrac{V_2}{L_2} + \cdots + \dfrac{V_n}{L_n}$

$\dfrac{100}{LEL} = \dfrac{80}{5} + \dfrac{15}{3} + \dfrac{4}{2.1} + \dfrac{1}{1.5}$

∴ $LEL = 4.24\%$

31. 정답 ①

해설 식 $V = \dfrac{Q}{A}$

- Q(배출가스유량, m^3/hr)
  $= G_w(m^3/kg) \times G_f(연료주입량, kg/hr)$
  $= 12.9270 \times 1,000 \times \dfrac{273+270}{273} = 25,711.95 \, m^3/hr$

- $G_w = (m - 0.21)A_o + CO_2 + H_2O + SO_2$
  $= (1.0945 - 0.21) \times 11.1458 + 1.867 \times 0.86$
  $+ 11.2 \times 0.13 + 0.7 \times 0.01$
  $= 12.9270 \, Sm^3/kg$

- $m = \dfrac{N_2}{N_2 - 3.76(O_2 - 0.5CO)}$
  $= \dfrac{84.9}{84.9 - 3.76 \times (2 - 0.5 \times 0.1)} = 1.0945$

- $N_2 = 100 - (13 + 2 + 0.1) = 84.9\%$

- $A_o = \dfrac{1}{0.21}(1.867C + 5.6H + 0.7S - 0.7O)$
  $= \dfrac{1}{0.21} \times (1.867 \times 0.86 + 5.6 \times 0.13 + 0.7 \times 0.01)$
  $= 11.1458 \, m^3/kg$

- $A = 3 \, m^2$

∴ $V = \dfrac{Q}{A} = \dfrac{25,711.95 \, m^3}{hr} \times \dfrac{1}{3 \, m^2} \times \dfrac{1hr}{3,600\sec}$
$= 2.38 \, m/\sec$

32. 정답 ③

해설 식 $t_o = \dfrac{Hl}{G \times C_p} + t$

∴ $t_o = \dfrac{4,900}{10 \times 0.35} + 15 = 1,415℃$

33. 정답 ①

34. 정답 ①

해설 식 $X_{CO_2} = \dfrac{CO_2}{G_d} \times 100$

- $G_d = 15.8 \, Sm^3/kg$
- $CO_2 = 1.867C = 1.867 \times 0.88 = 1.6429 \, Sm^3/kg$

∴ $X_{CO_2} = \dfrac{1.6429}{15.8} \times 100 = 10.40\%$

35. 정답 ④

해설 연료의 이론공기량은 탄소수가 클수록 커지며, 같은 탄소수에서는 수소수가 많을수록 커진다.

36. 정답 ③

해설 비중이 공기보다 무거워 누출될 경우 인화 폭발 위험성이 크다.

37. 정답 ④

해설 식 $A_o = O_o \times \dfrac{1}{0.21}$

반응식 $CH_3OH + 1.5O_2 \rightarrow CO_2 + 2H_2O$ (CH_3OH(분자

량) = 12 + 1×3 + 16 + 1 = 32)

$$32kg : 1.5 \times 22.4 m^3$$
$$2kg : O_o, \quad O_o = 2.1 m^3$$

$$\therefore A_o = 2.1 \times \frac{1}{0.21} = 10 m^3$$

38. 정답 ②

해설 식 $m = \dfrac{N_2}{N_2 - 3.76(O_2 - 0.5CO)}$

$= \dfrac{79}{79 - 3.76 \times (6 - 0.5 \times 0.5)} = 1.38$

39. 정답 ④

40. 정답 ①

해설 기체연료는 부하의 변동범위(turn down ratio)가 넓고 연소의 조절이 용이하다.

3과목 대기오염방지기술

41. 정답 ②

해설 염화인(PCl_3)은 물에 대한 용해도가 높아 물을 이용하여 병류식 충전탑에서 흡수·처리한다.

42. 정답 ②

해설 반응식 $S + O_2 \rightarrow SO_2$

$$32kg : 22.4m^3$$
$$\frac{2.5}{100} \times \frac{30톤}{hr} \times \frac{10^3 kg}{1톤} : X_1(SO_2),$$
$$X_1(SO_2) = 525 m^3/hr$$

반응식 $SO_2 + 2NaOH \rightarrow Na_2SO_3 + H_2O$

$$22.4m^3 : 2 \times 40kg$$
$$525 m^3/hr : X_2(NaOH),$$
$$\therefore X_2(NaOH) = 1,875 kg/hr$$

43. 정답 ④

해설 [흡수액의 구비조건]
① 용해도가 높아야 한다.
② 휘발성이 적어야 한다.
③ 부식성이 없어야 한다.
④ 가격이 저렴하여야 한다.
⑤ 점성이 적어야 한다.
⑥ 화학적으로 안정되고, 독성이 없어야 한다.
⑦ 인화성과 빙점이 낮아야 한다.

44. 정답 ③

해설 실제의 흡착은 비정상상태에서 진행되므로 흡착의 초기에는 흡착이 빠르게 진행되다가 어느 정도 흡착이 진행되면 느리게 흡착이 이루어진다.

45. 정답 ①

46. 정답 ④

해설 식 $Q = \dfrac{G}{(C - C_{out})} \times 100$

$\therefore Q = \dfrac{0.3}{(0.1 - 0.03)} \times 100 = 428.57 m^3/hr$

47. 정답 ③

해설 건조가스장치(Dry gas meter)는 유속을 측정하는 장치가 아닌 유량을 측정하는 장비이다.

48. 정답 ③

해설 최종 공기부피가 공기희석법, 살수법에 비해 작다.

49. 정답 ④

해설 침강실 내 처리가스 속도가 작을수록 미세한 분진을 포집할 수 있다.

50. 정답 ①

해설 폭발성, 점착성 및 흡습성 분진 제거가 어렵다.

51. 정답 ①

해설 직경 d인 구형입자의 비표면적(단위체적당 표면적)은 6/d이다.

52. 정답 ③

해설 식 $\eta_f = \left(1 - \dfrac{C_o \times f_o}{C_i \times f_i}\right) \times 100$

$\therefore \eta_f = \left(1 - \dfrac{0.055 \times 0.5}{7.5 \times 0.1}\right) \times 100 = 96.33\%$

53. 정답 ③

54. 정답 ②
해설 습식전기집진장치는 역전리와 재비산 현상(점핑현상)의 문제가 없다.

55. 정답 ④

56. 정답 ③
해설 수소화 탈황법(접촉 탈황법)은 연소 전 연료의 탈황방법인 중유탈황기술에 해당한다.

57. 정답 ②
해설 먼지입자가 소수성일 때 액가스비가 커진다.

58. 정답 ③
해설 식 $P = \dfrac{\Delta P \times Q}{102 \times \eta} \times \alpha$

$\therefore P = \dfrac{250 \times (30{,}000/3600)}{102 \times 0.8} \times 1.25 = 31.91 kW$

59. 정답 정답오류로 판단
해설 축동력을 물었으므로 답은 여유율을 고려하지 않은 46.69kW가 되어야 한다.

식 $P = \dfrac{\Delta P \times Q}{102 \times \eta}$ (축동력이므로 여유율을 고려하지 않는다.)

$\therefore P = \dfrac{400 \times (30{,}000/3600)}{102 \times 0.7} = 46.69 kW$

60. 정답 ③
해설 식 두께 $= \dfrac{\text{분진부피}}{\text{면적}}$

- 분진부피 $=$ 분진량 $\times \dfrac{1}{\text{밀도}}$

$= \dfrac{1.5g}{m^3} \times \dfrac{100 m^3}{\min} \times 60 \min \times \dfrac{1 cm^3}{1 g}$

$= 9{,}000 cm^3$

- 면적 $= 1.5 m^2$

$\therefore$ 두께 $= \dfrac{\text{분진부피}}{\text{면적}} = \dfrac{9{,}000 cm^3}{1.5 m^2} \times \dfrac{1 m^3}{10^6 cm^3} \times \dfrac{10^3 mm}{1 m}$

$= 6 mm$

4과목 대기오염공정시험기준(방법)

61. 정답 ①

62. 정답 ③
해설 식 $Q = Q_s \div \left(\dfrac{21 - O_a}{21 - O_s} \right)$

- Q : 실측 유량(실제 측정된 유량)
- Q_s : 표준 유량(보정된 유량)
- O_a : 실측 산소농도(%)
- O_s : 표준 산소농도(%)

$Q = 50 \div \left(\dfrac{21 - 5}{21 - 3} \right) = 56.25 m^3/day$

※ 자매품 : $C(\text{실측농도}) = C_s \times \left(\dfrac{21 - O_a}{21 - O_s} \right)$

63. 정답 ②

64. 정답 ③

65. 정답 ②
해설 응답시간 : 표준교정판(필름)을 끼우고 측정을 시작했을 때 그 보정치의 95%에 해당하는 지시치를 나타낼 때까지 걸린 시간을 말한다.

66. 정답 ③
해설 식 $A = \log\left(\dfrac{1}{t}\right) = \log\left(\dfrac{1}{(1-0.6)}\right) = 0.40$

67. 정답 ①
해설 스팬가스 : 분석계의 최고 눈금값을 교정하기 위하여 사용하는 가스 (스 고 이!)

68. 정답 ③

69. 정답 ④

70. 정답 ①

71. 정답 ④

72. 정답 ②
해설 총탄화수소분석기는 성능규격에 적합하거나 그 이상의 성능을 가진 분석기를 사용하며 기기선택, 설치 및 사용 시에 불꽃 등에 의한 폭발위험이 없어야 한다.

73. 정답 ④
해설 ④항만 올바르다.
오답해설
① Pb – 283.3nm
② Cu – 324.8nm
③ Ni – 232nm

74. 정답 ②
해설
- **황산화물 연속자동측정법** : 용적자불정(용액전도율법, 적외선흡수법, 자외선흡수법, 불꽃광도법, 정전위전해법)
- **질소산화물 연속자동측정법** : 화정적자(화학발광법, 정전위전해법, 적외선흡수법, 자외선흡수법)

75. 정답 ③
해설 ① 흡수셀
 ㉠ 플라스틱셀 : 근적외부
 ㉡ 유리셀 : 가시부 및 근적외부
 ㉢ 석영셀 : 자외부
② 측광부
 ㉠ 광전관, 광전자증배관 : 자외부 및 가시부
 ㉡ 광전지 : 가시부
 ㉢ 광전도셀 : 근적외부
암기TIP 석자 / 광전관 자가 / 광전지 가 / 유리 가근 / 셀프 근

76. 정답 ②
해설 등속흡인(흡입)의 범위는 95~110%이다.

식 $I(\%) = \dfrac{V_m}{q_m \times t} \times 100$

$95(\%) = \dfrac{60L}{q_m(1) \times 10\min} \times 100$,

$q_m(1) = 6.32 L/\min$

$110(\%) = \dfrac{60L}{q_m(2) \times 10\min} \times 100$,

$q_m(2) = 5.45 L/\min$

$\therefore q_m = 5.45 \sim 6.32 L/\min$

77. 정답 ①

78. 정답 ④
해설 식 $R_t(\text{오존의 영향}, \%) = \dfrac{(A-B)}{C} \times 100$
- A : 오존을 첨가했을 경우의 지시값($\mu mol/mol$)
- B : 오존을 첨가하지 않은 경우의 지시값($\mu mol/mol$)
- C : 최대 눈금 값($\mu mol/mol$)

$\therefore R_t = \dfrac{(0.7-0.5)}{5} \times 100 = 4\%$

79. 정답 ①
해설 [황화수소 아이오딘(요오드) 적정법의 적용범위]
- 시료 중의 황화수소가 (100 ~ 2,000)ppm 함유되어 있는 경우의 분석에 적합하다.
- 황화수소의 농도가 2,000ppm 이상인 것에 대하여는 분석용 시료 용액을 흡수액으로 적당히 희석하여 분석에 사용할 수가 있다.
- 이 방법은 다른 산화성가스와 환원성가스에 의하여 방해를 받는다.

80. 정답 ①
해설 분광광도계로 측정 시 흡수 파장은 620nm를 사용한다.

5과목 　　　대기환경관계법규

81. 정답 ④

82. 정답 ③
해설 [시행규칙 별표 33(자동차연료·첨가제 또는 촉매제의 제조기준)]
1. 자동차연료 제조기준
 가. 휘발유

항목	제조기준
방향족화합물 함량 (부피%)	24(21) 이하
벤젠 함량 (부피%)	0.7 이하
납 함량 (g/ℓ)	0.013 이하
인 함량 (g/ℓ)	0.0013 이하
산소 함량 (무게%)	2.3 이하
올레핀 함량 (부피%)	16(19) 이하
황 함량 (ppm)	10 이하
증기압 (kPa, 37.8℃)	60 이하
90% 유출온도 (℃)	170 이하

83. 정답 ③

해설 먼지·황산화물 및 질소산화물의 연간 발생량 합계가 18톤인 배출구는 제3종 배출구에 해당한다.

[별표 11] (자가측정의 대상·항목 및 방법)

1. 관제센터로 측정결과를 자동전송하지 않는 사업장의 배출구

구 분	배출구별 규모	측정횟수	측정항목
제1종 배출구	먼지·황산화물 및 질소산화물의 연간 발생량 합계가 80톤 이상인 배출구	매주 1회 이상	별표 8에 따른 배출허용기준이 적용되는 대기오염물질. 다만, 비산먼지는 제외한다.
제2종 배출구	먼지·황산화물 및 질소산화물의 연간 발생량 합계가 20톤 이상 80톤 미만인 배출구	매월 2회 이상	
제3종 배출구	먼지·황산화물 및 질소산화물의 연간 발생량 합계가 10톤 이상 20톤 미만인 배출구	2개월마다 1회 이상	
제4종 배출구	먼지·황산화물 및 질소산화물의 연간 발생량 합계가 2톤 이상 10톤 미만인 배출구	반기마다 1회 이상	
제5종 배출구	먼지·황산화물 및 질소산화물의 연간 발생량 합계가 2톤 미만인 배출구	반기마다 1회 이상	

84. 정답 ③

해설 [시행령 제11조(배출시설의 설치허가 및 신고 등)]
③ 배출시설 설치허가를 받거나 설치신고를 하려는 자는 배출시설 설치허가신청서 또는 배출시설 설치신고서에 다음 각 호의 서류를 첨부하여 시·도지사에게 제출하여야 한다.
1. 원료(연료를 포함한다)의 사용량 및 제품 생산량과 오염물질 등의 배출량을 예측한 명세서
2. 배출시설 및 방지시설의 설치명세서
3. 방지시설의 일반도(一般圖)
4. 방지시설의 연간 유지관리 계획서
5. 사용 연료의 성분 분석과 황산화물 배출농도 및 배출량 등을 예측한 명세서(법 제41조제3항 단서에 해당하는 배출시설의 경우에만 해당한다)
6. 배출시설설치허가증(변경허가를 신청하는 경우에만 해당한다)

85. 정답 ③

86. 정답 ④

해설 **[시행규칙 별표 35(선박의 배출허용기준)]**

기관출력	정격 기관속도 (n: 크랭크샤프트의 분당 속도)	질소산화물 배출기준(g/kWh)		
		기준 1	기준 2	기준 3
130kW 초과	n이 130rpm 미만일 때	17 이하	14.4 이하	3.4 이하
	n이 130rpm 이상 2,000rpm 미만일 때	45.0 ×n(-0.2) 이하	44.0 ×n(-0.23) 이하	9.0 ×n(-0.2) 이하
	n이 2,000rpm 이상일 때	9.8 이하	7.7 이하	2.0 이하

비고: 기준 1은 2010년 12월 31일 이전에 건조된 선박에, 기준 2는 2011년 1월 1일 이후에 건조된 선박에, 기준 3은 2016년 1월 1일 이후에 건조된 선박에 설치되는 디젤기관에 각각 적용하되, 기준별 적용대상 및 적용시기 등은 해양수산부령으로 정하는 바에 따른다.

87. 정답 ②

해설 [시행규칙 제40조(개선명령의 이행 보고 등)] 대기오염도 검사기관은 다음 각 호와 같다.
1. 국립환경과학원
2. 특별시·광역시·특별자치시·도·특별자치도(이하 "시·도"라 한다)의 보건환경연구원
3. 유역환경청, 지방환경청 또는 수도권대기환경청
4. 한국환경공단

88. 정답 ①

해설 [시행령 별표 11의 3(청정연료 사용 기준)]
1. 청정연료를 사용하여야 하는 대상시설의 범위
   가. 공동주택으로서 동일한 보일러를 이용하여 하나의 단지 또는 여러 개의 단지가 공동으로 열을 이용하는 중앙집중난방방식(지역냉난방방식을 포함한다)으로 열을 공급받고, 단지 내의 모든 세대의 평균 전용면적이 40.0㎡를 초과하는 공동주택
   나. 지역냉난방사업을 위한 시설. 다만, 지역냉난방사업을 위한 시설 중 발전폐열을 지역냉난방용으로 공급하는 산업용 열병합 발전시설로서 환경부장관이 승인한 시설은 제외한다.
   다. 전체 보일러의 시간당 총 증발량이 0.2톤 이상인 업무용보일러(영업용 및 공공용보일러를 포함하되, 산업용보일러는 제외한다)
   라. 발전시설. 다만, 산업용 열병합 발전시설은 제외한다.
   비고: 1. 가목부터 라목까지의 시설 중 신에너지 및 재생에너지를 사용하는 시설은 제외한다.
        2. 나목 단서에 따른 승인 기준, 절차 및 승인취소 등에 필요한 사항은 환경부장관이 정하여 고시한다.

89. 정답 ③

90. 정답 ②

91. 정답 ②

해설 [법 제16조(배출허용기준)] ⑤ 환경부장관은 「환경정책기본법」 제38조에 따른 특별대책지역(이하 "특별대책지역"이라 한다)의 대기오염 방지를 위하여 필요하다고 인정하면 그 지역에 설치된 배출시설에 대하여 제1항의 기준보다 엄격한 배출허용기준을 정할 수 있으며, 그 지역에 새로 설치되는 배출시설에 대하여 특별배출허용기준을 정할 수 있다.

92. 정답 ③

93. 정답 ③

94. 정답 ③

95. 정답 ④

해설 [시행령 별표 4] 초과부과금 산정기준

오염물질	구분	오염물질 1킬로그램당 부과금액
	황산화물	500
	먼지	770
	질소산화물	2,130
	암모니아	1,400
	황화수소	6,000
	이황화탄소	1,600
특정 유해 물질	불소화합물	2,300
	염화수소	7,400
	시안화수소	7,300

96. 정답 ④

해설
- 미세먼지(PM-10)의 대기환경기준
  - 연간평균치 : $50\mu g/m^3$ 이하
  - 24시간 평균치 : $100\mu g/m^3$ 이하
- 초미세먼지(PM-2.5)의 대기환경기준
  - 연간평균치 : $15\mu g/m^3$ 이하
  - 24시간 평균치 : $35\mu g/m^3$ 이하

97. 정답 ④

해설 [별표 4의2] 신축 공동주택의 실내공기질 권고기준(제7조의2 관련)

1. 폼알데하이드 $210\mu g/m^3$ 이하
2. 벤젠 $30\mu g/m^3$ 이하
3. 톨루엔 $1,000\mu g/m^3$ 이하
4. 에틸벤젠 $360\mu g/m^3$ 이하
5. 자일렌 $700\mu g/m^3$ 이하
6. 스티렌 $300\mu g/m^3$ 이하
7. 라돈 $148Bq/m^3$ 이하

98. 정답 ①

99. 정답 ④

100. 정답 ④

해설 [별표 1] 지정악취물질(제2조 관련)

종류	
1. 암모니아	12. i-발레르알데하이드
2. 메틸메르캅탄	13. 톨루엔
3. 황화수소	14. 자일렌
4. 다이메틸설파이드	15. 메틸에틸케톤
5. 다이메틸다이설파이드	16. 메틸아이소뷰틸케톤
6. 트라이메틸아민	17. 뷰틸아세테이트
7. 아세트알데하이드	18. 프로피온산
8. 스타이렌	19. n-뷰틸산
9. 프로피온알데하이드	20. n-발레르산
10. 뷰틸알데하이드	21. i-발레르산
11. n-발레르알데하이드	22. i-뷰틸알코올

UNIT 07 2021년 1회 기사 정답 및 해설

01	③	02	③	03	②	04	②	05	①
06	③	07	④	08	②	09	①	10	②
11	③	12	③	13	①	14	①	15	②
16	④	17	①	18	②	19	①	20	②
21	②	22	②	23	②	24	②	25	①
26	③	27	④	28	②	29	④	30	③
31	④	32	③	33	①	34	②	35	②
36	②	37	③	38	②	39	④	40	①
41	③	42	②	43	②	44	①	45	④
46	④	47	①	48	①	49	①	50	③
51	③	52	②	53	②	54	②	55	①
56	①	57	전체 정답	58	②	59	②	60	①
61	③	62	③	63	②	64	②	65	②
66	④	67	③	68	④	69	②	70	③
71	④	72	②	73	①	74	③	75	②
76	④	77	①	78	④	79	②	80	④
81	②	82	③	83	①	84	①	85	②
86	②	87	③	88	②	89	②	90	③
91	④	92	③	93	②	94	④	95	①
96	①	97	④	98	②	99	①	100	①

1과목 대기오염개론

01. 정답 ③

02. 정답 ③

해설 곡풍은 주계곡 → 계곡 → 경사면으로 바람이 진행되고 중력의 영향을 받아 풍속이 감속되기 때문에 일반적으로 낮에 산 위쪽으로 부는 산풍보다 더 약하게 분다. 반면 산풍은 중력의 가속을 받아 바람이 곡풍보다 강하다.

03. 정답 ②

해설 미국에서 많이 사용되는 점, 선, 면 모델 중 단기 모델은 ISCST(Short term), 장기 모델은 ISCLT(long term)이다.

04. 정답 ②

해설 $Xmg/m^3 = \dfrac{10mL}{m^3} \times \dfrac{64mg}{22.4\,SmL} = 28.57mg/m^3$

05. 정답 ①

06. 정답 ③

해설 폼알데하이드와 암모니아는 관련이 없다. 암모니아의 배출원은 비료공장, 냉동공업 등이 있다.

07. 정답 ④

해설 식 $Coh_{1000} = \dfrac{\log(1/t) \div 0.01}{L} \times 10^3$

- $t = 0.8$
- L(여과지 이동거리) = 이동속도 × 시간
$$= \dfrac{0.15m}{sec} \times 12hr \times \dfrac{3,600sec}{1hr} = 6,480m$$

∴ $Coh_{1000} = \dfrac{\log(1/0.8) \div 0.01}{6,480} \times 10^3 = 1.50$

08. 정답 ②

09. 정답 ①

10. 정답 ②

해설 2차 대기오염물질이란 1차오염물질이 대기 중에서 상호 화학반응을 통해 형성된 물질을 말하며 대표적인 2차 대기오염물질은 광화학반응에 의해 생성된 광화학부산물이다. (광화학부산물 : O_3, PAN, NOCl, 아크로레인, H_2O_2)

11. 정답 ③

12. 정답 ③

해설 식 $\Delta H = 150 \dfrac{F}{U^3}$

- $F = g \times V_s \times \left(\dfrac{D}{2}\right)^2 \times \dfrac{T_g - T_a}{T_a} = 9.8 \times 10 \times \left(\dfrac{5}{2}\right)^2$
$\times \left(\dfrac{(273+173)-(273+17)}{(273+17)}\right) = 329.48 m^4/sec^3$

- $U = \dfrac{36km}{hr} \times \dfrac{10^3 m}{1km} \times \dfrac{1hr}{3600sec} = 10m/sec$

∴ $\Delta H = 150 \times \dfrac{329.48}{10^3} = 49.42m$

13. 정답 ①

해설 오존 파괴지수의 크기는 대부분 할론류 > 사염화탄소 > CFC > HCFC 순서이다.
① CCl_4 : 사염화탄소
② $CHFCl_2$: HCFC - 21

③ CH₂FCl : HCFC - 31
④ C₂H₂FCl₃ : HCFC - 131

14. 정답 ④
해설 하류로의 확산은 바람이 부는 방향(x축)의 확산보다 약하며, 오염물질의 이동방향은 X축방향이 지배적이다.

15. 정답 ②
해설 물에 잘 녹지 않는 난용성 물질이며, 분자량이 작아 잘 흡착되지 않는다.

16. 정답 ④
해설 보팔 사건은 MIC(메틸이소시아네이트)의 누출로 많은 인명피해를 유발했다. 황화수소 누출사고는 포자리카 사건이다.

17. 정답 ①
해설 지표면의 오존은 질소산화물(NOx)과 탄화수소(HC)의 광화학반응에 의해 생성된다. (탄화수소에 VOCs 물질이 포함된다.)

18. 정답 ②
해설
• 세류현상은 오염물질의 토출속도가 풍속의 2배 이상이 되게 하여 방지할 수 있다.
• 다운드래프트현상은 굴뚝의 높이가 주변 지형 및 건물의 높이의 2.5배 이상이 되게 하여야 한다.

19. 정답 ①

20. 정답 ②
해설 오존파괴물질 중 평균수명이 가장 긴 물질은 CFC-115이다.
※ 오존파괴물질 중 평균수명의 크기 순서(큰 물질만)
CFC-115 > CFC-13 > CFC-114 > CFC-12 > CFC-113

2과목 연소공학

21. 정답 ②
해설 식 옥탄가(%) = $\dfrac{iso-octane}{iso-octane+n-heptane} \times 100$
※ 옥탄가가 80 이상인 휘발유를 노킹이 적은 좋은 휘발유로 분류한다.

22. 정답 ②

23. 정답 ④
해설 LPG는 프로판과 부탄을 주성분으로 한다.

24. 정답 ②
해설 미분탄연소에 비해 연소온도가 낮아 NOx 생성을 억제하는데 유리하며, 석회석입자를 투입하여 SOx의 억제도 가능하여 SOx, NOx 동시 제어가 가능한 연소방법이다.

25. 정답 ①
해설 회전속도를 낮추어야 한다.
※ **디젤노킹의 억제방법(연소가 잘 되는 조건으로)**
• 회전속도를 낮춘다.
• 급기온도를 높인다.
• 기관의 압축비를 크게 하여 압축압력을 높인다.
• 연료의 분사량을 적게 한다.
• 피스톤 내 온도를 높인다.
• 세탄가가 높은 연료를 사용한다.

26. 정답 ③
해설 연료유의 점도가 작고, 분무컵의 회전수가 클수록 분무상태가 좋아진다.

27. 정답 ④
해설 ④항은 고체연료의 설명에 해당한다.

28. 정답 ③
해설 연소속도가 큰 혼합가스일수록 폭굉유도거리가 짧아진다.

29. 정답 ④
해설 탄화도가 증가하면 고정탄소의 함량은 증가하고 휘발분은 감소한다. 따라서 연료비가 증가한다.

30. 정답 ③
해설 ϕ가 1보다 작을 때 투입되는 연료보다 공기가 과잉인 경우이다.
식 ϕ(당량비) = $\dfrac{연료}{공기}$

31. 정답 ④
해설 식 $Hl = Hh - 600(9H + W)$
$Hl = 12,000 - 600 \times (9 \times 0.12 + 0.003) = 11,350.2 \, kcal/kg$

32. 정답 ③
해설 분무화 연소방식에는 유압분무식, 충돌 분무식, 회전 분무식(회전 이류체식), 이류체 분무식(고압공기식, 저압공기식)이 있다.

33. 정답 ①
해설 ①항은 확산연소에 관한 설명이다. 예혼합연소는 화염길이가 짧고 그을음이 잘 발생하지 않는다.

34. 정답 ②
해설 ②항은 자기연소에 대한 설명이다. 다단연소는 연소실에 단을 나누어 첫 단에서는 부족한 공기(또는 산소)로 연소한 뒤 후단에서 과잉공기(또는 산소)를 투입하여 미연소물질을 연소시키는 방법이다.

35. 정답 ③
해설 식 SO_2 감소율(%)
$$= \frac{\text{기존 배출 } SO_2 - \text{혼합시 배출 } SO_2}{\text{기존 배출 } SO_2} \times 100$$

- 기존배출
$$SO_2 = 400kL \times \frac{5}{100} \times \frac{10^3 L}{1kL} \times \frac{0.95kg}{1L} \times \frac{22.4m^3(SO_2)}{32kg(S)}$$
$$= 13,300m^3$$

- 혼합 시 배출
$$SO_2 = \left(400kL \times \frac{1}{100} \times \frac{10^3 L}{1kL} \times \frac{0.95kg}{1L} \times \frac{22.4m^3(SO_2)}{32kg(S)} \times 0.5\right)$$
$$+ (13,300m^3 \times 0.5) = 7,980m^3$$

$\therefore SO_2$ 감소율(%) $= \left(\frac{13,300 - 7,980}{13,300}\right) \times 100 = 40\%$

36. 정답 ②
해설 식 $X_{dust} = \frac{\text{먼지}}{G_d}$

- 먼지$= 1kg \times 0.02$(회분 부피) $= 0.02kg/kg = 20g/kg$
- $G_d = (m - 0.21)A_o + CO_2 + SO_2$
$= (1.3 - 0.21) \times 10.5569 + 1.867 \times 0.85 + 0.7 \times 0.02$
$= 13.1079 m^3/kg$
- $m = 1.3$
- $A_o = O_o \times \frac{1}{0.21}$
$= \frac{1}{0.21} \times (1.867 \times 0.85 + 5.6 \times 0.11 + 0.7 \times 0.02)$
$= 10.5569 m^3/kg$

$\therefore X_{dust} = \frac{20g/kg}{13.1079 m^3/kg} = 1.53 g/Sm^3$

37. 정답 ③
해설 식 $X m^3 = 50kg \times \frac{22.4 Sm^3}{44kg} = 25.45 m^3$

38. 정답 ①

39. 정답 ④
해설 식 $CO_{2\max}(\%) = \frac{21}{21 - O_2} \times CO_2$

$\therefore CO_{2\max}(\%) = \frac{21}{21 - 6.4} \times 12.6 = 18.12\%$

40. 정답 ①
해설 **연료별 황함량의 크기순서**
석탄 > 중유 > 경유 > 등유 > 휘발유 > LPG > 천연가스(CH_4)
(천연가스는 황함량이 없음)

3과목 대기오염방지기술

41. 정답 ③
해설 유체 내에 발생하는 전단응력은 유체의 속도구배에 비례한다.

42. 정답 ③
해설 **송풍기 크기 변화에 따른 인자의 변화**(회전수, 유체밀도(공기의 밀도)가 일정할 때)
암기TIP 크거는 요압동 325동

1) 송풍기의 크기(회전차 직경)에 유량은 3승에 비례
식 $Q_2 = Q_1 \times \left(\frac{D_2}{D_1}\right)^3$

2) 송풍기의 크기(회전차 직경)에 압력은 2승에 비례
식 $P_{s2} = P_{s1} \times \left(\frac{D_2}{D_1}\right)^2$

3) 송풍기의 크기(회전차 직경)에 동력은 5승에 비례
식 $P_2 = P_1 \times \left(\frac{D_2}{D_1}\right)^5$

- D : 송풍기의 크기(회전차 직경)

43. 정답 ①
해설 동일한 유량일 때 원통의 직경이 클수록 집진율이 감소한다. 싸이클론의 직경은 작을수록 길이는 길수록 유속은 빠를수록 집진율은 증가한다.

44. 정답 ①

해설 식 $d_{p_{50}} = \sqrt{\dfrac{9\mu B_c}{2(\rho_p - \rho)\pi N_e V}}$

유입속도와 유입구폭을 제외하고 나머지 인자를 K로 정리하면,

→ $d_{p_{50}} = K \times \sqrt{\dfrac{B_c}{V}}$

$\dfrac{d_{p_{50}}'}{d_{p_{50}}} = \dfrac{K \times \sqrt{\dfrac{3B_c}{4V}}}{K \times \sqrt{\dfrac{B_c}{V}}} = \sqrt{\dfrac{\dfrac{3B_c}{4V}}{\dfrac{B_c}{V}}} = \sqrt{\dfrac{3}{4}} = 0.87$

45. 정답 ④

해설 편류현상(channeling)에 대한 설명이다.

46. 정답 ④

해설 시료채취가 어렵고 채취 준비에 많은 시간이 소요된다. 유입되는 분진에 맞게 단수는 임의로 설계 및 조정이 가능하다.

47. 정답 ①

해설 여과포의 종류별 특징

여과포	최고 사용온도	내산성	내알칼리성	흡습성
목면	80℃	×	△	8
양모	80℃	△	×	1.6
사란	80℃	△	×	0
데비론	95℃	○	○	0.04
비닐론	100℃	○	○	5
카네카론	100℃	○	○	0.5
나일론 (폴리아미드계)	110℃	△	○	4
오론	150℃	○	×	0.4
나일론 (폴리에스테르계)	150℃	○	×	0.4
테프론 (폴리에스테르계)	150℃	○	×	0.4
유리섬유 (글라스화이버)	250℃	○	×	0
흑연화(黑鉛化)섬유	250℃	△	○	10

48. 정답 ①

해설 충전탑에서 hold-up은 탑 내 액보유량을 의미한다.

49. 정답 ④

해설 1단식은 재비산 방지에는 효과적이나 역전리 방지는 곤란하다.

50. 정답 ③

해설 집진효율이 50%인 입경은 dp50 또는 dpcut(cut size diameter)로 표현한다.

51. 정답 ③

해설 식 $P = H \times C \rightarrow C = \dfrac{P}{H}$

∴ $C = 38 mmHg \times \dfrac{kg \cdot mol}{0.01 atm \cdot m^3} \times \dfrac{1 atm}{760 mmHg} = 5 kg \cdot mol/m^3$

52. 정답 ②

53. 정답 ②

해설 비교적 저온에서 처리하기 때문에 직접연소식에 비해 질소산화물의 발생량이 적다.

54. 정답 ②

해설 식 $A = \dfrac{Q}{V} = \dfrac{5,000 m^3}{hr} \times \dfrac{\sec}{0.34 m} \times \dfrac{1 hr}{3600 \sec} = 4.0849 m^2$

$A = \dfrac{\pi D^2}{4}$

$4.0849 = \dfrac{\pi \times D^2}{4}$, ∴ $D = 2.28 m$

55. 정답 ①

해설 시멘트산업에서 배출되는 분진은 분진의 농도가 높고 전기저항이 매우 높다. 따라서 저항을 낮추어 줄 수 있는 SO_3 또는 물의 주입이 필요하다. 시멘트 산업의 분진처리는 온도가 높아지게 되면 비저항이 증가하므로 주로 물을 사용하여 온도와 저항을 낮춘다.

56. 정답 ①

해설 압력손실이 작고 운영 비용이 적게 든다.

57. 정답 전체 정답처리

해설 식 $\Delta P = 4f \times \dfrac{L}{D} \times \dfrac{\gamma V^2}{2g}$

$\Delta P = 4 \times 0.005 \times \dfrac{100}{1.2} \times \dfrac{1.3 \times 15^2}{2 \times 9.8} = 24.87 mmH_2O$

(문제오류 단위 mmHg로 출제)

58. 정답 ④

해설 식 $N_{Re} = \dfrac{DV\rho}{\mu} = \dfrac{DV}{\nu}$

$3.5 \times 10^4 = \dfrac{0.05m \times V}{1.5 \times 10^{-5}}$, ∴ $V = 10.5 m/\sec$

59. 정답 ②

해설 수세법은 타 방법에 비해 탈취효율이 낮다. 독립적으로 사용하기보다 타 방법과 병용하여 사용된다.

60. 정답 ①

해설 가스분산형 흡수장치 : 단탑(포종탑, 다공판탑), 기포탑

4과목 대기오염공정시험기준(방법)

61. 정답 ③

62. 정답 ③

63. 정답 ②

해설 $A(\text{흡광도}) = \log \dfrac{1}{t} = \log \dfrac{I_o}{I_t}$

64. 정답 ②

해설 식 $C_s = C_a \times \dfrac{21 - O_s}{21 - O_a} = 250 \times \left(\dfrac{21-4}{21-3.5}\right)$

$= 242.86 mg/Sm^3$

65. 정답 ②

해설 비분산적외선 분석계의 장치구성 : 광원 → 회전섹터 → 광학필터 → 시료셀/비교셀 → 검출기 → 증폭기 → 지시계

암기TIP 광 회전 필 료

66. 정답 ④

해설 식 $V_s = V \times \dfrac{273}{273 + t_m} \times \dfrac{P_a + P_m}{760}$ (건식 가스미터 기준)

식 $V_s = V \times \dfrac{273}{273 + t_m} \times \dfrac{P_a + P_m - P_v}{760}$ (습식 가스미터 기준)

- V : 흡인가스량
- P_a : 대기압
- P_m : 가스미터 게이지압
- P_v : 포화수증기압
- t_m : 가스미터 온도

67. 정답 ③

68. 정답 ③

해설 도관의 길이는 가급적 짧게 하고 76m를 넘지 않도록 한다.

69. 정답 ③

70. 정답 ③

해설 검출기 : 화학발광을 선택적으로 투과시킬 수 있는 광학필터가 부착되어 있으며 발광도를 전기신호로 변환시키는 역할을 한다.

71. 정답 ④

72. 정답 ②

해설 "감압 또는 진공"이라 함은 따로 규정이 없는 한 15mmHg 이하를 뜻한다.

73. 정답 ①

해설 냉수는 15℃ 이하, 온수는 60~70℃, 열수는 약 100℃를 말한다.

74. 정답 ③

해설 문제는 파과부피에 대한 설명이다.

참고
- ㉠ 머무름부피
  짧은 길이로 흡착제가 충전된 흡착관을 통과하면서 분석물질의 증기띠를 이동시키는데 필요한 운반기체의 부피. 즉, 분석물질의 증기띠가 흡착관을 통과하면서 탈착되는데 요구되는 양만큼의 부피를 측정하여 알 수 있다. 보통 그 증기띠가 흡착관을 이동하여 돌파(파과)가 나타난 시점에서 측정된다. 튜브내의 불감부피(dead volume)를 고려하기 위하여 메탄(methane)의 머무름부피를 차감한다.
- ㉡ 안전부피
  파과부피의 2/3배를 취하거나(직접적인 방법) 머무름부피의 1/2 정도를 취하므로(간접적인 방법)서 얻어진다.

75. 정답 ②

해설 일산화탄소 분석방법 : 정전위전해법, 비분산적외선분석법, 가스크로마토그래피법(기체크로마토그래피법)

암기TIP 일 정 비 가스!

76. 정답 ④

해설 식 $C = \dfrac{A_F \times V/v}{V_s} \times 1,000 \times \dfrac{22.4}{19}$

- C : 불소화합물의 농도(ppm, F)
- A_F : 검정곡선에서 구한 불소화합물 이온의 질량(mg)
- V_s : 건조시료가스량(L)
- V : 시료용액 전량
  (방해이온이 존재할 경우 : 250mL,
   방해이온이 존재하지 않을 경우 : 200mL)
- v : 분취한 액량(mL)

∴ $C = \dfrac{1 \times 250/50}{20} \times 1,000 \times \dfrac{22.4}{19} = 294.74 \, ppm$

77. 정답 ①

해설 식 $X mg/m^3 = \dfrac{납}{가스량} = \dfrac{\dfrac{0.0125mg}{mL} \times 100mL}{500L \times \dfrac{1m^3}{10^3 L}}$

$= 2.5 \, mg/m^3$

78. 정답 ④

해설 PAH의 retention time(체류시간)

물질명	체류시간(min)
1. NAPHTHALENE	not available
2. ACENAPHTHALENE	7.66
3. ACENAPHTHENE	8.37
4. FLUORENE	10.5
5. PHENANTHRENE	15.0
6. ANTHRACENE	15.3
7. FLUORANTHEME	21.4
8. PYRENE	22.6
9. BENZ[a]ANTHRACENE	29.4
10. CHRYSENE	29.6
11. BENZO[e]PYRENE	36.4
12. BENZO[b]FLUORANTHENE	35.1
13. BENZO[k]FLUORANTHENE	35.2
14. BENZO[a]PYRENE	36.6
15. DIBEN[a,h]ANTHRACENE	43.9
16. BENZO[ghi]PERYLENE	45.6
17. INDEN[1, 2, 3 –cd]PYRENE	43.6

79. 정답 ②

해설 합성제올라이트를 충전제로 사용한다.

80. 정답 ④

해설 공급전원은 기기의 사양에 지정된 전압 전기용량 및 주파수로 전압변동은 10% 이하이고 주파수 변동이 없어야 한다.

5과목 대기환경관계법규

81. 정답 ②

82. 정답 ③

해설 ③항은 특별시장·광역시장·특별자치시장·도지사 또는 특별자치도지사(이하 "시·도지사"라 한다)가 설치하는 대기오염 측정망의 종류에 해당한다.

제11조(측정망의 종류 및 측정결과보고 등) 수도권대기환경청장, 국립환경과학원장 또는 「한국환경공단법」에 따른 한국환경공단(이하 "한국환경공단"이라 한다)이 설치하는 대기오염 측정망의 종류는 다음 각 호와 같다.

1. 대기오염물질의 지역배경농도를 측정하기 위한 교외대기측정망
2. 대기오염물질의 국가배경농도와 장거리이동 현황을 파악하기 위한 국가배경농도측정망
3. 도시지역 또는 산업단지 인근지역의 특정대기유해물질(중금속을 제외한다)의 오염도를 측정하기 위한 유해대기물질측정망
4. 도시지역의 휘발성유기화합물 등의 농도를 측정하기 위한 광화학대기오염물질측정망
5. 산성 대기오염물질의 건성 및 습성 침착량을 측정하기 위한 산성강하물측정망
6. 기후·생태계 변화유발물질의 농도를 측정하기 위한 지구대기측정망
7. 장거리이동대기오염물질의 성분을 집중 측정하기 위한 대기오염집중측정망
8. 초미세먼지(PM-2.5)의 성분 및 농도를 측정하기 위한 미세먼지성분측정망

83. 정답 ④

해설 시행규칙 제40조(개선명령의 이행 보고 등) ② 영 제22조제2항에 따른 대기오염도 검사기관은 다음 각 호와 같다.

1. 국립환경과학원
2. 특별시·광역시·특별자치시·도·특별자치도(이하 "시·도"라 한다)의 보건환경연구원
3. 유역환경청, 지방환경청 또는 수도권대기환경청
4. 한국환경공단

84. 정답 ①

85. 정답 ④

86. 정답 ②
해설 시행령 제4조(장거리이동대기오염물질대책위원회의 위원 등) ② "대통령령으로 정하는 분야"란 산림 분야, 대기환경 분야, 기상 분야, 예방의학 분야, 보건 분야, 화학사고 분야, 해양 분야, 국제협력 분야 및 언론 분야를 말한다.

87. 정답 ③
해설 법 제8조(대기오염에 대한 경보) 대기오염경보의 대상지역, 대상 오염물질, 발령 기준, 경보 단계 및 경보 단계별 조치 등에 필요한 사항은 대통령령으로 정한다.

88. 정답 ①
해설 기후·생태계 변화 유발물질 : 온실가스 + 염화불화탄소 + 수소염화불화탄소

89. 정답 ②
해설 법 제14조(장거리이동대기오염물질대책위원회) 위원회의 위원장은 환경부차관이 되고, 위원은 다음 각 호의 사람으로서 환경부장관이 위촉하거나 임명하는 사람으로 한다.
1. 대통령령으로 정하는 중앙행정기관의 공무원
2. 대통령령으로 정하는 분야의 학식과 경험이 풍부한 전문가

90. 정답 ③
해설 신축 공동주택의 실내공기질 권고기준(제7조의2 관련)
1. 폼알데하이드 210$\mu g/m^3$ 이하
2. 벤젠 30$\mu g/m^3$ 이하
3. 톨루엔 1,000$\mu g/m^3$ 이하
4. 에틸벤젠 360$\mu g/m^3$ 이하
5. 자일렌 700$\mu g/m^3$ 이하
6. 스티렌 300$\mu g/m^3$ 이하
7. 라돈 148Bq/m^3 이하

91. 정답 ④

92. 정답 ④
해설 과징금 부과금액 = 300만원/일 × 부과일수 × 부과계수
∴ 과징금 부과금액 = 300만원/일 × 1일 × 1.0

제51조(과징금의 부과 등) 법 제37조제3항에 따른 과징금의 부과기준은 다음 각 호와 같다.
1. 과징금은 행정처분기준에 따라 조업정지일수에 1일당 부과금액과 사업장 규모별 부과계수를 곱하여 산정할 것
2. 1일당 부과금액은 300만원으로 하고, 사업장 규모별 부과계수는 영 별표 1의3에 따른 1종사업장에 대하여는 2.0, 2종사업장에 대하여는 1.5, 3종사업장에 대하여는 1.0, 4종사업장에 대하여는 0.7, 5종사업장에 대하여는 0.4로 할 것

93. 정답 ②

94. 정답 ④
해설 시행령 제44조(비산먼지 발생사업) 법 제43조제1항 전단에서 "대통령령으로 정하는 사업"이란 다음 각 호의 사업 중 환경부령으로 정하는 사업을 말한다.
1. 시멘트·석회·플라스터 및 시멘트 관련 제품의 제조업 및 가공업
2. 비금속물질의 채취업, 제조업 및 가공업
3. 제1차 금속 제조업
4. 비료 및 사료제품의 제조업
5. 건설업(지반 조성공사, 건축물 축조 및 토목공사, 조경공사로 한정한다)
6. 시멘트, 석탄, 토사, 사료, 곡물 및 고철의 운송업
7. 운송장비 제조업
8. 저탄시설(貯炭施設)의 설치가 필요한 사업
9. 고철, 곡물, 사료, 목재 및 광석의 하역업 또는 보관업
10. 금속제품의 제조업 및 가공업
11. 폐기물 매립시설 설치·운영 사업

95. 정답 ①
해설 대기환경기준 항목 : 먼지(PM-10, PM-2.5), 이산화질소, 아황산가스, 벤젠, 납, 일산화탄소, 오존

[암기TIP] 멀 리 소 벤 납 시 오! (먼지, 이산화질소, SO_2, 벤젠, 납, CO, 오존)

96. 정답 ①

해설 [실내공기질 권고기준(제4조 관련)]

오염물질 항목 다중이용시설	이산화질소 (ppm)	라돈 (Bq/㎥)	총휘발성유기화합물 (㎍/㎥)	곰팡이 (CFU/㎥)
가. 지하역사, 지하도상가, 철도역사의 대합실, 여객자동차터미널의 대합실, 항만시설 중 대합실, 공항시설 중 여객터미널, 도서관·박물관 및 미술관, 대규모점포, 장례식장, 영화상영관, 학원, 전시시설, 인터넷컴퓨터게임시설제공업의 영업시설, 목욕장업의 영업시설	0.1 이하	148 이하	500 이하	–
나. 의료기관, 산후조리원, 노인요양시설, 어린이집, 실내 어린이놀이시설	0.05 이하		400 이하	500 이하
다. 실내주차장	0.30 이하		1,000 이하	–

97. 정답 ④

해설 시행령 제11조(배출시설의 설치허가 및 신고 등) ③ 법 제23조제1항에 따라 배출시설 설치허가를 받거나 설치신고를 하려는 자는 배출시설 설치허가신청서 또는 배출시설 설치신고서에 다음 각 호의 서류를 첨부하여 환경부장관 또는 시·도지사에게 제출해야 한다.
1. 원료(연료를 포함한다)의 사용량 및 제품 생산량과 오염물질 등의 배출량을 예측한 명세서
2. 배출시설 및 방지시설의 설치명세서
3. 방지시설의 일반도(一般圖)
4. 방지시설의 연간 유지관리 계획서
5. 사용 연료의 성분 분석과 황산화물 배출농도 및 배출량 등을 예측한 명세서(법 제41조제3항 단서에 해당하는 배출시설의 경우에만 해당한다)
6. 배출시설 설치허가증(변경허가를 신청하는 경우에만 해당한다)

98. 정답 ②

99. 정답 ①

100. 정답 ①

해설 실내공기질 관리법 시행령 제2조(적용대상) ① 「실내공기질 관리법」(이하 "법"이라 한다) 제3조제1항 각 호 외의 부분에서 "대통령령으로 정하는 규모의 것"이란 다음 각 호의 어느 하나에 해당하는 시설을 말한다. 이 경우 둘 이상의 건축물로 이루어진 시설의 연면적은 개별 건축물의 연면적을 모두 합산한 면적으로 한다.
1. 모든 지하역사(출입통로·대합실·승강장 및 환승 통로와 이에 딸린 시설을 포함한다)
2. 연면적 2천제곱미터 이상인 지하도상가(지상건물에 딸린 지하층의 시설을 포함한다. 이하 같다). 이 경우 연속되어 있는 둘 이상의 지하도상가의 연면적 합계가 2천제곱미터 이상인 경우를 포함한다.
3. 철도역사의 연면적 2천제곱미터 이상인 대합실
4. 여객자동차터미널의 연면적 2천제곱미터 이상인 대합실
5. 항만시설 중 연면적 5천제곱미터 이상인 대합실
6. 공항시설 중 연면적 1천5백제곱미터 이상인 여객터미널
7. 연면적 3천제곱미터 이상인 도서관
8. 연면적 3천제곱미터 이상인 박물관 및 미술관
9. 연면적 2천제곱미터 이상이거나 병상 수 100개 이상인 의료기관
10. 연면적 500제곱미터 이상인 산후조리원
11. 연면적 1천제곱미터 이상인 노인요양시설
12. 연면적 430제곱미터 이상인 국공립어린이집, 법인어린이집, 직장어린이집 및 민간어린이집
13. 모든 대규모점포
14. 연면적 1천제곱미터 이상인 장례식장(지하에 위치한 시설로 한정한다)
15. 모든 영화상영관(실내 영화상영관으로 한정한다)
16. 연면적 1천제곱미터 이상인 학원
17. 연면적 2천제곱미터 이상인 전시시설(옥내시설로 한정한다)
18. 연면적 300제곱미터 이상인 인터넷컴퓨터게임시설제공업의 영업시설
19. 연면적 2천제곱미터 이상인 실내주차장(기계식 주차장은 제외한다)
20. 연면적 3천제곱미터 이상인 업무시설
21. 연면적 2천제곱미터 이상인 둘 이상의 용도(「건축법」 제2조제2항에 따라 구분된 용도를 말한다)에 사용되는 건축물
22. 객석 수 1천석 이상인 실내 공연장
23. 관람석 수 1천석 이상인 실내 체육시설
24. 연면적 1천제곱미터 이상인 목욕장업의 영업시설

UNIT 08 2021년 2회 기사 정답 및 해설

01 ④	02 ④	03 ①	04 ④	05 ②
06 ①	07 ③	08 ①	09 ②	10 ③
11 ②	12 ②	13 ①	14 ②	15 ③
16 ②	17 ③	18 ②	19 ④	20 ④
21 ③	22 ③	23 ②	24 ①	25 ④
26 ④	27 ④	28 ②	29 ①	30 ④
31 ②	32 ②	33 ②	34 ②	35 ④
36 ④	37 ③	38 ①	39 ③	40 ③
41 ②	42 ②	43 ①	44 ④	45 ③
46 ④	47 ③	48 ②	49 ②	50 ①
51 ④	52 ①	53 ②	54 ①	55 ③
56 ①	57 ③	58 ②	59 ③	60 ②
61 ②	62 ①	63 ④	64 ③	65 ①
66 ④	67 ②	68 ①	69 ④	70 ②
71 ②	72 ②	73 ①	74 ②	75 ④
76 ④	77 ②	78 ③	79 ③	80 ③
81 ②	82 ④	83 ②	84 ②	85 ①
86 ②	87 ③	88 ②	89 ③	90 ①
91 ③	92 ②	93 ①	94 ②	95 ②
96 ④	97 ①	98 ③	99 ④	100 ③

1과목 대기오염개론

01. 정답 ④

해설 식 $\theta = T\left(\dfrac{1,000}{P}\right)^{0.288}$

∴ $\theta = (273+22) \times \left(\dfrac{1,000}{990}\right)^{0.288} = 295.86K$

※ T의 단위는 K(켈빈온도, 절대온도)로 대입

02. 정답 ④

해설 일반적으로 로듐촉매는 NOx를 저감시키는 환원반응을 촉진시키고 백금촉매는 CO와 HC를 저감시키는 산화반응을 촉진시킨다.

03. 정답 ①

해설 오존층파괴 방지 협약 : 비엔나 협약, 몬트리올 의정서, 런던 회의, 코펜하겐 회의

산성비방지 협약 : 제네바 협약, 헬싱키 의정서, 소피아 의정서

04. 정답 ④

해설 [오존파괴지수의 순서]

할론류 > 사염화탄소 > CFC > HCFC

→ 브롬이 포함된 할론류는 일반적으로 ODP가 가장 크고, 그 다음 사염화탄소, 그 다음 CFC, 그 다음 수소가 포함된 HCFC순이다.

[물질별 오존파괴지수(ODP)]

① CCl_4(사염화탄소) : 1.2
② CF_3Br(Halon-1301) : 10 ~ 13.2
③ CF_2BrCl(Halon-1211) : 3
④ $CHFClCF_3$(HCFC-124) : 0.022

05. 정답 ②

해설 산성비 문제를 해결하기 위하여 질소산화물 배출량 또는 국가 간 이동량을 최저 30% 삭감하는 소피아 의정서가 채택되었다. 몬트리올 의정서는 오존층 보호를 위한 국제협약이다.

06. 정답 ①

해설 보팔사건은 메틸이소시아네이트(MIC, CH_3CNO)가 누출된 사고이다.

07. 정답 ③

해설 Ri수가 큰 양의 값을 가지면 대류가 없는 강한 안정상태를 나타내고 수직운동이 저해된다.

08. 정답 ①

09. 정답 ②

해설 식 $L_k = \dfrac{A \times 10^3}{G}$

• $G(\mu g/m^3) = \dfrac{0.25mg}{m^3} \times \dfrac{10^3 \mu g}{1mg} = 250 \mu g/m^3$

∴ $L_k = \dfrac{1.3 \times 10^3}{250} = 5.2km$

10. 정답 ③

해설 대표적인 2차오염물질(광화학 부산물)

O_3, PAN, NOCl, 아크로레인, H_2O_2

11. 정답 ②

12. 정답 ②

해설 $X\mu g/m^3 = \dfrac{12mL}{m^3} \times \dfrac{28mg}{22.4SmL} \times \dfrac{10^3 \mu g}{1mg} = 15{,}000 \mu g/m^3$

※ 1ppm = 1mL/m³
※ 일산화탄소(CO)의 분자량 = 12 + 16 = 28

13. 정답 ①

해설 구름이 적고 일사량이 많으며, 바람이 적은 야간에 주로 발생한다. 일교차가 큰 봄, 가을 또는 추운 겨울에 주로 발생한다.

14. 정답 ④

해설 N_2O는 무색, 무취의 매우 안정적인 기체로 대기 중에서 반응성이 매우 적다. 대류권에서는 온실가스, 성층권에서 오존층 파괴물질이며, 고온에서는 강력한 산화제로 작용한다.

15. 정답 ③

해설 인체 내 노출된 납의 90% 이상은 뼈에 축적된다.

16. 정답 ②

해설
① 상승형(lofting, 지붕형) : 상층은 불안정, 하층은 안정인 대기
② 환상형(looping) : 불안정한 대기(과단열)
③ 부채형(fanning) : 매우 안정한 대기(역전)
④ 훈증형(fumigation) : 상층은 안정, 하층은 불안정인 대기

17. 정답 ③

해설 바람에 의한 오염물의 주 이동방향은 x축이며, 풍속 U는 일정하다.

18. 정답 ②

해설 ②항만 옳바르다.
오답해설
① 가솔린차량(휘발유 사용)에서는 탄화수소, 일산화탄소, 납, 질소산화물이 주로 배출된다.
 (디젤차량 : 탄화수소, 일산화탄소, 질소산화물, 매연)
③ 탄소의 순환에서 가장 큰 저장고 역할을 하는 부분은 해양이다. (약 30% 저장)
④ 불소는 자연상태에서 단분자로 거의 존재하지 않는다. 요업, 유리공업, 알루미늄공업 등에서 주로 배출된다.

19. 정답 ④

해설 산풍은 경사면 → 계곡 → 주계곡으로 수렴하면서 중력에 의해 풍속이 가속되기 때문에 낮에 산 위쪽으로 부는 곡풍보다 세기가 강하다.

20. 정답 ④

해설 프레온가스의 대체물질인 HCFCs(hydrochlorofluorocarbons)은 오존층 파괴능력이 현저히 낮으나, 파괴능력은 여전히 존재한다.

2과목   연소공학

21. 정답 ③

해설 착화온도가 증가하며 연소속도가 느려진다.

22. 정답 ③

해설 반응활성도가 클수록 낮아진다.

23. 정답 ③

해설 확산형 버너는 역화의 위험이 없다. 역화의 위험이 있는 버너는 예혼합버너이다.

24. 정답 ①

25. 정답 ④

해설 ④항만 올바르다.
오답해설
① 별도의 탈황, 탈질 설비가 필요하다.
② 별도의 개조를 한 뒤 중유 전용 연소시설에 사용될 수 있다.
③ 미분쇄한 석탄에 중유를 섞어서 액체화시킨 연료이다.
※ 분사변 : 연료를 분사해주는 장치

26. 정답 ④

해설 식 $t_o = \dfrac{Hl}{G \cdot C_p} + t$

∴ $t_o = \dfrac{6{,}000}{10 \times 0.38} + 15 = 1593.95℃$

27. 정답 ④

해설 누설에 의한 역화·폭발 등의 위험이 크고, 설비비가 많이 든다.

28. 정답 ①

29. 정답 ①

해설 식 $m = \dfrac{N_2}{N_2 - 3.76(O_2 - 0.5CO)}$

$= \dfrac{80}{80 - 3.76 \times (8 - 0.5 \times 12)} = 1.10$

30. 정답 ④

해설 식 $AFR_v = \dfrac{공기몰수 \times 22.4}{연료몰수 \times 22.4}$

반응식 $CH_4 + 2O_2 \rightarrow CO_2 + 2H_2O$
1mol : 2mol

$\therefore AFR_v = \dfrac{2 \times \dfrac{1}{0.21} \times 22.4}{1 \times 22.4} = 9.52$

31. 정답 ②

해설 식 $X_{CO_2}(\%) = \dfrac{CO_2}{G_d} \times 100$

- $CO_2 = 3C_3H_8 + 4C_4H_{10} = 3 \times 2 + 4 \times 2 = 14m^3$

$10(\%) = \dfrac{14}{G_d} \times 100, \quad \therefore G_d = 140m^3$

32. 정답 ②

해설 식 $X_{SO_2} = \dfrac{SO_2}{G_d} \times 100$

- $G_d = (m - 0.21)A_o + CO_2 + SO_2$
$= (1.3 - 0.21) \times 10.39 + 1.867 \times 0.85 + 0.7 \times 0.05$
$= 12.95 m^3/kg$

- $A_o = \dfrac{1}{0.21} \times O_o$
$= \dfrac{1}{0.21} \times (1.867 \times 0.85 + 5.6 \times 0.1 + 0.7 \times 0.05)$
$= 10.39 Sm^3/kg$

$\therefore X_{SO_2} = \dfrac{0.7 \times 0.05}{12.95} \times 100 = 0.27\%$

33. 정답 ②

해설 기화열이 높아 취급이 어렵다. 대용량 사용시에는 별도의 기화설비를 갖추어야 한다.
※ LPG의 기화열(증발열)
프로판 101.8kcal/kg
부탄 92.1kcal/kg

34. 정답 ②

해설 식 $Hl = Hh - 600(9H + W)$

$\therefore Hl = 5,000 - 600 \times (9 \times 0.13 + 0.007) = 4,293.8 kcal/kg$

35. 정답 ④

해설 중합 및 고리화합물 등과 같이 반응이 일어나기 쉬운 탄화수소일수록 매연 발생이 많다.

36. 정답 ④

해설 말단가스를 저온으로 하여야 노킹현상을 방지할 수 있다.

37. 정답 ③

해설 식 $CO_{2\max}(\%) = m \times (CO_2) = \dfrac{21}{21-7} \times 30 = 45\%$

38. 정답 ①

해설 폭발하한값이 낮을수록 폭발상한값이 높을수록 위험도는 증가한다.

39. 정답 ③

해설 고압공기식 버너의 분무각도는 20~30° 정도로 저압공기식(30~60°) 버너에 비해 좁은 편이다.

40. 정답 ③

해설 Φ > 1일 때, 연료 과잉/공기 부족이며 질소산화물(NOx) 발생량이 적고 CO 및 HC 발생량이 많다.

3과목 대기오염방지기술

41. 정답 ④

해설 식 $\eta_t = 1 - [(1-\eta_1)(1-\eta_2)\cdots(1-\eta_n)]$

$\therefore \eta_t = 1 - [(1-0.85) \times (1-0.96)] = 0.994 ≒ 99.4\%$

42. 정답 ②

43. 정답 ②

해설 원심력 송풍기 효율 순서 : 비행기날개형(익형) > 터보형(후향날개형) > 방사형(레디얼, 평판형) > 전향날개형

44. 정답 ④

해설 ④항만 올바르다.

오답해설
① 주로 공기정화용으로 사용되는 것은 양극(+)코로나 방전이다. 음극(-)코로나 방전은 산업시설의 제진용으로 사용된다.
② 양극(+)코로나 방전에 비해 전계강도가 강하다.
③ 양극(+)코로나 방전에 비해 불꽃 개시 전압이 높다.

45. 정답 ③

해설 식 $V_s = \dfrac{d_p^2(\rho_p - \rho)g}{18\mu}$

- $d_p = 2.2\mu m = 2.2 \times 10^{-6} m$
- $\rho_p = \dfrac{2,400g}{L} \times \dfrac{1kg}{10^3 g} \times \dfrac{10^3 L}{1m^3} = 2,400 kg/m^3$
- $\rho = \dfrac{1.29g}{L} \times \dfrac{1kg}{10^3 g} \times \dfrac{10^3 L}{1m^3} = 1.29 kg/m^3$
- $\mu = 1.81 \times 10^{-4} poise \times \dfrac{1g/cm \cdot sec}{1 poies} \times \dfrac{1kg}{10^3 g} \times \dfrac{100cm}{1m}$

  $= 1.81 \times 10^{-5} kg/m^3$

$\therefore V_s = \dfrac{(2.2 \times 10^{-6})^2 \times (2,400 - 1.29) \times 9.8}{18 \times 1.81 \times 10^{-5}}$

$= 3.49 \times 10^{-4} m/sec$

46. 정답 ④

해설 흡수액을 통과시키면서 가스유속을 증가시킬 때, 충전층 내의 액보유량이 증가하는 것을 파과점(break point)이라 한다. flooding(범람)은 파과가 지속되어 탑 밖으로 액이 넘치는 현상을 말한다.

47. 정답 ③

해설 마찰저항력은 레이놀즈수가 작아질수록 증가한다. (레이놀즈수 = 관성력/점성력)

※ 마찰저항 : 유체속의 물체가 작용하는 저항 중 물체 표면의 마찰변형력의 합력으로서 정해지는 부분, 점성저항이라고도 한다.

48. 정답 ②

해설 ②항만 올바르다.

[흡수액의 구비조건]
① 용해도가 높아야 한다.
② 휘발성이 적어야 한다.
③ 부식성이 없어야 한다.
④ 가격이 저렴하여야 한다.
⑤ 점성이 적어야 한다.
⑥ 화학적으로 안정되고, 독성이 없어야 한다.
⑦ 인화성과 빙점이 낮아야 한다.

49. 정답 ②

해설 오존분해법 : 오존은 산성에서 비교적 안정하나 알칼리성 조건일수록 분해속도가 빨라진다.

50. 정답 ①

해설 곡관이 많을수록 압력손실이 커진다.

51. 정답 ④

52. 정답 ①

해설 반응식 $2NO + 2CO \rightarrow N_2 + 2CO_2$

$2 \times 22.4 m^3 : 2 \times 22.4 m^3$

$\dfrac{250 mL}{m^3} \times \dfrac{2,000 m^3}{min} \times \dfrac{60 min}{1 hr} \times \dfrac{1 m^3}{10^6 mL} : X$

$\therefore X = 30 m^3/hr$

53. 정답 ②

해설 활성탄은 비극성물질 제거에 효과적이며 유기용매 회수에 효과적이다.

54. 정답 ①

해설 식 전력요금 = 동력 × 전력요금

식 $P = \dfrac{\Delta P \times Q}{102 \times \eta} \times \alpha = \dfrac{300 \times (500/60)}{102 \times 0.7} \times 1.0 = 35.01 kW$

$\therefore$ 전력요금 $= 35.01 kW \times \dfrac{50원}{1 kWh} \times \dfrac{10 hr}{1 day} \times 30 day$

$= 525,150원$

55. 정답 ③

해설 연속식은 포집과 탈진이 동시에 이루어져 압력손실의 변동이 작고 고농도, 고용량의 가스처리에 효율적이다.

56. 정답 ①

57. 정답 ②

해설 식 $\dfrac{V_2}{V_1} = \dfrac{\dfrac{Q_2}{A_2}}{\dfrac{Q_1}{A_1}} = \dfrac{\dfrac{(6+10)m^3/min}{\pi \times (0.12m)^2 / 4}}{\dfrac{10 m^3/min}{\pi \times (0.09m)^2 / 4}} = 0.9$

58. 정답 ③

59. 정답 ③
해설 보충용 공기의 유입구는 작업장이나 다른 건물의 배기구에서 나온 유해물질의 유입을 배제할 수 있는 위치로서 바닥에서 1.5m 이상에서 유입하도록 한다.

60. 정답 ②
해설 NO는 흡착법으로 처리하기 어렵다.

4과목   대기오염공정시험기준(방법)

61. 정답 ②

62. 정답 ①
해설 식 FID 농도계산
= $C(교정용가스중물질농도) \times \dfrac{대상물질피크높이}{교정용가스피크높이}$

∴ FID 농도계산 = $30 \times \dfrac{10}{20} = 15\,ppm$

63. 정답 ④
해설 산소 흡수액은 물에 수산화포타슘을 녹인 용액과 물에 피로카롤을 녹인 용액을 혼합한 용액으로 한다.
※ 2022년 이후로 산소 - 오르자트분석법(화학분석법)은 삭제되었음으로 학습을 권장하지 않음

64. 정답 ③

65. 정답 ①
해설 폼알데하이드 - 크로모트로핀산 흡수액 : 크로모트로핀산 + 황산

66. 정답 ②
해설 ②항만 올바르다.
[흡광차분광법 - 간섭물질의 영향]
• SO_2에 대한 O_3의 영향
• O_3에 대한 수분의 영향
• O_3에 대한 톨루엔의 영향

67. 정답 ③
해설 보유시간(머무름 값)을 측정할 때는 3회 측정하여 그 평균치를 구하며 일반적으로 5~30분 정도에서 측정하는 봉우리의 보유시간은 반복시험 할 때 ±3% 오차범위 이내이어야 한다.

68. 정답 ①
해설 교정가스는 기기 표시치를 교정하는데 사용되는 VOCs 화합물로서 일반적으로 누출농도와 유사한 농도의 대조 화합물이다.

69. 정답 ④
해설 • 분광학적 간섭 : 이 종류의 간섭은 장치나 불꽃의 성질에 기인하는 것으로서 다음과 같은 경우에 일어난다.
 - 분석에 사용하는 스펙트럼선이 다른 인접선과 완전히 분리되지 않는 경우
 - 분석에 사용하는 스펙트럼의 불꽃 중에서 생성되는 목적원소의 원자증기 이외의 물질에 의하여 흡수되는 경우

70. 정답 ②
해설 불화수소(플루오린화수소) - 이온전극법

71. 정답 ②
해설 ②항만 올바르다.
→ 2022년부터 삭제된 항목이므로 학습을 권장하지 않음

72. 정답 ②
해설 벤조(a)피렌은 가스크로마토그래피의 ECD검출기로 측정한다.

73. 정답 ①
해설 일산화탄소 분석방법 : 정전위전해법, 비분산형적외선분석법, 가스크로마토그래피(일 정 비 가스)

74. 정답 ③
해설 식 $V = C\sqrt{\dfrac{2gP_v}{\gamma}}$

• $C = 0.8584$

• $P_v = 7mm\,톨루엔 \times \dfrac{0.85 H_2O}{1\,톨루엔} = 5.95\,mmH_2O$

• $\gamma = \dfrac{1.3\,kg}{Sm^3} \times \dfrac{273}{273+150} = 0.8390\,kg/Sm^3$

∴ $V = 0.8584 \times \sqrt{\dfrac{2 \times 9.8 \times 5.95}{0.8390}} = 10.12\,m/\sec$

75. 정답 ④

해설 이 시험법은 침전적정법이라고도 불린다. 오르토톨리딘법은 염소의 자외선/가시선 분광법이다.

76. 정답 ④

해설 ④항만 올바르다.

오답해설
① Pb – 217.0nm(또는 283.3nm)
② Cu – 324.8nm
③ Ni – 232.0nm

77. 정답 ②

해설 이황화탄소 채취관 및 연결관(도관) 재질 – 경질유리, 석영, 플루오르수지(불소수지)

78. 정답 ③

해설 액체성분의 양을 정확히 취한다. – 홀피펫, 메스플라스크(용량플라스크)를 사용해 조작

79. 정답 ④

80. 정답 ③

해설 **식** 먼지농도 = $\dfrac{(\text{먼지 포집 후무게} - \text{먼지 포집 전무게})}{\text{표준상태 건조가스량}(V_s)}$

- $V_s = V(L) \times \dfrac{273}{273+t_m} \times \dfrac{P_a+P_m-P_v}{760}$

  $= 50L \times \dfrac{273}{273+15} \times \dfrac{765+4-12.67}{760} = 47.1669L$

∴ 먼지농도
$= \dfrac{(6.2963-6.2721)g}{47.1669L} \times \dfrac{10^3 mg}{1g} \times \dfrac{10^3 L}{1m^3} = 513.07 mg/m^3$

5과목 대기환경관계법규

81. 정답 ②

82. 정답 ④

83. 정답 ③

해설 제27조(배출시설의 변경신고 등) 변경신고를 하여야 하는 경우는 다음 각 호와 같다.
1. 같은 배출구에 연결된 배출시설을 증설 또는 교체하거나 폐쇄하는 경우. 다만, 배출시설의 규모[허가 또는 변경허가를 받은 배출시설과 같은 종류의 배출시설로서 같은 배출구에 연결되어 있는 배출시설(방지시설의 설치를 면제받은 배출시설의 경우에는 면제받은 배출시설)의 총 규모를 말한다]를 10퍼센트 미만으로 증설 또는 교체하거나 폐쇄하는 경우로서 다음 각 목의 모두에 해당하는 경우에는 그러하지 아니하다.
   가. 배출시설의 증설·교체·폐쇄에 따라 변경되는 대기오염물질의 양이 방지시설의 처리용량 범위 내일 것
   나. 배출시설의 증설·교체로 인하여 다른 법령에 따른 설치 제한을 받는 경우가 아닐 것
2. 배출시설에서 허가받은 오염물질 외의 새로운 대기오염물질이 배출되는 경우
3. 방지시설을 증설·교체하거나 폐쇄하는 경우
4. 사업장의 명칭이나 대표자를 변경하는 경우
5. 사용하는 원료나 연료를 변경하는 경우. 다만, 새로운 대기오염물질을 배출하지 아니하고 배출량이 증가되지 아니하는 원료로 변경하는 경우 또는 종전의 연료보다 황함유량이 낮은 연료로 변경하는 경우는 제외한다.
6. 배출시설 또는 방지시설을 임대하는 경우
7. 그 밖의 경우로서 배출시설 설치허가증에 적힌 허가사항 및 일일조업시간을 변경하는 경우

84. 정답 ③

85. 정답 ①

해설 검사원은 4명 이상이어야 하며, 그 중 2명 이상은 해당 검사 업무에 5년 이상 종사한 경험이 있는 사람이어야 한다.

86. 정답 ②

[일산화탄소 대기환경기준]
- 8시간 평균치 : 9ppm 이하
- 1시간 평균치 : 25ppm 이하

87. 정답 ③

제38조(개선계획서) 개선계획서에는 다음 각 호의 구분에 따른 사항이 포함되거나 첨부되어야 한다.
1. 조치명령을 받은 경우
   가. 개선기간·개선내용 및 개선방법
   나. 굴뚝 자동측정기기의 운영·관리 진단계획
2. 개선명령을 받은 경우로서 개선하여야 할 사항이 배출시설 또는 방지시설인 경우
   가. 배출시설 또는 방지시설의 개선명세서 및 설계도
   나. 대기오염물질의 처리방식 및 처리 효율
   다. 공사기간 및 공사비
   라. 다음의 경우에는 이를 증명할 수 있는 서류
      1) 개선기간 중 배출시설의 가동을 중단하거나 제한하여 대기오염물질의 농도나 배출량이 변경되는 경우
      2) 개선기간 중 공법 등의 개선으로 대기오염물질의 농도나 배출량이 변경되는 경우
3. 개선명령을 받은 경우로서 개선하여야 할 사항이 배출시설 또는 방지시설의 운전미숙 등으로 인한 경우
   가. 대기오염물질 발생량 및 방지시설의 처리능력
   나. 배출허용기준의 초과사유 및 대책

88. 정답 ①

제44조(비산먼지 발생사업) "대통령령으로 정하는 사업"이란 다음 각 호의 사업 중 환경부령으로 정하는 사업을 말한다.
1. 시멘트·석회·플라스터 및 시멘트 관련 제품의 제조업 및 가공업
2. 비금속물질의 채취업, 제조업 및 가공업
3. 제1차 금속 제조업
4. 비료 및 사료제품의 제조업
5. 건설업(지반 조성공사, 건축물 축조 및 토목공사, 조경공사로 한정한다)
6. 시멘트, 석탄, 토사, 사료, 곡물 및 고철의 운송업
7. 운송장비 제조업
8. 저탄시설(貯炭施設)의 설치가 필요한 사업
9. 고철, 곡물, 사료, 목재 및 광석의 하역업 또는 보관업
10. 금속제품의 제조업 및 가공업
11. 폐기물 매립시설 설치·운영 사업

89. 정답 ③

90. 정답 ①

91. 정답 ③

[별표 2] 특정대기유해물질(제4조 관련)

1. 카드뮴 및 그 화합물
2. 시안화수소
3. 납 및 그 화합물
4. 폴리염화비페닐
5. 크롬 및 그 화합물
6. 비소 및 그 화합물
7. 수은 및 그 화합물
8. 프로필렌 옥사이드
9. 염소 및 염화수소
10. 불소화물
11. 석면
12. 니켈 및 그 화합물
13. 염화비닐
14. 다이옥신
15. 페놀 및 그 화합물
16. 베릴륨 및 그 화합물
17. 벤젠
18. 사염화탄소
19. 이황화메틸
20. 아닐린
21. 클로로포름
22. 포름알데히드
23. 아세트알데히드
24. 벤지딘
25. 1,3-부타디엔
26. 다환 방향족 탄화수소류
27. 에틸렌옥사이드
28. 디클로로메탄
29. 스틸렌
30. 테트라클로로에틸렌
31. 1,2-디클로로에탄
32. 에틸벤젠
33. 트리클로로에틸렌
34. 아크릴로니트릴
35. 히드라진

92. 정답 ②

제11조(측정망의 종류 및 측정결과보고 등) 수도권대기환경청장, 국립환경과학원장 또는 「한국환경공단법」에 따른 한국환경공단(이하 "한국환경공단"이라 한다)이 설치하는 대기오염 측정망의 종류는 다음 각 호와 같다.
1. 대기오염물질의 지역배경농도를 측정하기 위한 교외대기측정망
2. 대기오염물질의 국가배경농도와 장거리이동 현황을 파악하기 위한 국가배경농도측정망
3. 도시지역 또는 산업단지 인근지역의 특정대기유해물질(중금속을 제외한다)의 오염도를 측정하기 위한 유해대기물질측정망
4. 도시지역의 휘발성유기화합물 등의 농도를 측정하기 위한 광화학대기오염물질측정망
5. 산성 대기오염물질의 건성 및 습성 침착량을 측정하기 위한 산성강하물측정망
6. 기후·생태계 변화유발물질의 농도를 측정하기 위한 지구대기측정망
7. 장거리이동대기오염물질의 성분을 집중 측정하기 위한 대기오염집중측정망

8. 미세먼지(PM-2.5)의 성분 및 농도를 측정하기 위한 미세먼지성분측정망

93. 정답 ①

해설 제35조(배출부과금의 부과·징수) 시·도지사는 배출부과금을 부과할 때에는 다음 각 호의 사항을 고려하여야 한다.
1. 배출허용기준 초과 여부
2. 배출되는 대기오염물질의 종류
3. 대기오염물질의 배출 기간
4. 대기오염물질의 배출량
5. 제39조에 따른 자가측정(自家測定)을 하였는지 여부
6. 그 밖에 대기환경의 오염 또는 개선과 관련되는 사항으로서 환경부령으로 정하는 사항

94. 정답 ②

해설 메틸메르캅탄 : 0.004ppm 이하(공업 지역), 0.002ppm 이하(기타 지역)

95. 정답 ②

해설 시행규칙 제24조(총량규제구역의 지정 등) 환경부장관은 그 구역의 사업장에서 배출되는 대기오염물질을 총량으로 규제하려는 경우에는 다음 각 호의 사항을 고시하여야 한다.
1. 총량규제구역
2. 총량규제 대기오염물질
3. 대기오염물질의 저감계획
4. 그 밖에 총량규제구역의 대기관리를 위하여 필요한 사항

96. 정답 ④

97. 정답 ①

98. 정답 ③

해설 법 제8조(대기오염에 대한 경보) 대기오염경보의 대상 지역, 대상 오염물질, 발령 기준, 경보 단계 및 경보 단계별 조치 등에 필요한 사항은 대통령령으로 정한다.

99. 정답 ④

해설 [별표 1의3] 사업장 분류기준(제13조 관련)

종별	오염물질발생량 구분
1종사업장	대기오염물질발생량의 합계가 연간 80톤 이상인 사업장
2종사업장	대기오염물질발생량의 합계가 연간 20톤 이상 80톤 미만인 사업장
3종사업장	대기오염물질발생량의 합계가 연간 10톤 이상 20톤 미만인 사업장
4종사업장	대기오염물질발생량의 합계가 연간 2톤 이상 10톤 미만인 사업장
5종사업장	대기오염물질발생량의 합계가 연간 2톤 미만인 사업장

100. 정답 ③

해설 실내공기질 유지기준 오염물질항목 : 미세먼지(PM10, PM2.5), 이산화탄소, 폼알데하이드, 총부유세균, 일산화탄소

UNIT 09 2022년 1회 기사 정답 및 해설

01 ③	02 ②	03 ①	04 ②	05 ③
06 ③	07 ①	08 ①	09 ②	10 ②
11 ③	12 ①	13 ②	14 ①	15 ①
16 ③	17 ①	18 ①	19 ③	20 ④
21 ③	22 ②	23 ②	24 ①	25 ①
26 ④	27 ②	28 ④	29 ②	30 ①
31 ①	32 ②	33 ④	34 ①	35 ①
36 ④	37 ③	38 ②	39 ③	40 ①
41 ①	42 ①	43 ①	44 ③	45 ①
46 ③	47 ③	48 ①	49 ③	50 ②
51 ③	52 ②	53 ②	54 ①	55 ④
56 ②	57 ②	58 ③	59 ③	60 ②
61 ③	62 ①	63 ④	64 ①	65 ③
66 ③	67 ②	68 ④	69 ②	70 ④
71 ①	72 ③	73 ②	74 ④	75 ②
76 ③	77 ①	78 ①	79 ①	80 ④
81 ②	82 ②	83 ①	84 ①	85 ①
86 ①	87 ④	88 ②	89 ①	90 ④
91 ④	92 ②	93 ①	94 ③	95 ①
96 ②	97 ③	98 ④	99 ③	100 ③

1과목 대기오염개론

01. 정답 ③

해설 ③항만 올바르다.

오답해설
① 온난화에 의한 해면상승은 지역의 특수성에 따라 지역별로 각각 다른 양상으로 나타난다.
② 대류권 오존의 생성반응을 촉진시켜 오존의 농도가 지속적으로 증가한다.
④ 기온상승과 토양의 건조화는 생물성장의 남방한계와 북방한계에 모두 영향을 준다.

02. 정답 ②

해설 PAN의 분자식 : $CH_3COOONO_2$

03. 정답 ①

해설 무색, 무취의 기체로 액화 시에도 무색이다.

04. 정답 ②

해설 [온위에 따른 대기안정도]
온위가 (+)값이면 대기는 안정
온위가 (−)값이면 대기는 불안정
온위가 일정하면 대기는 중립

05. 정답 ③

해설 식 $E = \sigma \times T^4$
- $E_1 = \sigma \times 1,500^4$
- $E_2 = \sigma \times 1,800^4$

$\therefore \dfrac{E_2}{E_1} = \dfrac{\sigma \times 1,800^4}{\sigma \times 1,500^4} = 2.07$

06. 정답 ③

해설 연소온도가 증가함에 따라 NO 생성량이 증가한다.

07. 정답 ①

해설 지붕형 : 상층이 불안정하고 하층이 안정한 대기상태가 유지될 때 발생한다.

08. 정답 ①

해설 ①항은 분산모델에 대한 설명이다. 수용모델은 오염원의 조업 및 운영상태에 대한 정보가 필요없다.

09. 정답 ②

해설 풍속은 높이와 관계없이 일정하다.

10. 정답 ②

해설 [악취가스 별 최소감지농도]

악취가스	최소감지농도(ppm)
황화수소	0.0041
메틸멜캅탄	0.00007
폼알데하이드	0.5
아세톤	42
아세트산	0.006
암모니아	0.1
페놀	0.00028
이황화탄소	0.21
트리메틸아민	0.00021
염소	0.049
톨루엔	0.9

11. 정답 ③

해설 대기 중의 CO_2는 가장 많은 양이 바다로 흡수된다. (약 30%)

12. 정답 ①

해설 백석면(Chrysotile)
갈석면(Amosite)
청석면(Crocidolite)

13. 정답 ②

해설 식 혈중 COHb 농도(%) $= \beta(1-e^{-\sigma t}) \times C_{CO}$

$10\% = (0.15\%/ppm) \times (1-e^{-0.402 \times t}) \times 436ppm$

$\dfrac{10}{0.15 \times 436} = (1-e^{-0.402 \times t})$

$0.1529 - 1 = -e^{-0.402 \times t}$

$-0.8471 = -e^{-0.402 \times t}$

$\ln(0.8471) = -0.402 \times t$, ∴ $t = 0.41hr$

14. 정답 ④

해설 복사역전은 주로 구름이 없고, 바람이 적은 맑은 날 잘 발생하고 여름보다 겨울에 잘 발생한다. (일몰 후 땅이 냉각되며 발생)

15. 정답 ①

해설 ①항은 수은에 대한 설명이다.

16. 정답 ③

17. 정답 ②

해설 식 $\Delta H = 1.5 \times \dfrac{V_s}{U} \times D$

$24 = 1.5 \times \dfrac{V_s}{(180/60)} \times (2 \times 1.5)$, ∴ $V_s = 16m/sec$

18. 정답 ①

해설 식 γ(환경감률, ℃/100m)

$= \dfrac{(23-23.3)℃}{(50-10)m} \times 100m = -0.75℃/100m$

∴ 환경감률이 –0.98 ~ 0℃/100m 사이에 위치하므로 미단열(약한 불안정)

참고 ・0℃/100m : 등온
・-0.98℃/100m : 건조단열감률(중립)
미단열 : 등온과 중립 사이에 위치

19. 정답 ③

20. 정답 ④

해설 대기 중의 SO_2는 산소와 반응하여 SO_3로 산화된다. SO_3는 수분과 반응하여 H_2SO_4로 산화된다.

2과목 연소공학

21. 정답 ③

해설 식 $Hl = Hh - 600(9H+W)$

・$Hh = 8,100C + 34,000\left(H - \dfrac{O}{8}\right) + 2,500S$

$Hh = 8,100 \times 0.79 + 34,000 \times \left(0.14 - \dfrac{0.022}{8}\right) + 2,500 \times 0.035$

$= 11,153 kcal/kg$

∴ $Hl = 11,153 - 600 \times (9 \times 0.14 + 0.013) = 10,389.2 kcal/kg$

22. 정답 ②

해설 고체연료에 비해 점화, 소화 및 연소조절이 쉽다.
[연소조절의 난이도]
고체연료 > 액체연료 > 기체연료

23. 정답 ②

24. 정답 ①

해설 ① 고로 가스 : 24 ~ 25%
② 코크스로 가스 : 11 ~ 11.5%(참고 : 코크스(코우크스) : 20.0 ~ 20.5%)
③ 갈탄 : 19.0 ~ 19.5%
④ 역청탄 : 18.5 ~ 19%

25. 정답 ①

해설 ①항만 올바르다.
오답해설
② 등가비가 1보다 큰 경우 NOx 발생량이 감소한다. (〈-〉공기비가 1보다 큰 경우 NOx 발생량 증가)
③ 등가비와 공기비는 반비례관계에 있다.
④ 최대탄산가스율은 이론 건조연소가스량과 최대탄산가스량의 비율이다.

26. 정답 ③

해설 식 $X_{CO_2}(\%) = \dfrac{CO_2}{G_d} \times 100$

・$CO_2 = 3C_3H_8 + 4C_4H_{10} = 3 \times 0.5 + 4 \times 0.5 = 3.5 m^3/m^3$

$13(\%) = \dfrac{3.5}{G_d} \times 100$, ∴ $G_d = 26.92 m^3/m^3$

27. 정답 ②

해설 식 $AFR_m = \dfrac{m_a \times M_a}{m_f \times M_f}$

반응식 $CH_4 + 2O_2 \rightarrow CO_2 + 2H_2O$
    1 : 2

∴ $AFR_m = \dfrac{\left(2 \times \dfrac{1}{0.2}\right) \times 28.95}{1 \times 16} = 18.09$

28. 정답 ④

해설
① $C_2H_4 + 3O_2 \rightarrow 2CO_2 + 2H_2O$,
$A_o = 3 \times \dfrac{1}{0.21} = 14.29 m^3$

② $C_2H_2 + 2.5O_2 \rightarrow 2CO_2 + H_2O$,
$A_o = 2.5 \times \dfrac{1}{0.21} = 11.90 m^3$

③ $C_3H_8 + 5O_2 \rightarrow 3CO_2 + 4H_2O$,
$A_o = 5 \times \dfrac{1}{0.21} = 23.81 m^3$

④ $C_3H_4 + 4O_2 \rightarrow 3CO_2 + 2H_2O$,
$A_o = 4 \times \dfrac{1}{0.21} = 19.05 m^3$

별해

$A_o = O_o \times \dfrac{1}{0.21} \rightarrow O_o = A_o \times 0.21 = 19 \times 0.21 = 3.99 Sm^3$

∴ 산소 몰수가 4가 되는 것을 찾으면, C_3H_4

29. 정답 ②

해설 반감기란 물질의 50%가 분해되는데 걸리는 시간을 말한다.

① 0차 반응 : $C_0 - C_t = k \cdot t$

$C_0 - 0.5C_0 = k \cdot t$, $t = \dfrac{0.5C_0}{k}$

② 1차 반응 : $\ln\left(\dfrac{C_t}{C_0}\right) = -k \cdot t$

$\ln\left(\dfrac{0.5C_0}{C_0}\right) = -k \cdot t$, $t = \dfrac{0.693}{k}$

③ 2차 반응 : $\dfrac{1}{C_0} - \dfrac{1}{C_t} = -k \cdot t$

$\dfrac{1}{C_0} - \dfrac{1}{0.5C_0} = -k \cdot t$, $t = \dfrac{1}{C_0 \cdot k}$

④ 3차 반응(또는 n차 반응) : $\dfrac{1}{C_0} - \dfrac{1}{C_t} = -k \cdot t$ (2차 반응식과 모양이 같으나 k의 단위가 다르다.)

$\dfrac{1}{C_0} - \dfrac{1}{0.5C_0} = -k \cdot t$, $t = \dfrac{1}{C_0 \cdot k}$

30. 정답 ①

해설 확산연소에는 포트형과 버너형이 있다.

31. 정답 ①

해설 –C–C–(사슬모양)의 탄소결합을 절단하기 쉬운 쪽보다 탈수소가 쉬운 쪽이 매연이 잘 발생한다.

※ –C–C–(사슬모양)의 탄소결합을 절단하기 쉬우면 매연이 잘 발생하지 않는다.

32. 정답 ②

해설 [탄화도의 순서]
무연탄 > 역청탄 > 갈탄 > 이탄

33. 정답 ④

해설 식 $\dfrac{100}{UEL} = \dfrac{V_1}{U_1} + \dfrac{V_2}{U_2} + \dfrac{V_3}{U_3}$

$\dfrac{100}{UEL} = \dfrac{50}{15} + \dfrac{30}{12.5} + \dfrac{20}{9.5}$, ∴ $UEL = 12.76$

식 $\dfrac{100}{LEL} = \dfrac{V_1}{L_1} + \dfrac{V_2}{L_2} + \dfrac{V_3}{L_3}$

$\dfrac{100}{LEL} = \dfrac{50}{5} + \dfrac{30}{3} + \dfrac{20}{2.1}$, ∴ $LEL = 3.39$

∴ 폭발범위 : 3.4~12.8%

34. 정답 ①

해설 탄화수소계 연료의 발열량은 탄소수가 클수록 같은 탄소수에서는 수소수가 클수록 커진다.
① 메탄 : CH_4
② 에탄 : C_2H_6
③ 프로판 : C_3H_8
④ 에틸렌 : C_2H_4

35. 정답 ①

해설

반응식 $SO_2 + CaCO_3 + 0.5O_2 \rightarrow CaSO_4 + CO_2$
    $22.4m^3$: $100kg$

$\dfrac{10톤}{hr} \times \dfrac{2}{100} \times \dfrac{10^3 kg}{1톤} \times \dfrac{22.4m^3(SO_2)}{32kg(S)} \times 0.95 : X$

∴ $X = 593.75 kg/hr$

36. 정답 ④

해설 식 열효율(%) = $\dfrac{유효열량}{공급열량} \times 100$

• 유효열량 = 발생증기엔탈피 - 급수엔탈피
$= \frac{(3183-84)kJ}{kg} \times \frac{30,000kg}{hr} = 92,970,000 kJ/hr$

• 공급열량 $= \frac{20.9MJ}{kg} \times \frac{5,500kg}{hr} \times \frac{10^3 kJ}{1MJ} = 114,950,000 kJ/hr$

∴ 열효율(%) $= \frac{92,970,000}{114,950,000} \times 100 = 80.88\%$

37. 정답 ③

해설 식 $m = \frac{21}{21-O_2}$

$2 = \frac{21}{21-O_2}$, ∴ $O_2 = 10.5\%$

38. 정답 ②

해설 유동식은 액체연료의 연소방식에 해당하지 않는다. 유동식(유동층) 소각은 고체연료에 적용되는 방식이다.
※ 액체연료의 분무화 연소방식 : 유압분무식, 이류체 분무식(고압, 저압), 회전식, 건타입

39. 정답 ③

해설 식 $\frac{1}{C_0} - \frac{1}{C_t} = -k \cdot t$

1) 10%가 반응
$\frac{1}{C_0} - \frac{1}{0.9C_0} = -k \times 250$, $k = \frac{4.4444 \times 10^{-4}}{C_0}$

2) 90%가 반응
$\frac{1}{C_0} - \frac{1}{0.1C_0} = -\frac{4.4444 \times 10^{-4}}{C_0} \times t$

∴ $t = 20,250.02 sec$

40. 정답 ①

해설 연료의 조성에 따라 CO_2와 G_{od} 값이 변하므로 $(CO_2)max$는 달라지게 된다.

식 $CO_{2\max}(\%) = \frac{CO_2}{G_{od}} \times 100$

3과목   **대기오염방지기술**

---

41. 정답 ①

해설 (A)방식의 총 집진효율은 96%이다.

식 $\eta_t = 1 - [(1-0.8) \times (1-0.8)] = 0.96 ≒ 96\%$

42. 정답 ①

해설 배출가스의 점도가 높아지면 먼지의 침강속도가 느려지고 집진효율이 감소한다.
※ 배출가스의 온도가 높아지면 점도는 높아지고 중력집진장치의 집진효율은 감소한다.

43. 정답 ①

해설 수분이나 여과속도에 대한 적응성이 낮다. 수분이 많으면 여과포의 눈을 막아 압력손실이 증가하는 블라인딩 현상이 발생할 수 있고 여과속도가 빨라지면 집진효율이 떨어진다.

44. 정답 ③

해설 식 $m(질량) = \forall(부피) \times \rho(밀도)$

∴ $\frac{m_B}{m_A} = \frac{\frac{\pi \times (100D)^3}{6} \times \rho}{\frac{\pi \times (D)^3}{6} \times \rho} = 100^3 = 1,000,000$

45. 정답 ①

해설 촉매산화법에서 촉매독을 유발하는 물질은 Fe, Pb, Si, Zn, As, P, S 등이다.

46. 정답 ③

해설 먼지의 비저항이 비정상적으로 높아 2차전류가 현저히 떨어질 때에는 스파크 횟수를 늘린다.

47. 정답 ④

해설 공기량을 적게 하여 연소시켜야 NOx를 저감할 수 있다.

48. 정답 ③

해설 식 $\Delta P_h = \frac{1-C_e^2}{C_e^2} \times P_v$

$3.5 = \frac{1-C_e^2}{C_e^2} \times 1.5$, ∴ $C_e = 0.5477$

49. 정답 ③

해설 식 질량유속
$= \frac{2m}{\sec} \times \frac{\pi \times (0.5m)^2}{4} \times \frac{1g}{cm^3} \times \frac{10^6 cm^3}{1m^3} \times \frac{1kg}{10^3 g}$
$= 392.70 kg/\sec$

50. 정답 ②

해설 원통의 직경이 작을수록 집진효율이 증가한다.

51. 정답 ④

해설 액측 저항이 지배적으로 클 때는 가스분산형이 유리하고, 가스측 저항이 지배적으로 클 때는 액분산형 흡수장치를 사용하는 것이 유리하다.
- 가스분산형 흡수장치 : 단탑(다공판탑, 포종탑), 기포탑
- 액분산형 흡수장치 : 벤츄리스크러버, 사이클론스크러버, 제트스크러버, 분무탑, 충전탑

52. 정답 ②

해설 [충전탑의 충전물에 대한 구비조건]
㉠ 단위용적에 대하여 표면적이 클 것
㉡ 공극률이 클 것
㉢ 압력손실이 작고 충진밀도가 클 것
㉣ 액가스 분포를 균일하게 유지할 수 있을 것
㉤ 내식성과 내열성이 크고, 내구성이 있을 것

53. 정답 ④

해설 [여과포 탈진 방식]
간헐식 : 역기류식, 진동식, 역기류 진동식
충격제트기류 분사형(pulse jet), 리버스제트(Reverse jet, 역제트기류 방식)

54. 정답 ①

해설 습식석회석법은 pH의 영향을 많이 받으므로 적정 pH로 유지해야 한다. 반면 건식석회석법은 pH의 영향을 받지 않는다.

55. 정답 ④

56. 정답 ②

해설 식 $d_{p50}(d_{p\,cut}) = \sqrt{\dfrac{9\mu B_c}{2(\rho_p-\rho)\pi N_e V}} \times 10^6 (\mu m)$

- $\rho_p = \dfrac{2g}{cm^3} \times \dfrac{1kg}{10^3 g} \times \dfrac{10^6 cm^3}{1m^3} = 2,000 kg/m^3$
- $B_c = 20 cm = 0.2 m$

$\therefore d_{p50}(d_{p\,cut})$
$= \sqrt{\dfrac{9 \times 2 \times 10^{-5} \times 0.2}{2 \times (2,000-1.2) \times \pi \times 8 \times 30}} \times 10^6 (\mu m)$
$= 3.46 \mu m$

57. 정답 ②

해설 식 $n = \dfrac{Q_f}{Q_i} = \dfrac{Q_f}{\pi D L V_f}$

$\therefore n = \dfrac{\dfrac{750 m^3}{min} \times \dfrac{1 min}{60 sec}}{\pi \times 0.3 m \times 10 m \times \dfrac{0.035 m}{sec}} = 37.8940 ≒ 38개$

58. 정답 ③

해설 제트스크러버는 액가스비가 매우 커서 사용수량이 많다. 따라서 처리가스량이 많은 경우 사용수량이 매우 커지므로 적합하지 않다. 제트스크러버는 승압효과가 필요하거나 매우 적은 압력손실이 필요한 공정에 적합하다.

59. 정답 ③

해설 식 공기 무게 $= 100 Sm^3 \times \dfrac{28.85 kg}{22.4 Sm^3} = 128.79 kg$

60. 정답 ②

해설 층류가 될 수 있는 최대 레이놀즈수(N_{Re})는 2,100이다. 따라서 2,100에서의 유속이 최대 층류유속이 된다.

식 $N_{Re} = \dfrac{D \cdot V \cdot \rho}{\mu}$

$2,100 = \dfrac{0.1 \times V \times 1.3}{1.8 \times 10^{-5}}$, $\therefore V = 0.29 m/\sec$

4과목   대기오염공정시험기준(방법)

61. 정답 ③

해설 식 $X_w (\%) = \dfrac{수분량(부피)}{습윤가스(부피)} \times 100$
$= \dfrac{수분량(부피)}{건조가스+수분량(부피)} \times 100$

- 포집된 수분량 $= 97.69 - 96.16 = 1.53 g$

$\therefore X_w = \dfrac{\dfrac{22.4L}{18g} \times 1.53}{20 + \left(\dfrac{22.4L}{18g} \times 1.53\right)} \times 100 = 8.69(\%)$

62. 정답 ①

해설 분리관은 크로마토그래피에서 사용되는 장치이다.

63. 정답 ④
    해설 방울수라 함은 20℃에서 정제수 20방울을 떨어뜨릴 때 부피가 약 1mL 되는 것을 뜻한다.

64. 정답 ①
    해설 분리관의 재질은 내압성, 내부식성으로 용리액 및 시료액과 반응성이 적은 것을 선택하며 에폭시지관 또는 유리관이 사용된다. 일부는 스테인레스관이 사용되지만 금속이온 분리용으로는 좋지 않다.

65. 정답 ③
    해설 경로(Path) 측정시스템 : 굴뚝 또는 덕트 단면 직경의 10% 이상의 경로를 따라 오염물질 농도를 측정하는 배출가스 연속자동측정시스템을 말한다.

66. 정답 ③
    해설 일반적으로 5~30분 정도에서 측정하는 봉우리의 머무름시간은 반복시험을 할 때 ±3% 오차범위 이내이어야 한다.

67. 정답 ②
    해설 식 비산먼지의 농도 $= (C_H - C_B) \times W_D \times W_U$
    - $W_D = 1.5$ (90° 이상 변하므로)
    - $W_U = 1.0$ (풍속이 0.5m/sec 미만 또는 10m/sec 이상 되는 시간이 전 채취시간의 50% 미만)
    ∴ 비산먼지의 농도
    $$= \left(\frac{(3.828-3.419)g \times \frac{10^6 \mu g}{1g}}{\frac{[(1.8+1.2)/2]m^3}{min} \times 24hr \times \frac{60min}{1hr}} - 0.15 \mu g/m^3 \right) \times 1.5 \times 1.0$$
    $= 283.80 \mu g/m^3$

68. 정답 ④

69. 정답 ②

70. 정답 ④
    해설 "정량적으로 씻는다"라 함은 어떤 조작으로부터 다음 조작으로 넘어갈 때 사용한 비커, 플라스크 등의 용기 및 여과막 등에 부착한 정량대상 성분을 사용한 용매로 씻어 그 세액을 합하고 먼저 사용한 같은 용매를 채워 일정용량으로 하는 것을 뜻한다.

71. 정답 ①

72. 정답 ③
    해설 [굴뚝연속자동측정기기의 설치방법 - 가스상 물질 기준]
    - 수직굴뚝 하부 끝단으로부터 위를 향하여 그곳의 굴뚝 내경의 2배 이상이 되는 지점
    - 수직굴뚝 상부 끝단으로부터 아래를 향하여 굴뚝 상부 내경의 1/2배 이상이 되는 지점

73. 정답 ②

74. 정답 ④
    해설 배출가스 중 브로민, 아이오딘, 오존, 이산화질소, 이산화염소 등의 산화성가스나 황화수소, 이산화황 등의 환원성 가스의 공존하면 영향을 받으므로 그 영향을 무시하거나 제거할 수 있는 경우에 적용하며, 배출가스 시료 채취 종료 후 10분 이내 측정할 수 있는 경우에 적용한다.

75. 정답 ②
    해설 식 $V = C \times \sqrt{\frac{2g P_v}{\gamma}} = 0.85 \times \sqrt{\frac{2 \times 9.8 \times 13}{1.2}}$
    $= 12.39 m/sec$

76. 정답 ③
    해설 길이 5μm 이상인 섬유는 1개로 판정한다.

77. 정답 ①
    해설 원형연도의 측정점 수는 다음 [표]와 같다.

굴뚝직경(m)	반경 구분수	측정점 수
1 미만	1	4
1~2 미만	2	8
2~4 미만	3	12
4~4.5 미만	4	16
4.5 이상	5	20

78. 정답 ①

79. 정답 ①
    해설 시료부에는 일반적으로 시료액을 넣은 흡수셀(cell, 시료셀)과 대조액을 넣는 흡수셀(대조셀)이 있고 이 셀을 보호하기 위한 셀홀더(cell holder)와 이것을 광로에 올려 놓을 시료실로 구성된다.

80. 정답 ④

5과목 대기환경관계법규

81. 정답 ③

82. 정답 ②
   해설 제46조(배출가스의 종류) "대통령령으로 정하는 오염물질"이란 다음 각 호의 구분에 따른 물질을 말한다.
   1. 휘발유, 알코올 또는 가스를 사용하는 자동차
      가. 일산화탄소
      나. 탄화수소
      다. 질소산화물
      라. 알데히드
      마. 입자상물질
      바. 암모니아
   2. 경유를 사용하는 자동차
      가. 일산화탄소
      나. 탄화수소
      다. 질소산화물
      라. 매연
      마. 입자상물질(粒子狀物質)
      바. 암모니아

83. 정답 ④
   해설 알코올만 사용하는 자동차는 탄화수소 기준을 적용하지 아니한다.

84. 정답 ③
   해설 제10조(악취배출시설의 변경신고) ① 법 제8조제1항 후단이나 제8조의2제2항 후단에 따라 악취배출시설의 변경신고를 하여야 하는 경우는 다음 각 호와 같다.
   1. 악취배출시설의 악취방지계획서 또는 악취방지시설을 변경(사용하는 원료의 변경으로 인한 경우를 포함한다)하는 경우
   2. 악취배출시설을 폐쇄하거나, 별표 2 제2호에 따른 시설 규모의 기준에서 정하는 공정을 추가하거나 폐쇄하는 경우
   3. 사업장의 명칭 또는 대표자를 변경하는 경우
   4. 악취배출시설 또는 악취방지시설을 임대하는 경우

85. 정답 ④
   해설 1종사업장과 2종사업장 중 1개월 동안 실제 작업한 날만을 계산하여 1일 평균 17시간 이상 작업하는 경우에는 해당 사업장의 기술인을 각각 2명 이상 두어야 한다. 이 경우, 1명을 제외한 나머지 인원은 3종사업장에 해당하는 기술인 또는 환경기능사로 대체할 수 있다.

86. 정답 ①

87. 정답 ④

88. 정답 ④
   해설 법 제51조(결함확인검사 및 결함의 시정) 결함확인검사 대상 자동차의 선정기준, 검사방법, 검사절차, 검사기준, 판정방법, 검사수수료 등에 필요한 사항은 환경부령으로 정한다. 환경부장관이 해당 항목의 환경부령을 정하는 경우에는 관계 중앙행정기관의 장과 협의하여야 하여야 한다.

89. 정답 ③
   해설 [프로피온산]
   • 공업지역 : 0.07 이하
   • 기타지역 : 0.03 이하
   • 엄격한 배출허용기준의 범위 : 0.03 ~ 0.07 (공업지역)

90. 정답 ④
   해설 환경기준 물질 : 아황산가스, 일산화탄소, 이산화질소, 미세먼지, 초미세먼지, 오존, 납, 벤젠

91. 정답 ④

92. 정답 ③

93. 정답 ③

94. 정답 ③
   해설 교육과정의 교육기간은 4일 이내로 한다.

95. 정답 ①
   해설 제11조(배출시설의 설치허가 및 신고 등) 배출시설 설치허가를 받거나 설치신고를 하려는 자는 배출시설 설치허가신청서 또는 배출시설 설치신고서에 다음 각 호의 서류를 첨부하여 시·도지사에게 제출하여야 한다.

1. 원료(연료를 포함한다)의 사용량 및 제품 생산량과 오염물질 등의 배출량을 예측한 명세서
2. 배출시설 및 방지시설의 설치명세서
3. 방지시설의 일반도(一般圖)
4. 방지시설의 연간 유지관리 계획서
5. 사용 연료의 성분 분석과 황산화물 배출농도 및 배출량 등을 예측한 명세서(법 제41조제3항 단서에 해당하는 배출시설의 경우에만 해당한다)
6. 배출시설설치허가증(변경허가를 신청하는 경우에만 해당한다)

96. 정답 ②

해설 [사업장 분류기준(제13조 관련)]

종별	오염물질발생량 구분
1종사업장	대기오염물질발생량의 합계가 연간 80톤 이상인 사업장
2종사업장	대기오염물질발생량의 합계가 연간 20톤 이상 80톤 미만인 사업장
3종사업장	대기오염물질발생량의 합계가 연간 10톤 이상 20톤 미만인 사업장
4종사업장	대기오염물질발생량의 합계가 연간 2톤 이상 10톤 미만인 사업장
5종사업장	대기오염물질발생량의 합계가 연간 2톤 미만인 사업장

97. 정답 ③

98. 정답 ④

해설 제2조(대기오염경보의 대상 지역 등)
1. 주의보 발령 : 주민의 실외활동 및 자동차 사용의 자제 요청 등
2. 경보 발령 : 주민의 실외활동 제한 요청, 자동차 사용의 제한 및 사업장의 연료사용량 감축 권고 등
3. 중대경보 발령 : 주민의 실외활동 금지 요청, 자동차의 통행금지 및 사업장의 조업시간 단축명령 등

99. 정답 ③

해설

[별표 4] 대기오염방지시설(제6조 관련)	
1. 중력집진시설	10. 직접연소에 의한 시설
2. 관성력집진시설	11. 촉매반응을 이용하는 시설
3. 원심력집진시설	12. 응축에 의한 시설
4. 세정집진시설	13. 산화·환원에 의한 시설
5. 여과집진시설	14. 미생물을 이용한 처리시설
6. 전기집진시설	15. 연소조절에 의한 시설
7. 음파집진시설	16. 위 제1호부터 제15호까지의 시설과 같은 방지효율 또는 그 이상의 방지효율을 가진 시설로서 환경부장관이 인정하는 시설
8. 흡수에 의한 시설	
9. 흡착에 의한 시설	

100. 정답 ③

UNIT 10 2022년 2회 기사 정답 및 해설

01 ②	02 ③	03 ③	04 ④	05 ②
06 ②	07 ③	08 ④	09 ②	10 ③
11 ④	12 ②	13 ④	14 ①	15 ④
16 ①	17 ④	18 ②	19 ①	20 ④
21 ①	22 ②	23 ①	24 ②	25 ①
26 ④	27 ④	28 ③	29 ④	30 ③
31 ④	32 ③	33 ④	34 ③	35 ②
36 ④	37 ③	38 ③	39 ①	40 ③
41 ③	42 ④	43 ①	44 ①	45 ①
46 ④	47 ③	48 ④	49 ①	50 ④
51 ①	52 ②	53 ②	54 ①	55 ④
56 ③	57 ④	58 ④	59 ④	60 ④
61 ④	62 ③	63 ①	64 ②	65 ①
66 ②	67 ④	68 ①	69 ④	70 ④
71 ①	72 ②	73 ②	74 ④	75 ①
76 ③	77 ②	78 ④	79 ④	80 ②
81 ④	82 ③	83 ④	84 ④	85 ②
86 ③	87 ①	88 ④	89 ④	90 ③
91 ②	92 ②	93 ③	94 ④	95 ①
96 ③	97 ①	98 ①	99 ③	100 ④

1과목 대기오염개론

01. 정답 ②
해설 풍하측 방향으로 풍속은 일정하다고 가정한다.
※ Power law(멱법칙) : 대기경계층 내에서 높이에 따른 평균풍속의 연직분포를 나타내는 법칙 (풍속은 Deacon식으로 산출)

02. 정답 ③
해설 PAN($CH_3COOONO_2$)은 질소산화물의 일종으로 가시광선을 흡수 및 산란하여 가시거리를 단축시킨다.

03. 정답 ③

04. 정답 ④
해설 Stokes 직경 : 구형이 아닌 입자(대상입자)와 침강속도가 같고 밀도가 같은 구형입자의 직경
공기역학적 직경 : 구형이 아닌 입자(대상입자)와 침강속도가 같고 단위밀도를 갖는 구형입자의 직경
※ 단위밀도 : $1g/cm^3$

05. 정답 ②

06. 정답 ②
해설 ① 도노라 사건 : 미국에서 SOx 배출로 호흡기 질환을 유발한 사건
③ 요코하마 사건 : 스모그가 발생하였을 때, 심한 천식이 발생한 사건, 정확한 원인은 밝혀지지 않았으나, 대기오염도가 높아질 때 질환자수가 증가
④ 보팔시사건 : 인도 보팔시에 살충제 공장에서 메틸이소시아네이트(MIC)가 누출된 사고

07. 정답 ③
해설 식 $Xmg/m^3 = \dfrac{0.02AmL}{m^3} \times \dfrac{273(보정 후 온도)}{273+20(보정 전 온도)}$
$\times \dfrac{750(보정 전 압력)}{760(보정 후 압력)} \times \dfrac{64mg}{22.4SmL} = 0.053mg/m^3$

08. 정답 ④
해설 • EBD : 승차인원이나 적재하중에 맞추어 앞뒤 바퀴에 적절한 제동력을 자동으로 배분함으로써 안정된 브레이크 성능을 발휘할 수 있게 하는 전자식 제동력 분배 시스템이다.
• SCR : 촉매의 존재 하에 NOx와 선택적으로 반응할 수 있는 환원제를 주입하여 NOx를 N_2로 환원하는 장치이다.

09. 정답 ②

10. 정답 ③
해설 식 $L_k = \dfrac{A \times 10^3}{G} = \dfrac{1.2 \times 10^3}{40} = 30km$

11. 정답 ④
해설 증기압이 낮고 난용성(물에 안 녹는다)이다.

12. 정답 ②

13. 정답 ④

해설 $X℃ = 20℃ - \left(\dfrac{0.88℃}{100m} \times (300-100)m\right) = 18.24℃$

14. 정답 ①

해설 불화수소 배출원 : 알루미늄공업, 유리공업, 요업(도자기)

15. 정답 ④

16. 정답 ①

해설 낮에는 풍속이 약할수록(2m/s 이하), 일사량이 강할수록 대기가 불안정하다.

17. 정답 ④

해설 오존층은 성층권에서 오존의 농도가 가장 높은 지상 25~30km 구간을 말한다.

18. 정답 ②

해설 식 오존농도(C) = 기존 농도(Co) + 증가농도(△C)
- 복사기 사용 전 농도(Co) = 0.1ppm
- 증가농도(△C) = 오존발생량(mL)/실내용적(m^3)

$= \dfrac{0.2mg}{min} \times 5hr \times \dfrac{60min}{1hr} \times \dfrac{22.4mL}{48mg} \times \dfrac{1}{100m^3}$

$= 0.28 mL/m^3 (= ppm)$

∴ C = 0.1+0.28 = 0.38ppm = 380ppb

19. 정답 ②

20. 정답 ④

2과목 연소공학

21. 정답 ①

22. 정답 ②

해설 식 $m = \dfrac{21}{21-O_2} = \dfrac{21}{21-6.5} = 1.45$

23. 정답 ①

해설 공기비가 낮을 때 : CO, 매연, HC의 발생량 증가, 연소가 불안정, 폭발위험 증가

공기비가 높을 때 : NOx, SOx 발생량 증가, 배출가스에 의한 열손실, 연소실 내의 온도감소, 연소실 내 혼합촉진

24. 정답 ②

해설 ②항만 올바르다.

오답해설
① 석탄의 휘발분이 많을수록 매연발생량이 많다.
③ C/H비가 클수록 이론공연비가 감소한다.
④ 중유는 점도를 기준으로 A, B, C 중유로 구분할 수 있으며 이중 C 중유의 점도가 가장 높다.
(점도크기 : C > B > A)

25. 정답 ①

해설 [연료별 착화온도]

물질	착화온도(℃)
목재	250~300
갈탄	250~450
목탄	320~370
역청탄	320~400
무연탄	440~500
중유	530~580
휘발유(가솔린)	550
수소	580~600
일산화탄소(CO)	580~650
메탄(CH_4)	650~750
발생로가스	700~800
탄소	800

26. 정답 ④

해설 식 $\eta = \left(1 - \dfrac{C_o}{C_i}\right) \times 100$

- $C_o = \dfrac{32mg}{m^3} \times \dfrac{22.4SmL}{36.5mg} = 19.64 mL/m^3 (ppm)$

∴ $\eta = \left(1 - \dfrac{19.64}{200}\right) \times 100 = 90.18\%$

27. 정답 ④

해설 공기소비량이 적어 화격자 연소장치에 비해 배출가스량이 적은 편이다. (SOx, NOx 배출량도 적음)

28. 정답 ③

해설 ③항만 올바르다. 디젤기관의 노킹현상을 방지하기 위해서는 자동압축연소를 촉진시키는 방법이 모색되어야 한다.

오답해설
① 착화지연기간을 감소시킨다.
② 세탄가가 높은 연료를 사용한다.
④ 연료 분사개시 때 분사량을 감소시킨다.

29. 정답 ④
해설 운송이나 저장이 어렵고 수송을 위한 부대설비 비용이 액체연료에 비해 많이 소요된다. (시설비 및 운송비가 큼)

30. 정답 ③
해설 식 $Hl = Hh - 600(9H + W)$
∴ $Hl = 8,000 - 600 \times (9 \times 0.08 + 0.02) = 7,556 kcal/kg$

31. 정답 ④
해설 식 $\ln\left(\dfrac{C_t}{C_0}\right) = -k \cdot t$
$\ln\left(\dfrac{0.5 C_0}{C_0}\right) = -k \times 1000,\quad k = 6.9314 \times 10^{-4}/\sec$
$\ln\left(\dfrac{1\,C_0}{250\,C_0}\right) = -(6.9314 \times 10^{-4}) \times t$
∴ $t = 7,965.87 \sec$

32. 정답 ④
해설
- 디젤기관 : 공기는 실린더에 채워져 있고 연료만 실린더에 흡입, 압축시킨 후 자동으로 연소 폭발시키는 방식이다.
- 가솔린기관 : 연료를 공기와 혼합하여 실린더에 흡입, 압축시킨 후 점화플러그에 의해 강제로 연소 폭발시키는 방식이다.

33. 정답 ④
해설 식 $G_w = (m - 0.21) A_o + CO_2 + H_2O + SO_2$
- $A_o = \dfrac{1}{0.21} \times O_o$
$= \dfrac{1}{0.21} \times (1.867 \times 0.85 + 5.6 \times 0.1 + 0.7 \times 0.02 - 0.7 \times 0.03)$
$= 10.1902 Sm^3/kg$
∴ $G_w = (1.3 - 0.21) \times 10.1902 + 1.867 \times 0.85$
$+ 11.2 \times 0.1 + 0.7 \times 0.02 = 13.83 Sm^3/kg$

34. 정답 ③
해설 식 $CO_{2\max}(\%) = \dfrac{CO_2}{G_{od}} \times 100$
- $G_{od} = (1 - 0.21) \times 9.3569 + 1.867 \times 0.85 + 0.7 \times 0.03$
$= 9.00 Sm^3/kg$
- $A_o = \dfrac{1}{0.21} \times O_o$
$= \dfrac{1}{0.21} \times (1.867 \times 0.85 + 5.6 \times 0.07$
$+ 0.7 \times 0.03 - 0.7 \times 0.05) = 9.3569 Sm^3/kg$
∴ $CO_{2\max}(\%) = \dfrac{1.867 \times 0.85}{9.00} \times 100 = 17.63\%$

35. 정답 ②
해설 ②항은 예혼합연소에 대한 설명이다. 확산연소(포트형, 버너형)은 기체연료와 연소용 공기가 연소실에서 혼합되며 연소한다.

36. 정답 ④
해설
- 기체연료의 연소형태 : 예혼합연소, 확산연소
- 액체연료의 연소형태 : 분해연소(중유만), 액면연소, 등심연소, 증발연소, 분무연소
- 고체연료의 연소형태 : 자기연소, 표면연소, 분해연소, 증발연소

37. 정답 ③
해설 식 $AFR_v = \dfrac{m_a \times 22.4}{m_f \times 22.4}$
반응식 $C_4H_{10} + 6.5 O_2 \rightarrow 4 CO_2 + 5 H_2O$
$1 : 6.5$
∴ $AFR_v = \dfrac{\left(6.5 \times \dfrac{1}{0.21}\right) \times 22.4}{1 \times 22.4} = 30.95$

38. 정답 ③
해설 중유전용 보일러를 사용하는 곳에는 별도의 개조 후 사용할 수 있다.

39. 정답 ①
해설 역동식화격자는 폐기물의 교반 및 연소조건이 양호하고, 소각효율이 높다.

40. 정답 ③

해설

식 SO_2 감소율(%) = $\dfrac{\text{기존 배출 }SO_2 - \text{혼합시 배출 }SO_2}{\text{기존 배출 }SO_2} \times 100$

- 기존배출 SO_2

$= 100kL \times \dfrac{3}{100} \times \dfrac{10^3 L}{1kL} \times \dfrac{1kg}{1L} \times \dfrac{22.4m^3(SO_2)}{32kg(S)} = 2{,}100m^3$

- 혼합 시 배출 SO_2

$= \left(100kL \times \dfrac{1.5}{100} \times \dfrac{10^3 L}{1kL} \times \dfrac{1kg}{1L} \times \dfrac{22.4m^3(SO_2)}{32kg(S)} \times 0.3\right)$
$+ (2{,}100m^3 \times 0.7) = 1{,}785m^3$

$\therefore SO_2$ 감소율(%) $= \left(\dfrac{2{,}100 - 1{,}785}{2{,}100}\right) \times 100 = 15\%$

3과목 대기오염방지기술

41. 정답 ③

해설 식 $N_{Re} = \dfrac{D \cdot V \cdot \rho}{\mu}$

- D : 관의 직경
- V : 유체의 속도
- ρ : 유체의 밀도
- μ : 유체의 점도

42. 정답 ④

해설 액분산형 장치로 용해도가 높은 가스에 적용된다.

43. 정답 ①

해설
- 선택적 촉매 환원법(SCR) 환원제 : NH_3, H_2, H_2S
- 비선택적 촉매 환원법(SNCR) 환원제 : CH_4, CO

44. 정답 ①

해설 [먼지 입경측정방법]
- 직접 : 현미경, 체기름법
- 간접 : 관성충돌(케스케이드 임팩터), 액상침강, Bacho 원심기체, 광산란법, 공기침강

45. 정답 ①

해설 식 L_d(먼지부하) $= C_i \cdot V_f \cdot \eta \cdot t$

→ t(탈진주기) $= \dfrac{L_d}{C_i \cdot V_f \cdot \eta}$

- $\eta = \left(1 - \dfrac{C_o}{C_i}\right) = \left(1 - \dfrac{0.5}{10}\right) = 0.95$

$\therefore t$(탈진주기) $= \dfrac{300g}{m^2} \times \dfrac{m^3}{(10-0.5)g} \times \dfrac{\sec}{2cm}$

$\times \dfrac{1\min}{60\sec} \times \dfrac{100cm}{1m} = 26.32\min$

46. 정답 ④

해설 식 $\eta = 1 - e^{\left(-\dfrac{A \times W_e}{Q}\right)} \rightarrow \eta = 1 - e^{(-A \times K)}$

$0.9 = 1 - e^{(-A_1 \times K)}$

$-0.1 = -e^{(-A_1 \times K)}$

$\ln(0.1) = -A_1 \times K, \quad A_1 = \dfrac{2.3025}{K}$

$\therefore \eta = 1 - e^{\left(-\left(2 \times \dfrac{2.3025}{K}\right) \times K\right)} = 0.9899 \fallingdotseq 99\%$

47. 정답 ③

48. 정답 ④

해설 대전성이 큰 먼지일수록 폭발하기 쉽다.

49. 정답 ③

해설 ③항은 연속식 중 충격분출식(pulse jet)에 대한 설명이다.

50. 정답 ④

51. 정답 ①

해설 물방울 직경(수적경)식은 아래와 같다.

식 $d_w = \dfrac{200}{N\sqrt{R}} \times 10^4$

$\therefore d_w = \dfrac{200}{9620 \times \sqrt{5}} \times 10^4 = 92.98\mu m$

52. 정답 ③

해설 전성이 작아야 한다.

53. 정답 ②

해설 설계수치 계산시에는 값을 완전올림으로 산출한다.

식 백필터의 개수 $= \dfrac{Q_f}{\pi DLV_f}$

$\therefore$ 백필터의 개수

$= \dfrac{4m^3}{\sec} \times \dfrac{1}{\pi \times 0.2m \times 3m} \times \dfrac{\sec}{0.04m} = 53.05 \fallingdotseq 54$개

54. 정답 ③

해설 식 $P = \dfrac{\Delta P \cdot Q}{102 \cdot \eta} \times \alpha$

- $\eta = \left(1 - \dfrac{C_o}{C_i}\right) = \left(1 - \dfrac{0.4}{2}\right) = 0.8$

∴ $P = \dfrac{72 \times (10^6/3,600)}{102 \times 0.8} = 245.10 kW$

55. 정답 ④

해설 조작이 간단하나 처리효율이 낮아 주로 다른 장치와 병행하여 사용된다.

56. 정답 ③

해설 촉매산화 시 사용되는 촉매는 금속산화물(V_2O_5, TiO_2, WO_3, Cr_2O_3)과 귀금속(Pt, Pd)이 사용된다.

57. 정답 ④

해설 알칼리용액은 산성가스의 처리에 적합하다. 보기 중 CO만 산성가스가 아니다.

58. 정답 ①

해설 유효 원심력을 증가시켜 효율을 향상시킨다.

59. 정답 ④

해설 설치 후 송풍량 조절이 가능하다. 설치 후 송풍량 조절이 불가한 것은 정압조절평형법이다.

60. 정답 ③

해설 후드의 개구면적을 작게 한다.

4과목 대기오염공정시험기준(방법)

61. 정답 ④

해설 셀의 두께와 흡광도는 비례한다.
10 : 0.1 = 20 : X
∴ $X = 0.2$

62. 정답 ③

해설 액체성분의 양을 "정확히 취한다"라 함은 메스플라스크(부피플라스크), 홀피펫(부피피펫) 또는 이와 동등 이상의 정도를 갖는 용량계를 사용하여 조작하는 것을 뜻한다.

63. 정답 ①

64. 정답 ②

65. 정답 ①

해설 [환경대기 중의 아황산가스 측정방법]
수동 : 파라로자닐린법, 산정량반자동법, 산정량수동법
암기TIP 황수파산
자동 : 자외선형광법, 불꽃광도법, 용액전도율법, 흡광차분광법 암기TIP 황자불용차

66. 정답 ②

67. 정답 ④

해설 테들러 백(시료채취주머니)은 새 것을 사용하는 것을 원칙으로 하되 만일 재사용 시에는 제로기체와 동등 이상의 순도를 가진 질소나 헬륨기체를 채운 후 24시간 혹은 그 이상동안 시료채취주머니를 놓아둔 후 퍼지(purge)시키는 조작을 반복하고, 시료채취주머니 내부의 기체를 채취하여 기체크로마토크래프를 이용하여 사용 전에 오염여부를 확인하고 오염되지 않은 것을 사용한다.

68. 정답 ①

69. 정답 ③

해설 찬 곳은 따로 규정이 없는 한 0~15℃의 곳을 뜻한다.
암기TIP 뺑하고 찬 공 일오(15) 버렸어요

70. 정답 ④

71. 정답 ①

72. 정답 ②

해설 식 $D_o = \dfrac{2AB}{A+B} = \dfrac{2 \times 2 \times 1.5}{2 + 1.5} = 1.71 m$

73. 정답 ②

해설 선프로파일 : 파장에 대한 스펙트럼선의 강도를 나타내는 곡선

74. 정답 ③

해설 시료에 방사선을 조사하고 여기된 황 원자에서 발생하는 X선의 강도를 측정한다.

75. 정답 ①

76. 정답 ③
해설 광학필터 : 특정파장 영역의 흡수나 다층박막의 광학적 간섭을 이용하여 자외선에서 가시광선 영역에 이르는 일정한 폭의 빛을 얻는데 사용된다.

77. 정답 ②
해설 와류유속계를 사용할 때에는 압력계와 온도계를 유량계 하류 측에 설치해야 한다.

78. 정답 ④
해설 굴뚝 단면적이 $0.25m^2$ 이하로 소규모일 경우에는 그 굴뚝 단면의 중심을 대표점으로 하여 1점만 측정한다.

79. 정답 ④
해설 반복성 : 동일한 분석계를 이용하여 동일한 측정대상을 동일한 방법과 조건으로 비교적 단시간에 반복적으로 측정하는 경우로서 각각의 측정치가 일치하는 정도

80. 정답 ③
해설 사용온도에서 증기압이 낮아야 한다.

5과목 대기환경관계법규

81. 정답 ④
해설 전체 배출시설에 대하여 방지시설 설치 면제를 받은 사업장과 배출시설에서 배출되는 오염물질 등을 공동방지시설에서 처리하는 사업장은 5종사업장에 해당하는 기술인을 둘 수 있다.

82. 정답 ③
해설 시행규칙 제42조(대기오염물질 발생량 산정방법)
식 대기오염물질 발생량 = 배출시설의 시간당 대기오염물질 발생량 × 일일조업시간 × 연간가동일수

83. 정답 ③
해설 배출부과금이 납부의무자의 자본금 또는 출자총액을 2배 이상 초과하는 경우

84. 정답 ③
해설 [대기환경기준 – 일산화탄소]
- 8시간 평균치 : 9ppm 이하
- 1시간 평균치 : 25ppm 이하

85. 정답 ②
해설 [별표 3] 실내공기질 권고기준(제4조 관련)

오염물질 항목 다중이용시설	이산화질소 (ppm)	라돈 (Bq/㎥)	총 휘발성 유기 화합물 (μg/㎥)	곰팡이 (CFU/㎥)
가. 지하역사, 지하도상가, 철도역사의 대합실, 여객자동차터미널의 대합실, 항만시설 중 대합실, 공항시설 중 여객터미널, 도서관·박물관 및 미술관, 대규모점포, 장례식장, 영화상영관, 학원, 전시시설, 인터넷컴퓨터게임시설제공업의 영업시설, 목욕장업의 영업시설	0.1 이하	148 이하	500 이하	–
나. 의료기관, 산후조리원, 노인요양시설, 어린이집, 실내 어린이놀이시설	0.05 이하		400 이하	500 이하
다. 실내주차장	0.30 이하		1,000 이하	–

86. 정답 ③
해설 시행규칙 제31조(자가방지시설의 설계·시공) ① 사업자가 법 제28조 단서에 따라 스스로 방지시설을 설계·시공하려는 경우에는 법 제23조제4항에 따라 다음 각 호의 서류를 시·도지사에게 제출하여야 한다. 다만, 배출시설의 설치허가·변경허가·설치신고 또는 변경신고 시 제출한 서류는 제출하지 아니할 수 있다.
1. 배출시설의 설치명세서
2. 공정도
3. 원료(연료를 포함한다) 사용량, 제품생산량 및 대기오염물질 등의 배출량을 예측한 명세서
4. 방지시설의 설치명세서와 그 도면(법 제26조제1항 단서에 해당되는 경우에는 이를 증명할 수 있는 서류를 말한다)
5. 기술능력 현황을 적은 서류

87. 정답 ①

해설 [별표 37] 위임업무 보고사항(제136조 관련)

업무내용	보고 횟수	보고기일	보고자
1. 환경오염사고 발생 및 조치 사항	수시	사고발생 시	시·도지사, 유역환경청장 또는 지방환경청장
2. 수입자동차 배출가스 인증 및 검사현황	연 4회	매분기 종료 후 15일 이내	국립환경과학원장
3. 자동차 연료 및 첨가제의 제조·판매 또는 사용에 대한 규제현황	연 2회	매반기 종료 후 15일 이내	유역환경청장 또는 지방환경청장
4. 자동차 연료 또는 첨가제의 제조기준 적합 여부 검사현황	연료: 연 4회 첨가제: 연 2회	연료: 매분기 종료 후 15일 이내 첨가제: 매반기 종료 후 15일 이내	국립환경과학원장
5. 측정기기 관리 대행업의 등록, 변경등록 및 행정처분 현황	연 1회	다음 해 1월 15일까지	유역환경청장, 지방환경청장 또는 수도권대기환경청장

88. 정답 ④

해설 300만원 이하의 벌금 : 이륜자동차정기검사 명령을 이행하지 아니한 자
- 과태료 50만원 : 이륜자동차정기검사를 받지 아니한 자

89. 정답 ④

해설 석탄연소재는 밀폐통을 이용하여 운반하여야 한다.

90. 정답 ③

해설 철도역사의 연면적 2천제곱미터 이상인 대합실이 적용 대상에 해당된다.

91. 정답 ②

해설 방지시설설치면제사업장은 해당 시설에 대하여 연 1회 이상 자가측정을 해야 한다. 다만, 물리적 또는 안전상의 이유와 이에 준하는 사유로 자가측정이 불가능하고 환경부장관 또는 시·도지사가 인정하는 경우에는 그렇지 않다.

92. 정답 ②

해설 온실가스 : 적외선 복사열을 흡수하거나 다시 방출하여 온실효과를 유발하는 대기 중의 가스상태 물질로서 이산화탄소, 메탄, 아산화질소, 수소불화탄소, 과불화탄소, 육불화황을 말한다.

93. 정답 ③

해설 법 제47조(인증의 면제·생략 자동차)

① 인증을 면제할 수 있는 자동차는 다음 각 호와 같다.
1. 군용 및 경호업무용 등 국가의 특수한 공용 목적으로 사용하기 위한 자동차와 소방용 자동차
2. 주한 외국공관 또는 외교관이나 그 밖에 이에 준하는 대우를 받는 자가 공용 목적으로 사용하기 위한 자동차로서 외교부장관의 확인을 받은 자동차
3. 주한 외국군대의 구성원이 공용 목적으로 사용하기 위한 자동차
4. 수출용 자동차와, 박람회나 그 밖에 이에 준하는 행사에 참가하는 자가 전시의 목적으로 일시 반입하는 자동차
5. 여행자 등이 다시 반출할 것을 조건으로 일시 반입하는 자동차
6. 자동차제작자 및 자동차 관련 연구기관 등이 자동차의 개발 또는 전시 등 주행 외의 목적으로 사용하기 위하여 수입하는 자동차
7. 외국인 또는 외국에서 1년 이상 거주한 내국인이 주거(住居)를 옮기기 위하여 이주물품으로 반입하는 1대의 자동차

② 인증을 생략할 수 있는 자동차는 다음 각 호와 같다.
1. 국가대표 선수용 자동차 또는 훈련용 자동차로서 문화체육관광부장관의 확인을 받은 자동차
2. 외국에서 국내의 공공기관 또는 비영리단체에 무상으로 기증한 자동차
3. 외교관 또는 주한 외국군인의 가족이 사용하기 위하여 반입하는 자동차
4. 항공기 지상 조업용 자동차
5. 법 제48조제1항에 따른 인증을 받지 아니한 자가 그 인증을 받은 자동차의 원동기를 구입하여 제작하는 자동차
6. 국제협약 등에 따라 인증을 생략할 수 있는 자동차
7. 그 밖에 환경부장관이 인증을 생략할 필요가 있다고 인정하는 자동차

94. 정답 ③

95. 정답 ①

해설 시행규칙 별표 6(자동차연료형 첨가제의 종류)
1. 세척제
2. 청정분산제
3. 매연억제제
4. 다목적첨가제
5. 옥탄가향상제
6. 세탄가향상제
7. 유동성향상제
8. 윤활성 향상제
9. 그 밖에 환경부장관이 자동차의 성능을 향상시키거나 배출가스를 줄이기 위하여 필요하다고 정하여 고시하는 것

96. 정답 ③

해설 "휘발성유기화합물"이란 탄화수소류 중 석유화학제품, 유기용제, 그 밖의 물질로서 환경부장관이 관계 중앙행정기관의 장과 협의하여 고시하는 것을 말한다.

97. 정답 ①

해설
① 시안화수소 - 7,300원
② 암모니아 - 1,400원
③ 먼지 - 770원
④ 이황화탄소 - 1,600원

98. 정답 ①

해설 "복합악취"란 두 가지 이상의 악취물질이 함께 작용하여 사람의 후각을 자극하여 불쾌감과 혐오감을 주는 냄새를 말한다.

99. 정답 ③

해설 아크롤레인은 대기오염물질에만 해당된다.

100. 정답 ④

해설 [뷰틸아세테이트]
배출허용기준 : 4 이하(공업지역), 1 이하(기타지역)
엄격한 배출허용기준범위 : 1 ~ 4

UNIT 01 CBT 1회 필기 정답 및 해설

01 ②	02 ②	03 ②	04 ①	05 ②
06 ②	07 ②	08 ②	09 ④	10 ④
11 ②	12 ②	13 ②	14 ③	15 ③
16 ②	17 ②	18 ①	19 ①	20 ②
21 ②	22 ②	23 ②	24 ①	25 ②
26 ④	27 ②	28 ②	29 ④	30 ①
31 ①	32 ②	33 ②	34 ②	35 ②
36 ①	37 ②	38 ①	39 ②	40 ②
41 ②	42 ②	43 ②	44 ④	45 ②
46 ③	47 ④	48 ①	49 ②	50 ②
51 ①	52 ②	53 ②	54 ②	55 ②
56 ①	57 ②	58 ②	59 ②	60 ②
61 ②	62 ②	63 ②	64 ②	65 ②
66 ③	67 ②	68 ③	69 ①	70 ②
71 ③	72 ①	73 ②	74 ②	75 ②
76 ③	77 ②	78 ④	79 ②	80 ③

1과목 대기오염개론

01. 정답 ②

해설 PCDD계는 75개, PCDF계는 135개의 이성질체가 존재한다.

[다이옥신의 특성 정리]
- 지용성으로 수용성은 낮다.
- 증기압은 낮다.
- 완전분해 후 연소가스 배출시 300~400℃ 정도의 범위에서 재생성이 활발하다.
- 환경호르몬(내분비계 장애물질) 물질이다.

02. 정답 ②

해설 제시된 항목 중 오존파괴지수(ODP)가 가장 큰 것은 Halon-1301(CF_3Br=12)이다.
CCl_4(1.2), Halon-1211(5.1), HCPC-2402(0.034)

03. 정답 ②

해설 바젤협약은 유해 폐기물에 대한 국제적 이동의 통제와 규제를 목적으로 한다.

04. 정답 ①

해설 SO_2는 대류권에서는 거의 광분해되지 않으며, 280~290nm 파장범위에 대한 강한 광흡수를 보인다.

05. 정답 ②

해설 CO_2의 주요흡수대는 파장 13~17μm 정도이다.

06. 정답 ②

해설 식 $U_2 = U_1 \times \left(\dfrac{Z_2}{Z_1}\right)^p$

$6 = 4 \times \left(\dfrac{Z_2}{5}\right)^{0.28}$, ∴ $Z_2 = 21.27m$

07. 정답 ②

해설 굴뚝의 높이 보다 낮게는 역전층 그 상공에는 비교적 불안정 상태일 때 나타나는 연기형태는 지붕형(Lofting)이다. 주로 고기압 지역에서 하늘이 맑고 바람이 약한 경우에 복사역전이 일어나기 쉽고, 이때 지붕형 연기형태가 발생하기 쉽다.

08. 정답 ②

해설 $X mg/Sm^3 = \dfrac{560mL}{Sm^3} \times \dfrac{64mg}{22.4SmL} = 1,600mg/Sm^3$

09. 정답 ④

해설 LA스모그는 자동차 배기가스에 의한 광화학 스모그이며, 산화형 스모그이다.

10. 정답 ④

해설 지형, 기상학적 정보 없이도 사용 가능한 것은 수용모델이다.

11. 정답 ②

해설 공기역학적 직경(Aerodynamic diameter)은 본래의 먼지와 침강속도가 동일하며, 밀도 $1g/cm^3$인 구형입자의 직경을 말한다.

12. 정답 ②

해설 식 오존농도(C)=기존 농도(C_o)+증가농도(△C)
- 복사기 사용 전 농도(C_o) = 0.1ppm
- 증가농도(△C)=오존발생량(mL)/실내용적(m^3)

$= \dfrac{0.2mg}{min} \times 5hr \times \dfrac{60min}{1hr} \times \dfrac{22.4mL}{48mg} \times \dfrac{1}{100m^3}$

$= 0.28mL/m^3 (=ppm)$

∴ C = 0.1 + 0.28 = 0.38ppm = 380ppb

13. **정답** ②
    해설 라돈은 무색, 무취의 기체이며, 그 반감기는 3.8일간으로 라듐의 핵분열시 생성되는 물질이다.

14. **정답** ③
    해설 플랑크의 법칙에 대한 설명이다.
    ① 스테판볼츠만의 법칙 : 흑체의 단위 표면적에서 방출되는 모든 파장의 빛에너지 총합(E)은, 흑체의 절대온도(T)의 4제곱에 비례한다는 법칙
    ② 비인의 변위법칙 : 최대에너지 파장과 흑체표면의 절대온도는 반비례하다는 법칙
    ③ 플랑크의 법칙 : 모든 물체는 온도가 증가할수록 복사선의 파장이 짧아지는 쪽으로 그 중심이 이동한다는 법칙
    ④ 웨버훼이너(베버-페히너)의 법칙 : 물리적 자극량과 인간의 감각강도의 관계를 나타내는 법칙으로 감각기에서 자극의 변화를 느끼기 위해서는 처음 자극에 대해 일정비율 이상으로 자극을 받아야 한다는 법칙
    참고 키르히호프 법칙 : 일정한 온도에서 같은 파장의 복사(전자기파)에 대한 물체의 흡수능과 반사능의 비는 물체의 성질(종류)에 관계없이 일정하다는 것을 설명해준다.

15. **정답** ②
    해설 최대착지농도 관계식을 이용한다.
    식 $C_{max} = \dfrac{2Q}{\pi e U H_e^2} \times \dfrac{K_z}{K_y}$

    H_e를 제외한 나머지 인자는 동일하므로 K로 정리하면
    → $C_{max} = K \times \dfrac{1}{H_e^2}$

    $H_{e(2)} = H_{e(1)} \times \sqrt{\dfrac{C_{max(1)}}{C_{max(2)}}}$

    $H_{e(2)} = 40m \times \sqrt{2} = 56.57m$

    ∴ $\Delta H_e = 56.57 - 40 = 16.57m$

16. **정답** ②
    해설 일산화탄소의 평균 체류시간은 발생량과 대기 중 평균농도로부터 5개월 정도이다.

17. **정답** ②
    해설 2차 대기오염물질은 O_3, PAN($CH_3COOONO_2$), H_2O_2, NOCl, 아크로레인(CH_2CHCHO) 등이다.

18. **정답** ①
    해설 열섬현상(heat island effect)은 대도시 지역을 중심으로 나타나는 기후변화현상의 일종이다.

19. **정답** ①
    해설 배출시설에서 줄여야 할 농도는 다음 식으로 계산된다.
    식 저감농도 = 발생 농도 − 배출기준 농도
    − 발생농도 = $\dfrac{30mg}{Sm^3} | \dfrac{22.4mL}{17mg} = 39.53ppm$
    − 배출기준농도 = $20 \times 0.7 = 14ppm$
    ∴ $\Delta C = 39.53 - 14 = 25.53ppm$

20. **정답** ③
    해설 황산화물은 합성섬유는 물론 자연섬유를 약화시키기도 한다. 양모, 면, 나일론 등의 각종 섬유는 황산화물에 의해 섬유 색깔이 탈색 및 퇴색되며 인장력이 감소한다.

2과목   연소공학

21. **정답** ②
    해설 탄화도가 증가하면 고정탄소의 함량이 많아져 착화온도와 발열량은 증가하고, 휘발분은 낮아지므로 매연발생량과 비열은 감소한다.

22. **정답** ③
    해설 **식** $Hl = Hh - 480 \times \sum n_i H_2O$
    식 $C_3H_8 + 5O_2 \rightarrow 3CO_2 + 4H_2O$
    $\qquad 1 \quad : \quad 4$
    ∴ $Hl = 20000 - 480 \times 4 = 18{,}080 kcal/Sm^3$

23. **정답** ③
    해설 **식** $G_d = (m - 0.21)A_o + CO_2 + SO_2$
    • $m = \dfrac{21}{21 - O_2} = \dfrac{21}{21 - 3.5} = 1.2$
    • $A_o = \dfrac{1}{0.21}(1.867C + 5.6H + 0.7S)$
    $\qquad = \dfrac{1}{0.21}(1.867 \times 0.86 + 5.6 \times 0.12 + 0.7 \times 0.02)$
    $\qquad = 10.91 Sm^3/kg$
    ∴ $G_d = (1.2 - 0.21) \times 10.91 + 1.605 + 0.014$
    $\qquad = 12.42 Sm^3/kg$

24. 정답 ①

해설 고압기류 분무식 버너의 분무각도는 20~30° 정도이고, 유량조절범위는 1:10 정도로 부하변동에 대한 적응이 좋다.

25. 정답 ②

해설
반응식 $C_3H_8 + 5O_2 \rightarrow 3CO_2 + 4H_2O$
$\quad\quad 22.4m^3 \quad : \quad 3 \times 22.4m^3$
$\quad\quad 1 \times 2/3 m^3 \quad : \quad 3 \times 1 \times 2/3 m^3$

반응식 $C_4H_{10} + 6.5O_2 \rightarrow 4CO_2 + 5H_2O$
$\quad\quad 22.4m^3 \quad : \quad 4 \times 22.4m^3$
$\quad\quad 1 \times 1/3 m^3 \quad : \quad 4 \times 1 \times 2/3 m^3$

$\therefore CO_2(Sm^3) = 3 \times 1 \times 2/3 + 4 \times 1 \times 1/3 = 3.33 Sm^3/Sm^3$

26. 정답 ④

해설 식 $\dfrac{100}{UEL} = \dfrac{V_1}{U_1} + \dfrac{V_2}{U_2} + \dfrac{V_3}{U_3}$

$\dfrac{100}{UEL} = \dfrac{50}{15} + \dfrac{30}{12.5} + \dfrac{20}{9.5}, \quad \therefore UEL = 12.76$

식 $\dfrac{100}{LEL} = \dfrac{V_1}{L_1} + \dfrac{V_2}{L_2} + \dfrac{V_3}{L_3}$

$\dfrac{100}{LEL} = \dfrac{50}{5} + \dfrac{30}{3} + \dfrac{20}{2.1}, \quad \therefore LEL = 3.39$

$\therefore$ 폭발범위 : 3.4~12.8%

27. 정답 ④

해설 식 $\ln\left(\dfrac{C_o}{C_i}\right) = -k \times t$

$\ln\left(\dfrac{0.5 C_0}{C_0}\right) = -k \times 1000 sec, \quad k = 6.93 \times 10^{-4}/sec$

$\ln\left(\dfrac{(1/250) C_0}{C_0}\right) = -6.93 \times 10^{-4}/sec \cdot t$

$\therefore t = 7970 sec$

28. 정답 ②

해설 가스폭발의 위험과 매연 발생이 증가할 때는 과잉 공기비가 작을 경우이다.

29. 정답 ④

해설 Φ > 1인 경우는 공기가 부족한 연소상태로 m < 1인 상태이다.

식 $m = \dfrac{1}{\phi}$

30. 정답 ①

해설 탈수소가 쉬운 쪽이 매연 발생이 쉽다.

31. 정답 ①

해설 식 $X_{검댕}(g/m^3) = \dfrac{md(g)}{G_d(m^3)} \times 100$

• 검댕 $= 1kg \times \dfrac{85}{100} \times \dfrac{2}{100} \times \dfrac{1,000g}{kg} = 17g$

• $A_o = \dfrac{1}{0.21} \times (1.867 \times 0.85 + 5.6 \times 0.15) = 11.57 Sm^3$

• $G_d = (m - 0.21) A_o + 1.867 C^*$
$\quad = (1.2 - 0.21) \times 11.57 + 1.867 \times 0.85 \times (1 - 0.02)$
$\quad = 13 m^3$

$\therefore X_{검댕}(g/m^3) = \dfrac{17}{13} = 1.3 g/m^3$

32. 정답 ②

해설 반응식 $S + O_2 \rightarrow SO_2$
$\quad\quad 32kg \quad : \quad 22.4m^3$

• $SO_2 = $ 연소되는 황(kg) $\times \dfrac{22.4m^3}{32kg}$

$\therefore SO_2 = \dfrac{w(L)}{hr} \times \dfrac{0.9kg}{L} \times \dfrac{S}{100} \times \dfrac{22.4m^3}{32kg} \times \dfrac{8hr}{1day}$
$\quad = 0.0504 WS\, m^3/day$

33. 정답 ③

해설 휘발유, 등유, 알콜, 벤젠은 증발연소를 하는 대표적인 가연물질이다.

34. 정답 ②

해설 제시된 연료 중 무연탄의 착화온도가 가장 높다.

[연료별 착화온도]

물질	착화온도(℃)
목재	250~300
갈탄	250~450
목탄	320~370
역청탄	320~400
무연탄	440~500
중유	530~580
수소	580~600
일산화탄소(CO)	580~650
메탄(CH₄)	650~750
발생로가스	700~800
탄소	800

35. 정답 ②

해설 식 $A_G = (m-1) \times A_o$

• $m = \dfrac{21}{21-O_2} = \dfrac{21}{21-5} = 1.31$

• $A_o = \dfrac{1}{0.21}(1.867C + 5.6H + 0.7S)$

  $= \dfrac{1}{0.21}(1.867 \times 0.87 + 5.6 \times 0.13) = 11.20 Sm^3/kg$

∴ $A_G = (1.31-1) \times 11.20 = 3.47 Sm^3/kg$

36. 정답 ①

해설 방향족 > 올레핀계 > 나프텐계 > 아세틸렌 > 프로필렌 > 프로판 순이다.

37. 정답 ③

해설 에탄의 분자식은 C_2H_6이며, 분자량은 30이다. 에탄(30) 중의 탄소의 함량은 24, 수소의 함량은 6이므로 이를 토대로 각 원소에 대한 열량을 곱하여 발생열량을 합산한다.

식 $H_f = H_c X_c + H_h X_h$

$H_f = 30,000 \times \dfrac{24}{30} + 34,100 \times \dfrac{6}{30} = 30,820 kcal/kg$

∴ $H_f = 30,820 kcal/kg \times 2kg = 61,640 kcal$

38. 정답 ①

해설 액화석유가스(LPG)의 주성분은 프로판(C_3H_8)과 부탄(C_4H_{10})이다. 이외에 프로필렌(C_3H_6), 부틸렌(C_4H_8) 등을 함유한다. 액화석유가스(LPG)는 상온에서 약간의 압력(10~20atm)을 가하면 쉽게 액화시킬 수 있다.

39. 정답 ③

해설 식 $A_o = O_o \times \dfrac{1}{0.21}$

반응식 $CH_4 + 2O_2 \rightarrow CO_2 + 2H_2O$

$\quad\quad\quad 1 \quad : \quad 2$

$\quad\quad 0.8 : X_1, \quad X_1 = 1.6 m^3/m^3$

∴ $A_o = (1.6 - 0.1) \times \dfrac{1}{0.21} = 7.14 Sm^3/Sm^3 \times 1.5 Sm^3$

$\quad\quad = 10.71 Sm^3/Sm^3$

40. 정답 ②

해설 실제가스량과 이론가스량의 계산식에서 공기비를 산출할 수 있다.

$G_w = G_{ow} + (m-1)A_o$

$15 = 13 + (m-1) \times 12 \quad$ ∴ $m = 1.17$

3과목 대기오염방지기술

41. 정답 ②

해설 수소화 탈황법은 중유탈황기술이다.

※ 중유탈황 : 접촉수소화탈황, 금속산화물탈황, 미생물탈황, 방사선탈황

암기TIP 신체접촉시 19금 미 방송 된다.

※ 배연탈황 : 석회석 주입법, 마그네슘 주입법, 나트륨 주입법, 산화망간법, 산화구리법, Wellmann-Lord법(재생식 공정), 활성탄흡착법, 산화법(접촉산화법)

42. 정답 ②

해설 오염원의 발생량이 제시되지 않았으므로 비연속 배출원(일시 배출원)의 환기량 계산식을 적용한다.

식 $\ln\left(\dfrac{C_t}{C_0}\right) = -k \cdot t$

• $k = \dfrac{Q}{\forall} = \dfrac{100 m^3}{min} \times \dfrac{1}{4,000 m^3} = 0.025/min$

$\ln\left(\dfrac{20}{200}\right) = -0.025 \times t, \quad$ ∴ $t = 92.1 min$

43. 정답 ②

해설 유속이 클 때는 재비산현상이 발생된다.

44. 정답 ④

해설 침강실의 높이가 낮고, 중력집진장치의 길이가 길수록 집진율은 높아진다.

45. 정답 ③

해설 연속식 탈진방식은 고농도, 대용량의 처리가 용이하다.

46. 정답 ③

해설 $P(kW) = \dfrac{\Delta P \times Q}{102 \times \eta_1 \times \eta_2} \times \alpha$

∴ $P(kW) = \dfrac{20 \times 3,600 \times \dfrac{1}{3,600}}{102 \times 0.8 \times 0.7} \times 1.25 = 0.44 kW$

47. 정답 ④

해설 식 $P = H \times C$

- $P(분압) = 258.4 \text{mmH}_2\text{O} \times \dfrac{1\text{atm}}{10,332\text{mmH}_2\text{O}} = 0.025 \text{atm}$

- $C(농도) = 2.0 \text{kmol/m}^3$

$H(헨리상수) = \dfrac{P}{C} = \dfrac{0.025 \text{atm} \cdot \text{m}^3}{2\text{kmol}} = 0.0125 \text{atm} \times \text{m}^3/\text{kmol}$

$\therefore C = 38\text{mmHg} \times \dfrac{1\text{atm}}{760\text{mmHg}} \times \dfrac{\text{kmol}}{0.0125\text{atm} \times \text{m}^3} = 4\text{kmol/m}^3$

48. 정답 ①

해설 분리계수는 입자에 작용하는 원심력을 중력으로 나눈 값이다.

식 $S(분리계수) = \dfrac{V^2}{R \times g}$

$S = \dfrac{6^2}{0.25 \times 9.8} = 14.69$

49. 정답 ②

해설 [흡수액의 구비조건]
① 용해도가 높아야 한다.
② 휘발성이 적어야 한다.
③ 부식성이 없어야 한다.
④ 가격이 저렴하여야 한다.
⑤ 점성이 적어야 한다.
⑥ 화학적으로 안정되고, 독성이 없어야 한다.
⑦ 인화성과 빙점이 낮아야 한다.

50. 정답 ②

해설 $4\text{NO} + 4\text{NH}_3 + \text{O}_2 \rightarrow 4\text{N}_2 + 6\text{H}_2\text{O}$ (산소 공존)

$4 \times 22.4 \text{m}^3 : 4 \times 17 \text{kg}$

$\dfrac{100,000 \text{Sm}^3}{\text{hr}} \times \dfrac{350\text{mL}}{\text{m}^3} \times \dfrac{1\text{m}^3}{10^6 \text{mL}} \times \dfrac{90}{100} : X \text{ kg/hr}$

$\therefore X(\text{NH}_3) = 23.90 \text{kg/hr}$

51. 정답 ①

해설 입자상 물질의 그림자를 2개의 등면적으로 나눈 선의 길이를 직경으로 하는 입경을 Martin 경이라 한다.

52. 정답 ④

해설 식 $\text{pH} = \log \dfrac{1}{[H^+]}$

$\text{H}_2\text{SO}_4^{-2} \rightleftarrows 2\text{H}^+ + \text{SO}_4^{-2}$
$\quad\quad 1 \quad : \quad 2$

$[H^+](\text{mol/L}) = \text{H}_2\text{SO}_4 의 \text{ M(mol/L)} \times 2$

$\text{H}_2\text{SO}_4 (\text{mol/L}) = \dfrac{0.049\text{g}}{\text{L}} \times \dfrac{1\text{mol}}{98\text{g}} = 5 \times 10^{-4} \text{M(mol/L)}$

$\therefore \text{pH} = \log \dfrac{1}{(5 \times 10^{-4}) \times 2} = 3.0$

53. 정답 ②

해설 종말침강속도(terminal settling velocity) 계산시 입자에 작용하는 힘은 부력, 중력, 항력(점성저항력)이다. 정상상태의 힘의 평형관계는 "항력=중력−부력"으로 작용한다.

54. 정답 ④

해설 헨리법칙은 난용성 기체에 잘 적용된다.
(대표적 난용성 기체 : N_2, O_2, CO_2, CO, NO, NO_2)

55. 정답 ②

해설 홀드−업(hold−up)은 충전층 내의 액보유량을 말한다.

56. 정답 ①

해설 소규모 보일러나 기존의 노후된 보일러에 설치할 수 있고, 배기가스 온도를 높게 유지할 수 있다.

57. 정답 ②

해설 물리적 흡착은 다분자층, 화학적 흡착은 단분자층의 흡착층을 가진다.

58. 정답 ④

해설 후드의 흡인성능을 향상시키기 위해서는 후드의 개구면적을 작게 하여야 한다.

암기TIP **개 발 국 충**
개구면은 작게
발생원에 가깝게
국소적(국부적) 흡인방식 선택
충분한 포착속도

59. 정답 ②

해설 식 $\Delta P = F \times P_v$

- $P_v = \dfrac{\gamma V^2}{2g} = \dfrac{1.28 \times 13.2629^2}{2 \times 9.8} = 11.4876 \text{mmH}_2\text{O}(\text{kg/m}^2)$

- $V = \dfrac{Q}{A} = \dfrac{100\text{m}^3}{\text{min}} \times \dfrac{4}{\pi \times (0.4\text{m})^2} \times \dfrac{1\text{min}}{60\text{sec}} = 13.2629 \text{m/sec}$

$\therefore \Delta P = 8 \times 11.4879 = 91.90 \text{mmH}_2\text{O}$

60. 정답 ④

해설 돌파현상이 일어날 때 배출가스 중 오염물질 농도가 갑자기 증가하게 되고, 증가되기 시작하는 점을 파과점(Break Point)이라 한다.

4과목 대기오염공정시험기준(방법)

61. 정답 ①

해설 암모니아수의 농도는 28~30(%), 비중은 0.9이다.

[시약농도표]

명칭	농도(%)	비중(약)
아세트산(초산)	99 이상	1.05
황산	95 이상	1.84
인산	85 이상	1.69
질산	60.0~62.0	1.38
과염소산	60.0~62.0	1.54
아이오딘화수소산	55.0~58.0	1.70
브로민화수소산	47.0~49.0	1.48
플루오린화수소산	46.0~48.0	1.14
염산	35.0~37.0	1.18
과산화수소	30.0~35.0	1.11
암모니아수	28.0~30.0	0.90

62. 정답 ②

해설 식 HETP = L/n

- $n = 16 \times \left(\dfrac{t_R (\text{기록지 이동거리})}{W(\text{폭})}\right)^2 = 16 \times \left(\dfrac{10 \times 10}{8}\right)^2 = 2,500$

∴ $HETP = 10m \times \dfrac{10^3 mm}{1m} \times \dfrac{1}{2,500} = 4mm$

63. 정답 ①

해설 포름알데히드 정량 시 아세틸아세톤 함유 흡수액을 사용한다.

[가스상 물질 흡수액 정리]
- 암 붕 : 암모니아(붕산)
- 황 과 : 황산화물(과산화수소 1 + 9 용액)
- 황수 아 : 황화수소(아연아민착염 용액)
- 질 과 물 : 질소산화물-나프틸에틸렌디아민법(과산화수소 + 물)
- 폼 아 : 포름알데히드-아세틸아세톤법(아세틸아세톤 함유액)
- 폼 크 황 : 포름알데히드-크로모트로프산법(크로모트로프산+황산)
- 폼 액체 24 : 포름알데히드-액체크로마토그래프법(2,4-DNPH)
- 이 따구 : 이황화탄소(다이에틸아민구리 용액)
- 염 오 : 염소(오르토톨리딘 염산용액)
- 염싸나, 플나, 페나, 브싸나, 사이나 : 염화수소(싸이오사이안산제2수은), 플루오린, 페놀, 브로민, 사이안 - (NaOH, 수산화소듐)

64. 정답 ④

해설 식 $V(m/s) = C \times \sqrt{\dfrac{2gP_v}{\gamma}}$

- $\gamma = 0.8 kg/m^3$
- $P_v = 60mm \times \dfrac{1}{10} \times \dfrac{0.85}{1} = 5.1 mmH_2O$

∴ $V = 0.86 \times \sqrt{\dfrac{2 \times 9.8 \times 5.1}{0.8}} = 9.61 m/sec$

65. 정답 ④

해설 공명선 : 원자가 외부로부터 빛을 흡수했다가 다시 먼저 상태로 돌아갈 때 방사하는 스펙트럼선

66. 정답 ③

해설 식 $X(N) = \dfrac{1.88g}{mL} \times \dfrac{1eq}{49g} \times \dfrac{97}{100} \times \dfrac{10^3 mL}{1L} = 37.22 N$

67. 정답 ②

해설 방울수라 함은 20°C에서 정제수 20방울을 떨어뜨릴 때 그 부피가 약 1mL 되는 것을 뜻한다.

68. 정답 ③

해설 흡수셀의 유리제는 가시부/근적외부 파장범위를, 플라스틱제는 근적외부 파장범위를 측정할 때 사용한다.

69. 정답 ①

해설 수은 마노미터는 대기와 압력차가 100mmHg 이상인 것을 쓴다.

70. 정답 ②

해설 밀폐용기(密閉容器)라 함은 물질을 취급 또는 보관하는 동안에 이물(異物)이 들어가거나 내용물이 손실되지 않도록 보호하는 용기를 뜻한다.

71. 정답 ③

해설 비산먼지의 농도는 다음 관계식을 이용하여 산출한다.

식 $C_m = (C_H - C_B) \times W_D \times W_U$

- C_H: 측정점의 최대먼지 농도 = $5.8\,\text{mg/m}^3$
- C_B: 대조위치의 먼지 농도 = $0.17\,\text{mg/m}^3$
- W_D: 풍향계수=풍향이 45~90℃ 변할 때=1.2
- W_U: 풍속계수=0.5m/sec 미만 또는 10m/sec 이상되는 시간이 50% 이상=1.2

$\therefore C_m = (5.8 - 0.17) \times 1.2 \times 1.2 = 8.1\,\text{mg/m}^3$

72. 정답 ①

해설 한 채취점에서의 채취시간을 최소 2분 이상으로 하고 모든 채취점에서 채취시간을 동일하게 한다.

73. 정답 ②

해설 분석대상가스가 페놀인 경우 채취관 및 도관의 재질은 경질유리, 석영, 스테인리스강, 불소수지(플루오르수지)이다.

〈분석물질의 종류별 채취관 및 연결관 등의 재질〉

분석물질, 공존가스	채취관, 연결관의 재질	여과재	비고
암모니아	①②③④⑤⑥	ⓐ ⓑ ⓒ	① 경질유리
일산화탄소	①②③④⑤⑥⑦	ⓐ ⓑ ⓒ	② 석영
염화수소	①② ⑤⑥⑦	ⓐ ⓑ ⓒ	③ 보통강철
염소	①② ⑤⑥⑦	ⓐ ⓑ ⓒ	④ 스테인리스강 재질
황산화물	①② ④⑤⑥⑦	ⓐ ⓑ ⓒ	⑤ 세라믹
질소산화물	①② ④⑤⑥	ⓐ ⓑ ⓒ	⑥ 플루오르수지
이황화탄소	①② ⑥	ⓐ ⓑ	⑦ 염화바이닐수지
폼알데하이드	①② ⑥	ⓐ ⓑ	⑧ 실리콘수지
황화수소	①② ④⑤⑥⑦	ⓐ ⓑ ⓒ	⑨ 네오프렌
플루오린화합물	④ ⑥	ⓒ	
사이안화수소	①② ④⑤⑥⑦	ⓐ ⓑ ⓒ	ⓐ 알칼리 성분이 없는 유리솜 또는 실리카솜
브로민	①② ⑥	ⓐ ⓑ	
벤젠	①② ⑥	ⓐ ⓑ	
페놀	①② ④ ⑥	ⓐ ⓑ	ⓑ 소결유리
비소	①② ④⑤⑥⑦	ⓐ ⓑ ⓒ	ⓒ 카보런덤

74. 정답 ②

해설 입자상 물질의 포집에 사용하는 여과지는 $0.3\mu m$ 되는 입자를 99% 이상 포집할 수 있으며 압력손실과 흡습성이 적고, 가스상 물질의 흡착이 적은 것이어야 하며 또한 분석에 방해되는 물질을 함유하지 않은 것이어야 한다. 사용된 여과지의 재질은 일반적으로 유리섬유, 석영섬유, 폴리스틸렌, 니트로셀룰로오스, 불소수지 등으로 되어 있으며, 분석에 사용한 여과재의 종류와 재질을 기록해 놓는다.

75. 정답 ③

해설
- 스팬가스(Span Gas) : 분석계의 최고 눈금값을 교정하기 위하여 사용하는 가스
- 제로가스(Zero Gas) : 분석계의 최저 눈금값을 교정하기 위하여 사용하는 가스
- 스팬 드리프트 : 측정기의 교정범위 눈금에 대한 지시값의 일정기간 내의 변동
- 제로 드리프트 : 측정기의 최저눈금에 대한 지시치의 일정기간 내의 변동

76. 정답 ③

해설 원형연도의 측정점 수는 다음 [표]와 같다.

굴뚝직경(m)	반경 구분수	측정점 수
1 미만	1	4
1~2 미만	2	8
2~4 미만	3	12
4~4.5 미만	4	16
4.5 이상	5	20

77. 정답 ②

식 $C = C_a \times \dfrac{21 - O_s}{21 - O_a} = 200 \times \dfrac{21 - 3.05}{21 - 3.5}$

$= 205.14(\text{mg/Sm}^3)$

78. 정답 ④

해설 광원부에서 자외부 광원으로는 주로 중수소방전관, 가시부/근적외부에서는 텅스텐램프를 사용하고, 원자흡광광도 분석장치에서 자외부 광원으로는 속빈음극램프(중공음극램프)를 사용한다.

79. 정답 ②

해설 시료에 방사선을 조사하고, 여기된 황의 원자에서 발생하는 X선의 강도를 측정한다.

80. 정답 ③

해설 채취관은 배출가스의 흐르는 방향에 대하여 직각(90°)으로 설치하여야 한다.

[채취관의 설치요령]
① 가스의 흐름에 직각으로 설치한다.
② 앞 끝의 모양은 직접 분진이 들어오기 어려운 구조로 한다.
③ 배기온도가 높을 때 구부러짐을 막기 위한 적절한 조치가 필요하다.
④ 채취관에 유리솜을 채워서 여과재로 쓰는 경우에는, 그 채우는 길이는 50~150mm 정도로 한다.

UNIT 02 CBT 2회 필기 정답 및 해설

01	②	02	③	03	②	04	①	05	③
06	①	07	③	08	①	09	①	10	④
11	④	12	③	13	③	14	②	15	③
16	②	17	①	18	②	19	③	20	④
21	①	22	②	23	②	24	③	25	④
26	①	27	③	28	①	29	②	30	④
31	②	32	③	33	④	34	①	35	③
36	②	37	③	38	②	39	④	40	④
41	④	42	①	43	②	44	②	45	②
46	②	47	③	48	②	49	②	50	③
51	①	52	①	53	②	54	①	55	④
56	②	57	③	58	②	59	③	60	①
61	①	62	②	63	②	64	④	65	①
66	②	67	②	68	②	69	②	70	①
71	②	72	③	73	④	74	②	75	①
76	③	77	①	78	④	79	③	80	②

1과목 대기오염개론

01. 정답 ②

해설 실내공간오염물질의 종류는 다음과 같다.

[별표 1] 실내공간오염물질(제2조 관련)

1. 미세먼지(PM-10)
2. 이산화탄소(CO_2;Carbon Dioxide)
3. 폼알데하이드(Formaldehyde)
4. 총부유세균(TAB;Total Airborne Bacteria)
5. 일산화탄소(CO;Carbon Monoxide)
6. 이산화질소(NO_2;Nitrogen dioxide)
7. 라돈(Rn;Radon)
8. 휘발성유기화합물(VOCs;Volatile Organic Compounds)
9. 석면(Asbestos)
10. 오존(O_3;Ozone)
11. 초미세먼지(PM-2.5)
12. 곰팡이(Mold)
13. 벤젠(Benzene)
14. 톨루엔(Toluene)
15. 에틸벤젠(Ethylbenzene)
16. 자일렌(Xylene)
17. 스티렌(Styrene)

02. 정답 ③

해설 아연, 망간 및 그 화합물은 발열물질이다.

03. 정답 ②

해설

$$X\,(kg/day) = \frac{400mL}{m^3} \times \frac{80m^3}{hr} \times \frac{24hr}{1day} \times \frac{64mg}{22.4mL} \times \frac{1kg}{10^6 mg}$$
$$= 2.19 kg$$

04. 정답 ①

해설 식 $Coh = \dfrac{\log(1/t) \div 0.01}{L}$

- t(빛전달율) = 0.6
- L(여과지 이동거리) = V(속도) × T(시간) = 0.2m/sec × 2.5hr × 3,600(sec/hr) = 1,800m

∴ $Coh_{1000} = \dfrac{\log(1/0.6) \div 0.01}{1,800} \times 1,000 = 12.32$

05. 정답 ③

해설 훈연(fume)은 일반적으로 직경이 1μm 이하의 것으로, 브라운운동으로 상호 응집하기 쉽다.

06. 정답 ①

해설 광화학 스모그의 3대 기인 요소는 축적된 오염물질(질소산화물, 탄화수소류 및 VOC), 강한 일사량(광자에너지), 높은 대기안정도(기온역전)이다.

07. 정답 ③

해설 레이놀즈 수(Re)는 다음과 같이 계산한나.

식 $N_{Re} = \dfrac{DV\rho}{\mu}$

- D: 유로의 관경(직경) = $0.25m$
- $\mu = 1.75 \times 10^{-5} kg/m \times sec$

$N_{Re} = \dfrac{0.25 \times 2.5 \times 1.15}{1.75 \times 10^{-5}} = 41,071.43$

또한, Re>4000 이상이므로 난류흐름 상태이다.

08. 정답 ①

해설 연소과정에서 처음 발생되는 NOx는 90% 이상이 NO로 발생된다.

09. 정답 ①

해설 야간에 역전이 극심한 경우 최대혼합깊이는 아주 낮거나 존재하지 않는다.

10. 정답 ④

해설 ADMS에 대한 설명이다.
② UAM : 점, 면 오염원의 광화학반응을 고려한 모델
③ ISCLT : 장기오염측정모델로 도시지역 적용에 우수하며, 미국에서 개발되었다.
※ TCM : 우리나라에서 사용되고 있는 장기농도 예측모델로 대기관리정책, 환경영향평가 시 주로 사용된다. (미국 텍사스에서 개발되었다.)
※ MM5, RAMS : 바람장모델

11. 정답 ④

해설 연소 시 연료 중 질소의 NO 변환율(Fuel NOx)은 연료의 종류와 연소방법에 따라 다소 차이가 있으나 일반적으로 약 20~50% 범위이다.

12. 정답 ②

해설 대류권은 평균 12km(위도 45의 경우) 정도이며, 극지방으로 갈수록 낮아진다.

13. 정답 ③

해설 기압경도력=마찰력+전향력의 균형에 의해 바람방향이 결정되므로 지상풍이다.
① geostropic wind : 지균풍, 마찰력이 작용하지 않는 자유대기층에서 부는 바람으로 기압경도력과 전향력이 같을 때 등압선과 평행하게 부는 직선의 바람
② Fohn wind : 해풍이 산맥을 타고 넘어오면서 불어오는 고온건조한 바람
④ gradient wind : 경도풍, 마찰력이 작용하지 않는 자유대기층에서 부는 바람으로 전향력과 원심력의 합이 기압경도력과 같을 때 등압선을 따라부는 곡선의 바람(=등압선을 가로지르는 곡선의 바람)

식 기압경도력 = 전향력 + 원심력

14. 정답 ③

해설 [다운워시(down wash) 현상]
배출구의 풍하방향에 연기가 휘말려 떨어지는 현상을 의미한다. 돌출부를 통과하던 연기가 공기흐름을 따라 재순환영역 안으로 유입되면서 갑자기 연기가 지면으로 떨어지는 세류현상이 발생하며, 후류지역에서는 굴뚝에서 배출된 오염물질이 후류난류의 민감한 영향을 받아 연기확산이 가속되는 현상이 발생하기도 한다.

15. 정답 ③

해설 ③항만 올바르다.

오답해설
① 온난화에 의한 해면상승은 지역의 특수성에 따라 지역별로 각각 다른 양상으로 나타난다.
② 대류권 오존의 생성반응을 촉진시켜 오존의 농도가 지속적으로 증가한다.
④ 기온상승과 토양의 건조화는 생물성장의 남방한계와 북방한계에 모두 영향을 준다.

16. 정답 ②

해설 C (g/sec·sec)
$= \dfrac{0.06g}{sec\,대} \times \dfrac{25,000대}{hr} \times \dfrac{hr}{110km} \times \dfrac{1km}{10^3 m} = 0.0136 g/sec \cdot m$

17. 정답 ①

해설 ①항 → 0에 접근할수록 분산은 감소한다.
[리차드슨수(Ri : Richardson number)에 따른 안정도]
리차드슨수는 고도에 따른 풍속차와 온도차를 적용하여 산출한 무차원수로서 동적인 대기 안정도를 판단하는 척도로 이용되고 있다.

Ri	← −1.0	−0.1 −0.01	0	+0.01 +0.1	+1.0 →
대기운동	자유대류	자유대류 증가	강제대류	강제대류 감소	대류없음
안정도	불안정(과단열)상태		중립조건	안정(역전)상태	

18. 정답 ③

해설 CO-Hb는 혈액 중에서 산화되어 카르보닐헤모글로빈을 형성함으로써 중추신경계 장애를 초래한다.

19. 정답 ③

해설 $X mg/kg = \dfrac{1mL}{m^3} \times \dfrac{36.5mg}{22.4mL} \times \dfrac{22.4m^3}{29kg} = 1.26 kg/m^3$

20. 정답 ④

해설 복사역전은 하늘이 맑고, 바람이 약하며, 습도가 낮을 때 잘 발생한다.

2과목   연소공학

21. 정답 ①
해설 코크스나 숯 같이 탄소함량이 매우 높은 연료는 표면연소를 한다. 표면연소는 분해연소가 끝난 후 연료 내에 잔류하는 탄소가 빨갛게 적열하며 연소하는 것으로 불꽃이 발생하지 않는다.

22. 정답 ①
해설 르샤틀리에의 원리는 가역반응이 평형상태에 있을 때 반응 조건(온도, 압력, 농도)을 변화시키면 변화되기 이전의 방향으로 반응이 진행되어 새로운 평형에 도달한다는 원리이다.

23. 정답 ②
해설 확산연소 방식은 연소용 공기의 예열이 가능하고, 장염을 형성할 수 있다.

24. 정답 ③
해설 석유의 동점도가 감소하면 끓는점(비점)과 인화점이 높아지고 유동성은 감소하며, 연소가 잘 되지 않는다.

25. 정답 ④
해설 역동식 화격자 소각로는 가동화격자가 계단식 화격자의 반대방향으로 왕복운동을 하면서 피소각물질을 건조 - 연소 - 후연소 단계로 이동시키는 화격자이다. 교반 및 연소조건이 양호하고 소각률이 높으나 화격자의 마모가 많은 것이 결점이다.

26. 정답 ①
해설 공기비$(m) = \dfrac{N_2}{N_2 - 3.76(O_2 - 0.5CO)}$ (CO 존재 시 또는 불완전연소 시) $= \dfrac{80}{80 - 3.76 \times (8 - 0.5 \times 12)} = 1.1$

27. 정답 ①
해설 중유는 점도를 기준으로 하여 주로 A, B, C 중유로 분류된다.

28. 정답 ①
해설 식 $CO_{2\max}(\%) = \dfrac{CO_2}{G_{od}} \times 100$

반응식 $C_3H_8 + 5O_2 \rightarrow 3CO_2 + 4H_2O$
     1 : 5 : 3

- $G_{od} = (1 - 0.21)A_o + CO_2 = (1 - 0.21) \times \left(5 \times \dfrac{1}{0.21}\right) + 3 = 21.8 m^3$

$\therefore CO_{2\max}(\%) = \dfrac{3}{21.8} \times 100 = 13.76\%$

29. 정답 ④
해설 석탄을 잘게 부수어 분말상(200mesh 이하, 74μm 정도)으로 한 다음 1차 연소용 공기와 함께 버너로 분출시켜 연소시키는 방법으로 다음과 같은 장단점을 가진다.
① 장점 : 화격자 연소법에 비하여 장점은 다음과 같다.
  ㉠ 연료의 접촉 표면적이 크므로 작은 공기비로 연소시킬 수 있다.
  ㉡ 연소속도가 크고, 높은 연소효율을 얻을 수 있다.
  ㉢ 대형화로 인한 설비비용의 상승률이 낮다.
  ㉣ 클링커(clinker trouble)의 생성으로 인한 장해가 없다.
  ㉤ 부하변동에 쉽게 응할 수 있으므로 대형·대용량 설비에 적합하다.
② 단점 : 화격자 연소법에 비하여 단점은 다음과 같다.
  ㉠ 설비비 및 유지비가 많이 든다.
  ㉡ 연도에서 비산분진이 많이 배출되고 집진장치를 완비할 필요가 있다.
  ㉢ 소형·소용량 설비에 부적합하다.
  ㉣ 분쇄기 등의 부대시설이 필요하다.

30. 정답 ④
해설 식 $A_o = O_o \times \dfrac{1}{0.21}$

반응식 $CH_3OH + 1.5O_2 \rightarrow CO_2 + 2H_2O$
32(kg) : $1.5 \times 22.4(Sm^3)$ = 2(kg) : $X(Sm^3)$
$X = 2.1(Sm^3)$

$\therefore A_o = 2.1 \times \dfrac{1}{0.21} = 10(Sm^3)$

31. 정답 ②
해설 식 $A_o = O_o \times \dfrac{1}{0.21}$

반응식 $H_2S + 1.5O_2 \rightarrow H_2O + SO_2$
$22.4m^3$: $1.5 \times 22.4m^3$
$1m^3$: X, $X(O_o) = 1.5m^3$

$\therefore A_o = 1.5 \times \dfrac{1}{0.21} = 7.14m^3$

32. 정답 ①

해설 보기 중 황함량이 가장 낮은 연료는 LPG이다. LPG는 황함량이 매우 낮고 석유의 경우 휘발유 < 등유 < 경유 < 중유 순서로 황함량이 많아진다.

33. 정답 ④

해설 기체연료는 연소시 공급연료 및 공기량을 밸브를 이용하여 간단하게 임의로 조절할 수 있어 부하변동범위가 넓다. 연료 속에 황이 포함되지 않은 것이 많고, 연소조절이 용이하다.

34. 정답 ①

해설 액화천연가스(LNG)의 주 성분은 메탄이다.

35. 정답 ③

해설 식 $H(열량) = H_s(황의 열량) \times 황의 무게$

- $H_s = \dfrac{80{,}000\,kcal}{kmol} \times \dfrac{1\,kmol}{32\,kg} = 2500\,kcal/kg$

$\therefore H(열량) = 2{,}500 \times 2 = 5{,}000\,kcal/kg$

36. 정답 ②

해설 연소반응식을 이용하여 이론 습연소가스량을 산출한다.

[계산] $G_{ow} = (1-0.21)A_o + CO_2 + H_2O$

반응식
$$C_3H_8 + 5O_2 \rightarrow 3CO_2 + 4H_2O$$
$1 : 5 : 3 : 4$
$1.7\,Sm^3 : 8.5\,Sm^3 : 5.1\,Sm^3 : 6.8\,Sm^3$

$$CO + 0.5O_2 \rightarrow CO_2$$
$1 : 0.5 : 1$
$0.15\,Sm^3 : 0.075\,Sm^3 : 0.15\,Sm^3$

$$H_2 + 0.5O_2 \rightarrow H_2O$$
$1 : 0.5 : 1$
$0.14\,Sm^3 : 0.07\,Sm^3 : 0.14\,Sm^3$

- $A_o = O_o \times \dfrac{1}{0.21}$

$= (8.5 + 0.075 + 0.07 - 0.01) \times \dfrac{1}{0.21} = 41.1190\,Sm^3$

$\therefore G_{ow} = (1-0.21) \times 41.1190 + (5.1 + 0.15) + (6.8 + 0.14)$
$= 44.67\,Sm^3$

별해 식 $G_{ow} = (1-0.21)A_o + CO_2 + H_2O$

- $A_o = \dfrac{1}{0.21}(5C_3H_8 + 0.5CO + 0.5H_2 - O_2)$

$= \dfrac{1}{0.21}(5 \times 1.7 + 0.5 \times 0.15 + 0.5 \times 0.14 - 0.01)$
$= 44.1190\,m^3$

- $CO_2 = 3C_3H_8 + CO = 3 \times 1.7 + 0.15 = 5.25\,m^3$
- $H_2O = 4C_3H_8 + H_2 = 4 \times 1.7 + 0.14 = 6.94\,m^3$

$\therefore G_{ow} = (1-0.21) \times 41.1190 + (5.25) + (6.94) = 44.67\,Sm^3$

37. 정답 ①

해설 폭굉(爆轟)이란 폭발범위 내의 어떤 특정농도범위에서는 연소의 속도가 폭발에 비해 수백 내지 수천배에 이르는 현상을 말하며, 폭굉유도거리란 최초의 완만한 연소속도가 격렬한 폭굉으로 변할 때까지의 시간을 말한다.

[폭굉유도거리가 짧아지는 조건]
① 정상 연소속도가 큰 혼합물일 경우
② 점화원의 에너지가 큰 경우
③ 압력이 높을 경우
④ 관경이 작을 경우
⑤ 관 속에 방해물이 있을 경우

38. 정답 ②

해설 식 $Q_v = \dfrac{G_f \times Hl}{V}\,(kcal/m^3 \cdot h)$

$\therefore Q_v = \dfrac{200 \times 5{,}000}{4 \times 1.2 \times 1.5} = 138{,}888.89\,(kcal/m^3 \cdot h)$

39. 정답 ④

해설 고온영역생성촉진 및 긴불꽃연소를 통한 화염온도 증가시키면 질소산화물 발생은 증가한다.

[질소산화물의 억제방법]
- 저산소 연소
- 배기가스 재순환(FGR)
- 물 또는 수증기 분무
- 저온도 연소
- 2단 연소방법
- 연소실 구조의 변경
- 연료의 전환
- 연소실 열부하 저감법

40. 정답 ④

해설 식 $C_{SO_2} = \dfrac{SO_2}{G_w}$

- $G_w = (m-0.21)A_o + CO_2 + H_2O + SO_2 + N_2$
- $A_o = \dfrac{1}{0.21} \times (1.867C + 5.6H + 0.7S)$

$A_o = \dfrac{1}{0.21} \times (1.867 \times 0.84 + 5.6 \times 0.13 + 0.7 \times 0.02)$
$= 11.00\,m^3/kg$

• $m = \dfrac{A}{A_o} = \dfrac{15}{11} = 1.36$

$G_w = (1.36 - 0.21) \times 11 + 1.867 \times 0.84$
$\qquad + 11.2 \times 0.13 + 0.7 \times 0.02 + 0.8 \times 0.01 = 15.70 m^3/kg$

$\therefore C_{SO_2} = \dfrac{0.7 \times 0.02 m^3/kg}{15.70 m^3/kg} \times 10^6 = 891.72 ppm$

3과목 대기오염방지기술

41. 정답 ④

해설 식 $\eta_t = 1 - [(1-\eta_1)(1-\eta_2)\cdots(1-\eta_n)]$

$0.93 = 1 - [(1-0.4) \times (1-\eta_2)]$, $\therefore \eta_2 = 88.33(\%)$

42. 정답 ①

해설 식 $\eta_f = \dfrac{L}{H} \times \dfrac{V_s}{V}$

입자는 100% 침전되는 것을 가정하므로 → $\dfrac{L}{H} = \dfrac{V}{V_s}$

L(낙하거리)로 정리하면,

→ $L = \dfrac{H \cdot V}{V_s}$

• $H = 8m$
• $V = 5m/\sec$
• V_s (비례식을 이용하여 계산)

식 $V_s = \dfrac{d_p^{\,2}(\rho_p - \rho)g}{18\mu}$ (입자 직경의 제곱과 침강속도는 비례)

$10^2 : 0.6 = 100^2 : X$,

$X = 60 cm/\sec = 0.6 m/\sec$

$\therefore L = \dfrac{8 \times 5}{0.6} = 66.67 m$

43. 정답 ②

해설 식 $h = H_{OG} \times \ln\left(\dfrac{1}{1-\eta}\right)$

$\therefore h = 0.44m \times \ln\left(\dfrac{1}{1-0.925}\right) = 1.14m$

44. 정답 ②

해설 [세정집진장치의 장치별 제원]

집진장치의 형식	방식	처리입경	압력손실	세정수량 (L/m³)	운전비
전류형 스크러버	유수식	1~100μm	30~100	0.1~1	소
벤투리 스크러버	가압수식	0.1~50μm	300~800	0.3~1.5	대
사이클론 스크러버	가압수식	0.5~50μm	100~150	0.5~1.5	중
제트 스크러버	가압수식	0.1~50μm	0~-150	10~50	대
충전탑	가압수식	1~100μm	100~250	2~3	소
분무탑	가압수식	10μm 이상	50~100	0.5~1.5	소

45. 정답 ②

해설 송풍기의 상사법칙의 의해 송풍기의 크기(D)와 유체밀도(ρ)가 일정할 때, 유량, 풍압, 동력과의 회전수 변화의 관계를 나타내면 다음과 같다.

㉠ 유량 : 송풍기의 회전속도에 비례한다.

→ $Q_2 = Q_1 \times \left[\dfrac{N_2}{N_1}\right]$

㉡ 풍압 : 송풍기의 회전속도의 2승에 비례한다.

→ $P_{s_2} = P_{s_1} \times \left[\dfrac{N_2}{N_1}\right]^2$

㉢ 동력 : 송풍기의 회전속도에 3승에 비례한다.

→ $P_2 = P_1 \times \left[\dfrac{N_2}{N_1}\right]^3$

46. 정답 ②

해설 식 $N_{Re} = \dfrac{D \cdot V \cdot \rho}{\mu} = \dfrac{0.3 \times 1 \times 1.3}{1.8 \times 10^{-4}} = 2,166.67$

(공기의 밀도(ρ)는 주어지지 않는 경우 1.3kg/m³로 가정한다.)

47. 정답 ③

해설 식 $\eta = 1 - \exp\left(-\dfrac{AW_e}{Q}\right)$

• $A = \pi \times 0.09m \times 1.2m = 0.3392 m^2$
• $W_e = 0.22 m/\sec$
• $Q = \dfrac{\pi}{4} \times 0.09^2 \times 2.2 = 0.01399 m^3/s$

$\therefore \eta = 1 - \exp\left(-\dfrac{0.3392 \times 0.22}{0.01399}\right) = 0.9951 \fallingdotseq 99.51(\%)$

48. 정답 ④

49. 정답 ②

해설 액측저항이 지배적(용해도가 작을 경우)일 때는 가스분산형 흡수장치를 사용한다. 반대로 액측 저항이 작을 경우(용해도가 클 경우)는 액분산형 흡수장치를 사용한다.
① 가스분산형 흡수장치 : 단탑 → 다공판탑(sieve plate tower), 포종탑(tray tower), 기포탑 등
② 액분산형 흡수장치 : 충전탑(packed tower), 분무탑(spray tower), 벤투리 스크러버, 사이클론 스크러버 등

50. 정답 ③

해설 식 $\eta_f = \left(1 - \dfrac{C_o f_o}{C_i f_i}\right) \times 100$

- $C_o = 150 mg/Sm^3 = 0.15 mg/Sm^3$

$\therefore \eta_f = \left(1 - \dfrac{0.15 \times 0.6}{15 \times 0.1}\right) \times 100 = 94\%$

51. 정답 ①

해설 후드 개구의 바깥 주변에 플랜지(flange)를 부착하면 후드 뒤쪽의 공기흡입을 억제하여 유입유량(처리유량)에 25%가 감소한다. 그 결과 포착속도를 높일 수 있다.

52. 정답 ③

해설 식 $N = \dfrac{1}{H_A} \times \left(H_B + \dfrac{H_C}{2}\right)$

- $H_A = 15cm = 0.15m$
- $H_B = 1.4m$ (원통부 높이)
- $H_C = 1.4m$ (원추부 높이)

$\therefore N = \dfrac{1}{0.15m} \times \left(1.4m + \dfrac{1.4m}{2}\right) = 14$

53. 정답 ③

해설 식 $\dfrac{A}{Q} = \dfrac{1}{W_e}$

$\dfrac{2LH}{WHV} = \dfrac{1}{W_e}$ (W(폭) = S(집진판 사이 거리))

$\dfrac{2L}{SV} = \dfrac{1}{W_e}$

$\dfrac{2L}{0.1m \times (3m/\sec)} = \dfrac{1}{0.048m/\sec}$, $\therefore L = 3.125m$

54. 정답 ①

해설 [악취가스 별 최소감지농도]

악취가스	최소감지농도(ppm)
황화수소	0.0041
메틸멜캅탄	0.00007
폼알데하이드	0.5
아세톤	42
아세트산	0.006
암모니아	0.1
페놀	0.00028
이황화탄소	0.21
트리메틸아민	0.00021
염소	0.049

55. 정답 ④

해설 식 $n = \dfrac{Q_f}{Q_i} = \dfrac{Q_f}{\pi D L V_f}$

- $D = 2R = 2 \times 0.25m = 0.5m$

$\therefore n = \dfrac{20 m^3/\sec}{\pi \times 0.5m \times 15m \times 0.012 m/\sec} = 70.74 ≒ 71개$

56. 정답 ④

해설 식 $V = C \sqrt{\dfrac{2gP_v}{\gamma}}$

- $P_v = 5mmH_2O$
- $\gamma = 1.5 kg/m^3$

$\therefore V = 1 \times \sqrt{\dfrac{2 \times 9.8 \times 5}{1.5}} = 8.08 m/\sec$

57. 정답 ②

해설 [활성탄으로 제거하기 어려운 물질]
① 분자량이 45 미만인 물질 : NO, NH_3, CO 등
② 케톤류
③ 극성물질 : 수분, 산/알칼리 등

58. 정답 ③

해설 전기집진장치는 비교적 압력손실($10 \sim 20 mmH_2O$)이 낮은 편이다.

59. 정답 ③

해설 반응식 $Cl_2 + Ca(OH)_2 \rightarrow CaCl_2 + H_2O$

$22.4m^3$: $74kg$

$\dfrac{0.2m^3}{100m^3} \times \dfrac{3,000m^3}{hr}$: X, $\therefore X = 19.82 kg/hr$

60. 정답 ③

해설 먼지 입자의 친수성이 클 때 액가스비는 작아진다.
※ 액가스비(L/m³) : 가스 1m³를 처리하는데 필요한 세정수량(L)

4과목 대기오염공정시험기준(방법)

61. 정답 ①

해설 CO 측정시 정전위전해법의 정량범위는 0~3%이므로 측정범위는 최고 3%이다. 정전위전해법에서 5%의 값을 갖는 것은 지시오차(최대 눈금값의 ±5% 이내)이다.

62. 정답 ②

해설 굴뚝 배출가스 온도와 여과지의 관계는 다음과 같다.

굴뚝 배출가스의 온도	여과지
120℃ 이하	셀룰로오스 섬유제 여과지
500℃ 이하	유리 섬유제 여과지
1,000℃ 이하	석영 섬유제 여과지

63. 정답 ③

해설 ③항 → 주위에 건물 등이 밀집되어 있을 때는 건물 바깥벽으로부터 적어도 1.5m 이상 떨어진 곳을 선정한다.

64. 정답 ④

해설 환경대기 중 가스상 물질의 시료채취방법에는 직접채취법, 용기포집법(容器浦集法), 용매포집법(溶媒浦集法, 吸收法), 고체흡착법, 저온응축법, 포집여지(捕集濾紙)에 의한 방법이 있다.

65. 정답 ④

66. 정답 ④

해설 등속흡인($V_n = V_s$) 가정하에 흡인유속과 배출가스유속이 같으므로 배출가스의 온도와 압력을 흡인가스온도와 압력으로 보정하여 흡인유량을 산출한다.

식 Q_n(흡인유량) $= A \times V_n$(흡인유속)
$= A \times V_s$(배출가스유속)

$\therefore Q = \dfrac{\pi \times (6 \times 10^{-3}m)^2}{4} \times \dfrac{7.5m}{\sec} \times \dfrac{273+20}{273+125}$

$\times \dfrac{765-1.5}{765+1} \times (1-0.1) \times \dfrac{10^3 L}{1m^3} \times \dfrac{60\sec}{1\min} = 8.4 L/\min$

67. 정답 ②

해설 [질소산화물 측정방법]
- 배출가스 중 질소산화물 측정 : 아연환원 나프틸에틸렌디아민법
- 배출가스 중 질소산화물 자동측정 : **화**학발광법, **정**전위 전해법, **적**외선 흡수법, **자**외선 흡수법

암기TIP 화 정 적 자

68. 정답 ②

해설 아황산가스의 연속자동측정방법 : **용**액전도율법, **적**외선 흡수법, **자**외선흡수법, **불**꽃광도법. **정**전위전해법

암기TIP 용 적 자 불 정

69. 정답 ②

70. 정답 ①

해설 농도표는 측정자의 앞 16m에 놓고 200m 이내의 적당한 위치에서 측정한다.

71. 정답 ②

해설 식 수분량(g) = 수분(L) $\times \dfrac{18g}{22.4L}$

식 수분(%) = $\dfrac{수분}{흡인가스} \times 100$

- 흡인가스 $= V_s +$ 수분

- $V_s = V \times \dfrac{273}{273+t_m} \times \dfrac{P_a+P_m-P_v}{760}$

$= 10L \times \dfrac{273}{273+80} \times \dfrac{(0.6 \times 760)+25-255}{760} = 2.30L$

(표준상태 건조가스량)

$10(\%) = \dfrac{수분}{2.30L + 수분} \times 100,\quad 수분 = 0.26L$

$\therefore$ 수분량(g) $= 0.26(L) \times \dfrac{18g}{22.4L} = 0.21g$

72. 정답 ③

해설 이황화탄소 흡수액 : 다이에틸아민구리 용액

암기TIP 이 따 구!

73. 정답 ④

해설 전해질을 물 또는 저전도도의 용매로 바꿔줌으로써 전기전도도셀에서 목적성분과 전기전도도만을 고감도로 검출할 수 있게 해준다.

74. 정답 ②

해설 **식** $\rho = \rho'(kg/m^3) \times \dfrac{273}{273+t} \times \dfrac{P}{760}$

$\therefore \rho = \dfrac{1.3kg}{m^3} \times \dfrac{273}{273+133} \times \dfrac{745+15}{760} = 0.874 kg/m^3$

75. 정답 ②

76. 정답 ③

해설 **식** $A = \log\left(\dfrac{1}{t}\right) = \log\left(\dfrac{1}{(1-0.6)}\right) = 0.40$

77. 정답 ①

78. 정답 ④

해설 자외선흡수검출기(UV 검출기)는 고성능 액체 크로마토그래피 분야에서 가장 널리 사용되는 검출기이며, 최근에는 이온 크로마토그래피에서도 전기전도도검출기와 병행하여 사용되기도 한다. 또한 가시선흡수검출기(VIS 검출기)는 전이금속성분의 발색반응을 이용하는 경우에 사용된다.

79. 정답 ③

80. 정답 ②

해설 등속흡인(흡입)의 범위는 90~110%이다.

식 $I(\%) = \dfrac{V_m}{q_m \times t} \times 100$

$90(\%) = \dfrac{60L}{q_m(1) \times 10\min} \times 100$,

$q_m(1) = 6.67 L/\min$

$110(\%) = \dfrac{60L}{q_m(2) \times 10\min} \times 100$,

$q_m(2) = 5.45 L/\min$

$\therefore q_m = 5.45 \sim 6.67 L/\min$

> **꿈은**
> 날짜와 함께 적으면 목표가 되고,
> 목표를 잘게 나누면 계획이 되며,
> 계획을 실행에 옮기면 꿈은 실현된다.

— 그레그 —